Strömungslehre

Erster Band

Strömungslehre

Physikalische Grundlagen vom technischen Standpunkt

Von

Dr. phil. O. Tietjens

em. o. Prof. an der Technischen Hochschule Karlsruhe
ehem. o. Professor für Mechanik und Strömungslehre
an der Technischen Hochschule Wien

Erster Band

Hydro- und Aerostatik
Bewegung der idealen Flüssigkeit

Mit 496 Abbildungen
und einem Fadenkreuz auf Cellophan

Springer-Verlag Berlin Heidelberg GmbH

ISBN 978-3-662-01078-5 ISBN 978-3-662-01077-8 (eBook)
DOI 10.1007/978-3-662-01077-8

Ursprünglich erschienen bei Springer-Verlag OHG., Berlin/Gottingen/Heidelberg 1960
Softcover reprint of the hardcover 1st edition 1960

Meiner Frau

als meinem besten Kameraden

in Liebe zugeeignet

Erinnere dich, wenn du das Wasser erläuterst, erst das Experiment anzuführen, und hierauf das Gesetz (ragione).

Leonardo da Vinci
MS. H. II Fol. 90 r.

Keine Wirkung in der Natur ohne Gesetz; begreife das Gesetz, und du brauchst kein Experiment.

Leonardo da Vinci
MS. CA. Fol. 147 v.

Vorwort

Der Plan zu diesem Buche geht auf viele Jahre zurück. Ich hatte immer gehofft, es noch in die Hände meines verehrten Lehrers LUDWIG PRANDTL legen zu können und sein Urteil darüber zu erfahren. Das ist leider nicht mehr möglich gewesen. So bleibt mir denn nur übrig, hier im Vorwort zum Ausdruck zu bringen, daß ich mit diesem Buch meinen Dank abstatten möchte dafür, daß PRANDTL mir manches von der Anschaulichkeit seines Denkens und insbesondere seiner Behandlung von Strömungsvorgängen vermittelt hat. Das Buch selbst wird — so hoffe ich — ein Zeugnis dafür sein.

Ich hatte das Glück und den Vorzug, als Student für mehrere Jahre im Hause bei PRANDTL wohnen zu dürfen, und ich erinnere mich noch sehr lebhaft des ersten Males, wo sozusagen ein Funke von der genialen Auffassungsgabe PRANDTLs auf mich übersprang und mir ein erstes Verständnis für seine Art zu denken gab. Ich arbeitete damals an meiner Doktorarbeit und, wie es gelegentlich geschah, kam PRANDTL spät abends noch in mein Zimmer, um sich nach den Fortschritten meiner Arbeit zu erkundigen. Mir machte die Integration einer Differentialgleichung der Grenzschicht Schwierigkeiten. Nach kurzer Überlegung strich PRANDTL einfach ein oder zwei Glieder der Differentialgleichung aus und meinte, diese könnten vernachlässigt werden. Es waren gerade die Glieder, welche die Schwierigkeiten machten. Da ich mehr von der mathematischen Seite der strengen Göttinger Tradition kam, glaubte ich bemerken zu müssen, daß man doch erst mit mathematischen Methoden die Größenordnung der zu vernachlässigenden Glieder prüfen müsse, ehe man sie einfach streiche. PRANDTL sah mich erstaunt an und meinte, indem er seine Bemerkung durch eine entsprechende Hand- und Armbewegung noch unterstützte: „Ja, sehen Sie denn nicht, daß diese Glieder — es handelte sich um Geschwindigkeitskomponenten — vernachlässigbar klein sind gegenüber jenen?“ Nein, das hatte ich nicht gesehen. Für mich war die Differentialgleichung, obschon sie einen physikalischen Vorgang darstellte, nur ein mathematisches Gebilde, nicht so für PRANDTL. Er erblickte sozusagen vor seinem inneren Auge den physikalischen Vorgang und überschaute ihn in seinen Einzelheiten, und diese Einzelheiten waren eben die Glieder der Differentialgleichung.

PRANDTL hatte eine außergewöhnliche Fähigkeit, sich physikalische Zusammenhänge und insbesondere Strömungsvorgänge anschaulich klarzumachen. Das so erhaltene Gedankenbild, das sich nicht nur auf die Problemstellung, sondern vielfach auch auf die Durchführung der Rechnung erstreckte, war bei ihm immer das Primäre und die mathematische Formulierung als der Ausdruck dessen, was er innerlich geschaut hatte, das Sekundäre. Diese so ausgeprägte Eigenart PRANDTLs hängt eng mit seiner Neigung zusammen, Strömungsvorgänge — wo immer es nur möglich ist — sichtbar zu machen und zu studieren. Ich erinnere mich noch der vielen Stunden, meistens nach den Vorlesungen PRANDTLs, wenn er im damaligen Institut für Angewandte Mechanik am Leinekanal in Göttingen immer und immer wieder Strömungen im Wassertank beobachtete und dabei häufig genug Ort und Zeit vergaß. Auch war es seine Art, sich von seinen Überlegungen und Rechnungen — selbst den Zwischenrechnungen — Zeichnungen und Skizzen zu machen, um seine Anschauung, z. B. von dem Stromlinienverlauf, zu stützen oder, wenn nötig, zu korrigieren.

Es liegt ja im Wesen der Strömungsmechanik, daß man wegen der Homogenität der Flüssigkeit die Bewegungsformen nicht ohne weiteres erkennen kann. Ich habe es deshalb für richtig gehalten, eine größere Anzahl von Photographien zu bringen, vor allem aber sehr viele *gerechnete* Strömungsbilder. Es gibt wohl kaum etwas, das geeigneter wäre, sich mit Strömungsvorgängen vertraut zu machen, als das Berechnen und Zeichnen von Stromlinien. Ein verhältnismäßig großer Teil des Textes ist deshalb dem Erklären der Konstruktion solcher Strömungsbilder gewidmet. Um es dem Leser zu erleichtern, diese Bilder nachzuprüfen und um ihn anzuregen, selbst derartige Strömungsbilder zu berechnen und zu zeichnen, wurden ein durchsichtiges Blatt mit „Fadenkreuz“ und eine Anleitung für die Benutzung dem Buche am Schluß beigegeben. Im Sinne der PRANDTLschen Auffassung soll das Buch nicht nur Kenntnisse vermitteln, sondern beim Leser auch die Fähigkeit entwickeln, diese Kenntnisse in der Praxis anzuwenden. Es soll gleichsam ein erster Versuch eines „Theoretischen Praktikums“ sein, was nicht als eine contradictio in adjecto aufzufassen ist.

Ich habe mich bemüht, immer vom Gegenständlichen, etwa einem Gedankenexperiment, auszugehen und daran die Theorie zu entwickeln. In vielen Fällen wird diese dann mit der Erfahrung bzw. den Experimenten in Vergleich gebracht. Neue Begriffe, wie z. B. Zirkulation, komplexe Zahlen u. a. werden nach Möglichkeit erst dann eingeführt, wenn dem Leser die Zweckmäßigkeit, ja Notwendigkeit der neuen Begriffe verständlich gemacht werden kann. Gelegentlich, z. B. bei der Anwendung der Wirbelflächen in der Tragflügeltheorie, habe ich versucht, den Leser gleichsam selbst das Resultat finden zu lassen. Anstatt ihm mitzuteilen, daß die elliptische Auftriebsverteilung eines Tragflügels bezüglich des induzierten Widerstandes die günstigste ist, lasse ich ihn den Umweg über die näherliegende parabolische Auftriebsverteilung machen. Dabei lernt er zweierlei: erstens wie man gewissermaßen tastend zu der optimalen Auftriebsverteilung gekommen ist und zweitens, daß die parabolische Verteilung tatsächlich einen größeren induzierten Widerstand ergibt.

Es war mein Bestreben — selbst auf die Gefahr hin, dabei in die Breite gehen zu müssen —, den Stoff so darzustellen, daß der Leser nach dem Studium nichts rein äußerlich Angelerntes mitnähme, sondern etwas, das er von Grund aus verstanden hat. Ich habe es deshalb im allgemeinen vermieden, von anderwärts abgeleiteten Ergebnissen auszugehen; vielmehr habe ich versucht, einfache Begriffe und Vorstellungen, wie Geschwindigkeit, Kraft, Beschleunigung, Bahnlinie usw., an die Spitze zu stellen und mit diesen Begriffen das jeweilige Problem zu entwickeln. Dieses Zurückgehen auf einfache physikalische Vorgänge erweckt im Leser ein Gefühl der Vertrautheit mit der Materie und befähigt ihn dadurch noch am ehesten, selber an der weiteren Entwicklung der Strömungslehre mitzuarbeiten. Auch hierin bin ich von PRANDTL stark beeinflußt. PRANDTL und „Angelerntes" sind in der Tat zwei Begriffe, die sich gegenseitig ausschließen. Natürlich hat auch PRANDTL das Gedankengut anderer in sich aufgenommen, aber nicht, ohne dieses von sich aus auf seine ihm eigentümliche Weise gleichsam ein zweites Mal hervorgebracht zu haben; so groß war seine Neigung zum Schöpferischen und seine Freude daran.

An Literaturangaben habe ich mich im allgemeinen auf das für ein Lehrbuch Notwendigste beschränkt. Durchweg sind nur die bedeutenderen Originalabhandlungen angegeben, aber selbst hierbei ist keineswegs Vollständigkeit angestrebt. Auf geschichtliche Bemerkungen mußte leider fast ganz verzichtet werden, da diese den Umfang des Buches noch mehr vergrößert hätten. Es ist deshalb geplant, die Geschichte der Strömungslehre in ihren Grundzügen in einem gesonderten Buch zu behandeln.

Der PRANDTLschen Auffassung entsprechend treten die physikalischen Grundlagen (wenn auch häufig in mathematischer Ausdrucksweise) stark in den Vordergrund. Abstrakt theoretische Ausführungen, d. h. abstrakt in dem Sinne, daß sie in keinem Zusammenhang stehen mit der Erfahrung oder womöglich dieser widersprechen, paßten nicht in den Rahmen dieses Buches. Hierüber ist im Schlußwort noch einiges gesagt.

Wir sind weit davon entfernt, eine Strömungslehre auf rein analytischem Wege aufbauen zu können. Die Annahme einer idealen Flüssigkeit, wie sie der klassischen Hydrodynamik zugrunde liegt, wird den Eigenschaften einer wirklichen Flüssigkeit nicht gerecht und ergibt deshalb in sehr vielen Fällen Resultate, welche durch Experimente widerlegt werden. Anderseits führt der Versuch einer rein theoretischen Behandlung der wirklichen Flüssigkeiten und Gase zu fast hoffnungslos erscheinenden mathematischen Schwierigkeiten. Es werden immer die Experimente sein, die uns erkennen lassen, wie weit wir in der Vereinfachung des theoretischen Ansatzes gehen dürfen, um einerseits eine mathematische Lösung zu ermöglichen und andererseits den physikalischen Gegebenheiten noch gerecht zu werden.

Wir schließen diese Betrachtung — wie wir sie begonnen haben — mit einem Worte LEONARDO DA VINCIS, jenes überragenden Genies des ausgehenden Mittelalters. Er wie kein anderer hat mit klaren, geradezu seherischen Worten schon damals den Weg aufgezeigt, der die Naturwissenschaften aus der Betrachtungsweise der Scholastik hineinführte in die Neuzeit:

„... Aber erst werde ich einige Versuche machen, ehe ich weitergehe, weil meine Absicht ist, zuerst das Experiment vorzubringen, und dann mit dem Gesetz zu zeigen, weshalb selbiges Experiment gezwungen ist, in solcher Weise seinen Verlauf zu nehmen. Und dieses ist die wahre Regel, wie die Erforscher der Wirkungen der Natur verfahren müssen, denn obschon *die Natur mit dem Gesetz* (*ragione*) *beginnt und im Experiment endet*[1], wir müssen umgekehrt vorgehen, d. h. beginnen (wie ich oben sagte) mit dem Experiment und aus diesem das Gesetz ableiten.“ (MS. E. Fol. 54r.)

Freiburg i. Br., im Dezember 1959

O. Tietjens

---

[1] Man wird erinnert an die beiden Sätze: Im Anfang war das Wort, die Vernunft, das Gesetz ... und das Gesetz nahm Gestalt an, manifestierte, offenbarte sich. *'Εν ἀρχῇ ἦν ὁ λογος ... καὶ ὁ λογος σαρξ ἐγένετο.*

Inhaltsverzeichnis

I. Eigenschaften der Flüssigkeiten und Gase

1 Zähigkeit

Während wir festen Körpern eine bestimmte Gestalt zusprechen, z. B. die eines Würfels oder einer Kugel, können wir dieses bei Flüssigkeiten und Gasen im allgemeinen nicht mehr tun. Wir verbinden mit Flüssigkeiten oder Gasen nicht die Vorstellung einer bestimmten

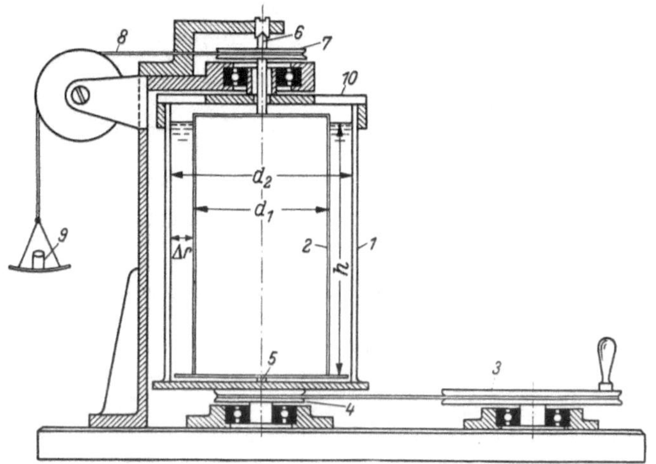

Abb. I, 1.1. Versuchsanordnung zur Messung der Zähigkeit von Flüssigkeiten

Form oder Gestalt, da diese immer durch die Form des jeweiligen Behälters bestimmt ist. Das hängt damit zusammen, daß praktisch keine Kraft erforderlich ist, um die Lage der einzelnen Flüssigkeitsteilchen zueinander zu ändern. Wir wollen dieses an einem Gedankenexperiment erläutern.

1.1 Experiment. In Abb. I, 1.1 sind zwei konzentrische Zylinder *1* und *2* dargestellt. Der äußere Zylinder *1* ist in zwei Kugellagern gehalten und kann mittels des Rades *3* und der Rolle *4* in Drehung versetzt werden. Der innere Zylinder *2* ruht auf einem Nadellager *5* und ist mittels eines anderen Nadellagers *6* mit dem äußeren Zylinder konzentrisch ausgerichtet, zu welchem Zweck die obere Lagerung des Zylinders *1* hohl ausgeführt ist. Beide Zylinder können also unabhängig voneinander um dieselbe Achse gedreht werden.

Wir füllen jetzt den ringförmigen Raum zwischen den beiden Zylindern mit einer zähen Flüssigkeit, beispielsweise Glycerin oder

Öl, und setzen, nachdem wir vorher noch den Faden *8* von der oberen Rolle *7* gelöst haben, den äußeren Zylinder *1* in Drehung. Schon nach kurzer Zeit bemerken wir durch den durchsichtigen Teil *10* des Deckels, daß auch der innere Zylinder sich zu drehen anfängt, und zwar in gleicher Drehrichtung wie der äußere, zunächst zwar sehr langsam, allmählich aber schneller und schneller.

Wenn wir jetzt die Drehung des inneren Zylinders dadurch verhindern, daß wir den Faden *8* an der oberen Rolle *7* befestigen, so werden wir finden, daß ein gewisses Gewicht *9* erforderlich ist, um den inneren Zylinder in Ruhe zu halten, während der äußere Zylinder sich dreht.

Jetzt streuen wir ein klein wenig Aluminiumpulver auf die ringförmige Flüssigkeitsoberfläche zwischen den beiden Zylindern und

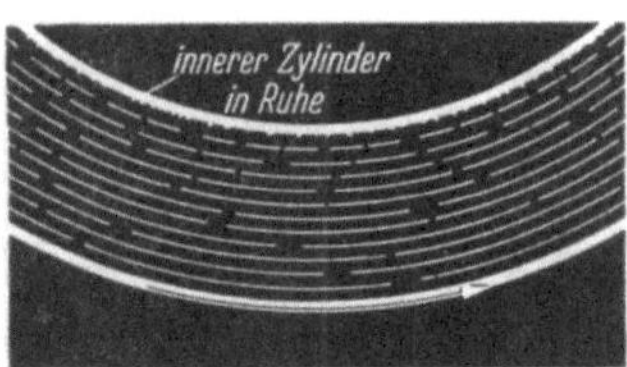

Abb. I, 1.2. Bahnkurven im ringförmigen Spalt zwischen zwei konzentrischen Zylindern, von denen der innere ruht und der äußere sich dreht

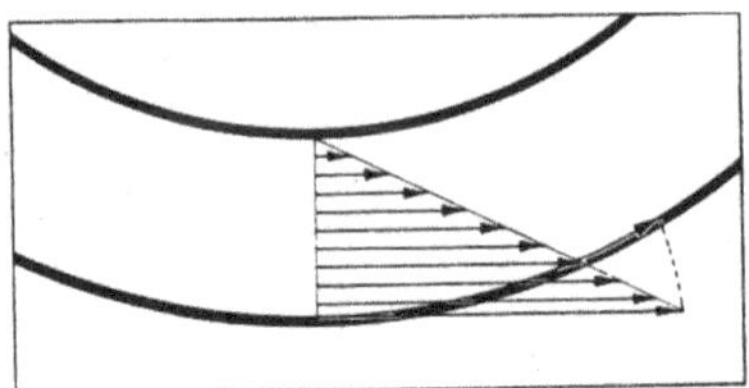

Abb. I, 1.3. Geschwindigkeitsverteilung im ringförmigen Spalt von Abb. I, 1.2

nehmen eine photographische Aufnahme von einem Teil der Oberfläche. Dabei richten wir die Belichtungszeit so ein, daß der äußere Zylinder sich während der Belichtungszeit um etwa 30° dreht, während der innere Zylinder, wie gesagt, in Ruhe ist. Die einzelnen Aluminiumteilchen zeichnen auf den photographischen Film, ihrer größeren oder kleineren Geschwindigkeit entsprechend, längere oder kürzere Striche. Wir erkennen in Abb. I, 1.2, daß diejenigen Flüssigkeitsteilchen, die in direkter Berührung mit dem äußeren Zylinder sind, auch dessen Geschwindigkeit haben, und daß diejenigen Flüssigkeitsteilchen, die den inneren Zylinder berühren, mit diesem in Ruhe sind. Wenn wir jetzt im einzelnen die Weglängen der verschiedenen Flüssigkeitsteilchen während der Belichtungszeit, d. h. also deren Geschwindigkeiten, an den verschiedenen Punkten zwischen den beiden Zylindern feststellen, so erkennen wir, daß die Geschwindigkeit dem Abstand vom inneren Zylinder proportional ist; mit anderen Worten, wir haben eine lineare Geschwindigkeitsverteilung, wie in Abb. I, 1.3 dargestellt.

Dadurch, daß wir den äußeren Zylinder in Drehung versetzen, während der innere Zylinder in Ruhe gehalten wird, verzerren wir die Flüssigkeit in der Weise, daß die einzelnen konzentrischen Flüssigkeitsschichten eine verschiedene Geschwindigkeit haben. Um diesen Strömungszustand aufrechtzuerhalten, ist ein gewisses Drehmoment oder eine gewisse tangentiale Kraft am inneren (und am äußeren) Zylinder zu überwinden. Genaue Messungen zeigen, daß diese tangentiale Kraft, d. h. das Gewicht *9*, der benetzten Oberfläche des inneren Zylinders sowie der Umfangsgeschwindigkeit des äußeren Zylinders direkt und dem Zwischenraum der beiden Zylinder umgekehrt proportional ist. Daß die Kraft der Umfangsgeschwindigkeit proportional ist, bedeutet, daß die Kraft der Deformationsgeschwindigkeit und nicht der Deformation an sich proportional ist. Das erforderliche Gewicht *9* unterschreitet also jeden Betrag, wenn nur die Deformationsgeschwindigkeit genügend klein gehalten wird. Während bei festen Körpern die Kräfte der *Größe* der Deformation proportional sind (HOOKEsches Gesetz), sind sie bei Flüssigkeit und Gasen der Deformations*geschwindigkeit* proportional, so daß hier große Deformationen mit beliebig kleinen Kräften hervorgebracht werden können, wenn sie nur genügend langsam vor sich gehen. In diesem unterschiedlichen Verhalten liegt die Definition der Flüssigkeiten und Gase und ihre Abgrenzung gegenüber den festen Körpern.

Der Widerstand gegen eine Deformation oder Verzerrung von Flüssigkeiten oder Gasen hängt zusammen mit deren Zähigkeit, einer Materialeigenschaft, die charakteristisch für eine jede Flüssigkeit ist. Würden wir unser Experiment mit einer Flüssigkeit sehr geringer Zähigkeit, z. B. mit Wasser, wiederholen, so würde es zwar eine bedeutend längere Zeit dauern, ehe der innere Zylinder sich zu drehen beginnt, und die Kraft, die nötig wäre, ihn am Drehen zu verhindern, würde sehr viel kleiner sein, im übrigen aber würden die Verhältnisse die gleichen bleiben. Da Luft eine noch geringere Zähigkeit als Wasser besitzt, müßten wir sehr lange warten, bis der innere Zylinder sich zu drehen beginnt, wenn wir in unserem Experiment lediglich Luft statt Wasser in dem Raum zwischen den beiden Zylindern haben; und die Kraft, die nötig wäre, den inneren Zylinder am Drehen zu verhindern, würde zu gering ausfallen, um genau meßbar zu sein. Diese Schwierigkeit können wir jedoch dadurch beheben, daß wir den äußeren Zylinder durch einen kleineren ersetzen und dadurch den Spalt zwischen den beiden Zylindern genügend klein, z. B. $^1/_2$ mm, machen.

Wir haben bereits erwähnt, daß das erforderliche Gewicht *9* der benetzten Oberfläche des inneren Zylinders sowie der Umfangsgeschwindigkeit des äußeren Zylinders direkt und dem Zwischenraum der beiden Zylinder umgekehrt proportional ist, so daß wir schreiben können

$$\frac{P}{F} = \tau = \mu \frac{\Delta u}{\Delta r}, \qquad \text{(I, 1.1)}$$

wo P die tangentiale Kraft am inneren Zylinder, F dessen benetzte Oberfläche (somit τ die Schubspannung), Δu die Geschwindigkeitsdifferenz zwischen äußerem und innerem Zylinder, Δr der radiale Zwischenraum und μ der Zähigkeitskoeffizient ist. Die allgemeine Gültigkeit der obigen Gleichung ist durch sehr viele Experimente der verschiedensten Art bestätigt. Die Schubspannungen konvergieren somit bei Flüssigkeiten und Gasen nach Null, wenn sich die Deformationen in genügend langsamer Weise vollziehen und sie sind gleich Null im Gleichgewichtszustand.

1.2 Wirkung der Temperatur auf die Zähigkeit. Sollte jemand den oben beschriebenen Versuch tatsächlich ausführen, so ist es mehr als nur wahrscheinlich, daß die Größe des Gewichtes $\mathfrak{G}$ an verschiedenen Tagen stark voneinander abweichen würden. Und zwar würden diese Abweichungen viel zu groß sein, als daß sie durch Meßungenauigkeiten erklärt werden könnten. Der Grund dafür liegt in der großen Wirkung, welche die Temperatur auf die Zähigkeit hat. Bereits eine Temperaturerhöhung um 1 °C erniedrigt das erforderliche Gewicht $\mathfrak{G}$ und damit den Wert von μ um mehr als 10% im Fall von Glyzerin. Es ist deshalb bei der Messung von Zähigkeiten von größter Wichtigkeit, die Temperatur der Flüssigkeit bzw. des Gases genau zu messen und konstant zu halten.

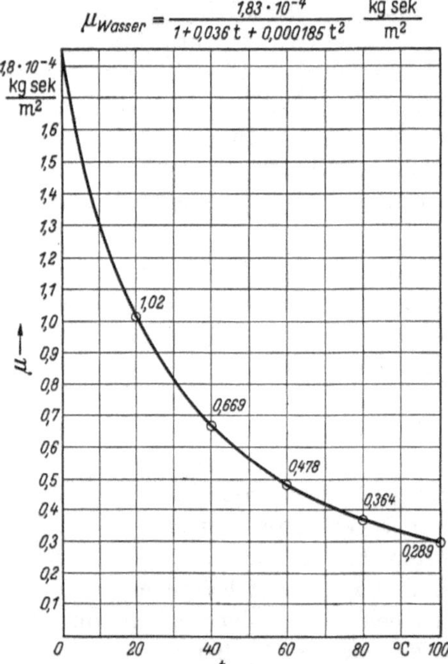

Abb. I, 1.4. Zähigkeitszahl von Wasser als Funktion der Temperatur

Aus Experimenten hat sich ergeben, daß die Zähigkeit μ von Flüssigkeiten mit zunehmender Temperatur abnimmt, während die Zähigkeit von Gasen zunimmt. In Abb. I, 1.4 ist die Zähigkeit μ von Wasser als Funktion der Temperatur aufgetragen. Die dort gegebene Formel kann als sehr gute Näherung angesehen werden. Abb. I, 1.5 zeigt die entsprechende Kurve und Näherungsformel für Luft.

Die Abhängigkeit der Zähigkeit von der Temperatur ist besonders groß bei Ölen und anderen zähen Flüssigkeiten. Abb. I, 1.6 zeigt dieses für Rizinusöl und Glyzerin.

1.3 Abhängigkeit der Zähigkeit vom Druck. Die gegebenen numerischen Werte von μ beziehen sich alle auf Atmosphärendruck. Auf

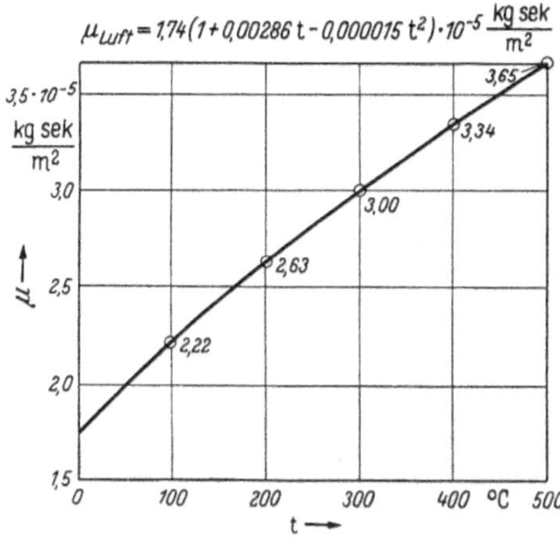

Abb. I, 1.5. Zähigkeitszahl von Luft als Funktion der Temperatur

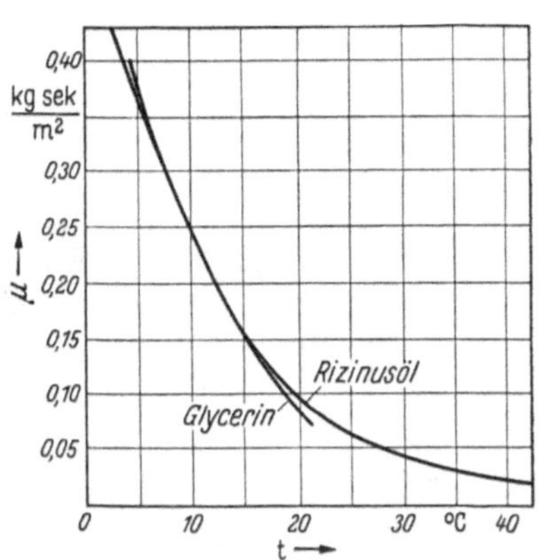

Abb. I, 1.6. Zähigkeitszahl von Glycerin und von Rizinusöl als Funktion der Temperatur

Grund von Experimenten hat sich jedoch gezeigt, daß der Einfluß des Druckes auf die Zähigkeit nur sehr gering ist und daher durchweg vernachlässigt werden kann.

Nur bei den Vorgängen der Schmierung, wo häufig sehr große Drucke auftreten, hat man den Einfluß des Druckes auf die Zähigkeit in Betracht zu ziehen. Es mag hier erwähnt werden, daß im allgemeinen die Zähigkeit mit dem Druck zunimmt, und daß dieses ausgeprägter für Mineralöle als für Pflanzenöle ist. Abb. I, 1.7 zeigt dieses für Mobilöl BB sowie für Rizinusöl.

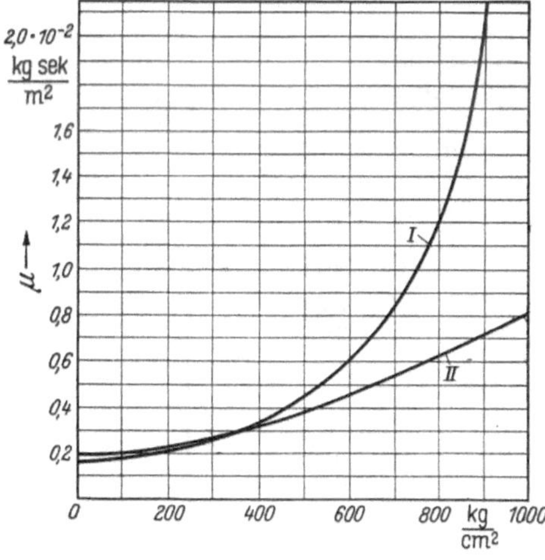

Abb. I, 1.7. Zähigkeitszahl von Mobilöl BB (*I*) und von Rizinusöl (*II*) als Funktion des Druckes

1.4 Dimension der Zähigkeit. Man erkennt aus der Art, wie im oben beschriebenen Experiment die Zähigkeit bestimmt wurde, und vor allem auch aus Gl. (I, 1.1), daß die physikalische Dimension der Zähigkeit

$$[\mu] = \left[\frac{\text{Kraft} \times \text{Länge}}{\text{Fläche} \times \text{Geschwindigkeit}}\right] = \frac{\text{kg s}}{\text{m}^2}$$

ist, wenn kg, m, s als die Einheiten von Kraft, Länge und Zeit angenommen werden. Im absoluten Maßsystem (c g s) ist die Dimension der Zähigkeit

$$[\mu] = \left[\frac{\text{Masse} \times \text{Länge} \times \text{Länge}}{\text{Zeit}^2 \times \text{Fläche} \times \text{Geschwindigkeit}}\right] = \frac{\text{g}}{\text{cm s}}.$$

Da

$$1\,\frac{\text{kg s}}{\text{m}^2} = 981\,\frac{\text{cm}}{\text{s}^2}\,\frac{1000\,\text{g s}}{10000\,\text{cm}^2} = 98{,}1\,\frac{\text{g}}{\text{cm s}}$$

ist, so muß man die numerischen Werte von μ im technischen Maßsystem mit 98,1 multiplizieren, wenn man sie in den kleineren Einheiten des physikalischen Maßsystems ausdrücken will[1].

1.5 Numerische Werte. In Tab. 1 sind die Zähigkeitswerte einer Anzahl von Flüssigkeiten und Gasen angegeben.

Tabelle 1

Wasserstoff	0 °C	$0{,}836 \cdot 10^{-6}$ kg s/m²	$0{,}822 \cdot 10^{-4}$ g/cm s
Stickstoff	0 °C	$1{,}735 \cdot 10^{-6}$ kg s/m²	$1.70 \cdot 10^{-4}$ g/cm s
Sauerstoff	0 °C	$1{,}97 \cdot 10^{-6}$ kg s/m²	$1{,}93 \cdot 10^{-4}$ g/cm s
Luft	20 °C	$1{,}84 \cdot 10^{-6}$ kg s/m²	$1{,}805 \cdot 10^{-4}$ g/cm s
Kohlensäure, flüssig . .	10 °C	$0{,}870 \cdot 10^{-5}$ kg s/m²	$0{,}852 \cdot 10^{-3}$ g/cm s
Luft	10 °C	$3{,}36 \cdot 10^{-5}$ kg s/m²	$3{,}30 \cdot 10^{-3}$ g cm s
Wasser	10 °C	$1{,}334 \cdot 10^{-4}$ kg s/m²	$1{,}308 \cdot 10^{-2}$ g/cm s
Quecksilber	0 °C	$1{,}71 \cdot 10^{-4}$ kg s/m²	$1{,}68 \cdot 10^{-2}$ g/cm s
Quecksilber	20 °C	$1{,}62 \cdot 10^{-4}$ kg s/m²	$1{,}59 \cdot 10^{-2}$ g/cm s
Quecksilber	40 °C	$1{,}51 \cdot 10^{-4}$ kg s/m²	$1{,}48 \cdot 10^{-2}$ g/cm s
Glycerin + Wasser . . .	18 °C		
0 100		$1{,}077 \cdot 10^{-4}$ kg s/m²	$1{,}506 \cdot 10^{-2}$ g/cm s
30 70		$2{,}56 \cdot 10^{-4}$ kg s/m²	$2{,}50 \cdot 10^{-2}$ g/cm s
50 50		$6{,}43 \cdot 10^{-4}$ kg s/m²	$6{,}30 \cdot 10^{-2}$ g/cm s
70 30		$2{,}24 \cdot 10^{-3}$ kg s/m²	$2{,}20 \cdot 10^{-1}$ g cm s
80 20		$5{,}80 \cdot 10^{-3}$ kg s/m²	$5{,}70 \cdot 10^{-1}$ g/cm s
90 10		$1{,}84 \cdot 10^{-2}$ kg s/m²	1,80 g/cm s
95 5		$3{,}57 \cdot 10^{-2}$ kg s/m²	3,50 g/cm s
100 0		$1{,}12 \cdot 10^{-1}$ kg s/m²	11,0 g/cm s
Kolophonium + Terpentin	7,1 °C		
0 100		$1{,}94 \cdot 10^{-4}$ kg s/m²	$1{,}90 \cdot 10^{-2}$ g/cm s
30 70		$1{,}53 \cdot 10^{-3}$ kg s m²	$1{,}50 \cdot 10^{-1}$ g/cm s
60 40		$3{,}47 \cdot 10^{-1}$ kg s/m²	34,0 g/cm s
70 30		$2{,}24 \cdot 10$ kg s/m²	$2{,}20 \cdot 10^{3}$ g/cm s
80 20		$9{,}4 \cdot 10^{4}$ kg s/m²	$9{,}2 \cdot 10^{6}$ g/cm s
90 10		$4{,}8 \cdot 10^{9}$ kg s/m²	$4{,}7 \cdot 10^{11}$ g/cm s
100 0		$1{,}02 \cdot 10^{16}$ kg s/m²	$1{,}0 \cdot 10^{18}$ g/cm s

[1] Die Einheit der Zähigkeit im physikalischen Maßsystem wird ein Poise genannt zu Ehren von POISEUILLE. — LANDOLT-BÖRNSTEIN: Zahlenwerte und Funktionen. Berlin/Göttingen/Heidelberg: Springer. — International Critical Tables, Bd. V. New York: McGraw-Hill.

Wir entnehmen der Tabelle, daß die Zähigkeiten der Gase sehr klein sind, daß sie im übrigen aber für die verschiedenen Gase von gleicher Größenordnung sind. Wie ganz anders ist dieses bei Flüssigkeiten, besonders bei Mischungen wie z. B. von Glyzerin und Wasser. Hier kann man durch entsprechenden Prozentsatz der beiden Anteile die verschiedensten Zähigkeiten im Verhältnis von 1 : 1000 erhalten. Will man z. B. Stromlinienbilder von Körpern in Flüssigkeiten großer Zähigkeit herstellen, so sind Glyzerin-Wassergemische mit Vorteil zu verwenden. Noch sehr viel größer ist der Bereich der Zähigkeiten von Gemischen bzw. Lösungen von Kolophonium und Terpentin. Ausgehend von reinem Terpentin mit $\mu = 1{,}94 \cdot 10^{-4}$ bei 7,1 °C kann man sämtliche Zwischenstufen bis zu reinem Kolophonium mit $\mu = 1{,}02 \cdot 10^{16}$ erhalten. In Abb. I, 1.8 sind wegen der großen Bereiche von μ deren Logarithmen aufgetragen, und zwar als Funktion von dem prozentualen Anteil von Glyzerin bzw. Kolophonium. Eine Vergrößerung der Ordinate um eine Einheit bedeutet also eine zehnfache Vergrößerung des Zähigkeitswertes.

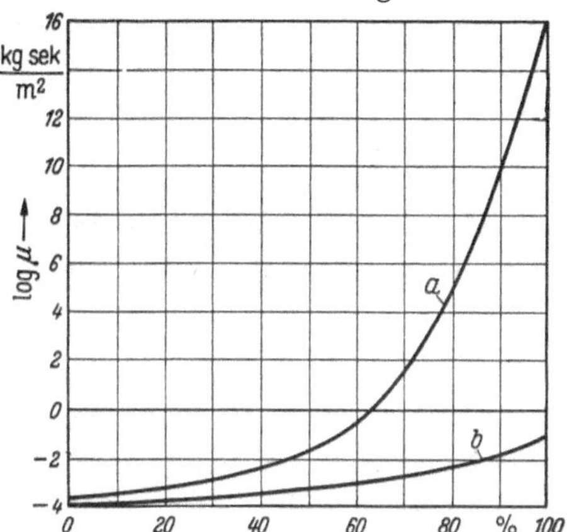

Abb. I, 1.8. Zähigkeitszahl von Kolophonium-Terpentingemischen (a) und von Glyzerin-Wassergemischen (b) als Funktion des prozentualen Anteiles des jeweils erstgenannten Anteils

Wie läßt sich aber der Standpunkt vertreten, daß Kolophonium eine Flüssigkeit sei? Im allgemeinen Sprachgebrauch gilt es als fester Körper, und es sind auch beträchtliche Kräfte erforderlich, um seine Form zu ändern, wollte man es z. B. mit einem Hammer in Stücke zerschlagen, während es doch das Merkmal einer Flüssigkeit ist, daß diese Kräfte verschwindend klein sind. Nach dem früher Gesagten sind die Kräfte aber nur verschwindend klein, wenn die Formänderung genügend langsam vor sich geht. Ähnlich ist es mit Asphalt; auch dieser läßt sich in Stücke schlagen, und doch muß auch Asphalt als eine Flüssigkeit von außerordentlich großer Zähigkeit angesehen werden. Aus einer umgestürzten Asphalttonne „fließt" der Asphalt im Verlauf von Monaten oder Jahren unmerklich teilweise aus und zwar auch bei normaler Temperatur, bei der er sich mit einem Hammer zerschlagen läßt.

In dieser Hinsicht verhalten sich feste Körper prinzipiell anders: Belastet man einen festen Körper, so ändert auch er seine Gestalt, nimmt aber die vorherige Gestalt wieder an, sobald die Last von ihm genommen ist, vorausgesetzt, daß man innerhalb des Elastizitätsbereiches des Körpers geblieben ist.

1.6 Geschichtliche Bemerkungen. Die Annahme, daß bei Flüssigkeiten und Gasen der Widerstand gegen Verzerrungen proportional dem Geschwindigkeitsunterschied benachbarter Flüssigkeitsschichten sei, geht auf J. NEWTON zurück. NEWTONS Vorstellung von der inneren Reibung einer Flüssigkeit entspricht zwar nicht unserer jetzigen Ansicht von der Zähigkeit, unterscheidet er doch zwischen der Klebrigkeit oder Kohäsion (tenacitas) unter den Flüssigkeitsteilchen, der Abnutzung (attritio) zwischen Flüssigkeit und festem Körper, sowie einer gewissen Elastizität der Flüssigkeit, wobei alle drei Faktoren zusammen den Reibungswiderstand eines in einer Flüssigkeit bewegten Körpers darstellen. Nichtsdestoweniger ist er es gewesen, der die erste Einsicht über das Wesen der Zähigkeit von Flüssigkeiten gegeben hat.

Im Anfang zum IX. Abschnitt seiner berühmten „Philosophiae naturalis principia mathematica“, London, 1687, macht NEWTON die folgende Annahme:

Hypothese: Der Widerstand, der durch einen Mangel an Schlüpfrigkeit der Flüssigkeitsteile entsteht, ist unter sonst gleichen Umständen proportional der Geschwindigkeit, durch die benachbarte Flüssigkeitsteile voneinander getrennt sind[1].

Erst anderthalb Jahrhundert später wurde der Begriff der Zähigkeit weiter ausgearbeitet von verschiedenen Wissenschaftlern, wie NAVIER[2], POISSON[3], ST. VENANT[4], STOKES[5] und anderen.

Die jetzt übliche Definition der Zähigkeit ist von MAXWELL in sehr klarer Weise gegeben. Wir betrachten in Abb. I, 1.9 zwei horizontale Ebenen von so großer Ausdehnung, daß irgendwelche Wirkungen, die von den Enden der Ebenen auf die Strömungsbewegung zwischen den Ebenen auftreten könnten, vernachlässigbar klein sind. Die untere Ebene ist in Ruhe gehalten aber so gelagert, daß sie ohne Kraftanstrengung in horizontaler Lage beweglich ist. Die obere Ebene bewege sich mit einer Geschwindigkeit von u_1 in der x-Richtung. Nachdem die obere Platte in Bewegung gesetzt worden ist, wird eine

---

[1] „Resistentiam quae oritur ex defectu lubricitatis partium fluidi, ceteris paribus, proportionalem esse velocitati, qua partes fluidi separantur ab invicem.“

[2] NAVIER, M.: Mémoire sur les lois du mouvement des fluides. Mémoires de l'Académie des Sciences Bd. VI (1826).

[3] POISSON, D.: Mémoire sur les équations générales de l'équilibre et du mouvement des corps solides élastiques et des fluides. J. de l'école Polytechnique Heft XX (1831).

[4] SAINT VENANT: Note à joindre un mémoire sur la dynamique des fluides. C. R. Bd. XVIII (1843) S. 1240.

[5] STOKES, G. G.: On the Theories of the Internal Friction of Fluids in Motion. Trans. of the Cambridge Phil. Soc. Bd. VIII, Teil III (1847).

gewisse Zeit vergehen, bis sich die lineare Geschwindigkeitsverteilung eingestellt hat. Bevor dieser stationäre Strömungszustand erreicht ist, wird die Geschwindigkeitsverteilung zwischen den beiden Platten so sein wie in Abb. I, 1.10 dargestellt, d. h. sie ändert sich allmählich von *I* über *II* nach *III*. Die von MAXWELL[1] gegebene Definition lautet:

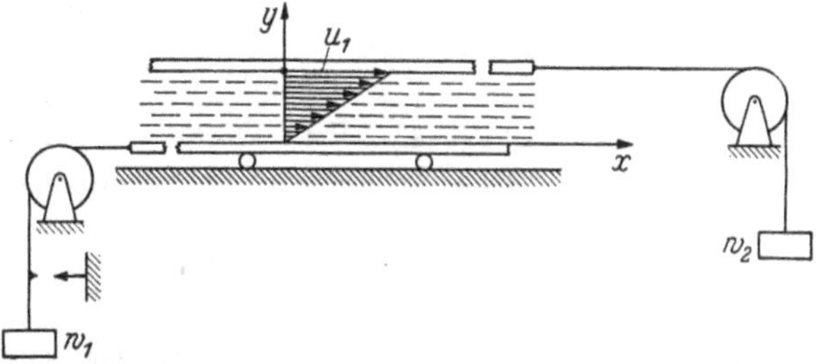

Abb. I, 1.9. Geschwindigkeitsverteilung einer Flüssigkeit zwischen zwei (unendlich ausgedehnten) ebenen Platten, von denen die untere ruht und die obere sich mit der Geschwindigkeit u_1 nach rechts bewegt

Der Zähigkeitskoeffizient kann am besten dadurch definiert werden, daß man eine Luftschicht zwischen zwei parallelen, horizontalen Ebenen betrachtet, die einen Abstand b voneinander haben und sich im übrigen allseitig nach Unendlich erstrecken. Angenommen, die obere Ebene wird in horizontaler Richtung mit einer Geschwindigkeit von u_1 Fuß pro Sekunde in Bewegung gebracht und diese Bewegung so lange fortgesetzt, bis die Luft in den verschiedenen Teilen der Schicht ihre endgültige Geschwindigkeit erreicht hat, so wird die Geschwindigkeit gleichförmig zunehmen, wenn wir von der unteren Ebene zur oberen aufsteigen. Wenn die Luft, die in Berührung mit den Ebenen ist, dieselbe Geschwindigkeit wie diese hat, so wird die Geschwindigkeit um u_1/b Fuß pro Sekunde zunehmen für jeden Fuß, den wir aufsteigen. Die Reibung zwischen zwei beliebigen sich berührenden Luftschichten wird dann gleich sein derjenigen zwischen einer der beiden Oberflächen und der mit ihr in Berührung befindlichen Luft. Nehmen wir an, daß diese Reibung einer tangentialen Kraft τ auf jeden Quadratfuß gleich ist, dann ist

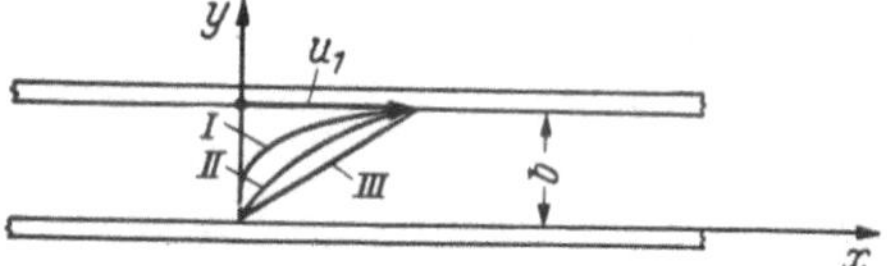

Abb. I, 1.10. Zeitlich aufeinanderfolgende Phasen bis zur linearen Geschwindigkeitsverteilung von Abb. I, 1.9

$$\tau = \mu \frac{u_1}{b},$$

[1] MAXWELL, J. C.: On the Viscosity of Internal Friction of Ari and other Gases. Phil. Trans. Bd. CLVI (1866).

wo μ der Zähigkeitskoeffizient, u_1 die Geschwindigkeit der oberen Ebene und b der Abstand zwischen beiden Ebenen ist.

Ein großer Nachteil des in Abb. I, 1.9 beschriebenen Experimentes liegt darin, daß es kaum ausführbar ist. Abgesehen davon, daß die beiden Platten sehr groß sein müßten, würde eine beträchtliche Zeit erforderlich sein, bis sich die lineare Geschwindigkeitsverteilung zwischen den Platten eingestellt hat und die Messung von τ ausgeführt werden könnte.

Die Annahme, die der MAXWELLschen Definition zugrunde liegt, ist angenähert in unserem ersten Experiment des rotierenden Zylinders verwirklicht. Diese Methode zur Messung der Zähigkeit ist von COUETTE[1] vorgeschlagen und von ihm zu einem hohen Grad von Genauigkeit ausgearbeitet. In der zuerst erwähnten Arbeit wird unter anderem beschrieben, in welcher Weise die besonders bei Luft sehr geringen Drehmomente mittels feiner Torsionsdrähte gemessen werden. In der dritten Arbeit vergleicht COUETTE die von ihm entwickelte Methode mit denjenigen anderer Forscher.

Es gibt jedoch noch einen wichtigen Punkt, der einer Aufklärung bedarf: Bisher haben wir, sowohl in unserem Experiment als auch in der Definition des Zähigkeitskoeffizienten vorausgesetzt, daß die Geschwindigkeitsverteilung linear ist, d. h. wir haben vorausgesetzt, daß in der Gleichung

$$\tau = \mu \frac{\partial u}{\partial y} \qquad \text{(I, 1.2)}$$

der Ausdruck $\partial u/\partial y$ nicht von y abhängt. Es erhebt sich deshalb die Frage, ob es gerechtfertigt ist, diese Gleichung auch dann noch als gültig anzusehen, wenn $\partial u/\partial y$ nicht konstant ist, sondern von y abhängt. Die Tatsache jedoch, daß auch in diesen Fällen die obige Gleichung Resultate ergibt, die mit der Erfahrung übereinstimmen, kann als eine experimentelle Bestätigung des obigen Ansatzes gelten. So läßt sich z. B. der durch Zähigkeitswirkungen bedingte und experimentell bestimmbare Druckabfall in einem geradlinigen Rohr von kreisförmigem Querschnitt allein aus der obigen Gleichung berechnen, obwohl in diesem Falle $\partial u/\partial y$ von y abhängig ist.

Am Ende dieses Kapitels über die Zähigkeit von Flüssigkeiten und Gasen möchte man erwarten, daß wenigstens ein Ausblick hinsichtlich der Erklärung der Zähigkeit vom Standpunkt der Theorie über die Bewegung der Moleküle gegeben würde. Wollte man jedoch die Aus-

---

[1] COUETTE, M.: Sur un nouvel appareil pour l'étude du frottement des fluides. C. R. Bd. 107 (1888) S. 388. Etude sur le frottement des liquides. Ann. d. Chimie et Physique Bd. 21 (1890) S. 433. — Distinction de deux régimes dans le mouvement des fluides. J. de Physique Bd. 9 (1890) S. 414.

führungen hierüber in genügender Breite geben, so daß sie im einzelnen verständlich wären, so würde dieses zu viel Platz in Anspruch nehmen[1].

2 Dichte

2.1 Definition und Dimension der Dichte. Die Dichte (ϱ) einer Substanz ist die Masse der Volumeneinheit. Da die Masse (M) einer Substanz gleich ihrem Gewicht (W) dividiert durch die Beschleunigung (g) des freien Falles ist, so ist

$$\varrho = \frac{M}{V} = \frac{W}{g\,V}. \qquad \text{(I, 2.1)}$$

Die Erdanziehung (g) ist an den verschiedenen Punkten der Erdoberfläche etwas verschieden und damit auch das Gewicht einer bestimmten Masse einer Substanz.

Das Gewicht der Volumeneinheit einer Substanz nennt man ihr Raumgewicht

$$\frac{W}{V} = \gamma; \qquad \text{(I, 2.2)}$$

es ist für die gleiche Substanz (wie das Gewicht) etwas verschieden, je nach dem Ort auf der Erdoberfläche. Es ist somit

$$\varrho = \frac{\gamma}{g}. \qquad \text{(I, 2.3)}$$

Für den 45. Breitengrad in Meereshöhe ist

$$g = 9{,}80665\,\frac{\text{m}}{\text{s}^2}.$$

Die Dimension der Dichte im technischen Maßsystem ist

$$[\varrho] = \frac{\text{kg}}{\text{m}\,\text{s}^{-2}\,\text{m}^3} = \text{kg}\,\text{s}^2\,\text{m}^{-4} \qquad \text{(I, 2.4)}$$

und die des Raumgewichtes

$$[\gamma] = \text{kg}\,\text{m}^{-3}.$$

Das Gewicht von einem Kubikmeter Wasser von 4 °C beträgt 1000 kg und somit die Dichte

$$\varrho_{\text{Wasser, }4^\circ} = \frac{1000}{9{,}81} = 102\,\text{kg}\,\text{s}^2\,\text{m}^{-4}. \qquad \text{(I, 2.5)}$$

Das Gewicht von einem Kubikmeter Luft von 15 °C und atmosphärischem Druck ($76\,\text{cm Hg} = 76\,\text{cm} \cdot 13{,}596\,\text{kg}\,\text{cm}^{-3} = 1{,}0332\,\text{kg}\,\text{cm}^{-2}$) beträgt 1,225 kg, so daß die Dichte

$$\varrho_{\text{Luft, }15^\circ,\text{ atm.}} = \frac{1{,}225}{9{,}81} = 0{,}125 = \frac{1}{8}\,\text{kg}\,\text{s}^2\,\text{m}^{-4} \qquad \text{(I, 2.6)}$$

ist.

---

[1] Vgl. die Anmerkung in L. Prandtl: Führer durch die Strömungslehre, 2. Aufl., S. 94. Braunschweig: Vieweg 1944.

Man bezeichnet als spezifisches Gewicht eines Körpers das Verhältnis seines Gewichtes zu dem Gewicht einer volumengleichen Wassermenge (4 °C); es hat also die physikalische Dimension Null. Da 1 cm^3 Wasser (4 °C) 1 g wiegt, ist das spezifische Gewicht eines Körpers dem Zahlenwerte nach gleich dem Gewicht (g) von 1 cm^3 des Körpers. Vielfach wird — und auch wir tun es — das spezifische Gewicht ebenfalls mit γ bezeichnet.

2.2 Einwirkung der Temperatur und des Druckes auf die Dichte. Da alle Substanzen ihr Volumen mit der Temperatur ändern, wird auch die Dichte, d. h. die Masse der Volumeneinheit, von der Temperatur beeinflußt.

Bei *Flüssigkeiten* ist innerhalb nicht zu großer Temperaturbereiche angenähert

$$V_t = V_0(1 + \alpha t^\circ),$$

wo α der kubische Ausdehnungskoeffizient ist. Folglich ist

$$\varrho_t = \frac{\varrho_0}{1 + \alpha t^\circ}, \qquad \text{(I, 2.7)}$$

wo ϱ_t die Dichte bei t° und ϱ_0 diejenige bei 0 °C ist. Wasser hat seine größte Dichte bei etwa 4 °C, so daß wir für Wasser

$$\varrho_{t,\,\text{Wasser}} = \frac{\varrho_4}{1 + \alpha(t^\circ - 4^\circ)} \qquad t \geqq 4^\circ \qquad \text{(I, 2.8)}$$

und

$$\varrho_{t,\,\text{Wasser}} = \frac{\varrho_4}{1 + \alpha(4^\circ - t^\circ)} \qquad t \leqq 4^\circ$$

haben mit $\varrho_4 = 102$ kg $s^2\,m^{-4}$ und $\alpha = 0{,}00043$ zwischen 0 °C und 100 °C.

Der Einfluß des Druckes auf die Dichte von Flüssigkeiten ist vernachlässigbar klein, da Flüssigkeiten praktisch inkompressibel sind. Ein Druck von nicht weniger als 200 Atmosphären ist erforderlich, um das Volumen um 1% zu verringern und somit die Dichte um ebensoviel zu vergrößern.

Bei *Gasen* ist die Wirkung des Druckes auf die Dichte sehr beträchtlich, da Gase ihr Volumen mit sich änderndem Druck verhältnismäßig leicht ändern. Gl. (I, 2.7) hat deshalb bei Gasen nur Gültigkeit, solange der Druck während der Temperaturänderung konstant gehalten wird.

Berücksichtigen wir, daß Gase ihr Volumen mit jedem Grad Temperaturerhöhung um 1/273 ihres Volumens vergrößern, so ist mit $p = \text{const}$

$$\varrho_{p t^\circ} = \frac{\varrho_{p,\,0^\circ}}{1 + \dfrac{1}{273}t^\circ} = \varrho_{p,\,0^\circ}\frac{273}{273 + t^\circ}$$

und mit $273 = T_0$ und $273 + t = T$

$$\varrho_{pT} = \varrho_{pT_0}\frac{T_0}{T}, \qquad \text{GAY-LUSSACsche Gesetz (1816).} \qquad \text{(I, 2.9)}$$

Andererseits ist das Volumen eines Gases nahezu umgekehrt proportional dem Druck, vorausgesetzt, daß bei einer Druckänderung die Temperatur konstant gehalten wird, d. h.

$$V_{p,T} = \frac{\text{const}}{p}, \quad \text{R. Boyle (1662), Mariotte (1679).}$$

Bezeichnen wir den atmosphärischen Druck mit p_a und das Volumen bei diesem Druck und der Temperatur T mit V_{aT}, so ist also

$$V_{pT}\, p = V_{aT}\, p_a$$

und folglich die Dichte

$$\varrho_{pT} = \varrho_{aT} \frac{p}{p_a}. \tag{I, 2.10}$$

Da nach Gl. (I, 2.9)

$$\varrho_{aT} = \varrho_{aT_0} \frac{T_0}{T}$$

ist, so folgt

$$\varrho_{pT} = \varrho_{aT_0} \frac{T_0}{T} \frac{p}{p_a}. \tag{I, 2.11}$$

Die Dichte eines Gases ist seinem Druck direkt und seiner absoluten Temperatur umgekehrt proportional (Boyle-Gay-Lussacsche Gleichung oder Zustandsgleichung).

Setzen wir die bekannten Größen

$$\varrho_{aT_0} = 1{,}318\ \text{kg}\,\text{s}^2\,\text{m}^{-4}$$
$$p_a = 10332\ \text{kg}\,\text{m}^{-2}$$
$$T_0 = 273$$

in die obige Gleichung ein, so ist für Luft

$$\varrho_{pT} = 0{,}03482 \frac{p}{T}\ \text{kg}\,\text{s}^2\,\text{m}^{-4}. \tag{I, 2.12}$$

Da der Druck der barometrischen Höhe h proportional ist, läßt sich Gl. (I, 2.11) auch schreiben

$$\varrho_{hT} = \varrho_{h_0 T_0} \frac{T_0}{T} \frac{h}{h_0}$$

und mit $h_0 = 760$ mm Hg

$$\varrho_{hT} = 0{,}4734 \frac{h}{T}\ \text{kg}\,\text{s}^2\,\text{m}^{-4} \tag{I, 2.13}$$

wo h in mm Hg zu messen ist.

Nach den beiden letzt bezifferten Gleichungen läßt sich die Dichte von Luft für jede Temperatur und für jeden Druck bzw. barometrische Höhe berechnen.

In Abb. I, 2.1 ist die Dichte von Luft mittlerer Feuchtigkeit als Funktion der Temperatur für verschiedene barometrische Höhen dargestellt.

2.3 Die Gaskonstante *R*. Führen wir jetzt das spezifische Volumen ein, d. h. das Volumen der Gewichtseinheit (nicht der Masseneinheit) $v^* = 1/\gamma = 1/\varrho\, g$, so erhalten wir aus Gl. (I, 2.11)

$$p\, v^*_{p,\,T} = \frac{p_a}{\varrho_{a,\,T_0}\, T_0\, g}\, T$$

oder mit den oben angegebenen Werten für p_a, $\varrho_{a\,T_0}$, T_0 und g

$$p\, v^*_{p,\,T} = 29{,}3^{\mathrm{m/Grad}}\, T = R\, T\,, \tag{I, 2.14}$$

wo R die für ein jedes Gas charakteristische Gaskonstante ist. Die letzte Gleichung kann auch noch in der Form

$$\frac{p\, v^*}{T} = \frac{p\, V}{G\, T} = \frac{p}{\gamma\, T} = R \tag{I, 2.15}$$

geschrieben werden.

Es mag hier erwähnt werden, daß die Gültigkeit der obigen Formeln begrenzt ist, obwohl uns dies bei den in diesem Buch behandelten

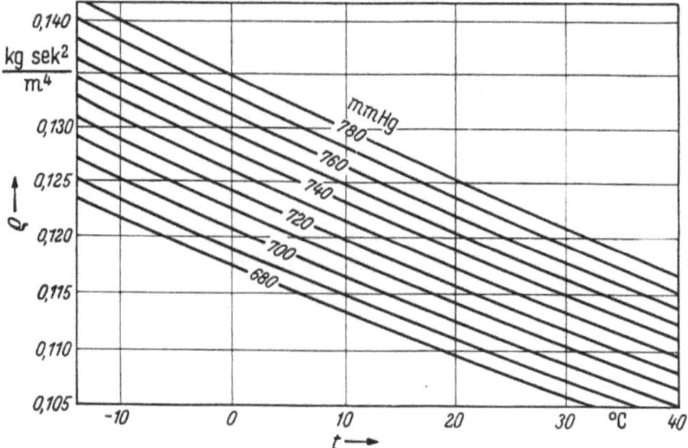

Abb. I, 2.1. Die Dichte von Luft als Funktion der Temperatur für verschiedene barometrische Höhen (in mm Hg)

Gegenständen nicht berühren wird. Nach Gl. (I, 2.10) könnte die Dichte eines Gases über jedes Maß vergrößert werden, wenn nur der Druck genügend erhöht würde, und man könnte z. B. den Druck berechnen, für die nach jener Gleichung die Dichte eines Gases gleich der von Stahl werden würde. Bis zu so großen Drücken hat die Zustandsgleichung jedoch längst keine Gültigkeit mehr. Es gibt vielmehr für jedes Gas eine größte Dichte, über die hinaus das Gas nicht weiter zusammengedrückt werden kann, einerlei wie sehr man den Druck auf das Gas vergrößern würde. Bei so großen Drücken müssen die Abweichungen von der Zustandsgleichung berücksichtigt werden und besonders auch, wenn gleichzeitig die Temperatur so weit erniedrigt wird, daß ein Übergang vom gasförmigen in den flüssigen Zustand eintreten kann.

2.4 Die Dichte in einem Punkt. Was wir bisher gegeben haben ist, genaugenommen, nur die Definition der durchschnittlichen Dichte bezogen auf einen Kubikmeter. Ist die Dichte innerhalb eines Kubikmeters aber von Punkt zu Punkt verschieden, so wird die Dichte in einem Punkt P durch die Gleichung

$$\varrho = \frac{dM}{dV}$$

definiert, wo dV den Punkt P im Innern enthält.

dV bedeutet mathematisch den Grenzwert einer nach Null konvergierenden Folge $\Delta V_1, \Delta V_2, \Delta V_3 \ldots$, deren sämtliche Glieder den Punkt P enthalten. Damit geraten wir jedoch in Schwierigkeiten, wenn wir bedenken, daß Flüssigkeiten und Gase, wie jegliche Materie, von molekularer Struktur sind. Es kann daher der Fall eintreten, daß, wenn P ein mathematischer Punkt ist, die dauernd abnehmenden Werte von ΔV_i schließlich zwischen den Molekülen liegen und damit überhaupt keine Masse enthalten. Praktisch ist dieses jedoch bedeutungslos. Es handelt sich bei unseren Betrachtungen nicht um mathematische, sondern um physikalische Punkte, d. h. um so kleine Volumina, daß deren Längendimensionen vollständig vernachlässigbar sind gegenüber den für das Strömungsbild charakteristischen Längendimensionen. Das Volumen eines kleinen Würfels von z. B. 10^{-12} cm^3 Inhalt mit einer Seitenlänge von $^1/_{1000}$ mm $= 1$ μm kann in der Strömungslehre im allgemeinen als „physikalischer Punkt" angesehen werden. Da ein Volumen von 1 cm^3 Luft bei Atmosphärendruck $2{,}7 \cdot 10^{19}$ Moleküle enthält, sind in einem „physikalischen Punkt" von 1 μm Seitenlänge noch $2{,}7 \cdot 10^7$ Moleküle vorhanden, eine Zahl, die noch vollkommen für die Bildung des obigen Ausdruckes für die Dichte ausreicht.

Es gibt jedoch Strömungsvorgänge, besonders im Hochvakuum, wo der Abstand der Moleküle so groß ist, daß ein für die Bildung eines Durchschnittswertes von Molekülen genügendes Volumen zu große Längenabmessungen haben würde, als daß diese gegenüber den übrigen Dimensionen des Strömungsvorganges vernachlässigt werden könnten. Solche Volumina können deshalb nicht mehr als physikalische Punkte angesehen werden. In diesen Fällen kann man nicht von einer Dichte in einem Punkte sprechen.

Bisher haben wir nicht berücksichtigt, daß die Moleküle sich in einem Zustand dauernder Bewegung befinden. Betrachten wir ein Volumen ΔV_i, dessen Längendimensionen von der Größenordnung der freien Weglänge der Moleküle sind, so würde ein solches Volumen dauernd andere Moleküle enthalten und kein physikalisches Individuum darstellen. Glücklicherweise ist die freie Weglänge der Moleküle bei Gasen unter normalen Drücken so klein, daß selbst so winzige Volumina, die als physikalische Punkte angesehen werden können, noch außerordentlich viele Moleküle enthalten. Ein Austausch der Moleküle findet lediglich an der Berandung der physikalischen Punkte statt. Für eine gewisse Zeit wird daher solch ein physikalischer Punkt aus denselben Molekülen bestehen und deshalb als physikalisches Individuum angesehen werden können mit einem geringen Austausch der Moleküle an seiner Berandung.

In gewissen Fällen, z. B. bei den Vorgängen der Diffusion, werden auch größere Teile der Flüssigkeit als nur physikalische Punkte von der Molekularbewegung beeinflußt. Angenommen, es befinden sich am Boden eines mit einer Flüssigkeit gefüllten Gefäßes einige in dieser Flüssigkeit lösliche Kristalle. Allmählich werden diejenigen Teile der Flüssigkeit, die nahe den Kristallen und deshalb hochkonzentriert sind, in die Bereiche geringerer Konzentration diffundieren, bis die ganze Flüssigkeit die gleiche Konzentration hat und damit das Gleichgewicht hergestellt ist. Obwohl dieser Vorgang der Diffusion durch die Molekularbewegung verursacht ist, kann er nichtsdestoweniger beschrieben werden dadurch, daß das Maß der Konzentration als Funktion von Ort und Zeit gegeben ist, im übrigen jedoch die Flüssigkeit als Kontinuum aufgefaßt wird[1].

3 Kompressibilität

3.1 Wirkung der Kompressibilität infolge großer Höhenunterschiede. Abgesehen von der Tatsache, daß die Dichte eines Gases durch Wärmezu- oder -abfuhr geändert wird, ist es nur noch der Druck, der eine Änderung der Dichte herbeiführen kann. Dieses folgt aus der Zustandsgleichung (I, 2.11). Nun wissen wir, daß der Luftdruck der Atmosphäre mit zunehmender Höhe abnimmt, was somit auch eine Abnahme der Dichte mit der Höhe zur Folge hat. Wir werden dieses im einzelnen auf S. 25 untersuchen und dabei eine Beziehung zwischen den verschiedenen Faktoren wie Höhe, Druck, Temperatur und Dichte ableiten.

An dieser Stelle wollen wir eines der Resultate (S. 30) vorwegnehmen, nämlich, daß sich die Dichte der Luft bei einer Höhenänderung von 100 m nur um etwa 1% ändert. Solange man nicht in eine größere Genauigkeit als 1% interessiert ist, kann man also die Kompressibilität der Luft vernachlässigen, vorausgesetzt, daß sich der Strömungsvorgang in einem Raum abspielt, dessen vertikale Dimension nicht mehr als etwa 100 m beträgt.

Die Strömung der Luft um ein Segelboot, die Strömung durch Windmühlen, der Strömungsvorgang eines Flugzeuges im horizontalen

[1] Prandtl-Tietjens: Hydro- und Aeromechanik, 1. Bd, S. 6ff. Berlin: Springer 1929; oder Fundamentals of Hydro- and Aeromechanics, S. 7ff. New York: Dover Publications 1957.

Flug bei einer Geschwindigkeit von beispielsweise 300 km/h kann behandelt werden, ohne die Kompressibilität in Betracht zu ziehen. Die Leistung eines Flugzeuges in 5000 m Höhe wird von derjenigen in 500 m Höhe wegen des großen Unterschiedes der Luftdichte verschieden sein. Zieht man aber die sehr viel geringere Dichte der Luft in 5000 m Höhe in Rechnung, so kann man für die Leistung und für die Flugeigenschaften des Flugzeuges die Luft als inkompressibel und die Dichte somit als konstant ansehen.

Anderseits können Strömungsvorgänge der Meteorologie, oder die vertikalen Bewegungen von Ballons und Luftschiffen nur behandelt werden unter Berücksichtigung der Kompressibilität und der bei diesen Vorgängen auftretenden Änderungen der Dichte und der Temperatur der Luft.

3.2 Wirkung der Kompressibilität infolge sehr großer Geschwindigkeiten. Wenn wir in dem Beispiel eines Flugzeuges im horizontalen Flug erwähnten, daß dieses nur eine Geschwindigkeit von 300 km/h habe, so sollten damit sehr viel höhere Fluggeschwindigkeiten ausgenommen sein, da sonst wieder die Kompressibilität zu berücksichtigen ist. Diese Vorgänge werden im zweiten Bande ausführlich behandelt werden. Hier wollen wir nur einige Resultate vorwegnehmen.

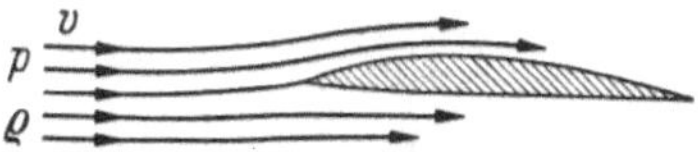

Abb. I, 3.1. Strömung gegen einen Tragflügel. Eine der Stromlinien trifft den Tragflügel an einem Punkte seiner Vorderkante; hier wird die Geschwindigkeit bis auf Null vermindert

Wir werden finden, daß Änderungen in der Geschwindigkeit immer mit Druckänderungen und damit auch mit Änderungen der Dichte verbunden sind. Die Frage ist nur, wie groß sind die Änderungen der Dichte, die in dieser Weise verursacht werden. Wir wollen zeigen, daß diese Dichteänderungen so klein sind, daß sie vernachlässigt werden können, es sei denn, daß die Geschwindigkeitsunterschiede außerordentlich groß sind.

Betrachten wir z. B. einen gleichförmigen Luftstrom, wie er in einem Windkanal erzeugt werden kann, gegen einen Flugzeugtragflügel, dessen Querschnitt in Abb. I, 3.1 dargestellt ist. Gewisse Stromlinien werden oberhalb und andere unterhalb des Tragflügels verlaufen. Eine Stromlinie wird die Vorderkante des Tragflügels im sogenannten Staupunkt treffen, wo die Flüssigkeitsteile dieser Stromlinie zur Ruhe kommen und ihre gesamte kinetische Energie in Druckenergie umwandeln. Der Druck im Staupunkt ist deshalb immer größer als an den anderen Punkten der Strömung. Und mit dem größeren Druck ist auch die Dichte im Staupunkt größer als an allen anderen Punkten. Die Frage ist nun: Um welchen Betrag nimmt die Dichte im Staupunkt zu, wenn die Anströmungsgeschwindigkeit beispielsweise 180 km/h oder 50 m/s ist?

Zunächst wollen wir die Zunahme des Druckes im Staupunkt berechnen. Wenn p den Druck, v die Geschwindigkeit und ϱ die Dichte der Luft weit vor dem Tragflügel bezeichnet, ferner p_0 den Druck im Staupunkt, so ist, wie auf S. 104 gezeigt wird, wenn in erster Näherung ϱ als konstant angenommen wird,

$$p_0 = p + \frac{\varrho}{2} v^2$$

oder

$$\frac{p_0}{p} = 1 + \frac{\frac{\varrho}{2} v^2}{p}. \qquad (I, 3.1)$$

Nehmen wir an, daß p der Atmosphärendruck in Meereshöhe und ϱ die dieser Höhe entsprechende Dichte bei 15 °C ist, so haben wir nach Gl. (I, 3.1) mit den Werten von $p = 10332 \text{ kg m}^{-2}$ und $\varrho = 0{,}125 \text{ kg s}^2 \text{ m}^{-4}$

$$p_0 = p\left(1 + \frac{0{,}125 \cdot 50^2}{2 \cdot 10332}\right)$$

oder

$$p_0 = 1{,}0151\, p. \qquad (I, 3.2)$$

Der Druck im Staupunkt ist somit etwa 1,5% größer als der Druck weit vor dem Tragflügel.

Wir wollen jetzt die Dichteänderung berechnen, die einer solchen Druckerhöhung entspricht. Wenn ein Gas komprimiert wird, so nimmt seine Temperatur zu. Wir dürfen also nicht einfach Gl. (I, 2.10) anwenden, wonach die Dichten umgekehrt proportional den Drücken sind, da diese Gleichung nur gilt, wenn die Temperatur konstant gehalten wird, dadurch, daß die bei der Kompression auftretende Wärme abgeführt wird. Dieses ist aber in unserem Beispiel nicht der Fall, da dafür die Zeit, in der ein Flüssigkeitsteilchen der mittleren Stromlinien im Staupunkt zur Ruhe kommt, viel zu kurz ist. Durch die Temperaturerhöhung im Staupunkt wird nun die Dichte weniger zunehmen als es der Gl. (I, 2.10) entspricht, d.h. ϱ_0/ϱ ist tatsächlich kleiner als nach dieser Gleichung berechnet. Will man trotzdem die Proportionalität mit p_0/p aufrechterhalten, so benötigt man eine höhere als die erste Potenz von ϱ_0/ϱ. Sowohl theoretisch als auch experimentell läßt sich zeigen, daß für solche sogenannte adiabatische Vorgänge, bei denen Wärme weder zu- noch abgeführt wird, für trockene Luft

$$\left(\frac{\varrho_0}{\varrho}\right)^{1{,}405} = \frac{p_0}{p}$$

ist. In Verbindung mit Gl. (I, 3.2) erhalten wir somit

$$\varrho_0 = 1{,}0151^{1/1{,}405}\, \varrho = 1{,}011\, \varrho,$$

d. h. eine Zunahme der Dichte von etwa 1%. Diese geringe Zunahme der Dichte rechtfertigt nachträglich auch unsere Annahme, daß ϱ in Gl. (I, 3.1) zunächst als konstant angesehen wurde.

Genügt eine Genauigkeit von etwa 1%, so kann man also Luft bis zu diesen Geschwindigkeiten als inkompressibel ansehen. Für größere Geschwindigkeiten als 50 m/sek werden die Abweichungen beträchtlich größer, so ist $\varrho_0/\varrho = 1{,}04$ für $v = 100$ m/sek und gleich 1,16 für $v = 200$ m/sek. Bei noch größeren Geschwindigkeiten ist es dann nicht mehr angängig, die Kompressibilität zu vernachlässigen. Insbesondere treten ganz neue Strömungserscheinungen auf, sobald irgendwo in der Strömung die Schallgeschwindigkeit erreicht wird. Diese Vorgänge werden im einzelnen im zweiten Bande behandelt.

Es mag hier noch erwähnt werden, daß es nicht eigentlich die Druckdifferenz ist, die entscheidet, ob die Kompressibilität berücksichtigt werden muß oder nicht, sondern es ist vielmehr die Druckdifferenz im Verhältnis zum Druck selbst, d. h.

$$\frac{p_0 - p}{p} = \frac{p_0}{p} - 1$$

mit anderen Worten, es ist das Druckverhältnis p_0/p, das ausschlaggebend ist.

Für eine Druckdifferenz von beispielsweise $p_0 - p = 500$ kg m^{-2} und $p = 10332$ kg m^{-2} (Atmosphärendruck) ist $p_0/p = 1{,}0484$ und die Zunahme der Dichte am Staupunkt etwa 3,5% gegenüber der Dichte der ungestörten Luft. Diese Änderung der Dichte kann in erster Näherung vernachlässigt und die Luft als inkompressibel angesehen werden. Wenn die gleiche Druckdifferenz jedoch auftritt in einem Gas, das selbst unter einem Druck von nur $p = 500$ kg m^{-2} steht (Teilvakuum), so ist das Druckverhältnis $(p_0 - p)/p = 1 = p_0/p - 1$, also $p_0/p = 2$. Bei einem Druckverhältnis von 2 tritt aber, wie wir später sehen werden, bereits die Schallgeschwindigkeit auf, so daß die Kompressibilität unbedingt berücksichtigt werden muß.

II. Gleichgewicht und Stabilität

1 Flüssigkeitsdruck

Zu Beginn dieses Buches war darauf hingewiesen, daß das Merkmal einer Flüssigkeit (und eines Gases) die leichte Verschieblichkeit ihrer Teile ist, im Gegensatz zu dem Verhalten von festen Körpern. Wir hatten gefunden, daß die Schubspannungen innerhalb der Flüssigkeit und an ihren Grenzen nach Null streben, wenn die Deformationsgeschwindigkeit nach Null geht. Im Zustand der Ruhe, also bei Deformationsgeschwindigkeit Null, müssen die Schubspannungen somit gleich Null sein. Dieses von den festen Körpern so grundlegend verschiedene Verhalten der Flüssigkeiten und Gase muß bei einer mathematischen Behandlung derselben in Rechnung gezogen werden und muß deshalb irgendwie auch in der mathematischen Formulierung zum Ausdruck kommen.

Es ist eine der hervorragenden Leistungen LEONHARD EULERS, jenes großen Mathematikers des 18. Jahrhunderts, dieses Problem in der denkbar elegantesten Weise gelöst zu haben, und zwar dadurch, daß er den Begriff des Flüssigkeitsdruckes genau definierte und ihm seine mathematische Fassung gab[1]. Heutzutage ist der Begriff des Druckes innerhalb einer Flüssigkeit so sehr Allgemeingut geworden, daß es kaum verständlich erscheint, die Einführung des „Flüssigkeitsdruckes" als eine besondere Leistung zu bezeichnen. Und doch besteht nicht immer eine klare Vorstellung davon, was der Begriff des Flüssigkeitsdruckes in sich schließt. Wir wollen ihn deshalb an einem Gedankenexperiment erläutern.

1.1 Experiment. Wir betrachten ein mit Wasser gefülltes Gefäß, wie es in Abb. II, 1.1 gezeigt ist. Da sich die Flüssigkeit in Ruhe befindet, bestehen keine Schubspannungen innerhalb der Flüssigkeit oder an seiner Begrenzung, also auch keine an den vertikalen Wänden des Gefäßes. Die Flüssigkeit hängt deshalb in keiner Weise an den Wänden des Gefäßes, sondern ruht auf dessen Boden, als ob kein Kontakt zwischen Flüssigkeit und Gefäßwänden vorhanden wäre. Die auf den Boden ausgeübte, senkrecht nach unten gerichtete Kraft ist gleich dem Gewicht der Flüssigkeit.

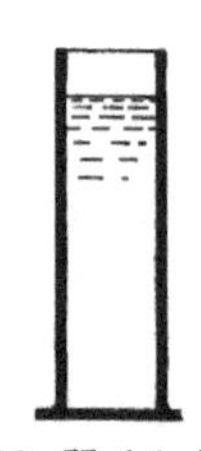

Abb. II, 1.1. In dem mit Wasser gefüllten Gefäß ist die Bodendruckkraft gleich dem Gewicht der Flüssigkeit

Um diese Kraft direkt messen zu können, machen wir von einem kleinen Meßgerät Gebrauch, das in Abb. II, 1.2 schematisch dargestellt ist. Die Scheibe *1* mit dem Stiel *2* sei mit sehr wenig Reibung beweglich angeordnet, und zwar nur in Richtung senkrecht zur Scheibe gegen eine von einer Ringfeder *3* ausgeübte Kraft. Die Bewegung der Scheibe *1* wird mittels der Rädchen *4* und *5* dem Rädchen *6* mit dem Zeiger *7* übertragen. Der Boden des Gerätes besteht aus Glas und trägt eine Skala *8*. Die Bewegung der Scheibe ist somit auf den Zeiger übertragen, dessen Stellung von außen abgelesen werden kann. Das Innere des Meßgerätes ist gegen das Äußere durch einen schmalen Ring *9* aus sehr biegsamem Material (Gummi) abgedichtet. Durch Belasten der Scheibe *1* mit

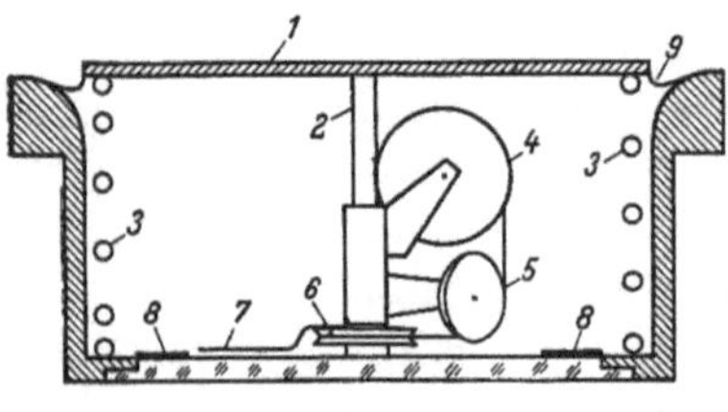

Abb. II, 1.2. Schematische Darstellung eines Gerätes zur Messung des Flüssigkeitsdruckes

[1] EULER, L.: Principes généraux de l'état de l'équilibre des fluides. Hist. de l'Acad. Bd. 11 (1755) Berlin.

verschiedenen Gewichten und Ablesen der Zeigerstellungen kann das Gerät unter Berücksichtigung des Gewichtes von Scheibe und Stiel geeicht werden.

Wir entfernen jetzt den Boden des Gefäßes der Abb. II, 1.1 und befestigen statt dessen das soeben beschriebene Meßgerät wie in Abb. II, 1.3. Auf diese Weise können wir direkt die von der Flüssigkeit ausgeübte Kraft messen, und wir werden feststellen, daß diese gleich dem Gewicht der Flüssigkeit ist. Jetzt wollen wir dasselbe Meßgerät bei einem Gefäß von größerem Durchmesser verwenden (Abb. II, 1.4). Wir werden feststellen, daß die Stellung des Zeigers und damit die Kraft auf die Scheibe die gleiche ist wie vorher, obwohl das Gewicht der Flüssigkeit im Gefäß jetzt sehr viel größer ist als bei dem kleineren Gefäß. Es ist offenbar nur die vertikale Flüssigkeitssäule oberhalb von *1*, die eine ihrem Gewicht gleiche Kraft ausübt.

Abb. II, 1.3. Anordnung des Gerätes von Abb. II, 1.2 am Boden des Gefäßes von Abb. II, 1.1

Jetzt befestigen wir mittels einiger Stäbe *S* ein zweites, gleiches Meßgerät oberhalb des ersteren, und zwar so, daß die beiden Scheiben sich genau gegenüberstehen (Abb. II, 1.5). Der Zwischenraum zwischen den beiden Scheiben sei sehr gering, z. B. 1 mm. Die Stellung des Zeigers vom zweiten Gerät kann man von oben durch das Wasser erkennen. (Wir setzen voraus, daß das Volumen des Meßgerätes sehr klein verglichen mit dem Flüssigkeitsvolumen ist, so daß sich der Flüssigkeitsspiegel im Gefäß durch das Hineinbringen des zweiten Meßgerätes kaum geändert hat). Obwohl nun offenbar keine Wassersäule direkt auf der Scheibe des unteren Meßgerätes ruht, stellen wir fest, daß die Stellung des Zeigers dieselbe geblieben ist wie vorher, als das zweite Gerät noch nicht angebracht war. Aber auch die Stellung des Zeigers des oberen Gerätes ist dieselbe, wodurch ersichtlich wird, daß in dem schmalen Spalt zwischen den Geräten nicht nur eine Kraft nach unten, sondern auch eine gleich große Kraft nach oben vom Wasser ausgeübt wird.

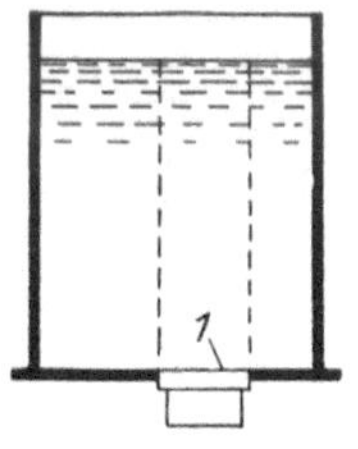

Abb. II, 1.4. Anordnung des Gerätes von Abb. II, 1.2 am Boden eines größeren Gefäßes; die gemessene Druckkraft auf die Fläche *1* ist gleich dem Gewicht der über *1* befindlichen Flüssigkeitssäule

Wir bringen jetzt das Meßgerät genau in halber Höhe an (Abb. II, 1.6) und befestigen es so, daß es um den Punkt *A* drehbar ist. Zunächst möge die Scheibe horizontal und nach oben gerichtet sein. Die Zeigerstellung gibt die halbe Kraft an wie vorher, entsprechend dem Gewicht der halb so langen Flüssigkeitssäule. Drehen wir jetzt das Meßgerät um Punkt *A*, so werden wir feststellen, daß die Zeigerstellung, und damit die Kraft senkrecht zur Scheibe, die gleiche bleibt. Die von der Flüssigkeit auf die Scheibe ausgeübte Kraft ist also unabhängig von der Neigung der Platte und immer senkrecht zur Platte gerichtet.

Abb. II, 1.5. Anordnung eines zweiten Gerätes dicht über dem ersteren; die Druckkraft auf beiden Flächen *1* ist dieselbe und gleich derjenigen von Abb. II, 1.4

Bezeichnen wir diese Kraft mit P und die Fläche, auf die sie in senkrechter Richtung wirkt, mit F, so ist

$$p = \frac{P}{F}$$

eine Größe, die keine bestimmte Richtung besitzt, d. h. ein Skalar. Diese physikalische Größe bezeichnet man als den Flüssigkeitsdruck, seine Dimension ist Kraft pro Flächeneinheit, wir messen ihn also in kg m^{-2}. Denken wir uns das Meßgerät und damit die Fläche F kleiner und kleiner, so haben wir in

$$p = \frac{dP}{dF} \tag{II, 1.1}$$

den Flüssigkeitsdruck im Punkte A. Betrachten wir eine Kugel um Punkt A, so haben wir Abb. II, 1.7, wo die Druckkräfte von gleicher Größe senkrecht auf die Oberfläche der Kugel wirken.

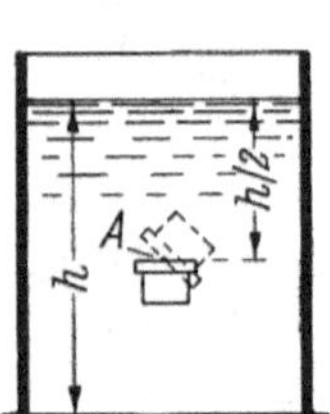

Abb. II, 1.6. Die Druckkraft ist unabhängig von der Orientierung des Gerätes und nur abhängig von der Tiefenlage des Punktes A unter dem Wasserspiegel

Würden wir das Experiment statt mit Wasser mit einer Flüssigkeit großer Zähigkeit (Glyzerin oder Öl) wiederholen, so würden die Kräfte je nach dem spezifischen Gewicht der Flüssigkeiten wohl etwas anders ausfallen, im übrigen würden aber die Resultate die gleichen sein. Auch für Flüssigkeiten großer Zähigkeit sind im Falle der Ruhe die von der Flüssigkeit ausgeübten Kräfte immer senkrecht zu der Fläche gerichtet, auf die sie wirken.

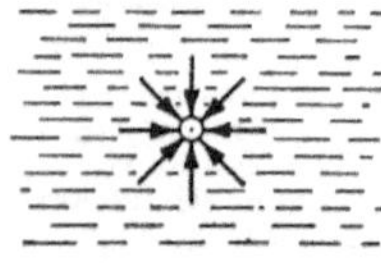

Abb. II, 1.7. Die Druckkräfte auf gleich großen Oberflächenelementen einer unendlich kleinen kugelförmigen Abgrenzung innerhalb einer Flüssigkeit sind gleich groß; der Druck ist ein Skalar

1.2 Druck als Funktion der Höhe des Flüssigkeitsspiegels. Wir haben bereits erwähnt, daß das Meßinstrument den halben Druck anzeigt, wenn die Höhe des Flüssigkeitsspiegels über dem Meßgerät auf die Hälfte verringert wird. Würden mehrere Meßgeräte in der in Abb. II, 1.8 dargestellten Weise angebracht werden, so würden wir feststellen, daß der Druck proportional mit der nach unten gerechneten Höhe h des Wasserspiegels über dem Meßgerät zunimmt, wobei der Proportionalitätsfaktor das spezifische Gewicht γ der Flüssigkeit ist, d. h.

$$p = \gamma h. \tag{II, 1.2}$$

Für Wasser von 4 °C ist

$$p = 1000\,h \quad \text{in kg m}^{-2}$$

oder, wenn h in mm Wassersäule gemessen wird,

$$p = 1\,h\,(\mathrm{mm}) \quad \text{in kg}\,\mathrm{m}^{-2}.$$

Man kann auch sagen, daß der Druck mit jeder Längeneinheit nach abwärts um den Zahlenwert des spezifischen Gewichtes der jeweiligen Flüssigkeit zunimmt.

Dieses letztere gilt für Gase und im besonderen für die Atmosphäre nur angenähert, insoweit man das spezifische Gewicht der Gase als unabhängig von der Höhe ansehen kann. Genau genommen nimmt wegen der Kompressibilität der Gase ihr spezifisches Gewicht mit abnehmender Höhe zu; für die Atmosphäre nimmt γ für je 100 m um etwa 1% zu. Die Druckverteilung der Atmosphäre wird auf S. 26 im einzelnen behandelt werden.

Abb. II, 1.8. Anordnung von Meßgeräten nach Abb. II, 1.2 in verschiedenen Höhen der Seitenwandung eines mit Flüssigkeit gefüllten Gefäßes; der Druck nimmt proportional mit der Tiefe unter dem Wasserspiegel zu

1.3 Ableitung des Flüssigkeitsdruckes aus: $\tau = 0$. Das obige Gedankenexperiment sollte nur dazu dienen, eine allgemeine Vorstellung von dem Begriff des Flüssigkeitsdruckes zu geben. Wir wollen jetzt beweisen, daß aus der Gleichung $\tau = 0$ die Tatsache folgt, daß die von der Flüssigkeit auf ein unendlich kleines Flächenstück ausgeübte Kraft unabhängig von der Orientierung des Flächenstückes im Raum ist. Mit anderen Worten, wir werden zeigen, daß bei einer Flüssigkeit in Ruhe die Gleichung $\tau = 0$, die man als Definition einer Flüssigkeit ansehen kann, gleichbedeutend mit dem Begriff des Flüssigkeitsdruckes als eines Skalars ist. Durch die Einführung des Flüssigkeitsdruckes wird der prinzipielle Unterschied zwischen festen Körpern und Flüssigkeiten, nämlich die leichte Verschieblichkeit ihrer Teile ($\tau = 0$) in Rechnung gezogen. Und es ist diese Erkenntnis, die man als EULERS Leistung bewerten muß[1].

---

[1] Selbst D'ALEMBERT, ein Zeitgenosse EULERS, hat nicht ganz die große Bedeutung dieser Leistung zu würdigen gewußt. In seinen Opuscules mathématiques (1768) untersucht er die allerdings kaum durchführbare Möglichkeit, eine einzige, in der Natur der Flüssigkeit liegende Hypothese als Grundlage der Strömungslehre zu benutzen, nämlich die Tatsache, daß Flüssigkeiten aus sehr kleinen frei beweglichen Teilen bestünden. „... Der Unterschied zwischen einer Flüssigkeit und einer Ansammlung von festen Körpern ist so groß, daß die Gesetze vom Druck und vom Gleichgewicht der Flüssigkeiten sehr verschieden von denen fester Körper sind ... Diese Unkenntnis hat jedoch nicht verhindert, daß große Fortschritte in der Hydrostatik gemacht worden sind. Da man aber die Gesetze des Gleichgewichts von Flüssigkeiten nicht unmittelbar und direkt aus dem Wesen der Flüssigkeit ableiten konnte, hat man sie wenigstens auf ein einziges Erfahrungsprinzip zurückgeführt, nämlich auf die Gleichheit des Druckes nach allen Richtungen, wobei man dieses Prinzip (in Ermangelung von etwas Besserem) als die grundsätzliche Eigenschaft der Flüssigkeiten betrachtet."

In Abb. II, 1.9 sei innerhalb einer im Gleichgewicht befindlichen Flüssigkeit ein Volumen von dreieckigem Querschnitt und konstanter Länge l (senkrecht zur Bildebene) gedanklich abgegrenzt. Aus der Voraussetzung $\tau = 0$ folgt, daß die Flüssigkeitskräfte senkrecht auf den Seiten des Prismas stehen und die in der Abbildung dargestellte trapezförmige bzw. rechteckige Verteilung haben. Die resultierenden Kräfte auf den drei Prismaflächen gehen durch die Schwerpunkte S_1, S_2, S_3 des Rechtecks bzw. der beiden Trapeze. Dividiert man diese Kräfte durch die jeweiligen Flächen des Prismas, so erhält man die (durchschnittlichen) Drucke p_1, p_2 und p_3. Außerdem ist noch ein vierter (in der Abbildung nicht dargestellter) Druck p_4 vorhanden, der auf die beiden Dreiecksflächen des Prismas wirkt.

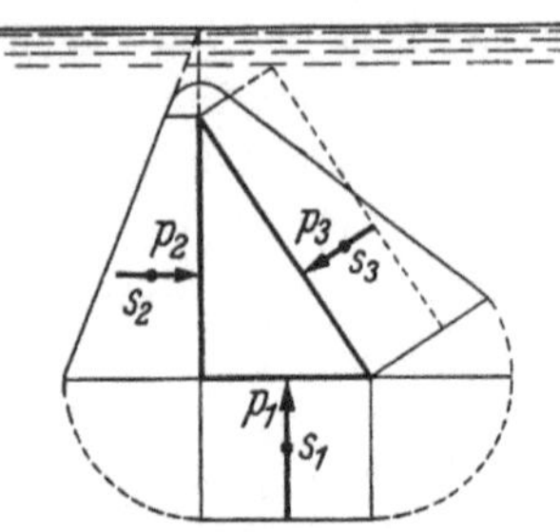

Abb. II, 1.9. Druckverteilung längs der Flächen eines dreiseitigen Prismas innerhalb einer in Ruhe befindlichen Flüssigkeit

Da das Flüssigkeitsprisma sich im Gleichgewichtszustand befindet, muß es in diesem verbleiben, wenn man sich die Flüssigkeit außerhalb des Prismas fort denkt und die bisher inneren Flüssigkeitskräfte durch äußere Kräfte ersetzt (Abb. II, 1.10). Dann muß die Summe der x-, y- und z-Komponente der auftretenden Kräfte, jede Richtung für sich genommen, gleich Null sein. Die Kräfte in der z-Richtung auf die beiden dreieckigen Flächen des Prismas sind einander gleich und entgegengesetzt und heben sich daher gegenseitig auf.

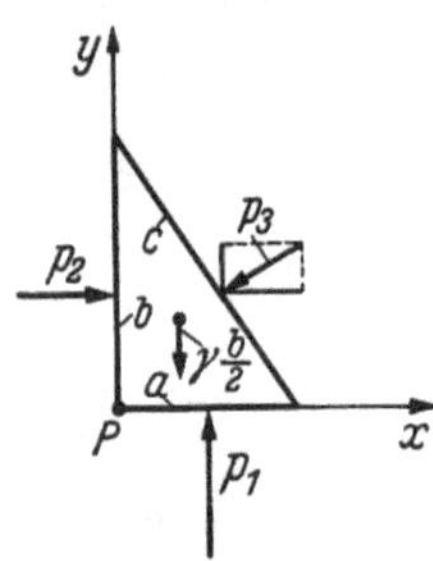

Abb. II, 1.10. Das Prisma von Abb. II, 1.9 ist gedanklich aus der Flüssigkeit herausgenommen, und es sind dabei die inneren Druckkräfte in Abb. II, 1.9 durch äußere Druckkräfte auf die Flächen des Prismas ersetzt

Für die x-Komponente ist

$$p_2 b l - p_3 \cos(b, c) c l = 0$$

für die y-Komponente

$$p_1 a l - p_3 \cos(a, c) c l - \gamma \frac{a b}{2} l = 0,$$

wo γ das spezifische Gewicht der Flüssigkeit ist.

Da nun

$$b = \cos(b, c) c$$

und

$$a = \cos(a, c) c$$

ist, so bleibt

$$p_2 = p_3$$

und

$$p_1 = p_3 + \gamma \frac{b}{2}.$$

Lassen wir jetzt die Größe des Prismas nach Null konvergieren dadurch, daß die ebene Fläche $c\,l$ parallel zu sich selbst nach P geht, so haben wir im Grenzfall $\lim b = 0$

$$p_1 = p_2 = p_3.$$

Da keine besondere Annahme hinsichtlich der Neigung der Fläche $c\,l$ gemacht wurde, gilt die letzte Gleichung für jede beliebige Neigung.

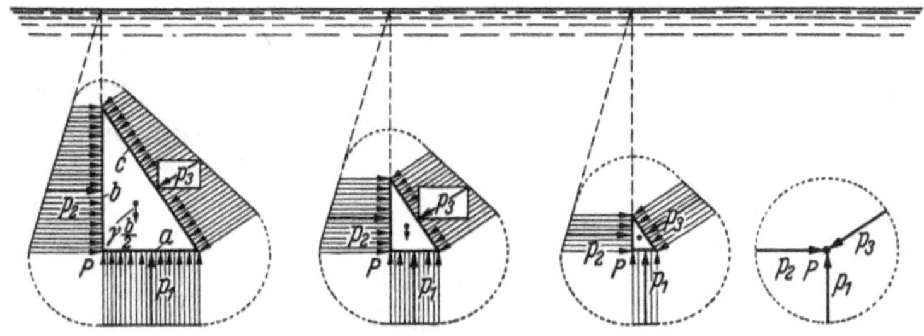

Abb. II, 1.11. Mit einer gedanklich vorgenommenen Verkleinerung des Prismas nehmen die Unterschiede der Druckkräfte auf den Dreieckseiten mehr und mehr ab, bis sie im Grenzfall verschwinden: $p_1 = p_2 = p_3$

Es ist damit bewiesen, daß aus der Gleichung $\tau = 0$ folgt, daß der Flüssigkeitsdruck in irgendeinem Punkt der im Gleichgewicht befindlichen Flüssigkeit ein Skalar und damit nur eine Funktion der Koordinaten des Punktes ist.

Dieses wichtige Resultat kann man auch aus Abb. II, 1.11 direkt entnehmen. Die vier zeitlich aufeinanderfolgenden Stadien des sich verkleinernden Prismas sind der Übersichtlichkeit wegen nebeneinander gezeichnet und sollten eigentlich mit Punkt P übereinanderliegen. Man erkennt, daß bei einem endlichen Dreieck die durchschnittlichen Drucke p_2 und p_3 zwar einander gleich sind, daß der Druck p_1 aber größer ist. Dieser Unterschied wird mit abnehmender Größe des Dreiecks kleiner, bis er im Grenzfall verschwindet.

Das unterscheidende Merkmal einer Flüssigkeit, nämlich die leichte Verschieblichkeit ihrer Teile, das der Gleichung $\tau = 0$ entspricht, ist also durch den Begriff des Flüssigkeitsdruckes zum Ausdruck gebracht.

1.4 Beziehung zwischen Höhe, Druck, Dichte und Temperatur der Atmosphäre. Wenn das spezifische Gewicht γ nicht konstant ist, sondern wenn es sich, wie in der Atmosphäre, mit der Höhe ändert, so läßt sich Gl. (II, 1.2), genaugenommen, nur für unendlich kleine Höhenunterschiede anwenden:

$$d\,p = \gamma\, d\,h,$$

wo h in Richtung zum Erdmittelpunkt positiv gerechnet wird. Nimmt man die Höhe z in aufwärtiger Richtung als positiv, so ist

$$\frac{d\,p}{d\,z} = -\gamma$$

oder

$$dz = -\frac{dp}{\gamma} \tag{II, 1.3}$$

und zwischen zwei Höhen 0 und 1 integriert

$$z_1 - z_0 = \int_1^0 \frac{dp}{\gamma}. \tag{II, 1.4}$$

Um die Integration ausführen zu können, müßte die Abhängigkeit des spezifischen Gewichtes der Luft von dem mit der Höhe veränderlichen Druck bekannt sein. Da die experimentelle Bestimmung von γ in verschiedenen Höhen umständlich ist, eliminieren wir γ mittels der Zustandsgleichung (I, 2.15), S. 14 und erhalten

$$dz = -RT\frac{dp}{p}. \tag{II, 1.5}$$

Eine Größe, die leicht gemessen werden kann, ist die Abnahme der Temperatur mit zunehmender Höhe, d. h. $-dT/dz$. Diese Größe ist im allgemeinen von der Höhe wenig abhängig, allerdings je nach den atmosphärischen Zuständen verschieden. Ein oft vorherrschender Wert ist 0,57 °C pro 100 m Höhenunterschied. Um diese Größe dimensionslos zu machen, erweitern wir sie mit der Gaskonstanten $R = 29{,}3$ m/Grad und haben dann

$$\frac{dT}{dz} = -0{,}0057\,\frac{29{,}3}{R} = -\frac{1}{6}\,\frac{1}{R} \tag{II, 1.6}$$

oder

$$dz = -6\,R\,dT.$$

In Verbindung mit Gl. (II, 1.5) ist somit

$$\frac{dT}{T} = \frac{1}{6}\,\frac{dp}{p}.$$

Aus der Zustandsgleichung (I, 2.15) ergibt sich

$$\ln R + \ln T = \ln p - \ln \gamma$$

und differenziert

$$\frac{dT}{T} = \frac{dp}{p} - \frac{d\gamma}{\gamma}$$

und mit der vorletzten Gleichung

$$\frac{1}{1-\frac{1}{6}}\,\frac{d\gamma}{\gamma} = 1{,}2\,\frac{d\gamma}{\gamma} = \frac{dp}{p}. \tag{II, 1.7}$$

Die letzte Gleichung integriert, gibt somit

$$\ln \gamma^{1,2} = \ln p + \ln \mathrm{const}$$

oder

$$\gamma^{1,2} = \mathrm{const}\, p = \frac{\gamma_0^{1,2}}{p_0}\, p. \tag{II, 1.8}$$

Hiermit haben wir die für die Integration von Gl. (II, 1.4) notwendige Beziehung zwischen γ und p erhalten, und zwar haben wir den Exponenten 1,2 durch Messung des Temperaturabfalles mit der Höhe berechnet.

Für einen anderen Temperaturgradienten als 0,57 °C/100 m erhalten wir einen anderen Exponenten, der gewöhnlich mit n bezeichnet wird. Nach Gl. (II, 1.6 und II, 1.7) ist dann, unter Berücksichtigung, daß dT/dz negativ ist,

$$n = \frac{1}{1 + \frac{dT}{dz} R} \qquad \text{(II, 1.9)}$$

oder

$$-\frac{dT}{dz} R = \frac{n-1}{n}. \qquad \text{(II, 1.10)}$$

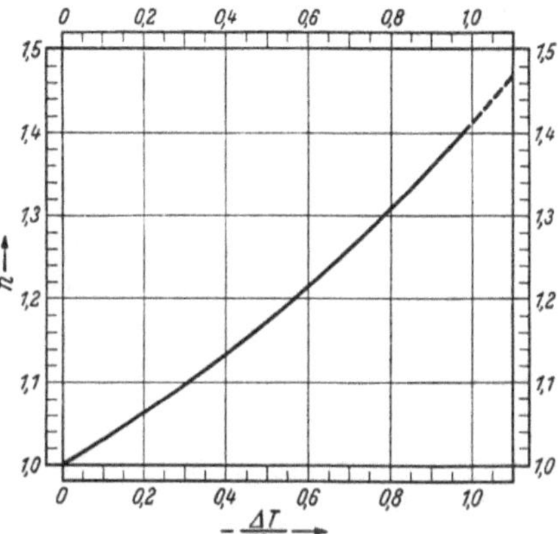

Abb. II, 1.12. Der Koeffizient n als Funktion des Temperaturgefälles mit der Höhe

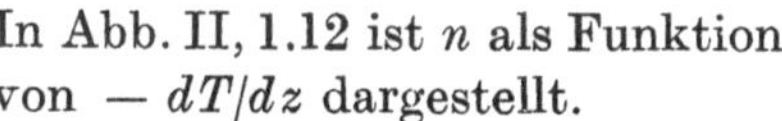

In Abb. II, 1.12 ist n als Funktion von $-dT/dz$ dargestellt.

Für einen beliebigen Temperaturgradienten geht Gl. (II, 1.8) über in

$$\gamma^n = \frac{\gamma_0^n}{p_0} p \qquad \text{(II, 1.11)}$$

oder

$$\frac{1}{\gamma} = \frac{p_0^{1/n}}{\gamma_0} \frac{1}{p^{1/n}}$$

und in Gl. (II, 1.4) eingesetzt

$$z_1 - z_0 = \frac{p_0^{1/n}}{\gamma_0} \int_1^0 \frac{dp}{p^{1/n}}.$$

Da, wie bereits erwähnt, γ_0 umständlich zu messen ist, ersetzen wir es nach der Zustandsgleichung durch T_0 und p_0 und haben dann

$$z_1 - z_0 = R T_0 p_0^{-\frac{n-1}{n}} \int_1^0 \frac{dp}{p^{1/n}};$$

also

$$z_1 - z_0 = \frac{n}{n-1} R T_0 \left(\frac{p}{p_0}\right)^{\frac{n-1}{n}} \Bigg|_1^0$$

oder

$$z_1 - z_0 = \frac{n}{n-1} R T_0 \left[1 - \left(\frac{p_1}{p_0}\right)^{\frac{n-1}{n}}\right]. \qquad \text{(II, 1.12)}$$

Mißt man die Höhe von der Oberfläche der Erde, d. h. $z_0 = 0$, so ist, wenn p den Druck in der Höhe z bezeichnet,

$$z = \frac{n}{n-1} R T_0 \left[1 - \left(\frac{p}{p_0}\right)^{\frac{n-1}{n}}\right]. \qquad \text{(II, 1.13)}$$

Nach p aufgelöst, haben wir

$$p = p_0 \left(1 - \frac{n-1}{n} \frac{z}{R T_0}\right)^{\frac{n}{n-1}} \tag{II, 1.14}$$

und wegen Gl. (II, 1.11)

$$\varrho = \varrho_0 \left(1 - \frac{n-1}{n} \frac{z}{R T_0}\right)^{\frac{1}{n-1}}. \tag{II, 1.15}$$

In den drei letzten Gleichungen haben wir die gesuchte Beziehung zwischen dem Druck und der Dichte mit der Höhe für eine gegebene Temperatur T_0 an der Erdoberfläche und einem gegebenen Wert von n, d. h. für einen gegebenen Temperaturgradienten $-dT/dz = (n-1)/nR$.

1.5 Troposphäre und Stratosphäre. Planmäßige Temperaturmessungen in großen Höhen haben gezeigt, daß eine Temperaturabnahme mit der Höhe nur bis zu Höhen von etwa 11 km auftritt, daß darüber hinaus aber die Temperatur gleichbleibend, und zwar etwa -50 °C ist. Die obigen Gleichungen, die den Zusammenhang des Druckes und der Dichte mit der Höhe darstellen, gelten deshalb nur für die Atmosphäre unterhalb 11 km. Dieser Teil der Atmosphäre heißt die Troposphäre. In ihr finden die atmosphärischen Umbildungen statt, z. B. die verschiedenen Wolken, die Ausbildung von Gewitterstürmen und dgl. Oberhalb der Troposphäre breitet sich die Stratosphäre aus, in der kaum atmosphärische Störungen auftreten. Zwischen beiden Schichten ist keine Scharfe Grenze, sondern ein allmählicher Übergang. Infolge der Rotation der Erde reicht die Troposphäre am Äquator höher hinauf (etwa 14 km) als an den Polen (etwa 7 km).

Würde man die Höhe der Atmosphäre nach Gl. (II, 1.13) berechnen, indem man $p/p_0 = 0$ setzt, so erhält man mit $n = 1{,}2$, $T_0 = 288$ °C und $R = 29{,}3$ m/Grad

$$z = \frac{n}{n-1} R T_0 = 50\,\text{km}.$$

Bis zu so großen Höhen kann aber die Annahme, daß $n = 1{,}2$ sei, nicht mehr gemacht werden.

Für das Gebiet der Stratosphäre, in der $n = 1$ ist, wird Gl.(II, 1.13) unbestimmt. Wir gehen deshalb auf Gl. (II, 1.4) zurück, und haben mit $1/\gamma = RT/p$, sowie $T = \text{const} = T_1$

$$z_2 - z_1 = R T_1 \int_2^1 \frac{dp}{p}$$

oder

$$z_2 - z_1 = R T_1 \ln \frac{p_1}{p_2}. \tag{II, 1.16}$$

Da bei gleichbleibender Temperatur die Dichte proportional den Drücken ist, haben wir in der Stratosphäre

$$z_2 - z_1 = R T_1 \ln \frac{\varrho_1}{\varrho_2}. \tag{II, 1.17}$$

Setzen wir $p_2 = 0$ bzw. $\varrho_2 = 0$, so erkennen wir, daß die Höhe der Stratosphäre unendlich groß wird. Die Gleichung nach p aufgelöst, ergibt

$$p_2 = p_1 e^{-\frac{z - z_1}{R T_1}} \quad \text{und} \quad \varrho_2 = \varrho_1 e^{-\frac{z - z_1}{R T_1}}, \qquad \text{(II, 1.18)}$$

d. h. der Druck bzw. die Dichte nimmt in der Stratosphäre exponentiell mit der Höhe ab.

Abb. II, 1.13 zeigt den Zusammenhang der Höhe z mit dem Druck- bzw. Dichteverhältnis p/p_0 bzw. ϱ/ϱ_0, bei Annahme einer Bodentemperatur von $T_0 = 288$, d. h. $t = 15$ °C und einem Temperaturgradienten von $-dT/dz = 0{,}00569$ °/m entsprechend einem $n = 1{,}2$. Innerhalb der Troposphäre sind die Gln. (II, 1.14 und 1.15) verwendet, innerhalb der Stratosphäre die Gln. (II, 1.16 und 1.17). Wendet man Gl. (II, 1.14) auch für die Stratosphäre an, so erhält man die gestrichelte Kurve, die für $p/p_0 = 0$ den Wert 50 km ergibt.

Obwohl die letzten Gleichungen strenggenommen nur für $T = \text{const}$ gelten, also für die Stratosphäre, können sie mit sehr guter Näherung auch für die Troposphäre benutzt werden, solange es sich nicht um zu große Höhenunterschiede handelt (bis etwa 3 km), und wenn man eine Durchschnittstemperatur als Ausgangstemperatur in die obigen Gleichungen einsetzt. Nehmen wir z. B. als Bodentemperatur $T_0 = 288$ °C, so würde mit $n = 1{,}2$, d. h. $-dT/dz = 0{,}00569$, in einer Höhe von etwa 3000 m die Temperatur $T_1 = 271$ °C sein. Geht man mit dem Mittelwert der Temperaturen, also mit $T_{\overline{01}} = 279{,}5$ in Gl. (II, 1.16) ein, so erhält man beispielsweise für einen Druck $p_2 = 0{,}7\ p_1$ eine Höhe von $z = 2921$ m, während die genaue, aber umständlichere Formel Gl. (II, 1.13) den Wert 2932 m gibt (Unterschied 0,4%).

Die Kreuze in Abb. II, 1.13 kennzeichnen die nach Gl. (II, 1.16 und 17) errechneten Werte bei Annahme einer mittleren Temperatur von je 3000 m, d. h. zwischen 0 und 3000 m $T_{\overline{12}} = 279{,}5$ °C zwischen 3000 und 6000 m $T_{\overline{23}} = 262{,}5$ °C und zwischen 6000 und 9000 m $T_{\overline{34}} = 24{,}55$ °C ($-dT/dz = 0{,}00569$ bzw. $n = 1{,}2$), während die ausgezogene Kurve den genauen Verlauf entsprechend Gl. (II, 1.13) darstellt.

Da die Barometerstände b den Drücken proportional sind, haben wir statt der beiden letzten Gleichungen

$$z_2 - z_1 = R T_{\overline{12}} \ln \frac{b_1}{b_2} \qquad \text{(II, 1.19)}$$

und

$$b_2 = b_1 e^{-\frac{z_2 - z_1}{R T_{\overline{12}}}}. \qquad \text{(II, 1.20)}$$

Wir können jetzt auch die auf S. 16 aufgeworfene Frage beantworten, bei welcher Höhenänderung z sich die Dichte um 1% ihres

Wertes ändert: setzen wir in Gl. (II, 1.15) $\varrho/\varrho_0 = 0{,}99$, so erhalten wir mit $n = 1{,}2$, $T_0 = 288$ °C, $R = 29{,}3$ m/Grad für z den Wert 106,3 m.

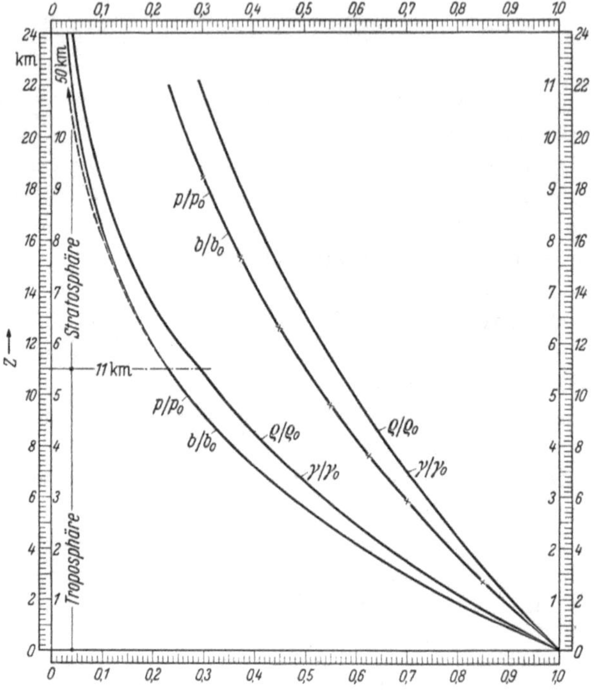

Abb. II, 1.13. Abnahme des Druckes (p/p_0) und der Dichte (ϱ/ϱ_0) mit zunehmender Höhe in der Atmosphäre bei einer Bodentemperatur von 15 °C und einem Temperaturgefälle von 0,569 °C je 100 m ($n = 1{,}2$) innerhalb der Troposphäre. (Für die beiden Kurven rechts gelten die an den Innenseiten der Skala angegebenen Höhen)

2 Kommunizierende Gefäße, Manometer

2.1 Stevins Erstarrungsprinzip. Wir betrachten in Abb. II, 2.1 ein mit einer Flüssigkeit gefülltes Gefäß, das mittels eines geschlossenen Ventils mit einem anderen, leeren Gefäß verbunden ist. Der Druck im Punkte *1* ist größer als der im Punkte *2*, wobei der Unterschied γh beträgt, wenn γ das spezifische Gewicht der Flüssigkeit ist. Wenn wir jetzt das Ventil öffnen, fließt die Flüssigkeit infolge des Druckunterschiedes bei *1* und *2* in das leere Gefäß, bis der Flüssigkeitsspiegel in beiden Gefäßen die gleiche Höhe h' erreicht hat, und auf beiden Seiten des Ventils bei *1* und *2* sich der gleiche Druck $\gamma h'$ eingestellt hat (Abb. II, 2.2).

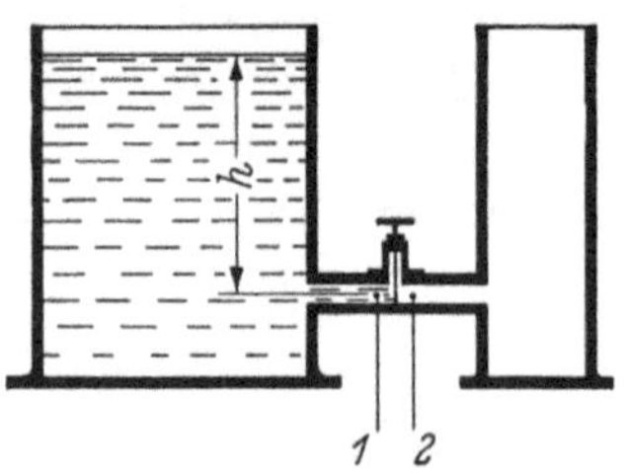

Abb. II, 2.1. Der Druck im Punkte *1* ist um γh größer als im Punkte *2*

Diese Tatsache, daß für den Fall des Gleichgewichts und der Ruhe die Flüssigkeitsoberflächen in kommunizierenden Gefäßen die gleichen Höhen über einer horizontalen Bezugsebene haben, kann auch mit dem STEVINschen „Erstarrungsprinzip" erklärt werden: In Abb. II, 2.3 ist ein Gefäß mit einer Flüssigkeit gefüllt und besitzt somit eine horizontale Oberfläche S. Denkt man sich jetzt einen Teil der Flüssigkeit — in der Abbildung durch Pünktchen gekennzeichnet — erstarrt, ohne daß dessen Dichte sich ändert, so muß auch der übrige Teil der Flüssigkeit im Gleichgewicht bleiben, d. h. die Flüssigkeitsoberflächen der beiden kommunizierenden Volumina *1* und *2* müssen in derselben horizontalen Ebene bleiben. Nach dem STEVINschen Erstarrungsprinzip[1], das sehr viel allgemeiner ist als hier angewendet, wird das Gleichgewicht eines Systems von an sich beweglichen Teilen, z. B. miteinander verbundenen Hebeln, dadurch nicht gestört, daß man einzelne der beweglichen Teile als unbeweglich und starr annimmt.

Abb. II, 2.2. Kommunizierende Gefäße

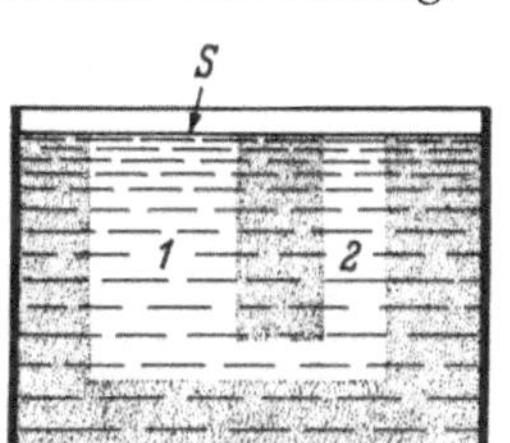

Abb. II, 2.3. STEVINS „Erstarrungsprinzip" erklärt, daß in kommunizierenden Gefäßen die Wasserspiegel gleiche Höhe haben

2.2 Manometer, Barometer. Das Prinzip der kommunizierenden Gefäße wird häufig angewendet zur Messung der Drücke von Flüssigkeiten und Gasen.

Der mit einer Flüssigkeit vom spezifischen Gewicht γ_1 gefüllte Behälter C ist mit dem einen Schenkel einer sogenannten U-Röhre verbunden. Diese sei aus Glas hergestellt und teilweise mit einer Manometerflüssigkeit, z. B. Qecksilber, vom spezifischen Gewicht γ_2 gefüllt. Wenn der Druck im Punkte A größer als der Atmosphärendruck ist, wird die Manometerflüssigkeit im linken Schenkel des U-Rohres heruntergedrückt, wie in Abb. II, 2.4 ersichtlich. Nach dem Prinzip der kommunizierenden Gefäße, daß in horizontalen Ebenen derselben der gleiche Druck herrscht, muß der Druck im Punkte A der gleiche wie der im Punkte B sein, d. h.

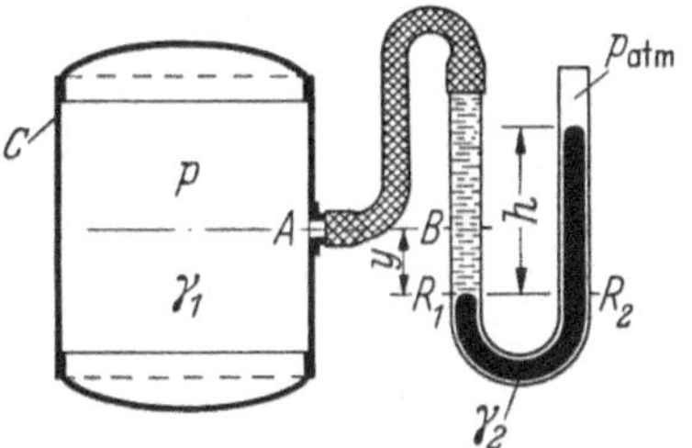

Abb. II, 2.4. Messung des Überdruckes im Punkt A eines mit einer Flüssigkeit gefüllten Gefäßes mittels Manometer

[1] SIMON STEVIN (1548—1620): De Beginselen des Waterwichts, Leyden 1586, oder Oevres mathématique, Leyden 1634.

$p_A = p_B$. Nach demselben Prinzip muß auch $p_{R_1} = p_{R_2}$ sein. Nun ist

$$p_{R_1} = p_B + \gamma_1 y$$

und

$$p_{R_2} = p_{\text{Atm}} + \gamma_2 h$$

mithin

$$p_B = p_{\text{Atm}} + \gamma_2 h - \gamma_1 y$$

und folglich

$$p_A = p_{\text{Atm}} + \gamma_2 h - \gamma_1 y. \qquad \text{(II, 2.1)}$$

Der Druck p_A wird der absolute Druck der Flüssigkeit im Punkte A genannt, während man die Differenz gegenüber dem Atmosphärendruck, d. h.

$$p_A - p_{\text{Atm}} = \gamma_2 h - \gamma_1 y \qquad \text{(II, 2.2)}$$

als den Manometerdruck der Flüssigkeit im Punkte A bezeichnet.

Dadurch, daß man wie in Abb. II, 2.5 den unteren Meniskus in die Horizontalebene durch Punkt A bringt, kann man das letzte Glied

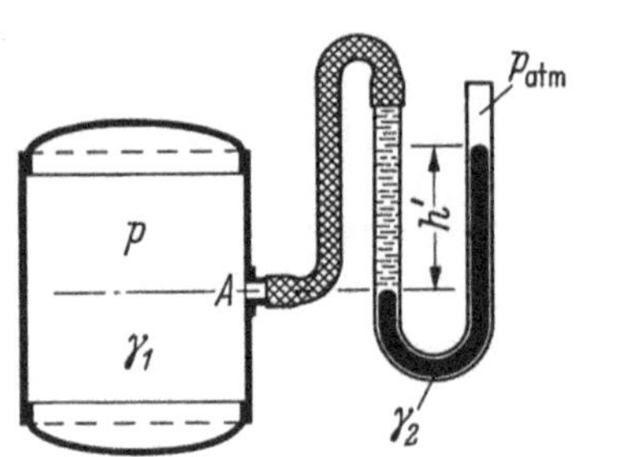

Abb. II, 2.5. Wie in Abb. II, 2.4, jedoch ist der Meniskus in gleicher Höhe mit A gebracht

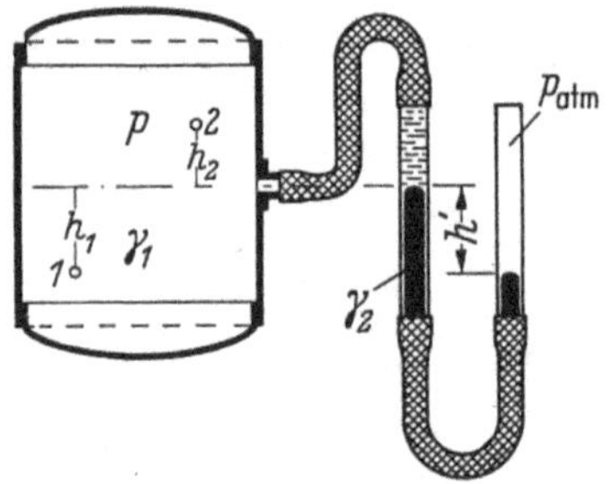

Abb. II, 2.6. Wie in Abb. II, 2.5, jedoch bei einem Unterdruck im Behälter

der vorigen Gleichung zum Verschwinden bringen, und man hat dann als Manometerdruck im Punkte A

$$p_A - p_{\text{Atm}} = \gamma_2 h'. \qquad \text{(II, 2.3)}$$

Ist der Druck im Behälter geringer als der Atmosphärendruck, so stellen sich die Menisken wie in Abb. II, 2.6 ein. In diesem Falle ist nicht das ganze U-Rohr so weit gesenkt, bis der linke (höhere) Meniskus in der Horizontalebene durch A liegt, sondern nur der rechte Schenkel des U-Rohres, der mit dem linken durch einen biegsamen Schlauch verbunden ist. Der absolute Flüssigkeitsdruck im Punkte A ist dann

$$p_A = p_{\text{Atm}} - \gamma_2 h'. \qquad \text{(II, 2.4)}$$

Ist im Behälter der Flüssigkeitsdruck in einem Punkte z. B. in A bekannt, so kann er leicht für jeden anderen Punkt *1* oder *2* berechnet werden, nämlich

$$p_1 = p_A + \gamma_1 h_1 \quad \text{bzw.} \quad p_2 = p_A - \gamma_1 h_2.$$

Befindet sich im Behälter C in Abb. II, 2.4 anstatt einer Flüssigkeit ein Gas, so wird das letzte Glied in Gl. (II, 2.1 und 2.2) gewöhnlich vernachlässigt, da das spezifische Gewicht γ_1 des Gases vernachlässigbar klein gegenüber dem spezifischen Gewicht γ_2 der Manometerflüssigkeit ist. Für Gase gilt deshalb angenähert

$$p_{\text{abs.}} - p_{\text{Atm}} = \gamma_2 h. \quad \text{(Gase)} \qquad \text{(II, 2.5)}$$

Bei Druckmessungen von Gasen ist es daher nicht notwendig, daß sich der Meniskus in dem mit dem Behälter verbundenen Schenkel in der Höhe des zu messenden Punktes befindet. Man sollte sich aber bewußt sein, daß dieses eine Näherungsmethode ist.

Aus Abb. II, 2.7 ergibt sich, daß es nicht möglich ist, die statische Druckverteilung um einen Körper in Ruhe dadurch zu messen, daß man kleine Löcher an der Körperoberfläche, sagen wir *1* und *2* oder *1* und *3*, mit den Schenkeln eines U-förmigen Manometers verbindet, da die Menisken keinen Höhenunterschied anzeigen würden. Der tatsächlich vorhandene Druckunterschied zwischen *1* und *2* oder *1* und *3* gleicht sich in den Zuleitungsschläuchen aus. An diese Tatsache wollen wir uns später erinnern, wenn die Druckverteilung eines sich bewegenden Körpers behandelt werden wird.

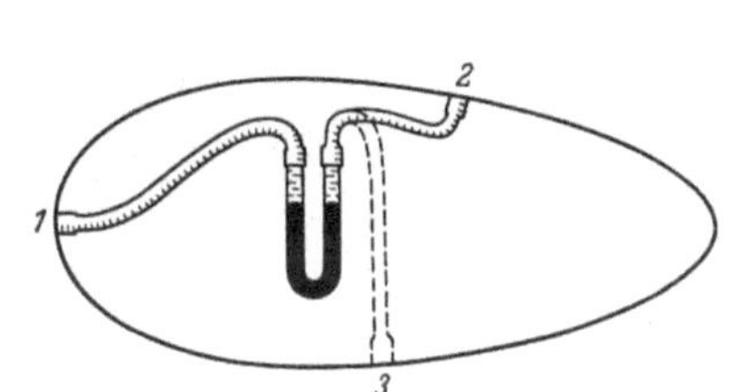

Abb. II, 2.7. Die hydrostatische Druckverteilung an der Oberfläche eines Körpers kann nicht mit einem Manometer gemessen werden, das durch Schläuche mit den zu messenden Stellen verbunden wird

Eine ähnliche Vorrichtung kann dazu dienen, den atmosphärischen Druck selbst zu messen: Eine etwa 1,20 m lange, gerade Glasröhre, deren eines Ende geschlossen und kugelförmig aufgeblasen ist, wird *vollständig* mit Quecksilber gefüllt und mit dem Daumen verschlossen. Dann wird sie, in senkrechter Lage mit dem Daumen nach unten, ein Stückchen in eine mit Quecksilber gefüllte Schale getaucht und der Daumen von der Öffnung der Glasröhre fortgezogen. Sofort fließt ein Teil des Quecksilbers aus der Röhre, und da dieses unterhalb der Quecksilberoberfläche in der Schale geschieht, kann keine Luft eintreten, so daß sich oberhalb des Quecksilbers im Glasrohr ein Vakuum, d. h. der absolute Druck Null, einstellt (Abb. II, 2.8). Der Flüssigkeitsdruck an der Quecksilberoberfläche im Gefäß ist gleich dem Druck in der Glasröhre in gleicher Höhe. Auf der Quecksilberoberfläche im Gefäß lastet der Druck der darüber befindlichen Atmosphäre, auf dem Querschnitt im Rohr das Gewicht des oberhalb befindlichen Quecksilbers. Der Atmosphärendruck ist somit

$$p_{\text{Atm}} = \gamma_{\text{Hg}} h. \qquad \text{(II, 2.6)}$$

Dieses Experiment wurde zum ersten Male (1643) von VIVIANI, dem jüngsten Schüler GALILEIS, ausgeführt. TORRICELLI (1608—1647), ein Freund VIVIANIS, hatte ihm diesen Versuch nahegelegt und hatte auch bereits vermutet, daß die so gemessene Höhe h auf hohen Bergen kleiner sein müsse als am Meer, was durch seine Experimente auch bestätigt wurde. TORRICELLI wird deshalb als Begründer der barometrischen Höhenmessung angesehen.

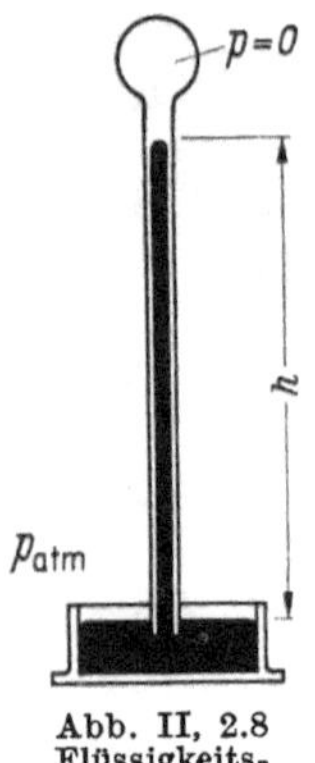

Abb. II, 2.8 Flüssigkeitsbarometer

2.3 Hydrauliche Presse. Eine weitere Anwendung des Gesetzes der kommunizierenden Röhren ist die hydraulische Presse, deren Prinzip in Abb. II, 2.9 dargestellt ist. Eine verhältnismäßig kleine Kraft P_1 wirkt auf einen kleinen Kolben vom Querschnitt F_1. Der Druck $p = P_1/F_1$ unterhalb des kleinen Kolbens besteht nach dem Gesetz der kommunizierenden Gefäße auch an der unteren Querschnittsfläche F_2 des großen Kolbens und übt dabei eine Kraft $P_2 = p F_2$ auf den großen Kolben aus. Es ist somit

$$P_2 = P_1 \frac{F_2}{F_1}.$$

Abb. II, 2.10 zeigt eine schematische Skizze einer hydraulischen Presse. V_1 und V_2 stellen zwei durch das Rohr C verbundene, mit Öl gefüllte Gefäße dar. K_1 und K_2 sind zwei Kolben mit den Querschnittsflächen F_1 bzw. F_2. Mittels des Hebels L läßt sich der Kolben K_1 auf- und abbewegen. Während seiner Abwärtsbewegung wird das Ventil T_1 offengehalten, wobei das Ventil T_2 geschlossen ist, so daß ein Teil des in V_1 enthaltenen Öles nach V_2 gepreßt wird und dadurch den Kolben K_2 ein wenig hebt. Soll ein Gewicht W gehoben werden, so muß die an dem kleinen Kolben wirkende Kraft

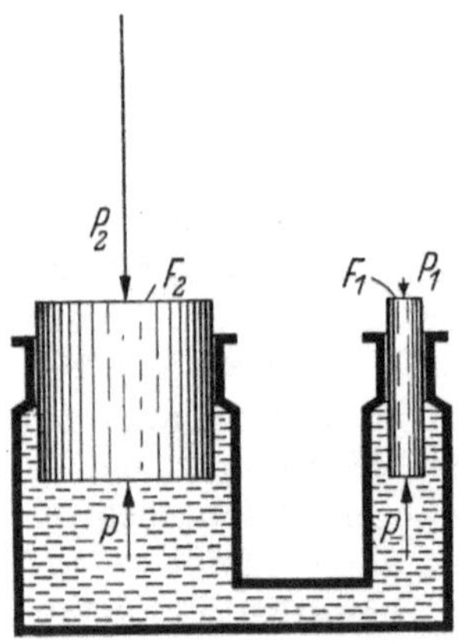

Abb. II, 2.9. Prinzip der hydraulischen Presse

$$P = \frac{F_1}{F_2} W$$

sein und, wenn man das Verhältnis der Hebelarme in Rechnung zieht,

$$f = \frac{l_1}{l_2} \frac{F_1}{F_2} W \quad \text{oder} \quad W = \frac{l_2}{l_1} \frac{F_2}{F_1} f.$$

Mit den in der Abbildung gegebenen Dimensionen von $F_2/F_1 = 100$ und $l_2/l_1 = 3{,}5$ läßt sich also das 350fache der am Hebel L wirkenden

Kraft heben. Zu Beginn der Aufwärtsbewegung des Hebels bzw. des kleinen Kolbens schließt sich das Ventil T_1, während sich das Ventil T_2 öffnet und dadurch ermöglicht, daß Öl in das Gefäß V_1 nachfließen

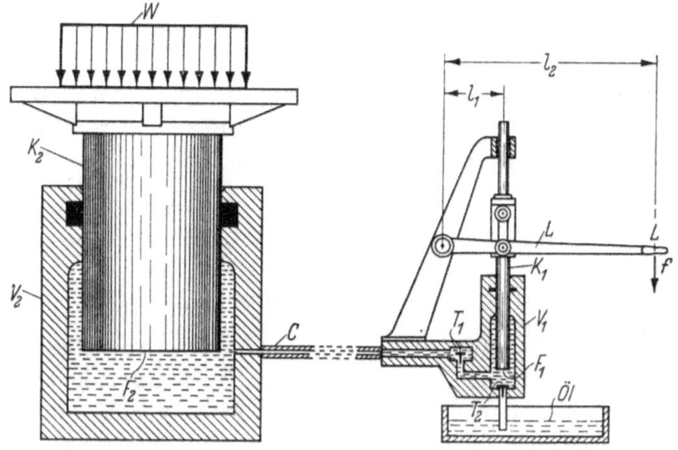

Abb. II, 2.10. Schematische Darstellung einer hydraulischen Presse

kann. Berücksichtigt man noch die Reibung an den Kolbenwänden, besonders an deren Dichtungsstellen, so ist etwa

$$f = 1{,}3\,\frac{l_1}{l_2}\,\frac{F_1}{F_2}\,W \qquad \text{oder} \qquad W = 0{,}77\,\frac{l_2}{l_1}\,\frac{F_2}{F_1}\,f\,.$$

Mit hydraulischen Pressen lassen sich leicht Kräfte von Hunderten von Tonnen ausüben. Soll der große Kolben wieder herabgelassen werden, so läßt man Öl aus dem großen Behälter V_2 durch ein besonderes Ventil (nicht in der Abbildung dargestellt) in den Öltank abfließen.

2.4 Druckeinheiten. Die physikalische Dimension des Druckes ist Kraft pro Flächeneinheit. Man mißt die Drücke also in kg/m². Oft wird der Druck auch als Druckhöhe angegeben, d. h. gleich der Höhe einer Flüssigkeitssäule h entsprechend Gl. (II, 1.2)

$$h = \frac{p}{\gamma}\,.$$

Für Wasser von 4 °C ist $\gamma = 1000$ kg/m³ und damit

1 kg/m² gleichbedeutend mit 1 mm Wasserhöhe.

Da der Durchschnittswert des Atmosphärendruckes bei 0 °C in Meereshöhe einer Quecksilbersäule von 76,0 cm entspricht, bezeichnet man den Druck von

$$76\ \text{cm} \cdot 13{,}595\ \text{gr/cm}^3 = 1{,}0332\ \text{kg/cm}^2 \sim 10{,}332\ \text{m Wassersäule}$$

als die Druckeinheit der sogenannten physikalischen Atmosphäre zum Unterschied zur Einheit der technischen Atmosphäre: at = 1 kg/cm².

Der obige Wert bezieht sich auf die Gravitationskonstante des 45. Breitengrades in Meereshöhe, nämlich $g = 980{,}66$ cm/s². Für ein anderes g wird die obige Einheit

$$\frac{1{,}0332 \cdot 980{,}66}{g} \text{ kg cm}^{-2}.$$

Um die Abhängigkeit von g zu vermeiden, benutzen die Meteorologen, unter Verwendung des CGS-Systems, 1 „Bar" $= 10^6$ Dyn/cm². Die Höhe $\varkappa$ einer Quecksilbersäule, welche dem Druck von 1 Bar entspricht, ergibt sich aus

$$10^6 \text{ dyn/cm}^2 = \frac{10^6}{980{,}66} \text{ gr/cm}^2 = 13{,}595\, \varkappa \text{ gr cm}^{-2}$$

mithin

$$\varkappa = 75{,}006 \text{ cm}.$$

Das Millibar (mb) $= 10^{-3}$ Bar ist die übliche Druckeinheit in der Meteorologie, wobei der Druckeinheit der physikalischen Atmosphäre (760 mm Hg) also der Wert $76000 : 75{,}006 = 1013{,}25$ mb und derjenigen der technischen Atmosphäre (1 kg/cm²) der Wert 980,66 mb entspricht.

3 Druckkräfte auf Begrenzungsflächen

3.1 Druckkräfte auf Böden. Alle unter 3 auftretenden Fragen können beantwortet werden, indem man die Grundgleichung der Hydrostatik

$$p = \gamma h$$

anwendet, im Zusammenhang mit der Tatsache, daß die Druckkräfte immer senkrecht zur begrenzenden Wand gerichtet sind. Die Größe h ist die Höhe von der freien Flüssigkeitsoberfläche bis zum jeweiligen Punkt, in welchem die Druckkraft bestimmt werden soll.

Wenn der Druck an der Flüssigkeitsoberfläche mit p_{Atm} bezeichnet wird (der Atmosphärendruck), so ist der absolute Druck am Boden des Gefäßes der Abb. II, 3.1

$$p_{\text{abs.}} = p_{\text{Atm}} + \gamma h,$$

und da unterhalb des Gefäßbodens der als gleich groß angenommene Atmosphärendruck herrscht, so ist die Druckkraft, die auf den Gefäßboden wirkt, gleich

$$P = F(p_{\text{abs.}} - p_{\text{Atm}}) = F \gamma h. \qquad \text{(II, 3.1)}$$

Für ein Gefäß von der Form, wie in Abb. II, 3.1 gezeigt, ist diese Druckkraft auf dem Gefäßboden gleich dem Gewicht der über dem Boden befindlichen Flüssigkeit. Da aber die letzte Gleichung unabhängig von der Gestalt des Gefäßes ist, so ergibt sich die gleiche Druckkraft auf dem Boden der Behälter von Abb. II, 3.2 bis 4, obwohl das Gewicht der jeweiligen Flüssigkeitsmengen sehr verschieden, teils größer, teils kleiner als das beim Gefäß der Abb. II, 3.1 ist. Nimmt man

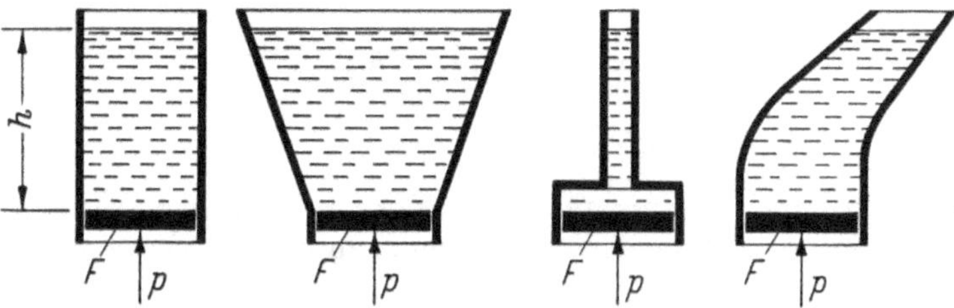

Abb. II, 3.1—4. Die Druckkraft auf den (gleich großen) Boden der verschieden geformten Gefäße ist die gleiche, nämlich $pF = \gamma h \cdot F$

an, daß die Böden zwar wasserdicht an der Gefäßwandung, aber in vertikaler Richtung reibungslos verschiebbar sind, so würde in allen vier Fällen die gleiche äußere, aber entgegengesetzte Kraft pF erforderlich sein, um die Böden in ihrer Lage zu halten.

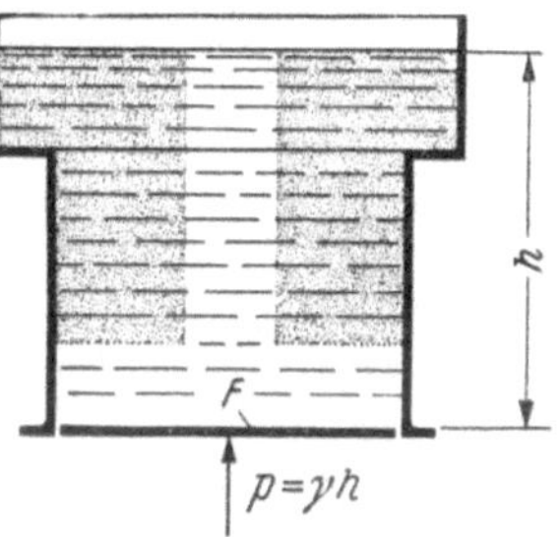

Abb. II, 3.5. Anwendung des STEVINschen „Erstarrungsprinzips" zur Erklärung der Abb. II, 3.1—4

Daß die Druckkraft auf den Boden eines Behälters größer oder kleiner als das Gewicht der im Behälter enthaltenen Flüssigkeitsmenge sein kann, ist auch ohne weiteres nach dem STEVINschen Erstarrungsprinzip (S. 31) ersichtlich: In Abb. II, 3.5 bleibt die Flüssigkeit im Gleichgewichtszustand, wenn man sich einen Teil der Flüssigkeit (durch Pünktchen gekennzeichnet) — ohne Änderung ihres spezifischen Gewichtes — erstarrt denkt. War vorher der Flüssigkeitsdruck auf dem Boden gleich dem Gewicht der auf F lastenden Flüssigkeit, nämlich $Fh\gamma$, so muß die Bodenkraft nach dem Erstarren eines Teiles der Flüssigkeit dieselbe bleiben, da der Gleichgewichtszustand dadurch nicht gestört wurde. Nimmt man den Boden wieder (reibungslos) vertikal verschiebbar an, so ist in beiden Fällen die gleiche entgegengesetzte äußere Druckkraft pF erforderlich, um den Boden in seiner Lage zu halten.

3.2 Druckkräfte auf ebene Wände. *a) Vertikale Wände.* Abb. II, 3.6 zeigt einen Teil eines mit einer Flüssigkeit, z. B. Wasser, gefüllten Gefäßes. Die Frage ist: Wie groß ist, infolge des Flüssigkeitsdruckes, die Kraft, welche auf den Teil F (schraffiert) der senkrechten Wand des Behälters wirkt? Da die Kraft auf ein Element $dF = dh\, s$ gleich $dP = p\, dh\, s$ ist, so hat man mit $p = \gamma h$

$$dP = \gamma h\, dh\, s$$

und, da s konstant angenommen ist,

$$P = \gamma s \int_{h_1}^{h_2} h \, dh = \gamma s \frac{h_2^2 - h_1^2}{2}$$

oder

$$P = \gamma \frac{h_1 + h_2}{2} (h_2 - h_1) s,$$

also

$$P = \gamma V, \qquad \text{(II, 3.2)}$$

wo V das Volumen ist, das man erhält, wenn man — wie in der Abbildung — den über F errichteten Zylinder mit einer Ebene schneidet,

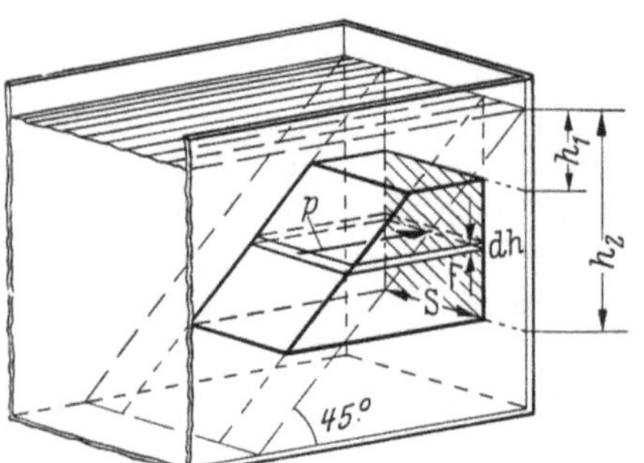

Abb. II, 3.6. Druckkraft auf ein quadratisches Stück der vertikalen Seitenwand eines mit Flüssigkeit gefüllten Gefäßes

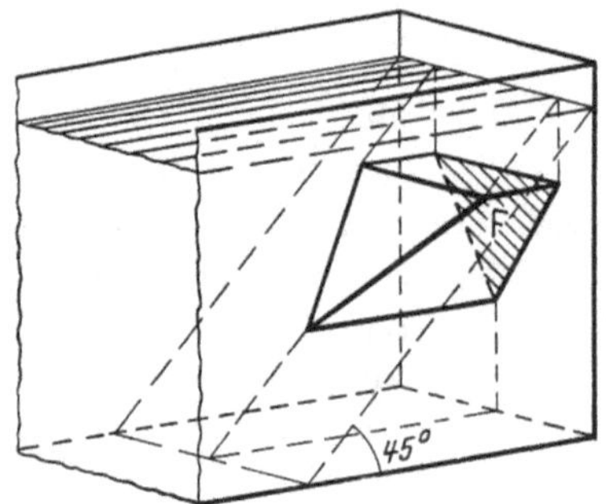

Abb. II, 3.7. Wie in Abb. II, 3.6, jedoch auf ein dreiseitiges Stück der Seitenwand

die unter 45 Grad durch die Berührungsgerade des Flüssigkeitsspiegels mit der Wand geht.

Für eine dreieckige Fläche F (Abb. II, 3.7) ist die auf ihr wirkende Kraft wiederum $P = \gamma V$, wobei V in derselben Weise wie vorher erhalten wird.

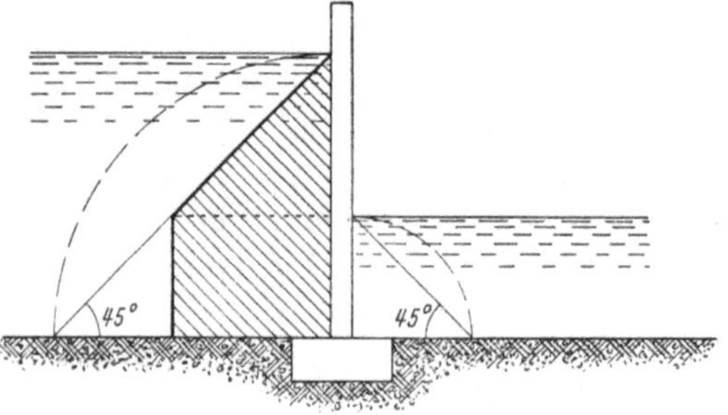

Abb. II, 3.8. Druckkraft auf eine vertikale Wand, deren beiderseitiger Wasserspiegel verschieden hoch ist

Haben wir auf beiden Seiten einer Wand eine Flüssigkeit, jedoch mit verschiedenen Flüssigkeitshöhen (Abb. II, 3.8), so ist die Druckkraft pro Tiefeneinheit ($s = 1$) durch die mit γ multiplizierte schraffierte Fläche gegeben.

Neben der Größe der Druckkraft ist noch ihr Angriffspunkt von Bedeutung. Wenn wir in Abb. II, 3.9 annehmen, daß Punkt A der Druckmittelpunkt ist, d. h. derjenige Punkt, in welchem die resultierende Druckkraft P

auf die Fläche F wirkt, so muß das Produkt $P h_1$ gleich sein der Summe der Momente, welche die Einzelkräfte $p dF$ ausüben, d. h.

$$P h_1 = \int^F p\, dF\, h$$

oder mit $p = \gamma h$

$$P h_1 = \gamma \int^F h^2 dF = \gamma I, \qquad \text{(II, 3.3)}$$

wo I das Trägheitsmoment der Fläche F ist in bezug auf die Achse, von der h gemessen wird, d. h. in bezug auf die Achse EE. Bezeichnet man mit I_0 das Trägheitsmoment bezüglich der horizontalen Achse durch den Schwerpunkt S der Fläche F, so ist

$$I = F h_0^2 + I_0$$

und Gl. (II, 3.3) mit $h_1 = h_0 + a$

$$P h_0 + P a = \gamma F h_0^2 + \gamma I_0.$$

Berücksichtigt man, daß

$$P = \gamma \int^F h\, dF = \gamma F h_0, \qquad \text{(II, 3.4)}$$

so erhält man aus der letzten Gleichung

$$a = \frac{I_0}{h_0 F}. \qquad \text{(II, 3.5)}$$

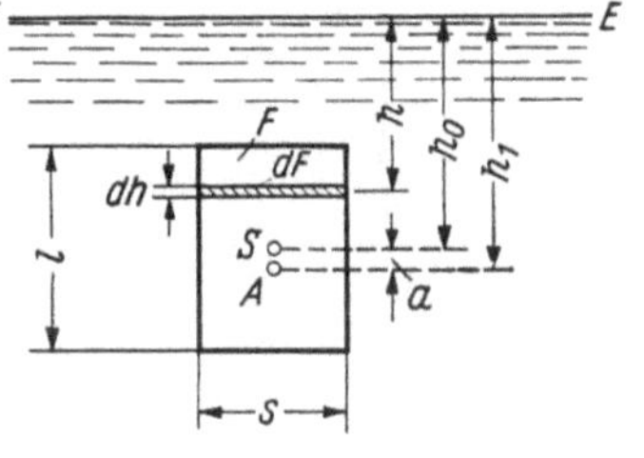

Abb. II, 3.9. Der Druckmittelpunkt (A) des quadratischen Stückes von Abb. II, 3.6

Ist die Fläche F ein Rechteck mit den Seiten s und l, so ist $I_0 = s l^3/12$ und folglich $a = l^2/12\, h_0$. Für h_1 erhält man aus Gl. (II, 3.3) unter Berücksichtigung von Gl. (II, 3.4)

$$h_1 = \frac{I}{h_0 F}, \qquad \text{(II, 3.6)}$$

wo I das Trägheitsmoment der Fläche F ist in bezug auf die Achse, von der h_1 und h_0 gemessen werden.

b) Geneigte Wände. Die Druckkraft auf ein Flächenstück $F = l s$ einer geneigten, ebenen Wand ist auch hier

$$P = \gamma V,$$

wo V das Volumen ist, das man nach Abb. II, 3.10 erhält, wenn man die Fläche des stark ausgezogenen Trapezes mit s (senkrecht zur Bildebene) multipliziert. Das Trapez konstruieren wir, indem wir das über l errichtete Rechteck mit einer Geraden CB, die den Winkel ε mit der geneigten Wand bildet, zum Schnitt bringen. Es ist

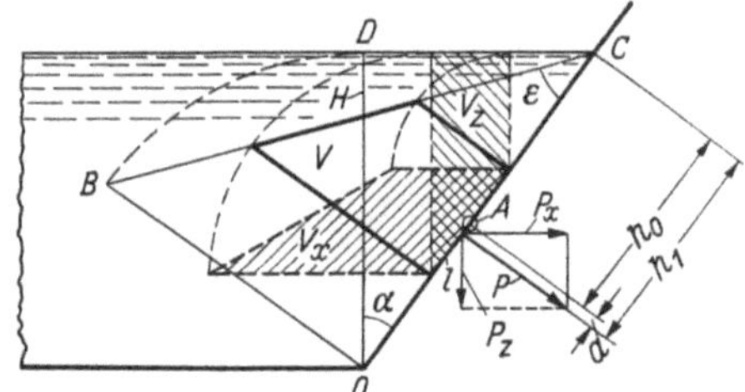

Abb. II, 3.10. Die Druckkraft auf ein Stück einer geneigten ebenen Fläche

$$\varepsilon = \operatorname{arc\,tg}(\cos\alpha),$$

da $\operatorname{tg}\varepsilon = \overline{OB}/\overline{OC}$ und $\cos\alpha = \overline{OD}/\overline{OC}$ ist, und $\overline{OB}$ konstruktionsgemäß gleich $\overline{OD}$ gewählt wurde.

Die beiden schraffierten Flächen ergeben, wenn sie mit s und γ multipliziert werden, die x- und z-Komponente der Druckkraft:

$$P_x = \gamma\, V \cos\alpha = \gamma\, V_x, \qquad P_z = \gamma\, V \sin\alpha = \gamma\, V_z. \qquad \text{(II, 3.7)}$$

Bezüglich der Lage der Druckkraft gelten dieselben Beziehungen, wie sie für senkrechte Wände gegeben wurden.

3.3 Druckkräfte auf krumme Flächen. Bei krummen Begrenzungsflächen ist es nicht mehr möglich, in einfacher Weise das Volumen zu konstruieren, das, mit dem spezifischen Gewicht multipliziert, die Druckkraft auf die gewölbte Fläche gibt. In Abb. II, 3.11 betrachten wir ein Flächenelement $dF = dl\,s$ (s ist senkrecht zur Bildebene) einer einfach gekrümmten Begrenzungsfläche. Die auf ihr wirkende Druckkraft ist

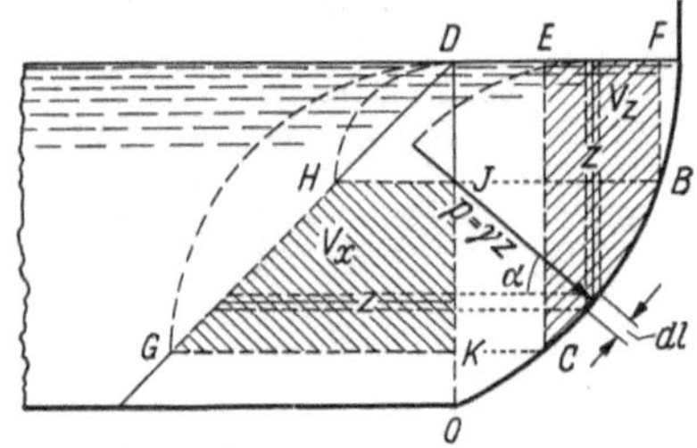

Abb. II, 3.11. Die Druckkraft auf ein Stück einer gewölbten (abwickelbaren) Fläche

$$dP = p\,s\,dl = \gamma\, z\, s\, dl.$$

Bezeichnet α den Winkel zwischen dl und der Horizontalen, so ist die x- und z-Komponente von dP

$$dP_x = \gamma\, s\, z\, dl \cos\alpha = \gamma\, s\, z\, dz$$

und

$$dP_z = \gamma\, s\, z\, dl \sin\alpha = \gamma\, s\, z\, dx.$$

Folglich ist

$$P_x = \gamma\, s \int_{z_B}^{z_C} z\, dz = \gamma\, s\, GHIK = \gamma\, V_x \qquad \text{(II, 3.8)}$$

und

$$P_z = \gamma\, s \int_{z_B}^{z_C} z\, dx = \gamma\, s\, BCEF = \gamma\, V_z. \qquad \text{(II, 3.9)}$$

Die Konstruktion von V_x und V_z ist aus der Abbildung ersichtlich. Bei nach innen gekrümmten Wänden ist nach Abb. II, 3.12 die Konstruktion von V_x und V_z die gleiche.

Was die Lage der Kraft P betrifft, so ist sie durch die Lagen der Komponenten P_x und P_z bestimmt. P_x liegt unterhalb des Schwerpunktes S_1 der Projektion von F auf die y, z-Ebene, und zwar um den Abstand a, wo

$$a = \frac{I_{0y}}{z_0\, F_x}$$

ist. I_{0y} ist das Trägheitsmoment der x-Komponente von F, d. h. von F_x, um die horizontale Achse durch den Schwerpunkt von F_x (hier der Mittelpunkt des Rechteckes F_x). P_z geht durch den Schwerpunkt S_2 des Volumens V_z.

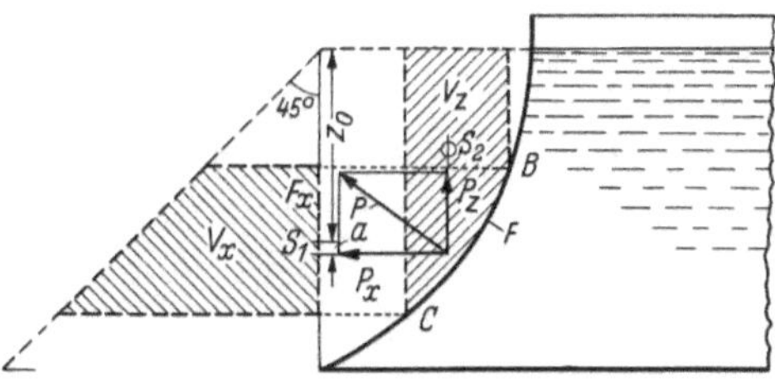

Abb. II, 3.12. Wie in Abb. II, 3.11, jedoch bei einer konvexen Fläche

Hat das Ende eines Behälters die in Abb. II, 3.13 dargestellte Form, so ist zu berücksichtigen, daß von der x-Komponente der krummen Fläche BC nur die Fläche BD (senkrecht zur Bildebene) in Rechnung zu ziehen ist, wenn man die x-Komponente P_x der Druckkraft P berechnen will, da die x-Komponenten der Flächenelemente unterhalb der Horizontalen durch B sich gegenseitig aufheben. Es ist

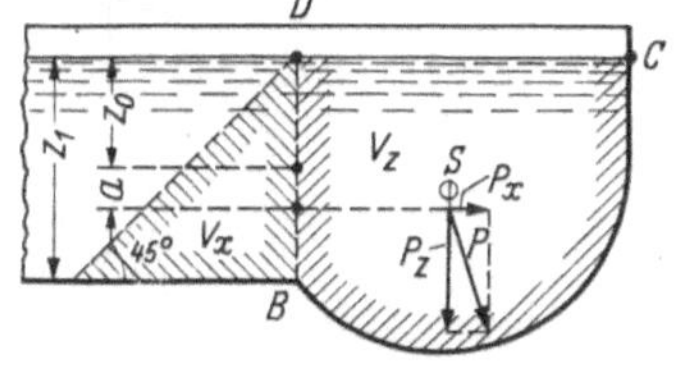

Abb. II, 3.13. Konstruktion der Druckkraft auf eine gekrümmte Seitenwand

$$P_x = \gamma V_x = \gamma \frac{z_1}{2} s.$$

Ferner ist, wie im vorigen Beispiel,

$$a = \frac{I_{0y}}{z_0 F_x}$$

und, da

$$I_{0y} = s\frac{z_1^3}{12}, \quad z_0 = \frac{z_1}{2} \quad \text{und} \quad F_x = z_1 s \quad \text{ist,}$$

$$a = \frac{z_1}{6}.$$

Die z-Komponente ist wieder gleich γV_z und geht durch den Schwerpunkt S von V_z.

Bei einer beliebigen, nicht abwickelbaren krummen Fläche gehen die drei Komponenten P_x, P_y und P_z der Druckkraft im allgemeinen nicht durch einen Punkt und können deshalb nicht auf eine einzelne Kraft P, sondern nur auf eine Kraft und ein Moment zurückgeführt werden.

In Abb. II, 3.14 stellt die Fläche *1234* einen Teil einer Gefäßbegrenzung dar. Die Projektionen dieser Fläche auf die y, z; x, z und x, y-Ebenen sind durch die Indizes x, y und z bezeichnet. Es sei angenommen, daß der Flüssigkeitsspiegel in einer $z =$ const-Ebene liege.

Wenn dF ein Element der Fläche $F \equiv 1234$ bedeutet und dF_x, dF_y, dF_z dessen x-, y- und z-Komponenten, so ist, da p senkrecht zu dF gerichtet ist und dabei die Winkel ξ, η und ξ mit den Koordinatenachsen bildet,

$$dP_x = p\cos\xi\, dF = \gamma z\, dF_x$$
$$dP_y = p\cos\eta\, dF = \gamma z\, dF_y$$
$$dP_z = p\cos\zeta\, dF = \gamma z\, dF_z$$

und daher

$$P_x = \gamma \int^{F_x} z\, dF_x, \quad P_y = \gamma \int^{F_y} z\, dF_y, \quad P_z = \gamma \int^{F_z} z\, dF_z.$$

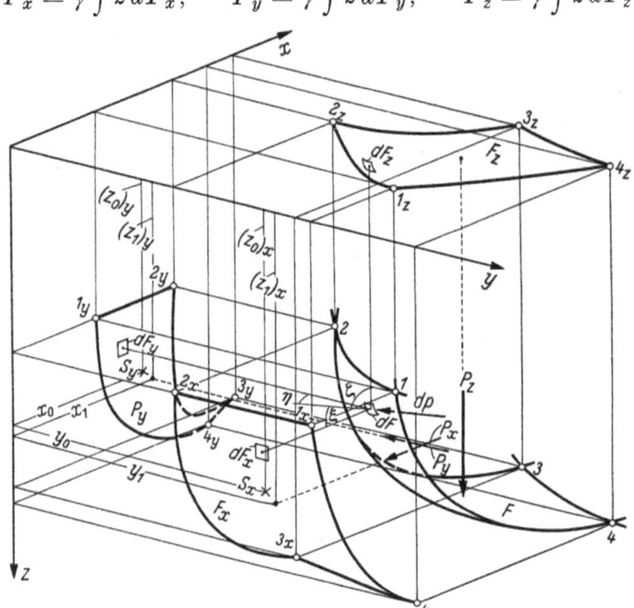

Abb. II, 3.14. Die Komponenten der Druckkraft auf ein Stück einer beliebig gekrümmten (nicht abwickelbaren) Gefäßwandung

Wenn $(z_0)_x$ den Abstand des Schwerpunktes S_x der (ebenen) Fläche F_x bis zum Flüssigkeitsspiegel ($z = 0$) bezeichnet, so ist

$$\int^{F_x} z\, dF_x = (z_0)_x F_x,$$

folglich

$$P_x = \gamma (z_0)_x F_x. \tag{II, 3.10}$$

Bezeichnet man ferner die Koordinaten des Druckmittelpunktes der Fläche F_x mit 0, y_1 und $(z_1)_x$, so ist

$$(z_1)_x = \frac{\int^{F_x} z^2\, dF_x}{(z_0)_x F_x} = \frac{I_y}{(z_0)_x F_x}, \tag{II, 3.11}$$

wo I_y das Trägheitsmoment der Projektionsfläche F_x bez. der y-Achse ist, und

$$y_1 = \frac{\int^{F_x} y\, z\, dF_x}{(z_0)_x F_x} = \frac{C_{yz}}{(z_0)_z F_x}, \tag{II, 3.12}$$

wo C_{yz} das Zentrifugalmoment mit Bezug auf die y- und z-Achsen ist.

Für die y-Komponente P_y und deren Koordinaten $(z_1)_y$ und x_1 erhält man in ähnlicher Weise

$$P_y = \gamma (z_0)_y F_y \tag{II, 3.13}$$

$$(z_1)_y = \frac{I_x}{(z_0)_y F_y}, \qquad x_1 = \frac{C_{xz}}{(z_0)_y F_y}, \tag{II, 3.14}$$

und für die z-Komponente

$$P_z = \gamma \int^{F_z} z \, dF_z = \gamma V_z \tag{II, 3.15}$$

durch den Schwerpunkt des Volumens V_z.

Zum Schluß dieser Betrachtungen über den Flüssigkeitsdruck auf die Begrenzungsflächen eines Behälters wollen wir noch einmal kurz auf die Erklärung zurückkommen, inwiefern der Bodendruck auf ein Gefäß größer sein kann als das Gewicht der im Behälter enthaltenen Flüssigkeit.

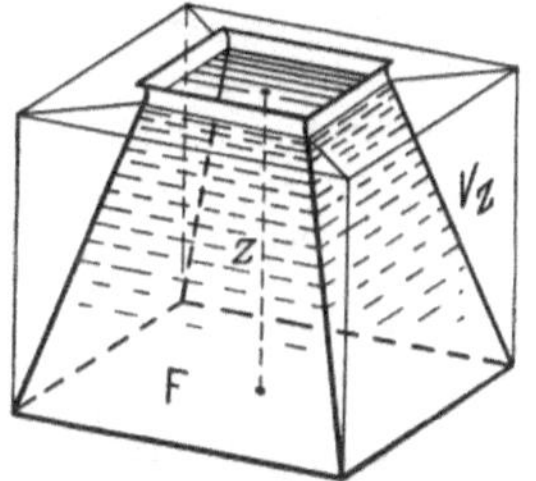

Abb. II, 3.15. Die algebraische Summe der (nach unten gerichteten) Bodendruckkraft und der (nach oben gerichteten) Vertikalkomponenten der Seitenwandkräfte ist gleich dem Gewicht der Flüssigkeit

Wir betrachten zu dem Zweck ein sich nach oben verjüngendes Gefäß von quadratischer Bodenfläche, wie es in Abb. II, 3.15 durch die stark ausgezogenen Linien dargestellt ist. Die resultierende Kraft aus sämtlichen Druckkräften der Flüssigkeit, d. h. auf Boden- *und* Seitenflächen muß dem Gewicht der Flüssigkeit gleich sein, weil durch diese Druckkräfte das Gewicht der Flüssigkeit auf den Behälter übertragen wird. Der Bodendruck ist nach abwärts gerichtet und gleich $-\gamma F z$. Da von den Druckkräften auf die 4 Seitenwände die Horizontalkomponenten sich gegenseitig aufheben, bleiben nur die nach oben gerichteten Vertikalkomponenten gleich $4\gamma V_z$. Mithin haben wir für die Gleichung Bodendruckkraft plus Seitenwandkraft gleich Gewicht G der Flüssigkeit

$$-\gamma F z + 4\gamma V_z = -G$$

oder

$$-\gamma F z = -(G + 4\gamma V_z).$$

Würde man das mit Flüssigkeit gefüllte Gefäß auf eine Waage bringen, so würde, wenn man das Gewicht des Behälters in Abzug brächte, das Gewicht der Flüssigkeit und nicht die Bodendruckkraft gemessen. Man mißt sozusagen die um die nach oben gerichtete Vertikalkomponente der Kraft auf die Seitenwände verminderte Bodendruckkraft. Würde man aber den Boden des Gefäßes vertikal beweglich (reibungslos) anordnen, wie in Abb. II, 3.1 bis 4 angenommen ist, so würde, wenn man lediglich den Boden, nicht aber die Seitenwände mit der Waage in Berührung brächte, nicht das Gewicht, sondern die im vorliegenden Falle größere Bodendruckkraft gemessen.

4 Schweben und Schwimmen

4.1 Das Archimedessche Prinzip. Wir beginnen damit, uns ein einfaches Experiment, wie es in Abb. II, 4.1 u. 2 dargestellt ist, in die Erinnerung zu rufen. Wenn wir das mit einer Flüssigkeit gefüllte Meß-

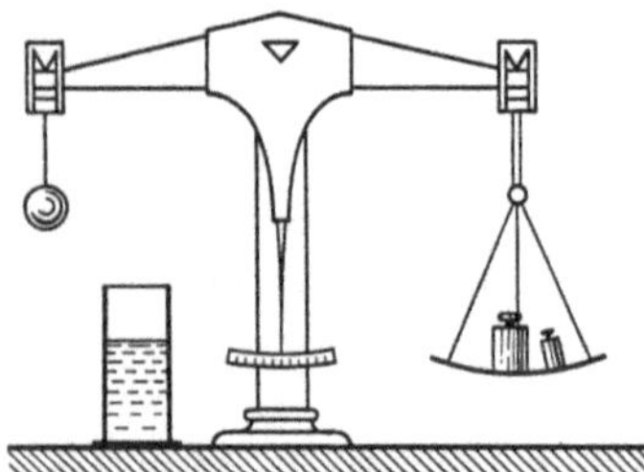

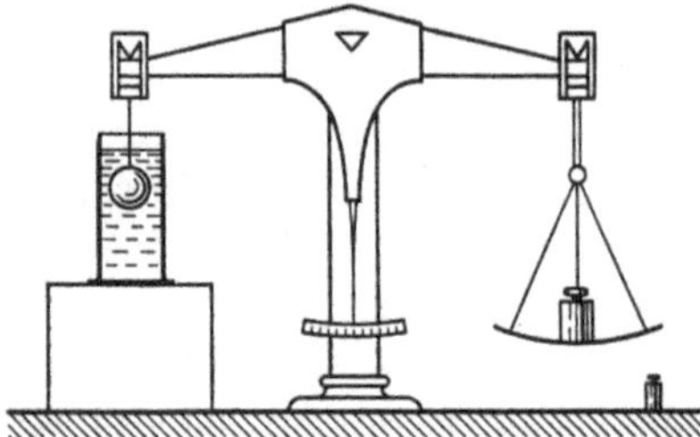

Abb. II, 4.1 u. 2. Das Gewicht der Kugel von Abb. II, 4.1 verliert, wenn in eine Flüssigkeit getaucht (Abb. II, 4.2), scheinbar an Gewicht; diese Gewichtsverminderung ist gleich dem Gewicht der von der Kugel verdrängten Flüssigkeit

glas (Abb. II, 4.1) in die in der rechten Abbildung gezeigte Stellung bringen, so beobachten wir zwei Tatsachen:

1. Die Flüssigkeit im Meßglas zeigt einen höheren Flüssigkeitsspiegel als zuvor, da eine gewisse Flüssigkeitsmenge durch die Kugel verdrängt wird. Die Zunahme des Volumens kann an der Teilung des Meßglases direkt abgelesen werden.

2. Das Gewicht der Kugel ist innerhalb der Flüssigkeit scheinbar geringer als außerhalb, da ein Teil der Gewichtsstücke von der Waageschale entfernt werden muß, um die Waage wieder ins Gleichgewicht zu bringen. Das Experiment zeigt, daß die scheinbare Gewichtsabnahme der Kugel gleich dem Gewicht der verdrängten Flüssigkeit ist.

Die erste Beobachtung führte zu einem genialen Kunstgriff, das Volumen eines festen Körpers zu bestimmen, und zwar besonders dann, wenn er eine komplizierte Gestalt besitzt. Wie wir noch sehen werden, war es gerade diese Entdeckung (und nicht so sehr die der scheinbaren Gewichtsabnahme), die Archimedes ausrufen ließ: ἑύρηκα, ἑύρηκα (ich habe es gefunden, ich habe es gefunden), nachdem er entdeckt hatte, daß der Wasserspiegel in einer Badewanne in demselben Maße stieg, wie er seinen Körper in das Wasser hineintauchte.

Anstatt das Volumen direkt dadurch zu bestimmen, daß man die Erhöhung des Flüssigkeitsspiegels an der Teilung des Meßglases abliest, kann man es indirekt erhalten — und zwar mit einer sehr viel größeren Genauigkeit — dadurch, daß man die scheinbare Gewichtsabnahme mit der Waage bestimmt, vorausgesetzt, daß das spezifische Gewicht der Flüssigkeit im Meßglase bekannt ist. Das Gewicht eines teilweise mit Flüssigkeit gefüllten Gefäßes nimmt durch das Hineinbringen eines festen Körpers zu, da der Wasserspiegel steigt und damit die Druckkraft auf dem Boden (und der Wand des Gefäßes) zunimmt. Die Vertikalkomponente dieser Zunahme ist gleich dem Gewicht der verdrängten Flüssigkeit.

Angenommen, reines Gold von beliebiger Gestalt und einem Gewicht von beispielsweise 5,396 g würde in Wasser von 4 °C 5,116 g wiegen, d. h. sein Gewicht scheinbar um 0,280 g verringern. Das Volumen von 1 g Wasser von 4 °C ist 1 cm^3 und somit das Volumen des Goldes 0,280 cm^3. Das spezifische Gewicht von reinem Gold ist daher 5,396/0,280 = 19,25 g/cm^3.

Wäre aber das obige Stück von 5,396 g nicht reines Gold, sondern besäße einen gewissen, aber unbekannten Zusatz von Silber, so müßte diese Legierung, da Silber ein geringeres spezifisches Gewicht als Gold hat, ein größeres Volumen haben als im vorherigen Beispiel. Angenommen, dieses Stück Gold-Silber-Legierung hätte in Wasser von 4 °C ein Gewicht von 5,070 g, d. h. eine scheinbare Gewichtsverminderung von 0,326 g, so würde dieses bedeuten, daß das Stück Legierung ein Volumen von 0,326 cm^3 hätte, so daß die Legierung das spezifische Gewicht 5,396/0,326 = 16,57 g/cm^3 besäße. Nehmen wir für das spezifische Gewicht von Silber den Wert 10,3 g/cm^3, so läßt sich leicht der Prozentsatz des reinen Goldes aus der Gleichung

$$x\,19{,}25 + (1-x)\,10{,}3 = 16{,}57$$

bestimmen. Man erhält 70% Gold und 30% Silber.

Gerade ein solches Problem war ARCHIMEDES vom König HIERON gestellt worden. Dieser hatte eine gewisse Menge reinen Goldes zur Herstellung eines Ehrenkranzes gegeben, wurde aber später mißtrauisch, daß der Goldschmied ihn betrogen haben könnte, indem er etwas von dem Gold durch ein gleiches Gewicht an Silber ersetzt hätte. Das spezifische Gewicht von Gold und Silber war bekannt; wie aber sollte man das Volumen eines so komplizierten Körpers wie das eines Kranzes bestimmen? ARCHIMEDES, über dieses Problem in Gedanken versunken, löste es beim Einsteigen in die Badewanne in einem Gedankenblitz und machte seinen Namen damit unsterblich.

4.2 Statischer Auftrieb. Die Tatsache, daß ein in einer Flüssigkeit eingetauchter Körper eine senkrecht nach oben gerichtete Kraft, den sogenannten statischen Auftrieb, erfährt, der entgegengesetzt gleich dem Gewicht der verdrängten Flüssigkeitsmasse ist, läßt sich aus den Gesetzen der Druckkräfte auf Begrenzungswände erklären (S. 43; Abb. II, 3.15). Wir betrachten einen Körper von der Form einer Kugel, der in einer Flüssigkeit eingetaucht ist und in dieser Lage durch einen (unendlich) dünnen Faden gehalten wird (Abb. II, 4.3). Die auf die untere Hälfte der Kugel wirkende Druckkraft ist $A_1 = \gamma V_1$ und aufwärts gerichtet, die auf die obere Hälfte wirkende Druckkraft ist $A_2 = -\gamma V_2$ und abwärts gerichtet, so daß der Auftrieb also

$$A = A_1 + A_2 = \gamma(V_1 - V_2) = -G \qquad \text{(II, 4.1)}$$

ist, wo V_1 und V_2 die in Abb. II, 4.4 u. 5 dargestellten Volumina sind und G das Gewicht der verdrängten Flüssigkeit bezeichnet.

Dieses Ergebnis läßt sich auch direkt für einen Körper von beliebiger Form durch Integration der Druckkräfte über die Oberfläche des Körpers ableiten. Mit den in Abb. II, 4.6 gegebenen Bezeichnungen ist für zwei senkrecht übereinanderliegende Flächenelemente

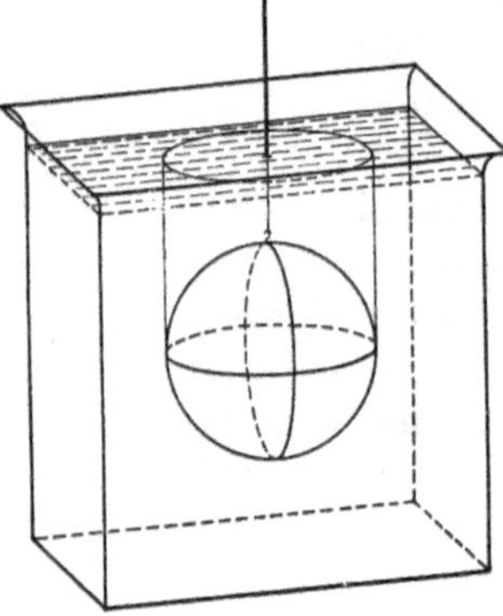

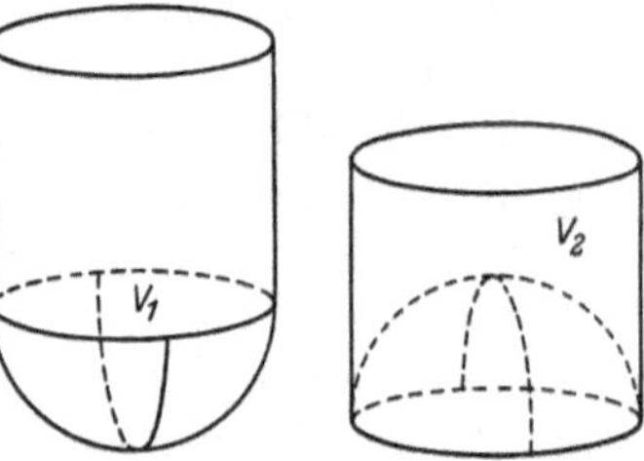

Abb. II, 4.3—5. Der statische Auftrieb läßt sich aus den Gesetzen der Druckkräfte auf Begrenzungswände erklären

$$\begin{aligned} dA = dP_z &= p_2 \cos\alpha_2 \, dF_2 - p_1 \cos\alpha_1 \, dF_1 \\ &= (p_2 - p_1) \, dF_z \\ &= \gamma (z_2 - z_1) \, dF_z = \gamma \, dV, \end{aligned}$$

und somit für den ganzen Körper

$$A = P_z = \gamma \int^{F_z} (z_2 - z_1) \, dF_z = \gamma V. \qquad \text{(II, 4.2)}$$

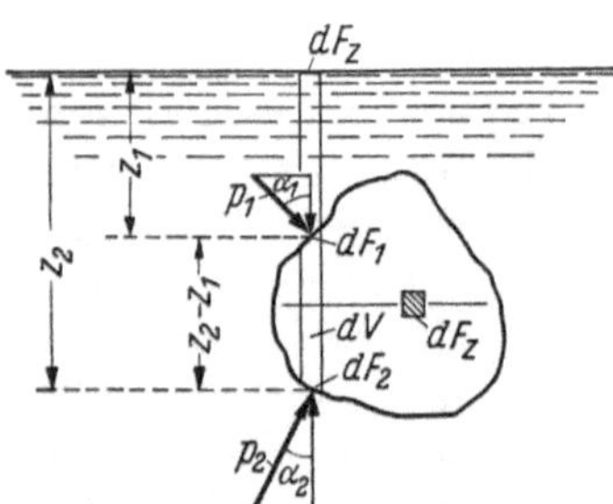

Abb. II, 4.6. Die Druckkraft auf die Oberfläche eines beliebig geformten Körpers kann man durch Integration der Druckkräfte auf die Oberflächenelemente erhalten

4.3 Gleichgewicht von vollständig eingetauchten Körpern, Tauchbooten. Wenn das Gewicht eines Körpers größer als das der verdrängten Flüssigkeit ist, so sinkt er bis auf den Grund der Flüssigkeit. Und da Wasser praktisch inkompressibel ist und somit das gleiche spezifische Gewicht am Meeresgrunde wie an der Oberfläche hat, sinkt ein leckgewordenes Schiff, wenn es erst einmal unter der Wasseroberfläche ist, auch bis auf den Meeresgrund, obwohl die Drucke auf den Schiffskörper (nicht aber die Druckunterschiede!) außerordentlich groß werden[1].

Wenn das Gewicht eines Körpers gleich dem der verdrängten Flüssigkeit ist, so ist er im indifferenten Gleichgewicht und kann in jeder Höhenlage schweben.

Ist das Gewicht eines Körpers kleiner als das der Flüssigkeit von gleichem Volumen, so steigt der durch eine äußere Kraft untergetauchte Körper an die Oberfläche der Flüssigkeit, sobald die äußere Kraft entfernt wird. Er schwimmt dann zum Teil über der Flüssigkeitsoberfläche, und zwar in einer solchen Lage, daß das Gewicht der verdrängten Flüssigkeit gleich dem Gewicht des Körpers ist.

Alle drei Gleichgewichtszustände treten bei einem Unterseeboot auf. Eine wesentliche Eigenart solcher Tauchboote ist, daß sie ihr Gewicht vergrößern und verringern können. Dieses geschieht in der Weise, daß man Meereswasser in besonders dafür vorgesehene Behälter eintreten läßt, bzw. daß man durch Hineinblasen von komprimierter Luft in die Behälter dieses Wasser wieder an das Meer abgibt.

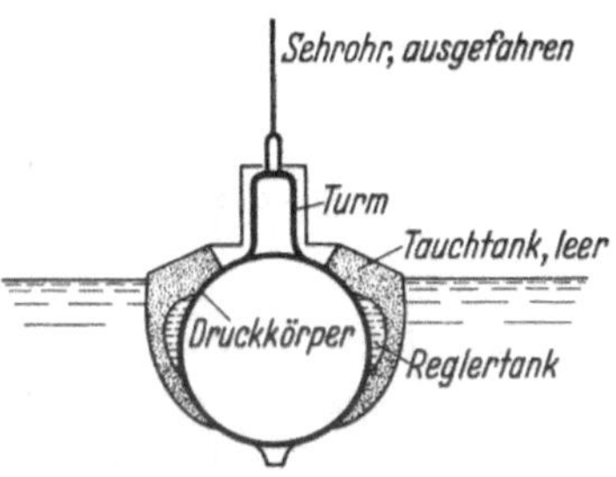

Abb. II, 4.7. Schematischer Querschnitt eines Tauchbootes

Abb. II, 4.7 zeigt einen schematischen Querschnitt eines Tauchbootes. Die beiden Tauchtanks sind leer, d. h. mit Luft gefüllt. Das Gewicht des U-Bootes ist geringer als das der verdrängten Wassermasse für den Fall, daß das Boot völlig untergetaucht wäre. Es ragt deshalb teilweise aus dem Wasser heraus.

Durch Öffnen von Ventilen an den Tauchtanks bewirkt man, daß Wasser hineinströmt, so daß das Gewicht des Bootes zunimmt; es sinkt also mehr und mehr, bis es vollständig untergetaucht ist. Zur feineren Regulierung sind in der Nähe des Schwerpunktes des Tauchbootes beiderseitig, mit Ventilen versehene Reglertanks angeordnet. Werden die Ventile der Reglertanks im richtigen Augenblick geschlossen, so befindet sich das Boot im indifferenten Gleichgewichtszustand und kann in jeder Höhenlage schweben. Wären die Ventile jedoch ein wenig zu spät geschlossen worden, so daß die Behälter etwas zu viel Wasser übergenommen hätten, so würde das Tauchboot langsam bis auf den Meeresgrund absacken. Anderseits würde etwas zu wenig Wasser in den Reglertanks zur Folge haben, daß das Boot nicht zum vollständigen Tauchen kommt.

---

[1] Das Gleichgewicht von Ballons hängt eng zusammen mit dem Gleichgewicht von Gasmassen und wird deshalb später behandelt (s. S. 70).

Es würde sehr schwierig sein, durch abwechselndes Öffnen und Schließen der Ventile zu bewirken, daß das Boot in einer gewissen Tiefe unter der Wasseroberfläche schwebt. In Ruhe ist das Tauchboot kaum in einer bestimmten Tiefe zu halten, dazu bedarf es der Vorwärtsbewegung (mindestens etwa 2 km/h). Flossen, die seitlich am Bootskörper vorne und hinten angebracht sind, und deren Stellung vom Bootsinnern geändert werden kann, erzeugen hydrodynamische Auf- bzw. Abtriebskräfte, und durch diese wird das Fahren in einer bestimmten Tiefe sowie das Auf- und Absteigen des Tauchbootes bewerkstelligt.

Bei einem Körper, der vollständig von Flüssigkeit oder Luft umgeben ist, wie bei einem Tauchboot oder einem Ballon, muß im stabilen Gleichgewicht bez. Drehungen um den Schwerpunkt S dieser unterhalb des Schwerpunktes A der verdrängten Flüssigkeit liegen (Abb. II, 4.8). Denn nur dann besteht ein aufrichtendes Moment, falls der Körper durch eine äußere Kraft aus seiner ursprünglichen Lage gedreht würde (Abb. II, 4.9). Liegt der Schwerpunkt des Körpers oberhalb des Schwerpunktes der verdrängten Flüssigkeit, so ist der Körper im labilen Gleichgewicht (Abb. II, 4.10). Fallen beide Punkte zusammen, so befindet sich der Körper im indifferenten Gleichgewicht, verbleibt also in jeder um den Schwerpunkt gedrehten Lage.

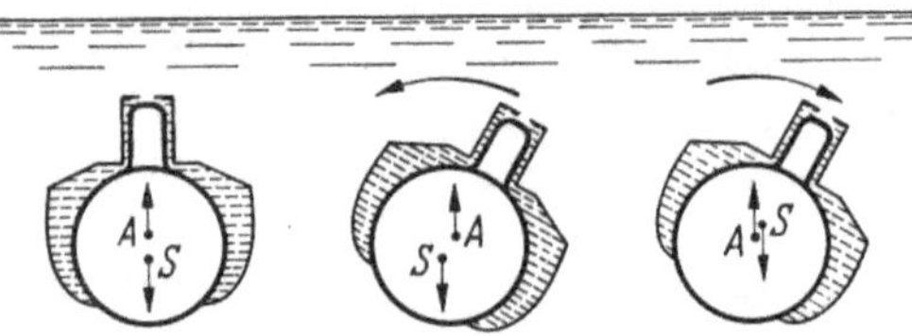

Abb. II, 4.8—10. Verschiedene Lagen des Gewichtsschwerpunktes zum Verdrängungsschwerpunkt und die sich daraus ergebende Stabilität bzw. Labilität des Tauchbootes

Verschiebt sich der Schwerpunkt des Tauchbootes in der Längsrichtung von S nach S', so dreht sich das Tauchboot um einen Winkel α, bis der Schwerpunkt der verdrängten Flüssigkeit wieder senkrecht über S' liegt (Abb. II, 4.11). Angenommen drei Mann (210 kg) der Besatzung eines kleinen Tauchbootes von 1000 t $= 10^6$ kg gehen gleichzeitig um 20 m achteraus, so bewegt sich der Schwerpunkt um $210 \cdot 20/10^6 = 0{,}0042$ m. Nehmen wir ferner an, daß der Schwerpunkt S um 0,24 m unterhalb des Schwerpunktes A des verdrängten Wassers liegt, so dreht sich der Tauchkörper entsprechend

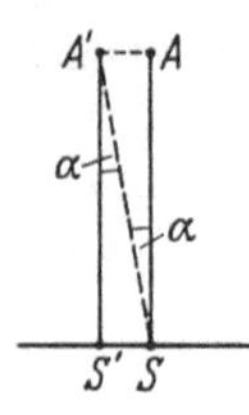

Abb. II, 4.11. Das Verschieben des Gewichtsschwerpunktes in Längsrichtung des Tauchbootes bewirkt eine Drehung (α) um seine Querachse

$$\operatorname{tg}\alpha = 0{,}0042/0{,}24 = 0{,}0175$$

d. h. um $\alpha = 1°$. Eine solche „Anstellwinkel"änderung der Flossen und des Tauchbootes haben aber bereits merkliche hydrodynamische Kräfte zur Folge; die Freiheit in der Bewegung auf kleinen Tauchbooten ist daher recht beschränkt.

4.4 Messung des spezifischen Gewichts von festen Körpern. Da die scheinbare Gewichtsverminderung eines Körpers in einer Flüssigkeit gleich dem Gewicht der verdrängten Flüssigkeit ist, also

$$G - G_{\mathrm{Fl}} = \gamma_{\mathrm{Fl}}\, V,$$

wo G_{Fl} das Gewicht des Körpers in der Flüssigkeit bezeichnet, so ist das gesuchte spezifische Gewicht γ des Körpers

$$\gamma = \frac{G}{V} = \gamma_{\mathrm{Fl}} \frac{G}{G - G_{\mathrm{Fl}}}. \qquad \text{(II, 4.3)}$$

Da für Wasser von 4 °C $\gamma_{\mathrm{Fl}} = 1\,\mathrm{g\,cm^{-3}}$, so ist

$$\gamma = \frac{G}{G - G_{\mathrm{W}\,4^\circ}}\, 1\,\mathrm{g\,cm^{-3}} \qquad \text{(II, 4.4)}$$

und für eine höhere Temperatur t°

$$\gamma = \frac{G}{[1 + \alpha(t^\circ - 4)]\,(G - G_{\mathrm{W}\,4^\circ})}\, 1\,\mathrm{g\,cm^{-3}} \qquad \text{(II, 4.5)}$$

wo $\alpha = 0{,}00043$ der räumliche Ausdehnungskoeffizient von Wasser ist.

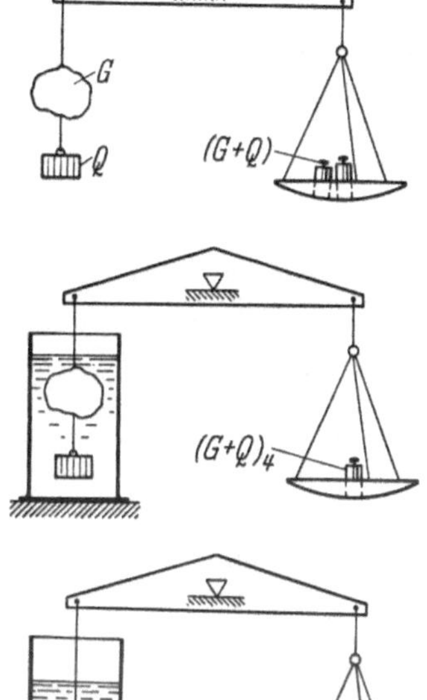

Abb. II, 4.12—14. Bestimmung des spezifischen Gewichtes eines Körpers

Ist das gesuchte spezifische Gewicht des Körpers kleiner als 1, so befestigt man ein genügend schweres Gewicht Q am Körper, um dessen vollständiges Eintauchen zu bewirken (Abb. II, 4.12 und 13). Bezeichnet man mit dem Index 4 die jeweiligen Gewichte im Wasser von 4 °C, so ist nach Abb. II, 4.12 bis 14 das Volumen V des Körpers gegeben durch

$$G + Q - (G + Q)_{4^\circ} - (Q - Q_{4^\circ}) = 1\,\mathrm{g\,cm^{-3}}\, V$$

und somit das spezifische Gewicht

$$\gamma = \frac{G}{V} = \frac{G}{G + Q_{4^\circ} - (G + Q)_{4^\circ}}\, 1\,\mathrm{g\,cm^{-3}}.$$

Ist die Größe des zusätzlichen Gewichtes Q sowie dessen spezifisches Gewicht γ_Q bekannt, so erübrigen sich die Messungen Abb. II, 4.12 und 14, und es bleibt

$$\gamma = \frac{G}{G + \left(1 - \frac{1\,\mathrm{g\,cm^{-3}}}{\gamma_Q}\right) Q - (G + Q)_{4^\circ}}\, 1\,\mathrm{g\,cm^{-3}}. \qquad \text{(II, 4.6)}$$

4.5 Messung des spezifischen Gewichts von Flüssigkeiten. Die genauesten Resultate erhält man mit der hydrostatischen Waage (Abb. II, 4.15). Mit einer empfindlichen und genauen Waage wägt man einen Körper, z. B. eine Kugel, in Luft (G), in Wasser von 4 °C (G_{4°) und in der Flüssigkeit, deren spezifisches Gewicht bestimmt werden soll (G_{Fl}). Es ist dann einerseits $G - G_{4^\circ} = 1\ \mathrm{g\,cm^{-3}}\ V$ und anderseits $G - G_{\mathrm{Fl}} = \gamma_{\mathrm{Fl}}\ V$, mithin

$$\gamma_{\mathrm{Fl}} = \frac{G - G_{\mathrm{Fl}}}{G - G_{4^\circ}}\ 1\ \mathrm{g\,cm^{-3}}.$$

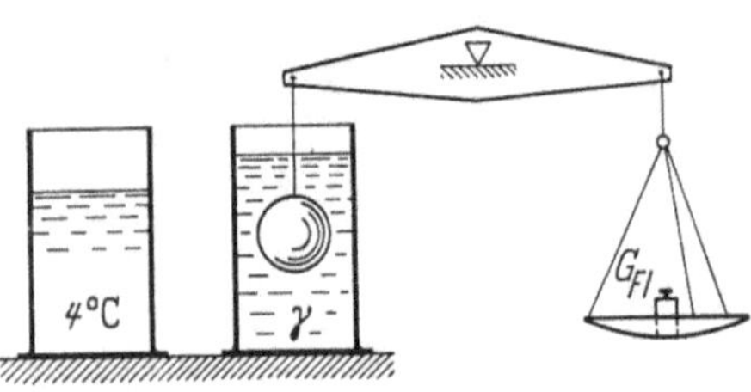

Abb. II, 4.15. Bestimmung des spezifischen Gewichtes einer Flüssigkeit

Nicht ganz so genau sind die Messungen mit dem sogenannten Aräometer (Abb. II, 4.16). Angenommen, der Schwimmkörper mit tiefliegendem Schwerpunkt (und daher sehr stabil) tauche in Wasser von 4 °C bis zur Marke A ein, wenn ein gewisses Gewicht G_1 in die kleine Schale gelegt wird. In einer Flüssigkeit von geringerem spezifischem Gewicht als dem von Wasser von 4 °C würde der Schwimmkörper tiefer einsinken, und man müßte das Gewicht verringern, um die Marke A wieder in die Höhe des Flüssigkeitsspiegels zu bringen. In einer Flüssigkeit von größerem spezifischem Gewicht müßte man das Gewicht G_1 vergrößern, wenn A mit dem Flüssigkeitsspiegel übereinstimmen soll. Wird das Gewicht des Apparates in Luft mit Q bezeichnet, so ist sein Volumen V bis zur Marke A einerseits durch $Q + G_1 = 1\,\mathrm{g\,cm^{-3}}\,V$, anderseits durch $Q + G_1 \pm G_2 = \gamma_{\mathrm{Fl}}\,V$ gegeben, wo $\pm G_2$ das Gewicht bezeichnet, das bei einer spezifisch schwereren bzw. leichteren Flüssigkeit als Wasser von 4 °C erforderlich ist, um A in Höhe des Flüssigkeitsspiegels zu bringen. Mithin

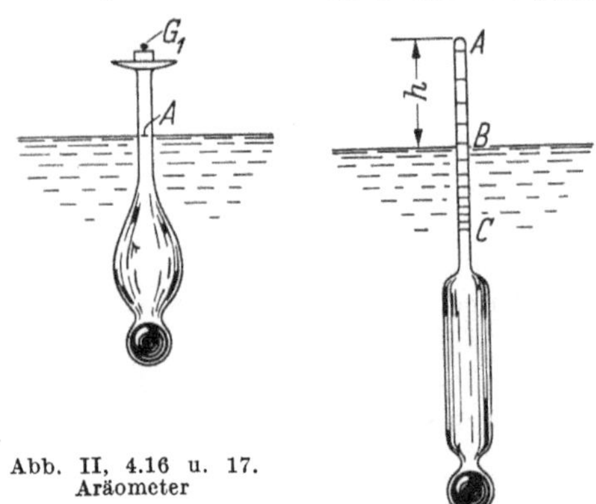

Abb. II, 4.16 u. 17. Aräometer

$$\gamma_{\mathrm{Fl}} = \frac{Q + G_1 \pm G_2}{Q + G_1}\ \mathrm{g\,cm^{-3}} = 1\,\mathrm{g\,cm^{-3}} \pm \frac{G_2}{V}.$$

Der Apparat ist um so empfindlicher, je dünner sein Hals bzw. nach der letzten Gleichung je größer das in der Flüssigkeit befindliche Volumen des Schwimmkörpers ist.

Noch bequemer ist der in Abb. II, 4.17 gezeigte Apparat. Allerdings eignet er sich nur für Flüssigkeiten, deren spezifisches Gewicht sich nicht allzusehr von dem des Wassers unterscheidet. Wir nehmen an, sein Gewicht in Luft sei $Q = 60$ g und daß er in Wasser von 4 °C bis an die obere Marke A eintauche. Sein Volumen V bis zur Marke A ist also 60 cm³. Wir nehmen ferner an, daß der Durchmesser ($2\,r$) des Stieles 7 mm sei. In einer Flüssigkeit von etwas größerem spezifischem Gewicht als dem von Wasser (4 °C) sinkt der Apparat weniger tief ein, und wir fragen uns, um wieviel dieses sein wird bei einer Flüssigkeit von beispielsweise $\gamma_{\mathrm{Fl}} = 1{,}050\ \mathrm{g\,cm^{-3}}$. Das Gewicht des Körpers ist gleich dem der verdrängten Flüssigkeit, d. h.

$$Q = \gamma_{\mathrm{Fl}}(V - h\,r^2\,\pi)$$

mithin

$$h = \frac{V - Q/\gamma_{\mathrm{Fl}}}{r^2\,\pi} = \frac{60 - 60/1{,}05}{0{,}35^2\,\pi} = 7{,}4\ \mathrm{cm}.$$

In dieser Weise läßt sich leicht die (ungleichförmige) Skala berechnen, an der dann direkt die spezifischen Gewichte abgelesen werden können.

4.6 Gleichgewicht von teilweise eingetauchten Körpern, Schiffen. Wenn ein vollständig eingetauchter, schwebender Körper, z. B. ein Würfel mit einer schweren Grundfläche, wie er in Abb. II, 4.18 und 19

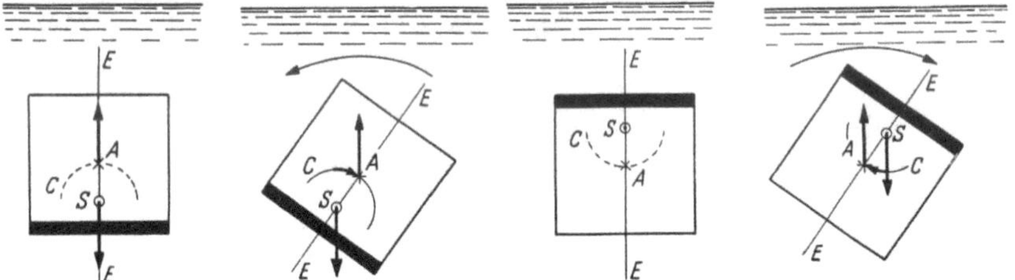

Abb. II, 4.18—21. Prinzip der Stabilität und Labilität von vollständig in einer Flüssigkeit eingetauchten Körpern. Der Körper ist im stabilen Gleichgewicht, wenn der Massenschwerpunkt S unterhalb des Verdrängungsschwerpunktes A liegt; der Körper ist im labilen Gleichgewicht, wenn S oberhalb von A liegt

dargestellt ist, durch eine äußere Kraft um die Schwerpunktsachse S des Körpers gedreht wird, bewegt sich der Schwerpunkt A der verdrängten Flüssigkeit auf einem Kreise C, dessen Radius gleich dem Abstand der beiden Schwerpunkte ist. Der Verdrängungsschwerpunkt A liegt dabei auf einer körperfesten Geraden EE, die im Anfangszustand (Abb. II, 4.18) vertikal durch den Massenschwerpunkt S gelegt war.

Es ist aus Abb. II, 4.19 ersichtlich, daß der Körper nur dann im stabilen Gleichgewicht ist, wenn der Massenschwerpunkt des Körpers senkrecht unterhalb des Verdrängungsschwerpunktes liegt, weil nur dann ein aufrichtendes Moment besteht. Liegt die schwere Seite des

Würfels oben, wodurch der Massenschwerpunkt oberhalb des Verdrängungsschwerpunktes zu liegen kommt, so befindet sich der Würfel im labilen Gleichgewicht, wie aus Abb. II, 4.20 und 21 ersichtlich. Die Stabilitätsbedingung ist bei vollständig eingetauchten Körpern deshalb so einfach, weil die Lage des Verdrängungsschwerpunktes *in bezug auf den sich drehenden Körper* die gleiche bleibt. Dieses ist nicht mehr der Fall bei teilweise eingetauchten Körpern (Schiffen).

Beim teilweise eingetauchten Körper bleibt die Lage des Verdrängungsschwerpunktes in bezug auf den sich drehenden Körper nicht dieselbe, sondern verschiebt sich je nach der Form des eintauchenden Teiles des gedrehten Körpers. Dieses ist erkenntlich aus Abbildung II, 4.22 und 23, wo die Grundplatte des Würfels erleichtert worden ist, so daß er nur teilweise eintaucht. Der Verdrängungsschwerpunkt A liegt bei dem gedrehten Würfel nicht mehr auf dem Kreise um S mit $\overline{AS}$ als Radius und nicht mehr auf der Geraden EE. Der Punkt S liegt in der Anfangslage (nicht gedreht) unterhalb von A und der Körper befindet sich, wie aus Abb. II, 4.23 ersichtlich, im stabilen Gleichgewicht.

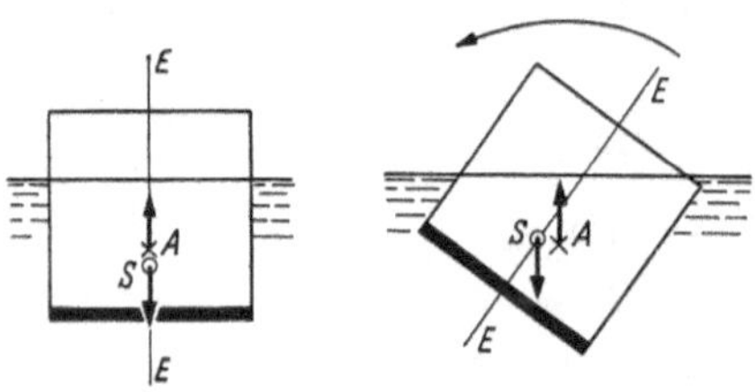

Abb. II, 4.22 u. 23. Ein teilweise eingetauchter Körper ist immer im Gleichgewicht, wenn der Gewichtsschwerpunkt S unterhalb des Auftriebsschwerpunktes A liegt

Aus Abb. II, 4.24 und 25 ergibt sich aber, daß diese Bedingung beim teilweise eingetauchten Körper keineswegs zur Stabilität des Körpers notwendig ist. In dieser Abbildung ist die Grundplatte noch mehr erleichtert, so daß der Körper mit seinem größten Teil aus der Flüssigkeit ragt und der Massenschwerpunkt S oberhalb des Verdrängungsschwerpunktes A zu liegen kommt. Und trotzdem ist der Körper, wie sich aus Abb. II, 4.25 ergibt, im stabilen Gleichgewicht.

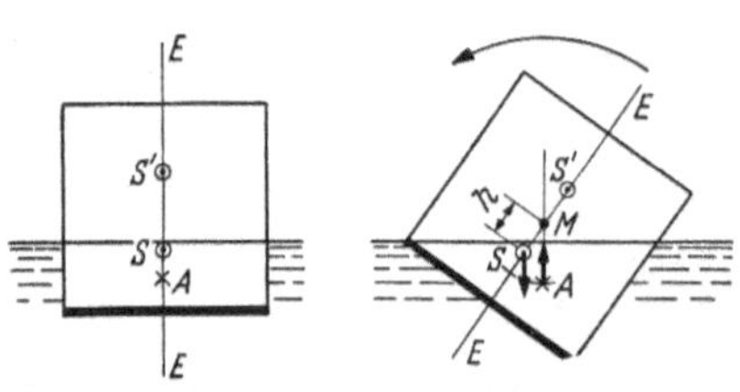

Abb. II, 4.24 u. 25. Ein teilweise eingetauchter Körper ist auch dann noch im stabilen Gleichgewicht, wenn S zwar oberhalb von A, jedoch noch unterhalb des Metazentrums M liegt

Ob sich ein teilweise eingetauchter Körper im stabilen Gleichgewicht befindet, hängt offenbar davon ab, ob sich der Verdrängungsschwerpunkt A nach rechts vom Massenschwerpunkt S verschiebt, wenn der Körper sich um S im Uhrzeigersinn bewegt, und nach links, wenn er sich im Gegenuhrzeigersinn dreht. In beiden Fällen schneidet die Vertikale durch den Verdrängungsschwerpunkt A die körperfeste

Gerade EE in einem Punkte M oberhalb des Massenschwerpunktes S. Dieser Punkt M heißt das Metazentrum und der Abstand SM (nach oben positiv gerechnet) die metazentrische Höhe h.

Wie aus der letzten Abbildung ersichtlich, befindet sich der Körper im stabilen Gleichgewicht, wenn das Metazentrum oberhalb des Massenschwerpunktes S liegt, oder wenn die metazentrische Höhe positiv ist, und er befindet sich im labilen Gleichgewicht, wenn das Metazentrum unterhalb von S liegt, die metazentrische Höhe also negativ ist; der Körper ist schließlich im indifferenten Gleichgewicht, wenn M mit S zusammenfällt. Die Bedeutung des Wortes Metazentrum ist die, daß

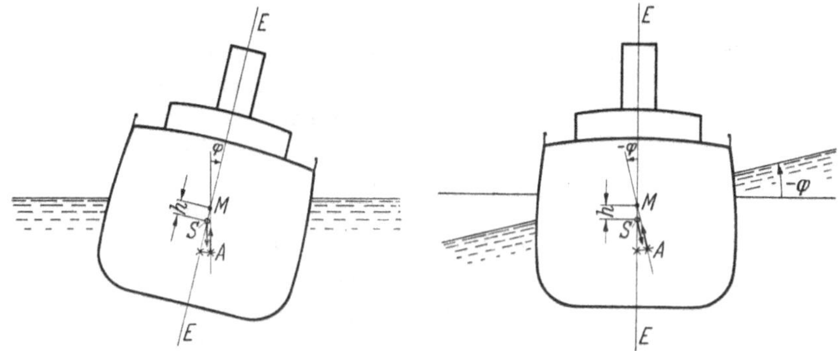

Abb. II, 4.26.
Konstruktion der metazentrischen Höhe h bei einem Krängungswinkel φ

Abb. II, 4.27.
Wie Abb. II, 4.26, jedoch bei Drehung des Wasserspiegels um den Winkel $-\varphi$

man mit dem Zentrum S der Körpermasse nicht über ($\mu\varepsilon\tau\grave{\alpha}$) den Punkt M hinausgehen darf, wenn die Stabilität des Körpers gewährleistet sein soll, also z. B. nicht bis nach S'.

Für kleine Drehungswinkel ($\pm$ 10°) des Körpers um S bewegt sich der Verdrängungsschwerpunkt angenähert auf einem Kreise mit M als Mittelpunkt. Bei größeren Drehungswinkeln bewegt sich A jedoch nicht mehr auf einem Kreise, was zur Folge hat, daß dann das Metazentrum sich auf der Geraden EE verschiebt.

Die Lage des Metazentrums bzw. die Größe der metazentrischen Höhe ist von großer Bedeutung für die Konstruktion von Schiffen. Die Form eines Schiffskörpers ist zu einem großen Maße durch die Notwendigkeit einer genügenden Stabilität des Schiffes um seine Längsachse durch den Massenschwerpunkt bestimmt.

Um die verschiedenen Umstände zu erläutern, die auftreten, wenn sich ein Schiff um einen Winkel φ dreht (Abb. II, 4.26), beläßt man häufig den Querschnitt des Schiffskörpers, seinen sogenannten Hauptspant, in vertikaler Lage und dreht statt dessen den Horizont um den Winkel $-\varphi$ (Abb. II, 4.27). Die Richtung der Schwerkraft S und der statischen Auftriebskraft A müssen dann senkrecht zum gedrehten Horizont gezogen werden. Abb. II, 4.28 zeigt die wichtigeren Einzelheiten der vorherigen Abbildung im vergrößerten Maßstab.

Das den Schiffsrumpf aufrichtende Moment ist gleich

$$S\,l = S\,h \sin\varphi$$

oder für kleine Winkel von φ gleich

$$S\,h\,\varphi$$

wo φ im Bogenmaß zu messen ist. Die Stabilität eines Schiffes ist somit seiner metazentrischen Höhe proportional.

Welche metazentrische Höhe ist nun beim Entwurf eines Schiffes anzunehmen? Ein zu großer Wert von h bewirkt zu große Momente und damit heftige, ruckweise und unangenehme Bewegungen des Schiffes im Seegang und kann sogar die Verbindungen der Einzelteile des Schiffsrumpfes und auch seine Ladung gefährden. Anderseits muß jederzeit eine genügende Stabilität herrschen, d. h. es muß bei jeder Krängung des Schiffes ein genügend großes aufrichtendes Moment vorhanden sein. Aber dieses Aufrichten muß in einer sanften, ruhigen Weise vor sich gehen. Mit anderen Worten: ein Schiff sollte weder eine zu große noch zu geringe Stabilität besitzen. Je nach der Schiffsart und dem Verwendungszweck wird die metazentrische Höhe verschieden groß zu wählen sein. Als Anhaltspunkt für seefahrende Schiffe können die folgenden Zahlen dienen:

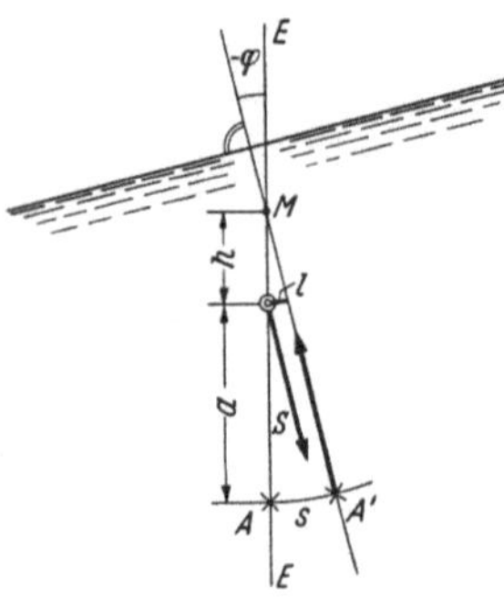

Abb. II, 4.28. Einzelheiten zur Konstruktion der metazentrischen Höhe

Segelschiffe	metazentrische Höhe etwa 90—150 cm
Schlachtschiffe . . .	metazentrische Höhe etwa 75—130 cm
Frachtschiffe	metazentrische Höhe etwa 60— 90 cm
Passagierschiffe . . .	metazentrische Höhe etwa 45— 60 cm

Vergegenwärtigen wir uns die schon an sich geringen Bereiche der zweckmäßigen metazentrischen Höhen, so wird die Sachlage noch schwieriger, wenn wir bedenken, daß beträchtliche Unterschiede in der Verdrängung bei ein und demselben Schiff auftreten können, besonders bei Frachtschiffen, infolge Änderung der Ladung. Nehmen wir z. B. an, ein Schiff von 8000 t habe eine metazentrische Höhe von 71 cm. Eine zusätzliche Ladung von nur 500 t, d. h. 6,25% seiner Verdrängung, 4 m über dem Kiel untergebracht, vergrößert die metazentrische Höhe um etwa 7 cm, d. h. um 10%, während die gleiche Ladung, 9 m über dem Kiel untergebracht, die metazentrische Höhe um 22 cm, d. h.

um 31%, verkleinert. Umfangreiche nomographische Kurvenblätter[1] sind berechnet worden, mit denen man ohne weiteres die Zu- oder Abnahme der metazentrischen Höhe ablesen kann, die durch ein Beladen oder Entladen in jeweils verschiedenen Höhen über dem Kiel entsteht.

Die Kenntnis der metazentrischen Höhe für kleine Krängungswinkel genügt jedoch nicht zur Beurteilung der Stabilität bei großen Werten von φ. Statt der metazentrischen Höhe h ist es — besonders bei größeren Krängungswinkeln — zweckmäßiger, den Hebelarm l in Betracht zu ziehen, da l dem aufrichtenden Moment proportional ist.

Wie KLINDWORT in Abb. II, 4.29 gezeigt hat[1], kann man für jedes Schiff — in unserem Beispiel für ein Frachtschiff von rd. 9000 t Trag-

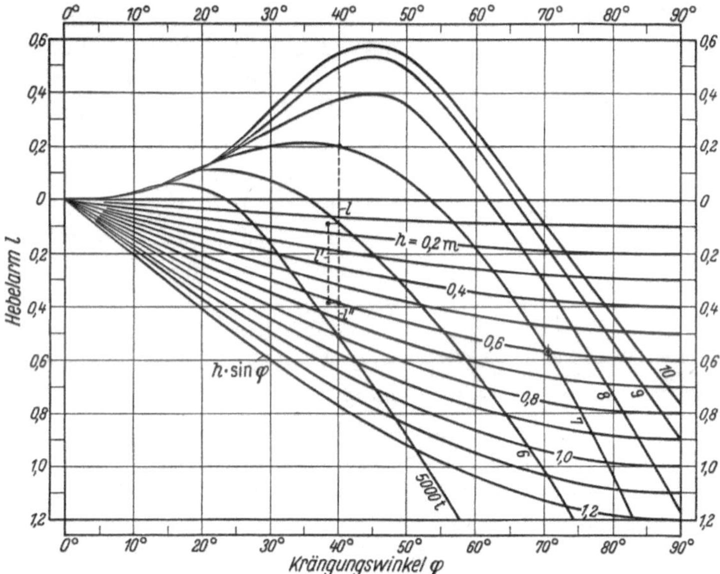

Abb. II, 4.29. Hebelarm der aufrichtenden Kraft als Funktion des Krängungswinkels bei verschiedenen Ladungen und verschiedenen metazentrischen Höhen eines Schiffes von 9000 t Tragfähigkeit (nach E. KLINDWORT[1])

fähigkeit — eine Kurvenschaar berechnen derart, daß für jede Verdrängung in Tonnen t und für jede metazentrische Höhe h der Anfangslage ($\varphi \rightarrow 0$) die Größe des Hebelarmes l direkt für verschiedene Krängungswinkel φ zwischen 0° und 90° abgelesen werden kann. Und zwar ist die Größe des Hebelarmes gleich der Ordinate zwischen den Kurven $t = \text{const}$ und den Kurven $h = \text{const}$. Nehmen wir z. B. an, die Verdrängung sei 7000 t und die metazentrische Höhe der Anfangslage

[1] KLINDWORT, E.: Die Stabilität des Schiffes im Betrieb. Z. VDI Bd. 87 (1943) S. 359—365.

60 cm, so ist der Hebelarm l bei einem Krängungswinkel von $\varphi = 40°$ gleich 59 cm (gestrichelte Gerade). Man erkennt, daß mit zunehmender Verdrängung, z. B. 8000 t, und gleicher metazentrischer Höhe die Hebelarme und damit die aufrichtenden Momente bei den jeweiligen Werten von φ größer werden. Umgekehrt verkleinert eine geringere Verdrängung desselben Schiffes (d. h. bei Ballastabgabe) seine Stabilität. Es hat mit 6000 t einen Hebelarm von $l' = 30$ cm. Mit 5000 t Verdrängung ist das Schiff bei $\varphi = 40°$ bereits labil ($l'' < 0$) und kentert also. Bei einer Verdrängung von 7000 t und einer metazentrischen Höhe von 60 cm wird das Schiff bei einem Krängungswinkel von etwa 71° labil.

4.7 Berechnung der metazentrischen Höhe. Angesichts der großen Bedeutung, welche die richtige metazentrische Höhe für die Fahrteigenschaften eines Schiffes besonders auch im Seegang hat, ist es notwendig, daß die metazentrische Höhe berechnet werden muß, bevor das Schiff gebaut wird. Da solche Berechnungen ziemlich umständlich und langwierig sind, das Resultat aber trotzdem nicht sehr genau ist, wird es gewöhnlich später durch experimentelle Methoden mit dem fertigen Schiff berichtigt.

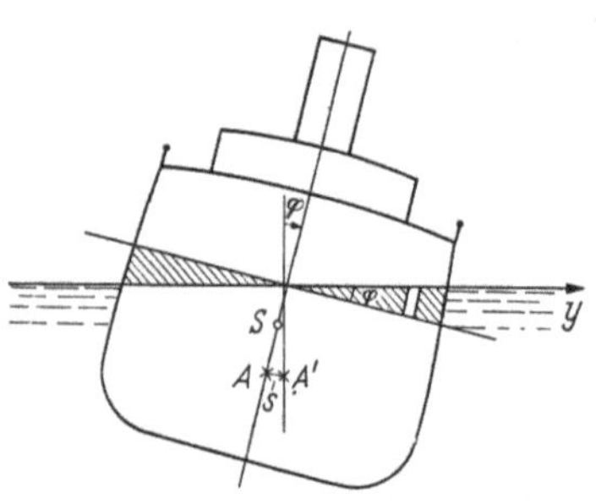

Abb. II, 4.30. Verschiebung des Verdrängungsschwerpunktes A nach A' bei einer Krängung um den Winkel φ

1. Rechnerische Bestimmung von h. *a) Verschiebung des Verdrängungsschwerpunktes für kleine Krängungswinkel* φ. Nachdem wir zunächst die metazentrische Höhe für den Hauptspant abgeleitet haben, wollen wir die gleiche Betrachtung jetzt auf das gesamte Schiff anwenden.

Die Lage des Schwerpunktes der vom Schiff verdrängten Wassermasse erhalten wir in der Weise, daß wir die Verdrängungsschwerpunkte der einzelnen Querspanten bestimmen und daraus dann den Verdrängungsschwerpunkt der gesamten verdrängten Wassermassen. Dieser werde wieder mit A bezeichnet; er liegt wegen der eigentümlichen Form des Vor- und Achterschiffes etwas höher als der des Hauptspantes. Die Verdrängung des Schiffes (in 1000 kg) wird in ähnlicher Weise berechnet.

Wenn sich das Schiff, vom Heck aus gesehen, im Uhrzeigersinn um einen kleinen Winkel φ um seine Längsachse dreht, verschiebt sich der Verdrängungsschwerpunkt von A nach A' (Abb. II, 4.30), weil die verdrängte Wassermasse auf der rechten (Steuerbord) Seite um ein keilförmiges Stück zunimmt, während sie auf der linken (Backbord) Seite um ein solches Stück abnimmt. Für kleine Werte von φ sind die beiden keilförmigen Beträge angenähert gleich. Die veränderte Form der verdrängten Wassermasse mit ihrem Schwerpunkt in A' bewirkt ein Moment in bezug auf den ursprünglichen Verdrängungsschwerpunkt A von der Größe Ds, wo D die Verdrängung und s der Abstand des Punktes A' von A ist.

Wir zerlegen jetzt die beiden keilförmigen Volumina in Elemente $dx\,dy\,\varphi y = dF\,\varphi y$, wo dx ein Element der Längsrichtung und dy ein solches der Querrichtung des Schiffes ist, dF also ein Element des Wasserlinienrisses bedeutet; da φ als klein angenommen wird, ist φy die Höhe eines solchen Volumenelementes. Multiplizieren wir das Volumenelement mit dem spezifischen Gewicht des Wassers (γ), so ist das aufrichtende Moment eines solchen Elementes, wenn y sein Hebelarm ist, gleich $\gamma dF\varphi y \cdot y$, so daß wir für das Moment der verdrängten Wassermasse haben

$$Ds = \gamma\varphi \int^{F} y^2\,dF = \gamma\varphi I,$$

wo I das Trägheitsmoment des Wasserlinienrisses F in bezug auf seine Längsachse ist. Mit $D = \gamma V$ ist also

$$s = \varphi \frac{I}{V}. \qquad \text{(II, 4.7)}$$

b) Berechnung der Lage des Massenschwerpunktes des Schiffes. Die Rechnungen hierfür sind sehr viel umständlicher und schwieriger als für die Bestimmung der Lage des Verdrängungsschwerpunktes. Da das Schiff nicht aus einer gleichförmig verteilten Masse besteht, wie im Falle des verdrängten Wassers, sondern aus einer sehr großen Anzahl von Einzelteilen von verschiedenen Gewichten und in jeweils verschiedenen Lagen zum Schiffskörper, müssen alle diese Teile mit ihren Gewichten und Schwerpunkten zusammengestellt werden. Und mit Hilfe dieser Angaben ist dann das Gewicht des fertigen Schiffes und die Lage seines Schwerpunktes zu berechnen.

Bedenkt man jedoch die Schwierigkeit der Schwerpunktsbestimmung großer und verwickelter Schiffsteile wie z. B. der Maschinenanlage, und berücksichtigt man, daß viele Teile der Einrichtung, wie Möbel usw. nur in Bausch und Bogen in Betracht gezogen werden können, so wird man verstehen, daß die Schwerpunktsbestimmung eines großen Schiffes eine sehr zeitraubende Arbeit darstellt, wobei das Resultat dann noch nicht einmal sehr genau ist. Der Abstand des Schwerpunktes des Schiffes vom Schwerpunkt des verdrängten Wassers (A) sei mit a bezeichnet (Abb. II, 4.28).

c) Berechnung der metazentrischen Höhe. Ist das Trägheitsmoment des Wasserlinienrisses (I), die Verdrängung (D) sowie der Abstand a bestimmt worden, so läßt sich die metazentrische Höhe leicht berechnen. Nach Abb. II, 4.28 ist

$$h = \overline{MA} - a,$$

wo

$$\overline{MA} = \frac{s}{\varphi},$$

so daß mit Gl. (II, 4.7)

$$\overline{MA} = \frac{I}{V},$$

mithin

$$h = \frac{I}{V} - a. \qquad \text{(II, 4.8)}$$

Beispiel: Angenommen, ein Holzbalken mit dem spezifischen Gewicht $\gamma = 0{,}75\ \mathrm{g\ cm^{-3}}$ von $L = 3$ m Länge, $B = 0{,}3$ m Breite und $H = 0{,}2$ m Höhe schwimme auf dem Wasser, dessen spezifisches Gewicht wir als $\gamma_w = 1\ \mathrm{g\ cm^{-3}}$ annehmen wollen. Da der Massenschwerpunkt des Balkens mit seinem geometrischen Schwerpunkt zusammenfällt, haben wir

$$a = 0{,}5\,H - 0{,}5\,\frac{\gamma}{\gamma_W}\,H$$

$$= 05,\left(1 - \frac{\gamma}{\gamma_W}\right) H;$$

ferner ist

$$V = \frac{\gamma}{\gamma_W}\,L\,B\,H$$

und das Trägheitsmoment des Rechtecks $L\,B$ in bezug auf seine Längsachse

$$I = \frac{L\,B^3}{12}.$$

Folglich ist die metazentrische Höhe nach Gl. (II, 4.8)

$$h = \frac{B^2\,\gamma_W}{12\gamma\,H} - 0{,}5\left(1 - \frac{\gamma}{\gamma_W}\right) H$$

$$= 0{,}050 - 0{,}025 = 0{,}025\ \mathrm{m}.$$

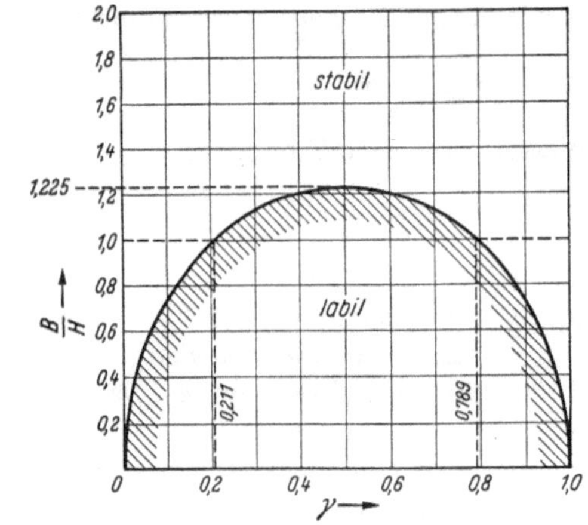

Abb. II, 4.31. Bereiche des stabilen und des labilen Gleichgewichts eines Balkens von rechteckigem Querschnitt (*B* Breite, *H* Höhe) und dem spezifischen Gewicht γ

Der Balken befindet sich im stabilen Gleichgewicht, falls

$$\frac{B^2\,\gamma_W}{12\gamma\,H} > 0{,}5\left(1 - \frac{\gamma}{\gamma_W}\right) H \qquad \text{(II, 4.9)}$$

oder

$$\frac{B}{H} > \sqrt{6\,\frac{\gamma}{\gamma_W}\left(1 - \frac{\gamma}{\gamma_W}\right)}.$$

In Abb. II, 4.31 ist das Verhältnis B/H entsprechend der letzten Beziehung (mit dem =Zeichen statt des >Zeichens) als Funktion des spezifischen Gewichtes γ des Holzbalkens aufgetragen ($\gamma_w = 1\ \mathrm{g\ cm^{-3}}$). Der Bereich außerhalb der Kurve gibt also stabile, innerhalb der Kurve labile Gleichgewichtszustände. Ein Balken mit quadratischem Querschnitt, d. h. $B/H = 1$ ist also nur dann im stabilen Gleichgewicht, wenn das spezifische Gewicht des Holzes entweder größer als 0,789 $\mathrm{g\ cm^{-3}}$ (z. B. Eiche) oder kleiner als 0,211 $\mathrm{g\ cm^{-3}}$ (Balsa-Holz) ist. Andernfalls dreht sich der Balken um 45° und schwimmt mit einer Kante nach unten.

Für einen Balken leichten spezifischen Gewichtes, z. B. $\gamma = 0{,}1\ \mathrm{g\ cm^{-3}}$ (Balsa-Holz oder Hohlkörper mit gleichförmiger Wandung), beträgt die Mindestbreite

0,734 der Höhe, um noch gerade im stabilen Gleichgewicht zu schwimmen. Aber auch ein Balken vom spezifischen Gewicht 0,9 g cm^{-3} ist bei $B/H = 0{,}734$ noch eben im stabilen Gleichgewicht. In Abb. II, 4.32 sind zwei schwimmende Balken dargestellt, deren Verhältnis B/H in beiden Fällen gleich 0,8 ist. Der linke Balken ($\gamma = 0{,}1$ g cm^{-3}) hat eine metazentrische Höhe $h_I = 0{,}083\ H$, wie sich leicht nach Gl. (II, 4.9) ausrechnen läßt, während die metazentrische Höhe des rechten Balkens nur $h_{II} = 0{,}0092\ H$, d. h. nur 1/9 von h_I ist. Dieses bedeutet aber keineswegs, daß das stabilisierende Moment im letzteren Fall geringer ist als im ersteren; tatsächlich sind sie beide gleich groß, da das Moment auch dem Gewicht der verdrängten Wassermassen proportional ist, dieses aber beim schweren Körper neunmal so groß ist wie beim leichten.

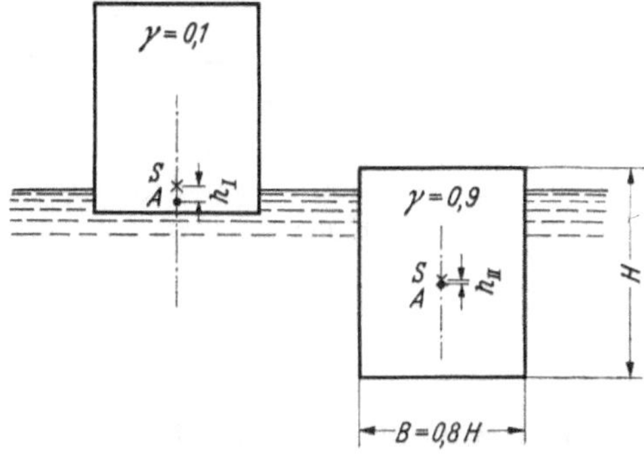

Abb. II, 4.32. Obwohl die metazentrischen Höhen der beiden Balken von rechteckigem Querschnitt sehr verschieden sind, ist das stabilisierende Moment in beiden Fällen gleich

Für große Krängungswinkel φ wird ein Balken mit dem Verhältnis $B/H = 0{,}8$ unstabil und dreht sich um 90° in eine stabile Lage mit $B/H = 1/0{,}8 = 1{,}25$.

2. Experimentelle Methoden zur Bestimmung von h. *a) Messung des Krängungswinkels φ durch Verschieben von Gewichten.* Abb. II, 4.33 zeigt eine Anordnung von drei großen Behältern mit einer

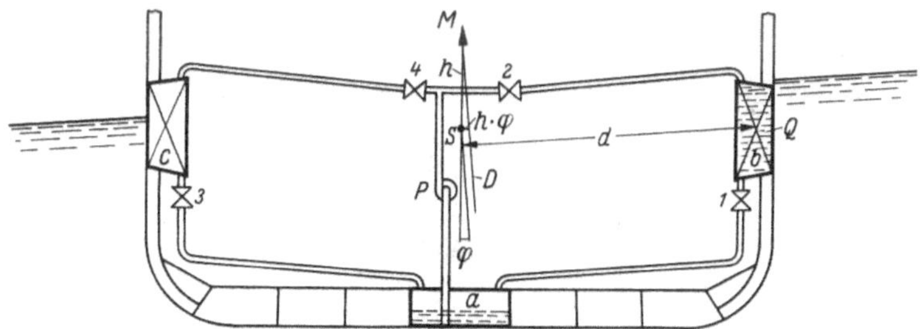

Abb. II, 4.33. Anordnung von Wasserbehältern und einer Pumpenanlage zur experimentellen Bestimmung der metazentrischen Höhe

Pumpeneinrichtung, die zum Zwecke der Bestimmung von h in ein Schiff eingebaut wurde, später jedoch wieder entfernt wird. Aus dem über dem Kiel liegenden Behälter kann mittels der Pumpe P und der Ventile 1 bis 4 wahlweise entweder der rechte oder der linke Behälter mit Wasser gefüllt werden.

Bezeichnet Q das Gewicht des Wassers in einem der Behälter und d dessen horizontalen Abstand von der Mittellinie des Schiffes, so ist für kleine Winkel φ (im Bogenmaß gemessen)

$$Q\,d = D\,h\,\varphi\,,$$

mithin
$$h = \frac{Q}{D}\,\frac{d}{\varphi} = \frac{Q}{D}\,\frac{2d}{2\varphi},$$

wo $2d$ der Abstand der beiden Wasserbehälter ist und 2φ der Winkel, den man bei einer wechselweisen Füllung der beiden Behälter mißt.

Ist die Verdrängung des Schiffes beispielsweise 9430 t, das Gewicht des Wassers im Gefäß *c* bzw. *b* gleich 9570 kg, der Abstand zwischen *b* und *c* gleich 30 m und der gemessene Winkel $2\varphi = 2{,}17°$, so ist die metazentrische Höhe nach obiger Gleichung

$$h = \frac{9570 \cdot 30\,\mathrm{m} \cdot 57{,}3}{9430000 \cdot 2{,}17} = 0{,}804\,\mathrm{m}.$$

Es möge hervorgehoben werden, daß es bei dieser Bestimmung von h nicht erforderlich ist, die schwierig zu bestimmende Lage des Schwerpunktes des Schiffes zu kennen.

b) Messung der Schwingungszeit von Rollbewegungen. Diese Methode zur Messung der metazentrischen Höhe eignet sich besonders für kleinere Schiffe. Wenn 10 oder 100 Mann (je nach der Größe des Schiffes) sich in einem gewissen Rhythmus von einer Seite zur anderen Seite auf Deck eines Schiffes bewegen, können sie es in eine Schwingung um seine Längsachse versetzen. Bezeichnet I_m das Trägheitsmoment des Schiffes um seine Längsachse durch den Schwerpunkt, so hat man

$$I_m \frac{d^2\varphi}{dt^2} = -Dh \sin\varphi° \sim -Dh\varphi,$$

wo $Dh\varphi$ das aufrichtende Moment für kleine Werte von φ ist, oder

$$\frac{d^2\varphi}{dt^2} + \frac{Dh\varphi}{I_m} = 0$$

und in Analogie mit der Pendelgleichung

$$T = 2\pi\sqrt{\frac{I_m}{Dh}},$$

wo T die Zeit (in Sekunden) einer vollständigen Rollschwingung ist. Die Schwingungszeit ist um so kleiner, je größer die metazentrische Höhe ist, d. h. die Bewegung wird ruckweise und unangenehm, wenn h zu groß ist; vgl. die Bemerkung bez. h auf S. 54. Aus der letzten Gleichung erhält man die metazentrische Höhe

$$h = 4\pi^2 \frac{I_m}{DT^2},$$

d. h. wenn das Trägheitsmoment I_m und die Verdrängung D bekannt sind, läßt sich aus der beobachteten Schwingungszeit einer Rollbewegung die metazentrische Höhe berechnen.

5 Stabilität eines Ballons

5.1 Stabilität von Flüssigkeitsmassen. *a) Tropfbare Flüssigkeiten.* Als ein Beispiel sei angenommen, daß die Dichte bzw. das spezifische Gewicht einer Flüssigkeit nach abwärts größer werde. Eine derartige Verteilung der Dichte erhält man, wenn die im Gefäß befindliche Flüssigkeit vom Boden her gekühlt wird, so daß man eine nach oben zunehmende Temperatur bekommt. Oder man schüttet in das mit Flüssigkeit gefüllte Gefäß lösliche Kristalle und wartet, bis diese sich vom Boden her aufgelöst haben und man eine Lösung mit nach oben abnehmender Konzentration erhalten hat.

Wenn in einer solchen Flüssigkeit, wo also $\partial\gamma/\partial z < 0$ ist, ein Teil der Flüssigkeit durch eine äußere Kraft an einen tiefer gelegenen Platz gebracht würde, so träfe er dort eine Umgebung von größerem spezifischem Gewicht als er selbst besitzt; ein solches Teilchen würde also einen hydrostatischen Auftrieb erfahren, der größer als sein Gewicht ist, so daß es wieder nach aufwärts befördert würde. Wenn ein Teilchen der Flüssigkeit ($\partial\gamma/\partial z < 0$) durch eine äußere Kraft nach aufwärts gebracht würde, so fände es dort eine Umgebung von geringerem spezifischem Gewicht als sein eigenes, so daß der statische Auftrieb geringer als sein Gewicht sein würde und das Teilchen infolge dieser Differenz wieder bis zur ursprünglichen Höhenlage hinabsinkt. Die Flüssigkeit ist somit im stabilen Gleichgewicht.

Nimmt die Dichte bzw. das spezifische Gewicht einer Flüssigkeit nach oben zu, so zeigt die gleiche Betrachtung wie vorher, daß sich die Flüssigkeit dann im labilen Gleichgewicht befindet, so daß wir schreiben können:

$$\frac{\partial\gamma}{\partial z}\ \begin{matrix} < 0 \text{ Stabilität,} \\ = 0 \text{ Indifferenz,} \\ > 0 \text{ Labilität.} \end{matrix}$$

Daß das Gesetz der Stabilität von Flüssigkeitsmassen so einfach ist, hängt damit zusammen, daß Flüssigkeiten inkompressibel sind. Wenn ein Teil der Flüssigkeit nach aufwärts oder abwärts gebracht wird und damit in Gebiete geringeren oder größeren Druckes gelangt, ändert sich das Volumen des Flüssigkeitsteiles und damit sein spezifisches Gewicht nicht. Allein maßgebend ist die in der Flüssigkeit herrschende Dichteverteilung entsprechend der oben gegebenen Beziehungen.

b) Gase. Wenn wir jetzt die Stabilität von Gasmassen untersuchen, so ist nicht nur die im Gas herrschende Dichteverteilung von Bedeutung, sondern auch die Tatsache, daß die Dichte des Gasteilchens selbst sich ändert, wenn es — durch irgend eine äußere Kraft — in eine höhere oder niedrigere Lage mit entsprechend geringerem oder größerem Druck gebracht wird.

Wird ein solches Gasteilchen beispielsweise in eine höhere Lage gebracht und folglich in eine Schicht geringeren Druckes, so wird es sich ausdehnen, und da wir annehmen wollen, daß dabei Wärme weder zu- noch abgeführt wird, so dehnt es sich nach dem adiabatischen Gesetz aus, also

$$\gamma = \text{const}\, p^{1/\varkappa},$$

(für trockene Luft $\varkappa = 1{,}405$). Wenn jetzt zufällig auch die Verteilung des spezifischen Gewichtes des in Frage kommenden Gases diesem adiabatischen Gesetz entsprechen würde, d. h. wenn in jeder beliebigen Höhe — entsprechend dem dort vorhandenen Druck p — das spezifische Gewicht γ des Gases gerade gleich demjenigen ist, wie es sich aus obiger Gleichung berechnen läßt, dann und nur dann ist ein Gasteilchen, wenn es aufwärts oder abwärts bewegt wird und dabei seine Dichte adiabatisch ändert, immer von einer Gasmasse der gleichen Dichte umgeben. Ein solches Gas ist offenbar im indifferenten Gleichgewicht.

Findet ein Gasteilchen, wenn in eine höhere Lage, d. h. von h_1 nach h ($> h_1$) gebracht, in seiner Umgebung ein γ vor, das kleiner ist als es der obigen Beziehung entspricht, so ist sein Auftrieb in der neuen Lage kleiner als sein Gewicht, und es sinkt deshalb bis in seine ursprüngliche Höhenlage zurück. In diesem Falle ist also

$$\frac{\gamma}{\gamma_1} < \left(\frac{p}{p_1}\right)^{1/\varkappa}$$

und, da $p/p_1 < 1$,

$$\frac{\gamma}{\gamma_1} = \left(\frac{p}{p_1}\right)^{1/n} \quad \text{bzw.} \quad \gamma = \text{const}\, p^{1/n},$$

wo n zwar von der Höhe abhängig sein kann aber kleiner als $\varkappa$ sein muß. In diesem Falle findet ein Gasteilchen, wenn in eine niedrigere Lage gebracht ($h < h_1$ und daher $p/p_1 > 1$), in seiner Umgebung ein γ vor, das größer ist, als es der obigen adiabatischen Gleichung entspricht; ein solches Gasteilchen erfährt somit einen größeren statischen Auftrieb als sein Gewicht beträgt, und bewegt sich deshalb aufwärts bis zu seiner ursprünglichen Höhenlage. In diesem Falle, d. h. für $n < \varkappa$, ist das Gas also im stabilen Gleichgewicht.

Eine gleichartige Überlegung zeigt, daß sich die Gasmasse im labilen Gleichgewicht befindet, sobald $n > \varkappa$ ist.

Das Gleichgewicht eines Gases ist somit gekennzeichnet durch den Exponenten n in der Gleichung

$$\gamma^n = \text{const}\, p,$$

und zwar haben wir für

$n < \varkappa$ Stabilität,

$n = \varkappa$ Indifferenz,

$n > \varkappa$ Labilität.

Anstatt den Exponenten n als kennzeichnende Größe für die Stabilität eines Gases zu benutzen, ist es häufig bequemer, den Temperaturgradienten anzuwenden. Da einem Wert von $n = \varkappa = 1{,}405$ der Temperaturgradient von $-dT/dz = 0{,}00984\,°/\mathrm{m}$, Gl. (II, 1.10) mit $R = 29{,}3\,°/\mathrm{m}$ entspricht, können wir also sagen, daß sich ein Gas bei

$$-\frac{\Delta t}{100\,\mathrm{m}} \begin{matrix} < \\ = \\ > \end{matrix} 0{,}984\,°/100\,\mathrm{m} \quad \begin{matrix} \text{im stabilen} \\ \text{im indifferenten} \\ \text{im labilen} \end{matrix}$$

Gleichgewicht befindet. Dieser Umstand ist von außerordentlicher Bedeutung für die Bewegungsvorgänge der Atmosphäre, wie wir an einem Beispiel zeigen wollen: Wir nehmen an, daß die Atmosphäre bis zu einer Höhe von etwa 3000 m einen Temperaturabfall von 0,67 °C auf je 100 m Höhenzunahme ($n = 1{,}24$) hat und sich also im stabilen Gleichgewicht befindet. Wir nehmen ferner an, daß dieses in den Abendstunden (etwa 19 Uhr) der Fall ist, und daß die Bodentemperatur 18 °C beträgt. In Abb. II, 5.1 stellt die stark ausgezogene gerade Linie, die von der Bodentemperatur 18 °C ausgeht, die Temperaturabnahme mit der Höhe dar. Außerdem sind in der Abbildung noch dünne, unter 45° geneigte Linien eingezeichnet, die von verschiedenen Bodentemperaturen ausgehend, die jeweiligen Temperaturabnahmen der adiabatischen Schichtung angeben, entsprechend der Beziehung $-\Delta t/100\,\mathrm{m} = 0{,}984\,°/100\,\mathrm{m} \sim 1\,°/100\,\mathrm{m}$.

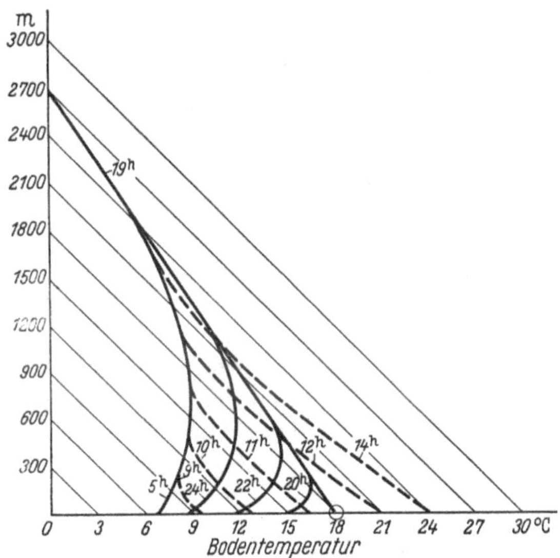

Abb. II, 5.1. Änderung der Temperaturverteilung in der Atmosphäre infolge Sonnenbestrahlung bei Tage und Wärmeausstrahlung des Nachts

Nach Sonnenuntergang und während der Abendstunden nimmt die Temperatur des Erdbodens infolge Wärmeausstrahlung ab und mag beispielsweise um 20 Uhr auf 15 °C gesunken sein, um 22 Uhr auf 12 °C usw. Dieser Abkühlungsvorgang setzt sich gewöhnlich bis in die frühen Morgenstunden fort und beeinflußt dabei allmählich auch höher gelegene Schichten der Atmosphäre. Die gekrümmten, stark ausgezogenen Kurven stellen schematisch diesen sich immer weiter aufwärts erstreckenden Abkühlungsvorgang dar. Man erkennt, daß auf diese Weise auch positive Temperaturgradienten vorkommen können. Dieses entspricht einem sehr stabilen Gleichgewichtszustand der Luft und erklärt auch die oft zu machende Beobachtung, daß an späten Abend- und an frühen Morgenstunden der Rauch aus Schornsteinen sich unvermischt mit der umgebenden Luft in sehr stabiler Weise bewegt und auf große Entfernungen als horizontale Striche mit dem Auge verfolgt werden kann.

Infolge der Sonnenbestrahlung des Morgens und am Vormittag erwärmt sich dann der Erdboden wieder und damit auch die bodennahen Luftschichten. Die gestrichelten Kurven bezeichnen diesen Erwärmungsvorgang zu verschiedenen Tagesstunden von 9 Uhr bis 14 Uhr und lassen erkennen, daß — besonders in den Mittags- und Nachmittagsstunden — der Temperaturgradient größer ist als derjenige der adiabatischen (indifferenten) Schichtung. Die Luft ist jetzt im labilen Gleichgewicht, was einen Mischvorgang der Luft mit auf- und absteigenden Luftmassen zur Folge hat. An heißen Tagen erstreckt sich dieser Mischvorgang bis zu Höhen von 2000 m und höher, was sich in sehr unangenehmer Weise bemerkbar machen kann, wenn man an solchen Tagen in den Mittags- und Nachmittagsstunden in diesen Höhen fliegt.

Wenn am Spätnachmittag der Einfluß der Sonne dann allmählich geringer wird, setzt sich der Mischungsvorgang der Luftmassen noch eine Weile fort, bis sich schließlich ein Gleichgewichtszustand einstellt ähnlich demjenigen der stark ausgezogenen geraden Linie um 19 Uhr.

5.2 Einfluß der Luftfeuchtigkeit. Bis jetzt haben wir angenommen, daß die Luft vollkommen trocken sei. In Wirklichkeit ist aber immer mehr oder weniger Wasserdampf in der Luft enthalten. Dieses hat nur geringe Bedeutung auf die Stabilität von Luftmassen, solange sich das Wasser in Dampfform befindet, wird aber bedeutungsvoll, sobald Kondensation eintritt, und zwar wegen der dabei auftretenden frei werdenden Kondensationswärme.

In einem gegebenen Luftvolumen, z. B. in einem Kubikmeter Luft, kann Wasser in Form von Dampf nur bis zu einer gewissen Menge enthalten sein, wobei diese Menge wohl von der Temperatur, nicht aber vom Druck abhängig ist. Bei 20 °C ist diese Höchstmenge 17,3 g m^{-3}. Wenn Luft mit diesem Betrag an Wasserdampf unter 20 °C gekühlt wird, so tritt bei Vorhandensein von Kondensationskernen (Staubteilchen usw.) Kondensation ein, d. h. ein Teil des Wasserdampfes scheidet sich in Form von Nebel als sehr kleine Wassertröpfchen aus. Bei 10 °C beträgt die Höchstmenge 9,4 g m^{-3} und bei 0 °C nur noch 4,9 g m^{-3}. Die stark gekrümmte Kurve in Abb. II, 5.2 zeigt — als

Funktion der Temperatur —, welche Wassermenge in Form von Dampf gerade noch in einem Kubikmeter Luft-Wasserdampf-Gemisch enthalten sein kann.

Wir nehmen jetzt an, die Luft von 20 °C sei noch nicht mit Wasserdampf gesättigt, sondern enthalte nur die Hälfte des möglichen Maximums, d. h. also 8,65 g m^{-3}; in diesem Falle sagen wir, die relative

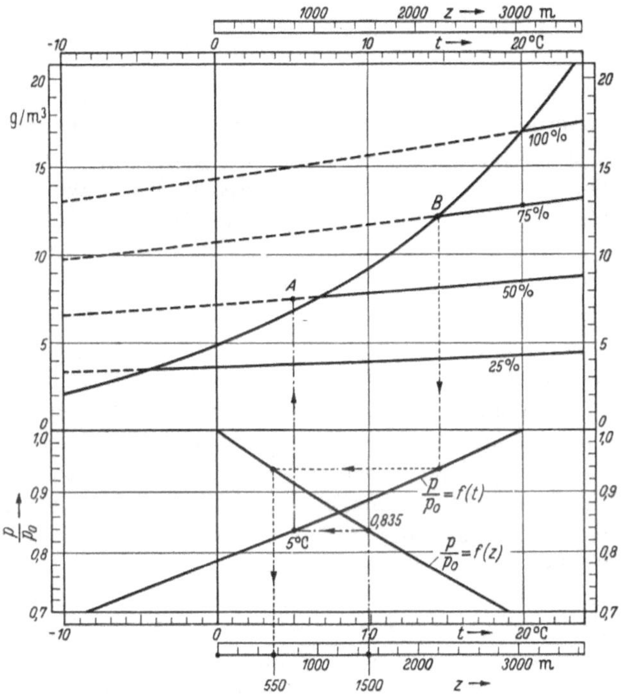

Abb. II, 5.2. Diagramm zur Bestimmung derjenigen Höhe, bei welcher infolge adiabatischer Expansion der Beginn der Kondensation (Nebel- oder Wolkenbildung) eintritt, wenn Luft von einer bestimmten Bodentemperatur (20 °C) bei jeweils verschiedener relativer Feuchtigkeit durch Bodenerhebungen emporsteigt

Feuchtigkeit der Luft ist 50%. Angenommen, eine solche Luft von 20 °C und 50% relativer Feuchtigkeit bewege sich gegen einen langgestreckten Gebirgsrücken und werde dabei in die Höhe gehoben; dann ändert sich ihr Druck, ihre Temperatur und ihr spezifisches Volumen und mit letzterem auch die in einem Kubikmeter enthaltene Wassermenge.

Die im unteren Teil der Abb. II, 5.2 nach rechts unten gehende Kurve $p/p_0 = f(z)$ zeigt die Abnahme des Druckes p mit zunehmender Höhe bis etwa 3000 m, entsprechend Gl. (II, 1.14) mit $n = \varkappa = 1{,}405$ und $T_0 = 273° + 20° = 293°$. Die von 20 °C Bodentemperatur nach links unten gehende Kurve $p/p_0 = f(t^\circ)$ gibt nach der Gleichung

$$\frac{T}{T_0} = \frac{p}{p_0}\,\frac{\gamma_0}{\gamma} = \frac{p}{p_0}\left(\frac{p_0}{p}\right)^{\frac{1}{\varkappa}} = \left(\frac{p}{p_0}\right)^{\frac{\varkappa-1}{\varkappa}}$$

die dem jeweiligen Verhältnis p/p_0 entsprechende Temperatur T bzw. t°. Das spezifische Gewicht γ nimmt entsprechend der Gleichung

$$\frac{\gamma}{\gamma_0} = \left(\frac{p}{p_0}\right)^{\frac{1}{\varkappa}}$$

ab und in demselben Verhältnis auch die in einem Kubikmeter enthaltene Wassermenge. Diese ist als Funktion der bei einer adiabatischen Expansion auftretenden Temperatur (t°) aufgetragen und auf diese Weise, d. h. für verschiedene z, bzw. p/p_0 und t°, die zur relativen Feuchtigkeit von 50% gehörige Kurve (dritte von oben) berechnet. In gleicher Weise sind auch die anderen 3 Kurven für 100%, 75% und 25% relative Feuchtigkeit erhalten.

Nehmen wir beispielsweise an, Luft von 20 °C Bodentemperatur und 50% relativer Feuchtigkeit werde bei ihrer Bewegung über einen Bergrücken auf 1,500 m gehoben, so ergibt dieses nach den beiden unteren Kurven ein Druckverhältnis $p/p_0 = 0{,}835$ und eine Temperatur von 5 °C. Geht man auf der strich-punktierten Linie senkrecht nach oben bis zur Kurve der 50% relativen Feuchtigkeit (Punkt A), so erhält man als Wassergewicht im Kubikmeter 7,6 g. Aus der stark gekrümmten Kurve erkennt man aber, daß in einem Kubikmeter Luft bei 5 °C nur eine Höchstmenge von 6,8 g Wasser in Dampfform enthalten sein kann, so daß ein Teil, d. h. die Differenz 7,1 — 6,8 = 0,3 g Wasser im Kubikmeter beim Erreichen der Höhe von 1500 m kondensiert ist.

Aus der Abbildung erkennt man, daß noch nicht mit Wasserdampf gesättigte Luft schnell gesättigt wird, wenn sie aufsteigt und sich dabei adiabatisch ausdehnt. Fragen wir uns z. B.: Wie hoch muß Luft von 75% relativer Feuchtigkeit bei einer Bodentemperatur von 20 °C aufsteigen bis Kondensation eintritt, d. h. bis Punkt B erreicht ist? Wie sich aus dem absteigenden punktierten Linienzug in der Abbildung ergibt, tritt Sättigung, d. h. 100% relative Feuchtigkeit bei 550 m ein.

5.3 Entstehung von Wolken[1]. Wenn Luft von 100% relativer Feuchtigkeit adiabatisch expandiert und dabei Kondensation eintritt, so ist die Temperaturabnahme geringer als sie ohne Kondensation sein würde, und zwar wegen der frei werdenden Kondensationswärme (600 cal/g bei 20 °C). Der Temperaturgradient der „feuchten Adiabate" läßt sich berechnen; er ist von der Temperatur der feuchten Luft ab-

[1] Die hier gegebenen Ausführungen gehören nicht mehr zur Statik von Gasmassen, sondern zum Gebiet der Dynamik von Luftbewegungen (Meteorologie).

hängig, da ja der Wasserdampfgehalt von der Temperatur abhängt. In Abb. II, 5.3 ist gezeigt, wie der Temperaturgradient sowie der Ex-

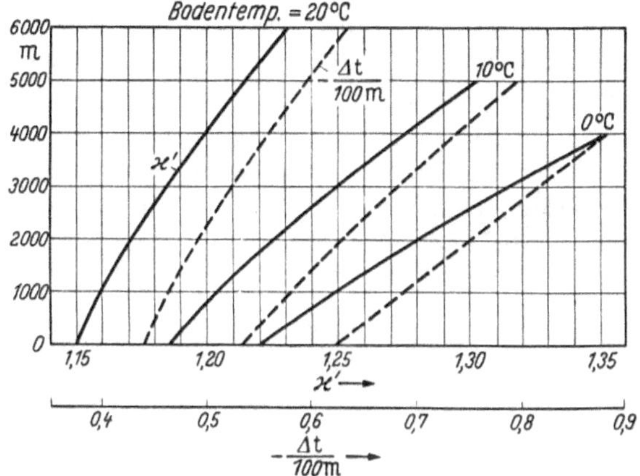

Abb. II, 5.3. Die Abhängigkeit des Koeffizienten $\varkappa'$ und des Temperaturgradienten der „feuchten Adiabate" mit der Höhe bei drei verschiedenen Bodentemperaturen

ponent $\varkappa'$ der „feuchten Adiabate" bei verschiedenen Bodentemperaturen (0, 10, 20 °C) mit der Höhe zunehmen. Je geringer die Temperatur (und damit der Wasserdampfgehalt), um so mehr nähert sich $-\Delta t/100$ m dem Wert 0,98 und $\varkappa'$ dem Wert 1,405 der „trockenen Adiabate".

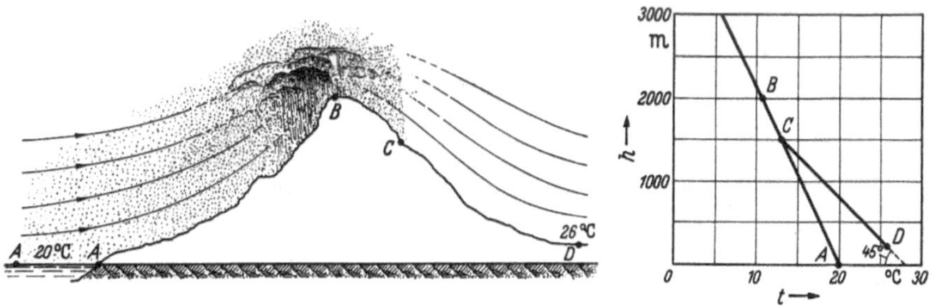

Abb. II, 5.4 Abb. II, 5.5

Abb. II, 5.4. Bildung von Regen, wenn mit Wasserdampf gesättigte Luft längs eines Bergrückens emporsteigt; die über dem Bergrücken absteigende Luft erwärmt sich und wird wegen der vorhergehenden Wasserabgabe bald (bei C) ungesättigt, so daß sich die Luft bei weiterem Höhenverlust nach der „trockenen Adiabate" über die Ausgangstemperatur erwärmt (Föhn)

Abb. II, 5.5. Erklärung des in Abb. II, 5.4 dargestellten Vorganges mittels der „feuchten Adiabate" von A bis B sowie der „trockenen Adiabate" von C bis D

In Abb. II, 5.4 bewege sich eine mit Wasserdampf gesättigte Luftmasse über einen langgestreckten Bergrücken (z. B. über die Ghats an der Westküste Indiens). Die Luft expandiert bei ihrer Aufwärtsbewegung von A nach B nach der „feuchten Adiabate" (Abb. II, 5.5), die bei einer angenommenen Bodentemperatur von z. B. 20 °C leicht aus Abb. II, 5.3 bestimmt werden kann. Mit größer werdender Höhe nimmt die Kondensation dauernd zu, wobei die einzelnen Nebeltröpfchen unter Umständen so groß werden können, daß sie als Regen zu Boden fallen. Bewegt sich die Luftmasse dann über den Bergrücken hinweg und wieder abwärts, so erwärmt sie sich nach der feuchten Adiabate, da ein Teil der bei dieser „negativen Expansion“ auftretenden Wärme bei der Verdampfung des noch vorhandenen Nebels wieder gebunden wird. Sobald die letzten Nebeltröpfchen in den gasförmigen Zustand übergeführt sind (Punkt C), erfolgt die weitere Erwärmung dann nach der trockenen Adiabate von C nach D (Abb. II, 5.5).

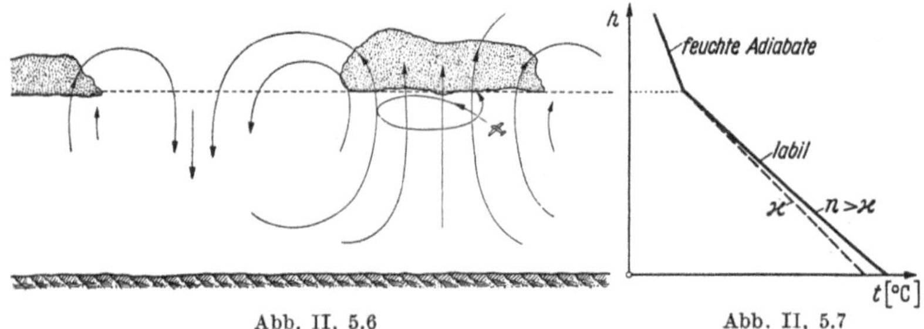

Abb. II, 5.6 Abb. II, 5.7

Abb. II, 5.6. Die Bildung von Haufen- oder Kumuluswolken; es handelt sich dabei um aufsteigende Luftströmungen

Abb. II, 5.7. Erklärung des Vorganges von Abb. II, 5.6; bei einer instabilen Luftschichtung $n > \varkappa$ entstehen auf- und absteigende Luftströmungen, wobei Kondensation (Wolkenbildung) eintreten kann

Obwohl D höher als A gelegen ist, hat die Temperatur bis auf 26 °C zugenommen, ohne daß eine Erwärmung von außen (durch Sonneneinstrahlung) in Betracht gezogen wurde. In dieser Weise läßt sich auch der „Föhn“ erklären. Langgestreckte Kettengebirge wirken sich als Wetterscheiden aus. Ähnlich wie in Indien ist auch in Südamerika das Vorland der Kordilleren sehr regenreich, während das Hinterland trocken und heiß ist und oft wüstenartigen Charakter hat.

Bereits auf S. 63 wurde im Zusammenhang mit Abb. II, 5.1 erklärt, daß durch Bodenerwärmung infolge von Sonnenbestrahlung Luftmassen in einen labilen Gleichgewichtszustand kommen können ($n > \varkappa$), wodurch eine Auf- und Abwärtsbewegung der Luftmassen hervorgerufen wird. Bei genügender Höhe der aufsteigenden Luftmassen kann Kondensation eintreten, d. h. es bilden sich Wolken. Der weitere Verlauf innerhalb der Wolke geht dann nach der feuchten Adiabate vor sich. Bei gleichmäßiger relativer Feuchtigkeit und gleicher Bodentemperatur erfolgt die Kondensation, d. h. die Wolkenbildung in gleicher Höhe; die Wolken scheinen auf einer horizontalen Basis zu schwimmen (Abb. II, 5.6 und 7). Die hier beschriebenen Haufenwolken oder

Kumuluswolken sind also immer der obere Teil von aufsteigenden Luftströmungen. Hiervon machen gelegentlich die Segelflieger Gebrauch, die sich durch Kreisen im Aufwind der Kumuluswolke Hunderte von Metern hochtragen lassen und diese Höhe dann dazu benutzen, um im Gleitflug zur nächsten Kumuluswolke zu fliegen und sich dort wieder hochzuschrauben.

Ist der Temperaturgradient der die Wolke umgebenden Luft (gekrümmte Kurve oberhalb K in Abb. II, 5.9) größer als der Temperatur-

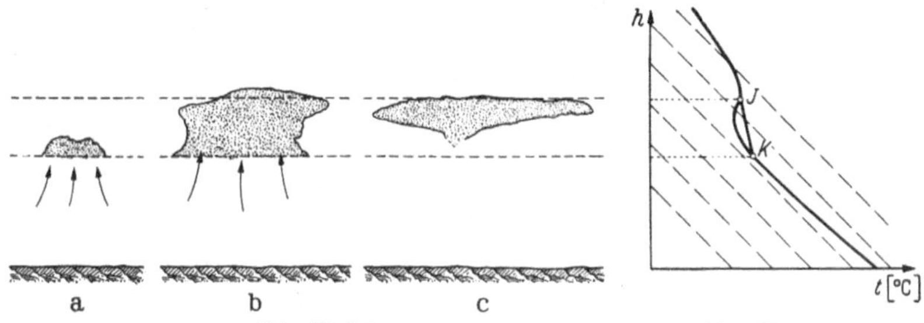

Abb. II. 5.8 Abb. II. 5.9

Abb. II, 5.8a—c. Übergang von Kumuluswolken in Schichtwolken unterhalb einer Inversion

Abb. II, 5.9. Erklärung von Abb. II, 5.8; die aufsteigende Luft erfährt bei K Kondensation und steigt, falls die umgebende Luftschichtung ein größeres Temperaturgefälle besitzt als es der „feuchten Adiabate" entspricht, immer höher, bis ein Gebiet mit Temperaturanstieg (Inversion) angetroffen wird (J)

gradient der feuchten Adiabate (gerade Linie von K bis I), so erhalten die Wolken statischen Auftrieb und steigen so lange, bis sie auf eine sehr stabile Luftschichtung stoßen. Eine solche Luftschichtung mit sogar positivem Temperaturgradienten ist häufig in großen Höhen vorhanden. Man spricht dann von einer Inversion (Gebiet um I). Aus Gründen der Massenträgheit schießt dann die aufsteigende Wolke ab und zu über die Inversionsschicht hinweg (Abb. II, 5.8b). An schwülen Sommertagen, wenn eine genügende Zufuhr feuchter Luft stattfindet, kann der eben beschriebene Vorgang lange andauern und große Dimensionen annehmen. Bei genügend starker Kondensation fällt das ausgeschiedene Wasser als Regen nieder, und wir haben die Erscheinung eines Wärmegewitters. Hört dann die Zufuhr von feuchter Luft auf, so löst sich die Wolke von der Wolkenbasis los und breitet sich unterhalb der Inversion zu einer weitausgedehnten Schichtwolke aus (Abb. II, 5.8c).

Die Wetterverhältnisse sind in erster Linie durch die barometrische Druckverteilung bedingt, die wiederum mit der ungleichmäßigen Erwärmung der verschiedenartigen Teile der Erdoberfläche (Meer, Wüsten, Gebirge) durch die Sonne zusammenhängt. Haben wir z. B. über einem ausgedehnten Gebiet einen barometrischen Tiefstand, so ist die Folge ein konzentrisches Zusammenströmen der Luft in dieses Tiefdruckgebiet. Dadurch werden die Luftmassen dieses Gebietes in die Höhe gehoben, und da von allen Seiten warme Luft zuströmt, nähert sich der Temperaturgradient allmählich dem der adiabatischen Schichtung. Durch das Eintreten der Kondensation kann dann leicht Labilität der feuchten Luft eintreten, wodurch diese dann noch weiter steigt (ähnlich dem Gebiet zwischen K und I in Abb. II, 5.9). Die Folge ist eine noch stärkere Kondensation, was lang andauernde Regenfälle bewirken kann (Regenwettergebiete).

Den entgegengesetzten Fall haben wir bei einem Hochdruckgebiet. Die Luft strömt radial fort, wodurch die Luftschicht im Hochdruckgebiet sinkt und infolgedessen die durch etwaige Bodenerwärmung verursachten aufwärts steigenden Strömungen stark hemmt. Eine Kondensation findet nicht statt (blauer Himmel oder Schäfchenwolken); es ist ein Schönwettergebiet.

So einfach wie diese Vorgänge hier geschildert wurden, sind sie jedoch in Wirklichkeit nicht, und zwar vor allem durch die grundsätzliche Bedeutung, welche die Erdrotation auf diese meteorologischen Erscheinungen hat[1].

5.4 Eine Ballonfahrt bei bedecktem Himmel. Statt in systematischer, aber eben darum etwas trockener Weise die zum Teil recht umständlichen Formeln abzuleiten, nach denen sich die Bewegung eines Ballons vollzieht, wollen wir in Gedanken an einer Ballonfahrt teilnehmen und dabei dann die Formeln entwickeln sowie deren Bedeutung erklären.

Zunächst sind wir von der Größe des Ballons (Abb. II, 5.10) beeindruckt, der, mit Leuchtgas gefüllt, einen Durchmesser von 20 m aufweist. Das spezifische Gewicht[2] von Leuchtgas (γ'), bezogen auf Luft (γ) von gleichem Druck und gleicher Temperatur, d. h. $\gamma'/\gamma = \sigma$, ist gleich 0,42. Die Vermutung liegt nahe, daß der Ballon einen bedeutend kleineren Durchmesser zu haben brauchte, wenn er mit Helium ($\sigma = 0{,}137$) oder gar mit Wasserstoff ($\sigma = 0{,}070$) gefüllt wäre. Eine kleine Rechnung gibt hierüber Aufschluß: Nach dem ARCHIMEDESschen Prinzip ist der aerostatische Auftrieb gleich $V\gamma$ und somit die Tragkraft P des Ballons gleich dem Auftrieb, vermindert um das Gewicht des Füllgases $V\gamma'$, d. h.

$$P = (\gamma - \gamma')\,V = \gamma\left(1 - \frac{\gamma'}{\gamma}\right)V = \gamma(1 - \sigma)\,V, \qquad \text{(II, 5.1)}$$

wo $V = 4/3\,R^3\,\pi$ also das Volumen des Ballons ist. Bei gleicher Tragkraft ist das Volumen der Größe $1 - \sigma$ umgekehrt proportional, so daß

[1] Vgl. PRANDTL, L.: Führer durch die Strömungslehre, 2. Aufl., S. 313. Braunschweig 1944.

[2] Die gestrichenen Größen beziehen sich auf das Füllgas, die ungestrichenen Größen auf Luft.

der Durchmesser (D_W) des mit Wasserstoff gefüllten Ballons statt 20 m, entgegen der Vermutung, doch nicht sehr viel kleiner, nämlich

$$D_W = D_L \sqrt[3]{\frac{1 - \sigma_G}{1 - \sigma_W}} = 20 \sqrt[3]{\frac{0,58}{0,93}} = 17 \text{ m}$$

sein müßte.

Für die Tragkraft am Boden ($z = 0$) erhält man mit $\gamma_0 = 1{,}225 \text{kg m}^{-3}$ und $\sigma = 0{,}42$ nach Gl. (II, 5.1) den Wert $P_0 = 2840$ kg. Dieser Tragkraft des noch am Boden gefesselten Ballons entspricht die Summe aus dem konstanten Gewicht (Ballon und Geräte sowie Personen) und dem veränderlichen Gewicht (Ballast in Form von Sandsäcken und von Zugkraft in den Halteseilen). Die Kraft in den Halteseilen kann man als einen Teil der Balastmenge ansehen, deren man sich zu Beginn der Fahrt entledigt.

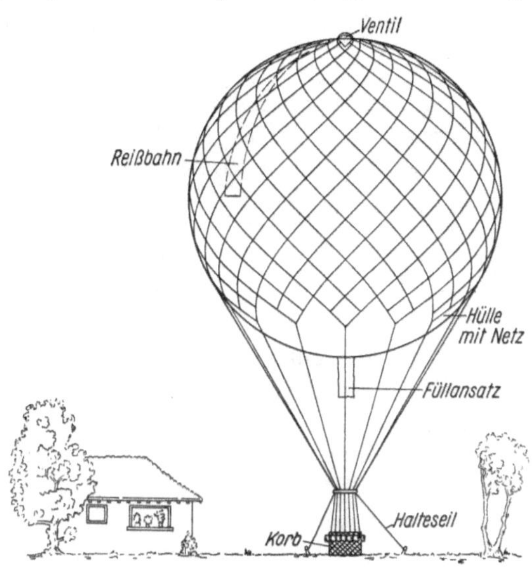

Abb. II, 5.10. Verhältnismäßige Größe und Einzelheiten eines Ballons

Wir bemerken ferner, daß der mit Gas gefüllte Ballon am sogenannten Füllansatz nicht etwa geschlossen ist, sondern offen verbleibt. Dies ist unbedingt notwendig, da das Gas sich mit zunehmender Höhe ausdehnt (um 1 % seines Volumens auf etwa 100 m), und die gummierte Stoffhülle und das Ballonnetz die bei dieser Ausdehnung auftretenden beträchtlichen Kräfte keineswegs aufnehmen könnten.

Es wird noch die Lufttemperatur $T_0 = 288$ °C am Boden ($z = 0$) und die des Gases (T'_0) gemessen und festgestellt, daß beide gleich sind, d. h.

$$T_0 = T'_0. \tag{II, 5.2}$$

Da alles zur Abfahrt bereit ist, besteigen wir den Korb und lösen die Halteseile zum Boden. Die Luft ist nahezu windstill, der Himmel bedeckt (keine Sonneneinstrahlung), und schnell gewinnen wir Höhe. Temperatur, relative Feuchtigkeit und Höhe werden fortlaufend registriert. Wir messen eine Temperaturabnahme von 0,79 °C je 100 m Höhe, was nach Gl. (II, 1.9) einem $n = 1{,}30$ entspricht.

Wir haben etwa 600 m erreicht, als wir bemerken, daß wir kaum noch an Höhe zunehmen, und gleich darauf stellen wir fest, daß wir sogar anfangen, Höhe zu verlieren. Wir müssen also Ballast abwerfen, um nicht weiterhin abzusacken. Die Frage ist aber: Wieviel Ballast? Oder: Um welche Höhe werden wir steigen, wenn wir eine Ballastmenge von ΔQ abwerfen?

Bezeichnet Q_1 das in der Höhe $z = z_1$ vorhandene Gesamtgewicht des Ballons, d. h. konstantes Gewicht + Ballast, so ist im Gleichgewichtsfall Q_1 gleich der Tragkraft P_1, d. h. nach Gl. (II, 5.1)

$$Q_1 = (\gamma_1 - \gamma_1') V. \tag{II, 5.3}$$

Nach Abwurf einer Ballastmenge ΔQ wird sich in der Höhe $z_2 = z_1 + \Delta z$ wieder ein Gleichgewicht einstellen, wo

$$Q_1 - \Delta Q = (\gamma_2 - \gamma_2') V \tag{II, 5.4}$$

ist. Subtrahiert man die beiden Gleichungen voneinander, so bleibt

$$\Delta Q + \underbrace{\left(1 - \frac{\gamma_2'}{\gamma_1'}\right) \gamma_1' V}_{\text{I}} = \underbrace{\left(1 - \frac{\gamma_2}{\gamma_1}\right) \gamma_1 V}_{\text{II}}, \tag{II, 5.5}$$

wo I sozusagen eine zusätzliche Ballastabgabe darstellt, insofern als eine gewisse Gasmenge infolge adiabatischer Expansion aus dem Ballon entwichen ist,

und II die Abnahme des aerostatischen Auftriebes infolge der Verringerung des spezifischen Gewichtes der Luft in der Höhe z_2, verglichen mit der in z_1 bezeichnet.

Nach Gl. (II, 1.15) hat man in der Atmosphäre mit $R = 29{,}3\,\text{m/Grad}$ als Gaskonstante der Luft

$$\frac{\gamma_2}{\gamma_1} = \left(1 - \frac{n-1}{n} \frac{\Delta z}{R T_1}\right)^{\frac{1}{n-1}} \tag{II, 5.6}$$

und, da für nicht zu große Werte von Δz (Δz etwa < 1000 m)

$$\frac{n-1}{n} \frac{\Delta z}{R T_1} \ll 1$$

(in unserem Falle mit $T_1 \sim 283°$

$$\left.\frac{0{,}30}{1{,}30} \frac{\Delta z}{29{,}3 \cdot 283} = 2{,}8 \cdot 10^{-5} \Delta z \ll 1\right),$$

so ist, wenn man sich auf das erste Glied der binomischen Reihe beschränkt,

$$\frac{\gamma_2}{\gamma_1} = 1 - \frac{1}{n} \frac{\Delta z}{R T_1}. \tag{II, 5.7}$$

Da der Gasdruck im Ballon immer gleich dem der umgebenden Luft ist, dieser aber nach Gl. (II, 1.14) entsprechend

$$\frac{p_2}{p_1} = \left(1 - \frac{n-1}{n} \frac{\Delta z}{R T_1}\right)^{\frac{n}{n-1}}$$

mit der Höhenzunahme Δz abnimmt, so ändert sich das spezifische Gewicht des Füllgases bei seiner adiabatischen Expansion wie

$$\frac{\gamma_2'}{\gamma_1'} = \left(\frac{p_2}{p_1}\right)^{\frac{1}{\varkappa}} = \left(1 - \frac{n-1}{n} \frac{\Delta z}{R T_1}\right)^{\frac{n}{\varkappa(n-1)}} \qquad \text{(II, 5.8)}$$

oder, wenn wir wieder die binomische Reihe nach dem ersten Gliede abbrechen,

$$\frac{\gamma_2'}{\gamma_1'} = 1 - \frac{1}{\varkappa} \frac{\Delta z}{R T_1}. \qquad \text{(II, 5.9)}$$

Diese Gleichung sowie Gl. (II, 5.7) in Gl. (II, 5.5) eingesetzt, gibt

$$\Delta Q = \left(\frac{1}{n} - \frac{1}{\varkappa} \frac{\gamma_1'}{\gamma_1}\right) \frac{\Delta z}{R T_1} \gamma_1 V.$$

Da, wie bereits erwähnt, der Gasdruck im Ballon immer gleich dem äußeren Luftdruck ist, d. h. $p' = p$, so ist nach der Zustandsgleichung

$$\gamma_1' R' T_1' = \gamma_1 R T_1$$

oder

$$\frac{\gamma_1'}{\gamma_1} = \frac{R}{R'} \frac{T_1}{T_1'} = \sigma \frac{T_1}{T_1'} \qquad \text{(II, 5.10)}$$

mithin

$$\Delta Q = \left(\frac{1}{n} - \frac{\sigma}{\varkappa} \frac{T_1}{T_1'}\right) \frac{\Delta z}{R T_1} \gamma_1 V. \qquad \text{(II, 5.11)}$$

Dividiert man noch durch Q_1, so erhält man nach Gl. (II, 5.3) in Verbindung mit (II, 5.10)

$$\frac{\Delta Q}{Q_1} = \frac{\frac{1}{n} - \frac{\sigma}{\varkappa} \frac{T_1}{T_1'}}{1 - \sigma \frac{T_1}{T_1'}} \frac{\Delta z}{R T_1} \qquad \text{(II, 5.12)}$$

(Ballastformel für den Prallzustand).

Da man im allgemeinen annehmen kann, daß am Boden die Temperatur des Füllgases gleich der Temperatur der umgebenden Luft ist, läßt sich die letzte Gleichung noch vereinfachen: Nach Gl. (II, 5.6 und II, 5.8) ist

$$\frac{\gamma_1'}{\gamma_0'} \frac{\gamma_0}{\gamma_1} = \left(1 - \frac{n-1}{n} \frac{\Delta z}{R T_0}\right)^{\frac{n-\varkappa}{\varkappa(n-1)}}.$$

Anderseits ist nach Gl. (II, 5.10) wegen $T_0' = T_0$

$$\frac{\gamma_1'}{\gamma_0'} \frac{\gamma_0}{\gamma_1} = \frac{T_1}{T_1'}$$

und somit, wenn man die vorletzte Gleichung binomisch entwickelt und mit dem zweiten Glied abbricht

$$\frac{T_1}{T_1'} = 1 + \frac{\varkappa - n}{\varkappa n} \frac{\Delta z}{R T_0}.$$

In unserem Beispiel ($n = 1{,}30$) ist hiernach $T_1/T_1' = 1{,}0034$ für $\Delta z = 1000$ m, kann also angenähert gleich 1 gesetzt werden; aber selbst bei der isothermen Atmosphäre ($n = 1$) erhalten wir bei $\Delta z = 1000$ m nur 1,03. Für $T_0' = T_0$ geht also Gl. (II, 5.12), wenn noch nach Δz aufgelöst, über in die sehr gute Näherungsformel

$$\Delta z = \frac{(1-\sigma)\,\varkappa\, n}{\varkappa - \sigma n} R\, T_1 \frac{\Delta Q}{Q_1} \quad \text{(Prallzustand).} \qquad \text{(II, 5.13)}$$

Setzt man der Einfachheit halber noch $n = \varkappa$, so erhält man als recht brauchbare Näherungsformel

$$\Delta z = n\, R\, T_1 \frac{\Delta Q}{Q_1}. \qquad \text{(II, 5.14)}$$

Diese Formeln haben wir natürlich nicht während der Ballonfahrt entwickelt, sondern bereits vorher ausgerechnet und vorsorglich eine graphische Darstellung (Abb. II, 5.11) mitgenommen, aus der sich — entsprechend Gl. (II, 5.13) — das erforderliche $\Delta Q/Q_1$ für eine Höhenzunahme von 100 m direkt ablesen läßt, und zwar für das jeweils in der Atmosphäre herrschende n ($R = 29{,}3$ m/°, $T_1 = T_0 = 288°$, $\sigma = 0{,}42$, $\varkappa = 1{,}35$).

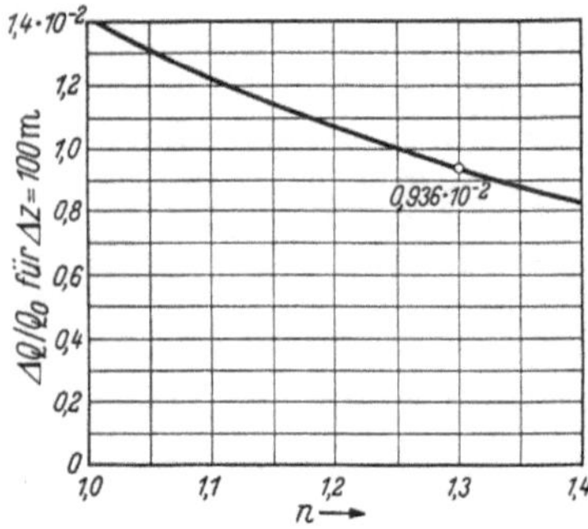

Abb. II, 5.11. Erforderliche Ballastabgabe dividiert durch das Gesamtgewicht des Ballons für 100 m Höhenzunahme als Funktion des Exponenten n im Prallzustand

Jetzt können wir auch leicht die Kraft in den Halteseilen berechnen: Ohne Ballastabgabe waren wir 600 m gestiegen, so daß die Kraft in den Halteseilen 0,936% · 6 = 5,62% der Tragkraft des Ballons am Boden (2840 kg), d. h. 160 kg betrug. Das Gesamtgewicht in $z_1 = 600$ m Höhe ist somit 2840 − 160 = 2680 kg = Q_1; davon sind 450 kg Ballast in Form von 30 Sandsäcken zu je 15 kg.

Die größte erreichbare Höhe erhält man bei Abgabe des gesamten Ballastes, in unserem Falle also von 450 kg in $z_1 = 600$ m Höhe, was nach Gl. (II, 5.13) $\Delta z = 1760$ m ergibt, mithin ein $z_{\max} = 600 + 1760 = 2360$ m. Diese Höhe heißt die Prallhöhe. Für sehr viel größere Ballastabgaben und entsprechend größere Prallhöhen, z. B. bis an die Stratosphäre, sind die Näherungsformeln (II, 5.12) bzw. (II, 5.13) nicht mehr anwendbar. In diesen Fällen muß man auf die Gl. (II, 5.6 und II. 5.8) zurückgehen, und diese in Gl. (II, 5.5) einsetzen, was nach Division mit Gl. (II, 5.3) in Verbindung mit Gl. (II, 5.10)

$$\frac{\Delta Q}{Q_1} = \frac{1-\left(1-\frac{n-1}{n}\frac{\Delta z}{R\,T_0}\right)^{\frac{1}{n-1}}}{1-\sigma\frac{T_0}{T_0'}} - \sigma\frac{T_0}{T_0'}\,\frac{1-\left(1-\frac{n-1}{n}\frac{\Delta z}{R\,T_0}\right)^{\frac{n}{\varkappa(n-1)}}}{1-\sigma\frac{T_0}{T_0'}}$$

gibt. (Ballastformel des Prallzustandes für beliebige Werte von Δz.) Für sehr große Höhen muß die Änderung von n mit der Höhe berücksichtigt werden. In der Stratosphäre ($n = 1$) geht man, wie hier bemerkt werden möge, auf die Gl. (II, 1.18) zurück und erhält aus Gl. (II, 5.5) mit

$$\frac{\gamma_2'}{\gamma_1'} = \left(\frac{p_2}{p_1}\right)^{\frac{1}{\varkappa}} = e^{-\frac{\Delta z}{R T_1} \frac{1}{\varkappa}} \quad \text{und} \quad \frac{\gamma_2}{\gamma_1} = e^{-\frac{\Delta z}{R T_1}},$$

wenn noch, wie vorher, durch Gl. (II, 5.3) dividiert wird

$$\frac{\Delta Q}{Q_1} = \frac{1 - e^{-\frac{\Delta z}{R T_1}}}{1 - \sigma \frac{T_1}{T_1'}} - \sigma \frac{T_1}{T_1'} \frac{1 - e^{-\frac{\Delta z}{R T_1} \frac{1}{\varkappa}}}{1 - \sigma \frac{T_1}{T_1'}},$$

wo der Index 1 sich auf eine Höhe innerhalb der Stratosphäre bezieht.

Wir entnehmen der Abb. II, 5.11, daß bei der vorhandenen Luftschichtung ($n = 1{,}3$) eine Ballastabgabe von 0,936% des Gesamtgewichtes Q_1, d. h. etwa 25 kg oder fast 2 Sandsäcke, erforderlich sind, um 100 m, das ist nur das Fünffache des Ballondurchmessers, zu steigen. Wir befinden uns offenbar in einem sehr stabilen Gleichgewicht. Um eine beträchtlich größere Höhe zu gewinnen, werden deshalb 7 Säcke Ballast abgeworfen, worauf wir schnell in die Höhe steigen, und zwar infolge der Massenträgheit etwa 10 bis 15 m über die Gleichgewichtslage hinaus. Dabei verliert der Ballon an Füllgas so viel, wie es der adiabatischen Expansion des Gases in der Ballonhülle bis zur *größten* erreichten Höhe entspricht; er hat also, wenn er die 10 bis 15 m bis auf die Gleichgewichtshöhe zurücksinkt, nicht mehr genügend Auftrieb und sackt langsam weiter ab, entsprechend der gestrichelten Linie in Abb. II, 5.12. Um dieses zu verhindern, geben wir in dem Augenblick, wo der Ballon zu sinken beginnt, eine kleine Menge Ballast (etwa 0,5 kg). Der zeitliche Verlauf der Höhe unserer bisherigen Fahrt ist in der Abbildung schematisch wiedergegeben.

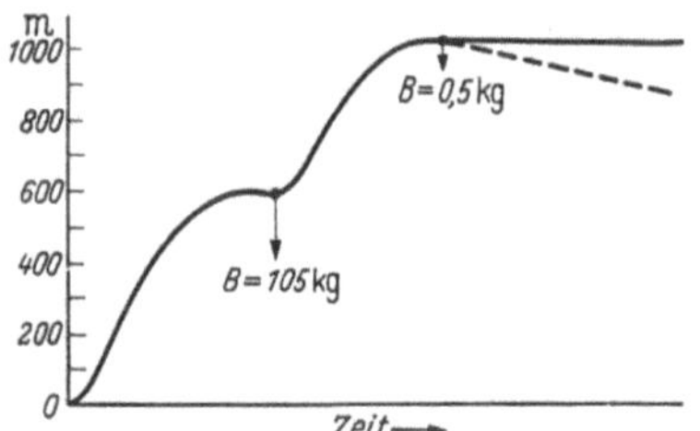

Abb. II, 5.12. Schematische Darstellung der Höhe des Ballons im Verlauf der Zeit

Wir befinden uns jetzt in etwa 1000 m Höhe, die Temperatur ist 7 °C, der Wind hat offenbar zugenommen. Wir spüren ihn zwar nicht, da der Ballon mit dem Winde treibt, sondern erkennen es daran, daß die Bäume tief unter uns etwas schneller als vorher vorbeistreichen. Nach geraumer Zeit bemerken wir, daß der untere Teil des Ballons nicht mehr prall mit Gas gefüllt zu sein scheint, sondern schlaff geworden ist. Ein Teil des Gases ist durch die Ballonhülle, die nie vollkommen gasdicht ist, entwichen. Dementsprechend hat auch unsere Höhe abgenommen; wir messen 600 m. Außerdem scheint der Ballon nicht mehr so stabil und sicher im Luftmeer zu schweben. Man verspürt geringe Vertikalbewegungen, auf- und abwärts.

Um wieder Höhe zu gewinnen, geben wir Ballast. Aber kaum ist $^1/_3$ Sandsack (5 kg) entleert, als wir feststellen, daß der Ballon dauernd steigt, wenn auch nicht sehr schnell. Schließlich kommen wir wieder ins Gleichgewicht und messen 902 m Höhe. Eine Zunahme von 302 m bei nur etwa 5 kg Ballastabgabe, was einem $\Delta Q/Q_1 = 0{,}058 \cdot 10^{-2}$ für $\Delta z = 100$ m entspricht und keineswegs mit Abb. II, 5.11 übereinstimmt.

Der grundsätzliche Unterschied liegt darin, daß der Ballon sich jetzt im sogenannten Schlaffzustand befindet; er ist nicht mehr vollständig mit Gas gefüllt (Prallzustand), sondern nur der wenn auch weitaus größte obere Teil, während der untere Teil sich mit Luft gefüllt hat (Abb. II, 5.13). Wir waren zwar bereits vor der Fahrt auf diesen Unterschied hingewiesen und hatten die entsprechenden Rechnungen durchgeführt, hatten aber einen so großen Unterschied im Verhalten des Ballons, je nachdem er sich im Prall- oder im Schlaffzustand befindet, nicht erwartet.

Abb. II, 5.13. Im Schlaffzustand des Ballons ist dieser in seinem unteren Teil mit Luft gefüllt

Während im Prallzustand der Ballon bei seiner Aufwärtsbewegung einen Teil des *Gases* durch den Füllansatz ausscheidet (infolge der adiabatischen Expansion), entweicht im Schlaffzustand statt dessen *Luft*. In Gl. (II, 5.5) bezeichnet der Summand I das Gewicht der beim Aufstieg entwichenen Gasmenge für den Prallzustand. Im Schlaffzustand entweicht nahezu[1] das gleiche Volumen aber in Form von Luft, so daß der Summand I im Schlaffzustand heißen muß:

$$\left(1 - \frac{\gamma_2'}{\gamma_1'}\right) \gamma_1 V$$

und dementsprechend Gl. (II, 5.11) für den Schlaffzustand

$$\Delta Q = \left(\frac{1}{n} - \frac{1}{\varkappa}\right) \frac{\Delta z}{R\,T_1} \gamma_1 V \qquad \text{(II, 5.15)}$$

übergeht. Statt Gl. (II, 5,12) haben wir somit

$$\frac{\Delta Q}{Q_1} = \frac{\frac{1}{n} - \frac{1}{\varkappa}}{1 - \sigma \frac{T_1}{T_1'}} \frac{\Delta z}{R\,T_1} \qquad \text{(II, 5.16)}$$

(Ballastformel für den Schlaffzustand).

[1] Strenggenommen bezieht sich die adiabatische Expansion im Ballon auf Gas *und* auf Luft, die aber nicht in genau gleicher Weise vor sich geht: Leuchtgas $\varkappa = 1{,}35$, Luft $\varkappa = 1{,}405$. Da aber nur ein relativ kleiner Teil des Ballons mit Luft angefüllt ist, kann man das entwichene *Volumen* im Prall- und Schlaffzustand als gleich annehmen.

Mit der auf S. 73 gemachten Vereinfachung $T_0' = T_0$ haben wir schließlich, nach Δz aufgelöst,

$$\Delta z = \frac{(1-\sigma)\varkappa n}{\varkappa - n} R T_1 \frac{\Delta Q}{Q_1} \tag{II, 5.17}$$

(Ballastformel für den Schlaffzustand).

Der Unterschied gegenüber der entsprechenden Formel für den Prallzustand liegt darin, daß es jetzt $\varkappa - n$ statt $\varkappa - \sigma n$ heißt.

In Abb. II, 5.14 ist das Ballastgewicht in Prozenten vom Gesamtgewicht für je 100 m Aufstieg als Funktion von n dargestellt, und zwar im gleichen Maßstab wie in Abb. II, 5. 11 für den Prallzustand. Man erkennt, daß die Werte für den Schlaffzustand sehr viel kleiner sind und insbesondere, daß der Gleichgewichtszustand des Ballons indifferent wird für eine Luftschichtung von $n = 1{,}35$. Für größere Werte von n, z. B. für $n = 1{,}38$, wo die Luftschichtung an sich noch eben stabil ist, würde der Ballon sich im labilen Gleichgewichtszustand befinden. In einem solchen Falle würde eine Ballonfüllung mit Wasserstoff zweckmäßiger sein, da $\varkappa$ für Wasserstoff den Wert 1,40 hat.

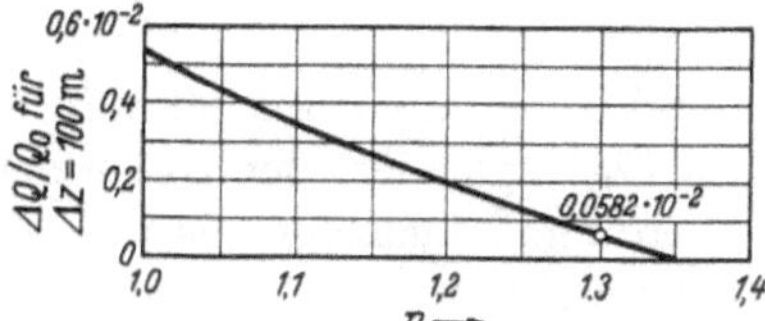

Abb. II, 5.14. Erforderliche Ballastabgabe dividiert durch das Gesamtgewicht des Ballons für 100 m Höhenzunahme als Funktion der Luftschichtung (n) im Schlaffzustand

5.5 Einfluß der Sonnenbestrahlung und Landung. Um wieder in die stabilere Fahrt eines Ballons im Prallzustand zu gelangen, werden wir Ballast geben müssen, da wir dann höher steigen und dabei die im unteren Teil des Ballons befindliche Luft infolge adiabatischer Expansion des Gases hinausdrücken. Bevor wir jedoch dazu kommen, macht uns der Ballonführer auf die inzwischen aufgerissene Wolkendecke aufmerksam. In Kürze würden wir den Einfluß der Sonnenbestrahlung verspüren, der sich wie eine Ballastabgabe auswirke.

Denn wenn die Temperatur T_1' des Gases (in der Höhe $z = z_1$) durch Wärmezufuhr infolge Sonnenbestrahlung der Hülle um $\Delta T'$ zunimmt, dehnt sich — bei konstantem Druck — der Inhalt des Ballons um

$$\Delta V = V \frac{\Delta T'}{T_1'}$$

aus. Das Gewicht dieses durch den Füllansatz herausgeschobenen *Luft*volumens (wir befinden uns ja im Schlaffzustand) ist

$$\gamma_1 \Delta V = \gamma_1 V \frac{\Delta T'}{T_1'}$$

so daß, wenn dieser Ausdruck statt des ΔQ in Gl. (II, 5.15) eingesetzt wird und man nach Δz auflöst

$$\Delta z = \frac{\varkappa n}{\varkappa - n} \frac{T_1}{T_1'} R \Delta T' \tag{II, 5.18}$$

ist.

Da wir bisher bei bedecktem Himmel gefahren sind, können wir $T'_1 = T_1$ annehmen, und haben dann

$$\varDelta z = \frac{\varkappa n}{\varkappa - n} R \varDelta T' \quad \text{(Schlaffzustand).} \qquad \text{(II, 5.19)}$$

Wir sind inzwischen in eine etwas stabilere Luftschichtung gekommen. Das registrierende Thermometer zeigte bei der letzten Höhenzunahme einen Temperaturgradienten von $-0{,}57$ °C pro 100 m, was nach Gl. (II, 1.9) einem $n = 1{,}2$ entspricht. Eine Temperaturzunahme von 1 °C gäbe nach der letzten Gleichung also

$$\varDelta z = \frac{1{,}35 \cdot 1{,}2}{0{,}15} 29{,}3\,\mathrm{m/Grad} \cdot 1° = 316\,\mathrm{m}.$$

Wir befinden uns jetzt in strahlendem Sonnenschein und, wie erwartet, registriert der Höhenmesser eine gleichmäßige Höhenzunahme, allerdings langsamer, als man der starken Sonnenbestrahlung nach annehmen sollte. Der Grund dafür ist die abkühlende Wirkung (Aspiration) infolge der Vertikalbewegung (etwa 1 bis 4 m/sek) des Ballons.

Plötzlich stellen wir fest, daß der Ballon fällt, und zwar in beschleunigtem Maße, so daß wir schon eine grobe Undichtigkeit der Ballonhülle befürchten. Die Ursache liegt aber darin, daß wir wieder unter einer Wolkenbank fahren und daß sich jetzt das Gas durch Ausstrahlung abkühlt, so daß der Ballon entsprechend Gl. (II, 5.18) mit negativem $\varDelta T'$ an Höhe verlieren muß. Dadurch, daß die Aspiration bei der vertikalen Abwärtsbewegung die Temperaturabnahme noch verstärkt, haben wir eine beschleunigte Abwärtsbewegung.

Um aus der unangenehmen, weil wenig stabilen Fahrt eines Ballons im Schlaffzustand herauszukommen, geben wir so viel Ballast, bis wir bei entsprechender Höhenzunahme und adiabatischer Ausdehnung des Gases die im Ballon befindliche Luft vollständig herausgedrückt haben. Jetzt, im Prallzustand, bewirkt die wieder einsetzende Sonnenbestrahlung eine sehr viel geringere Höhenzunahme, da bei der Ausdehnung nicht Luft, sondern leichteres Gas entweicht. Die Überlegungen sind ähnlich wie vorher: Das Gewicht des herausgedrückten *Gas*volumens ist

$$\gamma'_1 \varDelta V = \gamma'_1 V \frac{T'}{T'_1} = \frac{\gamma'_1}{\gamma_1} \gamma_1 V \frac{\varDelta T'}{T'_1}$$

oder mit Berücksichtigung von Gl. (II, 5.10)

$$\gamma'_1 \varDelta V = \sigma \frac{T_1}{T'_1} \gamma_1 V \frac{\varDelta T'}{T'_1}$$

und wenn dieser Ausdruck dem $\varDelta Q$ in Gl. (II, 5.11) gleichgesetzt wird und man nach $\varDelta z$ auflöst

$$\varDelta z = \frac{\sigma \varkappa n}{\varkappa \frac{T'_1}{T_1} - \sigma n} \frac{T_1}{T'_1} R \varDelta T'. \qquad \text{(II, 5.20)}$$

Kann man annehmen, daß zu Beginn der Bestrahlung die Gastemperatur gleich der Lufttemperatur ist, d. h. $T_1' = T_1$, so bleibt

$$\Delta z = \frac{\sigma \varkappa n}{\varkappa - \sigma n} R \Delta T' \quad \text{(Prallzustand)}, \qquad \text{(II, 5.21)}$$

also für $\Delta T' = 1°$

$$\Delta z = \frac{0{,}42 \cdot 1{,}35 \cdot 1{,}20}{1{,}35 - 0{,}42 \cdot 1{,}20} \cdot 29{,}3 \cdot 1° = 23{,}6 \text{ m},$$

d. h. weniger als $^1/_{10}$ des entsprechenden Wertes beim Schlaffzustand des Ballons.

Hätte man statt der Leuchtgasfüllung eine solche mit Wasserstoff ($\sigma = 0{,}07$, $\varkappa = 1{,}40$), so würde der Einfluß der Sonnenbestrahlung noch sehr viel geringer sein, nämlich für $\Delta T' = 1°$

$$\Delta z = \frac{0{,}07 \cdot 1{,}40 \cdot 1{,}20}{1{,}40 - 0{,}07 \cdot 1{,}20} \cdot 29{,}3 \cdot 1° = 2{,}62 \text{ m},$$

da das geringe Gewicht der bei $\Delta T' = 1°$ herausgedrückten Wasserstoffmenge nur einer sehr kleinen Ballastabgabe gleichkommt.

Durch gelegentliches Abwerfen geringer Ballastmengen haben wir für längere Zeit den Ballon im Prallzustand erhalten, stellen jetzt aber fest, daß unser Ballastvorrat zur Neige geht. Die Sonne ist inzwischen untergegangen, und da in Fahrtrichtung, allerdings noch weit vor uns, das Land waldig zu sein scheint und, wie aus der Karte ersichtlich, mit einzelnen Seen bedeckt ist, beschließen wir zu landen. Wir ziehen die Ventilleine und lassen etwas Gas entweichen, worauf wir schnell an Höhe verlieren. Einer zu großen Abwärtsgeschwindigkeit begegnen wir durch Geben von etwas Ballast. Der Ballon befindet sich — wie immer beim Sinken — im Schlaffzustand, besitzt also (selbst bei $n = 1{,}2$) eine nicht sehr große Stabilität.

In einer Höhe von etwa 200 m bemerken wir ein langsameres Sinken und eine starke Zunahme der Stabilität. Wir sind in eine Inversionsschicht gekommen, in der ein positiver Temperaturgradient herrscht. Das registrierende Thermometer zeigt 0,8 °C Abnahme pro 100 m Höhen*ab*nahme, was einem $n = 0{,}81$ entspricht (Gl. II, 1.9). Es ist 20 Uhr, und der Boden hat sich durch Ausstrahlung abgekühlt, etwa entsprechend der in Abb. II, 5.1 gezeigten Kurve. Wenn wir in Gl. (II, 5.17) für n den Wert 0,81 setzen, so folgt, daß eine Ballastmenge von etwa 1% von Q_1 erforderlich ist, um 100 m zu steigen; der Ballon, obwohl im Schlaffzustand, besitzt in der Inversionsschicht also die Stabilität des Prallzustandes, vgl. Abb. II, 5.11.

Vor der Landung geben wir „Bremsballast", um den sonst zu erwartenden harten Stoß auf den Erdboden abzufangen. Gleich darauf wird das Schleppseil geworfen, wodurch der Ballon so gedreht wird, daß direkt vor der Landung die „Reißbahn", die zum endgültigen

Öffnen des Ballons vorgesehen ist, nach hinten oben gelangt. Unmittelbar bevor der Korb den Erdboden berührt, wird die Reißleine gezogen, wodurch die (geklebte) Reißbahn aufgerissen wird, so daß durch die entstandene große Öffnung das Gas schnell entweichen kann. Mit einem mäßigen Stoß setzt der Korb auf den Boden auf. Die noch nicht ganz entleerte Ballonhülle wird vom Winde erfaßt, reißt den Korb um und schleift ihn einige Meter über den Acker hin. Dann liegt die Hülle leer und flach auf dem Boden, und wir können aus dem umgerissenen Korb herauskriechen. Abgesehen von einigen Hautabschürfungen ist keiner verletzt, keine Knochenbrüche; es war also — in der Sprache der Ballonfahrer — eine „glückliche Landung".

III. Oberflächenspannung, Kapillarität

1 Beobachtungstatsachen. Ein Tropfen Quecksilber, auf eine horizontale Glasplatte gegossen, breitet sich nicht auf dieser aus, sondern bleibt in einer kugeligen Form nach Art der Abb. III, 1a auf der Platte liegen. Führt man diesen Versuch mit einem Tropfen Wasser aus, so sieht man, daß der Wassertropfen sich auf der Glasplatte — sofern diese absolut sauber ist — ausbreitet, wie in Abb. III, 1b dargestellt. Im ersteren Falle, wo der Randwinkel $i > \pi/2$ ist, sagt man, daß die Flüssigkeit die Oberfläche nicht benetze, während im zweiten Falle, wo $i < \pi/2$ ist, man Wasser als eine benetzende Flüssigkeit bezeichnet[1]. Allerdings breitet sich der Wassertropfen nicht über die ganze Glasplatte aus, sondern nur über einen Teil, insofern als der Randwinkel i zwar klein ist (etwa 8°), aber nicht Null. Diese letztere Erscheinung haben wir bei gewissen Ölen, von denen ein Tropfen, auf eine horizontale Glasplatte gegossen, diese allmählich vollkommen mit einer dünnen Ölhaut überzieht ($i = 0$).

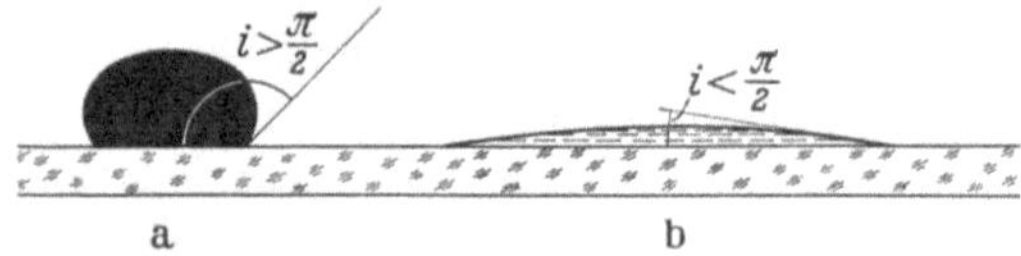

Abb. III, 1 a) Quecksilbertropfen auf einer Glasplatte, b) Wassertropfen auf einer sauberen Glasplatte

Zur Erklärung dieser Erscheinungen nimmt man an, daß die Moleküle der Flüssigkeit Anziehungskräfte aufeinander ausüben (Kohäsionskräfte), die sich zwar im Innern der Flüssigkeit gegenseitig aufheben, an den freien Oberflächen, d. h. gegenüber Luft oder einem anderen Gase jedoch, nicht kompensiert werden, da die Anziehungskräfte der Gasmoleküle vernachlässigbar klein sind; dadurch verbleibt an der

[1] Die ersten mitgeteilten Beobachtungen und Zeichnungen hierüber verdanken wir LEONARDO DA VINCI.

freien Oberfläche einer Flüssigkeit eine nach innen gerichtete Kraftkomponente. Daß ein frei fallender Tropfen die Gestalt einer Kugel annimmt, findet hierin seine Erklärung. Dort nun, wo die Flüssigkeit mit einem festen Körper, z. B. der oben erwähnten Glasplatte, in Berührung kommt, findet eine Wechselwirkung zwischen den Flüssigkeitsmolekülen und den Molekülen des festen Körpers statt (Adhäsionskräfte). Je nach dem Größenverhältnis der jeweiligen Kohäsions- und Adhäsionskräfte tritt die eine oder die andere der oben geschilderten Erscheinungen auf.

Daß in einer freien Flüssigkeitsoberfläche tatsächlich Spannungen vorhanden sind, die das Bestreben haben, die Oberfläche möglichst zu verkleinern, läßt sich durch folgendes Experiment besonders anschaulich nachweisen (Abb. III, 2). Zieht man einen Drahtring, an dem an einer Stelle A ein in sich geschlossener sehr dünner Faden befestigt ist, durch eine Seifenlösung (der man, um ein zu schnelles Verdunsten zu verhüten, einige Tropfen Glyzerin beimischt), so überzieht sich der Drahtring mit einer sehr dünnen Flüssigkeitshaut; der in sich geschlossene dünne Faden hat dabei eine beliebige zufällige Gestalt (Abb. III, 2a). Durchstößt man nun mit einer Nadel die Oberfläche der Flüssigkeitshaut an einer Stelle im Innern des in sich geschlossenen Fadens, so weitet sich die Schlinge unter dem Einfluß der Oberflächenspannung zu einem Kreise auf; die dünne Flüssigkeitshaut hat damit ihre kleinstmögliche Oberfläche erhalten (Abb. III, 2b).

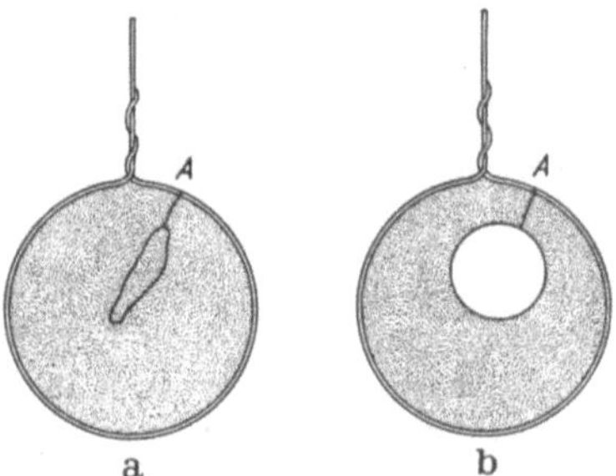

Abb. III, 2a u. b. Experiment zum Nachweis der Oberflächenspannung

2 Die resultierende Kraft in einem Punkte einer gekrümmten, freien Flüssigkeitsoberfläche infolge der in ihr vorhandenen Oberflächenspannung. Ebenso wie beim zuletzt betrachteten Experiment herrscht auch an der freien Oberfläche eines Quecksilbertropfens ein Spannungszustand, der die Oberfläche auf ein Minimum reduziert, und zwar unter Berücksichtigung der Schwerekräfte sowie der Adhäsionskräfte an der Berührungsfläche mit der Platte. Betrachten wir einen beliebigen Punkt der freien Flüssigkeitsoberfläche, so kann man ihn mit einem Oberflächenelement do umgeben, für das man nach einem Lehrsatz der Geometrie zwei senkrecht aufeinanderstehende Ebenen angeben kann, deren eine die Kurve des kleinsten, deren andere jene des größten Krümmungsradius des Flächenelementes enthält; diese Radien seien R_1 und R_2 (Abb. III, 3).

Bezeichnet man — wie üblich — mit α die Oberflächenspannung pro Längeneinheit (cm), so wirken an den beiden Seiten ds_1 die zwei Kräfte $\alpha\, ds_1$ und an den beiden Seiten ds_2 die zwei Kräfte $\alpha\, ds_2$. Die geometrische Summe der ersteren beiden Kräfte ergibt nach Abb. III, 3, wo die angezeichneten Winkel β einander gleich sind,

$$2\alpha\, ds_1 \sin\beta = 2\alpha\, ds_1 \frac{ds_2/2}{R_2} = \alpha \frac{ds_1\, ds_2}{R_2}$$

und die der beiden letzteren Kräfte

$$2\alpha\, ds_2 \frac{ds_1/2}{R_1} = \alpha \frac{ds_1\, ds_2}{R_1}.$$

Mithin ist die in dem betrachteten Punkt auf das Oberflächenelement $ds_1\, ds_2 = do$ wirkende Kraft K gleich der Summe der beiden letzten Ausdrücke, d. h. gleich

$$K = \alpha\, do \left(\frac{1}{R_1} + \frac{1}{R_2}\right), \qquad \text{(III, 1)}$$

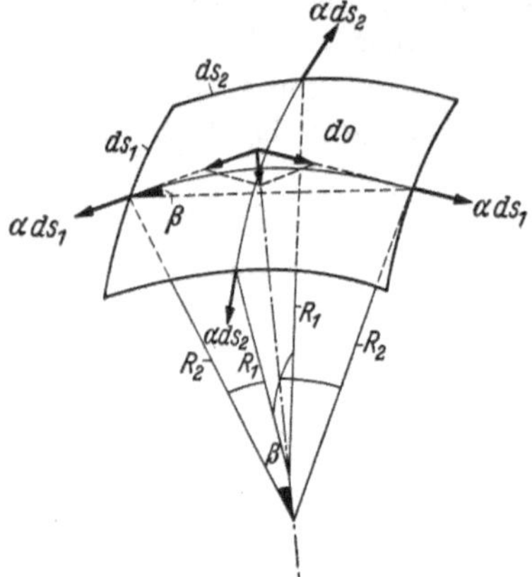

Abb. III, 3. Die an einer gewölbten Flüssigkeitsoberfläche auftretenden Kapillarkräfte

und zwar ist sie nach der inneren Normalen gerichtet. Dividieren wir noch durch das Oberflächenelement do, so haben wir als Druckdifferenz an beiden Seiten der Oberfläche in dem betreffenden Punkte

$$\frac{K}{do} = \alpha \left(\frac{1}{R_1} + \frac{1}{R_2}\right). \qquad \text{(III, 2)}$$

Nach einem geometrischen Lehrsatz (Gauss) ist die Summe $1/R_1 + 1/R_2$ unabhängig von der Richtung ds_1 bzw. ds_2, so daß der letzte Ausdruck für jedes Flächenelement do — unabhängig von der Form seiner Umrandung — gilt.

3 Steighöhe in Rohren, Kapillarität. Stellt man ein Glasrohr in ein mit Quecksilber gefülltes Gefäß (Abb. III, 4), so beobachtet man, daß der Flüssigkeitsspiegel im Glasrohre niedriger ist als außerhalb des Rohres. Infolge der Tatsache, daß Quecksilber eine nicht netzende Flüssigkeit ist (sein Randwinkel beträgt etwa $i = 135°$ gegenüber Glas), bildet sich eine gewölbte Quecksilberoberfläche im Rohre aus, wodurch nach dem Vorigen eine nach dem Innern der Flüssigkeit, d. h. nach unten gerichtete und auf die gekrümmte Oberfläche wirkende Kraft verursacht wird. Und diese Kraft ist es, die das Quecksilber im Rohre nach unten drückt.

Ist $-z$ die Tiefe der Absenkung des Quecksilbers im Rohre, so ist der Druck außerhalb des Rohres in dieser Höhe

$$p = p_A - \gamma z,$$

wo p_A der Atmosphärendruck und γ das spezifische Gewicht von Quecksilber ist. Da nun bei kommunizierenden Gefäßen in gleichen Höhen der gleiche Druck herrscht, muß dieser auch im Quecksilber an der Oberfläche im Rohr vorhanden sein. An dieser Stelle besteht somit ein Überdruck gegenüber dem Atmosphärendruck gleich $p - p_A = -\gamma z$ (wobei z negativ ist), für den wir unter Berücksichtigung von Gl. (III, 2) auch schreiben können

$$\Delta p = \alpha \left(\frac{1}{R_1} + \frac{1}{R_2} \right). \qquad \text{(III, 3)}$$

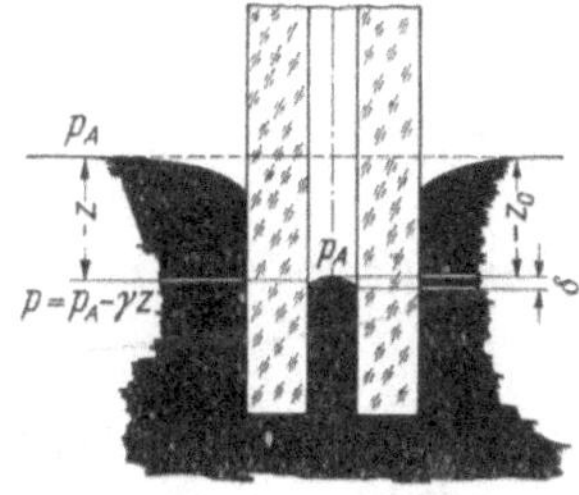

Abb. III, 4. Absenkungen der Flüssigkeitsoberfläche, wenn ein Glasrohr in Quecksilber getaucht wird (1,6 fach der nat. Größe)

Dieser Druckunterschied besteht somit auf beiden Seiten einer gekrümmten freien Flüssigkeitsoberfläche, wobei der größere Druck immer auf der hohlen Seite der gekrümmten Oberfläche ist.

Für den Fall, daß der Radius r des Rohres (Abb. III, 4) genügend klein ist, so daß die Oberfläche im Rohre angenähert die Gestalt eines Kugelabschnittes hat, wird Gl. (III, 3) wegen $R_1 = R_2 = R$

$$\Delta p = \frac{2\alpha}{R}. \qquad \text{(III, 4)}$$

Dieser Druck, multipliziert mit der Querschnittsfläche des Rohres $r^2\pi$, muß gleich dem Gewicht der im Rohre heruntergedrückten Quecksilbermasse sein, d. h. mit den Bezeichnungen der Abb. III, 4 und 5

$$\Delta p\, r^2 \pi = \gamma r^2 \pi z_0 + \gamma \left[r^2 \pi \delta - \frac{\pi \delta}{6} (3 r^2 + \delta^2) \right],$$

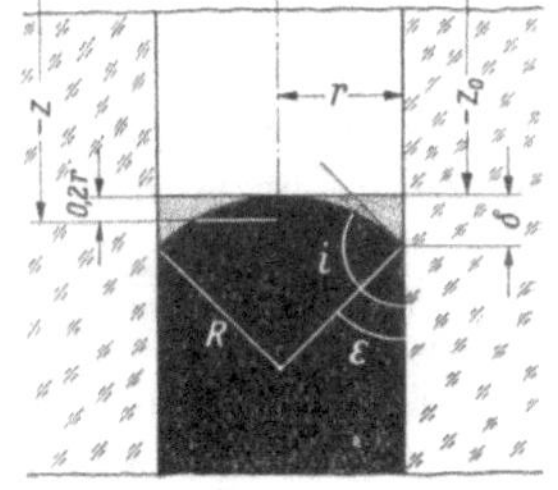

Abb. III, 5. Einzelheiten des Meniskus von Abb. III, 4

wo die eckige Klammer das in Abb. III, 5 punktierte Volumen bezeichnet. Zusammen mit Gl. (III, 4) erhält man nach einigem Umformen

$$\alpha = \gamma \frac{r^2 + \delta^2}{4} \left(\frac{z_0}{\delta} - \frac{\delta^2}{6 r^2} + \frac{1}{2} \right). \qquad \text{(III, 5)}$$

Diese Formel kann bei genauer Bestimmung von r und δ sowie von z_0 dazu dienen, die Oberflächenspannung α zu berechnen. Löst man Gl. (III, 5) nach z_0 auf, so hat man in

$$z_0 = \frac{\alpha}{\gamma} \frac{4\delta}{r^2 + \delta^2} + \frac{\delta^3}{6 r^2} - \frac{\delta}{2} \qquad \text{(III, 6)}$$

eine Formel, nach der z_0 bei gegebenem r, δ und α sowie γ berechnet werden kann.

Unter der gemachten Voraussetzung, daß die gekrümmte Flüssigkeitsoberfläche die Form eines Kugelabschnittes hat, ist die Beziehung der Höhe δ der Kugelkalotte mit seinem Randwinkel i gegeben durch

$$\delta = R - R\cos\varepsilon = R - R\cos\left(i - \frac{\pi}{2}\right) = R(1 - \sin i);$$

anderseits ist

$$\frac{r}{R} = \sin\varepsilon = -\cos\left(\frac{\pi}{2} + \varepsilon\right) = -\cos i,$$

mithin

$$\delta = -\frac{r}{\cos i}(1 - \sin i). \qquad \text{(III, 7)}$$

Für Quecksilber, mit $i = 135°$, wird

$$\delta_{\mathrm{Hg}} = 0{,}4142\, r.$$

Setzen wir diesen Wert für δ in Gl. (III, 6) ein, so erhalten wir für Quecksilber, wenn wir die Tiefe der Absenkung des Quecksilberspiegels als negative Größe ansehen

$$(z_0)_{\mathrm{Hg}} = -\left(\frac{\alpha}{\gamma}\,\frac{1{,}414}{r} - 0{,}195\, r\right). \qquad \text{(III, 8)}$$

Da die Oberflächenspannung, auch Kapillaritätskonstante genannt, für Quecksilber gegen Glas $\alpha = 472$ dyn $\mathrm{cm}^{-1} = 0{,}480$ g cm^{-1} ist, erhält man mit $\gamma = 13{,}56$ g cm^{-3}

$$(z_0)_{\mathrm{Hg}} = -\left(\frac{0{,}05005}{r} - 0{,}195\, r\right)\mathrm{cm}, \qquad \text{(III, 9)}$$

wo $[0{,}05005] = L^2 = \mathrm{cm}^2$ ist. Bei einer Kapillaren mit einem Innendurchmesser von beispielsweise $2\,r = 0{,}2$ cm ist hiernach

$$z_0 = -(0{,}5005 - 0{,}0195)\ \mathrm{cm} = -0{,}481\ \mathrm{cm}$$

(Abb. III, 4).

Stellt man ein Glasrohr in ein mit Wasser gefülltes Gefäß, so steigt das Wasser im Rohre bis zu einer bestimmten Höhe z über dem äußeren Wasserspiegel. Wegen der benetzenden Eigenschaft des Wassers gegenüber reinem Glas bildet sich eine Flüssigkeitsoberfläche im Rohre aus, wie sie in Abb. III, 6 und 7 dargestellt ist. Die Verhältnisse sind ganz ähnlich wie im vorher behandelten Fall, nur gewissermaßen mit umgekehrtem Vorzeichen. Die Oberflächenspannung in der freien Oberfläche macht sich in einer nach oben gerichteten Kraft geltend, die gleichsam die unter ihr befindliche Flüssigkeitssäule trägt. Auch hier besteht auf beiden Seiten der freien Flüssigkeitsoberfläche im Rohre ein Druckunterschied $p_A - p = \Delta p$, der nach Gl. (III, 4) gleich $2\,\alpha/R$ ist, wenn der innere Durchmesser des Rohres genügend klein ist, so daß man die Flüssigkeitsoberfläche als Kugelkalotte annehmen kann. Der größere Druck ist auch hier wieder auf der hohlen Seite der Flüssigkeitsoberfläche, und da er hier gleich dem Atmosphärendruck p_A ist, muß er auf der Flüssigkeitsseite geringer sein. Aus Gleichgewichtsgründen ist er

$$p = p_A - \gamma z, \qquad \text{(III, 10)}$$

wo γ das spezifische Gewicht von Wasser ist.

Da der Randwinkel i von Wasser gegen reines Glas etwa 8° ist, erhalten wir nach Gl. (III, 7)

$$\delta_{H_2O} = \frac{r}{\cos 8°}(1 - \sin 8°) = 0{,}869\, r.$$

Setzen wir diesen Wert in Gl. (III, 6) ein, so erhalten wir die der Gl. (III, 8) entsprechende Formel für Wasser

$$(z_0)_{H_2O} = \frac{\alpha}{\gamma}\frac{1{,}98}{r} - 0{,}325\, r. \qquad \text{(III, 11)}$$

Für den Fall, daß die Kapillarröhre bereits vorher benetzt war (Abb. III, 7), ist $i = 0$ und nach Gl. (III, 7) $\delta = r(=R)$ was, in Gl. (III, 6) eingesetzt,

$$(z_0)_{H_2O} = \frac{\alpha}{\gamma}\frac{2}{r} - \frac{r}{3} \qquad \text{(III, 12)}$$

ergibt, mit $\alpha = 72{,}5$ dyn cm^{-1} = 0,074 g cm^{-1} und $\gamma = 1$ g cm^{-3}, also

$$(z_0)_{H_2O} = \frac{0{,}148}{r} - \frac{r}{3}, \qquad \text{(III, 13)}$$

wo $[0{,}148] = L^2 = \text{cm}^2$ ist. Bei einer Kapillaren mit einem Innendurchmesser von beispielsweise $2\,r = 0{,}2$ cm haben wir somit $z_0 = (1{,}48 - 0{,}03)$ cm $= 1{,}45$ cm (Abb. III, 6), bei einer solchen von $^1/_5$ mm Durchmesser eine Steighöhe von $z_0 = 0{,}148/0{,}01 = 14{,}8$ cm. Das Emporsteigen der Säfte in Pflanzen mit noch sehr viel feineren Kapillaren findet hierin seine Erklärung.

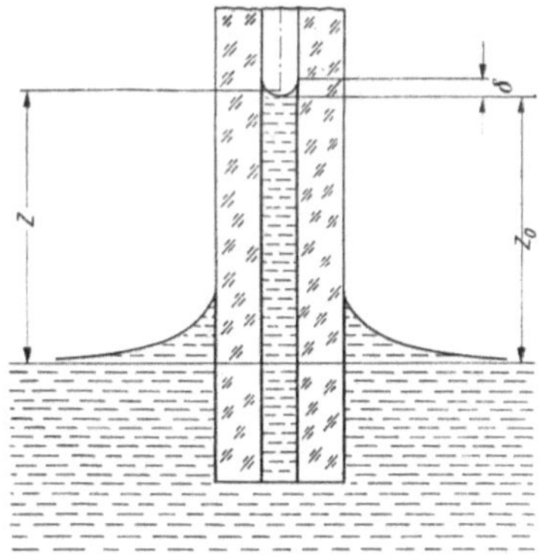

Abb. III, 6. Erhebungen der Flüssigkeitsoberfläche, wenn ein Glasrohr in Wasser getaucht wird (1,6 fach der nat. Größe

Das Hochsteigen von Wasser in Kapillarröhren ist bereits 1670 von GIOVANNI ALPHONSO BORELLI[1] ausführlich beschrieben und auch erwähnt, daß die Höhen sich umgekehrt wie die inneren Durchmesser der Röhren verhalten. Berühre man mit dem unteren Ende einer Kapillare die Wasseroberfläche, so daß das Wasser in der Kapillare hochgezogen werde und entferne sie dann von der Wasseroberfläche, so fließe das Wasser nicht aus den Röhrchen wieder heraus, sondern bleibe in ihr. Nach Gl. (III, 10) ist eben die aus der Oberflächenspannung der freien Flüssigkeitsfläche in der Kapillare resultierende Kraft entgegengesetzt gleich dem Gewicht der in der Kapillare befindlichen Flüssigkeit. Diese nach oben gerichtete Kraft, wodurch das Wasser in

[1] BORELLI, G. A.: De vi repercussionis et motionibus naturalibus a gravitate pendentibus. Reggio 1670.

der Kapillare bis zu einer bestimmten Höhe z heraufgezogen wird, ist nach Gl. (III, 12) außer von α/γ, einer Flüssigkeitskonstanten, nur vom Durchmesser der Kapillare abhängig. Die Frage erhebt sich nun: Was geschieht, wenn die Länge der Kapillare kürzer ist als z_0? Ein Überfließen des Wassers aus der Kapillare kann nicht in Frage kommen (ist auch niemals beobachtet worden), da dieses ein perpetuum mobile darstellen würde. In einer zu kurzen Kapillare ($< z_0$) steigt das Wasser bis an das Ende der Kapillare und — da hier noch ein Kraftüberschuß nach oben vorhanden ist — verformt dieser die freie Flüssigkeitsoberfläche in dem Sinne, daß er sie verflacht und damit die resultierende Kraft verringert, bis sich ein Gleichgewicht eingestellt hat.

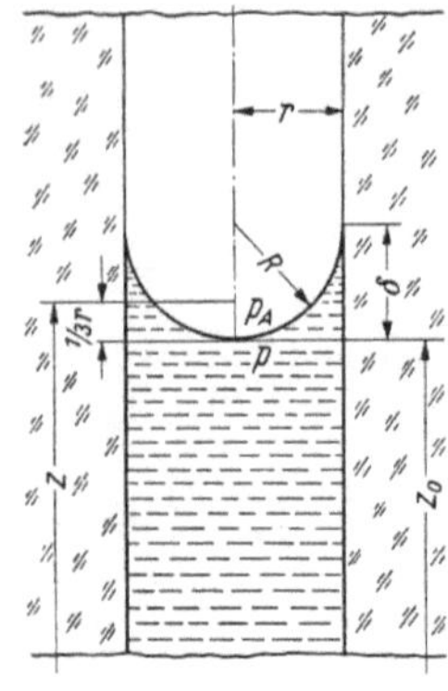

Abb. III, 7. Einzelheiten des Meniskus von Abb. III, 6

4 Steighöhe zwischen parallelen Wänden. In diesem Falle vereinfacht sich Gl. (III, 3) zu

$$\Delta p = \frac{\alpha}{R},$$

so daß, wenn d der (kleine) Abstand der beiden Glasplatten ist, die Druckkraft

$$\Delta p \, d\, 1 = \frac{\alpha}{R} d\, 1 = \gamma\, d\, 1\, z \tag{III, 14}$$

ist, wo 1 die Längeneinheit in Richtung der Schnittgeraden von Wasserspiegel und Glasplatte bezeichnet. Nehmen wir wieder an, daß der Abstand der Platte so klein ist, daß man die freie Oberfläche als eine halbe Zylinderfläche annehmen kann (die Flüssigkeit sei wieder Wasser und die Platten seien bereits vorher benetzt, d. h. $i = 0$), so ist, analog dem Vorherigen,

$$\frac{\alpha}{R} d\, 1 = \gamma \left[d\, 1\, z_0 + d\,\delta - \frac{(d/2)^2 \pi}{2} \right]$$

oder mit $R = d/2$ und $\delta = d/2$

$$\alpha = \gamma \frac{d}{2} \left[z_0 + \frac{d}{2} \, \frac{1 - \pi/4}{1} \right],$$

woraus die Kapillaritätskonstante bestimmt werden kann. Nach z_0 aufgelöst, ergibt die letzte Gleichung

$$z_0 = \frac{\alpha}{\gamma} \frac{2}{d} - 0{,}1075\, d$$

und mit $\alpha = 0{,}074 \text{ g cm}^{-1}$ und $\gamma = 1 \text{ g cm}^{-3}$, analog Gl. (III, 13),

$$(z_0)_{H_2O} = \frac{0{,}148}{d} - 0{,}1075\, d,$$

wo auch hier die physikalische Dimension von 0,148 die einer Fläche, und zwar cm^2 ist.

5 Gestalt der freien Flüssigkeitsoberfläche an der Berührungsstelle mit festen Körpern. Die Wechselwirkung zwischen Kohäsionskräften und Adhäsionskräften (vgl. S. 81) macht sich nicht nur in der Formgebung eines Tropfens auf einer Unterlage (Abb. III, 1) und in Kapillarröhren geltend, sondern überall dort, wo eine Flüssigkeitsoberfläche mit einem festen Körper in Berührung kommt. Abb. III, 8 zeigt in 4fach vergrößertem Maßstabe die Gestalt einer Wasseroberfläche bei ihrer Berührung mit einer sauberen, vorher benetzten, ebenen, senkrechten Glasplatte (zweidimensionales Problem), und Abb. III, 9 das Entsprechende in gleicher Vergrößerung bei Quecksilber (die gestrichelten Kurven mögen zunächst unbeachtet gelassen werden).

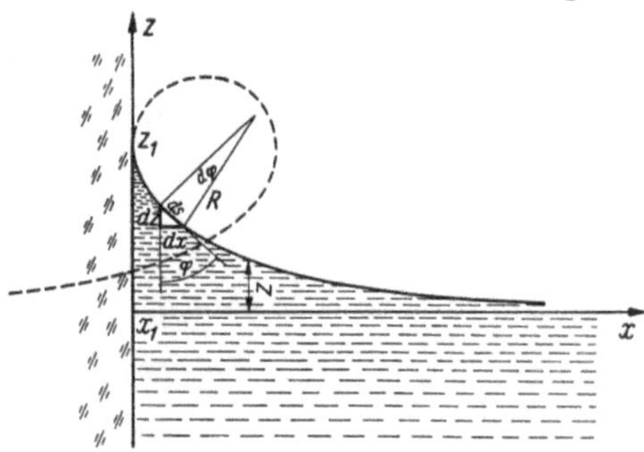

Abb. III, 8. Gestalt der Wasseroberfläche an einer sauberen, vorher benetzten, ebenen, senkrechten Glasplatte (4fach der natürlichen Größe)

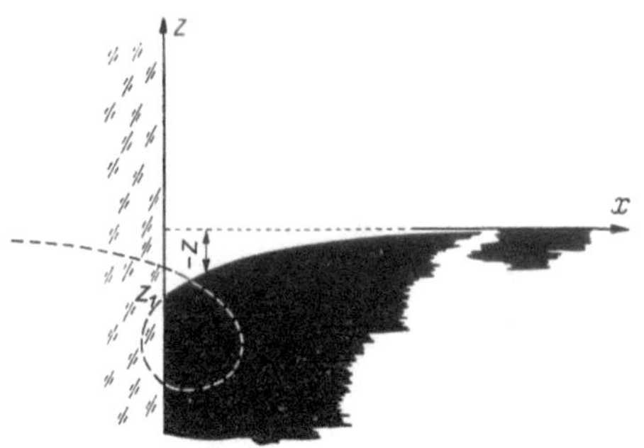

Abb. III, 9. Gestalt der Quecksilberoberfläche an einer sauberen, ebenen, senkrechten Glasplatte (4fach der natürlichen Größe)

Wir wollen noch die genauere Form der Flüssigkeitsoberfläche untersuchen. Nach Gl. (III, 14) ist

$$\frac{1}{R} = \frac{\gamma}{\alpha} z \qquad \text{(III, 15)}$$

und wegen $ds = R\,d\varphi$ (Abb. III, 8)

$$\frac{1}{R} = \frac{d\varphi}{ds} = \frac{d\varphi}{dx}\frac{dx}{ds} = \sin\varphi \frac{d\varphi}{dx}.$$

Da $-dz/dx = \operatorname{ctg}\varphi$ ist, haben wir nach Gl. (III, 15), wenn mit dz/dx multipliziert wird,

$$\frac{1}{R}\frac{dz}{dx} = \frac{\gamma}{\alpha} z \frac{dz}{dx} = -\cos\varphi \frac{d\varphi}{dx},$$

und integriert

$$\frac{\gamma}{\alpha}\frac{z^2}{2} = -\sin\varphi + C.$$

Für $z = 0$ wird $\varphi = \pi/2$, und damit $C = 1$; mithin

$$\frac{\gamma}{\alpha}\frac{z^2}{2} = 1 - \sin\varphi,$$

oder nach z aufgelöst (wenn wir nur den positiven Wert der Wurzel berücksichtigen),

$$z = \sqrt{1 - \sin\varphi}\sqrt{\frac{2\alpha}{\gamma}}. \qquad \text{(III, 16)}$$

Setzen wir zunächst $\sqrt{2\alpha/\gamma} = 1$, so können wir z als Funktion von φ berechnen und in Abb. III, 10 z als Funktion von x schrittweise bestimmen: Für $\varphi = 0$ ist $z = 1$; den hierzu gehörigen x-Wert bezeichnen wir mit x_1. In $z = 1$ tragen wir die Winkel $\varphi = \pm 5°$ ein und markieren auf den freien Schenkeln der beiden Winkel jeweils die Werte $z = \sqrt{1 - \sin(\pm 5°)}$. In diesen Punkten zeichnen wir dann die Winkel $\varphi = \pm 10°$ zur Vertikalen und markieren auf den geneigten (d. h. nicht senkrechten) Schenkeln jeweils die Werte $z = \sqrt{1 - \sin(\pm 10°)}$. In den so gefundenen Punkten werden dann die Winkel $\varphi = \pm 20°$ zur Senkrechten gezeichnet und auf den geneigten Schenkeln jeweils die Werte $z = \sqrt{1 - \sin(\pm 20°)}$ eingetragen usw. Die so erhaltene Kurve der Abb. III, 10 entspricht nebenbei der Form von gebogenen dünnen Drähten.

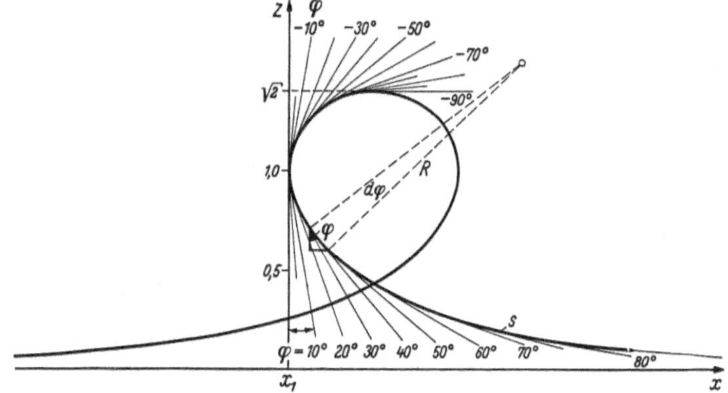

Abb. III, 10. Konstruktion der Oberflächen von Abb. III, 8 u. 9

Um die Gestalt der freien Wasseroberfläche an einer schon vorher benetzten senkrechten Glasplatte zu erhalten (Abb. III, 8), multiplizieren wir die x- und z-Werte der Abb. III, 10 — soweit $z \leqq 1$ ist — mit $\sqrt{2\alpha/\gamma}$, d. h. mit $\sqrt{0{,}148}$ cm $= 0{,}385$ cm. Bei einer vorher noch nicht benetzten Glasplatte wird, mit $i = 8°$, $\sqrt{1 - \sin 8°} = 0{,}928$ und somit $z_1 = 0{,}385$ cm $\cdot\, 0{,}928 = 0{,}357$ cm. Die Ebene $x_1 =$ const der Abb. III, 10 rückt also um einen sehr geringen Betrag nach rechts.

Bei Quecksilber haben wir in Gl. (III, 16) die negativen Wurzelwerte zu nehmen und erhalten mit $i = 135°$ den Wert $-\sqrt{1 - \sin 135°} = -\sqrt{1 - \sin 45°} = -0{,}541$, und also durch Multiplikation der x-Werte und der Werte $z = -\sqrt{1 - \sin\varphi}$ (für $\varphi \leqq 45°$) mit $\sqrt{2\alpha/\gamma} = \sqrt{0{,}0708}$ cm $= 0{,}266$ cm die Gestalt der Quecksilberoberfläche an einer senkrechten Glasplatte, wobei somit $z_1 = -0{,}541 \cdot 0{,}266$ cm $= -0{,}144$ cm ist (Abb. III, 9).

IV. Potentialströmung einer inkompressiblen Flüssigkeit ohne freie Oberflächen

1 Eulersche und Bernoullische Gleichung

1.1 Anwendung des Newtonschen Bewegungsgesetzes auf Strömungsvorgänge. Nach NEWTON wird ein kleiner starrer Körper, den man sich als einen mit Masse begabten Punkt vorstellen kann, in einer bestimmten Richtung beschleunigt, falls eine Kraft in dieser Richtung auf den Massenpunkt wirkt. Dabei ist die Beschleunigung multipliziert mit der Masse des Punktes gleich der auf den Massenpunkt wirkenden Kraft. Angenommen, ein Regentropfen fällt aus einer Wolke unter der Einwirkung der Schwerkraft und eines Seitenwindes in Verbindung mit dem Luftwiderstand, dann sind es mehrere Kräfte oder vielmehr ihre Resultierende, durch welche die Beschleunigung des kleinen Wassertropfens und damit seine Bewegung bestimmt wird.

Wie aber können wir NEWTONS Gesetz auf ein Wasserteilchen anwenden, das sich innerhalb von Wasser bewegt, sagen wir entlang eines Schiffes oder innerhalb einer Wasserturbine? Selbst wenn wir eine Kraft auf ein einzelnes Wasserteilchen ausüben könnten, so würden doch alle anderen Flüssigkeitsteilchen in seiner Nachbarschaft beeinflußt und mitbeschleunigt, da alle Flüssigkeitsteilchen irgendwie miteinander zusammenhängen. Wie kann man das in Betracht ziehen? Und was berechtigt uns, das NEWTONsche Bewegungsgesetz, das für starre Körper gilt, auch auf Flüssigkeitsteilchen anzuwenden, obwohl wir wissen, daß Flüssigkeitsteile keine bestimmte Gestalt haben, sondern diese jederzeit zu ändern vermögen?

Außerdem, was für Kräfte sind es, die auf die einzelnen Flüssigkeitsteilchen wirken, wenn z. B. Wasser durch eine Düse fließt und bei abnehmendem Düsenquerschnitt in Strömungsrichtung beschleunigt wird? Die Schwerkraft hat offenbar keine Wirkung auf die Beschleunigung der einzelnen Flüssigkeitsteilchen bei deren Bewegung durch die Düse, da die Schwerkraft durch die hydrostatische Auftriebskraft eliminiert wird. Denn nach dem ARCHIMEDESschen Prinzip wird jedes Flüssigkeitsteilchen von den umgebenden Flüssigkeitsteilchen getragen und verliert sozusagen sein Gewicht innerhalb der Flüssigkeit.

Es ist offenbar nicht nur einfach so, daß man das NEWTONsche Bewegungsgesetz ohne weiteres auf die Bewegung von Flüssigkeiten anwenden könnte, wie in der Mechanik starrer Körper[1], sondern es war vielmehr ein großes Problem, das zu lösen einen Genius erforderte. Und in der Tat war es ein Genius, der dieses Problem löste, es war LEONHARD EULER. Er beseitigte die Schwierigkeit in einer Weise, wie

[1] Siehe letzter Absatz von IV, 2.3, S. 125.

es häufig geschieht, wenn der Wissenschaft ein neues Gebiet erschlossen wird, nämlich dadurch, daß in richtiger Erkenntnis des physikalischen Vorganges ein neuer Begriff gebildet wird. In diesem Falle war es die klare Vorstellung vom „Flüssigkeitsdruck", vom Druck„feld", sowie von der Beschleunigung eines Flüssigkeitsteilchens, dessen exakte mathematische Formulierung es LEONHARD EULER ermöglichte, NEWTONS Bewegungsgesetz auf die Strömungslehre anzuwenden und damit den Grund zu deren theoretischer Behandlung zu legen[1]. Dieses wollen wir im folgenden näher erläutern.

1.2 Die resultierende Druckkraft. Es ist bereits auf S. 25 erwähnt, daß der statische Druck $\bar{p}$ für jede in Ruhe befindliche Flüssigkeit mit abnehmender Höhe zunimmt, d. h. wenn die Höhe z in Richtung aufwärts positiv angenommen wird,

$$-\frac{\partial \bar{p}}{\partial z} = \gamma,$$

wo γ das spezifische Gewicht der Flüssigkeit bedeutet. γ braucht nicht als konstant angenommen werden, sondern kann eine Funktion der Höhe sein.

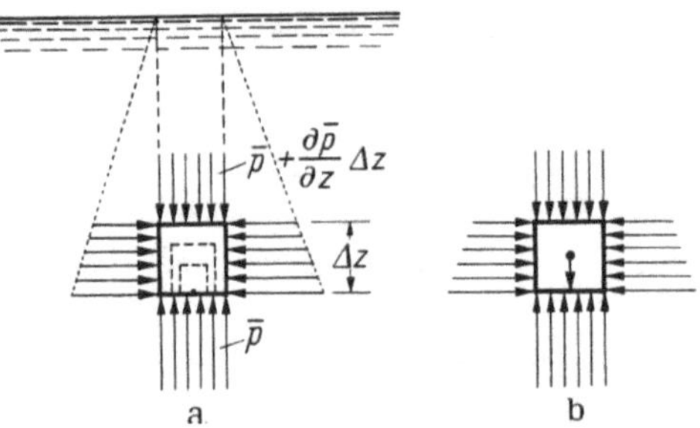

Abb. IV, 1.1. a) Druckverteilung an einem Flüssigkeitsteilchen von Würfelform innerhalb einer in Ruhe befindlichen Flüssigkeit; b) Der flüssige Würfel ist gedanklich aus der Flüssigkeit herausgenommen, und es sind dabei die Oberflächenkräfte, d. h. die Druckkräfte, durch äußere Kräfte ersetzt. Auf dieses aus der Flüssigkeit entnommene Flüssigkeitsteilchen wirkt die Schwerkraft, die mit den äußeren Kräften im Gleichgewicht stehen muß, da das Flüssigkeitsteilchen in Ruhe ist

Dieses ist ersichtlich, wenn wir in Abb. IV, 1.1a ein kleines Flüssigkeitsteilchen von Würfelform und Seitenlänge Δz betrachten. Da angenommen wird, daß das Flüssigkeitsteilchen sich in Ruhe befindet, muß die Resultierende der Druckkräfte auf der gesamten Oberfläche des betrachteten Teilchens entgegengesetzt gleich dem Gewicht des Flüssigkeitsteilchens sein (Abb. IV, 1.1b). Wenn der Druck gegen die untere Würfelfläche mit $\bar{p}$

[1] EULER, L.: Principes généraux du mouvement des fluides. Hist. de l'Acad. de Berlin 1755. — Die Gesetze des Gleichgewichts und der Bewegung flüssiger Körper, dargestellt von LEONHARD EULER. Übersetzt, mit einigen Abänderungen und Zusätzen von H. W. BRANDES; Leipzig, 1806.

Eine sehr eingehende Würdigung der EULERschen Arbeiten zur Hydrodynamik verdanken wir CLIFFORD TRUESDELL: Rational Fluid Mechanics 1687—1765. Editor's Introduction to vol. II, 12 of Euler's Works. — TRUESDELL, C.: I The first Three Sections of Euler's Treatice on Fluid Mechanics 1766; II The Theory of Aerial Sound 1687—1788; III Rational Fluid Mechanics 1765—1788 Editor's Introduction to vol. II, 13 of Euler's Works. — Leonardi Euleri Commentationes Mechanicae ad Theoriam Corporum Fluidorum pertinentes. (Euleri Opera Omnia Series II vol. 12 und 13). Zürich: Orell Füssli 1954 und 1956.

bezeichnet wird, so ist der Druck gegen die obere, um Δz entfernte Würfelfläche

$$\bar{p} + \frac{\partial \bar{p}}{\partial z} \Delta z + \frac{\partial^2 \bar{p}}{\partial z^2} \frac{\Delta z^2}{2!} + \cdots$$

Die Druckdifferenz, multipliziert mit den Flächen Δz^2 ist deshalb

$$-\left(\frac{\partial \bar{p}}{\partial z} \Delta z + \frac{\partial^2 \bar{p}}{\partial z^2} \frac{\Delta z^2}{2!} + \cdots\right) \Delta z^2.$$

Die an den senkrechten Würfelflächen wirkenden Druckkräfte heben sich gegenseitig auf, da sie paarweise einander entgegengesetzt gleich sind. Das Gewicht des Flüssigkeitsteilchens ist $\bar{\gamma} \Delta z^3$, wo $\bar{\gamma}$ das durchschnittliche spezifische Gewicht bedeutet. Setzen wir die obige resultierende Druckkraft dem Gewicht des Flüssigkeitsteilchens gleich, so ist, wenn noch durch das Volumen Δz^3 gekürzt wird,

$$-\left(\frac{\partial \bar{p}}{\partial z} + \frac{\partial^2 \bar{p}}{\partial z^2} \frac{\Delta z}{2!} + \cdots\right) = \bar{\gamma}$$

und für $\lim \Delta z = 0$

$$-\frac{\partial \bar{p}}{\partial z} = \gamma. \qquad \text{(IV, 1.1)}$$

Der Ausdruck $-\partial \bar{p}/\partial z$ stellt somit die Resultierende aller Druckkräfte dar, welche auf die *gesamte* Oberfläche des in Ruhe befindlichen Flüssigkeitsteilchens wirken, bezogen auf die Volumeneinheit, wenn nachträglich dieser Ausdruck für $\lim \Delta z = 0$ gebildet wird. Horizontale Ebenen sind daher Flächen konstanten Druckes.

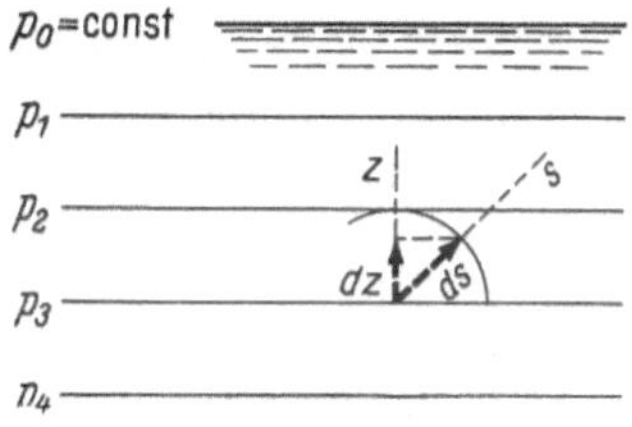

Abb. IV, 1.2. Ebenen konstanten Druckes

Wie aus Abb. IV, 1.2 ersichtlich, ist der Druckabfall in vertikaler Richtung, d. h. $-\partial \bar{p}/\partial z$ größer als nach jeder anderen, sagen wir s-Richtung, und zwar ist nach Gl. (IV, 1.1)

$$\frac{\partial \bar{p}}{\partial s} + \gamma \frac{\partial z}{\partial s} = 0, \qquad \text{(IV, 1.2)}$$

wo $\partial z/\partial s$ immer kleiner als 1 ist. Solange diese Gleichung erfüllt ist, befindet sich die Flüssigkeit in Ruhe. Diese Druckverteilung entspricht der hydrostatischen bzw. aerostatischen Druckverteilung, die durch die Wirkung der Schwerkraft bedingt ist.

Jede Abweichung von der in Gl. (IV, 1.2) gegebenen Druckverteilung muß deshalb das Gleichgewicht stören und die Flüssigkeit in Bewegung setzen. Angenommen, es besteht eine Druckverteilung $p_v = f(x, y, z)$[1], bei der in einem Punkte P

$$\frac{\partial p_v}{\partial s} + \gamma \frac{\partial z}{\partial s} \neq 0$$

[1] p_v wird gelesen: vollständiger Druck p.

ist, so können wir $\partial p_v/\partial s$ in zwei Teile zerlegen: den einen Teil $\partial \bar{p}/\partial s$, welcher der hydrostatischen Druckverteilung der in Ruhe befindlichen Flüssigkeit entspricht, und den anderen Teil, welcher eben die Abweichung von dieser Druckverteilung darstellt:

$$\frac{\partial p_v}{\partial s} + \gamma \frac{\partial z}{\partial s} = \underbrace{\frac{\partial \bar{p}}{\partial s} + \gamma \frac{\partial z}{\partial s}}_{0} + \frac{\partial p}{\partial s} \neq 0 .$$

Es verbleibt also im Punkte P eine gewisse Druckänderung in der s-Richtung.

Gl. (IV, 1.1) haben wir so gedeutet, daß der negative Druckgradient von $\bar{p}(x, y, z)$ die resultierende Druckkraft pro Volumeneinheit der auf der gesamten Oberfläche eines Flüssigkeitsteilchens in Ruhe wirkenden Druckkräfte darstellt. In Analogie hierzu nehmen wir jetzt an, daß auch bei einer Flüssigkeit in Bewegung — falls $\partial p/\partial s$ der Druck*gradient* von $p = p_v - \bar{p}$ ist — der negative Wert davon, d. h. $-\partial p/\partial s$, die resultierende Druckkraft pro Volumeneinheit der auf der gesamten Oberfläche des Flüssigkeitsteilchens wirkenden Druckkräfte im Punkte P ist. Und es ist diese Kraft, welche die Beschleunigung des Flüssigkeitsteilchens in der s-Richtung bewirkt.

Wir haben somit für das Newtonsche Bewegungsgesetz, wenn noch durch das Volumen des Flüssigkeitsteilchens dividiert wird,

$$\varrho \text{ Beschleunigung} = -\frac{\partial p}{\partial s} . \qquad \text{(IV, 1.3)}$$

1.3 Die Eulersche Gleichung längs einer Stromlinie. Im Hinblick auf die große Bedeutung dieser Bewegungsgleichung wollen wir deren Ableitung etwas genauer untersuchen. Dabei werden wir den Ausdruck für die resultierende Kraft auf ein (beliebiges) *in Bewegung* befindliches Flüssigkeitsteilchen ableiten und zugleich eine mathematische Formulierung der Beschleunigung dieses Flüssigkeitsteilchens erhalten. Da es sich beim Grenzübergang der Geschwindigkeitsänderung eines Flüssigkeitsteilchens in einem Zeitelement, d. h. beim Begriff seiner Beschleunigung um ein und dasselbe Flüssigkeitsteilchen handelt, wollen wir — um die ursächliche Verknüpfung der Kraftwirkung auf das Teilchen mit dessen Beschleunigung zum Ausdruck zu bringen — die Kraft auf eben dieses Teilchen in Betracht ziehen, *während* wir den zeitlichen Grenzübergang vollziehen.

In Abb. IV, 1.3a ist ein Stück einer beliebigen, räumlich gekrümmten Stromlinie s dargestellt, d. h. eine Kurve, deren Richtung in jedem Punkte mit der dort vorhandenen Geschwindigkeitsrichtung übereinstimmt. Diese Stromlinie ist von einer (aus Stromlinien bestehenden) Stromröhre umgeben, die am Orte s_1 der Stromlinie quadratischen Querschnitt haben möge.

Das Flüssigkeitsteilchen, mit dem wir den Grenzübergang vornehmen wollen, habe zur Zeit

t_1 die Lage s_1 und den Geschwindigkeitsbetrag $w_1(s_1)$,
zur Zeit t_2 die Lage s_2 und den Geschwindigkeitsbetrag $w_2(s_2)$.

Die Geschwindigkeit zur Zeit t_2 im *Raumpunkte* s_1 (also nicht die des Flüssigkeitsteilchens, das zur Zeit t_2 ja im Punkte s_2 ist) sei $w_2(s_1)$.[1] Es ist dann nach dem TAYLORschen Satze zur Zeit t_2

$$w_2(s_2) = w_2(s_1) + \frac{\partial w}{\partial s}\frac{s_2 - s_1}{1!} + \frac{\partial^2 w}{\partial s^2}\frac{(s_2 - s_1)^2}{2!} + \cdots$$

Die longitudinale Beschleunigung des Flüssigkeitsteilchens ist, wenn wir auf jeder Seite $w_1(s_1)$ subtrahieren,

$$\lim_{t_2 \to t_1} \frac{w_2(s_2) - w_1(s_1)}{t_2 - t_1}$$

$$= \lim_{t_2 \to t_1}\left[\frac{w_2(s_1) - w_1(s_1)}{t_2 - t_1} + \frac{s_2 - s_1}{t_2 - t_1}\frac{\partial w}{\partial s} + \frac{1}{2!}\frac{(s_2 - s_1)^2}{t_2 - t_1}\frac{\partial^2 w}{\partial s^2} + \cdots\right], \quad \text{(IV, 1.4)}$$

also, da $s_2 - s_1$ mit $t_2 - t_1$ zugleich nach Null konvergiert und

$$\lim_{t_2 \to t_1} \frac{s_2 - s_1}{t_2 - t_1} = w$$

ist,

$$\frac{Dw}{dt} = \left(\frac{\partial w}{\partial t}\right)_{s_1} + w\frac{\partial w}{\partial s}. \quad \text{(IV, 1.5)}$$

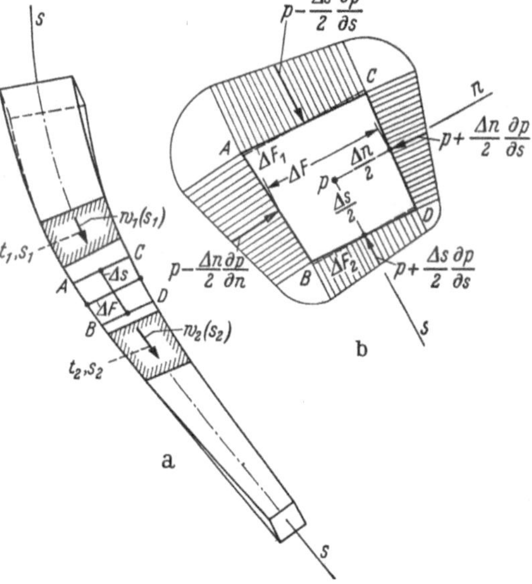

Abb. IV, 1.3. a) Stromröhre mit sich verengendem Querschnitt (beschleunigte Strömung), bei der sich ein zur Zeit t_1 im Punkte s_1 befindliches Teilchen (schraffiert) zur Zeit t_2 nach s_2 bewegt hat (schraffiert); b) Druckverteilung auf das sich bewegende Flüssigkeitsteilchen von Abb. IV, 1.3 a in einem beliebigen Zeitpunkt zwischen t_1 und t_2

Die longitudinale Geschwindigkeitsänderung eines Flüssigkeitsteilchens in der Zeiteinheit in einem beliebigen Punkte s_1 ist also gleich der Beschleunigung im Raumpunkte s_1 plus dem Produkt aus Geschwindigkeit und Ableitung des Geschwindigkeitsfeldes im Punkte s_1, bezogen auf die s-Richtung. Der erste Summand heißt der lokale Differentialquotient der Geschwindigkeit nach der Zeit, der zweite Summand der

[1] In welcher Weise sich eine solche Strömung beispielsweise verwirklichen läßt, wird in der nächsten Nummer gezeigt.

konvektive Differentialquotient und die Summe von beiden der substantielle Differentialquotient der Geschwindigkeit.

Während t_2 nach t_1 beim obigen Grenzübergang konvergiert, hat das betrachtete Flüssigkeitsteilchen irgend eine Lage zwischen s_2 und s_1, z. B. die von $ABCD$. Dabei werden die Querschnittsflächen AC und BD im allgemeinen das Stromlinienstückchen Δs nicht mehr genau rechtwinklig schneiden, wie das für den Zeitpunkt t_1 angenommen wird. Wegen der Beschleunigung in der s-Richtung muß $AC > BD$ sein (die Röhre verengt sich), so daß AB nicht parallel zu CD sein kann. Wir wollen jetzt die s-Komponente aller auf das Teilchen $ABCD$ wirkenden Druckkräfte bestimmen, den hierfür gefundenen Ausdruck durch das Volumen $\Delta V = \Delta s \Delta F$ des Flüssigkeitsteilchens dividieren und dann — entsprechend $\lim t_2 \to t_1$ in Gl. (IV, 1.4) — den Grenzwert dieses Ausdruckes für $\Delta s \to 0$, sowie $\Delta F \to 0$, also für $\lim \Delta s \Delta F = \lim \Delta V \to 0$ bilden. Dabei werden wir sehen, daß die s-Komponente der Druckkräfte auf die vier Seitenflächen im Grenzfalle $\lim \Delta V \to 0$ aus geometrischen Gründen entgegengesetzt gleich ist der s-Komponente der Druckkräfte auf die *Differenz* der Stirnflächen und sich somit aufheben, daß aber jede dieser beiden Kräfte pro Volumeneinheit einzeln genommen — auch im Grenzfalle $\lim \Delta V \to 0$ — nicht nach Null konvergiert, sondern endlich bleibt.

In Abb. IV, 1.3b ist der Längsschnitt des Flüssigkeitsteilchens $ABCD$ mit den auf den Oberflächen wirkenden Drücken dargestellt. Wir nehmen dabei an, daß das Teilchen zwar von endlicher Größe ist (um eine Division mit ihm vornehmen zu können), aber doch so klein, daß wir angenähert eine lineare Druckverteilung längs der Wände annehmen können. Die Resultierende aller Kraftkomponenten in der s-Richtung auf das Flüssigkeitsteilchen bewirkt seine longitudinale Beschleunigung, während diejenige in der dazu normalen n-Richtung der transversalen Beschleunigung, d. h. der *Richtungs*änderung der Geschwindigkeit bei einer gekrümmten Stromlinie, entspricht und die — wie wir später sehen werden — den Zentrifugalkräften auf das Flüssigkeitsteilchen das Gleichgewicht hält. Vorerst beschränken wir uns auf die Δs-Komponente der Druckkräfte und die dadurch verursachte longitudinale Beschleunigung.

Die Δs-Komponente der Drücke auf die 4 Seitenflächen ist aus geometrischen Gründen gleich den Seitendrücken auf die Projektion der Seitenflächen auf eine zur Δs-Richtung normalen Ebene, d. h. auf $\Delta F_1 - \Delta F_2$. Unter Berücksichtigung der Richtung der jeweiligen Kräfte, wobei die s-Richtung in Geschwindigkeitsrichtung als positiv angesehen wird, haben wir mit den Bezeichnungen der Abb. IV, 1.3b

$$\left(p - \frac{\Delta s}{2} \frac{\partial p}{\partial s}\right) \Delta F_1 - \left(p + \frac{\Delta s}{2} \frac{\partial p}{\partial s}\right) \Delta F_2 - p(\Delta F_1 - \Delta F_2)$$

oder mit $\Delta F_1 \equiv (\Delta F_1 - \Delta F_2) + \Delta F_2$ und nach Division durch $\Delta V = \Delta s \, \Delta F$

$$-\frac{\partial p}{\partial s}\frac{\Delta F_2}{\Delta F_1} + p\frac{\Delta F_1 - \Delta F_2}{\Delta s\,\Delta F} - \frac{1}{2}\frac{\partial p}{\partial s}\frac{\Delta F_1 - \Delta F_2}{\Delta F} - p\frac{\Delta F_1 - \Delta F_2}{\Delta s\,\Delta F}. \quad \text{(IV, 1.6)}$$

Die Geschwindigkeiten der einzelnen Elemente des betrachteten Flüssigkeitsteilchens sind nicht genau gleich — es handelt sich ja nicht um ein diskretes starres Massenteilchen, sondern um einen Teil eines strömenden Kontinuums —, vielmehr ist aus Gründen der Konstanz der Materie innerhalb der Stromröhre

$$\Delta F_1\,\varrho_1\,w_1 = \Delta F\,\varrho\,w = \Delta F_2\,\varrho_2\,w_2$$

und somit also

$$\frac{\Delta F_2}{\Delta F} = \frac{\varrho\,w}{\varrho_2\,w_2}, \qquad \frac{\Delta F_1 - \Delta F_2}{\Delta F} = (\varrho_2\,w_2 - \varrho_1\,w_1)\,\frac{w}{w_1\,w_2}\,\frac{\varrho}{\varrho_1\,\varrho_2},$$

$$\frac{\Delta F_1 - \Delta F_2}{\Delta s\,\Delta F} = \frac{\Delta(\varrho\,w)}{\Delta s}\,\frac{w}{w_1\,w_2}\,\frac{\varrho}{\varrho_1\,\varrho_2}.$$

Im Grenzfalle $\lim t_2 \to t_1$, also $\lim \Delta s \to 0$, wird der erste Ausdruck gleich 1, der zweite gleich Null und der dritte gleich $\partial(\varrho\,w)/\partial s\,\varrho\,w$, mithin wird der Ausdruck (IV, 1.6)

$$-\frac{\partial p}{\partial s} + \frac{\partial(\varrho\,w)}{\partial s}\,\frac{p}{\varrho\,w} - \frac{\partial(\varrho\,w)}{\partial s}\,\frac{p}{\varrho\,w},$$

also gleich

$$-\frac{\partial p}{\partial s}.$$

Aus der Ableitung ist ersichtlich, daß das zweite Glied des vorletzten Ausdruckes die s-Komponente der Druckkräfte auf die Differenz der Projektionen der Stirnflächen darstellt, und zwar pro Volumeneinheit, während das dritte Glied die s-Komponente der Druckkräfte auf die vier Seitenflächen ist, auch wieder dividiert durch das Volumen ΔV. Beide sind im Grenzfall $\lim \Delta V \to 0$ endlich, aber entgegengesetzt gleich.

Den Grenzübergang $\lim \Delta V \to 0$ haben wir vorgenommen, *während* wir in Abb. IV, 1.3a den Grenzübergang $\lim t_2 \to t_1$ vollzogen, gleichsam in jedem beliebigen Zeitpunkt zwischen t_2 und t_1. Dadurch haben wir die Vorstellung dauernd aufrechterhalten, daß beim zeitlichen Ablauf der Grenzwertbildung der Beschleunigung die resultierende s-Komponente aller Druckkräfte auf das Flüssigkeitsteilchen seiner longitudinalen Geschwindigkeitsänderung in der Zeiteinheit entspricht. Wir können somit schreiben

$$\frac{\partial w}{\partial t} + w\frac{\partial w}{\partial s} = -\frac{1}{\varrho}\frac{\partial p}{\partial s}; \tag{IV, 1.7}$$

dieses ist die EULERsche Gleichung in eindimensionaler Form[1].

Obwohl die Gleichung abgeleitet wurde unter Bezugnahme auf ein (beliebiges) Flüssigkeitsteilchen — nur so konnten wir das allgemeine NEWTONsche Bewegungsgesetz anwenden —, so ist diese Zuordnung zu einem Flüssigkeitsteilchen bei den Gliedern der EULERschen Gleichung nicht mehr vorhanden, und, wie sich zeigen wird, liegt gerade darin die geniale Leistung EULERS. Denn alle Glieder der letzten Gleichung beziehen sich auf Raumpunkte und nicht mehr auf ein Flüssigkeitsteilchen: Der Ausdruck $\partial w/\partial t$, die sogenannte lokale Beschleunigung, ist eine Differentiation nach der Zeit in einem Raumpunkte, und ebenso ist im zweiten Ausdruck, der sogenannten konvektiven Beschleunigung, die Geschwindigkeit w nicht als diejenige eines bestimmten Flüssigkeitsteilchens aufzufassen, sondern als die Geschwindigkeit in einem Raumpunkte eines Geschwindigkeitsfeldes $w = w(s, t)$; das Analoge gilt für $\partial w/\partial s$ und $\partial p/\partial s$.

Die später vorzunehmende Integration der EULERschen Gleichung gibt deshalb lediglich Aussagen über Zustände, wie z. B. Geschwindigkeit, Beschleunigung, Druck usw. in Raumpunkten, aber nicht von Flüssigkeitsteilchen. Es wird also die Frage beantwortet, was geschieht in den einzelnen Raumpunkten eines Strömungsvorganges, nicht aber, was geschieht mit den einzelnen Flüssigkeitsteilchen? Wegen der Homogenität der Flüssigkeiten ist aber das Schicksal der einzelnen Teilchen im allgemeinen von keinem besonderen Interesse. Anderseits wäre eine Theorie, die sich die Aufgabe stellen wollte, aus dem Verhalten der einzelnen Flüssigkeitsteilchen ein Gesamtbild des Strömungsvorganges zu gewinnen, sehr viel komplizierter und schwieriger. An einem besonders einfachen Beispiel werden wir auf S. 121 den um-

---

[1] Bei der üblichen Ableitung dieser Gleichung wird gewöhnlich zunächst der Ausdruck für die Beschleunigung eines Flüssigkeitsteilchens dw/dt aufgestellt in einem Geschwindigkeitsfeld $w = f(s, t)$, unabhängig davon, welche Gestalt das Flüssigkeitsteilchen hat. Darauf wird in einem Zeitpunkt t_1 eine willkürliche Raumabgrenzung innerhalb der strömenden Flüssigkeit vorgenommen (im allgemeinen ein kleiner Zylinder, also gleiche Stirnwände und parallele Seitenwände) und bei einem angenommenen Druckfeld gezeigt, daß — wenn das Volumen des abgegrenzten Raumes nach Null konvergiert — die resultierende s-Komponente gleich $-\partial p/\partial s$ ist. Es wird dann die Beschleunigung eines Flüssigkeitsteilchens gleichgesetzt dem Werte $-\partial p/\partial s\, \varrho$ desjenigen Raumpunktes, in welchem sich das punktförmige Flüssigkeitsteilchen jeweils befindet. In der oben gegebenen Ableitung wird die notwendige Verbindung berücksichtigt, die zwischen der zeitlichen und räumlichen Grenzwertbildung an einem und demselben Flüssigkeitsteilchen besteht.

gekehrten Weg zeigen, wie man aus der Kenntnis des Geschwindigkeitsfeldes über das Schicksal der einzelnen Flüssigkeitsteilchen, z. B. seine Positionen, seine Bahnen usw., Aufschluß erhalten kann.

Wollte man aus der NEWTONschen Bewegungsgleichung eines Flüssigkeitsteilchens innerhalb einer strömenden Flüssigkeit:

$$m \frac{d^2 \mathfrak{r}}{d t^2} = \mathfrak{K},$$

wo m die Masse, $\mathfrak{r}$ der jeweilige Radiusvektor des Flüssigkeitsteilchens und

$$\mathfrak{K} = -\left(\frac{1}{\varrho} \operatorname{grad} p\right)_{\mathfrak{f}}$$

die auf das punktförmige Flüssigkeitsteilchen $\mathfrak{f}$ wirkende Kraft ist, durch zweifache Integration die Bahn des Teilchens $\mathfrak{f}$ bestimmen, so müßte $\mathfrak{K}$ als Funktion von $\mathfrak{r}$ und t bekannt sein. Diese Kraft $\mathfrak{K}$, d. h. der *auf das Teilchen* $\mathfrak{f}$ wirkende negative Druckgradient, hängt aber von der gesuchten Strömungsform ab, wie z. B. bei einer Strömung durch eine Düse in Abb. IV, 1.4.

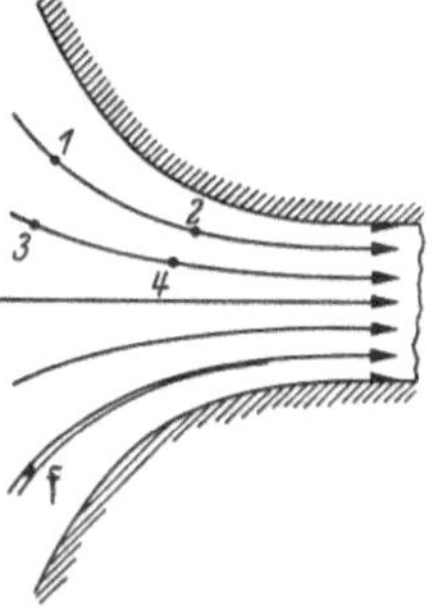

Abb. IV, 1.4. Strömung durch eine Düse

Die Strömungsformen, d. h. die Bahnen der einzelnen Flüssigkeitsteilchen, sind jedoch bereits vollständig durch die Düsenform bestimmt. Sie können, wie wir noch sehen werden, ohne Kenntnis der auf die Flüssigkeitsteilchen wirkenden Kräfte, allein aus der Form der Düse berechnet werden. Die Kräfte lassen sich im allgemeinen überhaupt erst dann bestimmen, nachdem das kinematische Problem der Strömungsform gelöst ist. Hieraus erkennt man schon, wie verschieden die Anwendung der EULERschen Grundgleichung der Strömungslehre von derjenigen des obigen NEWTONschen Bewegungsgesetzes eines Massenpunktes sein wird. Hier ist durchweg die Kraft das Gegebene und also das Primäre, und die Bahn, Geschwindigkeit usw. des Teilchens das davon abgeleitete Sekundäre; hingegen ist bei Strömungsvorgängen die Form der Begrenzung der Flüssigkeit das Primäre, d. h. die Randbedingung, wodurch die Strömung im allgemeinen bereits vollständig bestimmt ist, während die in den einzelnen Punkten wirkende Kraft, d. i. die Druckverteilung, sich aus der Strömungsform ergibt.

1.4 Stationäre und instationäre Strömungen. Wir betrachten in Abb. IV, 1.5 die Strömung aus einem mittels Stempel geschlossenen Gefäß durch eine abgerundete Düse mit anschließender Rohrleitung.

Bewegt sich der Stempel gleichmäßig nach unten, so ist die Durchflußmenge und bei konstanter Dichte auch das Durchflußvolumen gleichbleibend. Das bedeutet aber, daß die Geschwindigkeit in der

Düse zwar von Punkt zu Punkt verschieden sein wird, in jedem Punkte aber zeitlich konstant ist. Eine solche Strömung nennt man stationär; bei ihr ist die lokale Beschleunigung $\partial w/\partial t = 0$. Für eine stationäre Strömung lautet die EULERsche Gleichung somit

$$w \frac{\partial w}{\partial s} = -\frac{1}{\varrho} \frac{\partial p}{\partial s}$$

oder auch

$$\frac{\partial \left(\frac{w^2}{2}\right)}{\partial s} = -\frac{1}{\varrho} \frac{\partial p}{\partial s}.$$

Abb. IV, 1.5. Eine gleichmäßige Bewegung des Stempels nach unten bewirkt eine stationäre Strömung in der abgerundeten Öffnung des Gefäßes; eine ungleichmäßige Bewegung bewirkt eine nichtstationäre Strömung, bei der aber (im Falle ϱ = const) die Form der Stromlinien die gleiche bleibt, und bei der die Bahnlinien und Stromlinien identisch sind

Die Geschwindigkeit w und der Druck p sind lediglich Funktionen des Ortes, nicht aber der Zeit.

Anders ist es, wenn sich der Stempel ungleichmäßig, z. B. beschleunigt, nach unten bewegt; dann ändert sich auch das Durchflußvolumen mit der Zeit und damit die Geschwindigkeit in jedem einzelnen Raumpunkt. Die Geschwindigkeit und der Druck sind in diesem Falle eine Funktion des Ortes und der Zeit. Eine solche Strömung heißt instationär, für sie gilt Gl. (IV, 1.7). Wir wollen noch bemerken, daß bei dieser instationären Strömung (falls ϱ = const) die Gestalt der Stromlinien zeitlich unveränderlich ist.

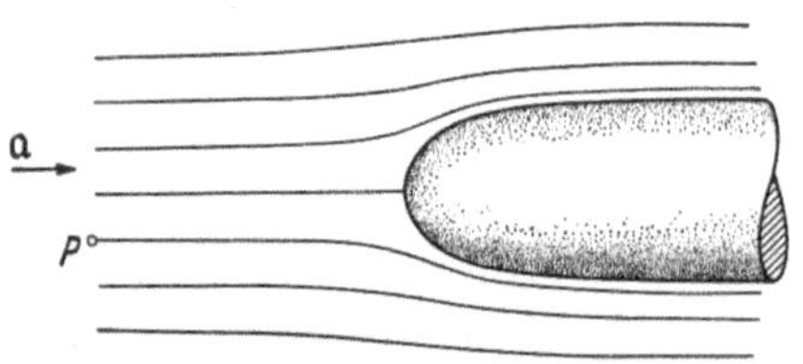

Abb. IV, 1.6. Strömung um einen vorn abgerundeten Körper; Stromlinien und Bahnlinien sind identisch. Wenn die Anströmungsgeschwindigkeit konstant ist, haben wir eine stationäre Strömung

Ein anderes Beispiel einer stationären Strömung haben wir in Abb. IV, 1.6 bei der Umströmung eines vorn abgerundeten, sehr langen Körpers in einer unendlich ausgedehnten Flüssigkeit. Die Geschwindigkeit weit vor dem Körper, dort, wo sein störender Einfluß sich noch nicht merkbar geltend macht, sei $\mathfrak{a}$ = const. Mit dieser Geschwindigkeit wird also der Körper angeströmt. Die Abbildung zeigt eine Anzahl von Stromlinien, die sich zeitlich nicht ändern und deshalb auch als die Bahnlinien von einzelnen Flüssigkeitsteilchen angesehen werden können. Würde man beispielsweise im Punkte P durch eine kleine Sonde der an diesem Punkte vorbeistreichenden Flüssigkeit (oder Luft) etwas Farbstoff (oder Rauch) beimischen, so würde sich der Farbfaden in der gezeichneten Art längs einer Stromlinie legen.

Derselbe Strömungsvorgang hat jedoch ein ganz anderes Aussehen, d. h. ganz verschieden geformte Stromlinien bzw. Bahnlinien, wenn wir ihn auf ein anderes Koordinatensystem beziehen, z. B. auf ein solches, in welchem nicht — wie in Abb. IV, 1.6 — der Körper sich in Ruhe befindet, sondern die Flüssigkeit im Unendlichen, so daß sich also der Körper mit der Geschwindigkeit $-\mathfrak{a}$ von rechts nach links durch den mit Flüssigkeit erfüllten Raum bewegt. Für den Übergang von dem einen Koordinatensystem zum anderen müssen wir in jedem Punkte der Strömung von Abb. IV, 1.6 zu dem jeweils vorhandenen Geschwindigkeitsvektor den Vektor $-\mathfrak{a}$ addieren.

In Abb. IV, 1.7 ist dieses für die beiden auf verschiedenen Stromlinien gelegenen Punkte 1 und 2 durchgeführt. Man erhält dann in jedem Punkte einen neuen Geschwindigkeitsvektor. Die Gestalt des Körpers in Abb. IV, 1.6 bzw. 7 ist nun absichtlich so gewählt, daß die neuen Vektoren in den Punkten 1 und 2 sowie in allen anderen Punkten des Strömungsfeldes zu einer bestimmten Zeit $t = t_1$ sich in einem und demselben Punkte P im Innern des Körpers schneiden. Für jeden anders geformten Körper ist dieses nicht der Fall. Ferner ist für diesen Körper — wie auf S. 150 gezeigt — der Betrag der Geschwindigkeit in einem beliebigen Punkte umgekehrt proportional dem Quadrat des Abstandes dieses Punktes von P. Wir erhalten somit ein vom Punkte P ausgehendes strahlenförmiges Stromlinienbild, das sich mit der Geschwindigkeit $-\mathfrak{a}$ durch den Raum bewegt.

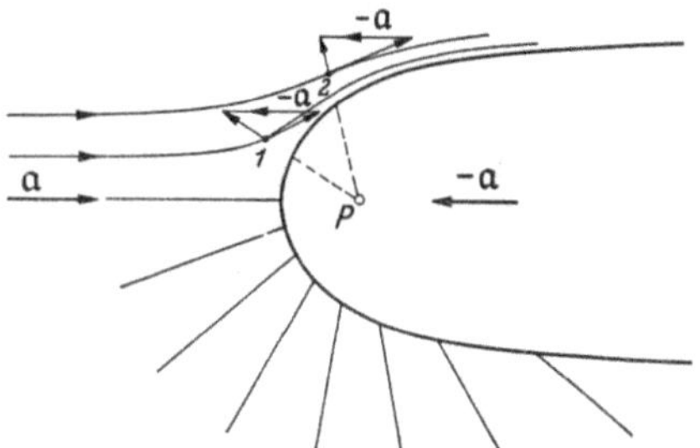

Abb. IV, 1.7. Stromlinien ≡ Bahnlinien um einen vorn abgerundeten Körper (obere Hälfte). Stromlinien eines sich von rechts nach links bewegenden Körpers (untere Hälfte); instationäre Strömung

Um die Bahnkurve eines Flüssigkeitsteilchens zu bestimmen, betrachten wir in Abb. IV, 1.8 vier zeitlich aufeinanderfolgende Lagen des soeben gefundenen Stromlinienbildes, das sich — wie gesagt — mit der Geschwindigkeit $-\mathfrak{a}$ von rechts nach links durch den Raum bewegt. Der zeitliche Abstand der einzelnen Phasen in der Abbildung ist gleich der halben Zeiteinheit und ist nur aus Gründen der Deutlichkeit der einzelnen Bahnelemente so groß gewählt; für eine genauere Bestimmung der Bahnlinie wird man das Zeitintervall kleiner nehmen, etwa $^1/_{10}$ der Zeiteinheit. Der Punkt, dessen Bahn bestimmt werden soll, ist auf der ersten Phase von Abb. IV, 1.8 mit A bezeichnet; er liegt auf der „momentanen“ Stromlinie s_1 und bewegt sich während des Zeitintervalles bis zum nächsten Phasenbild ($^1/_2$ sek) zum Punkte 1. Dieser Punkt ist im zweiten Phasenbild eingetragen, wo er sich auf der momentanen Stromlinie s_2 befindet und sich während des folgenden

Zeitintervalles auf dieser — entsprechend der im Punkte 1 des zweiten Phasenbildes vorhandenen Geschwindigkeit — bis zum Punkte 2 bewegt. Das Analoge gilt für die Punkte 3 und 4 auf den beiden nächsten Phasenbildern.

Abb. IV, 1.8. Vier Momentbilder eines sich mit dem Körper von rechts nach links bewegenden Stromliniensystems, instationäre Strömung

Die vier Bahnelemente A 1, 1 2, 2 3, 3 4 sind in Abb. IV, 1.9 in doppelter Größe nochmals aufgetragen; die Anfangslage des Körpers sowie seine Lage nach drei Zeitintervallen ist gestrichelt eingezeichnet. Damit haben wir die Bahnkurve des Teilchens A angenähert erhalten. Die gekrümmte, tangierende Kurve stellt die Bahnlinie noch etwas genauer dar.

Was bedeuten diese Überlegungen im Hinblick auf die Ableitung der EULERschen Gleichung? Diese grundlegende Gleichung soll ganz allgemein für beliebige Strömungen reibungsloser Flüssigkeiten gelten, d. h. nicht nur für stationäre Strömungen oder solche instationären Vorgänge wie in Abb. IV, 1.5, wo Bahnlinien und Stromlinien identisch sind, sondern auch für instationäre Strömungsvorgänge der zuletzt geschilderten Art in Abb. IV, 1.8 bzw. 9, wo die Bahnlinien nicht mehr mit den Stromlinien zusammenfallen. Nun bezieht sich aber die Bildung des Grenzwertes der Beschleunigung eines Flüssigkeitsteilchens (Gl. IV, 1.4) auf die zeitliche Geschwindigkeitsänderung eines solchen Teilchens längs seiner Bahnkurve und nicht längs einer davon im allgemeinen verschiedenen Stromlinie. Wir müssen also unsere Aussage auf S. 92 bzw. in Abb. IV, 1.3 insofern berichtigen, daß es sich dort nicht um eine Stromlinie handelt, sondern um eine Bahnlinie und nicht um eine Stromröhre, sondern um eine aus Bahnlinien bestehende Bahnröhre.

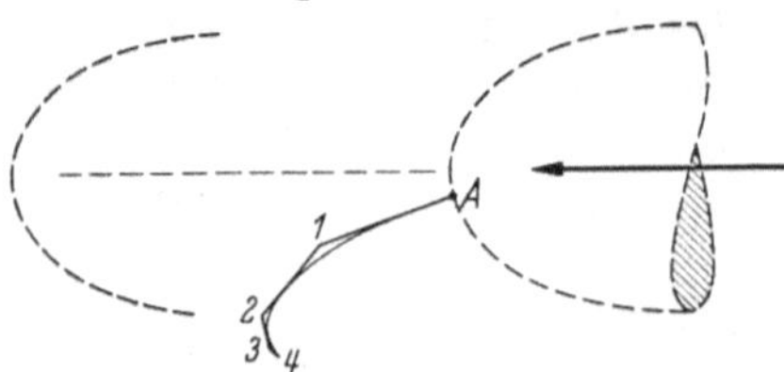

Abb. IV, 1.9. Bahnlinie des Flüssigkeitsteilchens A bei der Bewegung des gestrichelten Körpers von rechts nach links; aus Abb. IV, 1.8 entnommen

Nachdem der obige Grenzwert der substantiellen Beschleunigung unter Bezugnahme auf eine *Bahn*linie gebildet worden ist, kann man die EULERsche Gleichung in der eindimensionalen Form:

$$\frac{\partial w(s,t)}{\partial t} + w(s,t)\,\frac{\partial w(s,t)}{d s} = -\frac{1}{\varrho}\,\frac{\partial p(s,t)}{\partial s}$$

auch so auffassen, daß ∂s ein beliebiges Längenelement im Raume (also nicht das Wegelement eines Teilchens) ist, z. B. ein Element einer durch den Raumpunkt s zur Zeit t gehenden *momentanen* (aber im allgemeinen mit der Zeit veränderlichen) Stromlinie (Abb. IV, 1.8). Man kann deshalb die obige Gleichung — wie wir es später tun werden — auch längs einer Stromlinie integrieren. Daß dieses möglich ist, hängt damit zusammen, daß — wie bereits oben vermerkt — in den einzelnen obigen Ausdrücken der EULERschen Gleichung jegliche Verbindung mit einem Flüssigkeitsteilchen aufgehoben ist, und es sich deshalb um Differentiationen (und um später vorzunehmende Integrationen) im Raume handelt.

1.5 Die Eulersche Gleichung in dreidimensionaler Form. Im allgemeinen werden wir es mit einer dreidimensionalen Strömung zu tun haben mit der Zeit als vierte Variable, d. h.

$$u = u(x,y,z,t) \qquad v = v(x,y,z,t) \qquad w = w(x,y,z,t)\,.$$

Bilden wir für die x-Komponente das totale Differential:

$$Du = \frac{\partial u}{\partial t}\,dt + \frac{\partial u}{\partial x}\,dx + \frac{\partial u}{\partial y}\,dy + \frac{\partial u}{\partial z}\,dz$$

und dividieren durch dt, so ist wegen $dx/dt = u$, $dy/dt = v$, $dz/dt = w$

$$\frac{Du}{dt} = \frac{\partial u}{\partial t} + u\,\frac{\partial u}{\partial x} + v\,\frac{\partial u}{\partial y} + w\,\frac{\partial u}{\partial z};$$

analog für die y- und z-Komponente der Geschwindigkeit

$$\frac{Dv}{dt} = \frac{\partial v}{\partial t} + u\,\frac{\partial v}{\partial x} + v\,\frac{\partial v}{\partial y} + w\,\frac{\partial v}{\partial z},$$

$$\frac{Dw}{dt} = \frac{\partial w}{\partial t} + u\,\frac{\partial w}{\partial x} + v\,\frac{\partial w}{\partial y} + w\,\frac{\partial w}{\partial z}.$$

Um die Beschleunigung eines Flüssigkeitsteilchens (substantieller Differentialquotient) in vektorieller Schreibweise zu erhalten, multiplizieren wir die obigen x-, y- und z-Komponenten mit den diesbezüglichen Einheitsvektoren $\mathfrak{i}$, $\mathfrak{j}$, $\mathfrak{k}$ und addieren die senkrechten Kolonnen. Bezeichnen wir den Geschwindigkeitsvektor mit $\mathfrak{q} = \mathfrak{i}\,u + \mathfrak{j}\,v + \mathfrak{k}\,w$, so ist also

$$\frac{D\mathfrak{q}}{dt} = \frac{\partial \mathfrak{q}}{\partial t} + u\,\frac{\partial \mathfrak{q}}{\partial x} + v\,\frac{\partial \mathfrak{q}}{\partial y} + w\,\frac{\partial \mathfrak{q}}{\partial z}$$

$$= \frac{\partial \mathfrak{q}}{\partial t} + (\mathfrak{i}\,u + \mathfrak{j}\,v + \mathfrak{k}\,w) \circ \left(\mathfrak{i}\,\frac{\partial \mathfrak{q}}{\partial x} + \mathfrak{j}\,\frac{\partial \mathfrak{q}}{\partial y} + \mathfrak{k}\,\frac{\partial \mathfrak{q}}{\partial z}\right)^{1}$$

[1] Das Zeichen $\circ$ bedeutet das skalare Produkt der damit verbundenen Größen.

mithin

$$\frac{D\mathfrak{q}}{dt} = \frac{\partial \mathfrak{q}}{\partial t} + \mathfrak{q} \circ \nabla \mathfrak{q} = \frac{\partial \mathfrak{q}}{\partial t} + \mathfrak{q} \circ \operatorname{grad} \mathfrak{q}. \qquad \text{(IV, 1.8)}$$

Wir gehen jetzt dazu über, den mathematischen Ausdruck abzuleiten für die resultierende Druckkraft pro Volumeneinheit in einem festen Raumpunkt $P(x_0, y_0, z_0)$ einer strömenden Flüssigkeit, d. h. für

$$\lim_{\Delta V \to 0} \frac{\oiint\limits^{\mathfrak{F}} p \, d\mathfrak{F}}{\Delta V},$$

wo $P\,(x_0, y_0, z_0)$ innerhalb von ΔV liegt[1].

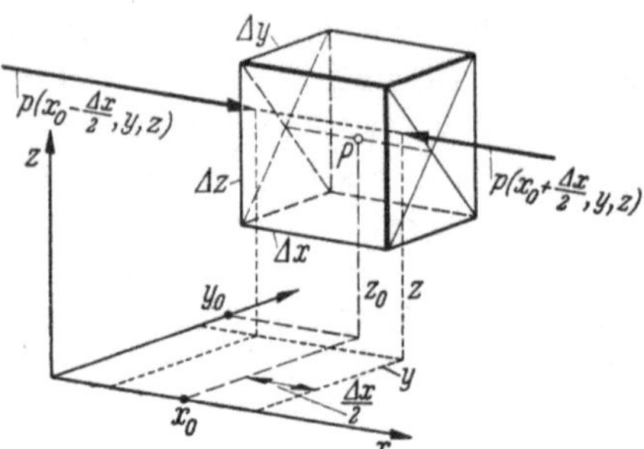

Abb. IV, 1.10. Raumfestes Volumen in Gestalt eines Würfels innerhalb einer Strömung

Wir betrachten in Abb. IV, 1.10 ein raumfestes Volumen mit den Seitenkanten $\Delta x, \Delta y, \Delta z$, durch welches die Flüssigkeit in beliebiger Weise hindurchfließen möge. Der Mittelpunkt P des Würfels habe die Koordinaten x_0, y_0, z_0. Da der Druck $p\,(x, y, z)$ auf den jeweiligen Seiten des gedachten Würfels senkrecht steht (reibungslose Flüssigkeit), kann für das obige Integral geschrieben werden

$$\oiint\limits^{\mathfrak{F}} p \, d\mathfrak{F} = \mathfrak{i} \int\limits^{\Delta y} \int\limits^{\Delta z} \left[p\left(x_0 - \frac{\Delta x}{2}, y, z\right) - p\left(x_0 + \frac{\Delta x}{2}, y, z\right) \right] dy \, dz +$$

$$+ \mathfrak{j} \int\limits^{\Delta x} \int\limits^{\Delta z} \left[p\left(x, y_0 - \frac{\Delta y}{2}, z\right) - p\left(x, y_0 + \frac{\Delta y}{2}, z\right) \right] dx \, dz +$$

$$+ \mathfrak{k} \int\limits^{\Delta x} \int\limits^{\Delta y} \left[p\left(x, y, z_0 - \frac{\Delta z}{2}\right) - p\left(x, y, z_0 + \frac{\Delta z}{2}\right) \right] dx \, dy.$$

---

[1] Für den Fall, daß die Flüssigkeit sich in Ruhe befindet und daß ein Schwerefeld $g = \text{const}$ besteht, hatten wir den Ausdruck $-\partial \bar{p}/\partial z = \varrho g = \gamma$ abgeleitet. In Analogie dazu hatten wir *angenommen* (S. 92), daß auch in einem Raumpunkt einer strömenden Flüssigkeit die Druckkraft pro Volumeneinheit in der s-Richtung durch $-\partial p/\partial s$ gegeben sei. Diesen Ausdruck haben wir auf S. 95 auch abgeleitet, allerdings nur für den speziellen Fall, daß die Richtung der Beschleunigung mit der Richtung der Geschwindigkeit zusammenfällt, da sonst der Druck p' auf gegenüberliegenden Punkten der Seitenfläche des Zylinderchens nicht überall entgegengesetzt gleich sein würde. Bei stark gekrümmten Stromlinien kann das Druckgefälle senkrecht zur Strömungsrichtung s aber sehr viel größer sein als das in Richtung von s. Im Hinblick auf die Vielgestaltigkeit der möglichen Strömungsvorgänge und in Anbetracht der grundlegenden Bedeutung der EULERschen Gleichung, soll eine strenge Ableitung des obigen Grenzwertes gegeben werden.

Ersetzen wir im ersten Integral die beiden Ausdrücke von p durch die TAYLORsche Reihe, vgl. S. 518f., d. h

$$p\left(x_0 \mp \frac{\Delta x}{2}, y, z\right) = p(x_0, y_0, z_0) \mp \frac{\partial p}{\partial x}\frac{\Delta x}{2} + \frac{\partial p}{\partial y}(y - y_0) + \frac{\partial p}{\partial z}(z - z_0) +$$

$$+ \frac{\partial^2 p}{\partial x^2}\frac{\left(\frac{\Delta x}{2}\right)^2}{2!} + \frac{\partial^2 p}{\partial y^2}\frac{(y - y_0)^2}{2!} + \frac{\partial^2 p}{\partial z^2}\frac{(z - z_0)^2}{2!} \mp 2\frac{\partial^2 p}{\partial x\,\partial y}\frac{\frac{\Delta x}{2}(y - y_0)}{2!} \mp$$

$$\mp 2\frac{\partial^2 p}{\partial x\,\partial z}\frac{\frac{\Delta x}{2}(z - z_0)}{2!} + 2\frac{\partial^2 p}{\partial y\,\partial z}\frac{(y - y_0)(z - z_0)}{2!} + \cdots$$

wo die Ableitungen im Punkte (x_0, y_0, z_0) genommen sind, mithin

$$p\left(x - \frac{\Delta x}{2}, y, z\right) - p\left(x + \frac{\Delta x}{2}, y, z\right) = -\frac{\partial p}{\partial x}\Delta x -$$

$$- \frac{\partial^2 p}{\partial x\,\partial y}\Delta x(y - y_0)\frac{\partial^2 p}{\partial x\,\partial z}\Delta x(z - z_0) \mp \cdots$$

so ist, da die Ableitungen von x, y, z unabhängig sind,

$$\int\limits^{\Delta y}\int\limits^{\Delta z}[\,]\,dy\,dz = -\frac{\partial p}{\partial x}\Delta x\int\limits^{\Delta y} dy\int\limits^{\Delta z} dz - \frac{\partial^2 p}{\partial x\,\partial y}\Delta x\int\limits^{\Delta y}(y - y_0)\,dy\int\limits^{\Delta z} dz -$$

$$- \frac{\partial^2 p}{\partial x\,\partial z}\Delta x\int\limits^{\Delta y} dy\int\limits^{\Delta z}(z - z_0)\,dz \mp \cdots$$

oder, nachdem die Integration ausgeführt und noch durch $\Delta x, \Delta y, \Delta z$ dividiert ist,

$$\frac{\int\limits^{\Delta y}\int\limits^{\Delta z}[\,]\,dy\,dz}{\Delta x\,\Delta y\,\Delta z} = -\frac{\partial p}{\partial x} - \frac{\partial^2 p}{\partial x\,\partial y}\frac{\Delta y}{2} - \frac{\partial^2 p}{\partial x\,\partial z}\frac{\Delta z}{2} \mp \cdots$$

Die entsprechenden Ausdrücke für die Flächen $\Delta x\,\Delta z$ bzw. $\Delta x\,\Delta y$ sind:

$$\frac{\int\limits^{\Delta x}\int\limits^{\Delta z}[\,]\,dx\,dz}{\Delta x\,\Delta y\,\Delta z} = -\frac{\partial p}{\partial y} - \frac{\partial^2 p}{\partial x\,\partial y}\frac{\Delta x}{2} - \frac{\partial^2 p}{\partial y\,\partial z}\frac{\Delta z}{2} \mp \cdots$$

und

$$\frac{\int\limits^{\Delta x}\int\limits^{\Delta y}[\,]\,dx\,dy}{\Delta x\,\Delta y\,\Delta z} = -\frac{\partial p}{\partial z} - \frac{\partial^2 p}{\partial x\,\partial z}\frac{\Delta x}{2} - \frac{\partial^2 p}{\partial y\,\partial z}\frac{\Delta y}{2} \mp \cdots$$

Multipliziert man die letzten drei Gleichungen bzw. mit $\mathfrak{i}$, $\mathfrak{j}$, $\mathfrak{k}$ und addiert sie, so erhält man, wenn man den Grenzwert für $\lim\Delta x = 0$, $\lim\Delta y = 0$ und $\lim\Delta z = 0$ bildet,

$$\lim_{\substack{\Delta x \to 0\\ \Delta y \to 0\\ \Delta z \to 0}}\frac{\oint\!\!\oint^{\mathfrak{F}} p\,d\mathfrak{F}}{\Delta x\,\Delta y\,\Delta z} = -\left(\mathfrak{i}\frac{\partial p}{\partial x} + \mathfrak{j}\frac{\partial p}{\partial y} + \mathfrak{k}\frac{\partial p}{\partial z}\right) = -\nabla p = -\operatorname{grad} p. \qquad \text{(IV, 1.9)}$$

im Punkte (x_0, y_0, z_0) innerhalb des Volumens $\Delta x\,\Delta y\,\Delta z$.

Zusammen mit Gl. (IV, 1.8) erhalten wir somit für die EULERsche Gleichung in vektorieller Schreibweise

$$\frac{\partial \mathfrak{q}}{\partial t} + \mathfrak{q} \circ \operatorname{grad} \mathfrak{q} = -\frac{1}{\varrho} \operatorname{grad} p \qquad \text{(IV, 1.10)}$$

oder in Koordinaten

$$\left.\begin{aligned} \frac{\partial u}{\partial t} + u\frac{\partial u}{\partial x} + v\frac{\partial u}{\partial y} + w\frac{\partial u}{\partial z} &= -\frac{1}{\varrho}\frac{\partial p}{\partial x}, \\ \frac{\partial v}{\partial t} + u\frac{\partial v}{\partial x} + v\frac{\partial v}{\partial y} + w\frac{\partial v}{\partial z} &= -\frac{1}{\varrho}\frac{\partial p}{\partial y}, \\ \frac{\partial w}{\partial t} + u\frac{\partial w}{\partial x} + v\frac{\partial w}{\partial y} + w\frac{\partial w}{\partial z} &= -\frac{1}{\varrho}\frac{\partial p}{\partial z}. \end{aligned}\right\} \qquad \text{(IV, 1.11)}$$

1.6 Integration der Eulerschen Gleichung längs einer Stromlinie, Bernoullische Gleichung. Multiplizieren wir Gl. (IV, 1.5) mit dem Wegelement ds und integrieren längs s, so erhalten wir

$$\int \frac{\partial w}{\partial t} ds + \frac{w^2}{2} + \int \frac{\partial p}{\varrho} = \text{const} \qquad \text{(IV, 1.12)}$$

und für den Fall, daß die Strömung stationär ist, d. h. $\partial w/\partial t = 0$

$$\frac{w^2}{2} + \int \frac{dp}{\varrho} = \text{const.} \qquad \text{(IV, 1.13)}$$

Nehmen wir ferner an, daß die Flüssigkeit inkompressibel ist, d. h. $\varrho = \text{const}$, so bleibt

$$\frac{w^2}{2} + \frac{p}{\varrho} = \text{const} \qquad \text{(IV, 1.14)}$$

oder, wenn 1 und 2 zwei Punkte derselben Stromlinie sind,

$$\frac{\varrho}{2} w_1^2 + p_1 = \frac{\varrho}{2} w_2^2 + p_2 = \text{const.} \qquad \text{(IV, 1.15)}$$

Diese Gleichung, welche die Beziehung zwischen Geschwindigkeit und Druck bei einer stationären Strömung einer inkompressiblen Flüssigkeit angibt, heißt nach ihrem Begründer die BERNOULLIsche Gleichung.

Um die letzte Gleichung für eine dreidimensionale Strömung zu erhalten, multiplizieren wir die einzelnen Gleichungen von (IV, 1.11) bzw. mit dx, mit dy und mit dz und addieren sie, unter Berücksichtigung, daß $\partial u/\partial t = 0$, $\partial v/\partial t = 0$ und $\partial w/\partial t = 0$ angenommen wird:

$$\begin{aligned} u\frac{\partial u}{\partial x}dx + v\frac{\partial u}{\partial y}dx + w\frac{\partial u}{\partial z}dx + u\frac{\partial v}{\partial x}dy + v\frac{\partial v}{\partial y}dy + w\frac{\partial v}{\partial z}dy + {} \\ + u\frac{\partial w}{\partial x}dz + v\frac{\partial w}{\partial y}dz + w\frac{\partial w}{\partial z}dz = -\frac{1}{\varrho}\left(\frac{\partial p}{\partial x}dx + \frac{\partial p}{\partial y}dy + \frac{\partial p}{\partial z}dz\right). \end{aligned} \qquad \text{(IV, 1.16)}$$

Da wir die Integration dieser Gleichung längs einer stationären Stromlinie vornehmen wollen, für die in jedem Punkt

$$\frac{dx}{dt} = u, \quad \frac{dy}{dt} = v, \quad \frac{dz}{dt} = w$$

oder

$$\frac{dx}{u} = \frac{dy}{v} = \frac{dz}{w}$$

ist, können wir schreiben

$$v\,dx = u\,dy, \qquad w\,dx = u\,dz, \qquad w\,dy = v\,dz.$$

Hiermit geht die obige Gleichung über in

$$u\frac{\partial u}{\partial x}dx + u\frac{\partial u}{\partial y}dy + u\frac{\partial u}{\partial z}dz + v\frac{\partial v}{\partial x}dx + v\frac{\partial v}{\partial y}dy + v\frac{\partial v}{\partial z}dz +$$

$$+ w\frac{\partial w}{\partial x}dx + w\frac{\partial w}{\partial y}dy + w\frac{\partial w}{\partial z}dz = -\frac{1}{\varrho}dp$$

oder

$$u\,du + v\,dv + w\,dw = -\frac{1}{\varrho}dp$$

oder

$$d\frac{u^2+v^2+w^2}{2} = -\frac{1}{\varrho}dp \tag{IV, 1.17}$$

und, wenn wir wieder $\varrho = \text{const}$ annehmen,

$$\frac{\varrho}{2}(u^2+v^2+w^2) + p = \text{const} = C_1. \tag{IV, 1.18}$$

Dieses ist die BERNOULLIsche Gleichung einer dreidimensionalen stationären Strömung einer inkompressiblen Flüssigkeit; die Konstante C_1 heißt die BERNOULLIsche Konstante[1].

Wenden wir diese Gleichung auf zwei Punkte 1 und 2 einer Stromlinie an, bzw. integrieren wir Gl. (IV, 1.17) von Punkt 1 bis Punkt 2, so ist mit $u^2 + v^2 + w^2 = q^2$

$$\frac{1}{2}(q_2^2 - q_1^2) = -\int_1^2 \frac{dp}{\varrho} \tag{IV, 1.19}$$

oder mit $\varrho = \text{const}$

$$\frac{\varrho}{2}(q_2^2 - q_1^2) = p_1 - p_2, \tag{IV, 1.20}$$

d. h. in dem Maße, wie das Quadrat der Geschwindigkeit q wächst, nimmt der Druck p ab.

1.7 Die Eulersche und Bernoullische Gleichung mit dem vollständigen Druck p_v. Für den Fall, daß bei Gasen die Dichte ϱ in Gl. (IV, 1.19) nicht mehr als konstant angenommen werden kann, weil wegen sehr großer Geschwindigkeiten die Druckunterschiede in Gl. (IV, 1.20) so beträchtlich werden, daß die dadurch bedingten Dichteänderungen berücksichtigt werden müssen, ist in Gl. (IV, 1.19) — je nach den Gegebenheiten — ϱ als Funktion von p einzusetzen. Diese Vorgänge werden im zweiten Band bei der Gasdynamik behandelt.

---

[1] BERNOULLI, D.: Hydrodynamica sive de viribus et motibus fluidorum Commentarii. Straßburg 1738.

Erstrecken sich jedoch die Strömungen über sehr große *vertikale* Bereiche wie bei meteorologischen Vorgängen, so ist zu berücksichtigen, daß die Dichte auch noch von der Höhe, d. h. von der aerostatischen Druckverteilung abhängt. Mit anderen Worten: Die Dichte ϱ hängt in solchen Fällen vom vollständigen Druck $p_v = p + \bar{p}$ ab. Da nach Gl. (IV, 1.1) $d\bar{p} = -\varrho\, g\, dz$ ist, erhalten wir, wenn p_v statt p in Gleichung (IV, 1.17) eingeführt wird,

$$d\,\frac{q^2}{2} = -g\,dz - \frac{1}{\varrho}\,d p_v$$

und integriert

$$\frac{q^2}{2} + \frac{p_v}{\varrho} + g z = \text{const} \qquad \text{(IV, 1.21)}$$

oder durch g dividiert

$$\frac{q^2}{2g} + \frac{p_v}{\gamma} + z = \text{const.} \qquad \text{(IV, 1.22)}$$

(BERNOULLIsche Gleichung mit dem vollständigen Druck p_v).

Ersetzt man in Gl. (IV, 1.10) p durch p_v, so erhält man

$$\frac{\partial \mathfrak{q}}{\partial t} + \mathfrak{q} \circ \operatorname{grad} \mathfrak{q} = \frac{1}{\varrho} \operatorname{grad} \bar{p} - \frac{1}{\varrho} \operatorname{grad} p_v$$

und, da

$$\operatorname{grad} \bar{p} = \varrho\, \mathfrak{g}$$

ist, wo $\mathfrak{g}$ die Erdbeschleunigung bezeichnet,

$$\frac{\partial \mathfrak{q}}{\partial t} + \mathfrak{q} \circ \operatorname{grad} \mathfrak{q} = \mathfrak{g} - \frac{1}{\varrho} \operatorname{grad} p_v. \qquad \text{(IV, 1.23)}$$

Treten noch andere Massenkräfte als die Schwerkraft, z. B. Zentrifugalkräfte, auf, durch die gleichfalls der Druck p_v und damit ϱ beeinflußt wird, so sind auch diese zu berücksichtigen. Für den Fall, daß alle auftretenden Massenkräfte ein Gesamtpotential U besitzen, so daß also grad U die resultierende Kraft pro Masseneinheit bezeichnet, geht die letzte Gleichung über in

$$\frac{\partial \mathfrak{q}}{\partial t} + \mathfrak{q} \circ \operatorname{grad} \mathfrak{q} = \operatorname{grad}\left(U - \frac{p_v}{\varrho}\right) \qquad \text{(IV, 1.24)}$$

(EULERsche Gleichung mit dem vollständigen Druck p_v).

Wie wir bereits auf S. 30 bemerkten, ändert sich die Dichte der Luft bei Höhenänderungen von 100 m nur um etwa 1%. Strömungsvorgänge in Luft mit vertikalen Abmessungen bis zu etwa 100 m lassen sich deshalb nach Gl. (IV, 1.10) behandeln.

Abgesehen von den meteorologischen Problemen gibt es noch eine weitere Gruppe von Strömungsvorgängen, wo trotz konstanter Dichte im allgemeinen die EULERsche Gleichung in der Form Gl. (IV, 1.24) bzw. die BERNOULLIsche Gleichung (IV, 1.22) anzuwenden ist. Es sind dieses die Strömungen mit freien Oberflächen, z. B. die Strömung über ein Wehr. In diesen Fällen benötigen wir eine Gleichung, in welcher der vollständige Druck p_v auftritt und nicht nur p, da die zur Lösung erforderlichen Randbedingungen im allgemeinen eine Aussage über den vollständigen Druck liefern. Bei der Strömung über ein Wehr muß z. B. der *vollständige* Druck auf der Flüssigkeitsoberfläche konstant, nämlich gleich dem Atmosphärendruck sein. Derartige Strömungen werden im VI. Kapitel behandelt.

Um den Unterschied der beiden Formen der BERNOULLIschen Gleichung

$$\frac{\varrho}{2} q^2 + p = \text{const} = C_1 \tag{IV, 1.25}$$

und

$$\frac{\varrho}{2} q^2 + p_v + \gamma z = \text{const} = C_2 \tag{IV, 1.26}$$

noch besser zu verstehen, betrachten wir in Abb. IV, 1.11 die Strömung von Wasser durch ein vertikales Rohr mit abnehmendem Querschnitt.

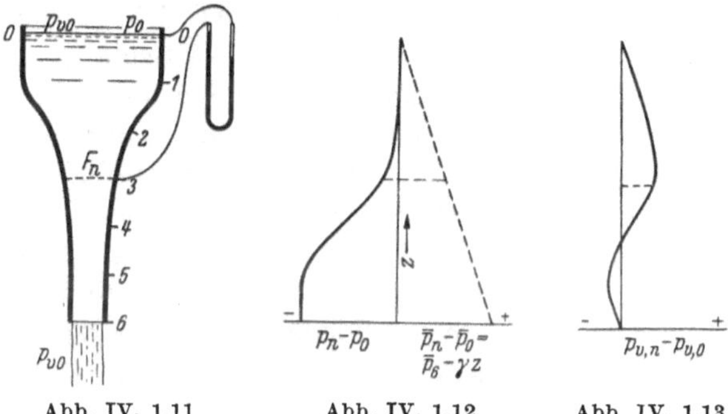

Abb. IV, 1.11 Abb. IV, 1.12 Abb. IV, 1.13

Abb. IV, 1.11. Wandanbohrungen an einem sich verjüngenden Rohr zur Messung der Druckverteilung in Strömungsrichtung

Abb. IV, 1.12. Die ausgezogene Linie entspricht dem Druckabfall, die gestrichelte der hydrostatischen Druckzunahme nach unten

Abb. IV, 1.13. Die Änderung des vollständigen Druckes

Sorgt man durch gleichmäßigen Wasserzufluß von außen dafür, daß der Wasserspiegel *0-0* die gleiche Lage behält, so hat man eine stationäre Strömung durch das Rohr.

Berechnet man nach der BERNOULLIschen Gleichung (IV, 1.25)

$$\frac{\varrho}{2}(q_0^2 - q_n^2) = p_n - p_0$$

die Druckdifferenzen auf einer Stromlinie, z. B. auf derjenigen an der Wandung, dadurch, daß man die Geschwindigkeiten q_n aus der Beziehung $F_n q_n = F_0 q_0$, also $q_n = q_0 F_0/F_n$ bestimmt, so erhält man einen Druckabfall längs des Rohres, wie er in Abb. IV, 1.12 auf der linken Seite dargestellt ist. Würde man den Druckabfall experimentell dadurch bestimmen, daß man verschiedene kleine Anbohrungen 1, 2 . . . 6 nacheinander mit dem einen Schenkel eines U-Rohrmanometers verbindet, wobei der andere Schenkel dauernd mit der Bohrung 0 verbunden bleibt, so würde man genau den berechneten Druckabfall erhalten.

Wie sieht nun die Änderung des vollständigen Druckes p_v nach Gl. (IV, 1.26) aus? Man erhält p_v offenbar, indem man zu p den hydrostatischen Druck $\overline{p}$ addiert. Da der Druck des ausfließenden Strahles gleich dem Druck $p_{v,0}$ ist, weil beide gleich dem Atmosphärendruck sind, muß $p_{v,6} - p_{v,0} = 0$ sein. Man hat also zu den Druckdifferenzen $p_n - p_0$ die in Abb. IV, 1.12 gestrichelt gezeichnete lineare Druckverteilung zu addieren und erhält damit die in Abb. IV, 1.13 dargestellte Änderung von $p_{v,n} - p_{v,0}$ längs des Rohres. Danach nimmt der vollständige Druck zunächst mit wachsender Geschwindigkeit zu, wird dann etwa von Punkt 3 ab geringer, geht durch Null, wird negativ, um am Rohrende wieder Null zu werden. Diese Druckänderung läßt sich mit einem Flüssigkeitsmanometer, wie in Abb. IV, 1.11 dargestellt, nicht messen, weil in den zum Manometer führenden Schläuchen der hydrostatische Druckanteil $\overline{p}_n - \overline{p}_0$ eliminiert wird. Um die Änderung des vollständigen Druckes längs des Rohres zu messen, könnte man ein Druckmeßgerät, wie es in Abb. II, 1.2 schematisch dargestellt ist, verwenden.

Es handelt sich also in den beiden obigen Formen der BERNOULLIschen Gleichung, d. h. in Gl. (IV, 1.25 und 26), um prinzipiell verschiedene Drücke, die wir deshalb auch — obwohl dieses in der Literatur nicht immer geschieht — durch verschiedene Benennungen kennzeichnen.

1.8 Die Bernoullische Konstante. Angenommen, alle Stromlinien kommen aus einem zusammenhängenden Gebiet, in welchem die Geschwindigkeit entweder Null oder konstant ist, d. h. wo keine Beschleunigungen auftreten, und wo deshalb auch der Druck p (nicht aber der vollständige Druck $p_v = \overline{p} + p$) überall gleich ist, so muß nach Gl. (IV, 1.18) auch die Konstante C_1 in jedem Punkte dieses Gebietes dieselbe sein. Da nun auf jeder Stromlinie C_1 konstant ist, anderseits alle Stromlinien aus einem Gebiet mit gleicher BERNOULLIscher Konstante kommen, so folgt, daß in der ganzen Strömung die BERNOULLIsche Konstante dieselbe ist.

Wenden wir diese Überlegung auf die Strömung durch die Düse der Abb. IV, 1.4 an, wobei wir annehmen, daß das Gefäß (Abb. IV, 1.5) so groß ist, daß die Geschwindigkeit in ihm vernachlässigt werden kann, so ist, wenn die BERNOULLIsche Gleichung auf die Punkte 1 und 2 der einen Stromlinie sowie auf 3 und 4 einer anderen Stromlinie angewandt wird,

$$p_1 + \frac{\varrho}{2}\, w_1^2 = p_2 + \frac{\varrho}{2}\, w_2^2 = C_1 = p_3 + \frac{\varrho}{2}\, w_3^2 = p_4 + \frac{\varrho}{2}\, w_4^2$$

also auch z. B.

$$p_1 + \frac{\varrho}{2} w_1^2 = p_4 + \frac{\varrho}{2} w_4^2.$$

Wenn die BERNOULLIsche Konstante im gesamten Strömungsgebiet dieselbe ist, so gilt die BERNOULLIsche Gleichung nicht nur für Punkte, die auf ein und derselben Stromlinie liegen, sondern für beliebige Punkte der Strömung.

Es lassen sich jedoch leicht Strömungsvorgänge angeben, bei denen die BERNOULLIsche Konstante nicht in allen Punkten der Strömung die gleiche ist: In Abb. IV, 1.14 ist wiederum ein Gefäß dargestellt mit

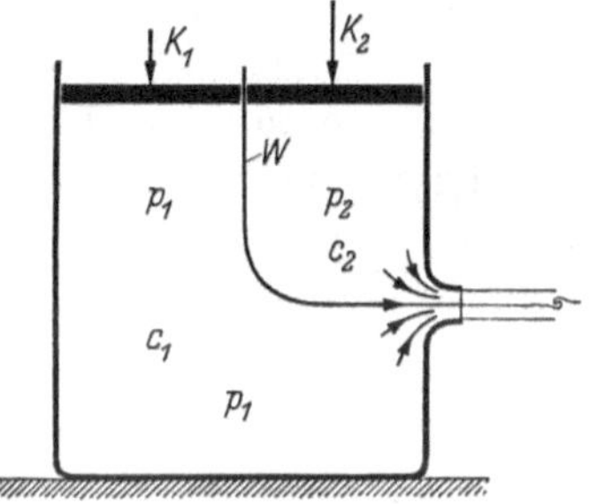

Abb. IV, 1.14. Strömung aus einem, durch eine Wand (W) geteilten Gefäß, deren Teile verschiedene BERNOULLIsche Konstanten besitzen

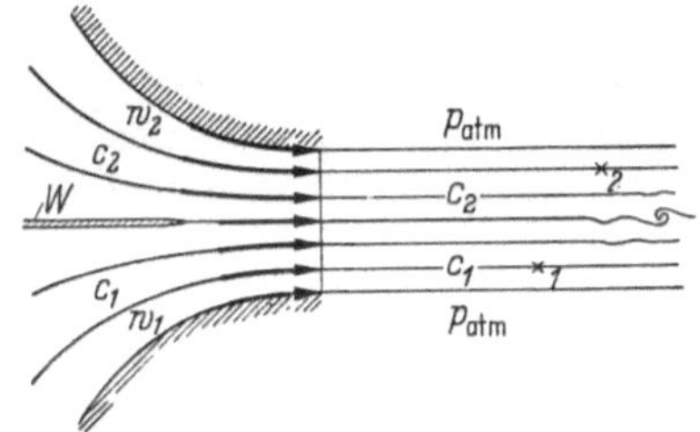

Abb. IV, 1.15. Strömung in einem zweidimensionalen Strahl, wo die BERNOULLIsche Konstante unter- und oberhalb einer Diskontinuitätsfläche verschieden ist

einem seitlich angeordneten, im Verhältnis zur Größe des Gefäßes kleinen, abgerundeten Schlitz. Innerhalb des Gefäßes befindet sich eine Wand W, die bis nahe an das Ende der zweidimensionalen Düse reicht (Abb. IV, 1.15) und die das Gefäß in zwei nicht zusammenhängende Gebiete teilt. Nehmen wir nun an, daß die Kraft K_1 auf den linken Stempel geringer sei als die Kraft K_2 auf dem anderen, gleich großen Stempel, so wird der Druck p_1 kleiner als p_2 sein. Da wir voraussetzen, daß der Querschnitt der Düse sehr klein ist, verglichen mit den Dimensionen des Gefäßes, so können wir in erster Näherung die Geschwindigkeit in den beiden Teilen des Gefäßes gleich Null setzen. Wenden wir jetzt die BERNOULLIsche Gleichung jeweils auf die beiden Gefäßteile an, und zwar bis zu einem Punkt außerhalb der Düse, wo im Flüssigkeitsstrahl der gleiche Druck, nämlich der Atmosphärendruck, herrscht, so haben wir

$$p_1 = \frac{\varrho}{2} w_1^2 + p_{\text{atm}} = C_1 \quad \text{bzw.} \quad p_2 = \frac{\varrho}{2} w_2^2 + p_{\text{atm}} = C_2,$$

und da $p_1 < p_2$ ist, folgt $w_1 < w_2$. Im Strahl haben wir somit ein Gebiet mit zwei verschiedenen Geschwindigkeiten und zwei verschiedenen BERNOULLIschen Konstanten. Es ist deshalb nicht angängig, die BERNOULLIsche Gleichung auf zwei Punkte, etwa auf die Punkte 1 und 2, anzuwenden, welche durch die Diskontinuitätsfläche der Geschwindigkeit voneinander getrennt sind.

1.9 Folgerungen für den Fall, daß die Bernoullische Konstante für alle Stromlinien gleich ist, Potentialströmung. Wir haben gesehen, daß, wenn immer eine stationäre Strömung ihren Ursprung in einem Bereich hat, wo statische Bedingungen herrschen (die Geschwindigkeit konstant bzw. Null), die BERNOULLIsche Gleichung nicht nur für Punkte ein und derselben Stromlinie, sondern für alle Punkte gilt. Das bedeutet aber, daß die EULERsche Gleichung in diesen Fällen nicht nur längs Stromlinien, sondern längs jeder beliebigen Linie integriert die BERNOULLIsche Gleichung ergibt. Mit anderen Worten: die linke Seite der Gl. (IV, 1.16) muß für beliebige dx, dy, dz ein vollständiges Differential bilden und nicht nur für solche dx, dy, dz, die auf einer Stromlinie liegen. Wir werden sehen, daß sich aus dieser Folgerung ein überraschendes und interessantes Resultat ergibt.

Zunächst bedenken wir, daß das vollständige Differential

$$\begin{aligned} d\,\frac{u^2+v^2+w^2}{2} = \frac{\partial}{\partial x}\,\frac{u^2+v^2+w^2}{2}\,dx + \frac{\partial}{\partial y}\,\frac{u^2+v^2+w^2}{2}\,dy \,+ \\ + \frac{\partial}{\partial z}\,\frac{u^2+v^2+w^2}{2}\,dz = u\,\frac{\partial u}{\partial x}\,dx + v\,\frac{\partial v}{\partial x}\,dx + w\,\frac{\partial w}{\partial x}\,dx \\ + u\,\frac{\partial u}{\partial y}\,dy + v\,\frac{\partial v}{\partial y}\,dy + w\,\frac{\partial w}{\partial y}\,dy \\ + u\,\frac{\partial u}{\partial z}\,dz + v\,\frac{\partial v}{\partial z}\,dz + w\,\frac{\partial w}{\partial z}\,dz \end{aligned}$$

ist. Wenn dieser Ausdruck dem bzw. mit (beliebigen!) dx, dy, dz multiplizierten substantiellen Differentialquotienten der Geschwindigkeit gleich sein soll, d. h. gleich der linken Seite von Gl. (IV, 1.16), so folgt, wenn man jeweils die x-, y- und z-Komponente der beiden Ausdrücke einander gleichsetzt,

$$\begin{aligned} v\,\frac{\partial v}{\partial x} + w\,\frac{\partial w}{\partial x} &= v\,\frac{\partial u}{\partial y} + w\,\frac{\partial u}{\partial z}\,, \\ u\,\frac{\partial u}{\partial y} + w\,\frac{\partial w}{\partial y} &= u\,\frac{\partial v}{\partial x} + w\,\frac{\partial v}{\partial z}\,, \\ u\,\frac{\partial u}{\partial z} + v\,\frac{\partial v}{\partial z} &= u\,\frac{\partial w}{\partial x} + v\,\frac{\partial w}{\partial y} \end{aligned}$$

oder

$$\left.\begin{aligned} v\left(\frac{\partial v}{\partial x} - \frac{\partial u}{\partial y}\right) - w\left(\frac{\partial u}{\partial z} - \frac{\partial w}{\partial x}\right) = 0\,, \\ w\left(\frac{\partial w}{\partial y} - \frac{\partial v}{\partial z}\right) - u\left(\frac{\partial v}{\partial x} - \frac{\partial u}{\partial y}\right) = 0\,, \\ u\left(\frac{\partial u}{\partial z} - \frac{\partial w}{\partial x}\right) - v\left(\frac{\partial w}{\partial y} - \frac{\partial v}{\partial z}\right) = 0\,. \end{aligned}\right\} \qquad \text{(IV, 1.27)}$$

Multiplizieren wir diese Komponenten bzw. mit $\mathfrak{i}$, $\mathfrak{j}$, $\mathfrak{k}$ und addieren, so erhält man statt Gl. (IV, 1.27)

$$(\mathfrak{i}\,u + \mathfrak{j}\,v + \mathfrak{k}\,w) \times \left[\mathfrak{i}\left(\frac{\partial w}{\partial y} - \frac{\partial v}{\partial z}\right) + \mathfrak{j}\left(\frac{\partial u}{\partial z} - \frac{\partial w}{\partial x}\right) + \mathfrak{k}\left(\frac{\partial v}{\partial x} - \frac{\partial u}{\partial y}\right)\right] = 0^{1}. \qquad \text{(IV, 1.28)}$$

Da die Geschwindigkeit $\mathfrak{i}\,u + \mathfrak{j}\,v + \mathfrak{k}\,w$ nicht identisch gleich Null ist und die beiden Vektoren des vektoriellen Produktes auch nicht parallel sind[2], so folgt, daß der rechte Vektor von Gl. (IV, 1.28) und damit jeder seiner Komponenten für sich gleich Null sein muß, d. h.

$$\frac{\partial w}{\partial y} - \frac{\partial v}{\partial z} = 0, \qquad \frac{\partial u}{\partial z} - \frac{\partial w}{\partial x} = 0, \qquad \frac{\partial v}{\partial x} - \frac{\partial u}{\partial y} = 0. \qquad \text{(IV, 1.29)}$$

Wir erhalten somit das Resultat, daß jede Strömung, die aus einem Gebiet kommt, wo statische Verhältnisse herrschen, den letzten drei Gleichungen genügen muß. Ohne auf die physikalische Bedeutung dieser drei Gleichungen hier einzugehen — dieses werden wir in IV, 3 tun — wollen wir noch einen Schritt weitergehen: Eine wie große Einschränkung die drei Gleichungen tatsächlich bedeuten, erkennt man daraus, daß aus Gl. (IV, 1.29) unmittelbar folgt, daß eine Funktion $\Phi(x, y, z)$ existieren muß, für die

$$u = \frac{\partial \Phi(x, y, z)}{\partial x}, \qquad v = \frac{\partial \Phi(x, y, z)}{\partial y}, \qquad w = \frac{\partial \Phi(x, y, z)}{\partial z} \qquad \text{(IV, 1.30)}$$

ist. Dieses folgt aus

$$\begin{aligned}
\frac{\partial w}{\partial y} - \frac{\partial v}{\partial z} &= \frac{\partial^2 \Phi}{\partial z\, \partial y} - \frac{\partial^2 \Phi}{\partial y\, \partial z} \equiv 0,\\
\frac{\partial u}{\partial z} - \frac{\partial w}{\partial x} &= \frac{\partial^2 \Phi}{\partial x\, \partial z} - \frac{\partial^2 \Phi}{\partial z\, \partial x} \equiv 0,\\
\frac{\partial v}{\partial x} - \frac{\partial u}{\partial y} &= \frac{\partial^2 \Phi}{\partial y\, \partial x} - \frac{\partial^2 \Phi}{\partial x\, \partial y} \equiv 0,
\end{aligned}$$

da angenommen wird, daß die zweiten Ableitungen von Φ keine Singularitäten aufweisen und deshalb die Reihenfolge der Differentiation bedeutungslos ist.

Die Funktion Φ heißt die Potentialfunktion und eine durch $\Phi(x, y, z)$ dargestellte Strömung eine Potentialströmung. Dieser sich als außerordentlich zweckmäßig erweisende Begriff wurde von HELMHOLTZ eingeführt. Welcher Art die Funktion $\Phi(x, y, z)$ sein wird, hängt von der speziellen Strömung ab, die wir in Betracht ziehen. Sie wird im Falle einer Strömung durch eine Düse verschieden sein von der Potentialfunktion der Strömung um einen Körper. Es sind die „Grenzen",

[1] Das Zeichen $\times$ bedeutet das vektorielle Produkt der damit verbundenen Vektoren.

[2] Ein zu $\mathfrak{i}\,u + \mathfrak{j}\,v + \mathfrak{k}\,w$ paralleler Vektor hat die Form $m\,(\mathfrak{i}\,u + \mathfrak{j}\,v + \mathfrak{k}\,w)$.

durch welche die Strömung bestimmt wird, d. h. die Gestalt der Düse, längs deren Wänden die Flüssigkeit strömt, oder die Kontur des Körpers.

Wir nehmen an, daß die Flüssigkeit nicht in die Begrenzung der Strömung eindringen kann, so daß die Komponente der Geschwindigkeit senkrecht zur Begrenzung, d. h. $\partial \Phi / \partial n$, wo n die Normale zur Grenzfläche ist, in jedem Punkt der Grenzfläche gleich Null sein muß. Wir wissen zwar, daß eine Funktion $\Phi(x, y, z)$ existiert, deren Ableitungen in allen Punkten die Geschwindigkeitskomponenten in diesen

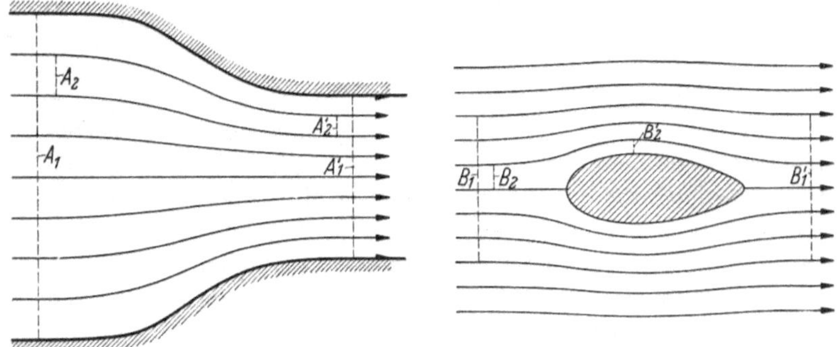

Abb. IV, 1.16. Strömung durch eine zweidimensionale Düse

Abb. IV, 1.17. Strömung um eine Strebe

Punkten darstellen und somit das ganze Geschwindigkeitsfeld ergibt, aber es fehlt uns noch die Differentialgleichung, deren Lösung — unter Berücksichtigung der Randbedingung $\partial \Phi / \partial n = 0$ für alle Punkte des Randes — die gesuchte Funktion $\Phi(x, y, z)$ liefert.

Die Lösung einer solchen Differentialgleichung wird, wie gesagt, in jedem speziellen Fall von der geometrischen Gestalt der Begrenzung der Strömung abhängen; die Differentialgleichung als solche muß aber der mathematische Ausdruck eines allgemeinen physikalischen Gesetzes sein, das der Strömung zugrunde liegt: Betrachten wir in Abbildung IV, 1.16 z. B. die stationäre Strömung durch eine zweidimensionale Düse, so muß die Flüssigkeitsmenge, die in der Zeiteinheit durch den Querschnitt A_1 fließt, gleich derjenigen durch den Querschnitt A_1' sein. Dieses folgt aus dem Prinzip von der Erhaltung der Masse, da ja angenommen wird, daß die Düsenwände für die Flüssigkeit undurchdringlich sind. Das gleiche gilt für die Querschnitte A_2 und A_2'. Oder betrachten wir die stationäre Strömung um eine Strebe (Abb. IV, 1.17): auch hier ist die Flüssigkeitsmasse, die in der Zeiteinheit durch den Querschnitt B_1 fließt, gleich derjenigen durch B_1'. Das gleiche gilt für die Querschnitte B_2 und B_2', da durch Stromlinien definitionsgemäß keine Flüssigkeit hindurchtritt.

Würden wir dieses Gesetz von der Erhaltung der Masse aufgeben, d. h. würden wir die Möglichkeit zulassen, daß in irgendeinem Teil der Flüssigkeit oder auch nur in einem Punkte Flüssigkeit entstehen oder vergehen könnte, so würde die Strömung nicht mehr allein durch die Form ihrer Begrenzung bestimmt sein. Es ist, wie wir in der nächsten Nummer sehen werden, dieses Gesetz von der Erhaltung der Masse oder vielmehr dessen mathematischer Ausdruck, angewandt auf eine in Bewegung befindliche Flüssigkeit, der die Differentialgleichung für die Potentialfunktion $\Phi(x, y, z)$ liefert.

Die EULERsche Gleichung in vektorieller Schreibweise, d. h. Gl. (IV, 1.10)

$$\frac{\partial \mathfrak{q}}{\partial t} + \mathfrak{q} \circ \operatorname{grad} \mathfrak{q} = -\frac{1}{\varrho} \operatorname{grad} p$$

läßt sich unter Benutzung der Fußnote[1] auf S. 394 umformen. Ersetzt man in der Fußnote $\mathfrak{w}$ durch $\mathfrak{q}$, so gibt die dortige letzte Gleichung

$$\mathfrak{q} \circ \operatorname{grad} \mathfrak{q} = \operatorname{grad} \frac{q^2}{2} - \mathfrak{q} \times \operatorname{rot} \mathfrak{q}$$

und damit

$$\frac{\partial \mathfrak{q}}{\partial t} + \operatorname{grad} \frac{q^2}{2} - \mathfrak{q} \times \operatorname{rot} \mathfrak{q} = -\frac{1}{\varrho} \operatorname{grad} p.$$

Wie aus Gl. (VII, 1.12) hervorgeht, ist das Verschwinden der drei Gl. (IV, 1.29) identisch mit $\operatorname{rot} \mathfrak{q} = 0$, womit für den stationären Fall einer Potentialströmung die EULERsche Gleichung lautet

$$\operatorname{grad} \frac{q^2}{2} = -\frac{1}{\varrho} \operatorname{grad} p,$$

die bei konstantem ϱ durch Integration längs einer beliebigen Kurve in die BERNOULLIsche Gleichung

$$\frac{q^2}{2} + \frac{p}{\varrho} = \text{const}$$

übergeht.

Für den nichtstationären Fall ist mit $\mathfrak{q} = \operatorname{grad} \Phi$

$$\int \frac{\partial \mathfrak{q}}{\partial t} = \frac{\partial}{\partial t} \int \operatorname{grad} \Phi = \frac{\partial \Phi}{\partial t},$$

mithin

$$\frac{\partial \Phi}{\partial t} + \frac{q^2}{2} + \frac{p}{\varrho} = \text{const}.$$

(Allgemeine BERNOULLIsche Gleichung).

1.10 Kontinuitätsgleichung einer inkompressiblen Flüssigkeit. Im Hinblick darauf, daß wir den mathematischen Ausdruck der Tatsache ableiten wollen, daß nirgends innerhalb einer Strömung Flüssigkeit entstehen oder vergehen kann, betrachten wir den Raumpunkt P mit den Koordinaten x_0, y_0, z_0 und den Geschwindigkeiten u_0, v_0, w_0 und umgeben ihn mit einem kleinen Würfel $\Delta x \Delta y \Delta z$ (Abb. IV, 1.18). Durch einen Teil der Oberfläche dieses raumfesten Würfels wird die Flüssigkeit hinein-, durch den übrigen Teil der Oberfläche herausfließen.

Wenn die Flüssigkeitsmasse, d. h. ihr Volumen mal Dichte, die in den Würfel eintritt, kleiner ist als diejenige, die zugleich austritt, so muß die Flüssigkeitsmasse innerhalb des Würfels abnehmen und dabei ihre durchschnittliche Dichte $\bar{\varrho}$ kleiner werden, da ja die Größe des raumfesten Würfels konstant bleibt. Nehmen wir jetzt an, daß die Flüssigkeit inkompressibel, d. h. $\varrho = \text{const}$ ist, so folgt, daß das in einem Zeitintervall eintretende Flüssigkeitsvolumen gleich dem in derselben Zeit austretenden Volumen sein muß, oder daß das „Quellvermögen", auch „Divergenz" genannt, der durch den Würfel fließenden Strömung zu jeder Zeit Null sein muß.

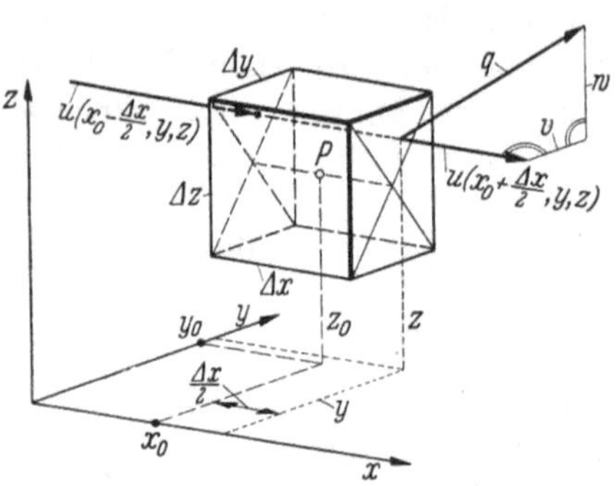

Abb. IV, 1.18. Raumfestes Volumen in Gestalt eines Würfels um einen Raumpunkt P innerhalb einer strömenden Flüssigkeit

Wir wollen die Strömung durch die drei Flächenpaare $\Delta y\,\Delta z$, $\Delta x\,\Delta z$ und $\Delta x\,\Delta y$ je einzeln untersuchen und beginnen mit dem Flächenpaar $\Delta y\,\Delta z$. Die Geschwindigkeiten $\mathfrak{q}$ in zwei beliebigen Punkten dieses Flächenpaares können in ihre u-, v- und w-Komponenten zerlegt werden, wobei nur die u-Komponenten $u(x_0 \pm \Delta x/2,\ y,\ z)$ für das Durchflußvolumen durch die beiden $\Delta y\,\Delta z$-Flächen in Frage kommen, da die beiden anderen Komponenten der Fläche parallel sind. Der Überschuß durch das Flächenpaar $\Delta y\,\Delta z$ ist somit

$$\int\int^{\Delta y\,\Delta z} \left[u\left(x_0 + \frac{\Delta x}{2}, y, z\right) - u\left(x_0 - \frac{\Delta x}{2}, y, z\right)\right] dy\,dz,$$

wobei das Doppelintegral über $\Delta y\,\Delta z$, d. h. von $y_0 - \frac{\Delta y}{2}$ bis $y_0 + \frac{\Delta y}{2}$ bzw. von $z_0 - \frac{\Delta z}{2}$ bis $z_0 + \frac{\Delta z}{2}$ zu nehmen ist.

Nach dem TAYLORschen Theorem (vgl. S. 518f.) ist nun

$$\begin{aligned} u\left(x_0 \pm \frac{\Delta x}{2}, y, z\right) &= u(x_0, y_0, z_0) \pm \frac{\partial u}{\partial x}\frac{\Delta x}{2} + \frac{\partial u}{\partial y}(y - y_0) + \\ &+ \frac{\partial u}{\partial z}(z - z_0) + \frac{\partial^2 u}{\partial x^2}\frac{\left(\frac{\Delta x}{2}\right)^2}{2!} + \frac{\partial^2 u}{\partial y^2}\frac{(y - y_0)^2}{2!} + \\ &+ \frac{\partial^2 u}{\partial z^2}\frac{z - z_0)^2}{2!} \pm 2\frac{\partial^2 u}{\partial x\,\partial y}\frac{\frac{\Delta x}{2}(y - y_0)}{2!} \pm \\ &\pm 2\frac{\partial^2 u}{\partial x\,\partial z}\frac{\frac{\Delta x}{2}(z - z_0)}{2!} + 2\frac{\partial^2 u}{\partial y\,\partial z}\frac{(y - y_0)(z - z_0)}{2!} + \cdots \end{aligned}$$

Diese Ausdrücke, in das Doppelintegral eingesetzt, ergibt

$$\int^{\Delta y}\int^{\Delta z}\left[\frac{\partial u}{\partial x}\Delta x+\frac{\partial^2 u}{\partial x\,\partial y}\Delta x\,(y-y_0)+\frac{\partial^2 u}{\partial x\,\partial z}\Delta x\,(z-z_0)+\cdots\right]dy\,dz$$

und, da die Ableitungen im Punkte x_0, y_0, z_0 genommen und deshalb unabhängig von y und z sind,

$$\frac{\partial u}{\partial x}\Delta x\int^{\Delta y}dy\int^{\Delta z}dz+\frac{\partial^2 u}{\partial x\,\partial y}\Delta x\int^{\Delta y}(y-y_0)\,dy\int^{\Delta z}dz+$$
$$+\frac{\partial^2 u}{\partial x\,\partial z}\Delta x\int^{\Delta y}dy\int^{\Delta z}(z-z_0)\,dz+\cdots$$

oder

$$\left(\frac{\partial u}{\partial x}+\frac{\partial^2 u}{\partial x\,\partial y}\,\frac{\Delta y}{2}+\frac{\partial^2 u}{\partial x\,\partial z}\,\frac{\Delta z}{2}+\cdots\right)\Delta x\,\Delta y\,\Delta z.$$

Für die beiden anderen Flächenpaare $\Delta x\,\Delta z$ bzw. $\Delta x\,\Delta y$ erhält man in ähnlicher Weise

$$\left(\frac{\partial v}{\partial y}+\frac{\partial^2 v}{\partial y\,\partial x}\,\frac{\Delta x}{2}+\frac{\partial^2 v}{\partial y\,\partial z}\,\frac{\Delta z}{2}+\cdots\right)\Delta x\,\Delta y\,\Delta z$$

und

$$\left(\frac{\partial w}{\partial z}+\frac{\partial^2 w}{\partial z\,\partial x}\,\frac{\Delta x}{2}+\frac{\partial^2 w}{\partial z\,\partial y}\,\frac{\Delta y}{2}+\cdots\right)\Delta x\,\Delta y\,\Delta z.$$

Die Summe der drei letzten unendlichen Reihen stellt also den Überschuß des Flüssigkeitsvolumens dar, das in der Zeiteinheit in den Kubus $\Delta x\,\Delta y\,\Delta z$ fließt. Dividiert man jetzt durch das Volumen des Kubus und geht danach zu $\lim \Delta x = 0$, $\lim \Delta y = 0$, $\lim \Delta z = 0$ über[1], so bleibt, da der Überschuß (wegen $\varrho = \text{const}$) gleich Null sein muß,

$$\frac{\partial u}{\partial x}+\frac{\partial v}{\partial y}+\frac{\partial w}{\partial z}=0 \qquad \text{(IV, 1.31)}$$

im Punkte $P(x_0, y_0, z_0)$.

Aus der Art, wie diese Gleichung abgeleitet ist, folgt ohne weiteres, daß

$$\frac{\partial u}{\partial x}+\frac{\partial v}{\partial y}+\frac{\partial w}{\partial z}=\lim_{\Delta V\to 0}\frac{\oint\!\!\oint^{F} q\cos(q,n)\,dF}{\Delta V}=0 \qquad \text{(IV, 1.32)}$$

ist.

---

[1] Es ist nicht zulässig — obwohl es das Resultat nicht beeinflußt — lediglich eine Änderung von u in der x-Richtung anzunehmen und die Änderung von u in der y- und z-Richtung von vornherein bei einem Würfelelement $dx\,dy\,dz$ zu vernachlässigen. Erst aus der obigen Reihenentwicklung von u ist ersichtlich, daß die Ableitungen von u in der y- und z-Richtung beim Grenzübergang $\lim \Delta x\,\Delta y\,\Delta z = dx\,dy\,dz$ fortfallen. Das Entsprechende gilt von den v- und w-Komponenten.

In vektorieller Schreibweise haben wir

$$\frac{\partial u}{\partial x} + \frac{\partial v}{\partial y} + \frac{\partial w}{\partial z} = \left(\mathfrak{i}\frac{\partial}{\partial x} + \mathfrak{j}\frac{\partial}{\partial y} + \mathfrak{k}\frac{\partial}{\partial z}\right) \circ (\mathfrak{i}\,u + \mathfrak{j}\,v + \mathfrak{k}\,w) = 0$$

$$= \nabla \circ \mathfrak{q} = \operatorname{div}\mathfrak{q} = \lim_{\Delta V \to 0} \frac{\oint\!\!\oint_{\mathfrak{F}} \mathfrak{q} \circ d\mathfrak{F}}{\Delta V} = 0. \qquad \text{(IV, 1.33)}$$

Diese Gleichung heißt die Kontinuitätsgleichung einer inkompressiblen Flüssigkeit.

1.11 Laplacesche Gleichung. Mit der Kontinuitätsgleichung haben wir die oben erwähnte Differentialgleichung für die Potentialfunktion Φ erhalten. Denn wenn wir Gl.(IV, 1.30) mit Gl. (IV, 1.31) kombinieren, haben wir

$$\frac{\partial^2 \Phi}{\partial x^2} + \frac{\partial^2 \Phi}{\partial y^2} + \frac{\partial^2 \Phi}{\partial z^2} \equiv \Delta \Phi = 0. \qquad \text{(IV, 1.34)}$$

Diese Gleichung wird die LAPLACEsche Gleichung genannt.

Die Lösung dieser Gleichung — unter Berücksichtigung der jeweiligen Randbedingung — gibt nach Gl. (IV, 1.30) das gesamte Geschwindigkeitsfeld, d. h. in jedem Punkt die Geschwindigkeitskomponenten u, v und w. Setzt man diese Werte dann in die BERNOULLIsche Gleichung (IV, 1.17) ein, so erhält man $p(x, y, z)$, d. h. die Druckverteilung.

Diese Methode, das Problem in zwei Probleme aufzuspalten, d. h. zuerst das Geschwindigkeitsfeld zu bestimmen und danach die Druckverteilung zu berechnen, bedeutet eine große Vereinfachung gegenüber der anderen Methode, die drei simultanen EULERschen Gleichungen zusammen mit der Kontinuitätsgleichung (IV, 1.31) für die vier Unbekannten u, v, w und p zu lösen (ϱ = const). Können wir ϱ nicht als konstant annehmen, so gilt auch Gl. (IV, 1.31) bzw. Gl. (IV, 1.34) nicht mehr, und es ist dann prinzipiell nicht möglich, zuerst das Geschwindigkeitsfeld und danach die Druckverteilung zu berechnen.

Allein trotz der Vereinfachung im Falle ϱ = const ist es keineswegs eine leichte Aufgabe, die LAPLACEsche Differentialgleichung unter Berücksichtigung der Randbedingung zu lösen, und es sind deshalb auch nur wenige Lösungen für verhältnismäßig einfache Randbedingungen (z. B. Strömung um eine Kugel) bekannt. Wir werden später sehen, daß es häufig einfacher ist, aus allgemeinen Überlegungen heraus eine Funktion $\Phi(x, y, z)$ anzunehmen und durch Einsetzen in die LAPLACEsche Gleichung festzustellen, ob sie eine Lösung darstellt und welchen Randbedingungen die Funktion Φ genügt. Dabei ist es von großer Bedeutung, daß die LAPLACEsche Gleichung vom ersten Grade ist — im Gegensatz zur EULERschen Gleichung — da dann eine Summe von solchen Funktionen Φ wieder eine Lösung der LAPLACEschen Gleichung darstellt. Durch diese Superposition von Lösungen ist man häufig in der Lage, die gegebene Randbedingung zu erfüllen. Es mag hier noch erwähnt werden, daß die Bedingungen an der *gesamten* Begrenzung bekannt sein müssen.

1.12 Druckänderung senkrecht zur Geschwindigkeitsrichtung. Die EULERsche Gleichung in eindimensionaler Form für eine stationäre Strömung

$$w \frac{\partial w}{\partial s} = -\frac{1}{\varrho} \frac{\partial p}{\partial s}$$

stellt die Beziehung dar zwischen der longitudinalen Beschleunigung (in der s-Richtung) und dem Druckabfall längs der Stromlinie s.

Eine ähnliche Gleichung kann man für den Druckabfall senkrecht zur Stromlinie und der entsprechenden transversalen Beschleunigung ableiten. Wir betrachten zu dem Zweck einen Behälter von spiralförmiger Gestalt (Abb. IV, 1.19), bei welchem die Flüssigkeit im Querschnitt E eintritt und in 0 ausfließt. Im Inneren bewegen sich die Flüssigkeitsteilchen angenähert in Kreisen mit 0 als Mittelpunkt. Wenn w der Betrag der Geschwindigkeit eines Teilchens im Abstand r vom Mittelpunkt 0 ist, so ist seine transversale Beschleunigung[1]

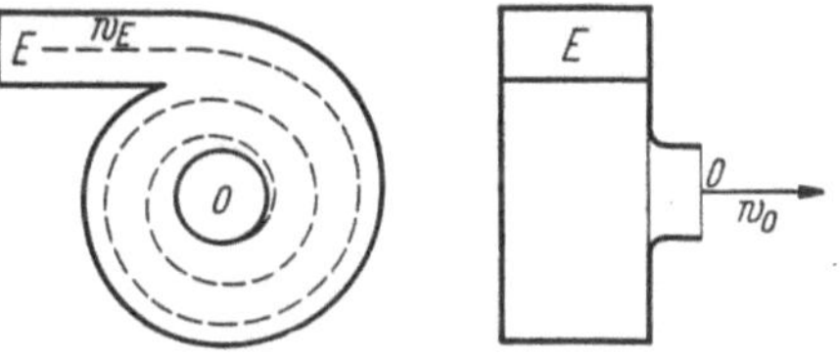

Abb. IV, 1.19. Strömung aus einem spiralförmigen Behälter

$$\frac{w^2}{r}.$$

Bezeichnen wir das Volumen des Teilchens (Abb. IV, 1.20) mit $ds\,dr\,dh$, wo dh die Dimension senkrecht zur Bildebene ist, so haben wir als Zentrifugalkraft des Teilchen

$$\varrho\,ds\,dr\,dh\frac{w^2}{r}.$$

Da die Drucke auf den Seiten 1 3 und 2 4 jeweils senkrecht stehen, tragen sie nicht zur r-Komponente der resultierenden Druckkraft bei, so daß diese

$$ds\,dh\frac{\partial p}{\partial r}dr$$

[1] Da die Geschwindigkeit ein Vektor ist, so stellt auch eine Änderung der Richtung der Geschwindigkeit in der Zeiteinheit — selbst bei gleichbleibendem Betrag — eine Beschleunigung dar.

ist. Da diese Druckkomponente sich mit der obigen Zentrifugalkraft im Gleichgewicht befindet, ergibt sich

$$\frac{w^2}{r} = \frac{1}{\varrho}\frac{\partial p}{\partial r}\,^{1}. \tag{IV, 1.35}$$

Hieraus folgt die wichtige Tatsache, daß bei geraden und parallelen Stromlinien ($r = \infty$) keine Druckänderung senkrecht zur Strömungsrichtung auftreten kann. In einem geraden Rohr z. B. muß der Druck über dem Querschnitt der gleiche sein, obwohl die Geschwindigkeit infolge der Zähigkeitswirkung keineswegs konstant ist. Der Druck im Querschnitt kann also an der Rohrwandung, und zwar durch Anbohrung, gemessen werden.

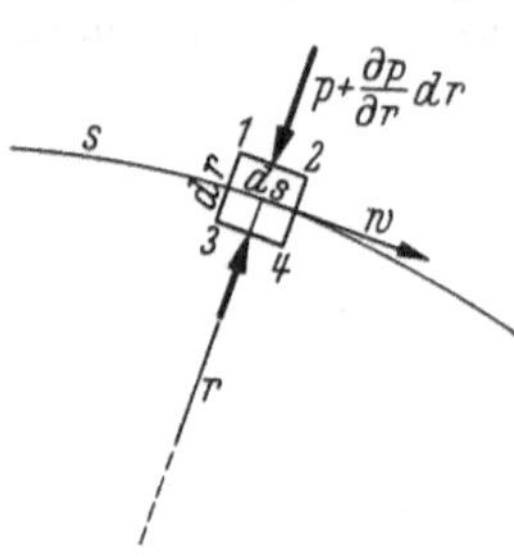

Abb. IV, 1.20. Bei einer gekrümmten Stromlinie nimmt der Druck nach außen zu

In dem speziellen Fall der Abb. IV, 1.19, bei dem angenommen wird, daß die Strömung ihren Ursprung in einem Gebiet (E) hat, wo die Geschwindigkeit konstant ist, können wir — wenn wir die Wirkung der Zähigkeit vernachlässigen — die BERNOULLIsche Gleichung anwenden

$$\frac{w^2}{2} + \frac{p}{\varrho} = \text{const} = C_1,$$

wo die Konstante C_1 für alle Stromlinien dieselbe ist. Bilden wir die partielle Ableitung nach r

$$w\frac{\partial w}{\partial r} = -\frac{1}{\varrho}\frac{\partial p}{\partial r},$$

so ergibt sich mit Gl. (IV, 1.35)

$$\frac{w^2}{r} = -w\frac{\partial w}{\partial r}$$

oder

$$\frac{\partial r}{r} = -\frac{\partial w}{w}$$

und integriert

$$\ln r = \ln C - \ln w$$

oder

$$w = \frac{C}{r}. \tag{IV, 1.36}$$

---

[1] Wie aus der Ableitung ersichtlich, wurde nicht von der Voraussetzung der Reibungsfreiheit der Flüssigkeit Gebrauch gemacht, so daß die obige Gleichung auch für zähe Flüssigkeiten gilt.

Die Gleichung folgt auch direkt aus den EULERschen Gleichungen in Polarkoordinaten, vgl. Anhang S. 516. Denn, da die Strömung stationär, d. h. $\partial q_\varphi/\partial t = 0$, und da $q_r = 0$ und $q_z = 0$ angenommen wird, bleibt

$$\frac{q_\varphi^2}{r} = \frac{1}{\varrho}\frac{\partial p}{\partial r}.$$

Mit Worten: Die Geschwindigkeit w in Abb. IV, 1.19 nimmt umgekehrt mit dem Abstand vom Zentrum 0 zu. Auf S. 129f. werden wir bei der Behandlung eines geraden Wirbels dasselbe Resultat auf einem anderen Wege finden.

Der Druckabfall vom Eintritt E bis zur Öffnung 0 läßt sich nach der BERNOULLIschen Gleichung berechnen. Es ist

$$p_E + \frac{\varrho}{2} w_E^2 = p_0 + \frac{\varrho}{2} w_0^2$$

also unter Berücksichtigung von Gl. (IV, 1.36)

$$p_E - p_0 = \frac{\varrho}{2} C \left(\frac{1}{r_0^2} - \frac{1}{r_E^2} \right).$$

Für kleine Werte von r_0 kann somit ein sehr großer Druckabfall auftreten.

2 Beispiele von Potentialströmungen

2.1 Lineare und quadratische Funktion von x, y, z. Jede lineare Funktion von x, y und z

$$\Phi = a\,x + b\,y + c\,z$$

ist offenbar eine Lösung der LAPLACEschen Gleichung. Sie stellt eine translatorische Strömung von konstanter Geschwindigkeit dar, mit den Komponenten

$$u = \frac{\partial \Phi}{\partial x} = a, \qquad v = \frac{\partial \Phi}{\partial y} = b, \qquad w = \frac{\partial \Phi}{\partial z} = c;$$

also

$$\mathfrak{q} = \mathfrak{i}\,a + \mathfrak{j}\,b + \mathfrak{k}\,c.$$

Die quadratische Funktion in x, y, z

$$\Phi = \tfrac{1}{2}(a\,x^2 + b\,y^2 + c\,z^2) \tag{IV, 2.1}$$

ist eine Lösung der LAPLACEschen Gleichung nur dann, wenn

$$\frac{\partial^2 \Phi}{\partial x^2} + \frac{\partial^2 \Phi}{\partial y^2} + \frac{\partial^2 \Phi}{\partial z^2} = a + b + c = 0$$

ist.

1. Angenommen, es ist $a = -b$ und $c = 0$, folglich

$$\Phi = \frac{a}{2}(x^2 - y^2),$$

so sind die Geschwindigkeitskomponenten

$$u = \frac{\partial \Phi}{\partial x} = a\,x, \qquad v = \frac{\partial \Phi}{\partial y} = -a\,y, \qquad w = \frac{\partial \Phi}{\partial z} = 0,$$

d. h. wir haben eine zweidimensionale Strömung in der x, y-Ebene. Entsprechend der Definition einer Stromlinie ist

$$\frac{d\,y}{d\,x} = \frac{v}{u}$$

und also in diesem Falle

$$\frac{dy}{dx} = -\frac{y}{x} \quad \text{oder} \quad \frac{dy}{y} = -\frac{dx}{x}.$$

Mithin ist

$$\ln y = \ln C - \ln x$$

oder

$$x\,y = C.$$

Die Stromlinien sind Hyperbeln mit der x- und y-Achse als Asymptoten, wie in Abb. IV, 2.1 dargestellt.

Um die Druckverteilung zu erhalten, sind die obigen Ausdrücke für u und v in die BERNOULLIsche Gleichung einzusetzen

$$\frac{u^2 + v^2}{2} + \frac{p}{\varrho} = \frac{a^2}{2}(x^2 + y^2) + \frac{p}{\varrho} = C_1.$$

Bezeichnen wir den Druck im Punkt 0, dort wo die Geschwindigkeit Null ist, mit p_0, so ist

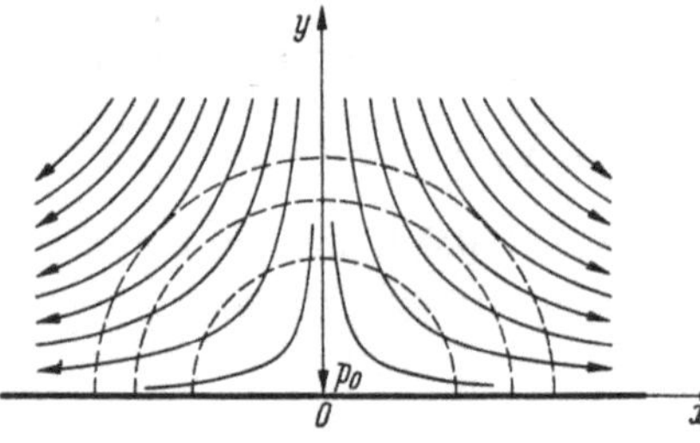

Abb. IV, 2.1. Zweidimensionale Strömung gegen eine Platte

$$0 + \frac{p_0}{\varrho} = C_1$$

und mit der vorigen Gleichung also

$$p_0 - p = \frac{\varrho}{2}\,a^2(x^2 + y^2).$$

Hieraus folgt, daß Kurven konstanten Druckes Halbkreise mit 0 als Mittelpunkt sind. Eine Strömung, wie in Abb. IV, 2.1 dargestellt, kann gedeutet werden als die Strömung in der unmittelbaren Nachbarschaft eines Staupunktes oder vielmehr einer Staugeraden durch 0 senkrecht zur Bildebene.

2. Angenommen, es sei in Gl. (IV, 2.1) $b = a$ und $c = -2a$ also

$$\Phi = \frac{a}{2}(x^2 + y^2 - 2z^2). \tag{IV, 2.2}$$

Mit

$$u = \frac{\partial \Phi}{\partial x} = a\,x, \quad v = \frac{\partial \Phi}{\partial y} = a\,y, \quad w = \frac{\partial \Phi}{\partial z} = -2a\,z$$

und

$$dx : dy : dz = u : v : w,$$

erhalten wir als Stromlinien in einer x, z-Ebene

$$\frac{dx}{dz} = -\frac{x}{2z} \quad \text{oder} \quad \frac{dx}{x} = -\frac{dz}{2z},$$

also integriert

$$\ln x = \ln C - \tfrac{1}{2}\ln z$$

oder

$$x^2 z = C.$$

Die Stromlinien sind Hyperbeln dritten Grades mit der x- und z-Achse als Asymptoten, wie in Abb. IV, 2.2 dargestellt. Die Projektion der Stromlinien auf die x, y-Ebene erhält man mit

$$\frac{dx}{dy} = \frac{u}{v} = \frac{x}{y}$$

oder
$$\frac{dx}{x} = \frac{dy}{y}$$

und integriert

$$\ln x = \ln y + \ln C$$

oder
$$x = C\,y.$$

d. h. gerade Linien durch den Ursprung 0.

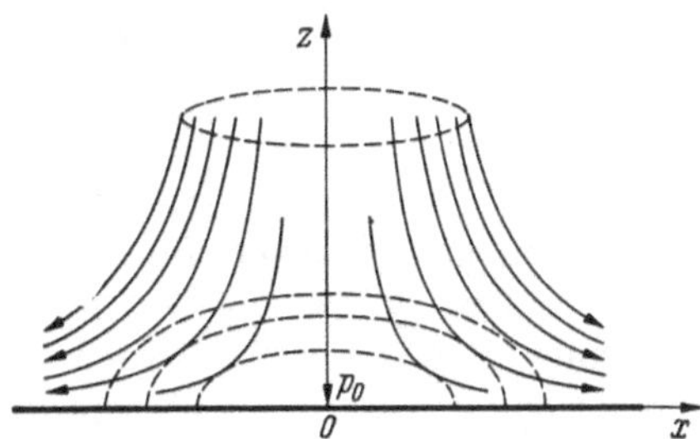

Abb. IV, 2.2. Dreidimensionale, rotationssymmetrische Strömung gegen eine Platte

Die Druckverteilung erhält man durch Einsetzen der obigen Ausdrücke für u, v und w in die BERNOULLIsche Gleichung

$$\frac{u^2 + v^2 + w^2}{2} + \frac{p}{\varrho} = \frac{a^2}{2}(x^2 + y^2 + 4z^2) + C_1$$

und mit $p = p_0$ im Punkte 0, wo die Geschwindigkeit Null ist,

$$p_0 - p = \frac{\varrho}{2} a^2 (x^2 + y^2 + 4z^2).$$

Flächen konstanten Druckes sind somit Spheroide mit den Achsenverhältnissen $x : y : z = 1 : 1 : \frac{1}{2}$ (Abb. IV, 2.2). Ähnlich wie im vorherigen Fall wird durch diese Potentialfunktion $\Phi(x, y, z)$ eine dreidimensionale Strömung in der unmittelbaren Nähe eines Staupunktes wiedergegeben.

2.2 Übergang von der Eulerschen zur Lagrangeschen Darstellung. Wir wollen hier einige Bemerkungen über eine andere Art der Beschreibung von Strömungsvorgängen machen und das letzte Beispiel wegen seiner Einfachheit benutzen, diese Bemerkungen anzuwenden.

Im allgemeinen wünscht man den Strömungszustand, z. B. Geschwindigkeit, Druck, Dichte usw., in jedem Raumpunkt x, y, z und zu jeder Zeit t zu kennen. Das Schicksal des einzelnen Flüssigkeitsteilchens, z. B. seine Bahnkurve, Beschleunigung usw., ist von geringerem Interesse, besonders auch dann, wenn es sich um eine homogene Flüssigkeit (Kontinuum) handelt. Gelegentlich aber — vor allem wenn die letzte Voraussetzung nicht zutrifft — kann es wünschenswert oder notwendig sein, über den Verlauf der einzelnen Flüssigkeitsteilchen Aufschluß zu erhalten.

Um die Flüssigkeitsteilchen voneinander zu unterscheiden, sie gleichsam mit Namen zu versehen, setzen wir fest, daß die Koordinaten x_0, y_0, z_0, die das jeweilige Teilchen zu einem bestimmten Zeitpunkt (den wir $t = 0$ nennen) hat, der Name des Flüssigkeitsteilchens sein soll, den es dann im weiteren Verlauf beibehält. Die Kenntnis der Funktionen

$$\left.\begin{aligned} x &= F_1(x_0, y_0, z_0, t), \\ y &= F_2(x_0, y_0, z_0, t), \\ z &= F_3(x_0, y_0, z_0, t) \end{aligned}\right\} \qquad \text{(IV, 2.3)}$$

würde es möglich machen, für alle Flüssigkeitsteilchen, d. h. für die verschiedenen x_0, y_0, z_0 zur Zeit $t = 0$, deren Ort x, y, z zur Zeit t zu berechnen, und damit dann auch ihre Bahnkurven, Geschwindigkeiten und Beschleunigungen zu bestimmen. Man nennt diese Darstellung die LAGRANGEsche Darstellung[1], da er die zugehörigen Rechenmethoden ausgearbeitet hat, obwohl die Darstellung schon EULER[2] bekannt war.

Das Ziel der EULERschen Methode ist, die Geschwindigkeit in jedem Raumpunkt x, y, z zu jeder Zeit t zu kennen, d. h. die Gleichungen

$$\begin{aligned} u &= f_1(x, y, z, t), \\ v &= f_2(x, y, z, t), \\ w &= f_3(x, y, z, t). \end{aligned}$$

Auf unser letztes Beispiel (Abb. IV, 2.2) angewandt, ist also

$$\begin{aligned} f_1(x, y, z, t) &= a\,x, \\ f_2(x, y, z, t) &= a\,y, \\ f_3(x, y, z, t) &= -2a\,z. \end{aligned}$$

Für jedes einzelne Flüssigkeitsteilchen gilt aber

$$\left.\begin{aligned} \frac{dx}{dt} &= u = f_1(x, y, z, t) \ldots = a\,x, \\ \frac{dy}{dt} &= v = f_2(x, y, z, t) \ldots = a\,y, \\ \frac{dz}{dt} &= w = f_3(x, y, z, t) \ldots = -2a\,z, \end{aligned}\right\} \qquad \text{(IV, 2.4)}$$

in unserem Beispiel also

$$\begin{aligned} \frac{dx}{x} &= a\,dt, \\ \frac{dy}{y} &= a\,dt, \\ \frac{dz}{z} &= -2a\,dt \end{aligned}$$

[1] LAGRANGE, J. L.: Mémoire sur la théorie du mouvement des fluides. Nóuv. mém. de l'Acad. de Berlin (2), Bd. 12 (1781) oder Mécanique analytique, tome II, section XI (1815).

[2] EULER, L.: De principiis motus fluidorum. Novi comm. Petropolitanae (1759), Cap. 6: De motu fluidorum ex statu initiali definiendo.

oder

$$\ln x = a t + \ln C_1 ,$$
$$\ln y = a t + \ln C_2 ,$$
$$\ln z = -2 a t + \ln C_3 .$$

Die Werte der drei bei der Lösung von Gl. (IV, 2.4) auftretenden Integrationskonstanten ergeben sich aus der Forderung, daß für $t = 0$ die Koordinaten gewisse Werte, und zwar x_0, y_0, z_0 besitzen sollen, d. h. $C_1 = x_0$, $C_2 = y_0$, $C_3 = z_0$. Die letzten drei Gleichungen nach x, y, z aufgelöst, ergeben dann

$$x = x_0 e^{a t} \ldots F_1(x_0, y_0, z_0, t),$$
$$y = y_0 e^{a t} \ldots F_2(x_0, y_0, z_0, t),$$
$$z = z_0 e^{-2 a t} \ldots F_3(x_0, y_0, z_0, t).$$

Diese drei Gleichungen entsprechen den Gl. (IV, 2.3) und geben somit — was die Kinematik anbetrifft — die LAGRANGEsche Darstellung der Strömung von Abb. IV, 2.2. Für ein beliebiges Flüssigkeitsteilchen, das zur Zeit $t = 0$ die Koordinaten x_0, y_0, z_0 haben möge, sind hiermit seine Koordinaten für jeden anderen Zeitpunkt t gegeben. Die x-Komponente der Geschwindigkeit des Flüssigkeitsteilchens zur Zeit t ist dann

$$\frac{d x}{d t} = a x_0 e^{a t},$$

die der Beschleunigung

$$\frac{d^2 x}{d t^2} = a^2 x_0 e^{a t}.$$

Die Schwierigkeiten, welche die Lösung der drei simultanen Differentialgleichungen (IV, 2.4) im allgemeinen bietet, sind allerdings meistens so groß, daß von der gezeigten Möglichkeit, von der EULERschen zur LAGRANGEschen Darstellung überzugehen, nicht viele Anwendungen bekannt sind.

2.3 Die Bewegungsgleichung in der Lagrangeschen Form. Obwohl wir die LAGRANGEsche Darstellung nicht benutzen werden, wollen wir im Anschluß an das vorher Gesagte die LAGRANGEschen Gleichungen der Vollständigkeit halber ableiten.

Wenn x, y, z die Koordinaten eines Flüssigkeitsteilchens zur Zeit t (mit den Koordinaten x_0, y_0, z_0 zur Zeit $t = 0$) sind, also nicht die eines Raumpunktes, so ist die Beschleunigung des Flüssigkeitsteilchens bzw. wenn diese mit ϱ multipliziert wird, seine Trägheitskraft pro Volumeneinheit

$$\varrho \left(\mathfrak{i} \frac{\partial^2 x}{\partial t^2} + \mathfrak{j} \frac{\partial^2 y}{\partial t^2} + \mathfrak{k} \frac{\partial^2 z}{\partial t^2} \right).$$

Diese Trägheitskraft steht zur Zeit t im Gleichgewicht mit dem *auf das Flüssigkeitsteilchen* x_0, y_0, z_0 wirkenden negativen Druckgradienten:

$$-\operatorname{grad} p = -\left(\mathfrak{i} \frac{\partial p}{\partial x} + \mathfrak{j} \frac{\partial p}{\partial y} + \mathfrak{k} \frac{\partial p}{\partial z} \right).$$

Um die Verknüpfung des Namens des Flüssigkeitsteilchens x_0, y_0, z_0 mit dessen jeweiligen Koordinaten x, y, z herzustellen, schreiben wir

$$\left.\begin{aligned} \frac{\partial p}{\partial x_0} &= \frac{\partial p}{\partial x}\frac{\partial x}{\partial x_0} + \frac{\partial p}{\partial y}\frac{\partial y}{\partial x_0} + \frac{\partial p}{\partial z}\frac{\partial z}{\partial x_0}, \\ \frac{\partial p}{\partial y_0} &= \frac{\partial p}{\partial x}\frac{\partial x}{\partial y_0} + \frac{\partial p}{\partial y}\frac{\partial y}{\partial y_0} + \frac{\partial p}{\partial z}\frac{\partial z}{\partial y_0}, \\ \frac{\partial p}{\partial z_0} &= \frac{\partial p}{\partial x}\frac{\partial x}{\partial z_0} + \frac{\partial p}{\partial y}\frac{\partial y}{\partial z_0} + \frac{\partial p}{\partial z}\frac{\partial z}{\partial z_0}. \end{aligned}\right\} \tag{IV, 2.5}$$

Aus den beiden obigen Klammerausdrücken folgt

$$\begin{aligned} \frac{\partial^2 x}{\partial t^2}\frac{\partial x}{\partial x_0} &= -\frac{1}{\varrho}\frac{\partial p}{\partial x}\frac{\partial x}{\partial x_0}, \\ \frac{\partial^2 y}{\partial t_2}\frac{\partial y}{\partial x_0} &= -\frac{1}{\varrho}\frac{\partial p}{\partial y}\frac{\partial y}{\partial x_0}, \\ \frac{\partial^2 z}{\partial t^2}\frac{\partial z}{\partial x_0} &= -\frac{1}{\varrho}\frac{\partial p}{\partial z}\frac{\partial z}{\partial x_0}. \end{aligned}$$

Addieren wir, so ist wegen Gl. (IV, 2.5)

$$\frac{\partial^2 x}{\partial t^2}\frac{\partial x}{\partial x_0} + \frac{\partial^2 y}{\partial t^2}\frac{\partial y}{\partial x_0} + \frac{\partial^2 z}{\partial t^2}\frac{\partial z}{\partial x_0} = -\frac{1}{\varrho}\frac{\partial p}{\partial x_0};$$

in gleicher Weise erhalten wir

$$\begin{aligned} \frac{\partial^2 x}{\partial t^2}\frac{\partial x}{\partial y_0} + \frac{\partial^2 y}{\partial t^2}\frac{\partial y}{\partial y_0} + \frac{\partial^2 z}{\partial t^2}\frac{\partial z}{\partial y_0} &= -\frac{1}{\varrho}\frac{\partial p}{\partial y_0}, \\ \frac{\partial^2 x}{\partial t^2}\frac{\partial x}{\partial z_0} + \frac{\partial^2 y}{\partial t^2}\frac{\partial y}{\partial z_0} + \frac{\partial^2 z}{\partial t^2}\frac{\partial z}{\partial z_0} &= -\frac{1}{\varrho}\frac{\partial p}{\partial z_0}. \end{aligned} \tag{IV, 2.6}$$

Dieses sind die LAGRANGEschen Gleichungen, d. h. also die Differentialgleichungen der Bewegung von individuellen Flüssigkeitsteilchen. Um sie in vektorieller Schreibweise zu erhalten, multiplizieren wir sie jeweils mit $\mathfrak{i}$, $\mathfrak{j}$, $\mathfrak{k}$ und erhalten, wenn wir die Kolonnen addieren,

$$\begin{aligned} &\left(\mathfrak{i}\frac{\partial x}{\partial x_0} + \mathfrak{j}\frac{\partial x}{\partial y_0} + \mathfrak{k}\frac{\partial x}{\partial z_0}\right)\frac{\partial^2 x}{\partial t^2} \\ &+ \left(\mathfrak{i}\frac{\partial y}{\partial x_0} + \mathfrak{j}\frac{\partial y}{\partial y_0} + \mathfrak{k}\frac{\partial y}{\partial z_0}\right)\frac{\partial^2 y}{\partial t^2} \\ &+ \left(\mathfrak{i}\frac{\partial z}{\partial x_0} + \mathfrak{j}\frac{\partial z}{\partial y_0} + \mathfrak{k}\frac{\partial z}{\partial z_0}\right)\frac{\partial^2 z}{\partial t^2} = -\frac{1}{\varrho}\left(\mathfrak{i}\frac{\partial p}{\partial x_0} + \mathfrak{j}\frac{\partial p}{\partial y_0} + \mathfrak{k}\frac{\partial p}{\partial z_0}\right) \end{aligned}$$

oder

$$\nabla x\frac{\partial^2 x}{\partial t_2} + \nabla y\frac{\partial^2 y}{\partial t_2} + \nabla z\frac{\partial^2 z}{\partial t^2} = -\frac{1}{\varrho}\operatorname{grad} p$$

und, da die linke Seite gleich

$$(\nabla\mathfrak{i}x + \nabla\mathfrak{j}y + \nabla\mathfrak{k}z)\circ\left(\mathfrak{i}\frac{\partial^2 x}{\partial t^2} + \mathfrak{j}\frac{\partial^2 y}{\partial t^2} + \mathfrak{k}\frac{\partial^2 z}{\partial t^2}\right)$$

ist, haben wir mit $\mathfrak{i}x + \mathfrak{j}y + \mathfrak{k}z = \mathfrak{r}$

$$\nabla\mathfrak{r}\circ\frac{\partial^2\mathfrak{r}}{\partial t^2} = -\frac{1}{\varrho}\operatorname{grad} p. \tag{IV, 2.7}$$

In dieser Gleichung sind die Differentiationen (auch die von grad p) für individuelle Flüssigkeitsteilchen zu nehmen, während in der entsprechenden EULERschen Gl. (IV, 1.10)

$$\frac{\partial \mathfrak{q}}{\partial t} + \mathfrak{q} \circ \operatorname{grad} \mathfrak{q} = -\frac{1}{\varrho} \operatorname{grad} p$$

die Differentiationen sich auf Raumpunkte beziehen.

Ist die Dichte ϱ nicht ausschließlich von p, sondern vom vollständigen Druck p_v abhängig, wie z. B. bei meteorologischen Problemen, oder treten bei konstanter Dichte freie Oberflächen auf, so müssen nach dem unter IV, 1.7 Gesagten, die auf die Flüssigkeitsteilchen wirkenden Massenkräfte, z. B. Gravitationskräfte oder Zentrifugalkräfte, berücksichtigt werden. Haben diese Kräfte pro Masseneinheit ein Potential U (wie z. B. alle nach einem Punkt gerichteten Kräfte), so lauten die beiden Gleichungen

$$\nabla \mathfrak{r} \circ \frac{\partial^2 \mathfrak{r}}{\partial t^2} = \operatorname{grad}\left(U - \frac{p_v}{\varrho}\right) \quad \text{(LAGRANGE)}$$

(Differentiation für individuelle Flüssigkeitsteilchen);

$$\frac{\partial \mathfrak{q}}{\partial t} + \mathfrak{q} \circ \operatorname{grad} \mathfrak{q} = \operatorname{grad}\left(U - \frac{p_v}{\varrho}\right) \quad \text{(EULER)}$$

(Differentiation für Raumpunkte).

Man liest gelegentlich, daß das NEWTONsche Grundgesetz der Mechanik — angewandt auf ein Flüssigkeitsteilchen — die Bewegungsgleichungen der Hydrodynamik ergebe. Nach dem Vorhergehenden erhält man damit allerdings nur die LAGRANGEsche Gl. (IV, 2.7), wobei grad p jedoch nicht die räumliche Differentiation in einem Punkte des Druckfeldes bezeichnet, vielmehr ist hier grad p der auf ein individuelles, sich bewegendes Flüssigkeitsteilchen (x_0, y_0, z_0) wirkende Druckgradient, wie dieses in Gl. (IV, 2.6) zum Ausdruck kommt. Die bahnbrechende Leistung EULERs besteht eben darin, daß er bei Flüssigkeiten die NEWTONsche Auffassung der Mechanik des individuellen Massenpunktes aufgab und statt dessen den Begriff des Feldes, z. B. des Geschwindigkeitsfeldes und des Druckfeldes, einführte.

2.4 Dreidimensionale Quelle und Senke. In Abb. IV, 2.3 ist ein Teil des Bodens eines großen Behälters dargestellt mit einem kleinen Loch in der Mitte der Bodenfläche. Wenn der Behälter mit einer Flüssigkeit, z. B. Wasser, gefüllt ist, wird sie durch das Loch ausfließen, und wir wollen annehmen, daß die Stromlinien zum Loch gerichtete Geraden sind (die Gültigkeit dieser Annahme erweist sich später). Lediglich in der unmittelbaren Nachbarschaft des kleinen Loches, und zwar bis zu Entfernungen von etwa 2 bis 3 Lochdurchmessern, werden die Stromlinien von den Geraden merklich abweichen.

Da das Flüssigkeitsvolumen, das in der Zeiteinheit durch konzentrische Halbkugeln um 0 hindurchfließt, konstant sein muß (Kontinuitätsgleichung), d. h.

$$2\pi\, r^2\, w_r = -\,\text{const},$$

wo w_r die Geschwindigkeit in entgegengesetzter Richtung von r ist, haben wir also

$$w_r = -\,\frac{\text{const}}{r^2}.$$

Wegen der vorausgesetzten großen Dimensionen des Behälters, verglichen mit dem Lochdurchmesser, können wir annehmen, daß die Strömung ihren Ursprung in einem Gebiet hat, wo die Geschwindigkeiten angenähert Null sind, so daß wir eine Potentialströmung haben. Dann ist aber

$$w_r = \frac{\partial \Phi}{\partial r},$$

also mit Berücksichtigung der vorherigen Gleichung

$$\Phi = \frac{C}{r}, \qquad \text{(IV, 2.8)}$$

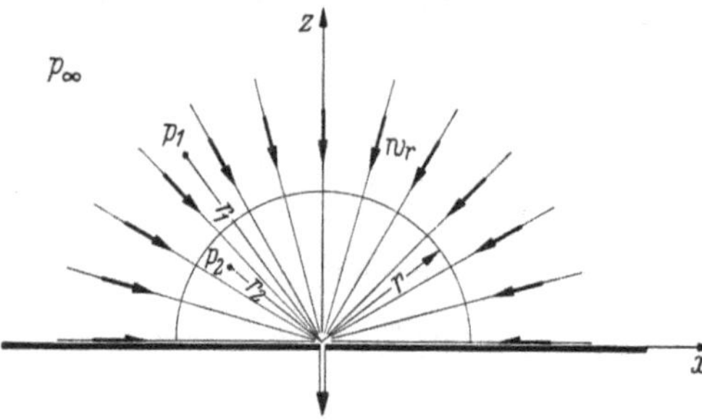

Abb. IV, 2.3. Radiale Strömung zu einem kleinen Loch in der Bodenplatte eines Gefäßes

wenn wir das Potential für $r \to \infty$ gleich Null setzen.

Da die Funktion $\Phi(x, y, z)$ unter Benutzung der Kontinuitätsgleichung abgeleitet wurde, ist es offenbar, daß Φ der LAPLACEschen Gleichung genügt. Dieses kann aber auch direkt gezeigt werden durch Bildung der zweiten Ableitungen von Φ. Mit $r^2 = x^2 + y^2 + z^2$, also $dr/dx = x/r$, $dr/dy = y/r$, $dr/dz = z/r$ ist

$$u = \frac{\partial \Phi}{\partial x} = -\frac{C}{r^3}\,\frac{dr}{dx} = -\frac{C\,x}{r^3}, \quad v = \frac{\partial \Phi}{\partial y} = -\frac{C\,y}{r^3}, \quad w = \frac{\partial \Phi}{\partial z} = -\frac{C\,z}{r^3},$$

also

$$\frac{\partial^2 \Phi}{\partial x^2} = -\,C\left(\frac{1}{r^3} - \frac{3\,x}{r^4}\,\frac{x}{r}\right) = -\,C\left(\frac{1}{r^3} - \frac{3\,x^2}{r^5}\right)$$

und entsprechend

$$\frac{\partial^2 \Phi}{\partial y^2} = -\,C\left(\frac{1}{r^3} - \frac{3\,y^2}{r^5}\right),$$

$$\frac{\partial^2 \Phi}{\partial z^2} = -\,C\left(\frac{1}{r^3} - \frac{3\,z^2}{r^5}\right);$$

mithin

$$\frac{\partial^2 \Phi}{\partial x^2} + \frac{\partial^2 \Phi}{\partial y^2} + \frac{\partial^2 \Phi}{\partial z^2} = -\,C\left(\frac{3}{r^3} - \frac{3(x^2 + y^2 + z^2)}{r^5}\right) = 0.$$

Die Randbedingung ist erfüllt, da

$$\frac{\partial \Phi}{\partial z} = -\frac{C z}{r^3}$$

am Boden, d. h. für $z = 0$, Null ist. Längs der übrigen Berandung sind für $r \to \infty$ die Geschwindigkeiten und damit auch ihre Normalkomponenten Null.

Da $\Phi = C/r$ eine Lösung der LAPLACEschen Gleichung ist und auch der Randbedingung $\partial \Phi/\partial n = 0$ genügt, stellt sie die einzig mögliche Strömung dar und rechtfertigt nachträglich unsere Annahme, unter der Φ abgeleitet wurde, nämlich, daß die Stromlinien Gerade durch 0 sind.

Bezeichnet p_∞ den Druck in genügend großer Entfernung, wo wir die Geschwindigkeit angenähert gleich Null setzen können, so ist nach der BERNOULLIschen Gleichung die Druckdifferenz bis zu einem Punkte in der Entfernung r_1 von 0

$$p_\infty - p_1 = \frac{\varrho}{2} w_1^2 = \frac{\varrho}{2} \frac{\text{const}}{r_1^4},$$

und bis zu einem Punkte $r_2 = r_1/2$

$$p_\infty - p_2 = \frac{\varrho}{2} w_2^2 = \frac{\varrho}{2} \frac{\text{const}}{\left(\frac{r_1}{2}\right)^4},$$

mithin

$$p_\infty - p_2 = 16\,(p_\infty - p_1).$$

Der Druckabfall nimmt außerordentlich stark zu, wenn man sich dem Loch nähert. Eine Annäherung auf die Hälfte läßt die Druckdifferenz auf das $2^4 = 16$ fache wachsen.

Mathematisch können wir den Durchmesser des Loches beliebig verringern und selbst zum $\lim r = 0$ gehen. In diesem Fall wird die Geschwindigkeit im Punkte 0 unendlich groß und der Punkt selbst eine Singularität. Wir gelangen damit zu einer Strömung, die im oberen Halbraum, wie in Abb. IV, 2.3, oder auch im ganzen Raum, wie in Abb. IV, 2.4a, radial zu einem Punkt strömt und hier verschwindet. Dieser Umstand scheint im Widerspruch mit dem Gesetz der Erhaltung der Masse zu sein, hat aber keine physikalische Bedeutung, da er sich nur auf den Punkt 0 bezieht, der als singulärer Punkt außerhalb der Potentialströmung bleibt. Eine solche Strömung nennt man eine „Senke“.

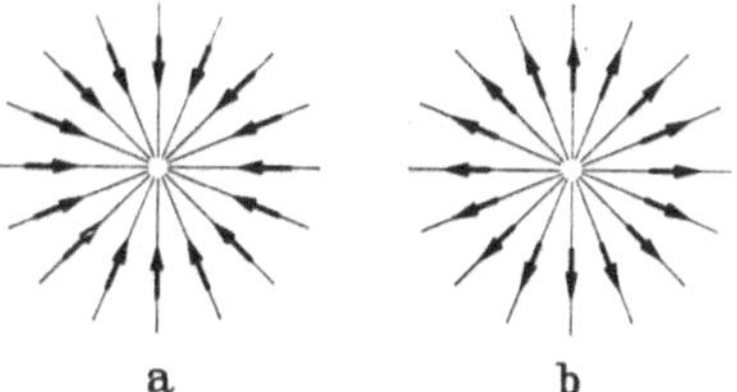

Abb. IV, 2.4 a) Radiale Strömung zu einem Punkte (Senke); b) radiale Strömung von einem Punkte (Quelle)

Statt der Konstante C in Gl. (IV, 2.2) kann man auch das Volumen Q einführen, das in der Zeiteinheit in der Senke verschwindet, d. h.

$$Q = -4\pi r^2 w_r,$$

also

$$w_r = -\frac{Q}{4\pi r^2}$$

bzw.

$$u = -\frac{Q}{4\pi}\frac{x}{r^3}, \quad v = -\frac{Q}{4\pi}\frac{y}{r^3}, \quad w = -\frac{Q}{4\pi}\frac{z}{r^3},$$

mithin

$$\Phi = \frac{Q}{4\pi r} \quad \text{(dreidimensionale Senke).} \qquad \text{(IV, 2.9)}$$

Ein entsprechendes Bild einer „Quelle“ kann man erhalten, wenn man sich vorstellt, daß im Punkte 0 Flüssigkeit entsteht und nach allen Seiten herausfließt, wobei der Punkt 0, wie im Falle der Senke, eine Singularität ist (Abb. IV, 2.4b). Wir haben lediglich die Vorzeichen umzukehren und erhalten

$$w_r = \frac{Q}{4\pi r}$$

bzw.

$$u = \frac{Q}{4\pi}\frac{x}{r^3}, \quad v = \frac{Q}{4\pi}\frac{y}{r^3}, \quad w = \frac{Q}{4\pi}\frac{z}{r^3},$$

mithin

$$\Phi = -\frac{Q}{4\pi r} \quad \text{(dreidimensionale Quelle).} \qquad \text{(IV, 2.10)}$$

2.5 Zweidimensionale Quelle und Senke. Wenn wir statt der punktförmigen Öffnung 0 in Abb. IV, 2.3 einen Schlitz bzw. im Grenzfall eine Gerade senkrecht zur Bildebene annehmen, so erhalten wir die Vorstellung einer zweidimensionalen Senke. Bezeichnen wir mit l eine Länge senkrecht zur Bildebene und nennen diese die x, y-Ebene, so ist

$$2\pi r l w_r = -Q = -\text{const},$$

also

$$w_r = -\frac{Q}{2\pi l}\frac{1}{r}$$

bzw.

$$u = -\frac{Q}{2\pi l}\frac{x}{r^2}, \quad v = -\frac{Q}{2\pi l}\frac{y}{r^2};$$

mithin sind die Stromlinien nach 0 gerichtete Geraden.

Berücksichtigen wir, daß

$$w_r = \frac{\partial \Phi}{\partial r}$$

ist, so erhalten wir

$$\Phi = -\frac{Q}{2\pi l}\ln r \quad \text{(zweidimensionale Senke).} \qquad \text{(IV, 2.11)}$$

Nehmen wir an, daß das Flüssigkeitsvolumen Q längs eines Spaltes bzw. einer Geraden von der Länge l entsteht und radial nach allen Seiten herausfließt, so haben wir das Bild einer zweidimensionalen Quelle. Mithin, wenn wir die obigen Vorzeichen umkehren,

$$w_r = \frac{Q}{2\pi l}\frac{1}{r}$$

bzw.

$$u = \frac{Q}{2\pi l}\,\frac{x}{r^2}, \quad v = \frac{Q}{2\pi l}\,\frac{y}{r^2},$$

und folglich

$$\Phi = \frac{Q}{2\pi l}\ln r \quad \text{(zweidimensionale Quelle)}. \qquad \text{(IV, 2.12)}$$

Die Vorzeichen der Potentialfunktion einer zweidimensionalen Senke und Quelle sind somit der dreidimensionalen entgegengesetzt. Bildet man $\partial^2\Phi/\partial x^2 = \partial u/\partial x$ und $\partial^2\Phi/\partial y^2 = \partial v/\partial y$, so erhält man

$$\frac{\partial^2\Phi}{\partial x^2} = \frac{Q}{2\pi l}\left(\frac{1}{r^2} - \frac{2x}{r^3}\,\frac{x}{r}\right)$$

und

$$\frac{\partial^2\Phi}{\partial y^2} = \frac{Q}{2\pi l}\left(\frac{1}{r^2} - \frac{2y}{r^3}\,\frac{y}{r}\right),$$

mithin

$$\frac{\partial^2\Phi}{\partial x^2} + \frac{\partial^2\Phi}{\partial y^2} = \frac{Q}{2\pi l r^2}\left(2 - \frac{2(x^2+y^2)}{r^2}\right) = 0.$$

Setzt man die obigen Ausdrücke für u und v in die BERNOULLIsche Gleichung ein und bezeichnet den Druck dort ($r \to \infty$), wo die Geschwindigkeiten nach Null gehen, mit p_∞, so ist

$$p_\infty - p_1 = \frac{\varrho}{2} w_1^2 = \frac{\varrho}{2}\,\frac{Q}{2\pi l}\,\frac{1}{r_1^2}.$$

Die Druckdifferenzen nehmen also in Richtung zur Quellgeraden bzw. Senkgeraden mit dem Quadrat der Entfernung zu.

2.6 Geradliniger Wirbel. Wenn ein mit Flüssigkeit gefüllter Behälter sich durch ein Loch im Gefäßboden entleert, wie z. B. bei einer Badewanne, so kann man häufig beobachten, daß in der Nähe des Loches die Flüssigkeit in konzentrischen Kreisen um die Öffnung fließt und dort einen Wirbel bildet. Wir wollen deshalb eine Strömung untersuchen, bei der die Stromlinien konzentrische Kreise sind, wie in Abb. IV, 2.5 gezeigt. Im übrigen wollen wir keine weiteren Annahmen hinsichtlich der Geschwindigkeitsverteilung machen, und wir werden sehen, daß das auch gar nicht angängig ist, da nur eine einzige Geschwindigkeitsverteilung möglich ist, die der LAPLACEschen Gleichung genügt.

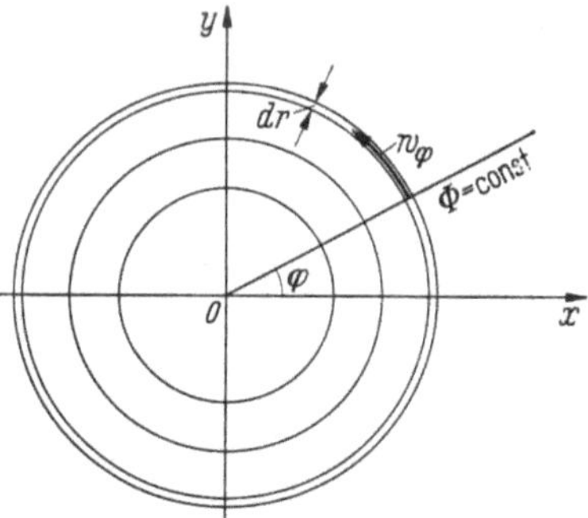

Abb. IV, 2.5. Kreisförmige Potentialströmung, Potentialwirbel

Wir betrachten eine Stromröhre von der Breite dr und erkennen aus der Kontinuitätsgleichung, daß die Geschwindigkeit w_φ auf den kreisförmigen Stromlinien jeweils konstant sein muß. Da nun

$$w_\varphi = \operatorname{grad}\Phi$$

ist und also $\Phi = \text{const}$ senkrecht auf $w_\varphi = \text{const}$ steht, so folgt, daß die Kurven $\Phi = \text{const}$ gerade Linien durch den Mittelpunkt 0 des Wirbels sind, d. h.

$$\Phi = \text{const}\,\varphi = \text{const}\,\text{arctg}\,\frac{y}{x}. \tag{IV, 2.13}$$

Da

$$w_\varphi = \frac{\partial \Phi}{r\,\partial \varphi}$$

ist, so folgt aus der vorigen Gleichung

$$w_\varphi = \frac{\text{const}}{r}, \tag{IV, 2.14}$$

d. h. die Geschwindigkeit ist umgekehrt proportional dem Abstand von der Wirbelachse und wird in der Achse, die als Singularität außerhalb der Potentialströmung bleibt, unendlich groß. Weitere Einzelheiten über geradlinige Wirbel, wie Druckverteilung usw., finden sich auf S. 383 bei der Behandlung der Wirbelbewegungen.

Daß diese Potentialfunktion auch der LAPLACEschen Gleichung genügt, ergibt sich wie folgt

$$u = \frac{\partial \Phi}{\partial x} = C\,\frac{\partial\left(\text{arctg}\,\frac{y}{x}\right)}{\partial\left(\frac{y}{x}\right)}\,\frac{\partial\left(\frac{y}{x}\right)}{\partial x} = C\,\frac{1}{1+\left(\frac{y}{x}\right)^2}\left(-\frac{y}{x^2}\right) = -C\,\frac{y}{r^2}$$

$$v = \frac{\partial \Phi}{\partial y} = C\,\frac{x}{r^2},$$

mithin

$$\frac{\partial^2 \Phi}{\partial x^2} = \frac{\partial^2 \Phi}{\partial x\,\partial r}\,\frac{\partial r}{\partial x} = C\,\frac{2y}{r^3}\,\frac{x}{r} = C\,\frac{2xy}{r^4},$$

$$\frac{\partial^2 \Phi}{\partial y^2} = \frac{\partial^2 \Phi}{\partial y\,\partial r}\,\frac{\partial r}{\partial y} = -C\,\frac{2x}{r^3}\,\frac{y}{r} = -C\,\frac{2xy}{r^4}.$$

3 Physikalische Deutung der Ausdrücke $\partial v/\partial x - \partial u/\partial y$ usw.

3.1 Die innere Gesetzmäßigkeit solcher Funktionen, die Lösungen der Laplaceschen Gleichung sind. Das überraschende Resultat des letzten Abschnittes, wonach für den Fall, daß die Stromlinien Kreise sind, bereits das gesamte Geschwindigkeitsfeld, d. h. die reziproke Proportionalität der Geschwindigkeit mit dem Abstand von der Wirbelachse festgelegt ist, deutet darauf hin, daß eine tiefgreifende Gesetzmäßigkeit bei solchen Funktionen besteht, die der LAPLACEschen Gleichung genügen.

Bevor wir an weiteren Beispielen zeigen, in welcher Weise man durch Kombinationen einfacher Potentialfunktionen auch für die Praxis recht wertvolle Strömungsformen berechnen kann, wollen wir uns über das innere Gesetz der Potentialfunktionen und dessen physikalische Deutung Klarheit verschaffen.

Wir fragen uns nochmals: Wodurch wurden wir veranlaßt, die Potentialfunktion einzuführen, die — zusammen mit der Kontinuitätsgleichung — die LAPLACEsche Gleichung ergab? Es war die Tatsache, daß, wenn immer die Strömung ihren Ursprung in einem Gebiet hat, wo statische Verhältnisse bestehen, die BERNOULLIsche Konstante für alle Stromlinien dieselbe ist, und daraus folgend, daß dann immer die drei Gleichungen

$$\frac{\partial w}{\partial y} - \frac{\partial v}{\partial z} = 0, \quad \frac{\partial u}{\partial z} - \frac{\partial w}{\partial x} = 0, \quad \frac{\partial v}{\partial x} - \frac{\partial u}{\partial y} = 0 \qquad \text{(IV, 3.1)}$$

Gültigkeit haben. Diese drei Gleichungen bedeuten, daß eine Potentialfunktion existiert, ebenso wie die Existenz einer Potentialfunktion die Gültigkeit der obigen drei Gleichungen in sich schließt. Es ist nicht so, daß das eine nur aus dem andern folgt und nicht auch umgekehrt; beide stellen in mathematischer Ausdrucksweise denselben Inhalt dar, nämlich die innere Gesetzmäßigkeit derjenigen Funktionen, die Lösungen der LAPLACEschen Gleichung sind.

Während die Potentialfunktion vor allem geeignet ist, das Geschwindigkeitsfeld zu berechnen und mit Hilfe der BERNOULLIschen Gleichung dann die Druckverteilung zu bestimmen, enthüllen die obigen drei Gleichungen mehr die Natur der inneren Bindungen der Potentialfunktionen, im Gegensatz zu solchen Funktionen, die lediglich der Kontinuitätsgleichung (IV, 1.22) genügen[1].

3.2 Beispiele. Wir wollen unsere Untersuchung über die Deutung der obigen drei Gleichungen damit beginnen, daß wir einige spezielle Strömungsformen betrachten.

1. $\Phi = \frac{a}{2}(x^2 - y^2)$. Die Strömung, die dieser Potentialfunktion entspricht, ist bereits auf S. 119 behandelt worden.

Aus

$$u = \frac{\partial \Phi}{\partial x} = a x, \quad v = \frac{\partial \Phi}{\partial y} = -a y \qquad \text{(IV, 3.2)}$$

folgt, daß u nicht von y und v nicht von x abhängig ist. Das bedeutet aber, daß diejenigen Flüssigkeitselemente, die in einem beliebigen Augenblick auf einer vertikalen Geraden liegen (Abb. IV, 3.1), mithin das gleiche x, aber verschiedene y haben, auch eine gleiche u-Komponente besitzen, und infolgedessen immer auf einer vertikalen Geraden bleiben. Analog ist es mit Flüssigkeitselementen auf einer horizontalen Geraden (gleiche y, aber verschiedene x). Diese Flüssigkeitselemente haben gleiche v-Komponenten und bleiben deshalb immer auf horizontalen Geraden. Ein Kreuz innerhalb des Kreises in Abb. IV, 3.1 behält somit seine Orientierung im Raum bei, wenn sich der Schnitt-

[1] Die Gl. (IV, 1.22) ist auch die Kontinuitätsgleichung einer inkompressiblen *zähen* Flüssigkeit.

punkt K des Kreuzes auf seiner Stromlinie nach rechts abwärts bewegt. Und da der Abstand zu den benachbarten Stromlinien dabei enger wird, deformiert sich der Kreis zu einer Ellipse gleichen Flächeninhalts, wobei der obere (und untere) Teil der Ellipsen immer aus den gleichen Flüssigkeitselementen besteht.

Betrachten wir die Ellipsen als Begrenzung von Flüssigkeitsteilen mit endlichen Abmessungen, so erkennen wir, daß diese Flüssigkeitsteile bei ihrer Bewegung wohl deformiert werden, daß sie sich aber

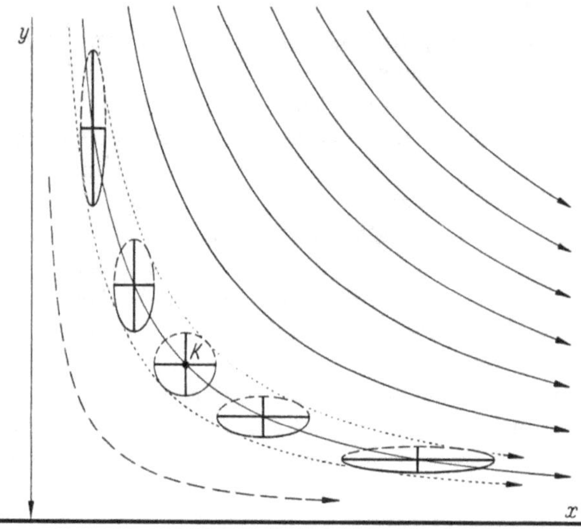

Abb. IV, 3.1. Zweidimensionale Potentialströmung gegen eine Platte; ein Flüssigkeitsteilchen wird auf seiner Bahnkurve deformiert, aber rotiert nicht um seine eigene Achse

nicht um ihre Achse drehen, insofern als ein fixiertes (aus Flüssigkeitselementen bestehendes) Achsenkreuz seine Orientierung im Raume beibehält. Das ändert sich auch nicht, wenn man die Abmessungen der Ellipsen beliebig klein annehmen würde.

Die obige Potentialfunktion stellt somit eine Strömung dar, bei der die einzelnen Flüssigkeitsteilchen — in diesem Beispiel unabhängig von ihrer Größe — sich nicht um ihre eigene Achse drehen. Aus diesem Grunde nennt man eine solche Strömung eine rotationsfreie Strömung.

2. $\Phi = \frac{a}{2}(x^2 + y^2 - 2z^2)$. Auch diese Funktion ist bereits auf S. 120 untersucht worden. Es handelt sich hier um eine dreidimensionale Strömung gegen die x, y-Ebene. Im oberen Teil der Abb. IV, 3.2 sind einige Stromlinien der x, z-Halbebene dargestellt, während im unteren Teil die Projektionen einiger Stromlinien auf die x, y-Ebene gezeigt sind. Wegen

$$u = \frac{\partial \Phi}{\partial x} = a x, \quad v = \frac{\partial \Phi}{\partial y} = a y, \quad w = \frac{\partial \Phi}{\partial z} = -2az \quad \text{(IV, 3.3)}$$

behalten auch hier die aus Flüssigkeitselementen bestehenden Achsenkreuze ihre Orientierung im Raum, wenn der Schnittpunkt der Achsen sich auf einer Stromlinie bewegt.

Wie aus der Abbildung ersichtlich, wird ein Spheroid mit großer a-Achse und kleiner b-Achse allmählich in eine Kugel deformiert und bei seiner weiteren Bewegung in ein Spheroid mit kleiner a- und großer b-Achse. Da die Umrandung der Spheroide aus immer denselben Flüssigkeitselementen besteht, ist das Volumen der Spheroide gleich $4/3\ \pi a b^2$ [1]. Das Bemerkenswerte ist jedoch die Tatsache, daß bei der Bewegung eines Flüssigkeitsteiles — unabhängig von seiner Größe — dieser zwar deformiert wird, daß aber ein fixiertes „flüssiges" Achsenkreuz im Innern des Flüssigkeitsteiles dabei seine Orientierung im Raum beibehält. Auch hier haben wir somit eine Strömung ohne Rotation.

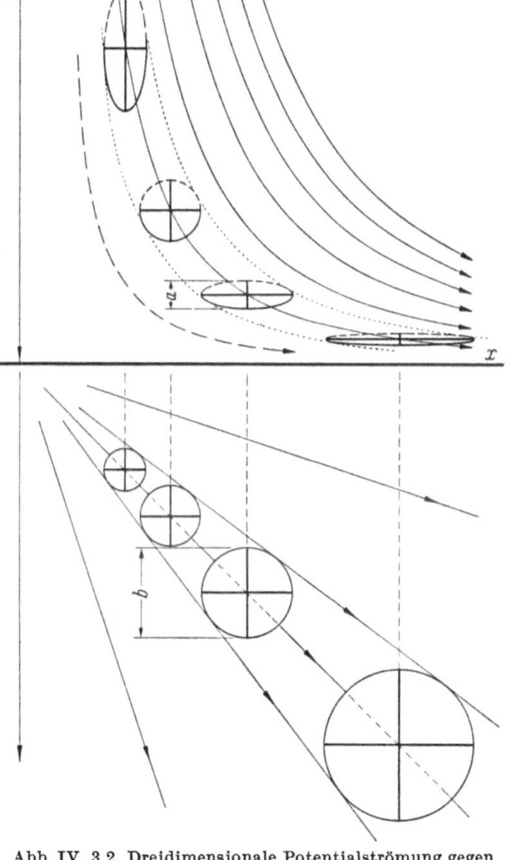

Abb. IV, 3.2. Dreidimensionale Potentialströmung gegen eine Platte; ein Spheroid wird auf seiner Bahnkurve deformiert, ohne daß die Richtung seiner Hauptachsen sich ändert

Bis jetzt haben wir jedoch noch nicht erklärt, inwiefern diese Besonderheit der Strömung, nämlich daß die einzelnen Flüssigkeitsteile nicht um ihre eigene Achse rotieren, mit den obigen drei Gleichungen im ursächlichen Zusammenhang stehen. Es stimmt zwar, daß die drei Gleichungen (IV, 3.1) bei der von uns betrachteten Strömung erfüllt sind, insofern, als alle einzelnen Größen

[1] Wir haben hier ein Beispiel, daß eine Strömung nicht aufgefaßt werden sollte, als ob die einzelnen Flüssigkeitsteilchen sich wie feste Körperchen bewegen; nichts wäre mehr irreführend als das. Vielmehr bewegt sich die Flüssigkeit wie ein Kontinuum.

dieser Gleichungen gleich Null sind; es erhebt sich aber die Frage, ob in *allen* Fällen, in denen Gl. (IV, 3.1) gelten, die einzelnen Flüssigkeitsteile bei ihrer Bewegung längs Stromlinien nicht um ihre eigene Achse rotieren, so daß ein fixiertes flüssiges Kreuz seine Orientierung dauernd im Raume beibehält, wenn der Schnittpunkt des Kreuzes sich längs einer Stromlinie bewegt. Wir werden sehen, daß eine Aussage in dieser Allgemeinheit nicht gemacht werden kann. Wenn aber nichtsdestoweniger Potentialströmungen, bei denen ja Gl. (IV, 3.1) gelten, als rotationsfreie Strömungen bezeichnet werden, so zeigt dieses, daß wir die physikalische Deutung des Begriffes „rotationsfrei" im einzelnen untersuchen müssen.

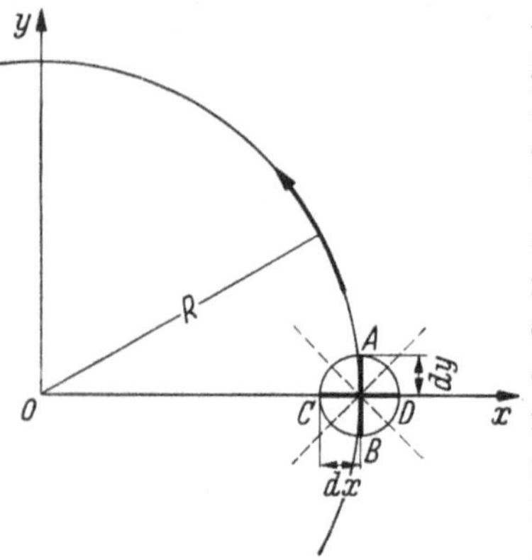

Abb. IV, 3.3. Ein „flüssiges Kreuz" einer zweidimensionalen Potentialströmung bewegt sich mit seiner Achse auf einem Kreisbogen

3.3 Zweidimensionale Strömung mit kreisförmigen Stromlinien (Potentialwirbel). Wir betrachten in Abb. IV, 3.3 ein beliebig (unendlich) kleines „flüssiges" Kreuz und fragen uns, in welcher Weise sich die Richtung von $\overline{AB}$ und die von $\overline{CD}$ ändert, wenn sich der Schnittpunkt um die Strecke $R\,\Delta\,\varphi$ bewegt. Dabei setzen wir voraus, daß wir einen Potentialwirbel haben, also ein Geschwindigkeitsfeld, wo die Geschwindigkeit umgekehrt proportional der Entfernung von 0 abnimmt.

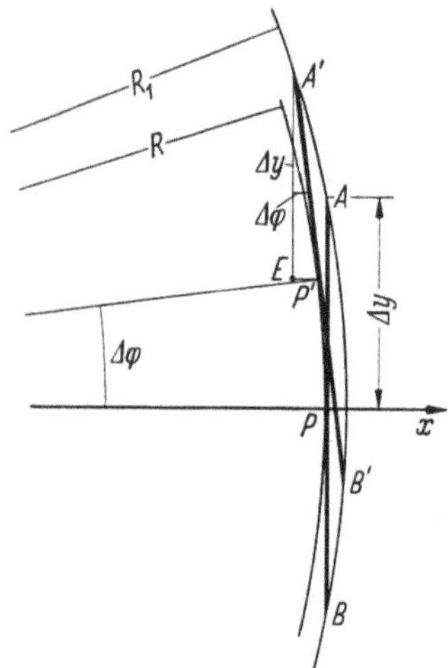

Abb. IV, 3.4. Änderung der Richtung der vertikalen Strecke AB in Abb. IV, 3.3 bei einer Bewegung der Achse um $R\,\Delta\,\varphi$

In Abb. IV, 3.4 ist der vertikale Teil $\overline{AB}$ des kleinen Kreuzes in einem größeren Maßstab gezeigt. $\overline{AB}$ mit seinem Mittelpunkt P auf der x-Achse sei die ursprüngliche Lage in einem bestimmten Zeitpunkt, während $A'\,P'\,B'$ die Lage nach der Zeit Δt darstellt. Die *horizontale* Verschiebung des Punktes P bei seiner Bewegung längs $R\,\Delta\,\varphi$ nach P' ist gleich $\bar{u}\Delta t$, wo $\bar{u}$ die durchschnittliche x-Komponente der Geschwindigkeit des Punktes P während dieser Bewegung ist. Unter Berücksichtigung, daß bei einer kreisförmigen Bewegung u nur von y, und zwar linear, nicht aber von x abhängt ($u = -\text{const}\;y/R$), ist die horizontale Verschiebung des Punktes A, während dieser sich auf einem Kreise R_1 nach A' bewegt, gleich

$[u + (\partial \bar{u}/\partial y)\,\Delta y]\,\Delta t$. Folglich ist die horizontale Verschiebung von A' in bezug auf P' gleich

$$E P' = -\frac{\partial \bar{u}}{\partial y}\,\Delta y\,\Delta t, \tag{IV, 3.4}$$

und deshalb nach Abb. IV, 3.4 angenähert, d. h. für kleine $\Delta\varphi$

$$\frac{E P'}{\Delta y} = -\frac{\partial \bar{u}}{\partial y}\,\Delta t = \operatorname{tg}(\Delta\varphi) = \Delta\varphi,$$

und schließlich für $\lim \Delta t \to 0$

$$-\frac{\partial u}{\partial y} = \frac{\partial \varphi}{\partial t}.$$

In ähnlicher Weise folgt aus Abb. IV, 3.5, daß die *vertikale* Verschiebung von C' in bezug auf P' gleich

$$F C' = \frac{\partial \bar{v}}{\partial x}\,\Delta x\,\Delta t \tag{IV, 3.5}$$

ist; also für kleine Werte von $\Delta\varphi$

$$\frac{FC'}{\Delta x} = \frac{\partial \bar{v}}{\partial x}\,\Delta t = \operatorname{tg}(\Delta\varphi') = \Delta\varphi',$$

und im Grenzfall $\lim \Delta t \to 0$

$$\frac{\partial v}{\partial x} = \frac{\partial \varphi'}{\partial t}.$$

Da aber

$$\frac{\partial v}{\partial x} - \frac{\partial u}{\partial y} = 0 \tag{IV, 3.6}$$

ist, folgt

$$\frac{d\varphi'}{dt} = -\frac{d\varphi}{dt}, \tag{IV, 3.7}$$

d. h., die beiden Achsen $\overline{AB}$ und $\overline{CD}$ des kleinen Kreuzes der Abb. IV, 3.3 rotieren im gleichen Maße, aber entgegengesetzten Drehsinn, wenn sich der Schnittpunkt des Kreuzes um die Strecke $R\,d\varphi$ bewegt (Abb. IV, 3.6). Die Winkelhalbierenden, in den Abb. IV, 3.3 und 6 gestrichelt gezeichnet, behalten somit ihre Orientierung im Raume bei. Der kleine Kreis, der das Kreuz umschließt, deformiert sich zu einer Ellipse, aber — und das ist das Wesentliche — es gibt zwei Achsen, deren Richtung bei dieser Deformation unverändert bleiben. Aus diesem Grunde sagt man, daß das vom Kreis umschlossene Flüssigkeitsteilchen nicht um seine Achse

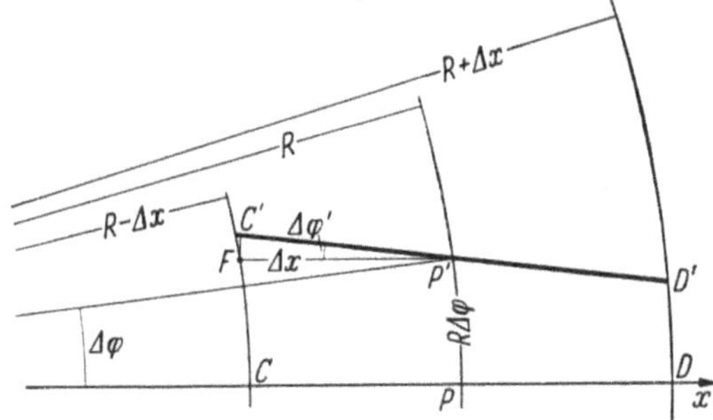

Abb. IV, 3.5. Änderung der Richtung der horizontalen Strecke CD in Abb, IV, 3.3 bei einer Bewegung der Achse um $R\,\Delta\,\varphi$

rotiert, wenn es sich um die infinitesimale Strecke $R\,d\varphi$ bewegt oder daß es eine rotationsfreie Bewegung ausführt. Bei diesem Beispiel ist auch der ursächliche Zusammenhang dieser Tatsache mit Gl. (IV, 3.6) ersichtlich.

Es besteht jedoch ein prinzipieller Unterschied zwischen den in Abb. IV, 3.1 und 2 dargestellten Strömungen und der Strömung von Abb. IV, 3.3 bzw. 6. Während bei den ersten Beispielen jeder Flüssigkeitsteil auch beim Durchlaufen von endlichen Weglängen nicht um seine eigene Achse rotiert, haben wir dieses für die kreisförmige Strömung der Abb. IV, 3.3 nur für den Fall $\lim \Delta\varphi \to 0$ bewiesen. Was die Größe des Flüssigkeitsteilchens anbelangt, so haben wir in Abb. IV, 3.4 und 5 zwar kleine, jedoch endliche Abmessungen Δx bzw. Δy angenommen. Da für irgendein Flüssigkeitselement des Kreuzes die u- und die v-Komponente eine lineare Funktion von y bzw. x ist, fallen die höheren Glieder $\Delta y^2 \ldots$ bzw. $\Delta x^2 \ldots$ der Taylorschen Reihe fort, die sonst in den Gl. (IV, 3.4 und 5) auftreten würden. Es war deshalb nicht notwendig, die Grenzwerte $\lim \Delta x \to 0$ und $\lim \Delta y \to 0$ zu nehmen, um Gl. (IV, 3.7) abzuleiten. Da nun bei einer Potentialströmung in jedem Punkt (mit Ausnahme von Singularitäten) die Gleichung $\partial v/\partial x - \partial u/\partial y = 0$ gilt, bleibt immer noch die Frage, ob unendlich kleine Flüssigkeitsteilchen um ihre eigenen Achsen rotieren oder nicht, wenn sie sich um *endliche* Wegstrecken auf ihren Stromlinien bewegen. Wir werden, sehen daß es Potentialströmungen gibt, wo — im Gegensatz zu den zwei ersten Beispielen — die einzelnen unendlich kleinen Flüssigkeitsteilchen doch um ihre eigenen Achsen zu rotieren scheinen, wenn sie sich auf ihren Stromlinien um endliche Wegstrecken fortbewegen.

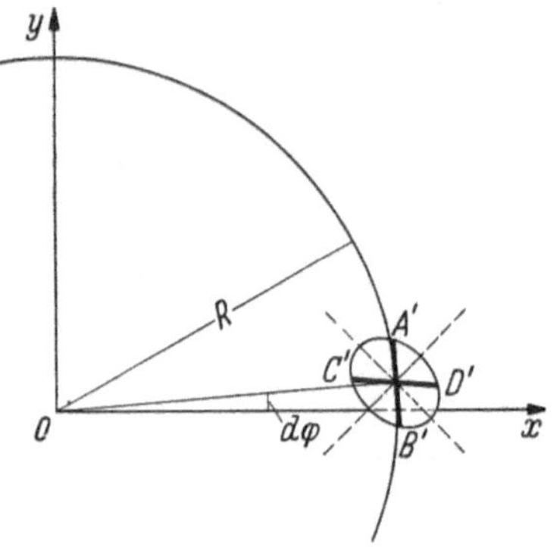

Abb. IV, 3.6. Im Grenzfalle $\Delta\varphi = 0$ behalten die Winkelhalbierenden des flüssigen Kreuzes in Abb. IV, 3.3 ihre Richtungen im Raume

3.4 Richtungsänderung der Hauptachsen eines unendlich kleinen Flüssigkeitsteilchens bei seiner Bewegung um endliche Wegstrecken (Potentialströmung). In Abb. IV, 3.7 betrachten wir ein sehr kleines Flüssigkeitsteilchen P auf seiner kreisförmigen Bahn einer zweidimensionalen Potentialströmung. Um uns über die Größenverhältnisse gewisse Vorstellungen zu machen, nehmen wir beispielsweise an, daß der Radius der Bahn 5 cm betrage und das Flüssigkeitsteilchen einen Radius von $r = {}^1/_{10}$ mm habe.

Die Geschwindigkeit im Abstande R sei mit w_R bezeichnet, so daß in der Zeit

$$t = \frac{R\,\varphi}{w_R}$$

das Flüssigkeitsteilchen nach P' gelangt. In Abb. IV, 3.8 stellen die *kleinen* Kreise sowie die Bahnkurve $R\varphi$ eine Vergrößerung eines Teiles der Abb. IV, 3.7 dar. Wir fragen uns jetzt: Bleibt die Richtung der Achsen $\overline{12}$ und $\overline{34}$ durch den kleinen Kreis ungeändert, wenn sich das Teilchen längs $R\varphi$ nach P' bewegt? Der größeren Deutlichkeit halber ist in derselben Abbildung das Teilchen auf das 20fache vergrößert (große Kreise), ohne die entsprechende Vergrößerung auf den Bogen $R\varphi$ — wegen Platzmangel — auszudehnen.

Im Punkte 1 ist die Geschwindigkeit gleich

$$w_{R-\varepsilon} = \frac{R}{R-\varepsilon} w_R ,$$

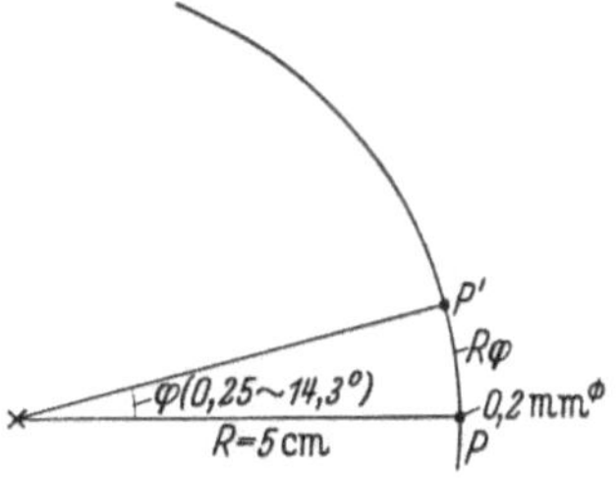

Abb. IV, 3.7. Ein sehr dünner, „flüssiger“ Zylinder von kreisförmigem Querschnitt ($2r = 0{,}2$ mm Durchmesser) bewegt sich auf einer Kreisbahn von 5 cm Radius (Potentialströmung)

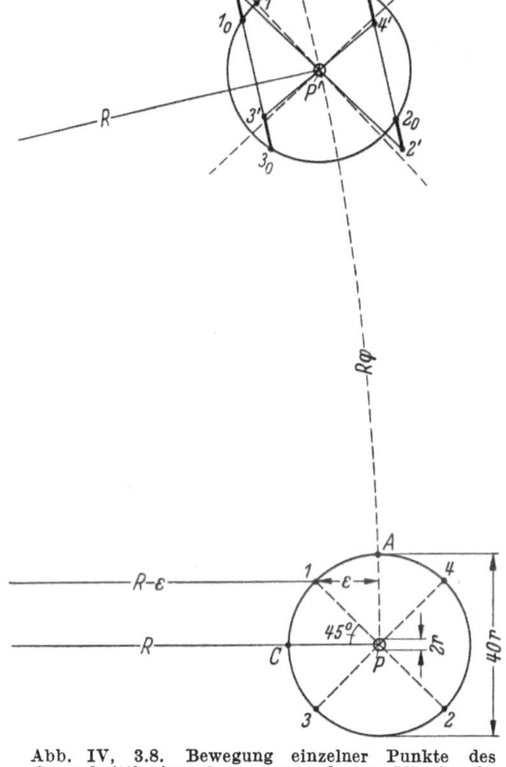

Abb. IV, 3.8. Bewegung einzelner Punkte des Querschnittkreises $2r\pi$, wenn dessen Mittelpunkt sich längs $R\varphi$ bewegt ($\varphi = 0{,}25$); Potentialströmung

und folglich die Bahnlänge, die in der Zeit t durchlaufen wird

$$\overline{11'} = w_{R-\varepsilon} t = \frac{R^2}{R-\varepsilon}\varphi .$$

Da die Bogenlänge von 1 bis 1_0 gleich $(R-\varepsilon)\,\varphi$ ist, haben wir für die Strecke $\overline{1_0 1'}$

$$\overline{1_0 1'} = \left[\frac{R^2}{R-\varepsilon} - (R-\varepsilon)\right]\varphi ,$$

was sich umformen läßt in

$$\overline{1_0 1'} = \varepsilon\varphi\left(1 + \frac{1}{1-\frac{\varepsilon}{R}}\right).$$

In unserem Beispiel ist $\varepsilon/R < 2 \cdot 10^{-3}$, so daß angenähert

$$\overline{1_0 1'} = 2 \varepsilon \varphi \qquad \text{(IV, 3.8)}$$

ist. Dieses ist die Strecke, die Punkt 1 gewonnen hat infolge seiner größeren Geschwindigkeit $w_{R-\varepsilon}$ verglichen mit w_R. Dasselbe gilt für Punkt 3, während die Punkte 4 und 2 um die gleiche Strecke $\overline{4_0 4'}$ bzw. $\overline{2_0 2'}$ zurückgeblieben sind. Gl. (IV, 3.8) ist offenbar um so genauer, je kleiner das Teilchen, verglichen mit dem Bahnradius, ist.

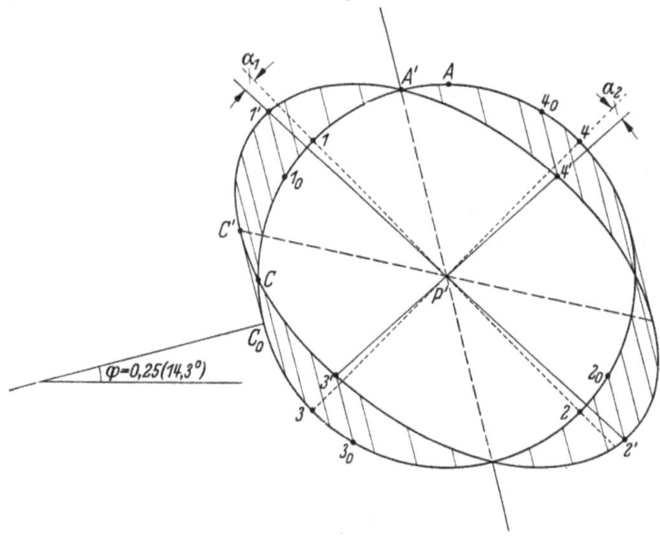

Abb. IV, 3.9. Deformation des kreisförmigen Querschnittes in Abb. IV, 3.8 zu einer Ellipse; beide Hauptachsen haben bei der Potentialströmung ihre Richtungen geändert

Dadurch, daß wir die Strecken $\overline{1_0 1'}$, $\overline{2_0 2'}$ usw. als gerade Linien, und zwar senkrecht zu R annehmen, an Stelle von Bogen, haben wir mit Gl. (IV, 3.8) den Übergang zum Grenzwert $r/R \to 0$ vollzogen.

In dieser Weise ist die Lage der verschiedenen Punkte (verschiedene ε) eines Kreises (r) bestimmt worden, wenn sich sein Mittelpunkt um beispielsweise $\varphi = 0{,}25$ ($\sim$ 14,3°) auf der kreisförmigen Stromlinie um 0 bewegt hat (Abb. IV, 3.9). Der Kreis bei $\varphi = 0$ hat sich in eine Ellipse bei $\varphi = 0{,}25$ verwandelt. Das Wesentliche aber ist die Tatsache, daß der Punkt 1' nicht auf der punktierten, unter 45° zur Horizontalen gezogenen Geraden liegt, sondern mit ihr einen Winkel α_1 einschließt. Dasselbe gilt für Punkt 4', dessen Verbindungslinie mit P' einen Winkel α_2 mit der punktierten Geraden bildet. Wie aus der Konstruktion hervorgeht, gelten die Winkel α_1 und α_2 — genau genommen — für ein unendlich kleines Flüssigkeitsteilchen ($\lim r \to 0$).

Für größere Werte von φ wachsen auch die Werte von α_1 und α_2, wie in Abb. IV, 3.10 dargestellt. Die Beziehung zwischen α_1 bzw. α_2

und φ ergibt sich aus der Abb. IV, 3.11 wie folgt: Da $\varepsilon = r/\sqrt{2}$ ist, haben wir nach Gl. (IV, 3.8)

$$\overline{1_0 1'} = 2\varepsilon\,\varphi = \sqrt{2}\,r\,\varphi$$

und deshalb

$$\frac{\sqrt{2}\,r\,\varphi + \frac{r}{\sqrt{2}}}{\frac{r}{\sqrt{2}}} = \operatorname{tg}\beta = \operatorname{tg}\left(\frac{\pi}{4} + \varphi - \alpha_1\right)$$

oder

$$2\varphi + 1 = \frac{1 + \operatorname{tg}(\varphi - \alpha_1)}{1 - \operatorname{tg}(\varphi - \alpha_1)}$$

oder

$$2\varphi = \frac{2\operatorname{tg}(\varphi - \alpha_1)}{1 - \operatorname{tg}(\varphi - \alpha_1)}$$

oder

$$\operatorname{tg}(\varphi - \alpha_1) = \frac{\varphi}{1 + \varphi}$$

folglich

$$\alpha_1 = \varphi - \operatorname{arc\,tg}\frac{\varphi}{1 + \varphi}. \qquad \text{(IV, 3.9)}$$

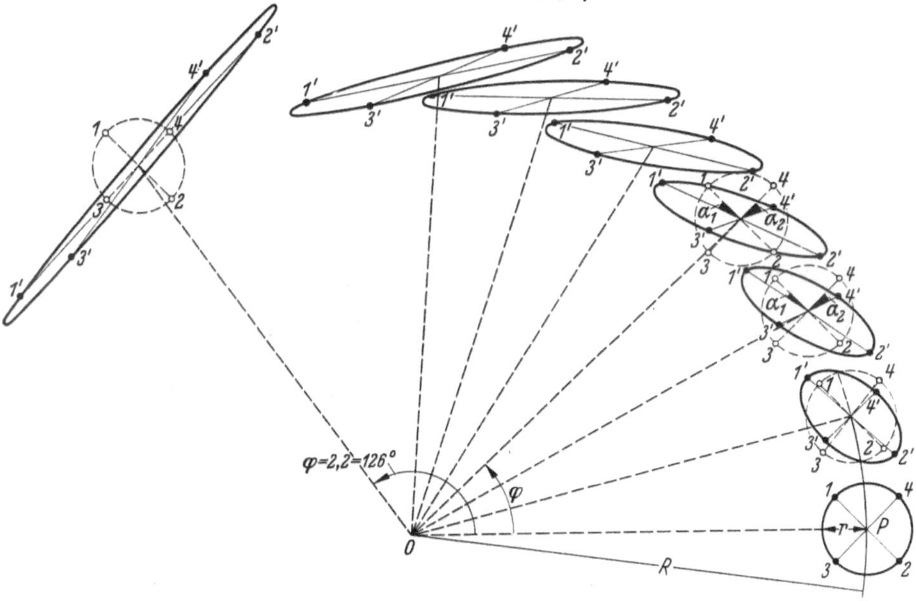

Abb. IV, 3.10
Deformation des ursprünglich ($\varphi = 0$) kreisförmigen Querschnittes bei verschiedenen Werten von φ; obwohl Potentialströmung, ändern die Hauptachsen ihre Richtungen beträchtlich ($r \to 0$)[1]

Entwickelt man das letzte Glied in eine Potenzreihe in φ und berücksichtigt nur das erste Glied, so erhält man für kleine Werte von φ

$$\alpha_1 = \frac{\varphi^2}{1 + \varphi}.$$

[1] Vgl. K. Oswatitsch: Physikalische Grundlagen d. Strömungslehre im Handb. d. Physik, hrsg. v. S. Flügge, Bd. VIII/1 S. 39. Berlin/Göttingen/Heidelberg: Springer 1959.

In ähnlicher Weise erhält man für α_2

$$\alpha_2 = \operatorname{arc\,tg} \frac{\varphi}{1-\varphi} - \varphi \qquad \text{(IV, 3.10)}$$

und für kleine Werte von φ

$$\alpha_2 = \frac{\varphi^2}{1-\varphi}.$$

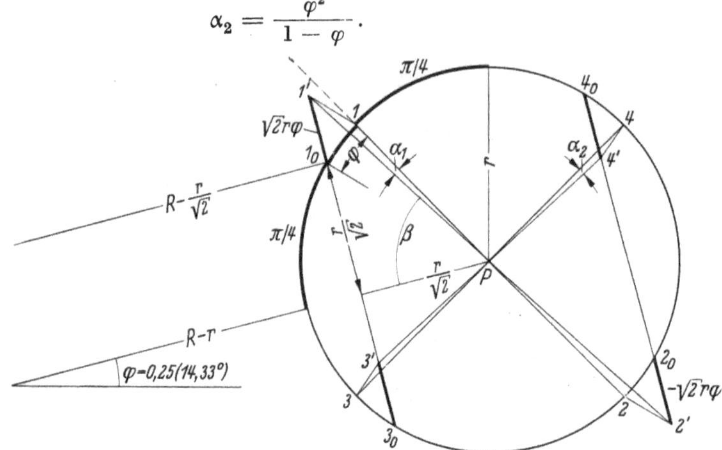

Abb. IV, 3.11. Einzelheiten zur Berechnung der Richtungsänderungen der Hauptachsen ($r \to 0$)

Abb. IV, 3.12 zeigt α_1 bzw. α_2 als Funktionen von φ entsprechend Gl. (IV, 3.9) bzw. (IV, 3.10) unter Berücksichtigung der Richtung von α_2.

Wir weisen nochmals darauf hin, daß diese Beziehung von α_1 bzw. α_2 mit φ und daß die Abbildung IV, 3.10 strenge Gültigkeit nur für unendlich kleine Flüssigkeitsteile, d. h. für $\lim r \to 0$ hat. Beim Betrachten dieser Abbildung drängt sich unwillkürlich die Frage auf, wie man hier, obwohl es sich um eine Potentialströmung handelt, dennoch von einer rotationsfreien Strömung sprechen kann, da ein unendlich kleines Flüssigkeitsteilchen bei seiner Bewegung auf einer Stromlinie um seine eigene Achse zu rotieren scheint. Um diesen Widerspruch zu klären, wollen wir zwei typische Bewegungen mit Rotation betrachten.

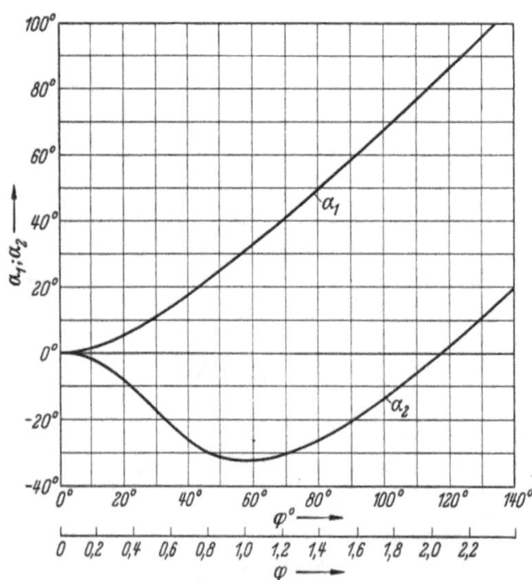

Abb. IV, 3.12. Winkel der Richtungsänderungen der Hauptachsen als Funktion von φ; Potentialströmung

3.5 Richtungsänderung der Hauptachsen eines Flüssigkeitsteilchens bei einer Strömung mit Rotation. In Abb. IV, 3.13 haben wir eine kreisförmige Strömung einer zähen Flüssigkeit, bei der die Geschwindigkeit proportional mit dem Abstand vom Mittelpunkt 0 zunimmt. Es ist $q = \text{const}\, R$ bzw. $v = \text{const}\, x$ und $-u = \text{const}\, y$, und also $\partial v/\partial x - \partial u/\partial y = 2\,\text{const} \neq 0$.

Ein kleines „flüssiges Kreuz“ $\overline{AB}$, $\overline{CD}$ bewege sich entlang der Bahnstrecke $R\varphi$. Da die Geschwindigkeit proportional den entsprechenden Wegstrecken $R_1\varphi$ und $R_2\varphi$ des Punktes C bzw. D ist, behält die Achse $\overline{CD}$ immer die Richtung des Radiusvektors, dreht sich also bezüglich des Kreuzmittelpunktes um den Winkel φ. Aber auch die Achse $\overline{AB}$ dreht sich um denselben Winkel, so daß das Kreuz als Ganzes sich dreht und damit auch seine Winkelhalbierenden (gestrichelte Linien) um den Winkel φ rotieren, wenn es sich um die Wegstrecke $R\varphi$ bewegt. Eine Deformation der einzelnen Flüssigkeitsteilchen findet nicht statt, sondern lediglich eine Drehung oder Rotation des Flüssigkeitsteilchens um seine eigene Achse, wenn es sich auf seiner kreisförmigen Bahn bewegt. Wir haben hier ein typisches Beispiel einer Strömung mit Rotation.

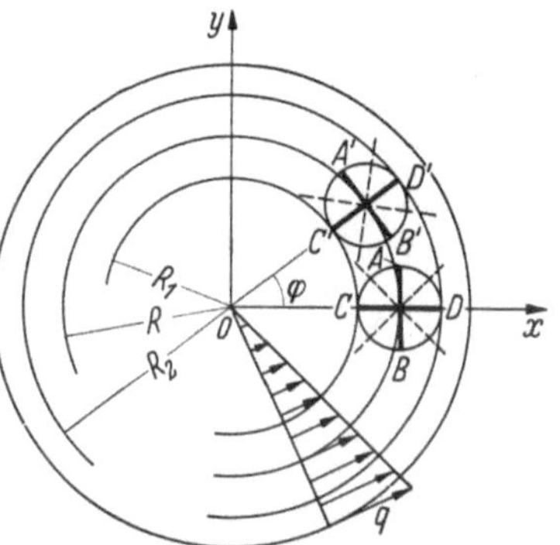

Abb. IV, 3.13. Bewegung eines flüssigen Kreuzes auf kreisförmiger Bahn in einem Geschwindigkeitsfeld, das zum Mittelpunkt linear abnimmt; Strömung mit Rotation

In Abb. IV, 3.14 betrachten wir ein weiteres Beispiel einer zweidimensionalen Geschwindigkeitsverteilung einer zähen Flüssigkeit. Eine solche Geschwindigkeitsverteilung haben wir z. B. als Teil einer sogenannten Grenzschicht, wie sie sich auch bei Flüssigkeiten geringer Zähigkeit (Wasser, Luft) in unmittelbarer Nähe von festen Wänden oder Grenzen der strömenden Flüssigkeit ausbildet. In dieser Geschwindigkeitsverteilung, wo $u = Cy$, $v = 0$, $w = 0$ ist, betrachten wir ein kleines Flüssigkeitsteilchen von kreisförmigem Querschnitt, dessen Mittelpunkt sich mit der Geschwindigkeit u_0 parallel zur x-Achse bewegt. Wir fragen uns: In welcher Weise deformiert sich dieses Teilchen bei seiner geradlinigen Bewegung und insbesondere, wie ändern sich dabei die Richtungen der Achsen $\overline{12}$ und $\overline{34}$?

Aus geometrischen Gründen ist

$$\alpha_1 = \operatorname{arc\,tg}\left(1 - \frac{du}{dy}\frac{x}{u_0}\right) - \frac{\pi}{4},$$

$$\alpha_2 = \frac{\pi}{4} - \operatorname{arc\,tg}\left(1 + \frac{du}{dy}\frac{x}{u_0}\right).$$

In der Abbildung ist die Deformation des Flüssigkeitsteilchens sowie seine Achsenänderungen bis zu einem Wert von $(du/dy)\,x/u_0 = 2{,}4$ dargestellt.

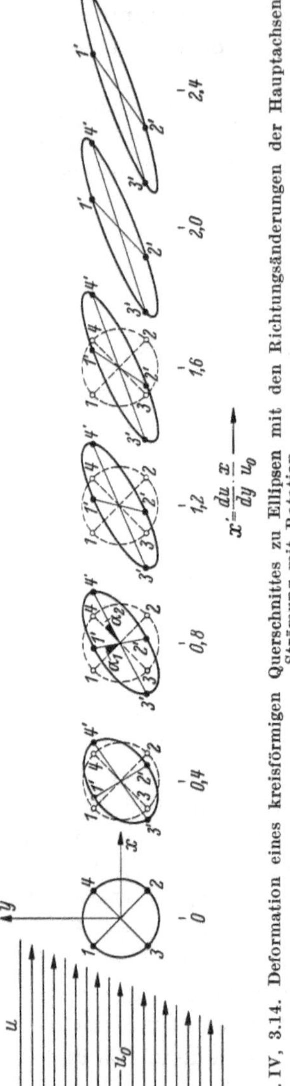

Abb. IV, 3.14. Deformation eines kreisförmigen Querschnittes zu Ellipsen mit den Richtungsänderungen der Hauptachsen; Strömung mit Rotation

Der Wert von $\partial v/\partial x - \partial u/\partial y = 0 - \text{const}$ ist von Null verschieden. Wir haben somit keine Potentialströmung, sondern eine Strömung mit Rotation. Wenn wir diese Strömung jedoch mit der Potentialströmung der Abb. IV, 3.10 vergleichen, so erscheint es nach den Abbildungen keineswegs einleuchtend, daß es sich in Abb. IV, 3.14 um eine Strömung mit Rotation, in Abb. IV, 3.10 aber um eine Strömung ohne Rotation handelt. In beiden Fällen deformiert sich der Kreis zu einer Ellipse, und in beiden Fällen ändern sich die Richtungen der Hauptachsen bei der Bewegung des Flüssigkeitsteilchens längs seiner Bahnlinie.

3.6 Physikalische Deutung des Begriffs „rotationsfrei". Der Weg aus diesem Dilemma geht von der Tatsache aus, daß in beiden Fällen, sowohl bei Abb. IV, 3.10 als auch bei Abb. IV, 3.14, die Lage der Hauptachsen *zueinander*, d. h. deren Konfiguration bei der Bewegung des Flüssigkeitsteilchens nicht erhalten bleibt. Wenn aber bei einer zweidimensionalen Bewegung nicht wenigstens zwei Achsen eines Flüssigkeitsteilchens eine gleichbleibende Lage *zueinander* behalten, wie kann man dann entscheiden, ob das Flüssigkeitsteilchen bei der Bewegung auf seiner Bahn sich um seine eigene Achse dreht oder nicht dreht? Die Frage danach verliert ihren Sinn.

In dieser Hinsicht sind die Strömungsvorgänge der Abb. IV, 3.1 und IV, 3.13 von anderer Art, da in beiden Fällen die Konfiguration von zwei Achsen bei der Bewegung des Flüssigkeitsteilchens längs seiner Bahn erhalten bleibt. Und hier kann man davon sprechen, daß im ersteren Fall das Flüssigkeitsteilchen bei seiner Bewegung längs der Stromlinie sich nicht um seine eigene Achse dreht, während es im zweiten Falle um seine Achse rotiert. Dieses sind aber Ausnahmefälle insofern, als in der Gleichung

$$\frac{\partial v}{\partial x} - \frac{\partial u}{\partial y} = 0 \quad \text{bzw.} \quad \neq 0$$

im ersteren Falle jede der beiden Größen gleich Null, im zweiten Falle jede der beiden Größen konstant (und entgegengesetzt gleich) ist.

Im allgemeinen jedoch gibt es bei einem endlichen oder auch bei einem unendlich kleinen Flüssigkeitsteilchen keine zwei Achsen, deren Lage *zueinander* unverändert bleibt, so daß man die Frage nach einer Drehung des Flüssigkeitsteilchens um seine Achse gar nicht stellen kann. Die physikalische Deutung der obigen Gleichung liegt nicht in der Beantwortung der Frage, ob ein unendlich kleines Flüssigkeitsteilchen bei seiner Bewegung auf der Bahnlinie um seine eigene Achse rotiert oder nicht rotiert — diese Frage läßt sich mit Ausnahme der obigen speziellen Fälle, wie gesagt, gar nicht stellen —, sondern ob in den einzelnen Raumpunkten Rotation herrscht oder nicht. Der Ausdruck $\partial v/\partial x - \partial u/\partial y = 0$ bzw. $\neq 0$ stellt also nicht eine Aussage über die Art der Bewegung eines unendlich kleinen Flüssigkeitsteilchens längs seiner Bahnlinie dar, sondern eine Aussage über den Strömungszustand in einem Punkte eines von strömender Flüssigkeit erfüllten Raumes.

In diesem Zusammenhang erinnern wir daran, daß bei den einzelnen Gliedern der EULERschen Gleichung (z. B. auch in der Form S. 113, Mitte), bei der die fraglichen Ausdrücke $\partial u/\partial y - \partial v/\partial x$ usw. vorkommen) jegliche Zuordnung zu bestimmten Flüssigkeitsteilen aufgehoben ist (S. 96). Dieses wird gelegentlich übersehen und, ausgehend von der NEWTONschen Auffassung der Mechanik eines individuellen Massenpunktes (Flüssigkeitspunktes) wird so getan, als ob die in den EULERschen Gleichungen auftretenden Geschwindigkeiten bzw. deren räumliche Änderungen, d. h. $\partial u/\partial x$ usw., sich auf bestimmte Flüssigkeitsteilchen beziehen, und zwar bei deren Bewegung längs ihrer Bahn um endliche, wenn auch beliebig kleine Wege. Dieses ist jedoch nicht der Fall. Gerade darin liegt — wie bereits erwähnt — die große Leistung EULERS, die ihn zum Begründer der Hydrodynamik werden ließ, daß er die NEWTONsche Auffassung eines diskreten Flüssigkeitspunktes aufgab und statt dessen den Begriff des Geschwindigkeitsfeldes sowie des Druckfeldes einführte. In den nach ihm benannten Differentialgleichungen beziehen sich deshalb die einzelnen Glieder dieser Gleichungen nicht auf Flüssigkeitsteilchen, sondern auf Raumpunkte und auf die in ihnen vorhandenen Feldgrößen, wie Geschwindigkeit, Druck und Dichte sowie auf deren räumliche und zeitliche Änderungen.

Auf einen Unterschied der rotationsfreien Strömung (Potentialströmung) und der Strömung mit Rotation soll noch hingewiesen werden. Wie wir gesehen haben, ändert sich im allgemeinen in beiden

Strömungsformen die Richtung der Hauptachsen, wenn sich das Flüssigkeitsteilchen auf seiner Bahnlinie s bewegt. Bezeichnet α_1 bzw. α_2 diese Richtungsänderung bei einer zweidimensionalen Bewegung, so ist im Falle einer rotationsfreien Strömung

$$\left(\frac{\partial \alpha_1}{\partial s}\right)_{s=0} = 0 \quad \text{und} \quad \left(\frac{\partial \alpha_2}{\partial s}\right)_{s=0} = 0,$$

Abb. IV, 3.12, während diese Größen bei einer Strömung mit Rotation von Null verschieden sind. Man kann auch sagen, daß bei einer Potentialströmung die Richtungsänderung der Hauptachsen eines Flüssigkeitsteilchens von kleinerer Größenordnung ist als seine Ortsänderung, während sie bei einer Bewegung mit Rotation von gleicher Größenordnung ist.

4 Integralsätze

4.1 Der Gaußsche Integralsatz. Entgegen unserer sonst befolgten Methode, mit einem Experiment oder mit der anschaulichen Betrachtung eines Strömungsvorganges zu beginnen, wollen wir in diesem Falle einige mathematische Beziehungen ableiten bzw. an die Spitze stellen und daraus dann einige wichtige Sätze der Strömungslehre ableiten.

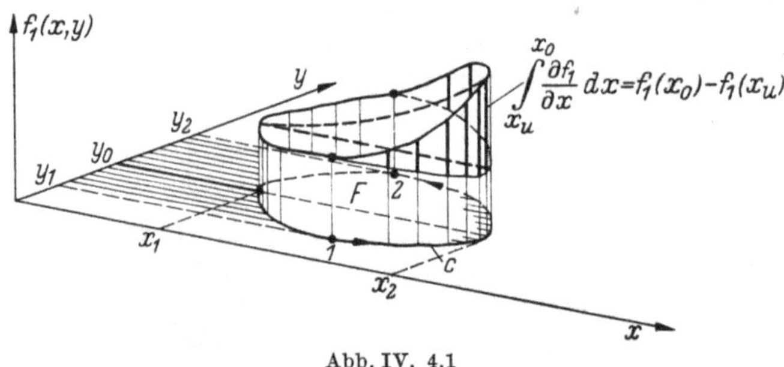

Abb. IV, 4.1

Wir betrachten in Abb. IV, 4.1 und 2 eine beliebige geschlossene Kurve C in der x, y-Ebene. Jedem Punkt dieser Kurve werden zwei Funktionen $f_1(x, y)$ und $f_2(x, y)$ zugeordnet.[1] Aus Abb. IV, 4.1 ergibt sich dann, daß

$$\oint^{C} f_1(x, y)\, dy = \int_{y_1}^{y_2} f_1(x_o, y)\, dy + \int_{y_2}^{y_1} f_1(x_u, y)\, dy$$

ist, wobei das geschlossene Integral — beginnend mit Punkt 1, entsprechend dem kleinsten Wert von $y = y_1$ — in positiver Richtung

[1] Man könnte f_1 und f_2 z. B. als die Geschwindigkeitskomponenten $u(x, y)$ und $v(x, y)$ einer zweidimensionalen Strömung deuten, was also heißen würde, daß in jedem Punkt der Kurve C eine bestimmte Geschwindigkeit herrscht.

genommen wird. Dabei bezeichnet $f_1(x_o, y)$ die Werte der Funktion f_1 in denjenigen Punkten der Kurve C von Punkt 1 nach Punkt 2, die den oberen, d. h. größeren Werten von x entsprechen, während $f_1(x_u, y)$ die Werte von f_1 auf C von Punkt 2 zurück nach Punkt 1 bezeichnet, die zu den unteren, d. h. kleineren Werten von x gehören.

Da für jeden Wert von y in den Grenzen y_1 und y_2

$$f_1(x_o, y) - f_1(x_u, y) = \int_{x_u}^{x_o} \frac{\partial f_1(x, y)}{\partial x} dx$$

ist, kann man für das obige geschlossene Integral, wenn man die Grenzen im obigen Integral von y_2 bis y_1 miteinander vertauscht und dann das negative Vorzeichen nimmt, setzen

$$\oint^{C} f_1 \, dy = \int_{y_1}^{y_2} dy \int_{x_u}^{x_o} \frac{\partial f_1}{\partial x} dx = \iint^{F} \frac{\partial f_1}{\partial x} dx \, dy. \qquad \text{(IV, 4.1)}$$

In gleicher Weise erhält man nach Abb. IV, 4.2

$$\oint^{C} f_2(x, y) \, dx = \int_{x_1}^{x_2} f_2(x, y_u) \, dx + \int_{x_2}^{x_1} f_2(x, y_o) \, dx,$$

wobei das geschlossene Integral von Punkt 1', entsprechend dem kleinsten Wert $x = x_1$, über Punkt 2', entsprechend dem größten Wert $x = x_2$ zurück nach 1' im positiven Sinne genommen ist. Die Werte der

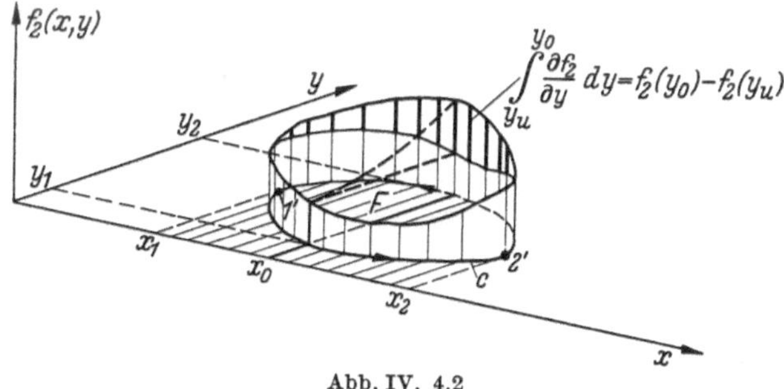

Abb. IV, 4.2

Funktion f_2 von x_1 nach x_2 sind mit $f_2(x, y_u)$ bezeichnet, da sie zu den unteren (kleineren) Werten von y gehören, und von x_2 zurück nach x_1 mit $f_2(x, y_o)$, weil diese zu den oberen (größeren) Werten von y gehören. Da für jedes $x_1 < x < x_2$

$$f_2(x, y_o) - f_2(x, y_u) = \int_{y_u}^{y_o} \frac{\partial f_2(x, y)}{\partial y} dy$$

ist, haben wir

$$\oint^{C} f_2\,dx = -\int_{x_1}^{x_2} dx \int_{y_u}^{y_o} \frac{\partial f_2}{\partial y}\,dy = -\iint^{F} \frac{\partial f_2}{\partial y}\,dx\,dy. \qquad \text{(IV, 4.2)}$$

Durch Subtraktion bzw. Addition dieser Gleichung von bzw. zu Gl. (IV, 4.1) erhält man

$$\oint^{C} (f_1\,dy - f_2\,dx) = \iint^{F} \left(\frac{\partial f_1}{\partial x} + \frac{\partial f_2}{\partial y}\right) dx\,dy \qquad \text{(IV, 4.3)}$$

bzw.

$$\oint^{C} (f_1\,dy + f_2\,dx) = \iint^{F} \left(\frac{\partial f_1}{\partial x} - \frac{\partial f_2}{\partial y}\right) dx\,dy. \qquad \text{(IV, 4.4)}$$

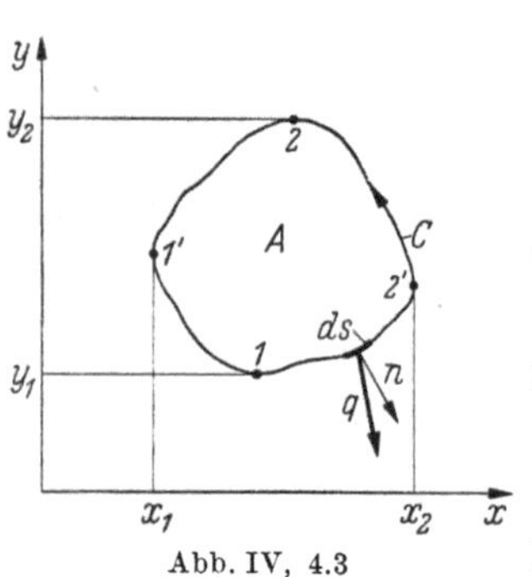

Abb. IV, 4.3

Hiermit haben wir eine spezielle Formulierung des Gaussschen Integralsatzes für die x, y-Ebene abgeleitet.

Setzen wir beispielsweise — wie schon in der Fußnote S. 144 angedeutet —

$$f_1(x, y) = u(x, y), \quad f_2(x, y) = v(x, y),$$

so ergibt sich aus Gl. (IV, 4.3)

$$\oint^{C} (u\,dy - v\,dx) = \iint^{F} \left(\frac{\partial u}{\partial x} + \frac{\partial v}{\partial y}\right) dx\,dy.$$

Nehmen wir die Normale $\mathfrak{n}$ auf C nach außen als positiv an, so ist nach Abb. V, 4.3 bzw. 4

$$dx = ds\cos\beta = -ds\cos(\pi + \beta) = -ds\cos(y, \mathfrak{n}),$$

$$dy = ds\cos\alpha = ds\cos(2\pi - \alpha) = ds\cos(x, \mathfrak{n})$$

und da ferner

$$u\cos(x, \mathfrak{n}) + v\cos(y, \mathfrak{n}) = q\cos(\mathfrak{q}, \mathfrak{n}),$$

so haben wir für das obige Integral

$$\oint^{C} [u\cos(x, \mathfrak{n}) + v\cos(y, \mathfrak{n})]\,ds = \oint^{C} q\cos(\mathfrak{q}, \mathfrak{n}) = \iint^{F} \left(\frac{\partial u}{\partial x} + \frac{\partial v}{\partial y}\right) dx\,dy. \qquad \text{(IV, 4.5)}$$

Die linke Seite bezeichnet den Überschuß an Flüssigkeit, der bei einer zweidimensionalen inkompressiblen Strömung durch die Kurve C fließt, und also gleich der Divergenz des Flächenstückes F sein muß. Setzt man voraus, daß innerhalb von C, d. h. auf F, keine Quellen oder Senken vorhanden sind, so muß das letzte Integral gleich Null sein.

Setzen wir — als ein weiteres Beispiel — in Gl. (IV, 4.4)

$$f_1 = v(x, y), \quad f_2 = u(x, y),$$

so ist

$$\oint^{C} (u\,dx + v\,dy) = \iint^{F} \left(\frac{\partial v}{\partial x} - \frac{\partial u}{\partial y}\right) dx\,dy \qquad \text{(IV, 4.6)}$$

oder, da

$$u\,dx + v\,dy = (\mathfrak{i}u + \mathfrak{j}v) \circ (\mathfrak{i}dx + \mathfrak{j}dy) = \mathfrak{q} \circ d\mathfrak{s}$$

ist, und, wie auf S. 375 gezeigt wird, der Klammerausdruck im rechten Integral als z-Komponente eines Vektors rot $\mathfrak{q}$ aufgefaßt werden kann, so folgt aus dem GAUSSschen Integralsatz, daß für eine zweidimensionale Strömung ($\mathfrak{k}\,dx\,dy = d\mathfrak{F}$)

$$\oint^{C} \mathfrak{q} \circ d\mathfrak{s} = \iint^{F} \text{rot}\,\mathfrak{q} \circ d\mathfrak{F} \qquad \text{(IV, 4.7)}$$

ist (vgl. S. 148).

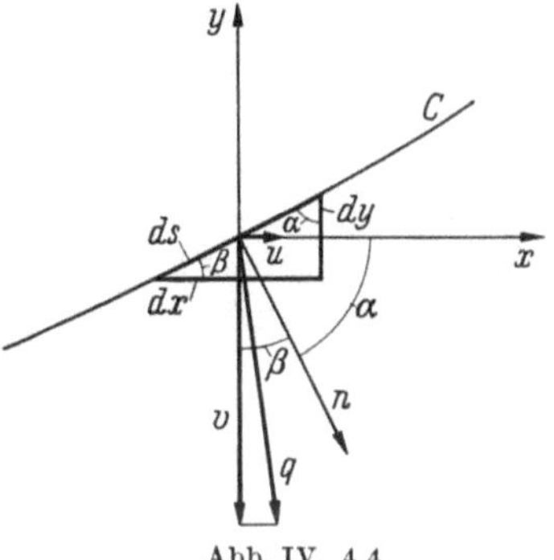

Abb. IV, 4.4

Auf eine stillschweigend gemachte Voraussetzung bezüglich der „beliebigen" von C umrandeten Fläche F soll noch hingewiesen werden, nämlich, daß diese für jede der Linien $y = \text{const}$ und $x = \text{const}$ in nicht mehr als zwei Punkten: x_u und x_o bzw. y_u und y_o geschnitten wird. Dieses trifft aber nicht zu für die von C umrandete Fläche der Abb. IV, 4.5. Eine solche Fläche kann jedoch immer in eine *endliche* Anzahl von Flächen aufgeteilt werden, für welche die obige Voraussetzung zutrifft. Wenden wir die Überlegungen (Abb. IV, 4.1 und 2 bzw. 3) auf die Flächen F_1, F_2 und F_3 an und addieren die Linienintegrale, so heben sich die Integrationen längs 1 bis 2 und 3 bis 4 auf, und es bleibt das Linienintegral längs C, das die gesamte Fläche $F = \sum F_n$ umschließt.

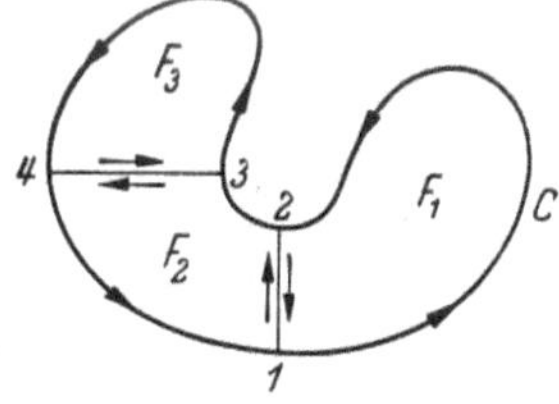

Abb. IV, 4.5

Gl. (IV, 4.5) läßt sich auch für drei Variable ableiten:

$$\oiint^{F} [u \cos(x, \mathfrak{n}) + v \cos(y, \mathfrak{n}) + w \cos(z, \mathfrak{n})]\, dF$$

$$= \iiint^{V} \left(\frac{\partial u}{\partial x} + \frac{\partial v}{\partial y} + \frac{\partial w}{\partial z}\right) dx\,dy\,dz \qquad \text{(IV, 4.8)}$$

oder in vektorieller Schreibweise

$$\oiint^{F} \mathfrak{q} \circ d\mathfrak{F} = \iiint^{V} \text{div}\,\mathfrak{q}\, dV.$$

Dies ist der GAUSSsche Integralsatz, der in Anwendung auf die Strömungslehre zum Ausdruck bringt, daß der Überschuß an Flüssigkeit, der durch eine geschlossene Fläche F bei einer inkompressiblen Strömung fließt, gleich der Divergenz des von der Fläche umschlossenen Volumens V ist. Dieser Satz gilt für jedes beliebige Volumen und ist in seiner Ableitung allgemeiner als der in IV, 1.10 gegebene Beweis. Nimmt man an, daß innerhalb von F keine Quellen oder Senken sind, so wird Gl. (IV, 4.8) gleich Null, d. h. wir haben die Kontinuitätsgleichung einer inkompressiblen Flüssigkeit für beliebige endliche Gebiete.

4.2 Der Stokessche Integralsatz. Gl. (IV, 4.6), die auf Gl. (IV, 4.4) zurückgeht, ist nur für eine zweidimensionale Strömung abgeleitet worden, bei der also F eine ebene Fläche und f_1 sowie f_2 jeweils Funktionen der Koordinaten x und y sind. Für eine dreidimensionale Strömung bzw. für eine krumme Fläche F ist der entsprechende Integralsatz von G. G. STOKES aufgestellt worden:

$$\oint^{C}[f_1\,dx + f_2\,dy + f_3\,dz] = \iint^{F}\Big[\Big(\frac{\partial f_3}{\partial y} - \frac{\partial f_2}{\partial z}\Big)dy\,dz + \Big(\frac{\partial f_1}{\partial z} - \frac{\partial f_3}{\partial x}\Big)dz\,dx + \\ + \Big(\frac{\partial f_2}{\partial x} - \frac{\partial f_1}{\partial y}\Big)dx\,dy\Big],$$

also mit $f_1 = u(x, y, z)$, $f_2 = v(x, y, z)$, $f_3 = w(x, yz)$

$$\oint^{C}[u\,dx + v\,dy + w\,dz] = \iint^{F}\Big[\Big(\frac{\partial w}{\partial y} - \frac{\partial v}{\partial z}\Big)dy\,dz + \\ + \Big(\frac{\partial u}{\partial z} - \frac{\partial w}{\partial x}\Big)dz\,dx + \Big(\frac{\partial v}{\partial x} - \frac{\partial u}{\partial y}\Big)dx\,dy\Big] \qquad \text{(IV, 4.9)}$$

vgl. Gl. (IV, 4.6) für den zweidimensionalen Fall. In vektorieller Schreibweise erhält man für die letzte Gleichung (vgl. Gl. (IV, 1.12)

$$\oint^{C}\mathfrak{q} \circ d\mathfrak{s} = \iint^{F}\operatorname{rot}\mathfrak{q} \circ d\mathfrak{F}, \qquad \text{(IV, 4.10)}$$

die mit Gl. (IV, 4.7) übereinstimmt, nur daß in Gl. (IV, 4.10) $\mathfrak{q}$ eine Funktion von x, y, z und F eine beliebige krumme Fläche ist. Von dieser Beziehung wird bei der Behandlung der Wirbelbewegung in VII, 2.7 Gebrauch gemacht.

5 Überlagerungen von Lösungen der Laplaceschen Gleichung

5.1 Quelle und Parallelströmung. In IV, 2 haben wir einige Lösungen der LAPLACEschen Gleichung betrachtet und untersucht, welchen Strömungsvorgängen diese Lösungen entsprechen. Jetzt wollen wir mehrere solcher Lösungen addieren, d. h. die entsprechenden

Strömungen überlagern, wobei wir zu Strömungsformen von großer praktischer Bedeutung gelangen werden[1, 2, 3].

Zunächst fragen wir uns: Was geschieht, wenn ein rotationssymmetrischer Körper mit abgerundetem Vorderteil (Abb. IV, 5.1) sich mit gleichförmiger Geschwindigkeit ($-u_0$) von rechts nach links durch eine ruhende Flüssigkeit bewegt? Einige Stromlinien dieser nichtstationären Strömung sind in der Abbildung dargestellt. Der Vorderteil des zylindrischen Körpers schiebt, während er sich von rechts nach links durch die ruhende Flüssigkeit bewegt, diese nach allen Richtungen beiseite. Man hat gleichsam den Eindruck, als ob eine Quelle sich mit der Geschwindigkeit $-u_0$ von rechts nach links bewegt.

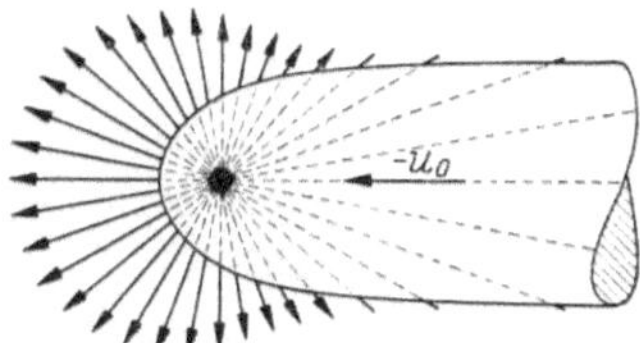

Abb. IV, 5.1. Ein vorn abgerundeter rotationssymmetrischer Körper schiebt bei seiner Bewegung die Wasserteilchen so beiseite, als wenn eine Quellanordnung sich von rechts nach links bewegt

In der unteren Hälfte der Abb. IV, 5.2 sind die Stromlinien der dreidimensionalen Quelle als gestrichelte Geraden dargestellt. In einer Anzahl von Punkten sind die Geschwindigkeitsvektoren als Pfeile eingetragen, wobei berücksichtigt ist, daß die Geschwindigkeit mit dem Quadrat des Abstandes (r) von der Quelle abnimmt. Dieses nach links sich bewegende Geschwindigkeitsfeld kann in eine stationäre Strömung verwandelt werden, wenn ihm ein konstantes Geschwindigkeitsfeld u_0 hinzugefügt wird. In der oberen Hälfte der Abbildung ist in mehreren Raumpunkten die Addition der beiden Geschwindigkeitsfelder vorgenommen. Man erkennt, daß es eine Stromlinie gibt, welche die von der Quelle kommende Flüssigkeit von der von links (aus dem Unendlichen) kommenden Flüssigkeit abtrennt.

Die Form dieser Stromlinie ergibt sich aus der Bedingung, daß die Menge der Flüssigkeit, die durch jeden Querschnitt $A = y^2 \pi$ rechts der Quelle, d. h. für $x > 0$ fließt, gleich der Ergiebigkeit der Quelle $Q = 4 \pi c$ sein muß (C ist die Geschwindigkeit im Abstande 1), während sie für jeden Querschnitt $A' = y^2 \pi$ links der Quelle, d. h. für $x < 0$, gleich Null ist. Mithin

$$\int_0^y u \, 2\pi y \, dy = 4 \pi c \quad \text{für} \quad x > 0 \qquad \text{(IV, 5.1)}$$

[1] Rankine, W. J. M.: On Plane Waterlines in Two Dimensions. Phil. Trans. 1864, S. 369; Elementary Demonstrations of Principles Relating to Streamlines. Engineer, Okt. 1, 1868; On the Mathematical Theory of Streamlines, especially those with Four Foci and upwards. Phil. Trans. 1871, S. 267.

[2] Blasius, H.: Über verschiedene Formen Pitotscher Röhren. Zbl. Bauverw. 1909, S. 549.

[3] Fuhrmann, G.: Theoretische und experimentelle Untersuchungen an Ballonmodellen. Diss. Göttingen 1912; und Jb. d. Motorluft-Studiengesellschaft 1911/12, S. 65ff.

bzw.

$$\int_0^y u\, 2\pi\, y\, dy = 0 \quad \text{für} \quad x < 0, \tag{IV, 5.2}$$

wo

$$u = u_0 + \frac{c\,x}{r^3} = u_0 + \frac{c\,x}{(x^2 + y^2)^{3/2}} \tag{IV, 5.3}$$

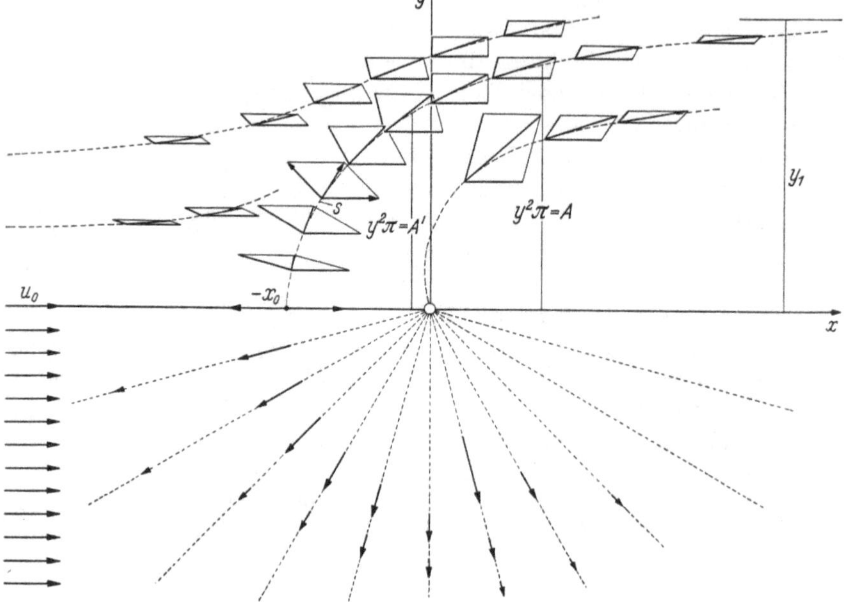

Abb. IV, 5.2. Durch geometrische Addition der radialen Geschwindigkeiten einer Quelle und einer konstanten Geschwindigkeit ergeben sich Stromlinien um einen vorn abgerundeten, unendlich langen Rotationskörper

die x-Komponente der Geschwindigkeit des zusammengesetzten Geschwindigkeitsfeldes ist.

Setzt man in Gl. (IV, 5.1) den Ausdruck für u nach Gl. (IV, 5.3) ein, so erhält man

$$u_0\, y^2 + c \int_0^y \frac{x}{(x^2 + y^2)^{3/2}}\, 2\, y\, dy = 4\, c$$

und integriert

$$\frac{u_0}{4\,c}\, y^2 = \frac{1}{2}\left(1 + \frac{x}{\sqrt{x^2 + y^2}}\right). \tag{IV, 5.4}$$

Für den Fall $x < 0$, d. h. $x = -|x|$, erhält man aus Gl. (IV, 5.2)

$$u_0\, y^2 - c \int_0^y \frac{|x|}{(x^2 + y^2)^{3/2}}\, 2\, y\, dy = 0,$$

was integriert ebenfalls Gl. (IV, 5.4) ergibt, so daß diese sowohl für negative als auch für positive Werte von x gilt.

Gl. (IV, 5.4) nach x aufgelöst, ergibt

$$x = \frac{2y^2 - \frac{4c}{u_0}}{2\sqrt{\frac{4c}{u_0} - y^2}}. \qquad \text{(IV, 5.5)}$$

Der Wert $y = y_1$, der zu dem Wert $x = \infty$ gehört, ist durch

$$\frac{4c}{u_0} - y_1^2 = 0$$

bestimmt, d. h.

$$y_1 = \sqrt{\frac{4c}{u_0}}. \qquad \text{(IV, 5.6)}$$

Mit diesem Wert für y_1 lautet Gl. (IV, 5.5)

$$x = \frac{2y^2 - y_1^2}{2\sqrt{y_1^2 - y^2}}. \qquad \text{(IV, 5.7)}$$

Für $y = 0$ erhält man also

$$x_0 = -\frac{y_1}{2},$$

und für $x = 0$

$$y_0 = \frac{y_1}{\sqrt{2}}.$$

Für die Überlagerung einer punktförmigen Quelle mit einer Parallelströmung ist es, wie wir gesehen haben, leicht, die Form der sich ergebenden Rotationsfläche, d. h. Gl. (IV, 5.5), zu erhalten. Schwieriger, und in manchen Fällen praktisch unmöglich, wird dieses aber, wenn wir statt einer punktförmigen Quelle eine stetige Verteilung von Quellen annehmen. In diesen Fällen führt eine graphische Methode[1] zum Ziele, die wir der Einfachheit halber zunächst für den bereits behandelten Fall einer punktförmigen Quelle durchführen wollen.

Unter Bezugnahme auf Gl. (IV, 5.4) ist in Abb. IV, 5.3

$$\frac{1}{2}\left(1 + \frac{x}{\sqrt{x^2 + y^2}}\right) = f_1(x, y)$$

als Funktion von y dargestellt, und zwar für die konstanten Werte von $x = -2, -1{,}5, \ldots 0, 0{,}2 \ldots$ bis $x = 2{,}0$. In derselben Abbildung ist

$$\frac{u_0}{4c} y^2$$

als Funktion von y aufgetragen, unter der Voraussetzung, daß $u_0/4c$ gleich 1, d. h. daß nach Gl. (IV, 5.6) der asymptotische Wert von $y = y_1 = 1$ ist. Wo die letztere Kurve (Parabel) die verschiedenen Kurven $f_1(x, y)$ schneidet, ist Gl. (IV, 5.4) erfüllt. Man hat somit in

[1] Siehe Fußn. 3 auf S. 149.

diesen Schnittpunkten Punkte der Rotationsfläche. Die beispielsweise zu dem Wert $x = 0{,}4$ gehörende Kurve $f_1(x, y)$ wird von der Parabel

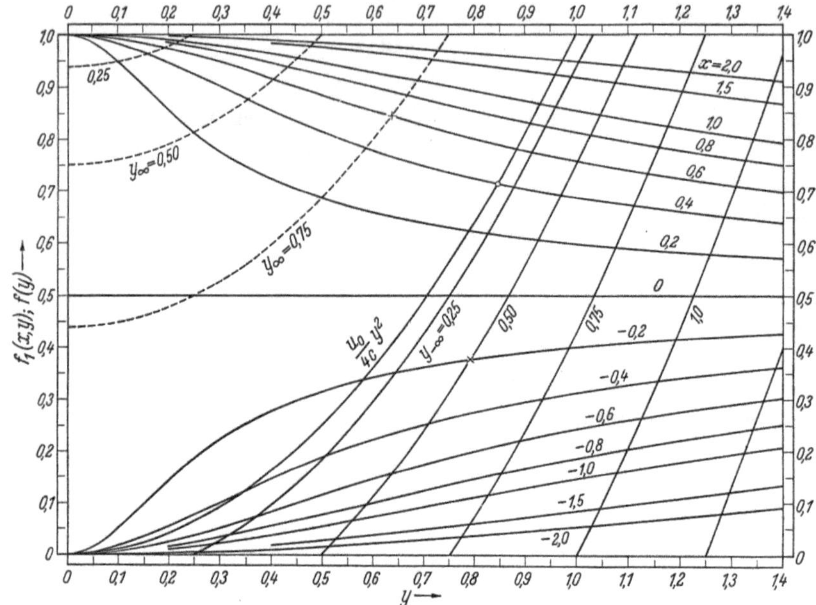

Abb. IV, 5.3. Hilfskurven zur Konstruktion von Abb. IV, 5.4

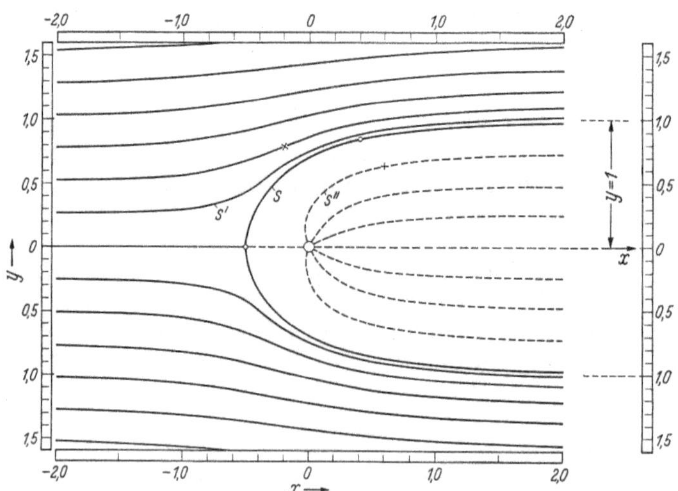

Abb. IV, 5.4. Stromlinien um einen unendlich langen Rotationskörper

bei $y = 0{,}845$ geschnitten. Dieser Wert von y ist in Abb. IV, 5.4 über $x = 0{,}4$ aufgetragen und durch einen kleinen Kreis gekennzeichnet. In derselben Weise erhält man die übrigen Punkte der Rotationsfläche.

Was die Stromlinien s' in Abb. IV, 5.4 anbelangt, so müssen wir berücksichtigen, daß für jedes $x > 0$ Gl. (IV, 5.1) in

$$\int_0^y u\, 2\pi\, y\, d y = 4 \pi c + y_{-\infty}^2 \pi u_0 ,$$

und daß für jedes $x < 0$ Gl. (IV, 5.2) in

$$\int_0^y u\, 2\pi\, y\, d y = 0 + y_{-\infty}^2 \pi u_0$$

übergeht, wo $y_{-\infty}$ den Abstand von der Mittellinie bei $x = -\infty$ bezeichnet. Entsprechend ändert sich Gl. (IV, 5.4) zu

$$\frac{u_0}{4c}\left(y^2 - y_{-\infty}^2\right) = \frac{1}{2}\left(1 + \frac{x}{\sqrt{x^2 + y^2}}\right).$$

In Abb. IV, 5.3 sind deshalb außer der Parabel $y^2 = f(y)$ die weiteren Parabeln $(y^2 - y^2{}_{-\infty}) = f(y)$ für $y_{-\infty} = 0{,}25$; $0{,}50$; $0{,}75$; $1{,}0$ und $1{,}25$ aufgetragen, wobei wir uns erinnern, daß $u_0/4c = 1/y_1^2 = 1$ angenommen ist. Wir betrachten beispielsweise in Abb. IV, 5.4 die Stromlinie, die bei $x = -\infty$ den Abstand 0,5 hat. Für einen beliebigen Punkt dieser Stromlinie, dessen Abszisse beispielsweise den Wert $x = -0{,}2$ haben möge, schneidet die Parabel $(y^2 - 0{,}5^2) = f(y)$ die Kurve $f_1(-0{,}2,\ y)$ in $y = 0{,}79$, gekennzeichnet durch ein liegendes Kreuz. Die Ordinate der betrachteten Stromlinie in Abb. IV, 5.4 ist für $x = -0{,}2$ somit $y = 0{,}79$, auch hier durch ein liegendes Kreuz bezeichnet.

Bezüglich der im Innern von s liegenden Stromlinien s'' ist

$$\int_0^y u\, 2\pi\, y\, d y = 4 \pi c - \left(y_1^2 - y_\infty^2\right) \pi u_0 \quad \text{für} \quad x > 0$$

bzw.

$$\int_0^y u\, 2\pi\, y\, d y = 0 - \left(y_1^2 - y_\infty^2\right) \pi u_0 \quad \text{für} \quad x < 0,$$

was zu

$$\frac{u_0}{4c}\left[y^2 + \left(y_1^2 - y_\infty^2\right)\right] = \frac{1}{2}\left(1 + \frac{x}{\sqrt{x^2 + y^2}}\right)$$

führt. Denn sowohl für $x = -\infty$ als auch für $x = \infty$ geht der Einfluß der Quelle nach Null, so daß für $x = \pm\infty$ die Geschwindigkeit $u = u_0$ ist. In Abb. IV, 5.3 sind die Parabeln

$$\frac{u_0}{4c}\left[y^2 + \left(y_1^2 - y_\infty^2\right)\right] = f(y) = y^2 + 1 - y_\infty^2$$

als gestrichelte Kurven für $y_\infty = 0{,}75$; $0{,}50$; $0{,}25$ aufgetragen, unter Berücksichtigung, daß $u_0/4c = 1/y_1 = 1$ angenommen ist. Beispielsweise ergibt sich nach Abb. IV, 5.3 für die s''-Stromlinie $y_\infty = 0{,}75$

der Abb. IV, 5.4 zu dem Wert $x = 0{,}6$ ein y-Wert von 0,64 (in beiden Abbildungen durch ein stehendes Kreuz bezeichnet).

5.2 Quelle mit gleichmäßiger Verteilung längs einer geraden Linie. Die Stärke eines Quellelementes sei $k\,d\xi$, seine Ergiebigkeit also $4\pi\,k\,d\,\xi$, das ist das sekundlich durch die Oberfläche einer Kugel mit dem Radius 1 fließende Volumen, wobei k dadurch bestimmt sein soll, daß die Ergiebigkeit der gesamten Quelle wiederum gleich $4\pi\,c$ ist. Mithin ist

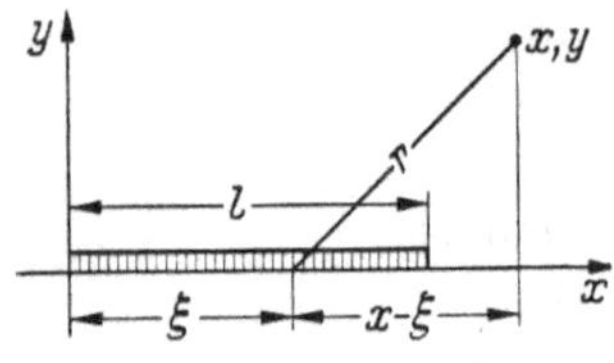

Abb. IV, 5.5. Konstante Quellenverteilung längs der Geraden l

$$4\pi\,k\int_0^l d\xi = 4\pi\,c$$

also

$$k = \frac{c}{l}.$$

In einem beliebigen Punkt x, y ist somit die x-Komponente der Geschwindigkeit infolge eines Quellelementes (Abb. IV, 5.5)

$$d u_Q = \frac{c}{l}\,\frac{x-\xi}{r^3}\,d\xi$$

und somit die der gesamten Quelle

$$u_Q = \frac{c}{l}\int_0^l \frac{x-\xi}{[(x-\xi)^2+y^2]^{3/2}}\,d\xi. \qquad \text{(IV, 5.8)}$$

Überlagern wir diesem Geschwindigkeitsfeld eine konstante Geschwindigkeit u_0, so ist die x-Komponente der resultierenden Geschwindigkeit in einem beliebigen Punkt

$$u = u_0 + u_Q. \qquad \text{(IV, 5.9)}$$

Für jeden Punkt auf der die Quellflüssigkeit abgrenzenden Stromlinie s gilt also

$$\int_0^y u\,2\pi\,y\,dy \begin{cases} = 4\pi\,c & \text{für} \quad x > l, \\ = 4\pi\frac{c}{l} & \text{für} \quad 0 \leqq x \leqq l, \\ = 0 & \text{für} \quad x < 0. \end{cases}$$

Setzen wir für u den Wert nach Gl. (IV, 5.9 bzw. 8) ein, so erhält man im Falle $x > l$

$$\frac{u_0}{4c}\,y^2 = 1 - \frac{1}{4l}\int_0^y\int_0^l \frac{(x-\xi)\,d\xi}{[(x-\xi)^2+y^2]^{3/2}}\,2\,y\,dy$$

und zunächst über y integriert

$$\frac{u_0}{4c}\,y^2 = 1 - \frac{1}{2l}\left(\int_0^l \frac{(x-\xi)\,d\xi}{\sqrt{(x-\xi)^2}} - \int_0^l \frac{(x-\xi)\,d\xi}{\sqrt{(x-\xi)^2+y^2}}\right)$$

und dann über ξ

$$\frac{u_0}{4c} y^2 = 1 - \frac{1}{2l}\left(l + \sqrt{(x-l)^2 + y^2} - \sqrt{x^2+y^2}\right)$$

oder

$$\frac{u_0}{4c} y^2 = \frac{1}{2}\left(1 - \frac{1}{l}\sqrt{(x-l)^2 + y^2} + \frac{1}{l}\sqrt{x^2+y^2}\right)^{1}. \qquad \text{(IV, 5.10)}$$

Für $x < 0$ erhält man nach Integration über y

$$\frac{u_0}{4c} y^2 = 0 - \frac{1}{2l}\left(-\int_0^l \frac{(\xi - x)\,d\xi}{\sqrt{(x-\xi)^2}} - \int_0^l \frac{(x-\xi)\,d\xi}{\sqrt{(x-\xi)^2 + y^2}}\right),$$

was nach Integration über ξ wieder Gl. (IV, 5.10) ergibt.

Für $0 \leqq x \leqq l$ erhält man nach y integriert

$$\frac{u_0}{4c} y^2 = \frac{x}{l} - \frac{1}{2l}\left(\int_0^l \frac{(x-\xi)\,d\xi}{\sqrt{(x-\xi)^2}} - \int_0^l \frac{(x-\xi)\,d\xi}{\sqrt{(x-\xi)^2 + y^2}}\right).$$

Da das erste Integral für $x = \xi$ unbestimmt wird, bilden wir

$$\int_0^l \frac{x-\xi}{\sqrt{(x-\xi)^2}}\,d\xi = \int_0^{x-\varepsilon} \frac{(x-\xi)\,d\xi}{\sqrt{(x-\xi)^2}} - \int_{x+\varepsilon}^l \frac{(\xi - x)\,d\xi}{\sqrt{(\xi - x)^2}} = x - (l - x) = 2x - l \quad (\text{für } \lim \varepsilon \to 0)$$

und erhalten, wenn dieser Ausdruck in die vorletzte Gleichung eingesetzt wird, wiederum Gl. (IV, 5.10), die somit für alle Werte von x Gültigkeit hat.

Nehmen wir die Länge der Quelle $l = 1$, so ist also für alle Werte von x

$$\frac{u_0}{4c} y^2 = \frac{1}{2}\left(1 - \sqrt{(x-1)^2 + y^2} + \sqrt{x^2+y^2}\right) = f_2(x, y). \qquad \text{(IV, 5.11)}$$

In Abb. IV, 5.6 ist in gleicher Weise wie für die punktförmige Quelle die Funktion $f_2(x, y)$ als Funktion von y für konstante Werte von x aufgetragen.

Da für endliche Werte von y

$$\lim_{x\to\infty} f_2(x, y) = 1$$

ist, so haben wir auch hier

$$y_1 = \sqrt{\frac{4c}{u_0}},$$

wo y_1 der asymptotische Wert von y für $x = \infty$ ist. Nehmen wir beispielsweise $y_1 = 1$, d. h. $u_0/4c = 1$ und tragen die Parabel y^2 als Funktion von y in dieselbe Abbildung ein, so ergeben die Schnittpunkte

[1] Vgl. Anhang S. 519.

dieser Kurve mit den verschiedenen Kurven $f_2(x, y)$ Punkte der Abgrenzungskurve der Quellflüssigkeit von der übrigen, von links aus dem

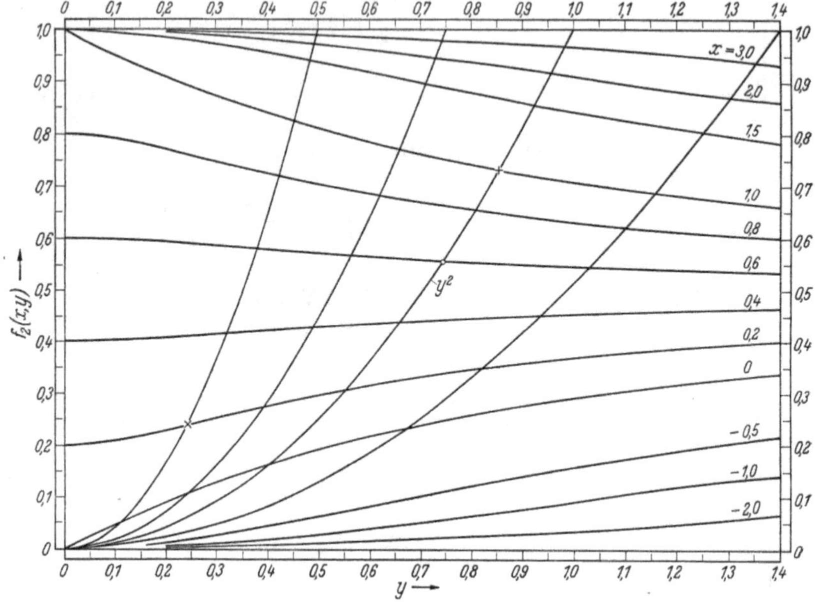

Abb. IV, 5.6. Hilfskurven zur Konstruktion von Abb. IV, 5.7

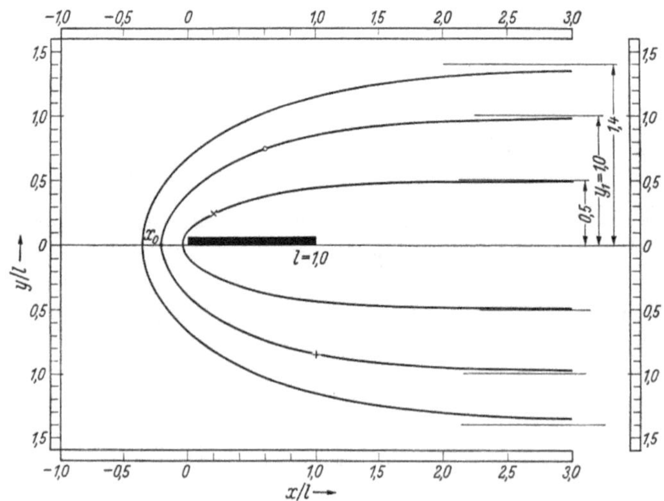

Abb. IV, 5.7. Je größer die angenommene Parallelströmung ist, desto kleiner wird der Durchmesser des umströmten Zylinders

Unendlichen kommenden Flüssigkeit. In dieser Weise ist die zu $y_1 = 1$ gehörende Abgrenzungskurve in Abb. IV, 5.7 erhalten. Die Parabel y^2

schneidet beispielsweise $f_2(0{,}6, y)$ bei $y = 0{,}74$, welcher Wert in Abb. IV, 5.7 über $x = 0{,}6$ aufgetragen ist (kleiner Kreis).

Den zu $y = 0$ gehörenden Wert $x = x_0$ erhält man, wenn man berücksichtigt, daß hier die Geschwindigkeit der Quellströmung dem Betrag nach gleich u_0 sein muß, d. h. nach Gl. (IV, 5.8) für $y = 0$ und $l = 1$

$$u_0 = c\int_0^1 \frac{d\xi}{(x_0-\xi)^2} = \frac{c}{x_0(x_0-1)},$$

oder nach x_0 aufgelöst

$$x_0 = \frac{1}{2}\left(1 - \sqrt{1 + \frac{4c}{u_0}}\right)$$

und, da in unserem Beispiel $4c/u_0 = 1$ ist, $x_0 = -0{,}207$ (Abb. IV, 5.7).

In der gleichen Weise, wie auf S. 153 für die punktförmige Quelle erklärt wurde, kann man auch hier die äußeren Stromlinien bekommen, wenn man für verschiedene Werte von $y_{-\infty}$ die Parabeln

$$\frac{u_0}{4c}(y^2 - y_{-\infty}^2)$$

in Abb. IV, 5.6 eingezeichnet und die jeweiligen Schnittpunkte mit den Kurven $f_2(x, y)$ bestimmt.

Statt dessen sind in Abb. IV, 5.6 noch die Parabeln eingezeichnet, die den Werten $y_1 = 0{,}5$, $0{,}75$ und $1{,}4$ entsprechen und durch Bestimmung der Schnittpunkte mit $f_2(x, y)$ für den Fall $y_1 = 0{,}5$ und $1{,}4$ die Konturen der rotationssymmetrischen Körper gefunden (Abb. IV, 5.7).

5.3 Quelle mit linear zunehmender Stärke längs einer geraden Linie. Als letztes Beispiel wollen wir die Überlagerung einer solchen Quelle mit einer gleichförmigen Strömung betrachten. Die Stärke eines Elementes der Quelle sei $k\xi\,d\xi$, wo k auch hier dadurch bestimmt sein soll, daß die Ergiebigkeit der gesamten Quelle wieder $4\pi c$ ist, d. h.

$$4\pi k\int_0^l \xi\,d\xi = 4\pi c$$

also

$$k = \frac{2c}{l^2}.$$

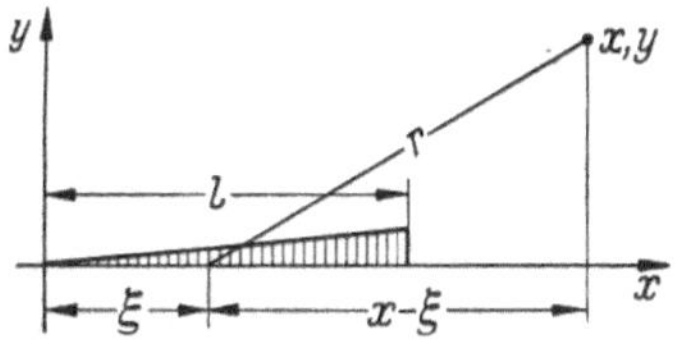

Abb. IV, 5.8. Linear zunehmende Quellenverteilung längs der Geraden l

In einem beliebigen Punkt x, y ist somit die x-Komponente der Quellströmung (Abb. IV, 5.8)

$$u_Q = \frac{2c}{l^2}\int_0^l \frac{(x-\xi)\,\xi\,d\xi}{[(x-\xi)^2 + y^2]^{3/2}}.$$

Für Punkte der Abgrenzungskurve gilt, ähnlich wie im vorigen Beispiel

$$2\pi\int\limits_0^y u\,y\,d y \left.\begin{aligned} &= 4\pi c && \text{für } x > l, \\ &= 4\pi c\frac{x^2}{l^2} && \text{für } 0 \leqq x \leqq l, \\ &= 0 && \text{für } x < l, \end{aligned}\right\} \qquad \text{(IV, 5.12)}$$

und wenn $u = u_0 + u_Q$ eingesetzt wird

$$\frac{u_0}{4c}y^2 \left.\begin{aligned} &= 1 - \ldots\ldots\ldots\ldots\ldots\ldots && \text{für } x > l, \\ &= \frac{x^2}{l^2} - \frac{1}{l^2}\,\frac{1}{2}\int\limits_0^y\int\limits_0^l \frac{(x-\xi)\,\xi\,d\xi}{[(x-\xi)^2+y^2]^{3/2}}\,2y\,dy && \text{für } 0 \leqq x \leqq l, \\ &= 0 - \ldots\ldots\ldots\ldots\ldots\ldots && \text{für } x < 0, \end{aligned}\right\} \qquad \text{(IV,5.13)}$$

und integriert (Anhang S. 519f.)

$$= 1 - \frac{1}{l^2}\left\{\frac{l^2}{2} + \frac{1}{2}\left[\;\right]\right\}$$

$$\frac{u_0}{4c}y^2 = \frac{x^2}{l^2} - \frac{1}{l^2}\left\{x^2 - \frac{l^2}{2} + \frac{1}{2}\left[(x+l)\sqrt{(x-l)^2+y^2} - x\sqrt{x^2+y^2} + \right.\right.$$

$$\left.\left. + y^2 \ln\frac{x - l + \sqrt{(x-l)^2+y^2}}{x+\sqrt{x^2+y^2}}\right]\right\}$$

$$= 0 - \frac{1}{l^2}\left\{-\frac{l^2}{2} + \frac{1}{2}\left[\;\right]\right\},$$

d. h. also für alle Werte von x, wenn noch $l = 1$ gesetzt wird,

$$\frac{u_0}{4c}y^2 = \frac{1}{2}\times$$

$$\times\left[1-(x+1)\sqrt{(x-1)^2+y^2} + x\sqrt{x^2+y^2} - y^2\ln\frac{x-1+\sqrt{(x-1)^2+y^2}}{x+\sqrt{x^2+y^2}}\right]$$

$$= f_3(x, y). \qquad \text{(IV, 5.14)}$$

In Abb. IV, 5.9 ist $f_3(x, y)$ als Funktion von y für konstante Werte von x aufgetragen. Aus der letzten Gleichung folgt, daß auch hier

$$\lim_{x\to\infty} f_3(x, y) = 1$$

ist, so daß $y_1 = \sqrt{4c/u_0}$ wieder den asymptotischen Wert von y für $x = \infty$ darstellt.

In derselben Abbildung sind die Parabeln y^2/y_1^2 für $y_1 = 0{,}25$, $0{,}5$ und $1{,}0$ aufgetragen. Die Schnittpunkte mit den Kurven $f_3(x, y)$ geben dann wieder die Konturen der rotationssymmetrischen Fläche, wie in Abb. IV, 5.10 dargestellt.

Der Wert x_0 für $y = 0$ ergibt sich — ähnlich wie im vorigen Beispiel — aus

$$u_0 = \frac{2c}{l^2} \int_0^l \frac{\xi \, d\xi}{(x_0 - \xi)^2},$$

also

$$\frac{u_0}{2c} l^2 = \ln(x_0 - \xi) + \frac{\xi}{x_0 - \xi} \Big|_0^l,$$

wie man durch Differenzieren des letzten Ausdruckes erkennt. Für $l = 1$ ist somit

$$\frac{u_0}{4c} = \frac{1}{2} \left(\ln \frac{x_0 - 1}{x_0} + \frac{1}{x_0 - 1} \right), \qquad \text{(IV, 5.15)}$$

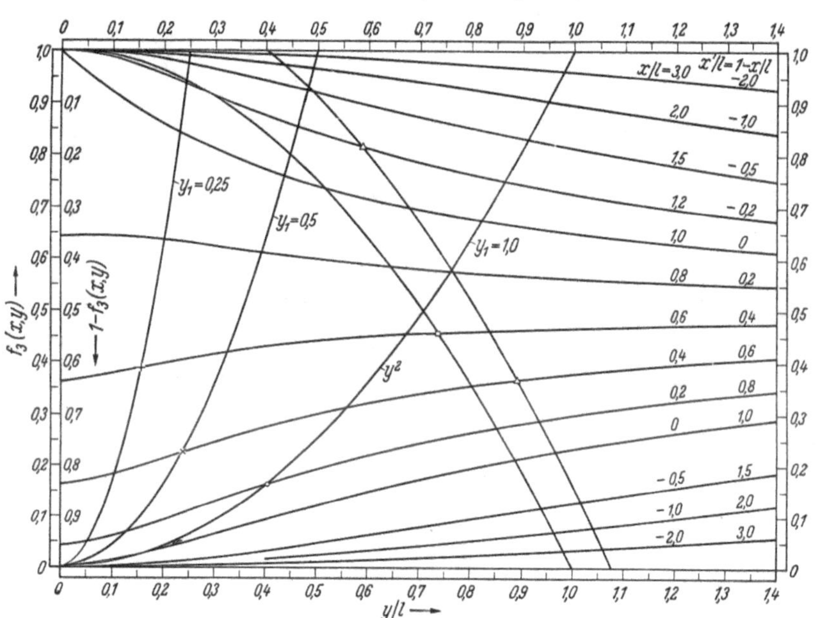

Abb. IV, 5.9. Hilfskurven zur Konstruktion von Abb. IV, 5.10 und 11

womit sich — für den Fall $u_0/4c = 1$ — der Wert von x_0 angenähert zu $-0{,}055$ ergibt (Abb. IV, 5.10).

Die Stromlinien um die in der Abbildung gezeigten Körper lassen sich in derselben Weise wie bei der punktförmigen Quelle erhalten, wenn man die Parabeln

$$\frac{u_0}{4c} (y^2 - y_{-\infty}^2) = f(y)$$

zu jedem der drei Werte von $u_0/4c = 1/y_1^2 = 1$, 4 und 16 für angenommene $y_{-\infty}$, d. h. der Werte von y für $x = -\infty$, in Abb. IV, 5.9 eintragen würde und die Schnittpunkte mit $f_3(x, y)$ bestimmt.

Dieselbe Funktion $f_3(x, y)$ kann mit einer kleinen Abänderung auch für den Fall einer Quelle mit linear abnehmender Stärke benutzt werden (Abb. IV, 5.11). Um dieses zu erklären, ist in Abb. IV, 5.12 f_3 als

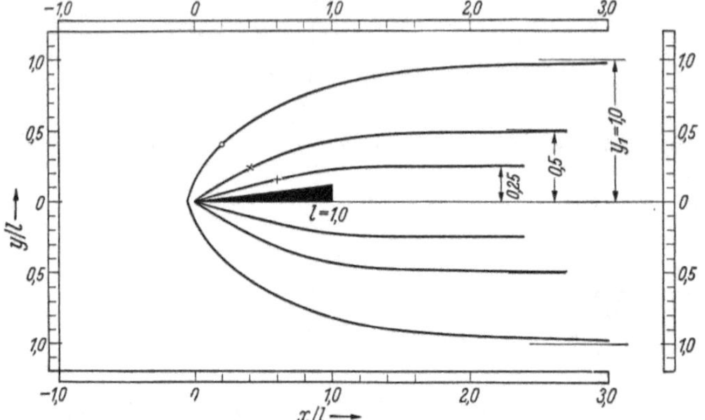

Abb. IV, 5.10. Rotationskörper verschiedener Dicke, die sich aus Überlagerung einer linear zunehmenden Quellanordnung und Parallelströmungen verschieden großer Geschwindigkeiten ergeben

Funktion von x für ein beliebiges y, in diesem Fall $y = 0{,}5$, aufgetragen. Nehmen wir jetzt an, die Geschwindigkeit u_0 sei durch eine Geschwindigkeit $-u_0$ von rechts nach links ersetzt, die Quellströmung aber in ihrer

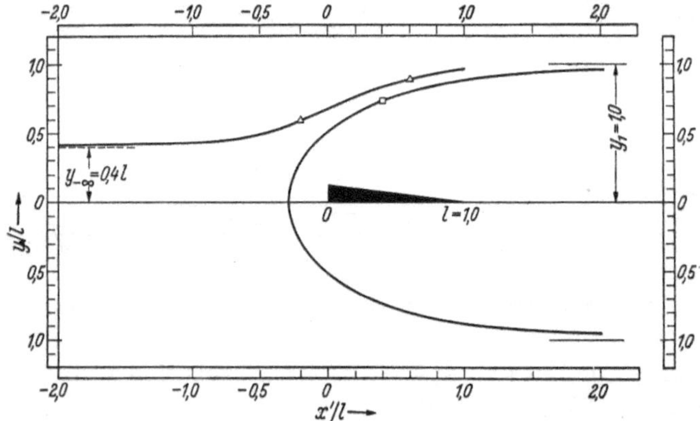

Abb. IV, 5.11. Rotationskörper und Stromlinie, die sich aus der Überlagerung einer linear abnehmenden Quellanordnung und einer Parallelströmung ergibt

vorherigen Form belassen, so ist statt f_3 die Funktion $1 - f_3$ zu nehmen, die in Abb. IV, 5.12 ebenfalls aufgetragen ist (für $y = 0{,}5$). Dieses ergibt sich aus folgendem: Statt Gl. (IV, 5.12) haben wir im Falle $0 \leqq x \leqq l$

$$2\pi \int_0^y u\, y\, dy = -4\pi c\left(1 - \frac{x^2}{l^2}\right)$$

und mit $u = -u_0 + u_Q$

$$\frac{u_0}{4c} y^2 = 1 - \frac{x^2}{l^2} + \frac{1}{l^2} \frac{1}{2} \int_0^y \int_0^l \frac{(x-\xi)\,\xi\, d\xi}{[(x-\xi)^2 + y^2]^{3/2}}\, 2y\, dy,$$

mithin bei Berücksichtigung von Gl. (IV, 5.13 und 14)

$$\frac{u_0}{4c} y^2 = 1 - f_3(x, y). \qquad \text{(IV, 5.16)}$$

Wir drehen jetzt die x, y-Ebene mitsamt ihrem Geschwindigkeitsfeld um die Achse $x = 0{,}5$ und erhalten Abb. IV, 5.13, wo die obige Funktion jetzt aber als Funktion von x' dargestellt ist, wobei

$$x' = 1 - x \qquad \text{(IV, 5.17)}$$

ist.

Abb. IV, 5.9 kann deshalb ebenfalls für eine linear abnehmende Quelle benutzt werden, wenn die x-Werte durch $x' = 1 - x$ ersetzt werden, man die Bezifferung der Ordinaten wie in der Abbildung ändert, und die Parabel entsprechend (nach unten) gezeichnet wird. Diese Parabel schneidet $f_3(x, y)$ beispielsweise für $x = 0{,}6$, das ist $x' = 0{,}4$ bei $y = 0{,}735$ (durch ein kleines Quadrat gekennzeichnet). Dieser Wert von y ist in Abb. IV, 5.11 über $x' = 0{,}4$ aufgetragen.

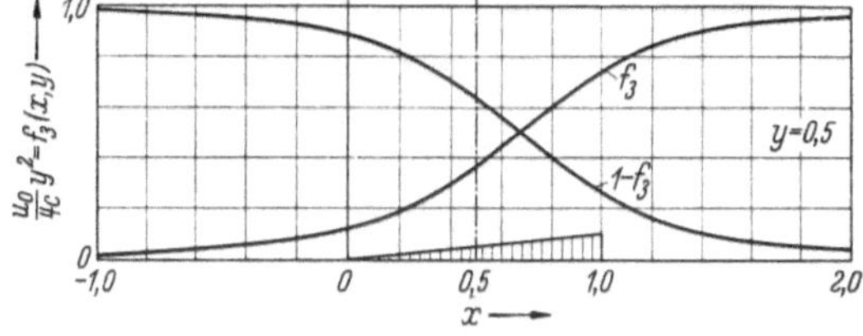

Abb. IV, 5.12

Abb. IV, 5.13

Der Wert von x_0', wo die Abgrenzungskurve die x'-Achse schneidet, ergibt sich aus Gl. (IV, 5.15), wenn man x_0 durch $1 - x_0'$ ersetzt:

$$\frac{u_0}{4c} y^2 = \frac{1}{2}\left(\ln \frac{x_0'}{x_0' - 1} - \frac{1}{x_0'}\right).$$

In unserem Beispiel (Abb. IV, 5.11), wo $u_0/4c = 1/y^2 = 1$ gewählt ist, erhält man angenähert $x_0' = -0{,}285\ldots$

Um die Stromlinie zu erhalten, die beispielsweise für $x = -\infty$ den Abstand 0,4 l hat, ist in Abb. IV, 5.9 die Parabel

$$\frac{u_0}{4c}(y^2 - y_{-\infty}^2) = 1\,(y^2 - 0{,}4^2) = f(y)$$

eingetragen (durch zwei kleine Dreiecke gekennzeichnet). Die Schnittpunkte dieser Parabel mit den Kurven $1 - f_3(x', y)$ ergeben dann

Punkte der gesuchten Stromlinie. Zu $x' = 0{,}6$ erhält man beispielsweise $y = 0{,}89$, welcher Wert in Abb. IV, 5.11 über $x' = 0{,}6$ aufgetragen und durch ein Dreieck gekennzeichnet ist; zu $x' = -0{,}2$ gehört $y = 0{,}59$.

5.4 Kombination einer punktförmigen Quelle und Senke innerhalb einer Parallelströmung. Während eine Quelle in einer Parallelströmung eine abgrenzende Stromlinie oder richtiger rotationssymmetrische

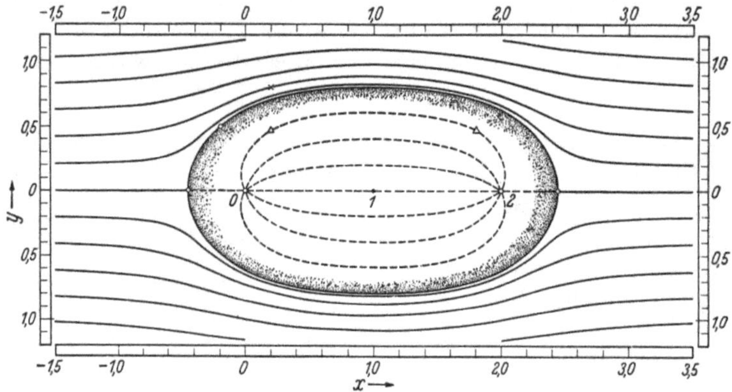

Abb. IV, 5.14. Überlagerung einer punktförmigen Quelle und Senke mit einer Parallelströmung

Stromfläche ergibt, die auf einer Seite geschlossen, nach der entgegengesetzten Seite aber offen ist und sich hier bis ins Unendliche erstreckt, erhält man eine geschlossene Stromlinie bzw. Stromfläche von endlichen Abmessungen, wenn man eine Quelle und Senke von gleicher Ergiebigkeit anwendet.

Abb. IV, 5.14 zeigt eine solche geschlossene Abgrenzungskurve sowie einige äußere Stromlinien. Im Innern sind als gestrichelte Linien weitere Stromlinien dargestellt, die von der Quelle zur Senke führen. Wir nehmen wieder an, daß die im Ursprung des Koordinatensystems gelegene Quelle die Ergiebigkeit $4\pi c$ hat und also die im Punkte $(x = l = 2,\ y = 0)$ gelegene Senke $-4\pi c$.

Nach der Kontinuitätsgleichung ist für ein Volumen, das von einem Teil der rotationssymmetrischen Abgrenzungsstromfläche und einer zur x-Achse senkrechten Fläche $y^2\pi$ gebildet wird, der Fluß durch die Fläche $y^2\pi$ gleich Null, wenn das Volumen entweder die Quelle nicht enthält oder Quelle und Senke zusammen in sich schließt; der Fluß durch $y^2\pi$ ist gleich $4\pi c$, wenn es nur die Quelle enthält, d.h. für $0 < x < l$.

Bezeichnet u_1 die x-Komponente der Geschwindigkeit infolge der Quelle und u_2 diejenige infolge der Senke, so ist also für Punkte der

Abgrenzungskurve

$$u_0\, y^2 \pi + \int\limits_0^y u_1 2\pi y\, dy + \int\limits_0^y u_2 2\pi y\, dy \begin{cases} = 0 & \text{für } x < l, \\ = 4\pi c & \text{für } 0 < x < l, \\ = 0 & \text{für } x > l. \end{cases}$$

Setzt man für u_1 und u_2 die Ausdrücke

$$u_1 = c\frac{x}{[x^2 + y^2]^{3/2}}, \quad u_2 = -c\frac{x-l}{[(x-l)^2 + y^2]^{3/2}} \qquad \text{(IV, 5.18)}$$

und integriert, so erhält man

$$\frac{u_0}{4c} y^2 + \frac{1}{4}\left.\frac{-2x}{\sqrt{x^2+y^2}}\right|_0^y - \frac{1}{4}\left.\frac{-2(x-l)}{\sqrt{(x-l)^2+y^2}}\right|_0^y \begin{cases} = 0 \\ = 1 \\ = 0 \end{cases}$$

was für alle drei Fälle, d. h. für $x < 0,\ 0 < x < l,\ x > l$

$$\begin{aligned} \frac{u_0}{4c} y^2 &= \frac{1}{2}\left(1 + \frac{x}{\sqrt{x^2+y^2}}\right) - \frac{1}{2}\left(1 + \frac{x-l}{\sqrt{(x-l)^2+y^2}}\right) \\ &= f_1(x, y) - f_1(x-l, y) \end{aligned} \qquad \text{(IV, 5.19)}$$

ergibt. Man hat also in der rechten Seite nach Gl. (IV, 5.4) die jeweiligen Ausdrücke für eine Quelle im Punkte (0, 0) und eine Senke im Punkte $(l, 0)$.

In Abb. IV, 5.14 ist vorausgesetzt, daß der Abstand l zwischen Quelle und Senke gleich 2 ist, und ferner ist angenommen, daß der Größtwert von y bei $x = 1$ beispielsweise den Wert $y = y_1 = 0{,}8$ hat. Mit diesen beiden Annahmen ist nach Gl. (IV, 5.19) $u_0/4c$ bestimmt:

$$\frac{u_0}{4c} 0{,}8^2 = \frac{1}{2}\left(\frac{1}{\sqrt{1+0{,}8^2}} - \frac{-1}{\sqrt{1+0{,}8^2}}\right)$$

also

$$\frac{u_0}{4c} = 1{,}220.$$

Den Schnittpunkt $(x_0, 0)$ der Abgrenzungskurve mit der x-Achse erhält man aus der Beziehung

$$|u_0| = |u_1 + u_2|,$$

d. h. nach Gl. (IV, 5.18) mit $y = 0$

$$\frac{u_0}{c} = \frac{1}{x_0^2} - \frac{1}{(x_0 - l)^2}. \qquad \text{(IV, 5.20)}$$

Da in unserem Beispiel $u_0/4c = 1{,}220$ und $l = 2$ ist, liefert die letzte Gleichung den Wert $x_0 = -0{,}445$.

In Abb. IV, 5.15 ist die Funktion $f_1(x, y) - f_1(x-2, y)$, entsprechend Gl. (IV, 5.19), über y für konstante Werte von x aufgetragen, ferner neben anderen die Parabel $(u_0/4c)\, y^2 = 1{,}22\, y^2$. Die Schnittpunkte dieser Parabel mit den Kurven der obigen Funktion liefern wieder die Gestalt der Abgrenzungskurve bzw. der abgrenzenden Rotationsfläche.

Die äußeren Stromlinien der Abb. IV, 5.14, die die Abstände $y_{\mp\infty} = 0{,}2$; $0{,}4$; $0{,}6$; $0{,}8$ und $1{,}0$ von der Mittelachse haben, erhält man,

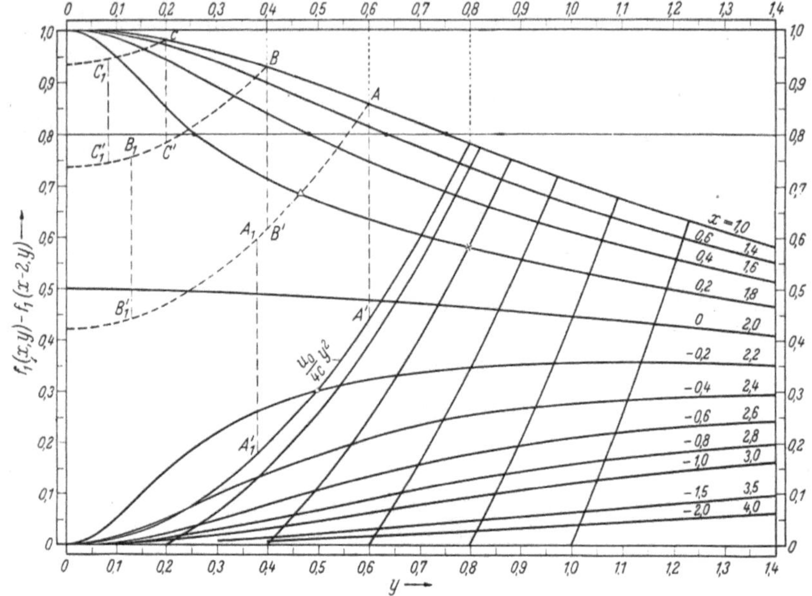

Abb. IV, 5.15. Hilfskurven zur Konstruktion von Abb. IV, 5.14 und 16

wenn in Abb. IV, 5.15 die Parabeln $(u_0/4c)\,(y^2 - y^2_{\mp\infty})$ eingezeichnet und die Schnittpunkte mit den Kurven $f_1(x, y) - f_1(x-2, y)$ bestimmt werden.

Um die Stromlinien im Innern der Abgrenzungskurve zu erhalten, z. B. vier Stück, die für $x = 1$ gleichen Abstand voneinander haben (Abb. IV, 5.14), ziehen wir durch die Punkte A, B, C in Abb. IV, 5.15 parallele Parabeln, d. h. in der Weise, daß die vertikalen Abstände $AA' = A_1A_1'$, $BB' = B_1B_1'$, $CC' = C_1C_1'$ sind. A, B, C sind Punkte der obersten Kurve ($x = 1$) für jeweils $y = 0{,}6$; $0{,}4$; $0{,}2$, während A_1', B_1', C_1' beliebige Punkte auf den jeweiligen Parabeln sind. Die durch A gehende Parabel schneidet beispielsweise die Kurve $f_1(x, y) - f_1(x-2, y)$ für $x = 0{,}2$ bzw. $1{,}8$ im Punkte $y = 0{,}465$ (durch kleines Dreieck gekennzeichnet). Dieser Wert von y ist in Abb. IV, 5.14 über $x = 0{,}2$ und $1{,}8$ aufgetragen.

Die Stromlinien des Geschwindigkeitsfeldes der Kombination von Quelle und Senke allein, d. h. ohne überlagerte Parallelströmung, lassen sich leicht aus Abb. IV, 5.15 durch horizontale Schnitte, d. h. durch $f_1(x, y) - f_1(x-2, y) = \text{const}$ erhalten. Setzen wir die Konstante beispielsweise gleich 0,8, so ergeben sich die durch Punkte angegebenen Werte von y; beispielsweise für $x = 1$ also $y = 0{,}60$; für $x = 0{,}4$ bzw. 1,6 der Wert $y = 0{,}48$. In dieser Weise ist Abb. IV, 5.16 erhalten.

Quelle und Senke haben in ihren Zentren unendlich große Geschwindigkeiten und besitzen schon aus dem Grunde keine physikalische Realität. Die Bedeutung ihrer Anwendung liegt darin, daß die geschlossene Abgrenzungsfläche die Quellsenkflüssigkeit vollständig

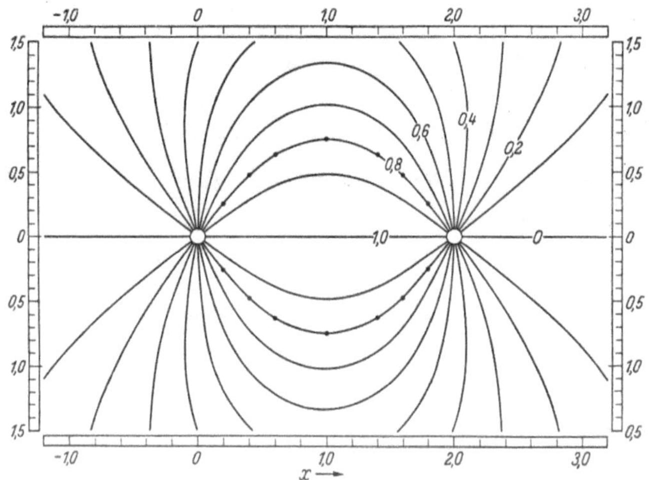

Abb. IV, 5.16. Stromlinien der Kombination einer Quelle mit einer Senke von gleicher „Stärke“

in ihrem Inneren behält und, da durch diese Abgrenzungsfläche keine Flüssigkeit hindurchtritt, man deshalb das Innere der Abgrenzungsfläche sich als einen festen rotationssymmetrischen Körper denken kann, um den die Parallelströmung herumfließt.

Man sollte jedoch immer bedenken, daß die Stromlinien einer wirklichen Flüssigkeit selbst bei beliebig geringer Zähigkeit ($\mu \to 0$) am rückwärtigen Teil des Körpers wesentlich anders aussehen als in Abbildung IV, 5.14 gezeigt. Dieses wird im einzelnen im Kapitel über Grenzschichten im zweiten Bande untersucht. Dort wird auch gezeigt, daß im ersten Augenblick des Strömungsbeginnes aus der Ruhe heraus tatsächlich eine Potentialströmung mit dem Stromlinienbild der Abbildung IV, 5.14 auftritt.

5.5 Stetige Verteilung von Quellen und Senken gleicher Ergiebigkeit innerhalb einer Parallelströmung. Bei Anwendung von verschiedenartigen Verteilungen von dreidimensionalen Quellen und Senken — vorausgesetzt, daß die Ergiebigkeit beider zusammengenommen gleich

Null ist — läßt sich eine große Anzahl von umströmten rotationssymmetrischen Körpern berechnen. Einige solcher Körper haben große praktische Bedeutung[1].

Abb. IV, 5.17. Quellen- und Senkenanordnung

Als ein Beispiel wollen wir einen stromlinienförmigen Körper annehmen, der einen gut abgerundeten Vorderteil besitzt und hinten in eine Spitze ausläuft. Der größte Durchmesser möge $^1/_5$ der Länge (L) betragen und sich in einer Entfernung $L/3$ von vorn befinden. Wir nehmen deshalb an, daß die Quellsenkverteilung derjenigen von Abb. IV, 5.17 entspricht.

Unter Berücksichtigung von Gl. (IV, 5.16 mit 17) sowie Gl. (IV, 5.14) gilt für jeden Punkt (x, y) der Abgrenzungskurve

$$\frac{u_0}{4c} y^2 = 1 - f_3(1 - x, y) - \frac{1}{2} f_3(x - 1, y) - \frac{1}{2}[1 - f_3(3 - x, y)]$$
$$= F_3(x, y).$$

In Abb. IV, 5.18 ist $F_3(x, y)$ als Funktion von y für konstante Werte von x dargestellt.

Der Wert von $u_0/4c$ ergibt sich aus der Annahme, daß der größte Durchmesser des Körpers $^1/_5$ seiner Länge betragen soll, oder daß der

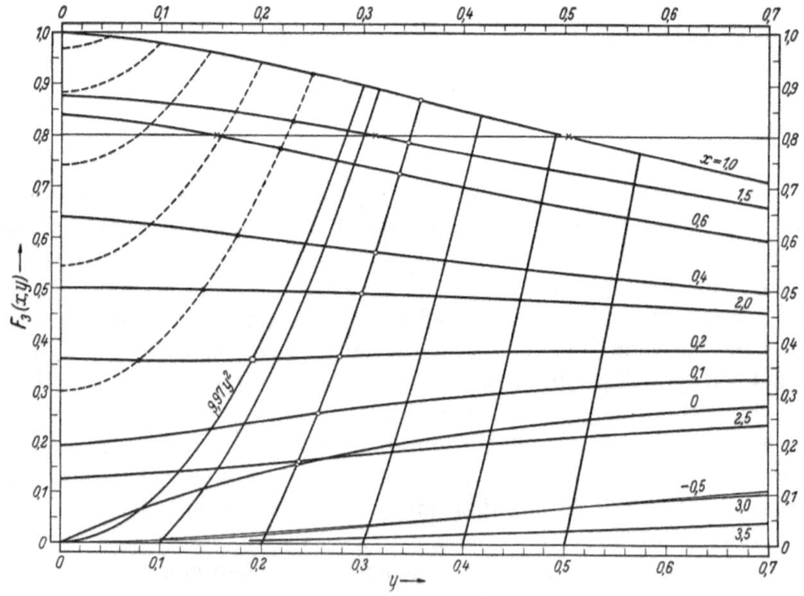

Abb. IV, 5.18. Hilfskurven zur Konstruktion von Abb. IV, 5.19 und 20

[1] Vgl. Fußn. 3 S. 149.

Größtwert von y, das ist $y_1 = 0{,}1\,L$ sein soll, d. h. nach Abb. IV, 5.17 $y_1 = 0{,}3$. (Tatsächlich ist die Länge des Körpers etwas größer als 3, das ist die Länge der Quellsenkverteilung, nämlich um $|x_0|$). Die Parabel $(u_0/4c)\,y^2$ muß deshalb die höchste Kurve von $F_3(x, y)$, das ist $F_3(1, y)$ im Punkte $y = y_1 = 0{,}3$ schneiden. Da $F_3(1, y_1)$ für $y_1 = 0{,}3$ gleich 0,897 ist, erhält man aus

$$\frac{u_0}{4c}\,0{,}3^2 = 0{,}897,$$

$$\frac{u_0}{4c} = 9{,}97\,.$$

Die Schnittpunkte der Parabel $9{,}97\,y^2$ mit den Kurven $F_3(x, y)$ liefern somit die Abgrenzungskurve bzw. den stromlinienförmigen Körper, wie in Abb. IV, 5.19 dargestellt.

Um die Stromlinien zu erhalten, die für $x = \pm\infty$ beispielsweise die Abstände 0,1 haben, sind in Abb. IV, 5.18 die Parabeln

$$9{,}97\,(y^2 - 0{,}1^2)\,; \quad 9{,}97\,(y^2 - 0{,}2^2) \text{ usw.}$$

gezeichnet und die Schnittpunkte mit den $F_3(x, y)$-Kurven bestimmt. Für $y_{-\infty} = 0{,}2$ sind sie durch kleine Kreise gekennzeichnet, die den Kreisen in Abb. IV, 5.19 entsprechen.

Die „inneren" Stromlinien erhält man in ähnlicher Weise wie für Abb. IV, 5.14, nur daß in diesem Falle der Abstand der Stromlinien

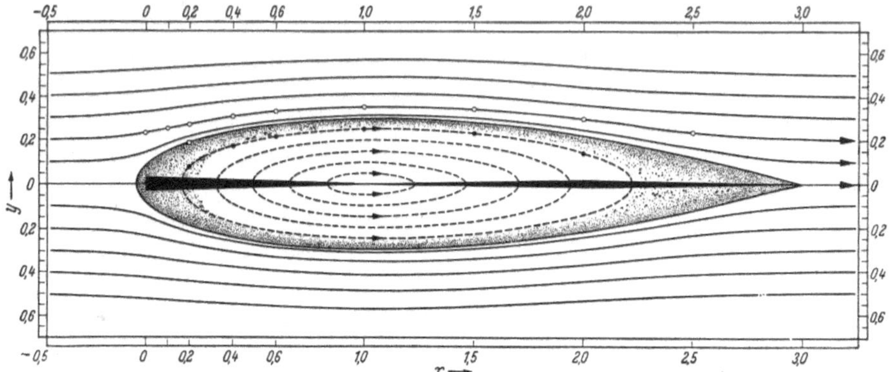

Abb. IV, 5.19. Rotationskörper und Stromlinien, die man durch Überlagerung der Quellen-Senkenanordnung von Abb. IV, 5.17 mit einer Parallelströmung erhält

voneinander für $x = 1{,}0$ den Wert 0,05 hat (gestrichelte Parabeln in Abb. IV, 5.18).

Die Stromlinien der Quellsenkverteilung ohne die überlagerte Parallelströmung (Abb. IV, 5.20) erhält man aus Abb. IV, 5.18 durch horizontale Schnitte, d. h. $F_3(x, y) = \text{const}$. Die durch liegende Kreuze markierten Punkte für $F_3(x, y) = 0{,}8$ sind in Abb. IV, 5.20 eingetragen.

Das umgekehrte Problem, zu einer gegebenen Abgrenzungskurve die dazugehörige Quell- und Senkverteilung zu finden, ist wesentlich schwieriger, und ist bis jetzt nur mit Hilfe stufenweise konstanter

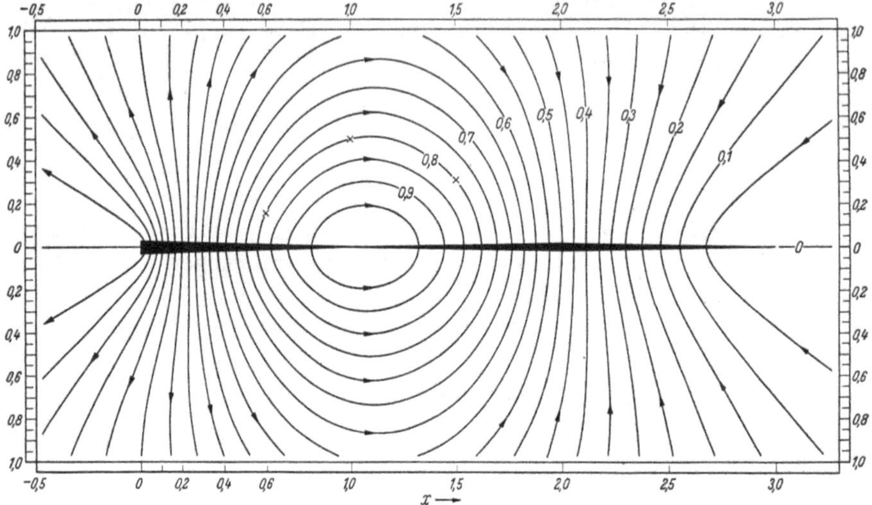

Abb. IV, 5.20. Stromlinien der Quellen-Senkenanordnung von Abb. IV, 5.17

Quellen- und Senkenbelegung der Symmetrieachse näherungsweise gelöst worden[1].

5.6 Dreidimensionale Quellsenke (Dipol) in einer Parallelströmung; Strömung um eine Kugel. Je mehr die Quelle und Senke in Abb. IV, 5.14 zusammenrücken, um so rundlicher, aber auch um so kleiner wird der umströmte Körper, wenn das Verhältnis u_0/c konstant gehalten wird. Die Länge eines solchen Körpers, das ist $L = 2\,|x_0| + l$, ergibt sich aus Gl. (IV, 5.20), während sich der Durchmesser $D = 2\,y_{\max}$ aus Gl. (IV, 5.19) berechnet, wenn $x = l/2$ gesetzt wird, d. h. aus

$$\frac{u_0}{4c}\,y_{\max}^2 = \frac{\frac{l}{2}}{\sqrt{\left(\frac{l}{2}\right)^2 + y_{\max}^2}}.$$

In Abb. IV, 5.14 war $u_0/4c = 1{,}22$ und für $l = 2$ die Dimensionen des Körpers: $L = 2 + 2 \cdot 0{,}445 = 2{,}89$ und $D = 1{,}60$; für $l = 0{,}2$ ist $L = 0{,}898$ und $D = 0{,}860$; für $l = 0{,}02$ ist $L = 0{,}404$ und $D = 0{,}403$. Es wird sich zeigen (Gl. IV, 5.21), daß für sehr kleine Werte von l die Abmessungen des Körpers wie $l^{1/3}$ nach Null gehen.

[1] v. KÁRMÁN, TH.: Berechnung der Druckverteilung an Luftschiffkörpern. Abh. a. d. Aerodyn. Inst. der TH. Aachen, Heft 6. Berlin: Springer 1927.

Es erhebt sich jetzt die Frage: In welchem Maße müßte die Quellgeschwindigkeit c' zunehmen, wenn bei $l \to 0$ die Abmessungen des umströmten Körpers (bei konstantem u_0) endlich bleiben sollen? Aus Gl. (IV, 5 20) folgt

$$c' = u_0 x_0 - \frac{u_0 x_0^3}{2l + l^2},$$

so daß für sehr kleine Werte von l bei Vernachlässigung von l^2 gegenüber l angenähert

$$c' l = \frac{1}{2} u_0 |x_0|^3 \qquad \text{(IV, 5.21)}$$

bleibt. Will man bei $\lim l = 0$ einen Körper von endlichen Abmessungen behalten, so muß also für die Quelle und Senke

$$c' = \frac{\text{const}}{l} = \frac{c}{l} \qquad \text{(IV, 5.22)}$$

angenommen werden.

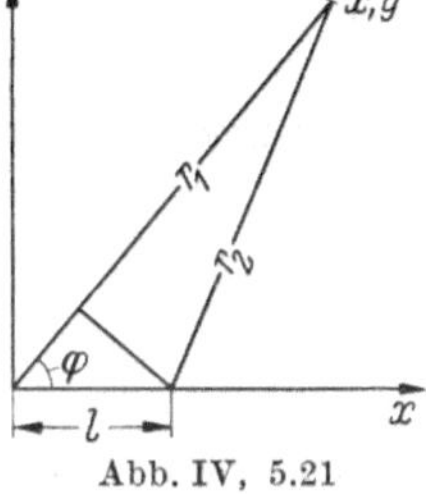

Abb. IV, 5.21

Da Gl. (IV, 5.19) für $l = 0$ nicht angewendet werden kann, gehen wir auf die Potentialfunktionen von Quelle und Senke zurück. Nach Gl. (IV, 2.8 bzw. 7) ist mit $Q/4\pi = c'$ die Summe beider Potentiale entsprechend Abb. IV, 5.21

$$\Phi = -\frac{c'}{r_1} + \frac{c'}{r_2}$$

und mit Gl. (IV, 5.22)

$$\Phi = \frac{c}{r_1 r_2} \frac{r_1 - r_2}{l},$$

also im Grenzfall $\lim l = 0$

$$\Phi = \frac{c}{r^2} \frac{dr}{dx},$$

oder, da $dr/dx = \frac{x}{r} = \cos\varphi$ ist,

$$\Phi = \frac{cx}{r^3} = c \frac{x}{(x^2 + y^2)^{3/2}} = \frac{c}{r^2} \cos\varphi. \qquad \text{(IV, 5.23)}$$

Φ ist das Potential einer sogenannten Quellsenke, gelegentlich auch als Dipol bezeichnet.

Wir können jetzt wieder so vorgehen wie bisher, indem wir für Punkte der Abgrenzungskurve

$$u_0 y^2 \pi + \pi \int_0^y u \, 2y \, dy = 0$$

bilden und für u

$$\frac{\partial \Phi}{\partial x} = c \left(\frac{1}{r^3} - \frac{3x^2}{r^5} \right)$$

einsetzen und integrieren. Wir erhalten dann

$$\frac{u_0}{c}\, y^2 + \int_0^y \frac{2\,y\,d\,y}{(x^2+y^2)^{3/2}} - 3\,x^2 \int_0^y \frac{2\,y\,d\,y}{(x^2+y^2)^{5/2}} = 0$$

oder

$$\frac{u_0}{c}\, y^2 = \frac{2}{(x^2+y^2)^{1/2}} - \frac{2}{3}\,\frac{3\,x^2}{(x^2+y^2)^{3/2}}$$

oder

$$\frac{u_0}{2\,c}\, y^2 = \frac{y^2}{(x^2+y^2)^{3/2}} = \frac{y^2}{r^3} = f_4(x,\,y)\,.$$

Die Gestalt der Stromlinie, die für $x = \pm\,\infty$ den Abstand y_∞ von der x-Achse hat, erhält man — ähnlich wie in den früheren Beispielen — aus

$$\frac{u_0}{2\,c}\,(y^2 - y_\infty^2) = \frac{y^2}{r^3}$$

oder

$$y^2\left(1 - \frac{2\,c}{u_0}\,\frac{1}{r^3}\right) = y_\infty^2\,.$$

Setzt man

$$\frac{2\,c}{u_0} = R^3,$$

so ist

$$y^2\left(1 - \frac{R^3}{r^3}\right) = y_\infty^2\,.$$

Für $y_\infty = 0$ erhält man somit $r = R$, d. h. einen Kreis als Abgrenzungskurve bzw. eine Kugel als Abgrenzungsfläche.

In Abb. IV, 5.22 ist $y^2/r^3 = f_4(x,\,y)$ über y für konstante Werte von $\pm\,x$ aufgetragen und ebenso die Parabeln $(y^2 - y_\infty^2)\,u_0/2\,c$ für

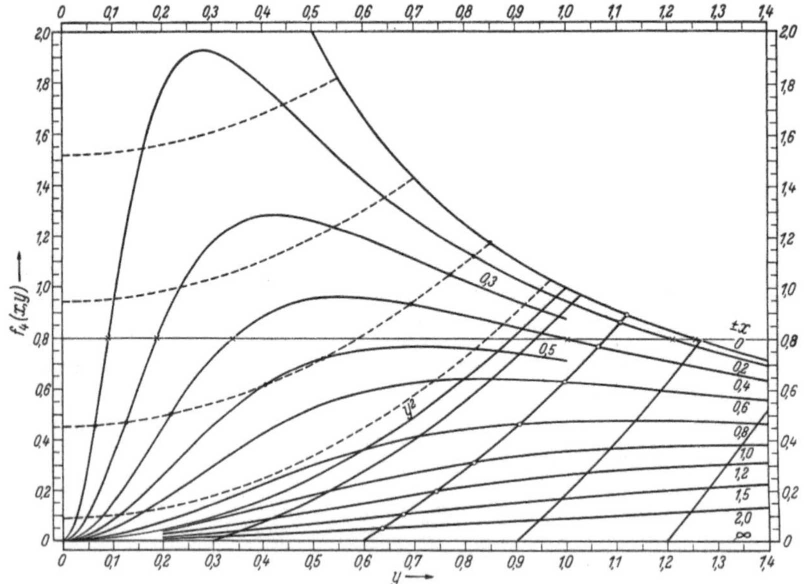

Abb. IV, 5.22. Hilfskurven zur Konstruktion der Stromlinien (kleine Kreise und Punkte) von Abb. IV, 5.23, sowie der Stromlinien (kleine Kreuze) von Abb. IV, 5.25

$y_\infty = 0$; 0,3; 0,6; 0,9 und 1,2, wobei $2c/u_0 = R^3 = 1$ angenommen ist. Die Schnittpunkte der beiden Kurvenscharen geben wieder die Punkte der (gestrichelten) Stromlinien (Abb. IV, 5.23). Will man eine Stromlinie im Innern der Kugel zeichnen, die für $x = 0$ beispielsweise den Abstand $y = 0{,}85$ besitzt (in der Abbildung durch Punkte gekennzeichnet), so zieht man in Abb. IV, 5.22 durch den Punkt $y = 0{,}85$ der Kurve $f_4(0, y)$

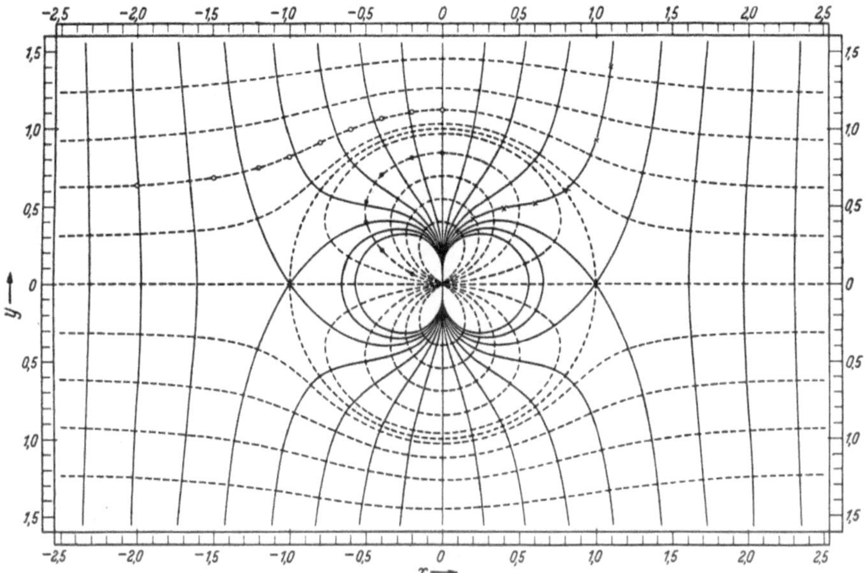

Abb. IV, 5.23. Stromlinien (gestrichelt) und Linien konstanten Potentials der Kombination einer Quellsenke (Dipol) mit einer Potentialströmung

eine solche Parabel (gestrichelt gezeichnet), daß deren vertikale Abstände von der Parabel y^2 konstant sind. Die Schnittpunkte dieser Parabel mit den Kurven $f_4(x, y)$ — durch Punkte gekennzeichnet — geben die x, y-Werte der gesuchten Stromlinie in Abb. IV, 5.23.

In derselben Abbildung sind auch die Kurven konstanten Potentials dargestellt. Da die Potentialfunktion der Parallelströmung gleich $u_0 x$ ist, erhält man mit Gl. (IV, 5.23) für die Potentialfunktion der Strömung um die Kugel

$$\Phi = u_0 x + \frac{c x}{r^3} = u_0 x \left(1 + \frac{1}{2} \frac{2c}{u_0} \frac{1}{r^3}\right)$$

und mit $2c/u_0 = R^3$

$$\Phi = u_0 x \left(1 + \frac{1}{2} \frac{R^3}{r^3}\right). \qquad \text{(IV, 5.24)}$$

In Abb. IV, 5.24 ist die dimensionslose Größe $\Phi/u_0 R$ als Funktion von y/R für konstante Werte von x/R aufgetragen. Horizontale Schnitte mit diesen Kurven geben somit x, y-Werte für bestimmte Werte von

$\Phi/u_0 R = \text{const}$. Für $\Phi/u_0 R = 1{,}2$ sind die Schnittpunkte durch Kreuze gekennzeichnet und die entsprechenden x, y-Werte in Abb. IV, 5.23 übertragen. Da die Geschwindigkeit gleich grad Φ ist, schneiden die Kurven $\Phi = \text{const}$ die Stromlinien unter $90°$. Die Punkte $\pm 1{,}0$ bilden darin als zwei singuläre Punkte eine Ausnahme.

Die Stromlinien der Quellsenke allein, d. h. ohne überlagerte Parallelströmung, erhält man durch Horizontalschnitte der Kurvenschar Abb. IV, 5.22, d. h. $f_4(x, y) = \text{const}$. Für $f_4(x, y) = 0{,}8$ sind

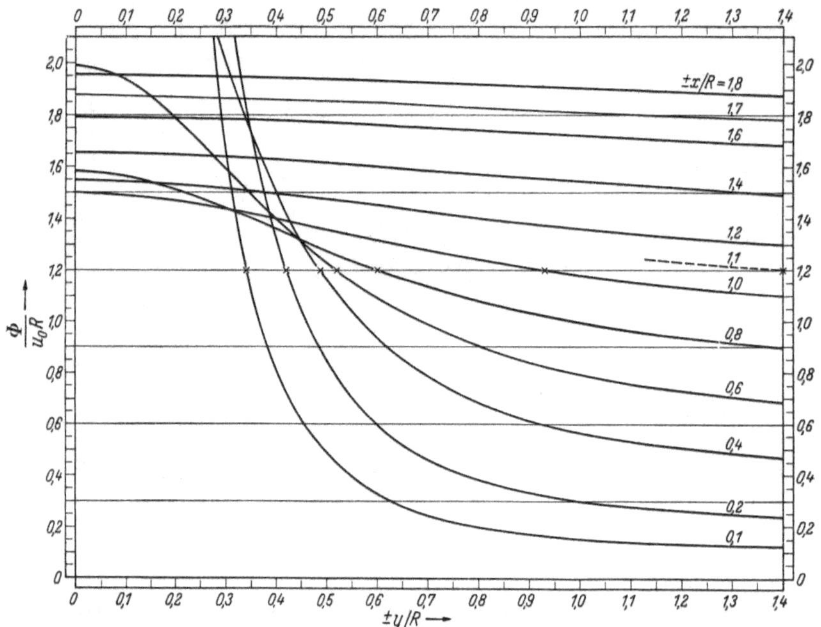

Abb. IV, 5.24. Hilfskurven zur Konstruktion der Linien konstanten Potentials in Abb. IV, 5.23; die Kreuze auf beiden Abbildungen entsprechen einander

die Schnitte durch Punkte markiert und in Abb. IV, 5.25 übertragen. Die den Kurven dieser Abbildung beigegebenen Zahlen bezeichnen den Wert der Konstanten.

5.7 Geschwindigkeits- und Druckverteilung einer Strömung um eine Kugel. Neben der Gestalt der Stromlinien ist besonders die Größe der Geschwindigkeiten sowie die Druckverteilung von Interesse.

Die Komponenten der Geschwindigkeit erhält man aus Gl. (IV, 5.24), und zwar:

$$\frac{\partial \Phi}{\partial x} = u = u_0 + \frac{u_0}{2}\left(\frac{R^3}{r^3} - \frac{3}{2}\,\frac{x^2 R^3}{r^5}\right),$$

$$\frac{\partial \Phi}{\partial y} = v = -\frac{3}{2}\,u_0\,\frac{x\,y\,R^3}{r^5},$$

wo x die Symmetrieachse ist und y, wie bisher, den Abstand von der Symmetrieachse in zu dieser senkrechten Ebenen bezeichnet. Die Geschwindigkeit in einem beliebigen Punkt ist dann

$$q = \sqrt{u^2 + v^2}. \tag{IV, 5.25}$$

Für Punkte auf der Oberfläche der Kugel gehen die obigen beiden Gleichungen über in

$$u = \frac{3}{2} u_0 \left(1 - \frac{x^2}{R^2}\right),$$

$$v = -\frac{3}{2} u_0 \frac{x\,y}{R^2}$$

und somit q wegen $x^2 + y^2 = R^2$ in

$$q = \frac{3}{2} u_0 \sqrt{1 - \frac{x^2}{R^2}}. \tag{IV, 5.26}$$

Bezeichnet p_0 den Druck der ungestörten Flüssigkeit, wo also die Geschwindigkeit u_0 ist, und p den Druck in einem beliebigen anderen

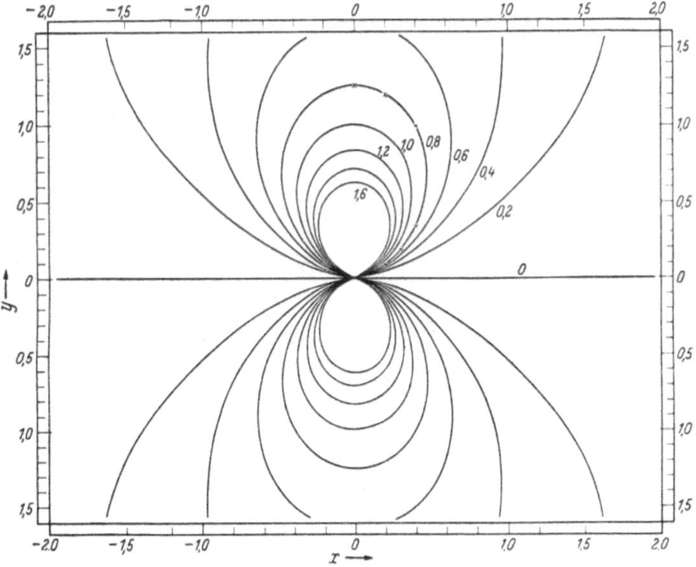

Abb. IV, 5.25. Stromlinien einer Quellsenke (Dipol)

Punkt, wo die Geschwindigkeit q sei, so haben wir nach der BERNOULLIschen Gleichung

$$p + \frac{\varrho}{2} q^2 = p_0 + \frac{\varrho}{2} u_0^2$$

oder

$$\frac{p - p_0}{\frac{\varrho}{2} u_0^2} = 1 - \left(\frac{q}{u_0}\right)^2, \tag{IV, 5.27}$$

wo q nach Gl. (IV, 5.25) oder, wenn es sich um einen Punkt auf der Kugel handelt, nach Gl. (IV, 5.26) gegeben ist, d. h. in diesem Falle

$$\frac{p - p_0}{\frac{\varrho}{2} u_0^2} = 1 - \frac{9}{4}\left(1 - \frac{x^2}{R^2}\right) = 2{,}25 \frac{x^2}{R^2} - 1{,}25 .$$

Abb. IV, 5.26 zeigt in ihrem oberen Teil, in welcher Weise die Geschwindigkeit q bei Annäherung an den Staupunkt -1 abnimmt, bei der Umströmung der Kugel in $x = 0$ ein Maximum $= 1{,}5\ u_0$ erreicht, um dann wieder beim hinteren Staupunkt 1 bis auf Null abzunehmen und schließlich wieder dem Wert u_0 für $x = \infty$ zustrebt. Im

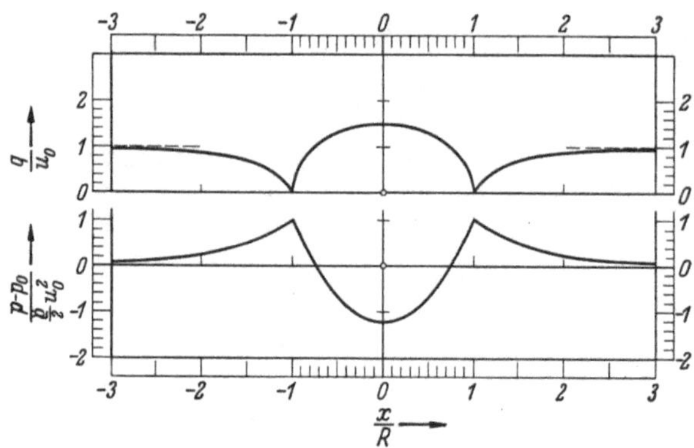

Abb. IV, 5.26. Geschwindigkeits- und Druckverteilung an einer Kugeloberfläche und längs der Anströmungs- und Abströmungsgeraden

unteren Teil der Abbildung ist die Druckverteilung in Einheiten des Staudrucks entsprechend der letzten Gleichung dargestellt.

Sowohl die Gestalt der Stromlinien (Abb. IV, 5.23) als auch die Geschwindigkeits- und Druckverteilung beziehen sich allerdings nur auf eine hypothetische Flüssigkeit, d. h. auf ein Kontinuum ohne jegliche innere Reibung oder Zähigkeit und nicht auf eine wirkliche Flüssigkeit. Infolge der immer vorhandenen, wenn auch noch so geringen Zähigkeit, sehen die tatsächlichen Stromlinien und die Geschwindigkeitsverteilung am rückwärtigen Teil der Kugel wesentlich anders aus. Infolgedessen ist auch die wirkliche Druckverteilung nicht wie in Abb. IV, 5.26 dargestellt, zur $x = 0$-Ebene symmetrisch — was offenbar einen Strömungswiderstand gleich Null bedeutet —, sondern unsymmetrisch, womit ein durch den Druck bedingter Strömungswiderstand verursacht wird.

5.8 Druckverteilung an einem „Halbkörper". Unter einem Halbkörper verstehen wir einen Körper, der — wie beispielsweise in Abbildung IV, 5.4 — mit seinem einen Ende sich ins Unendliche erstreckt. Da die Potentialfunktion der Strömung um diesen Körper $\Phi = u_0\, x - c/r$

ist, sind die Geschwindigkeitskomponenten

$$\frac{\partial \Phi}{\partial x} = u = u_0 + \frac{c\,x}{r^3},$$

$$\frac{\partial \Phi}{\partial y} = v = \frac{c\,y}{r^3}.$$

Nach der BERNOULLIschen Gl. (IV, 5.27) ist also

$$\frac{p - p_0}{\frac{\varrho}{2} u_0^2} = -\frac{2c}{u_0} \frac{x}{r^3} - \frac{c^2}{u_0^2} \frac{1}{r^4}$$

oder, wenn wir wieder $4c/u_0 = y_1^2 = 1$ setzen, Gl. (IV, 5.6),

$$\frac{p - p_0}{\frac{\varrho}{2} u_0^2} = -\frac{x}{2r^3} - \frac{1}{16r^4} = f(r) = f(x, y), \qquad \text{(IV, 5.28)}$$

woraus die Druckdifferenz gegenüber dem Druck der ungestörten Flüssigkeit, und zwar in Einheiten von $(\varrho/2)u_0^2$, für jeden Punkt der Flüssigkeit berechnet werden kann.

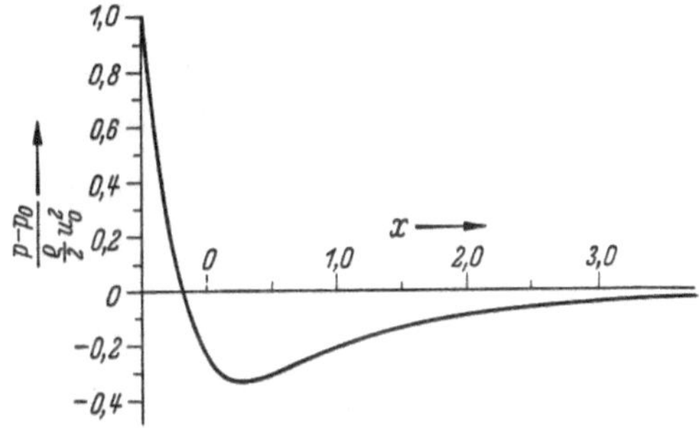

Abb. IV, 5.27. Druckverteilung an der Oberfläche des Rotationskörpers von Abb. IV, 5.28

Wir wollen jetzt den Druck an der Körperoberfläche berechnen, für die nach Gl. (IV, 5.7) mit $y_1 = 1$

$$x = \frac{2y^2 - 1}{2\sqrt{1 - y^2}} \qquad \text{(IV, 5.29)}$$

gilt. Aus Gl. (IV, 5.5) folgt mit $4c/u_0 = y_1^2 = 1$

$$\frac{x}{r} = 2y^2 - 1$$

und mit Berücksichtigung von Gl. (IV, 5.29)

$$r = \frac{1}{2\sqrt{1 - y^2}}.$$

Beide Ausdrücke in Gl. (IV, 5.28) eingesetzt, ergibt dann

$$\frac{p - p_0}{\frac{\varrho}{2} u_0^2} = 1 - 4y^2 + 3y^4. \qquad \text{(IV, 5.30)}$$

Zu jedem $|y| < 1$ läßt sich nach Gl. (IV, 5.29) das dazugehörige x eines Punktes der Abgrenzungsfläche bestimmen und nach Gl. (IV, 5.30) den in diesem Punkte herrschenden Druck berechnen (Abb. IV, 5.27). An dem vorderen Teil des Halbkörpers herrscht also ein Überdruck gegenüber dem Druck der ungestörten Flüssigkeit im Unendlichen, während an dem übrigen Teil der Oberfläche des Halbkörpers ein

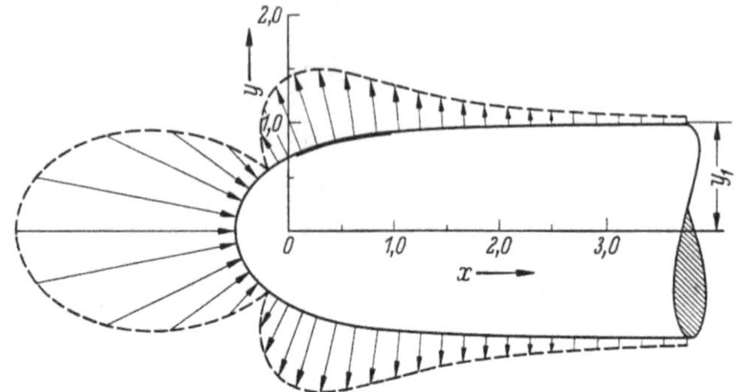

Abb. IV, 5.28. Größe der Druckkraftvektoren an der Oberfläche eines Rotationskörpers

Unterdruck besteht. Um dieses noch deutlicher zu machen, sind in Abb. IV, 5.28 die Druckkräfte der Größe und Richtung nach durch Pfeile gekennzeichnet.

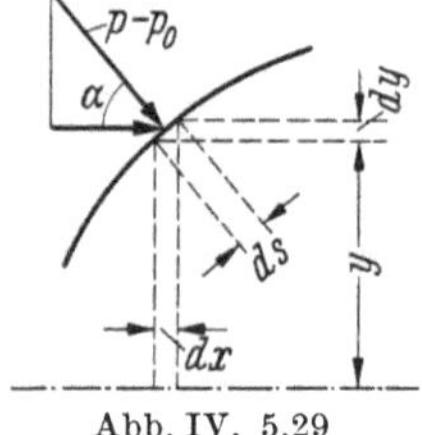

Abb. IV, 5.29

Die x-Komponente dieser Druckkräfte, über die Oberfläche integriert, müßte den Strömungswiderstand des Halbkörpers ergeben, und nach Abb. IV, 5.28 möchte es scheinen, als ob dieser beträchtlich ist. Zieht man aber die Flächen in Betracht, auf welche die Über- bzw. Unterdrücke wirken, so ergibt sich, daß der Strömungswiderstand des Halbkörpers gleich Null ist. Mit den in Abb. IV, 5.29 gegebenen Bezeichnungen ist der Widerstand

$$W = \int_0^1 (p - p_0) \cos\alpha \, ds \, 2\pi y$$

oder, da $\cos\alpha \, ds = dy$

$$W = 2\pi \int_0^1 (p - p_0) y \, dy \tag{IV, 5.31}$$

also mit Gl. (IV, 5.30)

$$W = 2\pi \int_0^1 (y - 4y^3 + 3y^5) \, dy,$$

oder

$$W = 2\pi \left(\frac{y^2}{2} - y^4 + \frac{y^6}{2} \right) \Big|_0^1 = 0,$$

womit bewiesen ist, daß der Widerstand eines Halbkörpers gleich Null ist.

5.9 Geschwindigkeitsfelder verschiedener Quellanordnungen. Nach Gl. (IV, 5.27) kann die Druckverteilung an der Oberfläche eines umströmten Körpers berechnet werden, wenn die Geschwindigkeiten q an der Oberfläche bekannt sind.

Ist der Körper aus n Quellen und Senken aufgebaut, und sind u_n und v_n die Komponenten der Anströmungsgeschwindigkeit plus derjenigen der Quellen und Senken, so ist

$$q = \sqrt{(\sum u_n)^2 + (\sum v_n)^2}. \qquad \text{(IV, 5.32)}$$

1. Für eine dreidimensionale Punktquelle im Koordinatenursprung ist

$$u = \frac{c\,x}{[x^2 + y^2]^{3/2}}, \qquad v = \frac{c\,y}{[x^2 + y^2]^{3/2}}.$$

2. Für eine konstante Quellenbelegung der x-Achse von 0 bis l[1]

$$u(x, y) = \frac{c}{l}\left(\frac{1}{\sqrt{(x-l)^2 + y^2}} - \frac{1}{\sqrt{x^2 + y^2}}\right),$$

$$v(x, y) = \frac{c}{l\,y}\left(\frac{x}{\sqrt{x^2 + y^2}} - \frac{x - l}{\sqrt{(x-l)^2 + y^2}}\right).$$

3. Für eine von Null linear anwachsende Quellenbelegung der x-Achse von 0 bis l[1]

$$u(x, y) = \frac{2c}{l^2}\left(\frac{l}{\sqrt{(x-l)^2 + y^2}} + \ln\frac{x - l + \sqrt{(x-l)^2 + y^2}}{x + \sqrt{x^2 + y^2}}\right), \qquad \text{(IV, 5.33)}$$

$$v(x, y) = \frac{2c}{l^2 y}\left(\sqrt{x^2 + y^2} - \frac{(x - l)\,x + y^2}{\sqrt{(x-l)^2 + y^2}}\right). \qquad \text{(IV, 5.34)}$$

4. Für eine linear bis auf Null abnehmende Quellenbelegung der x-Achse von 0 bis l

$$u(x, y) = -u(l - x, y) \quad \text{von 3}, \qquad \text{(IV, 5.35)}$$

$$v(x, y) = v(l - x, y) \quad \text{von 3}. \qquad \text{(IV, 5.36)}$$

Im Falle von Senken gelten dieselben Formeln mit entgegengesetzten Vorzeichen.

Hier sei auf eine Weiterentwicklung dieser Methode hingewiesen, bei der an Stelle einer Quell- und Senkbelegung der Achse des Rotationskörpers eine solche der Oberfläche angewendet wird[2].

5.10 Beispiel: Berechnung des Druckes in einem beliebigen Punkt der Oberfläche eines rotationssymmetrischen Körpers. Als Körper nehmen wir die in Abb. IV, 5.19 dargestellte Form und als x-Koordinate eines beliebigen Punktes den Wert 0,4, womit nach Abb. IV, 5.18 der Wert $y = 0{,}243$ gegeben ist.

Wenn u_1 die Komponente der Geschwindigkeit der Quelle, u_2 die der ersten Hälfte der Senke, u_3 die der zweiten Hälfte und u_0 die Anströmungsgeschwindigkeit ist, so haben wir

$$\left(\frac{u_0 + u_1 + u_2 + u_3}{u_0}\right)^2$$

[1] Vgl. Anhang S. 521.

[2] Riegels, F.: Zur Darstellung von Potentialströmungen durch ringförmige Quellbelegungen. Abh. d. Braunschweigischen Wiss. Ges. Bd. IV (1952) S. 146—65.

und entsprechend

$$\left(\frac{v_1 + v_2 + v_3}{u_0}\right)^2$$

zu bilden, um q^2/u_0^2 berechnen zu können.

Da die Quelle vom Typ 4 ist ($l = 1$), so sind nach Gl. (IV, 35 und 36)

$$u(x, y) = -u(1 - x, y) = -u(0{,}6;\ 0{,}243),$$
$$v(x, y) = \quad v(1 - x, y) = \quad v(0{,}6;\ 0{,}243)$$

Gl. (IV, 5.33 und 34) auszuwerten; das gibt

$$u_1 = 1{,}542\,c,$$
$$v_1 = 8{,}509\,c.$$

Bei der Berechnung von u_2 bzw. v_2 ist zu bedenken, daß die Senke sich von $x = 1$ bis $x = 2$ erstreckt. Die in Gl. (IV, 5.33 und 34) einzusetzenden Werte von x, y sind demnach $x = 0{,}4 - 1 = -0{,}6$ und $y = 0{,}243$, also unter Berücksichtigung des entgegengesetzten Vorzeichens bei einer Senke

$$u_2 = \quad 0{,}348\,c,$$
$$v_2 = -0{,}072\,c.$$

Die zweite Hälfte der Senke ist wieder vom Typ 4 und, da sie sich von $x = 2$ bis $x = 3$ erstreckt, haben wir $x = 1 - (x - 2) = 3 - x = 3 - 0{,}4 = 2{,}6$. Mit diesem Wert von x sowie $y = 0{,}243$ erhält man unter Berücksichtigung des zweifach negativen Vorzeichens für u_3 und des negativen Vorzeichens für v_3 aus Gl. (IV, 5.33 und 34)

$$u_3 = \quad 0{,}136\,c,$$
$$v_3 = -0{,}017\,c.$$

Mithin

$$\frac{u}{u_0} = 1 + (1{,}542 + 0{,}348 + 0{,}136)\frac{c}{u_0} = 1 + 2{,}026\frac{c}{u_0},$$
$$\frac{v}{u_0} = (8{,}509 - 0{,}072 - 0{,}017)\frac{c}{u_0} = 8{,}420\frac{c}{u_0},$$

und, da nach S. 167 $u_0/4c = 9{,}97$, also $c/u_0 = 0{,}02507$ ist, wird schließlich

$$\frac{u}{u_0} = 1{,}0508 \quad \text{und} \quad \frac{v}{u_0} = 0{,}2111$$

und somit der Druck nach Gl. (IV, 5.27)

$$\frac{p - p_0}{\frac{\varrho}{2} u_0^2} = 1 - \left(\frac{q}{u_0}\right)^2 = 1 - (1{,}0508^2 + 0{,}2111^2) = -0{,}149.$$

Für den Fall, daß der Umriß des Körpers, sowie die Stromlinien des Quell-Senksystems (also ohne überlagerte Parallelströmung) genügend genau gezeichnet sind, läßt sich q in einfacher Weise graphisch bestimmen: Man zeichne in dem beliebigen Punkt P sowohl eine Tangente T zur Stromlinie s als auch zum Körperumriß und lege eine Parallele T'-T' im Abstande *1* von T (Abb. IV, 5.30). Der Schnittpunkt dieser Parallelen mit der Umrißtangente bestimmt dann die Größe von q, da q die geometrische Summe von q' und u_0 ist, bzw. q/u_0 die geometrische Summe von q'/u_0 und 1 ist (q' braucht nicht der Größe, sondern nur der Richtung nach bekannt sein). Aus der Abbildung bzw. der vergrößerten Zeichnung ergibt sich $q/u_0 = 1{,}073$, was zu

$$\frac{p - p_0}{\frac{\varrho}{2} u_0^2} = 1 - \left(\frac{q}{u_0}\right)^2 = -0{,}151$$

führt und in guter Übereinstimmung zum rechnerisch ermittelten Wert ist.

Berechnet man in dieser Weise die Druckdifferenzen für genügend viele Punkte, multipliziert sie mit dem jeweiligen y und trägt sie als Funktion von y auf, so kann man nach Gl. (IV, 5.31) den Widerstand durch graphische Integration bestimmen. Man wird auch in diesem Falle finden, daß der Widerstand gleich

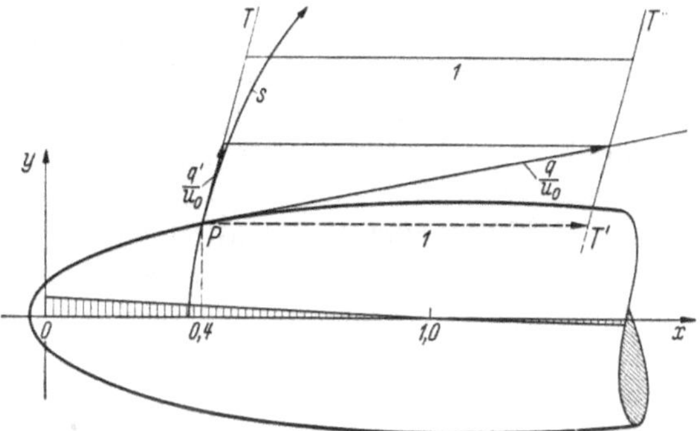

Abb. IV, 5.30. Konstruktion des Geschwindigkeitsvektors in einem Punkt an der Oberfläche eines Rotationskörpers für den Fall, daß die Stromlinien des Quellsenksystems bekannt sind

Null ist. Wenn in Wirklichkeit ein stromlinienförmiger Körper zwar einen kleinen, aber doch endlichen und leicht meßbaren Widerstand besitzt, so hängt das auch hier wieder mit der Zähigkeit einer wirklichen Flüssigkeit zusammen.

V. Zweidimensionale Potentialströmung ohne freie Oberflächen

1 Beziehung zwischen Potentialfunktion und Stromfunktion

1.1 Vereinfachung in der mathematischen Behandlung zweidimensionaler Strömungen. Zweidimensionale oder sogenannte ebene Strömungen, bei denen die Strömungsvorgänge in parallelen Ebenen in jeder Hinsicht identisch sind, treten — genau genommen — niemals auf. In vielen Fällen jedoch kann der Begriff einer ebenen Strömung als gute Näherung dienen; z. B. kann die Strömung gegen einen langen geraden Draht oder um eine Strebe als eine ebene Strömung angesehen werden, wenigstens solange es diejenigen Teile des Drahtes oder der Strebe betrifft, die genügend weit von den Enden entfernt sind, so daß die hiervon ausgehenden Störungen vernachlässigbar klein sind.

Die Theorie der zweidimensionalen Flüssigkeitsbewegung spielt eine wichtige Rolle in der Strömungslehre, und zwar wegen der großen mathematischen Vereinfachung, verglichen mit der dreidimensionalen

Bewegung. Zunächst bemerken wir, daß nur zwei Variable x und y und also auch nur zwei EULERsche Gleichungen auftreten. Allein, es ist nicht diese Vereinfachung, auf die wir besonders hinweisen wollen, denn diese gilt auch für rotationssymmetrische Strömungsvorgänge, wie sie im vorigen Kapitel ausführlich behandelt worden sind. Auch dort haben wir nur zwei Variable, und auch dort sind die Strömungen in Ebenen identisch, allerdings in Radialebenen und nicht in Parallelebenen. Dieses letztere ist aber, wie wir sehen werden, von entscheidender Bedeutung.

Auf S. 110 haben wir gesehen, daß jede Strömung einer reibungslosen Flüssigkeit, die ihren Ursprung in einem Gebiet hat, wo statische Verhältnisse herrschen (Geschwindigkeit konstant oder gleich Null), eine Potentialströmung ist. In solchen Fällen kommen aus der überaus großen Mannigfaltigkeit von Funktionen $u(x,y,z)$, $v(x,y,z)$, $w(x,y,z)$, die an und für sich ein Geschwindigkeitsfeld bilden könnten, nur solche in Betracht, für die $u = \partial \Phi/\partial x$, $v = \partial \Phi/\partial y$, $w = \partial \Phi/\partial z$ ist. Dieses bedeutet eine außerordentlich große Einschränkung hinsichtlich der Funktionen u, v, w und damit eine große Vereinfachung der mathematischen Behandlung.

Ähnlich, nur in einem viel größeren Ausmaße, ist es mit der zweidimensionalen Potentialströmung; auch hier besteht die Bedingung, daß $u = \partial \Phi/\partial x$ und $v = \partial \Phi/\partial y$ sein muß. Allein, zusammen mit der Kontinuitätsgleichung $\partial u/\partial x + \partial v/\partial y = 0$ ist diese Bedingung hier sehr viel einschneidender als im dreidimensionalen Fall. Wir werden sehen, daß als mögliche Geschwindigkeitsfunktionen $u(x, y)$ und $v(x, y)$ alle Funktionen ausscheiden, mit Ausnahme einer sehr speziellen Gruppe von Funktionen.

1.2 Verknüpfung einer zweidimensionalen Quelle (Senke) mit einem geraden Wirbel. Wir wissen von S. 129, daß die Stromlinien einer Quelle durch $\varphi = \text{const}$ gegeben sind und daß die Linien konstanten Potentials $\ln r = \text{const}$ sind. Mit dem geraden Wirbel ist es umgekehrt: Wie auf S. 130 gezeigt, sind die Stromlinien durch $\ln r = \text{const}$ gegeben und die Linien konstanten Potentials durch $\varphi = \text{const}$. Wir können somit folgendes Schema aufstellen:

	const Potential	Stromlinien	
Quelle	$\ln r = \text{const}$	$\varphi = \text{const}$	Abb. V, 1.1
Wirbel	$\varphi = \text{const}$	$\ln r = \text{const}$	Abb. V, 1.2

Bevor wir einen Schluß aus dieser eigenartigen Verknüpfung von zwei an sich ganz verschiedenen Strömungen ziehen, betrachten wir noch einmal die auf S. 119 behandelte Strömung in einem rechten

Winkel. Abb. V, 1.3 zeigt als ausgezogene Kurven die Stromlinien $xy = \text{const}$ und gestrichelt die Linien konstanten Potentials, d. h. $\frac{1}{2}(x^2 - y^2) = \text{const}$. Drehen wir jetzt den Winkel um 45° (Abb. V, 1.4),

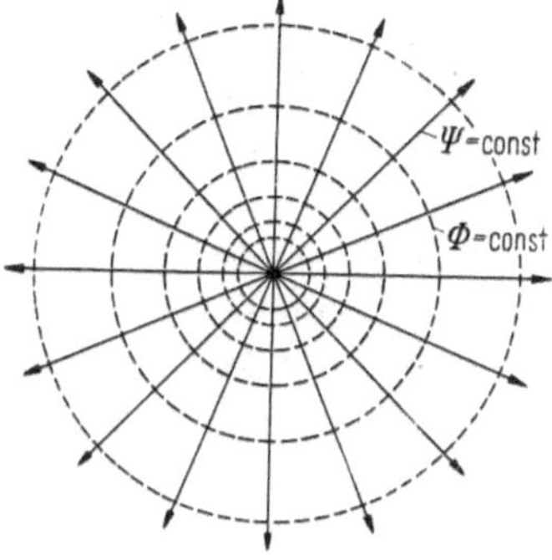

Abb. V, 1.1. Stromlinien und Kurven konstanten Potentials einer zweidimensionalen Quelle

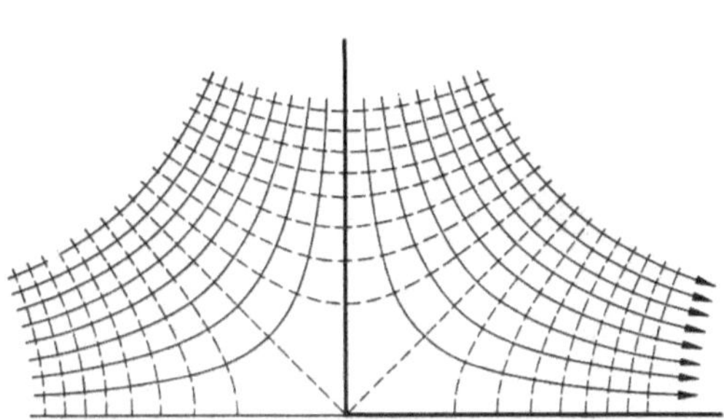

Abb. V, 1.3. Stromlinien und Potentiallinien einer Strömung in einem Winkelraum

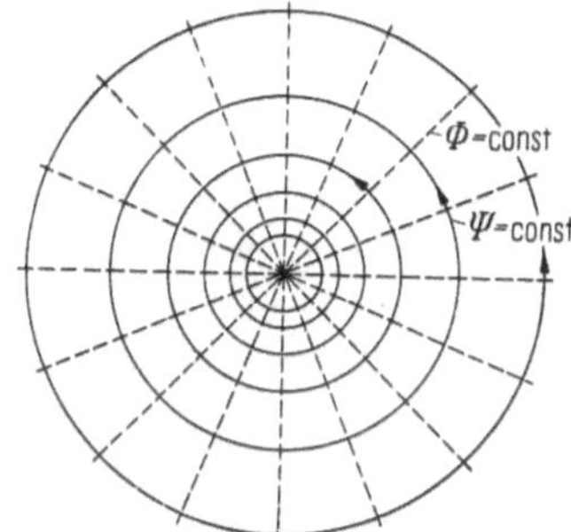

Abb. V, 1.2. Stromlinien und Kurven konstanten Potentials eines geraden Wirbels; die Kurvensysteme beider Abbildungen sind vertauscht

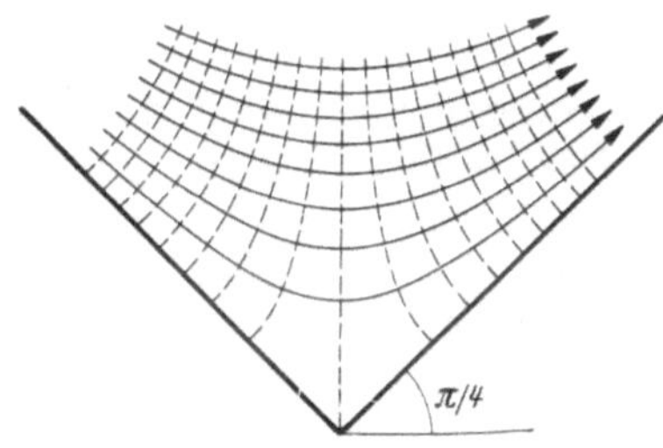

Abb. V, 1.4. Dasselbe wie vorher, jedoch ist der Winkelraum um $\pi/4$ gedreht; die Stromlinien und Linien konstanten Potentials vertauschen ihre Rollen

so erkennen wir, daß die früheren Stromlinien jetzt Kurven konstanten Potentials und daß die früheren Kurven konstanten Potentials jetzt Stromlinien geworden sind, so daß wir wieder das Schema aufstellen können:

	const Potential	Stromlinien
Abb. V, 1.3	$\frac{1}{2}(x^2 - y^2) = \text{const}$	$xy = \text{const}$
Abb. V, 1.4	$xy = \text{const}$	$\frac{1}{2}(x^2 - y^2) = \text{const}$

Auch hier haben wir dieselbe Verknüpfung der in Frage kommenden Größen wie im vorigen Beispiel. Es drängt sich deshalb die Vermutung auf, ob es nicht *eine* Funktion gibt, welche die beiden Funktionen

$$\frac{1}{2}(x^2 - y^2) \quad \text{und} \quad xy$$

in sich vereinigt.

Man könnte an einen, wenn auch nicht sehr treffenden Vergleich denken: In Abb. V, 1.5a und 5b haben wir die Auf- und Seitenansicht eines und desselben Körpers, dessen perspektivische Ansicht in Abb. V, 1.5c gegeben ist. In ähnlicher Weise, wie die perspektivische Ansicht die Auf- und Seitenansicht implizite enthält, suchen wir einen Ausdruck, der die beiden obigen Funktionen in sich schließt. Hätten wir $\frac{1}{2}(x^2 + y^2)$ und xy, so brauchten wir nur zu addieren und bekämen $\frac{1}{2}(x + y)^2$. In unserem Falle haben wir aber nicht $+y^2$, sondern $-y^2$. Welche Zahl gibt nun mit sich selbst multipliziert $-y^2$? offenbar $\sqrt{-1}\,y$ oder $i\,y$. Mit anderen Worten: Wenn wir uns jeden Punkt x, y in der sogenannten Gaussschen Zahlenebene durch die komplexe Zahl $x + iy = z$ dargestellt denken, so haben wir für die gesuchte Funktion den Ausdruck

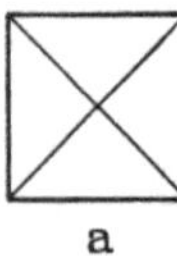

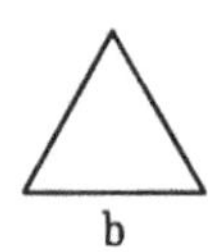

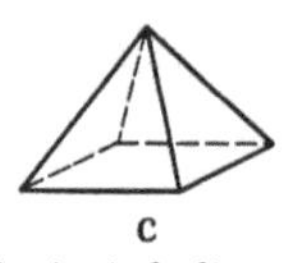

Abb. V, 1.5a—c. In der Ansicht c) sind die Projektionen a) und b) implicite enthalten

$$F(z) = \tfrac{1}{2}z^2 = \tfrac{1}{2}(x + i\,y)^2 = \tfrac{1}{2}(x^2 - y^2) + i\,x\,y. \qquad \text{(V, 1.1)}$$

Der oben erwähnte Vergleich mit dem prismatischen Körper hinkt allerdings insofern, als man zu dem Grundriß verschiedene Seitenrisse zeichnen könnte und damit z. B. verschieden hohe Prismen erhalten würde. Das ist hier nicht möglich. Die innere Bindung zwischen den beiden fraglichen Ausdrücken ist sehr viel stärker, d. h. wenn der reelle Teil, also $\frac{1}{2}(x^2 - y^2)$ gegeben ist, so ist damit auch der imaginäre Teil $i\,x\,y$ bestimmt und nicht mehr frei verfügbar und umgekehrt.

Der reelle Teil der obigen Funktion ist die uns bereits bekannte Potentialfunktion Φ; den imaginären Teil (ohne i) nennt man die Stromfunktion Ψ, so daß

$$F(z) = \Phi(x, y) + i\,\Psi(x, y) \qquad \text{(V, 1.2)}$$

ist.

Wir kehren nochmals zurück zur Strömung Abb. V, 1.4 und bemerken, daß diese sich von der in Abb. V, 1.3 gezeigten dadurch unterscheidet, daß die gesamte x, y-Ebene und damit jeder Punkt in ihr um $\pi/4$ um den Ursprung gedreht ist. Betrachten wir die Ebene als Gausssche Zahlenebene, so erfährt also jeder Punkt

$$z = x + i\,y = r(\cos\varphi + i\sin\varphi) = r\,e^{i\varphi}$$

einen Zuwachs seines Argumentes um $\pi/4$ (Abb. V, 1.6), d. h.

$$r\,e^{i(\varphi + \pi/4)} = r\,e^{i\varphi}\,e^{i(\pi/4)} = z\sqrt{i}.$$

Eine Drehung der Strömung von Abb. V, 1.3 um 45° erhält man somit durch Multiplikation von z^2 mit i. Damit geht Gl. (V, 1.1) über in

$$\begin{aligned} i\,F(z) &= i\,\tfrac{1}{2}z^2 = i\,\tfrac{1}{2}(x^2 - y^2 + 2i\,x\,y) \\ &= -x\,y + i\,\tfrac{1}{2}(x^2 - y^2) \\ &= \Phi + i\,\Psi. \end{aligned} \qquad \text{(V, 1.3)}$$

Was in Gl. (V, 1.1) bzw. Abb. V, 1.3 die Potentialfunktion ist, tritt in Gl. (V, 1.3) bzw. in Abb. V, 1.4 als Stromfunktion auf, und was vorher Stromfunktion war, ist jetzt Potentialfunktion. Diese Vertauschung von Potential- und Stromfunktion tritt nach Gl. (V, 1.2) immer durch Multiplikation der Funktion $F(z)$ mit i auf. $F(z)$ wird auch als Strömungsfunktion bezeichnet.

Um in unserem ersten Beispiel Quelle und geraden Wirbel zu einem Ausdruck zusammenzufassen, multiplizieren wir φ mit i und erhalten

$$\ln r + i\varphi = \ln r e^{i\varphi} = \ln z = F(z)$$

(Strömungsfunktion einer Quelle). Multiplizieren wir $F(z)$ mit i, so ist

$$-\varphi + i \ln r = i \ln r e^{i\varphi} = i \ln z = i F(z)$$

(Strömungsfunktion eines geraden Wirbels). Potential- und Stromfunktion sind in beiden Fällen miteinander vertauscht, so daß die Funktion ln z sowohl die Quelle als auch (wenn mit i multipliziert) den geraden Wirbel darstellt.

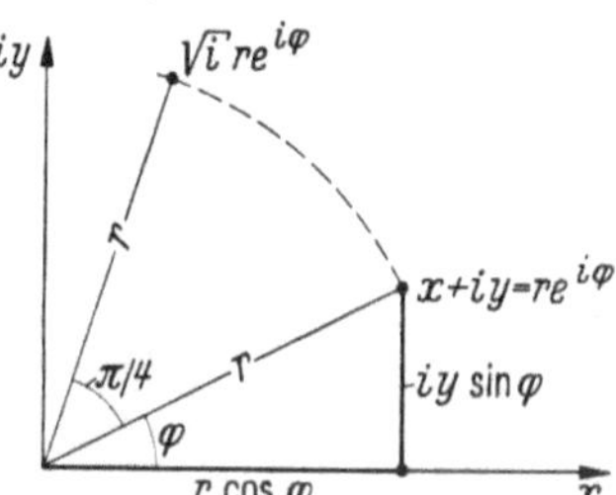

Abb. V, 1.6. Multiplikation einer komplexen Zahl mit $\sqrt{i}$

1.3 Die Stromfunktion. Aus der Kontinuitätsgleichung $\partial u/\partial x = -\partial v/\partial y$ folgt, daß immer eine Funktion $\Psi(x, y)$ existiert, für die

$$u = \frac{\partial \Psi}{\partial y} \quad \text{und} \quad v = -\frac{\partial \Psi}{\partial x} \tag{V, 1.4}$$

ist. Setzen wir diese Ausdrücke für u und v in die Gleichung einer Stromlinie

$$\frac{dy}{dx} = \frac{v}{u} \quad \text{oder} \quad u\,dy - v\,dx = 0,$$

so ist

$$\frac{\partial \Psi}{\partial x} dx + \frac{\partial \Psi}{\partial y} dy = d\Psi = 0,$$

so daß

$$\Psi = \text{const}$$

die Gleichung einer Stromlinie darstellt[1].

Eine physikalische Deutung der Stromfunktion erhält man in folgender Weise: Mit den in Abb. V, 1.7 gegebenen Bezeichnungen und $n \perp q$ ist

$$Q = \int_{x_0, y_0}^{x, y} q\,dn = \int_{x_0, y_0}^{x, y} u\,dy + \int_{x_0, y_0}^{x, y} v(-dx), \tag{V, 1.5}$$

wo Q das sekundliche Flüssigkeitsvolumen ist, wenn die Höhe senkrecht zur Bildebene gleich eins angenommen wird, also unter Berücksichtigung

[1] LAGRANGE, J. L.: Nouv. mém. de L'Acad. de Berlin (1781) oder Oeuvres Bd. IV, S. 720.

von Gl. (V, 1.4)

$$Q = \int_{x_0, y_0}^{x, y} \left[\frac{\partial \Psi}{\partial x} dx + \frac{\partial \Psi}{\partial y} dy\right] = \int_{x_0, y_0}^{x, y} d\Psi = \Psi(x, y) - \Psi(x_0, y_0). \quad \text{(V, 1.6)}$$

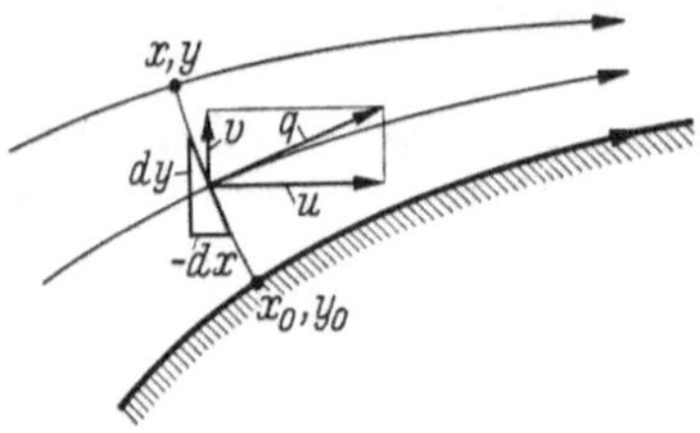

Abb. V, 1.7. Strömung längs einer Wand

Setzt man $\Psi(x_0, y_0) = 0$, so kann demnach die Stromfunktion $\Psi(x, y)$ als dasjenige Flüssigkeitsvolumen gedeutet werden, das pro Zeiteinheit durch die Strecke von der Begrenzung bis x, y fließt, wobei die Höhe senkrecht zur Bildebene gleich eins ist.

Die Stromfunktion Ψ ist ein allgemeinerer Begriff als die Potentialfunktion Φ, insofern als Ψ nicht auf rotationsfreie Bewegungen beschränkt ist. Für den Fall aber, daß die Strömung ohne Rotation ist, folgt aus

$$\frac{\partial u}{\partial y} - \frac{\partial v}{\partial x} = 0,$$

daß ebenfalls

$$\frac{\partial^2 \Psi}{\partial x^2} + \frac{\partial^2 \Psi}{\partial y^2} = \Delta \Psi = 0 \quad \text{(V, 1.7)}$$

ist.

Wir können somit das folgende Schema aufstellen:

$$\frac{\partial u}{\partial x} + \frac{\partial v}{\partial y} = 0 \quad \text{gleichbedeutend mit} \quad \begin{cases} u = \dfrac{\partial \Psi}{\partial y} \\ v = -\dfrac{\partial \Psi}{\partial x} \end{cases}$$

$$\Delta \Psi = 0$$

$$\Delta \Phi = 0$$

$$\frac{\partial v}{\partial x} - \frac{\partial u}{\partial y} = 0 \quad \text{gleichbedeutend mit} \quad \begin{cases} u = \dfrac{\partial \Phi}{\partial x} \\ v = \dfrac{\partial \Phi}{\partial y} \end{cases}$$

in Worten: Die Kontinuitätsgleichung, die gleichbedeutend mit der Existenz von Ψ ist, gibt zusammen mit der Gleichung für Rotationsfreiheit die LAPLACEsche Gleichung $\Delta \Psi = 0$. Die Gleichung für Rotationsfreiheit, die gleichbedeutend mit der Existenz von Φ ist, liefert zusammen mit der Kontinuitätsgleichung die LAPLACEsche Gleichung $\Delta \Phi = 0$.

Für die Gleichung $\Delta \Psi = 0$ ist die Randbedingung $\Psi = 0$ (Randwertaufgabe erster Art), während sie bei $\Delta \Phi = 0$ lautet: $\partial \Phi / \partial n = 0$ (Randwertaufgabe zweiter Art).

1.4 Jede zweidimensionale Potentialströmung kann durch eine reelle Funktion einer komplexen Variablen dargestellt werden. In 1.2 haben wir gezeigt, daß wir — in unserem Bemühen, gewisse Symmetrien zwischen Potential- und Stromfunktion zu erklären — fast zwangsläufig zur Einführung komplexer Zahlen geführt wurden. Jetzt wollen wir beweisen, daß jede zweidimensionale Potentialströmung durch eine reelle Funktion einer komplexen Variablen dargestellt werden kann.

Wie wir gesehen haben, können die beiden Geschwindigkeitskomponenten u und v sowohl als Ableitungen der Potentialfunktion als auch der Stromfunktion ausgedrückt werden:

$$\begin{aligned} u &= \frac{\partial \Phi}{\partial x} = \frac{\partial \Psi}{\partial y}, \\ v &= \frac{\partial \Phi}{\partial y} = -\frac{\partial \Psi}{\partial x}. \end{aligned} \qquad \text{(V, 1.8)}$$

Multiplizieren wir die zweite Gleichung mit i und subtrahieren sie von der ersten, so ist

$$u - i v = \frac{\partial \Phi}{\partial x} + i \frac{\partial \Psi}{\partial x} = \frac{\partial \Psi}{\partial y} - i \frac{\partial \Phi}{\partial y}.$$

Setzen wir in das vollständige Differential

$$dF = \left(\frac{\partial \Phi}{\partial x} + i \frac{\partial \Psi}{\partial x}\right) dx + \left(\frac{\partial \Phi}{\partial y} + i \frac{\partial \Psi}{\partial y}\right) dy$$

nach der vorigen Gleichung den Wert $u - iv$, so bleibt

$$dF = (u - i v) dx + (u - i v) i dy$$

oder

$$\frac{dF}{dz} = u - i v. \qquad \text{(V, 1.9)}$$

Die Ableitung der Strömungsfunktion in einem Punkte z stellt somit den gespiegelten Geschwindigkeitsvektor $\bar{q}$ in diesem Punkte dar, wobei die Spiegelungsgerade die zur x-Achse Parallele durch z ist (Abb. V, 1.8).

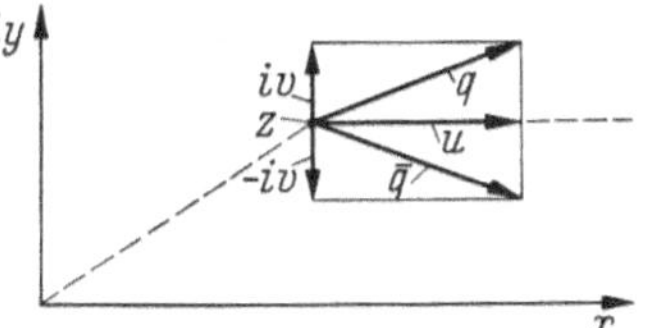

Abb. V, 1.8. Der zu dem Geschwindigkeitsvektor q „gepiegelte" Vektor $\bar{q}$

Aus $\Delta\Phi = 0$ und $\Delta\Psi = 0$ folgt unmittelbar

$$\Delta(\Phi + i \Psi) = \Delta F = 0,$$

d. h. jede reelle analytische Funktion der komplexen Variablen z genügt der LAPLACEschen Gleichung, so daß jede zweidimensionale Potentialströmung durch eine solche Funktion dargestellt werden kann. Es gilt aber nicht die Umkehrung dieses Satzes, daß jede derartige Funktion eine ebene Strömung repräsentiert, wie in V, 2.3 an einem Beispiel gezeigt wird. Der reelle Teil der Strömungsfunktion kann als Potentialfunktion, der imaginäre Teil (ohne i) als Stromfunktion angesehen werden. Dieselbe Funktion $F(z)$, mit i multipliziert, stellt eine andere Strömung dar, bei der Potentialfunktion und Stromfunktion vertauscht sind.

1.5 Die Cauchy-Riemannschen Differentialgleichungen und ihre physikalische Deutung. Es ist, da beide Ausdrücke gleich dF/dz sind,

$$\frac{\partial F}{\partial x}\underbrace{\frac{\partial x}{\partial z}}_{1}=\frac{\partial F}{\partial y}\underbrace{\frac{\partial y}{\partial z}}_{1/i}$$

oder mit $F=\Phi+i\,\Psi$

$$\frac{\partial\Phi}{\partial y}+i\frac{\partial\Psi}{\partial y}-i\left(\frac{\partial\Phi}{\partial x}+i\frac{\partial\Psi}{\partial x}\right)=0$$

oder

$$\frac{\partial\Phi}{\partial y}+\frac{\partial\Psi}{\partial x}+i\left(\frac{\partial\Psi}{\partial y}-\frac{\partial\Phi}{\partial x}\right)=0.$$

Wenn aber eine komplexe Zahl Null ist, muß ihr reeller und ihr imaginärer Teil jeder für sich gleich Null sein; mithin

$$\begin{aligned}\frac{\partial\Phi}{\partial x}&=\frac{\partial\Psi}{\partial y},\\ \frac{\partial\Phi}{\partial y}&=-\frac{\partial\Psi}{\partial x}.\end{aligned}\qquad\text{(V, 1.10)}$$

Die beiden letzten Gleichungen heißen die CAUCHY-RIEMANNschen Differentialgleichungen. Ihren geometrischen Sinn erkennt man, wenn

$$\operatorname{grad}\Phi=\mathfrak{i}\frac{\partial\Phi}{\partial x}+\mathfrak{j}\frac{\partial\Phi}{\partial y}=\mathfrak{i}\,u+\mathfrak{j}\,v=\mathfrak{q}$$

und

$$\operatorname{grad}\Psi=\mathfrak{i}\frac{\partial\Psi}{\partial x}+\mathfrak{j}\frac{\partial\Psi}{\partial y}=-\mathfrak{i}\,v+\mathfrak{j}\,u=\mathfrak{q}\times\mathfrak{k}$$

gebildet wird, wo $\mathfrak{k}$ der Einheitsvektor in Richtung senkrecht auf der x, y-Ebene ist, grad Ψ also ein Vektor in der x, y-Ebene, und zwar senkrecht zu $\mathfrak{q}$ ist. Der Vektor grad Ψ steht mithin senkrecht zu grad Ψ, wobei die Beträge beider Vektoren einander gleich sind, d. h.

$$\operatorname{grad}\Phi\perp\operatorname{grad}\Psi$$

und

$$|\operatorname{grad}\Phi|=|\operatorname{grad}\Psi|.\qquad\text{(V, 1.11)}$$

Weil in jedem Punkt z die Kurve $\Phi=\text{const}$ senkrecht auf grad Φ steht und ebenso $\Psi=\text{const}$ senkrecht auf grad Ψ, so schneiden sich die Kurven $\Phi=\text{const}$ und $\Psi=\text{const}$, rechtwinklig. Daß die Kurven konstanten Potentials die Kurven $\Psi=\text{const}$, d. h. die Stromlinien rechtwinklig schneiden, ist nicht überraschend, da dieses schon aus der Tatsache folgt, daß die Kurven $\Phi=\text{const}$ (nicht nur bei zweidimensionalen Strömungen!) senkrecht zu grad Φ, d. h. zu den Richtungen der Geschwindigkeiten stehen und diese der Richtung der Stromlinien, d. h. $\Psi=\text{const}$ parallel sind. Dieses erkennt man auch aus Abb. IV, 5.23 bei der Umströmung der Kugel.

Der wichtige Unterschied bei einer zweidimensionalen Strömung liegt eben darin, daß hier auch $|\text{grad}\,\Phi| = |\text{grad}\,\Psi|$ ist, d. h. daß das Maß der Änderung von Φ gleich dem von Ψ ist. Wenn wir also zu zwei Kurven $\Phi = \text{const}$ und $\Psi = \text{const}$ die Kurven $\Phi + d\Phi$ und $\Psi + d\Psi$ zeichnen, so bilden diese ein infinitesimales kleines Quadrat (Abb. V, 1.9). Dieses trifft nicht zu für dreidimensionale Strömungen und auch nicht für rotationssymmetrische, wie aus Abb. IV, 5.23 ersichtlich. Die Stromlinien $\Psi = \text{const}$ bestimmen nicht nur die Richtung der Geschwindigkeit, sondern bei einer zweidimensionalen Strömung auch den Betrag der Geschwindigkeit, und zwar durch den Abstand der benachbarten Stromlinien; denn die Geschwindigkeit in einem beliebigen Punkt eines Stromlinienbildes ist umgekehrt proportional dem Abstand benachbarter Stromlinien. Diese Tatsachen sind es, die es ermöglichen, von der so sehr entwickelten Theorie komplexer Variablen Gebrauch zu machen. Eine wie große Vereinfachung in der mathematischen Behandlung zweidimensionaler Probleme dies bedeutet, werden wir im nächsten Abschnitt an Hand einiger Beispiele erkennen.

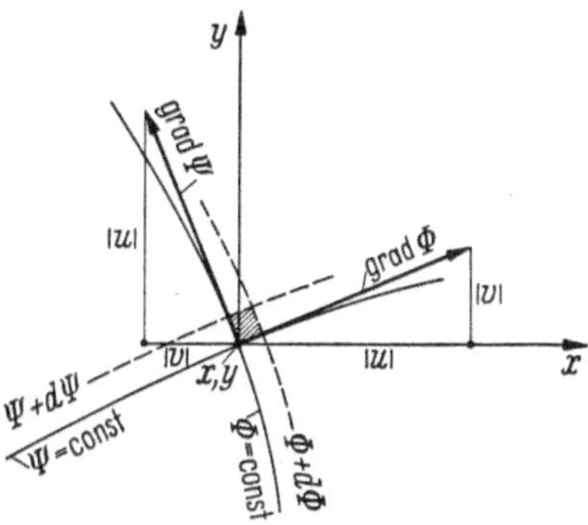

Abb. V, 1.9. Die Kurven $\Phi = \text{const}$ und $\Phi + d\Phi = \text{const}$ bilden mit den Kurven $\Psi = \text{const}$ und $\Psi + d\Psi = \text{const}$ ein infinitesimales Quadrat

Die gegenseitige Bindung von Φ und Ψ, wie sie in den CAUCHY-RIEMANNschen Gleichungen zum Ausdruck kommt, ist auch daraus zu erkennen, daß es in vielen Fällen verhältnismäßig einfach ist, durch eine graphische Methode das Geschwindigkeitsfeld zu erhalten, sobald die Form der Begrenzung der Strömung gegeben ist.

Wir betrachten z. B. die Strömung durch einen Teil einer Düse, wie sie in Abb. V, 1.10 dargestellt ist. Außer den Begrenzungskurven ist die Symmetriegerade eine Stromlinie. Wir ziehen jetzt versuchsweise zwei weitere Stromlinien $\overline{12}$ und $\overline{34}$ unter Berücksichtigung, daß die Stromlinien konvergieren müssen, da die Geschwindigkeit in Strömungsrichtung zunimmt. Dann zeichnen wir die Kurven ab, cd, ef usw. in solcher Weise, daß die bereits gezeichneten 5 Stromlinien rechtwinklig geschnitten werden und außerdem angenäherte „Quadrate" (mit gekrümmten Seiten) bilden. Um dieses zu erreichen, wird es im allgemeinen nötig sein, die zunächst versuchsweise gezeichneten Stromlinien $\overline{12}$ und $\overline{34}$ etwas zu korrigieren. Wir zeichnen dann die gestrichelten Diagonalen, die sich selbst rechtwinklig schneiden, und ziehen durch die Schnittpunkte weitere Stromlinien und Kurven konstanten Potentials. Wenn die Geschwindigkeit in einem Punkt,

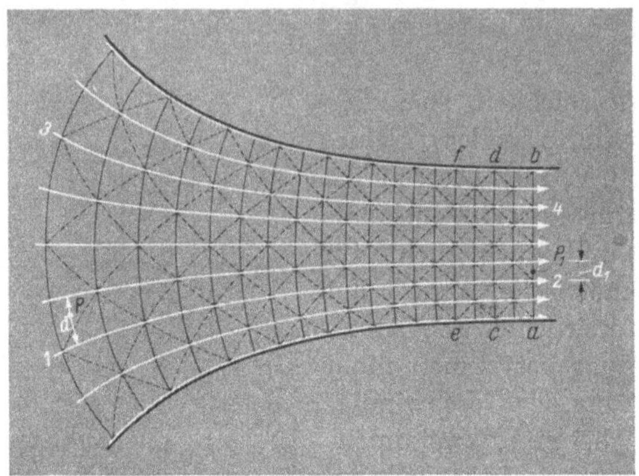

Abb. V, 1.10. Graphische Konstruktion von Stromlinien einer Düsenströmung

z. B. P_1, bekannt und gleich q_1 ist, so beträgt sie in einem anderen beliebigen Punkt P

$$q = q_1 \frac{d_1}{d},$$

wo d der Abstand der benachbarten Stromlinien im Punkte P ist[1].

1.6 Die Stokessche Stromfunktion. Im Anschluß an die unter 1.3 gegebene Deutung der Stromfunktion wollen wir noch kurz auf die

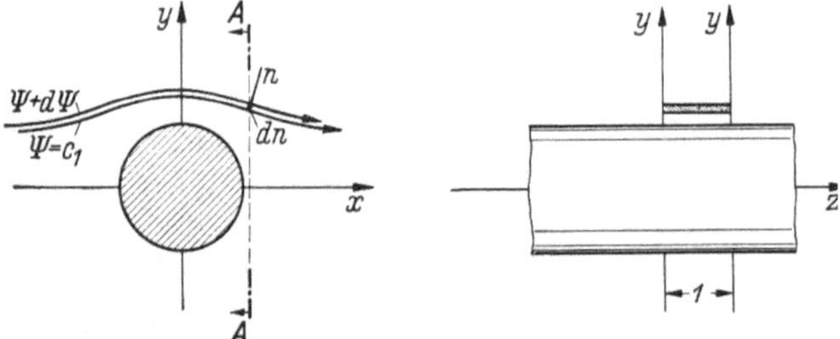

Abb. V, 1.11 u. 12. Zwei um dn benachbarte Stromschichten von der Breite *1*; zweidimensionale Strömung

nach George G. Stokes[2] benannte Analogie bei rotationssymmetrischen Strömungen eingehen. Wir hatten gezeigt, daß bei ebenen Bewegungen die Stromfunktion $\Psi(x, y)$ aufgefaßt werden kann als dasjenige Flüssigkeitsvolumen, welches in der Zeiteinheit durch den Abstand eines Punktes x_0, y_0 der Begrenzungskurve der Flüssigkeit bis zu einem Punkte x, y fließt, so daß $\Psi(x, y) = \text{const}$ Stromlinien darstellen.

[1] Tollmien, W.: Luftwiderstand und Druckverlauf bei der Fahrt von Zügen in einem Tunnel, Abb. 11—15. Z. VDI 1927, S. 199.

[2] Stokes, G. G.: On the Steady Motion of Incompressible Fluids. Cambr. Trans. VII (1842) [Papers I, 1].

Betrachtet man beispielsweise in Abb. V, 1.11 zwei um den Abstand dn benachbarte Stromlinien um einen Kreiszylinder, so ist nach Gl. (V, 1.5) bzw. Abb. V, 1.13, wenn die Dimension in der z-Richtung gleich eins genommen wird (Abb. V, 1.12)

$$dQ = q\,dn = u\,dy - v\,dx = d\Psi .$$

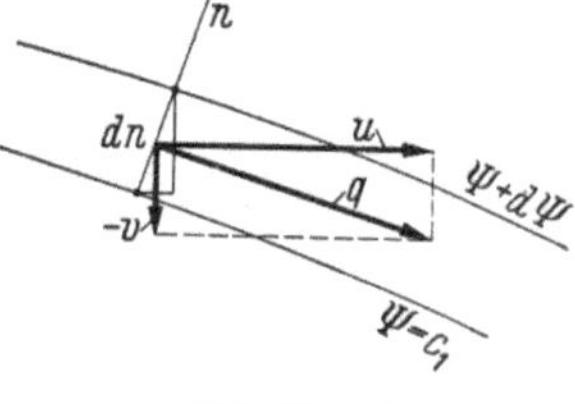

Abb. V, 1.13

Abb. V, 1.12 zeigt in einer Schnittansicht AA senkrecht zur x-Achse ein Stück des in der z-Richtung beiderseitig nach Unendlich sich erstreckenden Zylinders sowie die Querschnittsfläche dn 1, durch welche das Volumen dQ in der Zeiteinheit fließt. Für diesen Fall gelten, wie wir gesehen haben, die Beziehungen

$$u = \frac{\partial \Psi}{\partial y},$$

$$v = -\frac{\partial \Psi}{\partial x},$$

und bei einer Potentialströmung, d. h. wenn $\partial v/\partial x - \partial u/\partial y = 0$,

$$\frac{\partial^2 \Psi}{\partial x^2} + \frac{\partial^2 \Psi}{\partial y^2} = 0 .$$

Vergleichen wir damit zwei um dn benachbarte rotationssymmetrische Strom*flächen* um eine Kugel (Abb. V, 1.14), so ist das in der

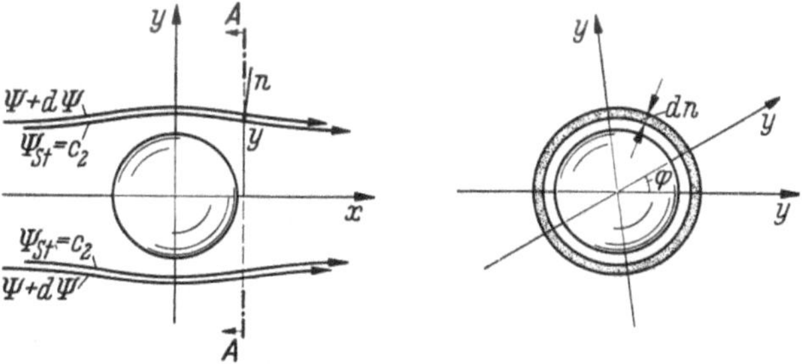

Abb. V 1.14 u. 15. Zwei um dn benachbarte Stromschichten von kreisförmigem Querschnitt; rotationssymmetrische Strömung um eine Kugel

Zeiteinheit durch den kreisförmigen Spalt $2\pi\,y\,dn$ fließende Volumen

$$dQ = q\cdot 2\pi\,y\,dn = 2\pi(y\,u\,dy - y\,v\,dx) = 2\pi\,d\Psi_{St} .$$

STOKES setzt diese Flüssigkeitsmenge gleich $2\pi\,d\,\Psi_{St}$, wobei wir durch den Index *St* andeuten wollen, daß es sich hier um eine wesentlich andere Stromfunktion handelt als vorher bei der ebenen Bewegung. Abb. V, 1.15 zeigt eine Schnittansicht AA senkrecht zur x-Achse mit der ringförmigen Durchtrittsfläche $2\pi y\,dn$. Die letzte Gleichung ist nur erfüllt, wenn

$$u = \frac{1}{y} \frac{\partial \Psi_{St}}{\partial y} \qquad \text{(V, 1.12)}$$

und

$$v = -\frac{1}{y} \frac{\partial \Psi_{St}}{d x}$$

ist. Im Falle einer Potentialströmung, d. h. wenn $\partial v/\partial x - \partial u/\partial y = 0$ ist, erhalten wir aus den beiden letzten Gleichungen

$$\frac{\partial^2 \Psi_{St}}{\partial x^2} + \frac{\partial^2 \Psi_{St}}{\partial y^2} - \frac{1}{y} \frac{\partial \Psi_{St}}{\partial y} = 0. \qquad \text{(V, 1.13)}$$

Der Vollständigkeit halber wollen wir noch die entsprechende Gleichung mit der Potentialfunktion Φ ableiten: Nach Gleichung (Anhang, S. 516) lautet die Kontinuitätsgleichung einer dreidimensionalen Strömung bei Benutzung von zylindrischen Polarkoordinaten (x die Zylinderachse)

$$\operatorname{div} \mathfrak{q} = \frac{\partial q_r}{\partial r} + \frac{\partial q_\varphi}{r \partial \varphi} + \frac{q_r}{r} + \frac{\partial q_x}{\partial x} = 0.$$

Bei rotationssymmetrischen Strömungen sind die Vorgänge unabhängig von φ (Abb. V, 1.15), so daß die Ableitung nach φ gleich Null ist. Setzen wir entsprechend Abb. V, 1.15 $r \equiv y$, $q_r \equiv v$ und $q_x \equiv u$, so bleibt als Kontinuitätsgleichung einer rotationssymmetrischen Strömung

$$\frac{\partial u}{\partial x} + \frac{\partial v}{\partial y} + \frac{v}{y} = 0.$$

Führt man die Potentialfunktion ein, also

$$u = \frac{\partial \Phi}{\partial x},$$

$$v = \frac{\partial \Phi}{\partial y},$$

so erhalten wir als Analogon zu Gl. (V, 1.13)

$$\frac{\partial^2 \Phi}{\partial x^2} + \frac{\partial^2 \Phi}{\partial y^2} + \frac{1}{y} \frac{\partial \Phi}{\partial y} = 0.$$

Im Gegensatz zu der Potentialfunktion in den letzten Gleichungen, die auch im rotationssymmetrischen Fall dieselbe ist wie bei der ebenen Strömung, handelt es sich bei der STOKESschen Stromfunktion um eine von der Stromfunktion der ebenen Strömung prinzipiell verschiedene Funktion, so daß auf sie auch nicht die unter V, 1.2 bis V, 1.6 gemachten Ausführungen zutreffen[1]. Aus diesem Grunde haben wir bei der Behandlung der rotationssymmetrischen Strömungen in IV, 5

[1] Statt der „Stream Function“, wie im Englischen die Stromfunktion der ebenen Strömung heißt, ist von R. A. SAMPSON für die STOKESsche Stromfunktion der Name „Current Function“ vorgeschlagen worden; vgl. R. A. SAMPSON: On Stokes' Current Function. Phil. Trans. (A) Bd. 182 (1891) S. 449.

auch nicht von der STOKESschen Stromfunktion Gebrauch gemacht. Es mag aber immerhin erwähnt werden, daß als Analogon zur Potentialfunktion z. B. eines dreidimensionalen Dipols Gl. (IV, 5.23) die STOKESsche Stromfunktion die Form $\Psi_{St} = -c\,y^2/r^3$ hat.

2 Beispiele verschiedener Strömungsfunktionen $F(z)$

Wir werden als Beispiele einige Funktionen der komplexen Variablen z untersuchen und dabei feststellen, wie einfach es in vielen Fällen ist, die Stromlinien und das Geschwindigkeitsfeld zu berechnen. Bei einigen dieser Funktionen werden wir auch auf deren praktische Anwendung eingehen.

2.1 $F(z) = a + b\,z = a_1 + i\,a_2 + (b_1 + i\,b_2)\,(x + i\,y)$.

Wir trennen den reellen vom imaginären Teil, also

$$\begin{aligned} F(z) &= a_1 + b_1 x - b_2 y + i(a_2 + b_2 x + b_1 y) \\ &= \Phi \qquad\qquad\qquad + i\Psi \end{aligned}$$

und erhalten als Stromlinien

$$\Psi = a_2 + b_2\,x + b_1 y = \text{const},$$

d. h. parallele, gerade Linien, die den Winkel $\varphi = \operatorname{arc\,tg}(-b_2/b_1)$ mit der x-Achse bilden.

Für die konjugiert komplexe Zahl zu der Geschwindigkeit $q = u + i\,v$ erhalten wir

$$F'(z) = u - i\,v = b = b_1 + i\,b_2,$$

d. h. $u = b_1$ und $v = -b_2$, also eine konstante Geschwindigkeit.

In Abb. V, 2.1 sind die Stromlinien dargestellt (gerade Linien mit Pfeilen) für das spezielle Beispiel, daß

$$a = a_1 + i\,a_2 = 1 + 4\,i, \qquad b = b_1 + i\,b_2 = 2 + i$$

ist. Die Konstante derjenigen Stromlinie, die durch den Ursprung geht, ist somit $\Psi = a_2 = 4$ (an der *linken* Seite der Stromlinie bezeichnet). Die Stromlinie $\Psi = a_2 + b_2 x + b_1 y = 4 + 1\,x + 2\,y = 5$ geht für $x = 0$ durch $y = \frac{1}{2}$ usw.

In derselben Abbildung sind auch die Kurven

$$\begin{aligned} \Phi &= a_1 + b_1 x - b_2 y = \text{const}, \\ &= 1 + 2x - \;\; y \;\; = \text{const} \end{aligned}$$

eingetragen; für $x = 0$, $y = 0$ ist $\Phi = 1$ vgl. die *untere* Beschriftung für $\Phi = \text{const}$.

Um die Konstante $a = a_1 + i\,a_2$ zu eliminieren, setzen wir

$$z = z' - \frac{a}{b},$$

d. h.

$$F(z') = a + b\left(z' - \frac{a}{b}\right) = b\,z',$$
$$= b_1 x' - b_2 y' + i(b_2 x' + b_1 y'),$$
$$= \Phi \qquad\qquad + i\Psi.$$

In diesem Koordinatensystem, das seinen Ursprung im Punkte

$$\frac{a}{b} = \frac{r_1}{r_2}\, e^{i(\varphi_1 - \varphi_2)}$$

hat, sind lediglich die Konstanten der Stromfunktion und der Potentialfunktion geändert; die Numerierung ist rechts bzw. oberhalb der betreffenden Linien angebracht.

Drehen wir jetzt das durch Punkt a/b gehende Koordinatensystem um den Winkel $-\varphi_2 = \operatorname{arctg}(b_2/b_1)$, so werden die Koordinatenachsen

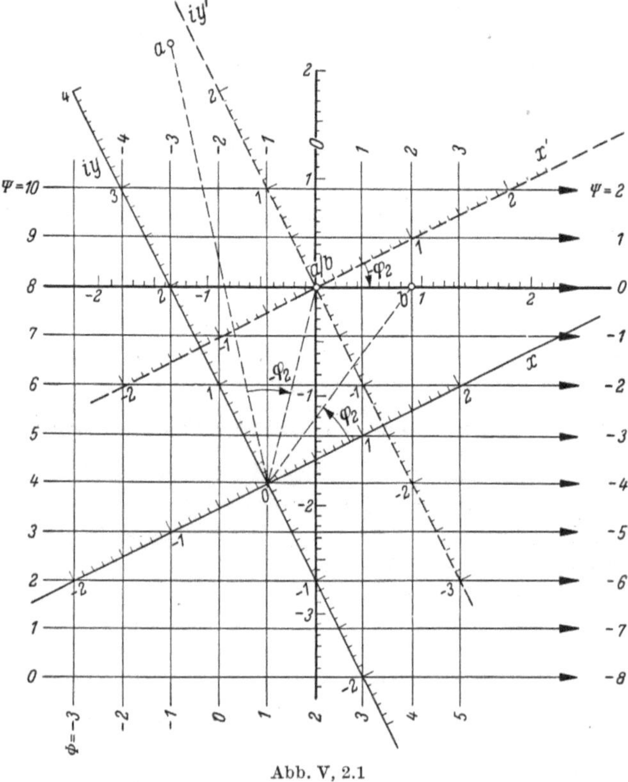

Abb. V, 2.1

(stark ausgezogen) parallel zu den Stromlinien bzw. Linien konstanten Potentials. Eine Drehung um $-\varphi_2$ bedeutet aber eine Multiplikation der z-Werte mit $e^{-i\varphi_2}$, d. h.

$$b\,z\,e^{-i\varphi_2} = \sqrt{b_1^2 + b_2^2}\,e^{i\varphi_2}\,z\,e^{-i\varphi_2}$$
$$= \sqrt{b_1^2 + b_2^2}\,z = c\,z,$$

wo c eine reelle Zahl ist. Mit anderen Worten: Die Strömungsfunktion $F(z) = c\,z$ stellt in einem geeignet gewählten Koordinatensystem die gleiche Strömung dar wie $F(z) = a + b\,z$, wo a und b komplexe Zahlen sind. Wir werden deshalb im folgenden die auftretende Konstante als reell annehmen und sie mit a bezeichnen.

2.2 $F(z) = (a/n)\,z^n$, wo a reell und $n \geqq \frac{1}{2}$ ist. Für den Fall, daß $n = 2$ ist, haben wir die Strömung bereits ausführlich auf S. 119, bzw.

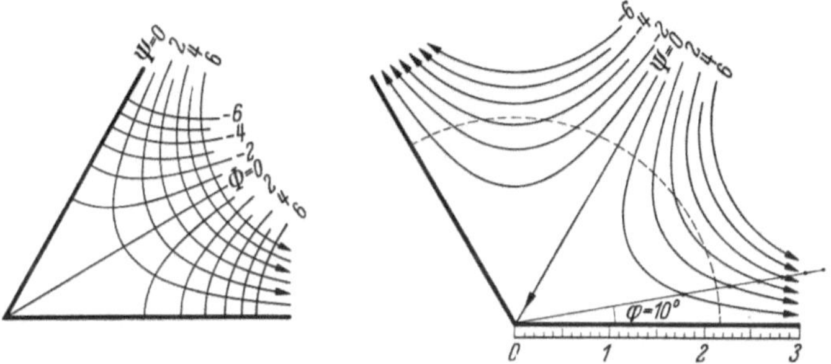

Abb. V, 2.2 u. 3. Stromlinien und Potentiallinien einer Strömung in einem Winkelraum von 60° und von 120°

182 untersucht. Für andere Werte von n ist es zweckmäßig, Polarkoordinaten einzuführen:

$$F(z) = \frac{a}{n}\,z^n = \frac{a}{n}\,r^n\,e^{i n\varphi},$$
$$= \frac{a}{n}\,r^n \cos n\,\varphi + i\,\frac{a}{n}\,r^n \sin n\,\varphi,$$
$$= \Phi \qquad\qquad + i\,\Psi.$$

Nehmen wir beispielsweise $n = 3$ (und $a = 1$), so haben wir als Stromlinien

$$\Psi = \tfrac{1}{3}\,r^3 \sin 3\,\varphi = \text{const.}$$

Setzen wir die Konstante gleich Null, nehmen aber $r > 0$ an, so ist $\varphi = 0$, $\pi/3$ oder $2\,\pi/3$. Mit $\varphi = 0$ und $\pi/3$ haben wir eine Berandung wie in Abb. V, 2.2 gezeigt, d. h. eine Strömung in einem Winkelraum von 60°. Mit $\varphi = 0$, $\pi/3$ und $2\,\pi/3$ erhalten wir die Berandung und Strömung der Abb. V, 2.3.

Um die Stromlinien $\Psi = 1, 2, 3$ usw. zu erhalten, können wir konstante Werte von φ annehmen, z. B. $\varphi = 10°$, und aus der letzten Gleichung, d. h. aus

$$\tfrac{1}{3}\,r^3 \sin 30° = 1,\ 2,\ 3 \text{ usw.}$$

r berechnen (in Abb. V, 2.3 durch Punkte gekennzeichnet) und dann die Rechnung für andere Werte von φ wiederholen. Die Linien konstanten Potentials können durch Verwendung von cos statt sin in derselben Weise berechnet werden.

Für die konjugiert komplexe Zahl der Geschwindigkeit erhält man

$$F'(z) = a\, z^{n-1} = a\, r^{n-1} e^{i(n-1)\varphi}$$

also

$$|\mathfrak{q}| = q = a\, r^{n-1}.$$

Es ist somit der Betrag der Geschwindigkeiten und nach der BERNOULLIschen Gleichung auch der Druck konstant auf Kreisbögen mit

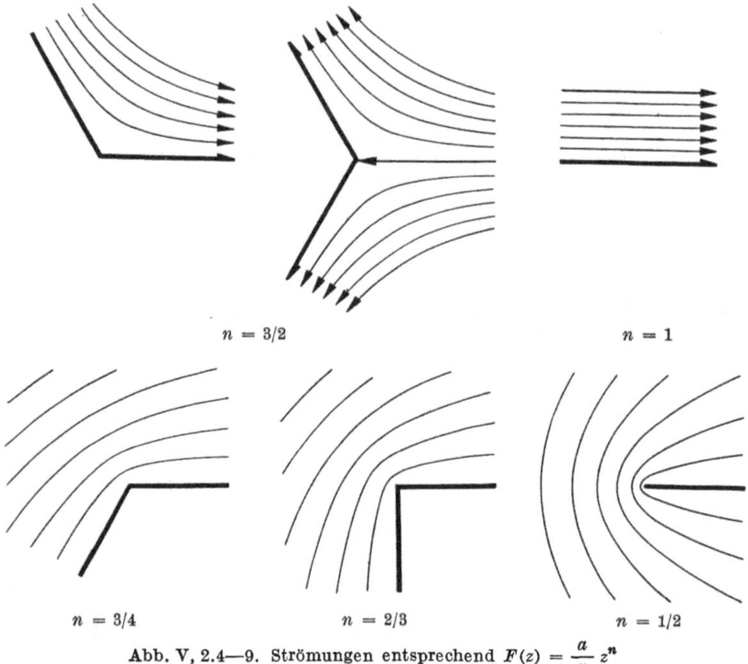

Abb. V, 2.4—9. Strömungen entsprechend $F(z) = \frac{a}{n} z^n$

dem Ursprung als Mittelpunkt. Im Ursprung selbst wird die Geschwindigkeit Null, wenn $n > 1$, gleich a für $n = 1$ und strebt nach Unendlich im Falle $n < 1$.

Abb. V, 2.4 bis 9 zeigt nach obiger Methode berechnete Stromlinien, und zwar für $n = 3/2$, 1, 3/4, 2/3 und 1/2. Die bei $n < 1$ an der scharfen Kante ($r \to 0$) nach obiger Formel auftretenden unendlich großen Geschwindigkeiten kommen bei wirklichen Flüssigkeiten nicht vor, vielmehr tritt eine Ablösung der Flüssigkeit an der scharfen Kante unter Bildung einer Unstetigkeitsfläche auf (vgl. S. 506).

2.3 $\underline{F(z) = \lim_{n=0} \frac{a}{n}(z^n - 1) = a \ln z}$. Bis jetzt haben wir die Funktion $F(z) = \frac{a}{n} z^n$ für Werte von n untersucht, die größer oder gleich 1/2 sind. Es ist nun naheliegend zu fragen: Welche Strömungsform entspricht einem $n < 1/2$, z. B. 1/4 oder 1/10? Wir werden sehen, daß eine solche Funktion keine mögliche Strömungsform darstellt, es sei denn, daß wir zum Grenzwert $n = 0$ übergehen. Da die Funktion in diesem Falle aber nach Unendlich konvergiert, betrachten wir statt

$$\frac{a}{n} z^n$$

die Funktion

$$\frac{a}{n}(z^n - 1).$$

Wir bemerken dabei, daß beide Funktionen gleichwertig sind und daß nur die Bezifferungen der Konstanten von Φ und Ψ verschieden sind und von n abhängen.

Aus der Definition eines Differentialquotienten:

$$\frac{d(z^x)}{dx} = \lim_{n \to 0} \frac{z^{x+n} - z^x}{n}$$

zusammen mit

$$\frac{d(z^x)}{dx} = z^x \ln z$$

folgt

$$\lim_{n \to 0} \frac{z^{x+n} - z^x}{n} = z^x \ln z,$$

also für $x = 0$

$$\lim_{n \to 0} \frac{z^n - 1}{n} = \ln z.$$

Die Funktion $\ln z$ stellt aber eine zweidimensionale Quelle dar, vgl. S. 183, in die somit die Strömung der obigen Funktion für $n \to 0$ übergehen muß. Wir wollen diesen Übergang für einige Werte von $n < 1/2$ verfolgen.

Zunächst zerlegen wir die Funktion in ihren reellen und imaginären Teil:

$$F(z) = \frac{a}{n}(z^n - 1) = \frac{a}{n} r^n \cos n\varphi - \frac{a}{n} + i \frac{a}{n} r^n \sin n\varphi,$$

$$= \Phi \qquad\qquad + i\Psi. \tag{V, 2.1}$$

Nehmen wir beispielsweise $n = \frac{1}{4}$ und der Einfachheit halber $a = 1$, so ist

$$\Psi = 4 r^{1/4} \sin\frac{\varphi}{4} = \text{const} = C$$

oder

$$r = \left(\frac{C}{4 \sin\frac{\varphi}{4}}\right)^4. \tag{V, 2.2}$$

Setzen wir $C = 0$, so muß für endliche Werte von r der Wert von φ gleich Null sein, d. h., die reelle positive Achse könnte eine Stromlinie darstellen. Für drei weitere Werte der Konstanten C, und zwar für $\Psi = 1$, 2 und 3 sind die Linien nach Gl. (V, 2.2) berechnet und in Abb. V, 2.10 aufgetragen. Alle Kurven kommen (für $\varphi = 0$) aus dem

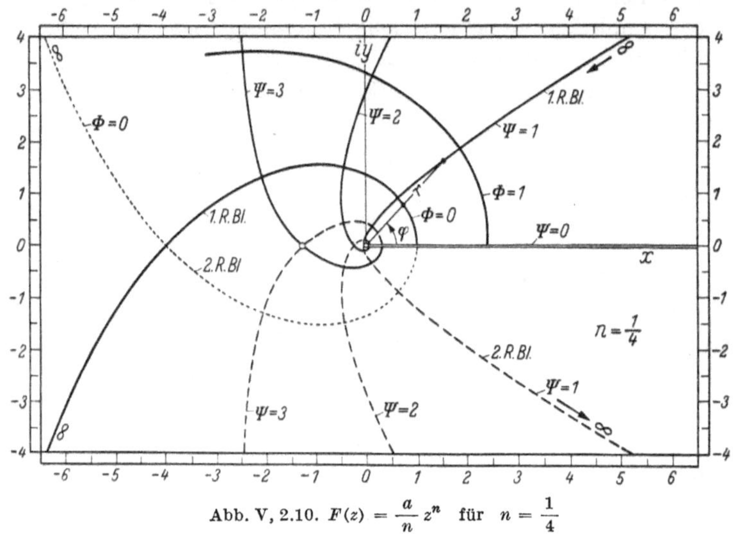

Abb. V, 2.10. $F(z) = \frac{a}{n} z^n$ für $n = \frac{1}{4}$

Unendlichen und nähern sich mit zunehmendem φ sehr rasch dem Ursprung. Der kleinste Wert von r wird für $\varphi = 2\pi$ erreicht, nämlich

$$r = \left(\frac{C}{4 \sin \frac{\pi}{2}}\right)^4 = \left(\frac{C}{4}\right)^4.$$

Mit einer weiteren Zunahme von φ über 2π hinaus nehmen auch die Werte von r wieder zu (gestrichelte Kurven), und zwar bis Unendlich für $\varphi = 4\pi$.

Diese Kurven $\Psi = \text{const}$ können nicht als Stromlinien angesehen werden, da die voll ausgezogenen Kurven die gestrichelten schneiden (bei $\Psi = 3$ ist der Schnittpunkt durch einen Kreis gekennzeichnet). Da nun die Tangente in einem beliebigen Punkte einer Stromlinie die Geschwindigkeitsrichtung in diesem Punkte angibt, in dem Schnittpunkt aber zwei verschiedene Tangenten vorhanden sind, müßten dort gleichzeitig zwei verschiedene Geschwindigkeiten herrschen, was bei einer Strömung nicht möglich ist. Die Funktion $F(z) = 4(z^{1/4} - 1)$ stellt somit keine mögliche Strömung dar, obwohl die Funktion der Laplaceschen Gleichung genügt. Auf eine solche Möglichkeit wurde bereits am Ende von V, 1.4 hingewiesen.

Vom mathematischen Standpunkt könnte man zwar um diese Schwierigkeit herumkommen, wenn man annimmt, daß die Kurven, z. B. $\Psi = 3$, nachdem sie — aus dem Unendlichen kommend — die positive reelle Achse für $\varphi = 2\pi$ erreicht haben, ihren Lauf für Werte von $\varphi > 2\pi$ auf einer direkt unterhalb (oder oberhalb) gelegenen Ebene, einem sogenannten zweiten RIEMANNschen Blatt fortsetzen. Die beiden Ebenen oder RIEMANNschen Blätter sind längs der positiven reellen Achse aufgeschnitten und in einer Weise, wie in Abb. V, 2.11 gezeigt, miteinander verbunden. In dieser Abbildung ist statt einer im Unendlichen geschlossenen Kurve $\Psi =$ const der Einfachheit halber eine im Endlichen geschlossene Kurve gezeichnet. Von Punkt A folgen wir der Kurve auf dem ersten RIEMANNschen Blatt bis B; dort ist der Übergang zum zweiten RIEMANNschen Blatt bei B', in welchem die Kurve (gestrichelt gezeichnet) bis A' verläuft um dann wieder nach A zum ersten Blatt zurückzukehren. Wie klein auch der Abstand ε in der Abbildung sein mag und wie nahe B an B' und A an A' auch rückt, immer wird man die Vorstellung von zwei verschiedenen Ebenen aufrechterhalten können, so daß sich die ausgezogenen und die gestrichelten

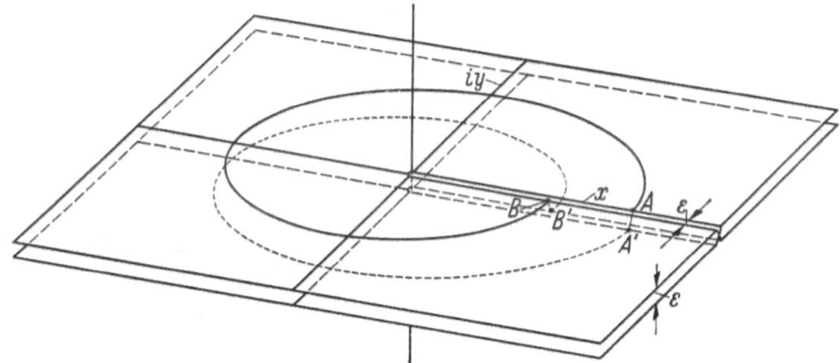

Abb. V, 2.11. Auf dem oberen RIEMANNschen Blatt verläuft die Kurve von A nach B, geht in B' auf das zweite (untere) RIEMANNsche Blatt, verläuft hier bis A' und geht in A wieder auf das erste Blatt

Kurven $\Psi =$ const in Abb. V, 2.10 nicht schneiden. Durch die Einführung des Begriffs der RIEMANNschen Blätter ist auch die sonst vorhandene Mehrdeutigkeit der Funktion behoben. Da wir es hier aber mit ebenen Strömungen zu tun haben, bei denen also die Strömung in parallelen Ebenen identisch ist, kann uns die Einführung der RIEMANNschen Flächen zunächst noch nicht helfen. Erst wenn wir den Grenzübergang zu $n \to 0$ vollziehen, wird sich deren Zweckmäßigkeit erweisen.

In Abb. V, 2.10 ist ebenfalls die Kurve $\Phi = 0$ entsprechend Gl. (V, 2.1) eingezeichnet. Sie beginnt mit $\varphi = 0$ bei $z = 1$ und verläuft auf dem ersten RIEMANNschen Blatt bei $\varphi = 2\pi$ nach Unendlich, kommt auf dem zweiten RIEMANNschen Blatt (punktiert gezeichnet) aus dem Unendlichen und verläuft nach $z = 1$ usw. Auch von der Kurve $\Phi = 1$, die bei $z = (5/4)^4 = 2.44$ beginnt, ist ein Stück gezeichnet.

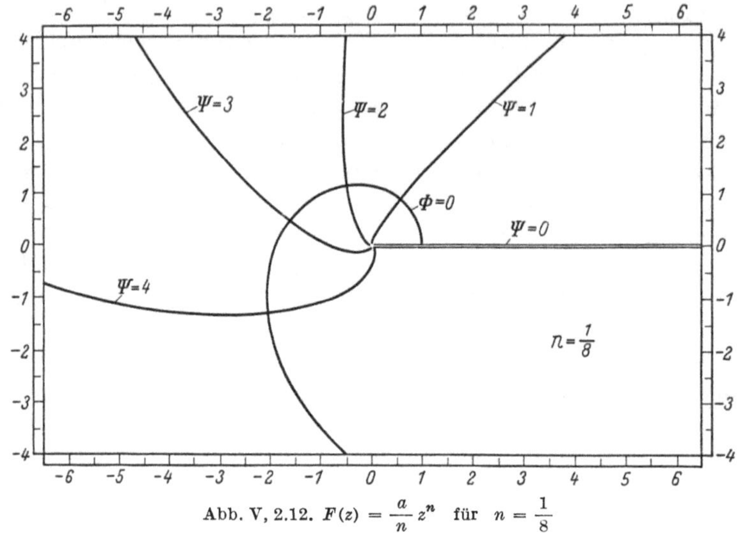

Abb. V, 2.12. $F(z) = \frac{a}{n} z^n$ für $n = \frac{1}{8}$

Abb. V, 2.12 zeigt für $n = 1/8$ die Kurven $\Psi = 0$, 1, 2, 3 und 4 sowie $\Phi = 0$, soweit sie auf dem ersten RIEMANNschen Blatt verlaufen. In diesem Falle sind $1/2n = 4$ RIEMANNsche Blätter vorhanden. Die Kurven $\Psi = \text{const}$ kommen für $\varphi = 0$ wieder aus dem Unendlichen, gehen bei $\varphi = 2\pi$ auf das zweite Blatt, auf welchem sie für $\varphi = 4\pi$ dem Ursprung am nächsten kommen. Auf dem dritten und vierten Blatt sind die Kurven dem zweiten und ersten Blatt in bezug auf die reelle Achse spiegelbildlich.

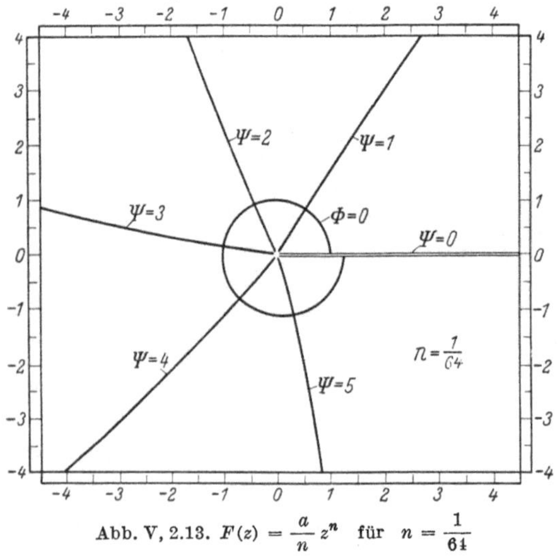

Abb. V, 2.13. $F(z) = \frac{a}{n} z^n$ für $n = \frac{1}{64}$

Man erkennt, daß man n noch sehr viel kleiner nehmen muß, um auch nur angenähert in $\Psi = \text{const}$ gerade Linien zum Ursprung und in $\Phi = \text{const}$ Kreise um $z = 0$ zu erhalten. In Abb. V, 2.13 ist deshalb $n = 1/64$ gewählt, womit man dem Ziele schon bedeutend näher gekommen ist.

Im Grenzfall $n \to 0$ kommen auf dem ersten Blatt die Kurven aus dem Unendlichen als gerade Linien zum Punkt $z = 0$, wo sie dann auf unendlich vielen Blättern verbleiben. Sie stellen damit die Stromlinien einer zweidimensionalen Senke dar. Man kann aber auch den zweiten Teil der Strömung betrachten und mit den RIEMANNschen Blättern beginnen, wo die Kurven im Punkte $z = 0$ zusammenfallen und dann auf dem „letzten" der unendlich vielen Blätter strahlenförmig nach Unendlich sich erstrecken. Wir haben dann das Bild einer Quelle. Aus

$$F'(z) = \frac{a}{z} = \frac{a}{r}\cos\varphi - i\frac{a}{r}\sin\varphi,$$
$$= u \qquad - i\,v$$

folgt

$$u = \frac{a}{r}\cos\varphi, \qquad v = \frac{a}{r}\sin\varphi.$$

Für $0 < \varphi < \pi/2$ sind sowohl u als auch v positiv, so daß $\ln z$ eine Quelle darstellt, während $-\ln z$ die Strömungsfunktion einer Senke ist, da für $0 < \varphi < \pi/2$ u und v negativ sind. In beiden Fällen ist der Betrag

$$|\mathfrak{q}| = q = \frac{a}{r}.$$

Wie bereits auf S. 183 ausgeführt wurde, geht die Strömungsfunktion $\ln z$ durch Multiplikation mit i in die eines geraden Wirbels über, und zwar stellt $-i\ln z$ einen Wirbel mit positivem Drehsinn dar und $i\ln z$ einen solchen mit negativem Drehsinn. Denn es ist

$$\frac{d(-i\ln z)}{dz} = -i\frac{a}{z} = -\frac{a}{r}\sin\varphi - i\frac{a}{r}\cos\varphi,$$
$$= \qquad u \qquad - i\,v$$

mithin

$$u = -\frac{a}{r}\sin\varphi, \qquad v = \frac{a}{r}\cos\varphi;$$

also ist für $0 < \varphi < \pi/2$ u negativ und v positiv, was eine Bewegung im Gegenuhrzeigersinn bedeutet. Der Betrag der Geschwindigkeit ist

$$q = \frac{a}{r},$$

geht also für $r \to 0$ nach Unendlich. Der Punkt z bildet eine Singularität.

Wir wollen noch bemerken, daß auch hier die Vernachlässigung der Zähigkeit nur ein idealisiertes Bild eines Wirbels gibt. In Wirklichkeit kommt eine wenn auch noch so geringe Zähigkeit im Wirbelzentrum insofern zur Auswirkung, als sie hier einen Wirbelkern bildet, wie im VII. Kapitel im einzelnen dargelegt wird.

2.4 $F(z) = -\frac{a}{z}$, zweidimensionale Quell-Senke (Dipol). Wir kommen jetzt zu dem wichtigen Fall, wo in unserer Funktion $(a/n)\,z^n$ die Größe n den Wert -1 hat.

Aus

$$-\frac{a}{z} = -\frac{a}{r}[\cos(-\varphi) + i\sin(-\varphi)],$$
$$= -\frac{a}{r}\cos\varphi + i\frac{a}{r}\sin\varphi$$

folgt für die Stromlinien, wenn a in die Konstante C einbezogen wird,

$$\Psi = \frac{\sin\varphi}{r} = C. \qquad \text{(V, 2.3)}$$

Da für jeden Punkt z oder auch z' auf dem Kreise der Abb. V, 2.14 $\sin\varphi = r/D$ bzw. $\sin\varphi' = r'/D$, also

$$\frac{\sin\varphi}{r} = \frac{1}{D} \qquad \text{(V, 2.4)}$$

ist, stellt jeder Kreis, der die x-Achse im Ursprung berührt, eine Stromlinie mit $C = 1/D$ dar.

In Abb. V, 2.15 stellen die weißen Kreise Stromlinien dar, während die schwarzen Kreise Linien konstanten Potentials sind, entsprechend

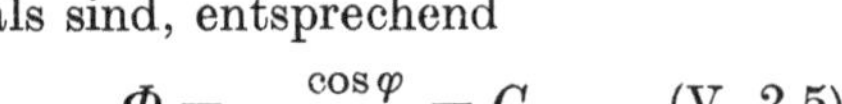

$$\Phi = -\frac{\cos\varphi}{r} = C. \qquad \text{(V, 2.5)}$$

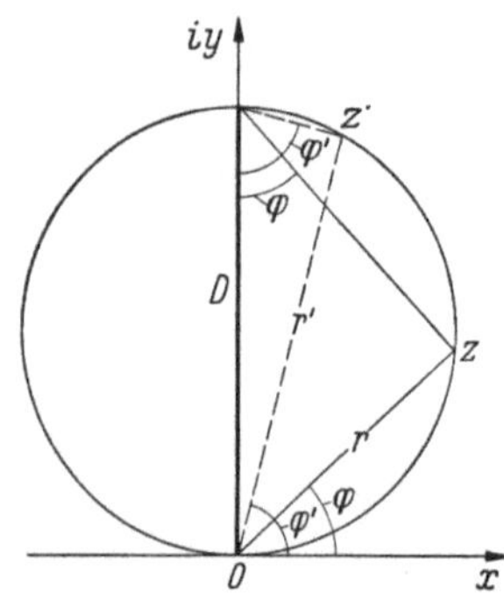

Abb. V, 2.14

Um die Strömungsrichtung zu bestimmen, bilden wir

$$F'(z) = \frac{a}{z^2} = \frac{a}{r^2}\cos 2\varphi - i\frac{a}{r^2}\sin 2\varphi$$
$$= u - i\,v.$$

Für beispielsweise $\varphi = \pi/2$ oder $3\pi/2$ ist u negativ und $v = 0$, wodurch die Pfeilrichtung in der Abbildung gegeben ist. Das gleiche Stromlinienbild, aber mit entgegengesetzten Strömungsrichtungen, gibt die Funktion $F(z) = a/z$.

Auch hier vertauschen die Stromlinien und die Linien konstanten Potentials ihre Rollen, wenn die Funktion $F(z)$ mit i multipliziert wird. Wie wir auf S. 201 sehen werden, kann die Funktion als zweidimensionale Quell-Senke (zweidimensionaler Dipol) aufgefaßt werden.

2.5 $F(z) = a\left(z + \frac{1}{z}\right)$, Strömung um einen Kreiszylinder. In ähnlicher Weise wie wir in IV, 5.6 durch Überlagerung eines dreidimensionalen Dipols mit einer gleichförmigen Strömung das Stromlinienbild einer Kugel erhielten, bekommen wir die Strömung um einen Kreiszylinder, wenn wir einen zweidimensionalen Dipol verwenden. Bei der

Gelegenheit werden wir auch erkennen, wie viel einfacher das ebene Problem ist als das rotationssymmetrische.

Wir haben also

$$F(z) = F_1(z) + F_2(z) = a z + \frac{a}{z} = a\left(z + \frac{1}{z}\right)$$

$$= a\left(r + \frac{1}{r}\right)\cos\varphi + i\,a\left(r - \frac{1}{r}\right)\sin\varphi \qquad \text{(V, 2.6)}$$

und somit für die Stromlinien

$$\Psi = \left(r - \frac{1}{r}\right)\sin\varphi = \frac{\text{const}}{a} = C\,. \qquad \text{(V, 2.7)}$$

In Abb. V, 2.16 sind die Stromlinien für $\Psi = 0$; 0,2; 0,4; . . .1. 0 dargestellt, die in der Weise berechnet werden, daß für verschiedene Winkel

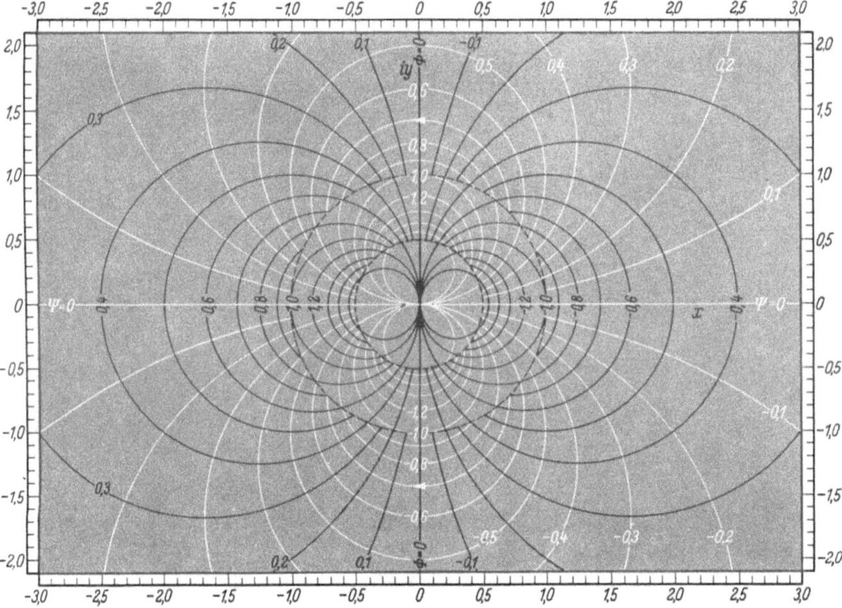

Abb. V, 2.15. Stromlinien (weiß) und Potentiallinien einer zweidimensionalen Quellsenke (Dipol)

$\varphi = 5°$, $10°$ usw. nach Gl. (V, 2.6) die dazugehörigen r bestimmt wurden. Im Falle $\Psi = 0$ ist $\sin\varphi = 0$ für $r \neq 0$, also $\varphi = 0$ oder π, anderseits ist $r = 1$ für $\sin\varphi \neq 0$, d. h. die reelle Achse zusammen mit dem Einheitskreis bilden eine Stromlinie. Die Stromlinien im Innern des Einheitskreises entsprechen negativen Werten der obigen Konstanten; sie sind in gleicher Weise wie die äußeren Stromlinien für $C = -0{,}2$; $-0{,}4$ und $-0{,}6$ berechnet und in der Abbildung dargestellt. Die Strömung um einen Kreiszylinder vom Radius R ist somit gegeben durch

$$F(z) = a\left(z + \frac{R^2}{z}\right). \qquad \text{(V, 2.8)}$$

In derselben Abbildung sind auch die Linien konstanten Potentials eingezeichnet, die nach

$$\Phi = \left(r + \frac{1}{r}\right) \cos \varphi = C \tag{V, 2.9}$$

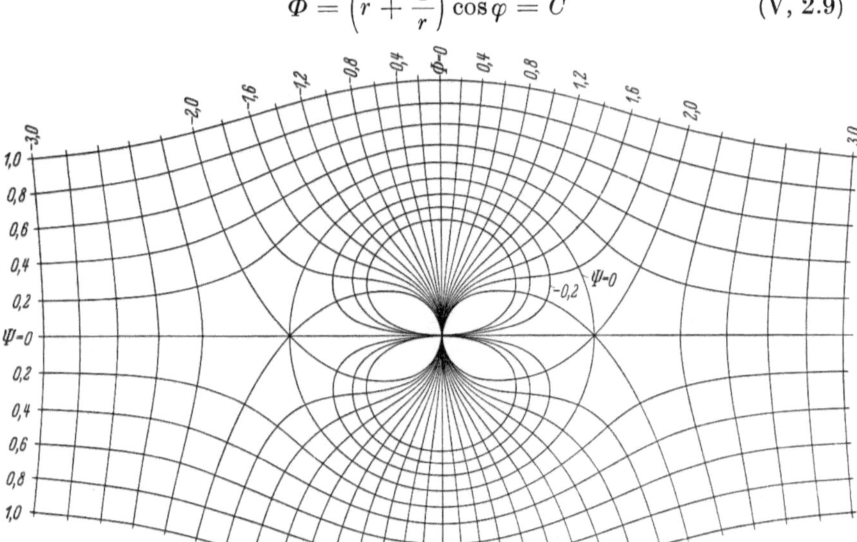

Abb. V, 2.16. Stromlinien um einen (und in einem) Kreiszylinder, mit den dazugehörigen Potentiallinien

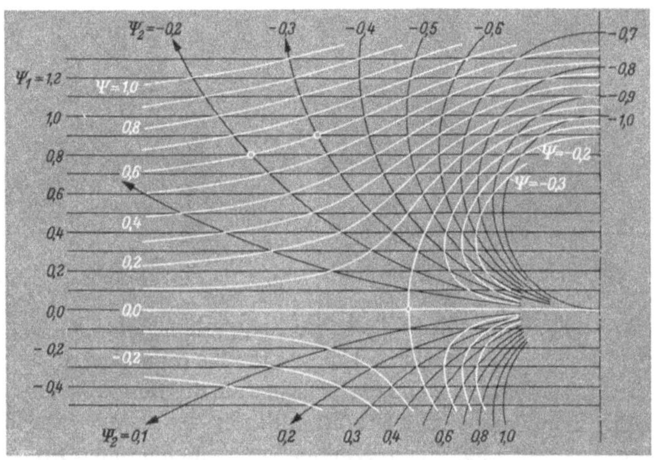

Abb. V, 2.17. Konstruktion der Stromlinien (weiß) um einen Kreiszylinder

für $C = 0$; $\pm 0{,}2$; $\pm 0{,}4$ ... $\pm 3{,}0$ in der Weise berechnet wurden, daß für angenommene Werte von r die dazugehörigen Werte von φ bestimmt wurden. $\Phi = 0$ entspricht der imaginären Achse $\varphi = \pi/2$ bzw. $3\,\pi/2$.

Eine andere sehr einfache Methode, die Stromlinien zu zeichnen, folgt aus Gl. (V, 2.6), d. h. aus

$$\Psi = r\sin\varphi - \frac{\sin\varphi}{r} = C,$$
$$= \Psi_1 + \Psi_2 = C.$$

$\Psi_1 = r\sin\varphi = y = \text{const}$ entsprechen Parallelen zur reellen Achse und sind in Abb. V, 2.17 für $\Psi_1 = 0$; 0,1; 0,2 usw. dargestellt (Parallelströmung von links nach rechts).

$\Psi_2 = -(\sin\varphi)/r = \text{const}$ sind nach Gl. (V, 2.4) Kreise (R), welche die reelle Achse im Ursprung berühren. Sie sind in der Abbildung für const $= 1/2R = 0$; $\mp$ 0,1; $\mp$ 0,2; ... $\mp$ 1,0 (Strömungsrichtung auf den oberen Kreisen im Uhrzeigersinn) dargestellt. Diejenigen Schnittpunkte der beiden Kurvensysteme, welche dieselbe Konstante ergeben, liegen nach dem Obigen auf einer Stromlinie (weiße Kurven), z. B. $\Psi_1 + \Psi_2 = 0{,}8 - 0{,}2 = 0{,}6$ bzw. $0{,}9 - 0{,}3 = 0{,}6$ usw.

Die Geschwindigkeit q in einem Punkt (r, φ) erhält man aus

$$F'(z) = a\left(1 - \frac{1}{z^2}\right) = a\left(1 - \frac{1}{r^2}\cos 2\varphi\right) - i\frac{a}{r^2}\sin 2\varphi,$$
$$= u \qquad\qquad - i\,v,$$

also

$$\mathfrak{q} = u + i\,v = a\left(1 - \frac{1}{r^2}\cos 2\varphi + \frac{i}{r^2}\sin 2\varphi\right) \quad \text{(V, 2.10)}$$

und

$$q = \sqrt{u^2 + v^2} = \frac{a}{r^2}\sqrt{(r^2 - \cos 2\varphi)^2 + \sin^2 2\varphi}. \quad \text{(V, 2.11)}$$

In Abb. V, 2.18 ist das Verhältnis q/a für Punkte der Stromlinie $\Psi = 0$ aufgetragen. Im Punkte -1 der reellen Achse wird die Geschwindigkeit Null (vorderer Staupunkt), wächst dann bis $q/a = 2$ im Punkte $+i$ bzw. $-i$ der imaginären Achse, um dann im Punkt $+1$ der reellen Achse wieder auf Null zu sinken (hinterer Staupunkt) und wieder langsam bis auf 1 für $x \to \infty$ zu wachsen.

Die Druckverteilung ergibt sich nach Gl. (IV, 5.27) aus

$$\frac{p - p_0}{\frac{\varrho}{2}a^2} = 1 - \left(\frac{q}{a}\right)^2 \quad \text{(V, 2. 12)}$$

und ist in derselben Abbildung unterhalb der Geschwindigkeitsverteilung aufgetragen. Infolge der Symmetrie der Druckverteilung ist die auf den Zylinder wirkende resultierende Druckkraft gleich Null.

Es ist jedoch stets zu bedenken, daß das Stromlinienbild und die Geschwindigkeitsverteilung und daher auch die Druckverteilung bei wirklichen Flüssigkeiten infolge ihrer — wenn auch nur geringen — Zähigkeit wesentlich anders aussehen als in den Abbildungen gezeigt.

Der Unterschied ist kaum merklich in der vorderen Hälfte des angeströmten Kreiszylinders, sehr bedeutend jedoch auf der rückseitigen Hälfte wegen der dort auftretenden Ablösungserscheinungen. Im ersten

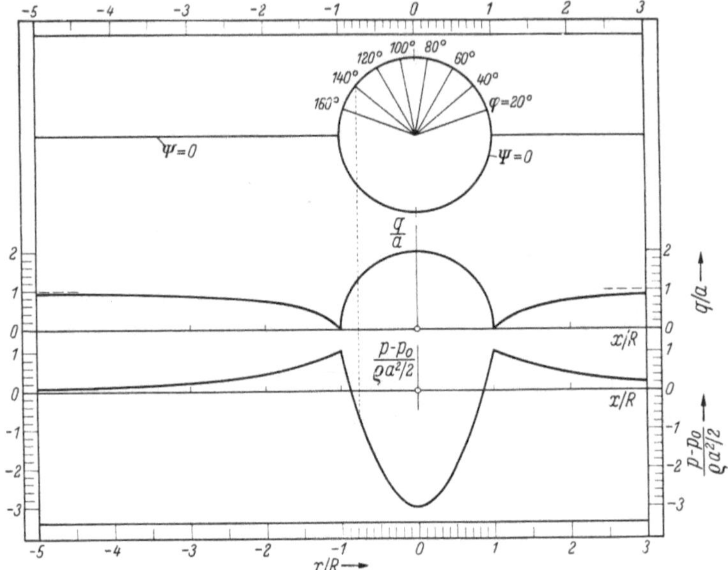

Abb. V, 2.18. Geschwindigkeits- und Druckverteilung auf einem Kreiszylinder sowie längs der Anströmungs- und Abströmungsgeraden

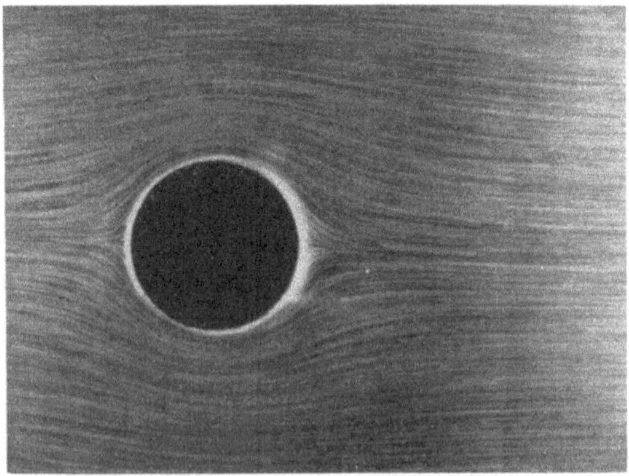

Abb. V, 2.19. Potentialströmung um einen Kreiszylinder; der erste Augenblick der Bewegung

Augenblick der Bewegung aus der Ruhe heraus, wo sich die Ablösung noch nicht hat ausbilden können, tritt tatsächlich die im obigen behandelte (allerdings stark beschleunigte) Potentialströmung auf, wie auch aus Abb. V, 2.19 ersichtlich ist.

Abb. V, 2.20 zeigt eine photographische Aufnahme kurze Zeit später, während der sich die von links strömende Flüssigkeit um etwa 1 bis 2 Durchmesser des Zylinders nach rechts bewegt hat. Die Ablösung der Flüssigkeit vom Zylinder an dessen rückwärtiger Seite erfolgt zunächst unter Bildung von zwei sehr gleichartigen Wirbeln mit einander entgegengesetztem Drehsinn, die aber bald instabil werden und in ein unregelmäßiges Totwassergebiet übergehen. Die Strömung an der vorderen (linken) Hälfte des Zylinders entspricht sehr genau der

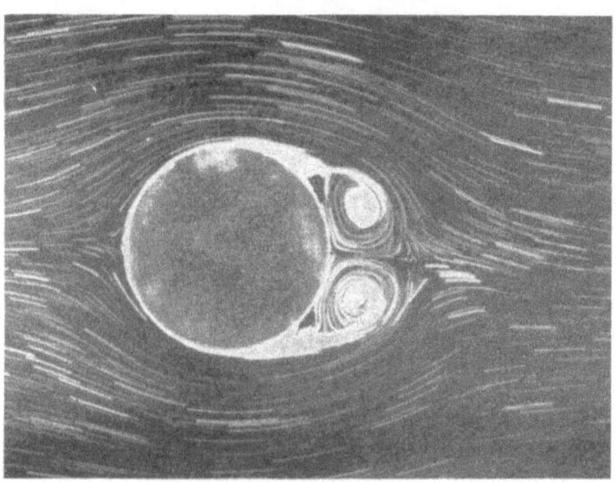

Abb. V, 2.20. Ablösung und Wirbelbildung; die Länge der Strichelchen ist ein Maß für die Geschwindigkeiten

Potentialströmung. Die Länge der Strichelchen ist ein Maß für die Geschwindigkeit; man erkennt deutlich die Abnahme der Geschwindigkeit in der Nähe des Staupunktes. Die schwache Wellenform einzelner Bahnkurven rührt von einer geringen Erschütterung beim Anfahrvorgang her.

2.6 $F(z) = a_1\left(z + \frac{1}{z}\right) + i\,a_2 \ln z$, Strömung mit Zirkulation um einen Kreiszylinder. Die symmetrische Strömung um einen Zylinder ($R = 1$) können wir dadurch unsymmetrisch gestalten, daß wir noch die Strömung eines Potentialwirbels hinzufügen. Nehmen wir einen Wirbel mit Strömungsrichtung im Uhrzeigersinn an, dessen Strömungsfunktion $i a_2 \ln z$ ist, wo a_2 den Betrag der Geschwindigkeit im Abstande $r = 1$ bezeichnet, so haben wir also

$$\begin{aligned} F = F_1 + F_2 &= a_1\left(z + \frac{1}{z}\right) + i\,a_2 \ln z \\ &= a_1\left(r + \frac{1}{r}\right)\cos\varphi - a_2\varphi + i\left[a_1\left(r - \frac{1}{r}\right)\sin\varphi + a_2 \ln r\right] \qquad (\text{V}, 2.13) \\ &= \Phi_1 \qquad\qquad + \Phi_2 \; + i\,[\Psi_1 \qquad\qquad + \Psi_2], \end{aligned}$$

wo a_1 die von links nach rechts gerichtete Geschwindigkeit der Parallelströmung im Unendlichen ist.

Infolge des Geschwindigkeitsfeldes des Wirbels verschieben sich die beiden Staupunkte, und zwar zu den Punkten, wo die Geschwindigkeit des Wirbels im Abstande $r = 1$, wo also a_2 entgegengesetzt gleich der Umströmungsgeschwindigkeit um den Einheitskreis ist, d. h. wo nach Gl. (V, 2.11)

$$a_2 = a_1 \sqrt{(1 - \cos 2\varphi)^2 + \sin^2 2\varphi} = a_1 2 \sin\varphi. \qquad \text{(V, 2.14)}$$

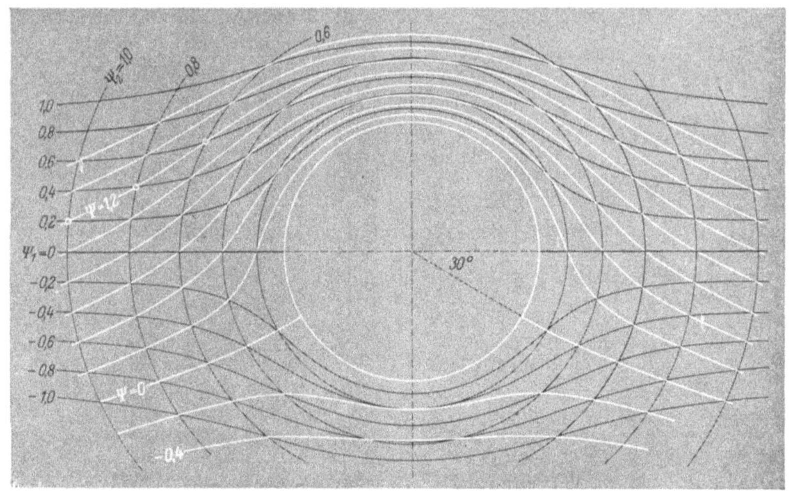

Abb. V, 2.21. Konstruktion der Stromlinien einer Strömung mit Zirkulation um einen Kreiszylinder

Für ein gegebenes Verhältnis a_2/a_1 ist hiernach φ und damit die Lage der Staupunkte bestimmt. Anderseits läßt sich bei gegebener Parallelströmung (a_1) und vorgegebener Lage der Staupunkte (φ) die Stärke des Wirbels (a_2) nach obiger Formel berechnen.

Angenommen, es sollen die Staupunkte (r, φ) in die Lagen (1, −30 °) und (1, 180 + 30 °) fallen, so folgt aus

$$a_2 = a_1 2 \sin 30°,$$

daß zufällig $a_2 = a_1$ sein muß. Setzen wir der Einfachheit halber beide Geschwindigkeiten gleich Eins, so erhalten wir für die Stromlinien

$$\Psi = \Psi_1 + \Psi_2 = \left(r - \frac{1}{r}\right) \sin\varphi + \ln r = C.$$

Anstatt aus dieser Gleichung für verschiedene C zu vorgegebenen Werten von r die zugehörigen φ zu berechnen und so einzelne Punkte der Stromlinien zu bestimmen, sind in Abb. V, 2.21 entsprechend Gl. (V, 2.13) die Stromlinien

$$\Psi_1 = \left(r - \frac{1}{r}\right) \sin\varphi = \text{const} = 0;\ \pm 0{,}2;\ \pm 0{,}4;\ \ldots \pm 1{,}0,$$

sowie die Stromlinien

$$\Psi_2 = \ln r = \text{const} = 0;\ 0{,}2;\ \ldots 1{,}0,$$

d. h. die Kreise mit

$$r = e^0,\ e^{0,2},\ e^{0,4},\ \ldots e^{1,0}$$

als Radien dargestellt.

Verbinden wir jetzt diejenigen Schnittpunkte der beiden (schwarz gezeichneten) Kurvenscharen Ψ_1 und Ψ_2, deren Konstanten addiert, wiederum eine Konstante ist, z. B. $\Psi_1 + \Psi_2 = 0{,}2 + 1{,}0 = \mathbf{1{,}2}$; oder $0{,}4 + 0{,}8 = \mathbf{1{,}2}$; oder $0{,}6 + 0{,}6 = \mathbf{1{,}2}$ usw., so erhält man die (weiß gezeichnete) Stromlinie $\Psi = 1{,}2$.

Die Geschwindigkeiten auf dem Einheitskreis erhält man, wenn auf der oberen Hälfte des Kreises zu den jeweiligen Geschwindigkeiten in den einzelnen Punkten $(1,\ \varphi)$, d. h. zu

$$q_1 = a_1 2 \sin\varphi$$

die Geschwindigkeit a_2 des Wirbels addiert wird, da beide Geschwindigkeiten hier gleichgerichtet sind und auf der unteren Hälfte des Kreises a_2 subtrahiert wird, weil hier die beiden Geschwindigkeiten entgegengesetzt gerichtet sind. Da in unserem Beispiel $a_1 = a_2$ ist, hat man also

$$\frac{q}{a_1} = 2\sin\varphi \pm 1\,.$$

In Abb. V, 2.22 oben ist die Geschwindigkeitsverteilung q/a_1 über dem Durchmesser des Zylinders aufgetragen, wobei die Zahlen 0 bis 5 Punkte auf der oberen Hälfte, die Zahlen 5 bis 10 Punkte der unteren Hälfte des Kreises darstellen. Zwischen den Zahlen 6 und 7 ist q/a_1 gleich Null (Staupunkt).

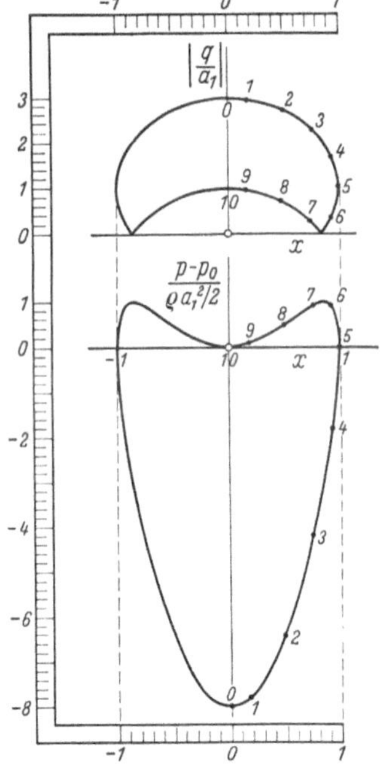

Abb. V, 2.22. Geschwindigkeits- und Druckverteilung, aufgetragen über dem Durchmesser des Kreiszylinders; Strömung entsprechend der vorigen Abbildung

Setzt man die Geschwindigkeitswerte in die BERNOULLIsche Gleichung (IV, 5.27)

$$\frac{p - p_0}{\frac{\varrho}{2} a_1^2} = 1 - \left(\frac{q}{a_1}\right)^2, \qquad (\text{V, } 2.15)$$

so erhält man eine Druckverteilung, wie sie in Abb. V, 2.22 dargestellt ist. Um die Verteilung des Druckes auf der Oberfläche des Zylinders noch anschaulicher zu zeigen, sind in Abb. V, 2.23 die Unterdrücke (auf der oberen Hälfte des Kreises) sowie die Überdrücke (auf der unteren Hälfte) durch Pfeile der Größe und Richtung nach aufgetragen. An den Stellen $\varphi = -30\,°$ und $\varphi = 210\,°$, wo die

Geschwindigkeit Null ist, herrscht der größte Überdruck, nämlich der Staudruck.

Wegen der Symmetrie der Druckverteilung in bezug auf die imaginäre Achse ist keine Kraftkomponente in der Strömungsrichtung (x-Richtung), d. h. also kein Widerstand vorhanden. Die resultierende Druckkraft in der y-Richtung (Querkraft) ist

$$Q = h \oint (p - p_0) \sin\varphi \, ds,$$

wo h die Höhe des Zylinders (senkrecht zur Bildebene) bezeichnet. Da $\sin\varphi \, ds = dx$ ist, läßt sich, wenn $(p - p_0)_o$ und $(p - p_0)_u$ die Druckdifferenz an der oberen bzw. unteren Hälfte des Kreises bedeutet, mit $x^* = x/R$ schreiben:

$$\frac{Q}{\frac{\varrho}{2} a_1^2 \, 2R\,h} = \frac{1}{2} \int\limits_{-1}^{1} \frac{(p - p_0)_u - (p - p_0)_o}{\frac{\varrho}{2} a_1^2} \, dx^*. \qquad \text{(V, 2.16)}$$

Die linke Seite stellt eine dimensionslose Größe dar, den Beiwert oder Koeffizienten der Querkraft Q, den wir mit c_Q bezeichnen und der nach dem obigen Ausdruck gleich der halben „dimensionslosen" Fläche unten auf Abb. V, 2.22 ist. Durch graphische Integration erhält man für die halbe Fläche $c_Q = 6{,}28$.

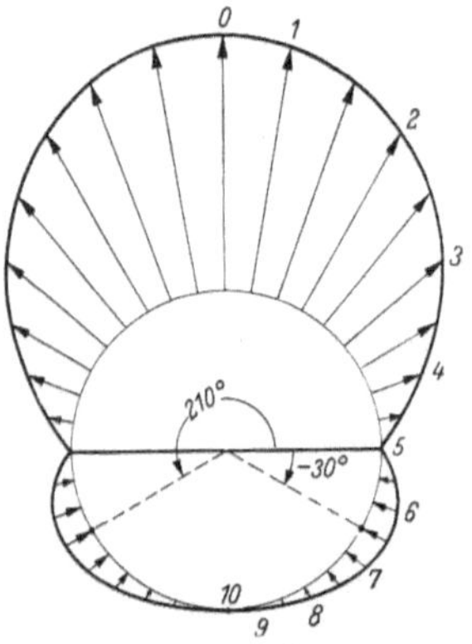

Abb. V, 2.23. Die Pfeile entsprechen der Größe und Richtung nach den Saug- bzw. Druckkräften an der Oberfläche des Zylinders; Strömung entsprechend Abb. V, 2.21

Mit der erst später abgeleiteten KUTTA-JOUKOWSKIschen Formel Gl. (VII, 6.13)

$$Q = \varrho \Gamma a_1 h,$$

wo

$$\Gamma = \oint \mathfrak{q} \circ d\mathfrak{s} = 2\pi R a_2$$

die sogenannte Zirkulation ist, geht die linke Seite von Gl. (V, 2.16) über in

$$c_Q = 2\pi \frac{a_2}{a_1}. \qquad \text{(V, 2.17)}$$

In unserem Beispiel, wo die Staupunkte in $(R, -30°)$ und $(R, 210°)$ angenommen sind, und daher $a_2 = a_1$ ist, erhalten wir somit $c_Q = 2\pi$ in guter Übereinstimmung mit dem obigen durch graphische Integration erhaltenen Wert.

Lassen wir die Stärke des Wirbels $i\,a_2 \ln z$ wachsen, so rücken die Staupunkte zueinander; sie fallen in einen Punkt $(R, 270°)$ zusammen, wenn $a_2 = 2a_1$ ist. In diesem Fall ist die größte Geschwindigkeit (bei R, $90°$) gleich $2a_1 + a_2 = 4a_1$ und ist Null im Punkte $(R, 270°)$, da hier $2a_1 - a_2 = 0$ ist. Für c_Q erhalten wir also $2\pi\, 2a_1/a_1 = 4\pi$.

Die Frage erhebt sich: Was geschieht, wenn das Verhältnis a_2/a_1 größer als 2 wird, was z. B. durch nachträgliche Verringerung der Anströmungsgeschwindigkeit a_1 geschehen könnte? Ein Punkt auf dem Kreis, wo die Geschwindigkeit Null wird, d. h. ein Staupunkt

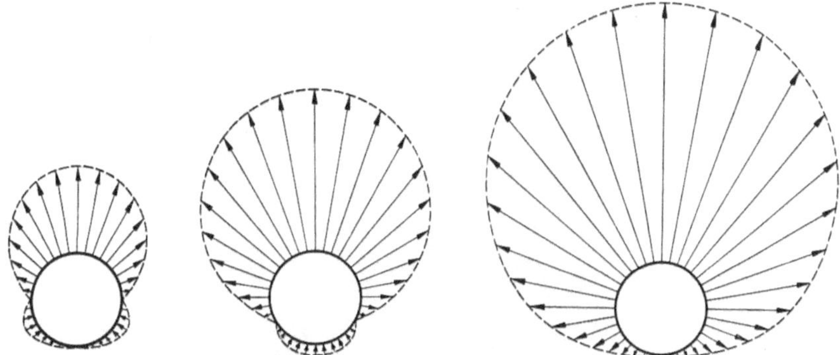

Abb. V, 2.24—26. Unterdruck- und Überdruckgebiete bei Strömungen mit verschieden starker Zirkulation

bzw. eine Staugerade an der Zylindermantelfläche kann sich offenbar nicht ausbilden. Nehmen wir z. B. an, daß $a_2 = 3a_1$ ist, so ist die Geschwindigkeit auf dem Einheitskreis durch

$$\frac{q}{a_1} = 2\sin\varphi \pm 3$$

gegeben.

Berechnet man damit nach Gl. (V, 2.15) die Druckverteilung, so erhält man Abb. V, 2.26. Man erkennt, daß ein Überdruck auf dem Kreise nirgends mehr vorhanden ist; im Punkte (1, 270°) herrscht gerade noch der Druck der ungestörten Flüssigkeit (im Unendlichen), an allen anderen Punkten ist ein Unterdruck. Der Beiwert der Querkraft ist $c_Q = 2\pi\, a_2/a_1 = 6\pi$. In Abb. V, 2.25 ist die Druckverteilung für den Fall $a_2 = 2a_1$ dargestellt, wo wir im Punkt (1, 270°) die Geschwindigkeit Null und somit an dieser Stelle den Staudruck haben. Zum Vergleich ist in Abb. V, 2.24 nochmals im gleichen Maßstabe die Druckverteilung für $a_2 = a_1$ gezeichnet mit den beiden Staupunkten in (1, −30°) bzw. (1, 210°).

Im Falle $a_2 > 2a_1$ bildet sich ein Staupunkt auf der negativen imaginären Achse aus, und zwar in dem Punkte, wo die Geschwindigkeit um den Zylinder ohne überlagerten Wirbel entgegengesetzt gleich der Geschwindigkeit des Wirbels in dem betreffenden Punkte ist, d. h. wo

$$F_1'(z)_{x=0} = a_1\left(1 - \frac{1}{(i\,y)^2}\right) = a_1\left(1 + \frac{1}{y^2}\right)$$

dem Betrage nach gleich

$$F_2'(z)_{x=0} = \frac{a_2}{y},$$

oder wo

$$y + \frac{1}{y} = \frac{a_2}{a_1}$$

ist.

Abb. V, 2.27 zeigt die Strömung für den Fall, daß a_2 etwas größer als $2a_1$ ist, da der Staupunkt schon ein wenig vom Körper abgerückt

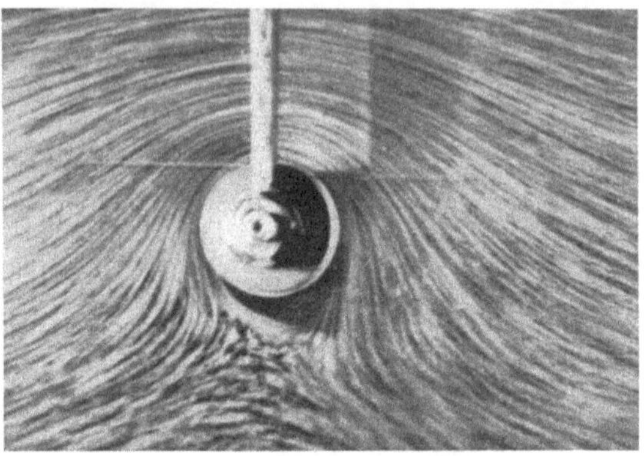

Abb. V, 2.27. Strömung mit Zirkulation; rotierender Zylinder

ist. In Abb. V, 2.28 beträgt die Entfernung des Staupunktes von der Zylinderachse etwa 2,5 Radien, was nach der letzten Gleichung

$$2{,}5 + \frac{1}{2{,}5} = \frac{a_2}{a_1}$$

oder

$$a_2 = 2{,}9\, a_1$$

ergibt. Ein ähnliches Bild, allerdings in der elektromagnetischen Analogie der Kraftlinien um einen Stromleiter im homogenen Magnet-

Abb. V, 2.28. Strömung mit stärkerer Zirkulation als in voriger Abbildung

feld ist von Ackeret gegeben[1]. In diesem Zusammenhang sei auch auf die Strömungsbilder eines gebundenen Potentialwirbels in einer Parallelströmung (Abb. V, 2.39) und auf die dort gegebenen Ausführungen hingewiesen.

Daß die Strömung in Abb. V, 2.27 bzw. 28 tatsächlich die geometrische Addition der symmetrischen Strömung um einen Zylinder (Abb. V, 2.19) und der zirkulatorischen Strömung eines Potentialwirbels ist, läßt sich experimentell leicht veranschaulichen. Abb. V, 2.28 ist in der Weise erhalten, daß ein rotierender Zylinder durch ruhendes

Abb. V, 2.29. Potentialwirbel um einen *nicht* rotierenden Kreiszylinder; die Geschwindigkeit nimmt umgekehrt proportional mit der Entfernung von der Zylinderachse ab

Wasser geschleppt wird. Die über dem Zylinder befindliche Kamera ist mit der Zylinderachse starr verbunden, hat also dieselbe Geschwindigkeit wie diese. Die Strömung auf der Wasseroberfläche, über welche der Zylinder etwas hinausragt, wird durch aufgestreutes Aluminiumpulver sichtbar gemacht, wobei die einzelnen von oben beleuchteten Aluminiumteilchen während der Belichtung ein Stück ihrer Bahnkurve auf den photographischen Film aufzeichnen. Die Bewegung des Zylinders durch das ruhende Wasser erfolgt von rechts nach links, so daß die mit dem (nicht rotierenden) Zylinder bewegte Kamera eine Strömung von links nach rechts aufnimmt (Abb. V, 2.19 bzw. 20). Wie im Kapitel über Grenzschichten im zweiten Band erklärt wird, verhindert eine im Uhrzeigersinn stattfindende schnelle Rotation des Zylinders die Ausbildung des *oberen* Wirbels in Abb. V, 2.20, so daß nur ein unterer, im Gegenuhrzeigersinn drehender Wirbel entsteht, der sich aber bald vom rotierenden Zylinder loslöst. Dadurch verbleibt aber nach Abb. V, 2.21

---

[1] Ackeret, J.: Theoretische Betrachtungen zur Kaplanturbine. Escher-Wyss-Mitteilungen Bd. 4 (1931) S. 77.

eine Strömung mit Zirkulation, eben die in Abb. V, 2.28 dargestellte. Subtrahiert man von dieser Strömung die symmetrische Strömung um einen Zylinder, d. h. Abb. V, 2.19 dadurch, daß man den in ruhender Flüssigkeit bewegten Zylinder (mit Kamera) plötzlich anhält und in dem Augenblick eine Aufnahme macht, so bleibt nur die zirkulatorische Bewegung, d. h. der Potentialwirbel, übrig. In dieser Weise ist Abb. V, 2.29 hergestellt. Da die translatorische Bewegung mit der Rotation des Zylinders gekoppelt war, rotiert der Zylinder im Augenblick des Stillstandes, d. h. in Abb. V, 2.29, nicht mehr.

Die von dem rotierenden Zylinder bei dessen Anströmung nach Gl. (V, 2.15) erzeugte Querkraft hat — wenn auch nicht für sehr lange — eine praktische Bedeutung beim sogenannten Rotorschiff erlangt, wo ein oder mehrere rotierende Zylinder an Stelle von Segeln Verwendung fanden[1].

2.7 $F(z) = a_1 z + a_2 \ln z$, zweidimensionaler Halbkörper. Wir wollen hier die Superposition einer konstanten Geschwindigkeit von links nach rechts: $F_1 = a_1 z$ und einer zweidimensionalen Quelle: $F_2 = a_2 \ln z$ vornehmen. Um die gleichen Bezeichnungen wie bei rotationssymmetrischen Strömungen (IV, 5) zu haben, nennen wir die von links nach rechts gerichtete konstante Geschwindigkeit wieder u_0, mithin $F_1 = u_0 z$. Bezeichnen wir die Geschwindigkeit der Quellströmung im Abstande 1 von der Quellachse mit c, so ist $F_2 = c\, 1 \ln z$.

Q sei die sekundlich durch einen Kreiszylinder vom Radius 1 und der Länge l fließende Flüssigkeitsmenge der Quelle, also

$$Q = 2\pi\, 1\, l\, c .$$

Durch Superposition von Parallelströmung und zweidimensionaler Quelle erhalten wir einen zweidimensionalen (zylindrischen) Halbkörper, wie in Abb. V, 2.30 dargestellt. Bezeichnet y_1 die asymptotische Ordinate des Halbkörpers für $x \to \infty$, so ist, da die Quellgeschwindigkeit für $x \to \infty$ nach Null geht

$$Q = 2 y_1 l\, u_0,$$

[1] Ackeret, J.: Das Rotorschiff und seine physikalischen Grundlagen. Göttingen: Vandenhoeck & Ruprecht 1925.

Es sei an dieser Stelle auf das außerordentlich inhaltreiche Buch von F. W. Lanchester: Aerodynamik (1907) verwiesen, das 1909 von C. Runge ins Deutsche übersetzt wurde. Sehr viele, später für die Flugtechnik wichtige Begriffe und Erklärungen, wie über Zirkulation und Auftrieb sowie Widerstand, wurden hier erstmalig (1907!) veröffentlicht.

Auch bei rotierenden, durch die Luft fliegenden Kugeln treten Kräfte quer zur Flugrichtung auf; Lord Rayleigh gab als erster eine richtige Erklärung dieser als Magnuseffekt bekannten Erscheinung: On the Irregular Flight of a Tennis Ball. Mess. of Math. VII (1878) oder Papers (1899) I, 344—346.

was mit der letzten Gleichung

$$c \cdot 1 = \frac{u_0}{\pi} y_1$$

gibt, so daß die obige Gleichung für F_2 in $F_2 = \frac{u_0}{\pi} y_1 \ln z$ übergeht. Als Strömungsfunktion der superponierten Strömung haben wir somit

$$F = F_1 + F_2 = u_0\left(z + \frac{y_1}{\pi} \ln z\right)$$

$$= u_0\left(x + \frac{y_1}{\pi} \ln r\right) + i\, u_0\left(y + \frac{y_1}{\pi}\varphi\right), \qquad \text{(V, 2.18)}$$

so daß die Stromlinien durch

$$\frac{\Psi}{u_0 y_1} = \frac{y}{y_1} + \frac{\varphi}{\pi} = \text{const}$$

gegeben sind. Zu der Kontur des Halbkörpers gehört die Konstante 1, da für $x \to \infty$ y nach y_1 und φ nach Null geht. Aber auch die negative

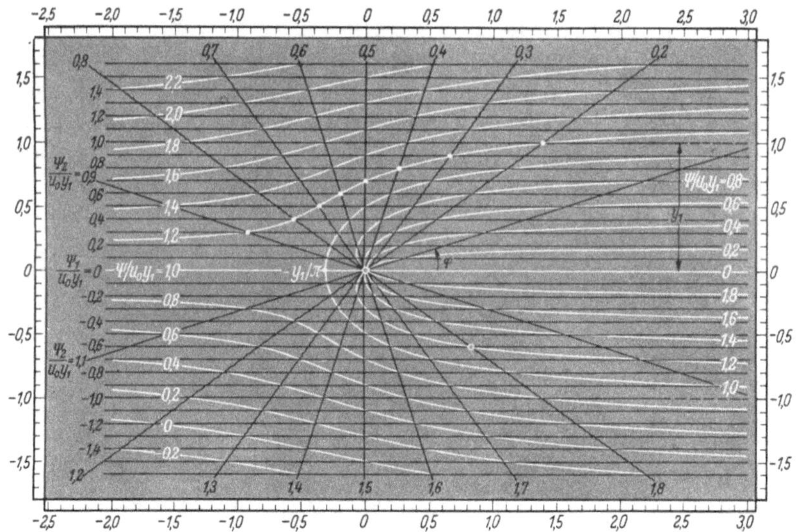

Abb. V, 2.30. Konstruktion der Stromlinien (weiß), die sich bei der Überlagerung einer zweidimensionalen Quelle mit einer Parallelströmung ergeben

reelle Achse bis zum Staupunkt bildet einen Teil dieser Stromlinie, da $\varphi = \pi$ für $y = 0$ ist. Für Stromlinien, die bei $x = -\infty$ den Abstand $y_{-\infty}/y_1$ haben, gilt

$$\frac{\Psi}{u_0 y_1} = \frac{y}{y_1} + \frac{\varphi}{\pi} = 1 + \frac{y_{-\infty}}{y_1} \qquad \text{(V, 2.19)}$$

oder mit

$$\varphi = \operatorname{arctg} \frac{y}{x}$$

und nach x/y_1 aufgelöst

$$\frac{x}{y_1} = \frac{\frac{y}{y_1}}{\operatorname{tg}\left[\left(1 + \frac{y_{-\infty}}{y_1} - \frac{y}{y_1}\right)180\right]^0}.$$

Nehmen wir beispielsweise $y_{-\infty}/y_1 = 0{,}2$, so lassen sich aus dieser Formel für vorgegebene y/y_1 die dazugehörigen x/y_1 bestimmen. Für $y/y_1 = 0{,}3;\ 0{,}4\ \ldots\ 1{,}0$ sind die so berechneten Werte als Punkte in Abb. V, 2.30 eingetragen.

Für innerhalb des Halbkörpers gelegene Stromlinien ändert sich die letzte Gleichung zu

$$\frac{x}{y_1} = \frac{\frac{y}{y_1}}{\operatorname{tg}\left[\left(\frac{y_\infty}{y_1} - \frac{y}{y_1}\right)180\right]^0} \quad \text{bzw.} \quad = \frac{\frac{y}{y_1}}{\operatorname{tg}\left[\left(2 + \frac{y_\infty}{y_1} - \frac{y}{y_1}\right)180\right]^0},$$

je nachdem y_∞/y_1, das ist der Abstand der Stromlinie von der reellen Achse bei $x = \infty$ positiv oder negativ ist. Für $y_\infty/y_1 = -0{,}8$ und $y/y_1 = -0{,}6$ ist der berechnete Wert von x/y_1 gleich 0,826 (durch ein $\circ$ in der Abbildung markiert). Wie man erkennt, besteht die soeben betrachtete Stromlinie $\Psi/u_0\,y_1 = \text{const} = 1{,}2$ aus zwei Zweigen. Dasselbe trifft für alle Stromlinien zu, deren Konstante zwischen 0 und 2 liegt.

Sehr viel einfacher lassen sich die Stromlinien erhalten, wenn man — analog wie in Abb. V, 2.17 — die (schwarzen) Stromlinien der Stromfunktionen $\Psi_1/u_0\,y_1 = y/y_1$ und $\Psi_2/u_0\,y_1 = \varphi/\pi$ zeichnet, was in Abb. V, 2.30 für Konstanten, die sich um 0,1 unterscheiden, durchgeführt ist.

Diejenigen Schnittpunkte der beiden Kurvensysteme, deren Konstantensummen wiederum eine Konstante ist, liegen nach Gl. (V, 2.19) auf ein und derselben Stromlinie (weiß gezeichnet). So erhält man z. B. für $\Psi_1/u_0\,y_1 + \Psi_2/u_0\,y_1$ die Konstante 1,2, wenn man den Schnittpunkt von $\Psi_1/u_0\,y_1 = 0{,}3$ und $\Psi_2/u_0\,y_1 = 0{,}9$ bildet; ebenso ist $0{,}4 + 0{,}8 = 1{,}2$ usw.

Das Geschwindigkeitsfeld um den Halbkörper ist nach Gl. (V, 2.18) gegeben durch

$$u = \frac{\partial \Phi}{\partial x} = u_0\left(1 + \frac{y_1}{\pi}\,\frac{x}{r^2}\right),$$

$$v = \frac{\partial \Phi}{\partial y} = u_0\,\frac{y_1}{\pi}\,\frac{y}{r^2}.$$

Im Staupunkt $(x, 0)$ ist $u = 0$, so daß man

$$x = -\frac{y_1}{\pi}$$

erhält. Für die Geschwindigkeit q/u_0 erhält man

$$\left(\frac{q}{u_0}\right)^2 = 1 + \frac{2 y_1 x}{\pi r^2} + \left(\frac{y_1}{\pi r}\right)^2$$

und somit nach Gl. (IV, 5.27) für den Druck im Punkt (x, y)

$$\frac{p - p_0}{\frac{\varrho}{2} u_0^2} = - \frac{2 y_1 x}{\pi (x^2 + y^2)} - \frac{y_1^2}{\pi^2 (x^2 + y^2)} . \qquad \text{(V, 2.20)}$$

Da die Kontur des Halbkörpers nach Gl. (V, 2.19) durch

$$\frac{y}{y_1} + \frac{1}{\pi} \operatorname{arctg} \frac{y}{x} = 1$$

gegeben ist, erhält man die Druckverteilung um den Halbkörper, wenn man Wertepaare von x und y, die der letzten Gleichung genügen, in Gl. (V, 2.20) einsetzt. Den Druckanstieg längs der negativen reellen

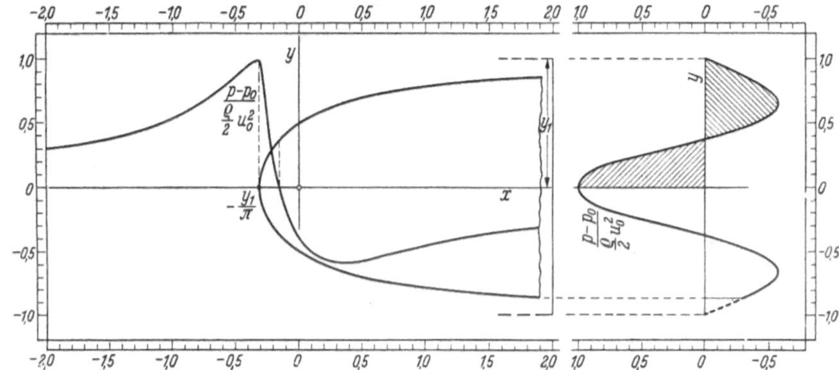

Abb. V, 2.31. Druckverteilung bei einem strebenförmigen „Halbkörper" sowie längs der Anströmungsgeraden

Achse bis zum Staupunkt $x = - y_1/\pi$ erhält man, wenn in Gl. (V, 2.20) $y = 0$ gesetzt wird. Abb. V, 2.31 zeigt diese Druckverteilung für $y_1 = 1$.

Für den Druckwiderstand des Halbkörpers können wir schreiben

$$W = 2 l \int_0^\infty (p - p_0) \cos\alpha \, ds ,$$

wo l die Länge des zylindrischen Halbkörpers (senkrecht zur Bildebene) und $(p - p_0) \cos\alpha$ die x-Komponente des Druckes auf dem Konturenelement ds bedeutet. Da $\cos\alpha \, ds = dy$ ist, hat man auch

$$W = 2 l \int_0^{y_1} (p - p_0) \, dy = 2 l \frac{\varrho}{2} u_0^2 \int_0^1 \frac{(p - p_0)}{\frac{\varrho}{2} u_0^2} \, dy .$$

Auf der rechten Seite der Abbildung ist die Druckverteilung als Funktion von y übertragen und bis $y = 1$ extrapoliert. Mittels graphischer Integration läßt sich dann feststellen, daß die Summe der beiden schraffierten Flächen und damit der Druckwiderstand des Halbkörpers gleich Null ist.

2.8 $F(z) = a_1 z + a_2[\ln(z+l) - \ln(z-l)] = a_1 z + a_2 \ln\frac{z+l}{z-l}$. Durch Hinzufügen einer im Punkte l gelegenen zweidimensionalen Senke $-a_2 \ln(z-l)$ zu der im Punkte $-l$ gelegenen Quelle $a_2 \ln(z+l)$ erhält man mit der Parallelströmung — analog wie im rotationssymmetrischen Falle — einen Körper von endlichem Querschnitt. Nehmen wir wieder an, daß $Q = 2\pi 1 l c$ ist, c also die Geschwindigkeit der Quelle bzw. Senke im Abstand 1 von deren Achsen bezeichnet und u_0 wieder die Geschwindigkeit von links nach rechts, so ist, wenn $F(z)$ in Real- und Imaginärteil aufgespalten wird mit den Bezeichnungen der Abb. V, 2.32,

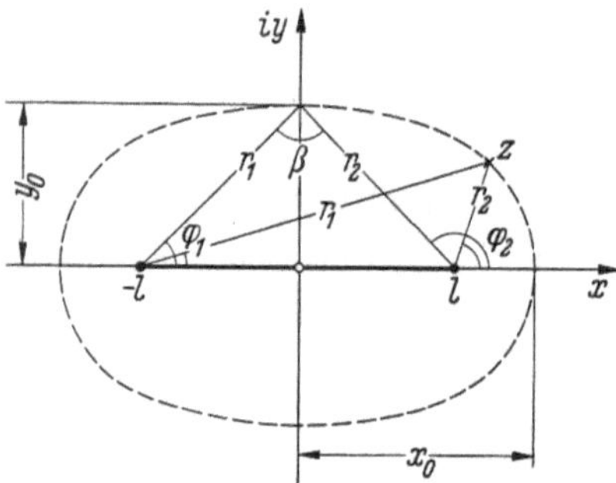

Abb. V, 2.32. Anordnung einer zweidimensionalen Quelle in $-l$ und einer gleich starken Senke in l

$$F(z) = u_0 x + c 1 \ln\frac{r_1}{r_2} + i[u_0 y + c 1 (\varphi_1 - \varphi_2)].$$

Die Stromlinien sind somit gegeben durch

$$\frac{\Psi}{u_0} = y + \frac{c 1}{u_0}(\varphi_1 - \varphi_2) = \text{const} = y_\infty, \qquad \text{(V, 2.21)}$$

wo y_∞ den Abstand der Stromlinien von der reellen Achse für $x = \mp\infty$ bezeichnet, die Konstante Null also der Kontur des ovalen (nicht elliptischen!) Querschnitts entspricht. Für $x = 0$, d. h. $y = y_0$ ist nach Abb. V, 2.32 $\varphi_1 - \varphi_2 = -\beta$ also mit Gl. (V, 2.21)

$$\frac{c 1}{u_0} = \frac{y_0}{\beta}, \qquad \text{(V, 2.22)}$$

so daß die obige Gleichung auch geschrieben werden kann:

$$\frac{\Psi}{u_0} = y + y_0 \frac{\varphi_1 - \varphi_2}{\beta} = \text{const} = y_\infty. \qquad \text{(V, 2.23)}$$

Gl. (V, 2.21) läßt sich mit $\varphi_1 = \operatorname{arctg}\frac{y}{x+l}$ und $\varphi_2 = \operatorname{arctg}\frac{y}{x-l}$ umformen und schließlich nach x auflösen:

$$x = \sqrt{2 l y \operatorname{ctg}\left[\frac{y - y_\infty}{y_0}\beta \cdot 57{,}3\right]^0 + l^2 - y^2}. \qquad \text{(V, 2.24)}$$

Im allgemeinen ist jedoch nicht l bzw. β gegeben, sondern neben y_0 die Größe x_0. Nach Abb. V, 2.32 zusammen mit Gl. (V, 2.22) ist

$$\operatorname{ctg}\frac{\beta}{2} = \operatorname{ctg}\left(\frac{1}{2}\,\frac{u_0\,y_0}{c\,1}\right) = \frac{y_0}{l}. \qquad \text{(V. 2.25)}$$

Da im Staupunkt die resultierende Geschwindigkeit aus Quell- und Senkströmung dem Betrag nach gleich u_0 sein muß, d. h.

$$u_0 = \frac{c\,1}{x_0 - l} - \frac{c\,1}{x_0 + l},$$

folgt

$$\frac{u_0}{c\,1} = \frac{2l}{x_0^2 - l^2},$$

und in Gl. (V, 2.25) eingesetzt,

$$\operatorname{ctg}\left(\frac{l\,y_0}{x_0^2 - l^2}\cdot 57{,}3\right)^0 = \frac{y_0}{l}, \qquad \text{(V, 2.26)}$$

womit l bei gegebenem x_0 und y_0 bestimmt ist. Damit kann nach Gl. (V. 2.24) für jede Stromlinie (y_∞) x als Funktion von y berechnet werden.

Statt dessen sind in Abb. V, 2.34 die Stromlinien um einen Körper vom Schlankheitsverhältnis $y_0/x_0 = 1/3$ in graphischer Weise bestimmt. Setzen wir $x_0 = 1$ und also $y_0 = 0{,}333$, so liefert Gl. (V, 2.26) den Wert $l = 0{,}871$. Gl. (V, 2.23) lautet dann

$$\frac{\Psi}{u_0} = \frac{\Psi_1}{u_0} + \frac{\Psi_2}{u_0} = y + y_0\frac{\varphi_1 - \varphi_2}{\beta} = \text{const} = y_\infty.$$

Im oberen linken Teil der Abb. V, 2.26 sind die Stromlinien der Parallelströmung für $\Psi_1/u_0 = 0;\ 0{,}05;\ 0{,}10;\ \ldots\ 0{,}65$ als schwarze Linien dargestellt. Aus Abb. V, 2.33 erkennt man, daß diejenigen Punkte, für welche $\varphi_2 - \varphi_1$ konstant sind, auf Kreisen durch die Quelle und Senke liegen, deren Radien durch

$$R = \frac{l}{\sin(\varphi_2 - \varphi_1)}$$

gegeben sind.

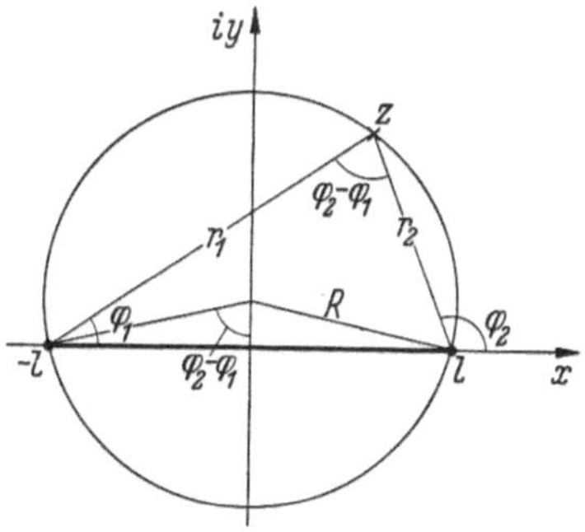

Abb. V, 2.33

Da wir die Stromlinien für $y_\infty = 0;\ 0{,}05;\ 0{,}10$ usw. bestimmen wollen, wählen wir die Konstante für $\Psi_2/u_0 = -0{,}05;\ -0{,}10;\ \ldots\ -0{,}30$. Nach Gl. (V, 2.25) ist in unserem Beispiel mit $y_0 = 0{,}333$ und $l = 0{,}871$ der Wert von $\beta = 138{,}1^\circ$ und somit

$$\frac{\Psi_2}{u_0} = -\frac{y_0}{\beta}(\varphi_2 - \varphi_1) = -\frac{57{,}3}{138{,}1\cdot 3}(\varphi_2 - \varphi_1)^0$$
$$= -0{,}05;\ -0{,}10;\ \ldots -0{,}30,$$

also $\varphi_2 - \varphi_1 = 20°42'$; $41°24'$; $62°6'$; ... $124°12'$, so daß nach Abb. V, 2.33 die Werte von $R = l/\sin(\varphi_2 - \varphi_1)$ gleich 2,46; 1,32; 0,986 ... 1,05 sind. Die weißen Linien durch Schnittpunkte gleicher Werte von $\Psi_1/u_0 + \Psi_2/u_0$ stellen dann die Stromlinien dar.

Wird der Abstand l zwischen Quelle und Senke kleiner angenommen, so wird der Querschnitt der Strebe rundlicher, bei gleichbleibendem u_0/c allerdings auch kleiner. Um dies letztere zu vermeiden, nehmen wir — wie im rotationssymmetrischen Falle auf S. 169 an, daß die Quell- und Senkgeschwindigkeit im Abstand 1 von der Quelle bzw. Senke, d. h. c' mit abnehmendem l zunimmt, und zwar

$$c' = \frac{\text{const}}{l} = \frac{c}{l}.$$

Wir erhalten somit im Grenzfalle $l \to 0$

$$\lim_{l \to 0} \frac{c}{l} [\ln(z + l) - \ln z] = c \frac{d \ln z}{dz} = \frac{c}{z},$$

d. h. eine zweidimensionale Quell-Senke, oder einen zweidimensionalen Dipol.

2.9 Konstante Quellen- und Senkenbelegung längs einer Geraden. Da die Form des Querschnittes in Abb. V, 2.34 vorne, besonders aber

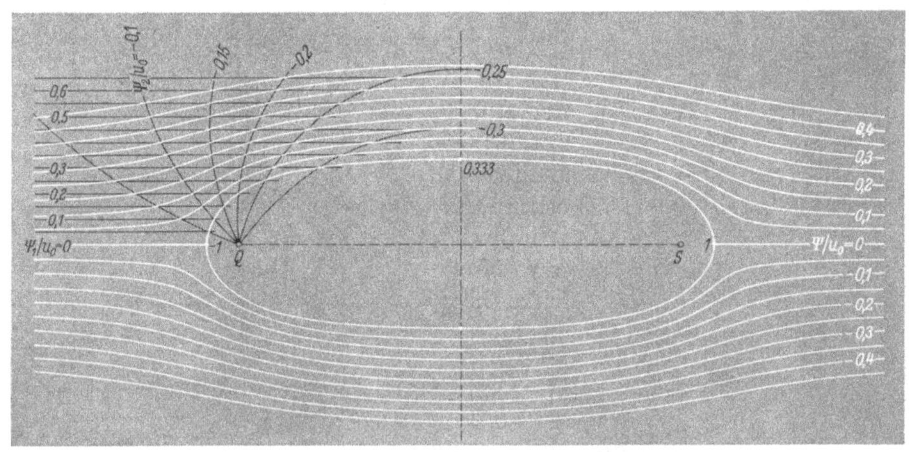

Abb. V, 2.34. Konstruktion der Stromlinien durch Addition der Werte der Stromfunktionen der Quellen- und Senkenanordnung zu denjenigen einer Parallelströmung

hinten, zu plump ist, um als Querschnitt einer „stromlinienförmigen" Strebe gelten zu können, wollen wir den Fall einer von $-l$ bis 0 konstant bleibenden Quelle mit einer gleich starken von 0 bis l sich erstreckenden konstanten Senke innerhalb einer Parallelströmung betrachten.

Mit den Bezeichnungen der Abb. V, 2.35 ist die Strömungsfunktion der Quelle von $-l$ bis 0

$$F_1(z) = \frac{c\,1}{l}\int_{-l}^{0} \ln(z-x)\,dx,$$

wo 1 die Längeneinheit bedeutet, also integriert

$$\frac{l}{c\,1}F_1(z) = z\ln\frac{z+l}{z} + l\ln(z+l) - l.$$

Die entsprechenden Ausdrücke einer Senke gleicher Stärke von 0 bis l lauten

$$F_2(z) = -\frac{c\,1}{l}\int_{0}^{l} \ln(z-x)\,dx$$

und integriert

$$\frac{l}{c\,1}F_2(z) = z\ln\frac{z-l}{z} - l\ln(z-l) + l. \qquad \text{(V, 2.27)}$$

Mithin, wenn wir beide Funktionen F_1 und F_2 addieren:

$$\frac{l}{c\,1}F(z) = z\ln\frac{(z+l)(z-l)}{z^2} + {} + l\ln\frac{z+l}{z-l}$$

und nach Abb. V, 2.35

$$z = x + iy = r_2 e^{i\varphi_2},$$

$$z + l = r_1 e^{i\varphi_1}, \qquad z - l = r_3 e^{i\varphi_3}$$

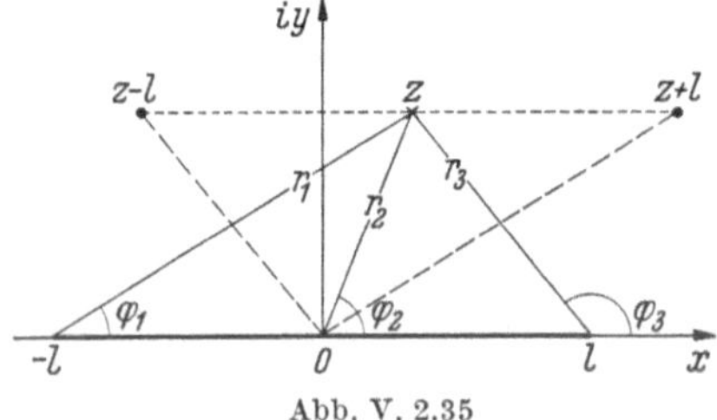

Abb. V, 2.35

setzen, so erhalten wir für den imaginären Teil

$$\frac{l}{c\,1}\Psi = y\ln\frac{r_1 r_3}{r_2^2} + x(\varphi_1 + \varphi_3 - 2\varphi_2) - l(\varphi_3 - \varphi_1).$$

Setzen wir $l = 1$ voraus und nehmen wir φ_1, φ_2, φ_3 im Gradmaß, so ist

$$\frac{\Psi}{c} = y\ln\frac{r_1 r_3}{r_2^2} + 0{,}01745x(\varphi_1^0 + \varphi_3^0 - 2\varphi_2^0) - 0{,}01745(\varphi_3^0 - \varphi_1^0)1.$$

Um Kurven $\Psi/c = \text{const}$, d. h. Stromlinien zu erhalten, ist es zweckmäßig, Ψ/c als Funktion von y für konstante Werte von x oder als Funktion von x für konstante Werte von y aufzutragen und durch horizontale Schnitte dieser Kurvenschar diejenigen Wertepaare von x und y zu bestimmen, für die Ψ/c konstant ist. In dieser Weise sind die Stromlinien berechnet und in der oberen Hälfte von Abb. V, 2.36 eingezeichnet, und zwar für $\Psi/c = 0$; $-0{,}1$; $-0{,}2$; $-0{,}4$; ... $-3{,}0$. Den kleinsten (negativen Wert) von Ψ/c erhält man für $x = 0$ und $y = 0$; er ist nach der letzten Formel gleich $-\pi$ Längeneinheiten.

Will man einen Querschnitt erhalten, dessen größte Dicke (für $x = 0$) z. B. dem Maximalwert der Kurve $\Psi/c = -1{,}6$ entspricht, so zeichnet man in diesem Punkt eine Tangente wie in Abb. V, 2.36 ersichtlich und zieht — entsprechend der Teilung von Ψ/c in acht gleiche Werte, nämlich $-0{,}2$; $-0{,}4$; ... $-1{,}6$, — zu der bereits gezeichneten Tangente sieben weitere horizontale Geraden (gestrichelt) in gleichem

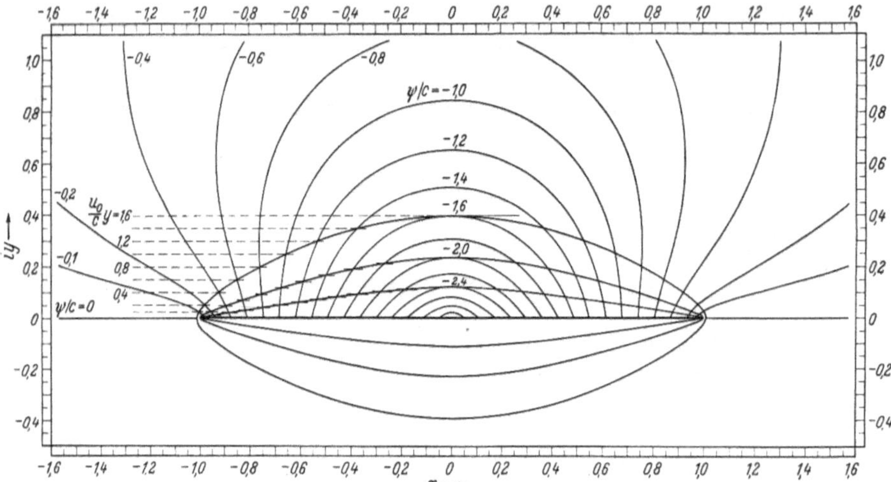

Abb. V, 2.36. Konstruktion verschieden dicker Querschnittsformen, wie sie sich aus der Überlagerung einer streckenhaften Quellen- und Senkenanordnung mit jeweils verschieden starken Anströmungsgeschwindigkeiten ergeben

Abstande voneinander. Da in der Abbildung auch noch $\Psi/c = -0{,}1$ eingetragen ist, ziehen wir auch noch die unterste gestrichelte Gerade im halben Abstand wie die anderen Geraden.

Diese gestrichelten horizontalen Geraden können als Stromlinien aufgefaßt werden mit der Stromfunktion

$$\frac{u_0}{c}\,y = \text{const} = 0{,}1;\ 0{,}2;\ 0{,}4;\ \ldots 1{,}6\,.$$

Diejenigen Schnittpunkte dieser Geraden mit den Kurven $\Psi/c = \text{const} = -0{,}1$; $-0{,}2$; $-0{,}4$; ... $-1{,}6$, welche die Konstantensumme Null ergibt, liegen auf dem Umriß des umströmten Querschnittes. Für die Stromlinien gilt das Analoge, nur daß die Konstantensumme gleich 0,2; 0,4 usw. sein muß.

Soll der umströmte Körper schlanker sein, soll beispielsweise seine größte Ordinate mit derjenigen der Kurve $\Psi/c = -2{,}0$ zusammenfallen, so teilen wir diese Ordinate in zehn gleiche Teile — entsprechend der Aufteilung von $\Psi/c = \text{const}$ von 0 bis $-2{,}0$ in zehn gleiche Zunahmen — und ziehen durch die Teilpunkte Parallele zur reellen Achse. In der Abbildung sind lediglich die Schnittpunkte dieser Parallelen mit den entsprechenden Kurven $\Psi/c = \text{const}$ angedeutet. Dasselbe ist für einen noch schlankeren Querschnitt ausgeführt, bei dem die Ordinate von $\Psi/c = -2{,}4$ in zwölf gleiche Größen aufgeteilt ist.

2.10 Kombination einer zweidimensionalen „Punkt“-Quelle und einer Senke von konstanter Stärke längs einer Geraden innerhalb einer Parallelströmung. Die drei in Abb. V, 2.36 dargestellten Querschnitte erscheinen am vorderen Teil zu sehr zugespitzt, als daß sie für eine gute, stromlinienförmige Strebe verwendet werden könnten, es sei denn in einer Luftströmung sehr großer Geschwindigkeit (nahe oder oberhalb der Schallgeschwindigkeit). Der vordere Teil sollte eine mehr rundliche Form haben; dieser Umstand legt es nahe, hier eine punktförmige Quelle zu verwenden. Wir nehmen deshalb in $z = -1$ eine zweidimensionale Quelle an und von $z = 0$ bis $z = 1$ eine konstante Belegung zweidimensionaler Senken von insgesamt der gleichen (negativen) Ergiebigkeit wie die der Quelle.

Anstatt, daß wir wie bisher die Strömungsfunktion bzw. Stromfunktion der Quell-Senkenkombination untersuchen, wollen wir zur Abwechslung diesmal die Anteile einzeln betrachten und diese dann graphisch kombinieren.

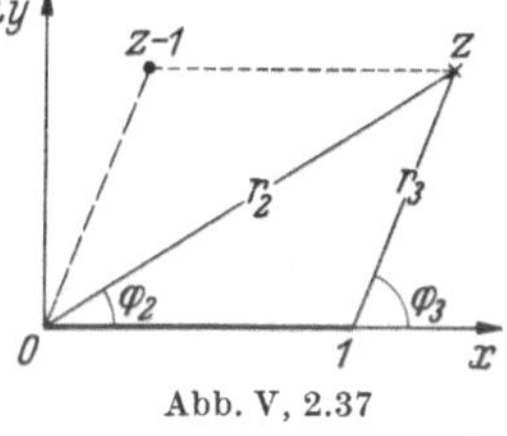

Abb. V, 2.37

Die Stromfunktion einer zweidimensionalen Quelle lautet

$$\frac{\Psi_1}{c} = \varphi = \text{const},$$

wobei die Konstante von 0 bis 2π geht. Wir werden später die Stromlinien dieser Quelle für die Konstanten $0;\ 0{,}1\,\pi;\ 0{,}2\,\pi;\ \ldots\ 2\pi$ zeichnen.

Die Strömungsfunktion der Senkenbelegung lautet nach Gl. (V, 2.27) mit $l = 1$

$$\frac{F_2(z)}{c} = z \ln\frac{z-1}{z} - 1 \ln(z-1) + 1 \qquad \text{(V, 2.28)}$$

und also der imaginäre Teil mit den in Abb. V, 2.37 gegebenen Bezeichnungen

$$\frac{\Psi_2}{c} = y \ln\frac{r_3}{r_2} + (\varphi_3 - \varphi_2)\,1 - \varphi_3\,1 = \text{const}. \qquad \text{(V, 2.29)}$$

Die Bedingung, daß die von der Quelle ausgeströmte Flüssigkeitsmenge vollständig von der Senke verschluckt werden muß, erfüllen wir dadurch, daß wir die Konstante der letzten Gleichung von 0 bis -2π gehen lassen und die Stromlinien der Senke für $0;\ -0{,}1\pi;\ -0{,}2\pi;\ \ldots\ -2{,}0\,\pi$ zeichnen. Hierfür ist es zweckmäßig — ebenso wie bei der Funktion Ψ/c auf S. 219 —, zunächst Ψ_2/c als Funktion von x für konstante Werte von y entsprechend Gl. (V, 2.29) aufzutragen und durch horizontale Schnitte dann diejenigen Wertepaare x, y zu bestimmen, die zu den konstanten Werten $\Psi_2/c = -0{,}1\pi;\ -0{,}2\,\pi;\ \ldots$

— 2,0 π gehören. In Abb. V, 2.38 sind diejenigen Wertepaare x, y, die zur Konstanten — 0,2 π gehören, durch Kreuze gekennzeichnet.

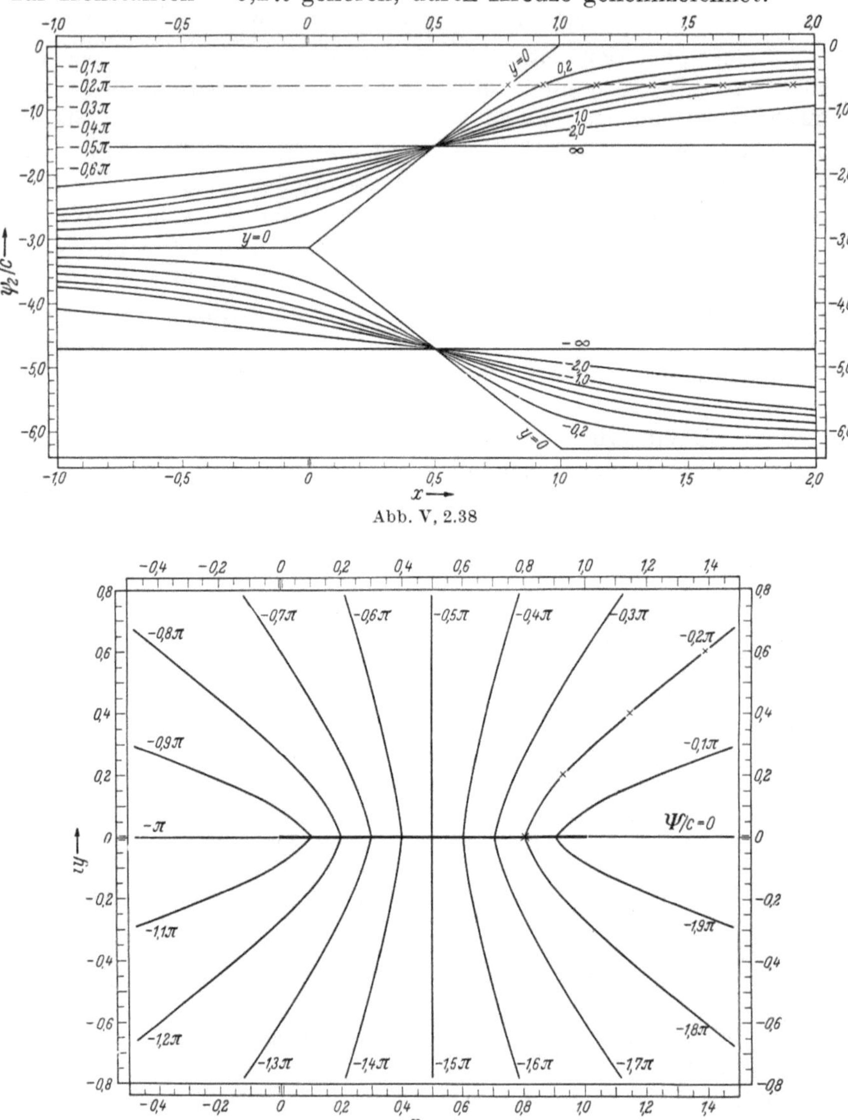

Abb. V, 2.38

Abb. V, 2.39. Stromlinien einer Senke (oder Quelle) von konstanter Stärke längs der Geraden von 0 bis 1

In Abb. V, 2.39 sind die so gefundenen Wertepaare x, y in die Gausssche Zahlenebene eingetragen und damit das Stromlinienbild der Senke von $z = 0$ bis $z = 1$ erhalten.

Beide Stromlinienbilder, das der Punktquelle und das der Streckensenke, sind in Abb. V, 2.40 übereinander aufgetragen. Verbindet man nun wieder diejenigen Schnittpunkte der beiden Kurvensysteme, die gleiche Konstantensummen ergeben (weiße Kurven), so hat man damit die Stromlinien der Kombination von Quelle und Senke, nämlich

$$\frac{\Psi}{c} = \frac{\Psi_1}{c} + \frac{\Psi_2}{c} = \text{const.}$$

Um das Bild nicht durch zu viele Linien zu verwirren, sind nur diejenigen Schnittpunkte der beiden Kurvensysteme miteinander verbunden, die eine gerade Konstantensumme ergeben, z. B. $\Psi_1/c + \Psi_2/c$

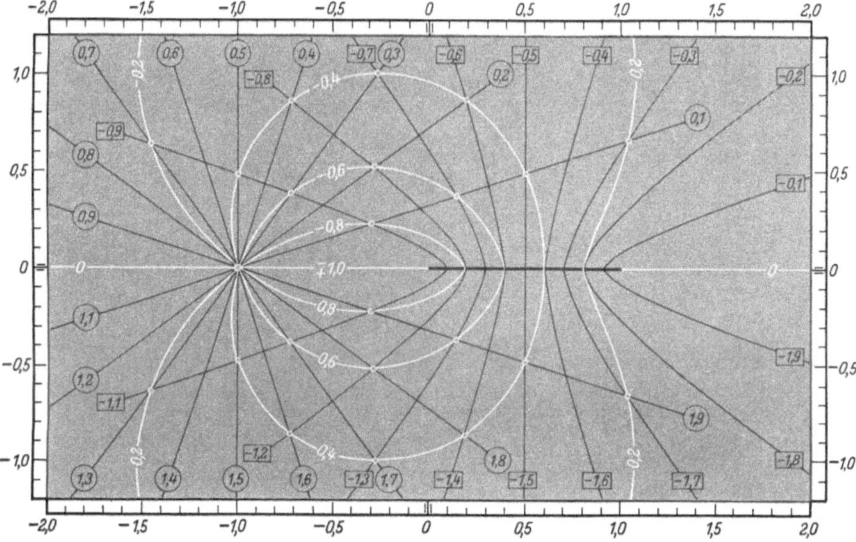

Abb. V, 2.40. Die Stromlinien (weiß) erhält man durch Addition der Ψ-Werte der Quelle im Punkte -1 zu den Ψ-Werten der Senken von 0 bis 1

$= 0{,}2\,\pi \quad - 0{,}6\,\pi = 0{,}4\,\pi$; $\;0{,}3\,\pi - 0{,}7\,\pi = 0{,}4\,\pi$ oder $\Psi_1/c + \Psi_2/c$ $= 0{,}2\,\pi - 0{,}8\,\pi = -0{,}6\,\pi$; $\;0{,}3\,\pi = 0{,}9\,\pi = -0{,}6\,\pi$ usw.

Die Stromlinien $\Psi/c = -0{,}1\,\pi,\ -0{,}2\,\pi,\ -0{,}3\,\pi\ \ldots\ -1{,}0\,\pi$ sind auf der oberen Hälfte der Abb. V, 2.41 nochmals aufgetragen, um sie auf dieser Zeichnung mit den Stromlinien der Parallelströmung von links nach rechts, d. h. mit $u_0 y = \text{const}$ zu kombinieren. Je größer u_0 ist, verglichen mit c, um so schlanker wird der Querschnitt der Strebe. Setzt man für die Stromfunktion der Parallelströmung

$$\frac{u_0}{c}\,y = \text{const},$$

was lediglich eine Änderung der Konstante bedeutet, so wollen wir bedenken, daß

$$\frac{u_0}{c}\,y + \frac{\Psi}{c} = 0$$

die Kontur des Querschnittes ergibt.

Soll die Maximalordinate der Kontur, wie in Abb. V, 2.41, beispielsweise gleich dem Größtwert der Ordinate von $\Psi/c = -0{,}8\,\pi$ sein, so ziehen wir durch diesen Punkt eine Parallele zur reellen Achse und benennen diese Gerade mit $u_0\,y/c = 0{,}8\,\pi$. Wir teilen dann die Ordinate in acht gleiche Teile und ziehen Parallelen zur x-Achse, die also die

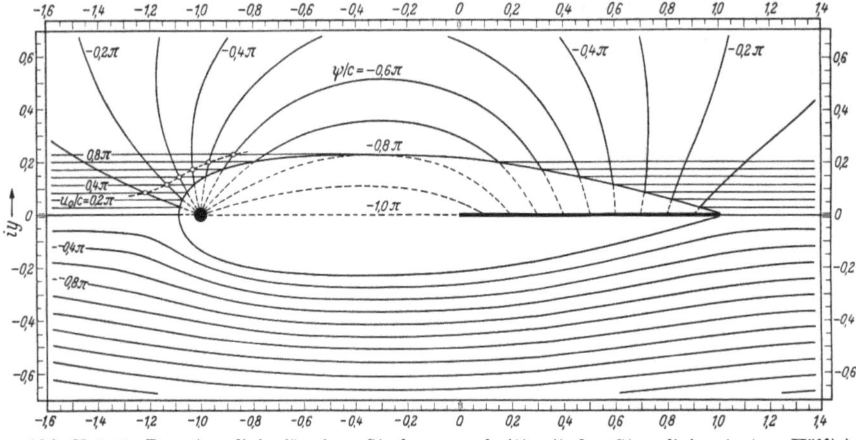

Abb. V, 2.41. Den stromlinienförmigen Strebenquerschnitt mit den Stromlinien (untere Hälfte) erhält man durch Addition der u_0/c-Werte zu den Ψ/c-Werten der vorigen Abbildung (weiße Kurven)

Bezeichnungen $u_0\,y/c = 0{,}1\,\pi$; $0{,}2\,\pi$; ... $0{,}8\,\pi$ haben. Die Schnittpunkte von $u_0\,y/c = 0{,}1\,\pi$ mit $\Psi/c = -0{,}1\,\pi$ oder $u_0\,y/c = 0{,}2\,\pi$ mit $\Psi/c = -0{,}2\,\pi$ usw. liegen dann auf der Kontur des umströmten Querschnittes, da ihre Konstantensummen gleich Null sind.

Um die Stromlinie zu zeichnen, die für $x = \mp\infty$ beispielsweise die Entfernung $y_\infty = 0{,}2$ hat, verbinden wir diejenigen Schnittpunkte, für welche die Konstantensumme 0,2 ist, also $u_0\,y/c = 0{,}3$ und $\Psi/c = -0{,}1$ oder $u_0 y/c = 0{,}4$ und $\Psi/c = -0{,}2$ usw. Auf diese Weise ist die gestrichelt gezeichnete Stromlinie mit der Konstanten 0,2 konstruiert (die einzelnen Schnittpunkte sind durch kleine Kreise gekennzeichnet). Auf der unteren Hälfte der Abbildung sind die Stromlinien (deren Konstanten negative Werte haben) dargestellt.

Es mag darauf hingewiesen werden, daß die Stromlinien in Abb. V, 2.41 bzw. 40 nicht unter einem rechten Winkel in die Streckensenke eintreten, im Gegensatz zur entsprechenden axialsymmetrischen Strömung (Abb. IV, 5.20 bzw. 19). Bei der ebenen Strömung ist nach

Gl. (V, 2.28)

$$\frac{F'(z)}{c} = \frac{u - i\,v}{c} = \ln\frac{z-1}{z},$$

also mit den Bezeichnungen der Abb. V, 2.37

$$\frac{u + i\,v}{c} = \ln\frac{r_3}{r_2} - i\,(\varphi_3 - \varphi_2)$$

und somit im Grenzfall, je nachdem man den Grenzwert für $y \to 0$ mit positiven oder mit negativen Werten von y vornimmt,

$$\lim_{\pm y \to 0} (u + i\,v) = \ln\frac{x_3}{x_2} \mp i\,\pi,$$

mithin

$$\lim_{\pm y \to 0} \frac{u}{v} = \mp \frac{\ln\frac{x_3}{x_2}}{\pi}.$$

Beispielsweise ist dieser Wert bei der Stromlinie $\Psi_2/c = -0{,}1\,\pi$, da hierfür $x_3 = 0{,}1$ und $x_2 = 0{,}9$ ist,

$$\lim_{y \to 0} \frac{u}{v} = + \frac{\ln 9}{\pi} = 0{,}70.$$

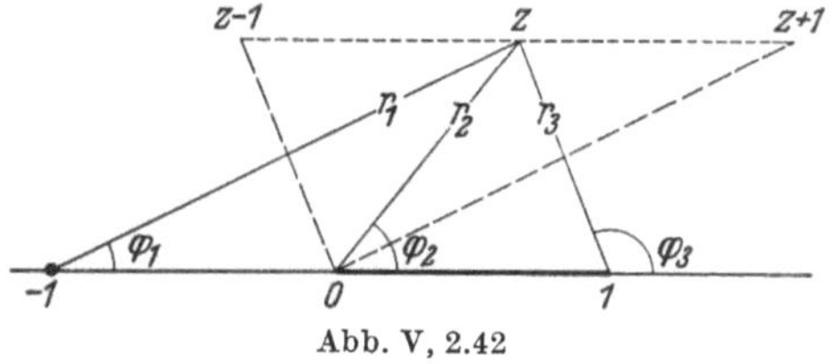

Abb. V, 2.42

Hingegen ist bei der entsprechenden axialsymmetrischen Strömung mit den auf S. 177, unter 2. gegebenen Ausdrücken für $l = 1$ und $0 < x < 1$

$$\frac{u}{v} = -y \frac{1}{x - \frac{\sqrt{x^2 + y^2}}{\sqrt{x^2 + y^2} - \sqrt{(1-x)^2 + y^2}}},$$

also

$$\lim_{y \to 0} \frac{u}{v} = 0.$$

Die Komponenten der Geschwindigkeit in irgendeinem Punkt der Strömung von Abb. V, 2.41 erhält man aus der Ableitung der kombinierten Strömungsfunktion

$$F(z) = u_0\,z + c\ln(z+1) + c\left[z\ln\frac{z-1}{z} - 1\;\ln(z-1) + 1\right],$$

d. h. aus

$$F'(z) = u - i\,v = u_0 + c\left(\frac{1}{z+1} + \ln\frac{z-1}{z}\right)$$

oder mit den Bezeichnungen der Abb. V, 2.42

$$F'(z) = u_0 + c\left(\frac{\cos\varphi_1}{r_1} + \ln\frac{r_3}{r_2}\right) - i\,c\left(\frac{\sin\varphi_1}{r_1} + \varphi_2 - \varphi_3\right);$$

mithin

$$\frac{u}{u_0} = 1 + \frac{c}{u_0}\left(\frac{\cos\varphi_1}{r_1} + \ln\frac{r_3}{r_2}\right)$$

und

$$\frac{v}{u_0} = \frac{c}{u_0}\left(\frac{\sin\varphi_1}{r_1} + \varphi_2 - \varphi_3\right).$$

Diese Größen, in die BERNOULLIsche Gleichung

$$\frac{p - p_0}{\frac{\varrho}{2}u_0^2} = 1 - \left[\left(\frac{u}{u_0}\right)^2 + \left(\frac{v}{u_0}\right)^2\right]$$

eingesetzt, ergeben dann den Druck p gegenüber dem Druck p_0 der ungestörten Flüssigkeit.

2.11 Die Verschmelzung einer flächenhaften Quelle mit einer ebensolchen, gleich starken Senke ist identisch mit einem geradlinigen Wirbelpaar von entgegengesetztem Drehsinn. Wir betrachten in der GAUSSschen Zahlenebene eine Quelle konstanter Stärke von -1 bis $+1$ sowie eine ebensolche Senke in geringer Entfernung Δy oberhalb der Quelle (Abb. V, 2.43). Die Geschwindigkeit infolge eines Elementes der Quelle bzw. Senke im Abstande 1 sei c'. Wir haben dann für die Summe aus Quelle $F_1(z)$ und Senke $F_2(z)$

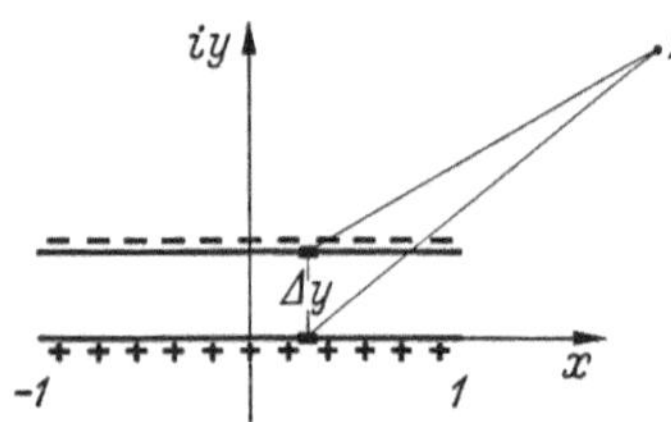

Abb. V, 2.43. Eine flächenhafte Quelle und eine gleich starke im Abstande Δy darüber befindliche Senke

$$F_1(z) + F_2(z) = c'1\int_{-1}^{1} \ln(z - x)\,dx - c'1\int_{-1}^{1} \ln(z - x + \Delta y)\,dx.$$

Damit dieser Ausdruck beim Grenzübergang $\Delta y \to 0$ endlich bleibt, nehmen wir an, daß c' der Zahl Δy umgekehrt proportional, d. h.

$$c' = \frac{c}{\Delta y}$$

ist, und haben dann

$$F(z) = F_1 + F_2 = i\,c\,1\int_{1}^{-1} \frac{\ln(z - x + i\,\Delta y) - \ln(z - x)}{i\,\Delta y}\,dx$$

oder

$$F(z) = i\,c\,1\int_{z=1}^{z=-1} \frac{d}{dz}\ln(z - x)\,dz,$$

also

$$F(z) = i\,c\,1\,[\ln(z + 1) - \ln(z - 1)]. \qquad \text{(V, 2.30)}$$

Das ist aber die Strömungsfunktion der Kombination von zwei geraden Wirbeln, wovon der im Punkte -1 gelegene Wirbel einen negativen, d. h. Uhrzeigerdrehsinn hat, während der im Punkte 1 gelegene Wirbel im positiven Sinne rotiert; vgl. das Stromlinienbild mit den Linien konstanten Potentials in Abb. VII, 4.4, wo die beiden Wirbel allerdings umgekehrten Drehsinn haben, was eine Vorzeichenänderung der letzten Gleichung bedeutet.

Die Strömung eines solchen Wirbelpaares ist allerdings nicht stationär, da die beiden Wirbelachsen, jede im Geschwindigkeitsfeld des anderen Wirbels gelegen, eine Eigenbewegung besitzen. Im Falle der Gl. (V, 2.30) bewegt sich das Wirbelpaar mit der Geschwindigkeit $c/2$ in negativer y-Richtung. Die Strömung wird somit stationär, wenn eine Parallelströmung in positiver y-Richtung mit konstanter Geschwindigkeit $c/2$ superponiert wird, d. h. wenn eine Strömungsfunktion $-i c z/2$ der Gl. (V, 2.30) hinzugefügt wird.

Spaltet man die so erhaltene kombinierte Strömungsfunktion

$$F(z) = -i \frac{c}{2} z + i c \, 1 \ln \frac{z+1}{z-1} \qquad \text{(V, 2.31)}$$

in Real- und Imaginärteil, so ist mit den Bezeichnungen von r und φ analog denjenigen von Abb. V, 2.42

$$\begin{aligned} F = \Phi + i \Psi &= c\left[1(\varphi_3 - \varphi_1) + \frac{y}{2}\right] + i c\left(1 \ln \frac{r_1}{r_3} - \frac{x}{2}\right) \\ &= \Phi_2 + \Phi_1 \qquad\qquad + i(\Psi_2 + \Psi_1). \end{aligned} \qquad \text{(V, 2.32)}$$

Abb. V, 2.44 zeigt die Stromlinien der beiden Wirbel, und zwar $\Psi_2/c = \pm 0{,}05\pi; \pm 0{,}1\pi; \ldots \pm 0{,}4\pi; \ldots -0{,}7\pi$. Die Lage der Mittelpunkte der Kreise sowie die Größe der Radien ergibt sich aus den Formeln auf S. 413, wobei das dortige $|z_2 - z_1|$, d. h. der Abstand der Wirbelachsen hier gleich 2 ist und n^* gleich 20 gewählt wurde. Auf der rechten Hälfte der Abbildung sind die (senkrechten) Geraden $x = 0{,}1\pi$; $0{,}2\pi$; ... $1{,}0\pi$ gezogen und die Schnittpunkte mit gleicher Summen-Konstante, d. h.

$$\frac{\Psi}{c} = \frac{\Psi_2}{c} + \frac{\Psi_1}{c} = 1 \ln \frac{r_1}{r_3} - \frac{x}{2} = \text{const}$$

verbunden (weiße Kurven). $\Psi/c = 0$ bezieht sich auf die imaginäre Achse sowie auf die ovale Kontur (nur zur Hälfte gezeichnet), während die Kurven $\Psi/c = -0{,}05\pi, -0{,}1\pi, \ldots$ die Stromlinien darstellen, welche die ovale Kontur umfließen; auf der linken Hälfte der Abbildung wären die Konstanten der entsprechenden Stromlinien positiv; vgl. auch Abb. VII, 4.7, wo allerdings die Richtungen der Geschwindigkeiten entgegengesetzt sind.

Wir haben hier einen der ganz seltenen Fälle, wo eine wirkliche Flüssigkeit, wie Wasser oder Luft, nach Art der Potentialströmung eine rundliche (d. h. nicht stromlinienförmige) Kontur umfließt und dabei auch am strom*abwärts* gelegenen Staupunkt den Druckanstieg einer Potentialströmung erfährt. Würde man die angeströmte ovale

Flüssigkeitsmasse, die ja in der Flüssigkeit ihren Ort beibehält, durch einen festen Körper von genau dem gleichen Querschnitt ersetzen, so würde das Stromlinienbild an der stromabwärts gelegenen Hälfte

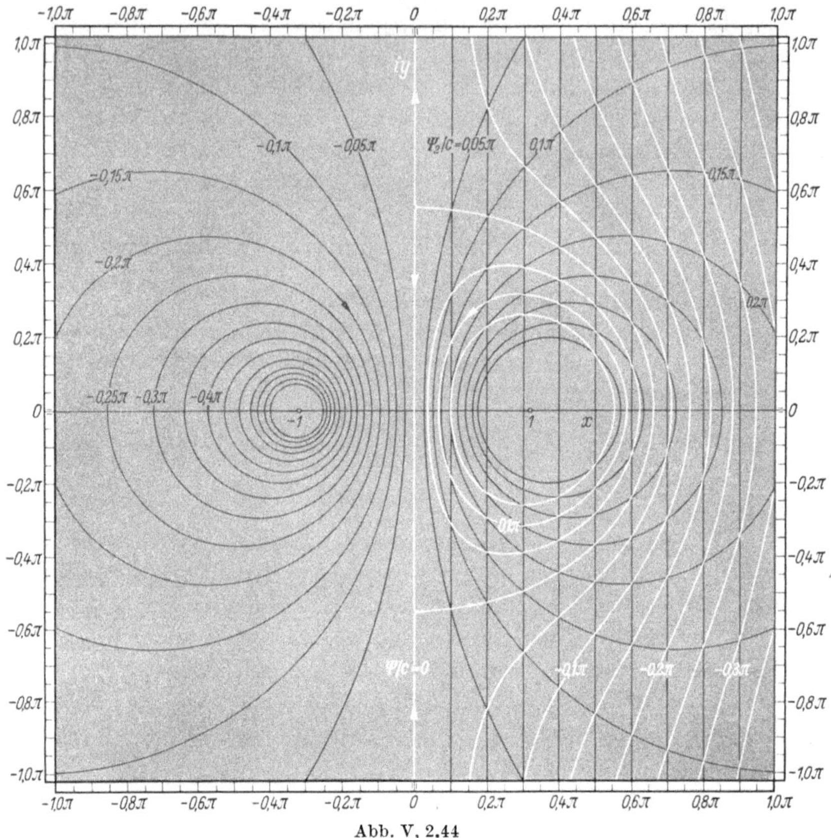

Abb. V, 2.44

Durch Superposition einer von unten nach oben gehenden Strömung $\Psi_1/c = -x/2 = \text{const}$ zu der instationären Strömung des Wirbelpaares $\Psi_2/c = 1 \ln \frac{z+1}{z-1} = \text{const}$ wird diese stationär; man erhält die Stromlinien (weiß) um einen ovalen Querschnitt

vollkommen anders aussehen. Wir werden im 2. Bande im Kapitel über Grenzschichten auf die Ursachen hierfür im einzelnen eingehen.

Die Konstanten der geschlossenen inneren Stromlinien haben das entgegengesetzte Vorzeichen der jeweils äußeren Stromlinien, wie sich aus der Abbildung bzw. aus $\Psi_2/c - x/2$ ergibt.

In Abb. V, 2.45 sind die Linien konstanten Potentials der beiden Wirbel gezeichnet, d. h. Kreise mit den Mittelpunkten auf der imaginären Achse. Über die Lage der Mittelpunkte dieser Kreise und die Größe ihrer Radien geben die Gln. (VII, 4.5 u. 6) Aufschluß. Auf der rechten oberen Hälfte der Abbildung sind die Geraden $y = 0{,}1\,\pi$; $0{,}2\,\pi$; ... $1{,}2\,\pi$ gezogen und die Kurven $\Phi/c = \Phi_2/c + y/2 = 0$; $0{,}05\,\pi$, $0{,}1\,\pi$ ... $0{,}7\,\pi$ entsprechend Gl. (V, 2.32) als weiße Linie ge-

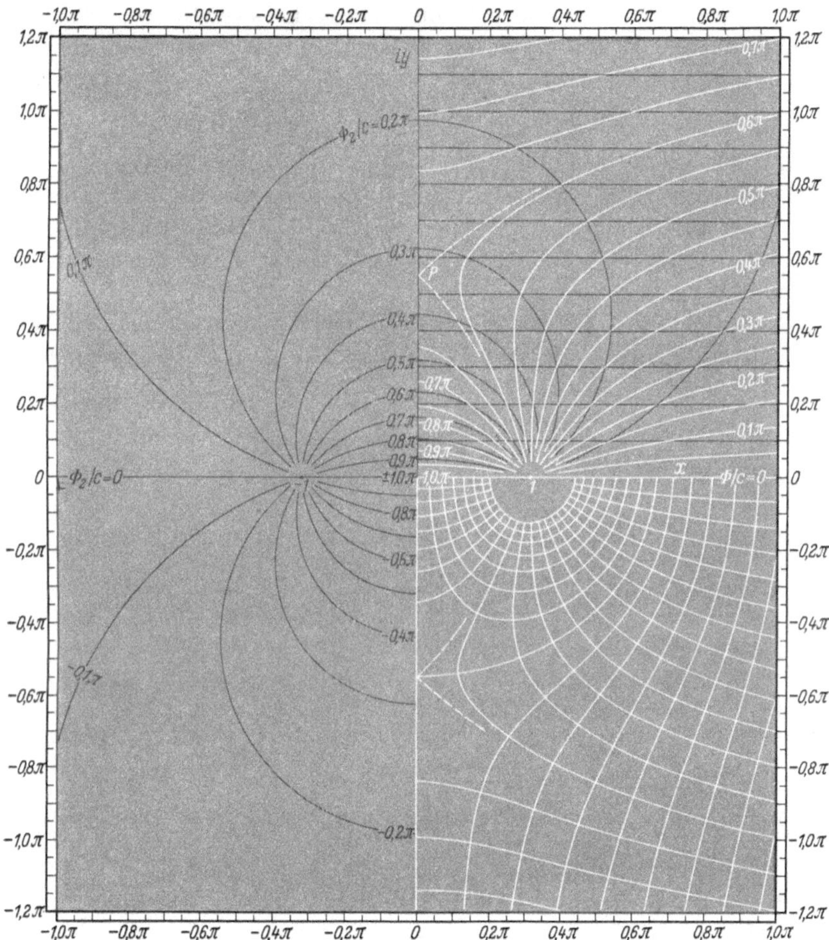

Abb. V, 2.45. Die linke Hälfte zeigt die Linien konstanten Potentials des Wirbelpaares der vorigen Abbildung; rechts oben erhält man die Potentiallinien (weiß) der stationären Strömung der vorigen Abbildung durch Addition der Werte $\Psi_1/c = y/2 = \text{const}$ zu den Ψ_2/c-Werten; rechts unten das Φ, Ψ-Netz der stationären Strömung

zeichnet. Im unteren rechten Teil der Abbildung sind zu den Kurven konstanten Potentials auch noch die Stromlinien der rechten Hälfte von Abb. V, 2.44 eingetragen.

Die Konstante der Potentiallinie durch den Verzweigungspunkt P ergibt sich daraus, daß für diesen Punkt $\varphi_3 - \varphi_1 = 60° = \pi/3$ ist (vgl. auch S. 420), und daß somit die Ordinate dieses Punktes den Wert

$y = \sqrt{2^2 - 1^2} = 1{,}732 = 0{,}5513\,\pi$ hat; mithin ist für den Verzweigungspunkt $\Phi/c = \Phi_2/c + y/2 = 0{,}33\,\pi + 0{,}2757\,\pi = 0{,}609\,\pi$.

Für den Fall, daß sich die Doppelbelegung entsprechend Gl. (V, 2.30) anstatt von -1 bis 1, von $-\infty$ bis 0 erstreckt, verschwindet der linke Wirbel nach $-\infty$, und es verbleibt lediglich der (positive) Wirbel mit seiner Achse im Ursprung, also

$$F(z) = -i\,c\,1 \ln z = c\,1\,\varphi - i\,c\,1 \ln r .$$

In VII 5.4 bis 5.7 erhalten wir auf einem etwas anderen Wege — aber gleichfalls mit Hilfe der Doppelbelegung — dasselbe Resultat. Die dort entwickelte Methode ermöglicht es jedoch, auch das Geschwindigkeitsfeld von Wirbeln beliebiger Gestalt, z. B. von Wirbelringen, zu bestimmen.

2.12 Gebundener Potentialwirbel. Wie wir gesehen haben, kann das Stromlinienbild der Abb. V, 2.46 entweder aufgefaßt werden als

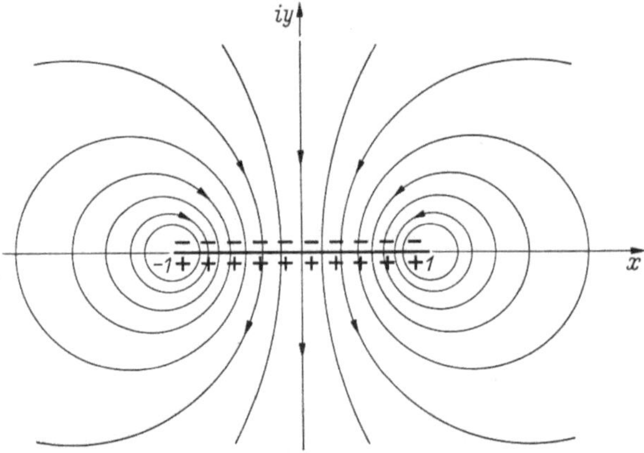

Abb. V, 2.46. Eine Doppelbelegung der Strecke von -1 bis 1 mit Quellen und Senken entspricht einem geraden Wirbelpaar mit den Wirbelzentren in -1 und 1; gebundenes Wirbelpaar

das einer Doppelbelegung von -1 bis $+1$ oder als das zweier Potentialwirbel, die in einem gewissen Augenblick ihre Achsen in den Punkten -1 und $+1$ haben. Die letztere Vorstellung hat — abgesehen von den Wirbelachsen selbst, mit ihren nach Unendlich strebenden Geschwindigkeiten — eine gewisse physikalische Realität, während die Vorstellung einer Doppelbelegung von Quellen und Senken lediglich eine mathematische Fiktion ist. Die dieser Vorstellung entsprechende Strömung ist — im Gegensatz zu derjenigen zweier Potentialwirbel — stationär, da die gedachte Doppelbelegung als im Raum fest angesehen wird. Wir können in diesem Falle gleichsam von zwei „mathematischen" Wirbeln sprechen oder von zwei raumfesten Punkten bzw. Achsen, um die eine zirkulatorische Strömung gleich derjenigen zweier Potentialwirbel vorhanden ist. Solche Wirbel heißen „gebundene" Wirbel zum Unterschied von freien, d. h. den physikalischen Wirbeln.

Die Strömung von zwei freien Wirbeln ist, wie gesagt, instationär; sie kann in dem Falle, daß die Stärke beider Wirbel entgegengesetzt gleich ist, durch Überlagerung einer Parallelströmung von bestimmter Geschwindigkeit, nämlich derjenigen der Wirbelachsen, aber von entgegengesetzter Richtung, stationär gemacht werden. Die Strömung von zwei gebundenen Wirbeln ist an sich stationär und bleibt bei Überlagerung einer beliebigen Parallelströmung stationär, da die Zentren der gebundenen Wirbel an der überlagerten Strömung nicht teilnehmen.

Die Strömung eines einzelnen freien, geraden Potentialwirbels ist stationär, da seine Achse keine Eigenbewegung hat; sie wird instationär durch Überlagerung einer Parallelströmung, da die Achse des freien Wirbels die Bewegung der überlagerten Strömung mitmacht, nicht so der gebundene Wirbel, der — wie wir sehen werden — durch eine Doppelbelegung von der raumfesten Wirbelachse nach Unendlich dargestellt werden kann. Einem solchen gebundenen Wirbel kann man beliebige Parallelströmungen überlagern, ohne daß die Strömung instationär wird.

Nehmen wir einen solchen gebundenen Wirbel mit der Achse in $z = 0$ an, ferner daß die Bewegungsrichtung im Uhrzeigersinn erfolge und die Geschwindigkeit in der Entfernung 1 von der Achse gleich c sei, so ist das Strömungspotential $F_2 = i\,c\,1 \ln z$. Überlagern wir jetzt eine Parallelströmung von links nach rechts: $F_1 = u_0 z$, so ist

$$F = F_1 + F_2 = u_0 z + i\,c\,1 \ln z,$$

also

$$\frac{F}{c\,1} = \frac{u_0}{c\,1}\,x - \varphi + i\left(\frac{u_0}{c\,1}\,y + \ln r\right).$$

Setzen wir $u_0/c = 1$, was lediglich die Längeneinheit festlegt, so haben wir für Potential- und Stromfunktion

$$\Phi = \Phi_1 + \Phi_2 = \frac{x}{1} - \varphi, \qquad \text{(V, 2.33)}$$

$$\Psi = \Psi_1 + \Psi_2 = \frac{y}{1} + \ln r. \qquad \text{(V, 2.34)}$$

In Abb. V, 2.47 sind die Stromlinien und die Kurven konstanten Potentials als weiße ausgezogene bzw. gestrichelte Linien dargestellt. Auf der rechten Hälfte der Abbildung sind die Geraden $\varphi = 0{,}1\,\pi$; $0{,}2\,\pi$; ... π als schwarze Kurven eingezeichnet, und zwar ist φ im Gegenuhrzeigersinn genommen und angefangen von der negativen imaginären Achse. In einer Anzahl von Punkten sind die Schnittpunkte der Kurven $\varphi = \text{const}$ mit $x = \text{const}$ angedeutet. Die Kurven

$\Phi = x/1 - \varphi = -0{,}1\,\pi$ bis $-1{,}9\,\pi$ gehen vom Ursprung aus. Die Kurven $\Phi = 0$ und $\Phi = -2\,\pi$ haben einen gemeinsamen Punkt auf der negativen imaginären Achse. Hier besteht ein Potentialsprung, was dadurch erklärt wird, daß man sich auf dieser Achse die Quell-Senkenbelegung vorzustellen hat. Im Punkte $-i$ ist ein Verzweigungspunkt, insofern

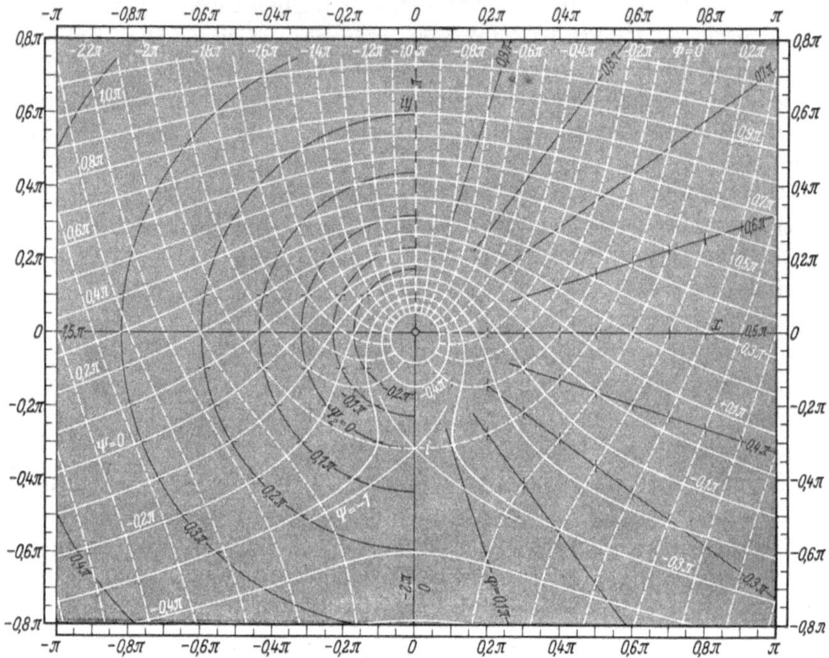

Abb. V, 2.47. Die Stromlinien (weiß) eines gebundenen Wirbels erhält man durch Schnitte der kreisförmigen Stromlinien des Wirbels (linke Bildseite) mit Geraden y = const; die Potentiallinien (weiß gestrichelt) erhält man durch Schnitte der radialen Potentiallinien des Wirbels (rechte Bildseite) mit Geraden x = const

als hier die Kurve $\Phi = 0$ nach rechts und die Kurve $\Phi = -2\,\pi$ nach links abzweigt. Aus $x/-y = \operatorname{tg}\varphi$ folgt für $\lim x = 0$, da dann $x = \varphi = \operatorname{tg}\varphi$ ist, $y = -1$.

Auf der linken Hälfte der Abbildung sind Teile der Kreise $\Psi_2 = \ln r = -0{,}2\,\pi;\ -0{,}1\,\pi;\ 0;\ \ldots\ 0{,}4\,\pi$ dargestellt (schwarz) und wieder eine Anzahl Schnittpunkte dieser Kreise mit $\Psi_1 = y/1$ = const angedeutet. Die Konstanten der sich ergebenden Stromlinien (weiß) $\Psi = y/1 + \ln r$ = const sind an die betreffenden Kurven geschrieben.

Man erkennt, daß — abgesehen von der Umgebung des Punktes $-i$ als eines singulären Punktes — das Netz Φ = const mit Ψ = const angenähert Quadrate bildet. Die Stromlinie, die zum Verzweigungspunkt führt, d. h. $\Psi = -1$, paßt allerdings nicht in das Netz der Quadrate hinein, es sei denn im Grenzfall, wo der Winkelbereich von

0 bis π in $n \to \infty$ viele Winkel $\pi/n = d\varphi$ geteilt wird. Für ein endliches n (in der Abbildung ist $n = 10$), d. h. für eine endliche Größe der Quadrate, tritt im Quadratennetz die zum Verzweigungspunkt führende Stromlinie nicht auf. Der Grund liegt darin, daß ein ganzzahliges Vielfaches von π/n gleich Eins sein müßte, was bekanntlich nicht der Fall sein kann. Da 22/7 nahezu gleich π ist, würde die Stromlinie $-7 \cdot (\pi/22) + \ln 1 = -0{,}9996$ allerdings sehr nahe an den Verzweigungspunkt $-i$ führen. In einem Φ, Ψ-Netz auf der Basis $n = 22$ (die Quadrate also etwas kleiner als halb so groß wie in der Abbildung) könnte man mit sehr guter Annäherung eine der Stromlinien zum Verzweigungspunkt gehen lassen.

Wie bereits bemerkt wurde, ist durch das Verhältnis von u_0/c lediglich die Längeneinheit festgelegt, d. h. die Größe des Stromlinienbildes bestimmt, und zwar in dem Sinne, daß es mit zunehmendem u_0 (bei konstantem c) kleiner wird; die Gestalt der Stromlinien und der Kurven konstanten Potentials ist somit unabhängig von u_0 und c.

Ein Vergleich dieser Strömung mit derjenigen von V, 2.28, d. h. einer Strömung mit Zirkulation um einen Zylinder, zeigt, daß beide Strömungen für große Werte von z, wo also $1/z$ gegenüber z vernachlässigt werden kann, nahezu gleich sind. Im nächsten Kapitel werden wir sehen, daß die Strömung um ein Tragflügelprofil auf diejenige um einen Kreis zurückgeführt werden kann (und zwar für ein jeweils gegebenes u_0/c). Die Strömung in größerer Entfernung vom Tragflügel kann somit derjenigen um einen gebundenen Wirbel näherungsweise gleichgesetzt werden, d. h. man kann die Tragfläche durch einen gebundenen Wirbel ersetzen, soweit es nicht auf die Strömungsvorgänge in der Nähe des Tragflügels ankommt.

Die Vorstellung von Quellen und Senken hat etwas Gekünsteltes an sich. Solange die Quellen und Senken dazu dienen, rotationssymmetrische oder zweidimensionale Körper aufzubauen, mag dieses noch hingehen, da die Flüssigkeit der Quellen und Senken sozusagen „innerhalb" der Körperkontur verbleibt. Bei dem gebundenen Wirbel erstreckt sich jedoch die Linie, oder genauer die Fläche der Doppelbelegung, mit Quellen und Senken quer durch die ganze Strömung, und es fragt sich, ob man experimentell eine Strömung erzeugen kann, welche der Vorstellung eines gebundenen Wirbels entspricht.

Auf S. 211 ist erwähnt worden, daß ein rotierender Zylinder mit seiner Achse im Punkte z, sobald er in einer Flüssigkeit beliebig geringer Zähigkeit angeströmt wird, einen einzelnen freien Wirbel hervorbringt, der mit der Anströmungsgeschwindigkeit u_0 vom Zylinder fortströmt und dadurch eine der Parallelströmung überlagerte zirkulatorische Strömung um den Punkt z verursacht. Verringert man darauf die Anströmungsgeschwindigkeit u_0, so bleibt die Größe der zirkulatorischen Strömung bestehen, und es bilden sich geschlossene Stromlinien um den Zylinder aus, wobei der Staupunkt vom Zylinder abrückt. Das so entstandene Stromlinienbild ist — abgesehen von der näheren Umgebung von $z = 0$ — ähnlich demjenigen der Abb. V, 2.47.

3 Erfüllen der Randbedingungen, konforme Abbildung

3.1 Das Primäre: Die Randbedingung. Bis jetzt haben wir durchweg eine Funktion der komplexen Variablen z an den Anfang unserer Betrachtungen gestellt und dann untersucht, welche Strömung dieser Funktion entspricht bzw. welche Randbedingungen durch die Funktion erfüllt werden. Auf diese Weise hatten wir z. B. die Strömung gegen eine unendlich ausgedehnte Platte oder die in einem Winkelraum und schließlich die um einen Zylinder von kreisförmigem Querschnitt erhalten. Im allgemeinen ist es jedoch das physikalische Problem, z. B. die Strömung um einen Tragflügel, von dem wir auszugehen haben, und wir suchen dann den mathematischen Ausdruck für diese, um eine bessere Einsicht in das Problem zu erhalten, z. B. um die Geschwindigkeits- und Druckverteilung am Tragflügel und damit dessen Auftrieb berechnen zu können.

Bleiben wir bei dem Beispiel der Umströmung eines Tragflügels: Die Geschwindigkeit im Unendlichen u_∞ soll gleichförmig geradlinig sein und die Kontur des Tragflügels, d. h. sein Profil, eine Stromlinie. Die Randbedingungen sind das Primäre, und die Aufgabe besteht somit darin, diejenige Funktion der komplexen Variablen z zu finden, die diesen speziellen Randbedingungen genügt. Es würde also die Differentialgleichung $\Delta\Psi(x, y) = 0$ zu lösen sein mit den Randbedingungen $\Psi = u_\infty y$ im Unendlichen und $\Psi = 0$ auf der Kontur des Tragflügelprofils, oder die Gleichung $\Delta\Phi(x, y) = 0$ mit den Randbedingungen $\partial\Phi/\partial x = u_\infty$ im Unendlichen und $\partial\Phi/\partial n = 0$ für alle Punkte des Profils, wo n die Normale zur Kontur bezeichnet.

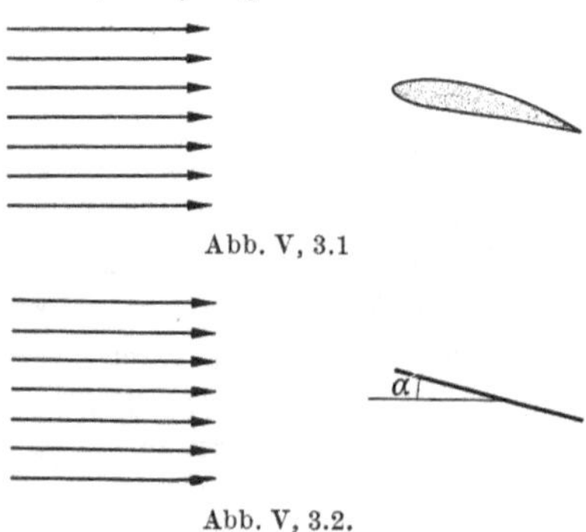

Abb. V, 3.1

Abb. V, 3.2.

Infolge des eigenartigen Umrisses eines Tragflügelprofils dürfte es aber außerordentlich schwierig sein, die LAPLACEsche Differentialgleichung in der einen oder anderen der beiden obigen Formen in der üblichen Weise zu lösen. Und selbst wenn wir das Profil näherungsweise durch eine Gerade ersetzen (Abb. V, 3.1 und 2), erscheint die Aufgabe dadurch kaum einfacher zu werden. Ein möglicher Weg zur Lösung wäre der; rein zeichnerisch durch Probieren und nachträgliches

Korrigieren ein System von kleinen Quadraten nach Art der Abb. V, 1.10 um das Profil bzw. die Gerade aufzubauen. Aber abgesehen davon, daß diese Methode außerordentlich umständlich und zeitraubend wäre, gäbe sie nur angenäherte Werte, und doch müßten die Kurven $\Psi = \text{const}$ bzw. $\Phi = \text{const}$ sehr genau gezeichnet sein, wollte man aus dem Abstand der verschiedenen Stromlinien $\Psi = \text{const}$ bzw. aus den Gradienten der Kurven $\Phi = \text{const}$ die Geschwindigkeit in den einzelnen Punkten des Profils bestimmen.

3.2 Strömungsbild um eine geneigte Platte. Wir wissen, daß — z. B. bei einem Kreiszylinder der Abb. V, 3.3 — die Stromlinien durch $\Psi = \text{const}$ gegeben sind, und daß die Kurven $\Phi = \text{const}$ zu diesen Stromlinien senkrecht stehen. Tragen wir in Abb. V, 3.4 diese Kurven in ein Φ, Ψ-Koordinatensystem, das heißt in eine Gausssche Zahlenebene $F = \Phi + i\,\Psi$, so erhält man offenbar ein geradliniges Quadratennetz; z. B. erscheint die gestrichelte Stromlinie $\Psi = 0{,}8$ der Abb. V. 3.3 in Abb. V, 3.4 als horizontale Gerade durch den Punkt $0{,}8\,i$, während die gestrichelte Kurve $\Phi = 2{,}0$ der Abb. V, 3.3 in Abb. V, 3.4 als Gerade vom Punkt 2 ausgeht und senkrecht zur Abszissenachse Φ ist.

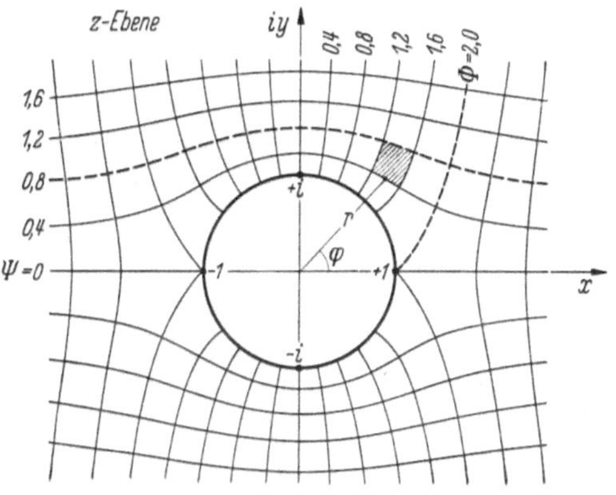

Abb. V, 3.3. Stromlinien $\Psi = \text{const}$ und Potentiallinien $\Phi = \text{const}$ der Strömung um einen Kreiszylinder in der z-Ebene

Die Stromlinie $\Psi = 0$, die in Abb. V, 3.3 die x-Achse von $-\infty$ bis -1, den Einheitskreis und die reelle Achse von $+1$ bis $+\infty$ in sich schließt, geht in Abb. V, 3.4 in die reelle Achse über, wobei der Einheitskreis auf die Strecke von $\Phi = -2$ bis $\Phi = +2$ zu liegen kommt. Jedem Punkt in dem Strömungsfeld der Abb. V, 3.3 entspricht ein Punkt in der $\Phi + i\,\Psi$-Ebene und jedem Flächenstück (schraffiert) außerhalb des Kreises der einen Ebene ein Flächenstück (schraffiert) in der anderen Ebene. Die Ebene des Strömungsfeldes um den Kreiszylinder ist gleichsam auf die $F = \Phi + i\,\Psi$-Ebene eindeutig „abgebildet".

Daß der Einheitskreis in der z-Ebene auf das doppelt zu zählende Geradenstück von -2 bis $+2$ in der F-Ebene abgebildet wird, ergibt sich direkt aus der Funktion der Umströmung des Einheitskreises (vgl. V, 2.5), d. h. aus

$$F = \Phi + i\,\Psi = z + \frac{1}{z} = e^{i\varphi} + e^{-i\varphi} = 2\cos\varphi\,, \qquad \text{(V, 3.1)}$$

also
$$\Phi = 2\cos\varphi, \quad \Psi = 0.$$

Durchläuft der Winkel φ in Abb. V, 3.3 den Bereich von 0 bis π mit $r = 1$, so durchläuft die Abszisse Φ in Abb. V, 3.4 die Strecke $+2$ bis -2; vergrößert sich der Winkel φ von π bis 2π, so bewegt sich die Abszisse Φ von -2 bis $+2$. Die Anströmungsgeschwindigkeit im Unendlichen ist in der obigen Gleichung der Einfachheit halber gleich Eins gesetzt. Diese Funktion nennt man auch die Abbildungsfunktion; durch sie wird das Äußere des Einheitskreises der z-Ebene auf die F-Ebene abgebildet. Das Innere des Einheitskreises mit den in Abbildung V, 2.16 dargestellten Stromlinien und Kurven konstanten Potentials wird in gleicher Weise auf ein zweites RIEMANNsches Blatt abgebildet, das mit dem ersteren durch den Schnitt von -2 bis $+2$ zusammenhängt. Der Nullpunkt der z-Ebene entspricht dem Unendlichen, d. h. $F = \infty$ auf dem zweiten RIEMANNschen Blatt.

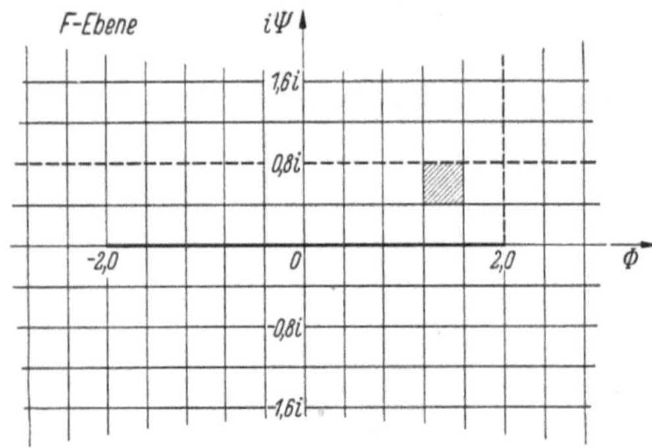

Abb. V, 3.4. Konforme Abbildung der vorherigen Strömung auf eine $F = \Phi + i\,\Psi$-Ebene

Wie die Funktionentheorie lehrt, vermittelt jede analytische Funktion einer komplexen Veränderlichen überall dort eine sogenannte konforme Abbildung, wo die erste Ableitung der Funktion, d. h. in unserem Falle die konjugiert komplexe Geschwindigkeit, endlich und von Null verschieden ist. Dieses folgt aus der Gültigkeit und der physikalischen Deutung der CAUCHY-RIEMANNschen Differentialgleichungen (V, **1.5**). Unter einer konformen Abbildung versteht man dabei eine Abbildung einer Ebene auf eine andere derart, daß Winkel der einen Ebene in gleiche Winkel (mit gleichem Drehsinn) der anderen Ebene abgebildet werden, und daß das Verhältnis zweier Strecken der einen Ebene gleich ist dem Verhältnis der entsprechenden Strecken der anderen Ebene für den Fall, daß die Größe der Strecken nach Null konvergiert. Man kann dieses auch so ausdrücken, daß bei einer konformen Abbildung eine Ebene auf eine in den kleinsten Teilen ähnliche Ebene abgebildet wird.

In Abb. V, 3.4 haben wir durch die Abbildungsfunktion Gl. (V, **3.1**) aus Abb. V, 3.3 das Stromlinienbild um eine ebene, unendlich dünne Platte von -2 bis 2 erhalten. In diesem trivialen Fall waren wir allerdings nicht interessiert, vielmehr sollte die Platte, entsprechend

Abb. V, 3.2, einen gewissen Winkel zur Anströmungsrichtung haben. Durch diese Bedingung scheint das Problem sehr viel schwieriger zu werden insofern, als das einfache Quadratennetz der Abb. V, 3.4 außerordentlich kompliziert zu werden droht, wenn die Strecke von -2 bis 2 sich um einen gewissen Winkel, sagen wir um 30° im Uhrzeigersinn, dreht. Dieses ist jedoch nicht der Fall. Hier zeigt sich in geradezu

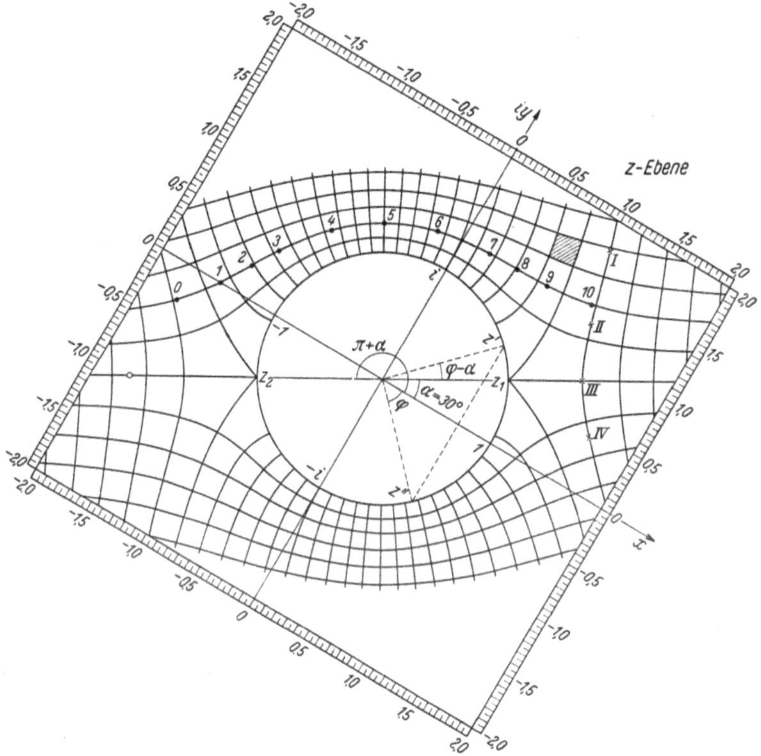

Abb. V, 3.5 Das Koordinatensystem der Abb. V, 3.3 ist um $\alpha = -30°$ gedreht

handgreiflicher Form der Vorteil, der in der Anwendung der Theorie der Funktionen komplexer Variablen und insbesondere der konformen Abbildung liegt.

Um die Stromlinien bei einer geneigten Fläche (z. B. $\alpha = 30°$) und die dazugehörigen Kurven konstanten Potentials zu erhalten, beziehen wir das Strömungsbild um den Einheitskreis von Abb. V, 3.3 auf ein um $-30°$ gedrehtes Koordinatensystem, wie in Abb. V, 3.5 dargestellt. Der Einheitskreis in der $z = x + iy$-Ebene wird durch Gl. (V, 3.1) wieder auf eine Strecke von -2 bis $+2$ in einer anderen Ebene abgebildet, wobei die Punkte ± 1 auf die Punkte ± 2 fallen. Da die Stromlinien $\Psi = \text{const}$ und die Potentiallinien $\Phi = \text{const}$ der Abb. V, 3.3 in

Abb. V, 3.4 ein *aus Geraden bestehendes* quadratisches Netz bilden, konnte man aus diesem Grunde Φ und Ψ als die cartesischen Koordinaten der Abbildungsebene auffassen (Abb. V, 3.4). Dieses ist jetzt, d. h. bei dem um 30° gedrehten Koordinatensystem der Abb. V, 3.5, nicht mehr möglich, da das quadratische Kurvennetz Φ = const und

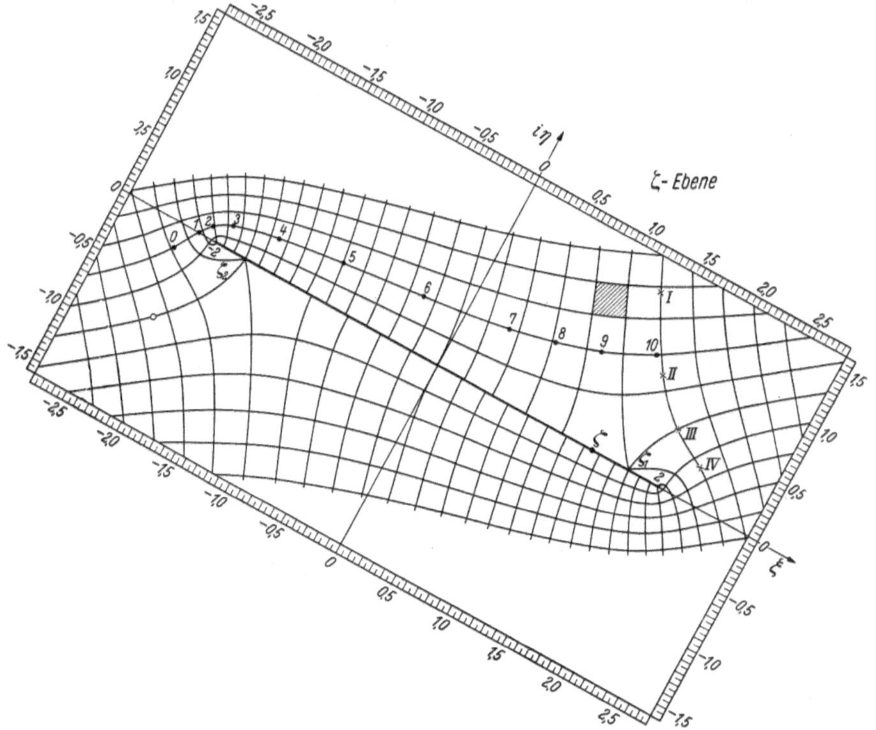

Abb. V, 3.6. Konforme Abbildung der vorigen Strömung auf eine $\zeta = \xi + i\eta$-Ebene durch die Funktion $\zeta = z + 1/z$

Ψ = const der Abb. V, 3.5 nicht auf ein *aus Geraden bestehendes* quadratisches Netz abgebildet wird (Abb. V, 3.6). Wir wollen die neue Abbildungsebene die $\zeta = \xi + i\eta$-Ebene nennen, und haben dann als Abbildungsfunktion

$$\zeta = z + \frac{1}{z}, \qquad \text{(V, 3.2)}$$

wodurch der Einheitskreis der z-Ebene in das Geradenstück von -2 bis $+2$ der ζ-Ebene abgebildet wird. Nur in dem trivialen Falle, daß die Strömung um den Einheitskreis (Abb. V, 3.3) in die Strömung längs der zur Strömungsrichtung parallelen Geraden von -2 bis $+2$ abgebildet wird (Abb. V, 3.4), ist $F = \Phi + i\eta \equiv \zeta = \xi + i\eta$.

Die beiden Staupunkte am Einheitskreis, d. h. $z_1 = e^{i\pi/6}$, bzw. $z_2 = e^{i(\pi + \pi/6)}$ werden wie folgt abgebildet:

$$\zeta_1 = z_1 + \frac{1}{z_1} = \left(1 + \frac{1}{1}\right)\cos 30° + i\left(1 - \frac{1}{1}\right)\sin 30°,$$
$$= \xi_1 \qquad\qquad + i\eta_1,$$

d. h. $\xi_1 = 2\cos 30° = 1{,}73$ und $\eta_1 = 0$; analog gibt $\zeta_2 = z_2 + 1/z_2$ die Werte $\xi_2 = -1{,}73$, $\eta_2 = 0$. In der gleichen Art erhält z. B. ein be-

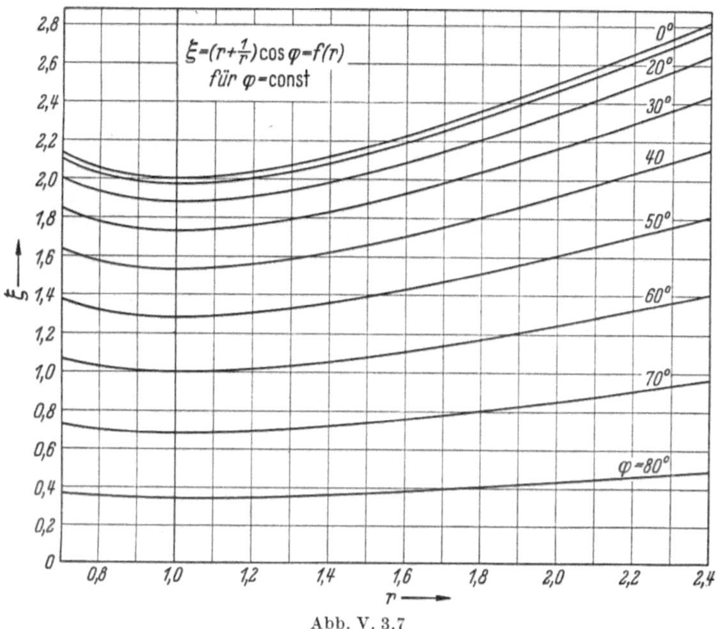

Abb. V, 3.7

liebiger Punkt (kleiner Kreis) auf der Staugeraden in der z-Ebene, dessen Radiusvektor r z. B. gleich 2 sein möge, in der ζ-Ebene die Koordinaten

$$\xi = (2 + \tfrac{1}{2})\cos(180° + 30°) = -2{,}17,$$
$$\eta = (2 - \tfrac{1}{2})\sin(180° + 30°) = -0{,}75.$$

In dieser Weise wurde eine Stromlinie der z-Ebene mit den Punkten 0 bis 10 auf die ζ-Ebene (Abb. V 3.6) abgebildet, indem für jeden der 11 Punkte $z = re^{i\varphi}$ die Koordinaten

$$\xi = \left(r + \frac{1}{r}\right)\cos\varphi, \qquad \eta = \left(r - \frac{1}{r}\right)\sin\varphi \qquad \text{(V, 3.3)}$$

bestimmt, die Punkte mit diesen Koordinaten in die ζ-Ebene eingetragen und diese schließlich durch einen Kurvenzug verbunden wurden. In der gleichen Art wurden die übrigen Stromlinien und ebenfalls die Kurven konstanten Potentials von der z-Ebene auf die ζ-Ebene abgebildet. Die mit den römischen Ziffern bezeichneten Punkte I bis IV auf einer Kurve konstanten Potentials entsprechen einander, ebenfalls die schraffierten „Quadrate".

Auf die Anwendung der letzten beiden Gleichungen werden wir noch mehrfach zurückkommen. Für die Durchführung solcher „Abbildungen" ist es zweckmäßig, ξ und η entsprechend Gl. (V, 3.3) als

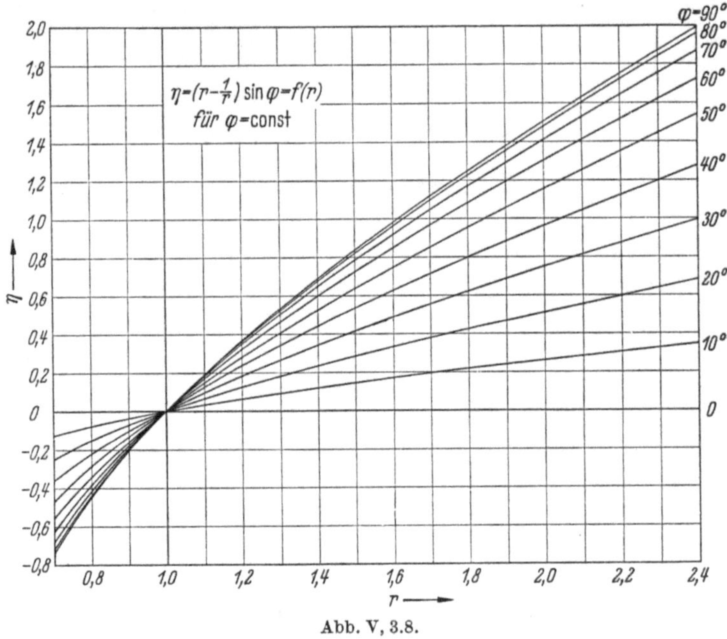

Abb. V, 3.8.

Funktionen von r für konstante Werte von φ aufzutragen (Abb V, 3.7 und 8), und zwar in genügend großem Maßstab, so daß man für gegebene r, φ-Werte der z-Ebene aus diesen Kurven direkt die rechtwinkligen Koordinaten ξ und η der Abbildung in der ζ-Ebene mit genügender Genauigkeit ablesen kann.

3.3 Der Betrag der Geschwindigkeit in der Abbildung. Wir haben im vorigen eine Methode kennengelernt, wonach man zwar punktweise die Gestalt der Stromlinien sowie die Kurven konstanten Potentials um eine neue Berandung, nämlich eine geneigte Platte, bestimmen kann, besitzen aber dadurch keineswegs den analytischen Ausdruck dieser Kurven als Funktionen ihrer Koordinaten ξ und η. Bezeichnen wir die Funktion der Stromlinien in Abb. V, 3.6 mit $\Psi(\xi, \eta) = \text{const}$ und die der Kurven konstanten Potentials mit $\Phi(\xi, \eta) = \text{const}$, so würde uns erst die Lösung der LAPLACEschen Gleichungen $\Delta\Psi = 0$ bzw.

$\Delta\Phi = 0$ unter Berücksichtigung der Randbedingung diese Funktionen liefern, so daß wir daraus dann die Geschwindigkeit in jedem Punkt der ζ-Ebene z. B. aus $\operatorname{grad}\Phi(\xi, \eta)$ berechnen könnten.

Um den Betrag der Geschwindigkeit in einem beliebigen Punkte der ζ-Ebene in Abb. V, 3.6 zu berechnen (die Richtung kennen wir durch die Stromlinie), müssen wir einen anderen Weg einschlagen. Zunächst wollen wir überlegen, wie man aus dem bekannten Geschwindigkeitsfeld der Abb. V, 3.3 die triviale Lösung der konstanten Geschwindigkeit längs der Strecke -2 bis $+2$ in Abb. V, 3.4 erhalten kann; die gleiche Überlegung werden wir dann auf Abb. V, 3.6 anwenden.

Legen wir das Strömungsbild von Abb. V, 3.3 zugrunde, so erkennen wir, daß in Abb. V, 3.4 der Abstand der Potentialkurven in der Nähe des Ursprungs größer ist als der Abstand der entsprechenden Potentiallinien in der Nähe von $\pm i$ in der z-Ebene; die F-Ebene ist im Ursprung, verglichen mit der z-Ebene in den Punkten $\pm i$, gedehnt. Umgekehrt ist es in der Nähe der Punkte ± 2; hier ist die F-Ebene, gegenüber der z-Ebene in den Punkten ± 1, geschrumpft. Der Gradient der Potentialkurven ist in der F-Ebene infolge ihrer Verzerrung kleiner im Punkte $F = 0$ und größer in den Punkten ± 2 als in den entsprechenden Punkten $\pm i$ bzw. ± 1 der z-Ebene. Da anderseits dieser Gradient die Geschwindigkeit bedeutet, ist diese kleiner im Punkte 0 und größer in den Punkten ± 2 als die entsprechenden Geschwindigkeiten in den Punkten $\pm i$ bzw. ± 1 der z-Ebene.

Es wird also darauf ankommen, das Verzerrungsmaß der F-Ebene gegenüber der z-Ebene zu berechnen, da dieses die gesuchte Geschwindigkeit in einem Punkt der F-Ebene bei gegebener Geschwindigkeit in dem entsprechenden Punkte der z-Ebene bestimmt. Wir fragen uns zunächst: In welchem Maße ist ein Element $d\Phi$ der Strecke -2 bis $+2$ in Abb. V, 3.4 gegenüber einem Element $ds = d\varphi$ des Einheitskreises der z-Ebene in Abb. V, 3.3 verzerrt, d. h. wie groß ist $d\Phi/ds = d\Phi/d\varphi$? Aus Gl. (V, 3.2) folgt unmittelbar

$$\frac{d\Phi}{d\varphi} = |2 \sin\varphi| . \qquad \text{(V, 3.4)}$$

Für $\varphi = 90°$ ist $d\Phi/d\varphi = 2$, d. h. das Element $d\Phi$ ist im Punkte $F = 0$ auf das Doppelte von $ds = d\varphi$ im Punkte $z = i$ gestreckt und folglich die Geschwindigkeit in $F = 0$ halb so groß wie im Punkte $z = i$. Um die Geschwindigkeit im Punkte $F = 0$ zu erhalten, muß man also die Geschwindigkeit in $z = i$ mit dem reziproken Wert von $d\Phi/d\varphi$, d. h. der Verzerrungszahl, multiplizieren. Für $\varphi = 90°$ ist somit die Verzerrungszahl 1/2 und, da die Geschwindigkeit im Punkte i gleich zwei ist, hat man für die Geschwindigkeit im Punkte $F = 0$ den gesuchten Wert $2 \cdot \frac{1}{2} = 1$. Für $\varphi = 0$ geht $d\Phi/d\varphi$ nach Null und also die Verzerrungszahl nach ∞. Da die Geschwindigkeit in $z = 1$ gleich Null ist (Staupunkt), erhält man für die Geschwindigkeit im Punkt $F = 2$ zunächst den unbestimmten Ausdruck $0 \cdot \infty$.

Um die Geschwindigkeit in irgend einem Punkte Φ der Strecke -2 bis 2 zu berechnen, hat man — wegen $\Phi = 2\cos\varphi$ — die zu dem Winkel

$$\varphi = \arccos\frac{\Phi}{2}$$

gehörige Geschwindigkeit auf dem Einheitskreis mit der Verzerrungszahl $1/2\,|\sin\varphi|$ zu multiplizieren. Nun ist aber der Betrag der Geschwindigkeit auf dem Einheitskreis gleich $d\Phi/d\varphi$, also gleich $2\,|\sin\varphi|$, so daß die Geschwindigkeit q_F in jedem Punkt der Strecke von -2 bis 2

$$q_F = q_z\,\frac{1}{d\Phi/d\varphi} = \frac{2\sin\varphi}{2\sin\varphi} = 1$$

ist.

Um dieses triviale Resultat zu erhalten, hätten wir nicht diese etwas weitschweifige Überlegung gebracht, wenn wir sie nicht gleich auf den scheinbar komplizierteren Fall der Abb. V, 3.6 anwenden könnten. Auch hier ist die Gerade von -2 bis 2 die Abbildung des Einheitskreises, so daß die Verzerrungszahl für die Strecke -2 bis 2 die gleiche ist wie vorher, d.h. $1/2\,|\sin\varphi|$. Wegen der Drehung des Koordinatensystems um $-\alpha$, d.h. im Uhrzeigersinn, ist die Geschwindigkeit in irgend einem Punkte (φ) auf dem Einheitskreise $q_z = 2\sin(\varphi - \alpha)$. In der Abb. V, 3.5 ist $\alpha = 30°$ gewählt, so daß wir z. B. für $\varphi = 30°$ den Wert $q_z = 0$, d. h. den Staupunkt, erhalten.

Zu einem Punkte ζ auf der Strecke -2 bis 2 (Abb. V, 3.6) gehören jeweils zwei konjugiert komplexe Werte z und $\bar{z}$ auf dem Einheitskreise, nämlich φ und $2\pi - \varphi$. Der Betrag der Geschwindigkeit in diesen beiden Punkten ist, wenn die Geschwindigkeit im Unendlichen $u_\infty = 1$ gesetzt wird,

$$q_z = |2\sin(\varphi - \alpha)|$$

bzw.

$$q_{\bar{z}} = |2\sin[2\pi - (\varphi + \alpha)]| = |2\sin(\varphi + \alpha)|.$$

Multiplizieren wir diese Geschwindigkeiten mit dem Verzerrungsfaktor $1/2\,|\sin\varphi|$, so erhalten wir für die Geschwindigkeit in einem Punkte ζ der Strecke -2 bis 2

$$q_\zeta = \frac{|\sin(\varphi \mp \alpha)|}{|\sin\varphi|} \qquad \text{(V, 3.5)}$$

und mit $\sin(\varphi \mp \alpha) = \sin\varphi\cos\alpha \mp \cos\varphi\sin\alpha$

$$q_\zeta = \cos\alpha \mp \sin\alpha\,|\mathrm{ctg}\,\varphi|. \qquad \text{(V, 3.6)}$$

Berücksichtigt man noch, daß nach Gl. (V, 3.3) für $r = 1$

$$\cos\varphi = \frac{\xi}{2}, \quad \text{also} \quad \sin\varphi = \sqrt{1 - \cos^2\varphi} = \frac{1}{2}\sqrt{4 - \xi^2}$$

ist, so hat man schließlich

$$q_\zeta = \cos\alpha \mp \sin\alpha \frac{\xi}{\sqrt{4-\xi^2}}. \qquad \text{(V, 3.7)}$$

Ist die Geschwindigkeit im Unendlichen der beiden Ebenen nicht 1, wie der Einfachheit halber bisher angenommen, sondern u_∞, so ist der obige Wert mit u_∞ zu multiplizieren. Im Punkte ζ haben wir zwei verschiedene Geschwindigkeiten, wie auch aus den unterschiedlichen Abständen der Kurven konstanten Potentials auf der oberen und unteren Seite der Strecke -2 bis 2 der Abb. V, 3.6 ersichtlich ist.

Im Ursprung ($\xi = 0$) ist die Geschwindigkeit q_ζ gleich $\cos\alpha$ also im vorliegenden Fall gleich $\cos 30° = 0{,}866$ der Geschwindigkeit im Unendlichen; sie ist Null für $\operatorname{ctg} 30° = \pm\, \xi/\sqrt{4-\xi^2}$, d. h. für $\xi = \pm 1{,}732$, wie bereits auf S. 239 festgestellt. Die Geschwindigkeit wächst über alle Grenzen für $\xi = \pm\, 2$, d. h. bei der Umströmung der Kanten. Dies ist bei einer Flüssigkeit oder einem Gas nicht möglich, wie denn überhaupt diese Überlegungen sich nicht auf tatsächliche Strömungsvorgänge beziehen, sondern nur mathematischer Natur sind, aber dazu dienen, später in abgeänderter Form auf Strömungsvorgänge wirklicher Flüssigkeiten angewendet zu werden.

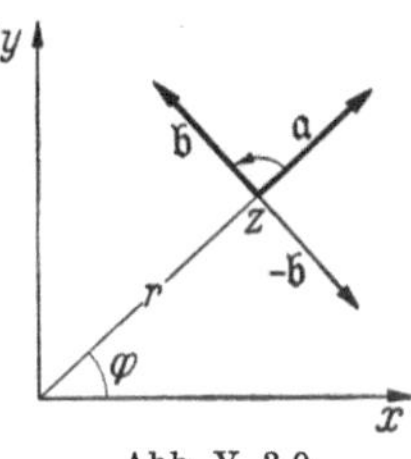

Abb. V, 3.9

Bisher haben wir die Geschwindigkeit nur für Punkte der Strecke -2 bis 2 berechnet. Wir wollen jetzt die entsprechenden Formeln für die Geschwindigkeit in einem beliebigen Punkte $\xi + i\eta$ der ζ-Ebene von Abb. V, 3.6 ableiten. Die Geschwindigkeit $\mathfrak{q}_z$ in einem Punkte (r, φ) der z-Ebene von Abb. V, 3.3 ist

$$\mathfrak{q}_z = \operatorname{grad} \Phi = \mathfrak{a} \frac{\partial \Phi}{\partial r} + \mathfrak{b} \frac{\partial \Phi}{r\,\partial \varphi}, \qquad \text{(V, 3.8)}$$

wo $\mathfrak{a}$ der Einheitsvektor in der jeweiligen Richtung des Radiusvektors ist und $\mathfrak{b}$ der dazu senkrechte Einheitsvektor in der z-Ebene (Abb. V, 3.9). Nach Gl. (V, 3.3) ist also

$$\mathfrak{q}_z = \mathfrak{a}\left(1 - \frac{1}{r^2}\right)\cos\varphi - \mathfrak{b}\left(1 + \frac{1}{r^2}\right)\sin\varphi \qquad \text{(V, 3.9)}$$

und der Betrag von $\mathfrak{q}_z$ somit

$$q_z = \sqrt{\left(1 - \frac{1}{r^2}\right)^2 \cos^2\varphi + \left(1 + \frac{1}{r^2}\right)^2 \sin^2\varphi}\,,$$

oder umgeformt

$$q_z = \frac{1}{r}\sqrt{\left(r + \frac{1}{r}\right)^2 - 4\cos^2\varphi}. \qquad \text{(V, 3.10)}$$

Der reziproke Wert hiervon, d. h.

$$\lambda = \frac{r}{\sqrt{\left(r + \frac{1}{r}\right)^2 - 4\cos^2\varphi}} \qquad \text{(V, 3.11)}$$

ist der Verzerrungsfaktor in demjenigen Punkte (ξ, η) der ζ-Ebene, der dem Punkte (r, φ) der z-Ebene entspricht. Für Punkte der Strecke -2 bis 2, d. h. der Abbildung des Einheitskreises auf diese Strecke, geht der Verzerrungsfaktor in $1/2\,|\sin\varphi|$ über, in Übereinstimmung mit dem Vorherigen (S. 242). Einem jeden Punkte $\zeta_1 = \xi_1 + i\,\eta_1$ außerhalb der Strecke -2 bis 2 in Abb. V, 3.6 entspricht ein Punkt $z_1 = r_1 e^{i\varphi_1}$ außerhalb des Einheitskreises in Abb. V, 3.5. Um die Geschwindigkeit in ζ_1 zu erhalten, muß die im Punkte z_1 herrschende Geschwindigkeit mit dem obigen Verzerrungsfaktor multipliziert werden. Die Geschwindigkeit im Punkte z_1 des um $-\alpha$ gedrehten Koordinatensystems (Abb. V, 3.5) ist, wenn in Gl. (V, 3.9) $\varphi - \alpha$ statt φ gesetzt wird, entsprechend Gl. (V, 3.10)

$$q_{z_1} = \frac{1}{r_1}\sqrt{\left(r_1 + \frac{1}{r_1}\right)^2 - 4\cos^2(\varphi_1 - \alpha)}. \qquad \text{(V, 3.12)}$$

In einem beliebigen Punkt ζ ist die Geschwindigkeit somit

$$q_\zeta = \sqrt{\frac{\left(r + \frac{1}{r}\right)^2 - 4\cos^2(\varphi - \alpha)}{\left(r + \frac{1}{r}\right)^2 - 4\cos^2\alpha}}. \qquad \text{(V, 3.13)}$$

Um beispielsweise die Geschwindigkeit q_ζ im Punkte 9 der Abb. V, 3.6 zu berechnen, stellen wir fest, daß die Koordinaten des entsprechenden Punktes 9 der Abb. V, 3.5 $r = 1{,}48$ und $\varphi = 60^\circ$ sind. Diese Größen in Gl. (V, 3.13) eingesetzt, ergibt mit $\alpha = 30^\circ$ die Geschwindigkeit $q_\zeta = 0{,}672$ (die Geschwindigkeit im Unendlichen gleich eins gesetzt); oder, wir fragen nach der Geschwindigkeit nahe der Kanten $\pm\, 2$, z. B. $\xi = \pm\, 2{,}02$. Die inverse Funktion zu Gl. (V, 3.2) ist

$$z = \frac{\zeta}{2} \pm \frac{1}{2}\sqrt{\zeta^2 - 4}\,; \qquad \text{(V, 3.14)}$$

in unserem Beispiel: $\xi = \pm\, 2{,}02$, $\eta = 0$, also

$$x = \frac{\xi}{2} \pm \frac{1}{2}\sqrt{\xi^2 - 4} = 1{,}01 \pm \frac{1}{2}\sqrt{2{,}02^2 - 4}$$

oder

$$x = r = 1{,}152; \quad \varphi = 0 \quad \text{bzw.} \quad \pi,$$

da nur das positive Vorzeichen der Wurzel in Frage kommen kann, weil $r > 1$ sein muß. Die Werte $r = 1{,}152$ und $\varphi = 0$ sowie $\alpha = 30^\circ$ in Gl. (V, 3.13) eingesetzt, gibt $q_\zeta = 3{,}665$.

Im allgemeinen wird man durch die punktweise Konstruktion der Stromlinien in Abb. V, 3.6 aus Abb. V, 3.5 wissen, welche Punkte der z-Ebene bestimmten Punkten der ζ-Ebene entsprechen. Hat man aber die Stromlinien nicht konstruiert und will doch wissen, welcher Punkt der z-Ebene einem gegebenen Punkte der ζ-Ebene entspricht, so erhält man diesen Punkt $z = x + i\,y$ aus der zu Gl. (V, 3.1) inversen Funktion, d. h. aus Gl. (V, 3.14). Spaltet man noch die komplexen Zahlen in reelle und imaginäre Teile, so ist

$$x + i\,y = \frac{\xi + i\,\eta}{2} \pm \frac{1}{2}\sqrt{(\xi + i\,\eta)^2 - 4}\,,$$

woraus x und y bei gegebenen Werten von ξ und η zu berechnen sind. Der Wurzelausdruck ist bekanntlich diejenige komplexe Zahl, deren absoluter Betrag gleich der Wurzel aus dem absoluten Betrag von $(\xi + i\,\eta)^2 - 4$ ist und dessen Argument die Hälfte des Argumentes dieser letzteren komplexen Zahl ist. Am einfachsten erhält man die Zahl durch geometrische Konstruktion.

3.4 Strömung um eine zur Anströmungsrichtung senkrechte Platte (stationäre und nichtstationäre Strömung). Dreht man das Koordinatensystem der z-Ebene von Abb. V, 3.3 im Uhrzeigersinn statt um 30° um 90°, setzt also $\alpha = \pi/2$, so wird jeder Punkt z mit $e^{-i\pi/2} = -i$ multipliziert, so daß die Strömungsfunktion Gl. (V, 3.1) in

$$\zeta = -\,i\,z - \frac{1}{i\,z} = -\,i\left(z - \frac{1}{z}\right)$$

$$= \left(r + \frac{1}{r}\right)\sin\varphi - i\left(r - \frac{1}{r}\right)\cos\varphi\,. \qquad \text{(V, 3.15)}$$

übergeht.

Dreht man jetzt beides: Strömung *und* Koordinatensystem um 90° zurück, so erhält man Abb. V, 3.10.

In einem beliebigen Punkt (r, φ) der Strömung ist die Geschwindigkeit entsprechend Gl. (V, 3.8), in Verbindung mit Gl. (V, 3.15),

$$\mathfrak{q}_z = \operatorname{grad}\Phi = \mathfrak{a}\left(1 - \frac{1}{r^2}\right)\sin\varphi + \mathfrak{b}\left(1 + \frac{1}{r^2}\right)\cos\varphi\,,$$

der Betrag also

$$q_z = \sqrt{\left(1 - \frac{1}{r^2}\right)^2\sin^2\varphi + \left(1 + \frac{1}{r^2}\right)^2\cos^2\varphi}$$

oder

$$q_z = \frac{1}{r}\sqrt{\left(r + \frac{1}{r}\right)^2 - 4\sin^2\varphi}\,, \qquad \text{(V, 3.16)}$$

was auch aus Gl. (V, 3.12) folgt, wenn $\varphi - \pi/2$ statt φ gesetzt wird.

Durch die Abbildungsfunktion Gl. (V, 3.2)

$$\zeta = z + \frac{1}{z}$$

geht, wie wir gesehen haben, der Einheitskreis in die doppelt zu zählende Strecke -2 bis 2 über, also durch Gl. (V, 3.3), d. h.

$$\xi = \left(r + \frac{1}{r}\right)\cos\varphi\,, \qquad \eta = \left(r - \frac{1}{r}\right)\sin\varphi \qquad \text{(V, 3.17)}$$

das Äußere des Einheitskreises in die $\xi + i\,\eta$-Ebene der Abb. V, 3.11. Bestimmt man wieder für solche Punkte (r, φ), die auf ein und derselben Stromlinie der Abbildung V, 3.10 liegen, mittels der letzten Gleichung bzw. aus Abb. V, 3.7 und 8 die entsprechenden ξ- und η-Werte und trägt diese als Koordinaten in die ζ-Ebene der Abb. V, 3.11, so liegen die damit erhaltenen ζ-Punkte auf einer Stromlinie. Auf diese Weise lassen sich leicht die Stromlinien und die Kurven konstanten Potentials der Abb. V, 3.11 punktweise bestimmen. Beispielsweise geht der Punkt P der Abb. V, 3.10 mit den Koordinaten $r = 2{,}76$, $\varphi = 60°$ nach der letzten Gleichung über in den Punkt P der Abb. V, 3.11 mit den Koordinaten $\xi = 1{,}56$, $\eta = 2{,}08$.

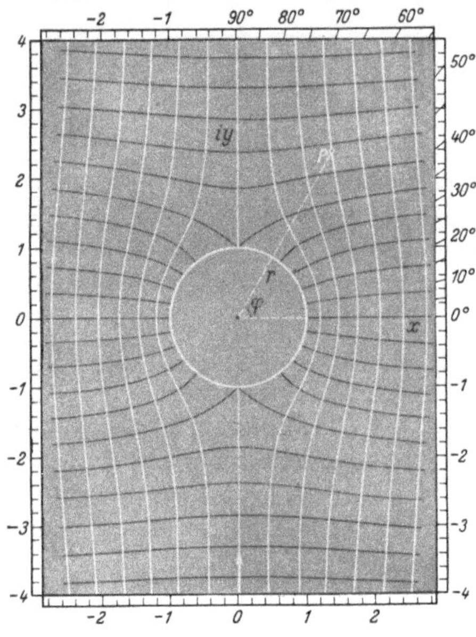

Abb. V, 3.10. Strömung in Richtung der y-Achse um einen Kreiszylinder

Um den Betrag der Geschwindigkeit q_ζ in einem beliebigen Punkt ζ_1 der Abb. V, 3.11 zu erhalten, ist die Geschwindigkeit q_z im Punkte z_1 (dessen Abbildung ζ_1 ist) mit der Verzerrungszahl zu multiplizieren. Es ist also Gl. (V, 3.16) mit (V, 3.11) zu multiplizieren, d. h.

$$q_\zeta = \sqrt{\frac{\left(r + \frac{1}{r}\right)^2 - 4\sin^2\varphi}{\left(r + \frac{1}{r}\right)^2 - 4\cos^2\varphi}}\,. \qquad \text{(V, 3.18)}$$

Für Punkte der Strecke -2 bis 2, d. h. für $r = 1$, wird mit Berücksichtigung von Gl. (V, 3.17)

$$q_\zeta = |\operatorname{ctg}\varphi| = \frac{\xi}{\pm\sqrt{4 - \xi^2}}$$

in Übereinstimmung mit Gl. (V, 3.7), wenn $\alpha = \pi/2$ gesetzt wird. Im Punkte $\xi = 0$ haben wir den Staupunkt; die Geschwindigkeit ist gleich eins, d. h. gleich der Anströmungsgeschwindigkeit im Unendlichen, für $\xi = \pm\sqrt{2}$; sie wächst über alle Grenzen für $\xi = \pm 2$.

Es soll jetzt noch die Strömung untersucht werden, die sich einstellt, wenn eine ebene Platte sich mit konstanter Geschwindigkeit durch eine ruhende Flüssigkeit ($\mu = 0$!) nach abwärts, d. h. in Richtung der negativen imaginären Achse, bewegt. Auf diese (instationäre) Strömung werden wir bei der Behandlung der dreidimensionalen Tragflügeltheorie (S. 493) zurückkommen.

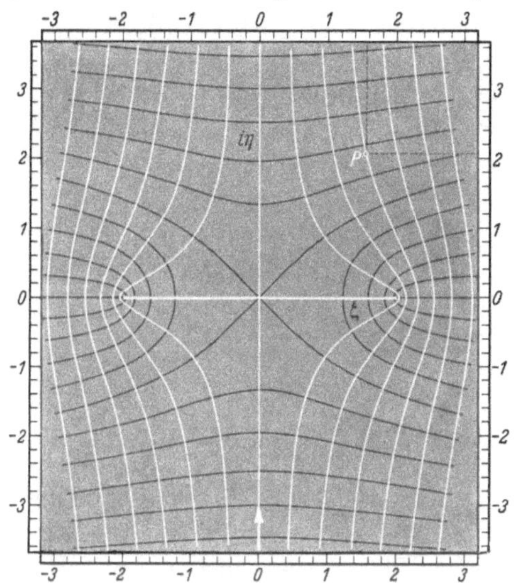

Abb. V, 3.11. Durch die Funktion $\zeta = z + 1/z$ wird die Strömung um den Zylinder in eine Strömung um eine Platte abgebildet

Wir beginnen mit der in V, 2.4 behandelten Strömung einer Quell-Senke (Dipol) und drehen das Koordinatensystem der Abb. V, 2.15 um 90°, d. h. multiplizieren z mit i, so daß wir als Strömungsfunktion

$$F = -\frac{a}{i\,z} = i\,\frac{a}{z}$$

oder

$$\Phi + i\Psi = \frac{a}{r}\sin\varphi + i\,\frac{a}{r}\cos\varphi \qquad \text{(V, 3.19)}$$

haben. Das dieser Funktion entsprechende Strömungsbild erhalten wir somit aus Abb. V, 2.15, wenn wir dort das Koordinatensystem um 90° drehen und dann beides: Strömung *und* Koordinatensystem um 90° zurückdrehen.

Die Komponenten der Geschwindigkeit in einem beliebigen Punkt sind nach Gl. (V, 3.8)

$$q_r = \frac{\partial\Phi}{\partial r} = -\frac{a}{r^2}\sin\varphi\,, \qquad q_\varphi = \frac{\partial\Phi}{r\,\partial\varphi} = \frac{a}{r^2}\cos\varphi\,. \qquad \text{(V, 3.20)}$$

Wir vergleichen jetzt diese Strömung mit der instationären Strömung eines Kreiszylinders (r_1), der sich mit der Geschwindigkeit $-\,b$ in Richtung der negativen imaginären Achse bewegen möge (Abb. V, 3.12). An der Oberfläche des Zylinders müssen offenbar die Normalkomponenten der Geschwindigkeit der Flüssigkeit gleich denen des festen Körpers sein, d. h. gleich $-\,b\sin\varphi$. Nach Gl. (V, 3.20) ist die Radialkomponente im Abstande r_1 vom Ursprung gleich $q_r = -a/r_1^2\sin\varphi$. Wählen wir also die noch frei verfügbare Konstante $a = b\,r_1^2$, so ist unsere Potentialfunktion mit der eines bewegten Zylinders identisch (da die Randbedingung befriedigt ist). Setzen wir der Einfachheit halber $r_1 = 1$ und $b = 1$, so haben wir in

$$\Phi + i\Psi = \frac{1}{r}\sin\varphi + i\,\frac{1}{r}\cos\varphi \qquad \text{(V, 3.21)}$$

die komplexe Funktion der instationären Strömung eines Kreiszylinders vom Radius 1 mit der Geschwindigkeit 1 in Richtung der negativen imaginären Achse (Abb. V, 3.13).

Unsere Aufgabe besteht jetzt lediglich darin, die Stromlinien und die Kurven konstanten Potentials der z-Ebene von Abb. V, 3.13 konform auf die ζ-Ebene der Abb. V, 3.14 abzubilden, und zwar in derselben Weise wie vorher, nämlich dadurch, daß zu $z(r, \varphi)$-Werten, die auf ein und derselben Stromlinie bzw. Potentialkurve liegen, mittels der Abbildungsfunktion Gl. (V, 3.23) die ξ- und η-Werte berechnet und die so erhaltenen ζ-Werte in die ζ-Ebene der Abb. V, 3.14 eingetragen werden. Mit dieser Methode erhält man in einfacher und sehr anschaulicher Weise die instationäre Strömung einer sich abwärts bewegenden ebenen Platte, die sonst nur mit Hilfe von elliptischen Koordinaten in wenig übersichtlicher Form dargestellt werden kann[1].

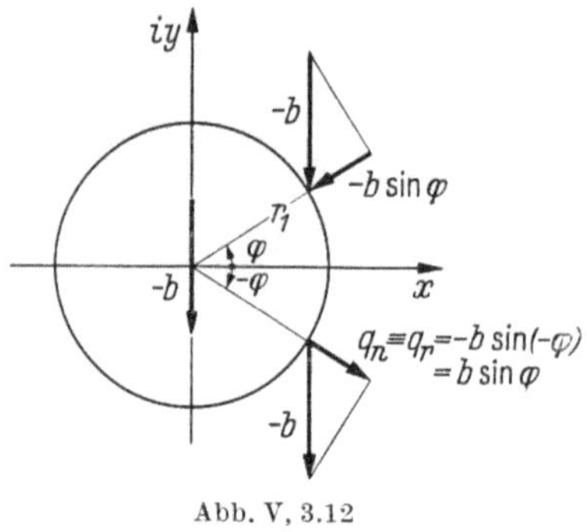

Abb. V, 3.12

Würden wir als Abbildungsfunktion die bisher benutzte Gl. (V, 3.2) bzw. (V, 3.3) verwenden, so würde die von -2 bis 2 sich erstreckende Abbildung des Einheitskreises die halbe Abwärtsgeschwindigkeit haben wie diejenige des Kreises. Um zu bewirken, daß beide Geschwindigkeiten, d. h. diejenige des Kreiszylinders und die der Platte einander gleich sind, nehmen wir als Abbildungsfunktion

$$\zeta = \frac{1}{2}\left(z + \frac{1}{z}\right) \qquad \text{(V, 3.23)}$$

bzw.

$$\xi = \frac{1}{2}\left(r + \frac{1}{r}\right)\cos\varphi, \qquad \eta = \frac{1}{2}\left(r - \frac{1}{r}\right)\sin\varphi. \qquad \text{(V, 3.24)}$$

Damit geht der Einheitskreis in die doppelt zu zählende Strecke -1 bis 1 über; alle Strecken und somit auch die Abstände der Stromlinien und der Potentialkurven werden gegenüber der früheren Abbildung des Einheitskreises auf die Strecke -2 bis 2 mithin halbiert und infolgedessen alle Geschwindigkeiten, einschließlich der im Unendlichen,

[1] Lamb, H.: Hydrodynamics. 6th ed. 1945, S. 84; vgl. auch: W. Kucharski, Strömungen einer reibungsfreien Flüssigkeit bei Rotation fester Körper, S. 39—43. München: Oldenbourg 1918.

verdoppelt. Da in unserem Falle die Geschwindigkeit im Unendlichen aber Null ist, bleibt sie auch in der Abbildung Null. Der Verzerrungs-

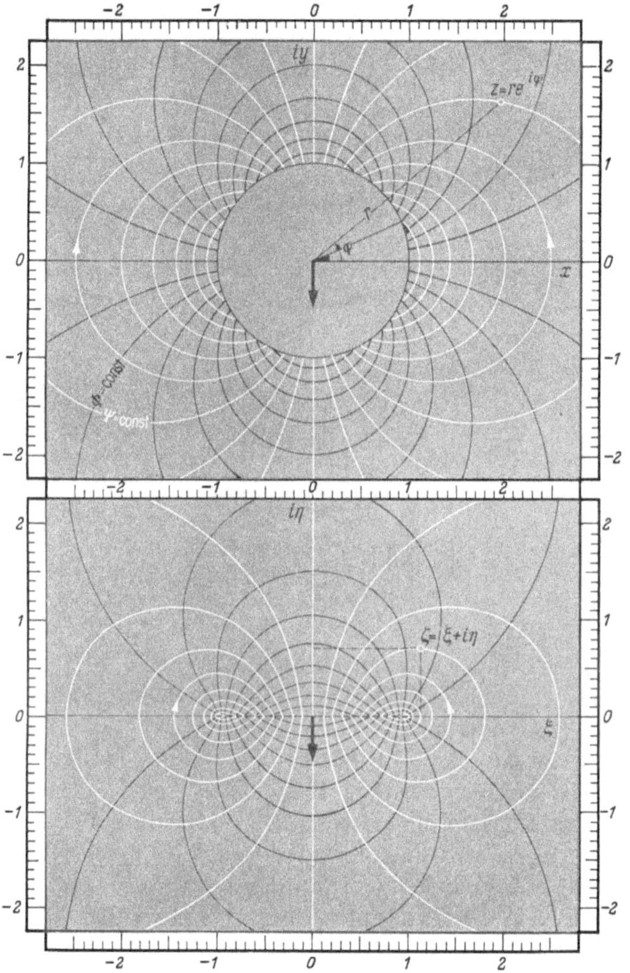

Abb. V, 3.13. Stromlinien (weiß) und Potentiallinien der instationären Strömung eines sich nach unten bewegenden Kreiszylinders; vgl. Abb. V, 2.15

Abb. V, 3.14. Die Stromlinien (weiß) und Potentiallinien einer sich nach unten bewegenden Platte; der obige Kreis wird durch die Funktion $\zeta = \frac{1}{2}(z + 1/z)$ in die horizontale Strecke von der Länge des Durchmessers abgebildet

faktor ist bei der Abbildungsfunktion Gl. (V, 3.23 bzw. 24) somit das Zweifache der Gl. (V, 3.11), d. h.

$$\frac{2r}{\sqrt{\left(r + \frac{1}{r}\right)^2 - 4\cos^2\varphi}}. \qquad \text{(V, 3.25)}$$

Die Tatsache, daß die Geschwindigkeit im Unendlichen bei der Abbildungsfunktion Gl. (V, 3.23) verdoppelt wird, gegenüber der Abbildungsfunktion Gl. (V, 3.2), wir aber in den früheren Beispielen (und in den späteren) die gleiche Anströmungsgeschwindigkeit in der ζ- wie in der z-Ebene verlangen, erklärt es, daß wir im allgemeinen die Abbildungsfunktion Gl. (V, 3.2 bzw. 3) benutzen.

Der Betrag der Geschwindigkeit in einem Punkte der z-Ebene ist nach Gl. (V, 3.20) mit $a = 1$

$$q_z = \frac{1}{r^2},$$

die Geschwindigkeit in dem entsprechenden Punkte der ζ-Ebene also durch Multiplikation mit dem obigen Verzerrungsfaktor

$$q_\zeta = \frac{2}{r\sqrt{\left(r + \frac{1}{r}\right)^2 - 4\cos^2\varphi}}.$$

Auf der Strecke -1 bis 1, entsprechend $r = 1$, ist

$$q_\zeta = \frac{1}{\sin\varphi} \qquad \text{(V, 3.26)}$$

oder, da nach Gl. (V, 3.24) für $r = 1$ $\cos\varphi = \xi$ ist,

$$q_\zeta = \frac{1}{\sqrt{1 - \xi^2}}.$$

Aus geometrischen Gründen sind die in Abb. V, 3.13 gekennzeichneten Winkel einander gleich. Da anderseits bei der konformen Abbildung die Winkel erhalten bleiben, folgt, daß die Stromlinien in Abb. V, 3.14 die Strecke -1 bis 1 unter dem jeweiligen Winkel φ treffen. Aus demselben Grunde treffen die Äquipotentialkurven die Strecke -1 bis 1 unter dem Winkel $\pi/2 - \varphi$. Die zur Platte senkrechte Komponente der Geschwindigkeit ist also gleich $q_\zeta \sin\psi$, und da nach Gl. (V, 3.26) die Geschwindigkeit an der Platte $q_\zeta = 1/\sin\varphi$ ist, ergibt sich für die Platte die konstante Abwärtsgeschwindigkeit 1.

3.5 Strömung mit Zirkulation um eine geneigte Platte. Die in Abb. V, 3.6 dargestellte Strömung ist in zweifacher Hinsicht unbefriedigend. Erstens ergibt sie wegen der Symmetrie der Geschwindigkeitsverteilung in bezug auf den Ursprung und der dadurch bedingten symmetrischen Druckverteilung wohl ein Moment, das den Anstellwinkel α zu vergrößern strebt, nicht aber eine Auftriebskraft, d. h. eine Kraftkomponente senkrecht zur Anströmungsrichtung im Unendlichen, wie es der Erfahrung entsprechend erwartet werden müßte. Zweitens ist die Strömung insofern unbefriedigend, als sie an den Kanten der Platte unendlich große Geschwindigkeiten aufweist, die bei wirklichen Flüssigkeiten nicht vorkommen können.

Der erste Einwand läßt sich dadurch beseitigen, daß man die Symmetrie der Strömung aufhebt, und zwar dadurch, daß man der Potentialströmung von Abb. V, 3.6 eine zirkulatorische Potentialströmung überlagert, d. h. einen Potentialwirbel mit negativem Vorzeichen, wodurch die Geschwindigkeiten auf der Oberseite der Strecke -2 bis 2 vergrößert, die Drücke somit verkleinert werden, während die Geschwindigkeiten an der Unterseite verringert und damit die Drücke an der Unterseite vergrößert werden. Die Resultierende dieser Druckkräfte gibt dann eine vertikale Kraftkomponente, d. h. einen Auftrieb.

Durch eine geeignete Wahl in der Stärke des Potentialwirbels können wir dann auch bewirken, daß eine Umströmung der Hinterkante unterbleibt, so daß wenigstens hier keine unendlich großen Geschwindigkeiten auftreten.

Wir nehmen diese Überlagerung eines Potentialwirbels nun nicht bei der Strömung von Abb. V, 3.6 vor, sondern bei der Strömung in Abb. V, 3.5. Wir gehen somit von einer Strömung aus, wie sie in Abb. V, 2.21 dargestellt ist. Die Strömungsfunktion lautet nach Gl. (V, 2.13) für den Einheitskreis

$$F = u_\infty \left(z + \frac{1}{z}\right) + i\, c \ln z$$

oder

$$\Phi = u_\infty \left(r + \frac{1}{r}\right) \cos\varphi - c\,\varphi,$$

$$\Psi = u_\infty \left(r - \frac{1}{r}\right) \sin\varphi + c \ln r, \qquad \text{(V, 3.27)}$$

wo u_∞ die (horizontale) Anströmungsgeschwindigkeit im Unendlichen ist und c den Betrag der Geschwindigkeit des Potentialwirbels in der Entfernung 1 von der Wirbelachse, d. h. Zylinderachse, bezeichnet.

Will man nun verhindern, daß der Punkt 2 in Abb. V, 3.6 umströmt wird, so muß man dafür sorgen, daß auch der abgebildete Punkt 1 der Abb. V, 3.5 nicht umströmt wird, d. h. aber Punkt 1 muß ein Staupunkt werden. Wir müssen also die Stärke des Potentialwirbels so bemessen, daß einer der beiden Staupunkte der Strömung von Abb. V, 2.21 auf den Punkt 1 des um den Winkel $-\alpha$ gedrehten Koordinatensystems zu liegen kommt. Aus Symmetriegründen rückt dann der andere Staupunkt nach einem Punkt des Einheitskreises, der um den Winkel 2α vom Punkte -1 entfernt ist, wie aus Abb. V, 3.15 ersichtlich. Damit ist aber die Stärke des Potentialwirbels, d. h. seine Geschwindigkeit c, nach Gl. (V, 2.14) festgelegt (der dort angegebene Winkel φ entspricht unserem α). Es muß also

$$c = u_\infty\, 2 \sin\alpha$$

sein.

Der Winkel α in Abb. V, 3.15 bzw. 16 ist zufällig so gewählt, daß $\operatorname{tg}\alpha = 0{,}5$ und α mithin $26^\circ\,34'$ ist. Mit diesem Wert erhält man aus der letzten Gleichung $c = 0{,}894\,u_\infty$, d. h. die Geschwindigkeit des Wirbels im Abstand 1 von der Achse muß das 0,894fache der Anströmungsgeschwindigkeit sein. Dividiert man die Stromfunktion durch u_∞, so ist

$$\frac{\Psi}{u_\infty} = \frac{\Psi_1}{u_\infty} + \frac{\Psi_2}{u_\infty} = \left(r - \frac{1}{r}\right)\sin\varphi + \frac{c}{u_\infty}\ln r = C_1 + C_2 = C.$$

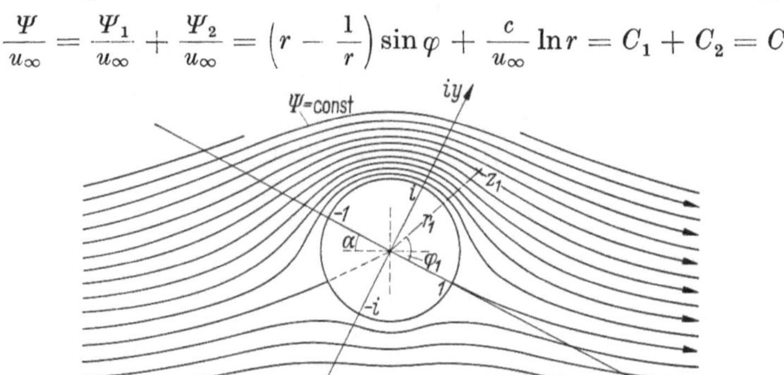

Abb. V, 3.15. Strömung mit Zirkulation um einen Kreiszylinder; das Koordinatensystem ist um den Winkel α zur horizontalen Anströmungsrichtung gedreht

Zeichnet man — wie in Abb. V, 2.21 — die Stromlinien $\Psi_1/u_\infty = C_1$ um den Einheitskreis für die Konstanten $C_1 = 0;\ \pm 0{,}2;\ \pm 0{,}4\ \ldots$, so erhält man die dazugehörigen Radien der Stromlinien $\Psi_2/u_\infty = C_2$ des Potentialwirbels aus

$$\frac{c}{u_\infty}\ln r = C_2 = 0; \qquad 0{,}2; \qquad 0{,}4;\ldots,$$

oder

$$r = e^0; \qquad e^{\frac{u_\infty}{c}0{,}2}; \qquad e^{\frac{u_\infty}{c}0{,}4};\ldots$$

in unserem Beispiele ($\alpha = 26^\circ\,34'$) mit $u_\infty/c = 1/0{,}894 = 1{,}118$

$$r = 1; \qquad e^{0{,}2236}; \qquad e^{0{,}4472}; \qquad e^{0{,}6708};\ldots,$$

d. h.

$$r = 1; \qquad 1{,}25; \qquad 1{,}56; \qquad 1{,}96;\ldots$$

und kann ebenso wie in Abb. V, 2.21 die Stromlinien $\Psi/u_\infty = \Psi_1/u_\infty + \Psi_2/u_\infty = C$ zeichnen.

Um die Stromlinien der Abb. V, 3.16 zu erhalten, haben wir wieder Punkte $(r,\ \varphi)$ auf ein und derselben Stromlinie der z-Ebene mittels unserer Abbildungsfunktion auf die ζ-Ebene zu übertragen, d. h. die ξ- und η-Werte nach den Gleichungen

$$\xi = \left(r + \frac{1}{r}\right)\cos\varphi, \quad \eta = \left(r - \frac{1}{r}\right)\sin\varphi \qquad \text{(V, 3.28)}$$

bzw. den Abb. V, 3.7 und 8 aus den r- und φ-Werten zu berechnen bzw. abzulesen.

Die Strömung fließt an der Hinterkante der Platte glatt ab, und man erkennt aus dem größeren Abstand der Stromlinien an der Unterseite, daß hier geringere Geschwindigkeiten, also größere Drücke, sein müssen als an der Oberseite der Platte. Um die resultierende Kraft zu berechnen, müßte man über die gesamte Oberfläche die Drücke integrieren und zu dem Zweck die Geschwindigkeiten an jedem Punkt der Platte kennen.

Der Betrag der Geschwindigkeit an beliebigen Punkten des Strömungsfeldes der Abb. V, 3.16 ist nun leicht zu berechnen. Man

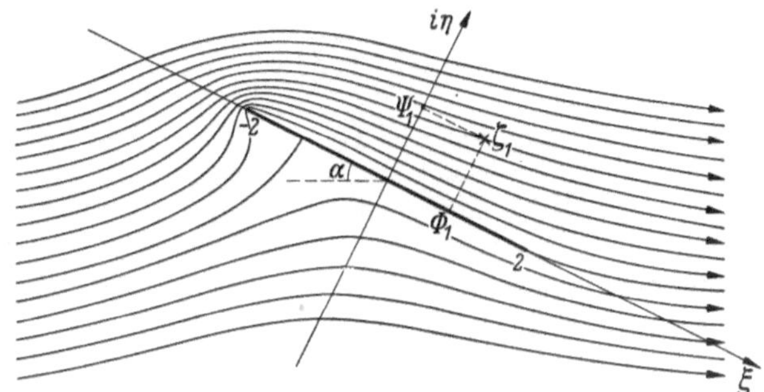

Abb. V, 3.16.
Konforme Abbildung des Einheitskreises von Abb. V, 3.15 auf die Strecke -2 bis 2

braucht nur die Geschwindigkeiten in den entsprechenden Punkten der Abb. V, 3.15 mit dem Verzerrungsfaktor Gl. (V, 3.11) zu multiplizieren. Die Komponenten der Geschwindigkeit in einem beliebigen Punkte der Strömung von Abb. V, 3.15 sind nach Gl. (V, 3.8) und Gl. (V, 3.27) unter Berücksichtigung der Drehung des Koordinatensystems um $-\alpha$

$$q_r = u_\infty \left(1 - \frac{1}{r^2}\right) \cos(\varphi - \alpha)$$

sowie unter Berücksichtigung, daß die Richtung der Geschwindigkeit c derjenigen von $\mathfrak{b}$ entgegengesetzt ist,

$$q_\varphi = u_\infty \left(1 + \frac{1}{r^2}\right) \sin(\varphi - \alpha) + \frac{c}{r};$$

somit ist der Betrag der Geschwindigkeit

$$q_z = \frac{u_\infty}{r} \sqrt{\left(r - \frac{1}{r}\right)^2 \cos^2(\varphi - \alpha) + \left[\left(r + \frac{1}{r}\right) \sin(\varphi - \alpha) + \frac{c}{u_\infty}\right]^2} \tag{V, 3.29}$$

und schließlich in der ζ-Ebene

$$q_\zeta = q_z \frac{r}{\sqrt{\left(r + \frac{1}{r}\right)^2 - 4\cos^2\varphi}}.$$

Für Punkte der Strecke -2 bis 2, d. h. für $r = 1$, geht die letzte Gleichung über in

$$\frac{q_\zeta}{u_\infty} = \frac{2\sin(\varphi - \alpha) + \frac{c}{u_\infty}}{2\sin\varphi}$$

oder, da $c/u_\infty = 2\sin\alpha$ ist, nach einiger Umformung

$$\frac{q_\zeta}{u_\infty} = \cos\alpha + \sin\alpha \operatorname{tg}\frac{\varphi}{2}.$$

Da

$$\operatorname{tg}\frac{\varphi}{2} = \frac{1}{\sin\varphi} - \operatorname{ctg}\varphi = \frac{1 - \cos\varphi}{\pm\sqrt{1 - \cos^2\varphi}}$$

ist, haben wir mit

$$\cos\varphi = \frac{\xi}{2}$$

(entsprechend Gl. (V, 3.28) für $r = 1$)

$$\frac{q_\zeta}{u_\infty} = \cos\alpha \pm \sin\alpha \frac{2 - \xi}{\sqrt{4 - \xi^2}}, \tag{V, 3.30}$$

wobei das Pluszeichen auf der Oberseite, das Minuszeichen auf der Unterseite der Platte gilt.

Für $\xi = 0$ ist somit

$$\frac{q_\zeta}{u_\infty} = \cos\alpha \pm \sin\alpha;$$

für $\xi = -2$ wird q_ζ/u_∞ unendlich groß; die Geschwindigkeit wird Null (Staupunkt), wenn

$$\cos\alpha - \sin\alpha \frac{2 - \xi}{\sqrt{4 - \xi^2}} = 0$$

wird, d. h. für $\operatorname{ctg}\alpha = (2 - \xi)/\sqrt{4 - \xi^2}$. In unserem Beispiel, wo $\operatorname{ctg}\alpha = \operatorname{ctg} 26°34' = 2$ ist, haben wir also den Staupunkt bei $\xi = -1{,}2$. Für $\xi = +2$ läßt sich leicht zeigen, daß

$$\lim_{\xi \to 2} \frac{2 - \xi}{\sqrt{4 - \xi^2}} = 0$$

ist. Man braucht nur $\xi = 2 - \varepsilon$ zu setzen und hat dann

$$\lim_{\varepsilon \to 0} \frac{\varepsilon}{\sqrt{4 - (2 - \varepsilon)^2}} = \lim_{\varepsilon \to 0} \frac{\varepsilon}{\sqrt{4\varepsilon - \varepsilon^2}} = \lim_{\varepsilon \to 0} \frac{1}{\sqrt{\frac{4}{\varepsilon} - 1}} = 0.$$

Im Punkte 2 ist die Geschwindigkeit also $q_\zeta = u_\infty \cos\alpha$.

Würde man die Geschwindigkeit entsprechend Gl. (V, 2.30) in die Bernoullische Gleichung (V, 2.15) auf S. 207 einsetzen und die Drücke von 2 bis $-(2 - \varepsilon)$ auf der Oberseite, sowie von $-(2 - \varepsilon)$ bis 2 auf der Unterseite integrieren (ε beliebig klein), so bekäme man eine resultierende Druckkraft K, die, wie alle Druckkräfte, senkrecht zur Oberfläche, auf die sie wirken, gerichtet ist. Die vertikale Komponente

$K \cos\alpha$ wäre der Auftrieb und $K \sin\alpha$ der Widerstand. Nun läßt sich aber ganz allgemein beweisen, daß jede Potentialströmung (ohne Unstetigkeitsflächen) um eine beliebige Kontur keinen Widerstand ergibt, solange die Anströmungsgeschwindigkeit konstant ist.

Den Ausweg aus diesem Dilemma hat KUTTA[1] gefunden, indem er zeigte, daß an der umströmten Vorderkante infolge der dort auftretenden unendlich großen Geschwindigkeiten eine Saugkraft in Richtung der Platte auftritt, deren Horizontalkomponente gerade entgegengesetzt gleich dem obigen Druckwiderstand $K \sin\alpha$ ist. Nach Abb. VII, 6.15 steht somit die resultierende Kraft senkrecht zur Anströmungsrichtung im Unendlichen und hat die Größe $A = K/\cos\alpha$.

3.6 Strömung um ein Kreisbogenprofil. Wie KUTTA[1] und der Russe N. JOUKOWSKY[2] gezeigt haben, läßt sich die Umströmung der Vorderkante mit den hier auftretenden unendlich großen Geschwindigkeiten dadurch vermeiden, daß man den umströmten Kreis nicht, wie bisher, mit dem Einheitskreis zusammenfallen läßt, sondern einen etwas größeren Kreis wählt, dessen beide — infolge der Zirkulation einander näher gerückte — Staupunkte auf die Punkte -1 bzw. $+1$ der z-Ebene fallen (Abb. V, 3.17). Bildet man jetzt den umströmten (ausgezogenen) Kreis mittels der Abbildungsfunktion (Gl. V, 3.28) bzw. der Abb. V, 3.7 und 8 auf die ζ-Ebene ab, so erhält man einen Kreisbogen von -2 bis 2 (der gestrichelte Einheitskreis geht dabei wieder in die Gerade von -2 bis 2 über). Die Punkte mit gleichem Argument: $r_1 e^{i\varphi}$ und $r_2 e^{-i\varphi}$ fallen auf denselben Punkt $\zeta_{1,2}$ des Kreisbogens (Abb. V, 3.18), da aus geometrischen Gründen

$$r_1 + \frac{1}{r_1} = r_2 + \frac{1}{r_2}$$

sowie

$$r_1 - \frac{1}{r_1} = -\left(r_2 - \frac{1}{r_2}\right)$$

und anderseits $\cos(-\varphi) = \cos\varphi$, aber $\sin(-\varphi) = -\sin\varphi$ ist.

Die Höhe $\eta_{\max}$ des Kreisbogens ergibt sich aus Gl. (V, 3.28) für $\varphi = \pi/2$ mit $r = \sqrt{1 + f^2} + f$, d. h. aus

$$\eta_{\max} = \sqrt{1 + f^2} + f + \frac{1}{\sqrt{1 + f^2} + f}$$

oder ausgerechnet

$$\eta_{\max} = 2f.$$

Den Radius des Kreisbogens erhält man aus der Beziehung

$$2f = R - \sqrt{R^2 - 2^2}$$

[1] KUTTA, W. M.: Über eine mit den Grundlagen des Flugproblems in Beziehung stehende zweidimensionale Strömung. S.-B. bayer. Akad. Wiss. math.-phys. Klasse. München 1910, 2. Abh., S. 1—58.

[2] JOUKOWSKY, N.: Über die Konturen der Tragflächen der Drachenflieger. Z. Flugtechn. Bd. 1 (1910) S. 281 u. Bd. 3 (1912) S. 81.

wenn man nach R auflöst:

$$R = f + \frac{1}{f}.$$

Die Abbildung des Äußeren des umströmten Kreises, d. h. der Gesamtheit der Stromlinien, erfüllt die ganze $\zeta = \xi + i\,\eta$-Ebene, während das Innere des *umströmten* Kreises (nicht des Einheitskreises!) auf ein zweites RIEMANNsches Blatt abgebildet wird, das mit dem ersteren Blatt durch den Verzweigungsschnitt des Kreisbogens zusammenhängt. Bei der Umströmung des Kreisbogens in Abb. V, 3.18

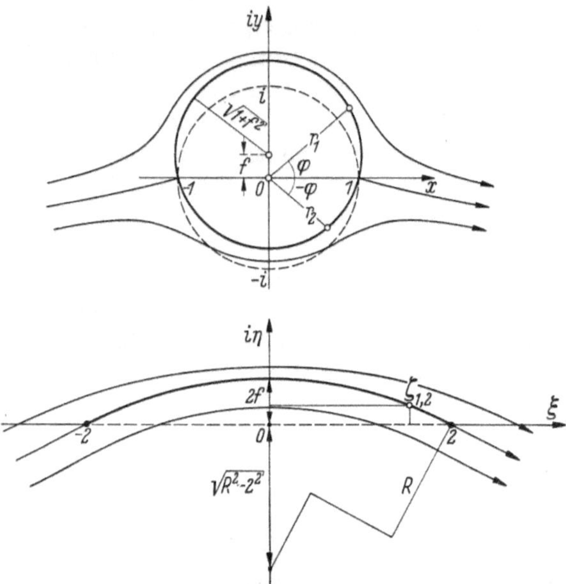

Abb. V, 3.17. Strömung mit Zirkulation um den ausgezogenen Kreis ($r = \sqrt{1 + f^2}$); Staupunkte in -1 und $+1$

Abb. V, 3.18. Abbildung des Kreises auf den Kreisbogen von -2 bis $+2$; Kreisbogenhöhe gleich $2f$

treten nun keine unendlich großen Geschwindigkeiten mehr auf, da die beiden singulären Punkte unserer Abbildungsfunktion, nämlich $z = 1 = e^0$ und $z = -1 = e^{\pi/2}$, wo die Verzerrungszahl Gl. (V, 3.11) unendlich wird, mit den beiden Staupunkten der Strömung zusammenfallen.

Um in einem beliebigen Punkt ζ des Strömungsfeldes der Abb. V, 3.18 den Betrag der Geschwindigkeit zu berechnen, hat man wieder zunächst die Geschwindigkeit in dem entsprechenden Punkt z der Abb. V, 3.19 zu bestimmen, d. h. analog Gl. (V, 3.28) unter Berücksichtigung, daß der Radius des Kreises nicht gleich Eins, sondern gleich $\sqrt{1+f^2}$ ist:

$$\frac{q_z}{u_\infty} = \frac{1}{r'}\sqrt{\left(r' - \frac{1+f^2}{r'}\right)^2\cos^2\varphi' + \left[\left(r' + \frac{1+f^2}{r'}\right)\sin\varphi' + \sqrt{1+f^2}\,\frac{c}{u_\infty}\right]^2}. \qquad \text{(V, 3.31)}$$

Diese Geschwindigkeit ist dann mit derjenigen Verzerrungszahl, die dem Punkte z zukommt, zu multiplizieren, d. h. mit Gl. (V, 3.11).

Für Punkte auf dem umströmten Kreise, d. h. für $r' = \sqrt{1+f^2}$, geht die obige Gleichung über in

$$\frac{q_z}{u_\infty} = \left|2\sin\varphi' + \frac{c}{u_\infty}\right|. \qquad \text{(V, 3.32)}$$

Da für den Staupunkt $(r', -\beta)$

$$\frac{q_z}{u_\infty} = 0 = 2\sin(-\beta) + \frac{c}{u_\infty}$$

ist, und anderseits $\sin\beta = f/r'$, folgt

$$\frac{c}{u_\infty} = 2f,$$

und mit $r' = \sqrt{1+f^2}$

$$\frac{q_z}{u_\infty} = 2\left|\sin\varphi' + \frac{f}{\sqrt{1+f^2}}\right|$$

$$= 2\left|\sin\varphi' + \sin\beta\right| = 2\frac{h}{r'}. \qquad \text{(V, 3.33)}$$

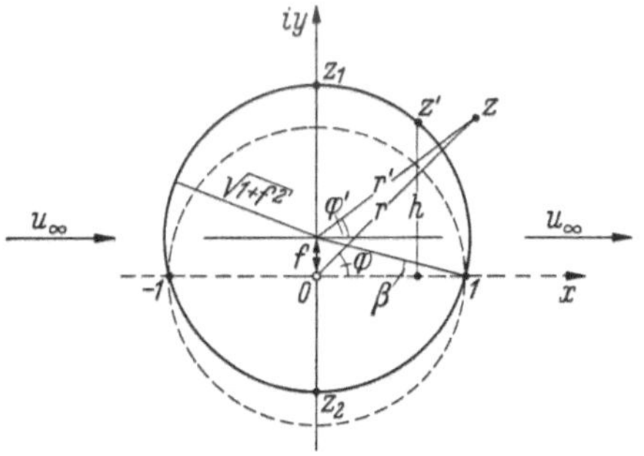

Diese Geschwindigkeit ist dann mit der obigen Verzerrungszahl zu multiplizieren. Beispielsweise sind die Geschwindigkeiten in der Mitte des Kreisbogens, für die $\varphi = \varphi' = \pi/2$ bzw. $\varphi = \varphi' = 3\pi/2$.

$$\frac{q_\zeta}{u_\infty} = 2\left|\pm 1 + \frac{f}{\sqrt{1+f^2}}\right| \frac{1}{1+\frac{1}{r^2}}.$$

Abb. V, 3.19

Da für $\varphi = \pi/2$ bzw. $3\pi/2$ der Radiusvektor $r = \sqrt{1+f^2} \pm f$ ist, hat man mit sehr guter Näherung, wegen $f \ll 1$,

$$\frac{q_\zeta}{u_\infty} = 2\left|\pm 1 + \frac{f}{\sqrt{1+f^2}}\right| \frac{1}{1+\sqrt{1+f^2} \mp f}.$$

In Abb. V, 3.17 ist $f = 0{,}25$ gewählt, so daß man mit diesem Wert für die Mitte des Kreisbogens

$$q_\zeta = 2{,}485 \times 0{,}621\,u_\infty = 1{,}542\,u_\infty$$

bzw.

$$q_\zeta = 1{,}515 \times 0{,}379\,u_\infty = 0{,}574\,u_\infty$$

erhält. Der erste Faktor ist jeweils der Zahlenwert der Geschwindigkeit in der z-Ebene in den Punkten z_1 bzw. z_2 der Abb. V, 3.19, während der zweite Faktor die in diesen Punkten gültige Verzerrungszahl ist.

Wegen der Symmetrie der Geschwindigkeits- und damit der Druckverteilung in bezug auf die imaginäre Achse steht die resultierende Kraft senkrecht zur Richtung der Anströmungsgeschwindigkeit im Unendlichen.

3.7 Joukowsky-Profile. Würde man den Kreisbogen der Abb. V, 3.18 einen Anstellwinkel geben, d. h. das Koordinatensystem in der z-Ebene um einen Winkel α zur Anströmungsrichtung u_∞ drehen, und zwar um Punkt $+1$, wie das in Abb. V, 3.20 getan ist, so würde der singuläre Punkt -1 der Abbildungsfunktion nicht mehr mit dem linken Staupunkt P zusammenfallen. Im Punkte -1 auf dem umströmten Kreise würde also eine endliche Geschwindigkeit herrschen und, da hier die Verzerrungszahl unendlich groß ist, würde die Geschwindigkeit im Punkte -2 der ζ-Ebene ebenfalls unendlich groß werden; man hätte hier wieder die Umströmung einer scharfen Kante.

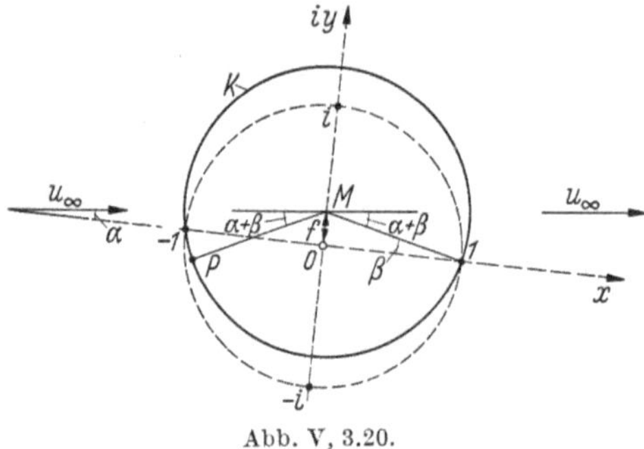

Abb. V, 3.20.

Es erscheint nun naheliegend, diese Schwierigkeit dadurch zu umgehen, daß man als umströmten Kreis einen etwas größeren Kreis wählt, der mit seinem rechten Staupunkt wie bisher durch den singulären Punkt 1 geht, den anderen singulären Punkt -1 aber in sich enthält und ihn dadurch aus dem Strömungsfeld der z-Ebene ausschließt (Abb. V, 3.21). Der Mittelpunkt M' dieses neuen Kreises K' liegt auf der Verlängerung des Radius vom Punkte 1 zum Mittelpunkt des früheren Kreises K; der Radius des Kreises K' ist um d größer als der von K. Der Staupunkt auf dem neuen Kreis K'

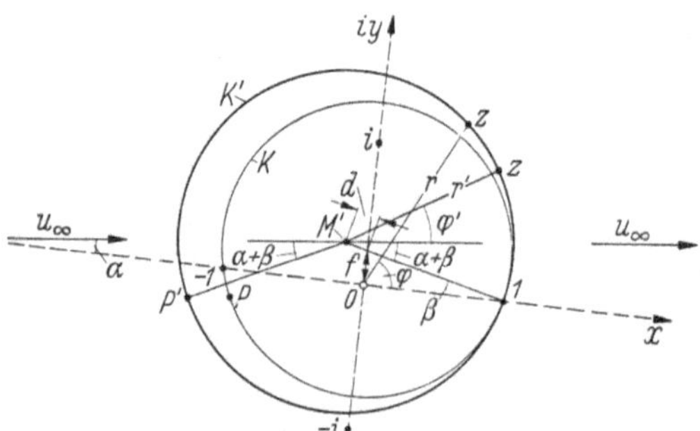

Abb. V, 3.21. Der umströmte Kreis K' geht durch Punkt 1, enthält aber den Punkt -1 im Innern; das Koordinatensystem ist um den Winkel α gegen die Anströmungsrichtung u_∞ gedreht

rückt von P nach P', wobei P' symmetrisch zum Punkte 1 (dem anderen Staupunkt) liegt, und zwar in bezug auf eine durch M' gehende Senkrechte zur Anströmungsgeschwindigkeit u_∞.

Um das neue Profil zu erhalten, haben wir jetzt lediglich für eine Anzahl von Punkten $z(r, \varphi)$ des Kreises K' mittels unserer Abbildungsfunktion Gl. (V, 3.27) bzw. der Abb. V, 3.7 und 8 die ξ- und η-Werte

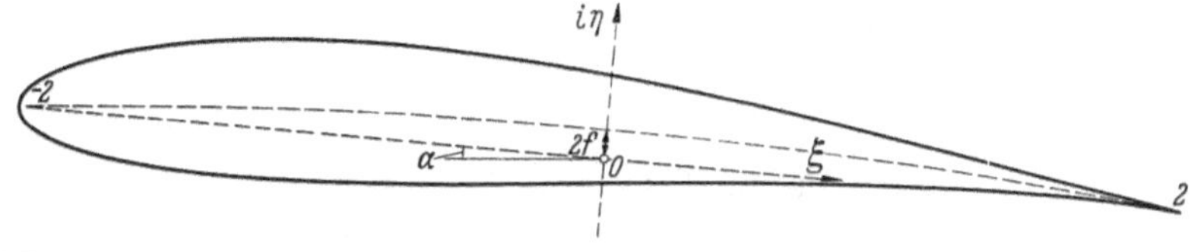

Abb. V, 3.22. Abbildung des Kreises K' durch die Funktion $\zeta = z + 1/z$; JOUKOWSKY-Profil; der Kreis K geht in den gestrichelten Kreisbogen über; f und d sind in Abb. V, 3.21 der Deutlichkeit halber größer angenommen

zu berechnen bzw. abzulesen und sie in die $\zeta = \xi + i\,\eta$-Ebene einzutragen. Abb. V, 3.22 zeigt das Ergebnis für den Fall $f = 0{,}05$ und $d = 0{,}10$ bei einem Anstellwinkel von $\alpha = 5°$. In Abb. V, 3.21 sind f und d der Deutlichkeit halber größer gezeichnet.

Während die bisherigen Abbildungen der Geraden und Kreisbögen kaum praktisches Interesse besitzen, haben wir hier eine Profilform, die den gebräuchlichen Tragflügelprofilen schon sehr ähnlich ist. Es ist das Verdienst des Russen N. JOUKOWSKY[1], diese Profile eingeführt und die Abbildungsmethoden dafür angegeben zu haben; sie werden deshalb JOUKOWSKY-Profile genannt.

Die Form dieser Profile hängt von den beiden Parametern f und d in Abb. V, 3.21 ab, wobei f die Krümmung der „Profilskelettlinie" und d die Dicke des Profils bestimmt. Die Pfeilhöhe der nahezu kreisbogenförmigen Profilmittellinie ist gleich $2f$; die größte Dicke des Profils ist etwas mehr als das Vierfache von d. Eine graphische Konstruktion der JOUKOWSKY-Profile ist von TREFFTZ[2] gegeben.

Die Geschwindigkeit in einem beliebigen Punkte ζ des Profils erhält man wieder durch Multiplikation der Geschwindigkeit q_z in dem entsprechenden Punkt $z(r', \varphi')$ der Abb. V, 3.21 mit der Verzerrungszahl Gl. (V, 3.11), wobei nach Gl. (V, 3.32)

$$\frac{q_z}{u_\infty} = \left|2\sin\varphi' + \frac{c}{u_\infty}\right|$$

ist.

[1] S. Fußn. S. 255.

[2] TREFFTZ, E.: Graphische Konstruktion JOUKOWSKYscher Tragflächen. Z. Flugtechn. Bd. 4 (1913) S. 130.

Vgl. auch Ergebnisse der Aerodyn. Versuchsanstalt zu Göttingen, III. Lieferung (1927) S. 13 u. 59.

Da für den Staupunkt $[r', -(\alpha+\beta)]$

$$\frac{q_z}{u_\infty} = 0 = 2\sin - (\alpha+\beta) + \frac{c}{u_\infty}$$

also

$$\frac{c}{u_\infty} = 2\sin(\alpha+\beta) \tag{V, 3.34}$$

ist, folgt

$$\frac{q_z}{u_\infty} = 2|\sin\varphi' + \sin(\alpha+\beta)| \tag{V, 3.35}$$

und schließlich

$$\frac{q_\zeta}{u_\infty} = 2|\sin\varphi' + \sin(\alpha+\beta)| \frac{r}{\sqrt{\left(r+\frac{1}{r}\right)^2 - 4\cos^2\varphi}}.$$

In diesem Zusammenhang sei auf die von BETZ[1] gegebene graphische Ermittlung der Geschwindigkeit auf einem JOUKOWSKY-Profil hingewiesen.

Hat man die Geschwindigkeit berechnet, so läßt sich der Druck p aus der BERNOULLIschen Gleichung

$$p_\infty + \frac{\varrho}{2} u_\infty^2 = p + \frac{\varrho}{2} q_\zeta^2$$

bestimmen, wo p_∞ der Druck der ungestörten Flüssigkeit ist, mithin

$$\frac{p - p_\infty}{\frac{\varrho}{2} u_\infty^2} = 1 - \left(\frac{q_\zeta}{u_\infty}\right)^2. \tag{V, 3.36}$$

Eine charakteristische Eigenart aller JOUKOWSKY-Profile ist der verschwindende Kantenwinkel, eine Tatsache, die bei wirklichen Tragflügelprofilen schon aus Festigkeitsgründen nicht erfüllbar ist. Die Ursache, daß die Ober- und Unterseite der JOUKOWSKY-Profile sich im Punkte 2 gegenseitig tangieren, liegt darin, daß der Punkt 1 der z-Ebene ein singulärer Punkt unserer Abbildungsfunktion ist, insofern als hier die Verzerrungszahl unendlich groß wird.

Es ist nun naheliegend, diese Schwierigkeit in derselben Weise zu beseitigen, in welcher wir den singulären Punkt -1 ausschalten, nämlich dadurch, daß wir den umströmten Kreis K^* noch etwas größer als vorher nehmen und ihn nicht nur außerhalb -1, sondern auch außerhalb von $+1$ verlaufen lassen. Da wir aber nicht die Absicht haben, den hinteren Teil des Profils dick werden zu lassen, sondern nur den Kantenwinkel Null vermeiden wollen, werden wir den Kreis so wählen, daß er auf der linken Hälfte nahezu mit dem bisherigen Kreis K' zusammenfällt, auf der rechten Seite aber sehr nahe außen um den

[1] BETZ, A.: Konforme Abbildung, S. 193. Berlin/Göttingen/Heidelberg: Springer 1948.

Punkt 1 verläuft, und eben dadurch die Singularität aus dem Strömungsfeld der z-Ebene entfernt. Auf diese Möglichkeit hat zuerst BETZ[1] hingewiesen.

Abb. V, 3.23 zeigt die Lage der verschiedenen Kreismittelpunkte zum Ursprung O des Koordinatensystems, und zwar für den Fall, daß $f = 0{,}05$ und $d = 0{,}1$ ist. O bezeichnet den Mittelpunkt des Einheitskreises (nicht gezeichnet), der also durch die Punkte ± 1 und $\pm i$ geht. Aus Platzgründen sind die beiden Punkte $+1$ und -1 auf $^1/_5$ ihrer Entfernungen von O — verglichen mit der Strecke $\overline{OM} = f = 0{,}05$ — an den Ursprung herangeholt, ebenfalls die beiden dargestellten Teile des Kreises K mit M als Mittelpunkt. Der Kreis K mit dem Radius $\sqrt{1 + f^2}$ wird durch unsere Abbildungsfunktion auf den Kreisbogen durch die Punkte -2 bis $+2$ mit der Pfeilhöhe $2f$ abgebildet. Die Abbildung des Kreises K' mit M' als Mittelpunkt und dem Radius $r' = \sqrt{1 + f^2} + d$ stellt, wie wir gesehen haben, ein JOUKOWSKY-Profil dar (Abb. V, 3.22). Den Mittelpunkt M^* des neuen Kreises K^* legen wir auf MM', und zwar um δ von M' entfernt. Den Radius r^* dieses Kreises bemessen wir so, daß K^* in einer Entfernung von 2δ außen um den Punkt $+1$ verläuft, d. h.

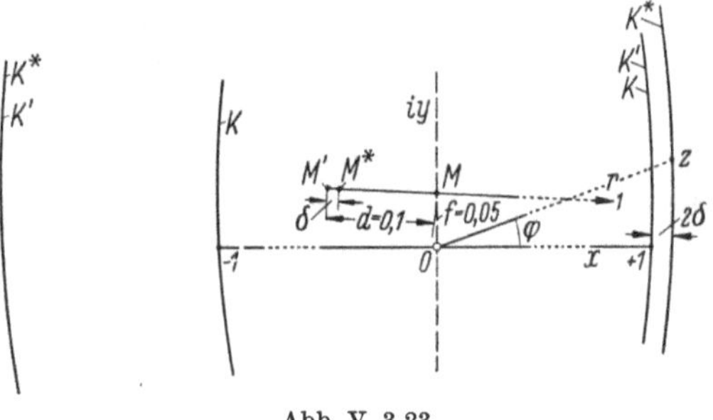

Abb. V, 3.23

$$r^* = r' + \delta.$$

Der Kreis K^* fällt dann — bei den angenommenen kleinen Werten von δ — auf der linken Seite für eine gewisse Länge praktisch mit K' zusammen. In unserem Beispiel ist $f = 0{,}05$, $d = 0{,}1$ und $\delta = 0{,}01$.

Um jetzt die Abbildung des Kreises K^* punktweise zu konstruieren, brauchen wir nur für verschiedene Argumente, z. B. $\varphi = 20°, 40° \ldots$, die jeweiligen Werte von r entsprechend Abb. V, 3.23 abgreifen und aus den (vergrößerten) Abb. V, 3.7 und 8 die ξ- und η-Werte ablesen. Diese Werte als rechtwinklige Koordinaten aufgetragen, ergeben dann Abb. V, 3.24.

Man erkennt, daß der vordere Teil des Profils sich kaum geändert hat, während der hintere Teil etwas dicker geworden ist, statt der scharfen Kante eine sehr geringe Abrundung aufweist und einen Kan-

[1] BETZ, A.: Eine Verallgemeinerung der SCHUKOWSKYschen Flügelabbildung. Z. Flugtechn. Bd. 15 (1924) S. 100.

tenwinkel von etwa 9° besitzt. Durch Annahme eines größeren Wertes von δ, z. B. $\delta = 0{,}02$, kann der Kantenwinkel vergrößert werden, was allerdings auch mit einer etwas größeren Abrundung des hinteren Endes des Profils verbunden ist.

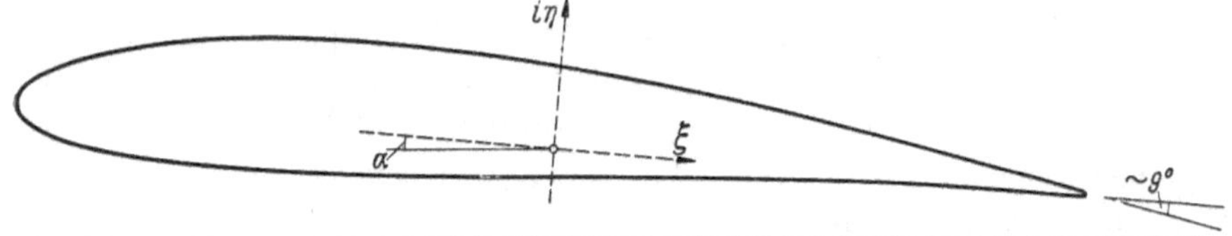

Abb. V, 3.24. Abbildung des Kreises K^* durch die Funktion $\zeta = z + 1/z$; endlicher Kantenwinkel

3.8 Anwendung der Kreisbogenzweieck-Abbildung, Kármán-Trefftz-Profile. Will man einen endlichen Kantenwinkel haben, ohne daß die Hinterkante eine Abrundung aufweist, so müssen wir eine andere Abbildungsfunktion als die bisherige anwenden. Schon KUTTA[1] hat auf S. 77 seiner Abhandlung eine solche Abbildungsfunktion angegeben und in einer Skizze auf S. 68 seiner Arbeit gezeigt, wie man nach JOUKOWSKY Profile mit endlichem Kantenwinkel erhalten kann. KÁRMÁN und TREFFTZ[2] haben diese Idee aufgegriffen und die Methode weiter ausgeführt.

Die Abbildungsfunktion

$$\zeta = \frac{1}{2}\left(z + \frac{1}{z}\right), \tag{V, 3.37}$$

durch welche der Einheitskreis in die doppelt zu zählende Strecke -1 bis $+1$ übergeht, kann auch in der Form

$$\frac{\zeta + 1}{\zeta - 1} = \left(\frac{z + 1}{z - 1}\right)^2 \tag{V, 3.38}$$

geschrieben werden, wie sich durch Ausmultiplizieren und Auflösung nach ζ sofort ergibt.

Wir fragen uns jetzt: Welche Abbildung vermittelt die letzte Gleichung, wenn wir statt des Exponenten 2 einen etwas kleineren Exponenten k verwenden, d. h.

$$\frac{\zeta + 1}{\zeta - 1} = \left(\frac{z + 1}{z - 1}\right)^k 1 < k < 2. \tag{V, 3.39}$$

---

[1] KUTTA, W. M.: Über ebene Zirkulationsströmungen nebst flugtechnischen Anwendungen. S.-B. math.-phys. Kl. bayer. Akad. Wiss. München 1911 S. 65—125.

[2] v. KÁRMÁN, TH., u. E. TREFFTZ: Potentialströmung um gegebene Tragflächenquerschnitte. Z. Flugtechn. Bd. 9 (1918) S. 111—116.

Um die für komplexe Zahlen unangenehme Potenz zu beseitigen, nehmen wir den natürlichen Logarithmus

$$k \ln \frac{z+1}{z-1} = \ln \frac{\zeta+1}{\zeta-1} \tag{V, 3.40}$$

also, wenn wir in Real- und Imaginärteil spalten mit den Bezeichnungen der Abb. V, 3.25 und 26

$$k \ln \frac{r_1}{r_2} + i\, k\, (\varphi_1 - \varphi_2) = \ln \frac{\varrho_1}{\varrho_2} + i\, (\psi_1 - \psi_2);$$

Abb. V, 3.25

Abb. V, 3.26

mithin

$$k \ln \frac{r_1}{r_2} = \ln \frac{\varrho_1}{\varrho_2} \quad \text{oder} \quad k \log \frac{r_1}{r_2} = \log \frac{\varrho_1}{\varrho_2} \tag{V, 3.41}$$

und

$$k\, (\varphi_2 - \varphi_1) = \psi_2 - \psi_1. \tag{V, 3.42}$$

Wir wenden unsere neue Abbildungsfunktion Gl. (V, 3.39) zunächst auf den Einheitskreis an. Da für alle Punkte z auf dem Einheitskreis die Winkeldifferenz $\varphi_2 - \varphi_1$ konstant ist, nämlich gleich $\pm\, \pi/2$ (das Minuszeichen gilt für die untere Hälfte des Einheitskreises), müssen nach Gl. (V, 3.42) auch die entsprechenden Werte von ζ auf Kreisen durch -1 und $+1$ liegen, wobei die Lage der beiden Mittelpunkte M_1 und M_2 nach Abbildung V, 3.27 durch

$$H = \operatorname{ctg}\left(\pi - k\, \frac{\pi}{2}\right) \tag{V, 3.43}$$

bestimmt ist. Da nach Gl. (V, 3.39) den Werten $z = \pm 1$ die Werte

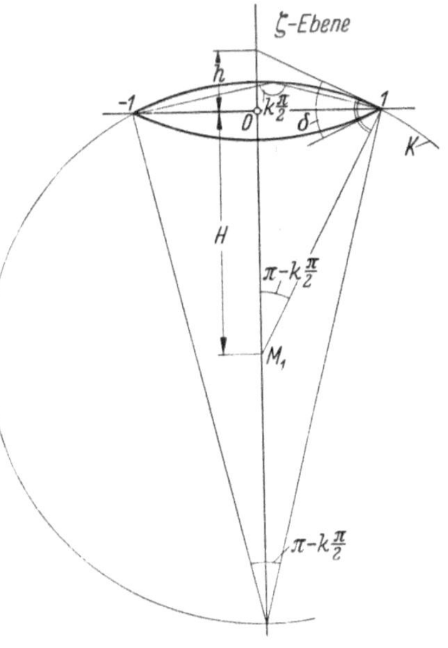

Abb. V, 3.27

$\zeta = \pm 1$ entsprechen, wissen wir somit, daß der Einheitskreis auf ein Kreisbogenzweieck abgebildet wird. Die jeweilige Zuordnung der einzelnen Punkte ζ mit z kennen wir allerdings zunächst noch nicht.

Da die Tangente im Punkte 1 am Kreis K senkrecht auf dessen Radius steht, ist

$$h\, H = 1^2$$

oder mit der letzten Gleichung

$$h = \operatorname{tg}\left(\pi - k\frac{\pi}{2}\right);$$

anderseits ist

$$h = \operatorname{tg}\frac{\delta}{2},$$

wo δ den Kantenwinkel des Kreisbogenzweiecks bezeichnet, so daß die Beziehung zwischen k und δ durch

$$\delta = \pi(2 - k) \qquad \text{(V, 3.44)}$$

bzw.

$$k = 2 - \frac{\delta}{\pi} \qquad \text{(V, 3.45)}$$

gegeben ist. Wie man aus der letzten Gleichung erkennt, wird der Kantenwinkel gleich Null für $k = 2$, d. h. das Kreisbogenzweieck geht in die doppelt zu zählende Strecke -1 bis 1 über, entsprechend der Abbildungsfunktion Gl. (V, 3.37) bzw. Gl. (V, 3.38).

Abb. V, 3.28

Abb. V, 3.29. Abbildung des Kreises K in Abb. V, 3.28 auf ein Kreisbogenzweieck durch die Funktion

$$\frac{\zeta + 1}{\zeta - 1} = \left(\frac{z + 1}{z - 1}\right)^k$$

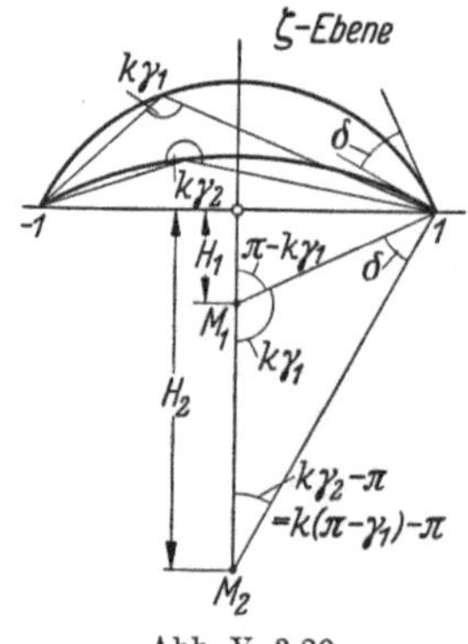

Abb. V, 3.29

Wir wenden jetzt die Abbildungsfunktion auf einen Kreis K durch ± 1 an, der größer als der Einheitskreis ist (Abb. V, 3.28 und 29), und erhalten in der ζ-Ebene ein Kreisbogenzweieck mit kreisbogenförmiger Mittellinie. Entsprechend Gl. (V, 3.43) sind die Lagen der Mittelpunkte M_1 und M_2 der beiden Kreisbögen durch

$$H_1 = \operatorname{ctg}(\pi - k\,\gamma_1),$$

$$H_2 = \operatorname{ctg}(k\,\gamma_2 - \pi) = \operatorname{ctg}[k(\pi - \gamma_1) - \pi] \qquad \text{(V, 3.46)}$$

bestimmt.

Wir tun jetzt den entscheidenden Schritt, indem wir den „JOUKOWSKYschen Kreis“ K' (Abb. V, 3.30 und 31) auf die ζ-Ebene abbilden. Da die Winkel γ_1 für Punkte z auf dem Kreis K' nicht mehr konstant sind, also auch nicht $k\gamma_1$, kann auch die Abbildung von K' nicht mehr aus Kreisbögen bestehen. Wir müssen vielmehr den Kreis K' punktweise auf die ζ-Ebene übertragen. Es ist nun leicht, für die Abbildung ζ eines beliebigen Punktes z zwei Kreise als geometrische Örter anzugeben, deren Schnittpunkt der gesuchte Punkt ζ ist.

1. geometrischer Ort: der Kreis (R_1) durch die Punkte ± 1, dessen Mittelpunkt um

$$H = \operatorname{ctg}(\pi - k\gamma_1) \quad \text{bzw.} \quad H = \operatorname{ctg}(k\gamma_2 - \pi) \qquad \text{(V, 3.47)}$$

vom Mittelpunkt O (des Einheitskreises) entfernt ist.

2. geometrischer Ort: der Kreis (R_2), der die Strecke -1 bis $+1$ in- und auswärts im Verhältnis

$$\frac{\varrho_1}{\varrho_2} = \left(\frac{r_1}{r_2}\right)^k \qquad \text{(V, 3.48)}$$

teilt.

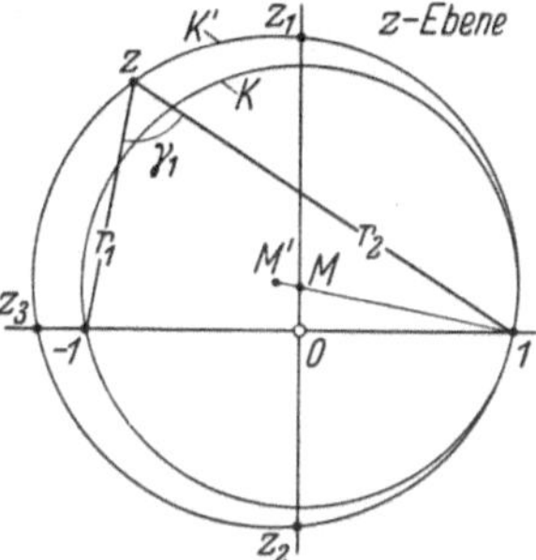

Abb. V, 3.30. K' der umströmte Kreis in der z-Ebene

Denn für alle Punkte des Kreisbogens mit R_1 als Radius ist der Peripheriewinkel $k\gamma_1$ konstant (Abb. V, 3.31), während für alle Punkte des Kreises mit R_2 als Radius das Verhältnis ϱ_1/ϱ_2 konstant ist (Satz des APOLLONIUS). Dabei liegt der Mittelpunkt des letzteren Kreises nach Gl. (VII, 4.11) bzw. (Abb. VII, 4.3) um den Abstand

$$a = \frac{2}{\left(\frac{\varrho_1}{\varrho_2}\right)^2 - 1} \quad \text{bzw.} \quad -a = \frac{2}{\left(\frac{\varrho_2}{\varrho_1}\right)^2 - 1} \qquad \text{(V, 3.49)}$$

vom Punkte $+1$ bzw. -1 entfernt und hat nach Gl. (VII, 4.10) den Radius

$$R_1 = |a|\frac{\varrho_1}{\varrho_2} \quad \text{bzw.} \quad R_1 = |a|\frac{\varrho_2}{\varrho_1}, \qquad \text{(V, 3.50)}$$

je nachdem z rechts bzw. links der imaginären Achse liegt.

Um z. B. die Abbildung ζ des Punktes z zu erhalten, stellen wir in Abb. (V, 3.30) fest, daß $\gamma_1 = 68°$ und $r_2/r_1 = 1{,}81$ ist. Der Exponent k sei beispielsweise gleich 1,8. Somit ist $H = \operatorname{ctg}(\pi - k\gamma_1) = \operatorname{ctg} 57{,}6°$ $= 0{,}634$, und da der Kreis (R_1) durch -1 und $+1$ geht, ist damit der erste geometrische Ort bestimmt. Ferner ist nach Gl. (V, 3.41)

$$k \log\frac{r_2}{r_1} = 1{,}8 \log 1{,}81 = \log\frac{\varrho_2}{\varrho_1},$$

$$\frac{\varrho_2}{\varrho_1} = 2{,}88;$$

mit

$$-a = \frac{2}{\left(\frac{\varrho_2}{\varrho_1}\right)^2 - 1} = \frac{2}{2{,}88^2 - 1} = 0{,}275$$

und

$$R_2 = |a| \frac{\varrho_2}{\varrho_1} = 0{,}275 \times 2{,}88 = 0{,}792$$

ist dann der zweite geometrische Ort für Punkt ζ bestimmt. Wir wollen bei dieser Gelegenheit bemerken, daß wir für die spätere Berechnung der Geschwindigkeit q_ζ sowieso die Größen r_1 und r_2 als auch ϱ_1 und ϱ_2 oder genauer $r_1 r_2/\varrho_1 \varrho_2$ benötigen.

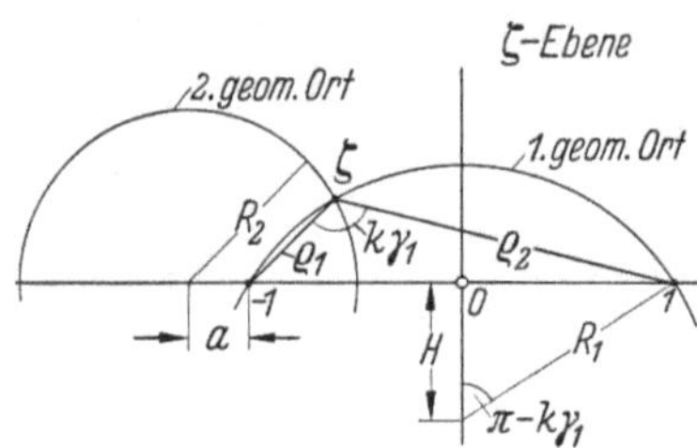

Abb. V, 3.31. Die beiden geometrischen Örter für einen Punkt ζ, der dem Punkt z der vorigen Abbildung entspricht

Wir wollen jetzt noch die Abbildung des Kreises K' geben, und zwar wieder für den Fall, daß $\overline{OM} = f = 0{,}05$ und $\overline{MM'} = d = 0{,}1$ ist, entsprechend den Daten, die den Profilen Abb. V, 3.22 und 24 zugrunde liegen. Da der Kantenwinkel in der letzteren Abbildung etwa $\delta = 9°$ ist, nehmen wir nach Gl. (V, 3.45)

$$k = 2 - \frac{\delta}{\pi} = 2 - \frac{9°}{180°} = 1{,}95 .$$

Zunächst bemerken wir, daß nach Gl. (V, 3.41) die Punkte z_1 und z_2, für die $r_1 = r_2$ also $\log(r_1/r_2) = 0$ ist, auf die imaginäre Achse der

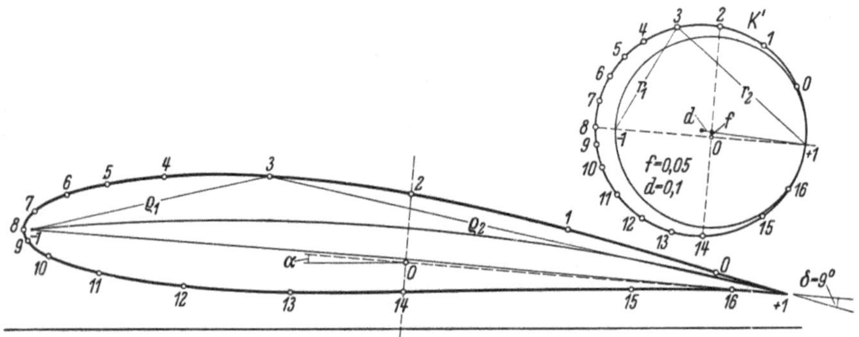

Abb. V, 3.32. Abbildung einzelner Punkte des Kreises K' der z-Ebene auf die ζ-Ebene durch die Funktion $\frac{\zeta+1}{\zeta-1} = \left(\frac{z+1}{z-1}\right)^{1{,}95}$

ζ-Ebene fallen, und deshalb nur der erste geometrische Ort benötigt wird, ferner, daß die Abbildung von Punkt z_3, für den $\gamma_1 = 0$ ist, wegen Gl. (V, 3.42) auf die reelle Achse der ζ-Ebene zu liegen kommt und deshalb bereits durch den zweiten geometrischen Ort bestimmt ist.

Die Methode ist besonders genau für Punkte der Profilnase, da hier die Werte H, a und R klein werden und man an einer vergrößerten Ausführung der Profilnase sehr genau deren Form bestimmen kann. Das Profil ist, wie in Abb. V, 3.22 und 24, unter einem Anstellwinkel $\alpha = 5°$ zur horizontalen Anströmungsrichtung gezeichnet.

Dadurch, daß der Kreisbogen in Abb. V, 3.18 jetzt als ein Kreisbogenzweieck erscheint, ist nicht nur der verschwindende Kantenwinkel in einen von $\delta = 9°$ verwandelt, sondern das ganze Profil, einschließlich des vorderen Teiles, hat an Dicke beträchtlich zugenommen. Insofern besteht ein wesentlicher Unterschied zwischen der letzteren Abbildungsfunktion und der früher gegebenen Verallgemeinerung durch Betz, Abb. V, 3.24. In dieser Abbildung haben wir den gleichen Kantenwinkel 9° (bei einer leichten Abrundung), wobei die vordere Hälfte des Profils kaum und die hintere Hälfte nur wenig gegenüber dem Joukowsky-Profil Abb. V, 3.22 verdickt ist.

A. Betz und F. Keune[1] haben eine Methode der Konstruktion von Kármán-Trefftz-Profilen gegeben, indem sie Gl. (V, 3.40) als Strömungsfunktion einer Quelle und Senke deuteten. Allerdings benötigt man dabei ein sehr sauber (und genügend groß) gezeichnetes Kurvensystem (Kreise) von Stromlinien und Kurven konstanten Potentials, um aus diesem krummlinigen Koordinatensystem durch Interpolation die Profilwerte mit genügender Genauigkeit abgreifen zu können.

3.9 Die Verzerrungszahl bei der Kreisbogenzweieck-Abbildung. Zunächst erinnern wir uns daran, daß man die Verzerrungszahl der Abbildungsfunktion Gl. (V, 3.37) erhält, indem man $1/|d\zeta/dz|$ bildet. Da für diese Funktion

$$\frac{d\zeta}{dz} = \frac{1}{2}\left(1 - \frac{1}{z^2}\right)$$

also für Punkte des Einheitskreises

$$\frac{d\zeta}{dz} = \frac{1}{2}(1 - e^{-i2\varphi}) = \frac{1}{2}(1 - \cos 2\varphi + i \sin 2\varphi) = u - i v$$

ist, erhalten wir für den absoluten Betrag der Ableitung

$$\left|\frac{d\zeta}{dz}\right| = \frac{1}{2}\sqrt{(1 - \cos 2\varphi)^2 + \sin^2 2\varphi} = \sin\varphi$$

und somit für die Verzerrungszahl λ

$$\lambda = \frac{1}{\left|\frac{d\zeta}{dz}\right|} = \frac{1}{|\sin\varphi|}.$$

Dasselbe Resultat müssen wir erhalten, wenn wir von der mit Gl. (V, 3.37) identischen Funktion Gl. (V, 3.38) ausgehen und, nach-

[1] Vgl. Fußn. S. 274.

dem wir logarithmiert haben, die Ableitung bilden, d. h

$$\frac{d}{d\left(\frac{\zeta+1}{\zeta-1}\right)}\left(\ln\frac{\zeta+1}{\zeta-1}\right)\frac{d\left(\frac{\zeta+1}{\zeta-1}\right)}{d\zeta}\,\frac{d\zeta}{dz}=2\frac{d}{d\left(\frac{z+1}{z-1}\right)}\ln\frac{z+1}{z-1}\,\frac{d\left(\frac{z+1}{z-1}\right)}{dz}$$

oder

$$\frac{\zeta-1}{\zeta+1}\,\frac{-2}{(\zeta-1)^2}\,\frac{d\zeta}{dz}=2\frac{z-1}{z+1}\,\frac{-2}{(z-1)^2};$$

mithin ist die Verzerrungszahl

$$\frac{1}{\left|\frac{d\zeta}{dz}\right|}=\frac{1}{2}\,\frac{|z+1|\,|z-1|}{|\zeta+1|\,|\zeta-1|}=\frac{1}{2}\,\frac{r_1 r_2}{\varrho_1\varrho_2}.$$

Nun ist nach Abb. V, 3.33, da für einen beliebigen Punkt z sowohl $x = \cos\varphi$ als auch für dessen Abbildung ζ $\xi = \cos\varphi$ ist, wegen $h/r_1 = \sin(\varphi/2)$ und $h/r_2 = \cos(\varphi/2)$

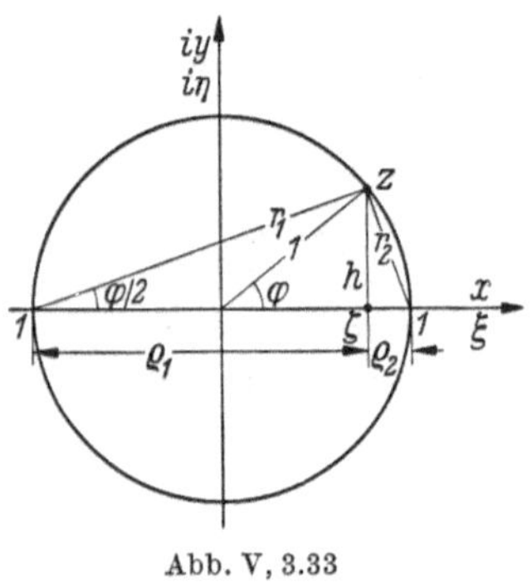

Abb. V, 3.33

$$\frac{r_1 r_2}{2} = \sin\varphi;$$

anderseits ist wegen $\varrho_1/h = \operatorname{ctg}(\varphi/2)$ und $\varrho_2/h = \operatorname{tg}(\varphi/2)$, also wegen $\varrho_1\varrho_2 = h^2$,

$$\varrho_1\varrho_2 = \sin^2\varphi,$$

so daß wir den gleichen Ausdruck wie vorher für die Verzerrungszahl erhalten, nämlich

$$\lambda=\frac{1}{\left|\frac{d\zeta}{dz}\right|}=\frac{1}{2}\,\frac{r_1 r_2}{\varrho_1\varrho_2}=\frac{1}{|\sin\varphi|}.$$

Es ist hier zu bemerken, daß bei der Abbildungsfunktion Gl. (V, 3.37 bzw. 38) die Geschwindigkeit im Unendlichen der ζ-Ebene doppelt so groß ist wie in der z-Ebene. Verlangt man, daß die Abbildung, d. h. das Tragflügelprofil, mit derselben Geschwindigkeit angeströmt wird wie der Joukowsky-Kreis, so muß man, um die Geschwindigkeit in einem Punkt der ζ-Ebene richtig zu erhalten, entweder die Anströmungsgeschwindigkeit in der z-Ebene oder aber den Verzerrungsfaktor durch den Exponenten von Gl. (V, 3.38), d. h. durch 2, dividieren und erhält dann für den letzteren Fall

$$\lambda=\frac{1}{\left|\frac{d\zeta}{dz}\right|}=\frac{1}{2^2}\,\frac{r_1 r_2}{\varrho_1\varrho_2}=\frac{1}{2|\sin\varphi|}$$

in Übereinstimmung mit Gl. (V, 3.11) für $r = 1$.

Ist der Exponent nicht gleich zwei, sondern gleich k, so erhält man nach der zuletzt entwickelten Methode — wenn die Geschwindigkeit im

Unendlichen der beiden Ebenen gleich sein soll —

$$\lambda = \frac{1}{k^2} \frac{r_1 r_2}{\varrho_1 \varrho_2}. \qquad \text{(V, 3.51)}$$

Nach dem in der vorigen Nummer dargelegten Konstruktionsprinzip ist r_1 und r_2 bereits bekannt, so daß nur noch ϱ_1 und ϱ_2 aus dem Profil Abb. V, 3.32 abzugreifen sind. In Abb. V, 3.34 ist das in dieser

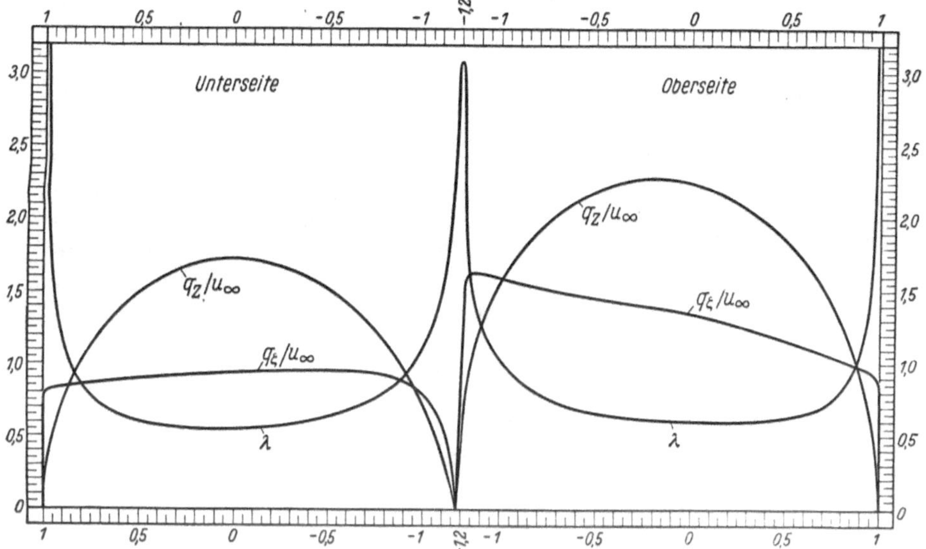

Abb. V, 3.34. Geschwindigkeitsverteilung q_z an der Unter- und Oberseite des unter einem Anstellwinkel von 5° angeströmten Kreises K' in Abb. V, 3.32; der Verlauf der Verzerrungszahl λ und die Geschwindigkeitsverteilung q_ζ an der Unter- und Oberseite des Profils, aufgetragen über dem Durchmesser von K'

Weise berechnete λ über x aufgetragen. Im Punkte 1 wird λ unendlich, d. h. die ζ-Ebene schrumpft hier über alle Maßen; für den größten Teil der Strecke zwischen 1 und -1 ist $\lambda < 1$, was eine Dehnung der ζ-Ebene gegenüber der z-Ebene bedeutet. In der Nähe der Flügelnase, d. h. bei $x = -1{,}2$ wächst λ beträchtlich, bleibt aber endlich. Hier findet wieder eine starke Schrumpfung der ζ-Ebene statt, was einer Geschwindkeitsvergrößerung der q_ζ-Werte gleichkommt.

3.10 Berechnung der Druckverteilung bei einem Kármán-Trefftz-Profil. In die letzte Abbildung ist auch die Geschwindigkeit auf dem Joukowsky-Kreis eingezeichnet, die man nach Gl. (V, 3.35) erhält, oder auch aus Abb. V, 3.35, indem man vom jeweiligen Punkt z das Lot h auf die Anströmungsrichtung durch Punkt 1 aus der Zeichnung abgreift und dessen Länge durch r' dividiert, d. h.

$$\frac{q_z}{u_\infty} = 2\,|\sin\varphi' + \sin(\alpha + \beta)| = \frac{2h}{r'}. \qquad \text{(V, 3.52)}$$

Durch Multiplikation dieser Geschwindigkeiten mit den dazugehörigen Verzerrungszahlen erhält man die Geschwindigkeiten q_ζ auf der Profilkontur. Auch diese Geschwindigkeit, bezogen auf die Anströmungsgeschwindigkeit u_∞, ist in Abb. V, 3.34 eingetragen.

Setzt man die so gefundenen Werte von q_ζ/u_∞ in die BERNOULLIsche Gleichung

$$\frac{p - p_\infty}{\frac{\varrho}{2} u_\infty^2} = 1 - \left(\frac{q_\zeta}{u_\infty}\right)^2, \qquad \text{(V, 3.53)}$$

so erhält man die Druckverteilung längs der Flügeltiefe, und zwar bezogen auf den Staudruck als Einheit. Abb. V, 3.36 zeigt diese Druckverteilung längs der Flügeltiefe. Integriert man die Druckdifferenzen $p_u - p_\infty$ auf der Unterseite des Profils und $p_0 - p_\infty$ auf der Oberseite längs der Profiltiefe von der Profilhinterkante zur Profilnase und zurück zur Hinterkante, oder, was auf dasselbe hinauskommt, bildet man das Integral längs der Profiltiefe l:

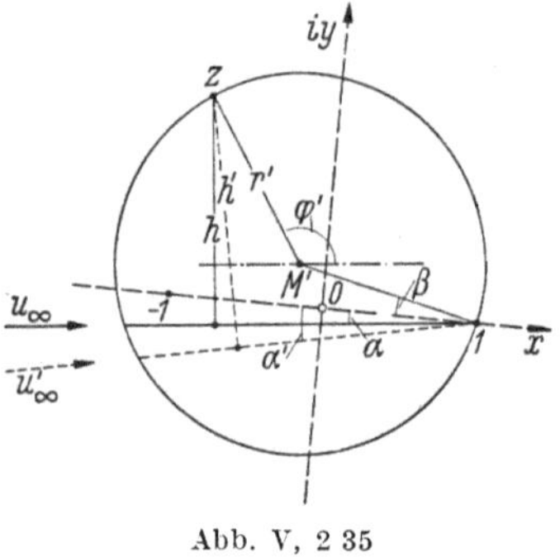

Abb. V, 2 35

$$\int^{l} \frac{p_u - p_0}{\frac{\varrho}{2} u_\infty^2}\, dl = \int^{l} \left[1 - \left(\frac{q_\zeta}{u_\infty}\right)^2\right] dl, \qquad \text{(V, 3.54)}$$

so erhält man, wenn man diesen Ausdruck noch mit dem Staudruck $\varrho u_\infty^2/2$ multipliziert, den Auftrieb A des Tragflügels von der Flügeltiefe l und der Spannweite (senkrecht zur Bildebene) 1. Mithin ist

$$A = \int^{l} \left[1 - \left(\frac{q_\zeta}{u_\infty}\right)^2\right] dl\, \frac{\varrho}{2} u_\infty^2\, 1 .$$

Daß man auf diese Weise die Druckverteilung sowie den Auftrieb eines Tragflügels berechnen kann, ist einer der wichtigsten Gründe für die Anwendung der Methoden der konformen Abbildung in der Tragflügeltheorie.

Es ist üblich, die dimensionslose sogenannte Auftriebszahl c_a einzuführen:

$$A = c_a \frac{\varrho}{2} u_\infty^2 F = c_a \frac{\varrho}{2} u_\infty^2\, l\, 1, \qquad \text{(V, 3.55)}$$

wo F die größte Projektion des Tragflügels, in unserem Falle also $F = l1$, bezeichnet. Damit ist

$$c_a = \frac{1}{l} \int_0^{l} \left[1 - \left(\frac{q_\zeta}{u_\infty}\right)^2\right] dl. \qquad \text{(V, 3.56)}$$

Bestimmt man in Abb. V, 3.36 durch graphische Integration die Größe der von der Druckkurve begrenzten Fläche, so erhält man $c_a = 0{,}96$. Die Auftriebszahl ist abhängig von der Größe der soeben integrierten Fläche und wie diese — bei gegebenem Profil — vom Anstellwinkel α. Will man c_a für einen anderen Anstellwinkel als 5° (für den die Rechnung durchgeführt wurde), z. B. für $\alpha = 10°$ haben, so braucht man in Abbildung V, 3.35 lediglich die neue Anströmungsrichtung durch Punkt 1 legen, die mit der x-Achse den Winkel 10° bildet (punktiert gezeichnet), und durch Ablesen der Werte h' die neuen Werte von q_z/u_∞ bestimmen, darauf durch Multiplikation mit den λ-Werten die neuen Werte von q_ζ/u_∞ sowie $1 - (q_\zeta/u_\infty)^2$ berechnen und dann graphisch integrieren. Auf diese Weise läßt sich ohne große Rechenarbeit $c_a = f(\alpha)$ für das Profil Abb. V, 3.32 bestimmen.

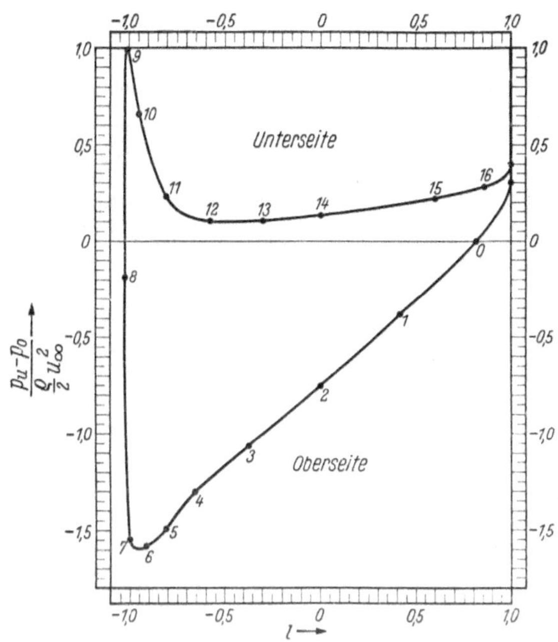

Abb. V, 3.36. Überdruck an der Unterseite und Unterdruck an der Oberseite des Profils in Abb. V, 3.32 (α = 5°), aufgetragen über die durch −1 und +1 gehende Gerade

Es sei darauf hingewiesen, daß der negative Flächenteil, d. h. das Unterdruckgebiet auf der Oberseite des Tragflügels in unserem Beispiel 78,5% der gesamten Fläche ausmacht, woraus zu ersehen ist, daß der Unterdruck auf der Flügeloberseite den weitaus größten Anteil an der Erzeugung des Auftriebes liefert.

3.11 Die theoretische Auftriebszahl. Um den berechneten Wert $c_a = 0{,}96$ auf seine Richtigkeit zu prüfen, wollen wir das Resultat einer späteren Überlegung vorwegnehmen, nämlich die KUTTA-JOUKOWSKYsche Auftriebsformel vgl. S. 469. Danach ist

$$A = \varrho \Gamma u_\infty 1,$$

wo

$$\Gamma = 2\pi r' c$$

und 1 die Länge senkrecht zur Bildebene ist, mit Gl. (V, 3.55) also

$$c_a = 4\pi \frac{r'}{l} \frac{c}{u_\infty}.$$

Nach Gl. (V, 3.34) ist
$$\frac{c}{u_\infty} = 2\sin(\alpha + \beta),$$
mithin
$$c_a = 8\pi \frac{r'}{l} \sin(\alpha + \beta). \qquad \text{(V, 3.57)}$$

Wir wollen jetzt die Profiltiefe l bestimmen. Es wurde bereits darauf hingewiesen, daß bei der benutzten Abbildungsfunktion
$$\frac{\zeta + 1}{\zeta - 1} = \left(\frac{z+1}{z-1}\right)^k$$
die Geschwindigkeit im Unendlichen der ζ-Ebene das k-fache derjenigen der z-Ebene ist. Wir hatten dieser Tatsache dadurch Rechnung getragen, daß wir λ durch k dividierten und deshalb
$$\lambda = \frac{1}{k^2} \frac{r_1 r_2}{\varrho_1 \varrho_2}$$
als Verzerrungszahl benutzten. Ein anderer Weg wäre gewesen, die Abbildungsfunktion
$$\frac{\zeta + k}{\zeta - k} = \left(\frac{z+1}{z-1}\right)^k \qquad \text{(V, 3.58)}$$
zu benutzen, bei der die Geschwindigkeiten im Unendlichen der beiden Ebenen, der ζ- und der z-Ebene, gleich sind. Bei dieser Abbildungsfunktion gehen die Punkte ± 1 in die Punkte $\pm k$ über, wodurch die linearen Dimensionen der Abbildung des JOUKOWSKY-Kreises, d. h. die linearen Abmessungen des Profils um das k-fache gegenüber dem von uns erhaltenen Profil vergrößert werden; in diesem vergrößerten Profil ist somit
$$\varrho_1' = k\varrho_1, \qquad \varrho_2' = k\varrho_2, \qquad \text{(V, 3.59)}$$
wenn ϱ_1' und ϱ_2' die Abstände eines Punktes ζ des vergrößerten Profils von den Punkten $-k$ bzw. $+k$ bezeichnen.

Bildet man die Verzerrungszahl der Abbildungsfunktion Gl. (V, 3.58), so erhält man
$$\lambda = \frac{1}{\left|\frac{d\zeta}{dz}\right|} = \frac{r_1 r_2}{\varrho_1' \varrho_2'}, \qquad \text{(V, 3.60)}$$
was mit Gl. (V, 3.59) wieder die von uns benutzte Verzerrungszahl
$$\lambda = \frac{1}{k^2} \frac{r_1 r_2}{\varrho_1 \varrho_2}$$
ergibt. Für die Berechnung der Geschwindigkeiten der ζ-Ebene sind somit beide Abbildungsfunktionen, so wie wir sie benutzt haben, gleichwertig. Was die Größe der Abbildung anbelangt, so erkennen wir jetzt, daß die Profiltiefe von $-k$ bis $+k$ reicht, d. h. gleich $2k$ ist. (Wir sehen davon ab, daß das JOUKOWSKY-Profil nicht genau durch $-k$ geht, sondern etwas links davon; es geht bei den von uns benutzten Werten von f, d und k durch den Punkt $-1{,}0186\,k$).

Setzen wir den Wert $l = 2k$ in die letzte Gleichung für c_a ein, so wird

$$c_a = 4\pi \frac{r'}{k} \sin(\alpha + \beta), \qquad \text{(V, 3.61)}$$

und mit $r' = \sqrt{1 + f^2} + d$

$$c_a = 4\pi \frac{\sqrt{1 + f^2} + d}{k} \sin(\alpha + \beta), \qquad \text{(V, 3.62)}$$

wobei $\beta = \operatorname{arctg} f$ und α der Anstellwinkel ist. Mit den von uns benutzten Werten: $f = 0{,}05$, also $\beta = 2^\circ 52'$, ferner $d = 0{,}10$, $k = 1{,}95$ und $\alpha = 5^\circ$ erhalten wir aus der letzten Gleichung $c_a = 0{,}97$, was mit dem aus der Druckverteilung errechneten Wert von $c_a = 0{,}96$ gut übereinstimmt.

Gl. (V, 3.62) gibt aber noch sehr viel mehr als nur die Prüfung der Richtigkeit der berechneten Druckverteilung. Man erkennt direkt, in welcher Weise die Auftriebszahl c_a nicht allein vom Anstellwinkel α, sondern von den Konstruktionsdaten des Profils, d. h. von seiner Form, abhängt. Die Dicke und die Wölbung des Profils sind für die Auftriebszahl von ausschlaggebender Bedeutung. Die Auftriebszahl wächst nach Gl. (V, 3.62) mit zunehmender Dicke, die vor allem von d, aber auch von k abhängt in dem Sinne, daß sie mit abnehmendem k zunimmt. Die Auftriebszahl wächst ebenfalls mit größer werdender Wölbung, d. h. mit zunehmendem $\beta = \operatorname{arctg} f$.

Der Vergleich der theoretischen Auftriebszahlen mit den experimentell erhaltenen zeigt, daß diese immer kleiner als die theoretischen sind. Die Zähigkeit der Flüssigkeit ändert nämlich das Geschwindigkeitsfeld und damit die Druckverteilung in dem Sinne, daß die von der Druckkurve umschlossene Fläche und damit die Auftriebszahl kleiner ist, als sich nach der Theorie ergibt[1]. C. Wieselsberger[2] zeigte den Zusammenhang der Auftriebsverringerung mit dem Profilwiderstand, was später von A. Betz und J. Lotz[3] noch im einzelnen geklärt wurde.

3.12 Verallgemeinerte Abbildungsfunktionen. Neben der Größe des Auftriebes ist auch noch dessen Lage zur Tragfläche von großer Bedeutung. Hat man, wie in Abb. V, 3.36, die Druckverteilung für ein Profil bei gegebenem Anstellwinkel (Abb. V, 3.32) berechnet, so läßt sich leicht das Moment der Auftriebskraft in bezug auf einen beliebigen

[1] Betz A.: Untersuchung einer Joukowskyschen Fläche. Z. Flugtechn. Bd. 6 (1915) S. 173.

[2] Wieselsberger, C.: Die wichtigsten Ergebnisse der Tragflügeltheorie und ihre Prüfung durch den Versuch. Vorträge aus dem Gebiet der Hydro- und Aerodynamik (Innsbruck 1922), hrsg. von Th. v. Kármán und T. Levi-Civita, S. 47. Berlin: Springer 1924.

[3] Betz, A., u. J. Lotz: Verminderung des Auftriebes von Tragflügeln durch den Widerstand. Z. Flugtechn. Bd. 23 (1932) S. 277.

Punkt, z. B. in bezug auf Punkt O berechnen, indem man nach Abb. V, 3.34

$$\frac{1}{l}\int^{l}\left[1-\left(\frac{q_\zeta}{u_\infty}\right)^2\right] s\cos\alpha\, dl$$

graphisch bestimmt. In unserem Beispiel erhält man für dieses Integral den Wert $-0{,}2965$. Dividiert man dann durch den c_a-Wert 0,96, so erhält man den Hebelarm $s_0 = -0{,}310$, wodurch die Lage der Auftriebskraft bestimmt ist. Würde man dieselbe Rechnung für einen größeren (kleineren) Anstellwinkel durchführen, so würde man finden, daß die Auftriebskraft in Abbildung V, 3.37 nach links (rechts) rückt, was offenbar eine Instabilität des Tragflügels bedeutet. Diese Instabilität kann bei einem Flugzeug zwar durch ein Höhenleitwerk ausgeglichen werden, ist aber an sich unerwünscht.

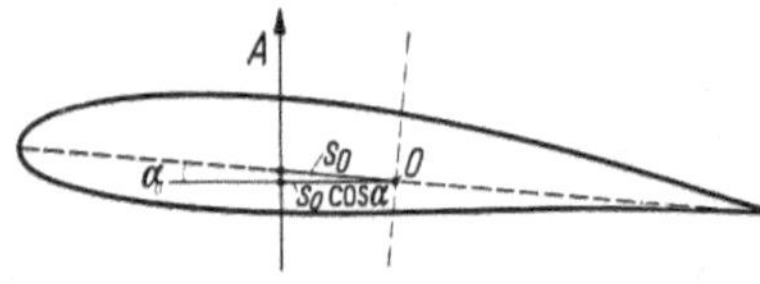

Abb. V, 3.37. Lage der Auftriebskraft

Man hat deshalb Profilformen entwickelt, bei denen die Lage der Auftriebskraft nur wenig oder gar nicht (druckpunktfeste Profile) vom Anstellwinkel abhängt. Die Eigenart solcher Profile ist, daß ihre Skelettlinie nicht wie bei den bisher betrachteten Profilen eine gleichmäßige Krümmung aufweist, sondern daß diese im vorderen Teil des Profils wesentlich größer als im hinteren Teil ist. Bereits 1920 hat R. v. MISES[1] Abbildungsmethoden diskutiert, die solche Profile ergeben. Er hat auch gezeigt, daß die von KUTTA-JOUKOWSKY und die von KÁRMÁN-TREFFTZ angegebenen Abbildungsfunktionen als Spezialfälle allgemeinerer, in Form unendlicher Potenzreihen gegebener, Abbildungsfunktionen angesehen werden können.

Abb. V, 3.38. Druckpunktfestes Profil; Profil mit S-Schlag

A. BETZ und F. KEUNE[2] haben die Frage nach der Konstruktion druckpunktfester Profile wieder aufgegriffen und ein praktisch durchführbares Verfahren zur Berechnung solcher Profilformen gegeben. Abb. V, 3.38 zeigt ein nach dieser Methode erhaltenes Profil mit dem typischen S-Schlag seiner Skelettlinie.

Wenn auch die Mannigfaltigkeit der Profilformen bei Benutzung der Parameter f, d und k sowie besonders durch die von BETZ und

[1] v. MISES, R.: Zur Theorie des Tragflächenauftriebes. Z. Flugtechn. Bd. 8 (1917) S. 157—163; Bd. 11 (1920) S. 68—73 u. S. 87—89; vgl. auch Z. angew. Math. Mech. Bd. 2 (1922) S. 71.

[2] BETZ, A., u. F. KEUNE: Verallgemeinerte KÁRMÁN-TREFFTZ-Profile. Luftfahrt-Forsch. Bd. 13 (1936) S. 336—345.

KEUNE eingeführte Überlagerung eines S-Schlages zur Skelettlinie bereits recht groß ist, so genügt sie doch keineswegs, um alle praktisch vorkommenden Profilformen zu erfassen. Will man zu einer beliebigen Profilform eine Abbildungsfunktion haben, die das gegebene Profil auf einen Kreis abbildet, so muß man sehr viel allgemeinere, nur durch Reihen ausdrückbare Funktionen benutzen.

Es sei z. B. die in Abb. V, 3.39 dargestellte Profilform gegeben, d. h. ein Profil mit geradliniger Unterseite und einer — verglichen mit den bisherigen Profilen — mehr heruntergezogenen „Nase". Wollte man nun eine Abbildungsfunktion in Form einer Reihe aufstellen, die das gegebene Profil auf einen Kreis abbildet, so würde man wegen der großen Verschiedenheit von Profilform und Kreis eine beträchtliche

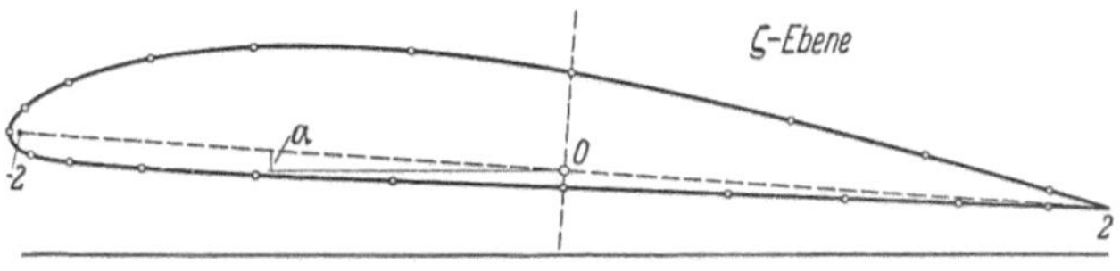

Abb. V, 3.39. Profil mit geradliniger Unterseite

Anzahl von Gliedern der Reihe benötigen, d. h. sehr viele und noch dazu im allgemeinen komplexe Konstanten der einzelnen Reihenglieder bestimmen müssen. Durch einen Kunstgriff ist es nun v. KÁRMÁN und TREFFTZ[1] gelungen, diese Schwierigkeit weitgehend zu beheben.

Danach wird das gegebene Profil entweder, wie es THEODORSEN[2] getan hat, mittels der KUTTA-JOUKOWSKYschen Abbildungsfunktion Gl. (V, 3.2) oder mittels der von KÁRMÁN und TREFFTZ eingeführten Abbildungsfunktion Gl. (V, 3.57) zunächst auf eine Hilfsebene, die $\zeta' = \xi' + i\,\eta'$-Ebene, abgebildet. Die so erhaltene Abbildung wird zwar kein Kreis sein — da nur JOUKOWSKY-Profile bzw. KÁRMÁN-TREFFTZ-Profile bei diesen beiden Abbildungsfunktionen in Kreise übergehen —, sie wird aber immerhin eine geschlossene Kurve sein, die nur noch wenig von einem Kreise abweicht.

Abb. V, 3.40 zeigt diese Figur bei Benutzung der inversen KUTTA-JOUKOWSKYschen Abbildungsfunktion

$$z = \frac{\zeta}{2} \pm \sqrt{\left(\frac{\zeta}{2}\right)^2 - 1}\,.$$

Um Abb. V, 3.40 zu erhalten, wird zunächst der Krümmungsradius sowie die Skelettlinie am Vorderteil des gegebenen Profils zeichnerisch

[1] Vgl. Fußn. S. 262.

[2] THEODORSEN, TH.: Theory of Wing Sections of Arbitrary Shape. National Advisory Committee for Aeronautics Rep. 411 (1931). — THEODORSEN, TH., u. J. E. GARRIK: General Potential Theory of Arbitrary Wing Sections. — Ebenda Rep. 452 (1933).

bestimmt. Wie in Abb. V, 3.42 gezeigt, ist dann der halbe Krümmungsradius vom Mittelpunkt M des Krümmungskreises nach links auf der Skelettlinie abgetragen und dieser Punkt mit -2 bezeichnet. Die

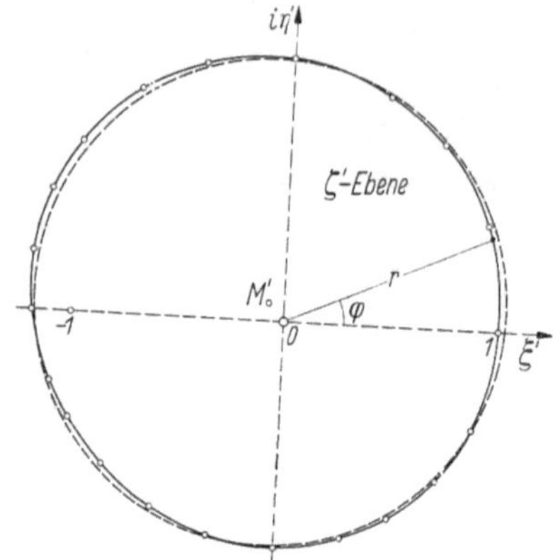

Abb. V, 3.40. Abbildung des Profils der ζ-Ebene auf die ζ'-Ebene mittels der Funktion $\zeta = \frac{\zeta'^2}{2} \pm \sqrt{\left(\frac{\zeta'}{2}\right)^2 - 1}$

Abb. V, 3.41. Der Kreis, welcher der Kontur in voriger Abbildung möglichst nahe kommt; in Abb. V, 3.40 gestrichelt eingezeichnet

Hinterkante ist als $+2$ angenommen, womit das Koordinatensystem in der ζ-Ebene festgelegt ist und das Profil auf die ζ'-Ebene abgebildet werden kann.

Jetzt legen wir in die z-Ebene einen Kreis (Abb. V, 3.41), der sich möglichst wenig von der Figur in der ζ'-Ebene unterscheidet (er ist zum Vergleich gestrichelt in die ζ'-Ebene eingezeichnet) und stehen dann vor der Aufgabe, die nahezu kreisförmige Figur der ζ'-Ebene auf diesen Kreis in der z-Ebene durch eine in Reihenform dargestellte Funktion abzubilden. Der beträchtliche Vorteil liegt nun darin, daß man, eben wegen der großen Ähnlichkeit der beiden Figuren in der ζ'- bzw. z-Ebene, sehr viel weniger Glieder der Reihe gebraucht als man sonst benötigen würde, wollte man die gegebene Profilform der ζ-Ebene (Abb. V, 3.39) direkt auf die z-Ebene abbilden. Auf die Methode der Konstantenbestimmung der Reihe $z = f(\zeta')$ wollen wir hier nicht eingehen, sondern verweisen auf die bereits erwähnte Arbeit von THEODORSEN sowie auf die Ausführungen von BETZ über die „Konforme Abbildung einer annähernd kreisförmigen Figur auf einen Kreis“[1].

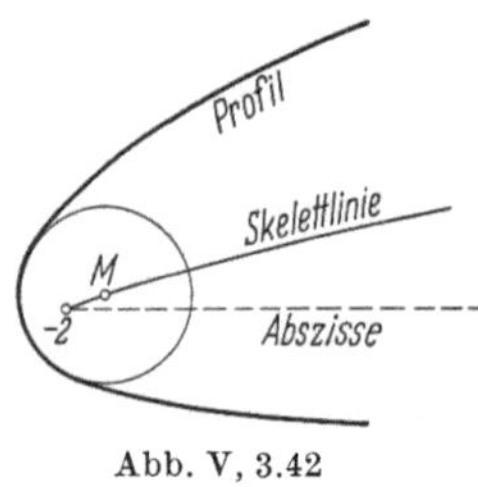

Abb. V, 3.42

[1] BETZ, A.: Konforme Abbildung, S. 262. Berlin/Göttingen/Heidelberg: Springer 1948.

Will man z. B. die Druckverteilung um das gegebene Profil bei einem Anstellwinkel α berechnen, so geht man wie bisher von der Geschwindigkeitsverteilung auf dem Kreise in der z-Ebene aus, wobei die Stärke der Zirkulation wie in den früheren Beispielen bestimmt wird. Die Geschwindigkeit in der z-Ebene ist dann nach Gl. (V, 3.52) mit den Bezeichnungen der Abb. V, 3.41

$$q_z = u_\infty 2 \,|\sin\varphi' + \sin(\alpha + \beta)| = \frac{2h}{r'} u_\infty .$$

Um die Geschwindigkeit in den entsprechenden Punkten auf der annähernd kreisförmigen Figur zu berechnen, ist zunächst der Verzerrungsfaktor

$$\lambda' = \frac{1}{\frac{d\zeta'}{dz}} = \frac{dz}{d\zeta'}$$

aus der aufgestellten Reihe $z = f(\zeta')$ zu bestimmen und dann

$$q_{\zeta'} = q_z \lambda' = u_\infty \frac{2h}{r'} \frac{dz}{d\zeta'}$$

zu bilden. Die Geschwindigkeit auf den entsprechenden Punkten des Profils erhält man schließlich, wenn $q_{\zeta'}$ noch mit dem Verzerrungsfaktor

$$\lambda = \frac{1}{\frac{d\zeta}{d\zeta'}} = \frac{d\zeta'}{d\zeta}$$

multipliziert wird, im Falle der Kutta-Joukowskyschen Abbildung, also nach Gl. (V, 3.12), S. 244 mit

$$\lambda = \frac{r}{\sqrt{\left(r + \frac{1}{r}\right)^2 - 4\cos^2\varphi}} .$$

Auf diese Weise erhält man, da u_∞ in der z-, ζ'- und ζ-Ebene gleich ist, für

$$\frac{q_\zeta}{u_\infty} = \frac{q_z}{u_\infty} \frac{dz}{d\zeta'} \frac{d\zeta'}{d\zeta}$$

den Ausdruck

$$\frac{q_\zeta}{u_\infty} = \frac{2h}{r'} \frac{r}{\sqrt{\left(r + \frac{1}{r}\right)^2 - 4\cos^2\varphi}} \frac{dz}{d\zeta'} ,$$

und kann nach Gl. (V, 3.53) die Druckverteilung sowie nach Gl. (V, 3.56) die Auftriebszahl für das gegebene Profil und den angenommenen Anstellwinkel berechnen.

Auf die Anwendung der konformen Abbildung auf Flügelgitter und Kreiselräder soll hier nicht mehr eingegangen werden[1].

4 Hodographenmethode[2]

4.1 Prinzipielles. Im vorigen Kapitel haben wir gesehen, daß es verhältnismäßig einfach ist, Funktionen der komplexen Variablen z aufzustellen, die tatsächlich vorkommenden Strömungen entsprechen, daß es aber — wie die letzte Nummer gezeigt hat — schwierig ist, zu *gegebenen* Strömungsvorgängen die Strömungsfunktion $F(z)$ zu bestimmen.

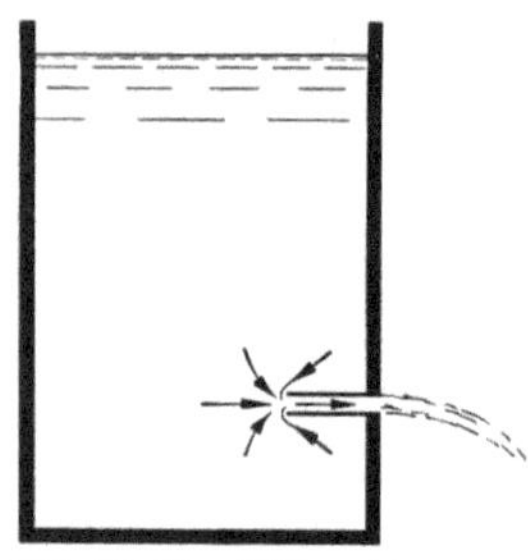

Abb. V, 4.1. Strömung aus einem Gefäß mit einer BORDAschen Mündung

In manchen Fällen ist es nun möglich, aus allgemeinen Erwägungen heraus qualitative Angaben über das Geschwindigkeitsfeld $\mathfrak{q}(z)$ einer gegebenen Strömung zu machen, z. B. der Strömung aus einem großen Behälter durch einen Spalt (Abb. V, 4.1). Während die Abhängigkeit der Strömungsfunktion F von z in den meisten Fällen zu kompliziert ist, als daß man sie von vornherein bestimmen könnte, ist häufig der funktionelle Zusammenhang zwischen $\mathfrak{q}$ und F so einfach, daß man einen analytischen Ausdruck dafür finden kann.

Nun ist aber die konjugiert komplexe Geschwindigkeit

$$\bar{\mathfrak{q}} = u - i\,v = \frac{dF}{dz} \qquad \text{(V, 4.1)}$$

eine analytische Funktion von z und, da anderseits auch F eine analytische Funktion von z ist, haben wir in

$$\bar{\mathfrak{q}} = f(F) \qquad \text{(V, 4.2)}$$

[1] Siehe KÖNIG E.: Potentialströmung durch Gitter. Z. angew. Math. Mechan. Bd. 2 (1922) S. 422. — SPANNHAKE, W.: Anwendung der konformen Abbildung auf die Berechnung von Strömungen in Kreiselrädern. Hydraulische Probleme. VDI, Berlin (1926) S. 180—200. — SPANNHAKE, W.: Neue Darstellung der Potentialströmung durch Kreiselräder für beliebige Schaufelform. Vorträge a. d. Gebiet d. Aerodynamik u. verwandte Gebiete. Hrsg. v. A. GILLES, L. HOPF u. TH. v. KÁRMÁN. S. 100—110. Berlin: Springer 1930. — SÖRENSEN, E.: Potentialströmungen durch rotierende Kreiselräder. Z. angew. Math. Mechan. Bd. 7 (1927) S. 89. — SCHULZ, W.: Das Förderhöhenverhältnis radialer Kreiselpumpen mit logarithmisch-spiraligen Schaufeln. Ebenda Bd. 8 (1928) S. 10. — BUSEMANN, A.: Gleichnamiger Artikel. Ebenda, S. 372. — Vgl. a. A. BETZ: Konforme Abbildungen. S. 112, 169 u. 214. Berlin/Göttingen/Heidelberg: Springer 1948.

[2] PRANDTL-TIETJENS: Hydro- u. Aeromechanik, Bd. 1, S. 164—174. Berlin Springer 1929 oder Fundamentals of Hydro- and Aeromechanics, S. 178 ff. New York: Dover Publications 1957.

eine analytische Funktion. Nehmen wir jetzt an, daß aus plausiblen Gründen ein Ausdruck für $f(F)$ angegeben werden kann — wir werden dieses an einem Beispiel erläutern —, so läßt sich durch Integration von Gl. (V, 4.1) unter Berücksichtigung von Gl. (V, 4.2)

$$z = \int \frac{dF}{\overline{\mathfrak{q}}} + \text{const} = \int \frac{dF}{f(F)} + \text{const}, \qquad \text{(V, 4.3)}$$

d. h., z als Funktion von F und daraus dann die gesuchte Strömungsfunktion

$$F = F(z)$$

bestimmen.

Um nachträglich zu prüfen, ob der aus allgemeinen Erwägungen gewonnene Ansatz $\overline{\mathfrak{q}} = f(F)$ den physikalischen Gegebenheiten entspricht, untersucht man dann, ob die gefundene Strömungsfunktion $F(z)$ die Randbedingungen erfüllt, und hat zusagendenfalls — wegen der Eindeutigkeit der Lösung — dann die richtige Lösung. Wir wollen im folgenden diese Methode an einem Beispiel anwenden und die oben angegebenen Schritte im einzelnen ausführen.

4.2 Strömung durch eine Bordasche Mündung. In Abb. V, 4.1 sei das Gefäß, bevor es mit Wasser gefüllt wird, am äußeren Ende der spaltförmigen Ausflußöffnung geschlossen, so daß der Spalt nach dem Auffüllen ebenfalls mit Wasser gefüllt ist. Entfernt man dann den Verschluß, so fließt das Wasser durch den Spalt, diesen voll ausfüllend. Hätte man den Spalt an seinem inneren Ende geschlossen, so daß sich im Spalt Luft befindet, so würde — nach Entfernung des Verschlusses — sich ein Wasserstrahl mit starker Einschnürung ausbilden und der Spalt wäre nicht voll mit Wasser ausgefüllt[1]. Diesen letzteren Fall wollen wir nicht betrachten. Wir vereinfachen das Problem noch dadurch, daß wir den Behälter als sehr groß, verglichen mit dem Spalt, annehmen und ebenfalls die Länge des Spaltes als groß gegenüber dessen Breite.

Abb. V, 4.2 zeigt die Öffnung des Spaltes und eine Anzahl von Stromlinien und Linien konstanten Potentials, die nach der auf S. 188 beschriebenen Weise konstruiert sind. Das Wasser fließt von allen Seiten A in der Bildebene zur Öffnung $B_1 B_2$ des Spaltes und durch diesen in Richtung nach C. Die Kurven sind zwar nur angenähert richtig — die nachfolgende Rechnung soll ja erst die Funktion $\Phi + i\Psi = F(z)$ liefern —, sie geben aber doch schon eine gewisse qualitative Auskunft über den funktionellen Zusammenhang von Φ und Ψ mit

[1] Schon BIDONE hat diese beiden Arten des Ausflusses experimentell untersucht: Recherches expérimentales sur l'écoulement par des tuyaux additionels interieurs et exterieurs. Memorie etc. di Torino Tomo XL (1831).

der an der reellen Achse gespiegelten Geschwindigkeit $\bar{\mathfrak{q}} = u - i\,v$. Unsere nächste Aufgabe wird nun sein, entsprechend Gl. (V, 4.2), $\bar{\mathfrak{q}}$ als Funktion von F zu finden.

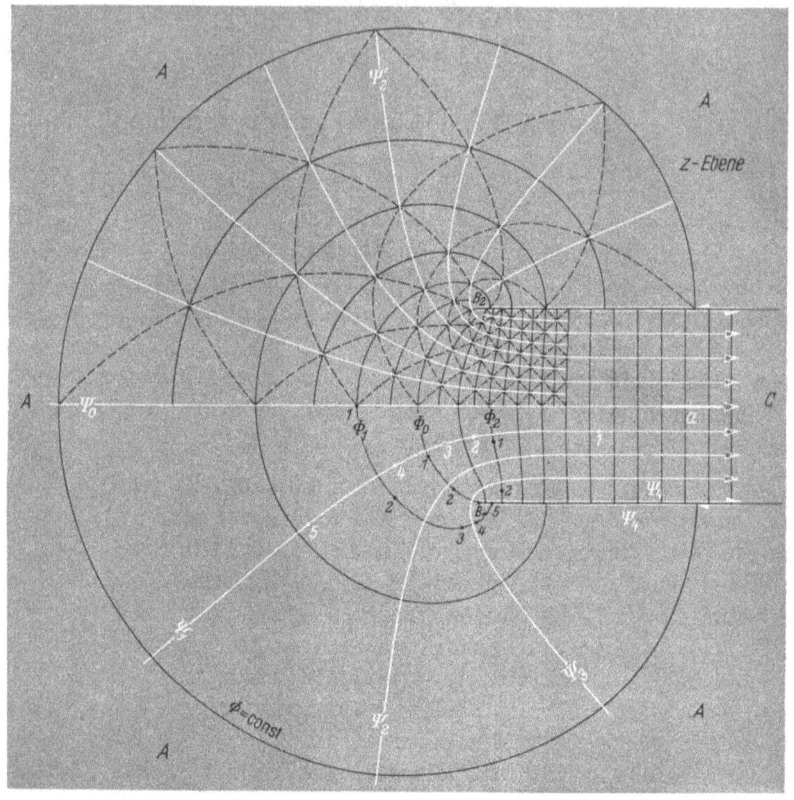

Abb. V, 4.2. Stromlinien und Kurven konstanten Potentials bei einer Strömung durch eine BORDAsche Mündung

4.3 Der Hodograph. Wir fragen uns zunächst: Wie ändert sich $\mathfrak{q}$ — dem Betrage und der Richtung nach — für ein konstantes Ψ, d. h. auf einer Stromlinie? Nehmen wir beispielsweise die mit Ψ_1 bezeichnete Stromlinie: In großer Entfernung von der Spaltöffnung strömt die Flüssigkeit auf dieser Stromlinie radial, also mit konstanter Richtung zur Spaltöffnung; der Betrag der Geschwindigkeit ist noch sehr gering. Mit Annäherung an die Spaltöffnung wird die Richtung der Geschwindigkeit flacher, während ihr Betrag zunimmt. Beim Durchgang durch die Öffnung $B_1 B_2$ ist die Richtung schon sehr nahe der Horizontalen geworden und der Betrag der Geschwindigkeit fast gleich der konstanten Geschwindigkeit a im Spalt bei C.

Wir tragen jetzt die konjugiert komplexen Werte $\bar{\mathfrak{q}}$, d. h. die an der reellen Achse gespiegelten Geschwindigkeitsvektoren für eine Anzahl von Punkten der Stromlinie Ψ_1 ein, und zwar für die Punkte 5, 4, ... 1, in einer $\mathfrak{q}$-Ebene von deren Ursprung A ab (Abb. V, 4.3) und verbinden diese Vektoren 5, 4, 3, 2 und 1 durch einen Linienzug Ψ_1. Die gleiche Überlegung stellen wir für die in Abb. V, 4.2 mit Ψ_2, Ψ_2' und Ψ_3 bezeichneten Stromlinien an und erhalten, wenn wir die an der x-Achse gespiegelten Geschwindigkeitsvektoren einzelner

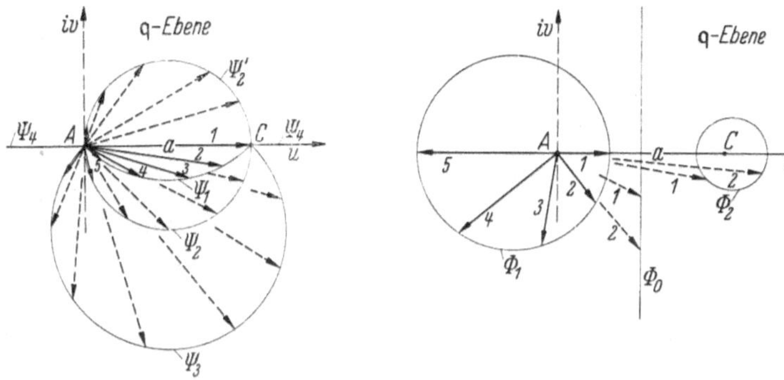

Abb. V, 4.3. Konjugiert komplexe Geschwindigkeitsvektoren in Punkten verschiedener Stromlinien, aufgetragen von Punkt A aus; Hodograph

Abb. V, 4.4. Dasselbe für Punkte einiger Potentiallinien der vorigen Abbildung

Punkte der Stromlinien wieder in Abb. V, 4.3 von A auftragen und durch je einen Linienzug verbinden, die dort mit Ψ_2, Ψ_2' und Ψ_3 bezeichneten Kurven. Auf der mittleren Stromlinie Ψ_0 ist die Richtung der Geschwindigkeit gleichbleibend, während ihr Betrag von 0 bis a wächst; die Verbindungslinie der entsprechenden Geschwindigkeitsvektoren ist also die Strecke von A bis C in Abb. V, 4.3. Auf der Stromlinie Ψ_4 an der Außenseite des Spaltes hat die Geschwindigkeit die Richtung der negativen x-Achse, nimmt mit Annäherung an B_1 bzw. B_2 dauernd zu, wird bei B_1 und B_2 unendlich groß, wechselt dort seine Richtung und nimmt im Spalt bis auf $q = a$ ab. Die Verbindungslinie der in Abb. V, 4.3 vom Ursprung A abgetragenen Geschwindigkeitsvektoren ist die Gerade von A bis $-\infty$ und von $+\infty$ bis zum Punkt C.

Eine analoge Betrachtung können wir anstellen, indem wir fragen: Wie ändert sich $\bar{\mathfrak{q}}$ für ein konstantes Φ, d. h. auf einer Potentiallinie? Dabei berücksichtigen wir, daß die Geschwindigkeitsrichtung senkrecht auf $\Phi =$ const steht, und daß der Geschwindigkeitsbetrag umgekehrt proportional dem Abstand benachbarter Potentiallinien ist.

Für die in Abb. V, 4.2 mit Φ_1 bezeichnete Potentiallinie mit den Punkten 1, 2, ... 5 erhalten wir die in Abb. V, 4.4 dargestellten gespiegelten Geschwindigkeitsvektoren 1, 2, ... 5, die wieder, wie vorher vom Punkt A, dem Ursprung der $\mathfrak{q}$-Ebene aufgetragen, und zwar voll ausgezogen sind. Die Verbindungslinie dieser Vektoren ist scheinbar ein Kreis.

Für die in Abb. V, 4.2 mit Φ_2 bezeichnete Potentiallinie mit den Punkten 1 und 2 erhalten wir die in Abb. V, 4.4 (nicht voll ausgezogenen) gespiegelten Geschwindigkeitsvektoren 1 und 2, deren Verbindungslinie mit Φ_2 bezeichnet ist. Denn auf der Potentiallinie Φ_2 der Abb. V, 4.2 ist — wenn wir in der Nähe der unteren Spaltwandung beginnen (Punkt 2) — die Geschwindigkeit nach rechts gerichtet und, wie sich aus dem geringeren Abstand der Potentiallinien, verglichen mit denen bei C ergibt, größer als a. Mit Annäherung an die Mittellinie der Strömung erhält der gespiegelte Geschwindigkeitsvektor eine geringe Abwärtskomponente bei gleichzeitiger Verringerung seines Betrages (Punkt 1). Auf der Mittellinie selbst ist $\bar{\mathfrak{q}}$ horizontal und dem Betrage nach kleiner als a.

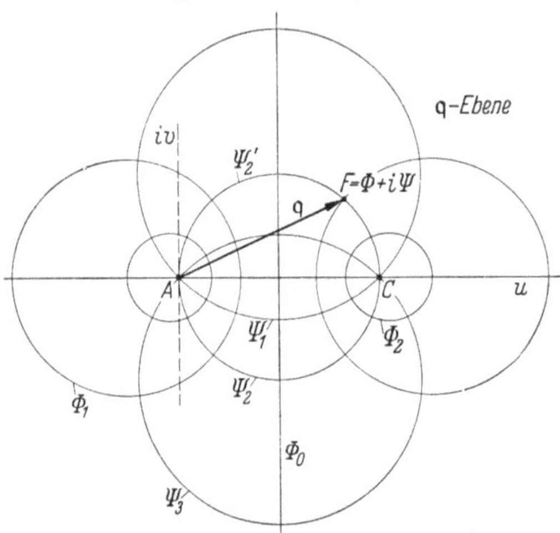

Abb. V, 4.5. Kombination der Vektorenbegrenzungskurven (Kreise) der beiden vorigen Abbildungen

Wie aus Abb. V, 4.2 ersichtlich, gibt es Kurven konstanten Potentials, welche die Spaltwände von außen treffen, und solche, die von innen auf die Spaltwände stoßen. Beide Gruppen von Potentiallinien werden voneinander getrennt durch eine Potentialkurve Φ_0, welche die Vorderkante der Spaltwände trifft. Beginnen wir mit dem Punkte B_2, wo diese Potentiallinie auf die obere Spaltkante stößt, so erkennen wir, daß die konjugiert komplexe Geschwindigkeit hier senkrecht nach aufwärts gerichtet und dem Betrage nach unendlich groß ist. Mit Annäherung auf Φ_0 zur Mittellinie des Stromlinienbildes wird die Geschwindigkeit, besonders aber ihre v-Komponente, kleiner, und diese auf der Mittellinie selbst gleich Null. Gemessen an dem Abstand benachbarter Potentiallinien, hat die u-Komponente auf dem Schnittpunkt Φ_0, Ψ_0 etwa die Größe $a/2$. Die gleichen Überlegungen lassen sich für den unteren Teil von Φ_0 anstellen. Die diesbezüglichen Vektoren $\bar{\mathfrak{q}}$ für die Punkte 1 und 2 auf Φ_0 sind in Abb. V, 4.4 dargestellt und mit 1 und 2 bezeichnet; ihre Verbindungslinie Φ_0 steht offenbar senkrecht zu AC und geht durch $u = AC/2$.

Legt man nun die beiden Kurvenblätter Abb. V, 4.3 und 4 mit A und C aufeinander, so erhält man das in Abb. V, 4.5 dargestellte Kurvensystem, das noch durch einige weitere Kurven vervollständigt ist. Jedem Schnittpunkt der beiden Kurvenscharen $\Phi = \text{const}$ und $\Psi = \text{const}$, d. h. jeder Zahl $\Phi + i\Psi = F$, entspricht ein bestimmter Wert von $\bar{\mathfrak{q}}$, so daß man hier die gesuchte Zuordnung von F und $\bar{\mathfrak{q}}$ hat, allerdings zunächst nur in graphischer Darstellung. Man kann Abb. V, 4.5 auch auffassen als die konforme Abbildung der z-Ebene der Abb. V, 4.2 auf eine $\mathfrak{q}$-Ebene. Das unendlich Ferne der z-Ebene wird in den Punkt A der $\mathfrak{q}$-Ebene abgebildet, während den Punkten B_1 und B_2 der z-Ebene das unendlich Ferne der $\mathfrak{q}$-Ebene entspricht. Der (unendlich ferne) Punkt C im Spalt geht in den um a vom Punkt A entfernten Punkt C der $\mathfrak{q}$-Ebene über. Dem orthogonalen Φ-, Ψ-Kurvensystem der Abb. V, 4.2 entspricht ein ebensolches Kurvensystem in Abb. V, 4.5. Man erkennt, daß dieses letztere Kurvensystem, das den funktionellen Zusammenhang von F und $\mathfrak{q}$ darstellt, wesentlich einfacher ist als das System der Φ- und Ψ-Kurven in Abb. V, 4.2, das die Zuordnung von F mit z zum Ausdruck bringt, und eben hierin liegt der praktische Wert, zunächst auf die $\mathfrak{q}$-Ebene zurückzugehen. Abb. V, 4.3 und 4 bzw. V, 4.5 nennt man den gespiegelten Hodographen zu der Strömung von Abb. V, 4.2.

4.4 Integration bei Benutzung des Hodographen. Die in Abb. V, 4.5 dargestellte Kurvenschar $\Phi = \text{const}$ und $\Psi = \text{const}$ ist offenbar die gleiche, wie die einer Quelle in A und einer Senke in C. Ohne dafür einen Beweis zu erbringen, setzen wir zunächst einmal den Ausdruck für eine Quelle im Punkte $\mathfrak{q} = 0$ und eine Senke im Punkte $\mathfrak{q} = a$ an, und werden nachher prüfen, ob bei diesem Ansatz die später gefundene Funktion $F(z)$ den Randbedingungen genügt. Wir haben somit

$$F(\bar{\mathfrak{q}}) = c\,[\ln\bar{\mathfrak{q}} - \ln(\bar{\mathfrak{q}} - a)] \qquad (\text{V, 4.4})$$

oder

$$e^{\frac{F}{c}} = \frac{\bar{\mathfrak{q}}}{\bar{\mathfrak{q}} - a},$$

mithin

$$\bar{\mathfrak{q}} = \frac{a}{1 - e^{-\frac{F}{c}}} = f(F).$$

Diesen Ausdruck für Gl. (V, 4.2) brauchen wir nur noch in Gl. (V, 4.3) einsetzen und dann integrieren:

$$z = \frac{1}{a}\int\left(1 - e^{-\frac{F}{c}}\right) dF + \text{const}$$

also

$$z = \frac{F}{a} + \frac{c}{a} e^{-\frac{F}{c}} + \text{const}. \qquad (\text{V, 4.5})$$

Hiermit haben wir einen Ausdruck für den gesuchten Zusammenhang zwischen F und z, wobei — wie schon erwähnt — später noch zu prüfen sein wird, ob die Randbedingungen erfüllt sind. Trennen wir noch in Real- und Imaginärteil und setzen die Konstante gleich Null, womit der Ursprung der z-Ebene festgelegt ist, so haben wir

$$x + i\,y = \frac{\Phi}{a} + i\,\frac{\Psi}{a} + \frac{c}{a}\,e^{-\frac{\Phi}{c}}\left(\cos\frac{\Psi}{c} - i\sin\frac{\Psi}{c}\right). \qquad \text{(V, 4.6)}$$

Setzen wir die Konstante der Stromlinie längs der unteren Spaltwand sowie die Konstante derjenigen Potentiallinie, welche auf die Kanten der Spaltwände stößt, je gleich Null, so ergibt sich aus Gl. (V, 4.6) mit $\Phi = 0$ und $\Psi = 0$, d. h. für die Kante B_1 der unteren Spaltwand

$$x = \frac{c}{a}, \qquad y = 0,$$

d. h. der Ursprung liegt um c/a links vom Punkte B_1 (Abb. V, 4.6).

Aus Gl. (V, 4.6) folgt, daß für $\Psi = 0$ auch $y = 0$ ist, so daß die untere Spaltwand eine Stromlinie sein kann. Ferner erhalten wir für $\Psi = 2\pi\,c$ den Wert $y = 2\pi\,c/a$. Ist die Spaltbreite $y = d$, so müßte

$$\frac{2\pi\,c}{a} = d$$

sein, wenn die obere Spaltwand eine Stromlinie sein soll. Nun haben wir aber die bis jetzt noch unbestimmte Konstante c zur Verfügung und setzen für diese

$$c = \frac{a\,d}{2\pi},$$

so daß Gl. (V, 4.6), wenn wir noch $d = 1$ setzen, übergeht in

$$x + i\,y = \frac{\Phi}{a} + i\,\frac{\Psi}{a} + \frac{1}{2\pi}\,e^{-\frac{\Phi}{a}2\pi}\left(\cos\frac{\Psi}{a}2\pi - i\sin\frac{\Psi}{a}2\pi\right). \qquad \text{(V, 4.7)}$$

4.5 Prüfung der Randbedingungen. Wir müssen jetzt noch zeigen, daß die Stromlinie an der Spaltwand von $x = \infty$ kommend bis $x = c/a = 1/2\pi$ reicht, hier die Richtung wechselt und an der Innenseite der Spaltwand wieder nach $x = \infty$ verläuft, wobei die Geschwindigkeit für $x \to \infty$ an der Außenseite nach Null und an der Innenseite nach a konvergiert.

Wir untersuchen zu dem Zweck den Gradienten von Φ an der unteren Spaltwand, d. h. $\partial\Phi/\partial x$ für $\Psi = 0$ und berechnen zunächst aus Gl. (V, 4.7), wenn wir dort $\Psi = 0$ setzen, d. h. aus

$$x = \frac{\Phi}{a} + \frac{1}{2\pi}\,e^{-\frac{\Phi}{a}2\pi} \qquad \text{(V, 4.8)}$$

für eine Anzahl von negativen und positiven Werten von Φ/a die Werte von x. In Abb. V, 4.6 sind diese Werte von Φ/a als Funktion von x

aufgetragen. Die Neigung dieser Kurve zur x-Achse ist proportional der Geschwindigkeit. Wir erkennen, daß diese an der Außenseite des Spaltes für große Werte von x sehr gering ist und negative Richtung hat, entsprechend dem kleinen negativen Wert von $\partial \Phi/\partial x$.

Mit Annäherung an die Spaltöffnung $B_1 B_2$ nimmt die Geschwindigkeit zu, und zwar in dem Maße, wie die Neigung der Tangente größere negative Werte annimmt; die Geschwindigkeit wird unendlich groß im Punkte $x = 1/2\pi$, d. h. an der Kante der Spaltwandung, da hier die Richtung der Tangente senkrecht zur x-Achse ist. Im weiteren Verlauf von $\Phi/a = f(x)$ ändert $\partial \Phi/\partial x$ das Vorzeichen und wird positiv, d. h. das Flüssigkeitsteilchen wechselt im Punkte $x = 1/2\pi$ seine Geschwindigkeitsrichtung und bewegt sich an der Innenseite der Spaltwand in Richtung der positiven x-Achse, und zwar nimmt die Geschwindigkeit sehr schnell bis auf den Wert a ab, entsprechend der Tatsache, daß die Kurve $\Phi/a = f(x)$ sich sehr schnell der unter 45° zur x-Achse gezogenen (gestrichelten) Geraden nähert.

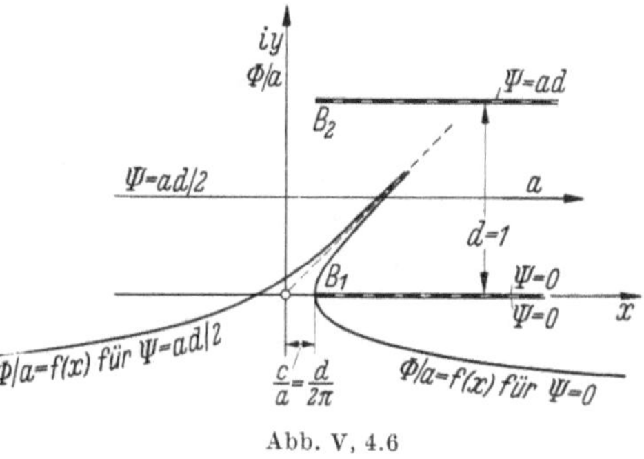

Abb. V, 4.6

Differenziert man Gl. (V, 4.8), so erhält man

$$u = \frac{\partial \Phi}{\partial x} = \frac{a}{1 - e^{-\frac{\Phi}{a} 2\pi}}, \qquad \Psi = 0,$$

und man erkennt, daß dieser Wert für wachsende negative Werte von Φ/a, entsprechend wachsenden positiven Werten von x an der Außenseite der Spaltwand, nach Null, und für wachsende positive Werte von Φ/a, d. h. an der Innenseite der Spaltwandung, nach a konvergiert. Für $\Phi/a = 0$, entsprechend $x = c/a = 1/2\pi$, wächst u über alle Grenzen. Die gleiche Überlegung läßt sich für die obere Spaltwand $\Psi = ad$ durchführen, so daß wir festgestellt haben, daß die Strömungsfunktion Gl. (V, 4.5 bzw. 6) die Randbedingungen erfüllt. Damit haben wir nachträglich dann auch bewiesen, daß der in Analogie zur Quelle und Senke gemachte Ansatz Gl. (V, 4.4) gerechtfertigt ist.

In ebenso einfacher Weise läßt sich die Geschwindigkeitsänderung auf der mittleren Stromlinie $\Psi = ad/2$ untersuchen. Aus Gl. (V, 4.7) folgt für diesen Fall

$$x = \frac{\Phi}{a} - \frac{1}{2\pi} e^{-\frac{\Phi}{a} 2\pi}.$$

In Abb. V, 4.6 ist auch diese Kurve $\Phi/a = f(x)$ aufgetragen; für sie gilt

$$u = \frac{\partial \Phi}{\partial x} = \frac{a}{1 + e^{-\frac{\Phi}{a} 2\pi}}, \qquad \Psi = \frac{a\,d}{2},$$

d. h. u geht nach Null für wachsende negative Werte von Φ/a und damit von x; für $\Phi = 0$, d. h. $x = -1/2\pi$ wird $u = a/2$ und konvergiert sehr schnell nach a beim Eintritt des Flüssigkeitsteilchens in den Spalt. In einer Entfernung von $x = d = 1$, entsprechend $\Phi/a \sim 1$ ist $u = a/1 + e^{-2\pi} = a/1{,}002 = 0{,}998\,a$.

Außer den 3 Stromlinien $\Psi = 0$ und $\Psi = ad$ sowie $\Psi = ad/2$ läßt sich noch für zwei weitere Stromlinien y als Funktion von x explicite ausdrücken, nämlich für $\Psi = ad/4$ und $\Psi = 3ad/4$. Mit dem ersteren Wert erhält man nach Gl. (V, 4.7)

$$x + i\,y = \frac{\Phi}{a} + i\left(\frac{1}{4} - \frac{1}{2\pi} e^{-\frac{\Phi}{a} 2\pi}\right),$$

also

$$x = \frac{\Phi}{a}$$

und

$$y = \frac{1}{4} - \frac{1}{2\pi} e^{-\frac{\Phi}{a} 2\pi}$$

oder

$$y = \frac{1}{4} - \frac{1}{2\pi} e^{-2\pi x}.$$

Die entsprechende Gleichung für die Stromlinie $\Psi = 3ad/4$ lautet

$$y = \frac{3}{4} + \frac{1}{2\pi} e^{-2\pi x}.$$

Aus diesen Gleichungen sind die beiden Stromlinien, die zur reellen Achse spiegelbildlich sind, leicht zu berechnen.

Um weitere Stromlinien zu erhalten, geht man so vor, daß man aus den mit Gl. (V, 4.7) identischen Gleichungen

$$x = \frac{\Phi}{a} + \frac{1}{2\pi} e^{-\frac{\Phi}{a} 2\pi} \cos\left(\frac{\Psi}{a} 2\pi\right),$$

$$y = \frac{\Psi}{a} - \frac{1}{2\pi} e^{-\frac{\Phi}{a} 2\pi} \sin\left(\frac{\Psi}{a} 2\pi\right)$$

zu einem bestimmten Wert $\Psi/a = C_1$, aber verschiedenen Werten $\Phi/a = C_1', C_2', \ldots$ die auf der Stromlinie $\Psi/a = C_1$ gelegenen Punkte (x, y) berechnet. Will man, wie in Abb. V, 4.2, innerhalb des Spaltes (von der Breite $d = 1$) 7 äquidistante Stromlinien berechnen, so setzt man $\Psi/a = 1/8$, $2/8$, $3/8$ und nimmt für jeden dieser Werte $\Phi/a = 0, \pm 1/8, \pm 2/8, \ldots$ Damit bilden dann die Kurven $\Psi = \text{const}$ mit den Kurven $\Phi = \text{const}$ angenäherte Quadrate.

Eine gewisse Einschränkung hinsichtlich der Gültigkeit des Stromlinienbildes von Abb. V, 4.2 müssen wir insofern machen, als die der Rechnung entsprechenden unendlich großen Geschwindigkeiten an den Punkten B_1 und B_2 bei wirklichen Flüssigkeiten und Gasen nicht auftreten können. An diesen Stellen löst sich die Flüssigkeit bzw. das Gas beim Umströmen der scharfen Kanten von der Wandung und es bildet sich eine wenn auch nicht sehr starke Einschnürung der wandnahen Stromlinien kurz nach B_1 und B_2. Die Strömung legt sich aber bald wieder an die Wandung an und wird, abgesehen von dieser „Abrundung" der scharfen Kanten, durch die obige Strömungsfunktion recht gut wiedergegeben.

4.6 Diskontinuierliche Flüssigkeitsbewegungen, Flüssigkeitsstrahlen.

Bis jetzt haben wir solche Strömungsvorgänge untersucht, bei denen stets Geschwindigkeiten und Druck kontinuierliche Funktionen der Raumkoordinaten sind. Es wurde bei der Ableitung der EULERschen bzw. der LAPLACEschen Differentialgleichung gleichsam stillschweigend angenommen, daß diese Voraussetzungen stets gegeben seien. Aber schon HELMHOLTZ[1] erkannte, daß sie keineswegs immer gemacht werden müssen, und daß bei reibungslosen Flüssigkeiten innerhalb der Strömung Flächen auftreten können, deren beiderseitige Geschwindigkeiten sich um endliche Beträge voneinander unterscheiden. Solche diskontinuierlichen Flüssigkeitsbewegungen haben wir, wenn ein Wasserstrahl z. B. aus einem Gartenschlauch unterhalb der Wasseroberfläche in einen großen mit Wasser gefüllten Behälter hineinfließt, oder wenn er als freier Strahl durch die Luft strömt.

Im ersteren Falle zeigt es sich jedoch, daß die von der Mündung sich ausbildende Unstetigkeitsfläche labil ist und sehr schnell in kleine Wirbel zerfällt, welche die Ursache sind zu einer schnell einsetzenden Vermischung des Strahles mit der ihn umgebenden ruhenden Wassermasse. Im zweiten Fall behält der Flüssigkeitsstrahl in Luft zwar für längere Zeit seinen geschlossenen Charakter infolge der Oberflächenspannung des Wassers gegen Luft und wegen der geringen Dichte der Luft; es tritt aber als zusätzliche Kraft die Schwerkraft auf, so daß dieser Strömungsvorgang eigentlich in das nächste Kapitel gehört.

Sind wir aber nur an dem Strömungsverlauf an der Mündung selbst interessiert, sagen wir bis zu einer Länge des Strahles von der Größenordnung des Durchmessers der Mündungsöffnung, so können wir — wie wir gleich sehen werden — wegen der meist großen Geschwindigkeiten im Strahl die Wirkung der Schwerkraft vernachlässigen. Die Zeit, die ein Flüssigkeitsteilchen benötigt, um von der Mündung ab

[1] v. HELMHOLTZ, H.: Über diskontinuierliche Flüssigkeitsbewegungen Monatsber. d. königl. Akad. d. Wiss. zu Berlin (1868) S. 215 oder Zwei hydrodynamische Abhandlungen. Ostwalds Klassiker Nr. 79.

eine Länge gleich dem Durchmesser D zu durchfließen, ist $t = D/u$, wo u die durchschnittliche Geschwindigkeit im Strahl bezeichnet. Am Ende dieser Zeit hat das Flüssigkeitsteilchen infolge der Schwerkraft

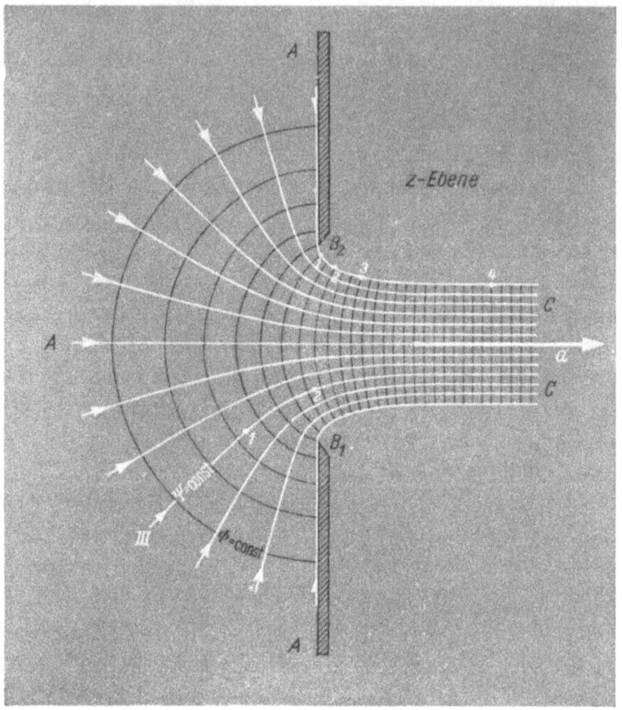

Abb. V, 4.7. Stromlinien und Kurven konstanten Potentials einer zweidimensionalen Strömung durch einen scharfkantigen Spalt

eine Abwärtsgeschwindigkeit $v = g\,t$ erhalten, wo $g = 981\ \text{cm/s}^2$ die Erdbeschleunigung ist. Für das Verhältnis beider Geschwindigkeitskomponenten haben wir somit

$$\frac{v}{u} = g\,\frac{t}{u} = g\,\frac{D}{u^2}.$$

Nehmen wir beispielsweise an, der Durchmesser der Mündungsöffnung sei $D = 1$ cm und die Geschwindigkeit $u = 300$ cm/sek, so ergibt die letzte Formel $v/u \sim 0{,}01$. Man erkennt aber auch, daß bei einer Geschwindigkeit im Strahl von nur 30 cm/sek (und $D = 1$ cm) $v/u \sim 1$ wird, und man in diesem Falle also die Wirkung der Schwerkraft nicht mehr vernachlässigen darf.

Wir wollen jetzt die Hodographenmethode auf einen Flüssigkeitsstrahl anwenden, wie er sich bei einer (zweidimensionalen) scharfkantigen Mündungsöffnung ausbildet. In Abb. V, 4.7 ist eine solche spaltförmige Öffnung als Teil eines großen mit Wasser gefüllten Ausflußbehälters dargestellt. In größerer Entfernung vom Spalt strömt das Wasser radial zum Spalt, als ob hier eine Senke vorhanden sei. Die Form des freien Strahles ist noch unbekannt. Wir nehmen zunächst eine plausibel erscheinende Begrenzungskurve des Strahles an und versuchen, nach der auf S. 188 gegebenen Methode ein System von Stromlinien und Potentiallinien zu zeichnen, die näherungsweise Quadrate miteinander bilden. Notwendigenfalls ist dabei die zunächst angenommene Begrenzungskurve des Strahles zu korrigieren. Je besser es uns gelingt, in dieser Weise ein Kurvennetz von Quadraten aufzubauen, um so mehr entsprechen die Stromlinien der richtigen Lösung, denn wegen der Eindeutigkeit der Lösung gibt es nur eine Begrenzungskurve des Strahles, bei der die Kurvenschar $\Psi = \text{const}$ und $\Phi = \text{const}$ (unendlich kleine) Quadrate miteinander bilden.

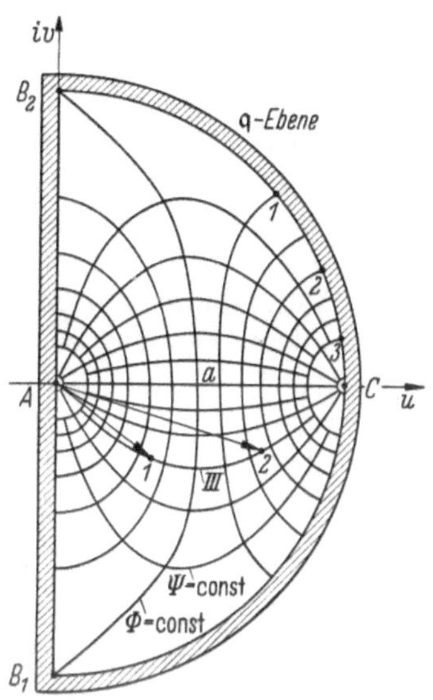

Abb. V, 4.8. Hodograph zu Abb. V, 4.7

Bei der Konstruktion des Kurvennetzes gehen wir davon aus, daß der Druck längs der Begrenzungskurve des Strahles konstant sein muß, nämlich gleich dem Atmosphärendruck der umgebenden Luft. Daraus folgt nach der Bernoullischen Gleichung, daß auch die Geschwindigkeit dem Betrage nach auf der Begrenzungskurve des Strahles konstant sein muß, so daß also die Potentiallinien in gleichen Abständen die Begrenzungskurve treffen.

Wir untersuchen jetzt wieder die Geschwindigkeiten in einzelnen Punkten ein und derselben Stromlinien, z. B. der mit *III* bezeichneten in den Punkten 1 und 2 sowie in weiteren Punkten und tragen die konjugiert komplexen Werte der jeweiligen Geschwindigkeitsvektoren in eine q-Ebene vom Ursprung A ab. In Abb. V, 4.8 sind diese beiden Vektoren mit 1 und 2 bezeichnet und der sie verbindende Kurvenzug mit *III*. Das gleiche führen wir für andere Stromlinien und Potentiallinien durch und erhalten damit in Abb. V, 4.8 den gespiegelten Hodographen der Strömung von Abb. V, 4.7. In dieser Abbildung ist die Geschwindigkeit der Strömung von A nach B_1 senkrecht nach oben gerichtet und wächst dem Betrage nach von $q = 0$ bei $A \to \infty$ bis $q = a$ bei B_1. Tragen wir in Abb. V, 4.8 die konjugiert komplexen Werte dieser Geschwindigkeiten vom Punkte A aus ab, so erhalten wir die Strecke $\overline{AB_1} = a$ senkrecht nach unten. Die gleiche Überlegung ergibt, daß die senkrecht nach unten gerichtete Stromlinie AB_2 der Abb. V, 4.7 in die senkrecht nach oben gerichtete Strecke $\overline{AB_2} = a$ in Abb. V, 4.8 übergeht. Tragen wir die Vektoren der konjugiert komplexen Geschwindigkeiten der einzelnen Punkte der Strahlbegrenzungskurve vom Punkt A der Abb. V, 4.8 aus ab, so haben diese Vektoren alle die gleiche Länge, nämlich a, aber verschiedene Richtungen, und zwar von der Senkrechten abwärts bei B_1 bis zur Horizontalen bei C und — auf der oberen Begrenzungskurve — bis zur Senkrechten aufwärts bei B_2. Die Verbindungslinie dieser Vektoren ist somit ein Halbkreis um A als Mittelpunkt mit $AC = a$ als Radius. Die übrigen Stromlinien bzw. Potentiallinien der Strömung Abb. V, 4.7 erfüllen das Innere des Halbkreises, wobei die Kurven $\Phi = \text{const}$ und $\Psi = \text{const}$ in beiden Abbildungen ein „quadratisches" Netz darstellen.

Man kann das Kurvenbild der letzten Abbildung auch so auffassen, als ob in A eine Quelle sei, von der aus die Flüssigkeit innerhalb des Halbkreises zur Senke C strömt. Dadurch, daß wir die z-Ebene auf die $\mathfrak{q}$-Ebene abgebildet haben, sind wir zwar noch nicht — wie im vorigen Beispiel — in die Lage versetzt, für den Zusammenhang von $F = \Phi + i\Psi$ und $\mathfrak{q}$ einen analytischen Ausdruck anzugeben; wir haben aber das Problem dadurch sehr vereinfacht, daß die in ihrer Gestalt unbekannte Begrenzungskurve des Strahles eliminiert ist, und wir statt dessen die verhältnismäßig einfache Begrenzungskurve eines Halbkreises erhalten haben.

Wir wollen jetzt die $\mathfrak{q}$-Ebene auf eine weitere Hilfsebene, die $\zeta = \xi + i\eta$-Ebene, abbilden, durch die der Halbkreis in einen aus Geradenstücken bestehenden Kurvenzug abgebildet wird. Das tun wir deshalb, weil nach dem SCHWARTZ-CHRISTOFFELschen Satz jede geradlinig begrenzte Figur dann schließlich auf eine obere Halbebene abgebildet werden kann[1]. Durch die Funktion

$$\xi + i\eta = \zeta = \ln \mathfrak{q} = \ln q + i\varphi$$

wird das Innere unseres Halbkreises auf einen sich ins Unendliche erstreckenden Streifen abgebildet, dessen Breite π ist für den Fall, daß wir die Geschwindigkeit a der Einfachheit halber $= 1$ setzen. Abb. V, 4.9 zeigt den Streifen mit den Kurven $\Phi = \text{const}$ und $\Psi = \text{const}$. Punkt A rückt, weil hier $\mathfrak{q} = 0$ ist, entsprechend obiger Gleichung nach $-\infty$. Für Punkte auf AB_2 (Abb. V, 4.8) ist das Argument $\varphi = \pi/2$, während der Betrag zwischen $q = 0$ und $q = a = 1$ variiert; AB_2 wird somit nach obiger Gleichung auf die Gerade $\eta = \pi/2$ von $\xi = -\infty$ bis $\xi = 0$ abgebildet. Ebenso wird das Geradenstück AB_1

[1] BETZ, A.: Konforme Abbildung, S. 224ff. Berlin/Göttingen/Heidelberg: Springer 1948.

auf die Gerade $\eta = -\pi/2$ abgebildet. Für Punkte des Halbkreises ist $q = \text{const} = 1$, also $\ln q = 0$, während das Argument zwischen $\pi/2$ und $-\pi/2$ variiert; der Halbkreis geht also in das Geradenstück von $-\pi/2$ bis $\pi/2$, $\xi = 0$ über.

Auf die Herleitung der Abbildungsfunktion, welche den Streifen auf die obere Halbebene abbildet, wollen wir wegen der etwas weitläufigen Rechnung nicht mehr eingehen und verweisen auf die Arbeit von KIRCHHOFF[1], der, angeregt durch die schon erwähnte HELMHOLTZsche Arbeit, die Methoden zur Behandlung diskontinuierlicher Flüssigkeitsbewegungen weiter ausgearbeitet hat. Von ihm ist auch der Kontraktionskoeffizient berechnet worden, d. h. das Verhältnis von Breite des ausgebildeten Strahles (in C) zur Öffnungsbreite $B_1 B_2$, und dafür der Ausdruck

$$\alpha = \frac{\pi}{\pi + 2} = 0{,}611$$

gefunden, der mit dem durch Experimente ermittelten Wert gut übereinstimmt. Diese Rechnungen wurden durch v. MISES[2] auf endliche Dimensionen des Ausflußbehälters ausgedehnt.

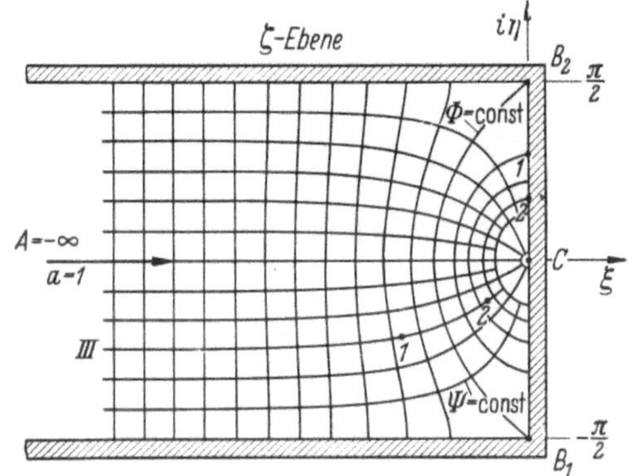

Abb. V, 4.9. Konforme Abbildung der Kurven von Abb. V, 4.8 auf einen „Halbstreifen"

In diesem Zusammenhang möge noch erwähnt werden, daß beim dreidimensionalen Strahl, wo ja die Methoden der konformen Abbildung nicht mehr anwendbar sind, und wo man deshalb die unbekannte Strahlgrenze nicht — wie in unserem Beispiel — leicht eliminieren kann, diese in Form einer Integralgleichung auftritt. Der Vergleich mit der von E. TREFFTZ[3] durchgeführten Rechnung läßt die große Vereinfachung der mathematischen Behandlung erkennen, die in der Einführung der Funktionen komplexer Variablen besteht, wo immer dieses möglich ist.

4.7 Diskontinuitätsflächen bei umströmten Körpern. Bereits HELMHOLTZ hat darauf aufmerksam gemacht, daß auch beim Umströmen von Körpern, vor allem von solchen mit scharfen Kanten — vom

[1] KIRCHHOFF, G.: Zur Theorie freier Flüssigkeitsstrahlen. Crélles Journ. Bd. 70 (1869) S. 289 oder: Ges. Abh., S. 416, Leipzig 1882.

[2] v. MISES, R.: Berechnung von Ausfluß- und Überfallzahlen. Z. VDI 1917, S. 471.

[3] TREFFTZ, E.: Über die Kontraktion kreisförmiger Flüssigkeitsstrahlen. Z. Math. Phys. 1916, S. 34.

mathematischen Standpunkt gesehen — Unstetigkeitsflächen der Geschwindigkeiten auftreten können. KIRCHHOFF hat im Anschluß daran dann eine allgemeine Methode entwickelt, solche Strömungen zu untersuchen für den Fall, daß der Querschnitt der (zweidimensionalen) Körper von geraden Linien gebildet wird.

Einer der einfachsten Fälle, die KIRCHHOFF behandelt hat, ist die Strömung um eine ebene Platte, wie in Abb. V, 4.10 dargestellt. Die Stromlinien sind in dieser Abbildung nicht berechnet, sondern „gefühlsmäßig" gezeichnet. Man kann seine Vorstellung von der Richtigkeit des Stromlinienverlaufes bei zweidimensionalen Strömungen ja immer dadurch prüfen bzw. korrigieren, daß man zu den angenommenen Stromlinien die Schar der orthogonalen Trajektorien, d. h. die Potentiallinien, zeichnet, die mit den Stromlinien angenähert Quadrate ergeben müssen.

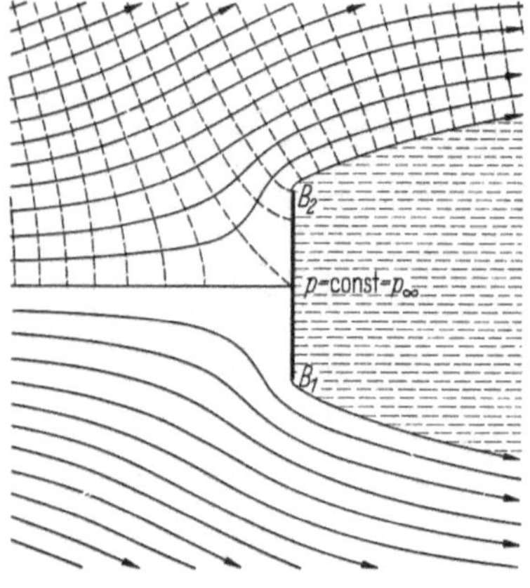

Abb. V, 4.10. Zweidimensionale Strömung mit Diskontinuitätsflächen gegen eine zur Strömung quer gestellte Platte

Der Druck im sogenannten Totwassergebiet wird als konstant angenommen, und zwar gleich dem Druck der ungestörten Flüssigkeit weit vor der Platte. Damit ist nach der BERNOULLIschen Gleichung die Geschwindigkeit auf den Trennungsflächen konstant und gleich derjenigen im Unendlichen. Einen geringeren Druck als den im Unendlichen kann man im Totwassergebiet nicht annehmen, da wir sonst ein Überschneiden der Trennungslinien, die zugleich Stromlinien sind, erhalten würden, was nicht möglich ist, da in einem solchen Schnittpunkt gleichzeitig zwei verschiedene Geschwindigkeitsrichtungen vorhanden sein müßten.

Da die Geschwindigkeiten auf der angeströmten Seite der Platte (Staupunktseite) kleiner als im Unendlichen sind, der Druck auf dieser Seite also größer ist als der im Unendlichen und also auch größer als der auf der rückwärtigen Seite der Platte, ist zu erwarten, daß die Platte einen Druckwiderstand erfährt. Es ist KIRCHHOFF auch gelungen (zum erstenmal bei einer Potentialströmung), den Widerstand zu berechnen, und zwar erhält er den Ausdruck

$$W = \frac{2\pi}{\pi + 4} \frac{\varrho}{2} u_\infty^2 F,$$

wo F die Fläche der Platte, d. h. Breite $B_1 B_2$ mal Länge (senkrecht zur Bildebene) bezeichnet.

Dieses Resultat stimmt nun allerdings sehr schlecht mit der Erfahrung überein, da man aus Experimenten statt der Widerstandszahl $2\pi/(\pi + 4) = 0{,}88$ den mehr als doppelt so großen Wert 2,0 erhält. Der Grund für diese Unstimmigkeit ist darin zu suchen, daß eine Unstetigkeitsfläche, wie sie der Rechnung zugrunde gelegt wird, in Wirklichkeit gar nicht existiert, und daß die Flüssigkeit im sogenannten Totwassergebiet keineswegs sich in Ruhe befindet, so daß der Druck an der Hinterseite der Platte nicht gleich dem der ungestörten Flüssigkeit zu sein braucht und in Wirklichkeit auch wesentlich geringer ist. Infolge der Labilität der Unstetigkeitsflächen, die sich bei der stationären Strömung an den scharfen Kanten zu bilden beginnen, zerfallen diese sehr schnell in kleine Wirbel (vgl. S. 499), die einen Impulsaustausch zwischen der äußeren Strömung und dem Totwassergebiet einleiten, und damit das Stromlinienbild an der rückwärtigen Seite vollkommen verschieden von dem der Abb. V, 4.10 werden läßt.

Wir haben hiermit ein Beispiel für viele, daß solche Überlegungen für den Mathematiker vielleicht einiges Interesse haben, für den Physiker oder Techniker aber nur den Zweck erfüllen können, zu erkennen, inwiefern der mathematische Ansatz ungenügend ist, weil er den physikalischen Gegebenheiten in wesentlichen Punkten nicht gerecht wird, bzw. zu erkennen, welche Eigentümlichkeiten der Strömung von anderen Umständen abhängen als von denjenigen, die in den mathematischen Gleichungen enthalten sind. Kein Geringerer als HELMHOLTZ selbst hat dieses unmißverständlich zum Ausdruck gebracht, wenn er in seinem Begleitschreiben zu seiner klassischen Arbeit über Wirbelbewegungen am 8. Januar 1858 an den Mathematiker K. W. BORCHARD, dem damals die Redaktion des Journals für reine und angewandte Mathematik oblag, schreibt:

„. . . Sie ist mehr für mathematische als physikalische Leser eingerichtet, und ihr Nutzen besteht mehr darin, daß man eine Übersicht der den hydrodynamischen Gleichungen entsprechenden Bewegungen erhält, welche man anwenden kann, um bei Bewegungen wirklichen Wassers zu erkennen, welche Eigentümlichkeiten seiner Bewegung von anderen Umständen influirt werden, die in den hydrodynamischen Gleichungen nicht berücksichtigt sind, als daß man viele direkte Anwendungen der neuen Integralformen auf wirkliche Vorgänge machen könnte.“

VI. Strömungen mit freien Oberflächen

1 Strömung über ein Wehr und Ausfluß aus seitlichen großen Öffnungen

1.1 Randbedingungen. Wir nehmen in Abb. VI, 1.1 einen nach links und nach unten sich (unendlich) weit erstreckenden rechteckigen, mit Wasser gefüllten Behälter an, von dem nur der obere Teil seiner vertikal verschiebbaren rechten Seitenwand W, sowie ein Teil des

Wasserspiegels dargestellt ist. Denken wir uns jetzt die oben scharfkantige Wand W bis unter den Wasserspiegel gesenkt, so strömt das Wasser unter dem Einfluß der Schwerkraft über das sogenannte Wehr, und wir beobachten einen Strahl, wie in Abb. VI, 1.2 dargestellt.

Da die Zähigkeitswirkungen des Wassers in diesem Falle mit gutem Recht vernachlässigt werden können, wird der Vorgang durch die EULERsche Gleichung in der Form Gl. (IV, 1.23) auf S. 106 bestimmt. Ferner erwähnen wir, daß wegen des unendlich ausgedehnten

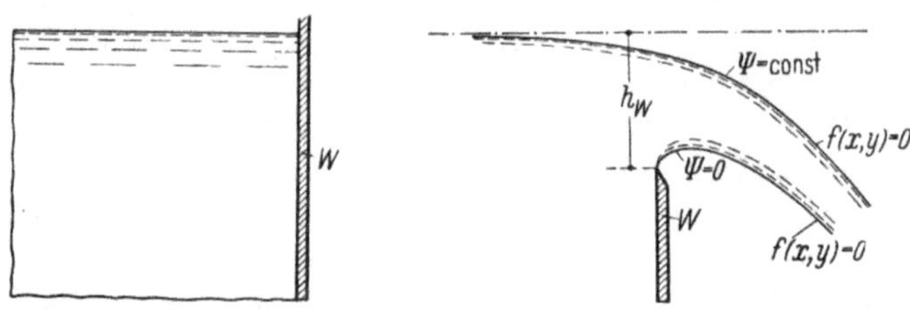

Abb. VI, 1.1 Abb. VI, 1.2

Abb. VI, 1.1 u. 2. Wenn die in der linken Abbildung dargestellte Seitenwand W heruntergezogen wird, bildet sich die in der rechten Abbildung gezeigte Strömung über ein Wehr aus

Behälters die Strömung stationär ist, d. h. $\partial \mathfrak{q}/\partial t = 0$, und daß aus dem gleichen Grunde die Geschwindigkeiten in genügender Entfernung von der Kante des Wehrs beliebig klein werden. Die Strömung hat also ihren Ursprung in einem Gebiet, wo statische Verhältnisse bestehen und ist damit nach IV, 1.9 auf S. 111 eine Potentialströmung. Zudem ist sie, da das Wehr W senkrecht zur Bildebene sehr lang im Verhältnis zur Spiegelhöhe h_W angenommen wird, zweidimensional.

Es gelten somit für die Strömung über ein Wehr die LAPLACEschen Differentialgleichungen

$$\frac{\partial^2 \Phi}{\partial x^2} + \frac{\partial^2 \Phi}{\partial y^2} = 0$$

bzw.

$$\frac{\partial^2 \Psi}{\partial x^2} + \frac{\partial^2 \Psi}{\partial y^2} = 0,$$

wo Φ und Ψ wieder die Potential- bzw. Stromfunktionen sind. Hinsichtlich der zur Lösung der Differentialgleichungen erforderlichen Randbedingungen tritt jetzt aber etwas prinzipiell Neues auf: Früher, z. B. bei der Strömung durch eine Düse (Abb. V, 1.10 auf S. 188) lautete die Randbedingung, daß auf einer gegebenen Kurve $f(x, y) = 0$, nämlich der vollständigen Berandung der Strömung, $\partial \Phi/\partial n = 0$ (n normal zu $f(x, y) = 0$) bzw. $\Psi = \text{const}$ sein muß. Das gleiche gilt zwar auch jetzt, allerdings mit dem Unterschiede, daß die Kurve $f(x, y) = 0$, auf der die obigen Bedingungen gelten müssen, nicht vorgegeben, sondern unbekannt ist und erst gefunden werden muß. Dabei ist zu bemerken, daß wegen der Eindeutigkeit der Lösung nur eine einzige Funktion $f_1(x, y) = 0$ in unserem Beispiel in Frage kommt, d. h. nur für eine bestimmte Form der freien Oberfläche in Abb. VI, 1.2 ist es möglich, ein in den kleinsten Teilen quadratisches Netz aus Kurven $\Phi = \text{const}$ und $\Psi = \text{const}$ — ähnlich wie in Abb. V, 1.10 — zu bilden.

Während es in einem Falle wie in Abb. V, 1.10 oder in V, 4.2 noch möglich ist, mit einem verhältnismäßig geringen Aufwand von Zeit und Mühe das Φ, Ψ-Netz zu zeichnen, dürfte es ein fast aussichtsloses Unterfangen sein, dieses im obigen Fall mit immer neu zu variierenden Strahlgrenzen zu versuchen, bis schließlich die einzig richtige gefunden ist. Erscheint das Problem in dieser Hinsicht auch sehr viel komplizierter, so ist es in anderer Hinsicht auch wieder einfacher. Da nämlich der vollständige Druck an den freien Oberflächen des Strahles konstant sein muß, nämlich gleich dem Atmosphärendruck, sind die *Beträge* der Geschwindigkeiten in jedem beliebigen Punkte der Strahlgrenze — wie wir sehen werden — leicht zu berechnen, vorausgesetzt allerdings, daß die Gestalt der freien Oberfläche erst einmal bestimmt wurde, z. B. experimentell durch photographische Aufnahme.

1.2 Geschwindigkeitsverteilung innerhalb der Strömung über ein Wehr. In Abb. VI, 1.3 sei die Gestalt der experimentell bestimmten freien Oberflächen dargestellt. Die im folgenden angegebenen Rechnungen sind an einer Zeichnung von 4facher Größe der Abbildung durchgeführt. Wir wollen zunächst die Kurven konstanten Potentials bestimmen und zu dem Zweck die Punkte $A_1, A_2, \ldots A_{25}$ sowie die dazugehörigen Punkte $B_0, B_1, B_2, \ldots B_{25}$ berechnen. Die Höhe h_W des ungestörten Wasserspiegels über der Wehrkante sei beispielsweise gleich 1 m angenommen.

Wir beginnen am Ende des gezeichneten Strahles, dort wo die Oberflächen schon nahezu parallel sind und bezeichnen die letzten gegenüberliegenden Punkte mit A bzw. B (Abb. VI, 1.4). Die Geschwindigkeit im ersteren Punkte ist nach Gl. (IV, 1.21) auf S. 106.

$$q_A = \sqrt{2g\,h_A} = \sqrt{2g \cdot 2} = 6{,}263\ \mathrm{m\,s^{-1}},$$

im zweiten Punkte

$$q_B = \sqrt{2g\,h_B} = \sqrt{2\,g \cdot 1{,}82} = 5{,}975\ \mathrm{m\,s^{-1}}.$$

Wir entnehmen aus der (4fach vergrößerten) Abbildung die Strahldicke zu $d = 0{,}292$ m und erhalten — wenn wir die sehr geringe Geschwindigkeitsänderung längs d linear annehmen — als sekundliches Volumen pro Breiteneinheit (b) des Strahles (b ist senkrecht zur Bildebene)

$$Q = \tfrac{1}{2}\,(q_A + q_B)\,d = 1{,}79\ \mathrm{m^2\,s^{-1}}.$$

Da die Geschwindigkeiten in A und B nicht einander gleich sind, haben auch die Stromlinien, zwischen denen die gleiche sekundliche

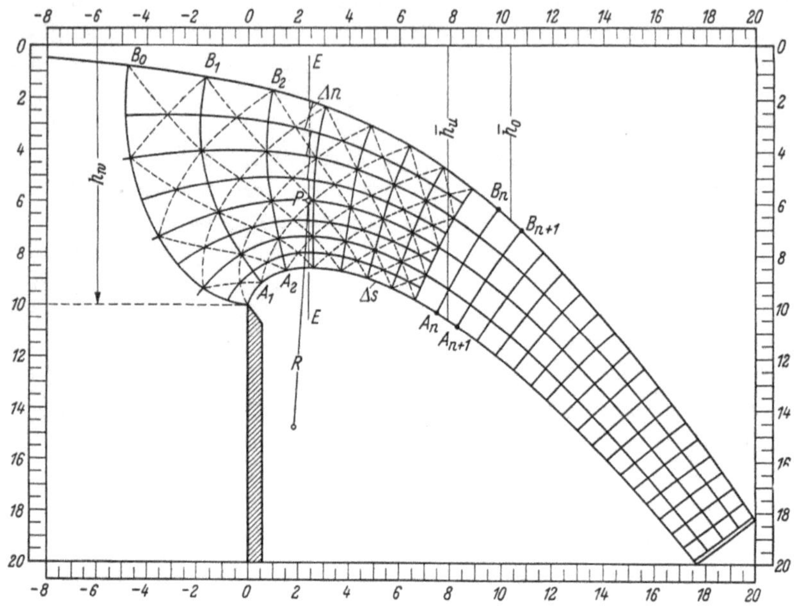

Abb. VI, 1.3. Stromlinien und Potentiallinien der Strömung über ein Wehr

Flüssigkeitsmenge — in unserem Beispiel $Q/4$ — fließt, nicht genau die gleichen Abstände voneinander; vielmehr nehmen diese von A nach B hin etwas zu. Das sekundliche Volumen (pro Strahlbreite b zwischen A und der ersten Stromlinie ist mit den Bezeichnungen der Abbildung VI, 1.4

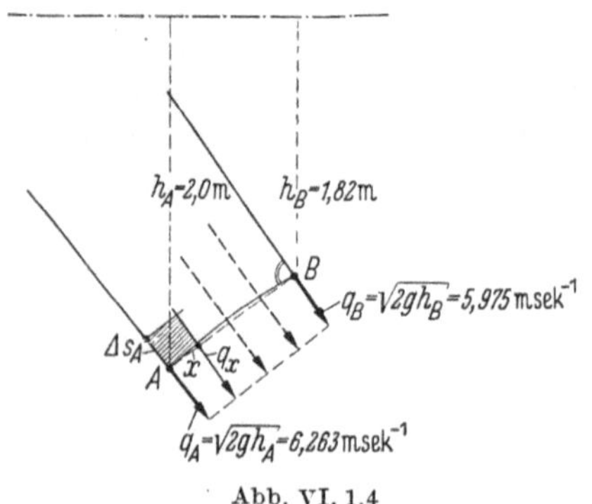

Abb. VI, 1.4

$$\frac{q_A + q_x}{2}\, x = \frac{Q}{4},$$

wobei q_x aus der geometrischen Beziehung

$$\frac{q_x - q_B}{q_A - q_B} = \frac{d - x}{d},$$

$$q_x = q_A - \frac{q_A - q_B}{d}\, x$$

wird, was, in die obige Gleichung eingesetzt, eine Gleichung für x ergibt:

$$x^2 - 2\,d\,\frac{q_A - q_B}{q_A}\, x + \frac{d}{q_A - q_B}\,\frac{Q}{2} = 0.$$

Mit den obigen Werten von q_A, q_B, d und Q erhalten wir

$$x = 0{,}071\,\mathrm{m}.$$

Da nun die Kurven $\Phi = \mathrm{const}$ mit den Stromlinien ($\Psi = \mathrm{const}$) angenähert kleine Quadrate bilden sollen (schraffiert gezeichnet), muß der Abstand Δs_A derjenigen Kurve $\Phi = \mathrm{const}$, die dem Punkte A als nächste folgt, ebenfalls gleich $x = 0{,}071$ m sein. Nun ist aber

$$\frac{\Delta \Phi}{\Delta s_A} = q_A$$

oder

$$\Delta \Phi = q_A \Delta s_A = 6{,}263\,\mathrm{m\,s^{-1}} \cdot 0{,}071\,\mathrm{m} = 0{,}4447\,\mathrm{m^2\,s^{-1}}.$$

Mit diesem Wert von $\Delta \Phi = \mathrm{const}$ lassen sich die Abstände Δs_n zwischen den Punkten A_n und A_{n+1} entsprechend

$$\Delta s_n = \frac{\Delta \Phi}{\bar{q}_n} = \frac{\Delta \Phi}{\sqrt{2g\,\bar{h}_u}} = \frac{0{,}4447}{4{,}428}\,\frac{1}{\sqrt{\bar{h}_u}} = \frac{0{,}1004}{\sqrt{\bar{h}_u}}$$

berechnen, wo $\bar{q}_n$ den Mittelwert von q_n und q_{n+1} und $\bar{h}_u$ den Mittelwert von h_u und h_{u+1} bezeichnet (zweite Näherung).

Wir beginnen mit dem Anfangspunkt der freien Oberfläche, d. h. der Schneide. Danach ist der Abstand Δs_0 des Punktes A_1 von der Schneide gleich $0{,}1004/\sqrt{0{,}950} = 0{,}103$ m, die Länge Δs_1 zwischen den Punkten A_1 und A_2 gleich $0{,}1004/\sqrt{0{,}885} = 0{,}107$ m usw., bis wir schließlich zu A_{25} gekommen sind. Durch diesen Punkt legen wir eine Parallele zur (schwach gewölbten) Kurve AB und bezeichnen den Schnittpunkt dieser Parallelen mit der oberen freien Fläche des Strahles mit B_{25}. Von diesem Punkte gehen wir in derselben Weise rückwärts durch Bildung von

$$\Delta s_n = \frac{\Delta \Phi}{\sqrt{2g\,\bar{h}_o}} = \frac{0{,}1004}{\sqrt{\bar{h}_o}}$$

bis zum Punkte B_0. Danach verbinden wir die entsprechenden Punkte A_n und B_n durch Kurven $\Phi = \mathrm{const}$, die jeweils senkrecht auf den Strahlgrenzen stehen, und zeichnen schließlich die 3 Stromlinien ($\Psi = \mathrm{const}$) innerhalb des Strahles in der Weise, daß sie mit den Kurven $\Phi = \mathrm{const}$ angenähert Quadrate bilden. Mit Hilfe von Diagonalkurven können dann weitere Stromlinien gezeichnet werden (Abb. VI, 1.3).

Um beispielsweise die Geschwindigkeitsverteilung im Querschnitt EE (von $h_o = 0{,}205$ m bis $h_u = 0{,}855$ m) zu berechnen, tragen wir in Abb. VI, 1.5 (in vergrößertem Maßstabe) die zur Strömungsrichtung senkrechten Abstände Δn zwischen den 9 Stromlinien als Abszissen zu den jeweiligen Höhen h als Ordinaten auf und erhalten dann durch Bildung der reziproken Werte, bzw. durch Division von $1\,[\mathrm{m^2\,s^{-1}}]$ durch $\Delta n\,[\mathrm{m}]$ in den jeweiligen h-Werten, ein Maß für die Geschwindigkeitsverteilung. Da die Geschwindigkeiten an der Oberfläche des Strahles bekannt sind, nämlich

$$q_0 = \sqrt{2g\,h_0} = \sqrt{2g \cdot 0{,}205} = 2{,}00\,\mathrm{m\,s^{-1}} \quad \text{bzw.}$$

$$q_u = \sqrt{2g\,h_u} = \sqrt{2g \cdot 0{,}855} = 4{,}10\,\mathrm{m\,s^{-1}},$$

haben wir die Abszissen der letztgenannten Kurve mit demjenigen Faktor zu multiplizieren, der den obersten bzw. den untersten Punkt

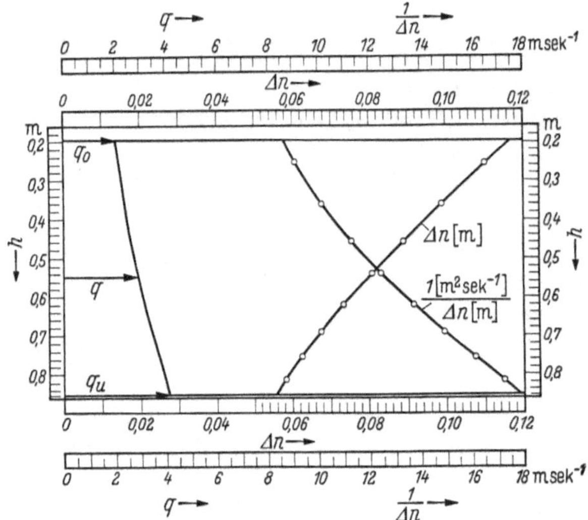

Abb. VI, 1.5. Geschwindigkeitsverteilung $q(h)$ in der Ebene EE von Abb. VI, 1.3

der Kurve $1/\Delta n$ auf die Werte q_0 bzw. q_u bringt; in unserem Beispiel mit 0,232. Damit haben wir die Geschwindigkeitsverteilung im Querschnitt bestimmt (Abb. VI, 1.5).

Aus der Tatsache, daß die Geschwindigkeitsverteilung unter Zugrundelegung des in den kleinsten Teilen quadratischen Φ, Ψ-Netzes berechnet wurde, ergibt sich nach V, 1.5, daß in jedem Punkte der Ebene EE mit $\mathfrak{q} = u + i\,v$

$$\frac{\partial u}{\partial y} - \frac{\partial v}{\partial x} = 0$$

sein muß, d. h. daß die Strömung rotationsfrei ist.

1.3 Druckverteilung innerhalb der Strömung über ein Wehr. Wir wenden die BERNOULLIsche Gleichung an und haben, wenn die Höhe h wie bisher nach unten positiv genommen wird,

$$\frac{q^2}{2g} + \frac{p_c}{\gamma} - h = \text{const} = 0, \qquad \text{(VI, 1.1)}$$

wobei die Konstante gleich Null ist, wenn der Atmosphärendruck mit Null bezeichnet wird. In Abb. VI, 1.6 sind die Größen der letzten Gleichung als Abszissen für die jeweiligen Höhen h im Querschnitt EE der Abb. VI, 1.3 als Ordinaten aufgetragen, wobei die Werte $q^2/2g$ aus Abb. VI, 1.5 berechnet sind. Man erkennt aus Abb. VI, 1.6 daß der vollständige Druck p_v an der Oberfläche des Strahles, d. h. bei h_o bzw. h_u gleich Null, also — nach der obigen Festsetzung — gleich dem Atmosphärendruck ist, daß der vollständige Druck im Innern des Strahles jedoch größer ist.

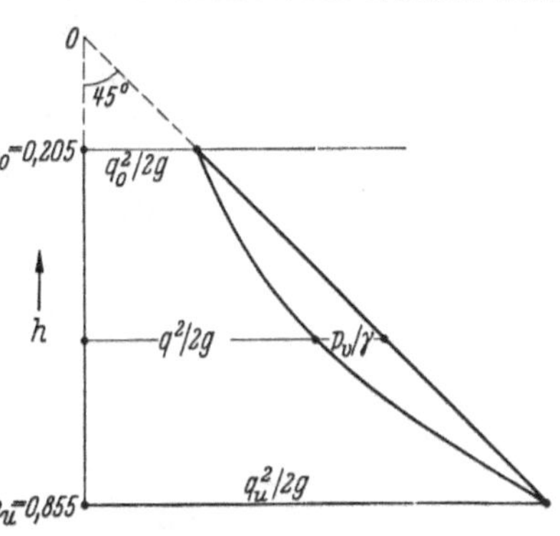

Abb. VI, 1.6. Die Größen der BERNOULLIschen Gleichung abhängig von h für den Querschnitt EE der Abb. VI, 1.3

In Abb. VI, 1.7 ist die Verteilung der vollständigen Druckhöhe p_v/γ als Abszisse über die Höhe h aufgetragen, ferner die statische Druckhöhe $\bar{p}/\gamma = h$ als Gerade unter 45°. Da nun der Druck p sich aus der Gleichung

$$p_v = p + \bar{p} \quad \text{bzw.} \quad p = p_v - \bar{p} \qquad \text{(VI, 1.2)}$$

ergibt, läßt sich die Druckhöhe p/γ ohne weiteres in die letzte Ab-

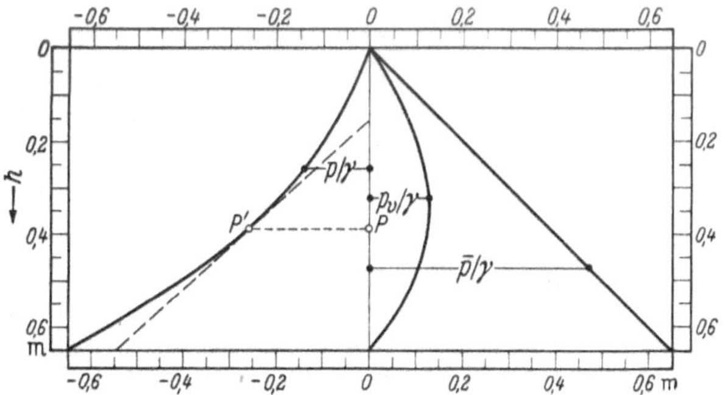

Abb. VI, 1.7. Der Druck p, der statische Druck $\bar{p}$ und der vollständige Druck $p_v = p + \bar{p}$ in Abhängigkeit von h im Querschnitt EE von Abb. VI, 1.3

bildung einzeichnen. Der Druck p ist mit der Geschwindigkeit q bekanntlich durch die BERNOULLIsche Gleichung

$$\frac{\varrho}{2} q^2 + p = \text{const} \quad \text{bzw.} \quad \frac{q^2}{2g} + \frac{p}{\gamma} = \text{const} \qquad \text{(VI, 1.3)}$$

verbunden, und man erkennt aus der letzten Abbildung, wie der Druck p — angefangen bei der Unterseite des Strahles — nach oben hin zunimmt entsprechend der Abnahme der Geschwindigkeit.

Diese Zunahme des Druckes in der Richtung nach oben ist noch durch einen anderen Umstand bedingt, nämlich wegen der Krümmung der Stromlinien und der damit verbundenen Zentrifugalkräfte; denn diese Zentrifugalkräfte werden gerade durch den Druckanstieg im Gleichgewicht gehalten. Wenn in einem beliebigen Punkte P (Abb. VI, 1.3) der Krümmungsradius der durch P gehenden Stromlinie gleich R ist, so muß nach Gl. (IV, 1.35) auf S. 118

$$\frac{\partial\left(\frac{p}{\gamma}\right)}{\partial h} = \frac{q^2}{g\,R} \qquad \text{(VI, 1.4)}$$

sein. Für den gewählten Punkt ist $R = 0{,}883$ m und nach Abb. VI, 1.5 die Geschwindigkeit $q = 3{,}04$ m/sek, mithin $q^2/g\,R = 1{,}08$; anderseits ist nach Abb. VI, 1.7 für den Punkt P bzw. P' der Ausdruck $\partial(p/\gamma)/\partial h = 1{,}10$. Eine größere Genauigkeit läßt sich in Anbetracht der Tangentenbestimmung im Punkte P' nicht erwarten.

1.4 Bemerkungen über die verschiedenen Drücke und deren Bezeichnungen. Ersetzt man die untere freie Oberfläche des Strahles durch eine feste Wand von genau der gleichen Form, so ändert sich — bei der angenommenen Reibungslosigkeit der Flüssigkeit — weder die Geschwindigkeits- noch die Druckverteilung, d. h., der vollständige Druck p_v an der gekrümmten festen Wand bleibt gleich dem Atmosphärendruck.

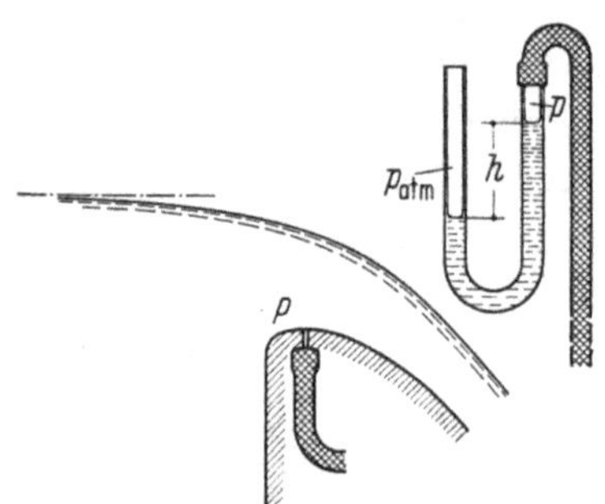

Abb. VI, 1.8. Messung des Unterdruckes p an der Wandung, die der unteren Fläche des freien Strahles von Abb. VI, 1.1 gleichgeformt sei

Würde man an der Stelle P (Abb. VI, 1.8) die Wandung durchbohren (Lochdurchmesser etwa $^1/_{10}$ mm) und diese Bohrung vermittels Gummischlauch außerhalb der Strömung mit dem einen Schenkel eines U-Manometers verbinden, während der andere offen bleibt, so stellt sich im Manometer eine Druckdifferenz $\gamma\,h$ ein (als Manometerflüssigkeit sei Wasser genommen). Man mißt also mit dem Manometer nicht den vollständigen Druck p_v, der an der Bohrung gleich dem Atmosphärendruck ist, sondern (vgl. Abb. VI, 1.7) den Druck

$$p = p_v - \bar{p} = p_v - \gamma\,h\,.$$

Es ist dieses derselbe Druck, den wir in Gl. (VI, 1.3), d. h. in

$$p + \frac{\varrho}{2}\,q^2 = \text{const}$$

haben.

Man erkennt hieraus, daß der Druck p unmittelbar mit der Bewegung der Strömung zusammenhängt; bei Strömungen ohne freie Oberfläche kann er geradezu als Ursache der Bewegung angesehen werden, während bei Strömungen mit freien Oberflächen, wo die Bewegung durch die Schwerkraft verursacht wird, er ein Feld bildet, das den longitudinalen sowie transversalen Beschleunigungen entspricht. Diesen Druck p nennen wir deshalb den Bewegungsdruck oder schlechthin den Druck bzw. den Flüssigkeitsdruck (p/γ die Druckhöhe).

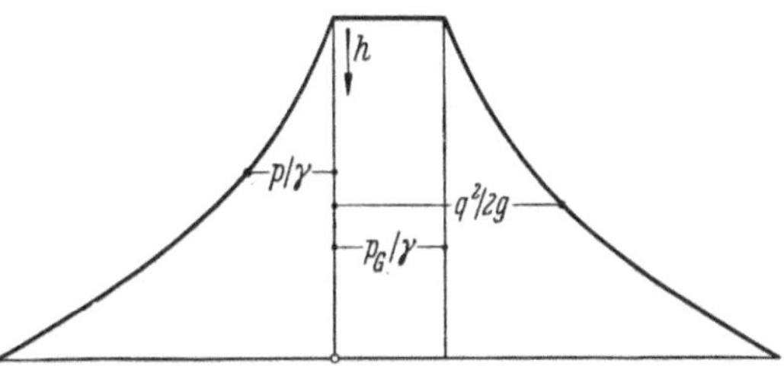

Abb. VI, 1.9. Die Druckhöhe p/γ, die Staudruckhöhe $q^2/2g$ sowie die Höhe des Gesamtdruckes: $p_G/\gamma = p/\gamma + q^2/2g$ in Abhängigkeit von der Höhe im Querschnitt EE von Abbildung VI, 1.3

Der Ausdruck $\varrho q^2/2$, wo $\mathfrak{q} = \mathfrak{u} + \mathfrak{v} + \mathfrak{w}$ ist, heißt der Staudruck oder auch Geschwindigkeitsdruck ($q^2/2g$ die Geschwindigkeitshöhe).

Die Summe von Bewegungsdruck und Staudruck wird mit Gesamtdruck bezeichnet (nicht mit dem vollständigen Druck p_v zu verwechseln!).

Zeichnet man die Kurve $q^2/2g$ aus Abb. VI, 1.6 und die Kurve p/γ aus Abb. VI, 1.7 in Abb. VI, 1.9 ein und addiert die Abszissen, die zu gleichen Punkten (gleichen h-Werten) gehören, so erhält man die Gesamtdruckhöhe p_G/γ, die bei Potentialströmungen in der ganzen Flüssigkeit konstant ist (BERNOULLIsche Konstante). Man erkennt hier den Unterschied von p_G/γ mit dem in Abb. VI, 1.7 aufgetragenen p_v/γ[1].

Bei Strömungsvorgängen mit freien Oberflächen tritt mit der von uns benutzten Bezeichnung der vollständige Druck p_v in der BERNOULLIschen Gleichung auf

$$\frac{\varrho}{2} q^2 + p_v - \gamma h = \text{const.}$$

Gelegentlich wird auch dieser vollständige Druck als „statischer" Druck bezeichnet[2], was — abgesehen von der möglichen Verwechselung

[1] Vielfach wird der Ausdruck $\varrho q^2/2$ auch dynamischer Druck genannt und der Druck p — offenbar zum Unterschied davon — als „statischer" Druck bezeichnet. Diese Benennung ist keine sehr glückliche und sollte aufgegeben werden. Denn mit statischen Verhältnissen hat dieser Druck gar nichts zu tun, sondern im Gegenteil gerade mit den Bewegungsvorgängen; man könnte ihn allenfalls kinematischen Druck nennen. Wollte man mit der Bezeichnung p als „statischem Druck" zum Ausdruck bringen, daß der vollständige Druck an der unteren freien Oberfläche des Strahles gleich dem Atmosphärendruck ist, so müßte man sagen, daß dort der Druck gleich der algebraischen Summe von hydrostatischem Druck $\bar{p}$ und „statischem" Druck p sei, was irreführend ist.

[2] PRANDTL, L.: Führer durch die Strömungslehre, 2. Aufl., S. 42, 1944.

mit dem in der Fußn. 1, S. 301, erwähnten „statischen" Druck — auch die unbefriedigende Aussage gibt, daß der „statische Druck p_v" gleich der algebraischen Summe aus dem hydrostatischen Druck $\bar{p}$ und dem durch die Bewegung bedingten Druck p ist (Abb. VI, 1.7). Man sollte deshalb den statischen Druck mit dem hydrostatischen bzw. aerostatischen Druck identifizieren, d. h. mit dem Druck, der sich bei der ruhend gedachten Flüssigkeit einstellen würde.

Nach diesen kurzen Bemerkungen über die Bezeichnung der verschiedenen Flüssigkeitsdrücke kehren wir zu der Strömung Abb. VI, 1.8 zurück.

1.5 Die Druckverteilung beim unbelüfteten Überfall und bei sehr flacher Ausbildung der Wehrkrone. Hätte die gekrümmte feste Wand in Abb. VI, 1.8 eine andere als die dort angegebene Form, so würde an der freien Oberfläche zwar nach wie vor der Atmosphärendruck vorhanden sein, an der Wand aber würden andere Drücke herrschen.

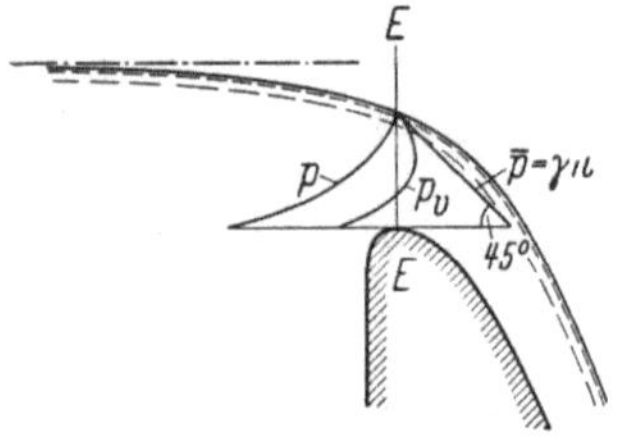

Abb. VI, 1.10. Druckverteilung im Querschnitt *EE* bei einer stärker gekrümmten Wandung als derjenigen von Abb. VI, 1.8

Nehmen wir in Abb. VI, 1.10 beispielsweise eine stärker gekrümmte Wandung an, so werden auch die Stromlinien eine ausgeprägtere Krümmung aufweisen, was größere Zentrifugalkräfte bedingt und damit einen stärkeren Druckabfall vom Atmosphärendruck an der freien Oberfläche bis zur Wandung zur Folge hat, wie in der Abbildung angedeutet. Addiert man zu diesem Verlauf des Druckes p den hydrostatischen Druck $\bar{p} = \gamma h$, so erhält man nach Gl. (VI, 1.2) den Verlauf des vollständigen Druckes p_v im Querschnitt EE. Man erkennt, daß an der Wand ein geringerer Druck als der Atmosphärendruck, d. h. in Unterdruck, vorhanden ist. Eine ähnliche Form erhält man bei einem freien Strahl, wenn der Raum unter dem Strahl keine (oder nur ungenügende) Verbindung mit der Atmosphäre hat, wie in Abbildung VI, 1.11 dargestellt, wo angenommen ist, daß der Strahl durch zwei ebene Platten P parallel zur Bildebene begrenzt wird; man spricht in diesem Falle von einem unbelüfteten Überfall.

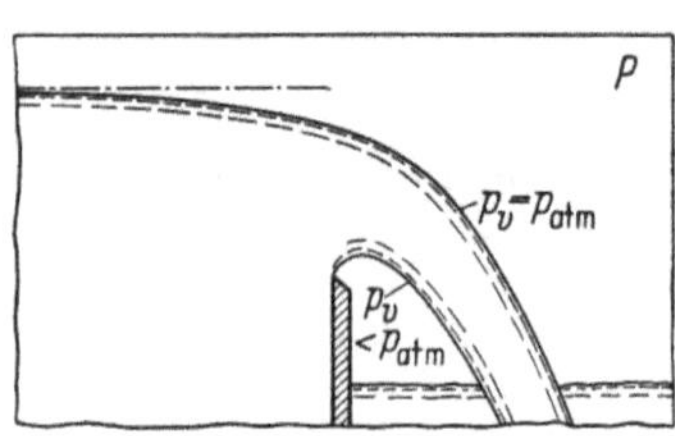

Abb. VI, 1.11. Strahl bei einem „unbelüfteten" Überfall

Besitzt die Wandung eine wesentlich geringere Krümmung als die in Abb. VI, 1.8, etwa wie in Abb. VI, 1.12, so werden die einzelnen Stromlinien flacher und damit die Zentrifugalkräfte kleiner; das bedeutet aber, daß der Druckabfall vom Atmosphärendruck an der freien Oberfläche zur Wand hin geringer wird. Addiert man zu dieser Druckverteilung $p = f(h)$ die hydrostatische Druckverteilung $\overline{p} = \gamma h$, so erhält man die Verteilung des vollständigen Druckes p_v. Man erkennt, daß der vollständige Druck p_v an der Wandung größer als der Atmosphärendruck ist. Je flacher die Wandung ist, um so geringer wird die Abnahme des Druckes p zur Wand hin sein, und um so mehr wird die Verteilung des vollständigen Druckes p_v mit der hydrostatischen Druckverteilung $\overline{p}$ übereinstimmen. Bei außerordentlich flachen Stromlinien kann man deshalb in erster Näherung diese Abweichung vernachlässigen und annehmen, daß p und nach der BERNOULLIschen Gleichung damit auch die Geschwindigkeit q längs h konstant ist. Von dieser Vereinfachung machen wir in Kapitel VI, 3 Gebrauch.

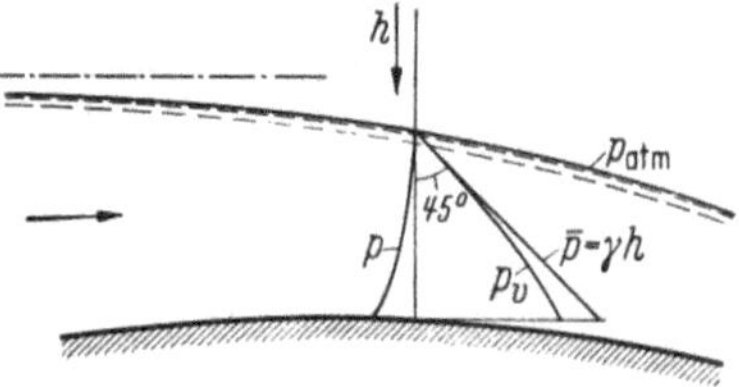

Abb. VI, 1.12. Druckverteilung bei einer sehr geringen Krümmung der Wandung

1.6 Ausfluß aus seitlichen großen Öffnungen. Die theoretische Behandlung dieser Strömungsvorgänge, die ja nicht zweidimensional sind, bietet so große Schwierigkeiten, daß bisher in keinem Falle eine Lösung gefunden worden ist. Für eine Näherungsbetrachtung hilft man sich dadurch, daß man annimmt, die seitliche Öffnung im Behälter bestehe aus sehr vielen kleinen Einzelöffnungen und ferner, daß die hieraus austretenden Stromfäden voneinander unabhängig seien. Die letztere Annahme trifft näherungsweise aber nur dann zu, wenn die Ausflußöffnung aus einem schmalen Spalt besteht (Abb. VI, 1.13).

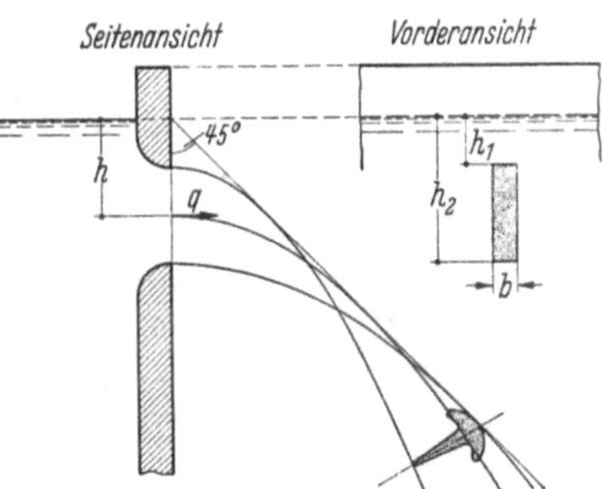

Abb. VI, 1.13. Strahlenausbildung bei einem schmalen Spalt

Bei dieser Annahme haben die einzelnen Stromfäden die Gestalt von Parabeln, die nach unten — entsprechend den größer werdenden Austrittsgeschwindigkeiten $q = \sqrt{2gh}$ — gestreckter werden. In der Abbildung ist der oberste und unterste sowie der mittlere Stromfaden dargestellt. Wie sich zeigen läßt, berühren alle von der Öffnung ausgehenden Parabeln die vom Wasserspiegel unter 45° nach rechts abwärts gezogene Gerade. Da die Stromfäden einander ausweichen können, erhält man eigenartige, in Strömungsrichtung sich ändernde Querschnitte, von denen einer am unteren Ende des abgebildeten Strahles dargestellt ist. Die Form dieser Querschnitte läßt sich aber nicht allein aus der

Gestalt der sämtlichen Parabeln konstruieren, vielmehr spielen hier auch die Kapillarkräfte eine wesentliche Rolle.

Das in der Zeiteinheit aus der Öffnung austretende Volumen ist, wenn $h_1 = \text{const}$ und der Behälter so groß angenommen wird, daß eine Zuströmungsgeschwindigkeit weit vor der Öffnung vernachlässigt werden kann,

$$Q = b \int_{h_1}^{h_2} q\,dh = b \int_{h_1}^{h_2} \sqrt{2gh}\,dh$$

mithin

$$Q = \tfrac{2}{3} \sqrt{2g}\, b\, (h_2^{3/2} - h_1^{3/2}). \qquad \text{(VI, 1.5)}$$

Ist die Zuströmungsgeschwindigkeit w_0 im Behälter nicht so klein, daß sie vernachlässigt werden kann, und entspricht dieser Geschwindigkeit eine Geschwindigkeitshöhe

$$k = \frac{w_0^2}{2g},$$

so ist die Geschwindigkeit in der Öffnung bei einer Höhe h

$$q = \sqrt{2g\,(h + k)}.$$

Die Gl. (VI, 1.5) geht damit über in

$$Q = \tfrac{2}{3} \sqrt{2g}\, b\, [(h_2 + k)^{3/2} - (h_1 + k)^{3/2}]. \qquad \text{(VI, 1.6)}$$

Bisher wurde angenommen, daß die Öffnung nach innen abgerundet ist, wie in der Abbildung dargestellt. Ist die Öffnung scharfkantig, so tritt noch eine Kontraktion auf, die das sekundliche Volumen — unter sonst gleichen Umständen — beträchtlich verringert und auch die Querschnittsformen des Strahles komplizierter werden läßt. Für diesen Fall setzt man

$$Q = \text{Kontraktionszahl}\ \tfrac{2}{3} \sqrt{2g}\, b\, (h_2^{3/2} - h_1^{3/2}). \qquad \text{(VI, 1.7)}$$

Die Kontraktionszahl ist von der Größenordnung 0,6, im übrigen aber von verschiedenen Faktoren, z. B. vom Seitenverhältnis des Spaltes, d. h. von $(h_2 - h_1) : b$, abhängig.

Wird die Breite der Öffnung unendlich groß gegenüber seiner Höhe, so wird das Problem zweidimensional und damit der Theorie wieder zugänglicher. Mit $h_1 = 0$ geht die Strömung über in diejenige über ein Wehr, und hier ist es tatsächlich gelungen, mit Hilfe der konformen Abbildung das Problem zu lösen[1]. Sowohl die Gestalt des Strahles als auch die Kontraktionszahl konnte theoretisch ermittelt werden; für letztere erhielt LAUCK

$$\text{Kontraktionszahl} = \frac{\pi}{\pi + 2} = 0{,}6111.$$

[1] LAUCK, A.: Überfall über ein Wehr. Z. angew. Math. Mechan. Bd. 5 (1925) S. 1.

Mit $h_1 = 0$ und $h_2 = h_W$ erhält man somit aus Gl. (VI, 1.7) für den Überfall über ein (unendlich hohes) Wehr

$$Q = \frac{2}{3} \frac{\pi}{\pi + 2} \sqrt{2g}\, b\, h_W^{3/2}$$

oder

$$Q = 0{,}4074 \sqrt{2g}\, b\, h_W^{3/2}, \qquad b \gg h_W. \qquad \text{(VI, 1.8)}$$

In diesem Zusammenhang sei auf eine Arbeit von v. MISES[1] hingewiesen, der in Anlehnung an die HELMHOLTZ-KIRCHHOFFsche Methode den obigen Koeffizienten für verschieden hohe Werte berechnet hat und ebenfalls für das unendlich hohe Wehr die Zahl 0,407 erhält.

Ist die Zuströmungsgeschwindigkeit w_0 vor dem Wehr nicht so klein, daß man sie vernachlässigen kann und setzt man

$$w_0 = \sqrt{2g\,k},$$

so ist, ähnlich wie in Gl. (VI, 1.6),

$$Q = 0{,}407 \sqrt{2g}\, b\,[(h_W + k)^{3/2} - k^{3/2}]. \qquad \text{(VI, 1.9)}$$

2 Ausflußzeiten, Niveaueinspiegelungen

2.1 Entleerungszeit eines Behälters mit horizontaler Bodenöffnung. Da die Höhe h des Wasserspiegels mit der Zeit abnimmt, verringert sich auch die Ausflußgeschwindigkeit $w_0 = \sqrt{2g\,h}$ in der Bodenöffnung. Wir haben somit eine instationäre Strömung (Abbildung VI, 2.1). Dabei wollen wir zunächst annehmen, daß die Bodenöffnung F sehr klein ist, verglichen mit der Größe des Wasserspiegels S, so daß wir die Geschwindigkeit w der Spiegelsenkung gegenüber w_0 vernachlässigen können. In diesem Falle ist auch die lokale Beschleunigung $\partial w/\partial t$ im Behälter gering, so daß es gerechtfertigt erscheint, auch diese unberücksichtigt zu lassen. In der nächsten Nummer werden wir auf den Zusammenhang dieser beiden Vernachlässigungen zurückkommen.

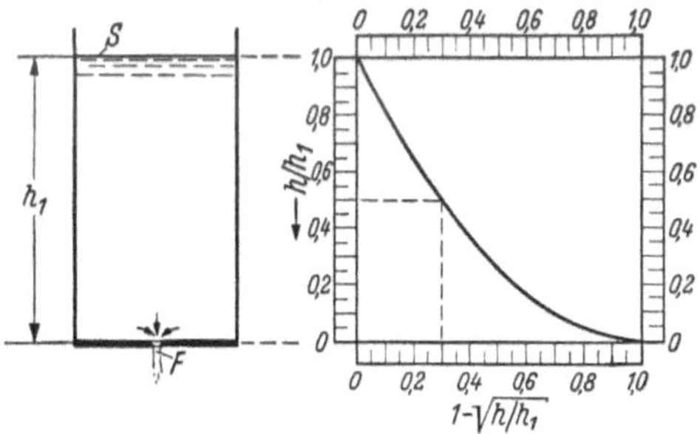

Abb. VI, 2.1 u. 2. Ausfluß aus einem Gefäß mit einer abgerundeten Bodenöffnung (Abb. VI, 2.1); Abhängigkeit der Niveauhöhe von einem Zeitfaktor (Abbildung VI, 2.2)

Wir fragen uns: Wie ändert sich die Höhe mit der Zeit? Bezeichnet Q das in der Zeiteinheit ausfließende Flüssigkeitsvolumen, so fließt in dem Zeitelement dt das Flüssigkeitsvolumen $Q\,dt$ aus, das einer Spiegel-

[1] v. MISES, R.: Berechnung von Ausfluß- und Überfallzahlen. Z. VDI 1917, S. 471.

senkung $-dh$ entspricht, wobei also h nach oben positiv gerechnet wird, d. h.

$$Q\,dt = -S\,dh \qquad \text{(VI, 2.1)}$$

und mit $Q = F\,w_0 = F\sqrt{2gh}$ (die Öffnung sei nach innen abgerundet)

$$dt = -\frac{S}{\sqrt{2g}\,F}\,\frac{dh}{\sqrt{h}};$$

mithin, wenn S — wie in diesem Beispiel — konstant ist,

$$\int_0^t dt = -\frac{S}{\sqrt{2g}\,F}\int_{h_1}^{h}\frac{dh}{\sqrt{h}}, \qquad \text{(VI, 2.2)}$$

wo h_1 die Anfangshöhe zur Zeit $t = 0$ bezeichnet, mithin

$$t = \frac{2S}{\sqrt{2g}\,F}\left(\sqrt{h_1} - \sqrt{h}\right) = \frac{2S\sqrt{h_1}}{\sqrt{2g}\,F}\left(1 - \sqrt{\frac{h}{h_1}}\right). \qquad \text{(VI, 2.3)}$$

Wir erhalten somit als Entleerungszeit ($h = 0$)

$$t_1 = \frac{2S}{\sqrt{2g}\,F}\sqrt{h_1}. \qquad \text{(VI, 2.4)}$$

In Abb. VI, 2.2 ist der Klammerausdruck als Abszisse für die Werte von h zwischen h_1 und Null als Ordinate aufgetragen. Obwohl die Geschwindigkeit in der Öffnung F mit nach Null abnehmendem h ebenfalls nach Null geht, bleibt die Entleerungszeit endlich; der Klammerausdruck wird für diesen Fall, d. h. für $h = 0$, gleich Eins. Ist beispielsweise das Verhältnis $S/F = 100$ und die Höhe $h = 20$ cm, so erhält man für den Ausdruck vor der letzten Klammer, d. h. als Entleerungszeit, $t_1 = 20{,}2$ sek. Für eine scharfkantige Öffnung ist in Gl. (VI, 2.3) F mit der in Frage kommenden Kontraktionszahl zu multiplizieren. Man erkennt aus Abb. VI, 2.2, daß der Wasserspiegel bis auf die Hälfte in etwa $^3/_{10}$ der Entleerungszeit gesunken ist.

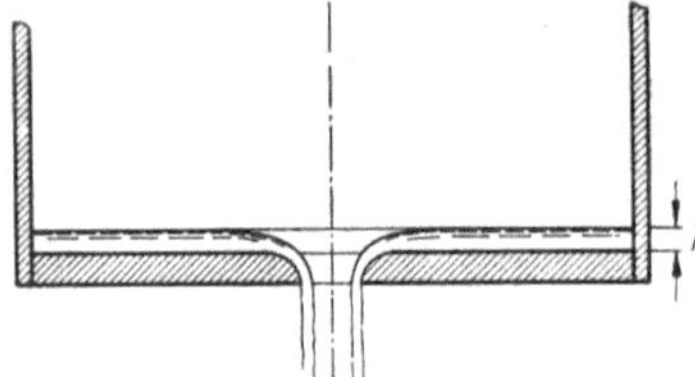

Abb. VI, 2.3. Bei sehr geringer Wasserspiegelhöhe wird der Querschnitt der Ausflußöffnung nicht mehr voll ausgefüllt

Es ist allerdings zu berücksichtigen, daß kurz vor Beendigung des Ausflusses, wenn h von der Größenordnung des Radius der Öffnung geworden ist, die oben gemachte Voraussetzung $Q = F\,w_0$ nicht mehr erfüllt ist, insofern als die Öffnung F nicht mehr vollständig vom ausfließenden Wasser ausgefüllt wird (Abb. VI, 2.3).

Ist der Querschnitt des Behälters nicht konstant, aber $S = S(h)$ gegeben, so ist nach Gl. (VI, 2.2) bei abgerundeter Bodenöffnung F

$$t = \frac{1}{\sqrt{2g}\,F}\int_{h}^{h_1}\frac{S(h)}{\sqrt{h}}\,dh. \qquad \text{(VI, 2.5)}$$

Man kann die Frage stellen: In welcher Weise muß sich die Spiegelgröße des Wassers im Behälter mit der Höhe ändern, damit der Spiegel sich in gleichen Zeiten um gleiche Beträge senkt, d. h. $-dh/dt = \text{const}$ ist? Aus Gl. (VI, 2.1) folgt, daß in diesem Falle $Q/S = \text{const}$ sein muß, d. h. wegen $Q = F\sqrt{2gh}$

$$S = \text{const}\,\sqrt{h}\,.$$

Bildet man den Behälter als Rotationskörper aus, so muß also

$$r^2\pi = \text{const}\sqrt{h}$$

sein, mithin

$$r = \text{const}\sqrt[4]{h}\,,$$

(Abb. VI, 2.4). Solche Behälter lassen sich, wie in der Abbildung angedeutet, in einfacher Weise zu Wasseruhren verwenden. Das Gewicht G soll nur dazu dienen, den (dünnen) Draht straff zu halten und den Schwimmer so weit zu entlasten, daß er gerade den Wasserspiegel berührt.

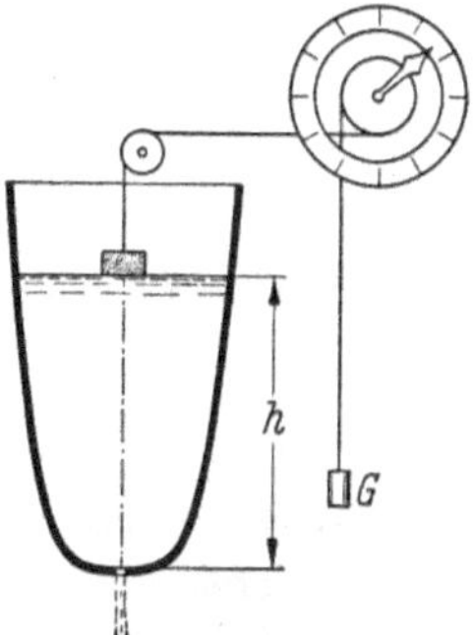

Abb. VI, 2.4. Schematische Darstellung einer Wasseruhr; G dient lediglich zum Straffhalten des Fadens

2.2 Auswirkung der lokalen Beschleunigung $\partial w/\partial t$. Streng genommen, hätten wir bei dem instationären Strömungsvorgang der Abb. VI, 2.1 von der EULERschen Gleichung (IV, 1.23) ausgehen müssen: Multiplizieren wir diese mit dem Wegelement ds, so ist

$$\frac{1}{g}\frac{\partial w}{\partial t}ds + \frac{w}{g}dw = ds - \frac{1}{\gamma}dp_v\,.$$

Wenn man von einem Punkte des Wasserspiegels bis zu einem Punkte des Strahles am Ende der Ausflußöffnung integriert, d. h. längs $ds = -dh$, so fällt das Druckglied fort, da sowohl am Wasserspiegel als auch im Strahl der Atmosphärendruck herrscht, d. h. $p_v = p_{atm}$ ist; mithin

$$-\frac{1}{g}\int\limits_h^0 \frac{\partial w}{\partial t}dh + \frac{1}{g}\int\limits_h^0 d\left(\frac{w^2}{2}\right) = -\int\limits_h^0 dh$$

oder, wenn $w = w_0$ bei $h = 0$ gesetzt wird,

$$\frac{w_0^2 - w^2}{2g} = h + \underbrace{\frac{1}{g}\int\limits_h^0 \frac{\partial w}{\partial t}dh}_{\text{Beschleunigungshöhe}}. \qquad \text{(VI, 2.6)}$$

Es ist

$$\frac{\partial w}{\partial t} = \frac{\partial w}{\partial h}\,\frac{\partial h}{\partial t} = \frac{\partial w}{\partial h}w$$

oder wegen

$$w = \frac{F}{S}w_0$$

$$\frac{\partial w}{\partial t} = \frac{\partial w_0}{\partial h}w_0\frac{F^2}{S^2}$$

und, da $w_0 = \sqrt{2gh}$ ist, $$\frac{\partial w}{\partial t} = g\,\frac{F^2}{S^2}.$$

Die Beschleunigungshöhe ist somit

$$\frac{F^2}{S^2}\int\limits_h^0 dh = -\frac{F^2}{S^2}\,h \tag{VI, 2.7}$$

und in Gl. (VI, 2.6) eingesetzt

$$\frac{w_0^2 - w^2}{2g} = h\left(1 - \frac{F^2}{S^2}\right). \tag{VI, 2.8}$$

Hiermit haben wir die allgemeine BERNOULLIsche Gleichung, d. h. mit Berücksichtigung der Beschleunigungshöhe, angewendet auf zwei Punkte (Wasserspiegel und Strahl), in denen der gleiche Druck herrscht (Atmosphärendruck), wodurch das sonst auftretende Glied der Druckhöhe fortfällt.

Nun ist aber $w = F\,w_0/S$, mithin

$$w_0^2\left(1 - \frac{F^2}{S^2}\right) = 2gh\left(1 - \frac{F^2}{S^2}\right)$$

also
$$w_0 = \sqrt{2gh}\,.$$

Die Vernachlässigung der Abwärtsgeschwindigkeit w im Behälter ist somit gleichbedeutend mit der Berücksichtigung des Beschleunigungsgliedes in dem Sinne, daß dieses auszulassen ist, oder, anders ausgedrückt: Wenn wir die Abwärtsgeschwindigkeit w im Behälter berücksichtigen, müssen wir in Gl. (VI, 2.6) auch die Beschleunigungshöhe in Betracht ziehen, sonst aber nicht. Die obigen Überlegungen beschränken sich somit nicht nur auf sehr kleine Bodenöffnungen.

Würde man fälschlicherweise die gewöhnliche BERNOULLIsche Gleichung
$$\frac{w^2}{2g} + h + \frac{p_v}{\gamma} = \text{const}$$

auf den instationären Vorgang der Abb. VI, 2.1 anwenden, und zwar für einen Punkt des Wasserspiegels und einen im Strahl bei dessen Austritt aus der Bodenöffnung, so erhielte man mit den obigen Bezeichnungen
$$\frac{w_0^2 - w^2}{2g} = h\,,$$

was falsch ist und nicht mit der richtigen Gl. (VI, 2.6 bzw. 8) übereinstimmt. Die letzte Gleichung würde nur dann richtig sein, wenn die Höhe h konstant gehalten würde — etwa durch entsprechenden Wasserzufluß in den Behälter —, wodurch der Strömungszustand dann stationär würde.

2.3 Einspiegelungszeit in einem Behälter mit horizontaler Bodenöffnung bei konstantem Zufluß. Wir fragen uns: Bis zu welcher Höhe h_1 wird ein zunächst leeres, mit einer abgerundeten Bodenöffnung F versehenes Gefäß aufgefüllt, wenn das Zuflußvolumen pro Zeiteinheit Q_1 gegeben ist und konstant gehalten wird? Ferner: In welcher Zeit geschieht dieses für den Fall, daß $S = \text{const}$ ist? (Abb. VI, 2.5).

Abb. VI, 2.5. Bei konstantem Wasserzufluß in ein zunächst leeres Gefäß mit Bodenöffnung stellt sich eine bestimmte Wasserspiegelhöhe h_1 ein

Offenbar steigt der Wasserspiegel so lange, bis die sekundliche Abflußmenge gleich der Zuflußmenge, d. h. bis

$$F\sqrt{2g\,h_1} = Q_1 \qquad \text{(VI, 2.9)}$$

geworden ist, also bis zur Höhe

$$h_1 = \frac{1}{2g}\,\frac{Q_1^2}{F^2}. \qquad \text{(VI, 2.10)}$$

Bis zu dem Zeitpunkt, in welchem diese Höhe erreicht ist, bewirkt der Überschuß des in einem Zeitelement zufließenden Wassers gegenüber dem in derselben Zeit ausfließenden Wasser ein Steigen des Wasserspiegels um dh, mithin

$$\left(Q_1 - F\sqrt{2g\,h}\right)dt = S\,dh$$

oder mit Gl. (VI, 2.9)

$$\sqrt{2g}\,F\left(\sqrt{h_1} - \sqrt{h}\right)dt = S\,dh$$

und integriert

$$t = \frac{S}{\sqrt{2g}\,F}\int_0^h \frac{dh}{\sqrt{h_1} - \sqrt{h}}.$$

Setzt man noch $h/h_1 = y$, so erhält man unter Berücksichtigung von Gl. (VI, 2.9)

$$t = \frac{S\,Q_1}{2g\,F^2}\int_0^y \frac{dy}{1 - \sqrt{y}}. \qquad \text{(VI, 2.11)}$$

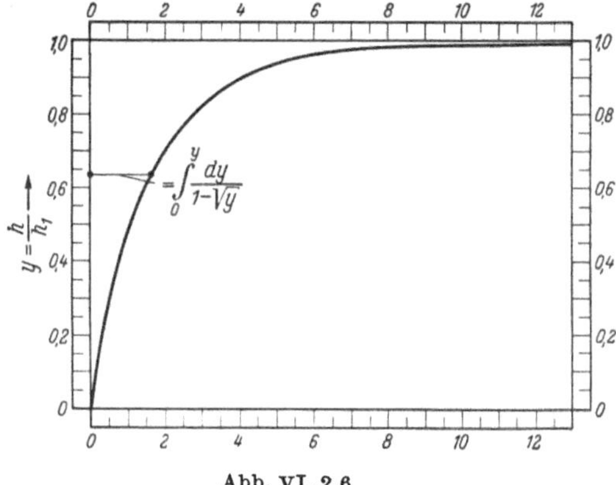

Abb. VI, 2.6

In Abb. VI, 2.6 ist der Wert des Integrals als Abszisse zu y als Ordinate aufgetragen; für $h = h_1$, d. h. $y = 1$ wird das Integral und damit die Einspiegelungszeit t unendlich groß. Beispielsweise wird für $S = 100\ \text{cm}^2$, $F = 1\ \text{cm}^2$ und $Q_1 = 200\ \text{cm}^3/\text{sek}$ nach Gl. (VI, 2.7)

$$h_1 = \frac{1 \cdot 40000}{2 \cdot 981 \cdot 1} = 20{,}4\ \text{cm},$$

und der Faktor vor dem letzten Integral

$$\frac{S Q_1}{2 g F^2} = \frac{100 \cdot 200}{2 \cdot 981 \cdot 1} = 10{,}2\ \text{sek}.$$

Da nach Abb. VI, 2.6 das Integral für $y = 0{,}99$ etwa gleich zwölf ist, wird die Einspiegelungshöhe h_1 bis auf 1%, d. h. $0{,}99\ h_1 = 20{,}2$ cm in

$$t = 10{,}2\,\text{sek} \times 12 = 122{,}4\,\text{sek}$$

erreicht.

Abb. VI, 2.7. Ohne Wasserzufluß nimmt die Höhe h dauernd ab

2.4 Einspiegelungszeiten bei einem Überfall und bei kommunizierenden Gefäßen. Wir betrachten in Abb. VI, 2.7 den Überfall über eine Seitenkante von der Breite b (senkrecht zur Bildebene) eines Gefäßes, dessen Abmessungen groß sind verglichen mit der Höhe h_1, die der Wasserspiegel zur Zeit $t = 0$ haben möge.

Nach der Ausflußformel für ein Wehr Gl. (VI, 1.18) ist für eine beliebige Höhe $h < h_1$

$$Q\,dt = 0{,}4074 \sqrt{2g}\, b\, h^{3/2}\, dt$$

und mit

$$Q\,dt = -S\,dh$$

$$t = -\frac{S}{0{,}4074 \sqrt{2g}\, b} \int_{h_1}^{h} \frac{dh}{h^{3/2}} = \frac{2S}{0{,}4074 \sqrt{2g}\, b} \left(\frac{1}{\sqrt{h}} - \frac{1}{\sqrt{h_1}} \right).$$

Die Einspiegelung findet somit nicht in einer endlichen Zeit statt, vielmehr wächst die Einspiegelungszeit mit $h \to 0$ über alle Grenzen. Diese Überlegung vernachlässigt jedoch die Auswirkung der Kapillarkräfte gegen Ende des Ausflusses; werden diese berücksichtigt, so bleibt die Einspiegelungszeit endlich.

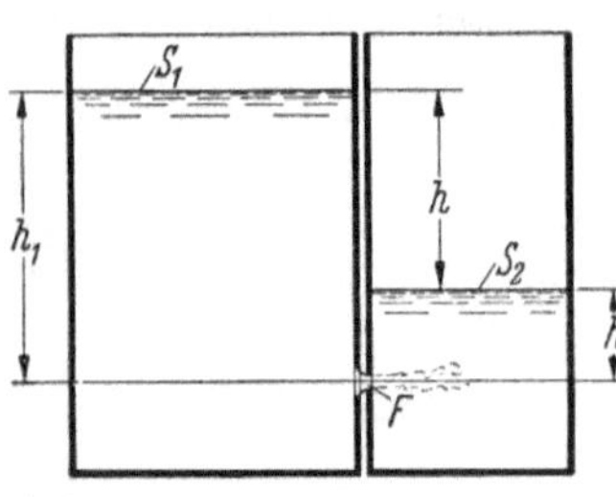

Abb. VI, 2.8. Bei kommunizierenden Gefäßen stellt sich nach einer bestimmten Zeit (Einspiegelungszeit) in beiden Gefäßen die gleiche Wasserspiegelhöhe ein ($h = 0$)

Wir fragen nach der Einspiegelungszeit von kommunizierenden Gefäßen nach Art der Abb. VI, 2.8. Mit den dort gegebenen Bezeichnungen ist

$$Q\,dt = -S_1\,dh_1 = S_2\,dh_2;$$

ferner

$$dh = dh_1 - dh_2 = -Q\,dt\left(\frac{1}{S_1} + \frac{1}{S_2}\right)$$

oder mit $Q = F\sqrt{2gh}$, d. h. abgerundeter Verbindungsöffnung,

$$dh = -F\sqrt{2gh}\,\frac{S_1 + S_2}{S_1 S_2}\,dt,$$

mithin

$$t = -\frac{S_1 S_2}{S_1 + S_2}\,\frac{1}{\sqrt{2g}\,F}\int\limits_{h_1}^{h}\frac{dh}{\sqrt{h}}$$

also

$$t = \frac{S_1 S_2}{S_1 + S_2}\,\frac{2}{\sqrt{2g}\,F}\left(\sqrt{h_1} - \sqrt{h}\right) \qquad \text{(VI, 2.12)}$$

und die Einspiegelungszeit ($h = 0$)

$$t_1 = \frac{S_1 S_2}{S_1 + S_2}\,\frac{2\sqrt{h_1}}{\sqrt{2g}\,F}. \qquad \text{(VI, 2.13)}$$

Für den Fall, daß beide Gefäße die gleiche Spiegelgröße besitzen, d. h. $S_1 = S_2 = S$, haben wir

$$t_1 = \frac{S}{\sqrt{2g}\,F}\sqrt{h_1}. \qquad \text{(VI, 2.14)}$$

Ein Vergleich mit Gl. (VI, 2.4) zeigt, daß diese Einspiegelungszeit halb so groß ist wie die Entleerungszeit bei gleichem S/F und h_1. Es ist dieses verständlich, da ja der Wasserspiegel des zweiten Gefäßes in gleichem Maße demjenigen des ersten Gefäßes entgegensteigt, wie dieser sich senkt.

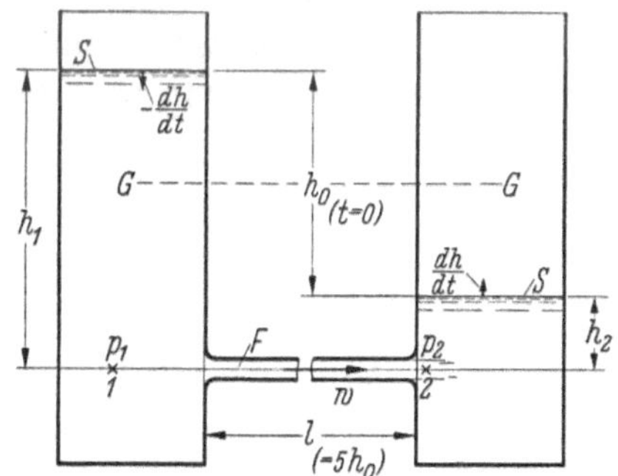

Abb. VI, 2.9. Sind die Gefäße durch ein längeres Rohr miteinander verbunden, so findet die Einspiegelung in pendelnder Weise statt

Komplizierter werden die Strömungsvorgänge, wenn die beiden Gefäße durch ein längeres Rohr miteinander verbunden sind (Abbildung VI, 2.9). Dadurch nämlich, daß im Rohr eine gewisse kinetische Energie vorhanden ist, sinkt der obere Wasserspiegel etwas unter die Gleichgewichtslage GG, während der rechte etwas über GG ansteigt. Dann ändert sich die Strömungsrichtung, bis der linke Wasserspiegel wieder ein wenig oberhalb GG ist, so daß die Gleichgewichtslage in pendelnder Weise schließlich asymptotisch erreicht wird.

Wir wenden die allgemeine BERNOULLIsche Gleichung für instationäre Strömungen auf die beiden horizontal zueinander gelegenen

Punkte 1 und 2 an und haben

$$\frac{o^2}{2g} + \frac{p_1}{\gamma} = \frac{1}{g}\int_0^l \frac{\partial w}{\partial t}\,dl + \frac{w^2}{2g} + \frac{p^2}{\gamma}.$$

Dabei berücksichtigen wir nicht die Abwärts- bzw. Aufwärtsgeschwindigkeit dh/dt in den beiden Gefäßen und dementsprechend auch nicht die beiden Beschleunigungshöhen

$$\frac{1}{g}\int_{h_1}^{0} \frac{\partial\left(\frac{dh}{dt}\right)}{\partial t}\,dh \quad \text{und} \quad \frac{1}{g}\int_{0}^{h_3} \frac{\partial\left(\frac{dh}{dt}\right)}{\partial t}\,dh$$

(vgl. Nr. VI, 2.2, die beiden letzten Absätze).

Bei der plötzlichen Erweiterung des Rohres zum rechten Behälter von F auf S, wobei $F \ll S$ angenommen wird, findet eine Umwandlung der Geschwindigkeit w in Druck nicht (oder kaum) statt, vielmehr wird die kinetische Energie infolge der Flüssigkeitsreibung in Wärme verwandelt; die Druckhöhe im Punkte 2 ist $p_2/\gamma = h_2$. Wir haben also mit $p_1/\gamma = h_1$ und bei Berücksichtigung, daß w und damit $\partial w/\partial t$ längs des Verbindungsrohres (abgesehen von der geringen Länge der Einlaufsabrundung) konstant ist,

$$\frac{l}{g}\frac{\partial w}{\partial t} + \frac{w^2}{2g} = h_1 - h_2 = h. \qquad \text{(VI, 2.15)}$$

Da die Geschwindigkeit im Verbindungsrohr durch die Abwärtsgeschwindigkeit $-dh/dt$ im linken Behälter ausgedrückt werden kann, da nach der Kontinuitätsgleichung

$$w = -\frac{S}{F}\frac{dh}{dt}$$

ist, geht die obige Gleichung über in

$$-\frac{l\,S}{g\,F}\frac{d^2h}{dt^2} + \frac{S^2}{2g\,F^2}\left(\frac{dh}{dt}\right)^2 = h. \qquad \text{(VI, 2.16)}$$

Hiermit haben wir die Differentialgleichung für h als Funktion von t. Sie hat die Form der Gleichung einer gedämpften Schwingung, wobei die Dämpfung proportional dem Quadrat der Geschwindigkeit ist, entsprechend dem Verlust der kinetischen Energie des jeweils aus dem Verbindungsrohr austretenden Wassers.

Anstatt diese etwas komplizierte Differentialgleichung im einzelnen zu diskutieren, wollen wir uns die Aufgabe in der Weise vereinfachen, daß wir die Strömung in zwei voneinander qualitativ verschiedene Vorgänge zerlegen und dann jeden einzeln behandeln. Der erstere Teil bestehe in dem Herabsinken des Wasserspiegels im linken Behälter; hierbei ist das erste Glied der obigen Gleichung klein gegenüber dem zweiten Gliede. Der zweite Teil des Strömungsvorganges betrifft die Schwingung der Wasserspiegel in beiden Behältern um die Gleichgewichtslage GG; dabei sind die Geschwindigkeiten sehr klein, die Beschleunigungen demgegenüber aber beträchtlich, so daß man wenigstens die Schwingungsdauer bei Vernachlässigung des zweiten Gliedes aus obiger Gleichung angenähert erhält.

1. Wir betrachten das erste Glied gleichsam als eine Korrektur, für die wir einen Ausdruck ableiten wollen. Aus der ersten Näherung

$$\frac{S^2}{2gF^2}\left(\frac{dh}{dt}\right)^2 = h$$

oder

$$\frac{dh}{dt} = -\frac{F}{S}\sqrt{2gh}$$

erhalten wir

$$\frac{d^2h}{dt^2} = -\frac{F}{S}\,\frac{\sqrt{2g}}{2\sqrt{h}}\,\frac{dh}{dt} = g\frac{F^2}{S^2}$$

und haben somit für das erste Glied der Gl. (VI, 2.16), d. h. für die Beschleunigungshöhe, die Größe $-l\,F/S$. Diesen Ausdruck in Gl. (VI, 2.16) eingesetzt, gibt

$$\frac{S^2}{2gF^2}\left(\frac{dh}{dt}\right)^2 = h + l\frac{F}{S} \qquad \text{(VI, 2.17)}$$

oder

$$dt = -\frac{S}{\sqrt{2g}F}\,\frac{d\left(h + l\frac{F}{S}\right)}{\sqrt{h + l\frac{F}{S}}};$$

mithin ist

$$t = \frac{S}{\sqrt{2g}F}\left(\sqrt{h_0 + l\frac{F}{S}} - \sqrt{h + l\frac{F}{S}}\right), \qquad \text{(VI, 2.18)}$$

wenn wir denjenigen Zeitpunkt, bei welchem die Höhendifferenz der Wasserspiegel h_0 beträgt, mit Null bezeichnen. Aus Gl. (VI, 2.17) folgt, daß dh/dt Null wird für

$$h^I = -l\frac{F}{S}. \qquad \text{(VI, 2.19)}$$

Setzen wir beispielsweise — wie in der Abbildung dargestellt — $S/F = 50$, ferner $l = 100$ cm und $h_0 = 20$ cm, so erhalten wir aus Gl. (VI, 2.18) die Differenz h der Wasserspiegel als Funktion der Zeit, und zwar bis zum Zeitpunkt

$$t_1 = \frac{S}{\sqrt{2g}F}\sqrt{h_0 + l\frac{F}{S}} = 5{,}3\,\text{sek}$$

entsprechend einem

$$h^I = -l\frac{F}{S} = -2\,\text{cm}. \qquad \text{(VI, 2.20)}$$

In Abb. VI, 2.10 ist die Wasserspiegelhöhe im linken Gefäß in bezug auf die Gleichgewichtslage, d. h. also $h/2 = f(t)$, als ausgezogene Kurve bis zu $t = 5{,}3$ sek dargestellt.

2. Im zweiten Teil des Strömungsvorganges handelt es sich um das periodische Einspielen der Wasserspiegel von $t = t_1$ ab bis zur

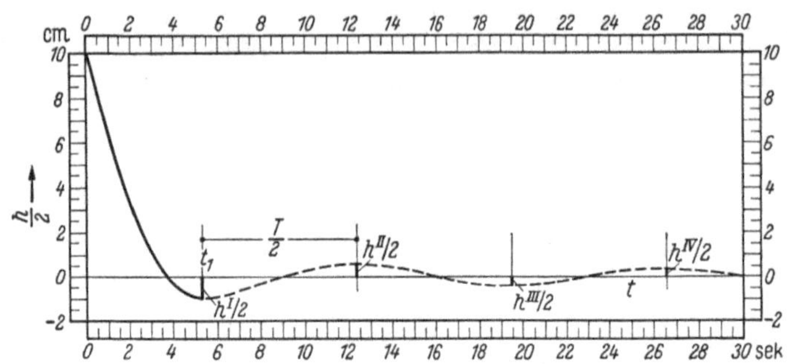

Abb. VI, 2.10. Pendelnde Einspiegelungshöhe entsprechend der vorigen Abbildung

asymptotischen Gleichgewichtslage ($h = 0$). Die Zeit T einer vollständigen Hin- und Herschwingung erhält man näherungsweise, wenn man das zweite Glied in Gl. (VI, 2.16) gleich Null setzt, d. h. aus

$$\frac{d^2 h}{dt^2} = -\frac{g F}{l S} h \qquad \text{(VI, 2.21)}$$

(Gleichung eines Pendels von der Länge $l\,S/F$), also

$$T = 2\pi \sqrt{\frac{\frac{l S}{F}}{g}}\,. \qquad \text{(VI, 2.22)}$$

Mit den obigen Werten von $S/F = 50$ und $l = 100$ cm erhalten wir $T = 14{,}2$ sek.

Um die gestrichelte Kurve in Abb. VI, 2.10 näherungsweise zeichnen zu können, mag es genügen, die Größe der Maximalausschläge zu kennen, d. h. die Werte von h bei $dh/dt = 0$. Nun ergibt sich aus Gl. (VI, 2.16), d. h. aus

$$\frac{d^2 h}{dt^2} - \frac{S}{2 l F}\left(\frac{dh}{dt}\right)^2 + \frac{g F}{l S} h = 0$$

oder, wenn man h in Einheiten der ersten Amplitude zur Zeit t_1, also in Einheiten von $h^I = l\,F/S$ ausdrückt, d. h. $y = h/h^I$, aus

$$\frac{d^2 y}{dt^2} - \frac{1}{2}\left(\frac{dy}{dt}\right)^2 + \frac{g F}{l S} y = 0 \qquad \text{(VI, 2.23)}$$

die Beziehung

$$\frac{dy}{dt} = \pm \sqrt{2 \frac{g F}{l S}(1 + y) - C e^y},$$

wovon man sich leicht überzeugen kann, wenn man die Ableitung der letzten Gleichung bildet; C ist eine Integrationskonstante. Für den Fall $dy/dt = 0$, d. h. für die Maximalausschläge, muß demnach der Ausdruck unter der Wurzel gleich Null sein, so daß — wenn dieser logarithmiert wird — man schreiben kann

$$y - \ln(1 + y) = \ln \text{const} = C_1. \qquad \text{(VI, 2.24)}$$

Im Zeitpunkt t_1 ist die (dimensionslose) Niveauhöhe im *rechten* Gefäß $y_1 = +1$. Bezeichnet $-y_2$ die Niveauhöhe im selben Gefäß nach einer halben Schwingungsdauer, in welchem Zeitpunkt dy/dt wieder gleich Null geworden ist, so muß nach Gl. (VI, 2.24)

$$1 - \ln(1 + 1) = -y_2 - \ln(1 - y_2)$$

sein, weil beide Seiten gleich C_1 sind. Da $1 - \ln 2 = 0{,}307$ ist, erhalten wir aus Abbildung VI, 2.11 den Wert $-y_2 = 0{,}595$. Zur selben Zeit ist der Wasserspiegel im *linken* Gefäß auf $y_2 = 0{,}595$ gestiegen und fällt im Verlauf einer halben Schwingungsdauer auf $-y_3$ entsprechend

$$0{,}595 - \ln(1 + 0{,}595) = -y_3 - \ln(1 - y_3).$$

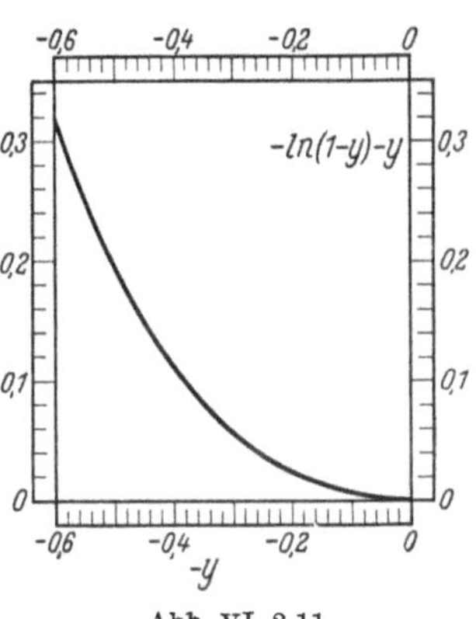

Abb. VI, 2.11

Da $0{,}595 - \ln 1{,}595$ gleich $0{,}127$ ist, erhält man aus Abb. VI, 2.11 den Wert $-y_3 = 0{,}425$. In derselben Weise bekommt man $-y_4 = 0{,}33$ usw. Es ist somit $|h^I| = 2$ cm Gl. (VI, 2.20), $|h^{II}| = 2\text{ cm} \cdot 0{,}595 = 1{,}19$ cm, $|h^{III}| = 2\text{ cm} \cdot 0{,}425 = 0{,}83$ cm, $|h^{IV}| = 0{,}66$ cm.

In Abb. VI, 2.10 sind zu den Abszissen t_1, $t_1 + T/2$, $t_1 + T$, $t_1 + 3T/2$ usw. die Werte $h^I/2$, $h^{II}/2$ usw. für den linken Behälter als Ordinaten aufgetragen und durch eine cosinusartige Kurve (gestrichelt) verbunden. Damit ist die zeitliche Veränderung des Wasserspiegels des linken Gefäßes in bezug auf die asymptotische Gleichgewichtslage angenähert dargestellt.

3 Strömung in Kanälen

3.1 Strömung über ein flaches Grundwehr. Wir betrachten in Abb. VI, 3.1 die Strömung durch das Stück AB eines kurzen, offenen Kanals von rechteckigem Querschnitt, durch den zwei sehr große Wasserbehälter (Seen) von verschiedenen, aber konstanten Wasserspiegelhöhen verbunden sind. Um die Anschauung zu beleben, nehmen wir an, daß die Breite des Kanals (senkrecht zur Bildebene) beispielsweise $b = \text{const} = 20$ m ist, daß das durchfließende Wasservolumen pro Zeiteinheit $Q = 20\,m^3\,s^{-1}$ beträgt und der Abstand vom Boden des Kanals bis zum Wasserspiegel am Eintritt A gleich $h_A = 1$ m ist; damit haben wir an dieser Stelle eine Geschwindigkeit von $w_A = 1\,m\,s^{-1}$, so daß die Absenkung des Wasserspiegels vom Oberwasserspiegel (OW) gleich $a_A = w_A^2/2g = 1/19{,}62 = 0{,}051$ m ist. Bei horizontaler Sohle (I)

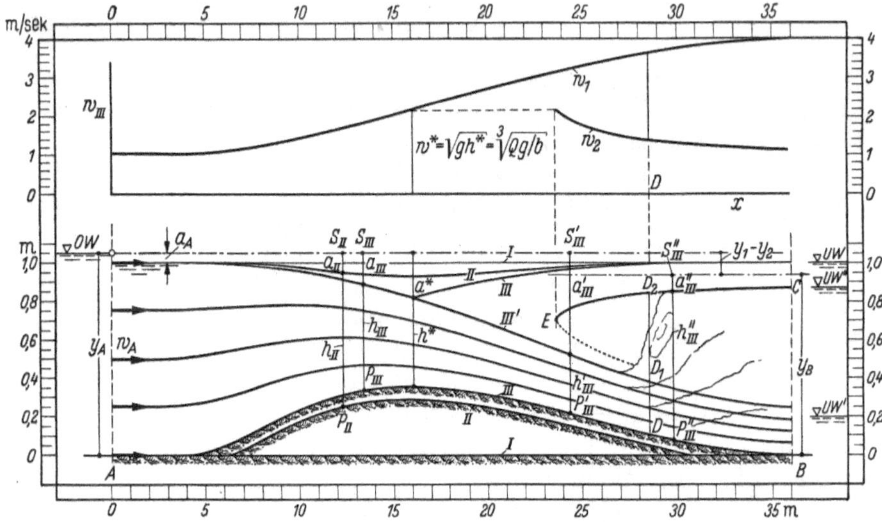

Abb. VI, 3.1. Strömung in einem Kanal mit Bodenerhebung

des Kanals und der verlustlos angenommenen Strömung im Kanal ist auch der Wasserspiegel (I) im Kanal horizontal und also der Unterwasserspiegel (UW) um a_A niedriger als der OW (Abb. VI, 3.1).

Wir nehmen jetzt zwei flache Bodenwölbungen an, z. B. die mit *II* und *III* bezeichneten und wollen untersuchen, inwiefern dadurch die Strömung im Kanal beeinflußt wird. Da vorausgesetzt werden soll, daß die Bodenerhebungen *sehr* flach sind, werden auch die Stromlinien sehr schwach gekrümmte Kurven sein, so daß wir die — infolge der Zentrifugalkräfte vorhandenen — Druckänderungen senkrecht der Stromlinien wegen ihrer Kleinheit vernachlässigen können. Daraus folgt, daß die Geschwindigkeiten längs senkrechten Querschnitten jeweils konstant sind. Diese Voraussetzungen sind bei den relativ starken Krümmungen der in der Abbildung gezeigten Stromlinien allerdings keineswegs erfüllt, wie ein Vergleich mit den ähnlich gekrümmten Stromlinien in Abb. VI, 1.3 und der dazu gehörenden Geschwindigkeits- und Druckverteilung in Abb. VI, 1.5 und 7 sowie aus Abb. VI, 1.12 ergibt. Wir wollen deshalb annehmen, daß in Abb. VI, 3.1 die Ordinaten um das 10fache gegenüber den Abszissen überhöht sind, wie in der Beschriftung angedeutet, und haben dann genügend flache Stromlinien, so daß die obige Vernachlässigung der Zentrifugalkräfte erlaubt ist.

Bezeichnen wir mit h die Höhe eines beliebigen Punktes der Bodenerhebung bis zum darüberliegenden Wasserspiegel, so ist nach der Kontinuitätsgleichung

$$Q = h\,b\,w = \text{const} \tag{VI, 3.1}$$

und mit

$$y = h + a = h + \frac{w^2}{2g} \tag{VI, 3.2}$$

$$y = h + \frac{Q^2}{b^2\,2g\,h^2}. \tag{VI, 3.3}$$

Zu dem oben angegebenen Beispiel: $Q = 20\,\text{m}^3\,\text{s}^{-1}$ und $b = 20$ m, also $Q/b = 1\,\text{m}^2\,\text{s}^{-1}$, ist nach dieser Gleichung y für eine Anzahl von

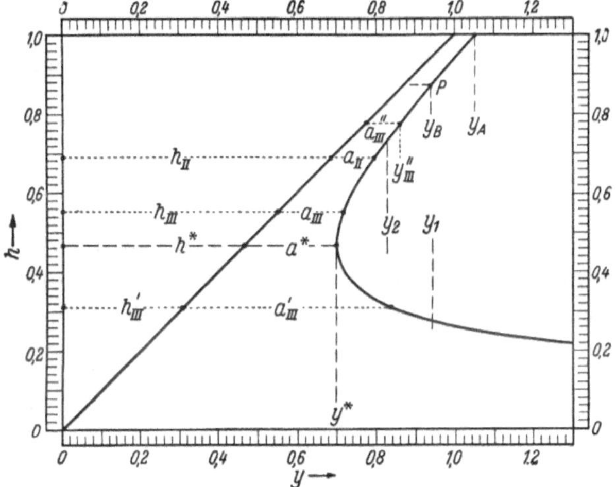

Abb. VI, 3.2. Die Höhe h von der Bodenerhebung bis zum Wasserspiegel sowie die Spiegelabsenkung $a = w^2/2g$ (für den Fall $Q = 20\,\text{m}^3\,\text{sek}^{-1}$), aufgetragen über $y = h + a$ in m

h-Werten berechnet und in Abb. VI, 3.2 h als Funktion von y aufgetragen. Außerdem ist in der Abbildung eine unter 45° geneigte Gerade gezeichnet. Dadurch sind die jeweiligen zur Kurve $h = f(y)$ gehörenden Abszissen entsprechend Gl. (VI, 3.2) aufgespalten in die beiden Anteile h und $a = w^2/2g$.

Untersuchen wir zunächst die der Bodenerhebung *II* zugehörige Strömung, so brauchen wir nur zu beliebigen Punkten der Kanalsohle, z. B. zu Punkt P_{II} das $y_{II} = P_{II}\,S_{II}$, abgreifen (= 0,8 m) und erhalten aus Abb. VI, 3.2 den zugehörigen Wert von h_{II} (= 0,695 m) bzw. von a_{II} (= 0,105 m) und damit die Wasserspiegelabsenkung über dem Punkte P_{II}. Auf diese Weise ist die Kurve der Wasseroberfläche *II* erhalten.

Man hätte erwartet, daß die Bodenerhebung auch den Wasserspiegel heben würde, erkennt aber aus der Rechnung (und aus Beobachtungen tatsächlicher Strömungen), daß sich der Wasserspiegel über der Bodenerhebung in Form einer flachen Delle *II* senkt, wobei infolgedessen die Geschwindigkeit w über der Bodenerhebung zunimmt.

Aus Abb. VI, 3.2 erkennt man, daß y, aufgefaßt als Funktion von h, ein Minimum besitzt, wo demnach $dy/dh = 0$ ist. Bildet man diesen Wert nach Gl. VI, 3.3 unter Berücksichtigung von $Q/b\,h = w$

$$\frac{dy}{dh} = 1 - \frac{Q^2}{b^2 h^2}\,\frac{1}{g\,h} = 1 - \frac{w^2}{g\,h} = 1 - \frac{2a}{h} = 0, \qquad \text{(VI, 3.4)}$$

so erhält man, wenn man die hierdurch bestimmten Werte mit einem Stern kennzeichnet

$$h^* = 2a^* \qquad \text{(VI, 3.5)}$$

und also

$$y^* = h^* + a^* = 3a^* = \tfrac{3}{2}\,h^*. \qquad \text{(VI, 3.6)}$$

Nach Gl. (VI, 3.4) und Gl. (VI, 3.6) ist

$$y^* = \frac{3}{2}\left(\frac{Q}{b\sqrt{g}}\right)^{2/3}, \qquad \text{(VI, 3.7)}$$

d. h. für einen gegebenen Wert von Q/b ist y^* der kleinstmögliche Wert; sobald dieser an irgendeiner Stelle des Kanals unterschritten wird, verkleinert sich Q, d. h. verringert sich die Zuflußgeschwindigkeit w_A und damit die Spiegelabsenkung a_A an der Stelle A des Kanals. In unserem Beispiel mit $Q/b = 1\ \mathrm{m^2\,s^{-1}}$ wird $y^* = 3/2 \cdot \sqrt[3]{g} = 0{,}701$ m und also $a^* = y^*/3 = 0{,}234$ m bzw. $h^* = 2a^* = 0{,}468$ m (Abb. VI, 3.1 und 2).

Die Geschwindigkeit an der Stelle des (bei gegebenem Q/b!) kleinstmöglichen $y = y^*$ ist nach Gl. (VI, 3.4) sowie Gl. (VI, 3.6 und 7)

$$w^* = \sqrt{g\,h^*} = g^{1/3}\left(\frac{Q}{b}\right)^{1/3}. \qquad \text{(VI, 3.8)}$$

Dieses ist aber — wie wir auf S. 350 sehen werden — die Geschwindigkeit der Grundwelle oder die Schwallgeschwindigkeit für die Wasserspiegelhöhe h^*. Diese kritische Geschwindigkeit wird von dem im Kanal strömenden Wasser (bei konstant gehaltenem Unterwasserspiegel!) an seiner gleichsam engsten Stelle, d. h. bei

$$h = h^* = \left(\frac{Q}{b\sqrt{g}}\right)^{2/3} = g^{-1/3}\left(\frac{Q}{b}\right)^{2/3} \qquad \text{(VI, 3.9)}$$

gerade noch erreicht, kann aber nicht überschritten werden. Wir haben hier eine gewisse Analogie zu der Strömung eines Gases in einem Venturirohr, wo auch eine kritische Geschwindigkeit im engsten Querschnitt auftreten kann, nämlich die Schallgeschwindigkeit. Auf diese Analogie werden wir noch kurz zurückkommen.

Die zur Bodenerhebung *III* gehörige Kurve des Wasserspiegels *III* erhalten wir wie vorher: z. B. ist im Punkte P_{III} nach der Abbildung $P_{III} S_{III} = y_{III} = 0{,}72$ m, wofür man aus Abb. VI, 3.2 die Werte $h_{III} = 0{,}55$ m bzw. $a_{III} = 0{,}17$ m erhält. Nachdem der Wasserspiegel sich zunächst senkt, und zwar bis $a = a^*$ an der kritischen Stelle, steigt er im weiteren Verlauf wieder bis zum Unterwasserspiegel UW.

Für den Fall, daß der Unterwasserspiegel genügend tief liegt, etwa bei UW', gibt es noch eine zweite Strömungsform, bei der die Geschwindigkeit, nachdem sie bei h^* den kritischen Wert erreicht hat, weiterhin mit entsprechender Wasserspiegelabsenkung zunimmt, wie aus der in glatter Weise verlaufenden Kurve *III'* ersichtlich ist. Zu einem beliebigen Punkt P'_{III} der Bodenerhebung (stromabwärts von h^*) erhält man den darüberliegenden Punkt des Wasserspiegels und die Geschwindigkeit, indem man die Strecke $P'_{III} S'_{III} = y'_{III} = 0{,}84$ m aus der Abb. VI, 3.1 abliest und mit diesem Wert — jetzt aber auf dem unteren Teil der Kurve $h = f(y)$ der Abb. VI, 3.2 — den Wert $h'_{III} = 0{,}31$ m bzw. die Spiegelabsenkung $a'_{III} = w^2/2g = 0{,}53$ m erhält.

Liegt die Höhe des Unterwasserspiegels zwischen den beiden Werten UW und UW', etwa bei UW'' (Abb. VI, 3.1), so überschreitet die Geschwindigkeit rechts von h^* die Schwallgeschwindigkeit, so daß wir uns in Abb. VI, 3.2 auf dem unteren Teil von $h = f(y)$ befinden. Um zu kleineren Geschwindigkeiten — entsprechend dem angenommenen UW'' — zu kommen, d. h. zu Punkten auf dem oberen Teil von $h = f(y)$ mit den dort vorhandenen kleineren Werten von $a = w^2/2g$, ist ein stetiger Übergang nicht möglich, es sei denn, man würde stromabwärts von h^* den Boden wieder ansteigen, also y wieder abnehmen lassen bis zum Werte $y = y^*$, so daß die Geschwindigkeit wieder bis auf die Schwallgeschwindigkeit herabsinkt. Lassen wir dann die Bodenerhebung wieder abnehmen, entsprechend einer Zunahme von y, so befinden wir uns auf dem oberen Teil von $h = f(y)$ mit den kleineren Werten von a, d. h. den geringeren Geschwindigkeiten. Auf diese Weise kann man durch geeignete Ausbildung der Kanalsohle erreichen, daß die Endgeschwindigkeit im Kanal bzw. dessen a-Wert dem angenommenen Unterwasserspiegel UW'' entspricht. Man erkennt, daß, wenn erst einmal die Schwallgeschwindigkeit überschritten ist, man durch geeignete Formgebung der Kanalsohle erst wieder die Schwallgeschwindigkeit erhalten muß, wenn man in stetiger Weise Anschluß an einen Unterwasserspiegel UW'' gewinnen will, der niedriger als UW aber höher als $y_A - a^*$ liegt.

3.2 Wassersprung. Ist die Bodenerhebung im Kanal nicht derart, daß sie an *zwei* Stellen den h^*-Wert aufweist — wie im vorigen Absatz beschrieben —, ist sie also beispielsweise wie in *III* der Abb. VI, 3.1, so ist nur eine unstetige Abnahme von der Überschwallgeschwindigkeit zur Unterschwallgeschwindigkeit möglich; es findet ein sogenannter Wassersprung statt. Dieses ist in Abb. VI, 3.1 schematisch durch die senkrechte Linie $D_1 D_2$ angedeutet. Im oberen Teil der Abbildung ist auch der Geschwindigkeitsverlauf längs des Kanals (x) für die Bodenerhebung *III* dargestellt, und zwar der stetige Verlauf entsprechend dem UW' sowie der unstetige Verlauf bei $x = D$ für den UW''.

Wir wollen jetzt untersuchen, an welcher Stelle des Kanals die unstetige Abnahme der Geschwindigkeit (der Wassersprung) stattfindet und welche Geschwindigkeitsdifferenz dabei auftritt. Zu dem Zweck beginnen wir mit dem Strömungszustand am Ende des Kanals bei B, wo wir annehmen wollen, daß der Unterwasserspiegel UW'' um Δa ($= 0{,}18$ m) unterhalb des Oberwasserspiegels OW liegt. Es ist somit

$$h_B = h_A + a_A - \Delta a = y_A - \Delta a \qquad (= 1{,}051 - 0{,}18 = 0{,}871\,\mathrm{m}) \tag{VI, 3.10}$$

und folglich nach Gl. (VI, 3.1)

$$\frac{w_B^2}{2g} = \left(\frac{Q}{(y_A - \Delta a)\, b}\right)^2 \frac{1}{2g} = a_B \qquad \left(= \frac{1}{0{,}871^2}\,\frac{1}{2 \cdot 9{,}81} = 0{,}067\,\mathrm{m}\right)$$

mithin

$$y_B = h_B + a_B \qquad (= 0{,}938\,\mathrm{m}), \tag{VI, 3.11}$$

womit der Anschlußpunkt P auf dem oberen Teil der Kurve Abb. VI, 3.2 gefunden ist. Zu einem (beliebigen) stromaufwärts gelegenen Punkt P''_{III} greift man aus der Abbildung die Strecke $P''_{III} S''_{III} = y''_{III}$ ($= 0{,}86$ m) ab und erhält aus Abb. VI, 3.2 die dazugehörige Wasserspiegelabsenkung $a''_{III} = 0{,}09$ m. Auf diese Weise ist die Wasserspiegellinie von C über D_2 hinaus bis zum Punkte E bestimmt. In diesem Punkte haben wir eine Spiegelabsenkung, die der kritischen Spiegelabsenkung a^* ($= 0{,}233$ m) gleich ist. Der weitere, punktiert gezeichnete Verlauf der Kurve, welcher den zu y''_{III}-Werten gehörigen a''_{III}-Werten des unteren Teiles der Kurve $h = f(y)$ in Abb. VI, 3.2 entspricht, hat keine physikalische Bedeutung.

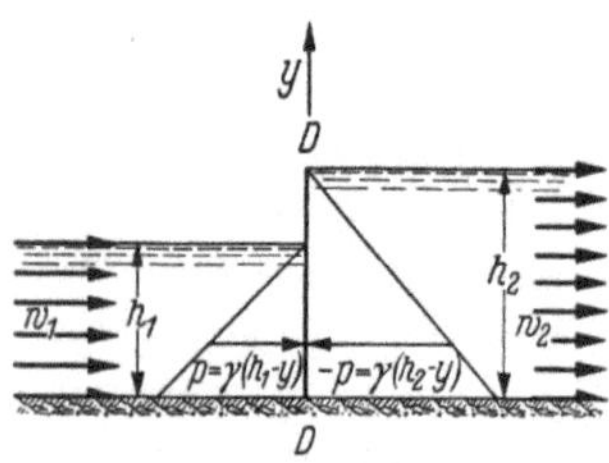

Abb. VI, 3.3. Schematische Darstellung eines Wassersprunges

Es fragt sich jetzt: Wo liegt der Punkt D_2 auf dem Kurvenzug CE? In Abb. VI, 3.3 ist der Vorgang eines Wassersprunges nochmals schematisch dargestellt, so als ob der in Wirklichkeit eine gewisse Länge beanspruchende Vermischungsvorgang der Geschwindigkeiten in einer Unstetigkeitsebene stattfände. Nach dem Grundsatz der Mechanik, daß Kraft gleich Masse mal Beschleunigung ist, muß die Geschwindigkeitsverminderung der durch die Querschnitte $h_1 b$ bzw. $h_2 b$ pro Zeiteinheit von links nach rechts fließenden

Wassermasse ϱQ gleich einer Kraft sein, die von rechts nach links gerichtet ist.

Ist w_1 die Geschwindigkeit vor und w_2 diejenige nach dem Wassersprung, so ist die Geschwindigkeitsänderung der pro Zeiteinheit durchfließenden Wassermasse, oder die Änderung des Impulses gleich

$$\varrho Q (w_1 - w_2) .$$

Die hierdurch bedingte Kraft kommt dadurch zur Geltung, daß im Querschnitt der Unstetigkeitsfläche von der linken sowie von der rechten Seite einander entgegengesetzt gerichtete, dem Betrage nach verschieden große Druckkräfte

$$b \int_0^{h_1} p\, d y \quad \text{bzw.} \quad b \int_0^{h_2} -p\, d y$$

vorhanden sind, deren Summe gleich der obigen Änderung des Impulses ist, d. h. mit

$$p = \gamma (h_1 - y) \quad \text{bzw.} \quad p = \gamma (h_2 - y),$$

$$\varrho Q (w_1 - w_2) = \frac{\gamma}{2} (h_2^2 - h_1^2)\, b$$

oder mit $\gamma = \varrho g$

$$\frac{Q}{b} (w_1 - w_2) = \frac{g}{2} (h_2^2 - h_1^2) . \quad \text{(VI, 3.12)}$$

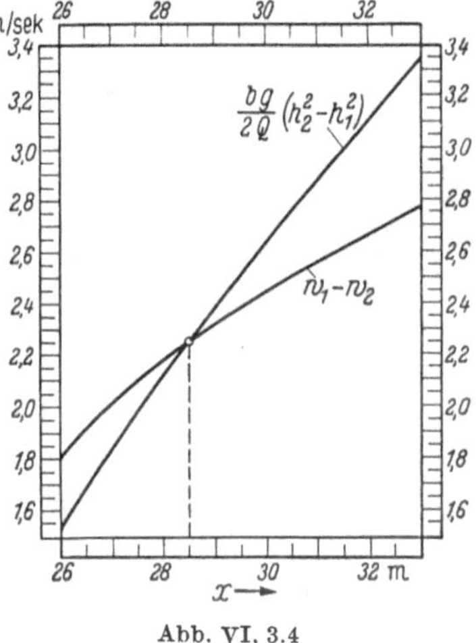

Abb. VI, 3.4

An derjenigen Stelle x, wo diese Impulsgleichung erfüllt ist, tritt demnach der Wassersprung auf. Ist die Gestalt der Kanalsohle wie in Abb. VI, 3.1 gegeben, so läßt sich w_1 und w_2 sowie h_1 und h_2 aus der Abbildung entnehmen. In unserem Beispiel $Q/b = 1$ m²/sek können wir die Werte aus Abb. VI, 3.1 direkt ablesen und die beiden Seiten von Gl. (VI, 3.12) je als Funktion von x (für den in Frage kommenden Bereich) auftragen (Abb. VI, 3.4). In dem Schnittpunkt der beiden Kurven, also für ein bestimmtes x (= 28,5 m), ist Gl. (VI, 3.12) erfüllt, womit der Punkt D, d. h. die Stelle der unstetigen Verminderung der Geschwindigkeit und der entsprechenden Wasserspiegelerhöhung, also die Stelle des Wassersprunges, bestimmt ist.

Hätte die Geschwindigkeit w_1 sich bei verlustloser Strömung auf w_2 vermindert (durch geeignete Ausbildung der Kanalsohle, wie auf S. 319 erklärt), so würde der Wasserspiegel höher als bis h_2, sagen wir bis h_2' (in der Abbildung nicht gezeichnet), gestiegen sein, wobei nach der Bernoullischen Gleichung

$$h_2' - h_1 = \frac{w_1^2 - w_2^2}{2g} \quad \text{(VI, 3.13)}$$

ist.

Subtrahiert man hiervon nach Gl. (VI, 3.12)

$$h_2 - h_1 = \frac{2Q}{b\,g} \frac{w_1 - w_2}{h_1 + h_2}, \qquad \text{(VI, 3.14)}$$

so erhält man unter Berücksichtigung, daß nach Gl. (VI, 3.1)

$$\frac{Q}{b\,(h_1 + h_2)} = \frac{w_1 w_2}{w_1 + w_2}$$

ist, durch Subtraktion der Gl. (VI, 3.14) von Gl. (VI, 3.13)

$$h_2' - h_2 = \frac{1}{2g}\,(w_1^2 - w_2^2) - \frac{2}{g} \frac{(w_1 - w_2)\, w_1 w_2}{w_1 + w_2} \qquad \text{(VI, 3.15)}$$

oder

$$h_2' - h_2 = \frac{1}{2g} \frac{(w_1 - w_2)^3}{w_1 + w_2}\,; \qquad \text{(VI, 3.16)}$$

damit ist der Spiegelhöhenverlust bei gegebenem w_1 und w_2 bestimmt. Nach Abb. VI, 3.1 ist $w_1 = 3{,}61$ m s^{-1} und $w_2 = 1{,}37$ m s^{-1} und somit $h_2' - h_2 = 0{,}115$ m.

An Stelle von Gl. (VI, 3.16) läßt sich noch ein anderer Ausdruck ableiten, wenn man bedenkt, daß im Punkte D_1 bzw. D_2 die Differenz der Gesamtenergien

$$\begin{aligned} y_1 - y_2 &= h_1 + \frac{w_1^2}{2g} - \left(h_2 + \frac{w_2^2}{2g}\right) \\ &= \frac{1}{2g}\,(w_1^2 - w_2^2) - (h_2 - h_1) = h_2' - h_2 \qquad \text{(VI, 3.17)} \end{aligned}$$

ist. Daß diese Gleichung mit Gl. (VI, 3.15 bzw. 16) identisch ist, ergibt sich daraus, daß

$$h_2 - h_1 = \frac{2}{g} \frac{(w_1 - w_2)\, w_1 w_2}{w_1 + w_2}$$

ist, was man erkennt, wenn man aus der Kontinuitätsgleichung (VI, 3.1)

$$h_1 + h_2 = \frac{Q}{b}\left(\frac{1}{w_1} + \frac{1}{w_2}\right) = \frac{Q}{b} \frac{w_1 + w_2}{w_1 w_2}$$

bildet und diesen Ausdruck für $h_1 + h_2$ in Gl. (VI, 3.14) einsetzt. Der Ausdruck $y_1 - y_2$ ist aber, wenn man zu beiden Größen die im Punkte D vorhandene Bodenerhebung (= 0,108 m) addiert, gleich $y_A - y_B$ und also nach Gl. (VI, 3.10 und 11) gleich 1,051 m — 0,938 m = 0,113 m, was mit dem obigen Wert von $h_2' - h_2 = 0{,}115$ m gut übereinstimmt.

Wie bereits erwähnt, besteht eine gewisse Analogie zwischen den Strömungsvorgängen in offenen Kanälen und der Strömung von Gasen in Rohren. Die Strömung bei einer Bodenerhebung, wie wir sie betrachtet haben, entspricht dabei einer Gasströmung durch ein Venturirohr oder durch eine Lavaldüse. In einem solchen Rohr nimmt dessen Querschnitt in Strömungsrichtung zunächst ab und dann allmählich wieder zu.

Ist der Druckunterschied zwischen Anfang und Ende des Venturirohres nur gering (entsprechend einer kleinen Differenz von OW und

UW), so nimmt die Geschwindigkeit bis zur engsten Stelle des Venturirohres zu und verringert sich von da ab wieder. Ist der Druckunterschied beim Venturirohr genügend groß (vergleichbar mit dem UW'), so nimmt die Geschwindigkeit bis zur Schallgeschwindigkeit am engsten Querschnitt zu und beschleunigt sich dann weiterhin über die Schallgeschwindigkeit hinaus, wobei das Gas adiabatisch expandiert. Der Geschwindigkeitsverlauf entspricht etwa der Kurve w_1 auf der oberen Hälfte von Abb. VI, 3.1. Haben wir einen Druckunterschied, der geringer ist als es dieser Expansion entspricht — vergleichbar mit UW'' —, so nimmt die Gasgeschwindigkeit bis über die Schallgeschwindigkeit stromabwärts der engsten Stelle zu, sagen wir bis auf w_1, um dann in unstetiger Weise auf eine Geschwindigkeit w_2 unterhalb der Schallgeschwindigkeit zu sinken, wobei der Druck plötzlich ansteigt; man spricht von einem Verdichtungsstoß.

Bei der Gasströmung ist die kritische Geschwindigkeit die Schallgeschwindigkeit c, wie sie dem Gaszustand im engsten Querschnitt der Lavaldüse entspricht; bei der Wasserströmung im offenen Kanal ist es die Schwallgeschwindigkeit $w^* = \sqrt{g h^*}$. Eine Verschiedenheit in der Analogie besteht allerdings darin, daß bei der Gasströmung

$$w_1 w_2 = c^2$$

ist, während bei der Kanalströmung

$$w_1 w_2 = g \frac{h_1 + h_2}{2} \neq w^{*2} = g h^*$$

ist, da $(h_1 + h_2)/2 \neq h^*$.

Dieses läßt sich leicht zeigen, wenn man bedenkt, daß nach dem Impulssatz Gl. (VI, 3.12)

$$\frac{Q}{b}(w_1 - w_2) = g \frac{h_1 + h_2}{2}(h_2 - h_1),$$

und nach der Kontinuitätsgleichung

$$w_1 = \frac{Q}{b h_1}, \qquad w_2 = \frac{Q}{b h_2}$$

ist, mithin

$$\frac{Q^2}{b^2}\left(\frac{1}{h_1} - \frac{1}{h_2}\right) = \frac{Q^2}{b^2} \frac{h_2 - h_1}{h_1 h_2} = g \frac{h_1 + h_2}{2}(h_2 - h_1)$$

oder

$$\frac{Q^2}{b^2} \frac{1}{h_1 h_2} = g \frac{h_1 + h_2}{2}$$

und, wenn man nochmals die obige Kontinuitätsgleichung anwendet, wonach

$$\frac{Q^2}{b^2 h_1 h_2} = w_1 w_2$$

ist,

$$w_1 w_2 = g \frac{h_1 + h_2}{2};$$

anderseits ist
$$w^{*2} = g\,h^*.$$
Angenommen, es sei
$$w_1 w_2 = w^{*2},$$
so müßte
$$h^* = \frac{h_1 + h_2}{2}$$
sein. Nun ist aber nach der obigen Kontinuitätsgleichung
$$w_1 h_1 = w_2 h_2 = w^* h^* = \frac{Q}{b}$$
oder
$$w_1 w_2 \cdot h_1 h_2 = w^{*2} h^{*2},$$
also mit der Annahme, daß $w_1 w_2 = w^{*2}$ sei
$$h^* = \sqrt{h_1 h_2}\,,$$
oder mit dem früheren Ausdruck für h^*
$$\sqrt{h_1 h_2} = \frac{h_1 + h_2}{2}.$$
Diese Gleichung führt aber zu
$$2 = \frac{h_1}{h_2} + \frac{1}{\frac{h_1}{h_2}},$$
was nur möglich ist für $h_1 = h_2$. Für einen Wassersprung mit $h_1 \neq h_2$ ist also die Annahme, daß $w_1 w_2 = w^{*2}$ sei, nicht möglich.

Dem Wassersprung im Kanal entspricht somit der Verdichtungsstoß des Gases in der Lavaldüse. Während dieser aber tatsächlich ein nahezu unstetiger Vorgang ist, der sich in einer Schicht (quer zur Strömungsrichtung) von etwa $^1/_{1000}$ mm vollzieht, erstreckt sich der Wassersprung über eine gewisse Länge, die von der Größenordnung der Spiegelerhebung beim Wassersprung ist.

Will man ausgeprägtere Bodenerhebungen in Betracht ziehen, d. h. stärker gekrümmte Stromlinien, so müssen die Vertikalbeschleunigungen mit berücksichtigt werden, was allerdings die Rechnungen sehr viel komplizierter werden läßt[1].

3.3 Strömung bei geneigter Kanalsohle unter summarischer Berücksichtigung der Strömungsverluste. Handelt es sich — im Gegensatz zu dem kurzen Kanalstück AB in Abb. VI, 3.1 — um einen langen Kanal, so kann man die Spiegelabsenkung infolge der Reibungs- oder, allgemeiner, der Strömungsverluste nicht mehr vernachlässigen.

Dieser Höhenverlust des Wasserspiegels ist in großem Maße abhängig von der Rauhigkeit der Kanalwandung, wobei der Proportionalitätsfaktor λ etwa zwischen 0,003 (glattes Holz) und 0,2 (rauhe Erd-

[1] Boussinesq, J.: Essai sur la théorie des eaux courantes. Mém. Savants. Étrang. Bd. 23 u. 24 (1877).

wände) liegt; im übrigen ist er proportional der durchflossenen Länge Δs des Kanals und dem Quadrat der Geschwindigkeit w, sowie umgekehrt proportional dem hydraulischen Radius

$$r_h = \frac{\text{Querschnitt}}{\text{benetzter Umfang}} = \frac{b\,h}{b + 2h}, \qquad \text{(VI, 3.18)}$$

mithin

$$\text{Höhenverlust} = \frac{\lambda}{r_h}\frac{w^2}{2g}\Delta s. \qquad \text{(VI, 3.19)}$$

Bezeichnet h' die Höhe eines beliebigen Punktes P der Kanalströmung über einer Bezugsebene x (Abb. VI, 3.5), so haben wir für die eindimensionale EULERsche Gleichung zuzüglich des obigen Höhenverlustes

$$\varrho\, w \frac{\partial w}{\partial x} dx + \frac{\partial p_v}{\partial x} dx + \gamma\left(\frac{\partial h'}{\partial x} dx + \frac{\lambda}{r_h}\frac{w^2}{2g} ds\right) = 0. \qquad \text{(VI, 3.20)}$$

Wir machen jetzt die drei folgenden Annahmen:

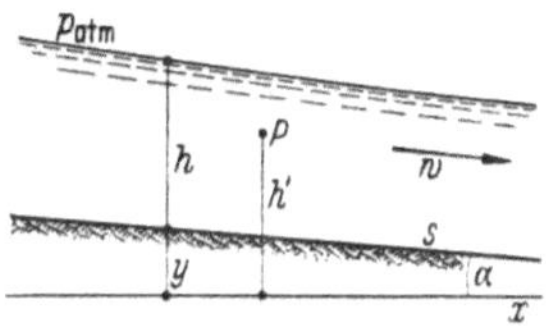

1. Die Breite b des Kanals sei groß verglichen mit der Höhe h des Wasserspiegels über der Kanalsohle; dann ist nach Gleichung (VI, 3.18)

$$\lim_{h/b \to 0} r_h = h.$$

Abb. VI, 3.5

2. Die Vertikalbeschleunigungen seien klein gegenüber den Beschleunigungen in Strömungsrichtung, d. h. die Stromlinien seien sehr schwach gekrümmte Kurven. Dann kann man nach S. 303 den vollständigen Druck p_v näherungsweise durch den statischen Druck $\bar{p} = p_{\text{Atm}} + \gamma(y + h - h')$, vgl. Abb. VI, 3.5, ersetzen, d. h.

$$\frac{\partial p_v}{\partial x} dx = \frac{\partial \bar{p}}{\partial x} dx = \gamma\left(\frac{\partial y}{\partial x} dx + \frac{\partial h}{\partial x} dx - \frac{\partial h'}{\partial x} dx\right). \qquad \text{(VI, 3.21)}$$

3. Die Neigung (α) der Kanalsohle sei so klein ($0 < \alpha < 3°$), daß

$$\cos\alpha = \frac{dy}{ds} \approx 1 \qquad \text{(VI, 3.22)}$$

gesetzt werden kann.

Unter Berücksichtigung dieser drei Voraussetzungen wird Gleichung (VI, 3.20), wenn noch durch $\gamma = \varrho\, g$ dividiert,

$$w\frac{dw}{g} + dy + dh + \frac{\lambda}{h}\frac{w^2}{2g} dx = 0.$$

Mit $w = Q/b\,h$ also

$$dw = -\frac{Q}{b\,h^2} dh$$

erhält man für die letzte Gleichung

$$-\frac{Q^2}{b^2 g\, h^3} dh + dh + dy + \frac{\lambda}{2}\frac{Q^2}{b^2 g\, h^3} dx = 0$$

also

$$dh\left(\frac{Q^2}{b^2 g h^3} - 1\right) = dx\left(\frac{dy}{dx} + \frac{\lambda}{2}\frac{Q^2}{b^2 g h^3}\right) \qquad \text{(VI, 3.23)}$$

oder

$$\frac{dh}{dx} = \frac{\dfrac{dy}{dx} + \dfrac{\lambda}{2}\dfrac{Q^2}{b^2 g h^3}}{\dfrac{Q^2}{b^2 g h^3} - 1}. \qquad \text{(VI, 3.24)}$$

In dem Falle, daß die Neigung der Kanalsohle

$$-\frac{dy}{dx} = \operatorname{tg}\alpha = \text{const}$$

ist (wie in Abb. VI, 3.5 dargestellt), besteht immer dann der Beharrungszustand, wenn entsprechend Gl. (VI, 3.19)

$$\frac{\lambda}{h}\frac{w^2}{2g} = \frac{\lambda}{2}\frac{Q^2}{b^2 g h^3} = \operatorname{tg}\alpha = -\frac{dy}{dx} \qquad \text{(VI, 3.25)}$$

ist. Es ist dann — vorausgesetzt, daß $Q^2/b^2gh^3 \neq 1$ ist — $dh/dx = 0$, d. h., es ist die Höhe h und damit die Geschwindigkeit w konstant.

Wäre die Neigung der Kanalsohle zufällig

$$-\frac{dy}{dx} = \operatorname{tg}\alpha = \frac{\lambda}{2},$$

so folgt aus Gl. (VI, 3.25), daß $Q^2/b^2 g h^3 = 1$ ist, was den Ausdruck Gl. (VI, 3.24) unbestimmt werden läßt. Physikalisch bedeutet dieses, daß bei einer solchen Neigung die Schwallgeschwindigkeit auftritt. Denn aus

$$\frac{Q^2}{b^2 g h^3} = 1 \qquad \text{(VI, 3.26)}$$

folgt

$$\frac{w^2}{gh} = 1 \qquad \text{(VI, 3.27)}$$

oder

$$w = \sqrt{g h}, \qquad \text{(VI, 3.28)}$$

vgl. Gl. (VI, 3.8). Dieser Fall der kritischen Neigung, daß nämlich die Kanalsohle gerade so groß ist, daß die Geschwindigkeit gleich der Schwallgeschwindigkeit der dabei auftretenden Höhe h werden würde, soll im folgenden ausgeschlossen werden.

3.4 Strömung über eine flache Erhebung in einer Kanalsohle von konstanter Neigung. Die Strömung ist prinzipiell verschieden, je nachdem

$$\operatorname{tg}\alpha < \frac{\lambda}{2} \quad \text{oder} \quad \operatorname{tg}\alpha > \frac{\lambda}{2}$$

ist. Im ersteren Falle haben wir eine Spiegelabsenkung, eine Delle, über der Erhebung in der Kanalsohle (Abb. VI, 3.6), im anderen Falle eine Spiegelwölbung, und zwar eine, die ausgeprägter als diejenige der Kanalsohle ist (Abb. VI, 3.7).

Denn im ersteren Falle folgt aus Gl. (VI, 3.25), d. h. aus

$$\frac{\lambda}{2}\,\frac{Q^2}{b^2\,g\,h^3} = \operatorname{tg}\alpha < \frac{\lambda}{2},$$

daß

$$\frac{Q^2}{b^2\,g\,h^3} < 1,$$

der Nenner in Gl. (VI, 3.24) also negativ ist. Daraus folgt aber, daß für ein positives dy/dx (Ansteigen der Erhebung in der Kanalsohle von

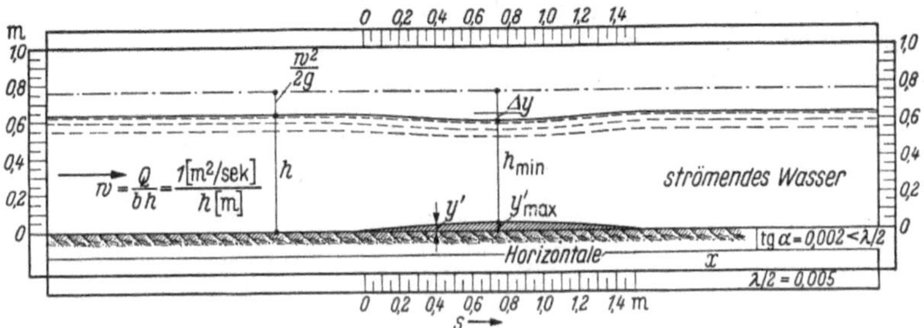

Abb. VI, 3.6. Wasserspiegelabsenkung über einer Bodenerhebung bei „strömendem" Wasser

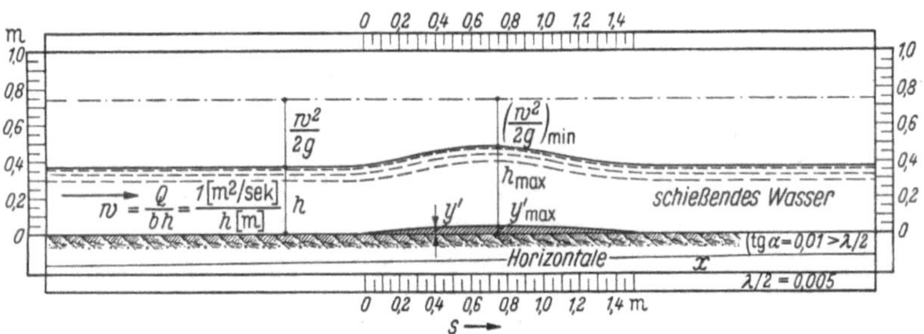

Abb. VI, 3.7. Spiegelerhebung über einer Bodenerhöhung bei „schießendem" Wasser

(Abb. VI, 3.6) dh/dx negativ wird, d. h. die Höhe h in x-Richtung abnimmt.

Umgekehrt ist es im zweiten Falle, wo

$$\frac{\lambda}{2}\,\frac{Q^2}{b^2\,g\,h^3} = \operatorname{tg}\alpha > \frac{\lambda}{2},$$

also

$$\frac{Q^2}{b^2\,g\,h^3} > 1$$

ist, womit der Nenner in Gl. (VI, 3.24) positiv wird, und damit auch dh/dx für positive dy/dx; die Höhe h wächst somit beim ansteigenden Teil der Erhebung in der Kanalsohle.

Die Form der Delle bzw. der Ausbuchtung des Wasserspiegels erhält man aus Abb. VI, 3.2, wenn die Erhebung $y' = f(s)$ der Kanalsohle gegeben ist (Abb. VI, 3.6 bzw. 7). Wir nehmen beispielsweise an, daß in den beiden letzten Abbildungen das in der Zeiteinheit durch den Kanal fließende Wasservolumen $Q = 20\,\mathrm{m^3\,s^{-1}}$ und daß die Breite $b = 20\,\mathrm{m}$ ist; damit wird $Q/b = 1\,\mathrm{m^2\,s^{-1}}$, so daß Abb. VI, 3.2, die für dieses Verhältnis von Q zu b gezeichnet wurde, direkt benutzt werden kann. Für ein anderes Q/b ist nach Gl. (VI, 3.3) eine entsprechende andere Kurve $h = f(y)$ zu berechnen. Wir nehmen ferner an, daß es sich bei der Kanalwandung um mäßig glatte Erdwände handelt, entsprechend einem $\lambda = 0{,}01$ in Gl. (VI, 3.19) bzw. (VI, 3.24).

a) $\operatorname{tg}\alpha < \lambda/2$. Die Kanalsohle habe eine Neigung α entsprechend $\operatorname{tg}\alpha = 0{,}002 < \lambda/2 = 0{,}005$ (Abb. VI, 3.6). Es folgt dann aus Gleichung (VI, 3.25) mit $Q/b = 1\,\mathrm{m^2\,s^{-1}}$, daß

$$h^3 = \frac{\lambda}{2g\operatorname{tg}\alpha} = 0{,}255\,\mathrm{m}^3,$$

also

$$h = 0{,}634\,\mathrm{m}$$

und

$$\frac{w^2}{2g} = \operatorname{tg}\alpha\frac{h}{\lambda} = 0{,}127\,\mathrm{m}$$

ist.

Um das der Abb. VI, 3.1 bzw. 2 entsprechende y zu erhalten, bilden wir

$$h + \frac{w^2}{2g} - y' = y$$

und erhalten beispielsweise mit dem $y'_{\max} = 0{,}04\,\mathrm{m}$ der Abb. VI, 3.6

$$0{,}634 + 0{,}127 - 0{,}04 = 0{,}721\,\mathrm{m} = y_{\min}.$$

Mit diesem $y_{\min} = 0{,}721\,\mathrm{m}$ erhalten wir aus Abb. VI, 3.2 (obere Kurve) die Werte $h_{\min} = 0{,}555$ und $(w^2/2g)_{\max} = 0{,}721 - 0{,}555 = 0{,}166\,\mathrm{m}$, also eine Spiegelabsenkung in der Mitte der Delle von

$$\Delta y = 0{,}127 - 0{,}166 = -0{,}039\,\mathrm{m}.$$

Vor der Bodenerhebung beträgt die (durchschnittliche) Geschwindigkeit $w = Q/b\,h = 1/h = 1/0{,}634 = 1{,}58\,\mathrm{m\,s^{-1}}$; über der höchsten Bodenerhebung ist sie auf $w_{\max} = 1/h_{\min} = 1/0{,}555 = 1{,}80\,\mathrm{m\,s^{-1}}$ gewachsen.

b) $\operatorname{tg}\alpha > \lambda/2$. Die Kanalsohle habe eine fünfmal so große Neigung wie zuvor, entsprechend einem $\operatorname{tg}\alpha = 0{,}01 > \lambda/2 = 0{,}005$ (Abb. VI, 3.7). Aus Gl. (VI, 3.25) ergibt sich dann mit $Q/b = 1\,\mathrm{m^2\,s^{-1}}$

$$h = 0{,}371\,\mathrm{m}$$

und (zufällig)

$$\frac{w^2}{2g} = 0{,}371\,\mathrm{m};$$

mithin für die Mitte der Bodenerhebung, entsprechend $y'_{\max} = 0{,}04\,\mathrm{m}$,

$$y_{\min} = 0{,}371 + 0{,}371 - 0{,}04 = 0{,}702\,\mathrm{m}.$$

Mit diesem $y_{\min} = 0{,}702\,\mathrm{m}$ bestimmen wir aus Abb. VI, 3.2 (untere

Kurve) die Werte $h_{max} = 0{,}44$ m und $(w^2/2g)_{min} = 0{,}702 - 0{,}440 = 0{,}262$ m und haben damit eine Spiegelerhebung von

$$\Delta y = 0{,}371 - 0{,}262 = 0{,}109\,\text{m}.$$

Die Geschwindigkeit vor der Bodenerhebung ist $w = Q/b\,h = 1/h = 1/0{,}371 = 2{,}70\ \text{m s}^{-1}$; über der höchsten Stelle der Bodenerhebung ist sie $w_{min} = 1/0{,}440 = 2{,}27\ \text{m s}^{-1}$.

Man erkennt die prinzipiell verschiedene Strömungsart in den beiden Fällen a) und b). Im Falle $\operatorname{tg}\alpha < \lambda/2$ senkt sich der Wasserspiegel über der Bodenerhebung, wobei die Geschwindigkeit zunimmt; im Falle $\operatorname{tg}\alpha > \lambda/2$ hebt sich der Wasserspiegel bei gleichzeitiger Geschwindigkeitsabnahme über der Bodenerhebung. Im ersteren Falle spricht man von „strömendem" Wasser in einem Fluß, im zweiten Falle von „schießendem" Wasser in einem Wildbach.

Bei „strömendem" Wasser, wo $\operatorname{tg}\alpha < \lambda/2$ ist, ergibt sich aus Gl. (VI, 3.25), daß

$$\frac{Q^2}{b^2\,g\,h^3} < 1$$

ist, oder — unter Berücksichtigung von Gl. (VI, 3.26 und 28) —, daß

$$w < \sqrt{g\,h} = w^*$$

ist. Bei „schießendem" Wasser ist mit $\operatorname{tg}\alpha > \lambda/2$ aus den gleichen Gründen

$$w > \sqrt{g\,h} = w^*.$$

3.5 Unterschiedliches Verhalten des strömenden und des schießenden Wassers bei Einbauten in Flüssen bzw. Wildbächen, Stauproblem.

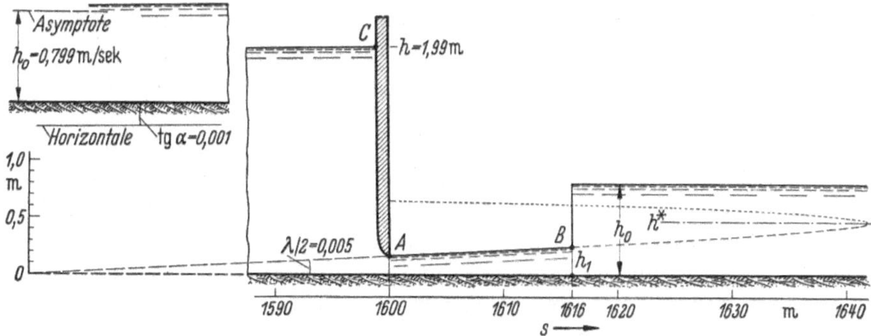

Abb. VI, 3.8. Wassersprung hinter einem Schleusenwehr bei strömendem Wasser; die Ordinaten sind um das 10fache überhöht

Wir wollen als ein Beispiel die Auswirkung eines Durchlaß- oder Schleusenwehrs, einer sogenannten Spannschütze, betrachten, wie sie in Abb. VI, 3.8 für einen „Strom" und in Abb. VI, 3.9 für einen „Wildbach" dargestellt ist.

Bei der ersteren Abbildung ist zu bemerken, daß diese kurz vor dem Wehr unterbrochen ist, da sie sonst zu lang würde, d. h. also, daß der linke Teil der Abbildung in horizontaler Richtung so weit nach links verschoben gedacht werden muß (etwa 225 cm), bis die beiden Teile der Kanalsohle in derselben Flucht liegen. Außerdem sind — um die Strömungserscheinungen besser kenntlich zu machen — die Ordinaten gegenüber den Abszissen um das 10fache überhöht. Als

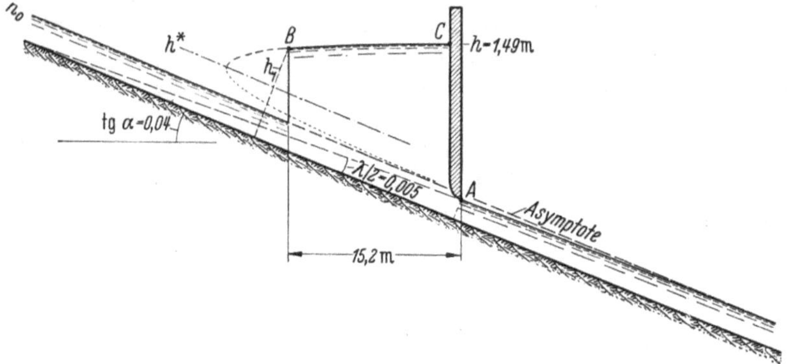

Abb. VI, 3.9. Wassersprung vor einem Schleusenwehr bei schießendem Wasser; die Ordinaten sind um das 10fache überhöht

Wert für λ ist wieder der Wert $\lambda = 0{,}01$ gewählt (mäßig rauhe Erdwände), während die Neigung der Kanalsohle entsprechend $\operatorname{tg}\alpha = 0{,}001$ angenommen wird.

Man erkennt, daß die Wirkung des Wehres sich sehr weit stromaufwärts erstreckt — schon in einer Entfernung von 1600 m vor dem Wehr macht sich die Spiegelhebung deutlich bemerkbar, insofern als sie hier 0,85 m gegenüber dem Asymptotenwert 0,799 m beträgt — und daß es vor dem Wehr zu einer Stauung mit entsprechender Geschwindigkeitsabnahme kommt. Unter und hinter dem Schleusenwehr „schießt" das Wasser mit beträchtlicher Geschwindigkeit hervor, um weiter stromabwärts mittels eines Wassersprunges wieder auf „strömendes" Wasser überzugehen. In der nächsten Nummer werden wir durch Integration der Staugleichung diese qualitative Beschreibung erklären und quantitativ im einzelnen verfolgen.

In der zweiten Abbildung ist die Neigung der Kanalsohle entsprechend $\operatorname{tg}\alpha = 0{,}04$ angenommen, also größer als die kritische Neigung $\operatorname{tg}\alpha = \lambda/2 = 0{,}005$, so daß wir im Kanal schießendes Wasser haben. Dieses wird aber, wie aus der Abbildung ersichtlich, vor dem Schleusenwehr vermittels eines Wassersprunges in strömendes Wasser geändert, mit einer der Stauung entsprechend geringen Geschwindigkeit kurz vor dem Wehr. Hinter dem Wehr schießt dann das Wasser wieder hervor, wobei die Geschwindigkeit asymptotisch bis auf den Wert vor dem Wassersprung abnimmt. Auch in dieser Abbildung sind die Ordinaten gegenüber den Abszissen um das 10fache überhöht.

Dieses so verschiedenartige Verhalten des „strömenden" und des „schießenden" Wassers soll jetzt durch Integration der Staugleichung geklärt werden.

3.6 Integration der Staugleichung in einem speziellen Falle. Wir setzen voraus, daß die Neigung der Kanalsohle konstant sei und können dann mit

$$-\frac{dy}{dx} = \operatorname{tg}\alpha$$

Gl. (VI, 3.24) in der Form schreiben

$$dx = dh \frac{\dfrac{Q^2}{b^2 g h^3} - 1}{\dfrac{\lambda}{2}\dfrac{Q^2}{b^2 g h^3} - \operatorname{tg}\alpha}, \qquad \text{(VI, 3.29)}$$

also wegen der Trennung der Variablen für gegebene Werte von Q/b, λ und α integrieren.

a) „Strömendes" Wasser, Fluß. Mit den Werten $Q/b = 1\,\mathrm{m^2\,s^{-1}}$, $\lambda = 0{,}01$ und $\operatorname{tg}\alpha = 0{,}001$, sowie unter Berücksichtigung, daß nach Gl. (VI, 3.22) $dx = ds$ gesetzt werden kann, geht die obige Gleichung über in

$$ds = \frac{\dfrac{1\,[\mathrm{m^4\,s^{-2}}]}{g h^3} - 1}{\dfrac{0{,}005\,[\mathrm{m^4\,s^{-2}}]}{g h^3} - 0{,}001}\, dh$$

oder

$$s(h) = 10^3 \int\limits_0^h \frac{1\,[\mathrm{m^4\,s^{-2}}] - g h^3}{5\,[\mathrm{m^4\,s^{-2}}] - g h^3}\, dh. \qquad \text{(VI, 3.30)}$$

Anstatt das Integral durch Zerlegung in Partialbrüche zu integrieren, was ziemlich umständlich ist[1], führen wir die Integration graphisch durch, was auch den Vorteil hat, daß es die prinzipielle Verschiedenheit der Integranten, je nachdem es sich um strömendes oder um schießendes Wasser handelt, erkennen läßt. Wir tragen zu dem Zweck in Abb. VI, 3.10 den Integranten als Funktion von h auf. Da der Integrant für $5 - g h_0^3 = 0$, d. h. für $h_0 = 0{,}799$ m unendlich wird, bilden wir für $h > h_0$

$$s(h) = 10^3 \int\limits_0^{h_0 - \varepsilon} \frac{1 - g h^3}{5 - g h^3}\, dh + 10^3 \int\limits_{h_0 + \varepsilon}^{h} \frac{1 - g h^3}{5 - g h^3}\, dh,$$

wo ε eine der gewünschten Genauigkeit entsprechend kleine Länge bedeutet. Durch Berechnen des Inhaltes der von der Kurve mit der

[1] Rühlmann, M.: Hydromechanik, 2. Aufl., S. 457. Hannover 1879.

h-Achse gebildeten Fläche erhalten wir $s = f_1(h)$. Die in dieser Weise erhaltene Kurve — und zwar in der uns interessierenden inversen Form $h = f_2(s)$ — ist in Abb. VI, 3.12 dargestellt.

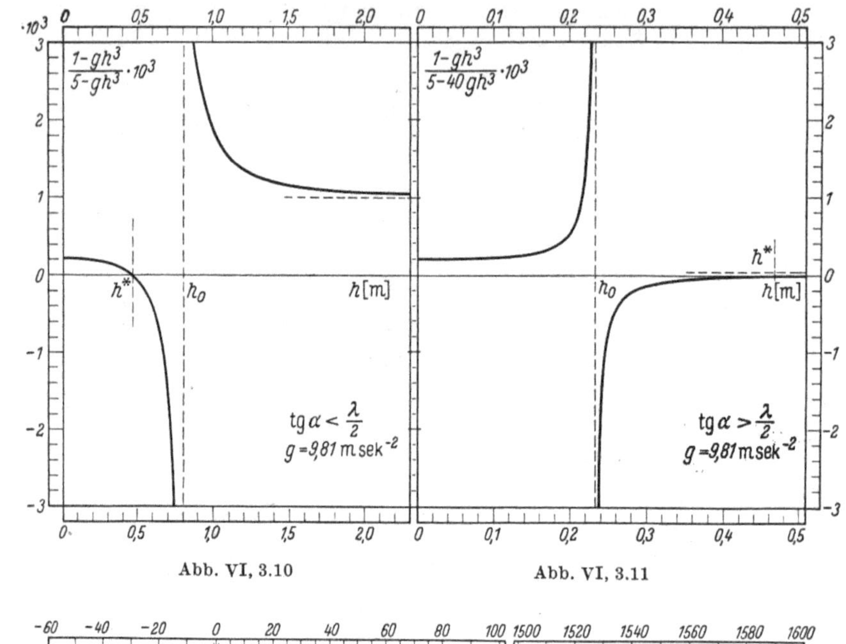

Abb. VI, 3.10 Abb. VI, 3.11

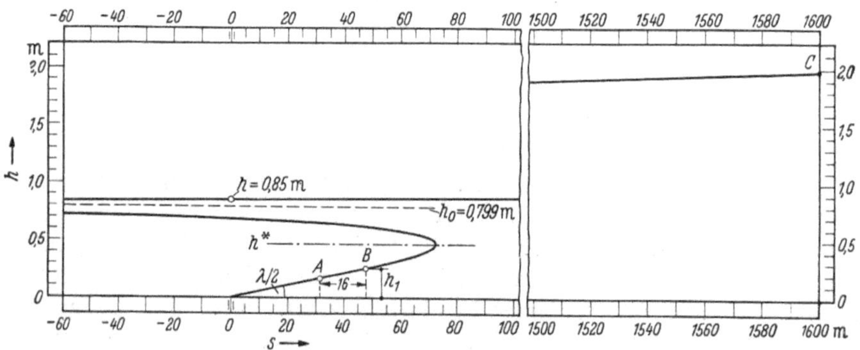

Abb. VI, 3.12. Die beiden Äste der Staugleichung für strömendes Wasser

Gehen wir von dem Punkt $h = 0$ aus, für den nach Abb. VI, 3.10 auch $s = 0$ ist, so steigt die zunächst fast geradlinige Kurve unter dem Winkel $dh/ds = \lambda/2$, wie sich aus Gl. (VI, 3.29 oder 30) für $h = 0$ ergibt. Für ein bestimmtes h geht dh/ds nach Unendlich (senkrechte Tangente), und zwar nach Gl. (VI, 3.29) für

$$\frac{Q^2}{b^2\, g\, h^3} = 1\,,$$

so daß dieser Höhe des Wasserspiegels nach Gl. (VI, 3.26—28) die Schwallgeschwindigkeit entspricht, weshalb wir diese Höhe die kritische Höhe nennen; sie sei mit h^* bezeichnet. Mit weiter zunehmendem h nimmt s ab bis zu $-\infty$ für $h = h_0$. Für über h_0 wachsende Werte von h wächst s sehr schnell und hat in unserem Beispiel (Abb. VI, 3.12) für $h = 1{,}99$ m den Wert $s = 1600$ m erreicht. Die Neigung der Kurve vor dem Wehr ist nach Gl. (VI, 3.29)

$$\frac{dh}{ds} = \operatorname{tg}\alpha, \quad \text{(horizontaler Wasserspiegel!)} \qquad \text{(VI, 3.31)}$$

da in unserem Beispiel ($Q/b = 1$) der Wert $Q^2/b^2 g\, h^3 = 1/g\; 1{,}99^3 = 1/77{,}5$ gegenüber 1 vernachlässigt werden kann, und dasselbe für $\lambda\; Q^2/2\, b^2 g\, h^3$ gegenüber $\operatorname{tg}\alpha$ gilt.

Wir wollen jetzt die in Abb. VI, 3.12 gefundene spezielle Lösung der Staugleichung mit dem Strömungsvorgang der Abb. VI, 3.8 in Zusammenhang bringen, wobei zu bemerken ist, daß die Abszissen der letztgenannten Abbildung das Vierfache derjenigen von Abb. VI, 3.12 sind.

Die Höhe der unteren Kante des Schleusenwehres über der Kanalsohle im Punkte A der Abb. VI, 3.8 ist $h = 0{,}16$ m, was einer Durchflußgeschwindigkeit von $w = Q/b\,h = 1\,[\mathrm{m^2\,s^{-1}}]/h\,[\mathrm{m}] = 1/0{,}16 = 6{,}25\ \mathrm{m\,s^{-1}}$ entspricht. Die Geschwindigkeitshöhe ist somit $w^2/2g = 1{,}99$ m, in Übereinstimmung mit der in Abb. VI, 3.8 gezeichneten Stauhöhe vor dem Wehr. Aus Abb. VI, 3.12 erkennt man, daß die Stauwirkung sehr weit stromaufwärts reicht (theoretisch unendlich weit), so daß beispielsweise die Höhe des Wasserspiegels 1600 m vor dem Schleusenwehr (d. h. bei $s = 0$ in Abb. VI, 3.12) noch etwa 0,85 m ist, gegenüber dem asymptotischen Wert von $h_0 = 0{,}799$ m. Da die Neigung der Kanalsohle s gleich $\operatorname{tg}\alpha$ ist und anderseits vor dem Wehr nach Gl. (VI, 3.31) $dh/ds = \operatorname{tg}\alpha$, folgt, daß der Wasserspiegel vor dem Wehr horizontal ist, während er weit vor dem Schleusenwehr nahezu die Neigung der Kanalsohle hat.

Das Wasser verläßt das Schleusenwehr mit der oben berechneten Geschwindigkeit von $6{,}25\ \mathrm{m\,s^{-1}}$, was einer „schießenden" Bewegung entspricht, da diese Geschwindigkeit größer als die Schwallgeschwindigkeit ist. Diese ist

$$w^* = \sqrt{g\,h^*}\,,$$

wobei h^* aus

$$\frac{Q^2}{b^2 g\, h^{*3}} = 1$$

bestimmt ist, also in unserem Beispiel $h^* = 1/\sqrt[3]{g} = 0{,}4675$ m und somit $w^* = 2{,}14\ \mathrm{m\,s^{-1}}$.

Die Höhe des Wasserspiegels am unten abgerundeten Wehr ist, wie bereits erwähnt, $h = 0{,}16$ m und entspricht dem Punkte A in Abb. VI, 3.12. Der weitere Verlauf des Wasserspiegels rechts vom Wehr erfolgt entsprechend der berechneten Kurve rechts von A. Wie aus dieser Abbildung erkenntlich, ist aber ein Übergang im Endlichen von Wasserspiegelhöhen $h < h^*$ bis zu $h = h_0$ bzw. von Überschwallgeschwindigkeiten zur Unterschwallgeschwindigkeit $w_0 = 1\,[\mathrm{m^2\,s^{-1}}]/h_0$ nicht möglich. Wie im früheren Beispiel S. 320 erfolgt dieser Übergang vielmehr in unstetiger Weise vermittels eines Wassersprunges. Die Lage dieses Wassersprunges rechts vom Punkte A ergibt sich auch hier nach der Gl. (VI, 3.12), d. h. aus

$$\frac{Q}{b}(w_1 - w_0) = \frac{g}{2}(h_0^2 - h_1^2), \qquad \text{(VI, 3.32)}$$

oder mit $w_1 = (Q/b)\,h_1$ und $w_0 = (Q/b)\,h_0$

$$\frac{Q^2}{b^2}\left(\frac{1}{h_1} - \frac{1}{h_0}\right) = \frac{g}{2}(h_0^2 - h_1^2)$$

oder

$$\frac{Q^2}{b^2}\,\frac{2}{g}\,\frac{1}{h_1 h_0}(h_0 - h_1) = h_0^2 - h_1^2$$

oder

$$h_1^2 + h_0 h_1 - \frac{Q^2}{b^2}\,\frac{2}{g\,h_0} = 0,$$

also

$$h_1 = -\frac{h_0}{2} + \sqrt{\frac{Q^2}{b^2}\,\frac{2}{g\,h_0} + \frac{h_0^2}{4}}\,. \qquad \text{(VI, 3.33)}$$

In unserem Beispiel, wo wegen der Annahmen von $Q/b = 1\,\mathrm{m^2\,s^{-1}}$, $\lambda = 0{,}01$ und $\operatorname{tg}\alpha = 0{,}001$ nach Gl. (VI, 3.25) $h_0^3 = 5\,\mathrm{m^4\,s^{-2}}/g$, also $h_0 = 0{,}799$ m ist, wird $h_1 = 0{,}245$ m. Die Lage des Wassersprunges ist hiermit bestimmt und als Punkt B in Abb. VI, 3.12 eingezeichnet. Der horizontale Abstand des Punktes B von A beträgt 16 m, womit die Lage des Wassersprunges in Abb. VI, 3.8 festgelegt ist.

Wäre bei demselben Wert von $\lambda = 0{,}01$ (mäßig glatte Erdwände) die Neigung der Sohle größer gewesen, z. B. doppelt so groß, d. h. $\operatorname{tg}\alpha = 0{,}002$, so wäre nach Gl. (VI, 3.25) $h_0 = 0{,}634$ m und, wie sich aus Gl. (VI, 3.33) leicht ausrechnen läßt, $h_1 = 0{,}332$ m, was den Punkt B auf der entsprechenden Kurve $h = f_2(s)$ weiter nach rechts gerückt hätte. Eine größere Neigung der Sohle — vorausgesetzt, daß diese kleiner als die kritische ($= \lambda/2$) bleibt — bewirkt also, daß der Wassersprung in größerer Entfernung vom Schleusenwehr auftritt.

b) *Schießendes Wasser, Wildbach.* In diesem Falle geht Gl. (VI, 3.29 bzw. 30) mit $Q/b = 1\,[\mathrm{m^2\,s^{-1}}]$, $\lambda = 0{,}01$ aber $\operatorname{tg}\alpha = 0{,}04$ ($> \lambda/2$) über in

$$ds = 10^3\,\frac{1\,[\mathrm{m^4\,s^{-2}}] - g\,h^3}{5\,[\mathrm{m^4\,s^{-2}}] - 40\,g\,h^3}\,dh. \qquad \text{(VI, 3.34)}$$

Der Wert des Integranten als Funktion von h ist in Abb. VI, 3.11 aufgetragen — man erkennt den prinzipiellen Unterschied mit der entsprechenden Kurve VI, 3.10 für strömendes Wasser — und die Integration, wiederum in der Form $h = f(s)$, in Abb. VI, 3.13 dargestellt.

Die von $s = 0$ ausgehende, nahezu geradlinige Kurve bildet mit der s-Achse nach obiger Gleichung für $h = 0$ den Winkel $dh/ds = \lambda/2 = 0{,}005$ und geht für den Wert h_0 entsprechend der gleichförmigen „schießenden" Bewegung nach Unendlich, wobei nach Gl. (VI, 3.25) $h_0 = 0{,}2336$ m ist. Für Werte von h zwischen h_0 und h^* nimmt s ab. Bei der kritischen Höhe $h^* = 0{,}4675$ m, für welche der Zähler der obigen Gleichung Null wird, ändert die Kurve $h = f(s)$ ihre Richtung, so daß von da ab s mit wachsendem h wieder zunimmt. Kürzt man in der letzten Gleichung durch $g\,h^3$, so erkennt man, daß für große h der Wert $-dh/ds$ nach 40×10^{-3}, d. h. nach $\mathrm{tg}\,\alpha = 0{,}04$ konvergiert.

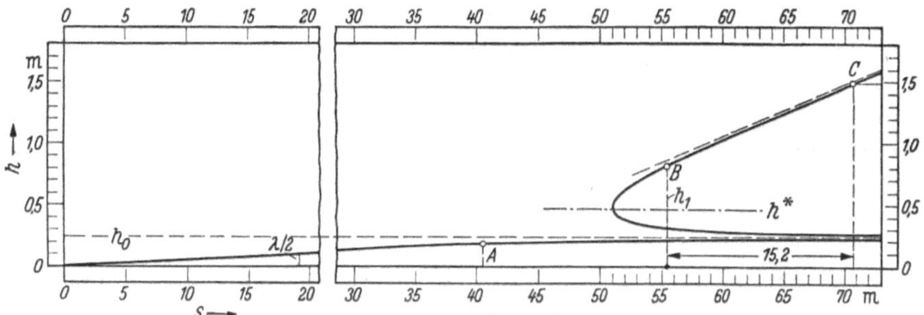

Abb. VI, 3.13. Die beiden Äste der Staugleichung für schießendes Wasser

Aus der Abbildung erkennt man, daß keine stetige Verbindung des vor dem Schleusenwehr aufgestauten Wasserspiegels $h > h^*$ mit dem Wasserspiegel h_0 der gleichförmigen (schießenden) Bewegung besteht. Der Übergang erfolgt deshalb in unstetiger Weise vermittels eines Wassersprunges. Die Höhe vor dem Wassersprung ist bekannt, nämlich $h_0 = 0{,}2336$ m; wie groß ist aber die Höhe h_1 des Wasserspiegels nach dem Wassersprung? Die Höhe h_1 ergibt sich wieder aus der Impulsgleichung (VI, 3.32 bzw. 33), also mit $h_0 = 0{,}2336$ m, da $Q/b = 1\,\mathrm{m}^2\,\mathrm{s}_{-}^{1}$ ist, zu $h_1 = 0{,}825$ m. Diese Höhe ist in Abb. VI, 3.13 eingetragen und der Punkt auf dem oberen Wasserspiegel mit B gekennzeichnet.

Nehmen wir beispielsweise an, der Abstand des unten abgerundeten Schleusenwehrs von der Sohle sei 0,185 m, so ist die Geschwindigkeit an dieser Stelle (A) $w = 1\,\mathrm{m}^2\,\mathrm{s}^{-1}/0{,}185\,\mathrm{m} = 5{,}4\,\mathrm{m\,s}^{-1}$ und damit die Geschwindigkeitshöhe $w^2/2g = 1{,}49$ m. Bis zu dieser Höhe (C) wird demnach der Wasserspiegel kurz vor dem Schleusenwehr steigen, womit dann die Lage des Wassersprunges vor dem Wehr festgelegt ist. Der Abstand des Punktes B von C beträgt nach Abb. VI, 3.13 15,2 m und ist in Abb. VI, 3.9 übertragen. Dabei ist zu berücksichtigen, daß in dieser Abbildung der Neigungswinkel der Sohle — wegen der Überhöhung der Ordinaten um das 10fache gegenüber den Abszissen — stark vergrößert ist und tatsächlich nur $\alpha = \mathrm{arc\,tg}\,0{,}04 = 2{,}3^\circ$ beträgt.

Von der Schleusenöffnung A ab verzögert sich die Geschwindigkeit von dem oben berechneten Wert $w_A = 5{,}4\ \mathrm{m\,s^{-1}}$ bis auf die gleichförmige Geschwindigkeit w_0 vor dem Wassersprung, die entsprechend der Wasserspiegelhöhe von $h_0 = 0{,}2336$ m den Betrag $w_0 = 1\ \mathrm{m^2\,s^{-1}}/0{,}2336\ \mathrm{m} = 4{,}28\ \mathrm{m\,s^{-1}}$ hat. Dabei nimmt der Wasserspiegel die Gestalt der errechneten Kurve rechts vom Punkte A in Abb. VI, 3.13 an.

Die Berechnung der Lage des Wassersprunges ist in den Fällen der Abb. VI, 3.8 und 9 prinzipiell einfacher als in Abb. VI, 3.1. Im letzteren Falle ist sowohl die Geschwindigkeit direkt vor dem Wassersprung als auch hinter diesem von der Lage des Wassersprunges abhängig und zunächst, ebenso wie diese, noch unbekannt, während in den ersten beiden Fällen entweder die Geschwindigkeit hinter dem Wassersprung (Abb. VI, 3.8) oder die Geschwindigkeit vor ihm (Abb. VI, 3.9) jeweils unabhängig von der Lage des Wassersprunges ist und deshalb leicht berechnet werden kann.

4 Flüssigkeitswellen

4.1 Beobachtungen und Experimente. Wirft man einen Stein auf eine ruhige Wasserfläche, z. B. einen Teich, so entstehen bekanntlich Wellen, die sich von der Einwurfstelle in Kreisen ausbreiten. Dem ersten Anschein nach bewegt sich dabei das Wasser auf der Oberfläche zusammen mit den Wellen nach außen. Beobachtet man den Vorgang jedoch etwas genauer, so findet man, daß zufällig auf der Wasseroberfläche schwimmende Teilchen, z. B. kleine Blätter u. dgl., von der Welle nicht nach außen mitgenommen werden, sondern daß die Welle gleichsam darunter weggleitet und daß dabei das kleine Blatt oder ein auf der Oberfläche etwa schwimmendes Korkstückchen nur eine etwas taumelnde Auf- und Abwärtsbewegung macht, entsprechend dem Höhenunterschied von Wellenberg und Wellental.

Werfen wir — nachdem sich die Wasseroberfläche jedesmal wieder beruhigt hat — verschieden große Steine in den Teich, so beobachten wir, daß die kleinen Steine kleine, sich langsamer ausbreitende Wellen verursachen, verglichen mit den großen, sich in schnellerer Weise bewegenden Wellen, wie sie von größeren Steinen erzeugt werden. Die Form der Wellenoberfläche scheint — in einiger Entfernung von der Einwurfsstelle — ähnlich derjenigen einer Sinus-Kurve zu sein. Über das, was unterhalb der Wasseroberfläche vor sich geht, und speziell darüber, in welcher Weise und wie tief die Wellenform sich von der Oberfläche in das Innere des Wassers erstreckt, gibt die Beobachtung keinen Aufschluß. Auch geht der Vorgang der Wellenausbreitung so schnell vor sich, daß man über dessen zeitlichen Verlauf allein aus der Beobachtung keine quantitativen Aussagen machen kann.

Nach solchen allgemeinen Beobachtungen ist der nächste Schritt: das Experiment. Aus der Mannigfaltigkeit der Erscheinungen bei Flüssigkeitswellen stellen wir einzelne spezielle Fragen, z. B. nach der Gestalt der Welle, nach der Form der Bahnen der einzelnen Flüssigkeitsteilchen, nach der Ausbreitungsgeschwindigkeit der Welle usw. und versuchen nicht nur qualitative, sondern auch quantitative Antworten auf diese Fragen zu erhalten. Zu dem Zweck schaffen wir eine Versuchsanordnung, die es ermöglicht, die einzelnen von uns als wichtig angesehenen Faktoren, wie z. B. die Wellenlänge, nach Wunsch zu variieren, und deren Einfluß auf die anderen auftretenden Größen, wie z. B. die Wellengeschwindigkeit, festzustellen bzw. zu messen. — Oder wir stellen die Frage: Welche Bahnen beschreiben die einzelnen Flüssigkeitsteilchen an der Wellenoberfläche, und wie ändern sich diese Bahnen bei verschiedenen Wassertiefen, aber im übrigen gleichen Bedingungen, d. h. gleicher Wellenlänge und gleicher Wellenhöhe?

Dabei ist es von großer Wichtigkeit, daß die Experimente reproduzierbar sind, d. h. daß wir dieselbe Antwort erhalten, sobald die Versuchsbedingungen die gleichen sind; sollte dieses nicht der Fall sein, so kann das nur davon herrühren, daß gewisse Ursachen für die Verschiedenheit der Resultate von uns als solche noch nicht erkannt worden sind (und erst gefunden werden müssen), daß also die Versuchsbedingungen noch nicht die gleichen sind, ohne daß wir zunächst sagen könnten, worin sie sich unterscheiden.

Immer wird man bei einer Versuchsanordnung darauf bedacht sein, diese so einfach und übersichtlich wie möglich zu machen; wichtig ist nur, daß diejenigen Faktoren variiert werden können, die von wesentlicher Bedeutung erscheinen. Auch wird man vielfach beim Entwurf einer Versuchsanordnung davon ausgehen, unter welchen physikalischen Voraussetzungen eine Theorie am leichtesten durchzuführen wäre. Da wir wissen, daß die theoretische Behandlung von zweidimensionalen Strömungsvorgängen wesentlich einfacher ist als diejenige der dreidimensionalen, einschließlich der rotationssymmetrischen, wird man zweckmäßigerweise zuerst Experimente mit zweidimensionalen Wellen durchführen.

In Abb. VI, 4.1 ist eine solche Versuchsanordnung dargestellt, ähnlich derjenigen, wie sie von den Brüdern E. H. Weber und Wilh. Weber[1] in ihrer „Wellenlehre, auf Experimente gegründet" benutzt worden ist. Sie unterscheidet sich jedoch dadurch, daß der Abstand der Glasplatten *GG* voneinander größer ist (0,3 m), wodurch der zweidimensionale Charakter der Wellenbewegung besser gewährleistet wird; ferner, daß die „Wellenrinne" wesentlich länger ist (6 m), um die

[1] Weber, E. H., u. W. Weber: Wellenlehre auf Experimente gegründet. XVIII, 574 S. mit 206 Abb. auf 18 Kupfertafeln. Leipzig 1825.

Beobachtungsstelle genügend weit vom Ort der Erregung der Welle verlegen zu können; auch muß die Wellenrinne genügend tief sein (1 m), um gegebenenfalls einen Einfluß des Bodens auf die Welle praktisch auszuschalten.

Zur Erzeugung von Wellen sind verschiedene Methoden geeignet. Man kann z. B. an einem Ende der Wellenrinne über deren ganze Breite und einer Länge von etwa der halben Breite mittels einer dementsprechend dimensionierten rechteckigen „Glocke" Wasser bis zu einer gewissen Höhe langsam hochsaugen, warten, bis die Wasseroberfläche sich wieder vollkommen beruhigt hat, und dann plötzlich das

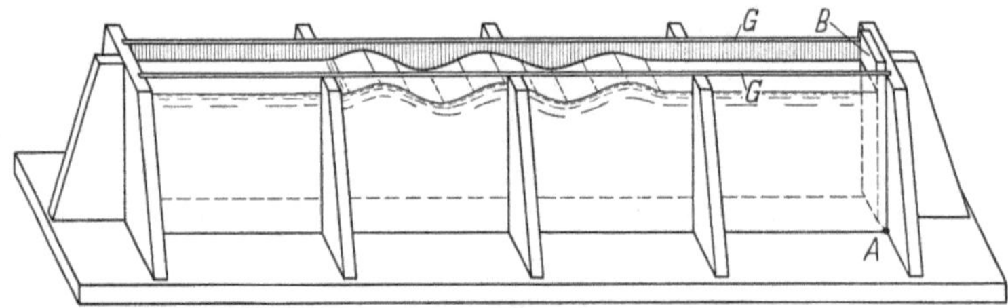

Abb. VI, 4.1. Schematische Darstellung eines Apparates zur Herstellung von Wellen

hochgezogene Wasser fallen lassen. Eine andere Methode zur Wellenerzeugung besteht darin, ein am Ende der Wellenrinne um die Achse *A* drehbares Brettchen *B* zwischen den Glasplatten *GG* ein oder mehrere Male kurz gegen das Wasser zu drücken (Abb. VI, 4.1). Diese Methode ist besonders gut geeignet, um die auf S. 352ff. beschriebenen sogenannten stehenden Wellen zu erzeugen.

Mittels photographischer Aufnahmen der Wellenoberfläche durch die Spiegelglasflächen läßt sich nachweisen, daß die Kontur der Welle tatsächlich derjenigen einer cos-Kurve ähnelt, und zwar um so mehr, je kleiner die Wellenberge bzw. -täler sind, verglichen mit der Wellenlänge. Diese Tatsache ist bedeutungsvoll für den mathematischen Ansatz einer später zu entwickelnden Theorie.

Um die Bahnen der einzelnen Teilchen der Wasseroberfläche kenntlich zu machen bzw. zu photographieren, wenn sie Punkte einer Wellenoberfläche sind, streuen wir, bevor die Welle erregt worden ist, in einzelnen äquidistanten Punkten auf einer Geraden parallel zur Glaswandung sehr feine Teilchen Aluminiumflitter auf die Wasseroberfläche. Diese Teilchen werden dann durch die vordere planparallele Glasscheibe mittels einer starken Lichtquelle seitlich in der Weise beleuchtet, daß die Al.-Teilchen das Licht in das Objektiv der Kamera reflektieren (Hintergrund mattschwarz). Schon mit bloßem Auge erkennt man, daß die Bahnen der Teilchen kleine Kreise zu sein scheinen, es sich also nicht um eine einfache Auf- und Abwärtsbewegung handelt, wie es nach der ersten Beobachtung bei dem in den Teich geworfenen Stein den Anschein hatte.

Photographiert man die augenblickliche Lage ($t = 0$) einer Anzahl äquidistanter Punkte einer Welle, z. B. der Punkte 0, 1 . . . 8 (Abb. VI, 4.2 oberste Reihe), so liegen diese nahezu auf einer cos-Kurve. Eine zweite Momentaufnahme derselben Punkte nach einer Zeit $T/8$, wo T die Zeit einer vollen Kreisbewegung eines Teilchens bezeichnet, ist in der

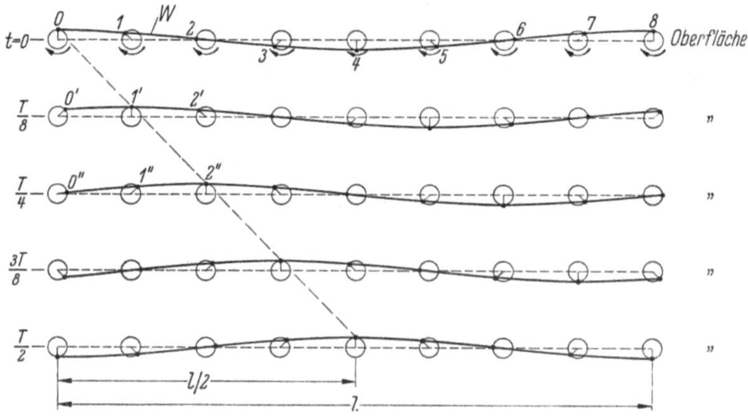

Abb. VI, 4.2. Fünf zeitlich aufeinanderfolgende Phasen einzelner (8) Flüssigkeitsteilchen auf ihren kreisförmigen Bahnen

zweiten Reihe der Abbildung dargestellt. Man erkennt, daß sich die cos-Kurve um $l/8$ nach rechts bewegt hat. Die unterste Kurve der Abbildung zeigt die Lage derselben Punkte zur Zeit $t = T/2$; jeder der neun Punkte hat einen Halbkreis beschrieben, wobei sich die cos-Kurve, d. h. die Welle, um eine Strecke gleich der halben Wellenlänge nach rechts bewegt hat. Bei einer vollen Kreisbahn der einzelnen Teilchen (im Uhrzeigersinn) bewegt sich somit die Welle um ihre Länge nach rechts.

Die Wellenbewegung ist also keine Strömungserscheinung im eigentlichen Sinne, insofern als kein Massentransport stattfindet, sondern ein Schwingungsvorgang, wobei das Fortschreiten der Schwingung (der Welle) dadurch bewirkt wird, daß geradlinig voreinanderliegende Flüssigkeitsteilchen sukzessive in eine kreisförmige Schwingung geraten. Während die Welle, d. h. die augenblickliche Gestalt der Wasseroberfläche, sich über beträchtliche Strecken fortbewegt hat, ist das Wasser, das diese Welle gebildet hat, an seinem Ort geblieben. Eine ähnliche Erscheinung kann man bei einem mäßig straff gespannten Seil beobachten. Auch hier lassen sich (durch einen Schlag auf das eine Seilende) transversale Wellen erzeugen, die das Seil entlanglaufen, ohne daß die einzelnen Teile des Seiles sich in longitudinaler Richtung verschieben.

Man könnte jetzt über eine große Anzahl von Versuchsergebnissen mit der Anordnung von Abb. VI, 4.1 berichten, z. B. daß die Wellengeschwindigkeit von der Wellenlänge abhängt, aber auch von deren Amplitude (Höhe der Wellenberge bzw. Wellentäler); ferner, daß sie ebenfalls von der Tiefe des Wassers abhängig ist. Man würde den Eindruck einer großen Kompliziertheit erhalten, und es würde schwer sein, ein ordnendes Prinzip für das sehr umfangreiche Versuchsmaterial zu finden. Ohne eine Erklärung bzw. Theorie der einzelnen Erscheinungen ist es nahezu unmöglich herauszufinden, welche Faktoren für die einzelnen Vorgänge von ausschlaggebender Bedeutung sind. Diesen Eindruck hat man auch beim Studium der oben erwähnten „Wellenlehre“ der Gebr. E. H. und WILH. WEBER.

Wir wollen deshalb schon jetzt versuchen, eine Theorie aufzustellen und die Resultate der Experimente dann benutzen, um die Ergebnisse der Theorie auf deren Gültigkeit zu prüfen. Auch kann eine Theorie, selbst wenn sie die Vorgänge bis zu einem gewissen Grade vereinfachen muß, um mathematisch überhaupt durchführbar zu sein, großen Wert haben, insofern als sie häufig angibt, nach welcher Richtung hin weitere Experimente wünschenswert sind.

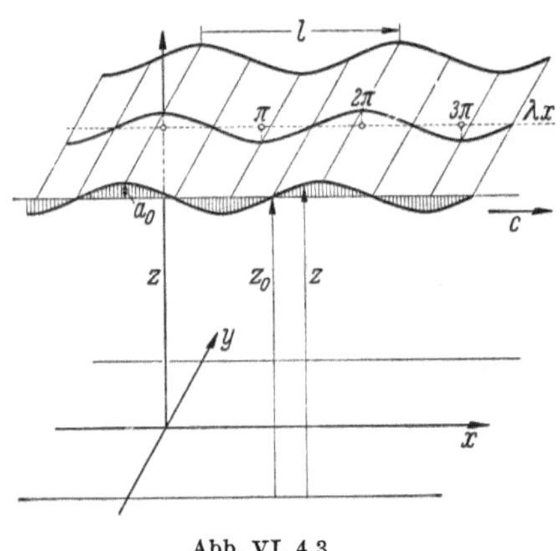

Abb. VI, 4.3

4.2 Abnahme der Wellenamplitude mit dem Abstande von der Wasseroberfläche. Wir gehen aus von der Beobachtung bzw. dem Experiment mit der „Wasserrinne“ der Abb. VI, 4.1, daß die Wasseroberfläche in einiger Entfernung vom Ort der Erregung der zweidimensionalen Wasserwelle die Gestalt einer cos-Kurve hat, und daß sich diese cos-Kurve mit einer Geschwindigkeit (c) in der x-Richtung bewegt. Mit den Bezeichnungen der Abb. VI, 4.3 haben wir dann für einen beliebigen Punkt (z) der Wellenoberfläche

$$z = z_0 + a_0 \cos \frac{2\pi}{l} (x - c\,t) . \qquad \text{(VI, 4.1)}$$

Man erkennt, daß für einen bestimmten Wert von t, z. B. $t = 0$, z auf einer cos-Kurve liegt, die von $x = 0$ bis $x = l$ reicht und sich dann wiederholt, d. h. auf einer Welle von der Wellenlänge l (Abb. VI, 4.2 oberste Kurve). Bezeichnet T die Zeit, in welcher die Welle sich um die Wellenlänge l fortbewegt, d. h.

$$c = \frac{l}{T} \quad \text{oder} \quad T = \frac{l}{c}, \tag{VI, 4.2}$$

so hat man beispielsweise zur Zeit $t = T/8 = l/8c$

$$z = z_0 + a_0 \cos\frac{2\pi}{l}\left(x - \frac{l}{8}\right),$$

(Abb. VI, 4.2, zweitoberste Kurve), d. h. die cos-Kurve hat sich in der Zeit $t = T/8$ um die Strecke $x = l/8$ nach rechts bewegt.

Da sich in den einzelnen Raumpunkten die Bewegungsvorgänge zeitlich ändern, haben wir es in Gl. (VI, 4.1) mit einer instationären Bewegung zu tun, die im allgemeinen immer etwas umständlicher zu behandeln ist. Wir können jedoch diese Schwierigkeit umgehen, wenn wir den Bewegungsvorgang auf ein Koordinatensystem beziehen, das sich selbst mit der Geschwindigkeit c von links nach rechts bewegt. Für die dann erhaltene stationäre Bewegung geht Gl. (VI, 4.1) — wenn wir noch zur Abkürzung $2\pi/l = \lambda$ setzen — über in

$$z = z_0 + a_0 \cos \lambda x. \tag{VI, 4.3}$$

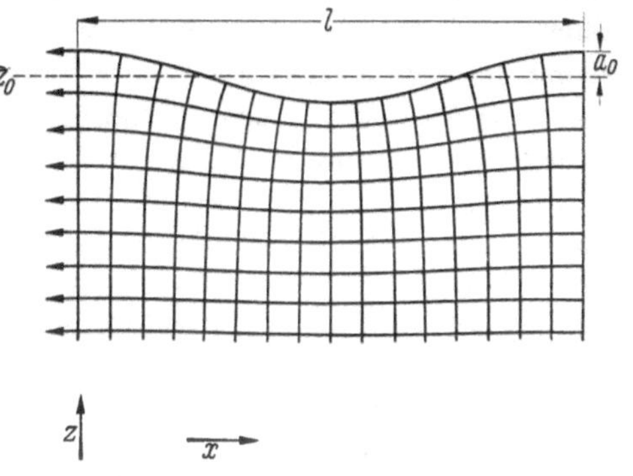

Abb. VI, 4.4. Durch Überlagerung der Schwingung einer Wellenbewegung mit einer Strömung, deren Geschwindigkeit entgegengesetzt gleich groß der Wellengeschwindigkeit ist, erhält man eine stationäre Strömung

Diese Änderung des Koordinatensystems kann auch aufgefaßt werden als die Überlagerung des Schwingungsvorganges mit einer konstanten Strömung von der Geschwindigkeit $-c$, d. h. in der Richtung von rechts nach links. Da wir annehmen, daß das Wasser unten, d. h. am Boden, durch eine horizontale Ebene begrenzt wird, haben wir ein Stromlinienbild, wie in Abb. VI, 4.4 für die Strecke einer Wellenlänge gezeigt, wo die Stromlinien mit Pfeilen versehen sind. Die Strömung fließt von rechts nach links und ist an der Oberfläche durch die cos-Kurve Gl. (VI, 4.3) und am Boden durch eine horizontale Gerade begrenzt.

Da die Wellenbewegung durch Druckwirkungen hervorgebracht ist, stellt Abb. VI, 4.4 eine zweidimensionale Potentialströmung dar, für die also die LAPLACEsche Gleichung

$$\frac{\partial^2 \Phi}{\partial x^2} + \frac{\partial^2 \Phi}{\partial z^2} = 0 \tag{VI, 4.4}$$

gilt.

Diese Potentialfunktion setzt sich zusammen aus derjenigen der überlagerten gleichförmigen Geschwindigkeit, das ist $\Phi_1 = -c\,x$, und derjenigen der Schwingung bzw. der gleichförmigen kreisförmigen Bewegung, d. i. $\Phi_2 = f(z)\sin\lambda\,x$, wo $f(z)$ die zunächst noch unbekannte Abhängigkeit in der z-Richtung zum Ausdruck bringt. Die Ableitung $\partial\Phi_2/\partial x = \lambda\,f(z)\cos\lambda\,x$ stellt die x-Komponente der Geschwindigkeit dar, entspricht also, weil sie proportional $\cos\lambda\,x$ ist, der x-Komponente einer gleichförmig kreisenden Bewegung. Wir haben somit

$$\Phi = \Phi_1 + \Phi_2 = -c\,x + f(z)\sin\lambda\,x. \qquad \text{(VI, 4.5)}$$

Es handelt sich jetzt darum, die unbekannte Funktion $f(z)$ zu bestimmen. Zunächst erkennt man aus Abb. VI, 4.4 bereits, daß die Einwirkung der Welle nicht sehr weit in das Innere des Wassers hineinreicht, d. h. daß die Schwingungen sehr bald nach unten abklingen; schon in der Entfernung einer halben Wellenlänge sind sie nach Abb. VI, 4.4 kaum noch erkennbar. Diese Aussage setzt allerdings stillschweigend voraus, daß die in der Abbildung mit Pfeilen versehenen Kurven auch den tatsächlichen Stromlinien entsprechen, und daß nicht etwa die unterste Stromlinie (in der Entfernung $l/2$ von der Oberfläche) wesentlich stärker geschwungen sein müßte. Nun sind aber die Stromlinien zugleich Linien konstanter Stromfunktion (Ψ = const), so daß wir nur die orthogonalen, angenähert Quadrate bildende Trajektorien, das ist Φ = const, zeichnen brauchen, um uns von der Richtigkeit der Stromlinien zu überzeugen. Immerhin gibt diese Überlegung nur einen allgemeinen, qualitativen Anhaltspunkt für die Auswirkung der Funktion $f(z)$.

Bildet man die zweiten Ableitungen von Gl. (VI, 4.5) nach x und z und setzt sie in Gl. (VI, 4.4) ein, so erhält man

$$\frac{d^2 f(z)}{d z^2} - \lambda^2 f(z) = 0.$$

Wie man durch Verifikation sofort erkennt, ist

$$f(z) = A_1 e^{\lambda z} + A_2 e^{-\lambda z}$$

eine Lösung dieser Differentialgleichung; mithin wird Gl. (VI, 4.5)

$$\Phi = -c\,x + (A_1 e^{\lambda z} + A_2 e^{-\lambda z})\sin\lambda\,x.$$

Da am Grunde des Wassers, d. h. für $z = 0$, die Vertikalkomponente der Geschwindigkeit gleich Null sein muß, also

$$\left(\frac{\partial\Phi}{\partial z}\right)_{z=0} = (\lambda A_1 e^{\lambda z} - \lambda A_2 e^{-\lambda z})_{z=0}\sin\lambda\,x = 0,$$

und zwar für alle Werte von x, folgt, daß der Klammerausdruck gleich Null sein muß, also

$$A_1 = A_2;$$

mithin
$$\Phi = -c\,x + A_1\,(e^{\lambda z} + e^{-\lambda z})\sin\lambda\,x\,.$$

Berücksichtigt man, daß
$$e^{\lambda z} + e^{-\lambda z} = 2\,\mathfrak{Cof}\,\lambda\,z$$

ist, so hat man, wenn noch $2A_1 = A$ gesetzt wird,
$$\Phi = -c\,x + A\,\mathfrak{Cof}\,\lambda\,z\sin\lambda\,x\,, \qquad \text{(VI, 4.6)}$$

wobei $[A] = \mathrm{m^2\,s^{-1}}$ ist.

Bezeichnet $U = -c + u$ die Horizontalkomponente und w die Vertikalkomponente der Strömung (Abb. VI, 4.4), so gilt für Punkte auf einer Stromlinie, da diese stationär ist,
$$\frac{dz}{dx} = \frac{w}{U} = \frac{\dfrac{\partial\Phi}{\partial z}}{\dfrac{\partial\Phi}{\partial x}}\,, \qquad \text{(VI, 4.7)}$$

also
$$\frac{dz}{dx} = \frac{\lambda\,A\,\mathfrak{Sin}\,\lambda\,z\sin\lambda\,x}{-c + \underbrace{\lambda\,A\,\mathfrak{Cof}\,\lambda\,z\cos\lambda\,x}_{u}}\,. \qquad \text{(VI, 4.8)}$$

Wenn q der Betrag der Geschwindigkeit eines Flüssigkeitsteilchens ist, das in der Zeit T die Bahn $2\pi\,a_0$ durchläuft, anderseits aber auch $T = l/c$ ist, so folgt
$$T = \frac{l}{c} = \frac{2\pi\,a_0}{q} \leqq \frac{2\pi\,a_0}{|u|}$$

oder
$$\frac{|u|}{c} \leqq 2\pi\frac{a_0}{l} = \lambda\,a_0\,. \qquad \text{(VI, 4.9)}$$

Da wir nun annehmen, daß die Wellenamplitude a_0 sehr klein gegenüber der Wellenlänge l ist, ja daß selbst $2\pi a_0/l = \lambda\,a_0$ noch klein gegenüber 1 ist (nur für sehr flache Wellen ist die Wellenform nahezu eine cos-Kurve), können wir für diesen Fall nach der letzten Gleichung $|u|$ gegenüber c vernachlässigen. Um unter dieser Voraussetzung Gl. (VI, 4.8) integrieren zu können, setzen wir noch bei der Integration nach x den jeweiligen Mittelwert $\mathfrak{Sin}\,\lambda\,\bar{z}$ statt der Schwankung von $\mathfrak{Sin}\,\lambda\,z$ in den Grenzen $\mathfrak{Sin}\,\lambda(z \pm a)$ und haben damit statt Gl. (VI, 4.8)
$$dz = -\frac{\lambda\,A}{c}\,\mathfrak{Sin}\,\lambda\,\bar{z}\sin(\lambda\,x)\,dx$$

und integriert
$$z = \frac{A}{c}\,\mathfrak{Sin}\,\lambda\,\bar{z}\cos\lambda\,x + \text{cost.} \qquad \text{(VI, 4.10)}$$

Für die Wellenoberfläche ist die Konstante gleich $\bar{z}_0$, da $z = \bar{z}_0$ ist für $\lambda\,x = \pi/2$ (Abb. VI, 4.5); mithin gilt für die Wellenoberfläche
$$z - \bar{z}_0 = \frac{A}{c}\,\mathfrak{Sin}\,\lambda\,\bar{z}_0\cos\lambda\,x \qquad \text{(VI, 4.11)}$$

und, da $z - \bar{z}_0 = a_0$ ist, für $\lambda\, x = 0$, haben wir

$$a_0 = \frac{A}{c} \mathfrak{Sin}\, \lambda\, \bar{z}_0$$

oder

$$A = \frac{a_0\, c}{\mathfrak{Sin}\, \lambda\, \bar{z}_0}$$

und diesen Wert von A in Gl. (VI, 4.10) eingesetzt (in dieser Gleichung ist die Konstante $\bar{z}$, da $z = \bar{z}$ für $\lambda\, x = \pi/2$ ist, vgl. Abb. VI, 4.5),

$$z - \bar{z} = a_0 \frac{\mathfrak{Sin}\, \lambda\, \bar{z}}{\mathfrak{Sin}\, \lambda\, \bar{z}_0} \cos \lambda\, x \qquad \text{(VI, 4.12)}$$

und schließlich, da für $\lambda\, x = 0,\ 2\pi, \ldots$ (nach Abb. VI, 4.5) $z - \bar{z} = a$ ist,

$$a = a_0 \frac{\mathfrak{Sin}\, \lambda\, \bar{z}}{\mathfrak{Sin}\, \lambda\, \bar{z}_0}. \qquad \text{(VI, 4.13)}$$

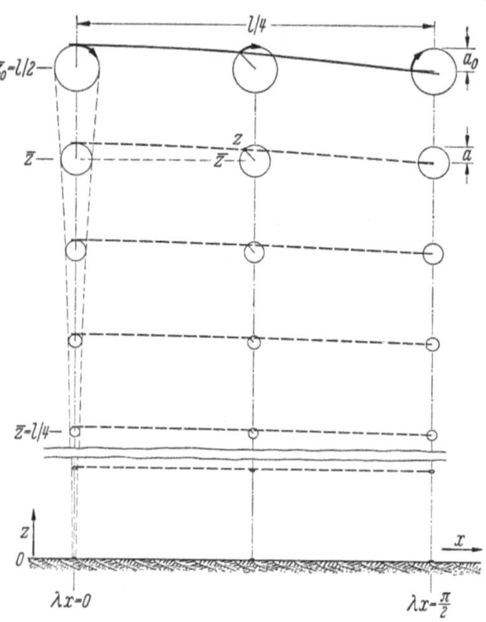

Abb. VI, 4.5. Abnahme der Wellenamplitude nach unten für den Fall, daß die Wassertiefe von der Größenordnung der halben Wellenlänge oder mehr ist

Hiermit haben wir die Amplitude a als Funktion der Höhe $\bar{z}$ bei gegebener Amplitude a_0 der Wasseroberfläche in der Höhe $\bar{z}_0$ über dem Boden. Ist die Höhe $\bar{z}$ der Wasseroberfläche beispielsweise gleich der Wellenlänge l, also $\lambda\, \bar{z}_0 = 2\pi$, so ist die Amplitude a in einer Höhe $\bar{z} = l/2$, also $\lambda \bar{z} = \pi$,

$$a = a_0 \frac{\mathfrak{Sin}\, \pi}{\mathfrak{Sin}\, 2\pi} = \frac{11{,}55}{267{,}7} a_0 = \frac{1}{23{,}2} a_0,$$

d. h. die Amplitude a in Höhe einer halben Wellenlänge ist nur noch $^1/_{23}$ der Amplitude a_0 an der Oberfläche $\bar{z}_0 = l$. Beträgt der Abstand von der Wasseroberfläche bis zum Boden $\bar{z}_0 = 2l$, entsprechend $\lambda\, \bar{z}_0 = 4\pi$, so ist die Amplitude a im Abstande der Wellenlänge von der Oberfläche, also $\lambda\, \bar{z} = 2\pi$, gleich

$$a = a_0 \frac{\mathfrak{Sin}\, 2\pi}{\mathfrak{Sin}\, 4\pi} \sim a_0 \frac{e^{2\pi}}{e^{4\pi}} = a_0\, e^{-2\pi} = \frac{a_0}{535}.$$

4.3 Bahnkurven der einzelnen Flüssigkeitsteilchen. Für ein ortsfestes Koordinatensystem geht Gl. (VI, 4.6) über in

$$\Phi = A\, \mathfrak{Cof}\, \lambda\, z \sin \lambda\, (x - c\, t), \qquad \text{(VI, 4.14)}$$

so daß wir als Geschwindigkeitskomponenten der schwingenden Flüssigkeitsteilchen haben

$$u = \frac{\partial \Phi}{\partial x} = \lambda A \,\mathfrak{Cof}\, \lambda z \cos \lambda (x - c t),$$

$$w = \frac{\partial \Phi}{\partial z} = \lambda A \,\mathfrak{Sin}\, \lambda z \sin \lambda (x - c t). \qquad \text{(VI. 4.15)}$$

Für einen gegebenen Wert von x ist also die Horizontalkomponente der Geschwindigkeit eines Flüssigkeitsteilchens proportional $\mathfrak{Cof}\,\lambda z$, was infolge der angenommenen sehr kleinen Amplitude zunächst gleich $\mathfrak{Cof}\,\lambda \bar{z}$ gesetzt werden kann, während die Vertikalkomponente proportional $\mathfrak{Sin}\,\lambda z \sim \mathfrak{Sin}\,\lambda \bar{z}$ ist. Man kann hieraus entnehmen, daß nach den obigen Gleichungen die Bahnen der Flüssigkeitsteilchen nicht Kreise sind, sondern Ellipsen, deren horizontale, große Achse proportional $\mathfrak{Cof}\,\lambda \bar{z}$ und deren vertikale, kleine Achse proportional $\mathfrak{Sin}\,\lambda \bar{z}$ ist. Allerdings ist diese Abweichung von der früher angenommenen Kreisbahn der Teilchen im allgemeinen nur sehr gering.

Betrachten wir beispielsweise die Bahnen an der Wellenoberfläche und nehmen an, daß die Wassertiefe $\bar{z}_0$ etwa gleich der Wellenlänge l ist, also $\lambda \bar{z}_0 = 2\pi$, so ist $\mathfrak{Cof}\, 2\pi = 267{,}747$ und $\mathfrak{Sin}\, 2\pi = 267{,}745$, d. h. wir haben praktisch einen Kreis. In der Tiefe $l/2$ von der Wasseroberfläche, wo die Amplitude nur mehr $^1/_{23}$ derjenigen an der Oberfläche beträgt, ist $\mathfrak{Cof}\,\lambda \bar{z} = \mathfrak{Cof}\,\pi = 11{,}59$ und $\mathfrak{Sin}\,\lambda \bar{z} = \mathfrak{Sin}\,\pi = 11{,}55$; auch hier kann die Abweichung von der Kreisbahn noch vernachlässigt werden.

In Abb. VI, 4.5 sind die Verhältnisse dargestellt für eine Wassertiefe von $\bar{z}_0 = l/2$, und zwar, um Platz zu sparen, nur für ein Viertel der Wellenlänge, d. h. von $\lambda x = 0$ bis $\lambda x = \pi/2$. In einer Entfernung $l/4$ von der Oberfläche, d. h. in der Mitte zwischen dem Grunde und der Wasseroberfläche ist $\mathfrak{Cof}\,\lambda \bar{z} = \mathfrak{Cof}\,(\pi/2) = 2{,}51$ und $\mathfrak{Sin}\,\lambda \bar{z} = \mathfrak{Sin}\,(\pi/2) = 2{,}30$; die Bahn ist also kaum von einem Kreise verschieden. Man erkennt aus der Abbildung das schnelle Abklingen der Wellenschwingung mit zunehmender Entfernung von der Wasseroberfläche.

Genaugenommen hat man für die Berechnung der Geschwindigkeitskomponenten nach Gl. (VI, 4.15) $\mathfrak{Cof}\,\lambda z$ statt $\mathfrak{Cof}\,\lambda \bar{z}$ bzw. $\mathfrak{Sin}\,\lambda z$ statt $\mathfrak{Sin}\,\lambda \bar{z}$ zu nehmen. Nun ist aber beim Wellenberg $z > \bar{z}$ und beim Wellental $z < \bar{z}$, so daß die Geschwindigkeit eines Flüssigkeitsteilchens beim Wellenberg dem Betrage nach größer ist als die entsprechende Geschwindigkeit im Wellental; das Flüssigkeitsteilchen wird in der halben Schwingungszeit, während es sich auf dem Wellenberg befindet, also eine größere Strecke in der horizontalen Richtung zurücklegen als in der zweiten Hälfte der Schwingungszeit im Wellental, d. h. die Bahn des Flüssigkeitsteilchens kann keine geschlossene Kurve sein.

In Abb. VI, 4.6 ist die Bahn eines Flüssigkeitsteilchens zunächst als Kreis dargestellt, und zwar näherungsweise als 36-Eck mit dem Mittelpunkt M (gestrichelter Kurvenzug); die Seite des 36-Ecks ist somit angenähert $2\pi a/36$. Nehmen wir beispielsweise an, daß die Höhe $\bar{z}_0$ der Wasseroberfläche über dem Grunde gleich der halben Wellenlänge ist, wie in Abb. VI, 4.5 dargestellt, also $\lambda \bar{z}_0 = \pi$, so kann

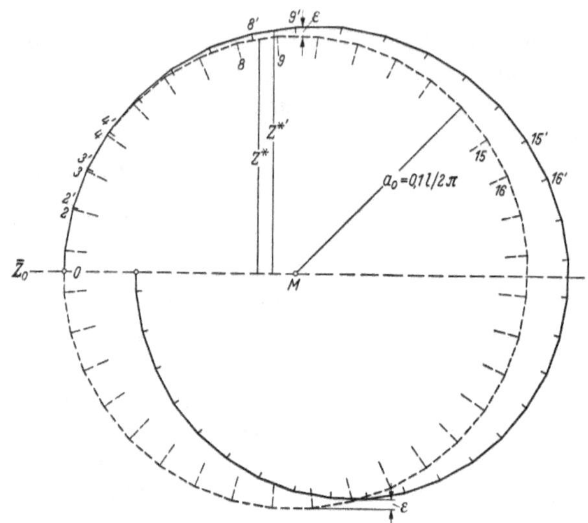

Abb. VI, 4.6. Graphische Berechnung der Bahn eines Flüssigkeitsteilchens

man angenähert $\mathfrak{Cof}\,\pi = 11{,}59 \sim \mathfrak{Sin}\,\pi = 11{,}55$ setzen. Die Geschwindigkeiten und damit die Wege in $^1/_{36}$ der Schwingungszeit ändern sich oberhalb bzw. unterhalb von $\bar{z}_0$ wie

$$\frac{\mathfrak{Cof}\,\lambda(\bar{z}_0 \pm z^*)}{\mathfrak{Cof}\,\lambda\,\bar{z}_0}\,\frac{2\pi a}{36}, \qquad \text{(VI, 4.16)}$$

wo z^* der jeweilige vertikale Abstand des Flüssigkeitsteilchens von der Gleichgewichtslage $\bar{z}_0$ ist (Abb. VI, 4.6).

Ausgehend vom Punkt 0 in der Gleichgewichtslage $\bar{z}_0$ (Abb. VI, 4.6), läßt sich näherungsweise die ausgezogene, aus Geradenstücken bestehende Bahnkurve berechnen, indem man die gestrichelten Kurvenstücke des „Kreises" mit dem Faktor (VI, 4.16) multipliziert. Bei den Punkten 2, 3, 4 macht sich dieses kaum bemerkbar, da z^* zunächst noch klein ist, bei den weiteren Punkten aber mehr und mehr. Die Strecke $\overline{8-9}$ des 36-Ecks geht in die Strecke $\overline{8'-9'}$ über, wobei $\overline{8'-9'}$ parallel zu $\overline{8-9}$ gezogen ist. Entsprechendes gilt beispielsweise für die Strecke $\overline{15-16}$ und $\overline{15'-16'}$. Die Rechnung wird noch etwas genauer, wenn man statt z^* in zweiter Näherung $z^{*\prime}$ nimmt.

Man erkennt, in welchem Maße sich das Flüssigkeitsteilchen bei einer Umdrehung, d. h. während der Zeit einer Wellenperiode, in Richtung der Wellengeschwindigkeit fortbewegt und somit keine geschlossene Kurve beschreibt. Auch erkennt man, daß ein Flüssigkeitsteilchen, während es einen Wellenberg bildet, um ε höher als bei einer kreisförmigen Bahn schwingt. Die Wellenberge sind somit stärker gekrümmt als die Wellentäler; dieses ist eine Auswirkung der endlichen Größe der Amplituden, d. h. der Wellenberge und -täler. Wir werden auf diese Abweichungen nochmals in VI, 4.9 zurückkommen.

Abb. VI, 4.6 ist unter den Annahmen berechnet, die auch für Abb. VI, 4.5 gelten, d. h. $\bar{z}_0 = l/2$ oder $\lambda \bar{z}_0 = \pi$ und $\lambda\, a_0 = 0{,}1$ oder $a_0 = 0{,}1\, l/2\pi = l/62{,}8$. Die Strecke des Flüssigkeitsteilchens in Richtung der Wellengeschwindigkeit ist nach Abb. VI, 4.6 von der Größenordnung $0{,}3\, a_0$. Ein Flüssigkeitsteilchen bewegt sich also etwa wie in Abb. VI, 4.7 dargestellt, und hat in der Zeit von 4 Perioden, in der also die Welle viermal unter dem Teilchen weggeeilt ist, eine Strecke von etwas mehr als die Höhe des Wellenberges in Richtung der Wellengeschwindigkeit zurückgelegt. Da diese Auswirkungen näherungsweise der Amplitude a proportional sind, a jedoch sehr schnell mit dem Abstand von der Wasseroberfläche abnimmt (Abb. VI, 4.5), so findet der in Abb. VI, 4.7 angedeutete Flüssigkeitstransport nur in einer im Verhältnis zur Wellenlänge dünnen Schicht an der Oberfläche statt. Die kreisförmigen Bahnen in Abb. VI, 4.5 sind somit durch Kurven der Abb. VI, 4.7 (entsprechend verkleinert) zu ersetzen.

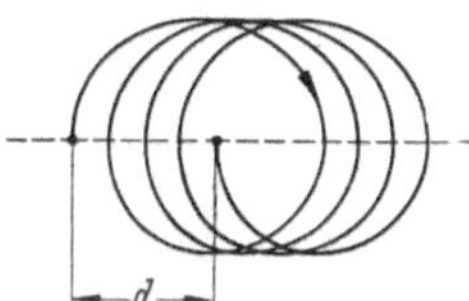

Abb. VI, 4.7 Bahn eines Flüssigkeitsteilchens bei einer Wellenbewegung

4.4 Wellen in seichten Gewässern. Wir hatten auf S. 345 festgestellt, daß die Abweichungen der genauen elliptischen Bahnen — entsprechend Gl. (VI, 4.15) — von einem Kreise vernachlässigbar klein sind (Abb. VI, 4.5). Dieses trifft aber nur dann zu, wenn die Wassertiefe etwa von der Größenordnung der halben Wellenlänge oder mehr ist. Für geringere Wassertiefen und für sogenannte seichte Gewässer werden die Verhältnisse anders. In Abb. VI, 4.8 sind die Bahnen der schwingenden Flüssigkeitsteilchen sowie die Wellenlinien (wieder für ein Viertel der Wellenlänge) im Falle $\lambda\, \bar{z}_0 = 1$, d. h. bei einer Wassertiefe $\bar{z}_0 = l/2\pi$ dargestellt; dabei ist angenommen, daß die große Achse der Ellipse an der Wellenoberfläche gleich a_0 der Abb. VI, 4.5 ist. Man erkennt, daß die Ellipsen mit der Entfernung von der Wasseroberfläche immer flacher werden und daß am Boden die kleine Achse gleich Null wird, entsprechend $\mathfrak{Sin}\,\lambda\, z = \mathfrak{Sin}\, 0 = 0$ und die große Achse gleich

$$\frac{a_0\, \mathfrak{Cof}\, 0}{\mathfrak{Cof}\, \lambda\, \bar{z}_0} = \frac{a_0\, \mathfrak{Cof}\, 0}{\mathfrak{Cof}\, 1} = \frac{a_0}{1{,}54} = 0{,}65\, a_0 .$$

In Abb. VI, 4.9 sind die Verhältnisse für ein seichtes Gewässer dargestellt, bei einer Wassertiefe $\mathfrak{z}_0$ von nur $^1/_{16}$ der Wellenlänge, also $\lambda\,\mathfrak{z}_0 = 0{,}39$. Man erkennt, daß die elliptische Bahn eines Flüssigkeitsteilchens an der Wasseroberfläche sehr flach ist; das Verhältnis der Hauptachsen ist $\mathfrak{Sin}\,\lambda\mathfrak{z}_0/\mathfrak{Cof}\,\lambda\,\mathfrak{z}_0 = \mathfrak{Sin}\,0{,}39/\mathfrak{Cof}\,0{,}39 = 0{,}403/1{,}08$. Man erkennt aber auch, daß die Welle nahezu unvermindert bis auf den

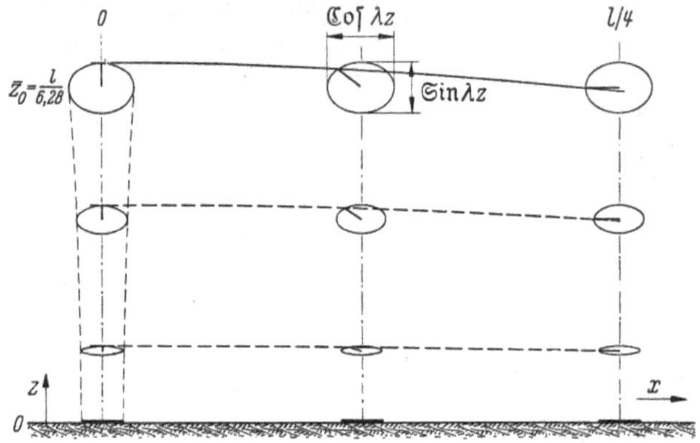

Abb. VI, 4.8. Elliptische Bahnen der Flüssigkeitsteilchen bei mäßig tiefem Wasser

Grund des Wassers reicht; man spricht deshalb von einer Grundwelle. Es handelt sich bei solchen Wellen nicht so sehr um ein Auf und Ab, sondern um ein Hin und Her der Wasserteilchen; noch am Grunde des

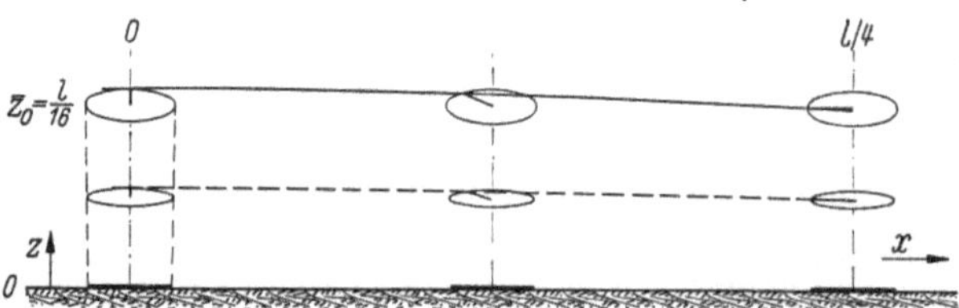

Abb. VI, 4.9. Bei seichten Gewässern nimmt die Horizontalkomponente der Geschwindigkeit nach unten kaum ab

Wassers beträgt die Horizontalkomponente $a_0\mathfrak{Cof}\,0/\mathfrak{Cof}\,\lambda\,\mathfrak{z}_0 = a_0/1{,}08 = 0{,}925\,a_0$. Es sind dieses die in der Schiffahrt so gefürchteten ,,Grundseen", die bei Untiefen den Meeresgrund aufwühlen und bei besonders hohem Wellengang Erdmaterial vom Grunde bis an die Oberfläche befördern können.

Wir werden im nächsten Abschnitt sehen, daß die Wellengeschwindigkeit von der Wassertiefe abhängt und daß — gleiche Wellenlänge vorausgesetzt — im tiefen Wasser die Geschwindigkeit größer ist als im flachen Wasser. Wenn also eine Welle in das allmählich flacher werdende Wasser eines Strandes kommt, so laufen — besonders bei größeren Amplituden — die Wellenberge wegen der größeren Wassertiefe schneller als die Wellentäler, so daß die Wellenberge nach vorn hin immer steiler werden, bis sie sich schließlich überschlagen (Wellenbrecher).

Man kann auch für seichte Gewässer die Bahnen der Flüssigkeitsteilchen berechnen und erhält auch hier das Resultat, daß die Bahnen nicht geschlossene Kurven sind und daß sich das Flüssigkeitsteilchen im Verlauf seiner Schwingungen langsam in Richtung der Wellengeschwindigkeit bewegt. Da bei den elliptischähnlichen Bahnen $\mathfrak{Cos}\,\lambda z > \mathfrak{Sin}\,\lambda z$ ist, muß man allerdings die u- und w-Komponenten der Geschwindigkeiten jeweils gesondert berechnen.

4.5 Wellengeschwindigkeit (Phasengeschwindigkeit). Um die Wellengeschwindigkeit c in Gl. (VI, 4.1) zu berechnen, wenden wir die BERNOULLIsche Gleichung an und berücksichtigen dabei, daß der vollständige Druck auf der Wasseroberfläche konstant, nämlich gleich dem Atmosphärendruck ist. Nach Gl. (VI, 4.7) in Verbindung mit G. VI, 4.8) ist

$$q^2 = U^2 + w^2 = (-c + \lambda A\,\mathfrak{Cos}\,\lambda z \cos\lambda x)^2 + (\lambda A\,\mathfrak{Sin}\,\lambda z \cos\lambda x)^2,$$

und wenn wir bei kleinen Amplituden, d. h. $2\pi a \ll l$, nach Gl. (VI, 4.9) u^2 gegen c^2 vernachlässigen, sowie w^2 gegen U^2, so bleibt als BERNOULLIsche Gleichung

$$\frac{\varrho}{2}(c^2 - 2c\lambda A\,\mathfrak{Cos}\,\lambda z \cos\lambda x) + \gamma z + p_v = \text{const} \qquad \text{(VI, 4.17)}$$

und, wenn man hierin nach Gl. (VI, 4.11)

$$z = z_0 + \frac{A}{c}\,\mathfrak{Sin}\,\lambda \bar{z}_0 \cos\lambda x$$

setzt,

$$\frac{c^2}{2} - c\lambda A\,\mathfrak{Cos}\,\lambda z \cos\lambda x + g z_0 + g\frac{A}{c}\,\mathfrak{Sin}\,\lambda\bar{z}_0 \cos\lambda x + \frac{1}{\varrho} p_v = \text{const}$$

oder

$$A\cos\lambda x\left(-c\lambda\,\mathfrak{Cos}\,\lambda z + \frac{g}{c}\,\mathfrak{Sin}\,\lambda\bar{z}_0\right) + \frac{c^2}{2} + g z_0 + \frac{1}{\varrho}\,p_v = \text{const}. \qquad \text{(VI, 4.18)}$$

Dieses ist — bei variablem x — nur möglich, wenn der Klammerausdruck gleich Null ist. Setzt man noch $\bar{z}_0$ statt $z = \bar{z}_0 \pm z^*$, wo $z^* \leqq a_0$ (vgl. Abb. VI, 4.6), so folgt

$$c = \sqrt{\frac{g}{\lambda}\,\mathfrak{Tg}\,\lambda\bar{z}_0} = \sqrt{\frac{g\,l}{2\pi}\,\mathfrak{Tg}\,\frac{2\pi\bar{z}_0}{l}}\,. \qquad \text{(VI, 4.19)}$$

Wie man hieraus erkennt, ist die Wellengeschwindigkeit von der Wellenlänge l und von der auf sie bezogenen Wassertiefe $\bar{z}_0/l$ abhängig.

Für Wassertiefen von etwa $\zeta_0 > l/2$ ist $\mathfrak{Tg}\,\lambda\,\zeta_0$ nach Abb. VI, 4.10 nahezu 1, und es ist für diese sogenannten „tiefen“ Gewässer

$$c = \sqrt{\frac{g}{\lambda}} = \sqrt{\frac{g\,l}{2\pi}} \qquad \zeta_0 \geqq \frac{l}{2}, \quad \text{(tiefe Gewässer)}; \qquad \text{(VI, 4.20)}$$

für „seichte“ Gewässer, mit $\lambda\,\zeta_0 < 0{,}4$, ist $\mathfrak{Tg}\,\lambda\,\zeta_0 \sim \lambda\,\zeta_0$, folglich

$$c = \sqrt{g\,\zeta_0} \qquad \zeta_0 \leqq \frac{l}{16}, \quad \text{(seichte Gewässer)}, \qquad \text{(VI, 4.21)}$$

also nicht mehr abhängig von der Wellenlänge. Für Wassertiefen, die zwischen diesen beiden Extremen liegen, z. B. Abb. VI, 4.8 mit $\lambda\,\zeta_0 = 1$, muß man Gl. (VI, 4.19) anwenden und kann $\mathfrak{Tg}\,\lambda\,\zeta_0$ aus Abb. VI, 4.10 entnehmen. Es sei nochmals darauf hingewiesen, daß die bis jetzt entwickelte Theorie, und somit auch die letzten drei Gleichungen, nur für sehr kleine Amplituden angenähert gilt, wo $2\pi\,a_0 \ll l$ ist, vgl. Gl. (VI, 4.9).

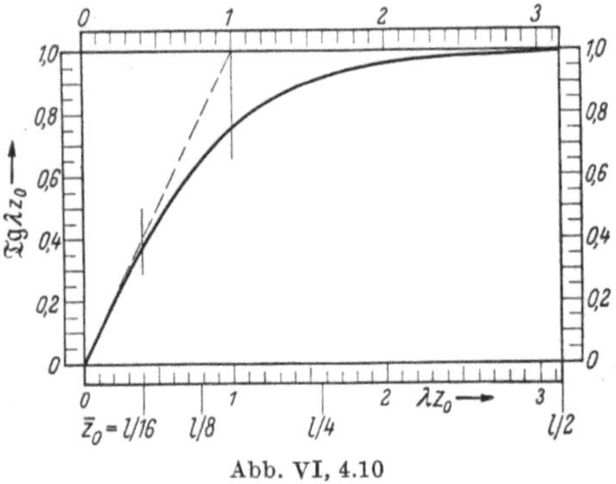

Abb. VI, 4.10

Um die Anschauung zu beleben, bemerken wir noch, daß beispielsweise die Wellengeschwindigkeit einer Welle von etwa 16 m Länge, bei einer Wassertiefe von 8 m, d. h. $\lambda = 2\pi/16 = 0{,}4\ \text{m}^{-1}$, nach Gl. (VI, 4.20) gleich $\sqrt{9{,}81/0{,}4} \sim 5\ \text{m s}^{-1}$ ist; die Geschwindigkeit derselben Welle, aber bei einer Wassertiefe von $\zeta_0 = l/2\pi = 2{,}5$ m, d. h. $\lambda\,\zeta_0 = 1$ (Abb. VI, 4.8) ist $c = \sqrt{9{,}81/0{,}4}\,\sqrt{\mathfrak{Tg}\,1} = 4{,}33\ \text{m s}^{-1}$, die Wellengeschwindigkeit wird mit abnehmender Wassertiefe geringer; für seichtes Wasser, z. B. Abb. VI, 4.9 mit $\zeta_0 = l/16 = 1$ m, ist nach Gl. (VI, 4.21) $c = \sqrt{g \cdot 1} = 3{,}13\ \text{m s}^{-1}$ und nicht mehr von der Wellenlänge abhängig.

4.6 Einfluß der Oberflächenspannung, Kapillarwellen. Genaugenommen ist die Form einer Flüssigkeitswelle nicht allein durch die Schwerkraft bestimmt, sondern auch — eben wegen der gewellten Form der Oberfläche — durch die Oberflächenspannungen der Flüssigkeitsoberfläche gegen Luft, d. h. durch die Kapillarkräfte. Nach III, 2 wissen wir, daß eine nach oben konvexe Flüssigkeitsoberfläche — wie beim Wellenberg — infolge der Oberflächenspannung eine nach unten gerichtete Kraft erfährt, während im Wellentale, wo wir eine nach oben konkave Oberfläche haben, eine Druckkraft von unten nach oben vorhanden ist. Diese Oberflächenspannung wirkt sich also im Sinne einer Glättung der Welle aus, was — wie wir noch sehen werden — eine Vergrößerung der Wellengeschwindigkeit bewirkt.

Diese zusätzlichen Druckkräfte sind proportional der Krümmung der Oberfläche, d. h. es ist mit α als Kapillaritätskonstante der vollständige Druck p_v

$$p_v = p_{\text{atm}} + \alpha \frac{d^2 z}{d x^2}.$$

Nun ist nach Gl. (VI, 4.11)

$$\frac{d^2 z}{d x^2} = \frac{A}{c} \lambda^2 \operatorname{Sin} \lambda z_0 \cos \lambda x$$

so daß, wenn man

$$p_v = p_{\text{atm}} + \alpha \frac{A}{c} \lambda^2 \operatorname{Sin} \lambda z_0 \cos \lambda x$$

in Gl. (VI, 4.18) einsetzt, man

$$A \cos \lambda x \left(-c \lambda \operatorname{Cof} \lambda z_0 + \frac{g}{c} \operatorname{Sin} \lambda z_0 + \frac{\alpha}{\varrho} \frac{\lambda^2}{c} \operatorname{Sin} \lambda z_0 \right) + \\ + \frac{c^2}{2} + g z_0 + \frac{1}{\varrho} p_{\text{atm}} = \text{const}$$

erhält, was bei variablem x nur möglich ist, wenn der Klammerausdruck gleich Null ist, woraus

$$c = \sqrt{\left(\frac{g}{\lambda} + \frac{\alpha}{\varrho} \lambda \right) \operatorname{Tg} \lambda z_0}$$

oder

$$c = \sqrt{\left(\frac{g l}{2\pi} + \frac{\alpha}{\varrho} \frac{2\pi}{l} \right) \operatorname{Tg} \frac{2\pi}{l} z_0} \qquad \text{(VI, 4.22)}$$

folgt. Für sogenannte „tiefe" Gewässer, d. h. für $z_0 \geqq l/2$ oder $\operatorname{Tg} \lambda z_0 = \operatorname{Tg} \pi \sim 1$, ist somit

$$c = \sqrt{\frac{g}{\lambda} + \frac{\alpha}{\varrho} \lambda} \quad \text{bzw.} \quad c = \sqrt{\frac{g l}{2\pi} + \frac{\alpha}{\varrho} \frac{2\pi}{l}}. \qquad \text{(VI, 4.23)}$$

Der Wert von α (Wasser) ist bei feuchter Luft und Zimmertemperatur etwa 75 dyn cm^{-1} oder 0,0076 kg m^{-1}, und da $\varrho = 102$ kg $\text{s}^2\,\text{m}^{-4}$ ist, haben wir für α/ϱ den Wert $75 \cdot 10^{-6}\,\text{m}^3\,\text{s}^{-2}$. Mit $g = 9{,}81$ m s^{-2} ist also

$$c = \sqrt{1{,}56 l + \frac{4{,}7 \cdot 10^{-4}}{l}}\ \text{m}\,\text{s}^{-1}. \qquad \text{(VI, 4.24)}$$

Man erkennt, daß erst bei sehr kleinen Werten von l der zweite Summand, der die Oberflächenspannung berücksichtigt, in Betracht kommt.

Bei einer Welle von $l = 10$ cm $= 0{,}1$ m ist der erste Summand noch etwa das 33fache des zweiten Summanden; bei einer Welle von $l = 1$ cm $= 0{,}01$ m überwiegt der zweite Summand und ist etwa das 3fache des ersten. Die Wellengeschwindigkeit ist ein Minimum, wenn

$dc^2/dl = 0$ ist, d. h. wenn nach Gl. (VI, 4.23)

$$\frac{g}{2\pi} - \frac{\alpha}{\varrho}\,\frac{2\pi}{l^2} = 0 \quad \text{bzw.} \quad 1{,}56 - \frac{4{,}7\cdot 10^{-4}}{l^2} = 0\,,$$

also für

$$l^* = 0{,}0174\,\text{m} = 1{,}74\,\text{cm}.$$

Die entsprechende Wellengeschwindigkeit beträgt — vorausgesetzt, daß die Wassertiefe z_0 größer als etwa $l^*/2$ ist, so daß $\mathfrak{Tg}\,2\pi z_0/l^* \sim 1$

$$c_{\min} = \sqrt{1{,}56\,l^* + \frac{4{,}7\cdot 10^{-4}}{l^*}} = 0{,}233\,\text{m}\,\text{s}^{-1} = 23{,}3\,\text{cm/s}.$$

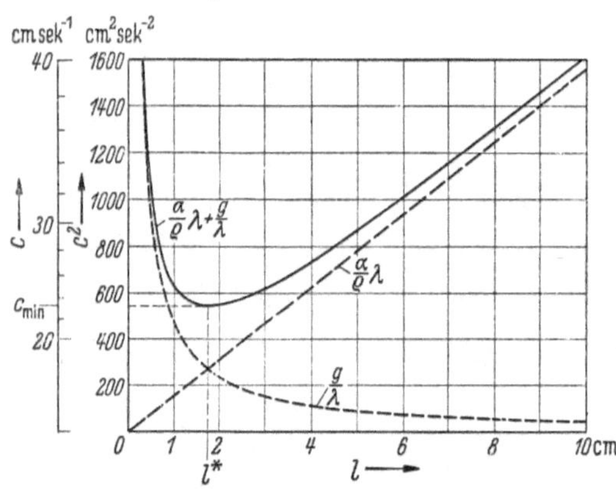

Abb. VI, 4.11. Wellengeschwindigkeit bei Wasser in Abhängigkeit von der Wellenlänge; $l < 1$ cm Kapillarwellen; $l > 5$ cm (etwa) Schwerewellen

In Abb. VI, 4.11 ist die Geschwindigkeit c (und deren Quadrat) nach Gl. (VI, 4.24) als Funktion der Wellenlänge l aufgetragen. Die Wellen mit Wellenlängen kleiner als l^* bezeichnet man als Kapillarwellen; diejenigen, deren Wellenlängen wesentlich größer als l^* sind, als Schwerewellen. Die Bezeichnung Schwerewellen soll zum Ausdruck bringen, daß es die Schwerkraft ist, welche einen Ausgleich der Niveaudifferenz benachbarter Flüssigkeitsteile anstrebt; sie ist es, die sozusagen die Koppelung der einzelnen schwingungsfähigen Teilchen der Flüssigkeit herstellt.

4.7 Interferenz von Wellen, stehende Wellen. Wirft man zwei Steine gleichzeitig auf eine Wasseroberfläche in einer Entfernung von etwa 1 bis 2 m voneinander, so beobachtet man, daß die beiden kreisförmigen Wellensysteme sich durchkreuzen und dabei einander beeinflussen. Wir wollen uns diesen Vorgang der Superposition von Wellen an einem vereinfachten Gedankenexperiment klarmachen. In Abb. VI, 4.12 nehmen wir an, daß sich zwei Wellen von gleicher Wellenlänge und gleicher Amplitude in entgegengesetzter Richtung aufeinander zubewegen und sich in der obersten Reihe a gerade berühren. Der ausgezogene Wellenzug möge sich mit der Geschwindigkeit c von links nach rechts bewegen, der gestrichelte Wellenzug mit der Geschwindigkeit $-c$ von rechts nach links.

In Abständen von $x/l = 1/8$ sind einzelne Punkte der beiden Wellen bezeichnet, und zwar mit 1, 2, 3, ... 6 bzw. 1′, 2′, 3′, ... 6′, und die Kreise dargestellt, auf denen sich diese Punkte während der Dauer T

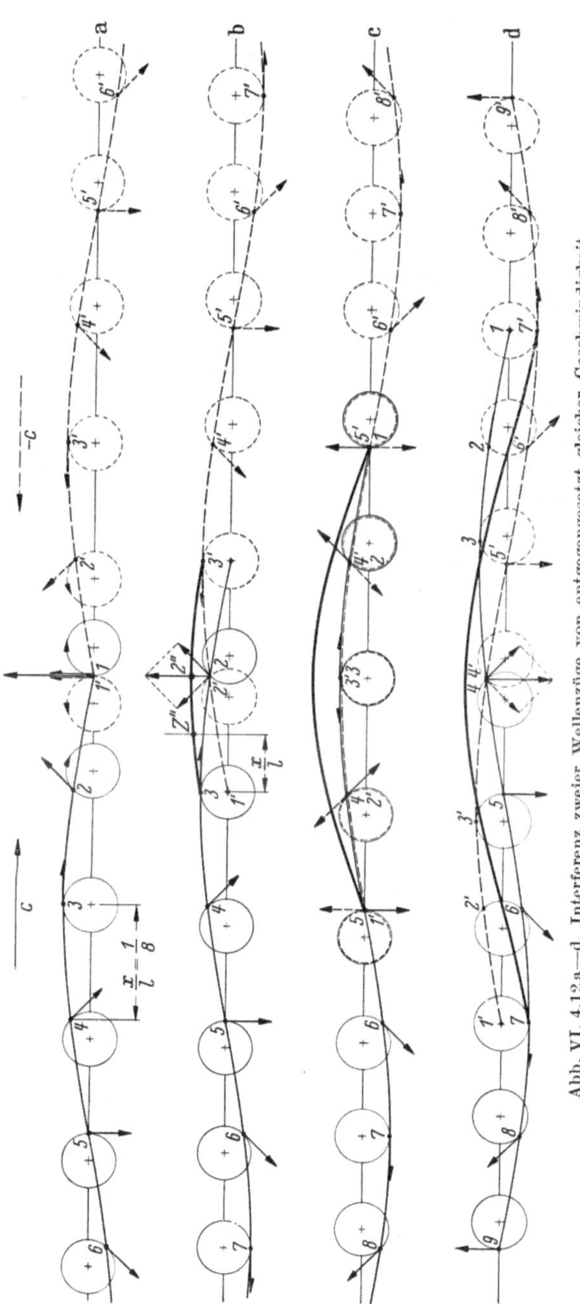

Abb. VI, 4.12 a—d. Interferenz zweier Wellenzüge von entgegengesetzt gleicher Geschwindigkeit

einer Schwingung angenähert bewegen. Die Punkte 1 . . . 6 der von links kommenden Welle bewegen sich auf Kreisen im Uhrzeigersinn, die entsprechenden Punkte 1′ . . . 6′ der von rechts kommenden Welle auf Kreisen im Gegenuhrzeigersinn. Da der Betrag der Umlaufgeschwindigkeit q der Punkte auf den Kreisen konstant ist, haben alle in den Punkten 1 . . . 6 bzw. 1′ . . . 6′ gezeichneten Geschwindigkeitsvektoren die gleiche Länge.

Im Augenblick des Zusammentreffens des Punktes 1 mit 1′ haben beide die gleiche Richtung (senkrecht nach oben) und verdoppeln somit ihre Geschwindigkeit. Nach der Zeit $T/8$ fallen die beiden Punkte 2 und 2′ zusammen (Reihe b), wobei deren Geschwindigkeiten geometrisch zu addieren sind, was eine Verdoppelung der Vertikalkomponente bewirkt. Man erkennt hieraus, daß während der Zeit von 0 bis $T/8$ in der Symmetrieebene durch die Überlagerung der beiden Wellenzüge immer die doppelte Vertikalkomponente der Geschwindigkeit herrscht, und eben deshalb auch die vertikale Erhebung über dem ungestörten Wasserspiegel verdoppelt wird; der Punkt 2′2 rückt nach 2″. In derselben Reihe b werden die Punkte 3 und 3′ gerade von den jeweiligen, entgegenlaufenden Wellen mit den Punkten 1′ bzw. 1 erreicht, sind aber durch diese noch nicht beeinflußt. Die durch Überlagerung der beiden Wellenzüge von 1 bis 3 und 1′ bis 3′ entstandene neue Welle geht somit durch die Punkte 3—2″—3′.

Um an einer beliebigen Stelle x/l in Reihe b, gerechnet vom Punkt 1′ ab, die Ordinate z'' der neuen Welle (zur Zeit t_0) zu bestimmen, berücksichtigen wir, daß in einem bestimmten Zeitpunkte vorher, d. h. zur Zeit $t_0 - x\,T/l$, die von rechts kommende (gestrichelte) Welle mit ihrem Punkte 1′ gerade den Punkt x/l erreicht hat, und daß zu derselben Zeit Punkt 3 der von links kommenden (ausgezogenen) Welle noch um die Strecke x/l vom Punkte 1′ (nach links) entfernt war. Da in diesem Zeitpunkt die von rechts kommende Welle noch keinen Einfluß im Punkte x/l hatte, war die Ordinate $z(0)$ (Abb. VI, 4.13b). Während des Zeitintervalls $t_0 - x\,T/l$, wo die von links kommende Welle sich um x/l nach rechts und die von rechts kommende Welle sich um die gleiche Strecke nach links bewegt, hebt sich der fragliche Punkt um Δz über $z(0)$ hinaus, und zwar unter der Wirkung der algebraisch addierten Vertikalkomponenten der Geschwindigkeiten, das ist $w + w'$. Es ist somit

$$\Delta z = \int\limits_{t_0 - \frac{x}{l}T}^{t_0} (w + w')\, d\left(\frac{x}{l}\,T\right)$$

$$= \int\limits_{t_0 - \frac{x}{l}T}^{t_0} w\, d\left(\frac{x}{l}\,T\right) + \int\limits_{t_0 - \frac{x}{l}T}^{t_0} w'\, d\left(\frac{x}{l}\,T\right) = z^* + z'.$$

Die Ordinate der neuen Welle ist also

$$z'' = z(0) + \Delta z = z(0) + z^* + z' = z + z', \qquad \text{(VI, 4.25)}$$

d. h. gleich der algebraischen Summe der Ordinaten, welche die beiden Einzelwellen im fraglichen Punkte haben. In dieser Weise ist die durch Superposition der beiden Wellen entstandene neue Welle in Reihe c und d bestimmt.

In Abb. VI, 4.14 ist nochmals ein sich nach rechts (schwarz ausgezogen) und ein sich nach links (schwarz gestrichelt) bewegender Wellenzug von gleicher Wellenlänge und gleicher Amplitude dargestellt. In Reihe a haben beide Wellenzüge die gleiche Phase, d. h. die Berge und die Täler beider Wellen fallen genau aufeinander. In

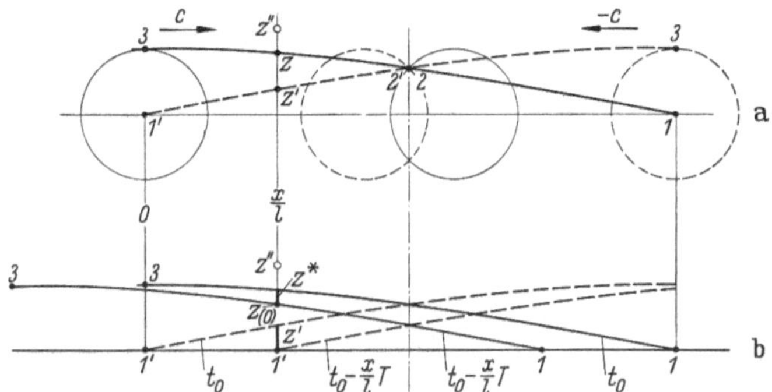

Abb. VI, 4.13 a u. b. Einzelheiten zur Interferenz von zwei Wellen

Reihe b hat sich die von links kommende Welle um $l/12$ nach rechts, und die von rechts kommende Welle um ebensoviel nach links bewegt; in Reihe c um $l \cdot 2/12$ usw., bis in Reihe g sich jede der beiden Wellen um $l/2$ in entgegengesetzter Richtung bewegt hat, so daß hier wieder Berge und Täler genau aufeinanderfallen.

Die weiß gezeichnete Kurve stellt die in Wirklichkeit auftretende Welle dar, die man nach Obigem durch Superposition der beiden Partialwellen, d. h. nach Gl. (VI, 4.25) erhält. Man erkennt, daß die Wellenlänge die gleiche geblieben ist, daß aber die Amplitude sich verdoppelt hat. Darüber hinaus sieht man, daß die Welle immer durch die Punkte $\lambda x = \pi/2$ und $3\pi/2$ geht und zwischen diesen beiden Punkten auf- und abschwingt. Eine solche Welle heißt eine stehende Welle. Die im Raume festen Punkte $\pi/2$, $3\pi/2$, $5\pi/2$ ... nennt man Wellenknoten oder Schwingungsknoten, während die Punkte $0, \pi, 2\pi, 3\pi$ ... der Welle Wellenbäuche oder Schwingungsbäuche genannt werden.

Addiert man nach Gl. (VI, 4.25) zu der Ordinate z der nach rechts sich bewegenden Welle

$$z = a_0 \cos \lambda (x - c t)$$

die Ordinate z' der nach links gehenden Welle von gleicher Wellenlänge, gleicher Amplitude, aber entgegengesetzter Geschwindigkeit

$$z' = a_0 \cos\lambda\,(x + c\,t)\,,$$

so erhalten wir

$$z'' = z + z' = 2a_0 \cos\lambda\,x \cos\lambda\,c\,t\,.$$

Hieraus erkennt man, daß die Ordinate z'' Null ist für $\lambda\,x = \pi/2$, $3\pi/2, \ldots$, und zwar immer, d. h. für alle Werte von t (Wellenknoten).

Die Ordinate z'' ist ebenfalls Null, und zwar für alle Werte von x, wenn

$$\lambda\,c\,t = \pi,\ 2\pi,\ 3\pi,\ \ldots,$$

d. h. wenn

$$t = \frac{\pi}{\lambda\,c} = \frac{l}{2c} = \frac{T}{2},\ T,\ 3\frac{T}{2},\ \ldots$$

ist. Für diese Zeitpunkte fällt die Welle mit der ungestörten Wasseroberfläche zusammen, vgl. Abb. VI, 4.14.*d*.

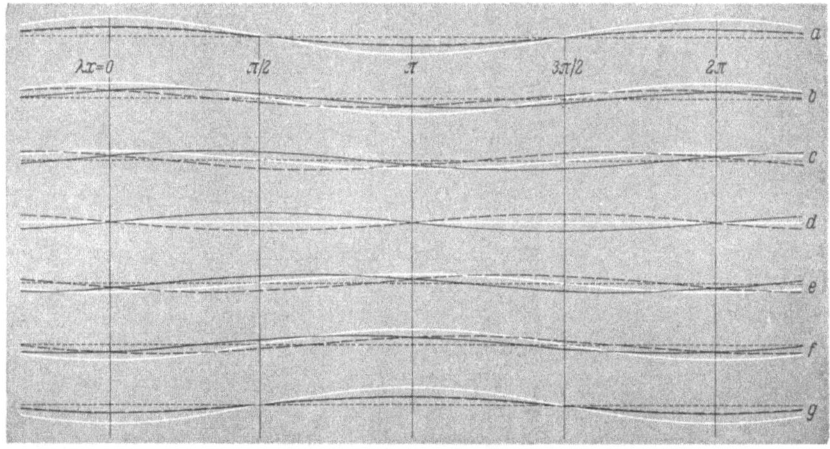

Abb. VI, 4.14. Stehende Wellen (weiß) entstehen durch zwei entgegengesetzt laufende Wellen gleicher Wellenlänge

Um das Stromlinienbild einer stehenden Welle zu berechnen, gehen wir aus von der Potentialfunktion der von links kommenden Partialwelle der Abb. VI, 4.14, d. h. nach Gl. (VI, 4.14) von

$$\Phi_1 = A\,\mathfrak{Cof}\,\lambda\,z \sin\lambda\,(x - c\,t)\,.$$

Beschränken wir uns auf tiefe Gewässer ($z > l$, d. h. $\lambda\,z > 2\pi$), so daß wir in $\mathfrak{Cof}\,\lambda\,z = \frac{1}{2}(e^{\lambda z} + e^{-\lambda z})$ die Größe $^{-}e^{\lambda z}$ gegenüber $e^{\lambda z}$ vernachlässigen können, so ist

$$\Phi_1 = \tfrac{1}{2} A\,e^{\lambda z} \sin\lambda\,(x - c\,t)\,. \qquad \text{(VI, 4.26)}$$

Subtrahieren wir diese Potentialfunktion von der entsprechenden Potentialfunktion der von rechts kommenden Partialwelle, d. h. von

$$\Phi_2 = \tfrac{1}{2} A\, e^{\lambda z} \sin \lambda (x + c t),$$

so erhalten wir als Potentialfunktion Φ der superponierten Welle

$$\Phi_2 - \Phi_1 = \Phi = A \sin \lambda c t\, e^{\lambda z} \cos \lambda x. \qquad \text{(VI, 4.27)}$$

Bilden wir jetzt als Stromfunktion

$$\Psi = A \sin \lambda c t\, e^{\lambda z} \sin \lambda x, \qquad \text{(VI, 4.28)}$$

so können wir zusammenfassen:

$$\Phi + i \Psi = A \sin \lambda c t\, e^{\lambda z} (\cos \lambda x + i \sin \lambda x) = A \sin \lambda c t\, e^{\lambda (z + i x)}$$

und haben mit $z + i x = \zeta$

$$\Phi + i \Psi = A \sin \lambda c t\, e^{\lambda \zeta} = F(\zeta)\, f(t),$$

d. h. die Strömungsfunktion F ist abhängig von der komplexen Zahl $z + i x = \zeta$.

Die Stromlinien der stehenden Welle sind also nach Gl. (VI, 4.28) gegeben durch

$$\Psi = A \sin \lambda c t\, e^{\lambda z} \sin \lambda x = \text{const}.$$

Da der Faktor $\sin \lambda c t$ keinen Einfluß auf die Gestalt der Stromlinien $f(x, z)$ hat, sondern lediglich den Betrag der Geschwindigkeiten

$$u = \frac{\partial \Psi}{\partial z} = \lambda A \sin \lambda c t\, e^{\lambda z} \sin \lambda x,$$

$$-w = \frac{\partial \Psi}{\partial x} = \lambda A \sin \lambda c t\, e^{\lambda z} \cos \lambda x$$

durch den Zeitfaktor $\sin \lambda c t$ mit den Grenzen -1 bis $+1$ ändert, genügt es

$$e^{\lambda z} \sin \lambda x = \text{const}$$

zu bilden. Führen wir mit den Bezeichnungen der Abb. VI, 4.3 die Höhe z_0 des ungestörten Wasserspiegels ein, also

$$e^{\lambda z} = e^{\lambda z_0} e^{-\lambda (z_0 - z)},$$

so bleibt schließlich

$$\frac{\sin \lambda x}{e^{\lambda (z_0 - z)}} = \text{const}. \qquad \text{(VI, 4.29)}$$

In Abb. VI, 4.15 sind die so berechneten Stromlinien für die Konstanten 0; 0,1; 0,2; . . . dargestellt. Den in der Abbildung gekennzeichneten Punkt auf der Stromlinie $\Psi = 0{,}2$ erhält man beispielsweise, indem man zu einem angenommenen Wert $\lambda x = 0{,}2\pi = 36°$ aus

$$\frac{\sin 36°}{e^{\lambda(z_0 - z)}} = 0{,}2$$

den Wert $e^{\lambda(z_0 - z)} = 2{,}94$ bestimmt, und aus Tafeln der Exponentialfunktion dann $\lambda(z_0 - z) = 1{,}08$ oder, in Einheiten von π, $\lambda(z_0 - z)$

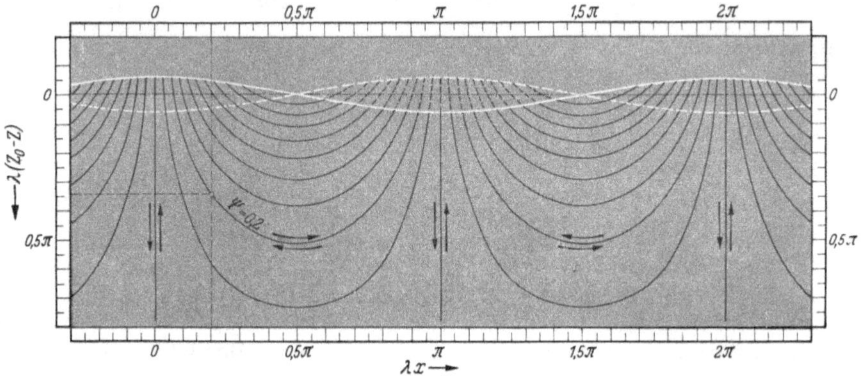

Abb. VI, 4.15. Hin- und herschwingende Bewegung einzelner Flüssigkeitsteilchen bei stehenden Wellen

$= 0{,}344\,\pi$ erhält. Die weiße, ausgezogene bzw. gestrichelte Kurve stellt, entsprechend Abb. VI, 4.14 die Grenzlagen der stehenden Welle dar.

Da die Gestalt der Stromlinien stationär ist — nur der Betrag der Geschwindigkeiten ändert sich auf ihnen entsprechend dem Faktor

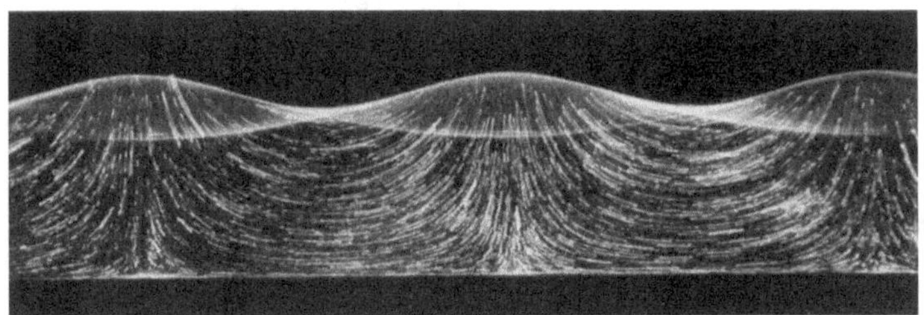

Abb. VI, 4.16. Photographische Aufnahme der Bewegung in voriger Abbildung (nach F. Ruellan und A. Wallet)

$\sin \lambda c t$ —, sind die dargestellten Stromlinien zugleich auch die Bahnlinien der einzelnen Flüssigkeitsteilchen. In diesem Zusammenhang sei auf die photographische Aufnahme einer stehenden Welle in Abb. VI, 4.16 hingewiesen.[1] Die auftretende Verschiedenheit der Bahnlinien

[1] Ruellan, F., et A. Wallet: Trajectoires internes dans un clapotis partiel. „La Houille Blanche“ Bd. 5 (1950) S. 483—491, Fig. 7.

dieser Abbildung mit den berechneten Kurven am unteren Teil rührt davon her, daß die Wassertiefe weniger als $^1/_4$ der Wellenlänge beträgt, während sie im gerechneten Bilde wesentlich größer angenommen ist.

An dieser Stelle sei auch auf das Stromlinienbild einer fortschreitenden Welle kurz eingegangen. Da die Strömung einer solchen Welle instationär ist, fragen wir nach der Gestalt der Stromlinien in einem bestimmten Augenblick, z. B. $t = 0$. Dann geht Gl. (VI, 4.15), wenn wir uns wieder auf „tiefe“ Gewässer beschränken, so daß $e^{-\lambda z}$ in $\mathfrak{Cos}\,\lambda z$ vernachlässigt werden kann, mit $t = 0$ über in

$$\Phi = \tfrac{1}{2} A\, e^{\lambda z} \sin \lambda x. \qquad \text{(VI, 4.30)}$$

Bildet man dazu

$$\Psi = -\tfrac{1}{2} A\, e^{\lambda z} \cos \lambda x, \qquad \text{(VI, 4.31)}$$

so ist leicht zu ersehen, daß $\Phi + i\,\Psi = F$ eine Funktion einer komplexen Variablen $\zeta = z + i\,x$ ist. Man braucht nur

$$\sin \lambda x = \cos\left(\lambda x - \frac{\pi}{2}\right) \quad \text{bzw.} \quad -\cos \lambda x = \sin\left(\lambda x - \frac{\pi}{2}\right)$$

in die Gleichungen einsetzen und erhält mit $e^{-i\pi/2} = -i$

$$\Phi + i\,\Psi = -\frac{i}{2} A\, e^{\lambda(z + i x)} = -\frac{i}{2} A\, e^{\lambda \zeta} = F(\zeta).$$

Vergleicht man die Gl. (VI, 4.30 und 31) mit den Gl. (VI, 4.27 und 28), so erkennt man, daß — abgesehen von dem dort auftretenden, die Stromlinien nicht beeinflussenden Faktor $\sin \lambda c t$ — die Größen Φ und Ψ vertauscht sind. Die in Abb. VI, 4.15 gezeichneten

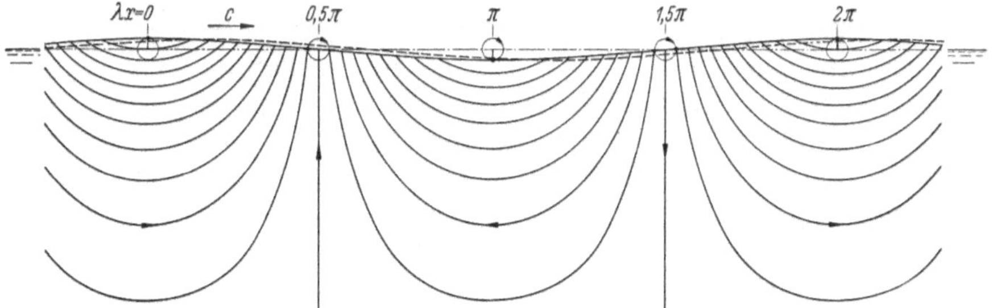

Abb. VI, 4.17. Stromlinien (instationär) einer fortschreitenden Welle; sie sind identisch mit den um $\pi/2$ verschobenen stationären Stromlinien einer stehenden Welle

Stromlinien einer stehenden Welle können somit als momentane Linien konstanten Potentials einer fortschreitenden Welle aufgefaßt werden und die Kurven konstanten Potentials einer stehenden Welle als momentane Stromlinien einer fortschreitenden Welle. Diese Stromlinien sind nicht stationär, sondern bewegen sich mit der Welle. Daher sind die Bahnkurven auch vollkommen von den Stromlinien verschieden; sie sind, wie in der Abbildung angedeutet und wie früher im einzelnen ausgeführt wurde, im Uhrzeigersinn drehende angenäherte Kreise (Abb. VI, 4.17).

In Abb. VI, 4.18 sind die Kurvensysteme von Abb .VI, 4.15 und 17 übereinandergezeichnet; man erkennt, daß die Kurvenscharen ein angenähert quadratisches Netz: Φ = const und Ψ = const bilden.

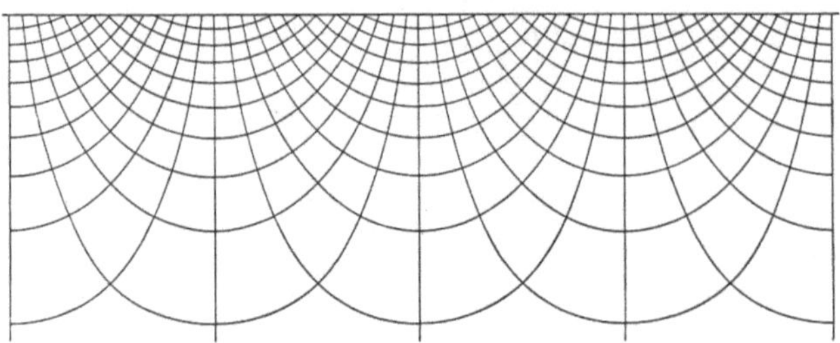

Abb. VI, 4.18. Stromlinien und Potentiallinien einer fortschreitenden Welle sind identisch mit den Potentiallinien und Stromlinien einer stehenden Welle

Stehende Wellen nach Art der Abb. VI, 4.15 und 16 lassen sich leicht mit Hilfe der „Wellenrinne" Abb. VI, 4.1 herstellen. Durch ein geringes Hin- und Herschwenken des Brettchens B um den Punkt A im geeigneten Rhythmus können die immer wieder neu erzeugten Wellen mit den von der gegenüberliegenden Wand reflektierten Wellen zur Interferenz gebracht und auf diese Weise stehende Wellen hervorgerufen werden; vgl. „Wellenlehre", S. 212—279 der Brüder E. H. und W. Weber[1].

4.8 Wellengruppengeschwindigkeit, Dispersion. Bisher haben wir die Interferenzwirkung von Wellen gleicher Wellenlänge betrachtet. Zwar war in dem gebrachten Beispiel auch die Amplitude der Wellen die gleiche; dieses ist aber von geringerer Bedeutung und war nur der Einfachheit wegen geschehen. Daß aber die Wellenlängen als gleich angenommen wurden, ist von prinzipieller Bedeutung, da nur dann stehende Wellen durch Interferenz oder Superposition erzeugt werden können. Wir wollen jetzt den Fall untersuchen, daß zwei Wellen von verschiedener Wellenlänge aber gleicher Fortschreitungsrichtung zur Interferenz kommen. Wir können einen solchen Fall etwa in folgender Weise verwirklichen: Wir werfen einen kleinen Stein auf eine ebene Wasserfläche und, sobald sich die Einwurfstelle beruhigt hat, an dieselbe Stelle einen zweiten, aber größeren Stein. Dieser Stein wird Wellen von größerer Wellenlänge hervorrufen als diejenige der Wellen des ersteren Steines. Da nun die Wellengeschwindigkeit nach Gl. (VI, 4.20)

[1] Siehe Fußn. S. 337.

der Wurzel aus der Wellenlänge proportional ist, werden die zuletzt entstandenen Wellenringe bald die zuerst erzeugten eingeholt haben und mit diesen in Interferenz treten.

Wir wollen uns diesen Vorgang insofern vereinfachen, als wir wieder zweidimensionale Wellen annehmen und — der Einfachheit wegen — gleich große Amplituden voraussetzen. In Abb. VI, 4.19 oberes Bild sind zwei Wellenzüge (schwarz gezeichnet) zur Interferenz gebracht und die daraus resultierende Welle (weiß ausgezogen) durch algebraische Addition der Amplituden der Partialwellen erhalten. Nachdem die Interferenz vollzogen ist, besitzt nur die weiß ausgezogene Welle physikalische Realität; die beiden Partialwellen sind dann nur noch gedankliche Abstraktionen von Wellen, in die man die wirkliche Welle aufspalten kann.

Man erkennt, wie aus der Superposition zweier Wellen von gleicher Amplitude aber ungleicher Wellenlänge eine Welle mit ungleichen Amplituden geworden ist. Zuerst wächst die Amplitude bis zu einem Maximum, dann nimmt sie ab bis schließ-

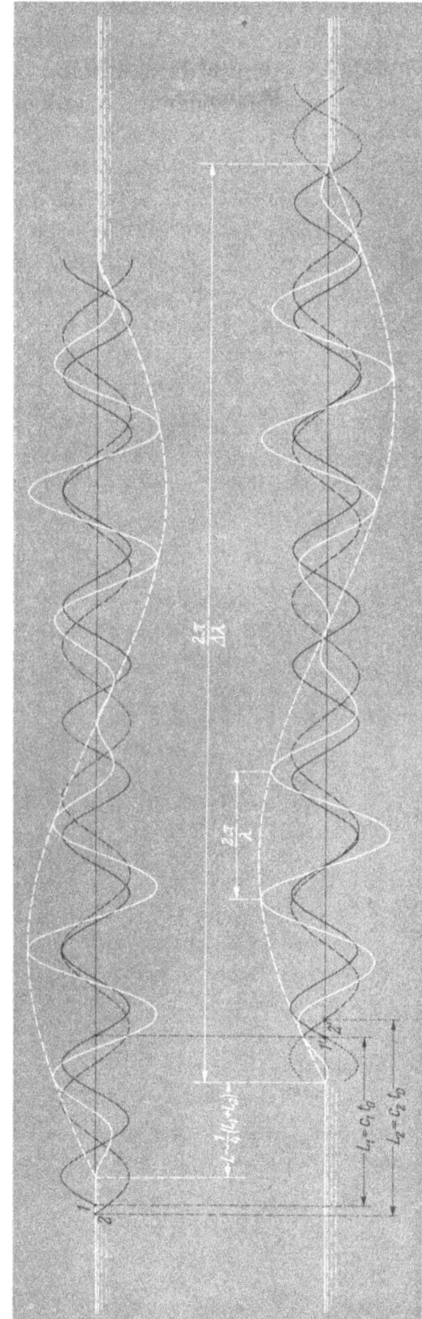

Abb. VI, 4.19. Zwei zeitlich aufeinanderfolgende Bilder einer Wellengruppe (weiß); sie entsteht durch Superposition zweier Wellen (schwarz) von wenig verschiedenen Wellenlängen

lich auf Null, um daraufhin wieder zuzunehmen usw. Es handelt sich offenbar um einen Vorgang ähnlich demjenigen einer Schwebung von longitudinalen Wellen in der Akustik, wo man auch beim gleichzeitigen Aussenden von zwei Tönen (Wellen) mit geringer Tonhöhendifferenz (Wellenlängendifferenz) solche Schwebungen in einem periodischen Anschwellen und Abschwellen der Tonstärke (Amplitude) feststellen kann. Und doch sind, wie wir sehen werden, die Vorgänge bei Wasserwellen sehr viel komplizierter, und zwar wegen der Abhängigkeit der Wellengeschwindigkeit von der Wellenlänge (im Gegensatz zur Akustik).

Wir fragen uns: welche Lage und Gestalt hat der (weiße) Wellenzug nach einer bestimmten Zeit t_0? Zu dem Zweck bestimmen wir zunächst die Lage der beiden Partialwellen nach der Zeit t_0. Wir wollen unter t_0 dasjenige Zeitintervall verstehen, in welchem sich die (ausgezogene) Partialwelle mit der kleineren Wellenlänge l_1 um $1^1/_2$ Wellenlänge nach rechts bewegt hat, so daß Punkt 1 (oberes Bild) mit Punkt 1′ (unteres Bild) identisch ist. Es ist somit die Verschiebung L_1 des Anfangspunktes 1 der Welle mit der Phasengeschwindigkeit c_1

$$L_1 = c_1 t_0 .$$

In derselben Zeit hat sich der Punkt 2 der längeren Welle (gestrichelt) mit der Wellenlänge l_2 und der Geschwindigkeit c_2 um

$$L_2 = c_2 t_0$$

verschoben und, da nach Gl. (VI, 4.20; „tiefe“ Gewässer)

$$c_2 = c_1 \sqrt{\frac{l_2}{l_1}}$$

ist, wird

$$L_2 = L_1 \sqrt{\frac{l_2}{l_1}} .$$

Vom Punkte 2′ (unteres Bild), der um die Strecke L_2 vom Punkt 2 (oberes Bild) entfernt liegt, wird die gestrichelte Partialwelle eingezeichnet. Durch algebraische Addition der Amplituden beider Partialwellen erhält man dann die resultierende Welle im unteren Bilde. Wir erkennen dabei, daß — um das hintere Ende der (weißen) Welle vollständig zu erhalten — man zu den ursprünglichen Partialwellen neue Wellenteile (punktiert gezeichnet) hinzufügen muß, während am vorderen Ende der Welle ein Teil der beiden Partialwellen (punktiert dargestellt) verschwindet, d. h. sich gegenseitig aufhebt.[1] Der Grund hierfür liegt darin, daß der resultierende Wellenzug als solcher sich mit einer wesentlich geringeren Geschwindigkeit c bewegt als die einzelnen Partialwellen. Wir werden später sehen, daß die Geschwindigkeit c

[1] Die ersten Beobachtungen hierüber stammen von den Brüdern E. H. u. Wilh. Weber (Göttingen). „Wellenlehre“, S. 165, vgl. Fußn. S. 337.

dieser Wellengruppe angenähert gleich $\frac{1}{4}(c_1 + c_2)$ ist. Während sich die Partialwellen in der Zeit t_0 um die Strecken L_1 bzw. L_2 bewegen, hat sich die Wellengruppe nur um $L \sim \frac{1}{4}(L_1 + L_2)$ verschoben. Man kann die Wellengruppe auch durch einen langen Wellenzug (weiß gestrichelt) umschließen und sagen, daß sich dieser Wellenzug mit der Geschwindigkeit c nach rechts bewegt.

Die mathematische Behandlung dieser Vorgänge ist einfach, solange wir voraussetzen, daß die Wellenlängen der Partialwellen sich nur wenig voneinander unterscheiden, und — wie bisher — daß die Amplituden klein sind im Verhältnis zur Wellenlänge, d. h. $2\pi a_0 \ll l$. (Diese letzte Voraussetzung konnte in der Abbildung nicht erfüllt werden, weil diese sonst zu lang geworden wäre). Die Wellenlänge der beiden Partialwellen sei l_1 und $l_2 (> l_1)$, also $\lambda_1 = 2\pi/l_1$ bzw. $\lambda_2 = 2\pi/l_2$; mithin ist $\lambda_1 > \lambda_2$. Wir setzen jetzt

$$\lambda_1 = \lambda + \Delta\lambda \quad \text{und} \quad \lambda_2 = \lambda - \Delta\lambda .$$

Für die Geschwindigkeiten c_1 und c_2 ($> c_1$ wegen $l_2 > l_1$) der beiden Partialwellen setzen wir

$$c_1 = c - \Delta c \quad \text{und} \quad c_2 = c + \Delta c .$$

Durch Superposition erhalten wir

$$z = z_1 + z_2 = a_1 \cos\lambda_1 (x - c_1 t) + a_2 \cos\lambda_2 (x - c_2 t)$$

und, falls $a_1 = a_2 = a$ ist,

$$z = a[\cos\{(\lambda + \Delta\lambda)(x - (c - \Delta c)t)\} + \cos\{(\lambda - \Delta\lambda)(x - (c + \Delta c)t)\}].$$

Entwickeln wir $c = f(\lambda)$ in eine TAYLORsche Reihe, so ist

$$c(\lambda + \Delta\lambda) = c(\lambda) + \frac{dc}{d\lambda}\frac{\Delta\lambda}{1!} + \cdots$$

also, da $c(\lambda) > c(\lambda + \Delta\lambda)$, mithin $\Delta c = c(\lambda) - c(\lambda + \Delta\lambda)$ ist,

$$\Delta c = -\frac{dc}{d\lambda}\Delta\lambda - \cdots .$$

Vernachlässigen wir die höheren Ableitungen sowie die Produkte von $\Delta\lambda$ und Δc ($\Delta\lambda$ soll nach Voraussetzung ja klein sein) und setzen wir den Wert für Δc in die obige Gleichung ein, so erhalten wir

$$z = a\left[\cos\left\{\lambda(x - ct) + \Delta\lambda\left(x - \left(c + \lambda\frac{dc}{d\lambda}\right)t\right)\right\}\right.$$
$$\left. + \cos\left\{\lambda(x - ct) - \Delta\lambda\left(x - \left(c + \lambda\frac{dc}{d\lambda}\right)t\right)\right\}\right]$$

und, da $\cos(\alpha + \beta) + \cos(\alpha - \beta) = 2\cos\alpha\cos\beta$ ist,

$$z = 2a\cos\lambda(x - ct)\cos\Delta\lambda\left(x - \left[c + \lambda\frac{dc}{d\lambda}\right]t\right).$$

Diese Gleichung entspricht dem in Abb. VI, 4.19 dargestellten Wellenzug (weiß ausgezogen). Aus dem Aufbau der Gleichung kann man auf zwei verschiedene Geschwindigkeiten schließen: entsprechend dem ersten cos-Ausdruck auf eine

Phasengeschwindigkeit c mit einer Wellenlänge $2\pi/\lambda$

und entsprechend dem zweiten cos-Ausdruck auf eine

Phasengeschwindigkeit $c + \lambda\, dc/d\lambda$ mit einer Wellenlänge $2\pi/\Delta\lambda$.

Diese letztere Phasengeschwindigkeit ist diejenige Geschwindigkeit, mit der sich die Wellengruppe als Ganzes bewegt und stellt somit die Gruppengeschwindigkeit dar (Abb. VI, 4.19).[1]

Bei Schwerewellen in tiefen Gewässern ist $c = \sqrt{\frac{g}{\lambda}}$, also

$$\frac{\lambda\, dc}{d\lambda} = -\frac{1}{2}\sqrt{\frac{g}{\lambda}}\,;$$

mithin haben wir als

Gruppengeschwindigkeit $c + \lambda\frac{dc}{d\lambda} = \sqrt{\frac{g}{\lambda}} - \frac{1}{2}\sqrt{\frac{g}{\lambda}} = \frac{1}{2}c.$

Bei Kapillarwellen ist $c = \sqrt{\frac{\alpha\lambda}{\varrho}}$,

also

$$\frac{\lambda\, dc}{d\lambda} = \frac{1}{2}\sqrt{\frac{\alpha\lambda}{\varrho}}$$

und somit

Gruppengeschwindigkeit $c + \lambda\frac{dc}{d\lambda} = \sqrt{\frac{\alpha\lambda}{\varrho}} + \frac{1}{2}\sqrt{\frac{\alpha\lambda}{\varrho}} = \frac{3}{2}c.$

Bei Schwerewellen in seichten Gewässern ist c nicht von λ abhängig, so daß hier die Gruppengeschwindigkeit mit der Phasengeschwindigkeit übereinstimmt.

Wie wir bereits feststellten, entstehen bei den Schwerewellen in einer Wellengruppe immer hinten neue Wellenberge und -täler, während sie vorn verschwinden; bei den Kapillarwellen ist es — da hier die Gruppengeschwindigkeit größer als die Phasengeschwindigkeit ist — umgekehrt. Ein durch die Wasserfläche bewegter Körper, der die Wellenphase an sich bindet (immer ein Wellenberg an derselben Stelle des bewegten Körpers), sendet deshalb nach vorn Kapillarwellen (bogenförmig den vorderen Raum ausfüllend) und nach hinten Schwerewellen

[1] Lord Rayleigh: On Progressive Waves. Lond. Math. Soc. Proc. a (1877) S. 21—26 oder Papers 1, S. 322.

Die Formel für die Gruppengeschwindigkeit war bereits ein Jahr vorher von G. G. Stokes angegeben: Cambr. Univ. Exam. Papers 1876. Unabhängig davon hat auch O. Reynolds: Nature Bd. 16 (1877) S. 343 diese Vorgänge behandelt.

(Schiffswellen). Ist die Geschwindigkeit an keiner Stelle des durch die Wasserfläche bewegten Körpers größer als die Mindestgeschwindigkeit, die zur Erzeugung von Kapillarwellen erforderlich ist — nach S. 352 23,3 cm/sek —, so erzeugt der Körper gar keine Wellen.

Sowohl bei Schwerewellen in „tiefen" Gewässern als auch bei Kapillarwellen laufen die Partialwellen mit der Zeit auseinander; bei den ersteren eilen die längeren Wellen den kürzeren voraus, bei den Kapillarwellen ist es umgekehrt, hier eilen die kürzeren Wellen den längeren voraus. Man spricht von einer Zerstreuung oder Dispersion der Partialwellen. Diese tritt immer dann auf, wenn die Phasengeschwindigkeit von der Wellenlänge abhängig ist.

4.9 Wasserwellen mit endlicher Amplitude. Sobald wir die bisher gemachte Voraussetzung fallen lassen, daß die Höhe a_0 der Welle sehr klein gegenüber ihrer Länge l sei ($2\pi a_0 \ll l$), wird die mathematische Behandlung sehr viel komplizierter, da die Differentialgleichungen ihren linearen Charakter verlieren. Wollte man diese Theorien mit der notwendigen Ausführlichkeit behandeln derart, daß sie ohne Studium der Originalarbeiten[1,2] verständlich würden, wäre mehr Platz erfor-

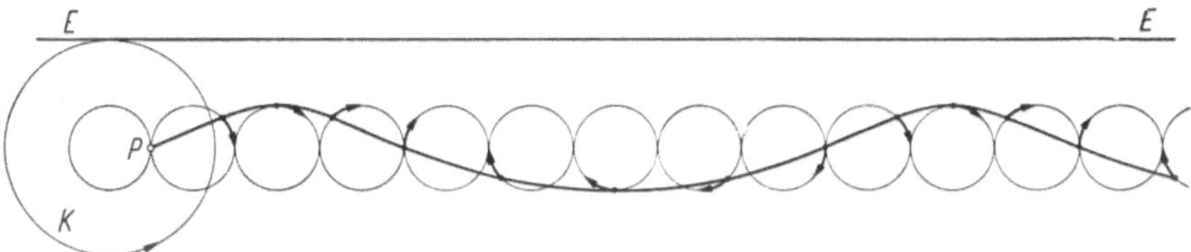

Abb. VI, 4.20. Punkt P bewegt sich auf einer gestreckten Zykloide, wenn der Kreis K auf der Geraden EE nach rechts abrollt

derlich als er hier zur Verfügung steht. Nur auf eine theoretische Wellenform wollen wir kurz hinweisen, nämlich auf die sogenannte GERSTNERsche Trochoidenwelle.

FRANZ GERSTNER[3] hatte eine Theorie entwickelt, nach welcher — unabhängig von der Größe der Amplitude — die Flüssigkeitsteilchen genaue Kreisbahnen beschreiben und wonach sich als Wellenformen (gestreckte) Zykloiden ergeben (Abb. VI, 4.20).

Später kam RANKINE[4] auf anderem Wege zum gleichen Resultat, indem er exakte Gleichungen aufstellte, die eine mögliche Form von

[1] Vgl. STOKES, G. G.: On the Theory of Oscillatory Waves. Cambr. Phil. Soc. Trans. Bd. 8 (1847) S. 441 = Papers 1, S. 197.

[2] STOKES, G. G.: Notes on Hydrodynamics, IV. — On Waves. Cambr. and Dublin Math. J. Bd. IV (1849) S. 219 = Papers 2, S. 221.

[3] GERSTNER, F.: Theorie der Wellen samt einer daraus abgeleiteten Theorie der Deichprofile. Gilbert's Ann. d. Physik Bd. 32 (1809) S. 412.

[4] RANKINE, W. J. M.: On the Exact Form of Waves near the Surface of Deep Waters. Phil. Trans. Roy. Soc. Lond. Bd. 1 (1863) S. 227.

Wellenbewegung darstellen für den Fall, daß die Wassertiefe sehr groß (unendlich) ist.

STOKES[1] hat dann aber gezeigt, daß die Flüssigkeitsbewegung bei der GERSTNERschen Welle nicht rotationsfrei ist, so daß sie durch Druckwirkungen nicht entstehen kann, es sei denn, man würde eine geeignete Laminarströmung voraussetzen, welche etwa durch den Einfluß des Windes erzeugt worden sei. Eine solche Annahme ist aber nach PRANDTL[2] nicht möglich, da die Rotation einer durch Wind hervorgerufenen Laminarströmung gerade entgegengesetzten Drehsinn hat, wie die Rotation der Flüssigkeitsbewegung einer GERSTNERschen Welle.

Diese Bemerkungen sind hier gemacht, da immer wieder die GERSTNERsche Welle beschrieben wird, als ob sie eine richtige und brauchbare Lösung darstelle.

Die theoretische Behandlung von Wellen mit endlich großen Amplituden geht im wesentlichen von den STOKESschen Arbeiten aus. Danach sind die Wellenberge stärker gekrümmt als die Wellentäler, ähnlich wie bei den GERSTNERschen Wellen; während bei diesen jedoch als Grenzfall die gewöhnliche (gespitzte) Zykloide auftritt, hat STOKES[3] gezeigt, daß der Grenzwinkel des Wellenberges 120° beträgt und die Welle sich bei steiler werdendem Wellenberg überschlägt.

Daß ein solcher Grenzwinkel von 120° besteht, hängt damit zusammen, daß der vollständige Druck p_v an der Oberfläche der Welle konstant sein muß, nämlich gleich dem Atmosphärendruck. Überlagert man einer solchen Welle die Wellengeschwindigkeit, so erhalten wir — ähnlich wie in Abb. VI, 4.4 auf S. 341 — eine stationäre, ebene Potentialströmung, mit dem Unterschied, daß der Wellenberg in eine Kante von 120° ausgeartet ist. Betrachten wir die Strömung in der Nähe dieser Kante, so haben wir eine Strömung in einem Winkelraum, ähnlich derjenigen von Abb. V, 2.4 auf S. 194, für welche die Strömungsfunktion

$$F = \frac{a}{n} z^n$$

lautet, und wo also

$$|\mathfrak{q}| = q = F'(z) = a\, r^{n-1} \tag{VI, 4.32}$$

ist.

---

[1] STOKES, G. G.: Appendix A zum Artikel Fußn. 1, S. 365: On the Relation of the Preceeding Investigation to a Case of Wave Motion of the Oscillatory Kind in which the Disturbance can be expressed in Finite Terms.

[2] PRANDTL, L.: Abriß der Lehre von den Flüssigkeits- und Gasbewegungen, S. 122 (1913), aus Handb. d. Naturwissenschaften. Jena: G. Fischer.

[3] Appendix B zum Artikel Fußn. 1, S. 365: Considerations relative to the Greatest Height of Oscillatory Irrotational Waves which can be propagated without Change of Form.

Die BERNOULLIsche Gleichung für eine Strömung mit freier Oberfläche lautet

$$\frac{q^2}{2g} + \frac{p_v}{\gamma} - h = \text{const} = C,$$

wo h nach unten positiv gerechnet ist. Da nach Gl. (VI, 4.32) für $r = 0$ $(n > 1)$ also auch für $h = 0$ die Geschwindigkeit $q = 0$, also $p_v/\gamma = C$ ist, bleibt

$$q^2 = 2gh.$$

Anderseits ist nach Gl. (VI, 4.32)

$$q^2 = a^2 r^{2n-2}, \qquad \text{(VI, 4.33)}$$

also mit $\cos\alpha = h/r$ (Abb. VI, 4.21)

$$\cos\alpha = \frac{1}{2}\frac{a^2}{g} r^{2n-3}. \qquad \text{(VI, 4.34)}$$

Aus Dimensionsgründen folgt hieraus unter Berücksichtigung von Gl. (VI, 4.33)

$$2n - 3 = 0$$

oder

$$n = \frac{3}{2}, \quad \text{also} \quad \alpha = 60°.$$

Wäre der Winkelraum von festen Wänden gebildet, so würden die verschiedensten Winkel α möglich sein, und es würde sich ein dementsprechender Druckanstieg zur Spitze hin ausbilden; und zwar wäre der Druckanstieg um so größer, je kleiner der Winkel α, bzw. je größer n ist. Nach der BERNOULLIschen Gleichung $\varrho q^2/2 + p = \text{const}$ ist, wenn q aus Gl. (VI, 4.32) entnommen wird

$$\frac{\partial p}{\partial r} = -\frac{\varrho}{2}\frac{\partial (q^2)}{\partial r} = -(n-1)\varrho a^2,$$

also für $n = 3/2$ und $dr = dh/\cos 60° = 2dh$

$$dp = -\varrho a^2 dh. \qquad (h \text{ nach unten positiv})$$

Abb. VI, 4.21

Da nach Gl. (VI, 4.34) für $n = 3/2$ der Wert a^2 gleich g ist, erhalten wir

$$dp = -\varrho g\, dh = -\gamma\, dh;$$

dieses ist die Druckzunahme mit geringer werdendem r bzw. h (Abb. VI, 4.21). Die entsprechende Druckzunahme des statischen Druckes $\overline{p}$ zur Spitze hin (d. h. bei negativem dh) ist

$$d\overline{p} = \gamma\, dh.$$

Bei einem Winkel von $\alpha = 60°$, also $n = 3/2$, d. h. einem Winkelraum von $120°$, ist somit der Druckanstieg bei kleiner werdendem r

gerade entgegengesetzt gleich dem hydrostatischen Druckabfall zur Spitze hin, so daß die Summe von beiden, d. h. $p + \bar{p} = p_v$, also der vollständige Druck, Null bzw. konstant ist, und eben daher eine freie Oberfläche bilden kann[1].

VII. Strömung mit Rotation und Wirbelbewegung

1 Strömung mit Rotation

1.1 Versuch. Um die Anschauung für das Folgende zu beleben, betrachten wir ein zylindrisches Glasgefäß, das mit einer Flüssigkeit, z. B. Wasser, gefüllt, in der Mitte einer Drehscheibe befestigt ist. Wenn wir die Drehscheibe und mit ihr das Gefäß von kreisförmigem Querschnitt in Drehung versetzen, wird auch die Flüssigkeit infolge ihrer Zähigkeit anfangen zu rotieren, allerdings zunächst nur in einer dünnen Schicht an der Gefäßwandung. Allmählich aber dringt die Wirkung der Zähigkeit mehr und mehr in das Innere, bis schließlich die gesamte Flüssigkeit im Gefäß in eine drehende Bewegung versetzt worden ist.

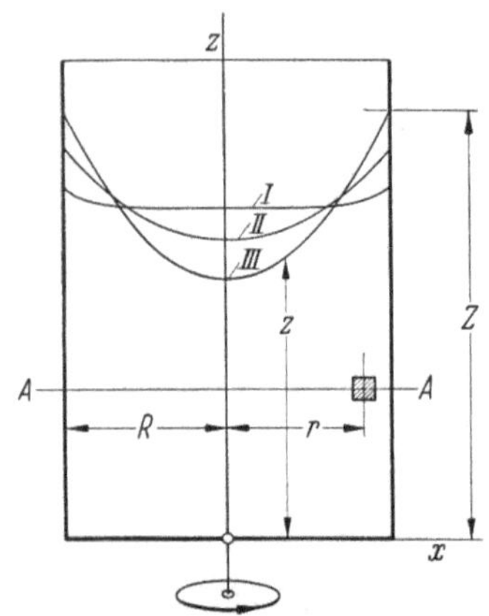

Abb. VII, 1.1. Drei zeitlich aufeinanderfolgende Oberflächenformen eines mit Flüssigkeit gefüllten Gefäßes, das in Drehung versetzt wird

Infolge der kreisenden Bewegung der Flüssigkeitsteilchen bleibt die Wasseroberfläche nicht eben, sondern zeigt eine Vertiefung im mittleren Teil. Bald nachdem das Gefäß (20 cm Dmr.) in Drehung versetzt worden ist mit einer konstant bleibenden Drehzahl von, sagen wir, 2 Umdrehungen in der Sekunde, werden wir eine Vertiefung beobachten, wie sie in (*I*) von Abb. (VII, 1.1) dargestellt ist. Etwas später hat sich die Vertiefung verstärkt (*II*), bis sich schließlich die endgültige Form eines Paraboloids einstellt (*III*). Die Gestalt des Wasserspiegels könnte man durch photographische Aufnahmen bestimmen.

Ein kleines Flüssigkeitsteilchen vom Volumen $dr\,ds\,dz$, das sich mit einer Geschwindigkeit $\mathfrak{q}$ ($\mathfrak{q}$ ein Vektor) in kreisförmiger Bahn vom Radius r bewegt, erfährt eine Zentrifugalkraft von der Größe $\varrho\, dr\, ds\, dz \cdot q^2/r$, wo ϱ die Masse der Volumeneinheit der Flüssig-

[1] Weitere Ausführungen zur Theorie der Flüssigkeitswellen mit ausführlichen Literaturnachweisen finden sich bei: Lamb, H.: Hydrodynamics, 5th ed. Cambridge 1924. — Thorade, H.: Probleme der Wasserwellen, Bd. XII und XIII der „Probleme der kosmischen Physik". Hamburg: H. Grand 1931.— Stoker, J. J.: Water Waves. New York 1957.

keit bedeutet[1] (Abb. VII, 1.2). Um dieses Flüssigkeitsteilchen in seiner kreisförmigen Bahn zu halten, muß deshalb eine Druckkraft in entgegengesetzter Richtung zur Zentrifugalkraft auf das Flüssigkeitsteilchen wirken, d. h. der Druck an der Fläche $ds\,dz$ muß auf der äußeren Seite des Teilchens größer sein als auf dessen inneren Seite. Wenn p der Druck an der Innenseite ist und $p + \frac{\partial p}{\partial r} dr$ der an der Außenseite des Flüssigkeitsteilchens, so ist die resultierende Druckkraft, die der Zentrifugalkraft das Gleichgewicht hält: $ds\,dz \frac{\partial p}{\partial r} dr$. Also

$$ds\,dz \frac{\partial p}{\partial r} dr = \varrho\, dr\, ds\, dz \frac{q^2}{r}$$

oder

$$\frac{\partial p}{\partial r} = \varrho \frac{q^2}{r}{}^{2}. \qquad \text{(VII, 1.1)}$$

Abb. VII, 1.2. Druckkräfte an einem Flüssigkeitsteilchen, das sich auf kreisförmiger Bahn bewegt

Für die Flüssigkeitsteilchen an der Oberfläche muß der vollständige Druck p_v gleich dem Atmosphärendruck sein. Nun ist im Innern der Flüssigkeit

$$p_v = p + \overline{p}$$

wo

$$\overline{p} = \gamma (Z - z)$$

die hydrostatische Druckverteilung bedeutet (Abb. VII, 1.1). Wenn wir also in Gl. (VII, 1.1) statt des Druckes p den vollständigen Druck p_v einführen, ergibt sich

$$\frac{\partial p_v}{\partial r} - \gamma \frac{\partial (Z - z)}{\partial r} = \varrho \frac{q^2}{r}$$

und da an der Oberfläche p_v konstant ist (Atmosphärendruck) haben wir für *Flüssigkeitsteilchen an der Oberfläche* wegen $\partial p_v / \partial r = 0$ und $\gamma = \varrho g$

$$g \frac{dz}{dr} = \frac{q^2}{r} \qquad \text{(VII, 1.2)}$$

oder

$$q(r) = \sqrt{g\, r \frac{dz}{dr}}\,. \qquad \text{(VII, 1.3)}$$

Mit anderen Worten: Dadurch, daß wir für verschiedene Werte von r die Größe dz/dr aus den Kurven *I*, *II*, *III* der Abb. VII, 1.1 entnehmen, läßt sich die Geschwindigkeit q als Funktion von r bestimmen (Abb. VII, 1.3 bis 1.5).

[1] Für Wasser $\varrho = \gamma/g = 102$ kg s² m⁻⁴; für Luft $\varrho = 0{,}125 = {}^1/_8$ kg s² m⁻⁴.
[2] Vgl. S. 118, Gl. (IV, 1.35) u. Fußn.

Bezüglich der Kurve *III* der Abb. VII, 1.1, die dem endgültigen Gleichgewicht entspricht, wo die gesamte Flüssigkeit infolge ihrer Zähigkeit in Rotation versetzt worden ist, haben wir bereits bemerkt, daß hier der vertikale Querschnitt durch den Mittelpunkt der Ver-

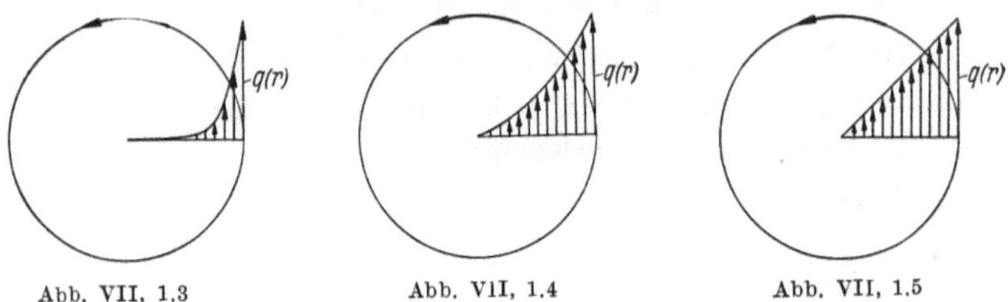

Abb. VII, 1.3 Abb. VII, 1.4 Abb. VII, 1.5

Abb. VII, 1.3—5. Geschwindigkeitsverteilungen, die dem Wasserspiegel *I*, *II* und *III* der Abb. VII, 1.1 entsprechen

tiefung die Form einer Parabel besitzt, d. h.

$$z = \left(\frac{r}{R}\right)^2 Z$$

oder

$$\frac{dz}{dr} = \frac{2r}{R^2} Z.$$

Dieser Ausdruck für dz/dr in Gl. (VII, 1.3) eingeführt, ergibt

$$q(r) = \frac{r}{R} \sqrt{2gZ}\,.$$

Für $r = R$ haben wir

$$q(R) = \sqrt{2gZ} = \omega R,$$

wo ω die Winkelgeschwindigkeit des Gefäßes ist. Also

$$q(r) = \frac{r}{R} \omega R = \omega r.$$

In Worten: Im endgültigen Gleichgewichtszustand bewegt sich das Wasser im Gefäß wie ein fester Körper mit einer Winkelgeschwindigkeit ω. Wenn das Wasser plötzlich gefrieren würde (ohne Änderung seiner Dichte), so würde man dies nicht wahrnehmen.

1.2 Wie kann die Rotation gemessen werden? Für eine Strömung, wie sie in Abb. VII, 1.5 dargestellt ist, bei der die Flüssigkeit sich wie ein fester Körper dreht, wird die Rotation durch die Winkelgeschwindigkeit ω gemessen. Wie läßt sich jedoch ein mathematischer Ausdruck für die Rotation in solchen Fällen gewinnen wie in Abb. VII, 1.3 und 1.4, wo die Flüssigkeit sich nicht wie ein fester Körper bewegt?

Um nochmals auf die Strömungsform von Abb. VII, 1.5 zurückzukommen, so kann man sagen, daß die Rotation um so größer ist, je größer das Produkt aus Geschwindigkeit und Umfang, d. h. $q \cdot 2r\pi$, und je kleiner der Querschnitt $r^2\pi$ ist; mit anderen Worten: man erhält einen Ausdruck für die Rotation ω, wenn man bildet

$$\text{Rotation} = \frac{\text{Geschwindigkeit} \cdot \text{Umfang}}{2 \cdot \text{Querschnitt}} = \frac{q \cdot 2r\pi}{2r^2\pi} = \frac{\omega r \cdot 2r\pi}{2r^2\pi} = \omega .$$

Wie man an einem Beispiel sofort sieht, kann man statt des Produktes Geschwindigkeit · Umfang auch das skalare Produkt aus Geschwindigkeit und Wegelement, integriert über eine geschlossene Kurve, nehmen: In Abb. VII, 1.6 sei als Integrationsweg beispielsweise der Kurvenzug 1 2 3 4 1 gewählt; es ist dann $\cos(\mathfrak{q}, d\mathfrak{s}) = 0$ längs 2 3 und 4 1, da hier $\mathfrak{q} \perp d\mathfrak{s}$ und $\cos(\mathfrak{q}, d\mathfrak{s}) = 1$ längs 1 2 und 3 4 wegen $\mathfrak{q} \parallel d\mathfrak{s}$; somit ist

$$\oint\limits^{12341} \mathfrak{q} \circ d\mathfrak{s} = \int_1^2 q\,ds - \int_4^3 q\,ds = q_2 r_2 \varphi - q_1 r_1 \varphi = \omega (r_2^2 - r_1^2)\,\varphi .$$

Für die Fläche F von 1 2 3 4 können wir schreiben

$$F = r_2^2 \pi \frac{\varphi}{2\pi} - r_1^2 \pi \frac{\varphi}{2\pi} = \frac{1}{2}(r_2^2 - r_1^2)\,\varphi .$$

Folglich haben wir in

$$\frac{\oint \mathfrak{q} \circ d\mathfrak{s}}{2F} = \frac{\omega (r_2^2 - r_1^2)\,\varphi}{(r_2^2 - r_1^2)\,\varphi} = \omega$$

einen neuen Ausdruck für die Rotation der in Abb. VII, 1.5 bzw. 1.6 dargestellten Strömungsform.

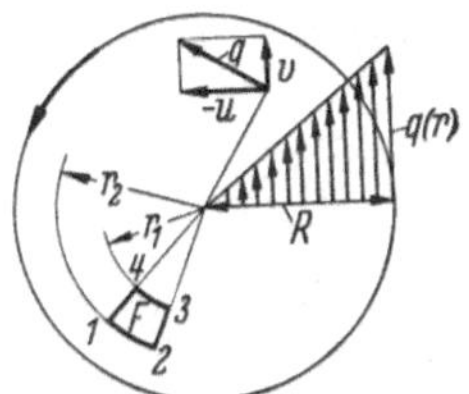

Abb. VII, 1.6. Bei einer linearen Geschwindigkeitsverteilung ist die Rotation konstant

Es läßt sich leicht noch ein weiterer Ausdruck für die Rotation der in Abb. VII, 1.5 bzw. 1.6 dargestellten Strömung finden:
Es ist

$$-u = q\frac{y}{r} = \omega y ,$$

$$v = q\frac{x}{r} = \omega x ,$$

oder, da ω konstant ist, d. h. unabhängig von x und y

$$-\frac{\partial u}{\partial y} = \omega \quad \text{und} \quad \frac{\partial v}{\partial x} = \omega ,$$

folglich

$$\frac{1}{2}\left(\frac{\partial v}{\partial x} - \frac{\partial u}{\partial y}\right) = \omega .$$

Um die Klammer und den Faktor $\frac{1}{2}$ zu vermeiden, ist man übereingekommen, den doppelten Wert, also 2ω, als die „Stärke“ der

Rotation zu definieren, d. h. also

$$\frac{\partial v}{\partial x} - \frac{\partial u}{\partial y} = 2\omega = |\operatorname{rot} \mathfrak{q}| \qquad \text{(VII, 1.4)}$$

bzw.

$$\frac{\oint \mathfrak{q} \circ d\mathfrak{s}}{F} = 2\omega = |\operatorname{rot} \mathfrak{q}|, \qquad \text{(VII, 1.5)}$$

wo $|\operatorname{rot} \mathfrak{q}|$ die abgekürzte Bezeichnung für die Stärke der Rotation ist.

Bei einer Strömung, wie in Abb. VII, 1.6 dargestellt, ist die Rotation über der ganzen Fläche $R^2 \pi$ konstant und der obige Ausdruck für $|\operatorname{rot} \mathfrak{q}|$ deshalb von der Größe F unabhängig. Dies trifft aber nicht mehr zu bei einer Strömung wie sie beispielsweise in Abb. VII, 1.7 dargestellt ist. Wenn in diesem Falle die Stärke der Rotation in einem Punkte P bestimmt werden soll, müssen wir den obigen Ausdruck für Integrationswege bilden, die P in ihrem Innern enthalten, und dann den Grenzwert dieses Ausdruckes für $F \to 0$ nehmen, d. h.

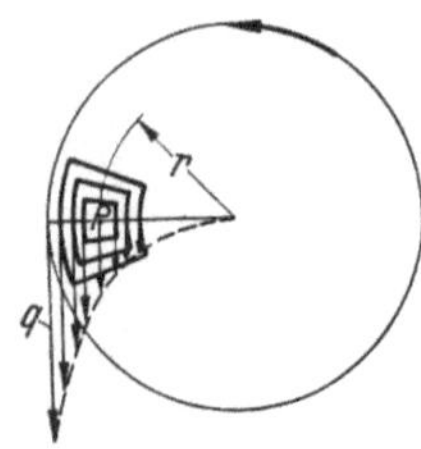

Abb. VII, 1.7. Bei der angenommenen Geschwindigkeitsverteilung ist die Rotation von r abhängig

$$|\operatorname{rot} \mathfrak{q}| = \lim_{F=0} \frac{\oint \mathfrak{q} \circ d\mathfrak{s}}{F}. \qquad \text{(VII, 1.6)}$$

Wir wenden diese Regel auf einen beliebigen Punkt $P(r)$ der kreisförmigen Strömung von Abb. VII, 1.7 an. Die verschiedenen Integrationswege und entsprechenden Flächen mögen ineinanderliegen, wie in der Abbildung dargestellt. Wenn q_2 die Geschwindigkeit in einer Entfernung r_2 von der Achse ist und q_1 die in r_1, wo $r_2 > r_1$, so ist

$$\oint \mathfrak{q} \circ d\mathfrak{s} = q_2 r_2 \varphi - q_1 r_1 \varphi$$

und durch die Fläche $F = \frac{1}{2}(r_2^2 - r_1^2)\varphi$ dividiert

$$\frac{q_2 r_1 \varphi + q_2 (r_2 - r_1)\varphi - q_1 r_1 \varphi}{\frac{1}{2}(r_2 + r_1)(r_2 - r_1)\varphi} = \frac{q_2 - q_1}{r_2 - r_1} \frac{r_1}{\frac{1}{2}(r_2 + r_1)} + \frac{q_2}{\frac{1}{2}(r_2 + r_1)}$$

also für $\lim r_2 = \lim r_1 = r$, $r_2 > r > r_1$

$$|\operatorname{rot} \mathfrak{q}| = \lim_{F=0} \frac{\oint \mathfrak{q} \circ d\mathfrak{s}}{F} = \frac{\partial q}{\partial r} + \frac{q}{r}. \qquad \text{(VII, 1.7)}$$

Dieser Ausdruck ist identisch mit Gl. (VII, 1.4), wie man erkennt, wenn dort für $v(x, y)$ und $u(x, y)$ die Komponenten $q_r(r, \varphi)$ und $q_\varphi(r, \varphi)$ eingeführt werden, vgl. S. 516, unter Berücksichtigung, daß in diesem Falle (kreisförmige Strömung) $q_r = 0$ ist.

Für eine lineare Geschwindigkeitsverteilung wie in Abb. VII, 1.5 haben wir mit $q = \omega r$ wieder

$$|\operatorname{rot} \mathfrak{q}| = \frac{\partial q}{\partial r} + \frac{q}{r} = 2\omega \qquad \text{(VII, 1.8)}$$

in Übereinstimmung mit Gl. (VII, 1.5).

1.3 Die Rotation eines Flüssigkeitselementes entspricht einem Vektor. Ein Flüssigkeitsteilchen von der Form eines kleinen Kreuzes dreht sich um seine eigene Achse, während es sich auf der kreisförmigen Bahn bewegt, und zwar um 360° (Abb. VII, 1.8). Die Rotationsachse steht senkrecht zur Ebene der Abbildung, wie in Abb. VII, 1.9 dargestellt, und hat die Richtung der positiven z-Achse, wenn das Flüssigkeitsteilchen sich im positiven, d. h. im Gegenuhrzeigersinn, dreht, gesehen von der positiven z-Seite. Würde es sich im entgegengesetzten Sinne drehen, wie in Abb. VII, 1.10, so müßte die Achse in negativer z-Richtung genommen werden. Allgemein gesprochen: Die Rotationsachse ist in der Richtung zu nehmen, in der sich eine (rechtshändige) Schraube bewegen würde, die sich im gleichen Sinne wie das Flüssigkeitsteilchen dreht. Die Rotation eines Flüssigkeitsteilchens ist deshalb vollständig bestimmt durch einen Vektor, dessen Lage im Raum die Rotationsachse, dessen Richtung den Drehsinn der Rotation und dessen Betrag die Stärke der Rotation

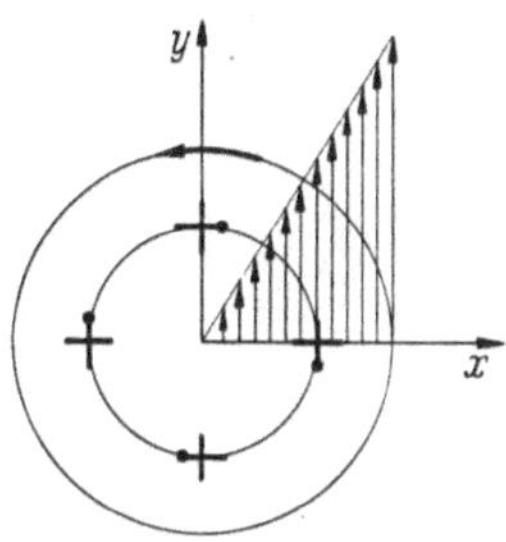

Abb. VII, 1.8. Ein kleines Flüssigkeitskreuz dreht sich auf seiner Bahn $2r\pi$ einmal um seine eigene Achse

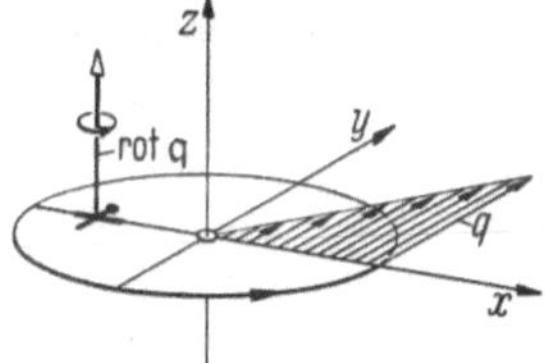

Abb. VII, 1.9. Die Rotation des kleinen Flüssigkeitsteilchens um seine eigene Achse erfolgt im positiven Sinne und wird deshalb durch einen positiven Vektor hergestellt

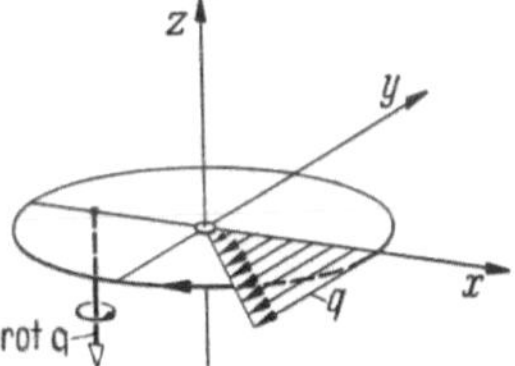

Abb. VII, 1.10. Eine Rotation um die eigene Achse im negativen Sinne entspricht einem negativen Vektor

eines Flüssigkeitsteilchens darstellt. Die Stärke der Rotation erhält man, wie bereits erwähnt, dadurch, daß man den Ausdruck

$$\lim_{F=0} \frac{\oint \mathfrak{q} \circ d\mathfrak{s}}{F}$$

bestimmt, wo F irgendeine ebene Fläche senkrecht zur Rotationsachse und das Integral entlang dem Umfang von F zu nehmen ist. Die Bezeichnung eines solchen Vektors ist rot$\mathfrak{q}$.

Für den speziellen Fall, daß die Rotation konstant ist wie in dem Strömungsvorgang der Abb. VII, 1.5, ist auch der Vektor rot$\mathfrak{q}$ über dem ganzen Querschnitt $R^2\pi$ und also auch längs des Radius r konstant (Abb. VII, 1.11). Sollte das Gefäß noch nicht genügend lange rotiert haben, so daß sich eine Geschwindigkeitsverteilung wie in Abb. VII, 1.3 dargestellt ausgebildet hat, so kann man mit Hilfe dieser Geschwindigkeitsverteilung nach Gl. (VII, 1.7) die Verteilung der Rotation als Funktion von r berechnen. Dies ist in Abb. VII, 1.12 durchgeführt und man erkennt, daß die Rotation größer in der Nähe der Gefäßwandung ist, als sie bei konstanter Rotation (lineare Geschwindigkeitsverteilung)

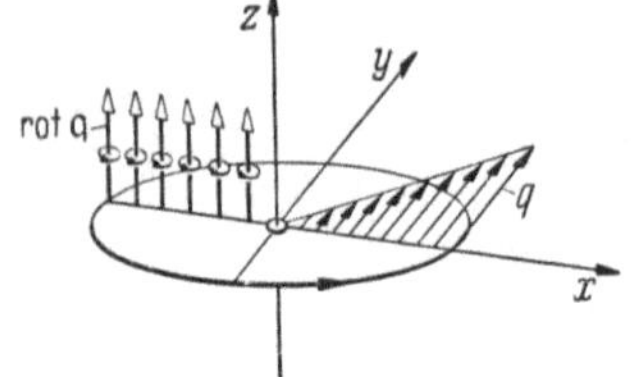

Abb. VII, 1.11. Die konstanten Rotationsvektoren einer linearen Geschwindigkeitsverteilung

Abb. VII, 1.12. Die Rotationsvektoren nehmen bei der dargestellten Geschwindigkeitsverteilung nach innen ab

sein würde, daß sie aber schnell abnimmt und schließlich Null wird, so daß ein mittlerer Teil im Gefäß verbleibt, wohin die Zähigkeitswirkung noch nicht gedrungen ist, d. h. wo die Flüssigkeit sich noch in Ruhe befindet.

1.4 Der mathematische Ausdruck für rot $\mathfrak{q}$ und dessen geometrische Deutung. Bisher haben wir lediglich sehr einfache Flüssigkeitsbewegungen mit Rotation betrachtet. In allen Fällen war die Rotationsachse senkrecht zur x, y-Ebene. Im allgemeinen jedoch kann die Rotationsachse eines Flüssigkeitsteilchens, d. h. der Vektor rot $\mathfrak{q}$, alle möglichen Lagen im Raume haben und ebenfalls von Punkt zu Punkt und auch zeitlich veränderlich sein.

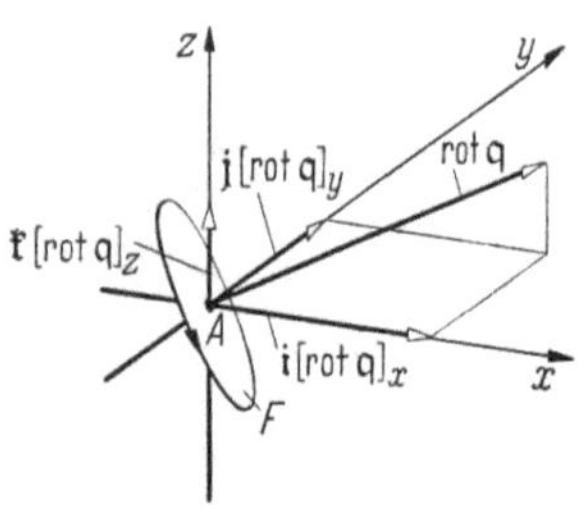

Abb. VII, 1.13. Zerlegung des Rotationsvektors in drei zueinander senkrechte Komponenten

Möge rot $\mathfrak{q}$ die Rotation eines Flüssigkeitsteilchens A sein (Abb. VII, 1.13) sowie F ein Flächenelement senkrecht zur Rotationsachse, um dessen Umfang das Linienintegral der Gl. (VII, 1.6) zu nehmen ist. Die Form von F kann beliebig sein, vorausgesetzt nur, daß F den Punkt A in seinem Innern enthält und senkrecht zur Rotationsachse des Flüssigkeitsteilchens ist. Der Vektor rot $\mathfrak{q}$ kann wie jeder andere Vektor in drei Vektoren in den Richtungen der x, y, z-Achsen eines Cartesischen Koordinatensystems zerlegt werden. Wenn $\mathfrak{i}$, $\mathfrak{j}$, $\mathfrak{k}$ die Einheitsvektoren in den x, y, z-Richtungen sind und $|\mathrm{rot}\,\mathfrak{q}|_x$, $|\mathrm{rot}\,\mathfrak{q}|_y$, $|\mathrm{rot}\,\mathfrak{q}|_z$ die Komponenten von $|\mathrm{rot}\,\mathfrak{q}|$ in diesen Richtungen, so haben wir

$$\mathrm{rot}\,\mathfrak{q} = \mathfrak{i}\,|\mathrm{rot}\,\mathfrak{q}|_x + \mathfrak{j}\,|\mathrm{rot}\,\mathfrak{q}|_y + \mathfrak{k}\,|\mathrm{rot}\,\mathfrak{q}|_z .$$

Diese drei Vektorenkomponenten sind in Abb. VII, 1.14 dargestellt, jede mit einer kleinen Fläche $\varDelta F = 1234 = \varDelta y \varDelta z$, $\varDelta F' = 1'2'3'4' = \varDelta z \varDelta x$ und $\varDelta F'' = 1''2''3''4'' = \varDelta x \varDelta y$ senkrecht zu den entsprechenden Vektoren der letzten Gleichung. Auf diese drei Komponenten wenden wir Gl. (VII, 1.6) an, wobei wir bedenken, daß die Formen von $\varDelta F$, $\varDelta F'$, $\varDelta F''$ ohne Bedeutung sind, wenn sie nur den Punkt A im Innern enthalten und auf den entsprechenden Vektoren senkrecht stehen. Für die x-Komponente haben wir also

$$|\operatorname{rot}\mathfrak{q}|_x = \lim_{\substack{\varDelta y \to 0 \\ \varDelta z \to 0}} \frac{\oint\limits^{12341} \mathfrak{q} \circ d\mathfrak{s}}{\varDelta y\, \varDelta z}.$$

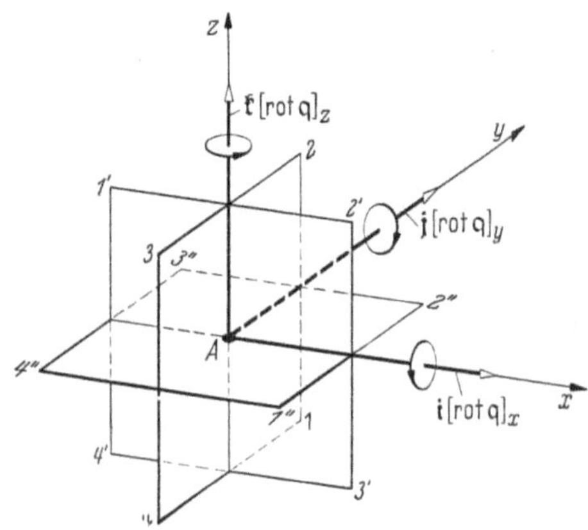

Abb. VII, 1.14. Die drei Rotationsvektoren mit den drei jeweils senkrechten Flächenelementen

Nehmen wir an, w_2 sei der durchschnittliche Wert der z-Komponente von $\mathfrak{q}$ entlang des kleinen Integrationsweges 1—2 der Abb. VII, 1.14, w_1 der entsprechende Wert entlang 3—4, ferner v_2 der Durchschnittswert der y-Komponente längs 2—3 und v_1 der entsprechende Wert längs 4—1, so haben wir

$$\oint\limits^{12341} \mathfrak{q} \circ d\mathfrak{s} = \int_1^2 w_2\, dz - \int_3^2 v_2\, dy - \int_4^3 w_1\, dz + \int_4^1 v_1\, dy$$

oder

$$\oint\limits^{12341} \mathfrak{q} \circ d\mathfrak{s} = (w_2 - w_1)\, \varDelta z - (v_2 - v_1)\, \varDelta y$$

und wenn durch die Fläche $\varDelta y \varDelta z$ dividiert:

$$|\operatorname{rot}\mathfrak{q}|_x = \lim_{\substack{\varDelta y \to 0 \\ \varDelta z \to 0}} \left(\frac{w_2 - w_1}{\varDelta y} - \frac{v_2 - v_1}{\varDelta z}\right) = \frac{\partial w}{\partial y} - \frac{\partial v}{\partial z}. \qquad \text{(VII, 1.9)}$$

In ähnlicher Weise erhält man für die y-Komponente durch Integration längs $1'2'3'4'1'$

$$|\operatorname{rot}\mathfrak{q}|_y = \lim_{\substack{\varDelta z \to 0 \\ \varDelta x \to 0}} \left(\frac{u_2 - u_1}{\varDelta z} - \frac{w_2 - w_1}{\varDelta x}\right) = \frac{\partial u}{\partial z} - \frac{\partial w}{\partial x} \qquad \text{(VII, 1.10)}$$

und für die z-Komponente durch Integration längs $1''2''3''4''1''$

$$|\operatorname{rot}\mathfrak{q}|_z = \lim_{\substack{\varDelta x \to 0 \\ \varDelta y \to 0}} \left(\frac{v_2 - v_1}{\varDelta x} - \frac{u_2 - u_1}{\varDelta y}\right) = \frac{\partial v}{\partial x} - \frac{\partial u}{\partial y}. \qquad \text{(VII, 1.11)}$$

Der mathematische Ausdruck für die Rotation $\operatorname{rot}\mathfrak{q}$ und deren drei Vektorkomponenten ist also

$$\operatorname{rot}\mathfrak{q} = \mathfrak{i}\left(\frac{\partial w}{\partial y} - \frac{\partial v}{\partial z}\right) + \mathfrak{j}\left(\frac{\partial u}{\partial z} - \frac{\partial w}{\partial x}\right) + \mathfrak{k}\left(\frac{\partial v}{\partial x} - \frac{\partial u}{\partial y}\right). \quad \text{(VII, 1.12)}$$

Die Gl. (VII, 1.12) kann auch in mehr formaler Weise durch Einführung des „Operators“ ∇ (Nabla) erhalten werden, wo

$$\nabla = \mathfrak{i}\frac{\partial}{\partial x} + \mathfrak{j}\frac{\partial}{\partial y} + \mathfrak{k}\frac{\partial}{\partial z}.$$

Wir bilden zu dem Zweck das vektorielle Produkt (gekennzeichnet durch das Zeichen $\times$) von ∇ und $\mathfrak{q}$, d. h.

$$\operatorname{rot}\mathfrak{q} = \nabla \times \mathfrak{q}$$

oder

$$\operatorname{rot}\mathfrak{q} = \left(\mathfrak{i}\frac{\partial}{\partial x} + \mathfrak{j}\frac{\partial}{\partial y} + \mathfrak{k}\frac{\partial}{\partial z}\right) \times (\mathfrak{i}\,u + \mathfrak{j}\,v + \mathfrak{k}\,w).$$

Berücksichtigt man, daß

$$\mathfrak{i}\times\mathfrak{i} = 0, \qquad \mathfrak{j}\times\mathfrak{j} = 0, \qquad \mathfrak{k}\times\mathfrak{k} = 0$$

und

$$\mathfrak{i}\times\mathfrak{j} = \mathfrak{k}, \qquad \mathfrak{j}\times\mathfrak{k} = \mathfrak{i}, \qquad \mathfrak{k}\times\mathfrak{i} = \mathfrak{j}$$

aber

$$\mathfrak{j}\times\mathfrak{i} = -\mathfrak{k}, \quad \mathfrak{k}\times\mathfrak{j} = -\mathfrak{i}, \quad \mathfrak{i}\times\mathfrak{k} = -\mathfrak{j},$$

so erhält man Gl. (VII, 1.12). Die im Zusammenhang mit Abb. VII, 1.14 gegebene Deutung des Vektors $\operatorname{rot}\mathfrak{q}$ und seiner drei Komponenten hat allerdings den Vorteil der größeren Anschaulichkeit.

1.5 Beispiele von Strömungen mit Rotation, Bedeutung der Zähigkeit. Außer der Strömung einer Flüssigkeit in einem rotierenden Zylinder, die wir mit einer gewissen Ausführlichkeit behandelt haben, gibt es noch sehr viele andere Flüssigkeitsbewegungen mit Rotation.

In IV, 3.5 haben wir gezeigt, daß die Strömung zwischen zwei parallelen Platten, von denen die eine sich in ihrer Ebene bewegt, eine Strömung ist, bei der $\partial u/\partial z - \partial w/\partial x$ von Null verschieden ist, und wo deshalb also Rotation besteht. Diese Rotationsachsen sind wieder senkrecht zur Geschwindigkeit $\mathfrak{q} = \mathfrak{q}(y)$ der Flüssigkeitsteilchen und senkrecht zu den beiden Platten (Abb. VII, 1.15). Bei einer Geschwindigkeitsverteilung, wie in der Abbildung dargestellt, die dem endgültigen Zustand einer Strömung aus der Ruhe entspricht, ist die Rotation

$$|\operatorname{rot}\mathfrak{q}| = \frac{\partial u}{\partial z} - \frac{\partial w}{\partial x} = \frac{\partial u}{\partial z}$$

in der ganzen Flüssigkeit konstant. Der Vektor $\operatorname{rot}\mathfrak{q}$ ist in diesem Fall auf $\mathfrak{j}(\partial u/\partial z)$ reduziert und hat also die Richtung der y-Achse.

Obwohl die einzelnen Flüssigkeitsteilchen sich auf geraden Bahnen bewegen, handelt es sich hier nichtsdestoweniger um eine Strömung mit Rotation, da in jedem Punkt $\partial u/\partial z - \partial w/\partial x$ von Null verschieden ist. Es ist nicht die Form der Stromlinien, sondern lediglich die Tatsache, ob rot q endlich ist oder gleich Null, die entscheidet, ob es sich um eine Strömung mit oder ohne Rotation handelt. Im letzteren Falle ist es, wie wir auf S. 111 gesehen haben, dann immer eine Potentialströmung.

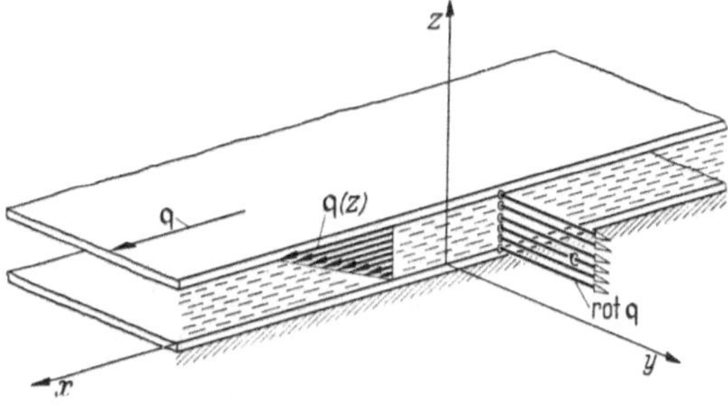

Abb. VII, 1.15. Die Rotationsvektoren bei einer Strömung zwischen zwei Platten

Auch bei einer Strömung zwischen zwei parallelen Platten sind die Vektoren rot q parallel für alle Flüssigkeitsteilchen ähnlich, wie wir es für eine Strömung innerhalb eines rotierenden Zylinders gefunden haben. Im allgemeinen sind die Vektoren rot q jedoch nicht parallel für alle Flüssigkeitsteilchen, wie z. B. bei einer Strömung durch ein Rohr.

Infolge der Zähigkeit einer Flüssigkeit stellt sich bei einer laminaren Strömung in einem geraden Rohr von kreisförmigem Querschnitt bei genügender Anlauflänge schließlich eine parabolische Geschwindigkeitsverteilung ein (Abb. VII, 1.16a). Bei einer solchen Strömung bewegen

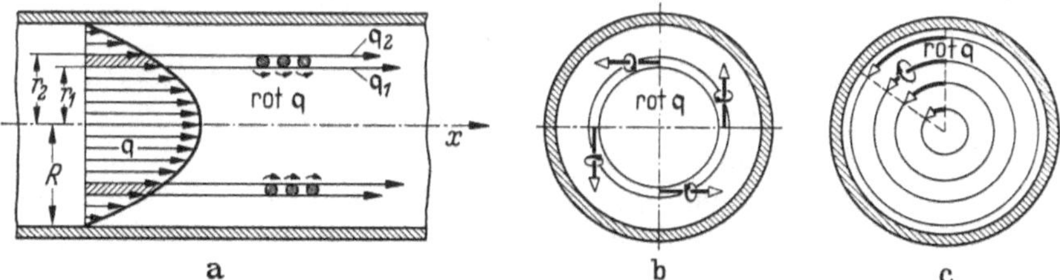

Abb. VII, 1.16a—c. Die Rotationsvektoren bei einer laminaren Strömung in einem Rohr

sich koaxiale Flüssigkeitsschichten mit voneinander abweichenden Geschwindigkeiten durch das Rohr. In Abb. VII, 1.16a bewegt sich eine solche Schicht vom Radius r_1 mit einer Geschwindigkeit q_1, während die angrenzende Schicht vom Radius $r_2 = r_1 + \Delta r$ die kleinere Geschwindigkeit q_2 hat. Die Flüssigkeit zwischen beiden Schichten wird in Rotation versetzt durch tangentiale Kräfte auf die einzelnen Flüssigkeitsteilchen dieser Schicht, wobei diese tangentialen Kräfte durch die Zähigkeit der Flüssigkeit bedingt sind.

Bei einer parabolischen Geschwindigkeitsverteilung ist

$$q = \text{const}\,(R^2 - r^2)$$

und folglich unter Berücksichtigung der Symmetrie bezüglich der x-Achse

$$|\operatorname{rot}\mathfrak{q}| = \frac{\partial q}{\partial r} = \text{const}\, r\,.$$

Der Vektor $\operatorname{rot}\mathfrak{q}$ hat tangentielle Richtung, wie in Abb. VII, 1.16b dargestellt, und ist proportional dem Abstand r von der Mittelachse (Abb. VII, 1.16c).

Ein weiteres Beispiel für eine Strömung mit Rotation ist die Strömung in der Grenzschicht. In Abb. VII, 1.17a ist die Geschwindigkeitsverteilung innerhalb der laminaren Grenzschicht beiderseitig einer dünnen, ebenen Platte P dargestellt.
Die Verteilung

$$q = q\,(z)$$

möge entweder theoretisch oder experimentell gegeben sein. Dann ist die Rotation

$$\operatorname{rot}\mathfrak{q} = \mathfrak{j}\,\frac{\partial q}{\partial z}\,.$$

Wegen des entgegengesetzten Drehsinnes der Rotation auf beiden Seiten der Platte hat der Vektor $\operatorname{rot}\mathfrak{q}$ auf der oberen Seite der Platte die Richtung der positiven y-Achse, während er auf der unteren Seite die der negativen y-Achse hat. Außerhalb der Grenzschicht ist die Rotation Null (Abb. VII, 1.17b).

Bei allen gegebenen Beispielen von Strömungen mit Rotation ist es die Wirkung der Zähigkeit, die in Betracht zu ziehen war. Abgesehen von Flüssigkeiten großer Zähigkeit wie Öl oder Glyzerin ist für Flüssigkeiten von verhältnismäßig geringer Zähigkeit wie Wasser oder Luft eine ziemliche Zeit erforderlich, bis die geringe Zähigkeit genügend wirksam wird, um einigermaßen große Gebiete der Strömung mit Rotation zu bilden. Und in allen bis jetzt erwähnten Fällen wird die Rotation zuerst immer dort hervorgerufen, wo die Flüssigkeit mit einer Wand oder Grenze in Berührung kommt. So ist es bei der Strömung innerhalb eines rotierenden Zylinders oder zwischen zwei Platten, bei der Strömung durch ein Rohr oder innerhalb der Grenzschicht der Strömung längs einer ebenen Platte.

Wenn wir uns vorstellen, daß es möglich sei, die Zähigkeit einer Flüssigkeit mehr und mehr zu verringern, so würde die für die Bildung von Rotation erforderliche Zeit entsprechend zunehmen, so daß im Grenzfall von $\lim \mu \to 0$ die erforderliche Zeit unendlich werden würde.

Mit anderen Worten: Es ist nicht möglich, ein Gebiet mit Rotation von endlicher Ausdehnung zu erhalten für den Fall, daß die Zähigkeit den Grenzwert Null erreicht hat.

Es gibt jedoch eine sehr wichtige Gruppe von Strömungsvorgängen, bei denen die Entstehung einer Strömung mit Rotation nicht ihren

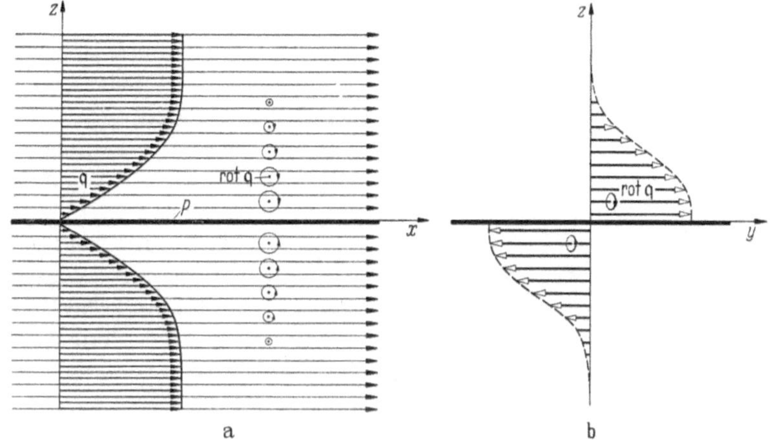

Abb. VII, 1.17. a) Strömung in der Grenzschicht auf beiden Seiten einer Platte; b) Verteilung der dazugehörenden Rotationsvektoren

Ausgang nimmt von festen Wänden oder Grenzen, sondern innerhalb der Flüssigkeit selbst, und wo die Zeit für die Entstehung eines endlichen Bereiches einer Strömung mit Rotation nur recht kurz ist, und zwar auch für Flüssigkeiten sehr geringer Reibung wie Wasser oder Luft. Dieses werden wir im folgenden untersuchen.

2 Einzelne gerade Wirbel

2.1 Beobachtung. Wenn wir beobachten, wie eine Flüssigkeit aus einem Gefäß durch eine Öffnung in dessen Boden herausfließt, z. B. beim Entleeren einer Badewanne, bemerken wir häufig, daß mehr oder weniger plötzlich ein einzelner Wirbel innerhalb der Flüssigkeit oberhalb oder in der Nähe des Loches sich bildet. Wir sehen, wie das Wasser sich in kreisförmigen Bahnen bewegt mit Geschwindigkeiten, die um so größer zu sein scheinen, je näher das Flüssigkeitsteilchen der Achse des Wirbels ist.

Infolge der Zentrifugalkraft, die auf die einzelnen Flüssigkeitsteilchen bei deren kreisförmiger Bewegung wirkt, muß der Druck in horizontalen Ebenen im Innern der Flüssigkeit nach außen hin zunehmen, wie wir bereits auf S. 369 gesehen haben. Da der Druck an der Wasseroberfläche konstant ist, nämlich gleich dem Atmosphärendruck, entspricht dem nach außen zunehmenden Flüssigkeitsdruck, wie er im Innern herrscht, eine nach außen zunehmende Höhe der Wasseroberfläche, vom tiefsten Punkt des Wirbels ab gerechnet.

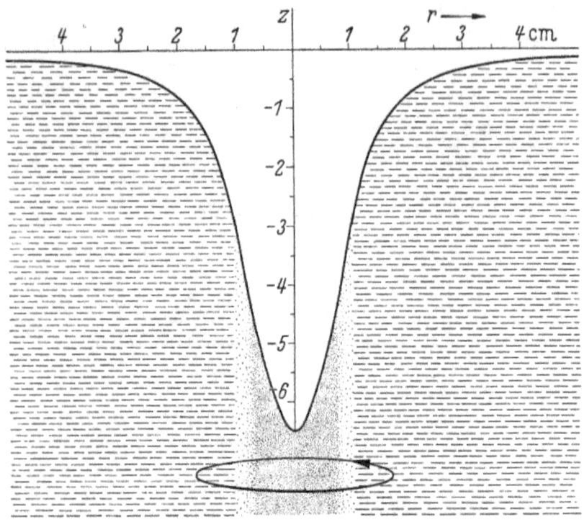

Abb. VII, 2.1
Gestalt der Wasserspiegelabsenkung bei einem Wirbel

Wenn die genaue Form einer solchen Vertiefung gegeben ist, z. B. durch eine Photographie, dann läßt sich die Geschwindigkeit q als Funktion von r graphisch berechnen dadurch, daß man entsprechend Gl. (VII, 1.3) den Ausdruck dz/dr als Funktion von r aus der Photographie bestimmt. Für einen Wirbel mit einer Vertiefung wie in Abb. VII, 2.1 ist die Geschwindigkeitsverteilung eine solche, wie in Abb. VII, 2.2 dargestellt.

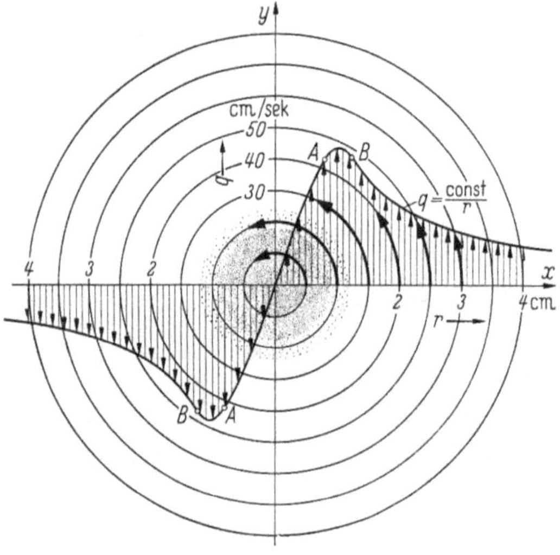

Abb. VII, 2.2. Die aus Abb. VII, 2.1 rechnerisch erhaltene Geschwindigkeitsverteilung

2.2 Physikalische Struktur eines einzelnen Wirbels[1]. Aus der Geschwindigkeitsverteilung der Abb. VII, 2.2 entnehmen wir, daß das Geschwindigkeitsfeld aus zwei verschiedenen Teilen besteht: einem äußeren Teil, wo die Geschwindigkeit umgekehrt proportional zu r abnimmt, und wo aus dem Grunde die Strömung eine Potentialströmung ist (vgl. S. 130) und einem inneren Teil, wo die Geschwindigkeit nahezu proportional zu r ist und wo die Strömung deshalb eine

[1] Vgl. a. A. Betz: Der Wirbelbegriff und seine Bedeutung in der Flugtechnik. Unterrichtsbl. Math. Naturw. Bd. XXXIV (1928) No. 12, S. 7ff.

Strömung mit Rotation ist (gepunkteter Bereich der Abbildung). Der äußere Teil wird als das Feld des Wirbels, der innere Teil als sein Kern bezeichnet. Zwischen Feld und Kern besteht ein allmählicher Übergang.

Wenn man die Abflußöffnung von außen schließt, wird das Wasser trotzdem eine Zeitlang fortfahren, in kreisförmigen Bahnen um die Achse des Wirbels zu fließen. Allmählich jedoch wird die Vertiefung flacher und flacher, und zwar infolge der Wirkung der Zähigkeit (Abb. VII, 2.3). Die zu den drei zeitlich aufeinanderfolgenden Stadien der Vertiefung (*I*, *II*, *III*) gehörenden Geschwindigkeitsverteilungen sind in Abb. VII, 2.4 dargestellt. Sie zeigen, daß dauernd größere Teile des „Feldes" durch die Zähigkeit der Flüssigkeit beeinflußt und allmählich zu Teilen des Kernes gemacht werden. Der Durchmesser des Kernes nimmt deshalb mit der Zeit von B_1 nach B_2 und B_3 zu, bis schließlich die gesamte Strömung eine solche mit Rotation geworden ist und allmählich zur Ruhe kommt. Die kinetische Energie des Wirbels hat sich dann in Wärme verwandelt. Bei Flüssigkeiten geringer Zähigkeit, wie z. B. Wasser, dauert es jedoch eine beträchtliche Zeit, bis dieser Zustand erreicht ist. Wenn man trotzdem gelegentlich die Beobachtung macht, daß sogar ziemlich starke Wasserwirbel in kurzer Zeit erlöschen, so ist es nicht die Zähigkeit, die dieses verursacht, sondern vielmehr die Tatsache, daß solche Wirbel mit anderen Wirbeln von entgegengesetztem Drehsinn oder mit Wänden bzw. deren Grenzschicht in Berührung gekommen sind. Dieses wird im einzelnen auf S. 510f. erklärt werden.

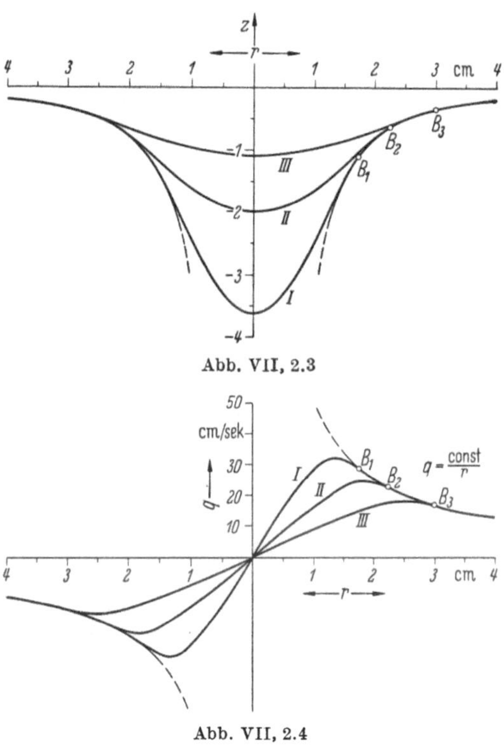

Abb. VII, 2.3

Abb. VII, 2.4

Abb. VII, 2.3 u. 4. Mit der Zeit wird die Spiegelabsenkung flacher und ausgebreiteter und dementsprechend auch die Geschwindigkeitsverteilung

2.3 Vereinfachtes Bild eines Wirbels. Man kann das Bild eines Wirbels mit einer Geschwindigkeitsverteilung, wie in Abb. VII, 2.5

dargestellt, d. h. zusammengesetzt aus dem Kern a, dem Feld b und dem Übergangsgebiet zwischen a und b dadurch vereinfachen, daß man das Übergangsgebiet fortläßt und im Kern eine lineare Geschwindigkeitsverteilung annimmt. Anstatt des Kurvenzuges a, b setzen wir somit den Kurvenzug c, d. Bei einem derartig vereinfachten Wirbel

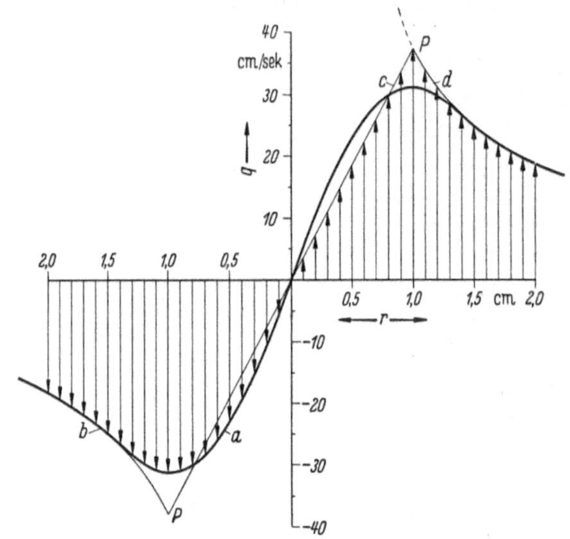

Abb. VII, 2.5. Vereinfachte Geschwindigkeitsverteilung (dünne Linien)

ist die Rotation im Kern konstant wegen der linearen Geschwindigkeitsverteilung und fällt in Punkt P, wo das Feld beginnt, plötzlich auf Null. Der gerade Wirbel ist somit ersetzt durch einen Kern, der wie ein fester zylindrischer Stab mit einer gewissen Winkelgeschwindigkeit ω rotiert und einer Potentialströmung von konzentrischen, kreisförmigen Stromlinien um den Kern, wobei die Geschwindigkeit des Kernes und des Feldes im Punkt P einander gleich sind.

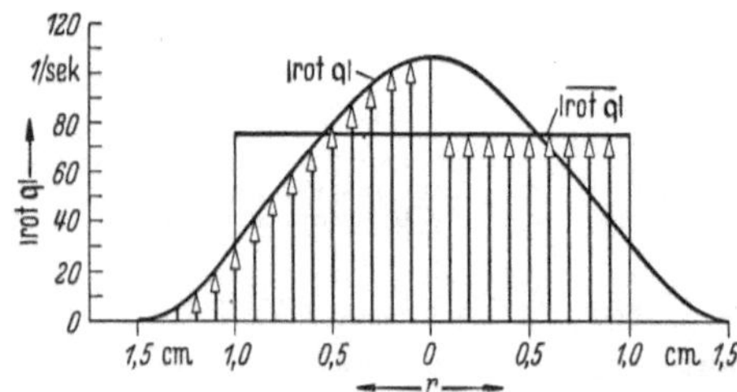

Abb. VII, 2.6. Die Verteilung der Rotationsvektoren über dem Durchmesser des Wirbels entsprechend der wirklichen und der vereinfachten Geschwindigkeitsverteilung

Die Rotation des vereinfachten Kernes ist $2\,\omega$, während diejenige des tatsächlichen Kernes nach Gl. (VII, 1.7)

$$|\operatorname{rot} \mathfrak{q}| = \frac{\partial q}{\partial r} + \frac{q}{r} \qquad \text{(VII, 2.1)}$$

beträgt. Die Verteilung der Rotation im tatsächlichen Kern, d. h. für die Geschwindigkeitsverteilung a, b der Abb. VII, 2.5 ist in Abb. VII, 2.6 entsprechend der obigen Gleichung dargestellt. In derselben Abbildung ist im gleichen Maßstab auch die konstante Rotation des vereinfachten Kernes aufgetragen.

2.4 Druckverteilung eines geraden Wirbels. Die Druckverteilung im Kern und im Feld läßt sich leicht berechnen, wenn die Geschwindigkeit $q = q(r)$ gegeben ist. Nach Gl. (VII, 1.1) ist

$$\int_{\infty}^{r} dp = \int_{\infty}^{r} \varrho \frac{q^2}{r} dr$$

oder, falls $\varrho = \text{const}$

$$p(r) = p_\infty - \varrho \int_{r}^{\infty} \frac{q^2}{r} dr, \tag{VII, 2.2}$$

so daß p als Funktion von r durch graphische Integration erhalten werden kann, wenn $q = q(r)$ gegeben ist.

In ähnlicher Weise läßt sich die Form der Vertiefung eines Wasserwirbels berechnen. Es ist nach Gl. (VII, 1.2), wenn wir die Höhe z für $r = \infty$ mit 0 bezeichnen,

$$z = -\frac{1}{g} \int_{r}^{\infty} \frac{q^2}{r} dr. \tag{VII, 2.3}$$

In der Tabelle sind die Werte von q, q^2/r sowie z und p für verschiedene r gegeben, und zwar für den speziellen in Abb. VII, 2.5 Kurve a und b dargestellten Wirbel ($\varrho = 1{,}02 \cdot 10^{-6}$ kg s^2 cm^{-4}).

r cm	q cm/s	q^2/r cm/s	z cm	$p_\infty - p$ kg/cm^2
0	0	0	−3,98	0,0136
0,1	5,48	300	−3,94	135
0,2	10,48	549	−3,82	131
0,4	19,45	943	−3,43	118
0,6	26,15	1140	−2,89	099
0,8	30,15	1137	−2,29	079
1,0	31,30	980	−1,71	059
1,2	29,85	743	−1,26	043
1,5	25,14	421	−0,82	028
2,0	18,80	177	−0,45	015

Die obigen Gleichungen (VII, 2.2) und (2.3) haben Gültigkeit für den Kern, das Übergangsgebiet und das Feld. In Abb. VII, 2.7 ist die Vertiefung (a) dargestellt, die nach Gl. VII, 2.3 der Geschwindigkeitsverteilung a, b in Abb. VII, 2.5 entspricht.

Für den „vereinfachten“ Wirbel kann die Integration der Gleichungen (VII, 2.2 und 2.3) analytisch durchgeführt werden, wobei jedoch zu berücksichtigen ist, daß die Integration gesondert für das Feld ($r \geqq r_1$) und für den Kern ($r \leqq r_1$) durchgeführt werden muß.

(1). Außerhalb des Kernes, d. h. für $r \geqq r_1$, ist mit $q = \text{const}/r$ und konstantem ϱ

$$p(r) = p_\infty - \varrho\, \text{const}^2 \int_r^\infty \frac{d\,r}{r^3}$$

oder

$$p(r) = p_\infty - \frac{\varrho}{2} \frac{\text{const}^2}{r^2} = p_\infty - \frac{\varrho}{2} q^2 \text{ (BERNOULLIsche Gleichung)}$$

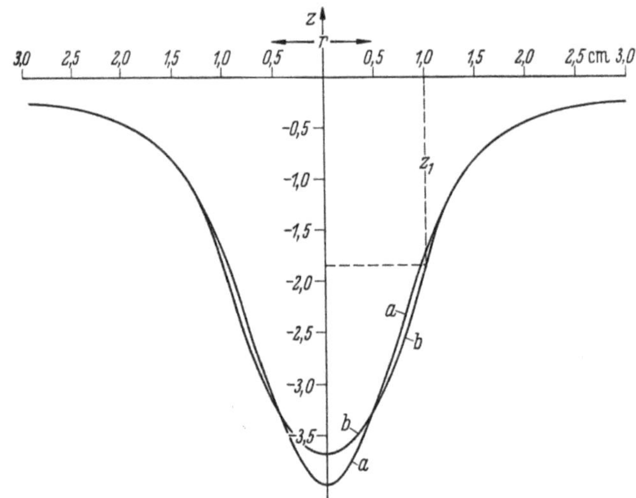

Abb. VII, 2.7
Die Wasserspiegelabsenkung bei einem (*a*) wirklichen und einem (*b*) vereinfachten Wirbel

und für $r = r_1$

$$p(r_1) = p_\infty - \frac{\varrho}{2} \frac{\text{const}^2}{r_1^2}. \qquad \text{(VII, 2.4)}$$

(2). Innerhalb des Kernes, d. h. für $r \leqq r_1$ ist mit $q = \dfrac{\text{const}}{r_1^2}\, r$

$$p(r) = p(r_1) - \varrho \frac{\text{const}^2}{r_1^4} \int_r^{r_1} r\, d\,r$$

oder

$$p(r) = p(r_1) - \frac{\varrho}{2} \frac{\text{const}^2}{r_1^4} (r_1^2 - r^2) \qquad \text{(VII, 2.5)}$$

und mit Gl. (VII, 2.4)

$$p(r) = p_\infty - \frac{\varrho}{2} \frac{\text{const}^2}{r_1^2} \left[2 - \left(\frac{r}{r_1}\right)^2\right]. \qquad \text{(VII, 2.6)}$$

Für die Mitte des Kernes, d. h. $r = 0$, haben wir

$$p(0) = p_\infty - \varrho \frac{\text{const}^2}{r_1^2},$$

und man erkennt aus dieser Gleichung, zusammen mit Gl. (VII, 2.4), daß der Druckabfall von p_∞ zu p_0, dem Zentrum des Kernes, doppelt so groß ist wie der Druckabfall von p_∞ zu $p(r_1)$, d. h. bis zum Rande des Kernes.

Die entsprechenden Gleichungen für die Vertiefung der Wasseroberfläche eines Wasserwirbels lassen sich aus Gl. (VII, 2.3) ableiten.

(1) Für das Feld, $r \geqq r_1$

$$z = -\frac{\text{const}^2}{2g\,r^2} \tag{VII, 2.7}$$

und

$$z_1 = -\frac{\text{const}^2}{2g\,r_1^2}. \tag{VII, 2.8}$$

(2) Für den Kern, $r \leqq r_1$

$$z = -\frac{\text{const}^2}{2g\,r_1^2}\left[2 - \left(\frac{r}{r_1}\right)^2\right] \quad \text{Paraboloid} \tag{VII, 2.9}$$

und für $r = 0$

$$z_0 = -\frac{\text{const}^2}{g\,r_1^2} = 2z_1. \tag{VII, 2.10}$$

Die Form der Vertiefung des in Abb. VII, 2.5 dargestellten „vereinfachten“ Wirbels ist ebenfalls in Abb. VII, 2.7 (*b*) gezeigt. Von $r = 0$ bis $r = r_1$ hat die Vertiefung die Gestalt eines Paraboloids Gl. (VII, 2.9) und für $r \geqq r_1$ die durch (Gl. VII, 2.7) gegebene Form. Der Abstand der ungestörten Wasseroberfläche ($r \rightarrow \infty$) bis zum Punkt, wo das Feld endet und der Kern beginnt, ist z_1, und ist halb so groß wie der Abstand der ungestörten Wasseroberfläche bis zum tiefsten Punkt in der Mitte der Vertiefung.

2.5 Potentialwirbel. Auf S. 371 haben wir festgestellt, daß der vereinfachte Kern, dessen Rotation gleich 2ω ist, sich wie ein fester zylindrischer Körper verhält, der sich mit der Winkelgeschwindigkeit ω um seine Achse dreht. Dieses darf jedoch nicht so verstanden werden, als ob der rotierende Kern das Feld verursache oder es hervorbringe. Es ist, wie wir sehen werden, eher umgekehrt insofern, als das Feld den Kern bedingt, so daß das Feld als das Primäre und der Kern als das Sekundäre angesehen werden kann.

Ein Wirbel, wie er in VII, 2.2 beschrieben ist, wo also das Feld des Wirbels eine Potentialströmung darstellt, kann nur wie jede andere Potentialströmung durch Druckkräfte hervorgebracht werden. Eine solche Strömung muß immer ihren Ursprung in Gebieten haben, wo statische Verhältnisse herrschen, d. h. wo die Geschwindigkeit entweder Null oder räumlich konstant ist, da nur dann die Bernoullische Konstante für alle Stromlinien dieselbe ist (vgl. IV, 1.9).

Es sind die Druckunterschiede oder genauer die Druckgradienten in den verschiedenen Punkten einer Flüssigkeit, welche die Beschleunigungen der einzelnen Flüssigkeitsteilchen und damit das Geschwindigkeitsfeld verursachen. Und wenn die Stromlinien Kreise um ein und denselben Mittelpunkt sind, wie im Falle eines einzelnen geraden Wirbels, so muß die Geschwindigkeit im Falle einer Potentialströmung umgekehrt proportional zum Abstand vom Mittelpunkt zunehmen:

$$q = \frac{\text{const}}{r},$$

wobei das Maß der Zunahme gegeben ist durch

$$\frac{\partial q}{\partial r} = -\frac{\text{const}}{r^2}. \tag{VII, 2.11}$$

Nach Gl. (I, 1.1) sind die Schubspannungen zwischen benachbarten Schichten einer Strömung infolge der Zähigkeit der Flüssigkeit

$$\tau = \mu \frac{\partial q}{\partial r}.$$

Da nun der Zahlenwert von μ in vielen Fällen außerordentlich klein ist[1], sind auch die Schubspannungen im allgemeinen sehr klein, verglichen mit den Druckgradienten. Dies ist der Grund, daß es in vielen Fällen berechtigt ist, die Schubspannungen, d. h. die Wirkung der Zähigkeit vollkommen zu vernachlässigen.

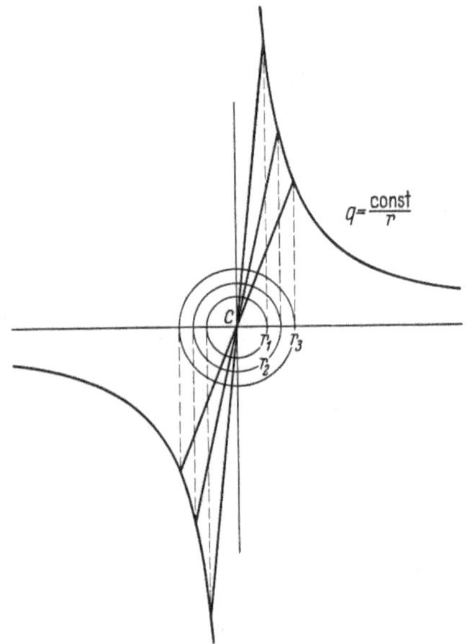

Abb. VII, 2.8. Kerne von verschiedenen Radien zu einem gegebenen Geschwindigkeitsfeld

Wenn jedoch der zweite Faktor für τ, d. h. $\partial q/\partial r$ sehr groß wird, wie dieses nach Gl. (VII, 2.11) der Fall ist im Feld eines Wirbels für sehr kleine Werte von r, kann τ nicht mehr vernachlässigt werden, auch nicht für sehr kleine Werte von μ. Für kleine Werte von r muß somit in jedem Fall, d. h. auch für sehr kleine μ, die Zähigkeitswirkung berücksichtigt und damit die Bildung eines Kernes (mit Rotation) in Betracht gezogen werden. Allerdings hat der Kern selbst keinen Einfluß auf das Feld.

Es ist das Feld, das den Wirbel kennzeichnet, und es ist das Feld, das die Wirkung des Wirbels auf andere Flüssigkeitsteilchen hervor-

[1] $\mu_{\text{Luft}} = 1{,}8 \cdot 10^{-6}$ kg s m^{-2} (10 °C)
$\mu_{\text{Wasser}} = 1{,}3 \cdot 10^{-4}$ kg s m^{-2} (10 °C).

ruft. Der Kern ist lediglich ein Residuum. Aus diesem Grunde ist die Geschwindigkeitsverteilung innerhalb des Kernes nur von untergeordneter Bedeutung. Um an Stelle des wirklichen Kernes einen solchen mit konstanter Rotation zu setzen, ist es lediglich notwendig, daß dieser dem Felde angepaßt ist, während seinem Durchmesser keine besondere Bedeutung zukommt.

Angenommen, das Feld eines Wirbels mit seinem Zentrum in C sei gegeben, wie in Abb. VII, 2.8 dargestellt, dann ist jeder Kern mit dem Radius r_1, r_2 oder r_3 und der in der Abbildung dargestellten entsprechenden Geschwindigkeitsverteilung ein vereinfachter Kern, der zu dem Feld paßt. Und wenn das Feld durch

$$q = \frac{\text{const}}{r}, \qquad r \geqq r_1 \tag{VII, 2.12}$$

gegeben ist, hat man für die Rotation eines vereinfachten Kernes mit dem Radius r_1, wegen

$$q = \frac{\text{const}}{r_1^2}\, r, \qquad r \leqq r_1$$

innerhalb des Kernes,

$$|\operatorname{rot} \mathfrak{q}| = \left(\frac{\partial q}{\partial r}\right)_{r = r_1} + \frac{q\,(r_1)}{r_1} = 2\,\frac{\text{const}}{r_1^2}. \tag{VII, 2.13}$$

Im Hinblick darauf, daß ein gegebenes Feld eines Wirbels nicht vom Durchmesser seines Kernes abhängt, vernachlässigt man häufig den Kern überhaupt und spricht, indem man zum Grenzwert $r_1 \to 0$ übergeht, von einem Potentialwirbel, d. h. einem Feld mit einer Singularität an Stelle eines Kernes im Punkte C.

2.6 Stärke eines Wirbels. Da das Geschwindigkeitsfeld eines Wirbels in keiner Weise von dem Durchmesser seines Kernes beeinflußt wird, hängt es lediglich von der Lage des Kernes im Raum sowie von einer einzigen Zahlenangabe ab, nämlich von der Konstanten in Gl. (VII, 2.12). Diese Konstante kennzeichnet die Stärke des Wirbels.

Das Geschwindigkeitsfeld eines Potentialwirbels enthält alle Geschwindigkeitsbeträge, von sehr kleinen Geschwindigkeiten in großer Entfernung von der Wirbelachse bis zu sehr großen Geschwindigkeiten nahe der Achse. Es gibt offenbar keine irgendwie ausgezeichnete Geschwindigkeit, die man als Maß zur Kennzeichnung der Stärke des Wirbels benutzen könnte. Wenn wir jedoch zwei Wirbel mit verschiedenen Geschwindigkeiten in derselben Entfernung von ihren Achsen, sagen wir im Abstand von 1 cm, miteinander vergleichen, so bezeichnen wir den Wirbel mit der größeren Geschwindigkeit als den stärkeren Wirbel. Um also die Stärke eines Wirbels zu charakterisieren, würde es genügen, die Geschwindigkeit in einer an sich beliebigen, aber bekannten Entfernung von der Achse des Wirbels anzugeben. Die oben erwähnte Konstante ist dann nichts anderes als die Geschwindigkeit in dem gegebenen Punkt multipliziert mit dessen Abstand von der Wirbelachse.

Dies trifft jedoch nur zu für einen einzelnen Wirbel, dessen Stromlinien Kreise mit der Wirbelachse als Zentrum sind. Aber schon für zwei Wirbel läßt sich diese Methode nicht mehr anwenden, da die Stromlinien von zwei Wirbeln infolge der gegenseitigen Beeinflussung ihrer Geschwindigkeitsfelder nicht mehr Kreise sind, wie in VII, 4 im einzelnen gezeigt werden wird.

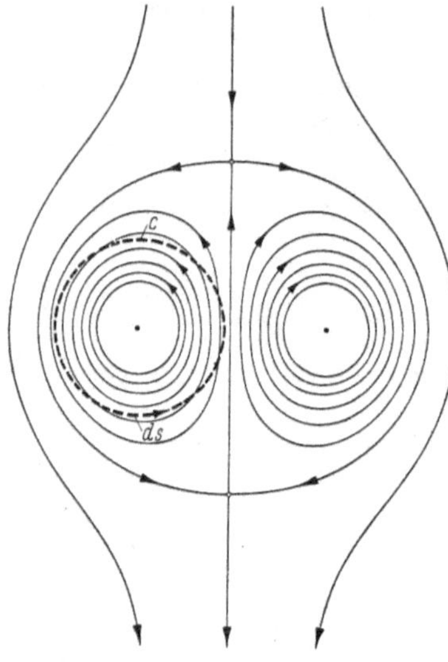

Abb. VII, 2.9. Stationäre Strömung um ein geradliniges Wirbelpaar; die Stärke eines der Wirbel ist durch das Linienintegral über C gegeben

In Abb. VII, 2.9 sind die Stromlinien von zwei Wirbeln mit entgegengesetztem Drehsinn dargestellt, und zwar in einem Koordinatensystem, in welchem die Achsen der Wirbel in Ruhe sind. Man erkennt, daß die Geschwindigkeiten auf dem gestrichelten Kreis um den linken Wirbel nicht konstant sind, wegen der etwas verschiedenen Abstände der jeweiligen benachbarten Stromlinien, und daß die Geschwindigkeiten auf dem Kreis nicht mehr die Richtung der Tangenten des Kreises haben. Die Stärke des linken Wirbels wird nun definiert durch das geschlossene Linienintegral

$$\oint^{C} \mathfrak{q} \circ d\mathfrak{s} = \Gamma \qquad \text{(VII, 2.14)}$$

und gewöhnlich mit Γ bezeichnet. Dadurch, daß das Integral längs des Kreises C um die Achse des Wirbels genommen wird, summieren wir die einzelnen Anteile $\mathfrak{q} \circ d\mathfrak{s}$ und bilden damit sozusagen einen Mittelwert.

Für einen einzelnen Wirbel, wo die Geschwindigkeit $|\mathfrak{q}_1|$ auf einem Kreis (r_1) konstant ist, haben wir

$$\Gamma = q_1 \oint ds = q_1 2 r_1 \pi$$

oder

$$\frac{\Gamma}{2\pi} = q_1 r_1 = q\, r = \text{const}. \qquad \text{(VII, 2.15)}$$

Die oben mehrfach erwähnte Konstante ist somit gleich $\Gamma/2\pi$ oder $\Gamma = 2\pi$ const.

Die Bedeutung der obigen Definition der Stärke eines Wirbels liegt darin, daß das obige Integral, wie wir noch sehen werden, unabhängig vom Integrationsweg ist, vorausgesetzt, daß er als einfach geschlossene Kurve den Kern des Wirbels vollständig in sich schließt, d. h. ganz im Felde des Wirbels verläuft.

2.7 Zusammenhang zwischen dem Linienintegral und der Rotation. Unter Berücksichtigung, daß für einen geraden Wirbel, d. h. für eine zweidimensionale Strömung

$$\mathfrak{q} \circ d\mathfrak{s} = (\mathfrak{i}\,u + \mathfrak{j}\,v) \circ (\mathfrak{i}\,dx + \mathfrak{j}\,dy) = u\,dx + v\,dy$$

ist, können wir schreiben

$$\oint^{C} \mathfrak{q} \circ d\mathfrak{s} = \oint^{C} (u\,dx + v\,dy). \qquad \text{(VII, 2.16)}$$

Benutzen wir jetzt die GAUSSsche Integralformel Gl. (IV, 4.4) und setzen statt der beliebigen Funktionen f_1 und f_2

$$f_1(x, y) = v(x, y),$$

$$f_2(x, y) = u(x, y),$$

so ist

$$\oint^{C} (v\,dy + u\,dx) = \iint^{F} \left(\frac{\partial v}{\partial x} - \frac{\partial u}{\partial y}\right) dx\,dy$$

und mit Berücksichtigung von Gl. (VII, 1.4) sowie Gl. (VII, 2.16)

$$\oint^{C} \mathfrak{q} \circ d\mathfrak{s} = \iint^{F} |\operatorname{rot}\mathfrak{q}|\,dF. \qquad \text{(VII, 2.17)}$$

Diese Gleichung gilt entsprechend ihrer Ableitung für jede beliebige *ebene* Fläche F, die *senkrecht* zu $\operatorname{rot}\mathfrak{q}$ steht und von der Kurve C begrenzt wird.

In Abb. VII, 2.10 sei mit Γ ein gerader Wirbel bezeichnet, der senkrecht die x, y-Ebene im Punkte x_1, y_1 durchsetzt. Wenn die Intensität der Rotation innerhalb des Kernes, d. h. $\operatorname{rot}\mathfrak{q}$ in der Richtung der z-Achse über dem Querschnitt F_0 des Kernes aufgetragen wird, so erhält man eine Art „Volumen" oder einen Vektorfluß

$$V = \iint^{F_0} |\operatorname{rot}\mathfrak{q}|\,dF = \oint^{C_0} \mathfrak{q} \circ d\mathfrak{s} = \Gamma.$$

Es ist nun ohne weiteres aus Abb. VII, 2.10 ersichtlich, daß das Linienintegral unabhängig vom Integrationsweg in der x, y-Ebene ist, vorausgesetzt, daß er die Fläche F_0, d. h. den Kern des Wirbels vollständig umschließt. Denn wenn als Integrationsweg C_1 oder C_2 gewählt würde, wäre die umschlossene Fläche F_1 bzw. F_2 zwar größer, wodurch aber in keiner Weise der Vektorfluß zunehmen würde, da außerhalb von F_0 die Rotation Null ist. Auch sieht man sofort, daß das Linienintegral,

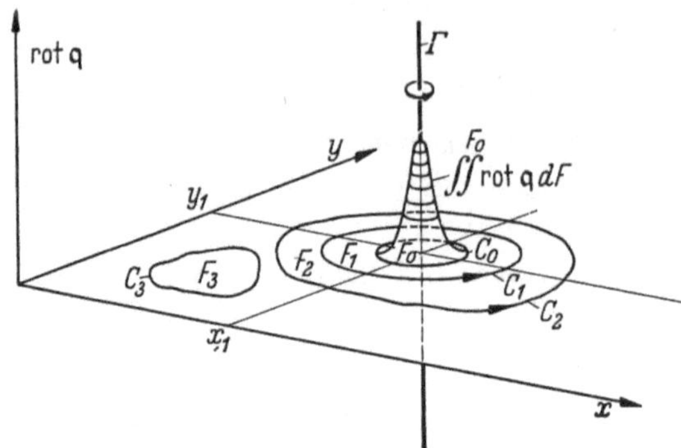

Abb. VII, 2.10. Der Vektorfluß durch die Fläche F_0 ist gleich dem geschlossenen Linienintegral über eine die Fläche F_0 umschließende Kurve, z. B. C_0 oder C_2

dessen Integrationsweg nicht den Kern eines Wirbels umschließt, z. B. C_3, Null sein muß.

In Abb. VII, 2.11 sind zwei Wirbel gleicher Stärke, aber von entgegengesetztem Drehsinn angenommen. Dementsprechend müssen auch

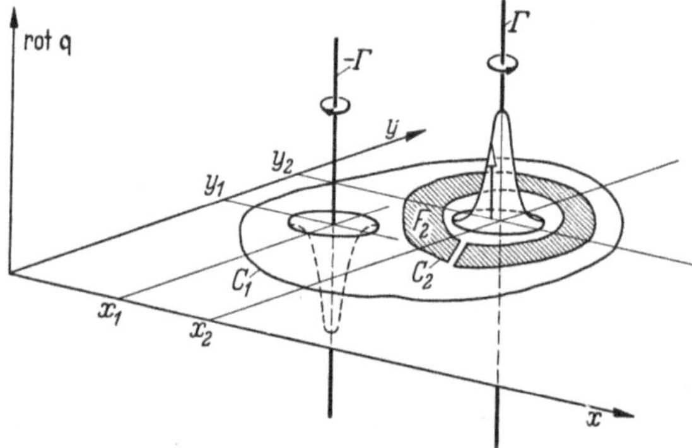

Abb. VII, 2.11. Das Linienintegral über C_2 umschließt eine Fläche (F_2) ohne Vektorfluß und ist deshalb gleich Null; der negativen Rotation entspricht ein negativer Vektorfluß

die Vektoren rot q in entgegengesetzter Richtung aufgetragen werden, d. h. aufwärts für den Wirbel x_2, y_2, der einen positiven Drehsinn hat, und abwärts für den anderen Wirbel x_1, y_1, dessen Drehsinn negativ ist. Das Linienintegral oder die Zirkulation längs der Kurve C_1 ist Null, da sie die Kerne beider Wirbel enthält. Denn die beiden ,,Volumina'', das eine positiv und das andere negativ, heben sich gegenseitig auf. Aber auch das Linienintegral längs C_2 ist Null, da die von C_2 umschlossene schraffierte Fläche keinen Vektorfluß enthält.

3 Kinematik und Dynamik der Wirbelbewegungen

3.1 Die Helmholtzschen Wirbelsätze. HELMHOLTZ untersuchte in seiner berühmten Abhandlung[1], die richtunggebend wurde für die späteren Untersuchungen über Wirbelbewegungen, die Möglichkeit, die EULERschen Gleichungen einer reibungslosen Flüssigkeit zu integrieren, unter der Annahme, daß die Flüssigkeitsbewegung die eines Potentialwirbels ist.

HELMHOLTZ behandelte nicht die Frage, wie solche Wirbel in einer reibungslosen Flüssigkeit entstehen könnten, sondern er nahm einfach an, daß ein Wirbel vorhanden sei und entwickelte dann auf rein mathematischem Wege sehr interessante Sätze über die Eigenschaften und das Verhalten solcher Wirbel in einer reibungslosen Flüssigkeit.

HELMHOLTZ hat seine Wirbelsätze in der folgenden Form ausgesprochen: Unter der Voraussetzung, daß die in einer reibungslosen, inkompressiblen[2] Flüssigkeit wirkenden Kräfte von der Art der Potentialkräfte sind, läßt sich beweisen, daß

1. kein Flüssigkeitsteilchen in einem Strömungszustand mit Rotation kommen kann, welches nicht von Anfang an in Rotation begriffen ist;
2. Flüssigkeitsteilchen, die zu irgendeiner Zeit derselben Wirbellinie angehören, auch indem sie sich fortbewegen, immer zu derselben Wirbellinie gehörig bleiben;
3. das Produkt aus dem Querschnitte und der Rotationsgeschwindigkeit eines unendlich dünnen Wirbelfadens längs der ganzen Länge des Fadens konstant ist und auch bei der Fortbewegung des Fadens denselben Wert behält. Die Wirbelfäden müssen deshalb innerhalb der Flüssigkeit in sich zurücklaufen oder können nur an ihren Grenzen endigen.

Den Ausgang seiner Betrachtung nimmt HELMHOLTZ von den EULERschen Gleichungen. Da seine Formeln in cartesischen Koordinaten dargestellt sind, werden sie recht umständlich. Wir benutzen deshalb im folgenden die Vektorschreibweise.

Um die HELMHOLTZschen Wirbelsätze zu beweisen, bringen wir für sie zunächst eine mathematische Formulierung. Wir betrachten zu dem Zweck ein Stück eines Potentialwirbels vom Querschnitt $dF(t_1)$ und der Rotation $(\operatorname{rot}\mathfrak{w})_{t_1}$, und zwar im Zeitpunkt t_1, wie in Abb. (VII, 3.1) dargestellt. Zwei benachbarte Flüssigkeitselemente 1 und 2 dieses Wirbelstückes seien besonders gekennzeichnet. Die Lage ihrer Massenmittelpunkte sei durch die Vektoren $\mathfrak{r}_1(t_1)$ bzw. $\mathfrak{r}_2(t_1)$ und ihr Abstand und gegenseitige Lage durch $d\mathfrak{r}(t_1)$ gegeben.

---

[1] HELMHOLTZ, H.: Über Integrale der hydrodynamischen Gleichungen, welche den Wirbelbewegungen entsprechen. J. reine u. angew. Math. Bd. 40 (1858) S. 25 bis 55 oder Ostwalds Klassiker der exakten Wissenschaften No. 79.

[2] W. THOMSON (LORD KELVIN) hat auf andere Weise die Sätze auch für kompressible Flüssigkeiten (Gase) bewiesen, vgl. S. 397.

Während des Zeitelementes dt möge sich das Flüssigkeitsteilchen 1 entsprechend seiner Geschwindigkeit $\mathfrak{w}_1$ um den Vektor $\mathfrak{w}_1\,dt$ bewegt haben und ebenso das Teilchen 2 um $\mathfrak{w}_2\,dt$. Die neue Lage ihrer Massenmittelpunkte sei mit $\mathfrak{r}_1(t_1+dt)$ bzw. $\mathfrak{r}_2(t_1+dt)$ und ihre gegenseitige Lage mit $d\mathfrak{r}(t_1+dt)$ bezeichnet. Wir können also von einer im Zeitelement dt vollzogenen Änderung des an die beiden benachbarten Flüssigkeitsteilchen 1 und 2 gebundenen Vektors $d\mathfrak{r}$, und zwar von $d\mathfrak{r}(t_1)$ nach $d\mathfrak{r}(t_1+dt)$ sprechen, d. h. von einem substantiellen Differentialquotienten des Vektors $d\mathfrak{r}$ nach der Zeit, also $D\,d\mathfrak{r}/dt$.

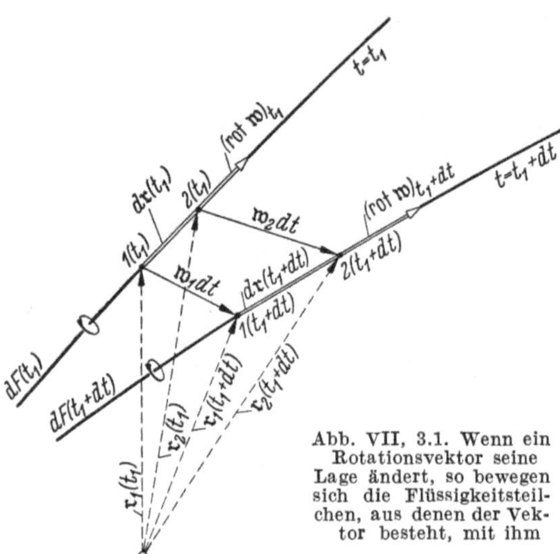

Abb. VII, 3.1. Wenn ein Rotationsvektor seine Lage ändert, so bewegen sich die Flüssigkeitsteilchen, aus denen der Vektor besteht, mit ihm

Während der Zeit dt hat auch das betrachtete Wirbelstück eine neue Gestalt und Lage im Raume angenommen, und zwar nach dem zweiten HELMHOLTZschen Wirbelsatz in der Weise, daß die benachbarten Flüssigkeitselemente 1 und 2 Teile des Wirbels geblieben sind. Das bedeutet aber, daß die Änderung der *Richtung* des Vektors $(\operatorname{rot}\mathfrak{w})_{t_1}$ nach $(\operatorname{rot}\mathfrak{w})_{t_1+dt}$ in derselben Weise erfolgen muß, wie die Änderung der Richtung von $d\mathfrak{r}(t_1)$ nach $d\mathfrak{r}(t_1+dt)$.

In der Abbildung ist — als ein Beispiel — angenommen, daß der absolute Betrag von $d\mathfrak{r}$ während der Zeit dt zugenommen hat, d. h. daß der Abstand der Massenmittelpunkte der beiden benachbarten Flüssigkeitsteilchen 1 und 2 größer geworden ist. Daraus folgt aber, daß wegen der angenommenen Inkompressibilität der Querschnitt dF der Flüssigkeitsteilchen entsprechend kleiner werden muß. Wenn nun aber nach dem dritten HELMHOLTZschen Satze das Produkt aus Querschnitt des (aus den gleichen Flüssigkeitsteilchen bestehenden) Wirbels und seiner Rotation konstant bleiben soll, so muß sich der *Betrag* des Vektors $\operatorname{rot}\mathfrak{w}$ wie der von $d\mathfrak{r}$ ändern[1].

---

[1] Vgl. Fußn. 1, S. 391. — HELMHOLTZ, S. 35: „Die Größe der resultierenden Rotationsgeschwindigkeit in einem bestimmten Wasserteilchen verändert sich in demselben Verhältnisse, wie der Abstand dieses Wasserteilchens von seinen Nachbarn in der Rotationsachse.“

Zusammen mit dem Vorhergehenden folgt also, daß die substantielle zeitliche Änderung (sowohl Richtung als auch Betrag) des Vektors $\operatorname{rot}\mathfrak{w}$ gleich derjenigen des Vektors $d\mathfrak{r}$ sein muß. Setzen wir in einem beliebigen Zeitpunkt t_1

$$d\mathfrak{r} = \varepsilon \operatorname{rot}\mathfrak{w} \qquad \text{(VII, 3.1)}$$

wo ε eine unendlich kleine Größe von der physikalischen Dimension $[l \cdot t]$ ist, so muß also

$$\frac{D\,d\mathfrak{r}}{dt} = \varepsilon \frac{D \operatorname{rot}\mathfrak{w}}{dt} \qquad \text{(VII, 3.2)}$$

sein, wobei ε von der Zeit unabhängig ist. Diese Gleichung kann als die mathematische Formulierung der HELMHOLTZschen Wirbelsätze angesehen werden.

Berücksichtigt man, daß

$$\begin{aligned}\frac{D\,d\mathfrak{r}}{dt} &= \frac{d\mathfrak{r}(t_1+dt) - d\mathfrak{r}(t_1)}{dt}\\ &= \frac{\mathfrak{r}_2(t_1+dt) - \mathfrak{r}_2(t_1) - [\mathfrak{r}_1(t_1+dt) - \mathfrak{r}_1(t_1)]}{dt}\\ &= d\mathfrak{w} = d\mathfrak{r} \circ \operatorname{grad}\mathfrak{w},\end{aligned}$$

so ist mit Gl. (VII, 3.1 und 2)

$$\frac{D\,d\mathfrak{r}}{dt} = \varepsilon \operatorname{rot}\mathfrak{w} \circ \operatorname{grad}\mathfrak{w} = \varepsilon \frac{D \operatorname{rot}\mathfrak{w}}{dt},$$

so daß wir als Ausgangsgleichung haben:

$$\frac{D \operatorname{rot}\mathfrak{w}}{dt} = \operatorname{rot}\mathfrak{w} \circ \operatorname{grad}\mathfrak{w}. \qquad \text{(VII, 3.3)}$$

Diese Gleichung ist aus der EULERschen Gleichung für inkompressible Flüssigkeiten:

$$\frac{\partial \mathfrak{w}}{\partial t} + \mathfrak{w} \circ \operatorname{grad}\mathfrak{w} = -\frac{1}{\varrho} \operatorname{grad} p$$

abzuleiten. Bilden wir die Rotation dieser Gleichung unter Berücksichtigung, daß die Rotation eines Gradienten identisch gleich Null ist ($\operatorname{rot}\operatorname{grad} p = \nabla \times \nabla p \equiv 0$), so bleibt

$$\operatorname{rot}\left(\frac{\partial \mathfrak{w}}{\partial t} + \mathfrak{w} \circ \operatorname{grad}\mathfrak{w}\right) = 0.$$

Da

$$\mathfrak{w} \circ \operatorname{grad}\mathfrak{w} = \operatorname{grad}\frac{w^2}{2} - \mathfrak{w} \times \operatorname{rot}\mathfrak{w}$$

ist[1], so haben wir wegen $\operatorname{rot}\operatorname{grad} w^2/2 \equiv 0$, wenn wir noch die Reihenfolge der zeitlichen und räumlichen Differentiation vertauschen und berücksichtigen, daß $-\mathfrak{w} \times \operatorname{rot}\mathfrak{w} = \operatorname{rot}\mathfrak{w} \times \mathfrak{w}$ ist,

$$\frac{\partial}{\partial t}\operatorname{rot}\mathfrak{w} + \operatorname{rot}(\operatorname{rot}\mathfrak{w} \times \mathfrak{w}) = 0 .$$

Es ist aber[2]

$$\operatorname{rot}(\operatorname{rot}\mathfrak{w} \times \mathfrak{w}) = \mathfrak{w} \circ \operatorname{grad}(\operatorname{rot}\mathfrak{w}) - \operatorname{rot}\mathfrak{w} \circ \operatorname{grad}\mathfrak{w},$$

so daß wir haben

$$\frac{\partial}{\partial t}\operatorname{rot}\mathfrak{w} + \mathfrak{w} \circ \operatorname{grad}(\operatorname{rot}\mathfrak{w}) = \operatorname{rot}\mathfrak{w} \circ \operatorname{grad}\mathfrak{w}$$

und schließlich

$$\frac{D}{dt}\operatorname{rot}\mathfrak{w} = \operatorname{rot}\mathfrak{w} \circ \operatorname{grad}\mathfrak{w},$$

welches die zu beweisende Gl. (VII, 3.3) ist.

3.2 Wirbelröhre. Die HELMHOLTZschen Wirbelsätze beziehen sich auf unendlich dünne Wirbelkerne, d. h. auf Wirbellinien. Es kann jedoch mit Hilfe des Satzes von W. THOMSON (VII, 3.3) gezeigt werden, daß die HELMHOLTZschen Sätze ebenfalls für Wirbelkerne von endlichem Querschnitt Gültigkeit besitzen. Wir betrachten in Abb. VII, 3.2 ein Stück eines Wirbelkernes vom vereinfachten Typ (vgl. VII, 2.3 auf S. 382), dessen Querschnitt sich längs der Mittellinie L—L des Kernes ändert. Die Flüssigkeitsteilchen des Kernes bewegen sich in kreisförmigen Bahnen um die Mittellinie L—L und drehen sich dabei gleichzeitig um ihre eigenen Achsen. P stellt beispielsweise ein solches Flüssigkeitsteilchen dar, das sich, während es sich um die Mittellinie L—L bewegt, gleichzeitig auch um seine eigene Achse, d. h. um $\operatorname{rot}\mathfrak{w}$ dreht.

Wenn wir jetzt die Vektoren $\operatorname{rot}\mathfrak{w}$ zeichnen, die durch alle Punkte der den Kern begrenzenden Kurve C_1 gehen, so erhalten wir das im

[1] Wenn $\mathfrak{a}, \mathfrak{b}, \mathfrak{c}$ drei beliebige Vektoren sind, so ist

$$\mathfrak{a} \times (\mathfrak{b} \times \mathfrak{c}) = \mathfrak{a} \circ \mathfrak{c}\,\mathfrak{b} - \mathfrak{a} \circ \mathfrak{b}\,\mathfrak{c},$$

und auf die Vektoren $\mathfrak{a} = \mathfrak{w}$, $\mathfrak{b} = \nabla$, $\mathfrak{c} = \mathfrak{w}$ angewandt

$$\mathfrak{w} \times (\nabla \times \mathfrak{w}) = \mathfrak{w} \circ \mathfrak{w}\,\nabla - \mathfrak{w} \circ \nabla\,\mathfrak{w}$$

oder

$$\mathfrak{w} \times \operatorname{rot}\mathfrak{w} = \nabla\,\mathfrak{w} \circ \mathfrak{w} - \mathfrak{w} \circ \operatorname{grad}\mathfrak{w} = \operatorname{grad}\frac{w^2}{2} - \mathfrak{w} \circ \operatorname{grad}\mathfrak{w}.$$

[2] Wenden wir die für beliebige Vektoren $\mathfrak{a}$ und $\mathfrak{b}$ gültige Formel

$$\begin{aligned}\operatorname{rot}(\mathfrak{a} \times \mathfrak{b}) &= \nabla \times (\mathfrak{a} \times \mathfrak{b}) = \nabla \circ (\mathfrak{b}\,\mathfrak{a} - \mathfrak{a}\,\mathfrak{b}) \\ &= \nabla \circ \mathfrak{b}\,\mathfrak{a} + \mathfrak{b} \circ \nabla\,\mathfrak{a} - (\nabla \circ \mathfrak{a}\,\mathfrak{b} + \mathfrak{a} \circ \nabla\,\mathfrak{b})\end{aligned}$$

auf die Vektoren $\mathfrak{a} = \operatorname{rot}\mathfrak{w}$ und $\mathfrak{b} = \mathfrak{w}$ an, so erhalten wir wegen $\nabla \circ \operatorname{rot}\mathfrak{w} = \nabla \circ \nabla \times \mathfrak{w} \equiv 0$ und wegen $\nabla \circ \mathfrak{w} = \operatorname{div}\mathfrak{w} = 0$ ($\varrho = \text{const}$) die obige Gleichung.

oberen Teil von Abb. VII, 3.2 dargestellte Bild. Wir können dieses nun für jede andere den Kern begrenzende Kurve C_2, C_3, ... C_n tun und wir erkennen, daß diese Vektoren aus Kontinuitätsgründen die Tangenten zu Kurven sind, die entsprechende Punkte auf C_1, C_2, C_3, ... C_n verbinden. In dieser Weise erhalten wir eine sogenannte Wirbelröhre. Diese Wirbelröhre ist mit Flüssigkeitsteilchen gefüllt, die ebenfalls, während sie sich um die Mittellinie des Kernes bewegen, gleichzeitig auch um ihre eigenen Achsen sich drehen; d. h. also, daß das Innere der Wirbelsäule ausgefüllt ist mit Wirbellinien ähnlich denjenigen der äußeren Begrenzungsfläche.

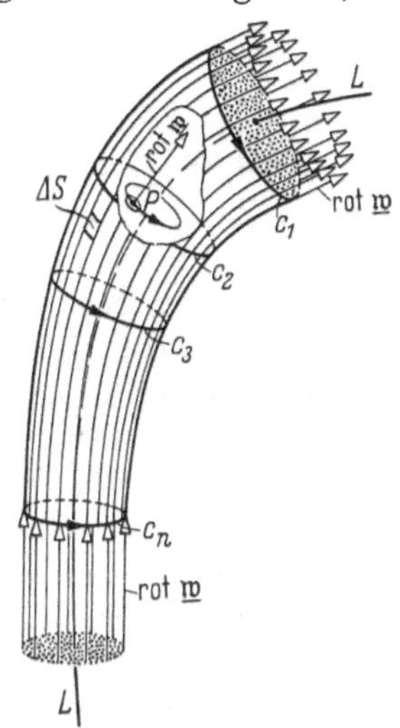

Abb. VII, 3.2
Durch das Äußere einer Wirbelröhre tritt keine Flüssigkeit

Wir haben somit ein Bild, das demjenigen einer Strömung durch eine gebogene Röhre entspricht; nur daß es sich in diesem Falle nicht um eine Strömung von Flüssigkeit handelt, da sich die Flüssigkeitsteilchen ja in kreisförmigen Bahnen um die Mittellinie $L-L$ bewegen, sondern um eine Strömung von Vektoren, und zwar durch Querschnitte, die von den Kurven C_1, C_2, ... C_n begrenzt werden. Eine solche Strömung nennt man einen Vektorfluß durch den Querschnitt der Wirbelröhre.

An Stelle von Stromlinien haben wir Wirbellinien und an Stelle der Geschwindigkeit $\mathfrak{w}$ in einem Punkt einer Stromlinie haben wir den Rotationsvektor $\operatorname{rot}\mathfrak{w}$ in einem Punkt einer Wirbellinie. Wenn wir jetzt berücksichtigen, daß

$$\operatorname{div}\operatorname{rot}\mathfrak{w} = \nabla \circ \nabla \times \mathfrak{w} \equiv 0,$$

so können wir sagen, daß das Feld des Vektors $\operatorname{rot}\mathfrak{w}$ dieselbe Eigenart besitzt wie das Geschwindigkeitsfeld einer inkompressiblen Flüssigkeit. Alle kinematischen Sätze über inkompressible Flüssigkeiten können auf Felder des Rotationsvektors $\operatorname{rot}\mathfrak{w}$ angewendet werden. Ebenso wie Stromlinien nicht im Innern einer Flüssigkeit beginnen oder endigen können, ist es mit Wirbellinien. Und ebenso wie die Geschwindigkeit in einer Stromröhre umgekehrt proportional dem Querschnitt der Stromröhre ist (Kontinuitätsgleichung), verhält sich die Rotation umgekehrt proportional dem Querschnitt der Wirbelröhre.

Aber wir haben noch nicht bewiesen, daß die den Kern begrenzende Fläche zu allen Zeiten aus den gleichen Flüssigkeitsteilchen besteht. Abgesehen vom Falle einer stationären Strömung wird sich die Gestalt einer Stromröhre im allgemeinen mit der Zeit ändern, was folglich ebenfalls auf die Wirbelröhre zutrifft. In einem gewissen Zeitpunkt $t = t_1$ besteht die begrenzende Oberfläche einer Wirbelröhre aus gewissen Flüssigkeitsteilchen, die wir uns farbig, sagen wir blau, vorstellen können, um sie von den anderen Flüssigkeitsteilchen unterscheidbar zu machen. Zu einem späteren Zeitpunkt $t = t_2$ wird diese blaue Fläche, die zur Zeit t_1 die Oberfläche der Wirbelröhre war, eine andere Gestalt angenommen haben. Es besteht jetzt die Frage: Stellt die blaue Fläche zur Zeit t_2 noch die ehemalige Wirbelröhre dar? Wenn das der Fall ist, muß der Vektorfluß durch jeden beliebigen Teil ΔS der Grenzfläche der Wirbelröhre von Abb. VII, 3.2 bei seiner Deformation zu $\Delta S'$ während der Zeit $t_2 - t_1$ Null sein. Daraus folgt dann, daß der Vektorfluß durch die gesamte Begrenzungsfläche der Wirbelröhre, während diese sich deformiert, Null sein muß.

Wir umgeben im Zeitpunkt t_1 die den Kern begrenzende (blaue) Fläche mit einer „flüssigen" Fläche A, die in jedem Punkt nur einen beliebig kleinen Abstand ε vom Kern besitzt, aus diesem Grunde aber ganz im Feld des Wirbels, d. h. im Gebiet einer Potentialströmung liegt. Da für $\lim \varepsilon \to 0$ die flüssige Fläche A nach der den Kern begrenzenden Fläche S konvergiert, so folgt, daß der Vektorfluß durch jeden beliebigen Teil dieser Fläche Null ist, wenn bewiesen werden kann, daß der Vektorfluß durch jeden beliebigen Teil von A Null ist.

Da irgendein Teil von A, sagen wir ΔA, im allgemeinen eine gewölbte Fläche ist, deren begrenzende Kurve in drei Dimensionen verläuft, können wir nicht den GAUSSschen Integralsatz für Begrenzungskurven benutzen die in einer Ebene liegen, sondern müssen den STOKESschen Satz anwenden, wenn wir jetzt ein Oberflächenintegral in ein Linienintegral verwandeln wollen. Da die Fläche ΔA eine „flüssige Fläche" darstellen soll, die also immer aus den gleichen Flüssigkeitsteilchen besteht, ist auch die sie begrenzende Kurve s eine „flüssige Linie". Die Behauptung, daß die eine Wirbelröhre begrenzende Fläche immer aus den gleichen Flüssigkeitsteilchen bestehe, führt uns also zu dem Satz, daß zu allen Zeiten

$$\iint^{\Delta A} \operatorname{rot} \mathfrak{w} \circ d\mathfrak{A} = \oint^{s} \mathfrak{w} \circ d\mathfrak{s} = 0$$

sein müßte.

Dieses ist ein spezieller Fall des W. THOMSONschen Satzes. W. THOMSON (LORD KELVIN) hat, angeregt durch die HELMHOLTZsche Arbeit, bewiesen, daß

$$\oint^{s} \mathfrak{w} \circ d\mathfrak{s} = \text{const}, \quad \text{d. h.} \quad \neq f(t), \tag{VII, 3.4}$$

wo s eine flüssige Linie einer reibungslosen, homogenen Flüssigkeit ist.

3.3 W. Thomsonscher Satz. Um Gl. (VII, 3.4) zu beweisen, haben wir zu zeigen, daß

$$\frac{D}{dt}\oint\limits^{C} \mathfrak{w} \circ d\mathfrak{r} = \oint\limits^{C} \frac{D\mathfrak{w}}{dt} \circ d\mathfrak{r} + \oint\limits^{C} \mathfrak{w} \circ \frac{D\,d\mathfrak{r}}{dt} = 0.$$

Es muß in diesem Falle die substantielle Ableitung genommen werden, da der Integrationsweg C eine flüssige Linie ist und es sich daher um die zeitliche Änderung des Produktes $\mathfrak{w} \circ d\mathfrak{r}$ von immer den gleichen Flüssigkeitsteilchen handelt, nämlich von denjenigen, die auf C liegen, wobei die Gestalt von C sich im allgemeinen mit der Zeit ändert.

Unter Berücksichtigung, daß

$$\frac{D\mathfrak{w}}{dt} = -\frac{1}{\varrho}\operatorname{grad} p \qquad \text{(VII, 3.5)}$$

und, daß

$$\frac{D\,d\mathfrak{r}}{dt} = d\mathfrak{w}$$

ist, also

$$\frac{D}{dt}\int \mathfrak{w} \circ d\mathfrak{r} = -\int \frac{\operatorname{grad} p}{\varrho} \circ d\mathfrak{r} + \int \mathfrak{w} \circ d\mathfrak{w}.$$

Da nun

$$\operatorname{grad} p \circ d\mathfrak{r} = \left(\mathfrak{i}\frac{\partial p}{\partial x} + \mathfrak{j}\frac{\partial p}{\partial y} + \mathfrak{k}\frac{\partial p}{\partial z}\right) \circ (\mathfrak{i}\,dx + \mathfrak{j}\,dy + \mathfrak{k}\,dz)$$

$$= \frac{\partial p}{\partial x}dx + \frac{\partial p}{\partial y}dy + \frac{\partial p}{\partial z}dz = dp$$

und

$$\mathfrak{w} \circ d\mathfrak{w} = d\left(\frac{w^2}{2}\right)$$

ist, so haben wir

$$\frac{D}{dt}\int \mathfrak{w} \circ d\mathfrak{r} = -\int \frac{dp}{\varrho} + \int \frac{d(w^2)}{2}.$$

Wir nehmen jetzt an, daß die Dichte ϱ lediglich eine Funktion des Druckes p ist, z. B. entsprechend einer adiabatischen Änderung

$$\varrho = \text{const}\, p^{1/\varkappa}, \qquad \text{(VII, 3.6)}$$

folglich, wenn wir von Punkt 1 nach Punkt 2 auf der flüssigen Linie C integrieren,

$$\int\limits_1^2 \frac{dp}{\varrho} = \text{const}\int\limits_1^2 \frac{dp}{p^{1/\varkappa}} = \text{const}\, p^{\frac{\varkappa-1}{\varkappa}}\Big|_1^2 = f(p);$$

mithin

$$\frac{D}{dt}\int\limits_1^2 \mathfrak{w} \circ d\mathfrak{r} = -\text{const}\, p^{\frac{\varkappa-1}{\varkappa}}\Big|_1^2 + \frac{w^2}{2}\Big|_1^2.$$

Wenn jetzt das Integral längs einer *geschlossenen* flüssigen Linie C genommen wird, d. h. für $1 \equiv 2$, so folgt

$$\frac{D}{dt} \oint^{C} \mathfrak{w} \circ d\mathfrak{r} = 0$$

und folglich

$$\oint^{C} \mathfrak{w} \circ d\mathfrak{r} = \text{const} \neq f(t). \qquad \text{(VII, 3.7)}$$

Der Beweis in der hier gegebenen Form ist jedoch nicht schlüssig, wenn die Druckänderung, welche die Änderung der Dichte bewirkt, zu einem Teil oder ganz auf eine Höhenänderung zurückzuführen ist (Probleme der Meteorologie). In diesem Falle ist es nicht möglich, wie auf S. 116 erklärt ist, den vollständigen Druck p_v in seine beiden Komponenten $\overline{p}$ und p zu zerlegen; mit anderen Worten: es ist in solchen Fällen nicht möglich, die Wirkung der Schwerkraft auf die Dichte dadurch zu berücksichtigen, daß wir lediglich p anstatt p_v in Betracht ziehen. Denn die Dichte ϱ hängt nicht nur von p, sondern gleichzeitig auch von $\overline{p}$, d. h. von $p + \overline{p} = p_v$ ab.

Um den Beweis auch auf diesen Fall auszudehnen, ersetzen wir p in Gl. (VII, 3.5) durch $p_v - \overline{p}$, d. h.

$$-\frac{1}{\varrho} \operatorname{grad} p = -\frac{1}{\varrho} \operatorname{grad}(p_v - \overline{p}) = \frac{\operatorname{grad} \overline{p}}{\varrho} - \frac{\operatorname{grad} p_v}{\varrho}.$$

Entsprechend S. 91 ist aber

$$\frac{\operatorname{grad} \overline{p}}{\varrho} = -\frac{\gamma}{\varrho} = -\mathfrak{k} g,$$

wo $\mathfrak{k}$ der Einheitsvektor in der z-Richtung und g die spezifische Schwerkraft ist[1]. Folglich ist

$$-\int \frac{\operatorname{grad} p}{\varrho} \circ d\mathfrak{r} = -g \int \mathfrak{k} \circ d\mathfrak{r} - \int \frac{\operatorname{grad} p_v}{\varrho} \circ d\mathfrak{r}$$

oder

$$-\int \frac{dp}{\varrho} = -g \int dz - \int \frac{dp_v}{\varrho}$$

und mit

$$\varrho = \text{const}\, p_v^{1/\varkappa},$$

also

$$\frac{D}{dt} \int_1^2 \mathfrak{w} \circ d\mathfrak{r} = -g z \Big|_1^2 - \text{const}\, p_v^{\frac{\varkappa - 1}{\varkappa}} \Big|_1^2 + \frac{w^2}{2} \Big|_1^2.$$

[1] Wir nehmen an, daß die Schwerkraft die einzige Kraft ist, die als Massenkraft auf das Flüssigkeitsteilchen wirkt und dabei dessen Druck $\overline{p}$ und folglich auch dessen Dichte beeinflußt. Insbesondere nehmen wir an, daß keine Kräfte, wie z. B. Coriolis-Kräfte, die kein Potential besitzen, auftreten.

Folglich für eine *geschlossene* flüssige Linie C, d. h. $1 \equiv 2$

$$\frac{D}{dt} \oint^{C} \mathfrak{w} \circ d\mathfrak{r} = 0$$

oder

$$\oint^{C} \mathfrak{w} \circ d\mathfrak{r} = \text{const}$$

also nicht eine Funktion der Zeit.

Wie wir sehen werden, folgen die HELMHOLTZschen Wirbelsätze ohne weiteres aus dem W. THOMSONschen Satz. Der von W. THOMSON gegebene Beweis ist aber allgemeiner als der von HELMHOLTZ, da er auch für kompressible Flüssigkeiten (Gase) gilt, während HELMHOLTZ in seiner Arbeit eine inkompressible Flüssigkeit annimmt. Der THOMSONsche Beweis setzt lediglich voraus, daß die Flüssigkeit homogen und reibungslos ist. Für inhomogene Flüssigkeiten gilt der W. THOMSONsche Satz in der hier gegebenen Form[1] nicht mehr, z. B. nicht für Flüssigkeiten, die aus Schichten verschiedener Dichte bestehen, sagen wir Salzlösungen mit verschiedenen Konzentrationen oder für Gase, die ungleichmäßig erhitzt werden. Der W. THOMSONsche Satz gilt also nicht in solchen Fällen, wo die Dichte außer vom Druck auch noch von anderen Faktoren abhängt, da dann Gl. (VII, 3.6) und die daraus gezogene Folgerung nicht zutrifft.

3.4 Folgerungen aus dem W. Thomsonschen Satz. 1. Die erste Folgerung, die wir aus dem W. THOMSONschen Satz erhalten, ist die bereits angedeutete Tatsache, daß eine Wirbelröhre dauernd aus den gleichen Flüssigkeitsteilchen besteht. Denn wenn wir eine flüssige Fläche A annehmen, die eine Wirbelröhre zur Zeit t_1 in der in Abb. VII, 3.3 dargestellten Weise umschließt, so ergibt der THOMSONsche Satz bei gleichzeitiger Anwendung des STOKESschen Satzes, daß für jedes beliebige $t_2 - t_1$, d. h. dauernd

$$\oint^{C} \mathfrak{w} \circ d\mathfrak{s} = \iint^{A} \operatorname{rot} \mathfrak{w} \circ d\mathfrak{A} = 0$$

ist, da die flüssige Linie C die Wirbelröhre nicht in sich schließt, einerlei wie klein ε und δ auch gewählt sein mögen. Der Wirbelfluß durch die im Laufe der Zeit in Gestalt und Lage im Raum sich ändernde flüssige Fläche A ist somit dauernd gleich Null. Aber nicht nur durch A — dieses

[1] Eine Erweiterung auf inhomogene Flüssigkeiten (Meteorologie) ist von V. BJERKNESS gegeben: Vorlesungen über hydrodynamische Fernkräfte. Leipzig 1900—1902. Siehe auch O. TIETJENS: Hydro- und Aeromechanik nach Vorlesungen von L. PRANDTL, 2. Aufl., Bd. 1, S. 180ff. Berlin: Springer 1944 oder O. TIETJENS: Fundamentals of Hydro- and Aeromechanics, based on Lectures of L. PRANDTL, S. 194ff. New York: Dover Publications 1957.

würde immerhin noch die Möglichkeit zulassen, daß im Laufe der Zeit an einzelnen Teilen von A ein positiver und an anderen Stellen von A ein gleich großer negativer (entgegengesetzter) Wirbelfluß bestände —, sondern durch jeden beliebigen Teil von A, d. h. durch jedes ΔA ist der Wirbelfluß dauernd gleich Null. Dieses läßt sich sofort erkennen, wenn der in Abb. VII, 3.4 dargestellte Integrationsweg C gewählt wird, und man dann sowohl ε als auch δ nach Null konvergieren läßt, ohne ΔA zu ändern.

Die in Gestalt und Lage sich ändernde flüssige Fläche A hat somit die Eigenschaft, daß der Wirbelfluß durch jeden Teil ΔA der flüssigen Fläche A dauernd gleich Null ist. Mit anderen Worten: Diejenigen

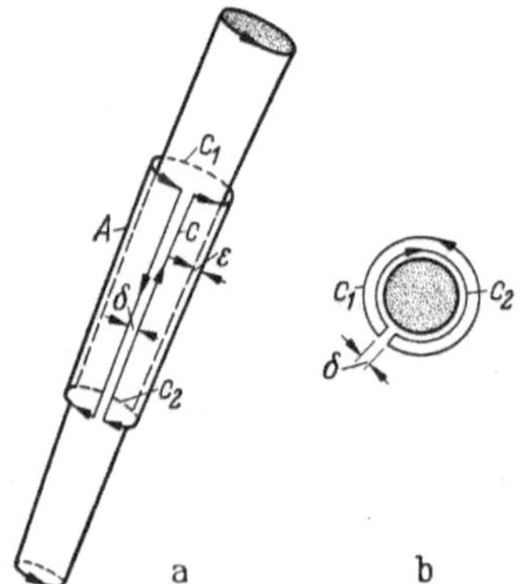

Abb. VII, 3.3a u. b. Das Linienintegral längs der „flüssigen" Kurve C_1CC_2 bleibt dauernd Null; eine Wirbelröhre besteht daher immer aus denselben Flüssigkeitsteilen

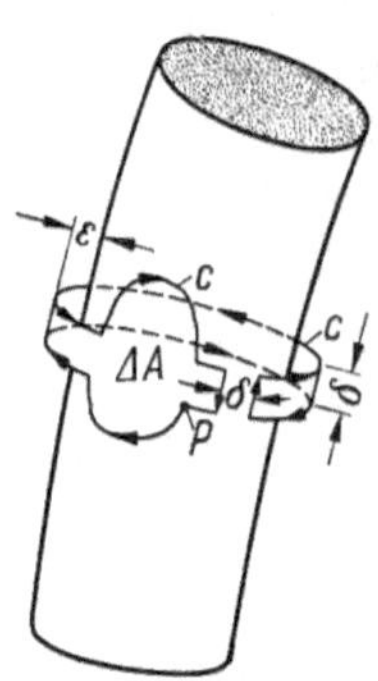

Abb. VII, 3.4. Der Vektorfluß durch jedes Flächenelement ΔA der Fläche A von Abb. VII, 3.3 bleibt immer Null

Flüssigkeitsteilchen, die gerade einmal die Begrenzung einer Wirbelröhre bilden, tun es auch nach beliebiger Zeit. Aus dem räumlichen Zusammenhang ist dann auch sofort ersichtlich, daß die Flüssigkeitsteilchen, die einmal eine Wirbelröhre erfüllen, immer darin bleiben. Also besteht eine Wirbelröhre dauernd aus denselben Flüssigkeitsteilen.

Läßt man jetzt den Durchmesser der Wirbelröhre nach Null konvergieren, so geht sie in eine Wirbellinie über und man erhält den wesentlichen Inhalt des ersten und zweiten HELMHOLTZschen Satzes.

2. Die zweite Folgerung aus dem W. THOMSONschen Satze ist die Tatsache, daß die Zirkulation eines Wirbels sowohl örtlich als auch zeitlich konstant ist. Denn wenn wir in Abb. VII, 3.3 δ nach Null konvergieren lassen, ergibt sich aus dem W. THOMSONschen Satz

$$\oint \mathfrak{w} \circ d\mathfrak{s} = \oint^{C_1} \mathfrak{w} \circ d\mathfrak{s} + \oint^{-C_2} \mathfrak{w} \circ d\mathfrak{s} = 0,$$

wo $-C_2$ andeutet, daß die Integration längs C_2 in negativer Richtung genommen ist. Folglich, wenn wir die Integrationsrichtung längs C_2 umkehren:

$$\oint^{C_1} \mathfrak{w} \circ d\mathfrak{s} = \oint^{C_2} \mathfrak{w} \circ d\mathfrak{s}.$$

Benutzen wir jetzt das auf S. 382 beschriebene vereinfachte Bild eines Wirbels und bezeichnet C_1 und C_2 die Umrandung des Kernes in zwei beliebigen Querschnitten $r_1^2\pi$ bzw. $r_2^2\pi$, so folgt aus der letzten Gleichung, wenn w_t die Tangentialgeschwindigkeit am jeweiligen Rande des Kernes bedeutet,

$$2r_1\pi w_{t_1} = 2r_2\pi w_{t_2}$$

und wegen

$$w_{t_1} = r_1\omega_1, \qquad w_{t_2} = r_2\omega_2,$$

wo ω_1 und ω_2 die jeweilige Winkelgeschwindigkeit des Kernes in den Querschnitten $r_1^2\pi$ und $r_2^2\pi$ ist,

$$r_1^2\pi\,\omega_1 = r_2^2\pi\,\omega_2,$$

d. h. das Produkt aus Querschnittsfläche und Winkelgeschwindigkeit ist konstant. Diese Beziehung gilt nicht nur in einem Zeitpunkt, sondern da die Umrandungsfläche des Kernes eine flüssige Fläche ist, nach dem THOMSONschen Satz für alle Zeiten. Damit ist gezeigt, daß auch der dritte HELMHOLTZsche Satz ohne weiteres aus dem W. THOMSONschen Satze folgt, und daß die obige Beziehung nicht nur für unendlich dünne Wirbellinien gilt, sondern auch für Wirbelkerne von endlichen Durchmessern.

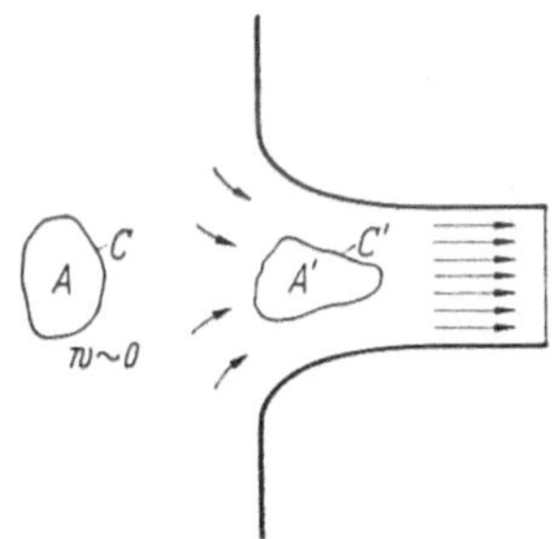

Abb. VII, 3.5. Das Linienintegral längs der flüssigen Linie C' und damit der Vektorfluß durch A' muß Null bleiben, wenn die Linie aus einem Gebiet kommt, wo die Geschwindigkeiten Null sind

3. Eine weitere wichtige Folgerung aus dem W. THOMSONschen Satze ist die Tatsache, daß jede Strömung einer homogenen reibungslosen Flüssigkeit aus der Ruhe heraus eine Potentialströmung ist. Nehmen wir in Abb. VII, 3.5 eine Strömung an, die aus der Ruhe entstanden ist, und betrachten wir in dieser Strömung eine geschlossene flüssige Linie von der Form C', so muß dieselbe flüssige Linie in anderer Gestalt C bereits vorher bestanden haben, d. h. an einem Ort, wo die Strömung sich noch in Ruhe befand. Nach dem THOMSONschen Satz ist nun

$$\oint^{C} \mathfrak{w} \circ d\mathfrak{s} = \oint^{C'} \mathfrak{w} \circ d\mathfrak{s},$$

und da das linke Integral Null ist, weil zur Zeit der Ruhe (Integrationsweg C) die Geschwindigkeiten überall Null sind, so folgt bei Anwendung des STOKESschen Satzes

$$\oint^{C'} \mathfrak{w} \circ d\mathfrak{s} = \iint^{A'} \operatorname{rot} \mathfrak{w} \circ d\mathfrak{A}' = 0 .$$

Da wir uns nun jeden beliebigen Punkt im Innern unserer Strömung von einer flüssigen Linie C' umschrieben denken können, und da die letzte Gleichung für jedes beliebig kleine A' gilt, so folgt, daß für jeden Punkt im Innern unserer Strömung

$$\operatorname{rot} \mathfrak{w} = 0$$

ist. Wegen

$$\operatorname{rot} \operatorname{grad} \Phi = \nabla \times \nabla \Phi \equiv 0$$

kann also die Geschwindigkeit in jedem Punkt im Innern unserer Strömung als Gradient einer Funktion $\Phi(x, y, z, t)$ angesehen werden. Wir haben also eine Potentialströmung.

3.5 Einschränkung hinsichtlich der Anwendung des W. Thomsonschen Satzes. In Abb. VII, 3.6 umschreibt eine flüssige Linie C den Querschnitt einer Strebe, jedoch ohne ihn selbst zu „enthalten". Oder, anders ausgedrückt: Die Fläche A, die von der Kurve C umrandet wird (und dabei immer zur linken Hand von C liegt, wenn C in der angegebenen Richtung durchlaufen wird), enthält nicht die Querschnittsfläche der Strebe.

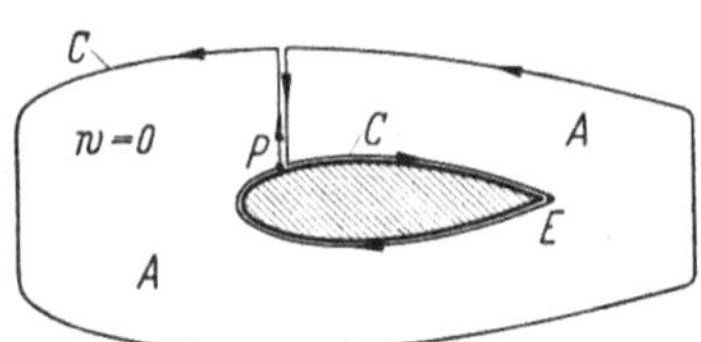

Abb. VII, 3.6. Das Linienintegral längs C ist Null, da die Geschwindigkeit überall Null ist

Wenn die Flüssigkeit jetzt mit der Geschwindigkeit w sich zu bewegen beginnt, wie in Abb. VII, 3.7 angedeutet, möge die flüssige Linie nach einer gewissen Zeit die Gestalt C' angenommen haben. Daß bei einer Flüssigkeit, sofern sie als Kontinuum (!) angesehen wird, eine flüssige Linie von einem Körper nicht durchbohrt werden kann, wird der LAGRANGEsche Satz zeigen (VII, 3.6). Das Flüssigkeitsteilchen E in Abb. VII, 3.6 möge sich in

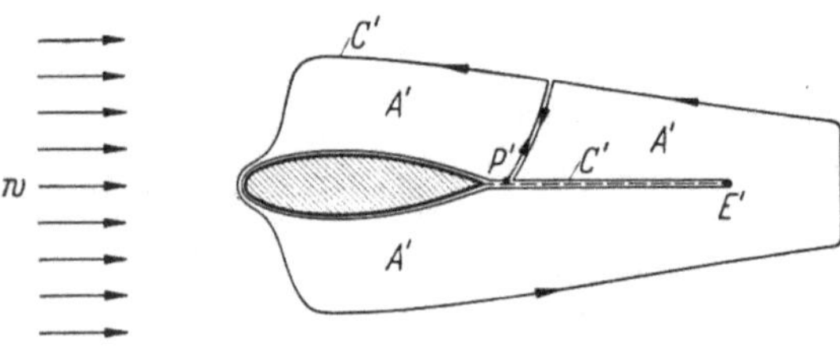

Abb. VII, 3.7. Das Linienintegral längs C' bleibt Null; die von der Hinterkante ausgehende gestrichelte Gerade gehört *nicht* zu dem von C' umschlossenen Gebiet

Abb. VII, 3.7 nach E' bewegt haben. Die gestrichelte Linie, die sich von der Hinterkante der Strebe bis nach E' erstreckt, ist also nicht ein Bestandteil der von C' umrandeten Fläche A'.

Das Linienintegral längs C muß Null sein, da die Geschwindigkeit überall Null ist. Nach dem THOMSONschen Satz muß demnach auch das Linienintegral längs C' Null sein. Da jedoch die von der Hinterkante der Strebe ausgehende Linie (gestrichelt) nicht zu der von der flüssigen Linie C' umrandeten Fläche A' gehört, erhalten wir von dem THOMSONschen Satz auch keine Aussage hinsichtlich der gestrichelt gezeichneten und senkrecht zur Bildebene sich erstreckenden Fläche. Diese Tatsache ist zwar von keinem praktischen Interesse, solange es

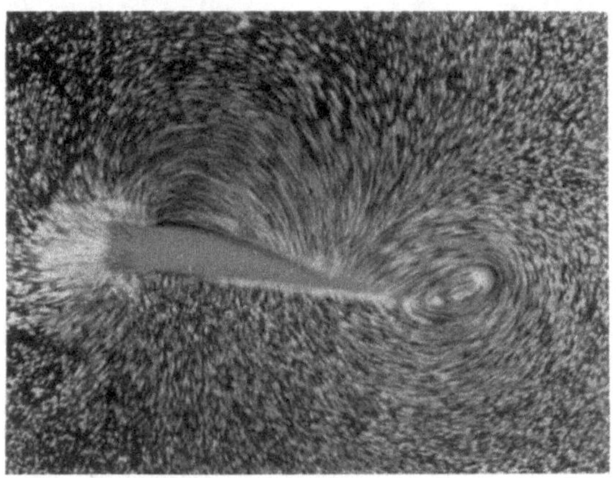

Abb. VII, 3.8. Anfahrwinkel eines Tragflügels

sich um symmetrisch geformte Streben handelt, gewinnt aber an Bedeutung, wenn man unsymmetrische Querschnitte, wie sie bei Tragflügeln von Flugzeugen vorkommen, annimmt.

Bei einem solchen Körper zeigt die Beobachtung, vgl. Abb. VII, 3.8 und 9, daß bei einer Bewegung aus der Ruhe heraus, bzw. bei einer Beschleunigung, ein Wirbel erzeugt wird, der sich parallel zur Hinterkante des Tragflügels erstreckt. Das hängt damit zusammen, daß im Falle einer Beschleunigung des Tragflügels die Strömungsgeschwindigkeit dicht an der Hinterkante an deren unterer Seite größer ist als an der oberen. Von der Hinterkante erstreckt sich somit eine (sich bald aufrollende) Fläche, bei der die Geschwindigkeiten auf beiden Seiten verschieden sind, und die deshalb als eine Fläche mit Rotation anzusehen ist (Abb. VII, 3.9). Diese Tatsache steht aber keineswegs im Gegensatz zum W. THOMSONschen Satz, da dieser sich nicht auf die

Fläche mit Rotation bezieht, denn diese gehört nicht zu der von C' umrandeten Fläche A', wie sich aus Abb. VII, 3.10 und 11 ergibt.

Wir nehmen jetzt das Resultat des im folgenden abgeleiteten Satzes von LAGRANGE vorweg, wonach bei einer Flüssigkeit — auch wenn

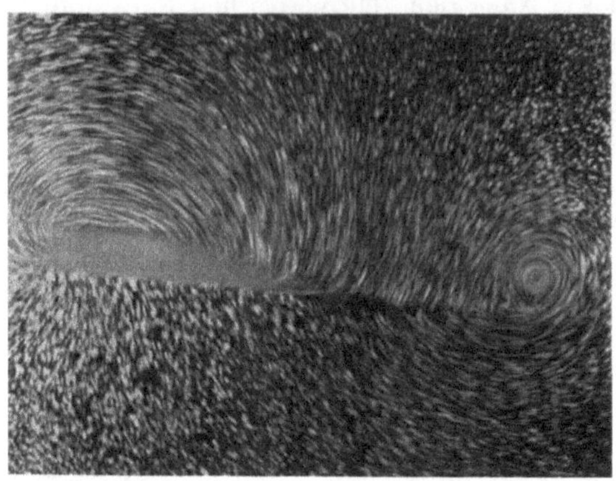

Abb. VII, 3.9. Wie vorher, aber in einem etwas späteren Zeitpunkt

diese als reibungslos ($\mu = 0$) angenommen wird —, sofern sie nur als Kontinuum aufgefaßt wird, diejenigen Teilchen des Kontinuums, die einmal in Kontakt mit einem Körper sind, auch dauernd mit ihm in Kontakt bleiben. Danach ist somit die Kontur des Querschnittes selbst eine flüssige Linie. Würde man diese jedoch als Integrations weg wählen, so müßte nach dem THOMSONschen Satz in dem gesamten Gebiet außerhalb des Querschnittes Potentialströmung herrschen, was mit der Erfahrung (Abb. VII, 3.9) im Widerspruch steht.

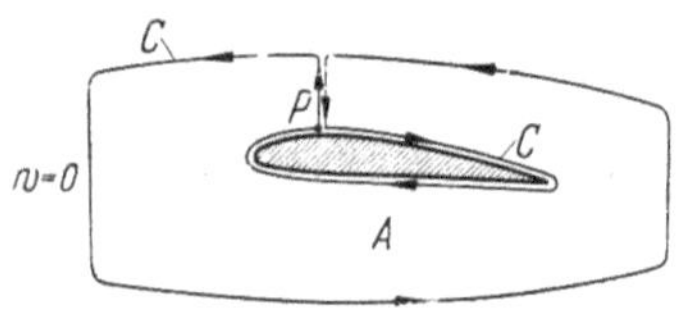

Abb. VII, 3.10

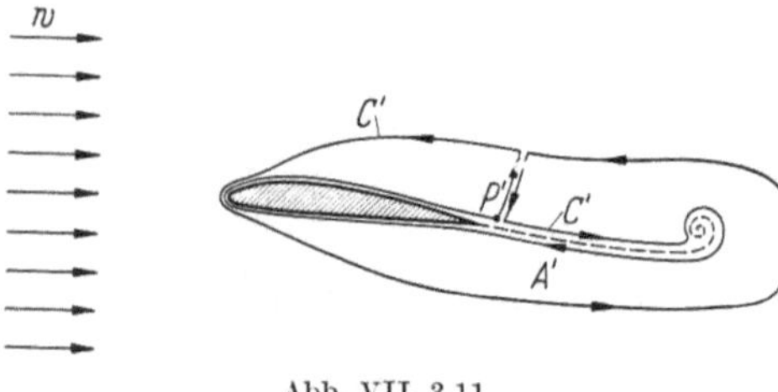

Abb. VII, 3.11

Abb. VII, 3.10 u. 11. Die von der Hinterkante ausgehende (gestrichelte) Linie mit Rotation gehört nicht zu der von C' umschlossenen Fläche A'

Dazu muß jedoch bemerkt werden, daß die Ausbildung dieser Wirbelfläche nur möglich ist, wenn die Flüssigkeit eine, wenn auch beliebig geringe, von Null verschiedene Zähigkeit besitzt[1], da andernfalls nur eine

[1] Siehe S. 497ff.

Potentialströmung nach Art der Abb. V, **3.6**, d. h. ohne Zirkulation, aus der Ruhe heraus möglich ist. Auf Flüssigkeiten mit Zähigkeit ist der THOMSONsche Satz aber überhaupt nicht anwendbar. Daß dennoch der THOMSONsche Satz auf Flüssigkeiten *sehr geringer* Zähigkeit, wie sie Luft und Wasser besitzen, in vielen Fällen anwendbar ist, hängt damit zusammen, daß die Wirkungen der Zähigkeit bei Bewegungen aus der Ruhe heraus sich zunächst auf die unmittelbare Nachbarschaft der benetzten Oberflächen von festen Körpern beschränken (Grenzschichten). Schließt man diese unmittelbare Nachbarschaft von der Betrachtung aus, so kann man die Flüssigkeit im verbleibenden Gebiet als reibungslos ansehen. Und es ist dieser Umstand, den wir in Betracht ziehen, wenn wir bei der Anwendung des THOMSONschen Satzes die Einschränkung machen, daß im allgemeinen[1] die als Integrationswege gewählten flüssigen Linien C im „Innern" der Flüssigkeit liegen müssen und nicht teilweise oder ganz der Oberfläche von Körpern angehören dürfen.

3.6 Lagrangescher Satz. Es ist bereits erwähnt worden, daß eine flüssige Linie, die als Teil einer Flüssigkeit gegen und um einen Körper strömt, von diesem nicht durchbohrt werden kann. Denn wäre dieses möglich, so würde es in sich schließen, daß Flüssigkeitsteile, die zu einer gewissen Zeit den Körper nicht berühren, in einer späteren Zeit in Berührung mit der Oberfläche des Körpers kommen könnten und dabei diejenigen Flüssigkeitsteile ersetzen, die vorher mit dem Körper in Berührung waren.

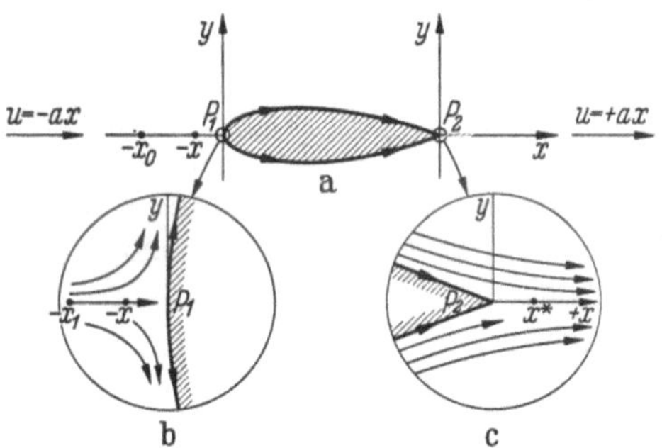

Abb. VII, 3.12 a—c. Einzelheiten der Strömung am vorderen und hinteren Staupunkt einer Strebe

Die Flüssigkeitsteilchen einer flüssigen Linie, die dann in Kontakt mit dem Körper gekommen sind, könnten dann wiederum ersetzt werden durch andere stromaufwärts fließende Flüssigkeitsteile, bis die flüssige Linie von dem Körper vollkommen durchbohrt ist und als Ganzes stromabwärts vom Körper fließt. Nach dem LAGRANGEschen Satz kann dieses jedoch nicht eintreten, da nach diesem Satz die Grenzflächen einer zähen *und zähigkeitsfreien* ($\mu = 0$), Flüssigkeit, sofern sie als Kontinuum angenommen wird, immer aus denselben Flüssigkeitsteilchen besteht.

[1] In Abb. VII, 3.6 könnte als spezieller Fall auch die Körperkontur Teil des Integrationsweges C bzw. C' sein.

Um dieses einzusehen, betrachten wir in Abb. VII, 3.12a eine Strebe in einer Strömung von links nach rechts. Ein gewisses Flüssigkeitsteilchen möge zur Zeit $t = 0$ die Lage $x = -x_0$, $y = 0$ besitzen und bei seiner Bewegung gegen den Staupunkt P_1 im Zeitpunkt t nach $-x$, 0 gekommen sein. Wir fragen uns jetzt: welche Zeit wird benötigt, bis das Flüssigkeitsteilchen den Staupunkt P_1 berührt? Nachdem das Flüssigkeitsteilchen erst einmal genügend nahe an den Staupunkt $x = 0$, $y = 0$ gekommen ist, sagen wir in $-x_1$, 0 von Abb. VII, 3,12b, benimmt es sich ähnlich wie ein Flüssigkeitsteilchen in einer zweidimensionalen Strömung gegen eine Wand, wie auf S. 131 beschrieben. Die Geschwindigkeit ist dann proportional dem Abstand vom Staupunkt, d. h. wenn a ein Proportionalitätsfaktor ist, für negative Werte von x

$$u = -a\,x .$$

Setzt man $dx/dt = u$, so ist

$$\frac{dx}{x} = -a\,dt$$

und integriert von $-x_1$ bis $-x$, bzw. t_1 bis t

$$\ln\frac{x}{x_1} = -a\,(t - t_1)$$

oder

$$-x = -x_1\,e^{-a(t-t_1)};$$

der Abstand zum Staupunkt nimmt also exponentiell mit der Zeit ab. Das bedeutet jedoch, daß das Flüssigkeitsteilchen den Staupunkt in endlichen Zeiten nicht erreicht.

Das gleiche gilt für den Staupunkt $P_2 (x = 0,\ y = 0)$. Eine unendlich lange Zeit wird benötigt, bis das Flüssigkeitsteilchen am hinteren Staupunkt zu einem Punkt x^* gelangt, einerlei wie nahe x^* zum Staupunkt gewählt wird: Auf der positiven Seite der x-Achse haben wir für $y = 0$

$$\frac{dx}{dt} = u = a\,x,$$

also für $0 < x < x^*$

$$\int_x^{x^*} \frac{dx}{x} = a \int_t^{t^*} dt$$

oder

$$\ln\frac{x^*}{x} = a\,(t^* - t)$$

oder

$$x = \frac{x^*}{e^{a(t^*-t)}} .$$

Gehen wir jetzt zur Grenze $x \to 0$ (hinterer Staupunkt) bzw. $t \to 0$, so erhalten wir

$$\frac{x^*}{e^{a t^*}} = 0,$$

d. h. $t^* \to \infty$ für jeden endlichen (beliebig kleinen) Wert von x^*.

Wir erhalten somit ein eigenartiges Bild der Strömung einer reibungslosen Flüssigkeit, sofern diese als Kontinuum aufgefaßt wird: Mit Ausnahme der beiden Staupunkte haben wir überall endliche Geschwindigkeiten an der Oberfläche eines in einer Strömung befindlichen Körpers, und trotzdem verläßt die Flüssigkeit nicht die Oberfläche des Körpers, sondern bleibt an ihr. Die Schwierigkeit, sich diesen Vorgang anschaulich vorzustellen, kommt daher, daß, wenn wir an Flüssigkeitsteilchen denken, wir unwillkürlich an solche von endlichen, wenn auch sehr kleinen, Abmessungen denken, aus denen sich die Oberfläche bzw. die Kontur des Körpers zusammensetzt. Mit dieser Vorstellung der Kontur, gleichsam als einer Perlenkette von beliebig kleinen, aber deshalb doch endlich vielen Flüssigkeitsteilchen, läßt sich der LAGRANGEsche Satz nicht verstehen. Vollziehen wir aber den Grenzübergang zum Volumen Null des Flüssigkeitsteilchens, so kommen wir zum mathematischen Punkt und verlieren damit die Vorstellung des Flüssigkeitsteilchens als etwas Gegenständlichem. Es ist ähnlich wie mit dem Begriff der Fläche, die man sich anschaulich nicht als von Linien aufgebaut denken kann. Die Fläche als Äußeres eines Körpers ist das anschaulich Primäre und die Linie als der Schnitt von zwei Flächen das abgeleitete Sekundäre; ebenso wie man sich die Linie nicht als von Punkten zusammengesetzt vorstellen kann. Vielmehr ist der Punkt geometrisch als Schnitt zweier Linien definiert und vorstellbar.

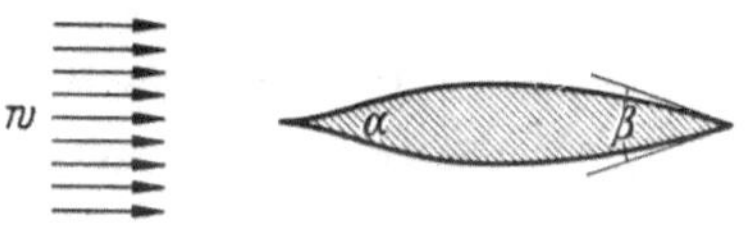

Abb. VII, 3.13. Da der Winkel $\alpha = 0$ ist, bildet sich hier ein Staupunkt, während er bei $\beta > 0$ noch besteht

Abb. VII, 3.14. Da beide Winkel α und β gleich Null sind, bildet sich weder vorn noch hinten ein Staupunkt aus

Will man den LAGRANGEschen Satz sich anschaulich klarmachen, so darf man die für diesen Satz unumgängliche Voraussetzung, nämlich das Kontinuum, nicht aufgeben durch Annahme diskreter, wenn auch beliebig kleiner Teilchen. Man kommt einer physikalischen Vorstellung näher, wenn man sich die zähigkeitsfreie Flüssigkeit an der Oberfläche des Körpers als eine unendlich dünne Haut von *unendlich großer Dehnbarkeit* vorstellt.

Es läßt sich beweisen (ohne daß wir dies hier tun), daß eine Flüssigkeit, wiederum aufgefaßt als Kontinuum, die gegen eine Körperkante vom Winkel $\alpha = 0$ strömt, sozusagen aufgespalten wird, wobei immer neue Teile der Flüssigkeit aus dem Innern in Berührung mit der Körperoberfläche kommen. Die Kontur des in Abb. VII, 3.13 dargestellten Körpers erhält somit immer neue Flüssigkeit, ohne daß diese an der hinteren Körperkante ($\beta > 0$) abfließt. Da die Kontur aber unendlich dünn ist, bleibt die in endlichen Zeiten der Kontur aus dem Innern zugefügte Flüssigkeitsmenge unendlich klein. Um zu bewirken, daß die aus dem Innern stammende und mit der Körperoberfläche in Berührung kommende Flüssigkeit nach hinten wieder abfließt, muß auch der hintere Kantenwinkel Null sein (Abb. VII, 3.14).

Die Diskussion des LAGRANGEschen Satzes zeigt, zu welch seltsamen Resultaten man kommen kann, wenn man statt einer wirklichen Flüssigkeit mit immer endlicher, wenn auch kleiner Zähigkeit die Abstraktion eines reibungslosen Kontinuums setzt. Die tatsächliche Strömung einer wirklichen Flüssigkeit ist nicht in Übereinstimmung mit den Resultaten dieses Paragraphen, es ist aber dennoch in manchen Fällen von Interesse zu wissen, welche Art von Strömung sich ausbilden würde, wenn keine Zähigkeit vorhanden wäre.

4 Gegenseitige Beeinflussung gerader Wirbel

4.1 Überlagerung von Wirbelfeldern. Bisher haben wir den einzelnen Wirbelfaden betrachtet. Wollen wir jetzt das Geschwindigkeitsfeld bestimmen, das sich auf Grund von mehreren Wirbeln ausbildet, so können wir das in der Weise tun, daß wir das Geschwindigkeitsfeld jedes einzelnen Wirbels für sich allein berechnen und dann in einer genügend großen Anzahl von Raumpunkten die Geschwindigkeitsvektoren der verschiedenen Felder geometrisch addieren.

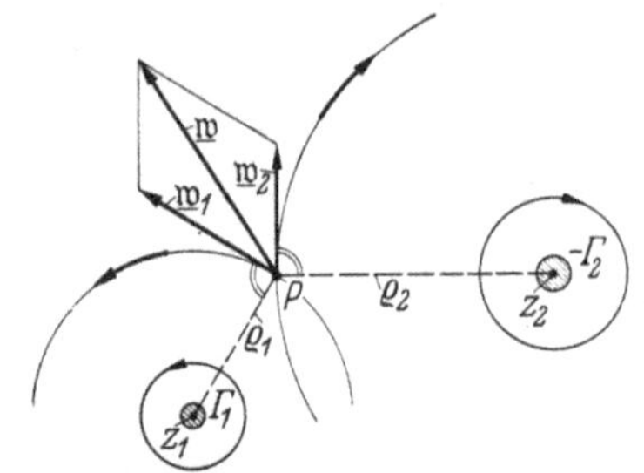

Abb. VII, 4.1. Addition der Geschwindigkeitsvektoren der beiden Wirbel Γ_1 und $-\Gamma_2$ im Punkte P

Angenommen, wir haben in den Punkten z_1 und z_2 zwei gerade und parallele Wirbel mit den Zirkulationen Γ_1 und $-\Gamma_2$, wie in Abb. VII, 4.1 dargestellt ist, so bestehen in einem beliebigen Punkte P die beiden Geschwindigkeitsvektoren $\mathfrak{w}_1$ und $\mathfrak{w}_2$ mit den Beträgen

$$|\mathfrak{w}_1| = \frac{\Gamma_1}{2\pi\varrho_1}, \qquad |\mathfrak{w}_2| = \frac{\Gamma_2}{2\pi\varrho_2}$$

entsprechend den Zirkulationen der beiden Wirbel. Die resultierende Geschwindigkeit in Punkt P ist dann

$$\mathfrak{w} = \mathfrak{w}_1 + \mathfrak{w}_2 .$$

Wenn diese geometrische Addition der jeweiligen Geschwindigkeitsvektoren in einer genügend großen Anzahl von Punkten vorgenommen ist, läßt sich das von den beiden Wirbeln erzeugte Stromlinienbild zeichnen.

Es ist allerdings dabei zu berücksichtigen, daß ein solches Stromlinienbild keine stationäre Strömung darstellt, sondern sich zeitlich ändert. Wie auf S. 417 und 425f. im einzelnen gezeigt werden wird, nehmen die Wirbelzentren selbst an der Bewegung teil. Das nach obigem erhaltene Stromlinienbild stellt somit nur einen augenblicklichen Bewegungszustand dar, und um diesen in einem späteren Zeitpunkt zu erhalten, muß zunächst die neue Lage z_1' und z_2' der Wirbelzentren bestimmt werden.

Da das Feld eines Wirbels eine Potentialströmung ist, können wir das Feld von mehreren Wirbeln auch dadurch erhalten, daß wir anstatt der entsprechenden Geschwindigkeiten die jeweiligen Potentialwerte der einzelnen Wirbel addieren. Und da es sich hierbei um die Addition von Skalaren handelt, anstatt von Vektoren, ist diese Methode sehr viel einfacher:

Wir betrachten in Abb. VII, 4,1 die $z = x + iy$-Ebene mit den beiden Wirbeln Γ_1 und $-\Gamma_2$ in den Punkten z_1 und z_2 und nehmen der Einfachheit halber noch an, daß

$$\Gamma_1 = \Gamma_2 = \Gamma$$

ist, d. h., wir haben zwei Wirbel von gleicher Stärke, aber entgegengesetztem Drehsinn.

Nach Gl. (V, 2.30) ist die komplexe Funktion eines geraden Wirbels mit positivem Drehsinn im Punkte z_1

$$F_1 = -\frac{\Gamma}{2\pi} i \ln(z - z_1)$$

und die eines gleich starken Wirbels mit negativem Drehsinn im Punkte z_2

$$F_2 = \frac{\Gamma}{2\pi} i \ln(z - z_2),$$

mithin für das Feld beider Wirbel

$$F = F_1 + F_2 = \frac{\Gamma}{2\pi} i [\ln(z - z_2) - \ln(z - z_1)]. \qquad \text{(VII, 4.1)}$$

Mit

$$z - z_1 = x - x_1 + i(y - y_1)$$

haben wir für den Betrag von $z - z_1$

$$|z - z_1| = \sqrt{(x - x_1)^2 + (y - y_1)^2} = \varrho(1),$$

und für das Argument ϑ mit den in Abb. VII, 4.2 gegebenen Bezeichnungen

$$\vartheta(1) = \operatorname{arctg} \frac{y - y_1}{x - x_1} = \alpha(1) + \gamma.$$

Mithin ist

$$z - z_1 = \varrho(1)\, e^{i[\alpha(1) + \gamma]}$$

und analog

$$z - z_2 = \varrho(2)\, e^{i[\alpha(2) + \gamma]}.$$

Wenn wir jetzt die Funktion F in ihren reellen und imaginären Teil spalten, so erhalten wir, wenn wir berücksichtigen, daß

$$i \ln (z - z_1) = i \ln \varrho (1) - [\alpha (1) + \gamma]$$

und

$$i \ln (z - z_2) = i \ln \varrho (2) - [\alpha (2) + \gamma]$$

nach Gl. (VII, 4.1)

$$F = \Phi + i \Psi = \frac{\Gamma}{2\pi} [\alpha (1) - \alpha (2)] - i \frac{\Gamma}{2\pi} \ln \frac{\varrho (1)}{\varrho (2)}. \qquad \text{(VII, 4.2)}$$

$\Psi = \text{const}$ gibt dann die Stromlinien der beiden Wirbel.

Zunächst wollen wir jedoch die Kurvenschar

$$\Phi = \frac{\Gamma}{2\pi} [\alpha (1) - \alpha (2)] = \text{const} \qquad \text{(VII, 4.3)}$$

untersuchen, die zu derjenigen der Stromlinien senkrecht steht. Nach der letzten Gleichung muß für alle Punkte z, die auf einer speziellen Kurve $\Phi = \text{const} = C_1$ liegen,

$$\alpha (1) - \alpha (2) = \text{const} = \frac{C_1}{\frac{\Gamma}{2\pi}}$$

sein. Nach Abb. VII, 4.2 liegen diejenigen Punkte, für welche die letzte Gleichung zutrifft, auf einem Kreise durch z_1 und z_2. Und zwar ist die Konstante negativ auf dem oberen Teil des Kreises, da hier $\alpha(1) < \alpha(2)$ ist, und positiv, nämlich

$$\alpha' (1) - \alpha' (2) = \pi - [\alpha (2) - \alpha (1)] \qquad \text{(VII, 4.4)}$$

für Punkte des unteren Teils des Kreises.

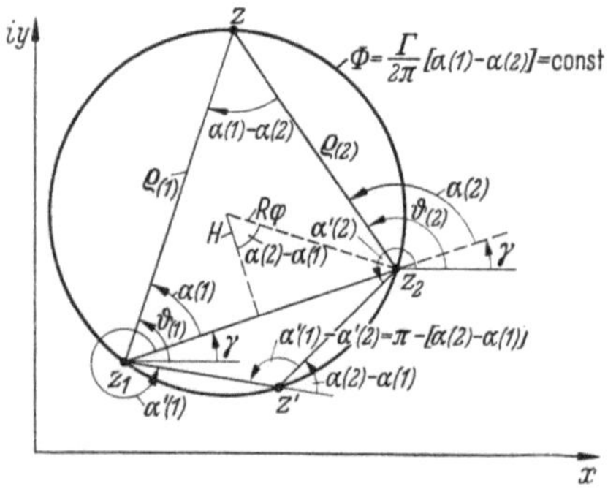

Abb. VII, 4.2

Der Kreis mit der Verbindungsstrecke von z_1 und z_2 als Durchmesser entspricht auf dem oberen Teil der Konstanten

$$\alpha (1) - \alpha (2) = -\frac{\pi}{2}$$

und auf dem unteren Teil dieses Kreises der Konstanten

$$\alpha' (1) - \alpha' (2) = \pi - [\alpha (2) - \alpha (1)] = \pi - \frac{\pi}{2} = \frac{\pi}{2}.$$

Das Potential für den oberen Teil dieses Kreises ist somit

$$\Phi = \frac{\Gamma}{2\pi} \left(- \frac{\pi}{2} \right) = - \frac{\Gamma}{4}$$

und auf der unteren Seite des Kreises

$$\Phi = \frac{\Gamma}{2\pi}\,\frac{\pi}{2} = \frac{\Gamma}{4}.$$

Rückt der Mittelpunkt des Kreises durch Punkt z_1 und Punkt z_2 in der Richtung *oberhalb* der Verbindungsstrecke $|z_2 - z_1|$ nach Unendlich, so wird im Grenzfall $\alpha(1) - \alpha(2) = 0$ bzw. $\alpha'(1) - \alpha'(2) = \pi$. Das Potential der Geraden durch z_1 und z_2, mit Ausnahme der Verbindungsstrecke selbst, ist also $\Phi = 0$ und das der Verbindungsstrecke $\Phi = \Gamma/2$. Rückt der Mittelpunkt des Kreises durch z_1 und z_2 *unterhalb* deren Verbindungsstrecke nach Unendlich, so wird im Grenzfall $\alpha(1) - \alpha(2) = -\pi$ bzw. $\alpha'(1) - \alpha'(2) = \pi - [\alpha(2) - \alpha(1)] = \pi - \pi = 0$ und somit das Potential der Verbindungsstrecke $\Phi = \Gamma(-\pi)/2\pi = -\Gamma/2$, und das Potential der Geraden durch z_1 und z_2 außerhalb der Verbindungsstrecke $\Phi = 0$. An der Verbindungsstrecke besteht somit ein Potentialsprung von der Größe Γ. Auf diese Tatsache werden wir auf S. 424 nochmals zurückkommen.

Aus Abb. VII, 4.2 ergibt sich, daß zu einer speziellen Konstante der Potentialfunktion, d. h. zu einem bestimmten Werte von $\alpha(1) - \alpha(2)$, ein Kreis gehört, dessen Mittelpunkt gegeben ist durch

$$H = \frac{|z_2 - z_1|}{2\,\mathrm{tg}[\alpha(2) - \alpha(1)]} \qquad \text{(VII, 4.5)}$$

und dessen Radius

$$R_\Phi = \frac{|z_2 - z_1|}{2\sin[\alpha(2) - \alpha(1)]} \qquad \text{(VII, 4.6)}$$

ist.

Will man eine Anzahl von Kreisen $\Phi = \text{const}$ zeichnen, sagen wir n^* Kreise, wobei die Differenz der Konstanten aufeinanderfolgender Potentiale gleich sein soll, so müssen wir, da $0 \leqq \alpha(2) - \alpha(1) \leqq \pi$ ist, in Gl. (VII, 4.3) bzw. in Gl. (VII, 4.5 und 6)

$$\alpha(2) - \alpha(1) = \frac{n}{n^*}\pi \qquad \text{(VII, 4.7)}$$

setzen, wo $n = 0, 1, 2, \ldots n^*$ ist. In Abb. VII, 4.3 ist dieses für $n^* = 10$ durchgeführt.

Für den oberen Teil der Kreise erhalten wir dann die Konstante aus der Gleichung

$$\frac{\Phi_{-n}}{\dfrac{\Gamma}{2\pi}} = \alpha(1) - \alpha(2) = \frac{-n}{n^*}\pi, \qquad n = 0, 1, 2, \ldots n^*,$$

d. h. wenn beispielsweise $n^* = 10$ ist: $0, -0{,}1\,\pi, -0{,}2\,\pi, \ldots -\pi$, wobei die letzte Konstante der Strecke $|z_2 - z_1|$ entspricht.

Für den unteren Teil der Kreise ergibt sich aus Gl. (VII, 4.4)

$$\frac{\Phi_{n^*-n}}{\frac{\Gamma}{2\pi}} = \alpha'(1) - \alpha'(2) = \pi - \frac{n}{n^*}\pi = \frac{n^* - n}{n^*}\pi, \quad n = 0, 1, 2, \ldots n^*, \tag{VII, 4.8}$$

d. h. für $n^* = 10$ die Werte: π, $0{,}9\,\pi$, $0{,}8\,\pi$, $0{,}7\,\pi$, ... 0, wobei die erste Konstante der Strecke $|z_2 - z_1|$ entspricht.

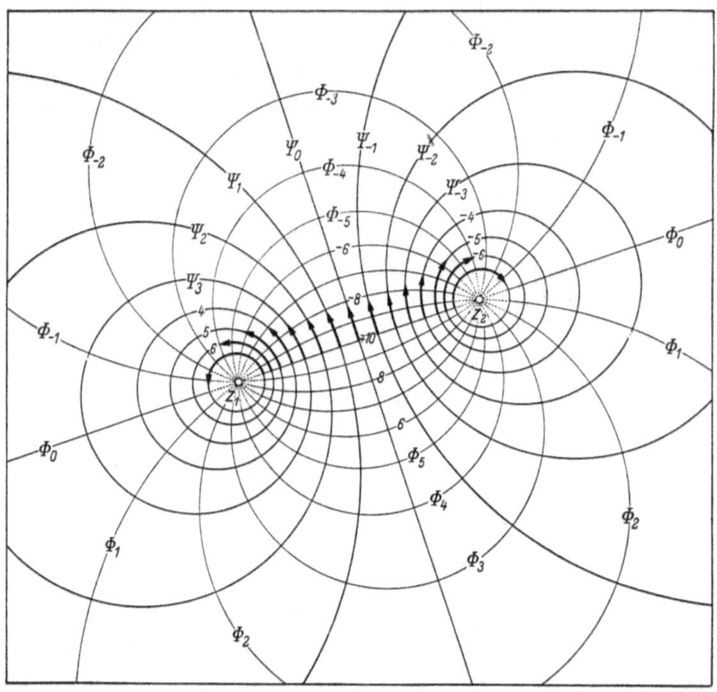

Abb. VII, 4.3. Stromlinien eines geraden Wirbelpaares in z_1 bzw. z_2 mit den Kurven konstanten Potentials; vertauscht man Φ und Ψ, so erhält man die Stromlinien und Potentiallinien einer Quelle in z_1 und einer Senke in z_2

Wir wollen jetzt die Stromlinien des Feldes der beiden Wirbel berechnen, d. h. wir wollen die Kurvenschar bestimmen, die der Gleichung

$$\Psi = -\frac{\Gamma}{2\pi}\ln\frac{\varrho_1}{\varrho_2} = \text{const} \tag{VII, 4.9}$$

entspricht.

Aus Abb. VII, 4.4 ist ersichtlich, daß diejenigen Punkte, für die $\ln(\varrho_1/\varrho_2)$ und also auch ϱ_1/ϱ_2 konstant ist, auf einem Kreise liegen, der die Strecke $|z_2 - z_1|$ in- und auswärts in gleichem Verhältnis teilt, d. h. für den

$$\varrho_1 : \varrho_2 = \varrho_1' : \varrho_2' = \varrho_1^* : \varrho_2^*$$

ist (Apollonischer Satz). z^* ist ein beliebiger Punkt auf diesem Kreise. Für den Radius R_Ψ des Kreises erhält man aus der letzten Gleichung, wenn man berücksichtigt, daß

$$\varrho_1 + \varrho_2 = |z_2 - z_1| \quad \text{und} \quad R_\Psi = \tfrac{1}{2}(\varrho_2' + \varrho_2)$$

$$R_\Psi = \frac{|z_2 - z_1|}{\left(\frac{\varrho_1}{\varrho_2}\right)^2 - 1} \frac{\varrho_1}{\varrho_2}. \qquad \text{(VII, 4.10)}$$

Für den Abstand d des Kreismittelpunktes C vom Punkt z_2 erhält man mit

$$d = R_\Psi - \varrho_2$$

und

$$\varrho_2 = \frac{|z_2 - z_1|}{\frac{\varrho_1}{\varrho_2} + 1}$$

den Ausdruck

$$d = \frac{|z_2 - z_1|}{\left(\frac{\varrho_1}{\varrho_2}\right)^2 - 1}. \qquad \text{(VII, 4.11)}$$

Die Stromlinie $\Psi = 0$, entsprechend $\varrho_1/\varrho_2 = 1$, ist eine Senkrechte durch die Mitte der Strecke $|z_2 - z_1|$. Der Bereich der Werte ϱ_1/ϱ_2 geht von 1 bis ∞ auf der rechten Seite dieser Senkrechten und den Bereich der Konstanten der Stromfunktion auf dieser Seite also von 0 bis $-\infty$. Auf der linken Seite der Senkrechten geht der Bereich von ϱ_1/ϱ_2 von 1 bis 0 und der der Konstanten mithin von 0 bis ∞.

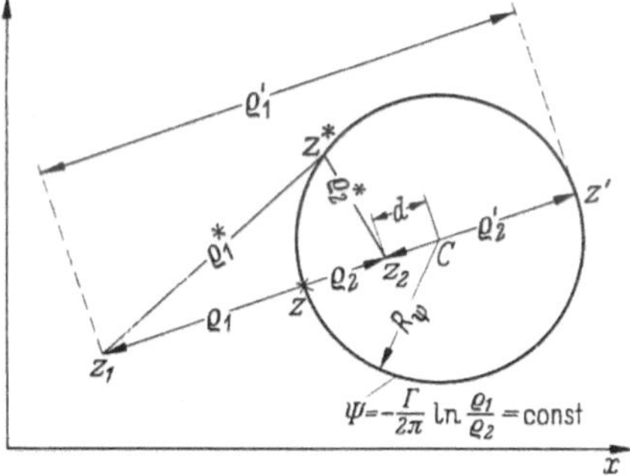

Abb. VII, 4.4

Wenn wir die Kurvenschar $\Psi = \text{const}$, d. h. also Stromlinien, berechnen wollen, die mit der Kurvenschar $\Phi = \text{const}$ angenähert kleine Quadrate bilden, wie in Abb. VII, 4.3 gezeigt ist, so können wir in folgender Weise vorgehen: Abb. VII, 4.5 zeigt die Verbindungsstrecke der beiden Wirbel in z_1 und z_2 sowie einige Kurven der Abb. VII, 4.3 in einem etwas größeren Maßstab. Da wir für n^* den Wert 10 angenommen hatten, ist

$$\delta = \tfrac{1}{2}|z_2 - z_1| \operatorname{tg}\gamma = \tfrac{1}{2}|z_2 - z_1| \operatorname{tg} 9^\circ,$$

da für

$$\Phi_{-9} = \frac{\Gamma}{2\pi}[\alpha(1) - \alpha(2)] = \frac{\Gamma}{2\pi}\left(\frac{-9}{10}\pi\right),$$

$$\alpha(2) - \alpha(1) = \frac{9}{10} \cdot 180^\circ = 162^\circ$$

und anderseits

$$\gamma = 90^\circ - \frac{\alpha(2) - \alpha(1)}{2} = 90^\circ - 81^\circ = 9^\circ$$

ist. Allgemein würde sein

$$\delta = \frac{1}{2} |z_2 - z_1| \frac{\pi}{2n^*}, \qquad \text{(VII, 4.12)}$$

wenn noch der tg mit dem Winkel vertauscht wird, was um so mehr gerechtfertigt ist, je größer n^*, d. h. je kleiner das „Quadrat" gewählt wird.

Es ist ferner $$\frac{\varrho_1}{\varrho_2} = \frac{\frac{1}{2}|z_2 - z_1| + \varepsilon}{\frac{1}{2}|z_2 - z_1| - \varepsilon}$$

und wenn wir jetzt die Forderung stellen, daß

$$\varepsilon = \delta$$

ist, so wird

$$\frac{\varrho_1}{\varrho_2} = \frac{1 + \frac{\pi}{2n^*}}{1 - \frac{\pi}{2n^*}},$$

d. h. also

$$\Psi_{-1} = -\frac{\Gamma}{2\pi} \ln \frac{1 + \frac{\pi}{2n^*}}{1 - \frac{\pi}{2n^*}}$$

für die erste Stromlinie rechts von $\Psi_0 = 0$.

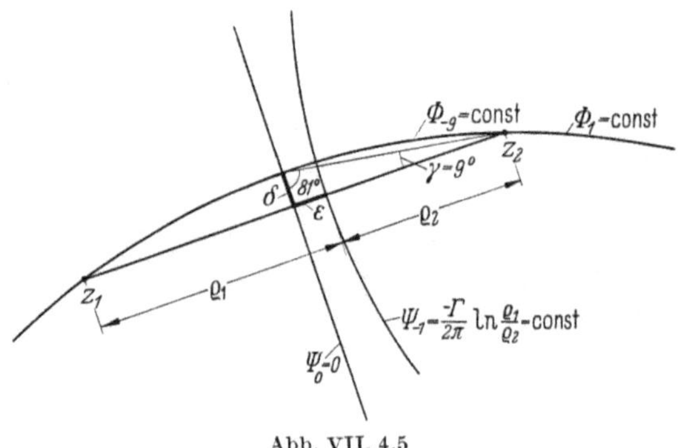

Abb. VII, 4.5

In unserem Beispiel mit $n^* = 10$ erhalten wir also

$$\frac{\Psi_{-1}}{\frac{\Gamma}{2\pi}} = -\ln \frac{1 + \frac{\pi}{20}}{1 - \frac{\pi}{20}} = -0{,}317.$$

Dieser Wert ist jedoch nur angenähert richtig, da für n^* — statt einer unendlich großen — eine endliche Zahl, nämlich 10 angenommen ist. Da die Differenz der Konstanten aufeinanderfolgender Werte von Ψ gleichbleibend sein soll, lautet der genaue Wert

$$\frac{\Psi_{-1}}{\frac{\Gamma}{2\pi}} = -\lim_{m\to\infty} m \ln \frac{1+\frac{\pi}{m\,2n^*}}{1-\frac{\pi}{m\,2n^*}} = -\frac{\pi}{n^*} = -0{,}314.$$ [1]

Auf der rechten Seite von $\Psi_0 = 0$ ist somit

$$\frac{\Psi_{-n}}{\frac{\Gamma}{2\pi}} = -\frac{n}{n^*}\pi = -C_n, \qquad n = 1,\, 2,\, 3,\, \ldots\, \infty \qquad \text{(VII, 4.13)}$$

auf der linken Seite

$$\frac{\Psi_n}{\frac{\Gamma}{2\pi}} = \frac{n}{n^*}\pi = C_n.$$

Will man — nachdem die Maschenweite $\delta/|z_2 - z_1|$ durch Annahme eines bestimmten Wertes von n^* nach Gl. (VII, 4.12) festgelegt ist — die zu einer gegebenen Konstanten C_n gehörige Stromlinie (Kreis) zeichnen, so muß der Abstand d_n und der Radius R_{Ψ_n} (vgl. Abb. VII, 4.4) entsprechend Gl. (VII, 4.11 und 4.10) aus

$$\frac{d_n}{|z_2 - z_1|} = \frac{1}{\left(\frac{\varrho_1}{\varrho_2}\right)_n^2 - 1}, \qquad \frac{R_{\Psi_n}}{|z_2 - } = \frac{1}{\left(\frac{\varrho_1}{\varrho_2}\right)_n^2 - 1}\left(\frac{\varrho_1}{\varrho_2}\right)_n$$

berechnet werden, wobei $(\varrho_1/\varrho_2)_n$ aus der Beziehung

$$\ln\left(\frac{\varrho_1}{\varrho_2}\right)_n = \frac{n}{n^*}\pi \qquad \text{(VII, 4.14)}$$

zu bestimmen ist, wie sich durch Gegenüberstellung von Gl. (VII, 4.13) mit Gl. (VII, 4.9) bzw. mit

$$\frac{\Psi_{-n}}{\frac{\Gamma}{2\pi}} = -\ln\left(\frac{\varrho_1}{\varrho_2}\right)_n$$

ergibt.

---

[1] $$m \ln \frac{1+x}{1-x} = m\,2\left(x + \frac{x^3}{3} + \frac{x^5}{5} + \cdots\right), \qquad x < 1$$

also

$$\lim_{m\to\infty} m \ln \frac{1+\frac{\pi}{m\,2n^*}}{1-\frac{\pi}{m\,2n^*}}$$

$$= \lim_{m\to\infty}\left[\frac{\pi}{n^*} + \frac{2}{3m^2}\left(\frac{\pi}{2n^*}\right)^3 + \frac{2}{5m^4}\left(\frac{\pi}{2n^*}\right)^5 + \cdots\right] = \frac{\pi}{n^*}.$$

In Abb. VII, 4.4, wo $n^* = 10$ ist, erhalten wir beispielsweise für die dritte Stromlinie rechts von Ψ_0, d. h. für Ψ_{-3},

$$\ln\left(\frac{\varrho_1}{\varrho_2}\right)_3 = \frac{3}{10}\pi = 1{,}2425,$$

also

$$\left(\frac{\varrho_1}{\varrho_2}\right)_3 = 3{,}464$$

und somit

$$\frac{d_3}{|z_2 - z_1|} = 0{,}091, \qquad \frac{R_{\Psi_3}}{|z_2 - z_1|} = 0{,}315.$$

Es möge noch erwähnt werden, daß die Mittelpunkte der Kreise $\Psi_{\pm n} = \text{const}$ an den Stellen der Geraden $\Phi = 0$ liegen, wo diese von den Kreisen $\Psi_{\pm 2n} = \text{const}$ geschnitten werden, d. h. es ist $d_n = d_{2n} + R_{\Psi_{2n}}$. Dieses ergibt sich, wenn man die Ausdrücke für d_n bzw. d_{2n} und $R_{\Psi_{2n}}$ aus Gl. (VII, 4.10) und (VII, 4.11) einsetzt. Man erhält dann

$$\left(\frac{\varrho_1}{\varrho_2}\right)_n^2 = \left(\frac{\varrho_1}{\varrho_2}\right)_{2n}$$

oder

$$2\ln\left(\frac{\varrho_1}{\varrho_2}\right)_n = \ln\left(\frac{\varrho_1}{\varrho_2}\right)_{2n},$$

was mit Gl. (VII, 4.14) in Übereinstimmung ist.

Ebenso liegen die Mittelpunkte der Kreise $\Phi_{\pm n} = \text{const}$ an den Stellen der Geraden $\Psi = 0$, wo diese von den Kreisen $\Phi_{\pm 2n} = \text{const}$ geschnitten werden. Denn setzt man in Gl. (VII, 4.6) den Ausdruck von Gl. (VII, 4.7), so erhält man

$$R_{\Phi_n} = \frac{|z_2 - z_1|}{2\sin\left(\frac{n}{n^*}\pi\right)}.$$

Anderseits ist

$$\varrho = \frac{|z_2 - z_1|}{2\sin\frac{1}{2}[\alpha(2) - \alpha(1)]}.$$

Mithin

$$\varrho_{2n} = \frac{|z_2 - z_1|}{2\sin\left(\frac{1}{2}\,\frac{2n}{n^*}\pi\right)} = \frac{|z_2 - z_1|}{2\sin\left(\frac{n}{n^*}\pi\right)} = R_{\Phi_n}.$$

4.2 Wirbelpaar von gleicher Stärke, aber entgegengesetztem Drehsinn. Es wurde bereits erwähnt, daß das Strömungsbild der Abb. VII, 4.4 keine stationäre Strömung darstellt, sondern daß es das Momentanbild eines Strömungszustandes ist, das einen Augenblick später eine etwas andere Gestalt haben wird.

Der Kern des Wirbels Γ im Punkt z_1 der Abb. VII, 4.6 hat die im Punkt z_1 herrschende Geschwindigkeit, da der Kern eines Wirbels — nach HELMHOLTZ — dauernd aus den gleichen Flüssigkeitsteilchen besteht. Die Geschwindigkeit in z_1 ist bedingt durch das Feld des anderen Wirbels $-\Gamma$, d. h. $w(z_1) = \Gamma/2\pi\, a$. Anderseits hat der Kern des Wirbels in z_2 diejenige Geschwindigkeit, die dem Feld des anderen Wirbels Γ an dieser Stelle entspricht, d. h. $w(z_2) = \Gamma/2\pi\, a$. Die Richtung und Größe der Geschwindigkeiten ist in beiden Punkten die gleiche, so daß die beiden Wirbel mit gleicher Geschwindigkeit und parallel zueinander sich senkrecht zu ihrer Verbindungslinie bewegen.

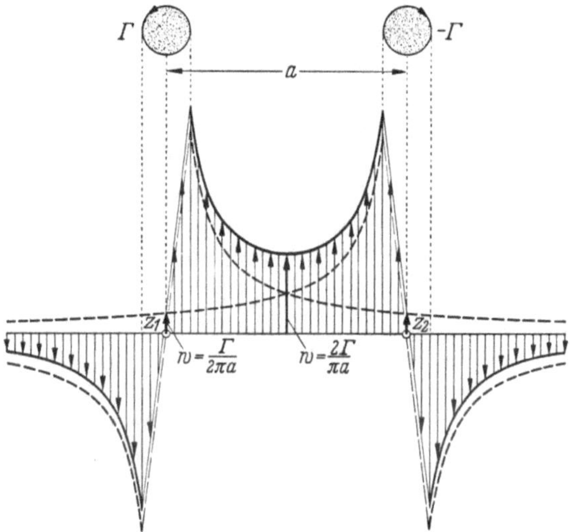

Abb. VII, 4.6. Geschwindigkeitsverteilung in der Geraden durch die Zentren zweier Wirbel mit entgegengesetzt gleich starkem Drehsinn

In Abb. VII, 4.6 ist die Geschwindigkeitsverteilung jedes einzelnen der beiden Wirbel längs der Geraden durch die Zentren der Wirbelkerne aufgetragen (gestrichelte Kurven), entsprechend der Formel $w(r) = \Gamma/2\pi\, r$. In den Wirbelkernen selbst ist eine lineare Geschwindigkeitsverteilung angenommen. Da die Geschwindigkeiten alle parallel sind, nämlich senkrecht zur Verbindungslinie der beiden Wirbel, erhalten wir durch eine einfache algebraische Addition der beiden Geschwindigkeitsanteile die resultierende Geschwindigkeitsverteilung der beiden Wirbel (ausgezogene Kurve). Die Geschwindigkeit in der Mitte der Verbindungslinie a ist

$$w\left(\frac{a}{2}\right) = \frac{\Gamma}{2\pi\frac{a}{2}} + \frac{\Gamma}{2\pi\frac{a}{2}} = \frac{2\Gamma}{\pi a}.$$

Für andere Punkte der z-Ebene, d. h. für solche, die nicht auf der Geraden durch die Zentren der Kerne liegen, ist die Ermittlung der resultierenden Geschwindigkeit insofern umständlicher, als die Geschwindigkeitsanteile geometrisch addiert werden müssen, da sie nicht mehr parallel zueinander sind.

Die in Abb. VII, 4.6 dargestellte Geschwindigkeitsverteilung, sowie das gesamte resultierende Geschwindigkeitsfeld bewegt sich mit der Geschwindigkeit der Wirbelzentren. Die Geschwindigkeit in den einzelnen Punkten der z-Ebene ändert sich somit zeitlich, d. h. wir haben eine instationäre Strömung. Überlagern wir jetzt dieser instationären Strömung ein konstantes Geschwindigkeitsfeld, entgegengesetzt gleich der Geschwindigkeit der Wirbelzentren, d. h. $w(z) = -\Gamma/2\pi a = \text{const}$, so wird die Geschwindigkeit der Wirbelzentren Null und die Strömung dadurch stationär. Um die Stromlinien dieser stationären Strömung zu erhalten, müßten wir für eine große Anzahl von Punkten zu der geometrischen Summe der beiden Geschwindigkeitsanteile infolge der beiden Wirbel noch eine dritte Geschwindigkeit, nämlich $w(z) = -\Gamma/2\pi a$, geometrisch addieren. Wir würden dann in den einzelnen Punkten der z-Ebene den resultierenden Geschwindigkeitsvektor erhalten und durch Zeichnen der Tangenten an die Geschwindigkeitsvektoren schließlich die Stromlinien.

Ein sehr viel einfacherer Weg ist jedoch der, die komplexen Funktionen zu addieren. Die komplexe Funktion einer Strömung mit konstanter Geschwindigkeit $w = \Gamma/2\pi a$ in der *negativen* y-Richtung (wir nehmen die beiden Wirbelzentren z_1 und z_2 der Einfachheit halber parallel zur x-Achse in gleichem Abstand von $x = 0$) ist

$$F_3(z) = i\frac{\Gamma}{2\pi a}z = -\frac{\Gamma}{2\pi a}y + i\frac{\Gamma}{2\pi a}x.$$

Wir haben somit zusammen mit der komplexen Funktion zweier gleich starker Wirbel von entgegengesetztem Drehsinn, vgl. Gl. (VII, 4.1 bzw. VII, 4.2)

$$F(z) = \frac{\Gamma}{2\pi}\left[\alpha(1) - \alpha(2) - \frac{y}{a}\right] + i\frac{\Gamma}{2\pi}\left[\frac{x}{a} - \ln\frac{\varrho_1}{\varrho_2}\right] \qquad \text{(VII, 4.15)}$$

und als Stromlinien

$$\Psi = \frac{\Gamma}{2\pi}\left[\frac{x}{a} - \ln\frac{\varrho_1}{\varrho_2}\right] = \text{const.} \qquad \text{(VII, 4.16)}$$

In Abb. VII, 4.7 sind, wie im einzelnen noch gezeigt werden wird, die Stromlinien (dicke Linien) und die Kurven konstanten Potentials (dünne Linien) berechnet. Der physikalische Vorgang ist in beiden Strömungsbildern Abb. VII, 4.4 und VII, 4.7 der gleiche; verschieden ist nur das Bezugsystem oder sozusagen der Standpunkt des Beobachters. In der ersten Abbildung ist das Bezugssystem bzw. der Beobachter mit den Geschwindigkeiten im Unendlichen in Ruhe; in der zweiten Abbildung bewegt er sich mit der Geschwindigkeit der Wirbelzentren. In diesem Falle kommen die Stromlinien mit konstanter Geschwindigkeit $w = \Gamma/2\pi a$ aus dem Unendlichen. Eine mittlere Stromlinie $\Psi = 0$ teilt sich an einem bestimmten Punkt P_1 und fließt nach

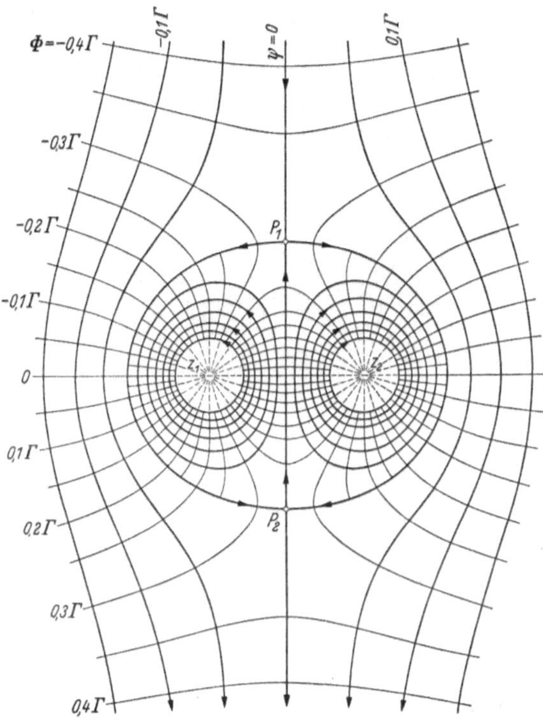

Abb. VII, 4.7. Stromlinien und Potentiallinien des Wirbelpaares der vorigen Abbildung, jedoch in einem Bezugssystem, in welchem die Wirbelzentren in Ruhe sind (stationäre Strömung)

beiden Seiten in Form eines Ovals, um sich in Punkt P_2 wieder zu vereinigen und schließlich nach Unendlich abzufließen. Die äußeren Stromlinien fließen um das Oval, als wenn es ein fester Körper (zweidimensional) in einer vollkommen reibungsfreien Flüssigkeit wäre. Innerhalb des Ovals ist ein weiterer Zweig von $\Psi = 0$, der aufwärts zum Verzweigungspunkt P_1 fließt, sich dort ebenfalls spaltet, nach beiden Seiten entlang dem Oval fließt und sich im unteren Verzweigungspunkt P_2 wieder vereinigt und so fort. Innerhalb dieser beiden geschlossenen Stromlinien sind weitere Stromlinien, die mit Annäherung zum Kern mehr und mehr kreisförmig werden.

Nach dem LAGRANGEschen Satz (S. 405) besteht das Oval dauernd aus den gleichen Flüssigkeitsteilchen, so daß immer neue Flüssigkeit das Oval umfließt, während innerhalb des Ovals die Flüssigkeit dauernd die gleiche bleibt.

Wir wollen jetzt die einzelnen Stromlinien $\Psi = \text{const}$ berechnen. Setzen wir die Konstante gleich Null, so haben wir nach Gl. (VII, 4.16)

$$\frac{x}{a} = \ln \frac{\varrho_1}{\varrho_2} \qquad \text{(VII, 4.17)}$$

und somit die y-Achse als Stromlinie, wo $x = 0$ und $\varrho_1/\varrho_2 = 1$ ist. Die Richtung der Geschwindigkeit ist allerdings auf dieser geraden Stromlinie nicht überall die gleiche, wie sich unter Berücksichtigung von Gl. (VII, 4.15) aus

$$v = \left(\frac{\partial \Phi}{\partial y}\right)_{x=0} = \frac{\Gamma}{2\pi} \frac{\partial}{\partial y} \left[\alpha(1) - \alpha(2) - \frac{y}{a}\right]_{x=0}$$

bzw. aus

$$\frac{\Gamma}{2\pi}\left(2 \frac{\partial}{\partial y} \alpha(1) - \frac{1}{a}\right) = v$$

ergibt. Denn setzen wir

$$\alpha(1) = \operatorname{arc\,tg} \frac{y}{\frac{a}{2}},$$

so ist

$$\frac{\Gamma}{2\pi}\left(\frac{4}{a} \cos^2 \alpha(1) - \frac{1}{a}\right) = v$$

und wegen

$$\cos\alpha(1) = \frac{\frac{a}{2}}{\varrho},$$

$$\frac{\Gamma}{2\pi a}\left(\frac{a^2}{\varrho^2} - 1\right) = v.$$

Für $\varrho < a$ ist v positiv (innerhalb des Ovals), während für $\varrho > a$ die Geschwindigkeit v negativ ist (außerhalb des Ovals). Für $\varrho = a$ ist $v = 0$, d. h. hier haben wir die beiden Verzweigungspunkte P_1 und P_2 der Abb. VII, 4.7. Dieses läßt sich aus Abb. VII, 4.8 auch direkt einsehen, wenn man berücksichtigt, daß an den Verzweigungspunkten

$$\left(\frac{\Gamma}{2\pi\varrho} + \frac{\Gamma}{2\pi\varrho}\right)\cos\gamma - \frac{\Gamma}{2\pi a} = 0$$

sein muß, d. h.

$$\cos\gamma = \frac{\varrho}{2a}$$

und wegen $\cos\gamma = a/2\varrho$

$$\varrho = a,$$

d. h. $\gamma = 60°$ und somit

$$h = \frac{a}{2} \operatorname{tg} 60° = 0{,}866 a.$$

Die übrigen Punkte des Ovals können nach Abb. VII, 4.9 in folgender Weise berechnet werden: Für einen beliebigen Wert von ϱ_1/ϱ_2, beispielsweise für $\varrho_1/\varrho_2 = 2{,}5$, zeichnen wir den Kreis, auf dem dieses Verhältnis konstant ist (erster geometrischer Ort für den gesuchten

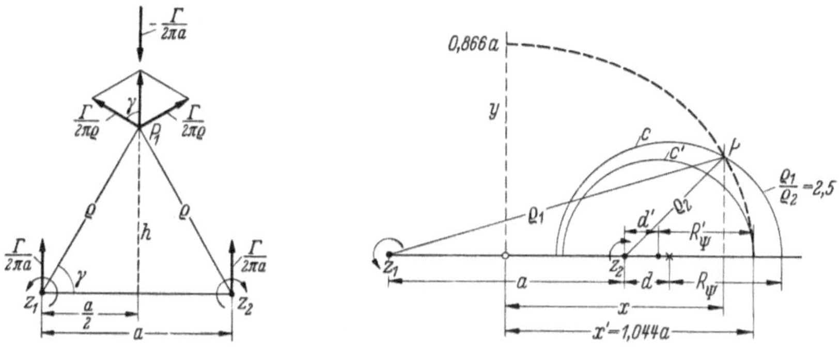

Abb. VII, 4.8

Abb. VII, 4.9. Einzelheiten zur Konstruktion eines Punktes des umströmten Ovals

Punkt P des Ovals). Der Mittelpunkt dieses Kreises (R_Ψ) liegt in einem Abstand d von der Wirbelachse z_2, wobei entsprechend Gl. (VII, 4.11) und (VII, 4.10)

$$d = \frac{a}{\left(\frac{\varrho_1}{\varrho_2}\right)^2 - 1} = \frac{a}{2{,}5^2 - 1} = 0{,}191a \qquad \text{(VII, 4.18)}$$

und

$$R_\Psi = \frac{a}{\left(\frac{\varrho_1}{\varrho_2}\right)^2 - 1}\,\frac{\varrho_1}{\varrho_2} = d\,\frac{\varrho_1}{\varrho_2} = 2{,}5d = 0{,}476\,a \qquad \text{(VII, 4.19)}$$

ist. Der zweite geometrische Ort für den gesuchten Punkt P auf dem Oval ist die Parallele zur y-Achse im Punkte x, wobei x durch Gl. (VII, 4.17) bestimmt ist, also

$$x = a \ln \frac{\varrho_1}{\varrho_2} = a \ln 2{,}5 = 0{,}920a\,.$$

In dieser Weise lassen sich durch Annahme verschiedener Werte von ϱ_1/ϱ_2 die einzelnen Punkte des Ovals bestimmen. Den größten Wert von ϱ_1/ϱ_2 des Ovals erhält man für $y = 0$. In diesem Falle ergibt sich mit den Bezeichnungen der Abb. (VII, 4.9)

$$x' = \frac{a}{2} + \varrho_2'$$

und, da ferner nach Gl. (VII, 4.11 und 4.10) für $y = 0$

$$\varrho_2' = d' + R_\Psi' = \frac{a}{\frac{\varrho_1'}{\varrho_2'} - 1},$$

so ist

$$\frac{x'}{a} = \frac{1}{2} + \frac{1}{\frac{\varrho_1'}{\varrho_2'} - 1}.$$

Anderseits gilt für das Oval

$$\Psi = 0, \quad \text{d. h.} \quad \frac{x'}{a} = \ln\frac{\varrho_1'}{\varrho_2'} \quad \text{mithin}$$

$$\ln\frac{\varrho_1'}{\varrho_2'} = \frac{1}{2} + \frac{1}{\frac{\varrho_1'}{\varrho_2'} - 1}$$

und, für ϱ_1'/ϱ_2' gelöst, angenähert

$$\frac{\varrho_1'}{\varrho_2'} = 2{,}839$$

bzw.

$$x' = \frac{a}{2} + \frac{a}{2{,}389 - 1} = 1{,}044\,a.$$

Um die übrigen Stromlinien zu berechnen, haben wir die Gl. (VII, 4.16) mit verschiedenen Werten der Konstanten zu lösen. Sollen dabei die Differenzen von aufeinanderfolgenden Werten von Ψ konstant sein, so ist

$$\frac{\Psi}{\frac{\Gamma}{2\pi}} = \frac{x}{a} - \ln\frac{\varrho_1}{\varrho_2} = n\,C_1$$

für $n = 0, \pm 1, \pm 2, \ldots$ zu lösen, d. h. die jeweils in Frage kommenden beiden geometrischen Orte für die Punkte der Stromlinie zu bestimmen. Je kleiner C_1 ist, desto dichter liegen die Stromlinien.

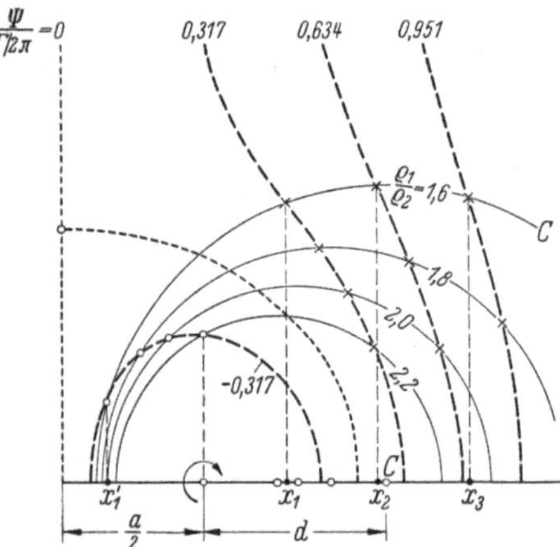

Abb. VII, 4.10. Konstruktion einzelner Punkte der Stromlinien von Abb. VII, 4.7

In Abb. VII, 4.7 ist die Konstante $C_1 = \pi/n^* = \pi/10$ gewählt, um in Übereinstimmung mit den entsprechenden Konstanten der Abb. VII, 4.4 zu bleiben (vgl. S. 413)[1]. Mithin

$$\frac{\Psi}{\frac{\Gamma}{2\pi}} = \frac{x}{a} - \ln\frac{\varrho_1}{\varrho_2} = \frac{n}{n^*}\pi, \quad n = 0, \pm 1, \pm 2, \ldots \pm\infty, \quad n^* = 10.$$

Nehmen wir beispielsweise $\varrho_1/\varrho_2 = 1{,}6$, d. h. $\ln(\varrho_1/\varrho_2) = 0{,}470$, so können wir in Abb. VII, 4.10 denjenigen Kreis C zeichnen für den

[1] Für die geschlossenen Stromlinien innerhalb des Ovals ist die Konstante $C_1 = \pi/20$ angenommen.

$\varrho_1/\varrho_2 = 1{,}6$ ist, wobei $d = 0{,}641\,a$ aus Gl. (VII, 4.11) und $R_\Psi = 1{,}025\,\alpha$ aus Gl. (VII, 4.10) bestimmt ist. Für verschiedene Werte von n, z. B. $n = 1, 2, 3$ erhalten wir dann aus der letzten Gleichung

$$x_1 = (0{,}470 + 1 \cdot 0{,}314)a = 0{,}784a,$$

$$x_2 = (0{,}470 + 2 \cdot 0{,}314)a = 1{,}098a,$$

$$x_3 = (0{,}470 + 3 \cdot 0{,}314)a = 1{,}412a.$$

Die Schnittpunkte der Senkrechten in diesen Werten von x mit dem Kreis C stellen dann je einen Punkt auf den Stromlinien $\Psi_1 = 0{,}314\ \Gamma/2\pi$, $\Psi_2 = 0{,}628\ \Gamma/2\pi$, $\Psi_3 = 0{,}942\ \Gamma/2\pi$ dar (vgl. Abb. VII, 4.10). Dem Wert $n = -1$ entspricht

$$x_1' = (0{,}470 - 0{,}314)\,a = 0{,}156a,$$

wobei hier der Schnittpunkt der Senkrechten mit dem Kreis C einen Punkt der geschlossenen inneren Stromlinien ergibt. Für andere Werte von ϱ_1/ϱ_2, z. B. $\varrho_1/\varrho_2 = 1{,}8,\ 2{,}0,\ 2{,}2$ erhält man andere Kreise und dementsprechende Werte von x_1, x_2, x_3 und somit weitere Punkte für die drei Stromlinien, wie in Abb. VII, 4.10 gezeigt ist. Den positiven Werten von n, d. h. den positiven Werten von Ψ, entsprechen die äußeren Stromlinien auf der rechten Seite von $\Psi = 0$, während den negativen Werten von n und damit den negativen Werten von Ψ die inneren geschlossenen Stromlinien entsprechen. Auf der linken Seite von $\Psi = 0$ ist dieses gerade umgekehrt.

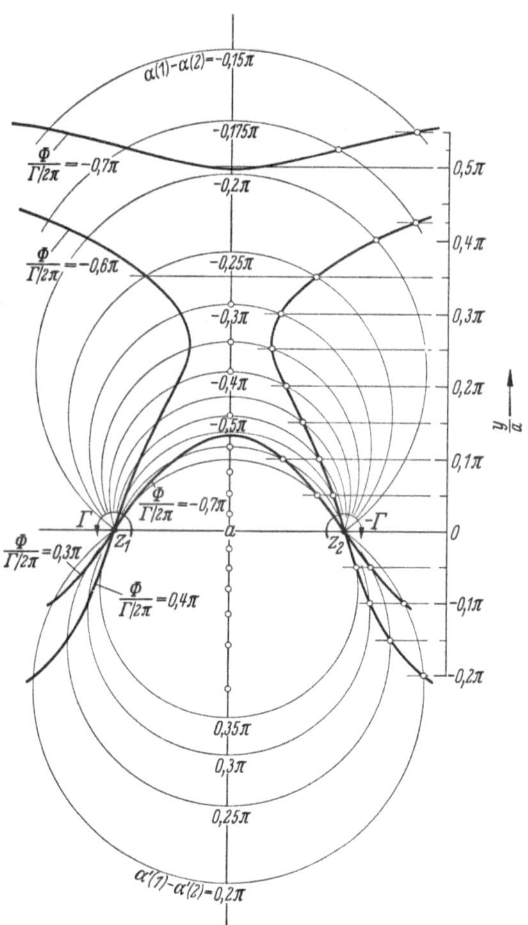

Abb. VII, 4.11. Konstruktion der Potentiallinien von Abb. VII, 4.7

Die Kurvenschar $\Phi = \text{const}$ in Abb. VII, 4.7, soweit diese Kurven oberhalb der Geraden durch z_1 und z_2 liegen, erhält man nach Gl. VII, 4.15) aus

$$\frac{\Phi}{\frac{\Gamma}{2\pi}} = \alpha(1) - \alpha(2) - \frac{y}{a} = \text{const} = -\frac{n}{n^*}\pi, \quad \text{(VII, 4.20)}$$

wo $n = 0, 1, 2, \ldots n^*$, und n^* in unserem Beispiel gleich 10 ist.

In Abb. VII, 4.11 sind zu einer Anzahl von Werten von $\alpha(1) - \alpha(2)$ diejenigen Kreise gezeichnet, für welche diese Werte konstant sind, und zwar für $\alpha(1) - \alpha(2) = -0{,}15\pi, -0{,}175\pi, -0{,}2\pi, -0{,}25\pi, -0{,}3\pi, \ldots -0{,}65\pi$. Die Radien R_Φ dieser Kreise und deren Mittelpunkte auf der Geraden $\Psi = 0$ ergeben sich aus den Gl. (VII, 4.5 und 4.6). Um eine Kurve konstanten Potentials zu berechnen, nehmen wir einen bestimmten Wert der Konstanten, d. h. von n an, z. B. $n = 6$ und bestimmen für verschiedene Werte von $\alpha(1) - \alpha(2)$ aus Gl. (VII, 4.20) die zugehörigen Werte von y/a z. B. für $\alpha(1) - \alpha(2) = -0{,}4\pi$

$$-0{,}4\pi - \frac{y}{a} = -0{,}6\pi$$

also

$$\frac{y}{a} = 0{,}2\pi.$$

Dort, wo in Abb. VII, 4.11 die Strecken y/a die jeweiligen Kreise schneiden, haben wir Punkte, die der Gl. (VII, 4.20) genügen, d. h. Punkte einer Kurve (2 Äste) konstanten Potentials, wobei die Konstante im gewählten Beispiel gleich $-0{,}6\pi$ bzw. $\Phi = -0{,}3\,\Gamma$ ist. In derselben Abbildung sind auch noch die beiden Äste der Kurve für $n = 7$, d. h. $\Phi = -3{,}5\,\Gamma$, eingezeichnet.

Für Kurven $\Phi = \text{const}$ unterhalb der Geraden durch die Wirbelzentren ist

$$\frac{\Phi_n}{\frac{\Gamma}{2\pi}} = \alpha'(1) - \alpha'(2) - \frac{y}{a} = \frac{n'}{n^*}\pi.$$

Für $n' = n^* - n = 10 - 6 = 4$ erhält man beispielsweise für $\alpha'(1) - \alpha'(2) = 0{,}2\pi$

$$0{,}2\pi - \frac{y}{a} = 0{,}4\pi$$

oder

$$\frac{y}{a} = -0{,}2\pi.$$

Auch für den Bereich unterhalb der Wirbelzentren sind außer den beiden Kurvenästen für $n = 6$ bzw. $n' = 4$ oder $\Phi = 1{,}2\,\Gamma$ noch die beiden Kurvenäste für $n = 7$ bzw. $n' = 3$ oder $\Phi = 0{,}15\,\Gamma$ eingezeichnet. Wie man erkennt, ändert sich der Wert von Φ beim Durchgang durch ein Wirbelzentrum um $\Gamma/2$ für einen gegebenen Wert von n.

4.3 Bewegung von zwei Wirbeln mit entgegengesetztem Drehsinn. Dieses Problem ist mit großer Ausführlichkeit im vorigen Paragraphen behandelt worden für den Fall, daß die Wirbelstärke beider Wirbel gleich ist, d. h. $|\Gamma_1| = |-\Gamma_2|$. In Abb. VII, 4.6 war die Geschwindigkeitsverteilung der beiden Wirbel längs einer Geraden durch die Wirbelzentren dargestellt, und wir hatten gefunden, daß sich die beiden Wirbel mit einer Geschwindigkeit $w = \Gamma/2\pi\, a$ senkrecht zu ihrer Verbindungsstrecke a bewegen.

Ist aber die Stärke der beiden Wirbel nicht die gleiche, so bewegen sich die Wirbel auch nicht senkrecht zu ihrer Verbindungslinie, sondern

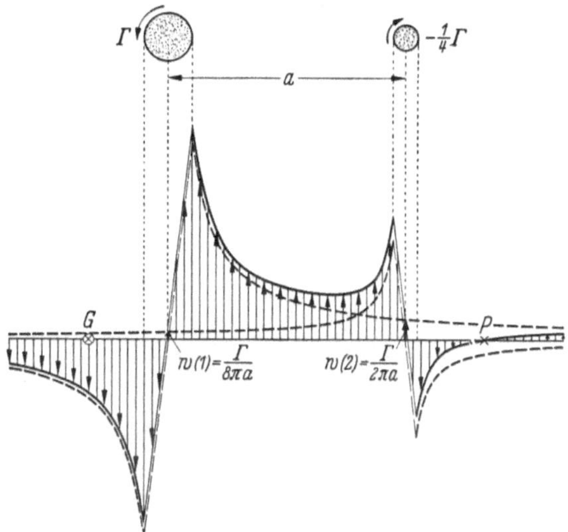

Abb. VII, 4.12. Geschwindigkeitsverteilung in der Geraden, die durch die Zentren zweier Wirbel von entgegengesetztem Drehsinn, aber ungleicher Stärke geht

in Kreisen, deren Mittelpunkt auf der Verlängerung der Verbindungslinie liegt. Um dieses zu erkennen, betrachten wir zunächst die Geschwindigkeitsverteilung der beiden Wirbel längs der Geraden durch die Wirbelzentren.

In Abb. VII, 4.12 ist die Geschwindigkeitsverteilung jedes einzelnen der beiden Wirbel durch gestrichelte Kurven dargestellt, wobei noch angenommen ist, daß die Stärke des rechts gelegenen Wirbels $^1/_4$ der des links gelegenen Wirbels ist. Die Geschwindigkeitsverteilung im Kern ist wieder linear, und es ist nebenbei angenommen, daß der Kern des rechten Wirbels dünner ist als der des linken Wirbels. Durch algebraische Addition der Geschwindigkeiten der beiden Wirbel an einzelnen Punkten der Geraden durch die Wirbelzentren erhält man dann die resultierende Geschwindigkeitsverteilung der beiden Wirbel (ausgezogene Linie). Man erkennt, daß in einem gewissen Punkt P auf der rechtsseitigen Verlängerung der Verbindungslinie beider Wirbel die Geschwindigkeit Null ist. Die Geschwindigkeit des linken Wirbelzentrums ist

$$w(1) = \frac{\frac{\Gamma}{4}}{2\pi a} = \frac{\Gamma}{8\pi a}$$

und die des rechten

$$w(2) = \frac{\Gamma}{2\pi a}.$$

Angenommen, die Lage der beiden Wirbel Γ_1 und $-\Gamma_2 = -\Gamma_1/4$ in einem bestimmten Augenblick t_1 sei gegeben durch 0 und 0′ der Abb. VII, 4.13. Während eines Zeitelementes dt bewegt sich der linke

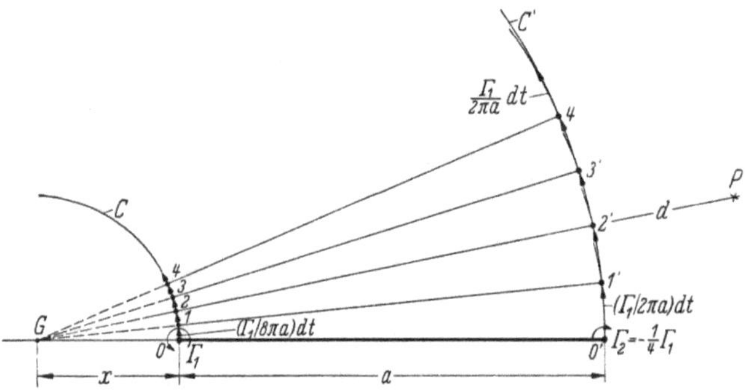

Abb. VII, 4.13. Konstruktion der Bahnen der beiden in voriger Abbildung dargestellten Wirbel

Wirbel um die Strecke $(\Gamma_1/8\pi a)dt$ senkrecht zur Verbindungslinie 0—0′, während sich der rechte Wirbel um die viermal so lange Strecke $(\Gamma_1/2\pi a)dt$ ebenfalls senkrecht zu 0—0′ bewegt. Die beiden Wirbel haben sich dabei nach 1 bzw. 1′ bewegt, wobei die Verbindungslinie 1—1′ ihre Richtung etwas gegenüber der von 0—0′ geändert hat. Während weiterer Zeitelemente dt bewegen sich die Wirbelzentren nach 2, 3, 4, ... bzw. 2′, 3′, 4′, ... Die Verbindungsgeraden 0—0′, 1—1′, 2—2′,... schneiden sich in einem Punkt G, dem Mittelpunkt der beiden Kreise C und C', auf dem die Wirbel Γ_1 bzw. Γ_2 sich bewegen. Und zwar ist nach Abb. VII, 4.13, wenn wir lediglich die Beträge von Γ in Betracht ziehen,

$$\frac{\frac{|\Gamma_1|}{2\pi a}dt}{a+x} = \frac{\frac{|\Gamma_2|}{2\pi a}dt}{x}$$

also

$$x = a\frac{|\Gamma_2|}{|\Gamma_1| - |\Gamma_2|}$$

und mit $|\Gamma_1| = 4|\Gamma_2|$

$$x = \frac{a}{3}.$$

Es ist darauf hinzuweisen, daß Punkt G ein fester Punkt im Raum ist, um den die beiden Wirbel in kreisförmigen Bahnen rotieren, daß aber die Geschwindigkeit der Flüssigkeit im Punkte G keineswegs Null ist, wie auch aus Abb. VII, 4.12 ersichtlich. Derjenige Punkt, in dem die Geschwindigkeit der Flüssigkeit Null ist, d. h. Punkt P in Abb. VII, 4.12 bzw. 13, ist kein fester Raumpunkt, sondern ein Punkt, der ebenfalls in kreisförmiger Bahn um G als Mittelpunkt rotiert, und zwar ist nach Abb. VII, 4.11

$$\frac{|\Gamma_1|}{2\pi(a+d)} = \frac{|\Gamma_2|}{2\pi d}$$

also

$$d = a\frac{|\Gamma_2|}{|\Gamma_1| - |\Gamma_2|} \quad \text{oder} \quad = \frac{a}{3}$$

wenn, wie in unserem Beispiel, $|\Gamma_1| = 4|\Gamma_2|$ ist.

Da das Geschwindigkeitsfeld der beiden Wirbel um den Punkt G rotiert, ändert sich die Geschwindigkeit in jedem Raumpunkt mit der Zeit, d. h. wir haben eine instationäre Strömung. Dieses ist auch der Fall für die in Abb. VII, 4.3 dargestellte Strömung. Ein wesentlicher Unterschied besteht jedoch darin, daß jene Strömung durch Überlagerung mit einer zusätzlichen Potentialströmung stationär gemacht werden konnte (Abb. VII, 4.7), daß dieses aber für die Strömung der Abb. VII, 4.12 bzw. 13 nicht möglich ist.

4.4 Bewegung von zwei Wirbeln mit gleichem Drehsinn. Nehmen wir beispielsweise an, daß die Stärke des einen Wirbels $^2/_3$ der Stärke des anderen Wirbels ist, so gibt die voll ausgezogene Kurve in Abb. VII, 4.14

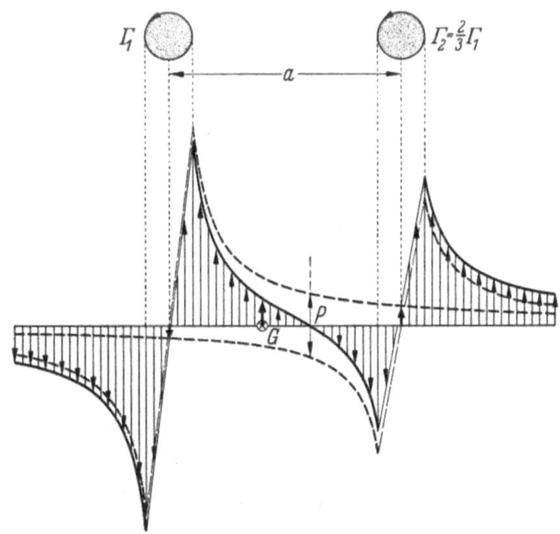

Abb. VII, 4.14. Geschwindigkeitsverteilung in der Verbindungsgeraden durch zwei Wirbel von gleichem Drehsinn aber verschiedener Stärke die Geschwindigkeitsverteilung der beiden Wirbel längs der Geraden durch die Wirbelzentren. Diese Verteilung ist wieder in der Weise erhalten, daß die Geschwindigkeitsanteile jedes einzelnen Wirbels (gestrichelte Kurven) algebraisch addiert wurden. Auch hier haben wir einen Punkt P, wo die Geschwindigkeit Null ist, nur daß dieser Punkt nicht wie im vorigen Paragraphen außerhalb, sondern innerhalb der beiden Wirbel liegt.

Auch hier rotieren die beiden Wirbel um einen festen Raumpunkt G, wie aus Abb. VII, 4.15 ersichtlich. Die Überlegungen sind analog denjenigen des vorigen Paragraphen. Die Verbindungslinien 0—0′, 1—1′,

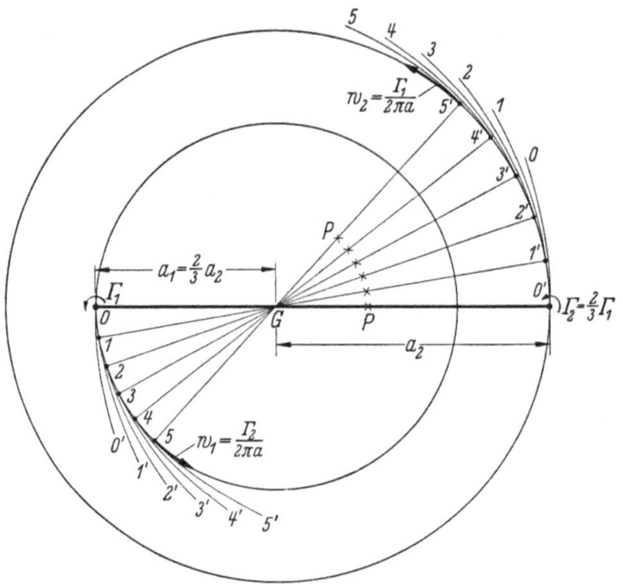

Abb. VII, 4.15. Konstruktion der Bahnen der beiden Wirbel von voriger Abbildung

2—2′, ... der beiden Wirbel in aufeinanderfolgenden Zeitpunkten schneiden sich in einem Punkt G, der bestimmt ist durch

$$a_1 : \frac{\Gamma_1}{2\pi a} = a_2 : \frac{\Gamma_2}{2\pi a},$$

also mit $a_1 + a_2 = a$

$$a_1 = a\frac{\Gamma_2}{\Gamma_1 + \Gamma_2}.$$

In unserem Beispiel $\Gamma_2 = \frac{2}{3}\Gamma_1$ ist also $a_1 = 2a/5$.

Der Punkt P, wo die Geschwindigkeit Null ist, rotiert ebenfalls um G als Bahnmittelpunkt. Für den Fall, daß beide Wirbel gleiche Stärke besitzen, d. h. $\Gamma_1 = \Gamma_2$, fällt P mit G zusammen und liegt in der Mitte der Verbindungslinie a der beiden Wirbel.

In derselben Weise, wie die Bewegungsvorgänge von zwei geraden und parallelen Wirbeln, können die von mehreren solcher Wirbel untersucht werden. Das Problem wird jedoch komplizierter, wenn die Wirbel nicht mehr einander parallel sind, und besonders auch, wenn die Wirbel nicht mehr gerade sind.

Eine wichtige Gruppe von Wirbeln bilden die Wirbelringe, deren Kern die Form von Kreisen oder von beliebigen zweidimensionalen oder gar dreidimensionalen geschlossenen Kurven hat. Hierauf werden wir auf S. 444 zurückkommen. An dieser Stelle sei nur vermerkt, daß ein Wirbelring als Ganzes seine eigene Geschwindigkeit besitzt. Denn jedes Element des Wirbelkernes liegt im Geschwindigkeitsfeld aller übrigen Elemente des Wirbelkernes und führt somit diejenige Bewegung aus, die ihm vom kombinierten Feld der übrigen Wirbelelemente vorgeschrieben wird. Diese gegenseitige Beeinflussung der einzelnen Wirbelelemente ist die Ursache zu der Bewegung des Wirbelringes als Ganzes. Um solche Probleme zu untersuchen ist es notwendig, zunächst die Methoden aufzuzeigen, mit Hilfe der das Geschwindigkeitsfeld eines Wirbels von beliebiger Gestalt berechnet werden kann. Dieses wird der Inhalt des nächsten Kapitels sein.

5 Das Geschwindigkeitsfeld eines einzelnen Wirbels von beliebiger Gestalt

5.1 Beziehung zwischen Linienintegral der Geschwindigkeit und Potentialfunktion. Es ist auf S. 389 gezeigt worden, daß das Linienintegral der Geschwindigkeit längs einer geschlossenen Kurve mit dem Kern im Innern — die Zirkulation — ein Maß für die Stärke des Wirbels ist und durch sein Vorzeichen auch die Richtung der kreisenden Bewegung um den Kern anzeigt. Ferner ist gezeigt, und auch aus Abb. VII, 2.13 ersichtlich, daß das Linienintegral der Geschwindigkeit längs einer beliebigen geschlossenen Kurve, die den Kern nicht im Innern enthält und deren umschlossene Fläche somit ganz im Feld des Wirbels verläuft, Null ist.

Da es sich im Felde eines Wirbels um eine Potentialströmung handelt, gilt hier

$$\mathfrak{w} = \operatorname{grad} \Phi$$

und, wenn mit $d\mathfrak{r}$ skalar multipliziert wird,

$$\begin{aligned} \mathfrak{w} \circ d\mathfrak{r} &= \operatorname{grad} \Phi \circ d\mathfrak{r} \\ &= \left(\mathfrak{i}\frac{\partial \Phi}{\partial x} + \mathfrak{j}\frac{\partial \Phi}{\partial y} + \mathfrak{k}\frac{\partial \Phi}{\partial z}\right) \circ (\mathfrak{i}\,dx + \mathfrak{j}\,dy + \mathfrak{k}\,dz) \\ &= \frac{\partial \Phi}{\partial x} dx + \frac{\partial \Phi}{\partial y} dy + \frac{\partial \Phi}{\partial z} dz = d\Phi \end{aligned}$$

und integriert

$$\int \mathfrak{w} \circ d\mathfrak{r} = \int d\Phi + \text{const} = \Phi + \text{const},$$

oder mit bestimmten Grenzen, wenn wir in Abb. VII, 5.1 von Punkt O_1 längs B nach A integrieren,

$$\int_{O_1}^{BA} \mathfrak{w} \circ d\mathfrak{r} = \Phi(A) - \Phi(O_1).$$

Da nun

$$\oint^{O_1 BACO_1} \mathfrak{w} \circ d\mathfrak{r} = 0$$

ist für jeden beliebigen Kurvenzug $O_1 CA$, der den Wirbelkern außerhalb der von $O_1 BACO_1$ berandeten Fläche läßt, anderseits auch

$$\oint^{O_1 BACO_1} \mathfrak{w} \circ d\mathfrak{r} = \int_{O_1}^{BA} \mathfrak{w} \circ d\mathfrak{r} - \int_{O_1}^{CA} \mathfrak{w} \circ d\mathfrak{r},$$

so folgt

$$\int_{O_1}^{BA} \mathfrak{w} \circ d\mathfrak{r} = \int_{O_1}^{CA} \mathfrak{w} \circ d\mathfrak{r} = \Phi(A) - \Phi(O_1).$$

Das Integral

$$\int_{O_1}^{A} \mathfrak{w} \circ d\mathfrak{r} = \Phi(A) - \Phi(O_1)$$

ist also unabhängig vom speziellen Integrationsweg und daher nur eine Funktion seiner Grenzen.

Bilden wir das Linienintegral von O_2 nach O_2' längs des in Abb. VII, 5.1 gezeigten kreisförmigen Integrationsweges und berücksichtigen wir, daß das Potential eines geraden Wirbels nach Gl. (IV, 2.13) in Verbindung mit Gl. (VII, 2.15)

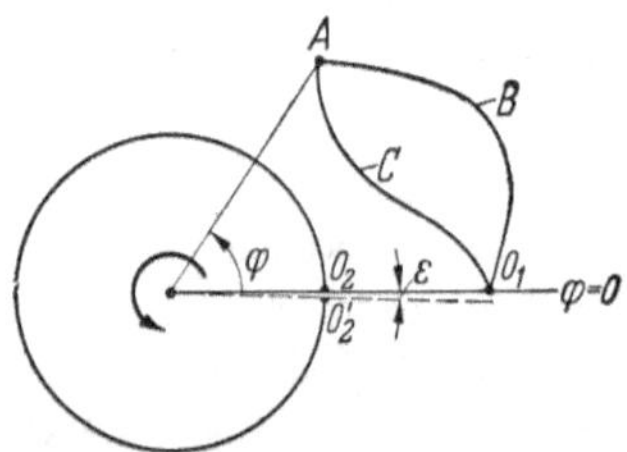

Abb. VII, 5.1. Das Potential in einem Punkte A ist nur eine Funktion seiner Koordinaten, d. h. unabhängig vom Wege, wie man zu A gelangt

$$\Phi = \text{const}\,\varphi = \frac{\Gamma}{2\pi}\varphi$$

ist, so haben wir

$$\int_{O_2}^{O_2'} \mathfrak{w} \circ d\mathfrak{r} = \Phi(O_2') - \Phi(O_2) =$$

$$= \frac{\Gamma}{2\pi}(2\pi - \varepsilon) - \frac{\Gamma}{2\pi} O.$$

Lassen wir jetzt O_2' nach O_2 konvergieren, so erhalten wir im $\lim \varepsilon \to 0$ zwei verschiedene Werte für Φ im Punkte O_2, nämlich Γ und O, d. h. wir haben eine mehrdeutige Funktion. Würden wir den Integrationsweg von O_2' über O_2 fortsetzen, sagen wir bis A, so hätten wir

$$\Phi(A) = \Gamma + \frac{\Gamma}{2\pi}\varphi$$

und bei einem weiteren Umlauf um den Wirbelkern

$$\Phi(A) = 2\Gamma + \frac{\Gamma}{2\pi}\varphi.$$

5.2 Umwandlung eines zweifach zusammenhängenden Raumes in einen einfach zusammenhängenden Raum durch einen Schnitt. Der vom Wirbelkern eingenommene Raum gehört nicht zu dem Gebiet, in dem Potentialströmung herrscht. Aus diesem Grunde ist das Gebiet zweifach zusammenhängend. Dadurch jedoch, daß wir das zweifach zusammenhängende Gebiet längs einer Linie l vom Wirbelkern bis nach ∞ aufschneiden, machen wir es einfach zusammenhängend und die Funktion Φ eindeutig (Abb. VII, 5.2). Das Linienintegral längs eines beliebigen geschlossenen Integrationsweges in diesem jetzt einfach zusammenhängenden Raume ist Null. Denn, da der Integrationsweg die Linie l nicht berühren darf, weil der Schnitt selbst nicht zum Gebiet gehört, kann die vom Integrationsweg umschlossene Fläche den Wirbelkern nicht enthalten. Daraus folgt dann auch, daß die Funktion Φ in diesem einfach zusammenhängenden Raume eindeutig ist.

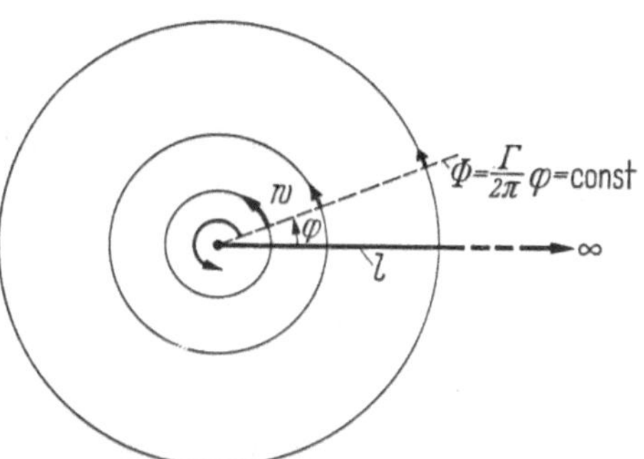

Abb. VII, 5.2. Durch den Schnitt l vom Wirbelzentrum nach Unendlich wird das Gebiet einfach zusammenhängend

An einem solchen Schnitt l erfährt die Funktion Φ eine plötzliche Änderung ihres Wertes, d. h. sie besitzt hier eine Diskontinuität, in unserem Falle gleich Γ. An welcher Stelle der Schnitt vorgenommen wird, ist unwesentlich. Der Schnitt l kann z. B. auch bei $\varphi = \pi$ liegen. Das Potential nimmt dann stetig zu von $\Phi = 0$ bei $\varphi = 0$ bis $\Phi = \Gamma/2$ bei $\varphi = \pi$, fällt hier plötzlich um Γ bis auf $\Phi = -\Gamma/2$, um dann wieder bis $\Phi = 0$ bei $\varphi = 2\pi$ anzusteigen.

Der Begriff eines Schnittes l scheint zunächst nur eine rein mathematische Angelegenheit zu sein, um die Potentialfunktion eines Wirbels eindeutig zu machen. Man kann jedoch dieser Vorstellung eines Schnittes auch eine physikalische Bedeutung geben durch Anwendung von Quellen und Senken. Bevor wir dieses tun, nehmen wir an, daß der Schnitt l nicht eine Fläche senkrecht zur Bildebene ist, sondern eine Schicht von endlicher, wenn auch geringer Dicke δ. Statt einer Diskontinuität von Φ an der Stelle des Schnittes haben wir dann einen sehr großen Gradienten von Φ, d. h. eine sehr große, wenngleich endliche Geschwindigkeit innerhalb der Schicht. Der Ausgleich von Φ findet allerdings nicht ausschließlich innerhalb der Schicht statt, sondern zu einem gewissen, freilich sehr geringen Maße auch außerhalb der Schicht. Und es ist diese Änderung von Φ, oder genauer: es ist der grad Φ außerhalb der Schicht δ, der das Geschwindigkeitsfeld des Wirbels darstellt.

Abb. VII, 5.3a zeigt einen Teil einer solchen Schicht l, die sich vom Wirbelzentrum nach $-\infty$ erstrecken möge. An der Oberseite der Schicht ist das Potential $\Phi = \Gamma/2$, an der Unterseite $-\Gamma/2$. In Abb. VII, 5.3b ist der steile Anstieg von $-\Gamma/2$ bis $\Gamma/2$ innerhalb der Schichtdicke δ ersichtlich, sowie die sehr allmähliche und lineare Änderung von Φ außerhalb der Schicht. Von $\Gamma/2$, den das Potential bei einem Werte von φ hat, der um $\delta/2$ kleiner ist als π, nimmt das

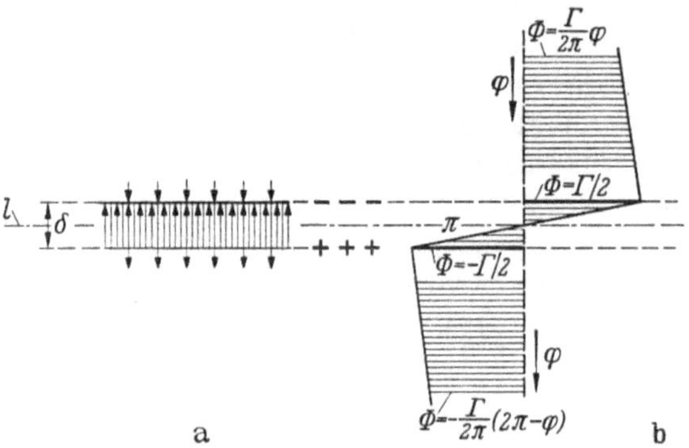

Abb. VII, 5.3. a) Ein Schnitt l wird durch eine Schicht δ ersetzt; b) die Änderung des Potentials innerhalb der Schicht und in ihrer unmittelbaren Nähe

Potential linear ab bis auf Null, den es bei $\varphi = 0$ erreicht (nicht in der Abbildung gezeichnet), und nimmt linear zu von $-\Gamma/2$ (bei einem Wert von φ, der um $\delta/2$ größer ist als π bis 0 bei $\varphi = 0$ (genau genommen allerdings nur für $\lim \delta/2 \to 0$).

Infolge des großen Wertes von grad Φ innerhalb der Schicht sind die Geschwindigkeiten hier überaus groß, was in der Abbildung durch die dichte Anordnung der Pfeile gekennzeichnet ist. Aber auch außerhalb der Schicht l haben wir ein Feld, in dem grad Φ von Null verschieden ist, d. h. ein Geschwindigkeitsfeld.

5.3 Ein Schnitt wird ersetzt durch eine mit zweidimensionalen Quellen und Senken belegte Schicht. Abb. VII, 5.3 legt es nahe anzunehmen, daß die Ober- und Unterseite der Schicht mit Senken (— — —) bzw. Quellen (+ + +) gleicher Stärke bedeckt ist, da aus der Unterseite der Schicht die Flüssigkeit gleichsam herausquillt und an der Oberseite der Schicht gewissermaßen verschluckt wird. Der weitaus größte Teil der von den Quellen kommenden Flüssigkeitsmenge fließt direkt zu den nahe gelegenen Senken; ein wenn auch sehr geringer Teil der den Quellen entströmenden Flüssigkeit fließt auf dem großen Umweg über das Ende der Schicht am Wirbelkern um diesen herum zu den Senken zurück, wie der mit einem Pfeil versehene Kreis in Abb. VII, 5.4b andeutet. Wir wollen jetzt das Potential dieser Quell-Senken-Anordnung untersuchen für das Gebiet außerhalb der Schicht, und wir werden sehen, daß es identisch ist mit dem eines geraden Wirbels.

Wir nehmen an, daß Q das Flüssigkeitsvolumen ist, das in der Zeiteinheit aus der Flächeneinheit an der Unterseite der Schicht herausquillt, und daß ein gleiches Volumen Q in der Zeiteinheit in der Flächeneinheit an der Oberseite der Schicht verschluckt wird. Bezeichnen wir mit $dA = dl\,s$, wo s senkrecht zur Bildebene ist, ein Flächenelement

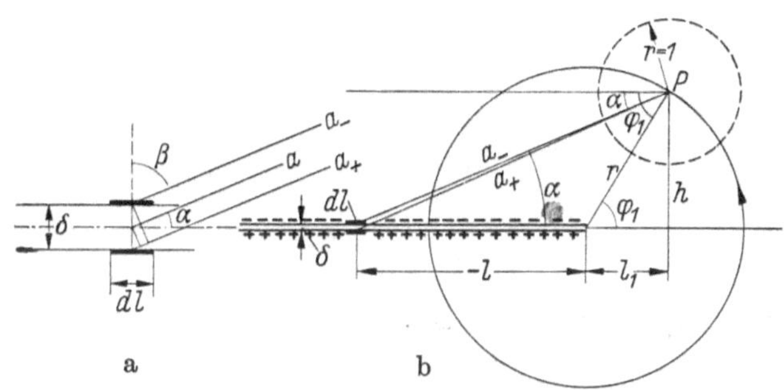

Abb. VII, 5.4a u. b. Die Schicht in voriger Abbildung wird mit Quellen und Senken belegt; dadurch entsteht in einem beliebigen Punkte P ein Potential, das gleich ist dem Potential eines geraden Wirbels in dem Punkte, wo die Schicht beginnt

auf der Unter- bzw. Oberseite der Schicht, so ist das Potential einer solchen zweidimensionalen Quelle in einem beliebigen Punkt P nach Gl. (IV, 2.12), wobei das dortige l hier mit s bezeichnet ist,

$$d\Phi_+ = \frac{Q\,dA}{2\pi s} \ln a_+ = \frac{Q\,dl}{2\pi} \ln a_+,$$

und einer zweidimensionalen Senke nach Gl. (IV, 2.11)

$$d\Phi_- = -\frac{Q\,dA}{2\pi s} \ln a_- = -\frac{Q\,dl}{2\pi} \ln a_-,$$

wo nach Abb. (VII, 5.4a)

$$a_+ = a + \frac{\delta}{2} \sin\alpha$$

$$a_- = a - \frac{\delta}{2} \sin\alpha.$$

Für die Summe beider Potentiale haben wir somit

$$d\Phi = d\Phi_+ + d\Phi_- = \frac{Q\,dl}{2\pi} \ln \frac{a_+}{a_-} = \frac{Q\,dl}{2\pi} \ln \frac{1 + \frac{\delta}{2a} \sin\alpha}{1 - \frac{\delta}{2a} \sin\alpha}.$$

Berücksichtigen wir jetzt, daß $(\delta \sin\alpha)/2a$ sehr klein ist gegenüber 1 (wir werden später zur Grenze $\delta \to 0$ gehen), so haben wir wegen

$$\ln\frac{1+x}{1-x} = 2\left(x + \frac{x^3}{3} + \frac{x^5}{5} + \cdots\right), \qquad |x| < 1$$

angenähert

$$d\Phi = \frac{Q\,\delta}{2\pi}\,\frac{d\,l}{a}\sin\alpha.$$

Für einen gegebenen Punkt P ist mit den Bezeichnungen der Abb. VII, 5.4b

$$l_1 - l = h\operatorname{ctg}\alpha$$

oder, nach l differenziert,

$$d\,l = \frac{h\,d\alpha}{\sin^2\alpha}$$

und, da

$$\frac{h}{a} = \sin\alpha,$$

so ist

$$d\Phi = \frac{Q\,\delta}{2\pi}\,d\alpha.$$

Integrieren wir jetzt von $-l = -\infty$ bis $-l = 0$, d. h. von $\alpha = 0$ bis $\alpha = \varphi_1$, so wird

$$\Phi = \frac{Q\,\delta}{2\pi}\,\varphi_1.$$

Wir nehmen jetzt an, daß die Quell- und Senkintensität mit abnehmendem δ so zunimmt, daß längs $-l$ das Produkt $Q\,\delta$ konstant bleibt für jeden beliebig kleinen Wert von δ. Wir haben dann im Grenzwert $\delta \to 0$ nicht nur angenähert, sondern genau

$$\Phi = \frac{\text{const}}{2\pi}\,\varphi_1$$

und, wenn wir diese Konstante noch mit Γ bezeichnen,

$$\Phi = \frac{\Gamma}{2\pi}\,\varphi_1,$$

d. h. die Potentialfunktion eines geraden Wirbels.

Diese Potentialfunktion war uns bereits vorher bekannt, und es hätte sich kaum gelohnt, dieses Resultat nochmals nach einer verhältnismäßig komplizierten Methode abzuleiten, wäre es uns nicht darum zu tun, eine Methode kennenzulernen, die sich — in etwas abgeänderter Form — auch auf gekrümmte Wirbel und auf Wirbelringe erfolgreich anwenden läßt.

Wegen des zweidimensionalen Charakters der Strömung eines geraden Wirbelfadens genügt es, die Vorgänge in einer beliebigen Ebene senkrecht zum Wirbelfaden zu betrachten, z. B. in der durch P gehenden Ebene der Abb. VII, 5.5. Im Punkt P erscheint die Linie l von $-\infty$ bis zum Wirbelfaden unter dem Winkel φ_1. Dieses gilt aber auch für jeden anderen Punkt P' auf der zum Wirbelfaden Parallelen durch P. Für die Geschwindigkeit im Punkt $P(r, \varphi)$ gilt

$$\mathfrak{w} = \operatorname{grad} \Phi, \qquad |\mathfrak{w}| = \frac{\partial \Phi}{r\,\partial \varphi} = \frac{\Gamma}{2\pi r}.$$

5.4 Ableitung des Potentials eines Wirbels durch Anwendung dreidimensionaler Quellen und Senken[1]. Handelt es sich um gekrümmte Wirbel oder um Wirbelringe, d. h. um dreidimensionale Strömungsvorgänge, so können wir nicht mehr zweidimensionale Quellen und

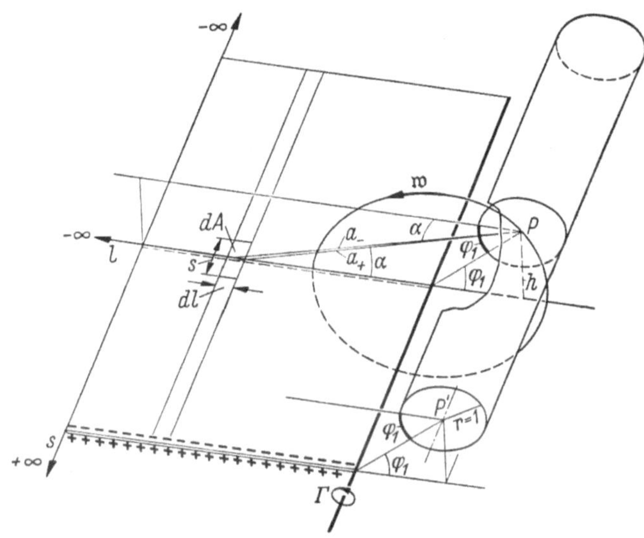

Abb. VII, 5.5. Das Potential im Punkt P ist gleich $\Gamma \varphi_1/2\pi$, wobei φ_1 der Winkel ist, unter welchem der Schnitt l von P aus erscheint

Senken anwenden, sondern müssen dreidimensionale benutzen. In Abb. VII, 5.6 ist ein Stück eines unendlich langen Wirbelfadens mit der Zirkulation Γ dargestellt, sowie ein Teil der vom Wirbelfaden nach $-\infty$ sich erstreckenden Schicht, deren Oberseite mit dreidimensionalen Senken und deren Unterseite mit ebensolchen Quellen belegt sein möge. Lediglich der Einfachheit halber ist der Wirbel als gerader Wirbelfaden in der Abbildung dargestellt und die Schicht in Form einer Ebene. Die folgende Ableitung macht von dieser Tatsache jedoch keinen Gebrauch und gilt deshalb auch für jeden gekrümmten Wirbel-

[1] Tietjens, O.: Hydro- und Aeromechanik nach Vorlesungen von L. Prandtl, 2. Aufl., Bd. I, S. 187ff. Berlin: Springer 1944 oder O. Tietjens: Fundamentals of Hydro- and Aeromechanics based on Lectures of L. Prandtl, S. 201. New York: Dover Publications 1957.

faden und der von ihm nach $-\infty$ sich erstreckenden Schicht, die dann aber keine Ebene mehr ist.

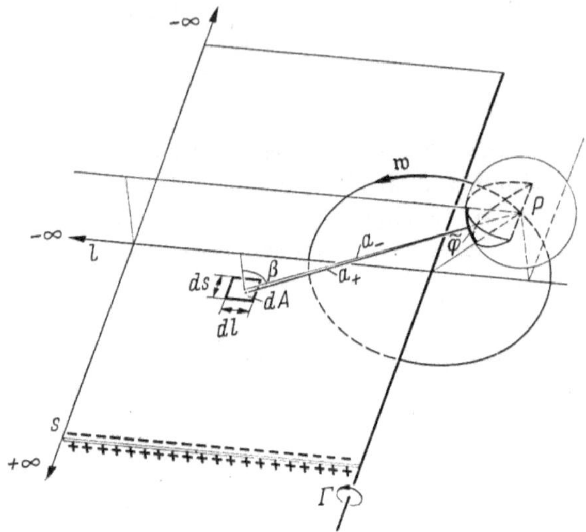

Abb. VII, 5.6. Ein Stück eines beliebig geformten Wirbelfadens Γ, mit der von ihm nach Unendlich ausgehenden Schnittfläche, die beiderseitig mit dreidimensionalen Quellen (unten) bzw. Senken (oben) belegt ist

Das Potential im Punkte P infolge eines doppelt belegten Elementes $dA = dl\,ds$ der Schicht ist

$$d\Phi = d\Phi_+ + d\Phi_- = -\frac{Q\,dA}{4\pi\,a_+} + \frac{Q\,dA}{4\pi\,a_-} = \frac{Q\,dA}{4\pi}\left(\frac{1}{a_-} - \frac{1}{a_+}\right).$$

Nach Abb. VII, 5.4a ist

$$a_- = a_+ - \delta\cos\beta,$$

so daß, da δ sehr klein ist gegenüber a, angenähert gilt

$$\frac{1}{a_-} - \frac{1}{a_+} = \frac{\delta\cos\beta}{a^2}$$

und folglich

$$d\Phi = \frac{Q\,dA}{4\pi}\,\frac{\delta\cos\beta}{a^2}.$$

Nehmen wir jetzt wieder an, daß

$$Q\,\delta = \text{const} = \Gamma$$

ist für jedes beliebig kleine δ, so folgt im Grenzfall für $\delta \to 0$ nicht nur angenähert, sondern genau

$$d\Phi = \frac{\Gamma}{4\pi}\,\frac{dA\cos\beta}{a^2}.$$

Der Ausdruck $(dA\cos\beta)/a^2$ ist aber, wie aus Abb. VII, 5.7 ersichtlich, die Projektion der Fläche dA auf die Oberfläche der Kugel vom Radius

1 mit P als Mittelpunkt, d. h. der räumliche Winkel $d\tilde{\alpha}$, unter welchem dA von P aus erscheint.

Mithin
$$d\Phi = \frac{\Gamma}{4\pi} d\tilde{\alpha}$$

und über die ganze Schicht bzw. den gesamten Schnitt integriert
$$\Phi = \frac{\Gamma}{4\pi} \tilde{\varphi}. \qquad \text{(VII, 5.1)}$$

Wie aus der Ableitung der Formel hervorgeht, gilt diese nicht nur für gerade Wirbelfäden, sondern auch für beliebig gekrümmte unendlich lange Wirbel und, wie wir später sehen werden, auch für Wirbelringe. Das Potential eines beliebigen Wirbels in einem Raumpunkt P ist proportional dem räumlichen Winkel, unter welchem die Fläche, die den Schnitt repräsentiert, von P aus erscheint; der Proportionalitätsfaktor ist $\Gamma/4\pi$.

Für den Fall eines geraden Wirbels ist
$$\tilde{\varphi} = 2\pi\varphi,$$

und wir erhalten das bekannte Resultat
$$\Phi = \frac{\Gamma}{2\pi}\varphi.$$

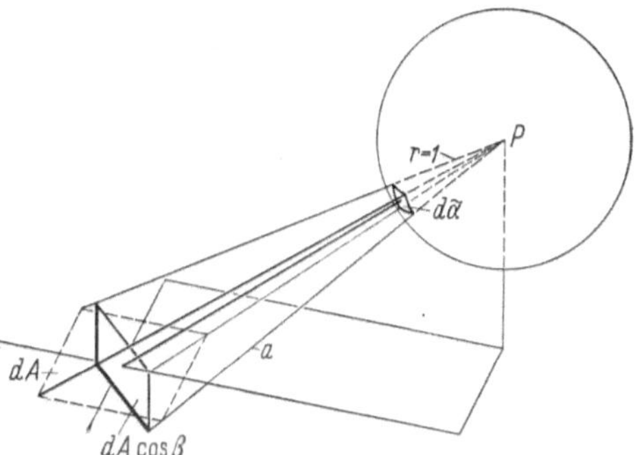

Abb. VII, 5.7. Das Potential im Punkte P infolge des doppelt belegten Elementes dA (vgl. auch vorige Abbildung) ist gleich $d\Phi = \Gamma d\tilde{\alpha}/4\pi$, wo $d\tilde{\alpha}$ der räumliche Winkel ist, unter welchem dA von P aus erscheint

Wir erinnern hier an die Bemerkung auf S. 432 über den Zusammenhang von Potentialdifferenzen und Doppelbelegungen mit Quellen und Senken, sowie an das Potential von zwei geraden und parallelen Wirbeln von gleicher Stärke, aber entgegengesetztem Drehsinn. In Gl. (VII, 4.3) auf S. 410, d. h. in
$$\Phi = \frac{\Gamma}{2\pi}[\alpha(1) - \alpha(2)]$$

ist $\alpha(1) - \alpha(2)$ nach Abb. VII, 4.2 der Winkel, unter dem die Schicht bzw. der Schnitt von z_1 bis z_2 vom Punkte P aus erscheint.

5.5 Das Geschwindigkeitsfeld eines beliebig geformten Wirbels. Um die Geschwindigkeit in einem Punkt $P(r_1, \varphi_1)$ zu erhalten, haben wir
$$\mathfrak{w} = \operatorname{grad}\Phi$$

zu bilden und in diesen Ausdruck die Werte von r_1 und φ_1 einzusetzen. Da nach HELMHOLTZ Γ längs des Wirbelfadens konstant ist, haben wir somit

$$\mathfrak{w} = \frac{\Gamma}{4\pi} \operatorname{grad} \tilde{\varphi} .$$

Es handelt sich nun darum, für grad $\tilde{\varphi}$ einen für die Berechnung zweckmäßigen Ausdruck zu finden.

Der Gradient des räumlichen Winkels $\tilde{\varphi}$ hängt mit der Änderung dieses Winkels, d. h. mit $d\tilde{\varphi}$ in der Weise zusammen, daß

$$d\tilde{\varphi} = d\mathfrak{r} \circ \operatorname{grad} \tilde{\varphi} \tag{VII. 5.2}$$

ist[1], wobei $d\mathfrak{r}$ eine kleine Verschiebung des Punktes P nach P' darstellt. Anstatt den Punkt P nach P' zu bewegen, können wir den Wirbelfaden als Ganzes in entgegengesetzter Richtung von $d\mathfrak{r}$ verschieben,

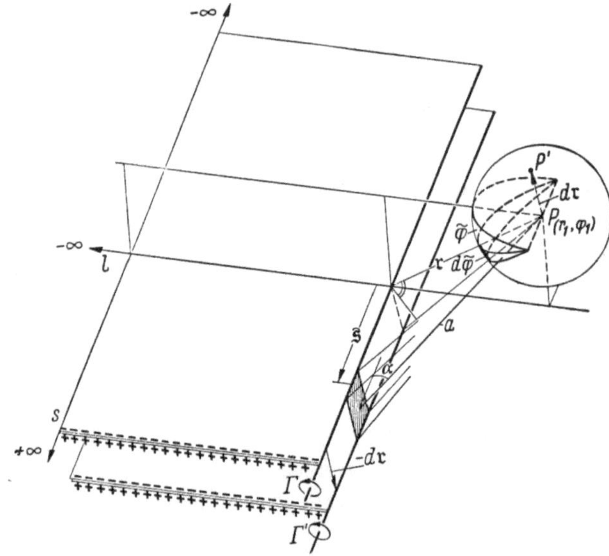

Abb. VII, 5.8. Statt einer Verschiebung des Punktes P um $d\mathfrak{r}$ nach P' ist der Wirbelfaden parallel zu sich selbst um $-d\mathfrak{r}$ verschoben; der dadurch bedingte Gradient des Potentials in P ist proportional dem Gradienten des räumlichen Winkels, unter welchem der Wirbel von P aus erscheint

d. h. von Γ nach Γ', wie in Abb. VII, 5.8 gezeigt ist. Auch in dieser Abbildung ist der Einfachheit und der Übersichtlichkeit der Zeichnung halber ein gerader Wirbel statt eines beliebig gekrümmten Wirbel-

---

[1] $$d\mathfrak{r} \circ \operatorname{grad} \tilde{\varphi} = (\mathfrak{i}\, dx + \mathfrak{j}\, dy + \mathfrak{k}\, dz) \circ \left(\mathfrak{i} \frac{\partial \tilde{\varphi}}{\partial x} + \mathfrak{j} \frac{\partial \tilde{\varphi}}{\partial y} + \mathfrak{k} \frac{\partial \tilde{\varphi}}{d z}\right)$$
$$= \frac{\partial \tilde{\varphi}}{\partial x} dx + \frac{\partial \tilde{\varphi}}{\partial y} dy + \frac{\partial \tilde{\varphi}}{\partial z} dz = d\tilde{\varphi} .$$

fadens angenommen, ohne daß hiervon in der folgenden Ableitung Gebrauch gemacht wird, so daß dadurch das Resultat also auch nicht in seiner allgemeinen Gültigkeit beeinträchtigt wird.

Bezeichnen wir mit $d\tilde{\alpha}$ den räumlichen Winkel, unter welchem ein Parallelogramm mit den Seiten $d\mathfrak{r}$ und $d\mathfrak{s}$ im Punkte P erscheint, so ist

$$d\tilde{\varphi} = \int^{s} d\tilde{\alpha},$$

wobei das Integral längs des ganzen Wirbelfadens s zu erstrecken ist. Die Fläche $a^2\,d\tilde{\alpha}$ ist also die Projektion des Parallelogramms $(d\mathfrak{r}, d\mathfrak{s})$ auf eine zu $\mathfrak{a}$ senkrechte Fläche im Abstande a vom Punkte P (Abb. VII, 5.9). Projizieren wir zunächst das Parallelogramm $(d\mathfrak{r}, d\mathfrak{s})$ von P aus auf diejenige Ebene durch $d\mathfrak{s}$, auf welcher die Projektion von $d\mathfrak{r}$ senkrecht zu $d\mathfrak{s}$ zu liegen kommt, in Abb. VII, 5.9 mit db bezeichnet, so ergibt sich als Projektion des Parallelogramms $(d\mathfrak{r}, d\mathfrak{s})$ auf diese Ebene das Rechteck

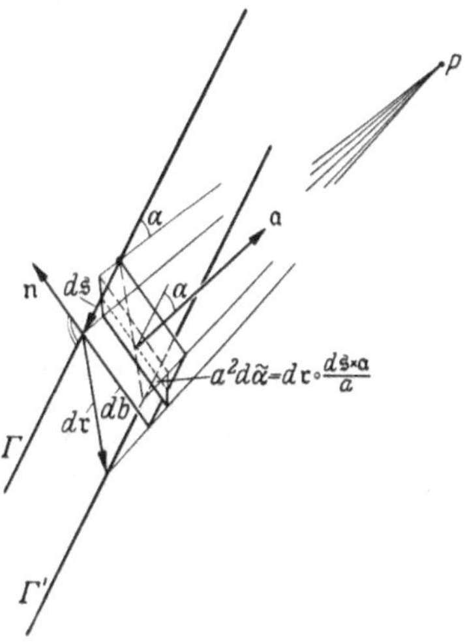

Abb. VII, 5.9. Die Änderung des Flächenelementes $d\mathfrak{s} \circ d\mathfrak{r}$, wie sie vom Punkte P aus erscheint, ist gleich $a^2\,d\tilde{\alpha}$

$$db\,ds = d\mathfrak{r} \circ \mathfrak{n}\,ds,$$

wo

$$\mathfrak{n} = \frac{d\mathfrak{s} \times \mathfrak{a}}{|d\mathfrak{s} \times \mathfrak{a}|}$$

der Einheitsvektor senkrecht zu $d\mathfrak{s}$ und $\mathfrak{a}$ ist, mithin

$$db\,ds = d\mathfrak{r} \circ \frac{d\mathfrak{s} \times \mathfrak{a}}{ds\,a \sin\alpha}\,ds.$$

Das Rechteck $db\,ds$ ist dann noch auf die zu $\mathfrak{a}$ senkrechte Ebene zu projizieren, um $a^2\,d\tilde{\alpha}$ zu erhalten, d. h.

$$a^2\,d\tilde{\alpha} = db\,ds \sin\alpha$$

$$= d\mathfrak{r} \circ \frac{d\mathfrak{s} \times \mathfrak{a}}{ds\,a \sin\alpha}\,ds \sin\alpha = d\mathfrak{r} \circ \frac{d\mathfrak{s} \times \mathfrak{a}}{a}$$

folglich

$$d\tilde{\alpha} = d\mathfrak{r} \circ \frac{d\mathfrak{s} \times \mathfrak{a}}{a^3}.$$

Es ist somit, da $d\mathfrak{r}$ konstant ist (Parallelverschiebung des Wirbelfadens),

$$d\tilde{\varphi} = d\mathfrak{r} \circ \int^{s} \frac{d\mathfrak{s} \times \mathfrak{a}}{a^3}$$

und wegen Gl. (VII, 5.2)

$$\operatorname{grad}\tilde{\varphi} = \int^{s} \frac{d\mathfrak{s} \times \mathfrak{a}}{a^3}$$

also nach Gl. (VII, 5.1)

$$\mathfrak{w} = \frac{\Gamma}{4\pi} \int^{s} \frac{d\mathfrak{s} \times \mathfrak{a}}{a^3}; \quad \text{(Helmholtz)} \qquad \text{(VII, 5.3)}$$

der Betrag von $\mathfrak{w}$ ist

$$|\mathfrak{w}| = \frac{\Gamma}{4\pi} \int^{s} \frac{ds \sin(d\mathfrak{s}, \mathfrak{a})}{a^2}. \qquad \text{(VII, 5.4)}$$

Mit den beiden letzten wichtigen Formeln läßt sich das Geschwindigkeitsfeld eines Wirbels von beliebiger Form berechnen.

Ist infolge der besonderen Gestalt des Wirbelfadens die Integration in Gl. (VII, 5.3) analytisch nicht durchführbar, so lassen sich die Geschwindigkeitsanteile

$$\Delta\mathfrak{w} = \frac{\Gamma}{4\pi} \frac{\Delta\mathfrak{s} \times \mathfrak{a}}{a^3}$$

für die einzelnen Δs, in die man den Wirbelfaden aufteilt, leicht bestimmen, wobei die Richtung von $\Delta\mathfrak{w}$ im Punkte P gleich der des jeweiligen $\mathfrak{n}$ in Abb. VII, 5.9 ist. Mit zunehmendem Abstand der Elemente Δs vom Punkte P nehmen die Anteile $\Delta\mathfrak{w}$ schnell ab. Durch geometrische Addition der einzelnen $\Delta\mathfrak{w}$ erhält man dann die Geschwindigkeit im Punkte P der Größe und Richtung nach.

An dieser Stelle wollen wir darauf hinweisen, daß eine genaue Analogie besteht zwischen gewissen hydrodynamischen Beziehungen eines reibungslosen, inkompressiblen Kontinuums und der Elektrodynamik. Es war wieder Helmholtz, der als erster diese Analogie aufzeigte, nach der dem Wirbelkern ein von elektrischem Strom durchflossener Draht entspricht, der Wirbelstärke, d. h. der Zirkulation die elektrische Stromstärke, der Geschwindigkeit die magnetische Kraft. Und in derselben Weise, wie Gl. (VII, 5.3) durch Anwendung von Quellen und Senken abgeleitet wurde, läßt sich die sogenannte Biot-Savartsche Formel der Elektrodynamik erhalten durch Doppelbelegungen mit positiven und negativen magnetischen Polen:

$$df = i\, m \frac{ds \sin(ds, a)}{a^2},$$

d. h. die Kraft df auf einen Magnetpol m infolge eines elektrischen Stromkreiselementes ds ist proportional der Stromstärke i, der Stärke des Magnetpoles m, der Länge der Komponenten des Stromkreiselementes normal zur Verbindungslinie a zwischen Stromkreiselement und Magnetpol $[ds \sin(ds, a)]$ und umgekehrt proportional dem Quadrat der Länge der Verbindungsgeraden a. Die Richtung der Kraft df auf den Magnetpol m ist senkrecht zur (ds, a)-Ebene.

Wenden wir Gl. (VII, 5.3 bzw. 5.4) auf einen geraden Wirbelfaden an, der sich von $-\infty$ bis ∞ erstreckt, so haben wir unter Berücksichtigung von

$$s = r \operatorname{ctg} \alpha$$

und also

$$ds = -\frac{r\,d\alpha}{\sin^2\alpha}$$

(vgl. Abb. VII, 5.8), sowie von

$$a = \frac{r}{\sin\alpha},$$

für den Betrag der Geschwindigkeit

$$w = -\frac{\Gamma}{4\pi r}\int_{\pi}^{0} \sin\alpha\, d\alpha = \frac{\Gamma}{4\pi r}\cos\alpha\Big|_{\pi}^{0} \qquad \text{(VII, 5.5)}$$

also

$$w = \frac{\Gamma}{2\pi r}.$$

Nach dieser Methode läßt sich auch die Geschwindigkeit in einem beliebigen Punkt berechnen für den Fall, daß der Wirbel aus mehreren geraden Wirbeln besteht. In der Theorie des dreidimensionalen Tragflügels werden wir ein Wirbelsystem untersuchen wie in Abb. VII, 5.10 dargestellt. Die Strecke b entspricht dem Tragflügel, der durch einen

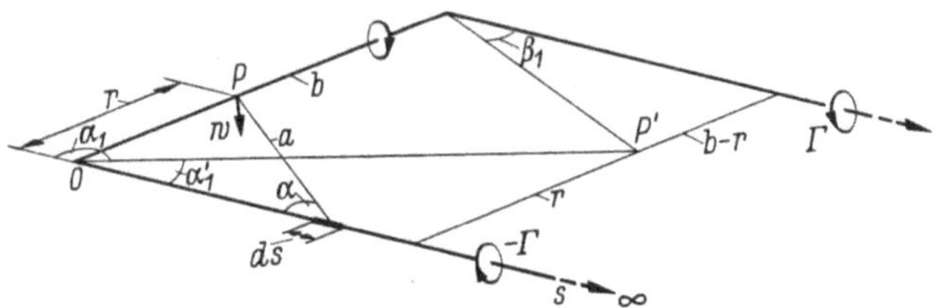

Abb. VII, 5.10. Wirbelsystem, bestehend aus einem „gebundenen" Wirbel und zwei nach Unendlich gehenden „HELMHOLTZschen" Wirbeln

sogenannten „gebundenen Wirbel" ersetzt ist[1]. Von den Enden dieses gebundenen Wirbels erstreckt sich je ein Wirbel von der Zirkulation $-\Gamma$ bzw. Γ nach Unendlich. In der Tragflügeltheorie erhebt sich nun die Frage: Wie groß ist die Geschwindigkeit in einem Punkt P am gebundenen Wirbel infolge *des einen* der beiden Wirbel, sagen wir des Wirbels $-\Gamma$, der sich vom Ende 0 der Strecke b nach ∞ erstreckt?

[1] Vgl. S. 230ff.

Mit den in Abb. VII, 5.10 gegebenen Bezeichnungen haben wir analog wie im vorigen Beispiel

$$w = \frac{-\Gamma}{4\pi} \int_0^\infty \frac{ds \sin\alpha}{a^2} = \frac{\Gamma}{4\pi\, r} \int_{\pi/2}^0 \sin\alpha\, d\alpha$$

also

$$w = -\frac{\Gamma}{4\pi\, r}. \qquad \text{(VII, 5.6)}$$

Die Geschwindigkeit ist somit halb so groß wie sie sein würde, wenn der Wirbel $-\Gamma$ sich von $-\infty$ bis ∞ erstrecken würde. Die Richtung der Geschwindigkeit ist senkrecht zur r, s-Ebene und abwärts gerichtet (negatives Vorzeichen).

Die Geschwindigkeit in irgendeinem anderen Punkt P' infolge der beiden Wirbel ist mit den Bezeichnungen der Abb. VII, 5.10

$$w(P') = -\frac{\Gamma}{4\pi} \int_{\alpha_1}^0 \frac{ds \sin\alpha}{a^2} + \frac{\Gamma}{4\pi} \int_{\beta_1}^\pi \frac{ds \sin\beta}{a^2}$$

$$= \frac{\Gamma}{4\pi\, r} \int_{\alpha_1}^0 \sin\alpha\, d\alpha - \frac{\Gamma}{4\pi(b-r)} \int_{\beta_1}^\pi \sin\beta\, d\beta$$

$$= -\frac{\Gamma}{4\pi\, r} \cos\alpha \Big|_{\alpha_1}^0 + \frac{\Gamma}{4\pi(b-r)} \cos\beta \Big|_{\beta_1}^\pi$$

und schließlich

$$w(P') = -\frac{\Gamma}{4\pi} \left(\frac{1+\cos\alpha_1'}{r} + \frac{1+\cos\beta_1}{b-r} \right).$$

5.6 Das Potential und das Geschwindigkeitsfeld eines Wirbelringes. Der einen Wirbelring enthaltende und deswegen zweifach zusammenhängende Raum kann durch eine Schnittfläche C von beliebiger Gestalt durch den Kern des Wirbelringes in einen einfach zusammenhängenden Raum verwandelt werden, wie in Abb. VII, 5.11 dargestellt ist. Nehmen wir dann an, daß die Ober- und Unterseite eines solchen Schnittes gleichmäßig mit Senken bzw. Quellen bedeckt sind, so läßt sich das Potential des Wirbelringes in derselben Weise erhalten, wie in Paragraph 5.4 für einen von Unendlich nach Unendlich reichenden Wirbel, nur mit dem Unterschied, daß der Schnitt beim Wirbelring endliche Abmessungen hat.

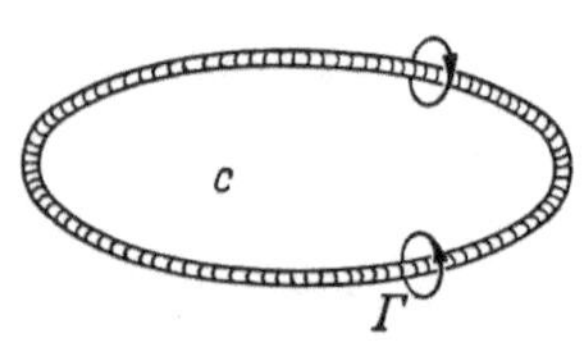

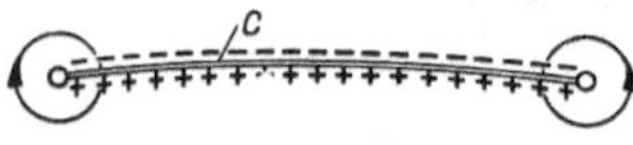

Abb. VI, 5.11. Wirbelring sowie Querschnitt einer (beliebigen) Schnittfläche c mit Doppelbelegung von dreidimensionalen Quellen bzw. Senken

Ist Γ die Zirkulation eines Wirbelringes (Abb. VII, 5.12) und $\tilde{\varphi}$ der räumliche Winkel, unter welchem der gesamte Schnitt C bzw. der

Wirbelring vom Punkte P aus erscheint, so ist das Potential in diesem Punkte entsprechend Gl. (VII, 5.1)

$$\Phi = \frac{\Gamma}{4\pi}\,\tilde{\varphi}\,.$$

In einem beliebigen anderen Punkt P' erscheint der Wirbelring im allgemeinen unter einem anderen räumlichen Winkel $\tilde{\varphi}'$ und hat in diesem Punkte ein dementsprechend anderes Potential. Da jedoch das Potential in P' ausschließlich von dem räumlichen Winkel $\tilde{\varphi}'$ abhängt, ist es offenbar, daß das Potential unabhängig ist von dem speziellen Weg, auf den man von P nach P' gekommen ist. Bewegt sich Punkt P in einer geschlossenen Bahn um den Wirbelkern des Wirbelfadens, wobei allerdings der Schnitt C durchstoßen werden muß, so ändert sich der räumliche Winkel $\tilde{\varphi}$ und damit das Potential bei jedem Umlauf um 4π.

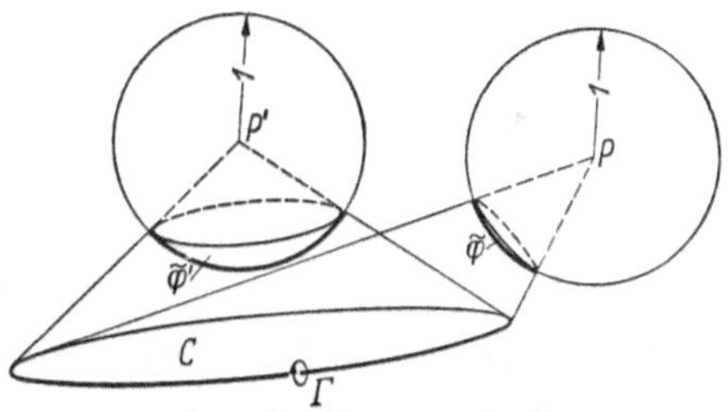

Abb. VII, 5.12. Das Potential in P bzw. P' ist proportional dem räumlichen Winkel $\tilde{\varphi}$ bzw. $\tilde{\varphi}'$, unter welchem der geschlossene Wirbelfaden erscheint

Um die Geschwindigkeit in einem beliebigen Punkt des Geschwindigkeitsfeldes des Wirbelringes zu erhalten, haben wir wieder

$$\mathfrak{w} = \operatorname{grad}\Phi = \frac{\Gamma}{4\pi}\operatorname{grad}\tilde{\varphi}$$

zu bilden, wo $\operatorname{grad}\tilde{\varphi}$ mit $d\tilde{\varphi}$ durch die Formel

$$d\mathfrak{r} \circ \operatorname{grad}\tilde{\varphi} = d\tilde{\varphi}$$

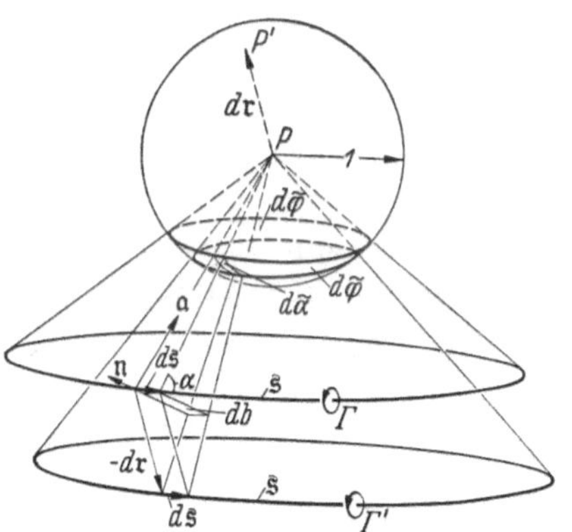

Abb. VII, 5.13. Statt einer Verschiebung des Aufpunktes P um $d\mathfrak{r}$ nach P' ist der geschlossene Wirbel parallel zu sich um $-d\mathfrak{r}$ verschoben; die damit verbundene Änderung des Potentials in P ist proportional der Änderung des räumlichen Winkels: $d\tilde{\varphi}$

zusammenhängt. Anstatt den Aufpunkt P um $d\mathfrak{r}$ zu verschieben, denken wir uns den Wirbelring Γ nach Γ' um $-d\mathfrak{r}$ verschoben, wie in Abb. VII, 5.13 gezeigt. Im übrigen gilt die auf S. 439 gegebene Ableitung auch hier: Zunächst wird das Parallelogramm mit den Seiten dr und ds von P aus derart auf eine Ebene projiziert, daß die Projektion von dr, d. i. db, senkrecht zu ds liegt, d. h. parallel zu $\mathfrak{n} = d\mathfrak{s} \times \mathfrak{a}$. Dann wird das Rechteck $db\,ds$ von P aus auf eine zu $\mathfrak{a}$ senkrechte Ebene projiziert (in der Abbildung nicht dargestellt). Es ist somit auch hier

$$d\tilde{\mathfrak{a}} = d\mathfrak{r} \circ \frac{d\mathfrak{s} \times \mathfrak{a}}{a^3}$$

und schließlich nach S. 439f.

$$\mathfrak{w} = \frac{\Gamma}{4\pi} \oint\limits^{s} \frac{d\mathfrak{s} \times \mathfrak{a}}{a^3} \qquad \text{(VII, 5.7)}$$

bzw. für den Betrag der Geschwindigkeit

$$w = \frac{\Gamma}{4\pi} \oint\limits^{s} \frac{ds \sin\alpha}{a^2}. \qquad \text{(VII, 5.8)}$$

Diese für jeden beliebigen Wirbelring gültige Formel wollen wir jetzt auf einen kreisförmigen Wirbelring anwenden.

5.7 Berechnung des Geschwindigkeitsfeldes eines kreisförmigen Wirbelringes. Aus Gründen der Symmetrie ist die Geschwindigkeitsverteilung auf beliebigen Durchmessern und deren Verlängerungen über den Ring hinaus die gleiche.

Bezeichnen wir die Geschwindigkeit im Zentrum des Wirbelringes mit w_0 und berücksichtigen wir, daß für diesen Punkt $a = R$ und $\sin(ds, a) = \sin(ds, R) = 1$ ist, so folgt

$$w_0 = \frac{\Gamma}{4\pi R^2} \oint\limits^{s} ds = \frac{\Gamma}{4\pi R^2} 2R\pi = \frac{\Gamma}{D}, \qquad \text{(VII, 5.9)}$$

wo D der Durchmesser des Wirbelringes ist.

Für irgendeinen anderen Punkt auf dem Durchmesser mit dem Abstand $x (< R)$ vom Zentrum 0 haben wir

$$w = \frac{\Gamma}{4\pi} \oint\limits^{s} \frac{ds \sin(ds, a)}{a^2}$$

oder, wenn wir die Geschwindigkeit in Einheiten von w_0 messen,

$$\frac{w}{w_0} = \frac{R}{2\pi} \oint\limits^{s} \frac{ds \sin(ds, a)}{a^2}.$$

Da mit den Bezeichnungen von Abb. VII, 5.14

$$ds \sin(ds, a) = ds \sin\alpha = a\, d\beta$$

ist, haben wir

$$\frac{w}{w_0} = \frac{R}{2\pi} \int\limits_0^{2\pi} \frac{d\beta}{a}$$

oder mit $a^* = a/R$ und unter Berücksichtigung der Symmetrie

$$\frac{w}{w_0} = \frac{1}{\pi} \int\limits_0^{\pi} \frac{d\beta}{a^*}.$$

Für eine angenäherte Berechnung von w/w_0 nehmen wir jetzt an, daß

$$d\beta = \text{const} = \frac{\pi}{n},$$

wo n eine genügend große Zahl ist, sagen wir $n = 18$, d. h. $d\beta = 10°$, und haben dann

$$\frac{w}{w_0} = \frac{1}{n} \sum_{m=0}^{n-1} \frac{1}{a^*_{m+\frac{1}{2}}}, \qquad m = 0, 1, 2, \ldots n-1 \qquad \text{(VII, 5.10)}$$

für jeden beliebigen Wert von $x^* = x/R < 1$.

Für Punkte außerhalb des Wirbelringes auf der Verlängerung des Durchmessers, d. h. für $x^* > 1$ beziehen wir uns auf Abb. VII, 5.15.

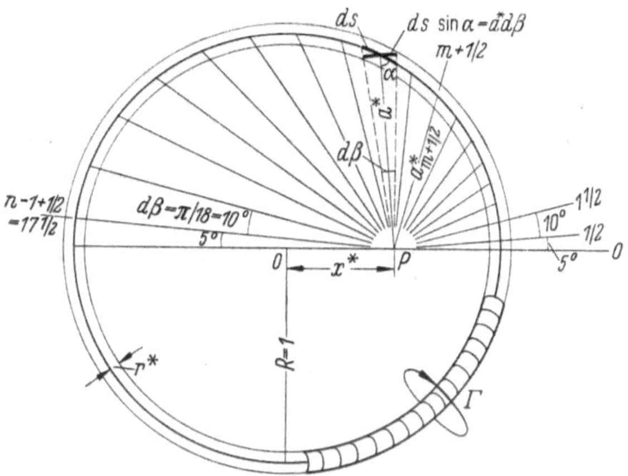

Abb. VII, 5.14
Einzelheiten zur Konstruktion der Geschwindigkeiten innerhalb eines Wirbelringes

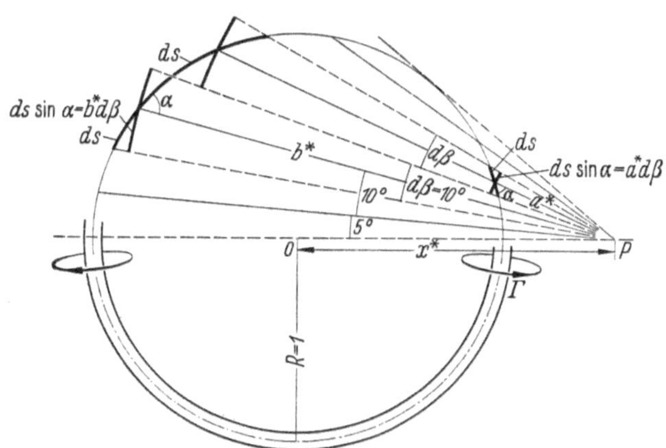

Abb. VII, 5.15
Einzelheiten zur Konstruktion der Geschwindigkeiten außerhalb eines Wirbelringes

Angenommen, es sei die Geschwindigkeit im Punkte P zu berechnen. Wir teilen zunächst den halben (wegen der Symmetrie) Winkel, unter welchem der Wirbelring vom Punkt P aus erscheint (in der Abbildung 40°) in $m_1 = 4$ Teile, so daß jeder Teil gleich $\Delta\beta = 10° = \pi/18 = \pi/n$ beträgt. Die vollausgezogenen Linien, die diese Winkel von je 10° halbieren, schneiden die kreisförmige Wirbelachse in zwei Punkten, deren kleinerer Abstand von P mit a^* und deren größerer Abstand mit b^* bezeichnet ist. Berücksichtigen wir jetzt, daß diejenigen Elemente ds des Wirbelringes, die mit Punkt P durch b^* verbunden sind, eine entgegengesetzte Geschwindigkeitsrichtung in P bewirken wie die durch a^* mit Punkt P verbundenen Elemente des Wirbelringes, so ist für jeden Wert $x^* > 1$

$$\frac{w}{w_0} = \frac{1}{n} \sum_{m=0}^{m_1-1} \left(\frac{1}{b^*_{m+\frac{1}{2}}} - \frac{1}{a^*_{m+\frac{1}{2}}} \right), \qquad \text{(VII, 5.11)}$$

wo $m = 0, 1, 2, \ldots m_1 - 1$ und $n = \pi/\Delta\beta$ ist.

Mit dieser Methode sind die Werte w/w_0 für eine Anzahl von x^*-Werten $\lesseqgtr 1$ berechnet und in Abb. VII, 5.16 aufgetragen. Vom Zentrum des Wirbelringes nimmt die Geschwindigkeit zum Wirbelring hin

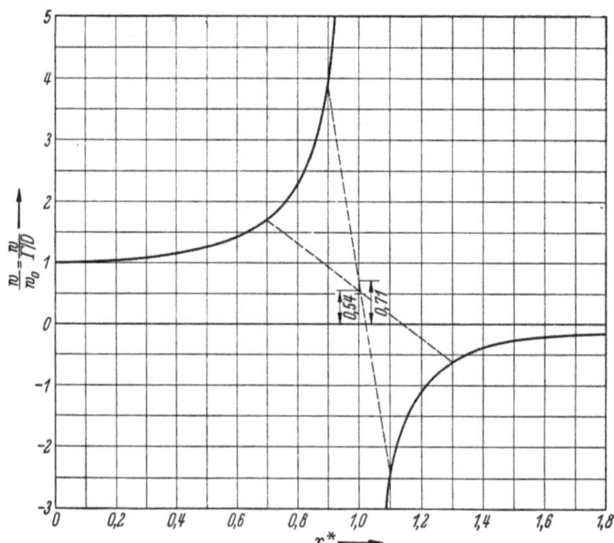

Abb. VII, 5.16
Geschwindigkeitsverteilung innerhalb und außerhalb eines kreisförmigen Wirbelringes

zunächst langsam, dann schneller zu, um bei genügender Annäherung an die Ringachse alle Grenzen zu überschreiten. Außerhalb des Wirbelringes haben die Geschwindigkeiten entgegengesetzte Richtung und gehen asymptotisch nach Null.

Nehmen wir als ein Beispiel an, daß der Durchmesser des Kernes 10% vom Durchmesser des Wirbelringes beträgt, d. h. $r^* = 0{,}1$, so ergibt die obige Rechnung $w/w_0 = 3{,}86$ für $x^* = 0{,}9$ und $w/w_0 = -2{,}44$ für $x^* = 1{,}1$. Innerhalb des Kernes ist die Geschwindigkeitsverteilung nahezu linear, so daß wir für die Geschwindigkeit der Achse des Kernes

$$\frac{w_c}{w_0} = \frac{1}{2}(3{,}86 - 2{,}44) = 0{,}71$$

oder

$$w_c = 0{,}71\,\frac{\Gamma}{D}, \qquad \frac{r}{R} = 0{,}1$$

erhalten. Der Wirbelkern und damit der Wirbelring als Ganzes hat demnach eine Fortschreitungsgeschwindigkeit in Richtung seiner Achse, analog der Fortschreitungsgeschwindigkeit eines geradlinigen parallelen Wirbelpaares von gleicher Stärke aber entgegengesetztem Drehsinn.

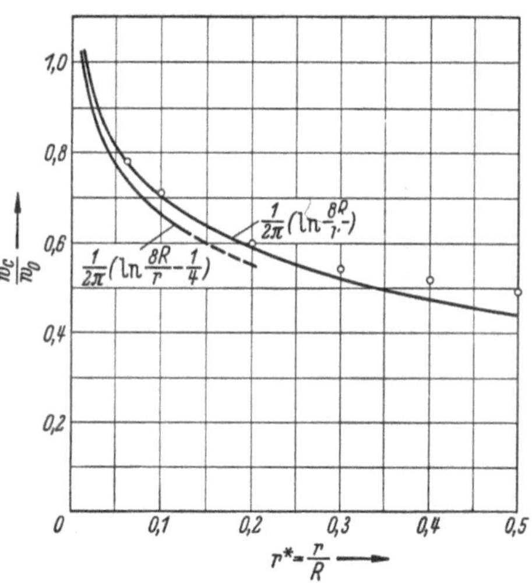

Abb. VII, 5.17. Geschwindigkeit eines kreisförmigen Wirbelringes in Abhängigkeit vom Kerndurchmesser

Nehmen wir an, daß der Kern dicker ist, sagen wir $r^* = 0{,}3$, so ergeben Gleichung (VII, 5.10 und 11) bzw. Abb. VII, 5.15 die Werte $w/w_0 = 1{,}699$ für $x^* = 0{,}7$ und $w/w_0 = -0{,}612$ für $x^* = 1{,}3$, also $w_c/w_0 = 1/2\,(1{,}699 - 0{,}612) = 0{,}543$, oder $w_c = 0{,}543\,\Gamma/D$. Wir sehen, daß — bei gleichem Γ und D — die Fortschreitungsgeschwindigkeit des Wirbelringes mit zunehmender Dicke des Kernes langsam abnimmt. In dieser Hinsicht besteht keine Analogie mit dem vorher erwähnten geradlinigen Wirbelpaar, dessen Fortschreitungsgeschwindigkeit unabhängig vom Durchmesser der Wirbelkerne ist.

Berechnet man in der oben gezeigten Weise die Werte von w_c/w_0 für eine Anzahl von r^*-Werten, so erhält man Abb. VII, 5.17. Die Abbildung zeigt ebenfalls eine Kurve entsprechend der von W. THOMSON[1] gegebenen Näherungsformel für $r \ll R$ $\frac{w_c}{w_0} = \frac{1}{2\pi}\left[\ln\frac{8R}{r} - \frac{1}{4}\right]$, sowie

[1] Im Anhang zu einer Übersetzung der HELMHOLTZschen Arbeit durch W. THOMSON, Phil. Mag. (4) XXXIII (1867) S. 511 (Papers, Bd. IV, 67).

die den Punkten besser angepaßte Kurve

$$\frac{w_c}{w_0} = \frac{1}{2\pi} \ln \frac{8R}{r}$$

oder

$$w_c = \frac{\Gamma}{4\pi R} \ln \frac{8}{\frac{r}{R}}. \qquad \text{(VII, 5.12)}$$

Da auf Grund der Zähigkeitswirkung der Durchmesser des Kernes zunimmt, ist die Fortschreitungsgeschwindigkeit des Wirbelringes nicht gleichbleibend, sondern nimmt mit der Zeit langsam ab.

5.8 Stationäre Strömung um einen Wirbelring. Die Strömung eines Wirbelringes ist wegen seiner Fortschreitungsgeschwindigkeit w_c instationär, kann aber dadurch stationär gemacht werden, daß man ihr eine gleichmäßige Parallelströmung $-w_c$ überlagert, wodurch die Lage des Wirbelringes im Raume dauernd die gleiche bleibt. Abb. VII, 5.18 zeigt das Stromlinienbild einer solchen Strömung für den Fall, daß der Kerndurchmesser 20% vom Durchmesser des Wirbelringes ist, d. h. für $r^* = r/R = 0{,}2$. Für einen dünneren Kern, und zwar $r^* = 0{,}05$, hat man ein Stromlinienbild, wie in Abb. VII, 5.19 dargestellt.

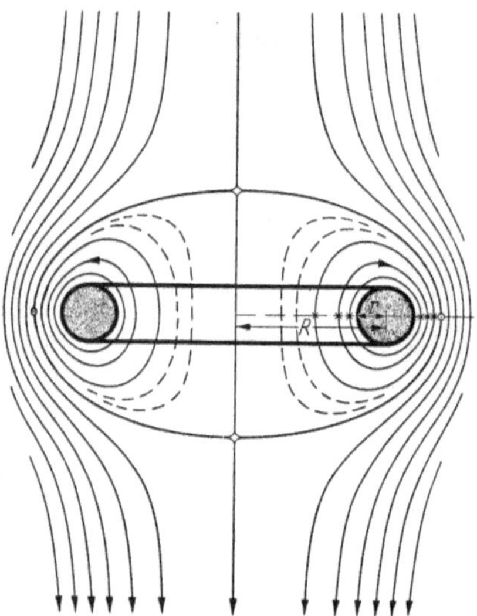

Abb. VII, 5.18. Strömung um einen Wirbelring; der Kerndurchmesser beträgt 20% vom Wirbelringdurchmesser

Die von oben kommende Parallelströmung umfließt eine beim Wirbelring dauernd verbleibende Flüssigkeitsmasse von der Form eines Rotationskörpers mit ovalem Querschnitt. Der Rotationskörper ist um so flacher, je dünner der Kern des Wirbelringes ist.

Um die Dicke des Rotationskörpers zu erhalten, muß derjenige Punkt der z-Achse (senkrecht durch das Zentrum des Wirbelringes) bestimmt werden, wo die Geschwindigkeit w gleich und entgegengesetzt der Fortschreitungsgeschwindigkeit w_c des Wirbelringes ist. Mit den in Abb. VII, 5.20 gegebenen Bezeichnungen ist für jeden Punkt der z-Achse mit ds als Element des Wirbelringes, da $ds \perp R/\cos\varepsilon$

$$\sin\left(ds, \frac{R}{\cos\varepsilon}\right) = 1$$

und folglich nach Gl. (VII, 5.8), da $\alpha = \sphericalangle (ds, R/\cos\varepsilon)$

$$w = \frac{\Gamma}{4\pi} \oint^{s} \frac{ds}{\left(\frac{R}{\cos\varepsilon}\right)^2} = \frac{\Gamma}{2R} \cos^2\varepsilon = w_0 \cos^2\varepsilon.$$

Dieser Wert von w ist dem Wert von w_c gleichzusetzen, d. h.

$$\frac{w}{w_0} = \cos^2\varepsilon = \frac{w_c}{w_0}.$$

Mit

$$\cos^2\varepsilon = \frac{1}{1 + \operatorname{tg}^2\varepsilon} = \frac{1}{1 + \left(\frac{z_0}{R}\right)^2}$$

ist also

$$\frac{z_0}{R} = \sqrt{\frac{1 - \frac{w_c}{w_0}}{\frac{w_c}{w_0}}}. \quad \text{(VII, 5.13)}$$

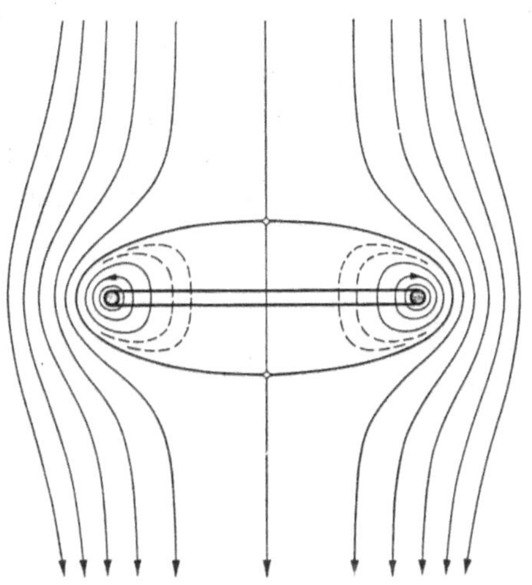

Abb. VII, 5.19. Strömung um einen Wirbelring, dessen Kerndurchmesser nur 5% des Ringdurchmessers ist

Mit den in Abb. VII, 5.17 gegebenen Werten von w_c/w_0 als Funktion von r/R kann für jeden Kernradius $r < 0{,}5\,R$ der Wert von z_0/R berechnet werden. Zu Abb. VII, 5.18 ergibt sich mit $r^* = 0{,}2$ aus Abb. VII, 5.17 der Wert $w_c/w_0 = 0{,}6$ und somit $z_0/R = \sqrt{0{,}4/0{,}6} = 0{,}816$. Für Abb. VII, 5.19 erhalten wir mit $r^* = 0{,}05$ den Wert $w_c/w_0 = 0{,}805$, mithin $z_0/R = 0{,}49$.

Um den Radius x_0 des Rotationskörpers zu erhalten, berücksichtigen wir, daß in Abb. VII, 5.18 durch die kreisförmige Fläche $(R - r)^2\,\pi$ das gleiche Flüssigkeitsvolumen (die Dichte wird als konstant angenommen) fließen muß wie durch die ringförmige Fläche $x_0^2\pi - (R + r)^2\,\pi$, und daß für die erstgenannte Fläche die Geschwindigkeit $w - w_c$ ist, während sie für die zweitgenannte Fläche $w + w_c$ ist.

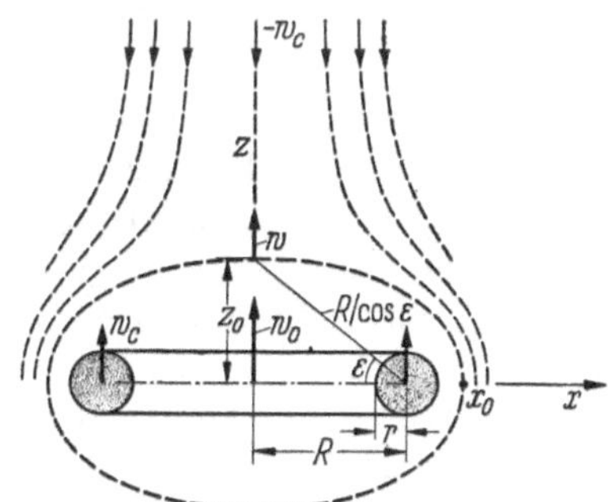

Abb. VII, 5.20
Einzelheiten zur Bestimmung der Dicke z_0 des umströmten Rotationskörpers

Mit Benutzung dimensionsloser Größen muß also sein:

$$\int\limits_0^{1-r^*} \left(\frac{w}{w_0} - \frac{w_c}{w_0}\right) x^*\,dx^* = \int\limits_{1+r^*}^{x_0^*} \left(\frac{w}{w_0} + \frac{w_c}{w_0}\right) x^*\,dx^*,$$

wobei für einen gegebenen Wert von r^*, d. h. des Kernradius, x_0^* die Unbekannte ist.

Indem wir die Werte von w/w_0 als Funktion von x^* der Abb. VII, 5.16 entnehmen und für einen gegebenen Wert von r^*, z. B. $r^* = 0{,}2$, den entsprechenden Wert von w_c/w_0 der Abb. VII, 5.17, läßt sich das linke Integral als Funktion von x^* bis $x^* = 1 - r^* = 0{,}8$ graphisch integrieren (Abb. VII, 5.21). Für $x^* = 0{,}8$ erhält man für das linke Integral den Wert 0,275. In derselben Weise läßt sich das rechte Integral als Funktion von x^* von $x^* = 1 + r^* = 1{,}2$ ab berechnen. Der Wert von x^*, für den das rechte Integral den gleichen Wert, d. h. 0,275

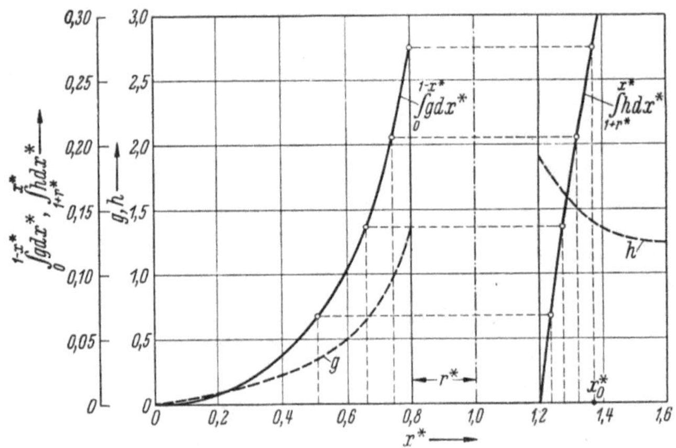

Abb. VII, 5.21. Hilfskurven zur Bestimmung des Radius x_0 des Rotationskörpers sowie weiterer Punkte der Stromlinien von Abb. VII, 5.18 (dort durch kleine Kreuze gekennzeichnet)

erreicht, ist dann der gesuchte Wert $x_0^* = x_0/R$, d. h. der Radius des Rotationskörpers, bei gegebenem r und R.

Teilen wir jetzt die Integralkurven in, sagen wir, vier Teile mit je gleichen Ordinaten und projizieren die Punkte auf die x^*-Achse, so erhalten wir je drei weitere Stromlinienpunkte innerhalb und außerhalb des Wirbelringes. Diese Punkte sind von Abb. VII, 5.21 auf Abb. VII, 5.18 übertragen und dort mit Kreuzen gekennzeichnet.

Wir kommen nochmals zurück auf Gl. (VII, 5.13) und auf die Tatsache, daß die Dicke des Rotationskörpers im Zentrum, d. h. z_0/R, um so kleiner ist je größer w_c/w_0 oder nach Abb. VII, 5.17 je dünner der Wirbelkern $r^* = r/R$ ist. Für etwa $r^* = 0{,}012$ wird w_c/w_0 gleich 1 und damit nach Gl. (VII, 5.13) die Dicke z_0 gleich Null. Für einen noch dünneren Kern des Wirbelringes wird $w_c/w_0 > 1$ und damit z_0/R imaginär. Physikalisch bedeutet dieses, daß der Rotationskörper in einen Ring ausartet, außerhalb und innerhalb dessen Potentialströmung herrscht (mit Ausnahme des sehr dünnen Kerngebietes). Daß ein solcher

Strömungszustand jedoch in Wirklichkeit kaum eintreten wird, ergibt sich aus der erforderlichen sehr großen Drehzahl des Wirbelkernes: Da die Umfangsgeschwindigkeit des Kernes einerseits

$$w = 2 r \pi \frac{n}{60}$$

und anderseits

$$w = \frac{\Gamma}{2 r \pi}$$

ist, wo nach Gl. (VII, 5.9) $\Gamma = w_0 2 R$, so hat man

$$n = \frac{60}{2\pi^2} \frac{w_c}{\frac{w_c}{w_0}\left(\frac{r}{R}\right)^2 R} = 3{,}04 \frac{w_c}{\frac{w_c}{w_0}\left(\frac{r}{R}\right)^2 R}.$$

Angenommen, der Kerndurchmesser sei 2% des Durchmessers des Wirbelringes, d. h. $r/R = 0{,}02$, entsprechend einem Wert von $w_c/w_0 = 0{,}94$ und dementsprechend einer Dicke $z_0/R = 0{,}25$, so ist

$$n = 3{,}04 \frac{1}{0{,}94\,(0{,}02)^2} \frac{w_c}{R} = 8085 \frac{w_c}{R}.$$

Nehmen wir jetzt an, daß der Radius des Wirbelringes 5 cm ist und seine Fortschreitungsgeschwindigkeit 2 cm/sek (damit ist die Zirkulation $\Gamma = w_c \cdot 2R/0{,}94 = 21{,}25\ \text{cm}^2/\text{sek}$ festgelegt), so haben wir bereits eine Drehzahl des Wirbelkernes von $n = 2334/\text{min}$ oder 39/sek. Hiernach scheint es kaum möglich zu sein, einen Wirbelring mit einem Wert von $r/R = 0{,}02$ zu erhalten, ganz zu schweigen von einem Wert $r/R = 0{,}01$, der erforderlich wäre, damit der Rotationskörper mit ovalem Querschnitt in einen Wirbelring ausartet.

5.9 Gegenseitige Beeinflussung von Wirbelringen. Auf S. 417 haben wir untersucht, in welcher Weise das Geschwindigkeitsfeld eines geraden Wirbels die Bewegung eines zweiten geraden Wirbels beeinflußt und anderseits durch das Feld dieses zweiten Wirbels selbst in seiner Bewegung beeinflußt wird. Eine ähnliche gegenseitige Beeinflussung findet zwischen Wirbelringen statt, nur daß in diesem Falle das Problem sehr viel komplizierter ist.

Lediglich in Fällen, wo Wirbelringe die gleiche geradlinige Achse besitzen, kann man ohne Schwierigkeiten eine allgemeine Vorstellung der gegenseitigen Beeinflussung der Wirbelringe erhalten. In Abb. VII, 5.22 ist das Momentanbild der Stromlinien eines kreisförmigen Wirbelringes dargestellt, der sich mit einer Geschwindigkeit w_c von links nach rechts bewegt. Angenommen, wir hätten einen zweiten Wirbelring, dessen Kern durch Punkt P der Abb. VII, 5.22 geht (in der Abbildung nicht dargestellt), so würde dieser Teil des Kernes eine Geschwindigkeit haben, die sich aus der Vektorsumme seiner eigenen Fortschreitungsgeschwindigkeit als Wirbelring und der in P vorhandenen Geschwindigkeit des in der Abbildung gezeigten Wirbelringes ergibt.

In Abb. VII, 5.23 sind zwei kreisförmige Wirbelringe mit gleicher Achse und von zufällig gleicher Zirkulation, gleichem Durchmesser und gleichem Wirbelkern dargestellt. Beide Wirbelringe bewegen sich wegen des gleichen Drehsinnes in gleicher Richtung, und zwar in diesem Falle von links nach rechts mit einer Geschwindigkeit w_c, die durch die Zirkulation Γ, den Radius R und den Kernradius r bestimmt ist (Gleichung VII, 5.12). Jeder der beiden Wirbel ist im Geschwindigkeitsfeld des anderen. Außer der beiden Wirbeln gemeinsamen zentralen Stromlinie sind — unter Benutzung der Abbildung VII, 5.22 — für jeden der beiden Wirbelringe diejenigen Stromlinien gezeichnet, die durch den Kern des jeweils anderen Wirbelringes gehen. Aus den in der Abbildung eingezeichneten Geschwindigkeitsvektoren ist ersichtlich, daß der Durchmesser des linken Wirbelringes abnimmt und damit seine Fortschreitungsgeschwindigkeit zunimmt. Die Tatsache, daß die Zunahme der Dicke des Wirbelkernes zusammen mit der Verkleinerung des Durchmessers des Wirbelringes eine Vergrößerung des Wertes von r/R bedingt und damit nach Gleichung (VII, 5.12) einer Vergrößerung der Fortschreitungsgeschwindigkeit entgegenwirkt, ist nur von geringer Bedeutung gegenüber der Zunahme von w_c mit $1/R$. Der rechte Wirbelring anderseits vergrößert seinen Durchmesser und verringert dabei seine Fortschreitungsgeschwindigkeit.

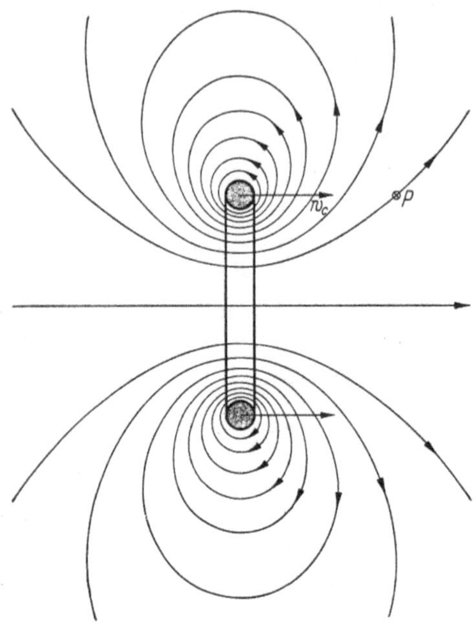

Abb. VII, 5.22. Stromlinien eines kreisförmigen Wirbelringes (instationäre Strömung)

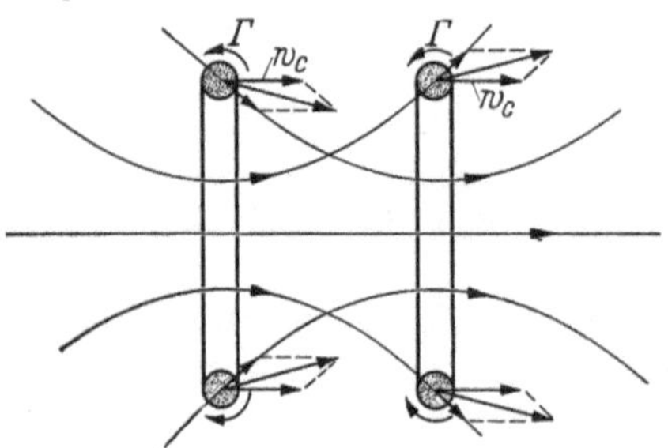

Abb. VII, 5.23. Zwei Wirbelringe im gegenseitigen Geschwindigkeitsfeld

In einem späteren Augenblick mögen die beiden Wirbelringe die in Abb. VII, 5.24 dargestellte Gestalt und Lage zueinander angenommen haben. Schließlich schlüpft der linke kleinere Wirbelring mit seiner größeren Geschwindigkeit durch den rechten größeren Wirbelring mit der geringeren Geschwindigkeit hindurch und überholt ihn. Jetzt ist der kleinere Wirbelring vor dem größeren Wirbelring und, da er sich im Geschwindigkeitsfeld des letzteren befindet, vergrößert er seinen Durchmesser mit entsprechender Verkleinerung seiner Fortschreitungsgeschwindigkeit. Der hinter dem kleinen Wirbelring befindliche größere Wirbelring verkleinert im Geschwindigkeitsfeld des ersteren seinen Durchmesser und vergrößert damit seine Fortschreitungsgeschwindigkeit, bis der in Abb. VII, 5.23 gezeigte Zustand wieder erreicht ist, und das Spiel von neuem beginnt, bis auf Grund von Zähigkeitswirkungen alle Geschwindigkeiten allmählich abklingen[1].

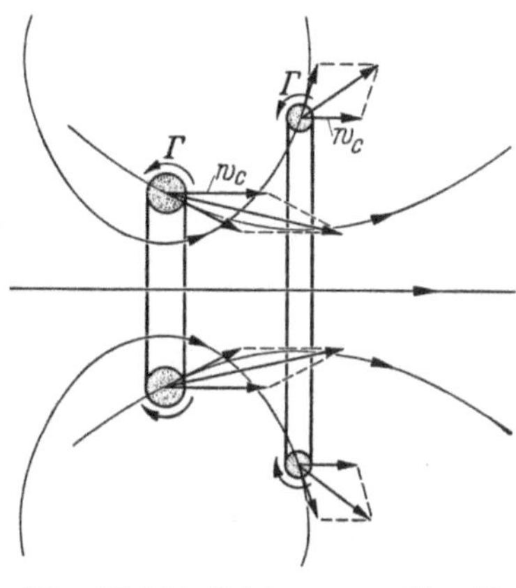

Abb. VII, 5.24. Infolge gegenseitiger Beeinflussung der beiden Wirbelringe in voriger Abbildung zieht sich der linke Wirbel zusammen, während sich der rechte erweitert; dabei nimmt die Geschwindigkeit w_c des kleineren Ringes zu und die des größeren ab

In Abb. VII, 5.25 sind zwei koaxiale Wirbelringe von gleichem Durchmesser, gleicher Stärke, aber von entgegengesetztem Drehsinn dargestellt. Der linke Wirbelring bewegt sich nach rechts und der rechte Wirbelring nach links. Während beide Wirbel sich so einander nähern, nimmt ihre Fortschreitungsgeschwindigkeit w_c dauernd ab, und zwar erstens unter der Wirkung der Geschwindigkeitsfelder, wie in der Abbildung gezeigt ist, und zweitens auf Grund der Tatsache, daß die Durchmesser der beiden Wirbelringe zunehmen. Wir werden auf S. 510f. sehen, daß die beiden Wirbel sich gegenseitig auslöschen, sobald die Flüssigkeit der Wirbelkerne mit ihrer entgegengesetzten Rotation miteinander in Berührung kommen. Wegen der Symmetrie der Strömung der beiden Wirbelringe in bezug auf die Ebene EE kann man sich diese auch als feste Ebene denken und hat

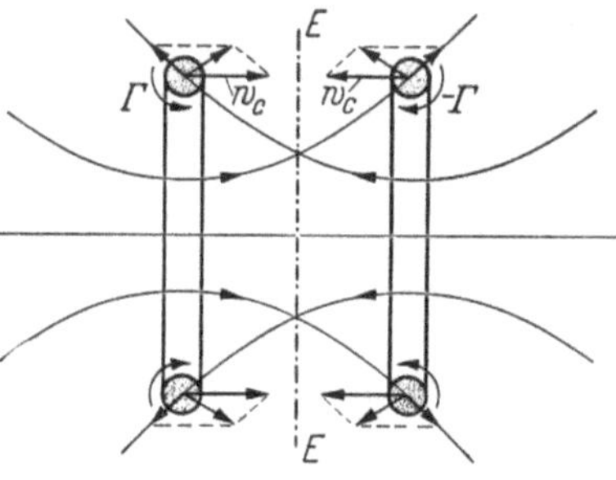

Abb. VII, 5.25. Zwei Wirbelringe von entgegengesetzter Rotation nähern sich, nehmen dabei im Durchmesser zu und in axialer Geschwindigkeit ab

[1] Es war HELMHOLTZ, der zuerst auf diese gegenseitige Beeinflussung von koaxialen Wirbelringen hinwies. — Vgl. Fußn. 1, S. 391.

so das Bild eines sich einer Platte nähernden Wirbelringes. Auf S. 511 wird gezeigt werden, daß ein solcher Wirbel verlöscht, wenn dessen Kern mit der sich an der Ebene ausbildenden Grenzschicht in Berührung kommt.

Haben die beiden Wirbelringe einen Drehsinn wie in Abb. VII, 5.26, so bewegen sie sich voneinander fort. Das Geschwindigkeitsfeld des rechten Wirbelringes bewirkt eine Abnahme der Fortschreitungsgeschwindigkeit des linken Wirbelringes, zugleich aber auch eine Verkleinerung seines Durchmessers, was anderseits eine Vergrößerung dieser Geschwindigkeit nach sich zieht. Das Entsprechende gilt für den Einfluß des linken Wirbelringes auf den rechten. Mit zunehmendem Abstand beider Wirbelringe voneinander nimmt diese gegenseitige Beeinflussung jedoch schnell ab, bis infolge der Zähigkeitswirkung die Kerne allmählich dicker werden und damit ihre Fortschreitungsgeschwindigkeiten geringer, und schließlich alle Geschwindigkeiten abklingen.

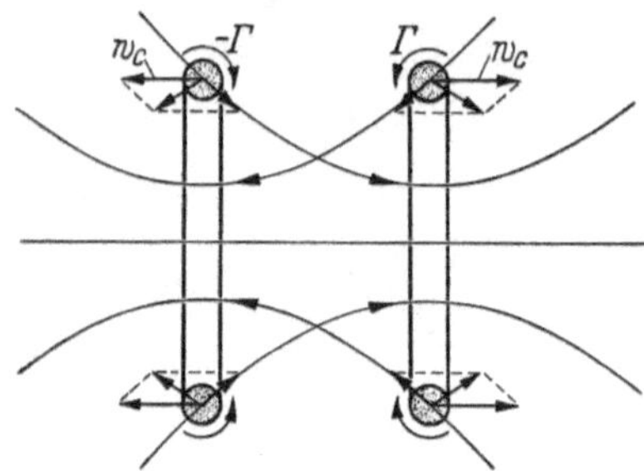

Abb. VII, 5.26. Zwei Wirbelringe von umgekehrtem Drehsinn wie in voriger Abbildung entfernen sich voneinander

6 Wirbelschichten, Diskontinuitätsflächen

6.1 Experiment. Wir betrachten in Abb. VII, 6.1a einen sehr großen, mit Wasser gefüllten Behälter, der an seiner rechten Seite eine „zweidimensionale" gut abgerundete Öffnung, d. h. einen senkrecht zur Bildebene langen Spalt besitzt (in der Abbildung der besseren Deutlichkeit halber zu groß gezeichnet), durch den das Wasser abfließen kann. In der Mitte des Behälters befinde sich eine Trennungswand D, die bis zum Querschnitt $A - A$ im Spalt reicht. Für den angenommenen Fall, daß der Wasserspiegel in den beiden Teilen des Behälters verschieden hoch ist, wie in der Abbildung dargestellt, ist auch der Druck in den beiden in gleicher Höhe liegenden Punkten P_1 und P_2 (wo wir annehmen, daß die Geschwindigkeiten vernachlässigt werden können) verschieden groß, nämlich: $p_1 = \gamma h_1$ und $p_2 = \gamma h_2$, wo γ das spezifische Gewicht der Flüssigkeit ist. Da die Stromlinien im Querschnitt $A - A$ gerade und parallel sind, muß der Druck p_A im ganzen Querschnitt $A - A$ konstant sein, vgl. S. 118. Hieraus folgt dann, daß

$$\frac{\varrho}{2} u_1^2 = p_1 - p_A$$

und

$$\frac{\varrho}{2} u_2^2 = p_2 - p_A$$

also

$$\frac{\varrho}{2}(u_1^2 - u_2^2) = p_1 - p_2 = \gamma(h_1 - h_2)$$

oder

$$u_1^2 - u_2^2 = 2g(h_1 - h_2).$$

Obwohl der Druck im Querschnitt $A - A$ der gleiche ist, so ist doch die Geschwindigkeit auf beiden Seiten der gestrichelten Linie verschieden. Die gestrichelte Linie trennt zwei Gebiete mit verschiedener BERNOULLIscher Konstante.

Eine genauere Untersuchung der Geschwindigkeitsverteilung am Ende der Trennungswand in der Nähe von $A - A$ zeigt jedoch, daß infolge der Zähigkeit der Flüssigkeit die Geschwindigkeit direkt an der

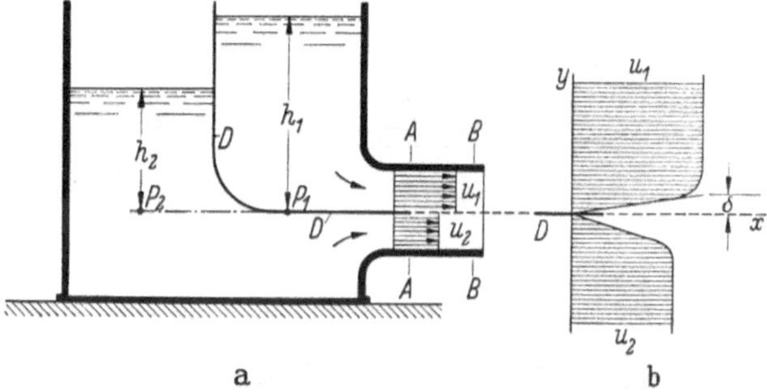

Abb. VII, 6.1. a) Strömung durch eine zweidimensionale Öffnung aus einem Behälter, in welchem die Wasserspiegelhöhen vermittels einer Wandung D verschieden hoch sind; b) Geschwindigkeitsverteilung am Ende der Wandung

Wand Null ist, und daß sich der Übergang zu den Geschwindigkeiten u_1 bzw. u_2 in einer sehr dünnen Schicht δ, der sogenannten PRANDTLschen Grenzschicht vollzieht. Abb. VII, 6.1b zeigt in einem sehr viel größeren Maßstab in der y-Richtung die Geschwindigkeitsverteilungen der Grenzschichten auf beiden Seiten der Trennungswand D an ihrem Ende bei $A - A$.

u ist die einzige Geschwindigkeitskomponente, und da innerhalb der Grenzschichten $\partial u/\partial y \neq 0$ ist, haben wir in den beiden Grenzschichten eine Strömung mit Rotation, wobei der Rotationsvektor senkrecht zur Bildebene ist. Ein etwas vereinfachtes Bild der Geschwindigkeitsverteilungen in den Grenzschichten ist in Abb. VII, 6.2a dargestellt. Die Rotation $\partial u/\partial y$ der beiden Grenzschichten ist von entgegengesetztem Vorzeichen und — in unserem Beispiel — etwas größer auf der oberen Seite der Trennungswand als auf der unteren.

Sobald die Flüssigkeit das Ende der Trennungswand D erreicht hat, kommen die Flüssigkeitsteilchen der beiden Grenzschichten an der punktierten Linie miteinander in Berührung, und da sie entgegengesetzte Rotation besitzen, löschen sie diese teilweise aus. Etwas stromabwärts, sagen wir im Querschnitt $B - B$ der Abb. VII, 6.1a, haben wir in einer Schicht 2δ die durchschnittliche Rotation von derjenigen in den beiden Grenzschichten vor der Vermischung (Abb. VII, 6.2b), d. h.

$$\frac{1}{2}\left[\frac{u_1}{\delta} + \left(-\frac{u_2}{\delta}\right)\right] = \frac{u_1 - u_2}{2\delta}.$$

Für ein Koordinatensystem, das sich mit der durchschnittlichen Geschwindigkeit $1/2\,(u_1 + u_2)$ bewegt, ändert sich das Bild von VII, 6.2b

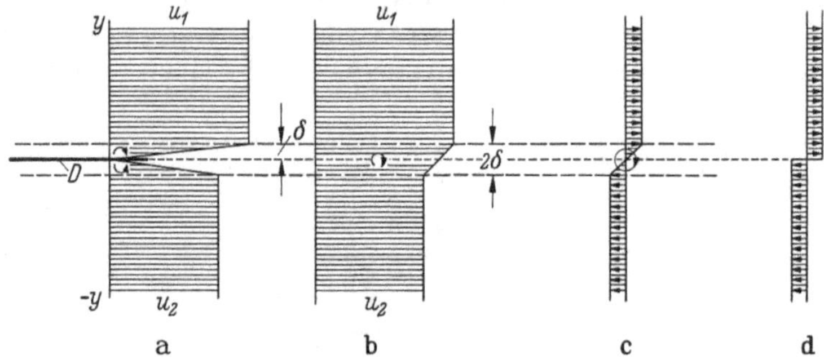

Abb. VII, 6.2. a) Vereinfachtes Bild der Geschwindigkeit in den beiden Grenzschichten; b) Vereinigung der beiden Grenzschichten hinter dem Ende der Wandung zu einer Schicht mit Rotation; c) dieselbe Geschwindigkeitsverteilung für ein Bezugssystem, in welchem die mittlere Geschwindigkeit in Ruhe ist; d) Diskontinuität für $\delta \to 0$

zu 6.2c. Die Dicke der Grenzschicht nimmt mit abnehmender Zähigkeit ab. Im Grenzfall $\lim \mu = 0$ nähert sich die Dicke δ dem Werte Null, entsprechend Abb. VII, 6.2d. Hier ist die Änderung von u_1 zu u_2 eine Unstetigkeit, der somit eine Schicht der Wirbel $\operatorname{rot} \mathfrak{q} = du/dy$ von unendlich geringer Dicke, d. h. eine Wirbelfläche entspricht.

6.2 Prinzipieller Unterschied zwischen einem Einzelwirbel und einer Wirbelfläche. Die Geschwindigkeiten eines Einzelwirbels mit endlichem Kerndurchmesser sind überall endlich. Das trifft ebenfalls zu für eine Wirbelschicht. Nehmen wir jetzt an, daß die Zähigkeit der Flüssigkeit mehr und mehr abnimmt, so nimmt sowohl der Kerndurchmesser als auch die Dicke der Wirbelschicht ab. Im Grenzfall $\lim \mu = 0$ geht der Wirbelkern in eine Wirbellinie und die Wirbelschicht in eine Wirbelfläche über. Während aber beim Einzelwirbel die Geschwindigkeit mit Annäherung an die Wirbellinie nach Unendlich zustrebt, bleiben nach Abb. VII, 6.2d die Geschwindigkeiten mit beliebiger Annäherung an die Wirbelfläche endlich. Auf S. 495ff. werden wir sehen, daß es aus diesem Grunde nicht möglich wäre, in einem reibungslosen Kontinuum ($\mu = 0$) — wenn es ein solches gäbe — einen Einzelwirbel zu erzeugen; es ist aber wohl möglich, eine Wirbelfläche zu erzeugen. Was bedeutet dieses für die Vorstellung, die wir uns von einer Wirbelfläche machen müssen?

Wir betrachten in Abb. VII, 6.3 eine unendlich ausgedehnte Strömung, die oberhalb einer ebenen Wirbelschicht von der Dicke 2δ die konstante, d. h. von x, y und z unabhängige Geschwindigkeit u und unterhalb der Wirbelschicht die ebenfalls konstante Geschwindigkeit $-u$ haben möge, ähnlich der Geschwindigkeitsverteilung von Abb. VII, 6.2c. Die Wirbelschicht selbst denken wir uns aufgebaut von geraden,

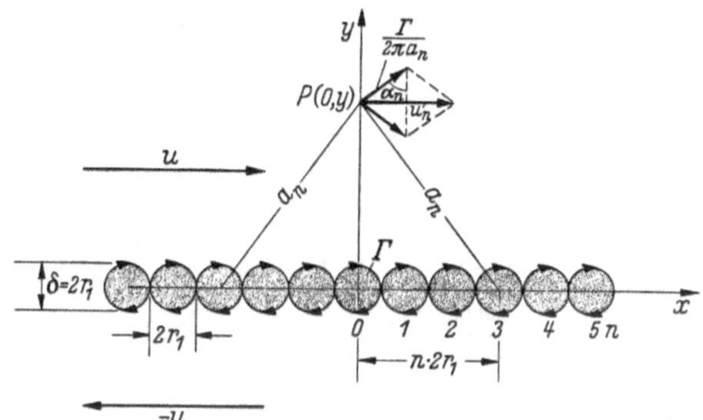

Abb. VII, 6.3. Konstruktion der Geschwindigkeit in einem Punkte P infolge von zwei symmetrisch zu P gelegenen Wirbeln einer Wirbelreihe

sich nahezu berührenden Wirbelkernen vom Radius $r_1 = \delta/2$. Die Geschwindigkeit u_n in einem Punkte P infolge von zwei zu P symmetrisch gelegenen Wirbeln ist nach Abb. VII, 6.3

$$u_n = 2\frac{\Gamma}{2\pi a_n}\sin\alpha_n$$

und da

$$\sin\alpha_n = \frac{y}{a_n}$$

$$u_n = \frac{\Gamma}{\pi}\frac{y}{a_n^2},$$

und folglich die Geschwindigkeit in P infolge der gesamten nach beiden Seiten sich ins Unendliche erstreckenden Wirbelreihe

$$u = \frac{\Gamma}{\pi}\sum_{n=0}^{\infty}\frac{y}{a_n^2} - \frac{\Gamma}{2\pi y}.$$

Das letzte Glied ist deshalb nötig, da sonst der Wirbel 0 doppelt in Rechnung gezogen würde. Da $a_n^2 = y^2 + x^2 = y^2 + (n\cdot 2r_1)^2$ ist, haben wir, wenn noch durch y^2 gekürzt wird,

$$u = \frac{\Gamma}{\pi}\left(\sum_{n=0}^{\infty}\frac{\frac{1}{y}}{1+\left(n\frac{2r_1}{y}\right)^2} - \frac{1}{2y}\right).$$

Da das Geschwindigkeitsfeld eines Wirbels unabhängig vom Durchmesser seines Kernes ist, wird die Geschwindigkeit u im Punkte P nicht geändert, wenn wir annehmen, daß die Kerne aller Wirbel der Wirbelreihe von Abb. VII, 6.3 verkleinert werden, sagen wir auf $^1/_3$ ihres vorherigen Wertes. Dann hätten sie die in Abb. VII, 6.4 gezeigte Größe und Lage. Füllen wir jetzt die Zwischenräume dieser Wirbel mit je zwei Wirbeln von gleichem Kerndurchmesser und gleicher Zirkulation (schwarz dargestellt) auf, so würde die Geschwindigkeit im Punkt P infolge *sämtlicher*, grauer und schwarzer Wirbel der neuen Wirbelreihe gleich $u + 2u = 3u$ sein. Wenn aber die Wirbelreihe der Geschwindigkeit u bzw. $-u$ ober- und unterhalb der Wirbelschicht entsprechen soll, so muß die Zirkulation der Wirbel kleiner, in unserem Beispiel gleich einem Drittel der vorherigen Zirkulation, sein. Nehmen wir jetzt die Durchmesser der Kerne kleiner und kleiner an, setzen aber im übrigen voraus, daß sie sich nahezu berühren, so müssen wir annehmen, daß

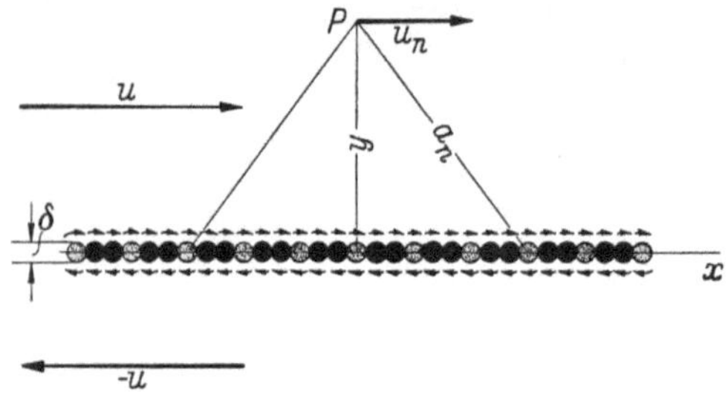

Abb. VII, 6.4. Läßt man die Durchmesser der Wirbel kleiner werden und füllt man die dabei entstandenen Zwischenräume mit neuen Wirbeln aus, so muß die Stärke der Wirbel proportional mit δ abnehmen, wenn die durch *sämtliche* Wirbel hervorgerufene Geschwindigkeit konstant bleiben soll

$$\Gamma = \text{const}\, 2 r_1 \tag{VII, 6.1}$$

ist. Wir haben somit

$$u = \frac{\text{const}}{\pi}\left(\sum_{n=0}^{\infty} \frac{\frac{2r_1}{y}}{1+\left(n\frac{2r_1}{y}\right)^2} - \frac{2r_1}{2y}\right), \tag{VII, 6.2}$$

und wenn wir zum Grenzwert $2r_1 \to dx$ und $n \cdot 2r_1 = x$ übergehen und berücksichtigen, daß für *endliche* Werte von y der Ausdruck $2r_1/2y = dx/2y$ nach Null geht,

$$u = \frac{\text{const}}{\pi} \int\limits_{x=0}^{x=\infty} \frac{d\left(\frac{x}{y}\right)}{1+\left(\frac{x}{y}\right)^2}$$

und integriert

$$u = \frac{\text{const}}{\pi} \operatorname{arctg}\left(\frac{x}{y}\right)\Big|_0^{\infty} = \frac{\text{const}}{\pi}\,\frac{\pi}{2} = \text{const}. \tag{VII, 6.3}$$

Wir sehen somit, daß die Geschwindigkeit für endliche Werte von y, einerlei wie klein diese Werte sein mögen, konstant ist.

Die Bedeutung der Tatsache, daß man eine Diskontinuitätsfläche der Geschwindigkeit auffassen kann als eine Reihe von Wirbelkernen mit unendlich kleinen Durchmessern, liegt nicht in der Vorstellung, als ob die Flüssigkeit über und unter der Reihe von Wirbelkernen wie über Rollenlager hinweggleitet; diese Vorstellung läßt sich — wie wir sehen werden — auch gar nicht aufrechterhalten, sondern sie liegt im folgenden: Von der Diskontinuitätsfläche allein können wir keine Aussagen machen über das Geschwindigkeitsfeld außerhalb der Fläche. Die Unstetigkeitsfläche ist kein geeigneter Begriff, kein Werkzeug, um in das Gebiet außerhalb der Diskontinuitätsfläche vorzudringen. Wenn wir jedoch die Diskontinuitätsfläche durch eine Wirbelfläche ersetzen, haben wir zugleich das gesamte Geschwindigkeitsfeld außerhalb der Wirbelreihe. Wir können — wenigstens im Prinzip — durch die Kenntnis der geometrischen Form der Wirbelfläche und der Verteilung ihrer Zirkulation das gesamte Geschwindigkeitsfeld außerhalb der Wirbelfläche berechnen. Es ist das der Grund, warum der Begriff der Wirbelfläche sich also ein so hervorragendes Werkzeug erwiesen hat. Wir werden in den nächsten Paragraphen dieses noch im einzelnen sehen.

Dabei ist es keineswegs so, als ob die Wirbelreihe das äußere Geschwindigkeitsfeld etwa „verursacht" habe. Sie hat überhaupt keine physikalische Realität und ist lediglich eine mathematische Abstraktion, die wir an Stelle der Diskontinuitätsfläche bzw. bei Annahme einer sehr geringen Zähigkeit an Stelle der dünnen Schicht mit Rotation setzen.

Daß wir die Vorstellung, die Flüssigkeit bewege sich mit der Geschwindigkeit u über die Wirbelfläche wie über Rollenlager, nicht aufrechterhalten können, geht schon daraus hervor, daß für jeden Punkt in beliebig kleinem Abstand von der Wirbelfläche die nach Gl. (VII, 6.3) berechnete Geschwindigkeit u größer ist als die Umfangsgeschwindigkeit $u_K = \Gamma/2 r_1 \pi = \text{const}/\pi$ der Wirbelkerne, und zwar haben wir

$$u = \frac{\pi}{2} u_K \qquad \text{(VII, 6.4)}$$

für den Fall $\lim r_1 \to 0$. Der Faktor $\pi/2 = 1{,}5708$ zeigt den Einfluß der unendlich vielen Wirbel auf beiden Seiten desjenigen Wirbels über dem der jeweilige Punkt in beliebig kleinem Abstand y von der Wirbelfläche liegt.

Gl. (VII, 6.3) gilt nur für den Fall, daß die Wirbelschicht unendlich dünn, d. h. eine Wirbelfläche ist, mit anderen Worten für $\mu = 0$. Welches Bild müssen wir uns aber von dem Geschwindigkeitsfeld in der Nähe einer Wirbelschicht machen, wenn diese eine endliche, wenn auch sehr kleine Dicke besitzt, d. h. für wirkliche Flüssigkeiten ($\mu > 0$)? Ersetzen wir die Wirbelschicht wieder durch eine Reihe von Wirbelkernen nach Art der Abb. VII, 6.3, so haben wir für Punkte senkrech über der Mitte eines Wirbelkernes, wenn $y/2r_1 = y/\delta = \eta$ gesetzt wird nach Gl. (VII, 6.2) in Verbindung mit Gl. (VII, 6.1) unter Berücksicht gung, daß die Summe mit $n = 1$ beginnt,

$$u_1(\eta) = \frac{\Gamma}{2r_1\pi}\left(\eta \sum_{n=1}^{\infty} \frac{1}{\eta^2 + n^2} + \frac{1}{2\eta}\right) \qquad \text{(VII, 6.5)}$$

und, wie sich leicht zeigen läßt, für Punkte senkrecht über denjenigen Stellen der Wirbelreihe, wo sich die Kerne nahezu berühren,

$$u_2(\eta) = \frac{\Gamma}{2r_1\pi} 4\eta \sum_{n=1}^{\infty} \frac{1}{(2\eta)^2 + (2n-1)^2}. \qquad \text{(VII, 6.6)}$$

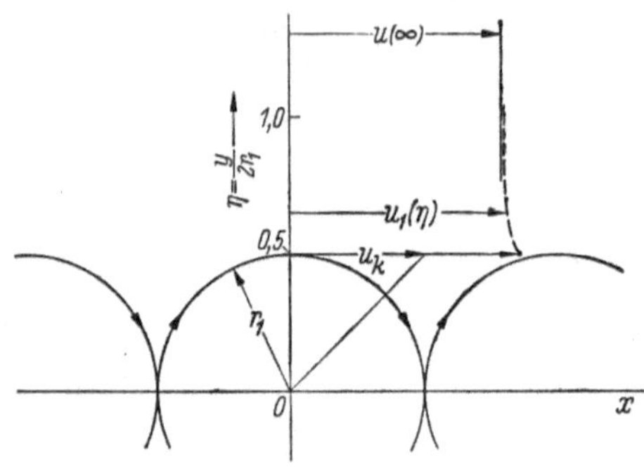

Abb. VII, 6.5. Die Geschwindigkeitsverteilung in einer Ebene über einem Wirbel bis nahe an die Wirbelschicht

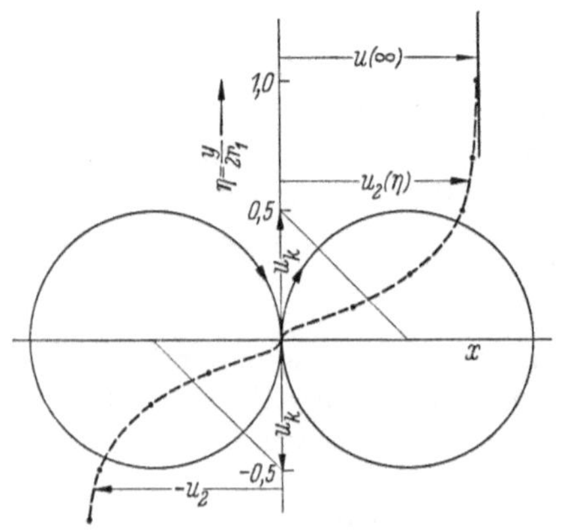

Abb. VII, 6.6. Die Geschwindigkeitsverteilung in einer Ebene zwischen zwei Wirbeln

Die Geschwindigkeiten sind mittels der Abschätzungsformeln für die beiden unendlichen Reihen nach Gl. (3 u. 4) und (5 u. 6), Anhang S. 524f., berechnet und in Abb. VII, 6.5 bzw. 6 aufgetragen.

Für $\eta = 0{,}5$ ist $u_1 = 1{,}713\, u_K$, d. h. wir haben hier eine Diskontinuität der Geschwindigkeit der äußeren Strömung und der Umfangsgeschwindigkeit des Kernes. Da wir jedoch annehmen, daß die Zähigkeit zwar klein ist, aber einen endlichen Wert hat, so wird eine solche Diskontinuitätsfläche in eine Übergangsschicht der Geschwindigkeiten $u_1\,(0{,}5)$ und u_K aufgelöst; aber abgesehen davon ist es auch gar nicht angängig, das Geschwindigkeitsfeld $u_1(\eta)$ und $u_2(\eta)$ nach den obigen beiden Formeln, d. h. als Potentialströmung bis direkt an die Wirbelkerne anzunehmen. Es ist nämlich nicht möglich, die kreisförmige Kontur der Wirbelkerne als Randbedingung der äußeren Potentialströmung durch die Überlagerung der Wirbelfelder zu erhalten. Deshalb sind auch die Geschwindigkeitsverteilungen $u_1(\eta)$

und $u_2(\eta)$ in den Abbildungen gestrichelt gezeichnet. Die vorstehende Betrachtung sollte lediglich zeigen, daß ein gegebenes Geschwindigkeitsfeld $u = \pm$ const sogar bis zu einer Entfernung gleich der Wirbelschichtdicke $\delta = 2r_1$ aufgefaßt werden kann als das Geschwindigkeitsfeld einer Reihe von Wirbelkernen vom Radius r_1.

Die Zirkulation der Wirbelkerne ist gegeben durch $u_K = \Gamma/2r_1\pi$, bzw. für lim $2r_1 \to dx$, durch $u_K = \Gamma/dx \cdot \pi$. Da aber nach Gl. (VII. 6.4) $u_K = 2u/\pi$ ist, bleibt

$$\Gamma = 2u\,dx.$$

Wie wir gesehen haben, hat die Geschwindigkeit $u(y)$ in einem Abstand $y = 2r_1$, ihren asymptotischen Wert $u(\infty)$ nahezu erreicht (bis auf $\pm$ 0,4%)[1]. Untersuchen wir jetzt die Geschwindigkeit $u_{x_1}(2r_1)$, die sich aus der Annahme einer *endlichen* Wirbelreihe auf beiden Seiten eines Punktes P ergibt, wo also $x_1 = n_1 \cdot 2r_1$ ist, zum Unterschied mit der vorher berechneten Geschwindigkeit $u_\infty(2r_1)$ einer nach beiden Seiten unendlichen Wirbelreihe, so erhält man nach Gl. (VII, 6.5), zusammen mit den Gln. (4) und (6) des Anhanges S. 524f. für $y = 2r_1$, d. h. für $\eta = 1$, und

$$u_\infty - u_{x_1} < \frac{\Gamma}{2r_1\pi}\left(\frac{\pi^2}{6} - \sum_1^{n_1}\frac{1}{n^2}\right) < \frac{\Gamma}{2r_1\pi}\,\frac{1}{n_1},$$

bzw. nach Gl. (VII, 6.6)

$$u_\infty - u_{x_1} < \frac{\Gamma}{2r_1\pi}\,4\left(\frac{\pi^2}{8} - \sum_1^{n_1}\frac{1}{(2n-1)^2}\right) < \frac{\Gamma}{2r_1\pi}\,\frac{1}{n_1}.$$

Zu jedem vorgegebenen, beliebig kleinen, endlichen Wert von $x_1 = n_1 \cdot 2r_1$ konvergiert also u_{x_1} nach u_∞, wenn r_1 (zusammen mit Γ, vgl. Gl. (VII, 6.1)) nach Null konvergiert und dabei n_1 über alle Grenzen wächst. Mit anderen Worten: Der Beitrag der außerhalb der beliebig kleinen Strecke x_1 gelegenen Wirbel auf die Geschwindigkeit im Punkte P wird Null im Falle $\lim r_1 = 0$. Damit hat die obige Gleichung

$$\Gamma = 2u\,dx \tag{VII, 6.7}$$

auch in solchen Fällen Gültigkeit, wo u und also auch Γ sich als Funktion von x ändert, da die über x aufgetragene stetige Kurve $u(x)$ immer aufgelöst werden kann in eine stufenförmige Kurve mit beliebig kleinen Stufen x_1.

6.3 Die von einem Tragflügel ausgehende Unstetigkeitsfläche. Wenn ein Flugzeugtragflügel einen Auftrieb erzeugt, muß der Druck an seiner unteren Fläche notwendigerweise größer sein als an seiner oberen

[1] Man kann die folgende Überlegung auch für größere Werte von y durchführen, z. B. für $y = 4r_1$, wo $u(4r_1) = u(\infty)[1 \pm 0{,}001]$ ist.

Fläche, denn es ist gerade diese Druckdifferenz, über die Tragflügelfläche integriert, die den Auftrieb darstellt. Infolge des Druckausgleiches über die beiden Enden S (Abb. VII, 6.7) des Tragflügels besteht an der Unterseite des Tragflügels ein Druckabfall von der Mittellinie $L-L$ zu den Enden hin und an der Oberseite des Tragflügels ein Druckabfall von den Enden S zur Mittellinie $L-L$. Diese Druckänderung längs der Spannweite des Tragflügels bewirkt nun, daß die unter und über dem Tragflügel fließende Luft in Querrichtung beschleunigt wird. Diejenigen Luftteilchen, die dicht unterhalb des Tragflügels fließen (gestrichelte Linien), werden dabei also etwas nach außen, d. h. zu den Enden hin abgelenkt, während diejenigen Luftteilchen, die dicht über dem Tragflügel fließen, zur Mittellinie hin abgelenkt werden, wie in der Abbildung dargestellt ist. Wenn dann die Luftteilchen die Hinterkante des Tragflügels erreicht haben, wo die quer gerichtete Druckänderung aufhört, behalten sie ihre neu erteilte Geschwindigkeitsrichtung bei und bilden — bei Annahme der Reibungsfreiheit der Luft — ein Diskontinuitätsfläche hinsichtlich der *Richtung* der Geschwindigkeit. Der Betrag der Geschwindigkeit ist auf beiden Seiten dieser Unstetigkeitsfläche der gleiche, wie sich aus der BERNOULLIschen Gleichung ergibt, da der Druck auf beiden Seiten der gleiche, nämlich der Atmosphärendruck, ist.

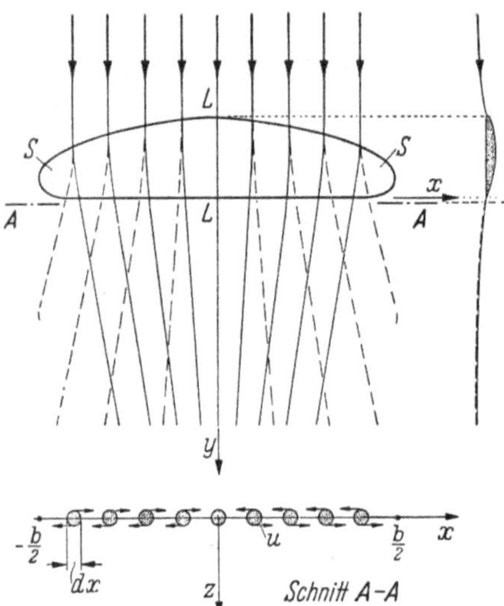

Abb. VII, 6.7. Die Geschwindigkeiten hinter einem Tragflügel haben verschiedene Richtungen; die dadurch bedingten Querkomponenten der Geschwindigkeit kann man sich durch eine Wirbelfläche entstanden denken

Diese Unstetigkeitsfläche, die sich in Richtung der Spannweite von $-b/2$ bis $b/2$ erstreckt und — wie wir zunächst annehmen wollen — in der y-Richtung bis ins Unendliche, kann durch eine Wirbelfläche ersetzt werden. Ein Querschnitt dieser Wirbelfläche an der Stelle $A-A$ ist im unteren Teil der Abbildung schematisch dargestellt.

Im Hinblick auf die positive Richtung der y-Achse haben die Wirbel von 0 bis $b/2$ einen positiven Drehsinn, und die von 0 bis $-b/2$ einen negativen Drehsinn. Die Stärke eines Wirbels der Wirbelfläche, d. h. dessen Zirkulation, ist nach Gl. (VII, 6.7) proportional der Differenz der Geschwindigkeiten unterhalb (positive z-Richtung) und oberhalb des Wirbels, also gleich $2u\,dx$.

Hinsichtlich der Größe der Geschwindigkeit u als Funktion von x, können wir zunächst nur sagen, daß u aus Gründen der Symmetrie Null sein wird für $x = 0$, und daß u in Richtung nach den Enden S des Tragflügels in noch unbekannter Weise zunehmen wird.

Wir führen als neue Variable

$$\xi = \frac{x}{\frac{b}{2}}$$

ein, und wollen als erste und einfachste Annahme den Fall untersuchen, daß u proportional mit ξ zunimmt, d. h.

$$u = C_1 \xi, \qquad -1 \leqq \xi \leqq 1. \tag{VII, 6.8}$$

6.4 Die durch die Wirbelfläche bedingte Geschwindigkeitsverteilung am Orte des Tragflügels. Wir werden auf S. 475 sehen, daß die vom Tragflügel ausgehende Wirbelschicht die Wirkungsweise des Tragflügels wesentlich beeinflußt, und zwar dadurch, daß am Orte des Tragflügels abwärts gerichtete Geschwindigkeiten erzeugt oder sozusagen von der Wirbelfläche induziert werden. Betrachten wir einen beliebigen Punkt x' an der Hinterkante eines Tragflügels, so tragen sämtliche Wirbel der Wirbelfläche von $-b/2$ bis x' und von x' bis $+b/2$ dazu bei, an der Stelle x' eine zur Wirbelfläche senkrechte Geschwindigkeit w zu erzeugen.

Der Beitrag eines einzelnen an der Stelle x abgehenden Wirbels am Orte x' der Hinterkante des Tragflügels ist nach Gl. (VII, 5.6) S. 442

$$dw = \frac{\text{Zirkulation}}{4\pi(x - x')}. \tag{VII, 6.9}$$

Setzt man nach Gl. (VII, 6.7) für die Zirkulation den Wert $2u\,dx$ und nimmt an, daß $u = C_1\xi$ ist, so erhält man für die von der gesamten Wirbelfläche im Punkt x' induzierte Geschwindigkeit durch Integration über die Spannweite

$$w(x') = \frac{2C_1}{4\pi}\int_{-b/2}^{b/2} \frac{\xi\,dx}{x - x'} \tag{VII, 6.10}$$

oder mit $\xi' = \frac{x'}{\frac{b}{2}}$

$$w(\xi') = \frac{C_1}{2\pi}\int_{-1}^{1} \frac{\xi\,d\xi}{\xi - \xi'}. \tag{VII, 6.11}$$

In Abb. VII, 6.8 ist der Integrant als Funktion von ξ aufgetragen für die Werte $\xi' = 0;\ 0{,}2;\ \ldots\ 0{,}8$. Da die positive z-Achse in Abb. VII, 6.7

nach unten gerichtet ist, sind auch die positiven Werte des Integranten in Abb. VII, 6.8 nach unten gezeichnet. Untersuchen wir z. B. die induzierte Geschwindigkeit im Punkte $\xi' = 0{,}6$, so ersehen wir aus den betreffenden beiden Kurven der Abbildung, daß alle Wirbel von -1 bis 0 Abwärtsgeschwindigkeiten im Punkte $\xi' = 0{,}6$ induzieren. Die Wirbel von 0 bis beliebig nahe an 0,6 erzeugen im Punkte 0,6 Aufwärtsgeschwindigkeiten, während die Wirbel von 1 bis beliebig nahe an 0,6 wieder Abwärtsgeschwindigkeiten im Punkte $\xi' = 0{,}6$ induzieren. Für $\xi = \xi'$ wird der Integrant unbestimmt. Trotzdem läßt sich Gl. (VII, 6.11) leicht integrieren, wenn man

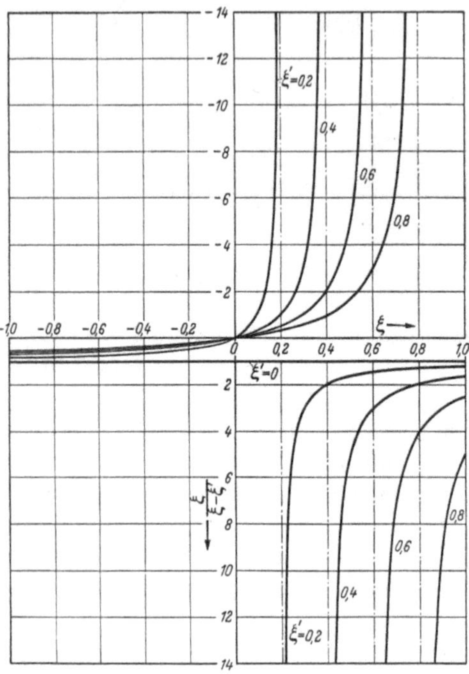

Abb. VII, 6.8

$$\frac{\xi}{\xi - \xi'} = 1 + \frac{\xi'}{\xi - \xi'}$$

setzt. Man hat dann für das obige Integral I, wenn ε eine beliebig kleine, positive Zahl bedeutet,

$$I = \int_{-1}^{1} d\xi + \xi' \left[\int_{-1}^{\xi' - \varepsilon} \frac{d\xi}{\xi - \xi'} + \int_{\xi' + \varepsilon}^{1} \frac{d\xi}{\xi - \xi'} \right] + \xi' \int_{\xi' - \varepsilon}^{\xi' + \varepsilon} \frac{d\xi}{\xi - \xi'},$$

oder

$$I = 2 - \xi' \ln \frac{1 + \xi'}{1 - \xi'} + \xi' \left[\int_{\xi' - \varepsilon}^{\xi'} \frac{d\xi}{\xi - \xi'} + \int_{\xi'}^{\xi' + \varepsilon} \frac{d\xi}{\xi - \xi'} \right].$$

Da die Integranten der beiden letzten Integrale für $\xi' - \varepsilon$ bzw. $\xi' + \varepsilon$, bei beliebigem, auch endlichem ε, entgegengesetzt gleich sind, ist die Summe der beiden Integrale gleich Null.

Mithin haben wir für die Geschwindigkeit w, die durch das Wirbelband von -1 bis $+1$ am Orte ξ des Tragflügels induziert wird, den Ausdruck

$$w(\xi) = \frac{C_1}{\pi} \left(1 - \frac{1}{2} \xi \ln \frac{1 + \xi}{1 - \xi} \right) \qquad \text{(VII, 6.12)}$$

und also in der Mitte, d. h. für $\xi = 0$,

$$w(0) = \frac{C_1}{\pi}.$$

In Abb. VII, 6.9 ist die Größe w/w_0 als Funktion von ξ aufgetragen. Wir sehen, daß die Geschwindigkeit unendlich wird, und zwar aufwärts gerichtet, für $\xi = \pm 1$. Es ist ebenfalls die Quergeschwindigkeit $u = C_1 \xi$ oder vielmehr $ub = C_1 b \xi$ aufgetragen; dann ist nämlich die schraffierte Fläche über $d\xi$ gleich dem Zahlenwert der Zirkulation des von dx abgehenden Wirbels der Wirbelfläche, da $u\,b\,d\,\xi = 2u\,dx$.

Abb. VII, 6.9. Eine linear zunehmende Querkomponente der Geschwindigkeit entspricht einer parabolischen Verteilung der Zirkulation; die induzierte Geschwindigkeit ist gegen die Enden des Tragflügels nach oben gerichtet und wird an den Flügelenden selbst unendlich

Wir werden später sehen, daß die induzierte Geschwindigkeit w einen Widerstand des Tragflügels, den sogenannten induzierten Widerstand, verursacht und ferner, daß es eine gewisse — von der unsrigen verschiedene — Verteilung $u = f_1(\xi)$ gibt, die bei gegebenem Auftrieb und Spannweite den geringsten induzierten Widerstand bewirkt. Bevor wir jedoch weitere Annahmen hinsichtlich $u = f(\xi)$ machen, wollen wir untersuchen, wovon die Verteilung der Geschwindigkeit u längs der Spannweite des Tragflügels abhängt.

6.5 Die Bedeutung der Auftriebsverteilung längs der Spannweite. Wir haben gesehen, daß die Querkomponente u der Geschwindigkeit unter und über der vom Tragflügel ausgehenden Unstetigkeitsfläche verursacht wird durch den Druckgradienten längs der Spannweite des Tragflügels. Dieser Druckgradient wird bei ein und demselben Tragflügel um so größer sein, je größer der Auftrieb des Tragflügels mit zunehmendem Anstellwinkel ist.

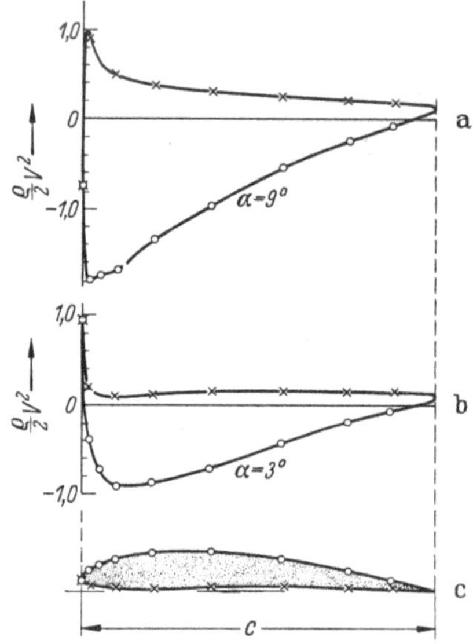

Abb. VII, 6.10a—c. Druckverteilung eines Tragflügels bei einem Anstellwinkel von 9° und von 3°

Abb. VII, 6.10a u. b zeigt die experimentell gegebenen Druckverteilungen längs der Sehne des gleichen Tragflügelquerschnittes aber bei verschiedenem Anstellwinkel. Die negative Fläche zeigt die „Saugwirkung“ an der Oberseite des Tragflügels, die positive Fläche die „Druckwirkung“ an der Unterseite. Die gesamte Fläche stellt somit den Auftrieb pro Längeneinheit in Richtung senkrecht zur Abbildung dar. Da der Druck sich an den Flügelenden ausgleicht, ist es offensichtlich, daß der Druckgradient von der Mittellinie des Tragflügels $L - L$ der Abb. VII, 6.7 im Falle des größeren Auftriebs ($\alpha = 9°$) größer ist als beim kleineren Anstellwinkel ($\alpha = 3°$). Wollte man jedoch aus einer Anzahl von Druckverteilungen längs der Sehne, wie man sie für verschiedene Werte von x bzw. ξ experimentell erhalten könnte, den resultierenden Druckgradienten längs x bzw. ξ bestimmen und daraus die Geschwindigkeit $u = f(\xi)$ berechnen, so wäre dieses eine fast hoffnungslose, jedenfalls aber sehr mühsame Arbeit. Wir werden statt dessen eine ganz andere Methode anwenden.

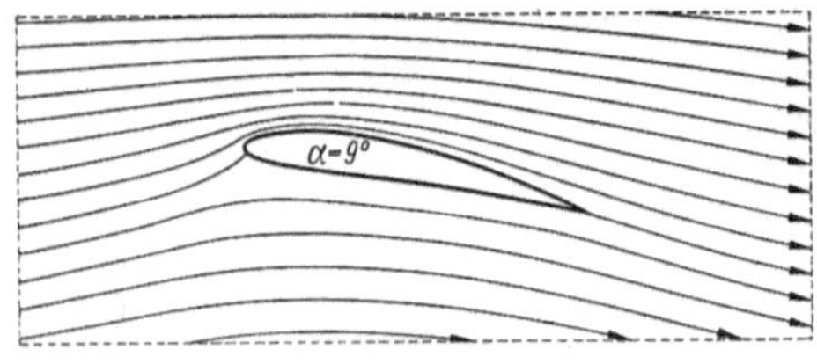

Abb. VII, 6.11. Stromlinien des Profils der vorigen Abbildung bei 9°

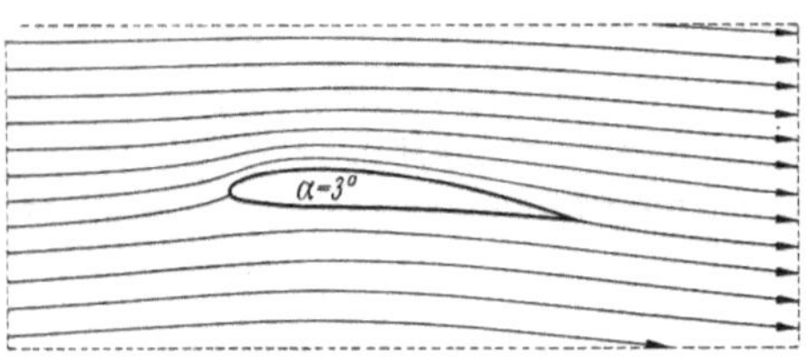

Abb. VII, 6.12
Dasselbe bei einem Anstellwinkel von 3°

Es ist zwar richtig, daß die Verteilung des Auftriebes längs der Spannweite des Flügels von ausschlaggebender Bedeutung ist, aber anstatt die entsprechenden Druckverteilungen längs der Sehne für verschiedene Werte von ξ zu berücksichtigen, wollen wir das Strömungsbild betrachten und untersuchen, wie dieses sich ändert, wenn der Auftrieb sich ändert.

Abb. VII, 6.11 und 12 zeigen die Stromlinien, die den beiden Druckverteilungen der letzten Abbildung entsprechen. Der Unterschied der Stromlinienbilder ist unverkennbar. In beiden Fällen liegen die Stromlinien über dem Tragflügel dichter zusammen als unterhalb, aber dies ist ausgesprochener bei dem Tragflügel, der den größeren Auftrieb erzeugt ($\alpha = 9°$). Die Frage entsteht nun: Ist es möglich, die Verschiedenartigkeit des Strömungsbildes und des damit im Zusammenhang stehenden verschiedenen Auftriebes des Tragflügelelementes der Spannweite durch eine einzige physikalische Größe zu kennzeichnen? Dieses werden wir im nächsten Paragraphen erörtern.

6.6 Kutta-Joukowskische Formel[1]. Um die Sachlage zu vereinfachen, betrachten wir statt eines Tragflügels zunächst die Strömung um eine geneigte, ebene Platte von so großer Spannweite, daß irgendwelche Geschwindigkeiten oder Druckänderungen quer zur Platte, d. h. senkrecht zur Abbildungsebene, vernachlässigt werden können; wir haben somit eine zweidimensionale Strömung (Abb. VII, 6.13). Ein Teil der Platte von der Länge l (in Richtung senkrecht zur Ebene der Abbildung) möge den Auftrieb A erzeugen. Es ist deshalb auch hier der Druck an der Oberseite der Platte geringer als an der Unterseite. Da die Strömung aus einem Gebiet kommt, wo gleiche Geschwindigkeit und gleicher Druck herrscht, nämlich aus dem Unendlichen, muß die BERNOULLIsche Konstante in der ganzen Strömung die gleiche sein (vgl. S. 108). Daraus folgt aber, daß die Geschwindigkeiten an der Oberseite der Platte, wo der geringere Druck besteht, größer sein müssen als an der Unterseite der Platte, wo der Druck größer ist, so daß wegen der Kontinuitätsgleichung die Stromlinien an der Oberseite dichter zusammenliegen als an der Unterseite.

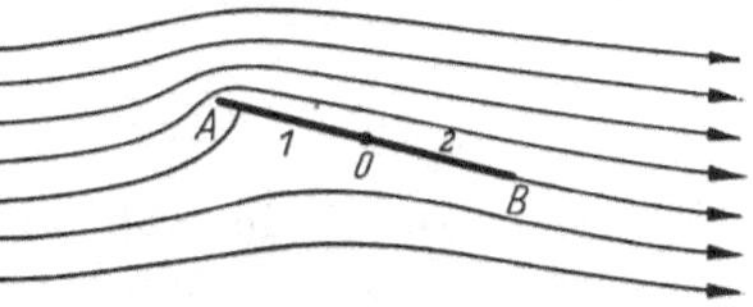

Abb. VII, 6.13. Strömung mit Zirkulation um eine Platte AB

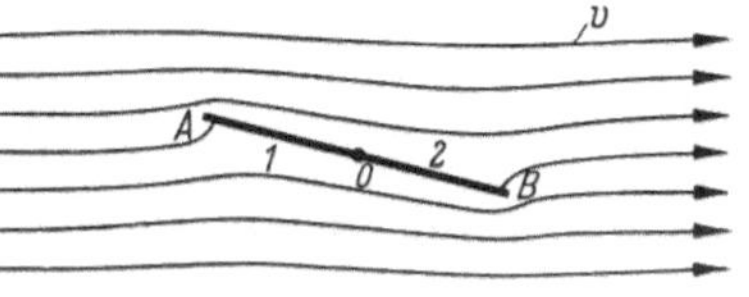

Abb. VII, 6.14

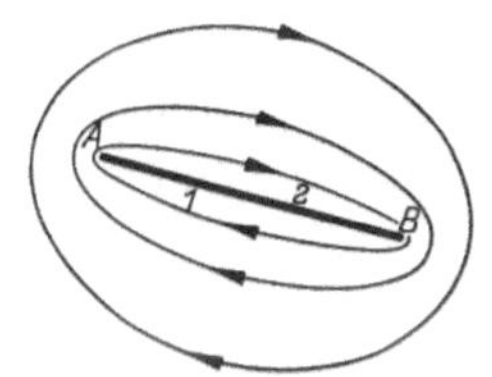

Abb. VII, 6.15

Abb. VII, 6.14 und Abb. VII, 6.15. Gedankliche Zerlegung der vorigen Strömung in eine solche ohne Zirkulation und (Abbildung VII, 6.15) in eine mit der verbleibenden Zirkulation

Diese unsymmetrische Strömung um die Platte kann man, wie auf S. 238 und 253 dargestellt, in zwei Teile zerlegen: erstens ein zu dem Punkt 0 symmetrisches Strömungsbild (Abb. VII, 6.14) und zweitens ein quasisymmetrisches Strömungsbild (Abb. VII, 6.15).

Aus Gründen der Symmetrie sind die Geschwindigkeiten an der Oberseite der Platte von Abb. VII, 6.14 — wir bezeichnen sie mit v_2 — gleich denjenigen an symmetrisch gelegenen Punkten der Unterseite, die mit v_{1*} bezeichnet sind, d. h.

$$v_{1*} = v_2 .$$

[1] Die Ableitung der KUTTA-JOUKOWSKIschen Formel gehört zwar eigentlich nicht in das Kapitel über „Wirbelbewegung", ist aber doch hier gebracht, da die Zweckmäßigkeit, ja Notwendigkeit der Formel an dieser Stelle besonders augenscheinlich ist.

Unter symmetrisch gelegenen Punkten sind Punkte verstanden, die auf verschiedenen Seiten der Platte liegen, und zwar auf entgegengesetzten Seiten vom Zentrum, aber in gleichem Abstand von 0.

Ebenfalls aus Gründen der Symmetrie sind in Abb, VII. 6.15 an symmetrisch gelegenen *und* an gegenüberliegenden Punkten der Platte die Geschwindigkeiten entgegengesetzt gleich, d. h.

$$c_{1*} = -c_2 \quad \text{und} \quad c_1 = -c_2 .$$

Bezeichnen wir in Abb. VII, 6.13 mit $p_1 - p_2$ die Druckdifferenz der Unter- und Oberseite an zwei *gegenüber*liegenden Punkten der Platte, ferner mit ds ein Element der Strecke AB, so erhalten wir als Resultierende dieser auf ds wirkenden Druckkräfte,

$$l \int_A^B (p_1 - p_2)\, ds$$

senkrecht zur Platte $AB \cdot l$.

Wäre dieses die einzige auf $AB \cdot l$ wirkende Kraft, so ergäbe sich eine Kraftkomponente in Richtung der Geschwindigkeit im Unendlichen (V), d. h. ein Widerstand. Dieses trifft jedoch nicht zu. Infolge der unendlich großen Geschwindigkeit an der vorderen Plattenkante haben wir hier einen unendlich großen Unterdruck, welcher, mit der unendlich kleinen Fläche der Vorderkante multipliziert, eine endliche Kraft in Plattenrichtung ergibt. Diese Kraft ist, wie KUTTA[1] gezeigt hat, von einer solchen Größe, daß deren V-Komponente entgegengesetzt gleich ist der V-Komponente der übrigen auf der Platte wirkenden Druckkräfte, wie dieses in Abb. VII, 6.16 gezeigt ist. Es ist somit der Auftrieb gleich

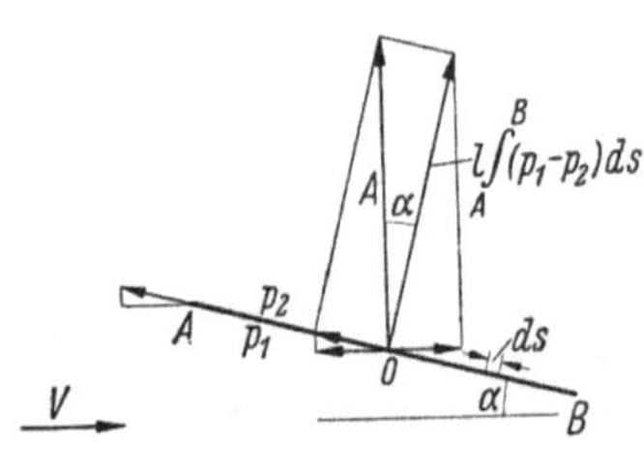

Abb. VII, 6.16. Die Druckkraft zusammen mit der durch Saugwirkung bei A entstehenden Vortriebskraft ergibt eine zur Anströmungsrichtung senkrecht stehende Resultierende, den Auftrieb

$$A = \frac{l}{\cos\alpha} \int_A^B (p_1 - p_2)\, ds .$$

Da die Richtung der Geschwindigkeiten an der Plattenoberfläche in den drei Strömungsbildern die gleiche ist, nämlich die der Platte, so kann man die Geschwindigkeiten an der Platte in Abb. VII, 6.13 algebraisch zerlegen in zwei Anteile, so daß wir an der Unterseite $v_1 + c_1$ haben und an der Oberseite $v_2 + c_2$. Mit diesen Bezeichnungen lautet die BERNOULLIsche Gleichung für zwei *gegenüberliegende* Punkte

[1] KUTTA, W. M.: Über eine mit den Grundlagen des Flugproblems in Beziehung stehende zweidimensionale Strömung. Sitzungsber. d. K. Akad. d. Wiss. math.-phys. Kl. Jahrgang 1910. 2. Abhandlung 1910.

auf der Platte der Abb. VII, 6.10

$$p_1 - p_2 = \frac{\varrho}{2}\left[(v_2 + c_2)^2 - (v_1 + c_1)^2\right].$$

Diesen Ausdruck in die obige Gleichung für den Auftrieb eingesetzt und die Klammern aufgelöst, ergibt

$$A = \frac{\varrho}{2}\,\frac{l}{\cos\alpha}\left[\int_A^B v_2^2\,ds - \int_A^B v_1^2\,ds + \int_A^B c_2^2\,ds - \int_A^B c_1^2\,ds\right] +$$

$$+ \varrho\,\frac{l}{\cos\alpha}\left[\int_A^B v_2\,c_2\,ds - \int_A^B v_1\,c_1\,ds\right].$$

Obwohl an zwei *gegenüberliegenden* Punkten der Platte $v_2 \neq v_1$ ist, so ist doch wegen der Tatsache, daß für *symmetrisch* gelegene Punkte $v_{1*} = v_2$,

$$\int_A^B v_2^2\,ds = \int_A^B v_1^2\,ds,$$

so daß, wegen $c_1 = -c_2$, bzw. $c_1^2 = c_2^2$ nur bleibt

$$A = \varrho\,\frac{l}{\cos\alpha}\int_A^B (v_1 + v_2)\,c_2\,ds.$$

Berücksichtigen wir jetzt, daß nach Gl. (V, 3.6)

$$\frac{v_1 + v_2}{\cos\alpha} = 2V_\infty$$

ist, wo V_∞ die Anströmungsgeschwindigkeit im Unendlichen bezeichnet, so haben wir wegen $c_{1*} = -c_2$

$$A = \varrho\,l\,V_\infty\int_A^B 2c_2\,ds = \varrho\,l\,V_\infty\left[\int_A^B c_2\,ds + \int_B^A c_{1*}\,ds\right]$$

oder

$$A = \varrho\,l\,V_\infty \oint^{ABA} c\,ds = \varrho\,l\,V_\infty\,\Gamma. \qquad \text{(VII, 6.13)}$$

Diese Ableitung der sogenannten KUTTA-JOUKOWSKIschen[1] Formel zeigt unmittelbar, daß die Einzelheiten der translatorischen Strömung um die Platte (Abb. VII, 6.13), d. h. die Geschwindigkeiten v_1 und v_2, ebenso wie die Verteilung der Geschwindigkeiten an der Platte der Abb. VII, 6.14, d. h. c_1 und c_2, von keiner prinzipiellen Bedeutung für den Auftrieb sind, da sie im Verlauf der Beweisführung fortfallen. Damit ist die oben gestellte Frage, ob es möglich sei, die Verschiedenheit der beiden Strömungsbilder der Abb. VII, 6.11 und 12 in ihrer

[1] KUTTA, W. M.: Auftriebskräfte in strömenden Flüssigkeiten. Illustr. aeropaut. Mitt. 1902, S. 133. — JOUKOWSKI, N.: De la chute dans l'air de corps légers de forme allongée, animés d'un mouvement rotatoire. Bulletin de l'inst. aérodyn. ne Koutchino, Fasc. I. Petersburg 1906.

Auswirkung auf den Auftrieb durch eine einzige physikalische Größe zu kennzeichnen, dahingehend beantwortet, daß es lediglich die Zirkulation ist, die, zusammen mit der Geschwindigkeit V (und der Dichte), den Auftrieb bestimmt.

So anschaulich der obige Beweis auch ist, so besitzt er den großen Nachteil, daß er sich nur auf die Strömung um ebene Platten beschränkt. Wegen der großen Bedeutung der KUTTA-JOUKOWSKIschen Formel werden wir deshalb noch einen allgemeineren Beweis geben.

6.7 Zweiter Beweis[1] der Kutta-Joukowskischen Formel. Wir betrachten in Abb. VII, 6.17 eine von links nach rechts gerichtete Strömung durch eine vertikale Reihe von unendlich vielen und unendlich

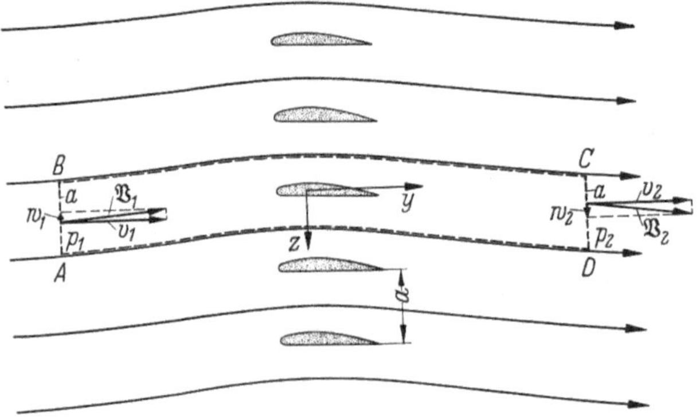

Abb. VII, 6.17. Gitterströmung zur Ableitung der KUTTA-JOUKOWSKIschen Formel

langen identischen Tragflügeln (Gitteranordnung). Das Strömungsbild wiederholt sich also periodisch, wobei der Abstand zwischen identischen Stromlinien gleich dem Abstand a der Tragflügel ist. Die Kurven AD und BC sind Teile von zwei solchen identischen Stromlinien. Sie sind weit vor und weit hinter dem Gitter durch die Geraden AB bzw. DC miteinander verbunden. Den Abstand dieser Geraden vom Gitter nehmen wir so groß, daß wir die Zuströmungsgeschwindigkeit $\mathfrak{V}_1$ sowie die Abströmungsgeschwindigkeit $\mathfrak{V}_2$ dem Betrag sowie der Richtung nach je als konstant längs den Strecken AB bzw. DC voraussetzen können.

Betrachten wir jetzt eine Strömung von der Tiefe l (senkrecht zur Bildebene), so sind sowohl $V_1 = v_1 + w_1$ und $V_2 = v_2 + w_2$ als auch (nach BERNOULLI) die Drucke p_1 und p_2 jeweils auf der Fläche $AB \cdot l$

[1] PRANDTL, L.: Führer durch die Strömungslehre, S. 77ff. Braunschweig: Vieweg 1944 oder: PRANDTL-TIETJENS: Hydro- und Aeromechanik, 2. Bd., S. 175ff. Berlin: Springer 1931. Eine andere von JOUKOWSKI stammende Ableitung ebenda S. 177ff.

bzw. $DC \cdot l$ konstant. Da die Strömung als stationär angenommen wird, ist nach der Kontinuitätsgleichung

$$\varrho_1 v_1 a l = \varrho_2 v_2 a l$$

und wenn die Flüssigkeit inkompressibel ist, d. h. $\varrho_1 = \varrho_2 = \varrho$

$$v_1 = v_2 = v. \qquad \text{(VII, 6.14)}$$

Die Änderung der Geschwindigkeit von $\mathfrak{B}_1$ bei AB zu $\mathfrak{B}_2$ bei DC bedeutet eine Änderung des Impulses oder der Bewegungsgröße der durch die Querschnitte $AB \cdot l$ bzw. $DC \cdot l$ in der Zeiteinheit strömenden Flüssigkeit $\varrho\, v\, a\, l$. Dieser Änderung des Impulses entspricht eine Kraft auf einen Teil des Tragflügels von der Länge l. Im Hinblick auf Gl. (VII, 6.14) ist also

$$\varrho\, v\, a\, l\, (\mathfrak{B}_2 - \mathfrak{B}_1) = \varrho\, v\, a\, l\, (w_2 - w_1) = -P_z. \qquad \text{(VII, 6.15)}$$

Dieses ist die gesamte z-Komponente der auf den Tragflügel wirkenden Kraft $\mathfrak{P}$, weil kein Beitrag, weder des Impulses noch des Druckes, von den beiden Kurven AD und BC herrührt, da diese identisch sind, und da die Druckkräfte $p_1 \overline{AB} \cdot l$ bzw. $p_2 \overline{DC} \cdot l$ senkrecht zur z-Richtung sind.

Aus demselben Grunde ist die gesamte y-Komponente der Kraft $\mathfrak{P}$

$$(p_1 - p_2)\, a\, l = P_y. \qquad \text{(VII, 6.16)}$$

Unter Berücksichtigung, daß wir ein Rechtssystem der Koordinaten benutzen, ist

$$\Gamma = \oint^{ABCDA} \mathfrak{B} \circ d\mathfrak{s} = \int_A^B \mathfrak{w}_1 \circ d\mathfrak{s} + \int_B^C \mathfrak{B} \circ d\mathfrak{s} + \int_C^D \mathfrak{w}_2 \circ d\mathfrak{s} + \int_D^A \mathfrak{B} \circ d\mathfrak{s}$$

und da, wegen der Identität von AD und BC,

$$\int_B^C \mathfrak{B} \circ d\mathfrak{s} = \int_A^D \mathfrak{B} \circ d\mathfrak{s}$$

so bleibt

$$\Gamma = \mathfrak{w}_2 \circ \int_C^D d\mathfrak{s} - \mathfrak{w}_1 \circ \int_B^A d\mathfrak{s} = (\mathfrak{w}_2 - \mathfrak{w}_1) \circ \mathfrak{a} = (w_2 - w_1)\, a \qquad \text{(VII, 6.17)}$$

und in Verbindung mit Gl. (VII, 6.15)

$$-P_Z = \varrho\, v\, \Gamma\, l. \qquad \text{(VII, 6.18)}$$

Nach der BERNOULLIschen Gleichung ist wegen Gl. (VII, 6.14)

$$p_1 - p_2 = \frac{\varrho}{2}(V_2^2 - V_1^2) = \frac{\varrho}{2}(w_2^2 - w_1^2) = \frac{\varrho}{2}(w_2 + w_1)(w_2 - w_1)$$

also im Hinblick auf Gl. (VII, 6.16) und (VII, 6.17)

$$P_y = \varrho \frac{w_1 + w_2}{2} \Gamma l. \qquad \text{(VII, 6.19)}$$

Um die Werte von P_z und P_y für einen einzelnen Tragflügel zu erhalten, nehmen wir an, daß der Abstand a mehr und mehr vergrößert, der Tragflügel zwischen den Stromlinien AD und BC aber an seinem Ort belassen wird. Dabei denken wir uns auch AB und DC im selben Maße weiter und weiter nach links bzw. rechts verlegt, damit beim Grenzübergang $\lim a \to \infty$ die oben gemachten Voraussetzungen, daß $\mathfrak{B}_1$ bzw. $\mathfrak{B}_2$ sowie p_1 und p_2 längs AB bzw. DC konstant sind, gewährleistet bleiben.

Da sich die Zirkulation beim Grenzübergang $\lim a \to \infty$ zwar ändern kann, jedoch endlich bleiben muß, folgt aus Gl. (VII, 6.17)

$$\lim_{a \to \infty} (w_2 - w_1) = 0$$

und da $\mathfrak{w}_1$ und $\mathfrak{w}_2$ entgegengesetzte Richtung haben

$$w_1 = 0, \qquad w_2 = 0.$$

Wir erhalten somit für einen einzelnen Tragflügel in einer unendlich ausgedehnten Strömung, bei der die Anströmungsgeschwindigkeit im Unendlichen V_∞ parallel der y-Achse ist, mit $-P_z = A$ (Auftrieb) und $P_y = W$ (Widerstand)

$$\begin{aligned} A &= \varrho V_\infty \Gamma l \\ W &= 0 \end{aligned} \qquad \text{(VII, 6.20)}$$

In Worten: Die Kraft, die auf einen Tragflügel von der Länge l ausgeübt wird, ist in einer zweidimensionalen stationären Strömung einer reibungsfreien Flüssigkeit gleich dem Produkt aus Dichte der Flüssigkeit, Anströmungsgeschwindigkeit V_∞ und Zirkulation. Die Richtung dieser Kraft ist senkrecht zur Anströmungsgeschwindigkeit V_∞ und folglich der Widerstand gleich Null.

Diese Formeln wurden zum ersten Male von Kutta im Jahre 1902 in seiner von R. Finsterwalder angeregten Habilitationsschrift gegeben. Sie wurden 1906 noch einmal, und zwar auf anderem Wege und ohne Kenntnis der Kuttaschen Arbeit von dem russischen Gelehrten N. Joukowski abgeleitet. Die Formeln werden deshalb als die Kutta-Joukowskischen Formeln bezeichnet (s. Fußn. S. 469).

Obwohl nur für zweidimensionale Strömungen abgeleitet, werden die Formeln gleichwohl auch auf dreidimensionale Strömungen um Tragflügel endlicher Spannweite angewendet. Dabei nimmt man stillschweigend an, daß die Querkomponente u klein gegenüber der Anströmungsgeschwindigkeit V_∞ ist. In diesem Falle, wo der Auftrieb und damit die Zirkulation längs der Spannweite sich ändert, ist dann

$$dA = \varrho V_\infty \Gamma \, dx. \qquad \text{(VII, 6.21)}$$

Auf S. 492ff. geben wir den PRANDTLschen[1] Beweis der KUTTA-JOUKOWSKIschen Formel, der nicht eine zweidimensionale Strömung um den Tragflügel voraussetzt, sondern in der Anwendung auf den endlichen Tragflügel abgeleitet wird.

6.8 Beziehung zwischen der Quergeschwindigkeit u und der Auftriebsverteilung längs der Spannweite. Wir nehmen jetzt die im letzten Abschnitt von 6.4 gestellte Frage wieder auf, welche Annahme man hinsichtlich der Funktion $u = f(\xi)$ vernünftigerweise machen sollte. Soviel wissen wir schon, daß diese Funktion in Beziehung steht zu der Verteilung des Auftriebes längs der Spannweite, sind aber jetzt in der Lage, mit Hilfe der KUTTA-JOUKOWSKIschen Formel weiteren Einblick in dieses Problem zu gewinnen.

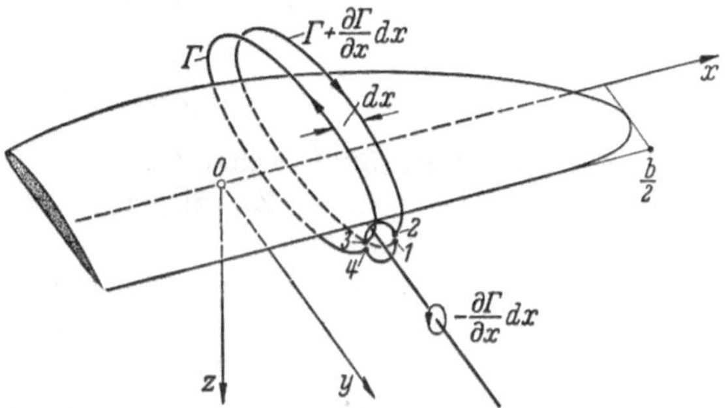

Abb. VII, 6.18. Die Stärke eines von der Hinterkante im Punkte x abgehenden Wirbelfadens ist gleich der Änderung der Zirkulation des Tragflügels in diesem Punkte

Wir betrachten in Abb. VII, 6.18 einen Tragflügel, dessen Auftrieb nach beiden Seiten, d. h. von 0 nach $b/2$ und von 0 nach $-b/2$, abnimmt. An einem Punkt x möge der Auftrieb pro Längeneinheit in der x-Richtung

$$A = \varrho V_\infty \Gamma \tag{VII, 6.22}$$

sein. Im Punkte $x + dx$ haben wir dann

$$A + \frac{\partial A}{\partial x} dx = \varrho V_\infty \left(\Gamma + \frac{\partial \Gamma}{\partial x} dx\right),$$

d. h., statt der Änderung des Auftriebes pro Längeneinheit als Funktion von x haben wir lediglich die Änderung der Zirkulation längs der Spannweite zu betrachten.

Wir bilden jetzt das Linienintegral der Geschwindigkeit längs des in Abb. VII, 6.18 dargestellten Integrationsweges 12341, wobei 1 und 4 dicht unterhalb und 2 sowie 3 dicht oberhalb der von der Hinterkante des Tragflügels ausgehenden Unstetigkeitsfläche liegen. Da der Integrationsweg die Unstetigkeitsfläche nicht durchstößt, ist

$$\oint^{12341} \mathfrak{q} \circ d\mathfrak{s} = \int_1^2 + \int_2^3 + \int_3^4 + \int_4^1 = 0.$$

[1] PRANDTL, L.: Führer durch die Strömungslehre, S. 190. Braunschweig: Vieweg 1944.

Lassen wir jetzt die Punkte 1 und 2 sowie 3 und 4 zu je einem Punkt der Unstetigkeitsfläche konvergieren, so wird

$$\Gamma + \frac{\partial \Gamma}{\partial x} dx + \int_2^3 \mathfrak{q} \circ d\mathfrak{s} - \Gamma + \int_4^1 \mathfrak{q} \circ d\mathfrak{s} = 0$$

oder

$$\int_2^3 \mathfrak{q} \circ d\mathfrak{s} + \int_4^1 \mathfrak{q} \circ d\mathfrak{s} = \oint \mathfrak{q} \circ d\mathfrak{s} = -\frac{\partial \Gamma}{\partial x} dx. \qquad \text{(VII, 6.23)}$$

Diese Betrachtung zeigt wiederum, daß eine Unstetigkeitsfläche als eine Wirbelfläche aufgefaßt werden kann; sie gibt darüber hinaus aber auch noch die Größe der Zirkulation des einzelnen Wirbelfadens der Wirbelfläche:

$$\text{Zirkulation eines Wirbelfadens} = -\frac{\partial \Gamma}{\partial x} dx. \qquad \text{(VII, 6.24)}$$

Da der Ausdruck $\partial \Gamma / \partial x$ zwischen 0 und $b/2$ negativ ist, haben die Wirbelfäden hier eine positive Zirkulation, was in Übereinstimmung mit Abb. VII, 6.18 ist (rechts gewundenes Koordinatensystem).

Wir sind jetzt in der Lage, die Verteilung des Auftriebes längs der Spannweite zu berechnen, welche der angenommenen linearen Zunahme $u = C_1 \xi$ (vgl. S. 463ff.) entspricht. Nach Gl. (VII, 6.7) ist die *Zirkulation des Wirbelfadens* gleich $2u\,dx$ und nach Gl. (VII, 6.24) gleich der *Änderung der Zirkulation um ein Tragflächenelement*, mithin

$$-\frac{\partial \Gamma}{\partial x} dx = -\frac{\partial \Gamma}{\partial \xi} d\xi = -C_1 b \xi \, d\xi,$$

wo $x = \frac{b}{2} \xi$ ist.

Integriert, erhält man

$$\Gamma = -C_1 \frac{b}{2} \xi^2 + \text{const},$$

und, da $\Gamma = 0$ für $\xi = \pm 1$,

$$\Gamma = C_1 \frac{b}{2} (1 - \xi^2) \qquad \text{(VII, 6.25)}$$

und, wenn die Zirkulation für $\xi = 0$ mit Γ_0 bezeichnet wird,

$$\Gamma = \Gamma_0 (1 - \xi^2). \qquad \text{(VII, 6.26)}$$

Die Annahme, daß die Quergeschwindigkeit $|u|$ auf beiden Seiten der Unstetigkeitsfläche linear mit x bzw. ξ zunimmt, führt somit zu einer parabolischen Verteilung der Zirkulation und damit des Auftriebes (vgl. Abb. VII, 6.9).

6.9 Der induzierte Widerstand. Wir kommen jetzt zu einer Überlegung von großer praktischer Bedeutung. Alle vorherigen Betrachtungen hinsichtlich der Verteilung des Auftriebes und der Zirkulation eines Tragflügels, sowie der induzierten Abwärtsgeschwindigkeiten am Orte des Tragflügels möchten recht „akademisch" erscheinen, wenn sie nicht in einem ursächlichen Zusammenhang wären mit einem Widerstand des Tragflügels, d. h. einer Kraft, die seiner Vorwärtsbewegung entgegenwirkt.

Von der KUTTA-JOUKOWSKIschen Formel wissen wir, daß bei einem zweidimensionalen Tragflügel die auf ihm oder auf einem Element von ihm wirkende resultierende Luftkraft senkrecht zu seiner Bewegungsrichtung steht.

Betrachten wir jetzt in Abb. VII, 6.19 einen mit der Geschwindigkeit $-V$ sich bewegenden dreidimensionalen Tragflügel (dessen Zirkulation über x in $-y$-Richtung aufgetragen ist), so wissen wir, daß die Strömung um jedes Flügelelement dx durch die induzierte Abwärtsgeschwindigkeit w beeinflußt wird. Jedes Element befindet sich in einem solchen Strömungsfeld, als wenn das Element, *betrachtet als Teil eines zweidimensionalen Tragflügels*, sich in der Richtung $-V_1$ bewegen würde, wobei V_1 die geometrische Summe von V und w ist. Die resultierende Luftkraft F auf ein solches Element steht also senkrecht zu V_1 (Abb. VII, 6.20). Da das Element als Teil des dreidimensionalen Tragflügels sich jedoch tätsächlich in Richtung $-V$ bewegt, hat die resultierende Luftkraft F eine Komponente senkrecht zu V, d. i. der Auftrieb, und eine Komponente in Richtung V, d. h. einen Widerstand. Da dieser Widerstand durch die induzierte Geschwindigkeit bedingt ist, nennt man ihn den induzierten Widerstand (dW_i).

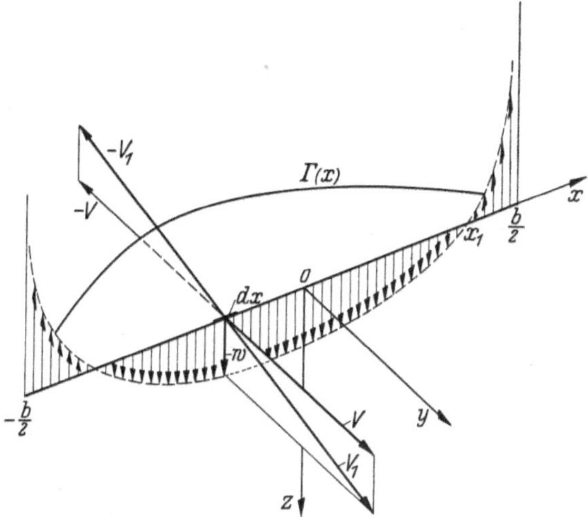

Abb. VII, 6.19. Induzierte Geschwindigkeiten bei einer parabolischen Antriebsverteilung

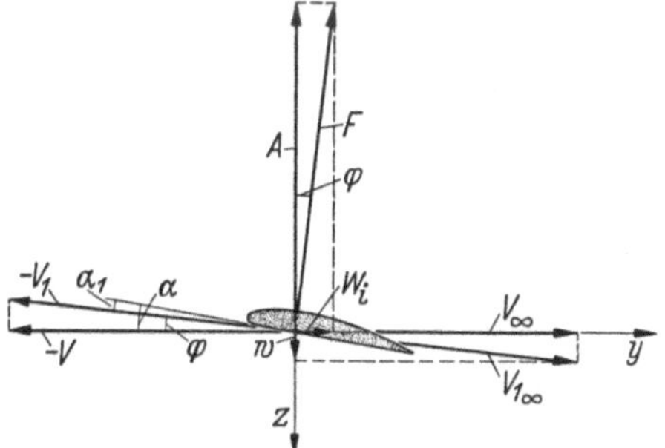

Abb. VII, 6.20. Durch die induzierte Abwärtsgeschwindigkeit w wird die Anströmungsrichtung und damit die Luftkraft F eines Flügelelementes um den Winkel φ gedreht; in bezug auf die Bewegungsrichtung des Tragflügels $(-V)$ hat die Luftkraft somit eine zu V senkrechte Komponente (Auftrieb) und eine zu V parallele Komponente (induzierter Widerstand)

Mit anderen Worten: Die gesamte Wirkung der Dreidimensionalität des Tragflügels liegt in den induzierten Geschwindigkeiten w am Orte des Tragflügels. Zieht man diese dadurch in Betracht, daß man an Stelle von V die Geschwindigkeit $V_1 = V + w$ bildet, und das Tragflügelelement in dieser Richtung (im Unendlichen), d. i. $V_{1\infty}$, anströmen läßt, so verhält es sich wie ein Teil eines unendlich langen Tragflügels (zweidimensionale Strömung).

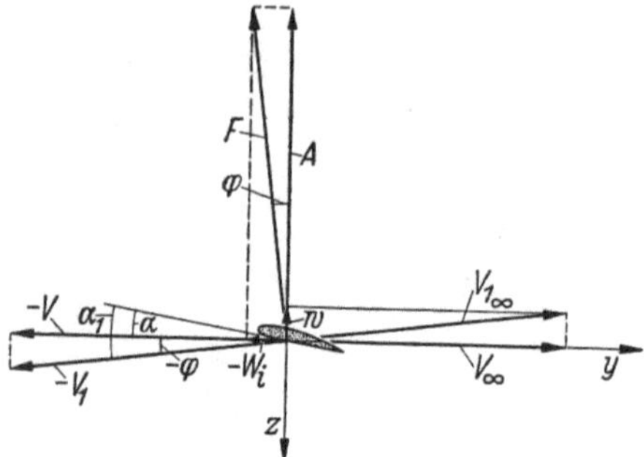

Abb. VII, 6.21. Analog der vorigen Abbildung, nur daß hier der induzierten Aufwärtsgeschwindigkeit ein induzierter negativer Widerstand oder Vortrieb entspricht

Ist die induzierte Geschwindigkeit nicht abwärts, sondern aufwärts gerichtet, wie dieses in der Nähe der Flügelenden in Abb. VIII, 6.19 der Fall ist, so wird ein negativer induzierter Widerstand oder ein induzierter Vortrieb erzeugt (Abbildung VII, 6.21).

In diesem Zusammenhang sei darauf hingewiesen, daß es nicht der geometrische Anstellwinkel ist, von dem die resultierende Luftkraft abhängt, sondern der „wirksame" Anstellwinkel

$$\alpha_1 = \alpha \mp \varphi \qquad \text{(VII, 6.27)}$$

(Abb. VII, 6.20 und 21).

Aus Abb. VII, 6.20 folgt, daß

$$d W_i = d A \operatorname{tg} \varphi = d A \frac{w}{V_\infty}, \qquad \text{(VII, 6.28)}$$

also mit Gl. (VII, 6.21)

$$d W_i = \varrho\, w \Gamma\, d x;$$

und für den induzierten Widerstand des ganzen Tragflügels

$$W_i = \varrho \int_{-b/2}^{b/2} \Gamma w\, d x = \varrho \frac{b}{2} \int_{-1}^{1} \Gamma w\, d \xi. \qquad \text{(VII, 6.29)}$$

Berücksichtigt man, daß nach Gl. (VII, 6.9) in Verbindung mit Gl. (VII, 6.24)

$$w(x') = -\frac{1}{4\pi} \int_{b/2}^{b/2} \frac{1}{x - x'} \frac{\partial \Gamma}{\partial x} d x = -\frac{1}{4\pi \frac{b}{2}} \int_{-1}^{1} \frac{1}{\xi - \xi'} \frac{\partial \Gamma}{\partial \xi} d \xi$$

(VII, 6.30)

ist, so haben wir schließlich für den induzierten Widerstand

$$W_i = -\frac{\varrho}{4\pi} \int_{-b/2}^{b/2} \Gamma\, d x' \int_{-b/2}^{b/2} \frac{1}{x - x'} \frac{\partial \Gamma}{\partial x} d x = -\frac{\varrho}{4\pi} \int_{-1}^{1} \Gamma\, d \xi' \int_{-1}^{1} \frac{1}{\xi - \xi'} \frac{\partial \Gamma}{\partial \xi} d \xi.$$

(VII, 6.31)

Wir wollen nicht versäumen, darauf hinzuweisen, daß wir hier zum ersten Male einen Strömungswiderstand einer vollkommen reibungsfreien Flüssigkeit bei stationärer Strömung erhalten.

6.10 Der induzierte Widerstand eines Tragflügels mit parabolischer Auftriebsverteilung. Wenden wir Gl. (VII, 6.30) auf den von uns angenommenen Fall an, daß die Quergeschwindigkeiten der Diskontinuitätsfläche proportional mit x bzw. ξ zunehmen, d. h. $u = C_1 \xi$, so ist Γ durch Gl. (VII, 6.25) und w durch Gl. (VII, 6.12) zu ersetzen, d. h.

$$W_i = \frac{C_1^2}{\pi} \varrho \left(\frac{b}{2}\right)^2 \int\limits_{-1}^{1} (1 - \xi^2) \left(1 - \frac{1}{2} \xi \ln \frac{1+\xi}{1-\xi}\right) d\xi . \qquad \text{(VII, 6.32)}$$

Da der Wert des bestimmten Integrals gleich Eins ist[1], haben wir somit

$$W_i = \frac{C_1^2}{\pi} \varrho \left(\frac{b}{2}\right)^2 . \qquad \text{(VII, 6.33)}$$

Den Auftrieb können wir in ähnlicher Weise nach Gl. (VII, 6.21) durch Integration erhalten, nämlich

$$A = \varrho V \int\limits_{-b/2}^{b/2} \Gamma \, d x = \varrho V \frac{b}{2} \int\limits_{-1}^{1} \Gamma \, d \xi \qquad \text{(VII, 6.34)}$$

und, wenn Γ durch Gl. (VII, 6.25) ersetzt wird,

$$A = C_1 \varrho V \left(\frac{b}{2}\right)^2 \int\limits_{-1}^{1} (1 - \xi^2) \, d\xi$$

und, da der Wert des bestimmten Integrals gleich 4/3 ist,

$$A = \frac{4}{3} C_1 \varrho V \left(\frac{b}{2}\right)^2 . \qquad \text{(VII, 6.35)}$$

Das Verhältnis von Widerstand zu Auftrieb, die sogenannte Gleitzahl (ohne Reibungswiderstand!), ist somit

$$\frac{W_i}{A} = \frac{3}{4\pi} \frac{C_1}{V} \qquad \text{(VII, 6.36)}$$

mithin proportional zu C_1, d. h. nach Gl. (VII, 6.35) proportional zum Auftrieb. Dividiert man nochmals durch den Auftrieb, so erhält man

$$\frac{W_i}{A^2} = \frac{9}{8} \frac{1}{\pi \frac{\varrho}{2} V^2 b^2} \qquad \text{(VII, 6.37)}$$

[1] Siehe Anhang S. 522.

und schließlich, wenn man noch die dimensionslose Widerstands- bzw. Auftriebszahl einführt, entsprechend

$$c_{w_i} = \frac{W_i}{\frac{\varrho}{2} V^2 b t}, \qquad c_a = \frac{A}{\frac{\varrho}{2} V^2 b t},$$

wo $t = F/b$ die durchschnittliche Flügeltiefe bedeutet (F = Flügelfläche),

$$\frac{c_{w_i}}{c_a^2} = \frac{9}{8\pi} \frac{t}{b}. \qquad \text{(VII, 6.38)}$$

Auf diese Formel werden wir später noch zurückkommen.

6.11 Andere Annahmen betreffs $u = f(\xi)$. Die allgemeinen Formeln für den induzierten Widerstand und für den Auftrieb, d. h. Gl. (VII, 6.29) bzw. 21, sind bis jetzt von uns nur angewandt worden unter der Annahme, daß die Quergeschwindigkeit u in der Unstetigkeitsfläche proportional mit ξ, d. h. linear nach den Flügelenden zunimmt. Diese Annahme schien zunächst die einfachste zu sein. Für jede andere Annahme von $u = f(\xi)$ wird sowohl die Verteilung der Zirkulation als auch die der Abwärtsgeschwindigkeit, und infolgedessen auch der Ausdruck Gl. (VII, 6.37), verschieden ausfallen.

Die Frage erhebt sich nun: Gibt es andere Verteilungen $u = f(\xi)$, für die der Ausdruck (VII, 6.37) bzw. (VII, 6.38) kleiner wird, für die also der induzierte Widerstand bei gleichem Auftrieb und gleicher Spannweite geringer ist? Dieses würde von großer praktischer Bedeutung sein.

Wir blicken nochmals auf Abb. VII, 6.19 und erkennen, daß die induzierten Aufwärtsgeschwindigkeiten nach Abb. VII, 6.21 zwar Vortriebskräfte erzeugen, leider aber nur an Stellen, wo die Zirkulation bereits recht klein geworden ist. Und da der induzierte Widerstand bzw. Vortrieb von dem Produkt aus induzierter Geschwindigkeit und Zirkulation abhängt, helfen die Vortriebsanteile in der Nähe der Flügelspitzen nur wenig, den gesamten induzierten Widerstand zu verringern. Dieses ist auch ersichtlich aus Abb. VII, 6.22, wo der induzierte Widerstand der Flügelelemente (schraffierter Streifen) längs der Spannweite aufgetragen ist (ausgezogene Kurve). Der gesamte induzierte Widerstand ist proportional der von der ausgezogenen Kurve umgrenzten Fläche, und man erkennt, daß diese kaum durch die kleinen negativen Flächenanteile an den Flügelenden verringert wird. Anderseits ist es naheliegend zu vermuten, daß die induzierten Aufwärtsgeschwindigkeiten an den Flügelenden größere Abwärtsgeschwindigkeiten in der Mitte des Tragflügels zur Folge haben, dort wo die Zirkulation groß ist, und die sich dadurch für den induzierten Widerstand ungünstig auswirken.

Will man solche induzierten Aufwärtsgeschwindigkeiten an den Flügelenden vermeiden, so muß man die Stärke der an den Flügelenden abgehenden Wirbel vergrößern. Denn betrachten wir Punkt x_1 in Abb. VII, 6.19, so bewirkt die Wirbelschicht von $-b/2$ bis 0 eine Abwärtsgeschwindigkeit in diesem Punkte, wenn auch keine sehr große, infolge des großen Abstandes der Wirbelfäden von x_1. Die von 0 bis x_1 abgehenden Wirbelelemente induzieren im Punkt x_1 auf Grund ihres

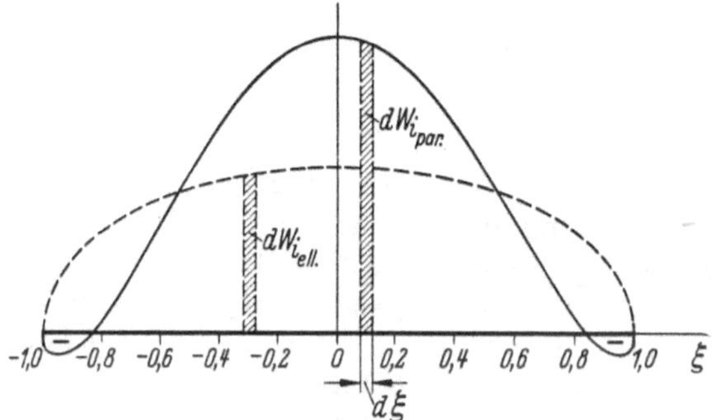

Abb. VII, 6.22. Verteilung des induzierten Widerstandes längs der Spannweite für die parabolische Auftriebsverteilung und für die elliptische Auftriebsverteilung (gestrichelt)

Drehsinnes eine Aufwärtsgeschwindigkeit, während die Wirbelfäden von x_1 bis $b/2$ in x_1 wieder eine Abwärtsgeschwindigkeit hervorrufen. Die Summe dieser drei Geschwindigkeiten ist im Punkte x_1 gerade gleich Null. Wenn also an dieser Stelle eine Abwärtsgeschwindigkeit sein soll, so muß die Stärke der von x_1 bis $b/2$ ausgehenden Wirbel vergrößert werden.

Dieses könnte geschehen durch die Annahme, daß

$$u = \text{const}\,\xi^3$$

ist. (Die zweite Potenz in ξ kann nicht angenommen werden, da die notwendige Bedingung $u(-\xi) = -u(\xi)$ nicht erfüllt wäre). Dieses würde jedoch den Punkt x_1 lediglich näher an $b/2$ heranbringen, ohne zu verhindern, daß zwischen x_1 und $b/2$ Aufwärtsgeschwindigkeiten bestehen.

Eine andere Annahme würde

$$u = C\frac{\xi}{1-\xi}$$

sein. Dieses ist jedoch auch nicht möglich, da $u(-\xi) \neq -u(\xi)$ ist. In dieser Hinsicht würde die Annahme

$$u = C\frac{\xi}{1-\xi^2}$$

einwandfrei sein, da hier $u(-\xi) = -u(\xi)$ ist. Setzen wir diesen Ausdruck für u in die Gleichung für die Zirkulation eines Wirbelfadens:

$$2u\,dx = -\frac{\partial \Gamma}{\partial x}\,dx, \qquad \text{(VII, 6.39)}$$

so ergibt sich

$$\int \frac{\partial \Gamma}{\partial \xi}\,d\xi = -C b \int \frac{\xi}{1-\xi^2}\,d\xi + \text{const}$$

oder

$$\Gamma = \text{const} + C\frac{b}{2}\ln(1-\xi^2).$$

Mit $\Gamma = \Gamma_0$ für $\xi = 0$ erhalten wir

$$\Gamma = \Gamma_0 + C\frac{b}{2}\ln(1-\xi^2). \qquad \text{(VII, 6.40)}$$

Da jedoch für $\xi = \pm 1$ die Zirkulation Γ gleich Null sein muß, so folgt aus der letzten Gleichung, daß Γ_0 unendlich groß angenommen werden muß, was aber aus physikalischen Gründen nicht angängig ist. Die Kurve $\Gamma(\xi)$ der Gl. (VII, 6.40) steigt in einem zu starken Maße für Werte von ξ in der Nähe von ± 1, als daß sie für $\xi = 0$ einen endlichen Wert haben könnte; d. h. aber, daß $\partial\Gamma/\partial\xi$ zu groß ist für Werte von ξ in der Nähe von ± 1. Nach Gl. (VII, 6.39) wird also u zu groß, wenn ξ nach 1 geht.

6.12 Die elliptische Auftriebsverteilung. Um diesem Umstande abzuhelfen, nehmen wir schließlich an, daß

$$u = C_2 \frac{\xi}{\sqrt{1-\xi^2}} \qquad \text{(VII, 6.41)}$$

ist, und wir werden sehen, daß mit dieser Annahme sich der Weg öffnet zu Resultaten von großer praktischer Bedeutung. Diesen Ausdruck für u in Gl. (VII, 6.38) eingesetzt und integriert, ergibt

$$\int \frac{\partial \Gamma}{\partial \xi}\,d\xi = -C_2 b \int \frac{\xi}{\sqrt{1-\xi^2}}\,d\xi + \text{const}$$

oder

$$\Gamma = C_2 b\sqrt{1-\xi^2} + \text{const} \qquad \text{(VII, 6.42)}$$

und mit $\Gamma = \Gamma_0$ für $\xi = 0$ sowie unter Berücksichtigung, daß $\Gamma = 0$ für $\xi = \pm 1$ sein muß,

$$\Gamma = \Gamma_0\sqrt{1-\xi^2}, \qquad \text{(VII, 6.43)}$$

d. h. eine elliptische Verteilung der Zirkulation.

L. Prandtl, der in seiner klassisch gewordenen Arbeit über dreidimensionale Tragflügeltheorie[1] dieses Resultat zuerst gefunden hat, schreibt auf S. 23:

[1] Prandtl, L.: Tragflügeltheorie. I. Mitteilung. Nachr. d. Ges. d. Wissenschaften zu Göttingen. Math.-phys. Kl. 1918.

„... Es hat lange Zeit Schwierigkeiten gemacht, geeignete Funktionen für die Auftriebsverteilung zu finden, bei denen nicht an den Flügelenden praktisch unwahrscheinliche Singularitäten auftreten (November 1913)..."

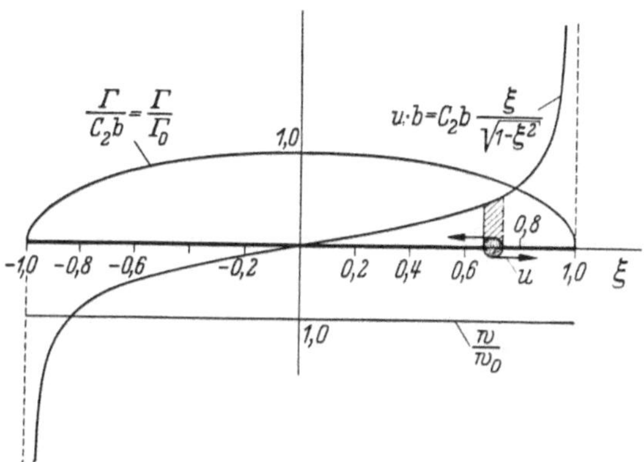

Abb. VII, 6.23. Elliptische Verteilung der Zirkulation mit der ihr entsprechenden Verteilung der Querkomponenten u und der konstanten induzierten Abwärtsgeschwindigkeit w

Um die induzierte Geschwindigkeit zu berechnen, berücksichtigen wir, daß nach Gl. (VII, 6.39)

$$u\, b\, d\xi = -\frac{\partial \Gamma}{\partial \xi} d\xi$$

ist; wenn also der Ausdruck für u nach Gl. (VII, 6.41) eingesetzt wird, erhalten wir mit Gl. (VII, 6.30)

$$w(\xi') = C_2 \frac{1}{2\pi} \int_{-1}^{1} \frac{\xi\, d\xi}{(\xi - \xi')\sqrt{1-\xi^2}},$$

und, da das Integral gleich π ist[1],

$$w = \frac{C_2}{2} \tag{VII, 6.44}$$

oder, da nach Gl. (VII, 6.42) und Gl. (VII, 6.43) $C_2 b = \Gamma_0$ ist,

$$w = \frac{\Gamma_0}{2b}. \tag{VII, 6.45}$$

Dieses überraschende Ergebnis, daß die induzierte Geschwindigkeit konstant, d. h. unabhängig von x ist, wird sich noch von großer Bedeutung erweisen im Hinblick auf den Wirkungsgrad eines Tragflügels.

Es ist jetzt einfach, den Ausdruck für den induzierten Widerstand zu erhalten. Setzt man in Gl. (VII, 6.29) den Ausdruck von Γ nach

[1] Vgl. Anhang S. 523.

Gl. (VII, 6.43), so hat man

$$W_i = \varrho \frac{b}{2} w \Gamma_0 \int\limits_{-1}^{1} \sqrt{1-\xi^2}\, d\xi,$$

und mit Berücksichtigung von Gl. (VII, 6.45), da das Integral gleich $\pi/2$ ist,

$$W_i = \frac{\pi}{8} \varrho \Gamma_0^2.$$

Für den Auftrieb erhalten wir in gleicher Weise

$$A = \varrho \frac{b}{2} V \Gamma_0 \int\limits_{-1}^{1} \sqrt{1-\xi^2}\, d\xi = \frac{\pi}{4} \varrho V b \Gamma_0. \qquad \text{(VII, 6.46)}$$

Für das Verhältnis von Widerstand zu Auftrieb haben wir somit

$$\frac{W_i}{A} = \frac{\Gamma_0}{2 V b} \qquad \text{(VII, 6.47)}$$

und schließlich

$$\frac{W_i}{A^2} = \frac{1}{\pi \frac{\varrho}{2} V^2 b^2} \qquad \text{(VII, 6.48)}$$

oder bei Einführung der Widerstands- bzw. Auftriebszahlen

$$\frac{c_{w_i}}{c_a^2} = \frac{1}{\pi} \frac{t}{b}, \qquad \text{(VII, 6.49)}$$

wo t wiederum die durchschnittliche Flügeltiefe ist.

Ein Vergleich der letzten Formel mit Gl. (VII, 6.38) zeigt, daß — bei gleicher Auftriebszahl und gleichem Seitenverhältnis — die induzierte Widerstandszahl bei Annahme einer elliptischen Auftriebsverteilung kleiner ist als bei der früher angenommenen parabolischen Auftriebsverteilung.

In Abb. VII, 6.23 ist die Quergeschwindigkeit $u(\xi)$ entsprechend der Annahme von Gl. (VII, 6.41), die elliptische Verteilung der Zirkulation Γ/Γ_0 sowie die induzierte Geschwindigkeit w/w_0 dargestellt, und zwar ist die Einheit der Ordinate so gewählt, daß die von der Halbellipse umschlossene Fläche gleich ist der von der Parabel umschlossenen Fläche in Abb. VII, 6.9, d. h. bei gleicher Spannweite ist der Auftrieb in beiden Fällen der gleiche. Wie leicht einzusehen ist, muß deshalb die Ordinateneinheit in Abb. VII, 6.23 gleich $8/3\pi$ von derjenigen in Abb. VII, 6.9 sein.

Unsere Vermutung, daß die induzierten Aufwärtsgeschwindigkeiten an den Flügelenden in der letztgenannten Abbildung größere Abwärtsgeschwindigkeiten in der Flügelmitte zur Folge haben, verglichen mit denjenigen in Abb. VII, 6.23, findet ihre Bestätigung, und zwar in dem Maße, wie die Einheit der Ordinate für w/w_0 in Abb. VII, 6.9 größer ist als diejenige in Abb. VII, 6.23.

Zum Zwecke des Vergleiches ist in Abb. VII, 6.22 als gestrichelte Kurve der induzierte Widerstand der Flügelelemente (schraffiertes Rechteck) für die elliptische Auftriebsverteilung der Abb. VII, 6.23 eingetragen. Die von der vollen Kurve eingeschlossene Fläche ist um $^1/_8$, d. h. 12,5%, größer als die von der gestrichelten Kurve umschlossene Fläche, wie es nach Gl. (VII, 6.37 und 48) auch sein muß.

6.13 Die Form eines Tragflügels von gegebener Auftriebsverteilung. In 6.9 ist gezeigt worden, wie der induzierte Widerstand berechnet werden kann, wenn die Verteilung des Auftriebes oder die der Zirkulation gegeben ist. Nach Gl. (VII, 6.30) ist es eine Integration, die, wenn nicht analytisch, dann graphisch ausgeführt werden kann.

Wie läßt sich aber die Form des Tragflügels bestimmen, der einer gewissen Auftriebsverteilung entspricht? Wir setzen also voraus, daß $A = A(x)$ bekannt ist und suchen die Funktion $t = t(x)$. Bezeichnen wir den Auftrieb pro Längeneinheit in einem beliebigen Punkt x mit A^*, so ist

$$A^*(x) = c_a \frac{\varrho}{2} V^2 t \cdot 1, \qquad \text{(VII, 6.50)}$$

wo c_a — für ein gegebenes Profil — nur eine Funktion vom wirksamen Anstellwinkel ist, sowie t die gesuchte Funktion von x.

Solange über das Profil keine Vereinbarung getroffen ist, bleibt das Problem unbestimmt. Wir nehmen deshalb an, daß das Profil als Funktion von x gegeben ist. Die Auftriebszahl c_a hängt dann lediglich vom wirksamen Anstellwinkel $\alpha_1 = \alpha \mp \varphi$ ab, wo α der geometrische Anstellwinkel und $\varphi = \operatorname{arc\,tg}(w/V)$ der induzierte Anstellwinkel ist. Der Winkel $\varphi(x)$ läßt sich aber durch Berechnung von $w(x)$ nach Gl. (VII, 6.30) bestimmen, da wegen der als gegeben vorausgesetzten Auftriebsverteilung auch die Zirkulation als Funktion von x und damit auch ihre Ableitung in jedem Punkt x bekannt ist.

Gl. (VII, 6.50) ist aber immer noch unbestimmt, solange der geometrische Winkel $\alpha(x)$ der Flügelelemente nicht festgelegt ist. Setzen wir auch diesen als gegeben voraus, so läßt sich der wirksame Anstellwinkel $\alpha_1(x)$ durch Berechnung von $\varphi(x)$ bestimmen. Damit läßt sich nun c_a als Funktion von x erhalten, z. B. dadurch, daß in einem Windkanal bei *zweidimensionaler* Strömung der Auftrieb A' eines Tragflügels von der jeweiligen Profilform und dem jeweiligen wirksamen Anstellwinkel gemessen wird. Man erhält dann ein c_a' und, da A' senkrecht zu $V_{1\infty}$ steht (Abb. VII, 6.20), schließlich $c_a = c_a' \cos\varphi$. Wird dieses für die verschiedenen Werte von x durchgeführt, so hat man schließlich $c_a = f(x)$ und damit nach Gl. (VII, 6.50) die gesuchte Funktion $t(x)$.

Für die elliptische Auftriebsverteilung ist die Frage nach der Tragflügelform leicht zu beantworten. Da in diesem Falle die induzierte Geschwindigkeit und damit der induzierte Anstellwinkel φ längs der Spannweite konstant ist, so ist — bei konstant angenommenem geometrischem Anstellwinkel α — auch der wirksame Anstellwinkel α_1 längs x konstant. Nimmt man jetzt noch an, daß auch die Profilform über die Spannweite die gleiche ist, so ergibt sich, daß c_a konstant, d. h. unabhängig von x ist. Daraus folgt dann nach Gl. (VII, 6.50), daß der Tragflügel eine elliptische Verteilung der Flügeltiefe t besitzen muß (Abb. VII, 6.24a—c).

Die beiden Ellipsen der Form c sind so gewählt, daß ihre gemeinsame Achse die Flügeltiefe im Verhältnis 1 : 2 teilt. Durch Punkte

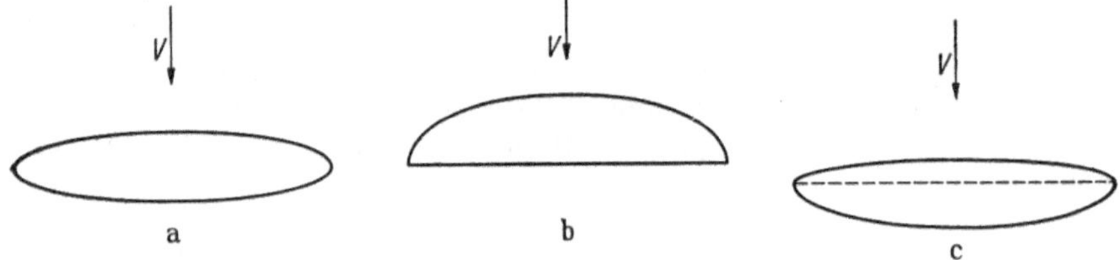

Abb. VI, 6.24a—c. Drei Umrißformen von Tragflügeln mit elliptischer Auftriebsverteilung

dieser Achse gehen nämlich näherungsweise die Luftkräfte der Flügelelemente. Wir haben auf S. 441 gesehen, daß der Tragflügel durch einen sogenannten gebundenen Wirbel ersetzt werden kann, und dieser würde im Falle c eine gerade Linie, im Falle a und b jedoch gekrümmte Linien sein. Der Vorteil eines geraden gebundenen Wirbels liegt darin, daß er keinen Einfluß ausübt auf die induzierte Geschwindigkeit am Orte des gebundenen Wirbels, während dies für gekrümmte gebundene Wirbel nicht zutrifft.

Auf das umgekehrte, wesentlich schwierigere Problem, zu einer gegebenen Tragflügelform die dazugehörige Auftriebsverteilung zu finden, soll hier nicht eingegangen werden, da es in das Gebiet der dreidimensionalen Tragflügeltheorie gehört. Diese soll hier nur behandelt werden insofern, als sie zum Verständnis der Anwendung von Wirbelflächen dient.

6.14 Das Minimum des induzierten Widerstandes. Bis jetzt haben wir gezeigt, daß — bei gegebenem Auftrieb und gegebener Spannweite — der induzierte Widerstand bei elliptischer Auftriebsverteilung kleiner ist als bei parabolischer Auftriebsverteilung. Die Frage ist nun naheliegend, ob es vielleicht andere Verteilungen des Auftriebes gibt, die noch geringere induzierte Widerstände besitzen. Die Antwort auf diese

Frage ist, daß die elliptische Auftriebsverteilung in der Tat den geringsten induzierten Widerstand ergibt. Dieses erscheint nicht ganz so erstaunlich, wenn man bedenkt, daß die elliptische Auftriebsverteilung eine konstante induzierte Abwärtsgeschwindigkeit liefert.

Zur Erzeugung eines Auftriebes muß der Luft — nach dem Prinzip von actio und reactio — ein nach unten gerichteter Impuls erteilt werden. Es läßt sich nachweisen[1], daß die kinetische Energie der nach unten beschleunigten Luftmasse gleich der sekundlichen Arbeitsleistung des induzierten Widerstandes ist. Und es erscheint plausibel, daß diese Energie, und damit der induzierte Widerstand, ein Minimum ist, wenn die Abwärtsgeschwindigkeit der Luft über die Spannweite gleichmäßig verteilt ist.

Der erste Beweis stammt von M. MUNK[2], der das Problem als Variationsproblem behandelte. A. BETZ[3] hat später einen einfacheren Beweis gegeben, bei dem die physikalischen Vorgänge stärker hervortreten, und dem wir hier folgen werden.

Der induzierte Widerstand hängt nach Gl. (VII, 6.31) ausschließlich von der Verteilung der Zirkulation ab. Wenn diese nun ein Optimum ist, insofern als der induzierte Widerstand für sie ein Minimum wird, so müßte eine beliebig kleine Variation in der Verteilung von Γ — ohne daß die Gesamtzirkulation dadurch geändert wird — keine Änderung des induzierten Widerstandes bewirken. Dabei ist, wie auch in den folgenden Überlegungen, immer vorausgesetzt, daß neben dem Gesamtauftrieb auch die Spannweite konstant gehalten wird. Wenn also $(\delta \Gamma)_{\xi_1}$ eine Variation der Zirkulation — sagen wir eine beliebig kleine Zunahme derselben — an der Stelle ξ_1 des Tragflügels bedeutet und $(\delta W_i)_{\xi_1}$ die dadurch bewirkte Änderung des induzierten Widerstandes, ferner $(\delta \Gamma)_{\xi_2} = -(\delta \Gamma)_{\xi_1}$ eine gleich große Abnahme der Zirkulation an der Stelle ξ_2 und $(\delta W_i)_{\xi_2}$ die hierdurch bedingte Änderung des induzierten Widerstandes, so muß

$$(\delta W_i)_{\xi_1} + (\delta W_i)_{\xi_2} = 0 \qquad \text{(VII, 6.51)}$$

sein, wenn die Verteilung von Γ einem Optimum entspricht.

Es würde allerdings nicht einfach sein $(\delta W_i)_{\xi_1}$ und $(\delta W_i)_{\xi_2}$ zu berechnen, um dann zu beweisen, daß die letzte Gleichung gilt, wenn die induzierte Geschwindigkeit längs der Spannweite konstant ist, d. h. wenn eine elliptische Verteilung der Zirkulation bzw. des Auftriebes

---

[1] PRANDTL, L.: Führer durch die Strömungslehre. 2. Aufl., S. 191. Braunschweig: Vieweg 1944.

[2] MUNK, M.: Isoperimetrische Aufgaben aus der Theorie des Fluges. Dissertation, Göttingen 1919.

[3] BETZ, A.: Tragflügel und hydraulische Maschinen. Handbuch d. Physik, Bd. VII, S. 245. Berlin 1927.

vorliegt. Der Grund dafür liegt darin, daß eine Änderung des Auftriebes an irgend einer Stelle des Tragflügels die induzierte Geschwindigkeit an *allen* Punkten der Spannweite in komplizierter Weise beeinflußt.

A. Betz wendet nun den genialen Kunstgriff an[1], daß er die Variation der Zirkulation bzw. des Auftriebes nicht am Ort des Tragflügels vornimmt (wegen der eben erwähnten Komplikation), sondern durch

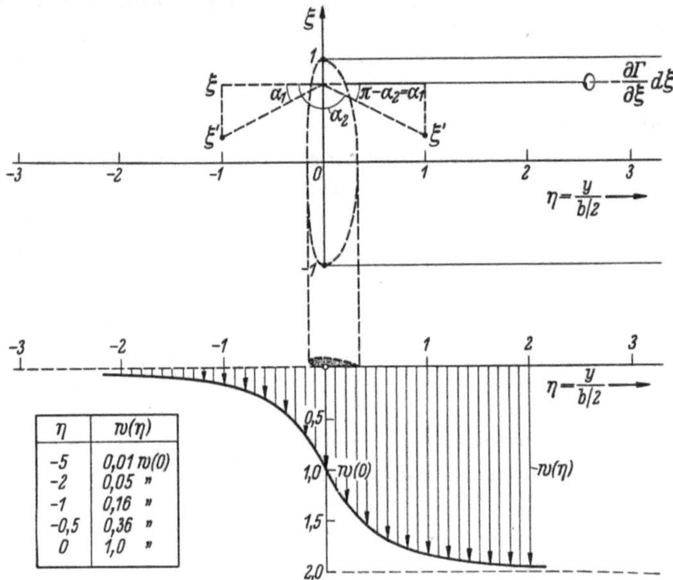

Abb. VII, 6.25 u. 26. Einzelheiten zur Bestimmung der induzierten Geschwindigkeit im Punkte ξ', $\mp\eta$ Abklingen der induzierten Geschwindigkeit nach vorne und Anwachsen derselben (bis $2\,w$) nach hinten

gedachte zusätzliche Tragflügelelemente in der Wirbelfläche, und zwar so weit hinter dem Tragflügel, daß ein Einfluß dieser zusätzlichen Tragflügelelemente auf den Tragflügel vernachlässigt werden kann, so daß es leicht ist, die in Gl. (VII, 6.51) auftretenden Widerstände zu berechnen. Zunächst aber müssen wir zeigen, inwiefern es — soweit der induzierte Widerstand in Frage kommt — das gleiche ist, ob wir eine Variation des Auftriebes am Tragflügel selbst vornehmen oder statt dessen weit hinter dem Tragflügel.

[1] Die hier gebrachte Betzsche Überlegung ist ein typisches Beispiel eines physikalischen Beweises zum Unterschied von einem mathematischen Beweis. Dieser Methode sind wir bereits auf S. 31 begegnet, und zwar beim Erstarrungsprinzip von S. Stevin, der solche Art von Gedankenexperimenten zuerst in die Wissenschaft eingeführt hat.

In Abb. VII, 6.27 betrachten wir einen Tragflügel mit gegebener (nicht notwendigerweise elliptischer) Auftriebsverteilung. In einer Ebene E_1 hinter dem Tragflügel sind die induzierten Geschwindigkeiten in der Wirbelfläche größer als am Orte des Tragflügels, da sich die Wirbelfläche mit ihren Wirbelfäden nicht nur von E_1 nach rechts ins Unendliche, sondern sich auch von E_1 nach links bis zum Tragflügel erstreckt. Rückt die Fläche E_1 genügend weit vom Tragflügel fort (nach E_∞), so sind die induzierten Geschwindigkeiten doppelt so groß wie am Orte des Tragflügels, d. h. gleich $2w(\xi)$ [vgl. die auf S. 442 zu Gl. (VII, 5.6) gemachten Ausführungen]. Nach vorne, d. h. vor dem

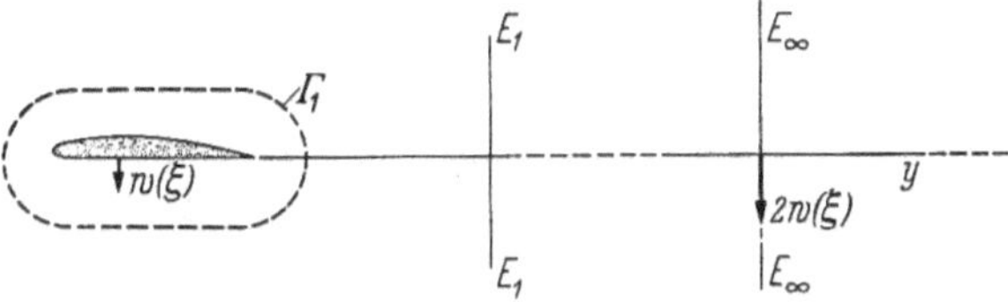

Abb. VII, 6.27. Tragflügel mit der Zirkulation Γ_1; in einer genügend weit entfernten Ebene (E_∞) ist die induzierte Geschwindigkeit doppelt so groß wie am Tragflügel selbst

Flügel, nimmt die induzierte Geschwindigkeit in demselben Maße bis auf Null ab, wie sie vom Tragflügel nach hinten bis auf $2w(\xi)$ zunimmt.

Quantitativ läßt sich dieses aus Abb. VII, 6.25 berechnen: Der Beitrag, den ein einzelner Wirbelfaden auf die induzierte Geschwindigkeit im Punkte $(\xi', -\eta)$ bzw. (ξ', η) liefert, ist nach Gl. (VII, 5.5), S. 441

$$dw(\xi', \mp\eta) = -\frac{-\frac{\partial\Gamma}{\partial\xi}d\xi}{4\pi\frac{b}{2}(\xi-\xi')}\int\limits_{\alpha_1,\alpha_2}^{0}\sin\alpha\,d\alpha = \frac{-\frac{\partial\Gamma}{\partial\xi}d\xi}{2b\pi}\cos\alpha\Bigg|_{\alpha_1,\alpha_2}^{0}.$$

Also hat man mit

$$\cos\alpha_1 = \frac{1}{\sqrt{1+\left(\frac{\xi-\xi'}{\eta}\right)^2}}, \qquad \cos\alpha_2 = -\cos\alpha_1$$

$$w(\xi', \mp\eta) = \frac{1}{2b\pi}\int\limits_{-1}^{1}\frac{-\frac{\partial\Gamma}{\partial\xi}}{\xi-\xi'}\left(1\mp\frac{1}{\sqrt{1+\left(\frac{\xi-\xi'}{\eta}\right)^2}}\right)d\xi.$$

Nimmt man beispielsweise eine elliptische Zirkulationsverteilung an, d. h.

$$-\frac{\partial\Gamma}{\partial\xi}d\xi = \Gamma_0\frac{\xi}{\sqrt{1-\xi^2}}d\xi$$

und setzt $\xi' = 0$, für welchen Punkt sich das Integral sehr vereinfacht, so wird mit $\Gamma_0/2b = w(0,0)$

$$w(0, \mp\eta) = w(0,0)\frac{2}{\pi}\int_{-1}^{1}\left(\frac{1}{\sqrt{1-\xi^2}} \mp \frac{1}{\sqrt{(1-\xi^2)+\left[1+\left(\frac{\xi}{\eta}\right)^2\right]}}\right)d\xi.$$

Das Integral ist graphisch als Funktion von η bestimmt worden und w als Funktion von η in Abb. VII, 6.26 aufgetragen. Für $\eta = \mp 5$, d. h. in einer Entfernung von nur $2^1/_2$ Spannweiten, ist die induzierte Geschwindigkeit vor dem Flügel bereits auf 1% von w abgeklungen, bzw. hat die Geschwindigkeit hinter dem Flügel den asymptotischen Wert von $2w$ bis auf 1% erreicht.

Da wir später die Wirkungsweise von Tragflügelelementen weit hinter dem Tragflügel untersuchen werden, wollen wir zunächst auf das Verhalten von endlichen Tragflügeln, die hintereinander angeordnet sind, eingehen. In Abb. (VII, 6.28) betrachten wir zwei Tragflügel mit

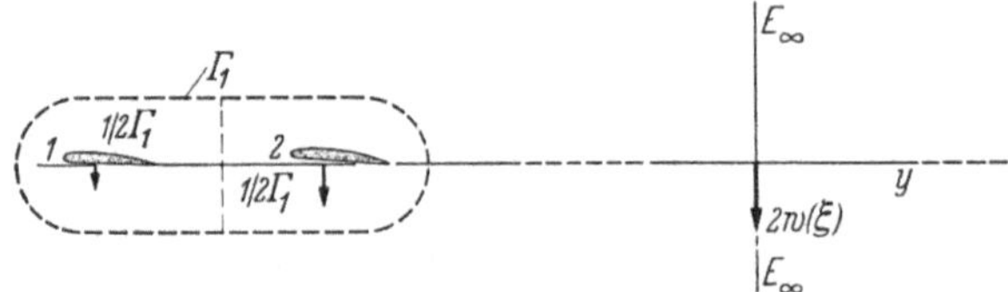

Abb. VII, 6.28. Zwei gestaffelte Tragflügel gleicher Auftriebsverteilung so angeordnet, daß jede den halben Auftrieb des Tragflügels der vorigen Abbildung erzeugt; die induzierte Geschwindigkeit in E_∞ ist dann die gleiche wie in Abb. VII, 6.27

der gleichen Auftriebsverteilung und der gleichen Spannweite wie in Abb. VII, 6.27. Der Tragflügel 2 befindet sich in beliebiger Entfernung hinter dem Tragflügel 1 in dessen Wirbelfläche. Wir nehmen an, daß die Flächentiefe der beiden Tragflügel je gleich den Hälften derjenigen von Abb. VII, 6.27 ist, und daß die Anstellwinkel der beiden Tragflügel so gewählt sind, daß jeder der beiden Tragflügel den halben Auftrieb des Tragflügels von Abb. VII, 6.27 erzeugt. Wegen der vorausgesetzten gleichen Auftriebsverteilung der drei Tragflügel ist in einem beliebigen Punkt ξ_1 die Zirkulation der beiden Flügel 1 und 2 je gleich $^1/_2\,\Gamma_1$, folglich die Zirkulation um beide Flügel zusammen gleich Γ_1. Und da diese Überlegung für jedes ξ der Spannweite gilt, so ist auch $\partial\Gamma/\partial\xi$, d. h. die Wirbelstärke hinter dem Tragflügel 2, die gleiche wie hinter dem Tragflügel der Abb. VII, 6.27. Daraus folgt aber, daß in der Ebene E_∞ in beiden Fällen die gleichen Abwärtsgeschwindigkeiten $2w(\xi)$ induziert werden.

Obwohl die beiden Tragflügel 1 und 2 gleichen Auftrieb erzeugen, ist ihr induzierter Widerstand keineswegs gleich. In der Tat ist der induzierte Widerstand von 2 immer größer als der von 1. Die Summe der induzierten Widerstände beider Tragflügel ist aber gleich dem Widerstand des Tragflügels der Abb. VII, 6.27, eben weil die induzierten Geschwindigkeiten im Unendlichen in beiden Fällen gleich, d. h. $2w(\xi)$ sind. Dieses ergibt sich aus folgendem:

In Abb. VII, 6.30 bewege sich ein Tragflügel mit der Geschwindigkeit V von rechts nach links und habe zur Zeit t die im oberen Teil der

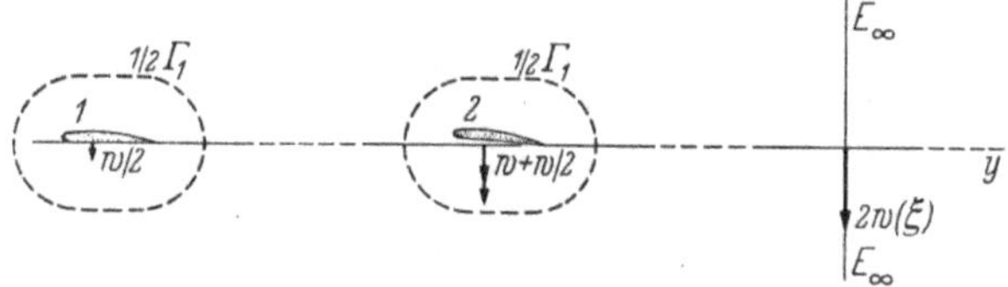

Abb. VII, 6.29. Der zweite Tragflügel ist nach rechts verschoben und dafür gesorgt, daß die Auftriebsverteilung jedes einzelnen Tragflügels nicht geändert wird; dann ist auch die Geschwindigkeit in E_∞ die gleiche wie vorher

Abbildung gezeigte Lage. Betrachten wir das gesamte Geschwindigkeitsfeld der Wirbelfläche in einer vom Tragflügel genügend entfernten Ebene E_∞, wo also die induzierten Abwärtsgeschwindigkeiten den Wert $2w(\xi)$ erreicht haben, so ist dieses nicht mehr von y abhängig und also nur noch eine Funktion von x und z. Die kinetische Energie dieses in der x- und z-Richtung sich bis ins Unendliche erstreckenden Geschwindigkeitsfeldes ist für die Längeneinheit in der y-Richtung

$$\int_{-\infty}^{\infty}\int_{-\infty}^{\infty}\frac{\varrho}{2}\,q^2\,dx\,dz,$$

wo q die Geschwindigkeit in einem Punkt der x, z-Ebene bezeichnet.

Abb. VII, 6.30

In der Zeiteinheit von t zu $t+1$ hat sich der Tragflügel um die Strecke V bewegt und damit die Länge der Wirbelschicht sich um diese Länge vergrößert. In der Zeiteinheit hat der Tragflügel somit die kinetische Energie

$$V\int_{-\infty}^{\infty}\int_{-\infty}^{\infty}\frac{\varrho}{2}\,q^2\,dx\,dz = V\,W_i$$

hervorgebracht, die der Widerstandsarbeit des Tragflügels pro Zeiteinheit entspricht.

Wir beabsichtigen nicht, den Widerstand durch Berechnung der kinetischen Energie zu bestimmen[1], sondern haben diese Beziehung

[1] TREFFTZ, E.: Prandtlsche Tragflächen- und Propellertheorie. Z. angew. Math. Mech., Bd. 1 (1921) S. 206.

hier nur gebracht, um zu erklären, daß der induzierte Widerstand vollständig durch die kinetische Energie des Geschwindigkeitsfeldes der Wirbelfläche bestimmt ist. Wenn diese in zwei Fällen identisch ist, so sind auch die induzierten Widerstände in beiden Fällen gleich. Die Geschwindigkeitsfelder von zwei Wirbelflächen sind aber identisch, wenn die Geschwindigkeiten an der Wirbelfläche identisch sind, und zwar wegen der Eindeutigkeit der Lösung einer Potentialströmung bei gegebenen Randbedingungen (Geschwindigkeiten an der Wirbelfläche). Was den induzierten Widerstand anbetrifft, so ist es also bedeutungslos, in welcher Weise und wo die Wirbelfläche hervorgebracht wurde, wenn nur der Ort, wo diese in Betracht gezogen wird, genügend weit von der Stelle ihrer Entstehung entfernt ist.

Damit ist bewiesen, daß die Summe der induzierten Widerstände der Tragflügel 1 und 2 gleich dem des Tragflügels von Abb. VII, 6.27 ist. Diese Feststellung ist unabhängig vom Abstand der beiden Tragflügel 1 und 2, vorausgesetzt, daß bei einer Verschiebung der beiden Tragflügel voneinander die Zirkulationsverteilungen beider Tragflächen (z. B. durch geeignete Wahl der Anstellwinkel der einzelnen Flügelelemente) konstant gehalten werden[1].

Nimmt man jetzt an, daß der Tragflügel 2 so weit vom Tragflügel 1 entfernt ist, daß die Wirbelfläche des Tragflügels 2 den Tragflügel 1 nicht mehr beeinflußt, so sind die Einzelwiderstände der beiden Tragflügel leicht zu berechnen:

Für den Widerstand des Tragflügels 1 der Abb. VII, 6.29 haben wir mit dA_1 als Auftrieb eines Tragflügelelementes von der Breite dx nach Gl. (VII, 6.28)

$$W_1 = \frac{1}{V} \int_{-b/2}^{b/2} \frac{w}{2}\, dA_1 ,$$

da die induzierte Geschwindigkeit nur halb so groß ist wie in Abb. VII, 6.27, weil bei gleicher Zirkulationsverteilung auch die Zirkulation nur halb so groß ist. In genügend großer Entfernung von 1, wo sich der Tragflügel 2 befindet, ist die von 1 induzierte Geschwindigkeit auf w angewachsen. Unter Berücksichtigung der vom Tragflügel 2 am Orte 2 induzierten Geschwindigkeit $w/2$ ist der Widerstand vom Tragflügel 2

$$W_2 = \frac{1}{V} \int_{-b/2}^{b/2} \left(w + \frac{w}{2}\right) dA_2 = \frac{3}{V} \int_{-b/2}^{b/2} \frac{w}{2}\, dA_1 , \qquad \text{(VII, 6.52)}$$

also dreimal so groß wie der von W_1, da angenommen war, daß für jeden x-Wert $dA_1 = dA_2$ ist. Die Summe dieser beiden Widerstände

[1] Dieser sogenannte Verschiebungssatz wurde in anderer Form zuerst von M. Munk bewiesen, vgl. S. 485.

ist also, unter Berücksichtigung von $2\,dA_1 = dA$

$$W_1 + W_2 = \frac{1}{V}\int_{-b/2}^{b/2} 4\,\frac{w}{2}\,dA_1 = \frac{1}{V}\int_{-b/2}^{b/2} w\,dA$$

in Übereinstimmung mit der Tatsache, daß auch hier — wie in Abb. VII, 6.27 — in der Ebene E_∞ die induzierte Geschwindigkeit gleich $2w$ ist.

Wir haben somit gezeigt, daß man eine Vergrößerung des Auftriebes des Tragflügels 1 in zweifacher Weise vornehmen kann: entweder am Ort der Tragfläche selbst, z. B. durch Vergrößerung der Flügeltiefe

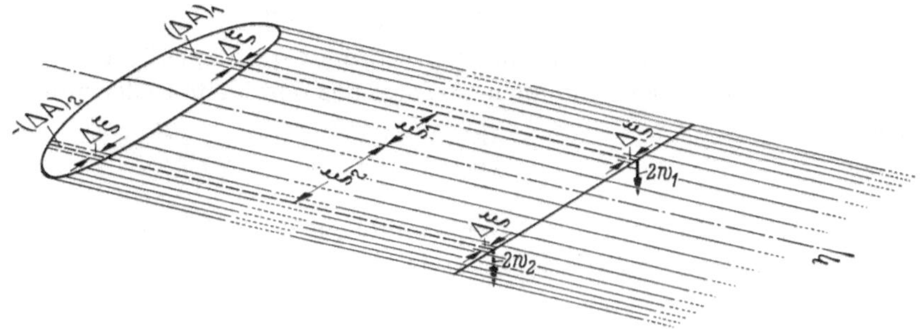

Abb. VII, 6.31. Wirbelfläche eines Tragflügels

(bei gleichem Profil und Anstellwinkel) entsprechend Abb. VII, 6.27, oder durch Annahme eines zweiten Tragflügels gleicher Auftriebsverteilung hinter dem Tragflügel 1, entsprechend Abb. VII, 6.28. Wir haben ferner gesehen, daß man den Widerstand des Hilfsflügels 2 leicht berechnen kann, wenn man diesen genügend weit hinter dem Tragflügel 1 anordnet, entsprechend Abb. VII, 6.29.

Der größeren Anschaulichkeit und Einfachheit wegen haben wir die Änderung des Auftriebes der Tragfläche 1 durch Annahme eines zweiten Tragflügels von gleicher Spannweite vorgenommen. Die obigen Überlegungen gelten aber in gleicher Weise, wenn der Tragflügel nur auf einem Teile seiner Spannweite eine Änderung erfahren soll. In diesem Falle muß dann der Hilfsflügel eine entsprechend kleinere Spannweite besitzen. Insbesondere gelten die gleichen Überlegungen auch, wenn eine Änderung des Auftriebes längs einer kleinen Strecke $\Delta\,\xi$ vorgenommen werden soll.

In Abb. VII, 6.31 nehmen wir zwei den Gesamtauftrieb nicht ändernde Variationen des Auftriebes $\delta A_1 = -\delta A_2$ in zwei beliebigen Punkten ξ_1 und ξ_2 der Spannweite an. Wir wissen jetzt, daß es — soweit der induzierte Widerstand in Frage kommt — das gleiche ist, wenn diese Änderungen des Auftriebes anstatt am Tragflügel selbst, durch zwei kleine Hilfsflügel genügend weit hinter dem Tragflügel vorgenommen werden, sofern nur die Auftriebsverteilungen der Hilfsflügel — unter Berücksichtigung der effektiven Anstellwinkel — die gleichen sind, wie die der angenommenen, aber nicht ausgeführten Auftriebsänderungen am Tragflügel. Die Widerstände δW_1 bzw. δW_2 lassen sich jetzt leicht berechnen, und zwar ist in Analogie zu Gl. (VII, 6.52)

$$\delta W_1 = \frac{2w_1 + \delta w_1}{V} \delta A_1, \qquad \delta W_2 = \frac{2w_2 + \delta w_2}{V} \delta A_2,$$

wo $2w_1$ und $2w_2$ die durch den Tragflügel in den Punkten $\xi_1, \eta = \alpha$ bzw. $\xi_2, \eta = 0$ induzierten Geschwindigkeiten sind, während δw_1 bzw. δw_2 die von den Hilfsflügeln am Orte der Hilfsflügel induzierten Geschwindigkeiten bezeichnen. Da aber δw_1 und δw_2 gegenüber w_1 und w_2 vernachlässigt werden können, so folgt aus den letzten Gleichungen wegen $\delta A_1 = -\delta A_2$

$$-\frac{\delta W_1}{\delta W_2} = \frac{w_1}{w_2}.$$

Nehmen wir jetzt an, daß der Tragflügel die optimale Auftriebsverteilung besitze, für die nach Gl. (VII, 6.51), S. 485

$$\delta W_1 = -\delta W_2$$

ist, so folgt, daß dann

$$w_1 = w_2 = \text{const}$$

sein muß. Eine konstante induzierte Geschwindigkeit ist aber nur mit einer elliptischen Auftriebsverteilung zu erhalten, die somit die optimale Auftriebsverteilung ist.

6.15 Der Auftrieb eines Tragflügels, erklärt durch einen Stoßvorgang der Unstetigkeitsfläche. Der einen Auftrieb erzeugende Tragflügel übt — nach dem Prinzip von actio und reactio — bei seiner

Abb. VII, 6.32
Der sich nach links bewegende Tragflügel hat in der Zeiteinheit die Strecke L zurückgelegt

Bewegung durch die Luft dauernd eine abwärts gerichtete Kraft auf die ihn umgebende Luft aus. Der in Abb. VII, 6.32 am Orte P mit der Geschwindigkeit V sich von rechts nach links bewegende Tragflügel hat in Zeiten vorher diese Kraft längs der von ihm überstrichenen Bahn (gestrichelt gezeichnet) nacheinander auf die umgebende Luft ausgeübt. Wir wollen jetzt diese zeitlich nacheinander folgenden Kraftwirkungen des Tragflügels durch einen gleichzeitigen, momentanen Vorgang ersetzen.

Bezeichnen wir den über die Sehne genommenen Mittelwert des Überdruckes an der Unterseite des Tragflügels an der Stelle x der Spannweite mit p_u und den Mittelwert des Unterdruckes an der Oberseite mit p_0, so hat die Druckdifferenz $p_u - p_o = f(x)$ zeitlich nacheinander längs der vom Tragflügel überstrichenen Bahn bestanden und auf die umgebende Luft gewirkt. Dieser zeitlich aufeinanderfolgende Vorgang wird jetzt durch einen gleichzeitigen Vorgang dadurch ersetzt, daß wir uns an Stelle der vom Tragflügel bestrichenen Bahn eine materielle, nicht notwendigerweise starre Fläche denken, die in der Weise stoßartig nach unten beschleunigt wird, daß eben diese Drucke p_u und p_o an der Unter- bzw. Oberseite der materiellen Fläche an den jeweiligen Werten von x entstehen.

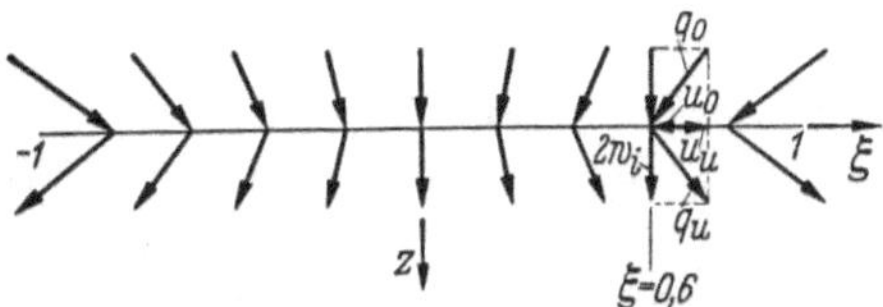

Abb. VII, 6.33. Die Geschwindigkeiten an einer sich nach unten bewegenden (zweidimensionalen) Platte von -1 bis $+1$

Durch diesen abwärts gerichteten Stoß der materiellen Fläche wird der vorher in Ruhe befindlichen Luft eine Geschwindigkeit oder, wenn man die in Bewegung gesetzte Luftmasse mit in Rechnung zieht, ein Impuls erteilt. Die Größe des Stoßes bzw. des erteilten Impulses für ein Stück der materiellen Fläche von der Länge L ist

$$I = L \int_{-b/2}^{b/2} d x \int_{t_1}^{t_2} (p_u - p_o)\, dt ,$$

wo $t_2 - t_1$ die Dauer des Stoßes ist. Betrachtet man lediglich ein Stück der materiellen Fläche von der Breite dx (und der Länge L), so ist der durch dieses Flächenelement beim Stoß erteilte Impuls gleich

$$dI = L\, d x \int_{t_1}^{t_2} (p_u - p_o)\, dt . \qquad \text{(VII, 6.53)}$$

Wir wollen jetzt für die Druckdifferenz $p_u - p_o = f(x)$ aus der Betrachtung der bei dem Stoß entstandenen Strömung einen neuen Ausdruck ableiten. In Abb. VII, 6.33 ist der Querschnitt der materiellen Fläche (von $-b/2 = -1$ bis $b/2 = 1$) dargestellt, sowie in deren unmittelbarer Nachbarschaft die Stromlinien der in der x, z-Ebene zweidimensionalen Strömung, wie sie durch den Stoß einer *starren*, in der y-Richtung unendlich langen, materiellen Fläche (*elliptische* Auftriebsverteilung) hervorgerufen wird (vgl. Abb. V, 3.14). Wie man das Stromlinienbild mittels der Methode der konformen Abbildung erhalten kann, wurde auf S. 249 gezeigt. Hier wollen wir noch bemerken, daß am Orte der materiellen Fläche das Verhältnis $u/2w_i$ sowie der Betrag der

Geschwindigkeit q nach Gl. (VII, 6.44 und 41) bzw. Abb. VII, 6.34 gegeben ist:

$$\frac{u}{2w_i} = \operatorname{ctg}\beta = \frac{\xi}{\sqrt{1-\xi^2}}$$

und

$$q = \sqrt{(2w_i)^2 + u^2} = 2w_i \sqrt{\frac{1}{1-\xi^2}}\,.$$

Wenden wir wegen des instationären Charakters der Strömung die allgemeine BERNOULLIsche Gleichung

$$\frac{\partial \Phi}{\partial t} + \frac{q^2}{2} + \frac{p}{\varrho} = \text{const}$$

auf zwei einander gegenüberliegende Punkte der materiellen Fläche an, d. h. für gleiche Werte von x bzw. ξ, so ist

$$\frac{p_u}{\varrho} - \frac{p_o}{\varrho} = \left(\frac{\partial \Phi}{\partial t}\right)_o - \left(\frac{\partial \Phi}{\partial t}\right)_u + \frac{q_o^2 - q_u^2}{2}\,.$$

Da die *Beträge* der Geschwindigkeiten q_o und q_u an zwei einander gegenüberliegenden Punkten, d. h. für gleiche $\pm x$ bzw. $\pm\xi$-Werte einander gleich sind, so bleibt

$$p_u - p_o = \varrho\left[\left(\frac{\partial \Phi}{\partial t}\right)_o - \left(\frac{\partial \Phi}{\partial t}\right)_u\right]$$

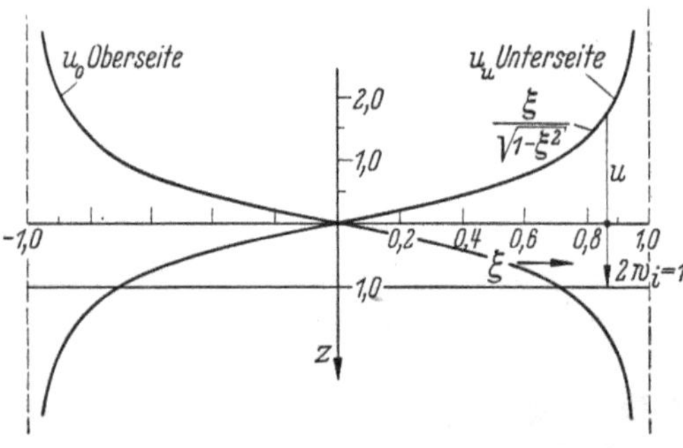

Abb. VII, 6.34. Die Querkomponente u an der Ober- und Unterseite der Platte in voriger Abbildung in Abhängigkeit von ξ

und in Gl. (VII, 6.53) eingesetzt und integriert

$$dI = \varrho\, L\,[\Phi_o(t_2) - \Phi_u(t_2)]\, dx,$$

da (vor dem Stoß) $\Phi_o(t_1) = \Phi_u(t_1)$ ist. Berücksichtigt man nun, daß dieser Impuls gleich dem vom Tragflügelelement dx bei seiner Bewegung längs der Strecke L der Luft zeitlich nacheinander erteilten Impulse ist, so hat man in dem pro Zeiteinheit erteilten Impuls, d. h. in der zeitlichen Änderung dieses Impulses den Auftrieb dA des Tragflügelelementes dx. Also

$$dA = \frac{d}{dt}\, dI = \frac{d}{dt}\, \varrho\, L\,[\Phi_o(t_2) - \Phi_u(t_2)]\, dx,$$

und da ϱ und $\Phi_o(t_2) - \Phi_u(t_2)$ nicht von t abhängig sind, bleibt mit $dL/dt = V$

$$dA = \varrho\, V\,[\Phi_o(t_2) - \Phi_u(t_2)]\, dx.$$

Berücksichtigt man noch, daß nach S. 430.

$$\Phi_o(t_2) - \Phi_u(t_2) = \Gamma$$

am Ende des Stoßvorganges ist, so hat man schließlich

$$dA = \varrho V \Gamma dx, \qquad \text{(VII, 6.54)}$$

wobei Auftrieb bzw. Zirkulation von x abhängig sein kann. Hiermit haben wir (nach PRANDTL)[1] den KUTTA-JOUKOWSKIschen Satz auch für den Fall einer dreidimensionalen Strömung (Tragflügel endlicher Spannweite) abgeleitet. Für den ganzen Tragflügel ist dann

$$A = \varrho V \int_{-b/2}^{b/2} \Gamma(x)\, dx. \qquad \text{(VII, 6.55)}$$

Das Produkt $dA\, w_i$ kann man als Auftriebsarbeit pro Zeiteinheit ansehen, während $dW_i\, V$ die Widerstandsarbeit pro Zeiteinheit ist. Die Größen, einander gleichgesetzt, ergeben

$$dA\, w_i = \varrho V \Gamma dx\, w_i = dW_i\, V$$

oder

$$dW_i = \varrho\, w_i \Gamma\, dx$$

und für den ganzen Tragflügel

$$W_i = \varrho \int_{-b/2}^{b/2} \Gamma w_i\, dx$$

in Übereinstimmung mit Gl. (VII, 6.29).

7 Entstehen und Vergehen von Wirbeln

7.1 Entstehen von Wirbeln und Wirbelschichten. HELMHOLTZ untersuchte nicht die Frage, auf welche Weise Wirbel in einer zähigkeitsfreien Flüssigkeit entstehen könnten, sondern er nahm einfach an, daß ein solcher Wirbel vorhanden sei, und bewies dann rein mathematisch, daß dieser Wirbel von jeher hat bestehen müssen. Er zeigte, daß unter der Einwirkung von Kräften, die ein Potential besitzen (was kaum eine Einschränkung bedeutet), kein Flüssigkeitsteilchen in einen Strömungszustand mit Rotation kommen kann, das nicht *von Anfang an* in Rotation begriffen war. Man kann den Satz also auch so aussprechen, daß in einer reibungslosen Flüssigkeit keine Wirbel entstehen können, was praktisch gleichbedeutend mit der Tatsache ist, daß in einer reibungslosen Flüssigkeit keine Wirbel vorhanden sein können. Die fiktive Annahme eines Wirbels in einer zähigkeitsfreien Flüssigkeit führt somit zu einem Resultat, das praktisch die Berechtigung einer solchen Annahme ausschließt.

Auch von einer anderen Seite her ist es ersichtlich, daß in einer zähigkeitsfreien Flüssigkeit kein Wirbel erzeugt bzw. kein Wirbel be-

[1] Siehe Fußn. S. 473.

stehen kann, da dieser ein Potentialwirbel sein müßte, mit einer zur Wirbelachse hin über alle Grenzen wachsenden Geschwindigkeit. Vom mathematischen Standpunkte brächte dieses zwar keine Schwierigkeiten mit sich, wohl aber vom physikalischen Standpunkt. Denn es handelt sich hier nicht um ein kinematisches Problem von Geschwindigkeitsfeldern, sondern um ein dynamisches. Die ideale Flüssigkeit soll zwar frei von jeglicher Zähigkeit sein ($\mu = 0$), im übrigen aber die Eigenschaften einer wirklichen Flüssigkeit (aufgefaßt als Kontinuum) haben, insbesondere Masse besitzen.

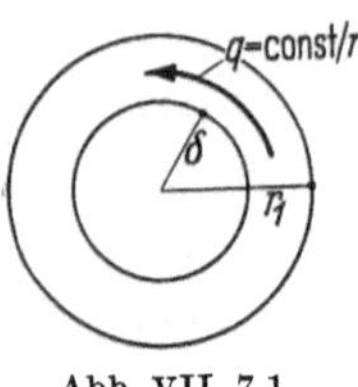

Abb. VII, 7.1

Ein Potentialwirbel in einer zähigkeitsfreien Flüssigkeit würde wegen der in der Wirbelachse nach Unendlich gehenden Geschwindigkeit q einen (logarithmisch) unendlich großen Energievorrat E darstellen und aus diesem Grunde nicht zu verwirklichen sein. Denn es ist, wenn wir in Abb. VII, 7.1 den äußeren Radius r_1 eines ringförmigen Gebietes (um die Wirbelachse von der Länge 1) beliebig aber konstant annehmen und den inneren Radius δ nach Null konvergieren lassen mit $q = \text{const}/r$

$$E = \lim_{\delta \to 0} 1 \int_{\delta}^{r_1} \varrho \, 2\pi r \, dr \frac{q^2}{2} \lim_{\delta \to 0} \text{const} \int_{\delta}^{r_1} \frac{dr}{r}$$

also

$$E = \lim_{\delta \to 0} \text{const} \ln \frac{r_1}{\delta} \to \infty .$$

Anders ist es mit Wirbelschichten. Wie in VII, 6.2 dargelegt, bleiben hier die Geschwindigkeiten bei beliebiger Annäherung an die Wirbelschicht endlich, und zwar auch dann, wenn diese mit $\mu \to 0$ zu einer Wirbelfläche bzw. Diskontinuitätsfläche konvergiert. Eine Wirbelfläche, wie sie z. B. von einem dreidimensionalen Tragflügel ausgeht, könnte man aus diesem Grunde auch in einer reibungslosen Flüssigkeit ($\mu = 0$) erzeugen, woraus sich die Berechtigung ergibt, bei der Ableitung des induzierten Widerstandes eines Tragflügels eine ideale, d. h. vollkommen zähigkeitsfreie Flüssigkeit vorauszusetzen.

Es bleibt aber dennoch eine Schwierigkeit bestehen: Um nämlich die Wirbelfläche hinter einem dreidimensionalen Tragflügel zu erzeugen, muß zunächst, d. h. beim zeitlichen Beginn der Strömung, die Zirkulation um den Tragflügel hervorgerufen werden. Dieses erscheint nach Abb. VII, 3.9 aber nur möglich zu sein durch Bildung eines sogenannten Anfahrwirbels, was aber nach Obigem bei einer vollkommen reibungslosen Flüssigkeit nicht möglich ist.

Eine genauere Untersuchung des Beginnes der Strömung um einen Tragflügel zeigt jedoch, daß im ersten Augenblick weder eine Umströmung der scharfen Hinterkante (Potentialströmung nach Art der

Abb. V, 3.6) noch die Bildung eines Anfahrwirbels zu beobachten ist, sondern daß sich von der Schneide des Tragflügels zunächst eine Unstetigkeitsfläche ausbildet. Da hierbei, wie wir gesehen haben, die Geschwindigkeiten bei $\mu \to 0$ endlich bleiben, läßt sich diese Vorstellung auch auf eine vollkommen reibungsfreie Flüssigkeit anwenden. Das Linienintegral der Geschwindigkeit längs einer Kurve, welche die von der Hinterkante ausgehende Unstetigkeitskurve ganz in sich schließt, ist dabei in jedem Zeitpunkt entgegengesetzt gleich der Zirkulation um den Tragflügel.

Allerdings ist, wie wir sehen werden, die Unstetigkeitsfläche labil; bei einer wirklichen Flüssigkeit von beliebig kleiner aber endlicher Zähigkeit zerfällt sie in einzelne Wirbel mit dünnen Wirbelkernen. Im weiteren Verlauf rollt sich dann die aus den diskreten Wirbeln bestehende Schicht zu einem größeren Wirbel auf, dessen Kern die Kerne der vielen einzelnen Wirbel in sich aufnimmt. Dieser sogenannte Anfahrwirbel ist deshalb kein idealer Potentialwirbel, sondern ein solcher mit einem Kern und kann nur unter Annahme einer, wenn auch beliebig kleinen Zähigkeit der Flüssigkeit entstehen. Die folgenden Strömungsbilder sollen diesen Vorgang im einzelnen erläutern.

In Abb. VII, 7.2 sehen wir das Tragflügelprofil in einem Augenblick, wo die Strömung noch in Ruhe ist. Man erkennt, daß die auf der Wasseroberfläche schwimmenden Aluminiumstäubchen an der Ober- und Unterseite des Tragflügels angereichert sind. Man erreicht dieses durch einen (sehr dünnen) Überzug des Tragflügels mit Paraffin, der eine nach unten gezogene kapillare Randschicht bewirkt, in welche die Aluminiumflitterchen hinabsinken. Infolge dieser Anhäufung der kleinen Aluminiumteilchen kann man im weiteren Verlauf der Strömung leicht erkennen, welche Bahnen diese wandnahen Flüssigkeitsschichten beschreiben.

Auf der nächsten Abb. VII, 7.3 hat sich die Flüssigkeit gerade in Bewegung gesetzt und einen Weg von etwa $^1/_3$ der Flügeltiefe zurückgelegt. Von der Flügelkante geht eine ausgeprägte Linie aus, die sich an ihrem Ende etwas eingerollt hat. Das von der Oberseite des Tragflügels kommende Material ist während des Zeitintervalles zwischen Abb. VII, 7.2 und 3 etwas weniger weit gekommen als dasjenige von der Unterseite, woraus wir schließen, daß es sich um eine Trennungsschicht handelt, deren Geschwindigkeit oberhalb geringer ist als unterhalb. Die Belichtungszeit ist so kurz gewählt, daß die Aluminiumflitterchen nahezu als kleine Pünktchen erscheinen.

In der nächsten Abb. VII, 7.4 hat sich die Flüssigkeit weiterhin beschleunigt und einen Weg etwa gleich der Flügeltiefe zurückgelegt. Wir erkennen, daß die Trennungslinie eine wellige Form angenommen und sich stärker eingerollt hat. Die beiden nächsten Abb. VII, 7.5 und 6 zeigen, daß die Welligkeit der Trennungslinie mit der Zeit, d. h. von der Flügelkante nach rechts hin zunimmt, was auf eine Instabilität der Trennungslinie schließen läßt. Auf diesen Umstand werden wir in der nächsten Nummer noch zurückkommen.

Zur Erklärung der Strömungsform mit einer von der Flügelkante ausgehenden Unstetigkeitsfläche bemerken wir, daß eine Umströmung der scharfen Kante, wie es die Potentialtheorie erfordert, wohl eine mathematische Lösung darstellt, jedoch bei einer mit Masse begabten reibungsfreien Flüssigkeit nicht eintreten kann, weil damit über alle Maßen große Geschwindigkeiten und damit unendlich große Energien in unmittelbarer Nähe der Kante verbunden wären. Da die Strömungsbewegung jedoch aus der Ruhe heraus entstanden ist, folgt, daß es dennoch eine Potentialströmung sein muß. Nach dem Vorgang von HELMHOLTZ kann es deshalb nur eine Potentialströmung mit einer Diskontinuitätsfläche sein[1].

2

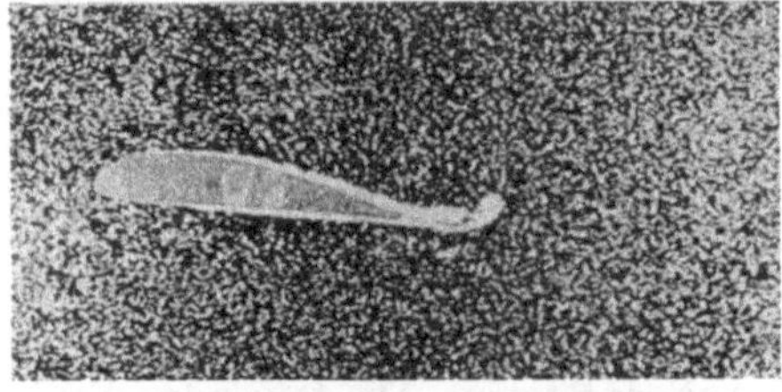

3

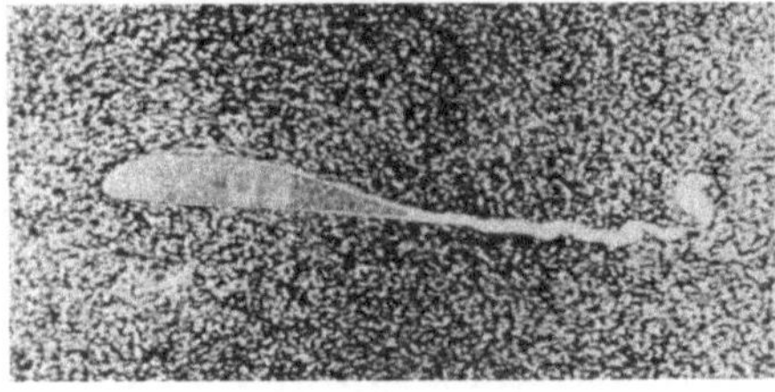

4

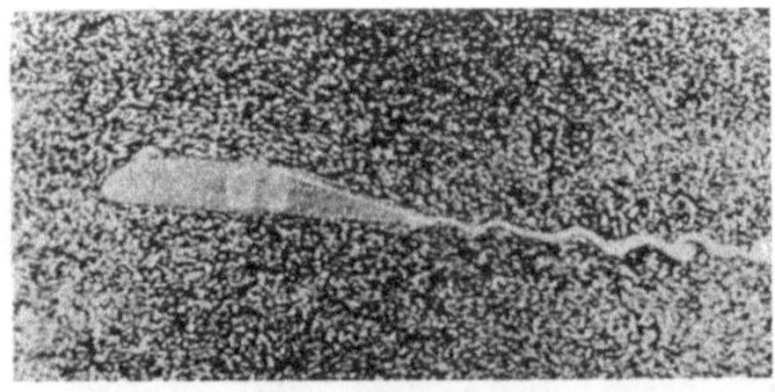

5

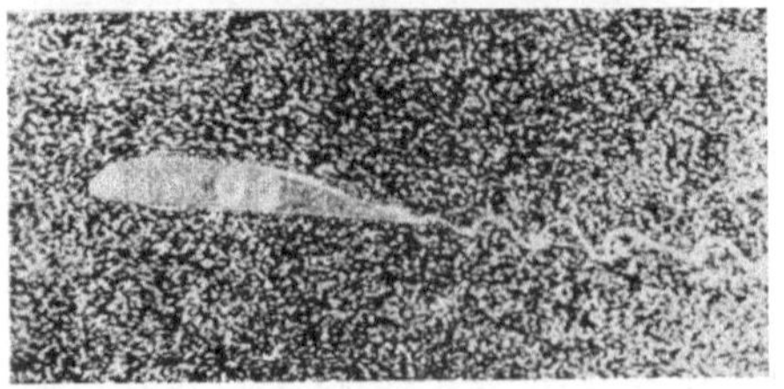

6

Abb. VII, 7.2—6. Bei der Anfahrt eines Tragflügels von dessen Hinterkante ausgehende Diskontinuitätsfläche; diese verformt sich infolge ihrer Labilität

[1] Vgl. Fußn. S. 287. Es sei auch auf die kritischen Bemerkungen hingewiesen, die LANCHESTER in seiner Aerodynamik (Fußn. S. 212) auf S. 110—119 hinsichtlich der Einführung von Unstetigkeitsflächen macht und wo er auf Angriffe LORD KELVINS eingeht.

Abb. VII, 7.7 bis 11, auf die wir noch zurückkommen werden, stellen den gleichen Strömungsvorgang dar, und zwar in einem Bezugssystem, bei dem die Flüssigkeit im Unendlichen ruht und der Flügel sich (von rechts nach links) durch eine ruhende Flüssigkeit bewegt (instationäre Strömung).

Wir hatten festgestellt, daß in Abb. VII, 7.3 die Geschwindigkeit oberhalb der Diskontinuitätsfläche kleiner ist als unterhalb; ein Linienintegral, das die Diskontinuitätsfläche (nicht aber das Tragflächenprofil) umschließt, würde also eine Zirkulation im Gegenuhrzeigersinn ergeben. Nach dem THOMSONschen Satz würde somit das Linienintegral, das nur das Tragflächenprofil enthält, eine gleich große Zirkulation im Uhrzeigersinn aufweisen. Diese Vorgänge lassen sich besser übersehen, wenn man das Tragflächenprofil mit den Methoden der konformen Abbildung auf einen Kreis überführen würde (Abb. VII, 7.12). Dort ist lediglich die Gestalt der Unstetigkeitsfläche (gestrichelt) angenommen und berücksichtigt, daß oberhalb der Diskontinuitätsfläche die Geschwindig keiten kleiner und somit die Abstände $\Phi = \text{const}$ größer sind als unterhalb, wo die Geschwindigkeiten größer sind und deshalb die Abstände der Potentiallinien kleiner sein müssen. Im übrigen sind die Stromlinien und die Potentiallinien durch Probieren gefunden worden, wobei lediglich die Bedingung, daß diese ein System kleiner Quadrate bilden, befriedigt werden mußte. Wir haben somit eine Potentialströmung, wie sie aus der Ruhe heraus entstehen kann. Das Stromlinienbild ist nicht mehr symmetrisch.

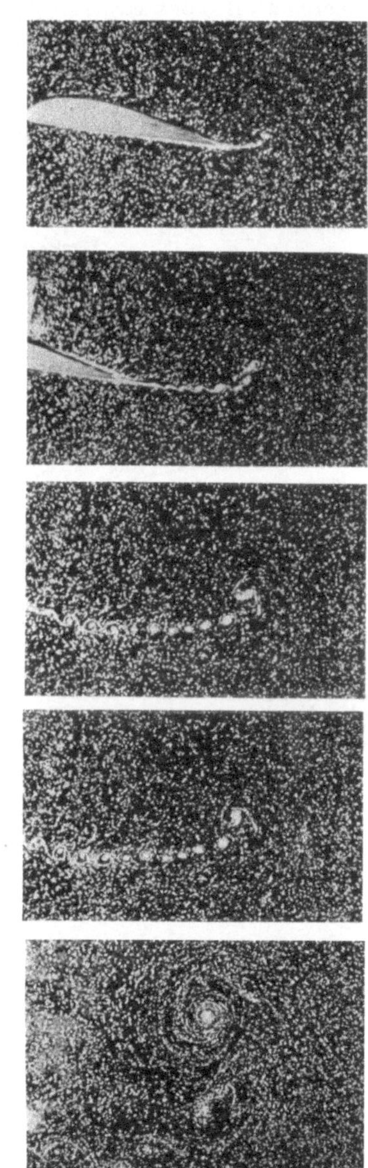

Abb. VII, 7.7—11. Die Diskontinuitätsfläche zerfällt in eine Wirbelreihe, die sich schließlich zu einem „Anfahrwirbel" aufspult

Man erkennt, daß die beiden Staupunkte etwas nach unten zusammengerückt sind, und daß die Linien konstanten Potentials auf der oberen Hälfte des Kreises einen geringeren Abstand als auf der unteren Hälfte besitzen (auf der Abbildung etwas übertrieben gezeichnet), also auf dem oberen Teil des Kreises größere Geschwindigkeiten herrschen als auf dem unteren Teil, so daß die Strömung um den Kreis eine gewisse Zirkulation besitzt. Die entgegengesetzt gleichgroße Zirkulation findet sich auf der vom hinteren (rechten) Staupunkt ausgehenden

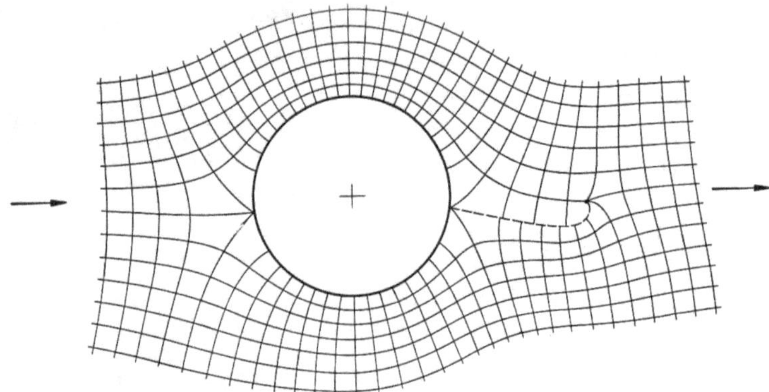

Abb. VII, 7.12. Stromlinien und Kurven konstanten Potentials einer Strömung um einen Zylinder, von dessen hinterem Staupunkt eine Unstetigkeitsfläche der Geschwindigkeit ausgeht

Diskontinuitätsfläche. Eine *flüssige* Linie, die vor Beginn der Strömung die Kreiskontur um einen endlichen, wenn auch beliebig kleinen Abstand umschließt, enthält nach Einleitung der Strömung beides: den Kreis und die Unstetigkeitsfläche. Das Linienintegral der Geschwindigkeit längs dieser flüssigen Linie, d. h. die Zirkulation, bleibt Null in Übereinstimmung mit dem THOMSONschen Satz.

7.2 Instabilität von Wirbelschichten. Es wurde bereits darauf hingewiesen, daß eine anfangs geringe Welligkeit der Diskontinuitätsfläche

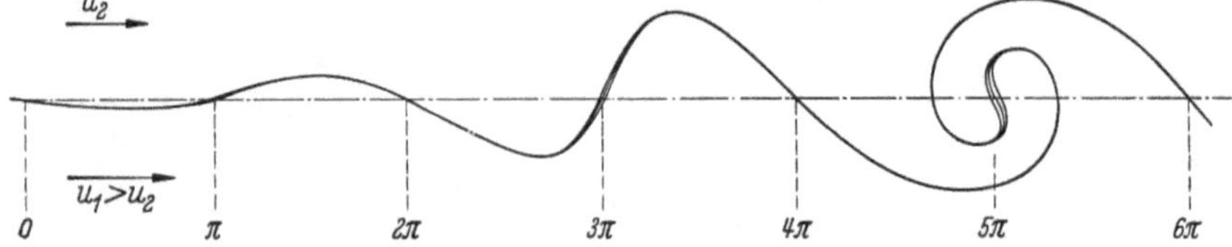

Abb. VII, 7.13. Verformung einer Unstetigkeitsfläche

zeitlich zunimmt (z. B. Abb. VII, 7.5), diese also eine Labilität aufweist. Abb. VII, 7.13 zeigt die Verformung einer solchen Unstetigkeitsfläche; dabei ist angenommen, daß die Geschwindigkeit unterhalb der Diskontinuitätfläche am Ort der Entstehung (Punkt 0) größer ist als oberhalb ($u_1 > u_2$), wie das auch an der Hinterkante des Tragflügels bei der *beschleunigten* Anströmung der Fall ist. Dabei stellt die Diskontinuitätsfläche nicht etwa eine Stromlinie dar (es handelt sich um eine instationäre Strömung), sondern um eine sogenannte Streichlinie[1]. Eine solche Linie würde man beobachten, wenn die an der Hinterkante vorbeistreichenden Flüssigkeitsteilchen an dieser Stelle durch Beifügen eines Farbstoffes kenntlich gemacht würden. Bereits HELMHOLTZ hat die Instabilität solcher Flächen erkannt: „Eine ebene Fläche dieser Art, gleichmäßig mit parallelen geraden Wirbelfäden bedeckt, von unendlicher Ausdehnung, könnte bestehen; wo aber die geringste Ausbiegung erst einmal eingetreten ist, rollt sie sich in immer enger sich zusammenziehende Spiralwindungen auf, welche immer weitergreifende Teile der Fläche in ihren Wirbel hineinziehen."

Man kann die Vorgänge im einzelnen beschreiben, wenn man die Strömung in einem Bezugssystem betrachtet, in welchem die Wendepunkte der gestörten Unstetigkeitsfläche (Sinuskurve), d. h. die Punkte 0, π, 2π in Ruhe sind. Zu dem Zweck überlagert man der Strömung die konstante Geschwindigkeit $-(u_1 + u_2)/2$; dann herrscht an den Wendepunkten unterhalb der Diskontinuitätsfläche die Geschwindigkeit $(u_1 - u_2)/2$ und oberhalb $-(u_1 - u_2)/2$. Man hat somit zwei entgegengesetzt fließende Flüssigkeitsschichten, welche durch die (sinusförmige) Unstetigkeitsfläche voneinander getrennt sind. In Abb. VII, 7.14 ist die Diskontinuitätsfläche durch eine Reihe kleiner Kreise gekennzeichnet.

Es läßt sich nachweisen — ohne daß wir dieses hier tun —, daß die Amplitude der Störung wie

$$e^{\lambda \frac{u_1 - u_2}{2} t}$$

zunimmt. Bezeichnet t_1 die Zeit, während der zwei an einem Wendepunkt gegenüberliegende Flüssigkeitsteilchen sich um eine Strecke von nur einer halben Wellenlänge $l/2 = \pi/\lambda$ voneinander entfernt haben, d. h. eine Zeit, in welcher jede der beiden Teilchen sich um ein Viertel der Wellenlänge in entgegengesetzter Richtung bewegt hat, so ist

$$t_1 = \frac{\frac{l}{2}}{u_1 - u_2} = \frac{\pi}{\lambda(u_1 - u_2)},$$

und somit der obige Anfachungsfaktor

$$e^{\lambda \frac{u_1 - u_2}{2} \cdot \frac{\pi}{\lambda(u_1 - u_2)}} = e^{\frac{\pi}{2}} \sim 4{,}8\,.$$

[1] Über die Konstruktion von Streichlinien, vgl. PRANDTL-TIETJENS: Hydro- und Aeromechanik, Bd. 1, S. 70. Berlin: Springer 1929 oder Fundamentals of Hydro- and Aeromechanics, S. 75. New York: Dover Publications 1957.

In dem ursprünglichen Koordinatensystem mit raumfester Flügelkante hat sich die Amplitude der Störung also bereits auf das 4,8fache vergrößert, sobald ein Flüssigkeitsteilchen an der Unterseite der Diskontinuitätsfläche nur um eine halbe Wellenlänge einem ursprünglich gegenüberliegenden Flüssigkeitsteilchen an der Oberseite vorausgeeilt ist.

Infolge dieses außerordentlich schnellen Anwachsens der Störung lassen sich die Einzelheiten bis zur Bildung eines Anfahrwirbels (vgl. Abb. VII, 3.8 und 9) im allgemeinen nicht verfolgen. In den Abb. VII, 7.2 bis 11 ist deshalb durch sehr langsame Beschleunigung dafür gesorgt, daß $u_1 - u_2$ sehr klein war und damit der Anfachungsfaktor in mäßigen Grenzen blieb.

In Abb. VII, 7.14 sind nach dem Vorgange von L. PRANDTL[1] die Stromlinien bei einer gewellten Trennungsfläche gezeichnet unter Berücksichtigung, daß die Stromlinien mit den Linien konstanten Potentials angenähert kleine Quadrate bilden müssen (Potentialströmung).

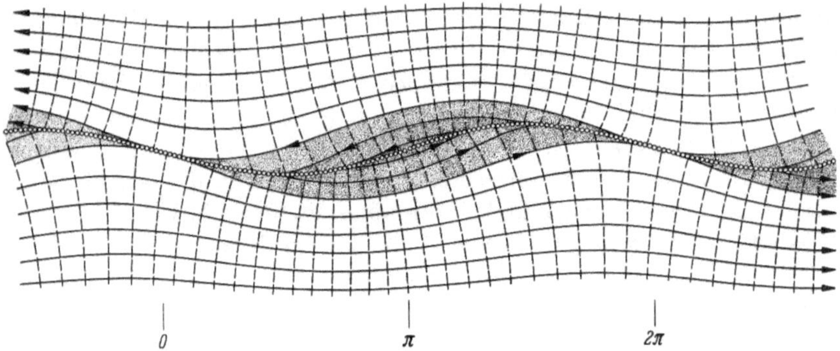

Abb. VII, 7.14. Sinusförmige Diskontinuitätsfläche („Perlenkette") mit Stromlinien und Kurven konstanten Potentials; im schattierten Gebiet besteht Potentialströmung mit geschlossenen Stromlinien

Man erkennt, daß in dem schattierten Gebiete sich geschlossene Stromlinien ergeben. Diese treten im Wellental oberhalb der Diskontinuitätsfläche in diese ein, unterhalb aus dieser heraus; im Wellenberg ist es umgekehrt.

Aus dem Abstand der Kurven konstanten Potentials ist ersichtlich, daß im Wellenberg die nach rechts gerichtete Geschwindigkeit direkt unterhalb der Trennungsfläche kleiner ist als die nach links gerichtete Geschwindigkeit direkt oberhalb der Unstetigkeitsfläche. Da nun die Punkte einer Diskontinuitätsfläche — aufgefaßt als Wirbelfläche — eine Geschwindigkeit gleich dem Mittelwert der Geschwindigkeiten direkt unterhalb und oberhalb der Fläche in den jeweiligen Punkten haben

[1] PRANDTL, L.: Über Flüssigkeitsbewegung bei sehr kleiner Reibung. Verhandl. d. III. Internat. Mathematiker-Kongr., Heidelberg 1904.

müssen, folgt, daß die Punkte der Trennungsfläche im Wellenberg sich nach links verschieben müssen. Die entsprechende Überlegung für das Wellental der Wirbelfläche ergibt, daß sich deren Punkte nach rechts bewegen.

Ein zeitlich späteres Stromlinienbild mit der sich weiterhin verformten Trennungsfläche zeigt Abb. VII, 7.15. Auch hier ergibt sich aus den gleichen Überlegungen wie vorher, daß sich die Wirbelfäden im Wellenberg nach links, d. h. nach dem Wendepunkt π hin, bewegen, während die Wirbelfäden im Wellental der Unstetigkeitsfläche sich nach rechts, d. h. auch nach dem Wendepunkt π, bewegen; dabei bleiben nach HELMHOLTZ die Wirbelfäden immer Teile der Wirbelfläche. Es findet also eine Häufung von Wirbelfäden in der Wirbelfläche um π herum statt, und

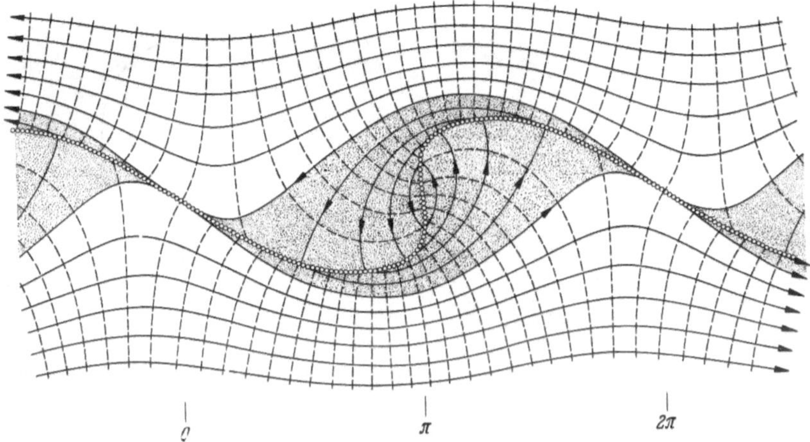

Abb. VII, 7.15. Zeitlich späterer Zustand der Strömung voriger Abbildung; die instabile Wirbelfläche hat sich weiterhin verformt (vgl. Abb. VII, 7.8 u. 13); die Potentialströmung mit geschlossenen Stromlinien hat einen mehr „rundlichen" Charakter angenommen

zwar auf Kosten der Wirbelfäden in der Gegend um 0 und 2π; es ist dieses in Übereinstimmung mit der obigen Aussage von HELMHOLTZ, wonach immer weitere Teile der Wirbelfläche in die von ihr gebildete Spirale hineingezogen werden.

Nimmt man eine, wenn auch beliebig kleine Zähigkeit der Flüssigkeit an, so wird aus der Wirbelfläche eine dünne Wirbelschicht, die wir auffassen können als eine dünne Schicht von Wirbelkernen. In diesem Falle bewirkt die Häufung dieser Wirbelkerne eine Verdickung der Wirbelschicht in dem Gebiet um π, 3π, 5π usw., wie es in Abb. VII, 7.13 angedeutet ist, bis schließlich im Grenzfalle, wo alles Material der Grenzschicht in den Punkten $(2n + 1)\pi$ zusammengezogen, die Wirbelschicht in einzelne diskrete Wirbel mit Kernen endlicher Dicke zerfallen ist (Abb. VII, 7.10).

Die Bildung der von der Hinterkante des Tragflügels ausgehende Wirbelschicht, die sich im weiteren Verlauf — wie wir gesehen haben — in eine Reihe diskreter Wirbel (mit Wirbelkernen) auflöst, erfolgt so lange, wie die Zirkulation der Tragfläche noch zunimmt. Diese Bildung ist beendet, sobald sich eine solche Strömung eingestellt hat, daß die Hinterkante der Staupunkt einer stationären Strömung geworden ist in einem Koordinatensystem, in welchem der Tragflügel ruht. Von dem Augenblick ab sind die Geschwindigkeiten direkt unter und über der Hinterkante dem *Betrage* nach gleich.

Jeder der bis dahin gebildeten kleinen Einzelwirbel ist mit seinem Wirbelkern im superponierten Geschwindigkeitsfeld aller anderen Wirbel. Da diese alle gleichen Drehsinn haben, bewegen sich die Wirbelkerne auf spiraligen Bahnen (punktierte Kurven der Abb. VII, 7.16). Man kann

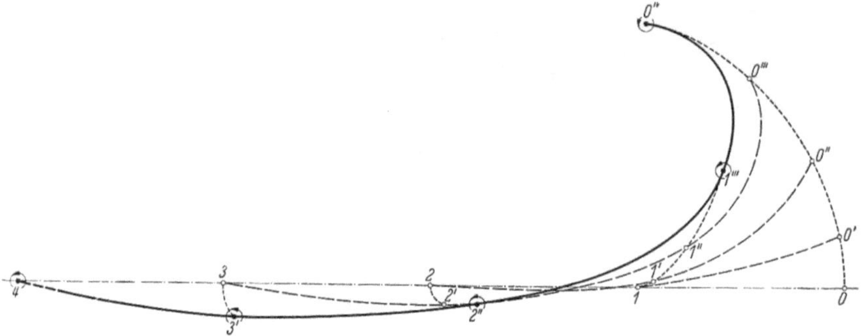

Abb. VII, 7.16. Näherungsweise Konstruktion des Aufrollens einer Unstetigkeitsfläche

diese Vorgänge im einzelnen qualitativ verfolgen, wenn man zur Vereinfachung annimmt, daß in kleinen Zeitintervallen immer neue (gleich starke) kleine Wirbel an der Hinterkante des beschleunigten Tragflügels entstehen anstatt der kontinuierlich erzeugten Wirbelschicht: Im Zeitpunkte 1 entstehe an der Tragflügelkante (nicht dargestellt) ein neuer kleiner Wirbel, der für ein angenommenes kleines Zeitintervall am Orte verbleibt, gleichsam an die erst im Zerfall begriffene Trennungsschicht gebunden ist. Während dieses Zeitintervalles bewegt sich der vorher entstandene Wirbel 0 von 0 nach 0′, da er im Geschwindigkeitsfeld des Wirbels 1 liegt. Nach einem weiteren Zeitintervall entstehe ein gleich starker Wirbel 2. Der Wirbel 1 und der im Punkte 0′ gelegene Wirbel 0 liegen beide während eines Zeitintervalles im Geschwindigkeitsfeld des Wirbels 2, außerdem der in 0′ gelegene Wirbel 0 im Feld des Wirbels 1 und dieser im Feld des in 0′ gelegenen Wirbels 0. Durch geometrische Additionen der Geschwindigkeiten in 1 bzw. 0′ erhält man die neuen Lagen der beiden Wirbel 1 und 0, nämlich 1′ und 0″. In derselben Weise erhält man am Ende des dritten Zeitintervalls die neuen Lagen der Wirbel 0, 1 und 2, nämlich 0‴ 1″ und 2′ und am Ende eines vierten Zeitintervalls 0^{IV}, 1‴, 2″ und 3′. Diese Punkte sind die jeweiligen Endpunkte der (punktiert gezeichneten) Bahnkurven; ihre Verbindungslinie (ausgezogene Kurve) ist somit die durch die Tragflügelkante (4) gehende Streichlinie, und zwar nach vier Zeitelementen[1]. Die gestrichelten Kurven stellen die Streichlinien nach dem ersten, zweiten und dritten Zeitelement dar.

Ist die Zunahme der Zirkulation um den Tragflügel beendet und damit auch die Erzeugung einer weiteren Unstetigkeitsfläche mit verschiedenen Geschwindigkeitsbeträgen an der Flügelkante, so bewegen sich die bis dahin entstandenen Einzelwirbel (das Zerfallprodukt der Trennungsfläche) in der Weise, wie es das superponierte Geschwindigkeitsfeld aller dieser Wirbel vorschreibt, und zwar, wie wir gesehen haben, in der Weise, daß sich die alle Einzelwirbel enthaltende Streichlinie spiralig aufrollt. Bei Annahme einer geringen Zähigkeit verschmelzen dabei die Kerne, sobald sie sich im Innern der Spirale berühren, bis schließlich sämtliche Kerne sich in einem einzigen Kern zusammengefunden haben und damit den sogenannten Anfahrwirbel bilden. Dieser Zustand ist in Abb. VII, 7.11 noch nicht ganz erreicht; man erkennt noch einzelne Wirbel (etwa 5) auf ihrer spiralförmigen Bahn zu dem Kern hin, der sich aus bereits früher verschmolzenen Einzelkernen gebildet hat.

Bei Annahme einer wenn auch geringen Zähigkeit erhält man somit einen einzelnen Wirbel, der zwar das Feld eines Potentialwirbels hat, in der Achse aber einen Kern (mit zur Mittellinie bis auf Null abnehmender Geschwindigkeit) besitzt. Nimmt man dagegen eine ideale, d. h. vollkommen zähigkeitslose Flüssigkeit an, so zerfällt die sich bildende Diskontinuitätsfläche in eine Anzahl sich immer enger zusammenziehender spiralförmiger Gebilde, bei der sich Gebiete mit geschlossenen Stromlinien ergeben (Abb. VII, 7.15); diese geschlossenen Stromlinien stellen aber keineswegs Potentialwirbel dar mit der ihnen eigentümlichen Geschwindigkeitsverteilung. Denn, woher sollte auch die unendlich große kinetische Energie einzelner Potentialwirbel kommen, wo doch nur eine begrenzte kinetische Energie der Unstetigkeitsfläche zur Verfügung steht? Einzelne Potentialwirbel können demnach in einer idealen Flüssigkeit nicht entstehen[2].

7.3 Wirbelreihen. Es wurde bereits erwähnt, daß in den Abb. VII, 7.2 bis 11 die Geschwindigkeitsdifferenz der beiden Seiten der Unstetigkeitsfläche absichtlich klein gewählt war, um die von der Geschwindig-

[1] Vgl. Fußn. S. 501 bzw. Konstruktion von Streichlinien.

[2] Vgl. auch Roy, M.: Über die Bildung von Wirbelzonen in Strömungen mit geringer Zähigkeit. Z. f. Flugwiss. 1959, S. 217.

keitsdifferenz abhängige Labilität der Diskontinuitätsfläche gering zu halten. Tut man dies nicht, so geht der Zerfall der Unstetigkeitsfläche und das Aufrollen in einen Wirbel (mit Kern) so schnell vor sich, daß man Einzelheiten nicht wahrnehmen kann.

Betrachtet man z. B. die zweidimensionale Strömung um eine quergestellte Platte, so scheinen augenblicklich mit Strömungsbeginn zwei Wirbel zu entstehen, die mit der Zeit an Größe zunehmen. Tatsächlich entsprechen diese Wirbel aber aufgerollten Unstetigkeitsflächen, die

Abb. VII, 7.17. Strömung um eine scharfe Kante; die von der Kante ausgehende Wirbelfläche (während der Belichtungszeit sich kreuzende Bahnstückchen) ist durch eine gestrichelte Kurve gekennzeichnet

von den Kanten der Platte ausgehen, analog dem Anfahrwirbel von Abb. VII, 7.11. Deutlicher ist dieses in Abb. VII, 7.17 erkennbar, wo die sich aufrollende Wirbelschicht, kenntlich an den während der Belichtungszeit sich kreuzenden Bahnlinien verschiedener Flüssigkeitsteilchen, durch eine gestrichelte Spiralkurve hervorgehoben ist.

Daß sich die Strömung einer idealen Flüssigkeit um scharfkantige Körper mit einer Diskontinuitätsfläche vom Körper löst, ist nach dem Gesagten verständlich, da sich nach der Potentialtheorie sonst an den Kanten unendlich große Geschwindigkeiten ausbilden müßten. Aber auch bei abgerundeten Körpern findet bei wirklichen Flüssigkeiten — einerlei wie gering deren Zähigkeit auch sein mag — im allgemeinen eine Ablösung statt. Dieses wird im einzelnen im II. Bande erklärt werden. Abb. VII, 7.18 zeigt diesen Vorgang bei einem (von links) angeströmten

Zylinder von kreisförmigem Querschnitt. Die Wirbelzentren bewegen sich von links nach rechts und sind an den sich wäh end der Belichtungszeit kreuzenden Bahnlinien kenntlich. Sehr viel deutlicher werden die Wirbel, wenn sie von einer Kamera aufgenommen werden, die sich mit der Geschwindigkeit der Wirbelzentren bewegt (Abb. VII, 7.19). Der sich in dieser Abbildung nach links bewegende Zylinder erzeugt dauernd wechselseitig Wirbel von einander entgegengesetztem Drehsinn. Die Wirbel in der oberen Reihe haben eine Drehung im Uhrzeigersinn, die der unteren Reihe im Gegenuhrzeigersinn. Derartige Wirbelreihen wurden zuerst von H. Bénard kinematographisch festgehalten und in einer Reihe von Arbeiten analysiert[1].

Abb. VII, 7.18. Wechselseitige Ablösung von Wirbeln an der Rückseite eines von links angeströmten Zylinders

Abb. VII, 7.19. Gleiche Strömung wie vorher, aber in einem Bezugssystem, in welchem die Wirbelkerne in Ruhe sind; Kármánsche Wirbelstraße

Obwohl es sich bei diesen Wirbeln um Potentialwirbel mit einem Kern handelt, ist es naheliegend, zunächst den Kern zu vernachlässigen und nur aus dem *Felde* der Wirbel das Stromlinienbild der Abb. VII, 7.19 zu entwickeln. Wir nehmen zu dem Zweck in Abb. VII, 7.20 zwei Wirbel A und B an, deren horizontaler Abstand $l/2$ und deren vertikaler Abstand h sein möge. Wir nehmen ferner an, daß links und rechts dieser beiden Wirbel noch (unendlich) viele Wirbel im Abstande l voneinander liegen. Die Stromlinien und die dazu senkrechten Kurven konstanten Potentials innerhalb des Streifens $l/2$ wiederholen sich also links und rechts der beiden Wirbel A und B.

Wir beginnen mit den Kurven konstanten Potentials und stellen fest, daß diese in A und B radial verlaufen müssen. Ferner müssen sie aus Symmetriegründen spiegelbildlich zum Mittelpunkt M liegen (nicht

[1] Bénard, H.: C. R. Acad. Sci., Paris Bd. 147 (1908) S. 839 u. 970; C. R. Acad. Sci., Paris Bd. 156 (1913) S. 1003 u. 1225; C. R. Acad. Sci., Paris Bd. 182, S. 1375 u. 1523; C. R. Acad. Sci., Paris Bd. 183, S. 20 u. 184 oder Notes Sur les tourbillons alternés derrière un obstacle. Vgl. a. Verh. des 2. intern. Kongr. f. techn. Mechan., Zürich, 1926, S. 495.

spiegelbildlich zur Vertikalen bzw. Horizontalen durch M). Faßt man die Wirbelzentren vorübergehend als Quelle (A) und Senke (B) auf, so verlaufen die Stromlinien von A nach B in der Art, daß sie die Geraden in A bzw. B tangieren. In der Abbildung ist der Winkelraum von 180° bei A und B in 6 gleiche Winkel von je 30° geteilt. Ferner muß die mittlere Stromlinie aus Symmetriegründen die Horizontale in M unter 45° schneiden. Damit sind so viele Bedingungen für die Kurven von A nach B gegeben, daß es nicht schwerfällt, sie näherungsweise zu zeichnen.

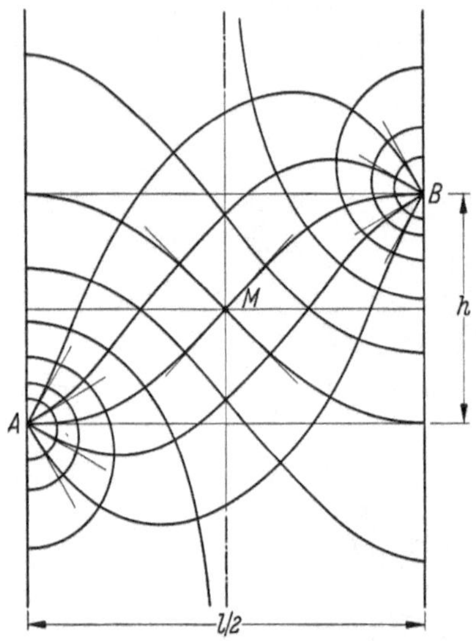

Abb. VII, 7.20. Zeichnerische Konstruktion der Stromlinien und Potentiallinien zwischen zwei Wirbeln in einer KÁRMÁNschen Wirbelstraße

Um zu diesen Kurven konstanten Potentials die Stromlinien zu zeichnen, fängt man am besten mit der Kurve durch M und den auf beiden Seiten hiervon gelegenen zwei Kurven an, die mit den Kurven konstanten Potentials angenähert Quadrate bilden müssen. Die nächsten um A bzw. B gehenden Stromlinien haben die Vertikale im Abstande von $l/4$ als Asymptote. Mit weiterer Annäherung an A bzw. B nähern sich die Stromlinien mehr und mehr Kreisen. In Abb. VII, 7.21 sind entsprechend der vorigen Abbildung die Stromlinien (weiß) und die Kurven konstanten Potentials zu fünf Wirbelzentren gezeichnet.

Das Verhältnis des Abstandes h der Wirbelreihen zum Abstand der Wirbel innerhalb der Reihen, d. h. das Verhältnis h/l ist zunächst willkürlich. Die Stromlinien bzw. die Kurven konstanten Potentials (Abb. VII, 7.20 bzw. 21) lassen sich zu verschiedenen Werten von h/l zeichnen. Es ist aber durch v. KÁRMÁN[1] nachgewiesen, daß es in einer idealen Flüssigkeit, d. h. bei Annahme von Potentialwirbeln, nur einen Wert von h/l gibt, bei dem die Wirbelreihe der Abb. VII, 7.21 nicht labil ist (sie ist im indifferenten Gleichgewicht), und zwar ist dieser Wert

$$\frac{h}{l} = \frac{1}{\pi} \operatorname{Ar\,Cos} \sqrt{2} = 0{,}2806.$$

[1] v. KÁRMÁN, TH.: Über den Mechanismus des Widerstandes, den ein bewegter Körper in einer Flüssigkeit erfährt. Nachr. d. Kgl. Ges. d. Wiss. zu Göttingen, Math.-phys. Klasse 1911, S. 509; 1912, S. 547. — v. KÁRMÁN, TH., u. RUBACH: Über den Mechanismus des Flüssigkeits- und Luftwiderstandes. Phys. Z. Bd. 13 (1912) S. 49.

In Abb. VII, 7.20 bzw. 21 ist dieser Wert der Zeichnung zugrunde gelegt.

Daß die aus Experimenten bzw. photographischen Aufnahmen erhaltenen Werte von h/l zum Teil nicht unwesentlich von dem theoretischen abweichen, kann darin seine Ursache haben, daß es sich in Wirklichkeit nicht um Potentialwirbel handelt, sondern um Wirbel, deren Kerne aus aufgerollten Wirbelschichten entstanden sind. Vor allem ist aber zu bedenken, daß es sich bei den Experimenten nicht immer genügend genau um einen zweidimensionalen Strömungsvorgang handelt, wie er der Theorie zugrunde gelegt wird.

Die Bedeutung der oben erwähnten v. KÁRMÁNschen Untersuchung liegt vor allem aber darin, daß es ihm gelungen ist, aus der photographisch erhaltenen Wirbelanordnung und der Eigengeschwindigkeit der Wirbelachsen einen Ausdruck für den Widerstand des die Wirbelstraße erzeugenden Körpers abzuleiten, der mit den Erfahrungswerten recht gut übereinstimmt. Es ist verständlich, daß ein Körper, der bei seiner Bewegung durch eine Flüssigkeit dauernd Wirbel und damit kinetische Energie erzeugt, als Äquivalent einen Widerstand erfährt. Wollte man aber diese kinetische Energie berechnen, so müßte man Kenntnis von der Dicke der Wirbelkerne haben. Dadurch, daß v. KÁRMÁN nicht den Energiesatz, sondern den Impulssatz anwendet, umgeht er diese Schwierigkeit. Im zweiten Bande, bei der Ableitung und Anwendung des Impulssatzes werden wir hierauf zurückkommen. Die Wirbelanordnung der Abb. VII, 7.21 wird die KÁRMÁNsche Wirbelstraße genannt in Würdigung des von ihm gegebenen Zusammenhanges von Wirbelstraße und Flüssigkeitswiderstand.

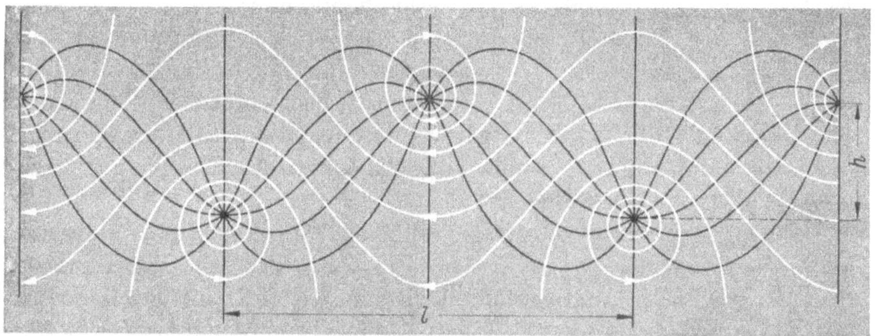

Abb. VII, 7.21. Stromlinien (weiß) und Kurven konstanten Potentials zu mehreren Wirbeln von zwei Wirbelreihen entsprechend der vorigen Abbildung

Daß eine einzelne Wirbelreihe oder zwei Reihen mit gegenüberliegenden Wirbeln von entgegengesetztem Drehsinn nicht bestehen kann (und daher auch nicht beobachtet wird), ergibt sich ohne weiteres aus Abb. VII, 7.22. Aus Symmetriegründen würden nämlich — wenn man das Vorhandensein einer solchen Doppelreihe einmal annehmen würde — die Ebenen E_1, E_2 usw. Diskontinuitätsflächen werden und als solche wegen ihrer großen Labilität sofort zerfallen und damit die regelmäßige Anordnung der Wirbel in den beiden Reihen vollkommen aufheben.

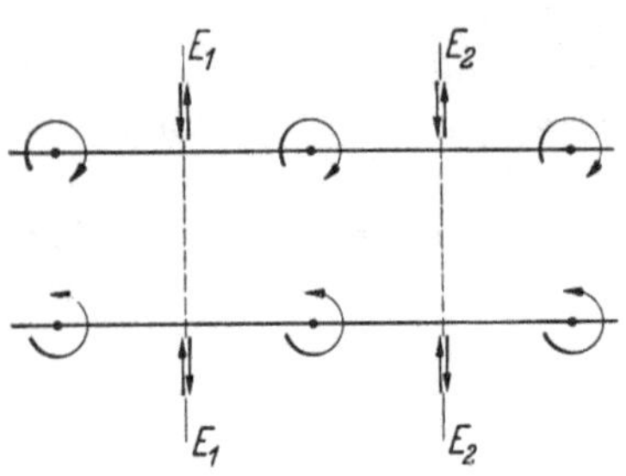

Abb. VII, 7.22. Eine in Wirklichkeit nicht auftretende Wirbelanordnung, da die Ebenen E_1, E_2 . . . als Diskontinuitätsfläche wegen ihrer großen Instabilität sehr schnell zerfallen würden

7.4 Verlöschen von Wirbeln und Wirbelschichten. Wir haben bereits auf S. 381 bemerkt, daß ein einzelner Wirbel in einer unendlich ausgedehnten Flüssigkeit nur sehr langsam zum Verlöschen kommt. In einem solchen Falle nimmt der Durchmesser des Kernes allmählich zu, bis — als asymptotischer Grenzfall — die ganze Flüssigkeit in Rotation versetzt ist und schließlich die kreisförmige Strömung ganz aufhört, womit dann die kinetische Energie der Strömung in Wärme übergeführt ist.

Befindet sich ein einzelner geradliniger Wirbel in der Nähe einer festen Wand, zu der er wie in Abb. VII, 7.23 senkrecht stehen möge, so ergibt sich ein Stromlinienbild nach Abb. VII, 4.3, nur daß statt der dortigen Symmetriefläche Ψ_0 hier sich eine feste Wand befindet. Ein weiterer Unterschied ist jedoch der, daß die Strömung in Abb. VII, 4.3 instationär ist, insofern als die beiden Wirbelzentren sich gegenseitig eine Geschwindigkeit erteilen, wodurch das gesamte Strömungsbild sich bewegt, während das Stromlinienbild der Abb. VII, 7.23 in erster Näherung als stationär betrachtet werden kann. Dieses trifft vor allem dann zu, wenn der Wirbel noch genügend weit von der Wand entfernt ist. Aber auch in diesem Falle sind die Stromlinien enger und damit die Geschwindigkeiten größer auf der Seite zur Wand hin, als in gleichen Abständen von der Wirbelachse auf der entgegengesetzten Seite. Damit sind die Drücke in Punkten auf der Verbindungslinie OC von der Wirbelachse zur Wand kleiner als in analogen Punkten auf der entgegengesetzten Seite. Der Wirbel erfährt also eine Kraft zur Wand hin, wodurch er nach dieser Seite beschleunigt wird und sich somit der Wand allmählich nähert; insofern ist auch die Strömung der Abb. VII, 7.23 nicht stationär. In erster Näherung kann man aber die Eigenbewegung des Wirbels zur Wand hin vernachlässigen und dann die Bernoullische Gleichung für stationäre Strömungen anwenden.

Der Kern des Wirbels mit der Achse 0 möge den Radius $0\,A$ haben und die in der Abbildung gezeigte Geschwindigkeitsverteilung von 0 nach A' bzw. A''. Das Feld des Wirbels reicht von A' nicht bis an die Wand (C'), sondern nur bis B'. Von hier nimmt die Geschwindigkeit bis auf Null an der Wand ab infolge der Zähigkeit der Flüssigkeit. In der „Grenzschicht" von B nach C, die aber im vorliegenden Falle im allgemeinen keineswegs sehr dünn zu sein braucht, haben wir ein Gebiet mit Rotation, und zwar von negativem Drehsinn, d. h. ein Gebiet mit negativen Rotationsvektoren (senkrecht zur Bildebene). Demgegenüber haben wir im Wirbelkern eine Strömung mit Rotation im Gegenuhrzeigersinn, d. h. ein Gebiet mit positiven Rotationsvektoren.

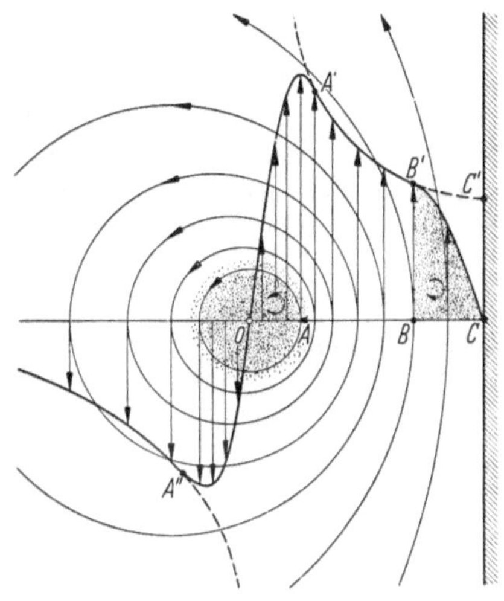

Abb. VII, 7.23. Ein einzelner gerader Wirbel nähert sich infolge seiner Eigenbewegung einer festen Wand; sobald der Kern mit der Grenzschicht in Berührung kommt, löschen sich die Rotationsvektoren, da entgegengesetzt gerichtet, teilweise aus

Kommt nun der Kern des Wirbels bei seiner Bewegung zur Wand hin mit deren Grenzschicht in Berührung, so löschen sich die positiven und negativen Rotationsvektoren teilweise aus. Dieses erklärt die Tatsache, daß selbst starke Wirbel, sobald sie mit einer Wand in Berührung kommen, sehr schnell verlöschen. Kommt ein Wirbelring, der ja eine Eigengeschwindigkeit besitzt, auf seinem Wege gegen eine Wand in deren unmittelbare Nähe, so beobachtet man, daß sich sein Durchmesser vergrößert (S. 453) und er dann scheinbar plötzlich von der Wand „verschluckt" wird. Auch hier ist der Kern des Wirbelringes mit der sich an der Wand ausbildenden Grenzschicht von entgegen- gesetzter Rotation in Berührung gekommen.

Schlußwort

Bemerkungen über die Berechtigung, wirkliche Flüssigkeiten und Gase als ideale Flüssigkeit zu behandeln

Dieser erste Band handelt — wie der Untertitel besagt — von der Bewegung der *idealen* Flüssigkeit. Und doch haben wir, man könnte fast sagen auf Schritt und Tritt, die wirklichen Flüssigkeiten herangezogen und dabei erörtert, inwiefern sich diese bei ihren Strömungserscheinungen von der Theorie der idealen Flüssigkeit unterscheiden. So haben wir z. B. bei der Strömung um eine Kugel und bei deren Druckverteilung darauf hingewiesen, daß die Strömung einer wirklichen Flüssigkeit an der rückwärtigen Hälfte der Kugel vollkommen verschieden von derjenigen einer idealen Flüssigkeit ist. Die tatsächliche Strömung ist nicht symmetrisch, wie es die Theorie der idealen Flüssigkeit ergibt, sondern unsymmetrisch (Totwassergebiet), und ihr Strömungswiderstand ist deshalb nicht Null (Paradoxon von D'ALEMBERT), sondern kann sehr beträchtlich sein.

Als nach BERNOULLI und EULER sich die „reinen Mathematiker" wie D'ALEMBERT, LAGRANGE, LAPLACE u. a. der Mechanik der Kontinua widmeten und die Hydrodynamik schufen, die man später die klassische genannt hat, fehlte oft das Verständnis dafür, daß eine Theorie, deren Ergebnis mit den Tatsachen der Erfahrung direkt in Widerspruch steht, kaum einen Wert hat, es sei denn, daß sie die Unzulänglichkeit ihrer Annahmen bzw. ihrer Voraussetzungen erweist.

So schließt D'ALEMBERT seine umfangreichen Untersuchungen über den Flüssigkeitswiderstand mit den Worten:

„Ich gebe zu, daß ich also nicht einsehe, wie man den Flüssigkeitswiderstand durch die Theorie in einwandfreier Weise erklären kann. Es scheint mir im Gegenteil, daß diese Theorie, die mit gründlicher Aufmerksamkeit studiert und behandelt wurde, wenigstens in den meisten Fällen einen Widerstand von absolut Null ergibt; ein einzigartiges Paradoxon, das ich den Geometern zu erklären überlasse."

Gegen eine solche rein mathematische Betrachtungsweise, die das physikalische Problem als etwas fast Nebensächliches beiseite schob und anderen zur Lösung überließ, nahm denn auch DANIEL BERNOULLI mehrfach Anstoß. In einem deutsch (!) geschriebenen Brief an LEONARD EULER vom 26. Januar 1750 äußert er sich über eine „Théorie générale des vents" von D'ALEMBERT in geradezu drastischer Weise:

„Den Herrn D'ALEMBERT halte ich für einen großen matematicum in abstractis; aber wenn er einen incursum macht in mathesin applicatam, so höret alle estime bei mir auf; seine Hydrodynamica ist viel zu kindisch, daß ich einige estime für ihn in dergleichen Sachen haben könnte. Seine pièce sur les vents will nichts sagen, und wenn einer alles gelesen, so weiß einer soviel von den ventis, als vorhero. Ich vermeinte, man verlange physische Determinationen und nicht abstrakte integrationes. Es fängt sich ein verderblicher goût an einzuschleichen, durch welche die wahren Wissenschaften mehr leiden als sie avanciert werden, und es wäre oft besser für die realem physicam, wenn keine Mathematik auf der Welt wäre."

Es möchte scheinen, als ob diese Stellungnahme übertrieben und z. T. wenigstens auf persönliche Antipathie (die vorhanden war) zurückzuführen ist. Man sollte jedoch nicht übersehen, daß damals und in vielen Fällen noch sehr viel später durch die Vorliebe für die deduktive Methode der rein mathematischen Ableitung die Erfahrung und die Resultate der Experimente häufig, als ob nicht zur Sache gehörig, übergangen wurden. In diesem Zusammenhang verdient es, eine Äußerung des Philosophen SPINOZA hervorzuheben:

„Endlich, um auch dieses nebenher zu bemerken, genügt es zum allgemeinen Verständnis der Flüssigkeiten, zu wissen, daß man seine Hand in einer Flüssigkeit mit einer ihr proportionierten Bewegung in allen Richtungen ohne Widerstand bewegen kann; was denen hinlänglich bekannt ist, die genau auf jene Begriffe achten, welche *die Natur erklären, wie sie an sich ist, statt in ihrer Beziehung zur menschlichen Sinneswahrnehmung.*" Er fährt dann in einem etwas überheblichen Ton fort: „Gleichwohl halte ich diese Beschreibung nicht für wertlos, im Gegenteil würde ich eine ebenso genaue und treue Beschreibung jeder Flüssigkeit für äußerst nützlich zum Verständnis ihrer Eigenart erachten, was ja als höchst wichtig von allen Philosophen erstrebt wird."

Welch ein Unterschied in der Auffassung mit derjenigen des großen LEONARDO DA VINCI, wie sie im letzten Satze des Vorwortes dieses Buches zum Ausdruck kommt.

Es erhebt sich somit die äußerst wichtige Frage, wann kann man die klassische Hydrodynamik auf tatsächliche Strömungsvorgänge anwenden, ohne mit der Erfahrung in Widerspruch zu geraten? Mit anderen Worten: Unter welchen Umständen lassen sich die wirklichen Flüssigkeiten und Gase so behandeln, als ob sie ideale Flüssigkeiten (Kontinua) wären?

Da alle Flüssigkeiten und Gase eine, wenn auch in vielen Fällen (z. B. Wasser, Luft) nur sehr geringe Zähigkeit besitzen, diese aber bei einer idealen Flüssigkeit ausgeschlossen ist, könnte man erwarten, daß die Annahme einer idealen Flüssigkeit zwar nur Näherungslösungen liefert, diese aber um so genauer die tatsächliche Strömung beschreiben, je geringer die Zähigkeit der wirklichen Flüssigkeit ist. Dieses ist in vielen Fällen auch richtig. So wird z. B. die Strömung durch eine abgerundete Düse auch bei Vernachlässigung der Zähigkeit nahezu richtig von der Theorie wiedergegeben. Die Zähigkeit, die ein Haften der Flüssigkeit an der Düsenwandung verursacht, kommt nur in einer sehr dünnen Schicht, der sogenannten PRANDTLschen Grenzschicht zur Wirkung, die aber das Strömungsbild als solches und die Druckverteilung so gut wie gar nicht beeinflußt. Anders ist es, wenn sich an die Düse ein sehr langes Rohr anschließt. Die in der Düse nur sehr dünne und daher mit Recht zu vernachlässigende Grenzschicht wächst von der Rohrwandung aus allmählich mehr und mehr in das Innere, bis schließlich — bei genügender Länge — das ganze Rohr mit Grenzschichtmaterial ausgefüllt ist. Hier handelt es sich gleichsam um eine akkumulierende Wirkung der an sich geringen Zähigkeit. Die Voraussetzung einer vollkommen reibungsfreien Flüssigkeit kann diese Vorgänge nicht erfassen; hier müssen die Differentialgleichungen unter Berücksichtigung der Zähigkeit angewendet werden.

Außer der soeben beschriebenen akkumulierenden Wirkung kann eine an und für sich sehr geringe Zähigkeit auch dann von großer Bedeutung werden, wenn sich die Grenzschicht vom umströmten Körper loslöst, in das Innere der Flüssigkeit gelangt und im weiteren Verlauf die Strömung vollständig ändert. In solchen Fällen kann man die klassische Hydrodynamik auf die von der losgelösten Grenzschicht umgestaltete Strömung nicht anwenden. Während z. B. bei einem schlanken, stromlinienförmigen Körper die Grenzschicht am Körper bleibt und dadurch die Strömung kaum beeinflußt, löst sie sich z. B. bei der Umströmung einer Kugel los.

In beiden Fällen, bei der *akkumulierenden Wirkung der Zähigkeit* und bei der *Grenzschichtablösung* dürfen wir selbst eine an und für sich sehr geringe Zähigkeit nicht vernachlässigen, sondern müssen diese in einer aufzustellenden Theorie berücksichtigen.

Es kann aber noch ein anderer, von den bisher betrachteten Strömungen vollkommen verschiedener Strömungszustand eintreten, der auch nicht bei Annahme einer idealen Flüssigkeit erklärt oder beschrieben werden kann: die sogenannte *turbulente Strömung*, im Gegensatz zum laminaren Strömungszustand. Bei diesem bewegen sich einander angrenzende Flüssigkeitsteile, indem sie sich dabei deformieren, dem Stromlinienbild entsprechend, in Schichten aneinander vorbei; bei der turbulenten Strömung treten zu der Hauptbewegung der einzelnen Flüssigkeitsteilchen noch überlagerte fluktuierende Bewegungen.

Ein drittes Gebiet der Strömungslehre, wo die Annahme einer idealen Flüssigkeit versagt, sind jene Strömungserscheinungen von Gasen, bei denen eine *Änderung der Dichte* von ausschlaggebender Bedeutung ist; sei es, daß große Höhendifferenzen in Frage kommen (Meteorologie, die jedoch außerhalb unserer Betrachtung bleiben), sei es, daß derart hohe Geschwindigkeiten auftreten, daß die damit verbundenen großen Druckänderungen die Dichte des Gases so sehr beeinflussen, daß der Strömungscharakter ein wesentlich anderer wird. Bei mäßigen Geschwindigkeiten gibt die Theorie der idealen Flüssigkeiten ein immerhin noch angenähert richtiges Bild; kommen die Geschwindigkeiten jedoch der Schallgeschwindigkeit des Gases nahe oder überschreiten sie diese sogar noch, so liefert die ideale Flüssigkeit auch kein angenähert richtiges Bild mehr. Man faßt diese Strömungserscheinungen unter dem Begriff der Gasdynamik zusammen.

Diese drei Gebiete der Strömungslehre: die Grenzschicht, die Turbulenz und die Gasdynamik werden somit die drei Hauptstücke des zweiten Bandes bilden.

Anhang

Zylindrische Polarkoordinaten

Die rechtwinkligen Komponenten eines Vektors (z. B. der Geschwindigkeit $\mathfrak{q}$) im Punkte $P(r, \varphi, z)$ sind q_r, q_φ, q_z, d. h.

$$\mathfrak{q} = \mathfrak{m}\, q_r + \mathfrak{n}\, q_\varphi + \mathfrak{k}\, q_z,$$

wobei die r-Richtung bzw. die Einheitsvektoren $\mathfrak{m}$ und $\mathfrak{n}$ von der Lage des Punktes P und zwar von φ abhängig sind (was bei den Vektoren $\mathfrak{i}$ und $\mathfrak{j}$ des x, y, z-Koordinatensystems nicht der Fall ist).

Zum Zweck der Ableitung gewisser Differentialbeziehungen setzen wir jetzt fest, daß im Punkte $P(r, \varphi, z)$ die r-Richtung mit der x-Richtung und die $r\,\partial\varphi$-Richtung mit der y-Richtung eines x, y, z-Koordinatensystems zusammenfalle. Es ist dann

$$\begin{aligned} \frac{\partial u}{\partial x} &= \frac{\partial q_r}{\partial r}, \quad \frac{\partial v}{\partial x} = \frac{\partial q_\varphi}{\partial r}, \quad \frac{\partial w}{\partial x} = \frac{\partial q_z}{\partial r}, \\ \frac{\partial u}{\partial z} &= \frac{\partial q_r}{\partial z}, \quad \frac{\partial v}{\partial z} = \frac{\partial q_\varphi}{\partial z}, \quad \frac{\partial w}{\partial z} = \frac{\partial q_z}{\partial z}. \end{aligned} \tag{1}$$

Um die Ableitungen nach der y-Richtung zu bilden, nehmen wir zunächst an, daß die x-Richtung im Punkte P nicht genau mit der r-Achse zusammenfalle, sondern einen kleinen, wenn auch endlichen Winkel φ mit ihr bilde (Abb. 1);

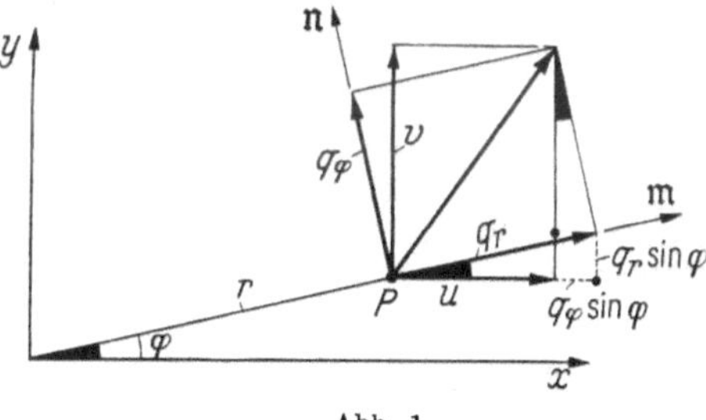

Abb. 1

später werden wir dann den Grenzübergang $\varphi \to 0$ vollziehen. Aus der Abbildung ist ersichtlich, daß angenähert

$$u = q_r \cos\varphi - q_\varphi \sin\varphi$$

$$v = q_\varphi \cos\varphi + q_r \sin\varphi$$

und also

$$\frac{\partial u}{\partial r} = \frac{\partial q_r}{\partial r} \cos\varphi - \frac{\partial q_\varphi}{\partial r} \sin\varphi, \tag{2}$$

$$\frac{\partial u}{\partial \varphi} = \frac{\partial q_r}{\partial \varphi} \cos\varphi - q_r \sin\varphi - \frac{\partial q_\varphi}{\partial \varphi} \sin\varphi - q_\varphi \cos\varphi, \tag{3}$$

$$\frac{\partial v}{\partial r} = \frac{\partial q_\varphi}{\partial r} \cos\varphi + \frac{\partial q_r}{\partial r} \sin\varphi, \tag{4}$$

$$\frac{\partial v}{\partial \varphi} = \frac{\partial q_\varphi}{\partial \varphi} \cos\varphi - q_\varphi \sin\varphi + \frac{\partial q_r}{\partial \varphi} \sin\varphi + q_r \cos\varphi. \tag{5}$$

Mit Berücksichtigung, daß nach Abb. 2

$$\frac{\partial r}{\partial y} = \sin\varphi, \qquad \frac{\partial \varphi}{\partial y} = \frac{\cos\varphi}{r}$$

ist, haben wir

$$\begin{aligned}\frac{\partial u}{\partial y} &= \frac{\partial u}{\partial r}\sin\varphi + \frac{\partial u}{\partial \varphi}\,\frac{\cos\varphi}{r},\\ \frac{\partial v}{\partial y} &= \frac{\partial v}{\partial r}\sin\varphi + \frac{\partial v}{\partial \varphi}\,\frac{\cos\varphi}{r},\\ \frac{\partial w}{\partial y} &= \frac{\partial w}{\partial r}\sin\varphi + \frac{\partial w}{\partial \varphi}\,\frac{\cos\varphi}{r}.\end{aligned} \tag{6}$$

Setzen wir jetzt die Ableitungen von u und v nach φ ein, d. h. Gl. (3) und (5), so ist

$$\frac{\partial u}{\partial y} = \frac{\partial u}{\partial r}\sin\varphi + \underbrace{\left(\frac{\partial q_r}{\partial\varphi}\cos\varphi - q_r\sin\varphi - \frac{\partial q_\varphi}{\partial\varphi}\sin\varphi - q_\varphi\cos\varphi\right)}_{\text{I}}\frac{\cos\varphi}{r}, \tag{7}$$

$$\frac{\partial v}{\partial y} = \frac{\partial v}{\partial r}\sin\varphi + \underbrace{\left(\frac{\partial q_\varphi}{\partial\varphi}\cos\varphi - q_\varphi\sin\varphi + \frac{\partial q_r}{\partial\varphi}\sin\varphi + q_r\cos\varphi\right)}_{\text{II}}\frac{\cos\varphi}{r}. \tag{8}$$

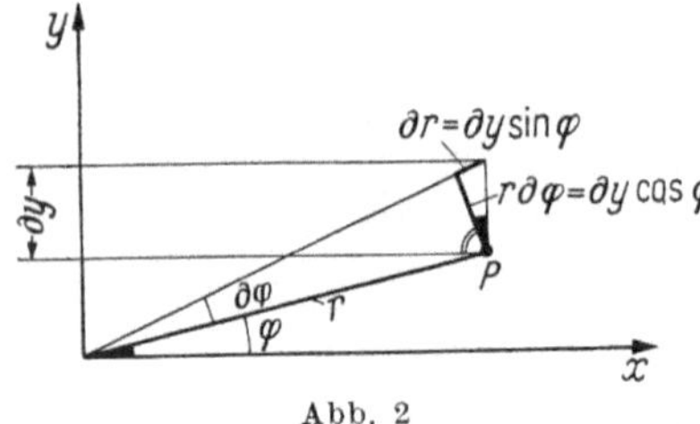

Abb. 2

Lassen wir jetzt φ nach Null konvergieren, so bleibt

$$\frac{\partial u}{\partial y} = \frac{\partial q_r}{r\,\partial\varphi} - \frac{q_\varphi}{r},$$

$$\frac{\partial v}{\partial y} = \frac{\partial q_\varphi}{r\,\partial\varphi} + \frac{q_r}{r},$$

und nach (6)

$$\frac{\partial w}{\partial y} = \frac{\partial q_z}{r\,\partial\varphi}.$$

Damit haben wir die Ableitungen der Geschwindigkeitskomponenten in zylindrischen Polarkoordinaten und können für die Eulersche Gleichung (IV, 1.11) schreiben

$$\begin{aligned}\frac{\partial q_r}{\partial t} + q_r\frac{\partial q_r}{\partial r} + q_\varphi\left(\frac{\partial q_r}{r\,\partial\varphi} - \frac{q_\varphi}{r}\right) + q_z\frac{\partial q_r}{\partial z} &= -\frac{1}{\varrho}\,\frac{\partial p}{\partial r},\\ \frac{\partial q_\varphi}{\partial t} + q_r\frac{\partial q_\varphi}{\partial r} + q_\varphi\left(\frac{\partial q_\varphi}{r\,\partial\varphi} + \frac{q_r}{r}\right) + q_z\frac{\partial q_\varphi}{\partial z} &= -\frac{1}{\varrho}\,\frac{\partial p}{r\,\partial\varphi},\\ \frac{\partial q_z}{\partial t} + q_r\frac{\partial q_z}{\partial r} + q_\varphi\frac{\partial q_z}{r\,\partial\varphi} \qquad\qquad + q_z\frac{\partial q_z}{\partial z} &= -\frac{1}{\varrho}\,\frac{\partial p}{\partial z}.\end{aligned}$$

Die Kontinuitätsgleichung (IV, 1.31) lautet

$$\operatorname{div}\mathfrak{q} = \frac{\partial q_r}{\partial r} + \frac{\partial q_\varphi}{r\,\partial\varphi} + \frac{q_r}{r} + \frac{\partial q_z}{\partial z} = 0;$$

ferner die Rotation des Vektors $\mathfrak{q}$ entsprechend Gl. (VII, 1.12)

$$\operatorname{rot}\mathfrak{q} = \mathfrak{m}\left(\frac{\partial q_z}{r\,\partial\varphi} - \frac{\partial q_\varphi}{\partial z}\right) + \mathfrak{n}\left(\frac{\partial q_r}{\partial z} - \frac{\partial q_z}{\partial r}\right) + \mathfrak{k}\left(\frac{\partial q_\varphi}{\partial r} - \frac{\partial q_r}{r\,\partial\varphi} + \frac{q_\varphi}{r}\right).$$

Es ist bereits erwähnt, daß — im Gegensatz von $\mathfrak{i}$ und $\mathfrak{j}$ — die Vektoren $\mathfrak{m}$ und $\mathfrak{n}$ von der Lage des Punktes P, genauer von φ, abhängig sind. Die Laplacesche

Gleichung lautet mit $\partial \Phi/\partial r = q_r$, $\partial \Phi/r\,\partial \varphi = q_\varphi$, $\partial \Phi/\partial z = q_z$

$$\Delta \Phi = \frac{\partial^2 \Phi}{\partial r^2} + \frac{\partial^2 \Phi}{(r\,\partial \varphi)^2} + \frac{1}{r}\frac{\partial \Phi}{\partial r} + \frac{\partial^2 \Phi}{\partial z^2} = 0.$$

Bei zweidimensionaler Strömung in der r, φ-Ebene fällt die Ableitung nach z in der letzten Gleichung fort.

Um die zweiten Ableitungen der Geschwindigkeiten zu erhalten — sie treten in den NAVIER-STOKESschen Gleichungen (im zweiten Band) auf —, haben wir die Gleichungen (1) nach x bzw. r und nach z zu differenzieren, d. h. $\partial^2 u/\partial x^2 = \partial^2 q_r/\partial r^2$ usw. Bezüglich der zweiten Ableitung von u nach y bilden wir zunächst

$$\frac{\partial^2 u}{\partial y^2} = \frac{\partial}{\partial r}\left(\frac{\partial u}{\partial y}\right)\frac{\partial r}{\partial y} + \frac{\partial}{\partial \varphi}\left(\frac{\partial u}{\partial y}\right)\frac{\partial \varphi}{\partial y} = \sin\varphi\,\frac{\partial}{\partial r}\left(\frac{\partial u}{\partial y}\right) + \frac{\cos\varphi}{r}\,\frac{\partial}{\partial \varphi}\left(\frac{\partial u}{\partial y}\right). \quad (9)$$

Da wir später zur Grenze $\varphi \to 0$ gehen werden, können wir schon jetzt in Gl. (9) das mit dem Faktor $\sin\varphi$ behaftete Glied fortlassen; mithin, wenn wir Gl. (2) in (7) einsetzen und dann (7) in (9),

$$\begin{aligned}\frac{\partial^2 u}{\partial y^2} = \frac{\cos\varphi}{r}\Bigg[&\sin\varphi\,\frac{\partial}{\partial \varphi}\left(\frac{\partial u}{\partial r}\right) + \left(\frac{\partial q_r}{\partial r}\cos\varphi - \frac{\partial q_\varphi}{\partial r}\sin\varphi\right)\cos\varphi + \\ &+ \frac{\cos\varphi}{r}\left(\frac{\partial^2 q_r}{\partial \varphi^2}\cos\varphi - \frac{\partial q_r}{\partial \varphi}\sin\varphi - \frac{\partial q_r}{\partial \varphi}\sin\varphi - q_r\cos\varphi - \frac{\partial^2 q_\varphi}{\partial \varphi^2}\sin\varphi - \right.\\ &\left. - \frac{\partial q_\varphi}{\partial \varphi}\cos\varphi - \frac{\partial q_\varphi}{\partial \varphi}\cos\varphi + q_\varphi\sin\varphi\right) - (I)\,\frac{\sin\varphi}{r}\Bigg],\end{aligned}$$

also für $\varphi \to 0$

$$\frac{\partial^2 u}{\partial y^2} = \frac{1}{r}\frac{\partial q_r}{\partial r} + \frac{\partial^2 q_r}{(r\,\partial\varphi)^2} - \frac{q_r}{r^2} - \frac{2}{r}\frac{\partial q_\varphi}{r\,\partial\varphi}.$$

In ähnlicher Weise erhalten wir aus

$$\frac{\partial^2 v}{\partial y^2} = \sin\varphi\,\frac{\partial}{\partial r}\left(\frac{\partial v}{\partial y}\right) + \frac{\cos\varphi}{r}\,\frac{\partial}{\partial \varphi}\left(\frac{\partial v}{\partial y}\right), \quad (10)$$

wenn wir Gl. (4) in Gl. (8) einsetzen und dann in Gl. (10) und wieder das mit dem Faktor $\sin\varphi$ versehene Glied in Gl. (10) fortlassen,

$$\begin{aligned}\frac{\partial^2 v}{\partial y^2} = \frac{\cos\varphi}{r}\Bigg[&\sin\varphi\,\frac{\partial}{\partial \varphi}\left(\frac{\partial v}{\partial r}\right) + \left(\frac{\partial q_\varphi}{\partial r}\cos\varphi + \frac{\partial q_r}{\partial r}\sin\varphi\right)\cos\varphi + \\ &+ \frac{\cos\varphi}{r}\left(\frac{\partial^2 q_\varphi}{\partial \varphi^2}\cos\varphi - \frac{\partial q_\varphi}{\partial \varphi}\sin\varphi - \frac{\partial q_\varphi}{\partial \varphi}\sin\varphi - q_\varphi\cos\varphi + \frac{\partial^2 q_r}{\partial \varphi^2}\sin\varphi + \right.\\ &\left. + \frac{\partial q_r}{\partial \varphi}\cos\varphi + \frac{\partial q_r}{\partial \varphi}\cos\varphi - q_r\sin\varphi\right) - (II)\,\frac{\sin\varphi}{r}\Bigg],\end{aligned}$$

mithin für $\varphi \to 0$

$$\frac{\partial^2 v}{\partial y^2} = \frac{1}{r}\frac{\partial q_\varphi}{\partial r} + \frac{\partial^2 q_\varphi}{(r\,\partial\varphi)^2} - \frac{q_\varphi}{r^2} + \frac{2}{r}\frac{\partial q_r}{r\,\partial\varphi}.$$

Die zweite Ableitung der z-Komponente erhalten wir aus Gl. (6)

$$\frac{\partial^2 w}{\partial y^2} = \sin\varphi\,\frac{\partial}{\partial r}\left(\frac{\partial w}{\partial y}\right) + \frac{\cos\varphi}{r}\,\frac{\partial}{\partial \varphi}\left(\frac{\partial w}{\partial y}\right)$$

und mit Vernachlässigung des Gliedes mit dem Faktor $\sin\varphi$ nach Gl. (6), da $w \equiv q_z$

$$\frac{\partial^2 w}{\partial y^2} = \frac{\cos\varphi}{r}\,\frac{\partial}{\partial\varphi}\left(\frac{\partial q_z}{\partial r}\sin\varphi + \frac{\partial q_z}{\partial\varphi}\,\frac{\cos\varphi}{r}\right)$$

$$= \frac{\cos\varphi}{r}\left(\sin\varphi\,\frac{\partial^2 q_z}{\partial r\,\partial\varphi} + \frac{\partial q_z}{\partial r}\cos\varphi + \frac{\cos\varphi}{r}\,\frac{\partial^2 q_z}{\partial\varphi^2} - \frac{\partial q_z}{\partial\varphi}\,\frac{\sin\varphi}{r}\right)$$

und für $\varphi \to 0$

$$\frac{\partial^2 w}{\partial y^2} = \frac{1}{r}\,\frac{\partial q_z}{\partial r} + \frac{\partial^2 q_z}{(r\,\partial\varphi)^2}.$$

Es ist somit

$$\Delta u = \frac{\partial^2 q_r}{\partial r^2} + \frac{1}{r}\,\frac{\partial q_r}{\partial r} + \frac{\partial^2 q_r}{(r\,\partial\varphi)^2} - \frac{q_r}{r^2} - \frac{2}{r}\,\frac{\partial q_\varphi}{r\,\partial\varphi} + \frac{\partial^2 q_r}{\partial z^2},$$

$$\Delta v = \frac{\partial^2 q_\varphi}{\partial r^2} + \frac{1}{r}\,\frac{\partial q_\varphi}{\partial r} + \frac{\partial^2 q_\varphi}{(r\,\partial\varphi)^2} - \frac{q_\varphi}{r^2} + \frac{2}{r}\,\frac{\partial q_r}{r\,\partial\varphi} + \frac{\partial^2 q_\varphi}{\partial z^2},$$

$$\Delta w = \frac{\partial^2 q_z}{\partial r^2} + \frac{1}{r}\,\frac{\partial q_z}{\partial r} + \frac{\partial^2 q_z}{(r\,\partial\varphi)^2} + \frac{\partial^2 q_z}{\partial z^2}.$$

Taylorsche Reihe einer Funktion der drei Veränderlichen x, y, z.

Wenn $\mathfrak{r}_0$ der Radiusvektor eines Punktes mit den Koordinaten x_0, y_0, z_0 ist und $f(\mathfrak{r}) = f(x, y, z)$ eine analytische Funktion, so ist

$$f(\mathfrak{r}) = f(\mathfrak{r}_0) + (\nabla f)\circ(\mathfrak{r}-\mathfrak{r}_0) + (\nabla\nabla f)\circ\frac{(\mathfrak{r}-\mathfrak{r}_0)\circ(\mathfrak{r}-\mathfrak{r}_0)}{2!} + \cdots.$$

Berücksichtigen wir, daß

$$(\nabla f)\circ(\mathfrak{r}-\mathfrak{r}_0) = (\mathfrak{i}f'_x + \mathfrak{j}f'_y + \mathfrak{k}f'_z)\circ[\mathfrak{i}(x-x_0) + \mathfrak{j}(y-y_0) + \mathfrak{k}(z-z_0)]$$
$$= f'_x(x-x_0) + f'_y(y-y_0) + f'_z(z-z_0),$$

und daß

$$(\nabla\nabla f)\circ\frac{(\mathfrak{r}-\mathfrak{r}_0)\circ(\mathfrak{r}-\mathfrak{r}_0)}{2!}$$

$$= \left(\mathfrak{i}\frac{\partial}{\partial x} + \mathfrak{j}\frac{\partial}{\partial y} + \mathfrak{k}\frac{\partial}{\partial z}\right)(\mathfrak{i}f'_x + \mathfrak{j}f'_y + \mathfrak{k}f'_z)\circ\frac{(\mathfrak{r}-\mathfrak{r}_0)\circ(\mathfrak{r}-\mathfrak{r}_0)}{2!}$$

$$= [\mathfrak{i}(\mathfrak{i}f''_{xx} + \mathfrak{j}f''_{yx} + \mathfrak{k}f''_{zx}) + \mathfrak{j}(\mathfrak{i}f''_{xy} + \mathfrak{j}f''_{yy} + \mathfrak{k}f''_{zy}) + \mathfrak{k}(\mathfrak{i}f''_{xz} + \mathfrak{j}f''_{yz} + \mathfrak{k}f''_{zz})]\circ$$

$$\circ[\mathfrak{i}(x-x_0) + \mathfrak{j}(y-y_0) + \mathfrak{k}(z-z_0)]\circ\frac{\mathfrak{r}-\mathfrak{r}_0}{2!}$$

$$= [(\mathfrak{i}f''_{xx} + \mathfrak{j}f''_{yx} + \mathfrak{k}f''_{zx})(x-x_0) + (\mathfrak{i}f''_{xy} + \mathfrak{j}f''_{yy} + \mathfrak{k}f''_{zy})(y-y_0) +$$

$$+ (\mathfrak{i}f''_{xz} + \mathfrak{j}f''_{yz} + \mathfrak{k}f''_{zz})(z-z_0)]\circ\frac{\mathfrak{i}(x-x_0) + \mathfrak{j}(y-y_0) + \mathfrak{k}(z-z_0)}{2!}$$

ist, so haben wir mit

$$f''_{yx} = f''_{xy},\quad f''_{zx} = f''_{xz},\quad f''_{zy} = f''_{yz},$$

$$= f''_{xx}\frac{(x-x_0)^2}{2!} + f''_{yy}\frac{(y-y_0)^2}{2!} + f''_{zz}\frac{(z-z_0)^2}{2!} +$$

$$+ 2\left(f''_{xy}\frac{(x-x_0)(y-y_0)}{2!} + f''_{xz}\frac{(x-x_0)(z-z_0)}{2!} + f''_{yz}\frac{(y-y_0)(z-z_0)}{2!}\right).$$

Die TAYLORsche Reihe bis zu den Gliedern zweiter Ordnung lautet also:

$$f(x, y, z) = f(x_0, y_0, z_0) + f'_x(x - x_0) + f'_y(y - y_0) + f'_z(z - z_0) +$$
$$+ f''_{xx}\frac{(x-x_0)^2}{2!} + f''_{yy}\frac{(y-y_0)^2}{2!} + f''_{zz}\frac{(z-z_0)^2}{2!} +$$
$$+ f''_{xy}(x-x_0)(y-y_0) + f''_{xz}(x-x_0)(z-z_0) +$$
$$+ f''_{yz}(y-y_0)(z-z_0) + \cdots,$$

wobei die Ableitungen im Punkte x_0, y_0, z_0 genommen sind.

Es ist

$$I = \int_0^y\int_0^l \frac{(x-\xi)\,d\xi}{[(x-\xi)^2+y^2]^{3/2}}\,2y\,dy = \int_0^l (x-\xi)\,d\xi\int_0^y \frac{2y\,dy}{[(x-\xi)^2+y^2]^{3/2}},$$

und mit $(x-\xi)^2 + y^2 = s$ über y integriert

$$= \int_0^l (x-\xi)\,d\xi\int_0^y \frac{ds}{s^{3/2}} = \int_0^l (x-\xi)\,\frac{-2}{\sqrt{(x-\xi)^2+y^2}}\Bigg|_0^y d\xi$$

$$= 2l - 2\int_0^l \frac{(x-\xi)\,d\xi}{\sqrt{(x-\xi)^2+y^2}}.$$

Substituieren wir $\sqrt{(x-\xi)^2+y^2} = t$, also $-\dfrac{(x-\xi)\,d\xi}{\sqrt{(x-\xi)^2+y^2}} = dt$, so ist

$$I = 2\left(l + \sqrt{(x-\xi)^2+y^2}\,\Big|_{\xi=0}^{\xi=l}\right) = 2\left(l + \sqrt{(x-l)^2+y^2} - \sqrt{x^2+y^2}\right),$$

und also

$$1 - \frac{1}{4l}I = \frac{1}{2}\left(1 - \frac{1}{l}\sqrt{(x-l)^2+y^2} + \frac{1}{l}\sqrt{x^2+y^2}\right).$$

Es ist

$$I = \frac{1}{2}\int_0^y\int_0^l \frac{(x-\xi)\,\xi\,d\xi}{[(x-\xi)^2+y^2]^{3/2}}\,2y\,dy = \frac{1}{2}\int_0^l (x-\xi)\,\xi\,d\xi\int_0^y \frac{2y\,dy}{[(x-\xi)^2+y^2]^{3/2}}$$

und mit $(x-\xi)^2 + y^2 = s$ über y integriert

$$= \frac{1}{2}\int_0^l (x-\xi)\,\xi\,d\xi\int_0^y \frac{ds}{s^{3/2}} = \frac{1}{2}\int_0^l (x-\xi)\,\xi\,d\xi\,\frac{-2}{\sqrt{(x-\xi)^2+y^2}}\Bigg|_0^y$$

$$= \int_0 \frac{(x-\xi)\,\xi}{\sqrt{(x-\xi)^2}}\,d\xi - \int_0^l \frac{(x-\xi)\,\xi\,d\xi}{\sqrt{(x-\xi)^2+y^2}} = I_1 - I_2.$$

Für $x > l$ ist

$$I_1 = \int_0^l \xi\,d\xi = \frac{l^2}{2};$$

für $x < 0$ ist

$$I_1 = -\int_0^l \frac{(\xi - x)\,\xi\,d\xi}{\sqrt{(\xi - x)^2}} = -\int_0^l \xi\,d\xi = -\frac{l^2}{2};$$

für $0 < x < l$ ist

$$I_1 = \int_0^x \frac{(x - \xi)\,\xi\,d\xi}{\sqrt{(x - \xi)^2}} - \int_x^l \frac{(\xi - x)\,\xi\,d\xi}{\sqrt{(\xi - x)^2}} = \frac{x^2}{2} - \frac{l^2}{2} + \frac{x^2}{2} = x^2 - \frac{l^2}{2}\,.$$

Substituieren wir in I_2 $x - \xi = t$, so ist, wenn wir die Grenzen zunächst fortlassen,

$$I_2 = \int \frac{t(x - t)}{\sqrt{t^2 + y^2}} \cdot (-dt) = \int \frac{t^2\,dt}{\sqrt{t^2 + y^2}} - x\int \frac{t\,dt}{\sqrt{t^2 + y^2}} = I_2' - I_2''\,.$$

Durch partielle Integration erhalten wir

$$I_2' = t\sqrt{t^2 + y^2} - \int \sqrt{t^2 + y^2}\,dt = t\sqrt{t^2 + y^2} - \int \frac{t^2 + y^2}{\sqrt{t^2 + y^2}}\,dt$$

$$= t\sqrt{t^2 + y^2} - \int \frac{t^2\,dt}{\sqrt{t^2 + y^2}} - y^2 \int \frac{dt}{\sqrt{t^2 + y^2}}\,,$$

also

$$2 I_2' = t\sqrt{t^2 + y^2} - y^2 \ln\left(t + \sqrt{t^2 + y^2}\right).$$

Macht man die Substitution rückgängig und setzt die Grenzen ein, so wird

$$I_2' \Big|_0^l = \frac{x - l}{2}\sqrt{(x - l)^2 + y^2} - \frac{x}{2}\sqrt{x^2 + y^2} - \frac{y^2}{2} \ln \frac{x - l + \sqrt{(x - l)^2 + y^2}}{x + \sqrt{x^2 + y^2}}\,.$$

Für I_2'' erhalten wir

$$I_2'' \Big|_0^l = x\sqrt{t^2 + y^2}\Big|_0^l = x\sqrt{(x - \xi)^2 + y^2}\Big|_0^l$$

$$= x\sqrt{(x - l)^2 + y^2} - x\sqrt{x^2 + y^2}\,.$$

Mithin für $0 \leq x \leq l$

$$I = I_1 - I_2 = I_1 - I_2' + I_2''$$

$$= x^2 - \frac{l^2}{2} + \frac{1}{2}\left[(x + l)\sqrt{(x - l)^2 + y^2} - x\sqrt{x^2 + y^2}\right.$$

$$\left. + y^2 \ln \frac{x - l + \sqrt{(x - l)^2 + y^2}}{x + \sqrt{x^2 + y^2}}\right];$$

für $x > l$

$$I = \frac{l^2}{2} + \frac{1}{2}\left[\quad\right]$$

und für $x < 0$

$$I = -\frac{l^2}{2} + \frac{1}{2}\left[\quad\right].$$

Ableitung der Geschwindigkeitskomponenten bei einer konstanten Quellenbelegung längs der Geraden von 0 bis l.

$$u = \frac{c}{l}\int_0^l \frac{(x-\xi)\,d\xi}{[(x-\xi)^2+y^2]^{3/2}} \quad \text{geht mit} \quad (x-\xi)^2+y^2 = t \quad \text{über in} \tag{1}$$

$$u = -\frac{c}{2l}\int \frac{dt}{t^{3/2}} = \frac{c}{l}\,\frac{1}{\sqrt{(x-\xi)^2+y^2}}\Bigg|_0^l = \frac{c}{l}\left(\frac{1}{\sqrt{(x-l)^2+y^2}} - \frac{1}{\sqrt{x^2+y^2}}\right);$$

$$v = \frac{c\,y}{l}\int_0^l \frac{d\xi}{[(x-\xi)^2+y^2]^{3/2}} \quad \text{geht mit} \quad x-\xi = y\,\mathrm{tg}\,t \quad \text{über in} \tag{2}$$

$$v = -\frac{c}{l\,y}\int \cos t\,dt = -\frac{c}{l\,y}\sin \operatorname{arc\,tg}\frac{x-\xi}{y}\Bigg|_0^l$$

oder

$$v = -\frac{c}{l\,y}\sin \arcsin \frac{x-\xi}{\sqrt{(x-\xi)^2+y^2}}\Bigg|_0^l = \frac{c}{l\,y}\left(\frac{x}{\sqrt{x^2+y^2}} - \frac{x-l}{\sqrt{(x-l)^2+y^2}}\right).$$

Ableitung der Geschwindigkeitskomponenten bei einer linear zunehmenden Quellenbelegung längs der Geraden von 0 bis l.

$$u = \frac{2c}{l^2}\int_0^l \frac{(x-\xi)\,\xi\,d\xi}{[(x-\xi)^2+y^2]^{3/2}} \quad \text{geht mit } x-\xi = t \text{ über in}$$

$$u = \frac{2c}{l^2}\left\{-x\int \frac{t\,dt}{[t^2+y^2]^{3/2}} + \int \frac{t^2\,dt}{[t^2+y^2]^{3/2}}\right\} = \frac{2c}{l^2}(I_1+I_2),$$

$$I_1 = \frac{x}{\sqrt{(x-\xi)^2+y^2}}\Bigg|_0^l,$$

$$I_2 = -\frac{t}{\sqrt{t^2+y^2}}\Bigg| + \int \frac{dt}{\sqrt{t^2+y^2}} = \frac{\xi-x}{\sqrt{(x-\xi)^2+y^2}}\Bigg|_0^l +$$

$$+ \ln\left(x-\xi+\sqrt{(x-\xi)^2+y^2}\right)\Bigg|_0^l.$$

Mithin

$$u = \frac{2c}{l^2}\left(\frac{l}{\sqrt{(x-l)^2+y^2}} + \ln\frac{x-l+\sqrt{(x-l)^2+y^2}}{x+\sqrt{x^2+y^2}}\right).$$

$$v = \frac{2c\,y}{l^2}\int_0^l \frac{\xi\,d\xi}{[(x-\xi)^2+y^2]^{3/2}} = -\frac{2c\,y}{l^2}\left\{\int_0^l \frac{-x\,d\xi}{[\;]^{3/2}} + \int_0^l \frac{(x-\xi)\,d\xi}{[\;]^{3/2}}\right\}$$

unter Berücksichtigung der Ausdrücke (1) und (2)

$$v = -\frac{2c\,y}{l^2}\left(-\frac{x(x-\xi)}{y^2\sqrt{(x-\xi)^2+y^2}} + \frac{1}{\sqrt{(x-\xi)^2+y^2}}\right)\Bigg|_0^l = \frac{2c}{l^2\,y}\,\frac{x(x-\xi)+y^2}{\sqrt{(x-\xi)^2+y^2}}\Bigg|_l^0,$$

$$v = \frac{2c}{l^2\,y}\left(\sqrt{x^2+y^2} + \frac{x(x-l)+y^2}{\sqrt{(x-l)^2+y^2}}\right).$$

Es ist zu zeigen, daß

$$I = \int_{-1}^{1} (1 - x^2)\left(1 - \frac{1}{2} x \ln \frac{1+x}{1-x}\right) dx = 1$$

ist. Zunächst ist

$$I = \int_{-1}^{1} (1 - x^2)\, dx + \frac{1}{2} \int_{-1}^{1} (x^3 - x) \ln \frac{1+x}{1-x}\, dx = \frac{4}{3} + \frac{1}{2} I'.$$

Das Integral

$$I' = \int_{-1}^{1} (x^3 - x) \ln(1 + x)\, dx - \int_{-1}^{1} (x^3 - x) \ln(1 - x)\, dx$$

lösen wir durch partielle Integration, $\int u\, dv = u v - \int v\, du$, mit $(x^3 - x)\, dx = dv$, mithin

$$I' = \left(\frac{x^4}{4} - \frac{x^2}{2}\right) \ln \frac{1+x}{1-x} \Bigg|_{-1}^{1} - \frac{1}{4} \int_{-1}^{1} \frac{x^4 - 2x^2}{1+x}\, dx + \frac{1}{4} \int_{-1}^{1} \frac{2x^2 - x^4}{1-x}\, dx.$$

Für die beiden Integrale kann man schreiben:

$$\int_{-1}^{1} \frac{x^3(1+x) - x^2(1+x) - x(1+x) + (1+x) - 1}{1+x}\, dx$$

$$= \int_{-1}^{1} (x^3 - x^2 - x + 1)\, dx - \int_{-1}^{1} \frac{dx}{1+x}$$

bzw.

$$\int_{-1}^{1} \frac{x^3(1-x) + x^2(1-x) - x(1-x) - (1-x) + 1}{1-x}\, dx =$$

$$= \int_{-1}^{1} (x^3 + x^2 - x - 1)\, dx + \int_{-1}^{1} \frac{dx}{1-x},$$

so daß man für I' hat:

$$I' = \frac{1}{4} (x^4 - 2x^2) \ln \frac{1+x}{1-x} \Bigg|_{-1}^{1} - \frac{1}{2}\left(x - \frac{x^3}{3}\right)\Bigg|_{-1}^{1} + \frac{1}{4} \ln \frac{1+x}{1-x} \Bigg|_{-1}^{1}$$

oder

$$I' = \frac{1}{4} (x^2 - 1)^2 \ln \frac{1+x}{1-x} \Bigg|_{-1}^{1} - \frac{2}{3}.$$

Damit ergibt sich für das obige Integral I

$$I = \frac{4}{3} + \frac{1}{2}\left[\frac{1}{4} (x^2 - 1)^2 \ln \frac{1+x}{1-x} \Bigg|_{-1}^{1} - \frac{2}{3}\right] = 1 + \frac{1}{8} (x^2 - 1)^2 \ln \frac{1+x}{1-x} \Bigg|_{-1}^{1}.$$

Man hat jetzt nur noch zu zeigen, daß der letzte Summand gleich Null ist. Es ist

$$(x^2 - 1)^2 \ln \frac{1+x}{1-x} = (x+1)^2 (x-1)^2\, 2\left(x + \frac{x^3}{3} + \frac{x^5}{5} + \cdots\right) \qquad |x| < 1$$

sowohl

$$= (x+1)^2 (x-1)\, 2\left(-x + x^2 - \frac{x^3}{3} + \frac{x^4}{3} - \frac{x^5}{5} + \frac{x^6}{5} - + \cdots\right)$$

als auch

$$= (x+1)(x-1)^2\, 2\left(x + x^2 + \frac{x^3}{3} + \frac{x^4}{3} + \frac{x^5}{5} + \frac{x^6}{5} + \cdots\right).$$

Setzen wir im vorletzten Ausdruck die Grenze $+1$ und im letzten die Grenze -1, so ist

$$\lim_{x=\pm 1} \frac{1}{8}(x^2-1)^2 \ln\frac{1+x}{1-x}\Bigg|_{-1}^{+1} = 0\left(-1+1-\frac{1}{3}+\frac{1}{3}-\frac{1}{5}+\frac{1}{5}-+\cdots\right) = 0$$

q. e. d.

Es ist zu zeigen, daß

$$I = \int_{-1}^{1} \frac{\xi\, d\xi}{(\xi-\xi')\sqrt{1-\xi^2}} = \pi$$

ist. Substituiert man $\xi = -\cos\alpha$, $\xi' = -\cos\alpha'$, so wird

$$I = \int_0^\pi \frac{\cos\alpha}{\cos\alpha - \cos\alpha'}\, d\alpha = \int_0^\pi \left[1 + \frac{\cos\alpha'}{\cos\alpha-\cos\alpha'}\right] d\alpha = \pi + \cos\alpha' \underbrace{\int_0^\pi \frac{d\alpha}{\cos\alpha - \cos\alpha'}}_{I_0}.$$

Es ist

$$I_0 = \frac{-1}{\sin\alpha'} \int_0^\pi \frac{\sin(-\alpha')\, d\alpha}{2\sin\frac{\alpha+\alpha'}{2}\sin\frac{\alpha-\alpha'}{2}} = -\frac{1}{\sin\alpha'} I',$$

also

$$I' = \int_0^\pi \frac{\sin\frac{1}{2}[(\alpha-\alpha')-(\alpha+\alpha')]}{2\sin\frac{\alpha+\alpha'}{2}\sin\frac{\alpha-\alpha'}{2}}\, d\alpha = \int_0^\pi \left(\frac{1}{2}\,\frac{\cos\frac{\alpha+\alpha'}{2}}{\sin\frac{\alpha+\alpha'}{2}} - \frac{1}{2}\,\frac{\cos\frac{\alpha-\alpha'}{2}}{\sin\frac{\alpha-\alpha'}{2}}\right) d\alpha$$

und integriert

$$I' = \ln\frac{\sin\frac{\alpha+\alpha'}{2}}{\sin\frac{\alpha-\alpha'}{2}}\Bigg|_0^\pi = \lim_{\varepsilon\to 0}\left[\ln\frac{\sin\frac{\alpha+\alpha'}{2}}{\sin\frac{\alpha-\alpha'}{2}}\Bigg|_0^{\alpha'-\varepsilon} + \ln\frac{\sin\frac{\alpha+\alpha'}{2}}{\sin\frac{\alpha-\alpha'}{2}}\Bigg|_{\alpha'+\varepsilon}^{\pi}\right]$$

oder, da $\sin\alpha = \sin(-\alpha)$

$$I' = \lim_{\varepsilon\to 0}\left(\ln\frac{\sin\left(\alpha'-\frac{\varepsilon}{2}\right)}{\sin\frac{\varepsilon}{2}} - 0 + \ln\frac{\sin\frac{\pi+\alpha'}{2}}{\sin\frac{\pi-\alpha'}{2}} - \ln\frac{\sin\left(\alpha'+\frac{\varepsilon}{2}\right)}{\sin\frac{\varepsilon}{2}}\right),$$

also, da $\sin\frac{\pi+\alpha'}{2} = \sin\frac{\pi-\alpha'}{2}$ ist und demnach das dritte Glied gleich Null,

$$I' = \lim_{\varepsilon\to 0} \ln\frac{\sin\left(\alpha'-\frac{\varepsilon}{2}\right)}{\sin\left(\alpha'+\frac{\varepsilon}{2}\right)} = 0.$$

Es bleibt somit

$$I = \pi + \cos\alpha' I_0 = \pi - \frac{\cos\alpha'}{\sin\alpha'} I' = \pi + \frac{\xi'}{\sqrt{1-\xi'^2}} I' = \pi,$$

für $|\xi'| < 1$.

---

1. Abschätzung der Summe $\sum\limits_{n=1}^{\infty} \frac{1}{\eta^2+n^2} = f_1(\eta)$

a) *Untere Grenze*: Es ist

$$\sum_1^{n_1} \frac{1}{\eta^2+n^2} + \sum_{n_1+1}^{\infty} \frac{1}{\eta^2+n^2} = \sum_1^{\infty} \frac{1}{\eta^2+n^2}; \tag{1}$$

da für jedes $n > n_1$

$$\frac{n_1^2}{\eta^2+n_1^2} \frac{1}{n^2} < \frac{1}{\eta^2+n^2}$$

also

$$\frac{n_1^2}{\eta^2+n_1^2} \sum_{n_1+1}^{\infty} \frac{1}{n^2} < \sum_{n_1+1}^{\infty} \frac{1}{\eta^2+n^2}$$

ist, folgt aus (1)

$$\sum_1^{n_1} \frac{1}{\eta^2+n^2} + \frac{n_1^2}{\eta^2+n_1^2} \sum_{n_1+1}^{\infty} \frac{1}{n^2} < \sum_1^{\infty} \frac{1}{\eta^2+n^2}. \tag{2}$$

Nun ist

$$\sum_{n_1+1}^{\infty} \frac{1}{n^2} = \sum_1^{\infty} \frac{1}{n^2} - \sum_1^{n_1} \frac{1}{n^2} = \frac{\pi^2}{6} - \sum_1^{n_1} \frac{1}{n^2}$$ [1]

und in (2) eingesetzt

$$\sum_1^{n_1} \frac{1}{\eta^2+n^2} + \frac{n_1^2}{\eta^2+n_1^2} \left(\frac{\pi^2}{6} - \sum_1^{n_1} \frac{1}{n^2} \right) < \sum_1^{\infty} \frac{1}{\eta^2+n^2}. \tag{3}$$

b) *Obere Grenze*: Da

$$\sum_{n_1+1}^{\infty} \frac{1}{\eta^2+n^2} < \sum_{n_1+1}^{\infty} \frac{1}{n^2} = \sum_1^{\infty} \frac{1}{n^2} - \sum_1^{n_1} \frac{1}{n^2} = \frac{\pi^2}{6} - \sum_1^{n_1} \frac{1}{n^2}$$

folgt nach (1)

$$\sum_1^{n_1} \frac{1}{\eta^2+n^2} + \frac{\pi^2}{6} - \sum_1^{n_1} \frac{1}{n^2} > \sum_1^{\infty} \frac{1}{\eta^2+n^2}. \tag{4}$$

2. Abschätzung der Summe $\sum\limits_{n=1}^{\infty} \frac{1}{(2\eta)^2+(2n-1)^2} = f_2(\eta)$

Beweis wie vorher unter 1., wenn 2η statt η und $2n-1$ statt n gesetzt wird; dabei ist zu berücksichtigen, daß

$$\begin{aligned}\sum_1^{\infty} \frac{1}{(2n-1)^2} &= 1 + \frac{1}{3^2} + \frac{1}{5^2} + \cdots \\ &= 1 + \frac{1}{2^2} + \frac{1}{3^2} + \frac{1}{4^2} + \frac{1}{5^2} + \cdots - \left(\frac{1}{2^2} + \frac{1}{4^2} + \frac{1}{6^2} + \cdots \right) \\ &= \sum_1^{\infty} \frac{1}{n^2} - \frac{1}{4} \sum_1^{\infty} \frac{1}{n^2} = \frac{\pi^2}{6} - \frac{1}{4} \frac{\pi^2}{6} = \frac{\pi^2}{8}\end{aligned}$$

ist.

---

[1] v. Mangoldt-Knopp: Einführung in die Höhere Mathematik, Bd. II, S. 206. Stuttgart 1958.

Mithin:

a) *Untere Grenze:*

$$\sum_1^{n_1} \frac{1}{(2\eta)^2 + (2n-1)^2} + \frac{(2n_1-1)^2}{(2\eta)^2 + (2n_1-1)^2} \left(\frac{\pi^2}{8} - \sum_1^{n_1} \frac{1}{(2n-1)^2} \right) < \sum_1^{\infty} \frac{1}{(2\eta)^2 + (2n-1)^2} . \qquad (5)$$

b) *Obere Grenze:*

$$\sum_1^{n_1} \frac{1}{(2\eta)^2 + (2n-1)^2} + \frac{\pi^2}{8} - \sum_1^{n_1} \frac{1}{(2n-1)^2} > \sum_1^{\infty} \frac{1}{(2\eta)^2 + (2n-1)^2} . \qquad (6)$$

$$\eta f_1(\eta) + \frac{1}{2\eta} = \frac{u_1}{u_K} \qquad 4\eta f_2(\eta) = \frac{u_2}{u_K}$$

η	untere Grenze	obere Grenze	n_1	η	untere Grenze	obere Grenze	n_1
				0,25	1,03011	1,03013	10
0,50	1,7120	1,7139	5	0,50	1,4406	1,4407	10
0,70	1,6097	1,6100	10	0,70	1,5323	1,5327	10
1,00	1,5760	1,5770	10	1,00	1,5642	1,5653	10
2,00	1,5702	1,5711	20	2,00	1,5700	1,5718	20
∞	$\pi/2 = 1{,}5708$			∞	$\pi/2 = 1{,}5708$		

Namen- und Sachverzeichnis

Anleitung für die Benutzung des Fadenkreuzes

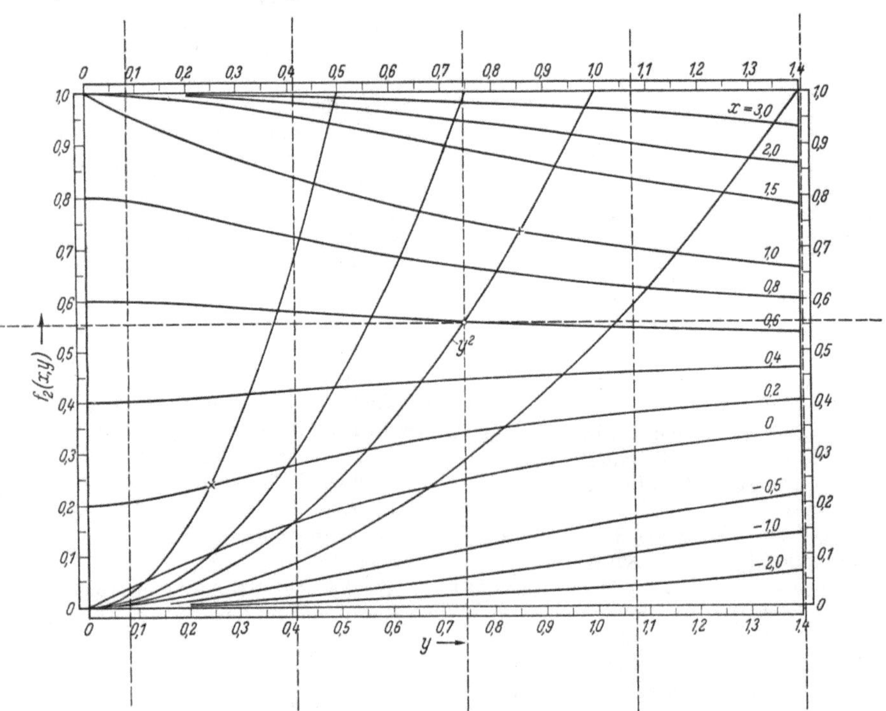

Um die Koordinaten eines Punktes (z. B. kleiner Kreis in Bildmitte) zu bestimmen, legt man das Cellophanblatt mit den Fadenkreuzen (hier gestrichelt gezeichnet) auf die Abbildung in der Weise, daß eines der Kreuze auf dem fraglichen Punkt liegt und die Achsen *gleiche Werte* auf den Abszissen (und damit auch auf den Ordinaten) anzeigen: Beispiel

Abszisse $y = 0{,}74$ Ordinate $f_2(x, y) = 0{,}56$

721/37/59 — III/18/203

Zeitfracht Medien GmbH
Ferdinand-Jühlke-Straße 7
99095 Erfurt, Deutschland
produktsicherheit@kolibri360.de